FREUDE /HARDE/LOHSE/KLAUSNITZER

Die Käfer Mitteleuropas
Band 4

Die Käfer Mitteleuropas

begründet von
Dr. Heinz Freude (†)
Dr. Karl-Wilhelm Harde (†)
Dr. Dr. h.c. Gustav Adof Lohse (†)

fortgeführt von
Professor Dr. Dr. h.c. Bernhard Klausnitzer

Band 4

Staphylinidae (exklusive Aleocharinae, Pselaphinae und Scydmaeninae)

2. Auflage

herausgegeben von

Dr. Volker Assing
und
Michael Schülke

Unter Mitwirkung von

Dr. Johannes Frisch, Dr. Ivan Löbl, Dr. György Makranczy, Dr. Alfred F. Newton, Dr. Volker Puthz, Dr. Harald Schillhammer, Dr. Alexey Solodovnikov und Dr. Adriano Zanetti

Spektrum
AKADEMISCHER VERLAG

Autoren
Dr. Volker Assing
Gabelsbergerstraße 2
30163 Hannover

Michael Schülke
Blankenfelder Straße 99
13127 Berlin

Weitere Informationen zum Buch finden Sie unter www.spektrum-verlag.de/978-3-8274-1677-3

Bibliografische Information der Deutschen Nationalbibliothek
Die Deutsche Nationalbibliothek verzeichnet diese Publikation in der Deutschen Nationalbibliografie; detaillierte bibliografische Daten sind im Internet über http://dnb.d-nb.de abrufbar.

Springer ist ein Unternehmen von Springer Science+Business Media
springer.de

2. Auflage 2012

Spektrum Akademischer Verlag ist ein Imprint von Springer

12 13 14 15 16 5 4 3 2 1

Planung und Lektorat: Dr. Ulrich Moltmann, Dr. Christoph Iven
Satz: Michael Schülke
Umschlaggestaltung: SpieszDesign, Neu-Ulm
Fotos/Zeichnungen: siehe Seite V

ISBN 978-3-8274-1677-3

Inhaltsverzeichnis

Abbildungen:

Wenn nicht anders angegeben, stammen die Abbildungstafeln von den betreffenden Kapitelautoren.
Sämtliche Habitusfotos (Abb. 5–29) wurden von Harald Schillhammer angefertigt.

Zitiervorschlag:

ASSING, V. & M. SCHÜLKE (2011): Freude–Harde–Lohse–Klausnitzer – Die Käfer Mitteleuropas. Band 4. Staphylinidae I. Zweite neubearbeitete Auflage. – Heidelberg: Spektrum Akademischer Verlag, I-XII, 1-560.

ZANETTI, A. (2011): Unterfamilie Omaliinae; S. 49-117. – In: ASSING, V. & M. SCHÜLKE (Hrsg.): Freude–Harde–Lohse–Klausnitzer – Die Käfer Mitteleuropas. Band 4. Staphylinidae I. Zweite neubearbeitete Auflage. – Heidelberg: Spektrum Akademischer Verlag, I-XII, 1-560.

Geleitwort des Herausgebers der Reihe

Als der Verfasser dieses Geleitwortes seine entomologischen Studien begann, galten die Staphylinidae als äußerst schwierig, die Zahl der Kenner war sehr gering, und ehrfurchtsvoll sprach man die Namen der wenigen Spezialisten aus. In meiner Schülerzeit gab es dann auch einen ersten Kontakt zu den Kurzflüglern, als mich KARL HERMANN CHRISTIAN JORDAN beim Sammeln in Ameisennestern auf verschiedene Staphylinidae hinwies und von seiner Dissertation über „*Atemeles*" und „*Lomechusa*" berichtete. Die Beziehungen zwischen verschiedenen Ameisenarten und Staphylinidae haben immer wieder Forscher in ihren Bann gezogen, der große Pionier auf diesem Gebiet war ERICH WASMANN (1859-1931). Das Thema ist noch längst nicht erschöpft und wird auch in Zukunft wesentliche neue Impulse geben.

Es war vor allem GUSTAV ADOLF LOHSE (1910-1994), der die Staphylinidenkunde auf eine neue Ebene gehoben hat. Ich habe ihn recht zeitig kennen gelernt, weil er zu den SIEEC-Tagungen kam. Seine Gewohnheit, weniger in den Vorträgen zu sitzen als in den Vorräumen, war ein Segen, man konnte ihn ansprechen – eigentlich war es anders herum, er suchte die Gespräche. Alle wissen, dass er eine universelle Begabung war, dass ohne ihn die Reihe der Bände der „Käfer Mitteleuropas" wohl nie – oder mindestens nicht in einem angemessenen Zeitraum – vollendet worden wäre. Das entscheidende aber war ganz sicher der Durchbruch bei den Staphylinidae. Mit dem Band 4 (später natürlich auch dem Band 5) wurde diese schwierige Familie zugänglicher als sie jemals vorher war. Hinzu kam seine große Bereitschaft, auch bei der Determination von gesammelten Tieren zu helfen. LOHSE hat es nie besonders in Worte gefasst, aber durch sein Wirken wurde eine größere Zahl von Koleopterologen dazu angeregt, sich mit den Staphylinidae näher zu befassen und sie nicht links liegen zu lassen, wie es vorher oft der Fall war. In relativ kurzer Zeit entstand ein ganzer Kreis von Freunden dieser Käferfamilie.

Die Zahl der an Staphylinidae interessierten Koleopterologen wurde schon bald relativ groß, und es lohnte sich, sie alle an einen Tisch zu bitten. So veranstalteten MANFRED UHLIG und LOTHAR ZERCHE im Jahre 1986 die erste der jährlichen Tagungen über Staphylinidae. Seither haben diese ohne Unterbrechung an verschiedenen Orten stattgefunden und einen erheblichen Fortschritt der Staphylinidenkunde gefördert, auch geradezu einen Sog ausgeübt und manchen Zuwachs in den immer größer werdenden Kreis gebracht. Die Autoren dieses Bandes haben maßgeblich daran mitgewirkt, dass diese Tagungen ein internationales Meeting wurden.

Die Idee eines vielbändigen Bestimmungsbuches, verwirklicht zwischen 1964 und 1998, hat noch immer Bestand, wie die reiche Nutzung der „Käfer Mitteleuropas" zeigt, die kaum im Bücherregal eines ernsthaften Koleopterologen fehlen dürften. Die großartigen Möglichkeiten der elektronischen Medien können und wollen eine solche Buchreihe nicht ersetzen. Aber es ist erforderlich, dass neue Kenntnisse, Korrekturen und Verbesserungen gesammelt und in Neubearbeitungen zusammengefasst werden, wie es für Band 2 (Carabidae) dieser Reihe erstmals erfolgt ist. Die „Käfer Mitteleuropas" leben also – wie nun auch aus dem vorliegenden zweiten neuen Band zu ersehen ist.

Für weitere Bände befinden sich Neuauflagen in Vorbereitung, aber es ist schwierig, kompetente Bearbeiter zu finden und auch Manuskripte in endlicher Zeit zu erhalten. Dafür gibt es sicher mehrere Gründe. Ein wichtiger ist der relativ geringe Stellenwert, den taxonomische Kenntnisse in der wissenschaftlichen Öffentlichkeit nach wie vor haben. Entsprechende Publikationen gelten nicht viel, vor allem bei Bewerbungen jüngerer Biologen, die aus dieser Lage heraus andere Themen bevorzugen, weil Impact-Faktor und ähnliche zur Bewertung der Wissenschaft ungeeignete Kriterien über die berufliche Zukunft entscheiden.

Ein zweites Problem ist die Erosion bei den Planstellen für hauptberuflich arbeitende Entomologen. Es werden immer weniger! Zum Glück wird diese Entwicklung von den Freizeitforschern aufgehalten, in deren Sachkenntnis die Koleopterologie in Deutschland seit langem in wesentlichen Teilen ruht. Das ist auch gegenwärtig so, aber die mögliche Ergänzung und Unterstützung aus dem hauptamtlichen Sektor wird immer geringer. So liegt also die Fortführung der „Käfer Mitteleuropas" weitgehend im Bereich der Freizeitforschung, das heißt aber auch nahezu völlige Freiheit in der Wahl von Terminen und das führt zu Schwierigkeiten, will man die einzelnen – in ihrem Inhalt aus heutiger Sicht oft heterogenen – Bände annähernd in ihrem traditionellen Inhalt als Neuauflagen herausgeben.

Andererseits besteht ein unmittelbarer Bedarf an guter Bestimmungsliteratur, auch für Käfer. Es geht nicht nur um das weit strapazierte Thema der Identifikation so genannter Schädlinge. Neben den allgemeinen Interessen an der Bestimmung von Käfern wird entsprechende Kenntnis zunehmend im Bereich des Umwelt- und Naturschutzes gebraucht. Die Erfassung von „xylobionten Coleoptera", von „Urwaldrelikten" hat große Verbreitung gefunden. Zahlreiche Rote Listen entstehen, die ein faunistisches Grundwissen über die betreffende Gruppe und Region erfordern und schließlich das Schlagwort „Biodiversität". Darüber wird viel geredet, es gibt internationale Verpflichtungen und sogar beträchtliche finanzielle Mittel, nur merken die Faunisten als die eigentlichen Kenner der Biodiversität kaum etwas davon, es bleibt zu hoffen, dass sich hier in Zukunft Entscheidendes ändert.

Der vorliegende Band – wie überhaupt die „Käfer Mitteleuropas" – hat aber eine wesentliche Aufgabe, vielleicht die wichtigste, das Interesse an der Käferkunde wach zu halten, zu fördern, die Bestimmung der Arten zu ermöglichen und zu lokalfaunistischen Arbeiten anzuregen. Aus den vielen Erkenntnissen der koleopterologischen Gemeinschaft setzt sich schließlich das Bild unserer Fauna und deren Veränderungen zusammen, ohne dieses umfangreiche Detailwissen gäbe es keine Biogeografie Europas, der Paläarktis und darüber hinaus.

Die Herausgeber und Autoren des vorliegenden Bandes haben natürlich auch die inzwischen erzielten Ergebnisse der phylogenetischen Forschungen einbezogen. Einige der resultierenden Veränderungen ergeben sich in wesentlichen Teilen aus dem Studium der Larven, deren Kenntnis für die Umgrenzung monophyletischer Gruppen ebenso wie für das Aufspüren von Schwestergruppen von immenser Bedeutung ist. Im Bereich der Großsystematik finden die Larven also eine gebührende Beachtung.

Leider fehlen andererseits weitgehend Bestimmungstabellen, die für die allgemeine Kenntnis der Larven, z. B. auch für ökologische Arbeiten von herausragender Bedeutung wären. Das relativ geringe Wissen in der Anzahl der gut untersuchten Arten ist in den vergangenen Jahrzehnten kaum erweitert worden, von vielen Gattungen kennt man noch immer nicht eine einzige Art als Larve.

Auf diesen Umstand wies schon HORION (1967) in Band XI seiner Faunistik hin: „Ein ganz wichtiges Feld der Staphyliniden-Forschung ist noch allzuwenig bearbeitet, die Erforschung der Larven und überhaupt der Präimaginalstände (Ei, Larve, Puppe). Nur bei wenigen Genera und Species kann ich in diesem Bande etwas über die bisherige Larven-Forschung mitteilen. Man kann wohl sagen, dass bei keiner anderen Käfer-Familie so geringe Larven-Kenntnisse vorhanden sind wie bei der Riesenfamilie der Staphyliniden".

Es mangelt nach fast 45 Jahren noch immer sowohl an neu beschriebenen Larven als auch an Zusammenfassungen vorhandenen Wissens. Die zahlreichen neueren Erkenntnisse, die zu Veränderungen in der Definition von Unterfamilien und Tribus geführt haben, erfordern eine weitgehend neue vergleichend morphologische Sicht auf den Fundus des vorhandenen Wissens über die Larven der Staphylinidae.

Vielleicht erwächst aus dem reichen Kreis der Staphylinidologen in Zukunft auch eine merkliche Förderung der Kenntnis der Larven. An Anregungen dazu hat es nicht gefehlt. Die Larven sind natürlich nicht das Thema dieses Bandes, vielleicht aber wird der Hinweis auf dieses lohnende Gebiet bei einem (oder zwei) der zahlreichen an den Staphylinidae interessierten Leser auf fruchtbaren Boden fallen.

Der vorliegende Band ist ein modernes Werk, dem eine weite Verbreitung und vor allem natürlich eine weitere Förderung der Staphylinidenkunde zu wünschen ist. Natürlich hoffen alle, dass auch der 1974 erschienene Band 5 eine solche moderne Darstellung erfahren wird. Die Entomologengemeinschaft sagt herzlichen Dank, gratuliert und wünscht der Gilde der Staphylinidologen weitere schöne Erfolge und Freude bei ihren Forschungen!

Dresden, am 7. Juni 2011

BERNHARD KLAUSNITZER

Vorwort

Mehr als 45 Jahre ist es nun her, dass der von Gustav Adolf Lohse verfasste Band „Staphylinidae I" als Band 4 in der Reihe „Die Käfer Mitteleuropas" 1964 erschienen ist, zehn Jahre vor dem Band 5 mit der Fortsetzung „Staphylinidae II". Dass er der erste Band der Reihe war – Band 1 wurde erst 1965 publiziert – ist umso bemerkenswerter, als die Staphyliniden im Unterschied zu vielen anderen Käferfamilien zuvor von vielen Faunisten, Ökologen, Taxonomen und Käfersammlern eher stiefmütterlich behandelt oder bisweilen auch verächtlich abgetan wurden, galt diese artenreichste aller Käferfamilien doch als schwierig oder gar unbestimmbar. Spezialisten, die sich mehr oder weniger ausschließlich mit den Staphyliniden insgesamt oder mit einzelnen Staphylinidengruppen befassten, fehlten im mitteleuropäischen Raum – wie auch in vielen anderen Regionen – fast völlig. Es war somit in erheblichem Maße G. A. Lohses Verdienst, dass die Staphyliniden nach Vorliegen des Bandes 4 vor allem in Mitteleuropa in der Forschung immer mehr Beachtung fanden. Ohne dieses Werk hätten wohl viele der heute in der Staphylinidenforschung Aktiven nie den Zugang zu diesen Insekten gefunden; dies gilt auch für die Herausgeber des vorliegenden Buches. Mittlerweile dürften die Kurzflügelkäfer, was ihre Präsenz in entomologisch, zoologisch und taxonomisch ausgerichteten mitteleuropäischen Fachzeitschriften angeht, fast alle anderen Käferfamilien überholt haben, und die Zahl der mitteleuropäischen Spezialisten hat sich beträchtlich erhöht.

Nach nunmehr fast einem halben Jahrhundert ist der Band 4 der „Käfer Mitteleuropas" nicht nur vergriffen, sondern auch in vielen Punkten überholt. Die zahlreichen, zwischenzeitlich publizierten taxonomischen, systematischen und faunistischen Änderungen wurden in insgesamt fünf Nachträgen zusammengefasst, davon zwei in der Reihe „Die Käfer Mitteleuropas" (Band 12 und 15) und drei im Rahmen separater Veröffentlichungen (ASSING & SCHÜLKE 1999, 2001, 2007). Für den Nichtspezialisten sind damit Determination, korrekte Benennung und systematische Einordnung von Staphyliniden erheblich schwieriger geworden.

Hier versucht nun die vorliegende Neubearbeitung Abhilfe zu schaffen. Mit Johannes Frisch (*Scopaeus*), Ivan Löbl (Scaphidiinae, Dasycerinae, Trigonurinae), György Makranczy (*Ochthephilus* und *Thinobius*), Volker Puthz (Steninae, Euaesthetinae), Harald Schillhammer (Staphylinina, Philonthina, Osoriinae, Olisthaerinae, Leptotyphlinae), Alexey Solodovnikov (Quediina, Amblyopinina und Tanygnathinina) und Adriano Zanetti (Omaliinae, Proteininae, Micropeplinae, Pseudopsinae) gelang es, für die Mitarbeit an diesem Projekt Kollegen zu gewinnen, die sich bereits seit langem taxonomisch mit den jeweiligen Gruppen befassen und international als führende Spezialisten anerkannt sind. Alfred F. Newton erklärte sich bereit, das Kapitel zur Phylogenie und Systematik der Staphyliniden zu verfassen. Alle bis zum Redaktionsschluss bekannten und akzeptierten Änderungen zur Taxonomie, Systematik und Zoogeographie der Staphyliniden wurden in neu erstellte – und zum Teil gänzlich anders konzipierte – Bestimmungsschlüssel eingearbeitet. Unter Berücksichtigung der Erfahrungen mit der Handhabung des alten Bandes 4 und angesichts von Änderungen auch auf höherer systematischer Ebene wurde er gegenüber seinem Vorgänger sowohl deutlich erweitert als auch vollständig überarbeitet. So wurden die geographischen Grenzen ausgedehnt und – zusätzlich zu den von LOHSE (1964) berücksichtigten Gebieten (Dänemark, Deutschland, Niederlande, Österreich, deutschsprachige Teile der Schweiz, Tschechische Republik, Slowakei, westliches Polen) – die Fauna aller Benelux-Staaten, Polens bis zur

Ostgrenze sowie der nicht-deutschsprachigen Teile der Schweiz vollständig erfasst. Auch Arten, die in angrenzenden Gebieten Norditaliens, Sloweniens, Ungarns, Nordfrankreichs und des Baltikums verbreitet sind und deren Vorkommen in Mitteleuropa wahrscheinlich ist oder zumindest nicht ausgeschlossen werden kann, wurden berücksichtigt.

Alle seit 1964 neu in die Staphylinidae aufgenommenen und im Gebiet nachgewiesenen Unterfamilien (Dasycerinae, Scaphidiinae, Pselaphinae, Scydmaeninae) sind im Unterfamilienschlüssel erfasst; mit Ausnahme der Pselaphinae und der Scydmaeninae wurden für sie auch neue Gattungs- und Artenschlüssel erstellt. Um die Determination zu erleichtern und abzusichern, wurden ferner die Anzahl der Abbildungen gegenüber dem Vorgängerband beträchtlich erhöht, für jede Gattung ein Habitusfoto erstellt und, von wenigen Ausnahmen abgesehen, für alle Arten erheblich verbesserte Genitalabbildungen angefertigt.

Seit 1964 wurde eine Reihe von Triben und Gattungen aus den größeren Unterfamilien – insbesondere aus den Proteininae, Omaliinae, Steninae, Paederinae und Staphylininae – taxonomisch mehr oder weniger umfassend revidiert. In diesen Gruppen sind daher in Zukunft, von wenigen Ausnahmen abgesehen (z. B. *Astenus*, *Heterothops*), kaum wesentliche nomenklatorische und taxonomische Änderungen zu erwarten. Gleiches gilt, mit Ausnahme einiger Artengruppen der Gattung *Mycetoporus*, auch für die Tachyporinae. Revisionsbedürftig bleiben jedoch immer noch Teile der Oxytelinae, vor allem die Gattung *Bledius*. Bezüglich des taxonomischen Status vieler Arten und Artengruppen dieser Gattung und damit auch hinsichtlich ihrer Zoogeographie und Ökologie besteht noch Klärungsbedarf.

Trotzdem – oder vielleicht gerade deshalb – hoffen wir, dass die vorliegende Neubearbeitung möglichst viele biologisch Interessierte dazu motiviert, sich mit den Staphyliniden zu befassen; dann jedenfalls hätte sich der Aufwand wirklich gelohnt. In einer Zeit, in der immer mehr Natur durch den Menschen verändert bzw. zerstört wird und in der der Stellenwert der Naturkunde in der Gesellschaft – leider auch an den Universitäten – kontinuierlich abnimmt, wird Artenkenntnis mehr gebraucht denn je.

Hannover und Berlin, Juli 2011

VOLKER ASSING & MICHAEL SCHÜLKE

System der Unterfamilien der Staphylinidae Mitteleuropas

(mit Namen der Bearbeiter)

Unterfamilie	Bearbeiter	Seite
Omaliinae	A. Zanetti	49–117
Proteininae	A. Zanetti	117–123
Micropeplinae	A. Zanetti	124–127
Dasycerinae	I. Löbl	127
Pselaphinae		Band 5
Phloeocharinae	V. Assing	128
Olisthaerinae	H. Schillhammer	129–130
Tachyporinae	M. Schülke	130–199
Trichophyinae	V. Assing	199–200
Habrocerinae	V. Assing	200–201
Aleocharinae		Band 5
Trigonurinae	I. Löbl	201
Scaphidiinae	I. Löbl	201–205
Piestinae	V. Assing	206–207
Osoriinae	H. Schillhammer	207
Oxytelinae (exklusive *Ochthephilus* und *Thinobius*)	M. Schülke	207–266, 283–284
Oxytelinae: *Ochthephilus* und *Thinobius*	M. Schülke & G. Makranczy	266–282
Oxyporinae	M. Schülke	285
Steninae	V. Puthz	286–317
Euaesthetinae	V. Puthz	317–319
Scydmaeninae		Band 3
Leptotyphlinae	H. Schillhammer	319–320
Pseudopsinae	A. Zanetti	321
Paederinae (exklusive *Scopaeus*)	V. Assing	322–369, 380–383
Paederinae: *Scopaeus*	J. Frisch	370–380
Staphylininae (Einleitung)	H. Schillhammer	384
Staphylininae: Othiini	V. Assing	384–392
Staphylininae: Staphylinini: Amblyopinina	A. Solodovnikov	393–396
Staphylininae: Staphylinini: Philonthina	H. Schillhammer	397–450
Staphylininae: Staphylinini: Quediina	A. Solodovnikov	451–484
Staphylininae: Staphylinini: Staphylinina	H. Schillhammer	484–507
Staphylininae: Staphylinini: Tanygnathinina	A. Solodovnikov	507–507
Staphylininae: Xantholinini	V. Assing	507–526

Danksagungen

Ohne die Unterstützung zahlreicher Institutionen und Kollegen wäre die Fertigstellung dieses Bandes nicht möglich gewesen.

Zahlreiche Taxa wurden von den Autoren anhand von Typen und umfangreichem Sammlungsmaterial untersucht. Für die Bereitstellung des betreffenden Materials haben wir den folgenden Institutionen, Kustodinnen und Kustoden zu danken: Derek A. Lott (Loughborough), Heinrich Meybohm (Großhansdorf), Wolfgang Ziegler (Rondeshagen), Museum d'Histoire Naturelle, Genève (G. Cuccodoro), Museum d'Histoire Naturelle, Lyon (Joel Clary), Museum für Naturkunde Berlin (Johannes Frisch, Manfred Uhlig, Joachim Willers), Museum National d'Histoire Naturelle, Paris (A. Taghavian), Naturhistorisches Museum Wien (Harald Schillhammer), Senckenberg Forschungsinstitut und Naturmuseum Frankfurt/Main (Andrea Hastenpflug-Vesmanis), Senckenberg Deutsches Entomologisches Institut, Müncheberg (Lutz Behne, Lothar Zerche), The Natural History Museum, London (Max Barclay, Roger G. Booth).

György Makranczy (Budapest) und Matuš Kocian (Slany) stellten bisher unveröffentlichte Abbildungsvorlagen zur Verfügung.

Für Korrekturen und/oder vielfältige Hinweise danken wir Axel Bellmann (Bremen), Jens Esser (Berlin), Benedikt Feldmann (Münster), Bernhard Klausnitzer (Dresden), Andreas Kleeberg (Berlin), Frank Köhler (Bornheim), Agata und Henryk Luka (Basel/Frick), Werner Lakomy (Bremen), Jan Pedersen (Kopenhagen), Klaus Renner (Bielefeld), Irene Schatz (Innsbruck), Andrea Schomann (Kopenhagen), Heinrich Terlutter (Münster) und Jürgen Vogel (Görlitz).

Dem Spektrum Verlag sind wir in Person von Frau Jutta Liebau, Herrn Ulrich G. Moltmann und Herrn Christoph Iven für Betreuung, Hinweise und viel Geduld zu Dank verpflichtet.

Allgemeiner Teil

Phylogenie und Systematik

In den 45 Jahren seit Erscheinen von Band 4 der „Käfer Mitteleuropas" (LOHSE 1964) gab es mehr Änderungen in der Klassifikation der Staphyliniden als in den hundert Jahren zuvor. Diese Änderungen betreffen die Abgrenzung der Familie zu anderen Käferfamilien und viele Änderungen innerhalb der Familie, sowohl auf der Ebene der Unterfamilien als auch darunter. Einige der neueren Klassifikationskonzepte mögen zwar auf den ersten Blick drastisch erscheinen, sie beruhen aber im Wesentlichen auf Ranganhebungen niedrigerer systematischer Gruppen, meist ohne neue Befunde und ohne plausible Rechtfertigung. In der Einleitung zu seiner viel beachteten Synopsis westpaläarktischer Staphyliniden spaltete beispielsweise COIFFAIT (1972) die Staphyliniden in zehn Familien auf, ohne diesen Schritt jedoch näher zu erläutern und zu begründen. Es erschienen auch nur die Bände zur ersten seiner zehn Familien, den Staphyliniden sensu strictu (mit den Unterfamilien Xantholininae, Leptotyphlinae, Staphylininae, Paederinae and Euaesthetinae). Trotzdem wurde sein Konzept von einigen Autoren übernommen. Ein ausdrücklich künstliches Unterfamiliensystem entwickelte MOORE (1964) im Rahmen eines Schlüssels der nearktischen Unterfamilien, indem er diejenigen Unterfamilien, die in seinem Schlüssel an unterschiedlichen Stellen erschienen, aufspaltete (z. B. Staphylininae in sechs Unterfamilien). Er verwendete diese Klassifikation auch in seinen späteren Veröffentlichungen und Katalogen; sie wurde aber von anderen Autoren nicht übernommen.

Die meisten grundlegenden und heute weitgehend akzeptierten Änderungen in der Klassifikation der Staphyliniden sind jedoch das Ergebnis der „Hennigschen Revolution" in der zweiten Hälfte des 20. Jahrhunderts, deren Ziel es war, Systematik und Phylogenie zur Deckung zu bringen. Hennigs Arbeiten schufen hierfür sowohl das theoretisch-philosophische Konzept als auch die für die Rekonstruktion phylogenetischer Beziehungen geeignete Methodik (Kladistik). Die unter modernen Systematikern breite Akzeptanz der kladistischen Analyse als Mittel phylogenetischer Rekonstruktion sowie die Forderung, die Phylogenie müsse Basis jeglicher Klassifizierung und damit auch jede Gruppe monophyletisch sein, führten wiederum zu einer Revolution, was die Zahl und die Art der von modernen Systematikern gesammelten Daten angeht. Denn die Aussagekraft einer phylogenetischen Rekonstruktion hängt hauptsächlich von der Zahl und der Art der untersuchten Merkmale ab. Daher wurden in vielen aktuellen Studien, insbesondere solchen auf höherer systematischer Ebene, Merkmale von Larven und anderen Entwicklungsstadien (z. B. BEUTEL & MOLENDA 1997), anatomische und physiologische Merkmale, wie etwa die Anatomie der Ovariolen (z. B. WELCH 1993), die Struktur von Abwehrdrüsen oder die Chemie von Abwehrsekreten (z. B. DETTNER 1993), molekularbiologische Daten (z. B. CATERINO et al. 2005) und Fossilien untersucht. Um die Aussagekraft der Ergebnisse zu erhöhen, wurden verschiedentlich Merkmale aus zwei oder mehr Merkmalsbereichen kombiniert herangezogen (z. B. HANSEN 1997, BEUTEL & LESCHEN 2005b; siehe auch die unten zitierten Arbeiten).

Ein wesentliches Ergebnis der aktuellen phylogenetischen Arbeiten war, dass eine kleine Gruppe von Familien, die in etwa der historischen Gruppe „Brachelytra" entspricht und die Familien Staphylinidae, Pselaphidae, Scydmaenidae, Scaphidiidae und Silphidae der Reihe „Die Käfer Mitteleuropas" einschließt, mit hoher

Wahrscheinlichkeit monophyletisch ist. Wie der Name Brachelytra bereits sagt, ist sie durch häufig (aber nicht immer) verkürzte Elytren, die mehr oder weniger große Teile des Abdomens unbedeckt lassen, charakterisiert. Gemeinsame abgeleitete Merkmale (Synapomorphien) finden sich darüber hinaus im Bau der Mandibeln und des Labrums der Larven (Mola und Tormae fehlend), im einzigartigen Faltmechanismus und in der Lage des Costalgelenks der Hinterflügel sowie im Bau des Aedoeagus (mit vergrößerter, basaler, muskelgefüllter Kapsel und kleiner basaler Öffnung) (z. B. LAWRENCE & NEWTON 1982, GREBENNIKOV & NEWTON 2009).

Ein weiteres, ebenso gut gesichertes Ergebnis der Arbeiten aus den letzten Jahren ist aber auch die Feststellung, dass die Staphyliniden im historischen Sinne im Verhältnis zu anderen Familien dieser Gruppe nicht monophyletisch sind. LAWRENCE & NEWTON haben dieses Problem bereits 1982 formuliert. Innerhalb der historischen Staphyliniden erkannten sie vier phylogenetische Hauptlinien und stellten fest, dass die übrigen Brachelytra entweder in diese Hauptlinien bzw. Unterfamiliengruppen (Omaliinen-, Tachyporinen-, Oxytelinen- und Staphylininengruppe) oder nahe bei ihnen einzuordnen seien. Diese Hypothese wurde in nachfolgenden Arbeiten untersucht und weitgehend bestätigt, obwohl immer noch einiges unklar bleibt oder kontrovers diskutiert wird, vor allem hinsichtlich der basalen Verzweigungen innerhalb der Brachelytra und ihrer Konsequenzen für die Klassifikation.

Die Entdeckung einer neuen Staphyliniden-Unterfamilie (Protopselaphinae) veranlasste NEWTON & THAYER (1995) Adultmerkmale bei allen Unterfamilien der Omaliinengruppe und bei anderen Gruppen der Brachelytra zu untersuchen. Ihre phylogenetische Analyse lieferte überzeugende Argumente (einschließlich einer einzigartigen Abwehrdrüse am Abdominalsternit VIII bei den meisten untersuchten Taxa) für die Monophylie einer Gruppe, die nicht nur viele Staphyliniden-Unterfamilien einschließt, sondern auch die Pselaphiden und einige weitere, zuvor phylogenetisch unklare Gruppen: die Micropeplinae, die Dasycerinae (mit der bis dahin in die Latridiidae gestellten Gattung *Dasycerus*) sowie die nichteuropäischen, teilweise als eigenständige Familien oder als Unterfamilien der Silphiden betrachteten Glypholomatinae, Microsilphinae und Empelinae. Die genannten Autoren schlugen daher vor, alle diese Gruppen, einschließlich der Pselaphiden, der Omaliinengruppe als Unterfamilien zuzuordnen. Außerdem gliederten sie die Gattung *Metopsia* (Metopsiinae sensu LOHSE 1964) in die Proteininae ein.

Auf der Basis von Adult- und Larvalmerkmalen untersuchte ASHE (2005) die Phylogenie der Unterfamilien der Tachyporinengruppe. Dabei fand er kaum Argumente für eine Monophylie dieser Gruppe insgesamt oder für die der Tachyporinae, welche damit die am wenigsten abgegrenzte und die einzige vermutlich nicht-monophyletische Unterfamilie der Staphyliniden bleibt. Andererseits ergaben sich deutliche Hinweise auf die Monophylie der Aleocharinae (etwa der Bau der gegliederten, basal stark erweiterten Parameren mit einem Velum und einem apikalen Fortsatz), einschließlich einiger bisher meist als eigenständige Unterfamilien betrachteter Gruppen (Hypocyphtinae, Trichopseniinae und einige weitere exotische Taxa). Innerhalb der Aleocharinae identifizierte ASHE (2005) auch eine – z. B. durch einzigartige Abwehrdrüsen bei Imagines und Larven – gut abgegrenzte Gruppe, die die große Mehrheit der Triben und Arten dieser größten Unterfamilie der Staphyliniden umfasst. Darüber hinaus deuten seine Ergebnisse auf eine Schwestergruppenbeziehung zwischen den Trichophyinae und Habrocerinae, die zusammen wahrscheinlich die Schwestergruppe der Aleocharinae bilden, sowie auf eine nahe Verwandtschaft der Phloeocharinae und Olisthaerinae hin.

Die Unterfamilien der Oxytelinengruppe waren bisher noch nicht Gegenstand umfassender phylogenetischer Analysen. Allerdings ergab die Gattungsrevision der Oxytelinae durch HERMAN (1970), bis heute die umfangreichste derartige Arbeit über eine Unterfamilie, deutliche Hinweise auf ihre Monophylie (z. B. paarige Abwehrdrüsen in der Abdomenspitze). Auf der Basis von Larvalmerkmalen betrachtete KASULE (1966) die frühere Familie Scaphidiidae als eine mit den Oxytelinae nah verwandte Unterfamilie der Staphyliniden. Argumente für weitere taxonomische Änderungen, einschließlich der Abspaltung der exotischen Unterfamilien Trigonurinae und Apateticinae von den Piestinae, wurden von THAYER (2005) formuliert.

Innerhalb der Staphyliniden stellt die Staphylininengruppe die größte phylogenetische Hauptlinie dar. Sie war in den letzten Jahren am häufigsten Gegenstand phylogenetischer Untersuchungen. Zu den jüngsten und umfangreichsten Studien auf der Basis von Adult- und Larvalmerkmalen gehören die von SOLODOVNIKOV & NEWTON (2005) und GREBENNIKOV & NEWTON (2009). Erstere ergab deutliche Hinweise sowohl auf die Monophylie der Staphylininae (einschließlich der Xantholininae), der größten Unterfamilie dieser Gruppe, als auch auf die phylogenetischen Beziehungen innerhalb dieser Unterfamilien. GREBENNIKOV & NEWTON (2009) konnten die phylogenetischen Beziehungen zwischen den Unterfamilien der Staphylininengruppe weitgehend klären, fanden aber nur schwache Argumente für die Monophylie der Gruppe insgesamt. Das wichtigste und gleichzeitig am wenigsten erwartete Ergebnis ihrer Untersuchung waren klare Hinweise auf die Zugehörigkeit der Scydmaeniden zu dieser Gruppe. Sie repräsentieren die Schwestergruppe zu Steninae + Euaesthetinae und sind daher den Staphyliniden als Unterfamilie zuzuordnen. Darüber hinaus konnte bestätigt werden, dass auch die Pseudopsinae und die südamerikanische Unterfamilie Solieriinae hierher gehören. Allerdings wurden weder in dieser noch in früheren Arbeiten Argumente für die von LAWRENCE & NEWTON (1982) vermutete Zugehörigkeit der Silphiden zu dieser Gruppe gefunden. Damit bleiben mit den Silphidae und den Staphylinidae nur noch zwei Familien bei den Brachelytra.

Weitere phylogenetische Arbeiten, die teilweise zu anderen Ergebnissen kommen, sind etwa die von NAOMI (1985) auf der Basis von Adultmerkmalen und die von HANSEN (1997) auf der Grundlage von Adult- und Larvalmerkmalen (Larvalmerkmale auf Literaturdaten basierend).

Eine zusammenfassende Darstellung der am besten begründeten Ergebnisse der erwähnten Studien zeigt Abb. 1 (nach THAYER 2005: Abb. 11.7.3), verändert und ergänzt nach ASHE (2005), SOLODOVNIKOV & NEWTON (2005), CLARKE & GREBENNIKOV (2009) und GREBENNIKOV & NEWTON (2009).

Neben den genannten phylogenetischen Untersuchungen und Änderungen auf höherer systematischer Ebene sind seit LOHSE (1964) eine Fülle von Arbeiten zur Taxonomie, Systematik, Biologie, Ökologie, Faunistik und Naturschutzrelevanz von Staphyliniden erschienen. Sowohl weltweit als auch in der Westpaläarktis nimmt die Rate der Neubeschreibungen, der Veröffentlichungen und der mit Staphyliniden arbeitenden Forscher ständig zu; sie war im vergangenen Jahrzehnt höher als in irgendeinem der 24 vorhergehenden Jahrzehnte seit Linnaeus. So wurden im Zeitraum 2000–2009 von 292 verschiedenen Autoren in 1320 Publikationen jährlich durchschnittlich 676 neue Staphylinidenarten weltweit beschrieben. Ende 2009 gehörten zur Familie Staphylinidae in dem hier vorgestellten Umfang weltweit 56.768 valide Arten und Unterarten in 3624 Gattungen. Diese Artenzahl wird nur von einer weiteren Käferfamilie, den Curculioniden (ca. 51.000 beschriebene Arten nach

OBERPRIELER et al. 2007), annähernd erreicht. Die Staphylinidae sind damit nicht nur die artenreichste Käferfamilie, sondern die artenreichste Organismenfamilie überhaupt. Aus der westlichen Paläarktis (Atlantische Inseln, Europa ostwärts bis zum Ural, Nordafrika, Vorderasien und Arabische Halbinsel) waren Ende 2009 insgesamt 9148 valide Arten (ohne Unterarten) in 585 Gattungen bekannt (ausgestorbene Taxa eingeschlossen).

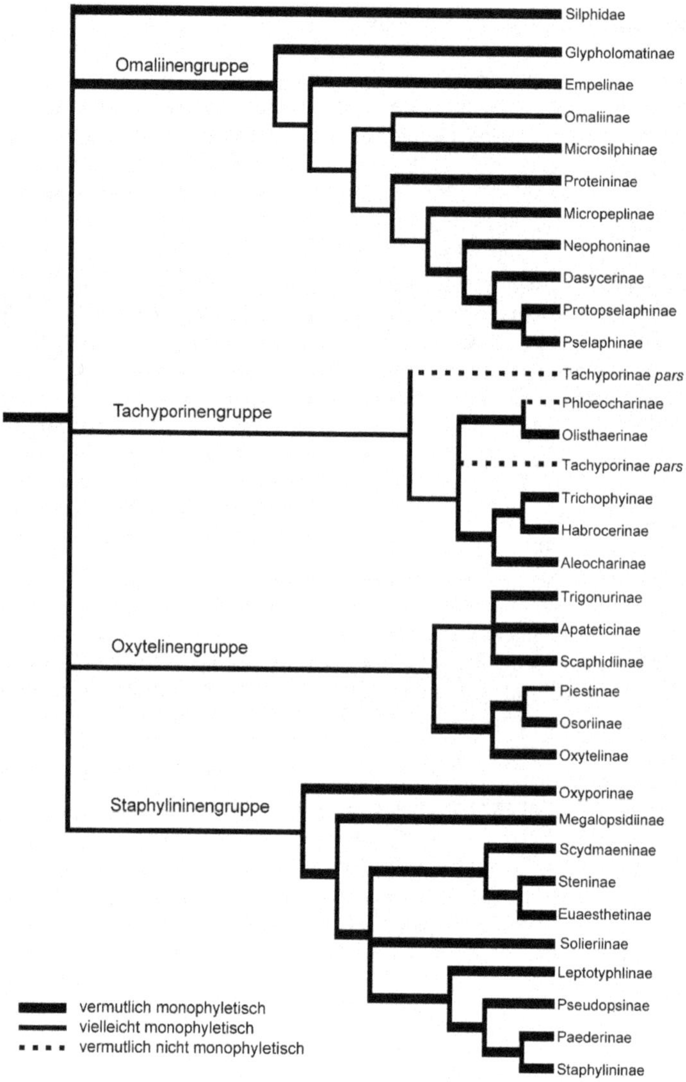

Abb. 1: Kladogramm der Brachelytra (Silphidae und Unterfamilien der Staphylinidae), modifiziert und ergänzt nach THAYER (2005: Fig. 11.7.3).

Zoogeographie

Im erweiterten Mitteleuropa mit den im Vorwort angegebenen Grenzen sind die Staphyliniden mit mehr als 2200 Arten und Unterarten vertreten (ASSING & SCHÜLKE 2007, BÖHME 2005, LUCHT 1987, LUKA et al. 2009) und repräsentieren hier die mit Abstand artenreichste Käferfamilie. Diese enorme Artenvielfalt lässt sich unter anderem auch damit erklären, dass sich die mitteleuropäische Staphylinidenfauna aus vielen unterschiedlichen Faunenelementen zusammensetzt.

Gegenstand der Zoogeographie ist die Verbreitung von Tieren. Während die deskriptive Zoogeographie sich letztlich auf die Beschreibung von Verbreitungsbildern beschränkt, geht der Anspruch der historischen oder kausalen Zoogeographie darüber hinaus, indem sie nach Erklärungen für aktuelle Verbreitungsmuster in den sich erdgeschichtlich ständig ändernden geologischen und klimatischen Bedingungen sucht. Hierzu hat DE LATTIN (1967) ein systematisches und plausibles, auch für die Untersuchung von Verbreitungsmustern bei Staphyliniden geeignetes theoretisches Konzept geschaffen, das darüber hinaus Vorhersagen erlaubt.

Die Zoogeographie der mitteleuropäischen Staphyliniden, d. h. ihre Verbreitung und Herkunft, lässt sich nur mit Blick auf die Klimaveränderungen in den vergangenen Jahrzehntausenden und Jahrhunderttausenden verstehen. Während mehrerer Kaltzeiten in der jüngeren geologischen Vergangenheit war Mitteleuropa wiederholt großflächig von Eis bedeckt. Die Staphylinidenfauna bestand zu diesen Zeiten im Wesentlichen aus kälteadaptierten, sogenannten oreotundralen Arten (Arten kältebedingt baumfreier Gebiete), die die zumindest saisonal eisfreien Gipfelregionen der Hochgebirge und die Tundren in Tallagen und in der Ebene besiedelten. Populationen von Arten des Arboreals (zumindest potentiell bewaldetete Gebiete), die heute mehr als 95 % der Staphylinidenfauna Mitteleuropas ausmachen dürften, konnten nur in wärmeren, südlicher gelegenen Regionen, sogenannten Glazialrefugien oder Refugialzentren, überdauern. Mit der am Ende der letzten Eiszeit vor gut 10.000 Jahren einsetzenden Erwärmung und dem Rückgang des Eises konnten Wälder und damit auch Arten des Arboreals aus unterschiedlichen Glazialrefugien und unterschiedlichen Richtungen wieder nach Mitteleuropa vordringen. Gleichzeitig wurde die oreotundrale Fauna, außer in höheren Gebirgslagen, verdrängt. Die derzeitige Staphylinidenfauna Mitteleuropas besteht daher aus einer Mischung ganz unterschiedlicher Faunenelemente, die jeweils, bedingt durch die Lage ihres jeweiligen Refugialzentrums und ihrer nacheiszeitlichen Ausbreitungsrichtung, durch ihre Herkunft und bestimmte Verbreitungsmuster charakterisiert sind. Die Areale der Arten können dabei zusammenhängend oder auch diskontinuierlich bzw. disjunkt sein.

Die in Mitteleuropa vertretenen Staphylinidenarten mit großen zusammenhängenden Arealen lassen sich in der Regel fünf Verbreitungstypen zuordnen. Sibirische (und mongolische) Faunenelemente (z. B. mehrere *Lathrobium*- und *Tetartopeus*-Arten, *Tachyporus chrysomelinus*, *T. nitidulus*, *Lordithon trimaculatus*) hatten ein ostpaläarktisches Refugialzentrum und haben sich postglazial entlang des paläarktischen Waldgürtels nach Westen ausgebreitet. Heute sind sie oft transpaläarktisch oder holarktisch verbreitet. Faunenelemente ostpaläarktischer Herkunft stellen fast 50 % der mitteleuropäischen Fauna, zahlreiche Arten erreichen in Mitteleuropa ihre Verbreitungsgrenze, so dass der Anteil der sibirischen Faunenelemente in Richtung Süden und Westen deutlich zurückgeht.

Mediterrane Faunenelemente stellen ebenfalls fast 50 % der mitteleuropäischen Fauna. Entsprechend ihrer Herkunft nimmt ihr Anteil nach Norden und Osten hin ab.

Holomediterrane Faunenelemente hatten ihr Glazialrefugium in großen Teilen des gesamten Mittelmeerraums und breiteten sich während des Postglazials mehr oder weniger stark in nördliche und östliche Richtungen aus; holomediterrane Elemente expansiven Typs (z. B. *Stenus similis, Astenus lyonessius, Ochthephilum brevipenne, Othius punctulatus, O. laeviusculus, Tachyporus hypnorum, Sepedophilus testaceus*) drangen dabei bis nach Mitteleuropa, teilweise auch nach Nordeuropa vor. Arten mit atlantomediterraner Verbreitung überdauerten die letzte Eiszeit in der westlichen Mediterraneis und breiteten sich nacheiszeitlich vor allem nach Norden und Nordosten aus; sie fehlen in der Regel in Südosteuropa. Beispiele aus der mitteleuropäischen Fauna sind *Anotylus speculifrons, Gyrohypnus wagneri, Lathrobium andorranum, Medon castaneus, Medon apicalis, M. ripicola, M. piceus, Othius angustus angustus, O. subuliformis, Stenus guynemeri, Sunius propinquus, S. bicolor, Tachyporus quadriscopulatus, Xantholinus elegans* und *X. gallicus* sowie die nur im äußersten Südwesten Mitteleuropas (Südschweiz) vertretenen *Luzea nigritula* und *Rugilus festivus*. Das Glazialrefugium wieder anderer Arten lag überwiegend im Gebiet des heutigen Italien, von wo aus sie sich im Postglazial mehr oder weniger weit nach Norden, Nordosten und Nordwesten ausbreiteten; sie fehlen in der Regel im äußersten Südwesten und Südosten Europas. Hierher gehören beispielsweise *Lathrobium magistrettiorum, Medon perniger* und *Stenus umbricus*, die in Mitteleuropa nur in der Südschweiz vorkommen, sowie *Medon dilutus dilutus*. Das Refugialzentrum der pontomediterran verbreiteten Arten (z. B. *Anotylus clypeonitens, Atrecus affinis, Lathrobium elegantulum, L. furcatum, L. taxi, Medon ferrugineus, M. fusculus, Megalinus flavocinctus, Milichilinus decorus, Ochthephilum collare, Tachyporus solutus, Stenus ochropus, Xantholinus coiffaiti, X. laevigatus)* befand sich im östlichen Mittelmeergebiet (vor allem Balkan, Türkei). Sie besiedelten Mitteleuropa nacheiszeitlich aus südöstlicher Richtung. Arten mit sehr kleinen Gesamtarealen (Endemiten) findet man in Mitteleuropa nur im Süden. Dabei handelt es sich fast ausnahmslos um Bewohner der Gipfelregionen von Hochgebirgen sowie einige wenige endogäisch (tief im Boden) lebende Arten oder Bewohner unterirdischer Spaltensysteme, die sich im Postglazial nicht (oder kaum) ausbreiten konnten (z. B. *Boreaphilus carinthiacus, Lathrobium cavicola*, Arten der Leptotyphlinae, einige *Leptusa*-Arten).

Disjunktionen von Verbreitungsarealen können ganz unterschiedliche Ursachen haben. Bei Arten des arkto-alpinen Verbreitungstyps (z. B. *Mannerheimia arctica, Stenus veselovae*) handelt es sich um kälteadaptierte, oreotundrale Elemente, die während des Glazials ein zusammenhängendes Areal besiedelten, das aber nacheiszeitlich getrennt wurde, und die heute sowohl in den hohen Lagen der Hochgebirge des südlichen Mitteleuropas als auch im Norden Nordeuropas vorkommen, in den dazwischen liegenden Gebieten aber fehlen. Boreomontan (oder boreoalpin) verbreitete Arten sind dagegen Elemente des borealen Nadelwaldes (also des Arboreals) mit mongolischem oder sibirischem Refugialzentrum, die nacheiszeitlich mit den Nadelwäldern aus östlicher Richtung nach Europa vordrangen und hier zunächst weit verbreitet waren. Mit zunehmender Erwärmung und Verschwinden des Nadelwaldes in unteren Lagen verblieben aber nur Reliktpopulationen in der montanen und subalpinen Zone höherer Gebirge (z. B. *Mycetoporus montanus, M. altaicus*). Beispiele glazialer Disjunktion und mehr oder weniger lokaler Reliktpopulationen findet man bei vielen Arten der Hochgebirge des südlichen Mitteleuropas, insbesondere in den Alpen. Solche Verbreitungsbilder lassen sich meist damit erklären, dass Restpopulationen die Eiszeiten auf Gipfeln, die aus dem

Gletschereis herausragten, überleben konnten, sich aufgrund von Barrieren (Täler) und geringer Ausbreitungsfähigkeit aber nacheiszeitlich kaum ausbreiteten. Sonderfälle glazialer Disjunktionen unter den mitteleuropäischen Staphyliniden stellen einige winzige ungeflügelte Arten der Gattung *Leptusa* (Aleocharinae) dar. So sind etwa von *Leptusa simoni*, die in den Westalpen weiter verbreitet ist, auch isolierte Reliktpopulationen in einigen deutschen Mittelgebirgen und sogar im Weserbergland bekannt, wo die Art vor allem in Block- und Kalkschutthaldenformationen gefunden wurde und als Bewohner von Hohlräumen in felsdurchsetzten Bodenschichten die Eiszeiten überdauern konnte.

Die disjunkten Areale einiger Staphylinidenarten (z. B. *Othius lapidicola*, *O. volans*) lassen sich jedoch nicht allein mit glazialen und postglazialen Klimaveränderungen und deren Auswirkungen plausibel erklären. Zumindest in der Gattung *Othius* gibt es deutliche Anzeichen dafür, dass nicht nur solche Disjunktionen, sondern auch Verbreitungsgrenzen allgemein auf interspezifischer Konkurrenz beruhen können.

Auch in den letzten Jahrhunderten und Jahrzehnten sind immer wieder sogenannte Adventivarten aus entfernteren zoogeographischen Regionen nach Mitteleuropa vorgedrungen. Dabei handelt es sich um Arten, die entweder offenbar durch Arealerweiterungen aus der Ostpaläarktis hierher gelangten (z. B. *Philonthus spinipes*, *Euryusa pipitzi*, *Rhomphocallus bernhaueri*) oder wahrscheinlich durch den Menschen aus noch weiter entfernten Gebieten nach Europa verschleppt wurden (z. B. *Paraphloeostiba gayndahensis* aus der australischen, *Cilea exilis* aus der äthiopischen und *Trichiusa immigrata* aus der nearktischen Region).

Ökologie und Bionomie

Wie bereits ihre enorme Artenvielfalt vermuten lässt, sind Staphyliniden in praktisch allen terrestrischen und semiaquatischen Lebensräumen, von der Meeresküste bis in die alpine Zone der Hochgebirge, mehr oder weniger artenreich vertreten. Schon aus diesem Grund müssen sich die nachfolgenden Angaben auf die Fauna Mitteleuropas konzentrieren. Eine umfassende Übersicht gibt THAYER (2005).

Ein Großteil der Arten lebt epigäisch (auf der Bodenoberfläche), in der Bodenstreu, in Moos oder anderen organischen Substraten, in Wald- und Strauchbiotopen, Sümpfen, Mooren, Grasvegetation, an salzbeeinflussten Standorten, aber auch auf Kulturland jedweder Art sowie an Meeresküsten und an Ufern fließender und stehender Gewässer des Binnenlandes. Insbesondere unter den Bewohnern unbewaldeter Biotope (vor allem Kulturland, Uferbiotope) gibt es Habitatwechsler, bei denen Reproduktions- und Überwinterungshabitat nicht identisch sind und die Wald- und Strauchbiotope zur Überwinterung aufsuchen (können). In Gebieten unterer und mittlerer Höhenlagen, die während der pleistozänen Eiszeiten weder vergletschert noch von Permafrost betroffen waren, kommen auch endogäische, also tief im Boden lebende Staphyliniden (insbesondere aus den Unterfamilien Leptotyphlinae und Osoriinae) sowie an unterirdische Spaltensysteme angepasste Arten mit vollkommen oder fast völlig reduzierten Augen und Flugorganen vor.

Neben den bodenlebenden Arten sowie solchen, die sich vorwiegend in der Baum-, Strauch- und Krautschicht aufhalten, gibt es viele Staphyliniden, die in kleinflächig verteilten, speziellen, oft sehr kurzlebigen organischen Substraten leben, z. B. in Pilzen, unter Borken und in Totholz, an Aas, in Kot (meist von Säugetieren und Vögeln) und im Kompost. Wieder andere sind auf unterirdische Nester und Baue von Säugetieren (insbesondere Maulwurf, Hamster, Ziesel, Murmeltier, Kaninchen, Fuchs und Dachs) oder auf Vogelnester (sowohl freistehende als auch solche in Baumhöhlen) spezialisiert. Eine beträchtliche Zahl von Arten ist mit staatenbildenden Hautflüglern, insbesondere Ameisen, assoziiert. In Mitteleuropa findet man die meisten Myrmecophilen bei hügelbauenden Waldameisen (*Formica* spp.) und bei der Glänzendschwarzen Holzameise *Lasius fuliginosus*. Einige sind aber auch von nicht-hügelbauenden *Formica*-, weiteren *Lasius*- sowie von *Myrmica*-, *Camponotus*-, *Messor*- und *Tapinoma*-Arten bekannt. Je nach Art der Beziehung zu ihren Wirtsameisen unterscheidet man zwischen Synechtren, Synoeken und Symphilen. Nur wenige in Mitteleuropa vertretene Staphyliniden sind mit anderen Hautflüglern assoziiert; so lebt etwa der auffällige *Quedius dilatatus* (ehemals *Velleius dilatatus*) bei Hornissen. Die Diversität der mit staatenbildenden Insekten (Hautflügler, Termiten) vergesellschafteten Staphyliniden nimmt in Europa nach Süden hin zu und ist besonders in den Tropen enorm hoch.

Obwohl Mitteleuropa hinsichtlich seiner Käferfauna weltweit zu den bestuntersuchten Regionen zählt, sind die Reproduktionshabitate vieler Staphyliniden immer noch mehr oder weniger unbekannt. Dies gilt vor allem für viele Arten der Unterfamilien Paederinae (z. B. Arten der Gattungen *Medon*, *Leptobium*, *Achenium*), viele Mycetoporini (*Bryophacis*, *Bolitobius*, *Mycetoporus*) und Aleocharinae (z. B. *Callicerus*, *Pseudosemiris*, *Alevonota*, *Ilyobates*), die zumeist als selten gelten, weil sie entweder zufällig – etwa unter Steinen, mit Bodenfallen oder Autokeschern – oder meist nur unter besonderen Bedingungen (z. B. Überschwemmungen) gefunden werden. Alles deutet darauf hin, dass sie sich in unterirdischen, bislang aber völlig unbekannten Habitaten fortpflanzen. Konkrete Angaben zur wirklichen Häufigkeit bzw. Seltenheit dieser Arten sind daher nicht oder nur bedingt möglich.

Bei geeigneten Witterungsbedingungen (warm, schwül, windstill) lassen sich Staphyliniden oft in großer Zahl fliegend beobachten. Dass viele Arten, die an das Leben in den subalpinen und alpinen Lagen angepasst sind sowie praktisch alle endogäischen und höhlenbewohnenden Arten aufgrund ihrer besonderen Selektionsbedingungen völlig reduzierte Flugorgane (Hinterflügel, der dem Zusammenfalten der Flügel dienende Membransaum am Hinterrand des Abdominaltergits VII, Flugmuskeln) haben und daher flugunfähig sind, ist seit langem bekannt. Systematische Untersuchungen der letzten Jahrzehnte haben jedoch gezeigt, dass auch ein großer Teil der übrigen mitteleuropäischen Staphylinidenfauna nicht oder nur eingeschränkt flugfähig ist (ASSING 1992a, 1993, 1994). Dies gilt in der Regel für Arten stabiler Lebensräume (K-selektierte Arten), also insbesondere für Arten der Bodenstreu von Wäldern und Strauchbiotopen. Allerdings bilden hier Arten, die durchweg flugunfähig zu sein scheinen (z. B. *Drusilla canaliculata*), eher die Ausnahme. Ausgesprochen häufig sind dagegen Di- oder Polymorphismen hinsichtlich der Länge der Hinterflügel, der Ausbildung der Flugmuskeln, des Vorhandenseins des Membransaums am Hinterrand des Abdominaltergites VII oder Kombinationen aus diesen Merkmalen. Bei den meisten Arten mit solchen Di- oder Polymorphismen ist die flugfähige Morphe in der Regel deutlich seltener als die flugunfähige; Ausnahmen bilden junge Populationen, in denen die Allele für Flugfähigkeit noch häufig sind. Soweit bekannt, betreffen solche Di- und Polymorphismen beide Geschlechter in der Regel gleichermaßen. In wenigen Fällen wurden jedoch auch geschlechtsspezifische Flügel- und/oder Flugmuskeldimorphismen beobachtet: Bei *Olophrum piceum* waren bislang alle Individuen der (seltenen) macropteren Morphe Weibchen, die gleichzeitig voll ausgebildete Flugmuskulatur besaßen. Gleiches gilt möglicherweise auch für *Ochthephilum fracticorne*; allerdings ist hier die Datenbasis noch zu gering. Bei

Quedius alpestris besitzen die Männchen längere Elytren und Hinterflügel; bei den Weibchen sind beide von reduzierter Länge. In der Regel durchweg flugfähig sind dagegen Arten (sogenannte r-selektierte Arten), die kleinräumig verteilte und/oder vergängliche Habitate (Pilze, Kot, Aas, Totholz, Kompost, Nester usw.) oder Pionierbiotope (z. B. regelmäßig überschwemmte Uferbiotope) bewohnen.

Besondere Beachtung fanden in den vergangenen Jahrzehnten die Präimaginalentwicklung und die Morphologie der Präimaginalstadien. Nach derzeitigem Kenntnisstand durchläuft die große Mehrheit der Staphyliniden drei Larvenstadien (De Marzo 2009, Thayer 2005); zwei Larvenstadien sind bislang nur von Paederinen (De Marzo 2009, Thayer 2005) und der Aleocharine *Drusilla canaliculata* bekannt (Schminke 1982). Nach bisherigen Untersuchungen zu den Lebenszyklen und Aktivitätsperioden der in Mitteleuropa vorkommenden Staphyliniden sind die Arten der Bodenstreu fast durchweg univoltin (eine Generation pro Jahr). Dabei liegt die Reproduktionsphase (Kopulation, Eiablage und Präimaginalentwicklung) meist in der Zeit von Frühjahr bis Sommer. Der Lebenszyklus vieler Arten – vor allem der Omaliinae, aber auch Arten anderer Unterfamilien – weicht aber deutlich davon ab. Sehr verbreitet ist bei Omaliinen eine imaginale Sommerästivation (Phase der Inaktivität) mit nachfolgender Eiablage im Herbst und Winter, Präimaginalentwicklung vom Herbst bis ins Frühjahr und Beendigung der Präimaginalentwicklung (Schlupf aus der Puppe) im Frühjahr. Bemerkenswerte, geschlechtsspezifisch unterschiedliche Aktivitätsrhythmen und Phänologien wurden bei einigen Xantholinini (*Xantholinus gallicus*, *X. linearis*) nachgewiesen. Bei *Othius subuliformis* findet die Präimaginalentwicklung je nach Witterungsbedingungen potentiell fast während des gesamten Jahres statt (Assing 1992a, b, 1993, 1994). Polyvoltine Lebenszyklen, d. h. mehrere Generationen pro Jahr, wurden vor allem bei r-selektierten Arten mit vergänglichen Habitaten (Pilze, Kot, Kompost usw.) beobachtet.

Nach derzeitigem Kenntnisstand ernährt sich die große Mehrheit der Staphyliniden räuberisch von Arthropoden und anderen Wirbellosen (Good & Giller 1991, Thayer 2005). Andere Ernährungsweisen sind bei Staphyliniden aber durchaus verbreitet, etwa Mycophagie (z. B. *Oxyporus*, *Gyrophaena*, zumindest einige *Sepedophilus*-Arten, Scaphidiinae), Saprophagie (z. B. viele Oxytelinae und Omaliinae) und Phytophagie (z. B. *Eusphalerum*, *Bledius*). Eine Sonderstellung nimmt die Gattung *Aleochara* ein; soweit derzeit bekannt, entwickeln sich die Larven aller Arten, mit Ausnahme von *A. clavicornis*, als Parasitoide an Puparien cyclorrhapher Dipteren (Maus et al. 1998).

Für weitere Informationen zur Biologie und Ökologie von Staphyliniden allgemein seien die Übersicht von Thayer (2005), für spezifische Angaben zu einzelnen Arten die faunistischen Werke von Horion (1963, 1965, 1967) sowie die im Literaturverzeichnis angegebenen Revisionen, die im Bestimmungsteil bei den jeweiligen Gattungen zitiert werden, empfohlen. Von der unkritischen Verwendung der Bände von Koch (1989a, b) ist jedoch abzuraten, da sie viele irreführende bzw. inkorrekte Angaben enthalten.

Morphologie

Entsprechend ihrer großen Artenzahl und ihrer Anpassung an verschiedenste Lebensräume gehören Staphyliniden zu den vielgestaltigsten Käferfamilien. Die Darstellung ihrer Morphologie kann deshalb nur anhand eines Grundbauplanes erfolgen, abweichende Bildungen werden in den Einleitungen zu Unterfamilien, Triben und Gattungen beschrieben. Für weitergehende Informationen zur Morphologie (nicht nur der Staphylinidae) sei auf BEUTEL & LESCHEN (2005a) verwiesen.

Der Grundbauplan einer Staphylinide ist in Abb. 2 (a – dorsal, b – ventral) dargestellt; Abb. 3 zeigt eine schematische Darstellung der Mundteile. Beide Abbildungen dokumentieren die in diesem Band benutzten morphologischen Termini und Messstrecken. Die dabei verwendeten Abkürzungen sind durch die graphische Darstellung bedingt, sie werden nicht im Text verwendet.

Der Kopf ist nach vorn (prognath), nur bei den Scaphidiinae nach unten gerichtet (hypognath), meist bis zum Hinterrand der Augen sichtbar, sein hinterer Teil ist oft unter dem Pronotum verborgen. Die Augen sind seitenständig, meist mehr oder weniger groß und aus vielen (> 100) Ommatidien bestehend, selten verkleinert, bei endogäischen Formen manchmal völlig reduziert. Bei einigen Omaliinen sind auf der Kopfoberseite hinten zwei Ocelli, bei *Metopsia* nur ein Ocellus sichtbar. Vertreter der Pselaphinae und einige Euaesthetinae besitzen zwei interoculare Grübchen, die durch Stirnfurchen miteinander verbunden sein können. Auf der Oberfläche des Kopfes befinden sich auf der Stirn, entlang dem Innenrand der Augen sowie auf den Schläfen größere Borstenpunkte, von taxonomischer Bedeutung ist in einigen Fällen die Ausbildung der Supraorbital-Borstenpunkte am inneren Hinterrand der Augen (z. B. bei *Quedius* und den Mycetoporini). Die Fühler sind meist 11-, selten 10- (Oligotini), 9- (*Micropeplus*) oder 6-gliedrig (*Claviger*). Zwischen kurzen Fühlern mit stark queren Gliedern (*Lamprinus*, *Bythinus*, *Meotica*) bis zu gestreckten Fühlern, die die Länge des Vorderkörpers deutlich übertreffen und sogar die Abdomenspitze erreichen können (♂♂ von *Siagonium*), sind alle Übergänge möglich. Die Fühlerglieder sind kugelig, ellipsoid, zylindrisch oder kegelstumpfförmig, meist etwas, manchmal stark abgeflacht. Einige Arten besitzen ganz oder zum Teil haarförmige, sehr feine Fühler (*Habrocerus*, *Trichophya*, *Scaphisoma*, *Dasycerus*). Gezähnte oder gesägte Fühler sind bei Staphyliniden sehr selten (*Quedius dilatatus*); neben kurzen 2- bis 4-gliedrigen Keulen (*Proteinus*, Euaesthetinae, einige Pselaphinae, *Euconnus*) kommen knopfförmig vergrößerte Endglieder (*Micropeplus*) oder schaftartig verlängerte Basalglieder (*Ochthephilum*, *Acylophorus*, *Bledius*) vor.

Die Mandibeln sind meist kurz und kräftig, manchmal lang und sichelförmig (Euaesthetinae, einige Paederinae), selten nach vorn verlängert und stark vorstehend (*Oxyporus*, einige *Bledius*). Die Innenseite ist glatt oder gezähnt, in einigen Fällen beim ♂ mit zusätzlichen Auszeichnungen (*Siagonium*).

Abb. 2 (rechts): Schematische Darstellung einer Staphylinide (Nach SCHEERPELTZ 1940, verändert und ergänzt). Dorsalansicht (a); Ventralansicht (b); Abkürzungen: HP – Hypomeron, HW – Hinterwinkel, K – Kehle, KN – Kehlnähte, L – Labrum, McH – Mesocoxalhöhle, MsA – Mesanepisternum, MsE – Mesepimeron, MsF – Fortsatz des Mesoventrits, MsT – Mesotrochanter, MsV – Mesoventrit, MtA – Metanepisternum, MtE – Metepimeron, MtF – Fortsatz des Metaventrits, MtT – Metatrochanter, NW – Nahtwinkel, PcH – Procoxalhöhle, PsF – Prosternalfortsatz, PT – Protrochanter, Sc – Scutellum, SL – Schläfenlänge, VW – Vorderwinkel. Verwendete Messwerte: AL – Augenlänge, EBr – Elytrenbreite, EL – Elytrenlänge, GL – Länge, Gesamtlänge, KBr – Kopfbreite, KL – Kopflänge, PBr – Pronotumbreite, PL – Pronotumlänge, RL – reduzierte Körperlänge (Vorderkörperlänge), SO – Supraorbital.

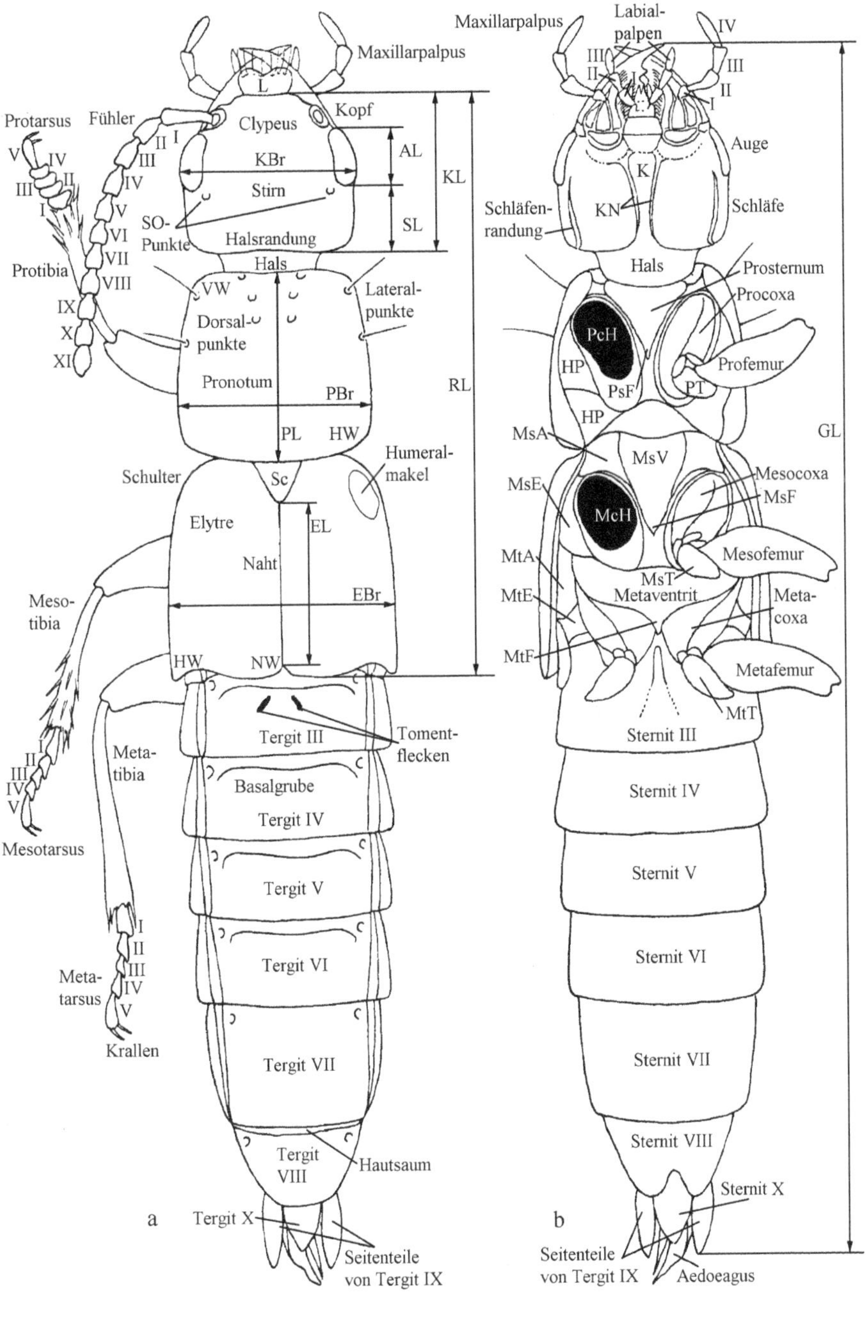

Maxillarpalpus
L
Kopf
Clypeus
Protarsus
Fühler
KBr
AL
KL
Stirn
SO-Punkte
SL
Halsrandung
Hals
Protibia
VW
Lateral-punkte
Dorsal-punkte
Pronotum
PBr
RL
PL
HW
Schulter
Sc
Humeral-makel
Elytre
EL
Naht
Meso-tibia
EBr
HW
NW
Meta-tibia
Tergit III
Toment-flecken
Basalgrube
Tergit IV
Mesotarsus
Tergit V
Tergit VI
Meta-tarsus
Krallen
Tergit VII
Tergit VIII
Hautsaum
a
Tergit X
Seitenteile von Tergit IX
Maxillarpalpus
Labial-palpen
Auge
K
KN
Schläfen-randung
Schläfe
Hals
Prosternum
Procoxa
PcH
HP
Profemur
PsF
PT
HP
GL
MsA
MsV
Mesocoxa
MsE
MsF
McH
MtA
Mesofemur
MsT
Metaventrit
MtE
Meta-coxa
MtF
Metafemur
MtT
Sternit III
Sternit IV
Sternit V
Sternit VI
Sternit VII
Sternit VIII
Sternit X
b
Seitenteile von Tergit IX
Aedoeagus

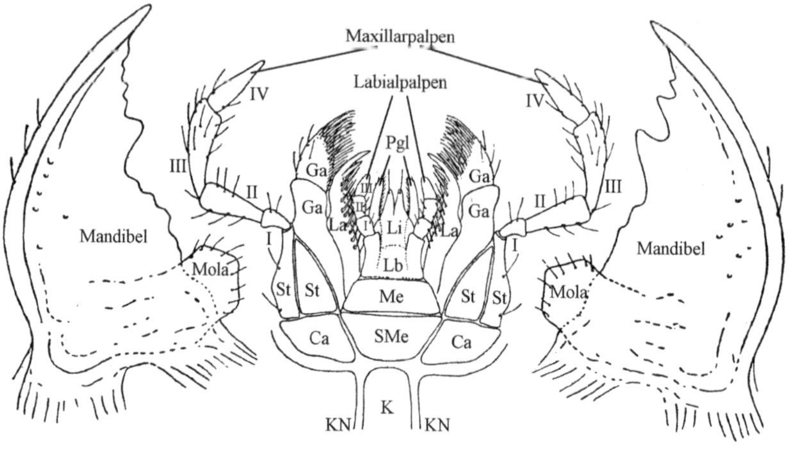

Abb. 3: Schematische Darstellung der Mundteile einer Staphylinide in ventraler Ansicht (Nach SCHEERPELTZ 1940, ergänzt). Abkürzungen: Ca – Cardo, Ga – Galea (2–teilig), La – Lacinia, Lb – Labium, Li – Ligula (Glossa), K – Kehle (Gula), KN – Kehlnähte, Me – Mentum, Pgl – Paraglossen, SMe – Submentum, St – Stipes (2-teilig).

Die Maxillen sind mit meist 4-gliedrigen Maxillartastern ausgestattet, das Labium mit meist 3-gliedrigen Labialtastern. Die Form und Größe der Tasterglieder sind innerhalb der Familie sehr variabel und stellen wichtige Bestimmungsmerkmale dar. Gleiches gilt für die Form und Beborstung von Labrum, Labium, Mentum, Lacinia, Galea, Ligula und Paraglossen.

Das Pronotum ist von unterschiedlicher relativer Größe, abgeflacht oder gewölbt, an den Seiten nicht, teilweise oder vollständig gerandet, seine Oberfläche ist oft mit Längskielen oder -furchen, Eindrücken oder Gruben versehen. Die Vorder- und Hinterecken sind winklig oder abgerundet, besonders die Vorderecken sind meist nach unten gebogen. Entlang der Ränder (z. B. bei vielen Tachyporinae) oder auf der Oberfläche des Pronotums (besonders bei den Philonthini, Quediini und Tanygnathinina) befinden sich in vielen Fällen taxonomisch wichtige (dorsale) Borstenpunkte oder Borstenpunktreihen.

Das Scutellum ist meist sichtbar, selten unter dem Hinterrand des Pronotums verborgen (Pselaphinae, Tachyporinae, manche Aleocharinae).

Die meist kurzen Elytren lassen das Abdomen in der Regel ab Tergit III in der Regel unbedeckt. Sie besitzen zumeist abgegrenzte Epipleuren, sind fast immer beweglich und nur bei wenigen Arten miteinander verbunden (Leptotyphlinae, *Dasycerus*). Ihre Oberfläche ist meist glatt und mehr oder weniger dicht punktiert, manchmal mit auffälliger Mikroskulptur, selten mit ausgeprägten Punktreihen, Längsfurchen oder Rippen versehen.

Die Hautflügel sind vom Staphylinoidea-Typus, ohne Queradern zwischen Radial- und Medianader, die Medianadern sind bis zum Rand der Flügel getrennt. Neben durchweg flugfähigen Arten kommen auch durchweg flugunfähige sowie pterodimorphe oder -polymorphe Arten mit flugunfähigen Morphen vor. Bei flugunfähigen Arten bzw. Morphen sind Flugmuskulatur und Hautflügel teilweise oder ganz reduziert; darüber hinaus sind oft die Elytren kürzer, die Humeralwinkel weniger ausgeprägt, der Hautsaum am Tergit VII mehr oder weniger reduziert, seltener auch die Augen kleiner und der Kopf anders geformt.

Das Abdomen besteht aus 10 Segmenten, die sich jeweils aus Sternit und Tergit sowie meist einem oder zwei Paar gesonderter Paratergite zusammensetzen. Die Paratergite bilden eine scharfkantige Seitenrandung (Proteininae, Omaliinae, Deleasterini) oder auch eine abgesetzte Dorsalfläche. Beim Fehlen von Paratergiten ist das Abdomen oft drehrund und ungekantet (Osoriinae, einige *Stenus*). Das Segment I ist nicht sklerotisiert. Nur bei den Oxytelinae ist das Segment II vollständig ausgebildet, manchmal ist es mit dem Sternit III fest verwachsen (*Syntomium*). Ab Segment III sind die Abdominalsegmente meist vollständig sklerotisiert und freiliegend. Bei Arten mit langen Elytren, die die Tergite bedecken, sind diese teilweise nur häutig ausgebildet (Scydmaeninae, Scaphidiinae, *Dasycerus*).

Besonders bei den Pselaphinae kommen Reduktionen in der Anzahl der Abdominalsegmente vor. Die Segmente III–VIII sind in der Regel groß und vollständig ausgebildet, die Tergite selten (z. B. Tergit VIII bei manchen Tachyporini und Aleocharinae), die Sternite (besonders VII und VIII) oft mit ausgeprägtem Sexualdimorphismus in Form, Größe, Behaarung oder Beborstung. Das Tergit VII besitzt am Hinterrand einen feinen Hautsaum, der beim Zusammenfalten der Hautflügel hilft. Er kann bei pterodimorphen Arten reduziert sein, bei apteren Arten auch ganz fehlen. Neben dem Hautsaum besitzen Vertreter einiger Unterfamilien (Omaliinae, einige Tachyporinae) weitere Hilfen zum Falten der Hautflügel in Form von Tomentflecken auf den vorderen Abdominaltergiten. Die Segmente IX und X sind stark modifiziert und oft geschlechtsspezifisch gebaut. Bei der Mehrheit der Arten ist das Tergit IX in 2 Tergalteile vollständig geteilt. Das Sternit IX ist beim ♂ meist nur vorn mit den Tergalteilen IX verbunden und nach unten ausklappbar, beim ♀ ist es oft ebenfalls geteilt und mit Anhängen (Coxite, Styli) versehen. Das Tergit X ist meist zwischen den Teilen des Tergits IX eingefügt.

Die Beine besitzen große Coxae und deutliche Trochanteren. Die Procoxae sind manchmal umfangreicher als die Profemora (Tachyporinae), meist konisch, seltener quer walzenförmig oder kugelig gebaut. Die Protibien sind oft verbreitert, stark und dicht bedornt, zu Grabbeinen umgestaltet, selten mit Borstenkämmen an den Außenseiten (*Sepedophilus*). Die Meso- und Metatibien besitzen an den Enden oft charakteristische Einzelborsten oder Borstenkämme. Die Tarsen sind meist 5-gliedrig, oft ist die Anzahl der Tarsenglieder auf 4, 3 oder 2 reduziert. Bei den Aleocharinae und *Atanygnathus* kommen heteromere Tarsenbildungen (z. B. 4–4–5, 4–5–5, 5–4–4) vor. Die Tarsenglieder sind selten gelappt (z. B. manche *Stenus* und *Astenus*). Bei zahlreichen Arten besitzen die Tarsenglieder auf der Unterseite eine auffällige modifizierte Beborstung (Haftborsten). Das letzte Tarsenglied ist mit zwei (selten nur einer) Krallen ausgestattet. Die Vordertarsen sind oft, entweder in beiden Geschlechtern oder nur beim ♂, erweitert.

Neben geschlechtsspezifischen Merkmalen im Bau der Abdominalsegmente (meist ab VII oder VIII) und der Protarsen können Staphyliniden verschiedenste sekundäre Geschlechtsmerkmale (Kopfform, Größe der Fühlerglieder, Gruben oder Auswüchse an Mandibeln, Kopf und Pronotum, Länge der Elytren, Kiele, Dorne oder Auswüchse auf dem Metaventrit oder den vorderen Abdominalsegmenten, Bezahnung und Beborstung der Beine) besitzen, auf die in den Tabellen verwiesen wird.

Der Aedoeagus ist äußerst vielgestaltig (vgl. die Abbildungen im systematischen Teil). Bei den meisten Staphyliniden besteht er aus einem gewöhnlich basal erweiterten

Medianlobus und einem Paar basal mit dem Medianlobus und teilweise miteinander verbundenen Parameren. Medianlobus und Parameren bilden in der Regel eine bilateralsymmetrische Einheit, selten sind sie völlig asymmetrisch. Der Medianlobus enthält ausstülpbare, oft sklerotisierte Innenstrukturen, die häufig für die Determination von großer Bedeutung sind. Sehr selten ist der Medianlobus bis auf die Innenstrukturen völlig reduziert (*Habrocerus*). Die Parameren können miteinander oder mit dem Medianlobus verwachsen oder auch in unterschiedlichem Maß reduziert sein; teilweise (*Xantholinus*, *Neuraphes*, einige Paederinae) fehlen sie ganz. Im Gegensatz dazu sind die Parameren bei den Aleocharinae vergrößert und umschließen den Medianlobus meist fast vollständig.

Die Weibchen der Staphyliniden besitzen mehr oder weniger stark sklerotisierte, oft artspezifisch gebaute Spermatheken, die vor allem bei vielen Steninae und Aleocharinae von erheblicher taxonomischer Bedeutung sein können.

Methodik

Die nachstehenden Angaben konzentrieren sich auf Freiland- und Präparationsmethoden, die spezifisch für Staphyliniden gelten, auf diesbezüglichen Erfahrungen der Autoren beruhen und sich in der Praxis bewährt haben. Im Übrigen sei auf die allgemeine Einführung im Band 1 der Reihe „Die Käfer Mitteleuropas“ sowie auf weitere einschlägige Literatur (z. B. ABRAHAM 1991, PIECHOCKI & HÄNDEL 2007, REITTER 1886, SOUTHWOOD 1978) verwiesen.

Freilandmethoden

Die Freilandmethodik zur Erfassung bzw. zum Auffinden und Sammeln von Staphyliniden richtet sich vor allem nach der jeweiligen Fragestellung und der Zielgruppe. Für Untersuchungen zur epigäisch aktiven Fauna werden oft Bodenfallen verwendet, die sich zur qualitativen Erfassung des jeweiligen Arteninventars und Studien zur saisonalen Aktivitätsdynamik eignen (ASSING 1992b), mit denen aber auch Arten mit kryptischen, unterirdischen Habitaten nachgewiesen werden können, die mit anderen Methoden selten gefunden werden, weil sie sich im Jahresverlauf nur kurzzeitig (während ihrer Ausbreitungsphase) in oberen Bodenschichten aufhalten. Aussagen zur Häufigkeit bzw. Dichte sind bei alleinigem Einsatz der Bodenfallenmethode nicht möglich. Für langfristige Untersuchungen haben sich Bodenfallen nach MELBER (1987) bewährt. Wichtig ist darauf zu achten, dass Konservierungsflüssigkeiten verwendet werden, die eine Präparation des Tiermaterials erlauben, es also nicht völlig aushärten; von einer Verwendung von Formol (Formaldehyd) ist daher dringend abzuraten. Für ökologische Fragestellungen sollten darüber hinaus keine anlockenden Flüssigkeiten (z. B. Alkohol-Glyzerin-Gemische) verwendet werden, da sonst kaum Rückschlüsse auf das Arteninventar des betreffenden Gebiets möglich sind. In der Praxis haben sich vor allem Ethylenglykol und – deutlich preiswerter – konzentrierte Kochsalzlösung bewährt (vgl. z. B. TEICHMANN 1994).

Das Universalgerät zur qualitativen Erfassung bzw. zum Sammeln von Bodenstreubewohnern ist das – möglichst robuste – Käfersieb. Die optimale Maschenweite (5–10 mm) hängt vor allem von der Beschaffenheit (insbesondere Feuchtigkeit) des Substrats und der Zielgruppe ab. Da Staphyliniden in der Regel mehr oder weniger feuchteliebend sind, versprechen tiefere Streulagen, die auch in Trockenperioden noch eine gewisse Restfeuchtigkeit aufweisen, am ehesten Erfolg. Viele Arten der alpinen Zone lassen sich fast ausschließlich durch das Sieben von Substrat an Schneerändern nachweisen. Die gesiebte Probe wird entweder mit sogenannten Winkler-Apparaten oder nach dem Berlese-Verfahren extrahiert (Vorteil: auch sehr kleine oder sich sehr langsam bewegende Staphyliniden werden erfasst) oder auf einer hellen Unterlage (Tuch, Schale) Lage für Lage mit Feinsieben ausgelesen. Wenn die Probe nicht zu feucht ist, empfiehlt sich zunächst der Einsatz eines Feinsiebs mit 2 mm Maschenweite und anschließend ein nochmaliges Durchsieben mit einem Feinsieb von 3 mm Maschenweite. Sind die Zielgruppe sehr kleine Arten (z. B. Scydmaeninae, Pselaphinae), ist der Einsatz noch feinerer Siebe (Maschenweite 1 mm) zu empfehlen, wenn es die Konsistenz der Streu zulässt. Das Käfersieb eignet sich grundsätzlich auch zur Untersuchung von speziellen Habitaten wie Pilzen, Totholz, Kot, Kompost, Säuger- und Vogelnestern, Ameisennestern usw.

Quantitative Untersuchungen zur Dichte der Bodenstreufauna sind nur mithilfe von automatischen Verfahren nach dem Berlese-Prinzip möglich und sehr aufwändig, zumal sie während des ganzen Jahres in regelmäßigen Intervallen und möglichst auch in Kombination mit anderen Methoden (vor allem Bodenfallen) durchgeführt werden sollten.

Zum Auffinden endogäischer Arten, die fast durchweg sehr klein (teilweise mit dem bloßen Auge kaum zu erkennen) sind und sich sehr langsam fortbewegen, verfährt man wie folgt: Nach Entfernen der Bodenstreu bis auf den Mineralboden wird dieser – je nach Bodentyp – bis in 30–50 cm Tiefe ausgegraben und mit dem Käfersieb durchgesiebt (um Steine, Wurzeln usw. zu entfernen). Danach wird er portionsweise in wassergefüllten Eimern oder Kübeln unter wiederholtem Umrühren ausgeschwemmt. Die dabei nach oben treibenden organischen Bestandteile (einschließlich der Bodentiere) können dann mit einem feinen Gazekescher abgefischt werden. Nach einem Vortrocknen der Probe (z. B. in Stoffsäckchen) wird sie nach dem Berlese-Verfahren extrahiert.

Arten, deren Habitate kaum zugänglich oder schwer auffindbar sind, lassen sich teilweise auch ködern. Für das Sammeln von Vogelnestbewohnern hat sich etwa das Auslegen von Taubenkot an warmen und eher windstillen Orten (z. B. an Waldrändern, in Parks und Gebüschsäumen) bewährt. Der Köder kann dann in regelmäßigen Abständen durchgesiebt werden. Bewohner unterirdischer Säugerbaue sind einer direkten Beprobung oft nicht zugänglich. Viele dieser Arten lassen sich aber mit Ködern (z. B. Wurst oder Käse) erfassen, die mit Gras oder Heu umwickelt in kleine Rohre verpackt werden, welche wiederum mit einem stabilen Draht verbunden in die Baue geschoben werden. Besonders bei Murmeltier- und Zieselbauen kann aber auch das Sieben von Kot und anderen Substraten im Bereich der Baueingänge erfolgreich sein.

Eine Methode zur Erfassung von uferbewohnenden Staphyliniden ist das kraftvolle Abschwemmen der Ufer von fließenden und stehenden Gewässern. Die auf dem Wasser treibenden Insekten werden dann mit einem großen, langstieligen, feinmaschigen Kescher – am besten von einer zweiten Person – abgefischt (für eine ausführliche Beschreibung dieser Methode siehe Köhler 1996). Sehr lohnend kann auch das Durchsieben von angespültem Detritus (Ufergenist) nach heftigen Regenfällen und Überschwemmungen sein; wichtig ist dabei, das Substrat möglichst bald nach dem Ende der Regenfälle zu sieben, da viele der ripicolen Staphylinidenarten sehr flüchtig sind und es bei geeigneten Witterungsbedingungen gleich wieder verlassen. Spezialisierte Bewohner von Schotter-, Kies- und Sandbänken (z. B.

Thinobius, *Ochthephilus*, *Hydrosmecta*) lassen sich wie endogäische Arten am besten durch Ausschwemmen des Substrats nachweisen. Eine zeitaufwändige Extraktion der oft sehr flugaktiven Arten aus der Probe ist dann nicht notwendig. An Ufern stehender und fließender Gewässer mit spärlicher Vegetation bringt oft das Treten oder Beklopfen mit der flachen Hand gute Ergebnisse. In Sümpfen und Mooren sind viele Arten am ehesten dadurch zu finden, dass Bülten, Torfmoos usw. unter Wasser getreten werden.

Blütenbewohnende Staphyliniden (*Eusphalerum*) können mit einem gewöhnlichen Streifnetz erfasst oder direkt aus den Blüten gesammelt werden. Für Strauchbewohner (z. B. *Anthophagus*) eignet sich eher die Klopfmethode; dabei werden ein Klopfschirm, eine große Schale o. ä. unter die abzuklopfenden Äste gehalten.

Flugfähige Staphyliniden lassen sich, wie andere fliegende Insekten auch, mit Fensterfallen (flight interception traps) und teilweise auch mit Lichtfallen erfassen. Für qualitative Untersuchungen werden oft Autokescher verwendet, deren Einsatz sich vor allem an möglichst windstillen, schwülwarmen Nachmittagen lohnt. Mit diesen Methoden lassen sich auch Arten, deren Habitat unbekannt ist und die zum Teil sehr selten gefunden werden, während ihrer Ausbreitungsphase (meist im Frühjahr) nachweisen.

Aufbewahrung und Präparation

Das Abtöten der Staphyliniden erfolgt am besten – wie bei anderen Käfern auch – mit handelsüblichem Essigsäure-Ethylester. Bei nicht zu großen Gefäßen reicht dazu ein Tropfen. Da es für die spätere Präparation und Sektion (Genitalpräparation) ausgesprochen wichtig ist, dass die Tiere weich bleiben, sollten sofort nach dem Abtöten einige Tropfen verdünnte Essigsäure (ca. 5–10 %ig) hinzugefügt werden. Frühestens nach 24–48 Stunden wird dann ein Gemisch aus 60–70 %igem Äthanol und einigen Tropfen verdünnter Essigsäure („Scheerpeltz-Lösung") dazu gegeben. In dieser Flüssigkeit bleiben die Tiere über lange Zeit weich und damit in einem für die Präparation optimalen Zustand. Als Aufbewahrungsbehälter haben sich handelsübliche Zentrifugenröhrchen (möglichst mit Schraubverschluss und Dichtungsring; ca. 2 ml), die ausgesprochen robust, essigätherbeständig und auch dicht sind, sehr bewährt.

Zur Determination und langfristigen Aufbewahrung werden Staphyliniden nach kurzem Antrocknen der Länge nach und möglichst plan so auf ein handelsübliches Aufklebeplättchen geklebt, dass alle für die Bestimmung wichtigen Merkmale erkennbar sind (vgl. die Habitusfotos im systematischen Teil). Keinesfalls sollten sie genadelt werden; auch von der Verwendung sogenannter Spitzplättchen ist abzuraten. Sie erlauben zwar eine Betrachtung von Merkmalen der Körperunterseite, besitzen aber den Nachteil, dass die überstehenden Körperteile sehr leicht abbrechen und in der Regel sowohl vorn als auch hinten nach unten gebogen sind. Sollte eine Betrachtung von Merkmalen der Körperunterseite notwendig sein, lassen sich bereits präparierte Exemplare leicht wieder in Wasser ablösen. Da auch spätere Genitalpräparationen ein nachträgliches Ablösen von Präparaten erfordern, ist die Verwendung eines wasserlöslichen Klebstoffes besonders wichtig. Zum nochmaligen Aufweichen (z. B. für die Genitalpräparation) wird das Aufklebeplättchen mitsamt dem aufgeklebten Exemplar in ein wassergefülltes Gefäß (z. B. Petrischale) getan. Wurden die Tiere nach dem Abtöten wie oben angegeben behandelt, reichen dafür Minuten bis wenige Stunden aus. Bei sehr hartem Material können jedoch auch mehrere Tage notwendig sein.

Viele Staphylinidenarten sind nur anhand der primären und/oder sekundären Geschlechtsmerkmale sicher zu unterscheiden. Oft reicht dazu die Beurteilung der äußeren Form und daher eine Trockenpräparation aus (z. B. Philonthina, Quediina, Staphylinina); in solchen Fällen werden die Genitalien und/oder die letzten Abdominalsegmente neben das Tier auf das Aufklebeplättchen geklebt. In einigen Gruppen kann aber auch eine Untersuchung der Innenstrukturen des Aedoeagus, oft auch der Spermathek oder der Feinstrukturen der ventralen Sklerite der letzten Abdominalsegmente, und damit die Herstellung eines mikroskopischen Präparats erforderlich sein (z. B. *Proteinus*, einige *Stenus*-Artengruppen, einige Paederinen-Gattungen, Xantholinini, viele Tachyporinae und Oxytelinae). Das Herauspräparieren des Aedoeagus ist – insbesondere bei sehr kleinen Arten – eine Sache der Übung und desto leichter, je weicher die Tiere sind. Oftmals ragt der Aedoeagus aufgrund quellend wirkender Konservierungsflüssigkeiten bereits aus dem Abdomen hervor und kann dann leicht abgetrennt und aufpräpariert werden. Ist dies nicht der Fall, empfiehlt es sich, während man das Tier mit einer feinen Pinzette fixiert, mit einer Insektennadel die (modifizierten) Abdominalsegmente IX–X (also die Segmente hinter dem 6. sichtbaren Tergit (= Tergit VIII)) abzutrennen. Bei weichem Material befindet sich der Aedoeagus meist in der abgetrennten Abdomenspitze und kann dann, möglichst ohne Beschädigung anderer Teile, aus den Segmenten IX–X herauspräpariert werden. Bei härterem Material kann oft auch das Abtrennen des Segments VIII (= 6. sichtbares Segment), in seltenen Fällen sogar des Segments VII (= 5. sichtbares Segment) erforderlich sein. Die abpräparierten Teile der Abdomenspitze sollten zusammen mit dem Aedoeagus präpariert, also keinesfalls weggeworfen werden.

Zur Herstellung eines Mikropräparats für die Untersuchung unter einem Durchlichtmikroskop sollte zunächst störendes Gewebe (insbesondere Muskulatur) entfernt werden. Dazu eignet sich KOH-Lösung (Kaliumhydroxidlösung), in der der Aedoeagus so lange mazeriert wird, bis die optischen Eigenschaften optimal sind. Die Dauer hängt sowohl von der Konzentration der Lösung als auch von der Größe und dem Zustand (Alter, Behandlung der Präparate nach dem Abtöten) der Objekte ab und kann wenige Stunden bis einige Tage betragen. Nach der Mazeration sollten die Präparate gründlich gewässert werden. Werden wasserlösliche Einbettungsmedien verwendet, empfiehlt es sich, den Aedoeagus an geeigneten Stellen mit einer sehr feinen Insektennadel (z. B. Stärke 00 oder 000) zu perforieren, um so osmotisch bedingten Verformungen entgegenzuwirken. Gleichzeitig wird dadurch der Mazerationsvorgang beschleunigt. Früher wurden in der Regel Dauerpräparate mit nicht wasserlöslichen Einbettungsmedien (Kanadabalsam, Euparal) hergestellt, die eine vorherige Entwässerung in einer Alkoholreihe erfordern. Dieses Verfahren hat aber den Nachteil, dass die Präparate sehr zerbrechlich und bei nachträglicher Manipulation leicht beschädigt werden. Daher werden heute vielfach wasserlösliche Einbettungsmedien (z. B. nach LOMPE (1986), modifizierte Rezeptur siehe www.lompe.de/tips1.htm) verwendet, die den Vorteil haben, dass die eingebetteten Präparate in Minutenschnelle in ihrer Lage oder anderweitig verändert werden können. Während des Aushärtens des Mediums ist vor allem darauf zu achten, dass keine Luftblasen in den Aedoeagus gelangen und dass immer wieder die Position so ausgerichtet wird, dass sich sowohl seine Form als auch seine Innenstrukturen gut beurteilen lassen. Welche Position die jeweils günstigste ist, lässt sich leicht anhand der jeweiligen Genitalabbildungen im Bestimmungsteil erkennen. Als Träger der Mikropräparate eignen sich feste durchsichtige Plättchen, die im Fachhandel erhältlich sind, oder Druckerfolie (Letztere nur bei Verwendung wasserlöslicher Einbettungsmittel). Die Mikropräparate sollten auf jeden Fall an derselben Nadel wie das präparierte Tier befestigt und nicht getrennt davon aufbewahrt werden.

Bei Arten und Gattungen, deren Aedoeagi viele, stark sklerotisierte, zum Teil übereinander liegende Innenstrukturen besitzen (*Xantholinus*), kann es hilfreich sein, diese aus dem Aedoeagus herauszupräparieren und dann mit kleinen Stückchen Druckerfolie leicht zu quetschen, bevor das Einbettungsmedium aushärtet. Dadurch lassen sich alle Strukturen eindeutiger beurteilen.

Einführung in die Arbeit mit den Bestimmungstabellen

Der vorliegende Band enthält Bestimmungstabellen für alle bereits in der ersten Auflage (LOHSE 1964) erfassten Unterfamilien der Staphylinidae. Zusätzlich aufgenommen wurden die früher als eigene Familien innerhalb der Staphylinoidea geltenden Scaphidiinae (bisher Band 3) sowie die bis vor einigen Jahren in die Familie Latridiidae gestellten Dasycerinae (bisher Band 7). Damit sind bis auf die in Band 5 behandelten Aleocharinae und Pselaphinae sowie die erst kurz vor Abschluss der Bearbeitung zu den Staphyliniden gestellten Scydmaeninae alle Unterfamilien in diesem Band zusammengefasst. Die Anordnung der Unterfamilien erfolgt nach LAWRENCE & NEWTON (1995), NEWTON & THAYER (1992, 1995), HERMAN (2001) und SMETANA (2004), die der systematischen Kategorien innerhalb der Unterfamilien, Triben und Subtriben jedoch alphabetisch.

Bei Arten, die in mehrere Subspezies gegliedert werden, sind diese in trinärer Form (Artname + Unterartname) im Schlüssel aufgeführt. Das gilt auch für den Fall, dass im Gebiet nur eine Subspezies vorkommt.

Auf lange und redundante Beschreibungen von Gattungen und Arten wird weitgehend verzichtet. Kurze Gattungsdiagnosen geben einen Überblick über charakteristische Merkmale (wenn möglich Autapomorphien), Hinweise zur Unterscheidung von ähnlichen Gattungen, Literaturhinweise zu aktuellen taxonomischen und ökologisch-biologischen Arbeiten sowie eine Übersicht über die derzeit bekannte Verbreitung und Artenvielfalt. Wenn nicht anders angegeben, basieren die Angaben zur Gesamtverbreitung und der Artenzahlen auf den Katalogen von HERMAN (2001) und SMETANA (2004) und sind im Schlüssel nicht noch einmal zitiert.

Zur besseren Lesbarkeit vor allem für nicht deutschsprachige Leser kommt der Text weitgehend ohne Abkürzungen aus. Eine Ausnahme bildet die zusätzliche Angabe der Vorderkörperlänge (reduzierte Körperlänge) bei allen Arten, hier wird die Abkürzung (RL) verwendet. Auf eine Nummerierung der Gattungen und Arten wird verzichtet.

Die in den Bestimmungsschlüsseln verwendeten Merkmale werden, soweit möglich, gewichtet. Das bedeutet, dass die für die Determination wichtigsten, eindeutigsten und/oder am leichtesten erkennbaren (z. B. Färbung, Größe) Merkmale zuerst aufgeführt werden. Für alle Arten werden Angaben zur Normalfärbung, der Körpergröße und der Vorderkörperlänge (RL) gemacht. Die Vorderkörperlänge ist auf Grund des teleskopartig gebauten Abdomens vieler Staphyliniden bevorzugt als Referenz für Messungen zu verwenden. Für jede im Schlüssel angeführte Art werden abschließend Angaben zur Lebensweise (soweit bekannt), Verbreitung und zur Häufigkeit gemacht.

Terminologie: Für zahlreiche Teile des Chitinskeletts von Käfern existieren unter deutschsprachigen Entomologen mehrere gebräuchliche Fachtermini (z. B. Halsschild – Pronotum; Flügeldecken – Elytren; Hinterleib – Abdomen; Schildchen – Scutellum).

Im Sinne einer Vereinheitlichung der Tabellen und der besseren Lesbarkeit auch für nicht deutschsprachige Benutzer werden bevorzugt aus dem Lateinischen bzw. Grichischen abgeleitete Begriffe verwendet, die zumeist eine Entsprechung auch in den meisten anderen romanischen und germanischen Sprachen finden, z. B. Abdomen: abdomen (englisch); abdomen (französisch); addome (italienisch); abdomen (spanisch); abdómen (portugiesisch). Von dieser Regelung wird nur dort abgewichen, wo uns die deutschsprachigen Bezeichnungen als in überwiegendem Gebrauch befindlich erschienen (z. B. Kopf, Auge, Schläfe, Hals, Fühler). Eine Übersicht der verwendeten Begriffe geben die Abbildungen 2a–b und 3.

Messwerte: Hierfür werden die in Abbildung 2a–b ersichtlichen Messstrecken genutzt. Besonders wichtig ist in diesem Zusammenhang die Festlegung – der in der Literatur sehr unterschiedlich gedeuteten – Länge der Elytren. Die Länge der Elytren wird (wenn nicht ausdrücklich in den Tabellen anders spezifiziert) als die Nahtlänge, gemessen von der Spitze des Scutellums bis zum Nahtwinkel der Elytren, angegeben. Die Länge des Vorderkörpers wird vom Vorderrand des Clypeus bis zum Hinterrand der Elytren gemessen. Die Länge des Aedoeagus wird (wenn nicht ausdrücklich anders spezifiziert) als Gesamtlänge inklusive der Parameren angegeben.

Literaturangaben aus dem allgemeinen Teil und zu aktuellen taxonomischen und ökologischen Arbeiten aus dem systematischen Teil sind in einem gemeinsamen Literaturverzeichnis am Ende des Bandes zusammengefasst.

Systematischer Teil

Bestimmungstabelle der Unterfamilien

Die Bestimmungstabelle der in Mitteleuropa vorkommenden Unterfamilien der Staphylinidae orientiert sich vornehmlich an praktischen Gesichtspunkten. Es werden daher vor allem in Dorsalansicht erkennbare Merkmale berücksichtigt. Auf die Nennung von Merkmalen, die entweder schwer erkennbar sind oder auf der Körperunterseite liegen, wird in der Regel selbst dann verzichtet, wenn sie systematisch relevant sind. Sie werden in den Einleitungen zu den behandelten Unterfamilien dargestellt. Um eine möglichst einfache Determination zu gewährleisten, wird keine Gliederung in die phylogenetisch begründeten Großgruppen vorgenommen. Außerdem werden bei der Merkmalsauswahl primär die im Gebiet vorkommenden Taxa berücksichtigt; eine Zuordnung von Staphyliniden aus anderen Regionen ist damit nicht immer möglich.

1 Elytren jeweils mit erhabenen, scharfen Längsrippen; Tergite IV–VI des wenig beweglichen, breiten Abdomens mit 4 großen und tiefen Gruben, die durch kräftige Längskiele getrennt sind (Abb. 11d). Fühler 9-gliedrig mit knopfartig vergrößertem Endglied. Tarsen scheinbar 3-gliedrig. Kleine, kompakt gebaute Arten von maximal 3,2 mm Körperlänge. .... **Micropeplinae** LEACH, 1815; S. 124

– Elytren meist ohne Rippen; Abdomen ohne deutliche Gruben auf den Tergiten; Fühler anders gebaut. **2**

2 Fühler – schräg von vorn betrachtet – auf der Stirnoberseite, meist hinter einer (gedachten) Verbindungslinie zwischen den Augenvorderrändern inserierend (Abb. 4a–b); Fühlergruben frei, nicht durch überstehende Kanten oder Vorsprünge verdeckt. Für einige in diesem Merkmal abweichende Aleocharinae (Oligotini) mit 10-gliedrigen Fühlern und maximal 2,2 mm Körperlänge folge man dieser Alternative. 3

– Fühler am Vorder- oder Seitenrand des Kopfes, in jedem Fall vor dem Vorderrand der Augen inserierend (Abb. 4c–f). Fühlergruben meist unter überstehenden Kanten oder Vorsprüngen verborgen. 5

3 Elytren lang, fast das ganze Abdomen bedeckend, höchstens die Spitze (ab Segment VII) von oben sichtbar. Körper stark gewölbt, oft höher als breit, breit oder gestreckt oval, mit glatter und glänzender Oberfläche (Abb. 15b–d). Kopf nach unten (hypognath) oder schräg nach unten gerichtet. 1,8–7,0 mm. .... **Scaphidiinae** LATREILLE, 1806; S. 201

– Elytren kurz, Abdomen ab Segment III von oben sichtbar. Körper abgeflacht, oder drehrund, dann aber immer deutlich gestreckt, seine Oberfläche meist deutlich pubeszent oder dicht und kräftig punktiert. Kopf meist nach vorn gerichtet (prognath). 4

4 Augen sehr groß, die Seiten des Kopfes völlig oder weitgehend einnehmend und stark gewölbt, fast halbkugelig hervortretend, Kopf deutlich breiter als das Pronotum (Abb. 18e–f). Pronotum an den Seiten ungerandet. Oberseite des Körpers kräftig punktiert. .... **Steninae** MACLEAY, 1825; S. 286

– Augen kleiner, nur selten die Seiten des Kopfes fast völlig einnehmend, nie derart stark gewölbt vorragend. Kopf nur selten so breit oder breiter als das Pronotum, dann jedoch nie mit kräftig punktierter Oberfläche. Artenreichste Unterfamilie mit überwiegend kleinem bis sehr kleinem Körper. .... **Aleocharinae** FLEMING, 1821 (Band 5)

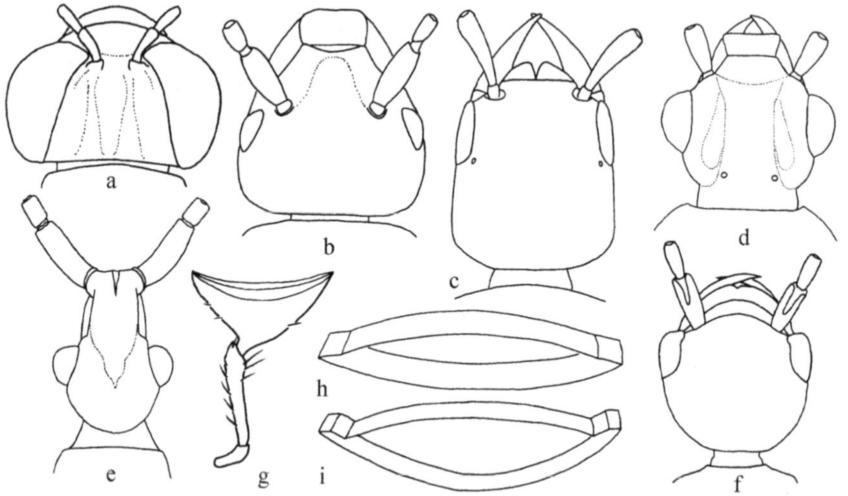

Abb. 4: Kopf von *Stenus stigmula* (a), *Drusilla canaliculata* (b), *Gabrius* spec. (c); *Lesteva* spec. (d); *Pselaphus heisei* (e); *Scydmaenus tarsatus* (f); Labialpalpen von *Oxyporus* spec. (g), Abdominalsegment einer Omaliine mit einem Paar Paratergite (h); Abdominalsegment von *Oxytelus* mit zwei Paar Paratergiten (i); Abkürzungen: T – Tergit, S – Sternit, PT – Paratergit.

5 Elytren das ganze Abdomen bedeckend; Körper von sehr charakteristischem Bau (Abb. 11e), im Habitus eher an Arten der Familie Latridiidae als an Staphylinidae erinnernd. Fühler von sehr auffälligem Bau: Glied I–II kugelförmig, III–VII extrem dünn (haarförmig), VIII–XI kugelförmig. Elytren mit reihig angeordneten Erhabenheiten, die wie der Seitenrand von Pronotum und Elytren mit auffälligen Borstenreihen besetzt sind. Im Gebiet nur mit 2 kleinen Arten von < 2,5 mm Körperlänge vertreten. .... **Dasycerinae** REITTER, 1887; S. 127

– Elytren wenigstens einige Abdominaltergite nicht bedeckend; Arten, bei denen das Abdomen ebenfalls vollständig bedeckt ist, besitzen anders skulptierte Elytren und völlig anders gebaute Fühler. **6**

6 Elytren das Abdomen vollständig bedeckend oder höchstens die Spitze des Abdomens (Pygidium) freilassend. Kleine und sehr kleine (0,7–2,3 mm) Käfer mit gewölbtem Habitus. Glied III der Maxillarpalpen meist keulig verdickt, das Glied IV klein. .... **Scydmaeninae** LEACH, 1815 (Band 3)

– Elytren meist deutlich kürzer. Einige Arten, bei denen das Abdomen ebenfalls vollständig von den Elytren bedeckt ist, haben einen breiten, abgeflachten Habitus, sind meist größer und besitzen anders gebaute Maxillarpalpen. **7**

7 Körper meist gedrungen gebaut. Abdomen fast starr, Abdominalsegmente miteinander fest verbunden, teilweise reduziert, höchstens mit 5 vollständigen Sterniten. Maxillarpalpen oft auffällig gebaut, mit 4 Gliedern und einem wenig sklerotisierten apikalen Pseudosegment. Tarsen 2- oder 3-gliedrig. .... **Pselaphinae** LATREILLE, 1802 (Band 5)

– Körperbau weniger gedrungen. Abdomen mit beweglichen Segmenten und mit mindestens 6 vollständigen Sterniten. Maxillarpalpen ohne apikales Pseudosegment. Tarsen meist 5-gliedrig, selten 2- bis 4-gliedrig. **8**

8 Letztes Glied der Labialpalpen (Abb. 4g) stark vergrößert, halbmondförmig erweitert. Bunt gefärbte oder schwarze, glänzende Arten von 7–12 mm Körperlänge mit nach vorn vorstehenden, oft stark verlängerten Mandibeln (Abb. 18d). In Mitteleuropa nur 3 pilzbewohnende Arten. .... **Oxyporinae** FLEMING, 1821; S. 285

– Letztes Glied der Labialpalpen nicht halbmondförmig erweitert. **9**

9 Fühler am Vorderrand des Kopfes innerhalb der Basis der Mandibeln eingelenkt, Abstand zwischen den Fühlergruben deutlich geringer als der Abstand zwischen den Außenkanten der Mandibeln (Abb. 4c). **10**

– Fühler am Vorder- oder Seitenrand des Kopfes über oder außerhalb der Mandibelbasen eingelenkt, Abstand zwischen den Fühlergruben mindestens etwa so groß wie der Abstand zwischen den Außenkanten der Mandibeln (Abb. 4d). **12**

10 Fühler ohne abgesetzte Keule. Körper mindestens 3 mm lang, meist deutlich größer (Abb. 23c–29f). .... **Staphylininae** LATREILLE, 1802; S. **384**

– Fühler mit 2- oder 3-gliedriger Keule. Kleine oder sehr kleine Arten von höchstens 2,7 mm Körperlänge. **11**

11 Kopf mit kleinen aber deutlich vorspringenden Augen, Fühler mit 2-gliedriger Keule. Tarsen 4-gliedrig. Habitus kompakt bis gestreckt (Abb. 19a–b). .... **Euaesthetinae** THOMSON, 1859; S. 317

– Kopf ohne Augen. Gelblich bis rötlich gefärbte, flügellose Bewohner tieferer Bodenschichten. Fühler mit drei vergrößerten Endgliedern. Tarsen

2- oder 3-gliedrig. Habitus sehr gestreckt, im Querschnitt drehrund (Abb. 19c). In Mitteleuropa nur im äußersten Süden und Südosten (Schweiz, Slowakei, Österreich) vertreten. .... **Leptotyphlinae** FAUVEL, 1874; S. 319

12 Fühlerglieder III–XI auffällig dünn, haarförmig (Abb. 14e–f). **13**

– Fühler nie haarförmig. **14**

13 Kopf hinten nicht gekantet, mit deutlichen Schläfen. Vorderkörper ohne Pubeszenz und Grundpunktur (Abb. 14f). .... **Habrocerinae** MULSANT & REY, 1877; S. 200

– Kopf hinten gekantet, ohne Schläfen, d. h. Augen bis zum Kopfhinterrand reichend. Vorderkörper dicht punktiert und pubeszent (Abb. 14e). .... **Trichophyinae** THOMSON, 1859; S. 199

14 Elytren und Pronotum mit Längsrippen. **15**

– Elytren und Pronotum fast immer glatt, selten die Elytren oder das Pronotum mit Rippen, gelegentlich jedoch mit Längsrunzeln. **16**

15 Körper abgeflacht (Abb. 19d), Abdomen flach, hinten zugespitzt. Seitenrand des Pronotums glatt. .... **Pseudopsinae** GANGLBAUER, 1895; S. 321

– Körper gewölbt (Abb. 15f), Abdomen drehrund, hinten nicht zugespitzt. Pronotum an den Seiten mit zahnförmigen Lappen. .... **Osoriinae** ERICHSON, 1839; S. 207

16 Habitus auffällig (Abb. 15a), etwas an manche Nitidulidae erinnernd: Pronotum kaum quer, in der Hinterhälfte mit etwa parallelen Seiten und vor den rechtwinkligen Hinterecken mit deutlichen, dicht und grob punktierten Gruben. Elytren jeweils mit 9 deutlichen Punktreihen (Nahtreihe nicht mitgerechnet), etwa so lang wie zusammen breit, das Abdominalsegment III bedeckend. In Mitteleuropa nur mit einer dunkel gefärbten, etwa 5 mm langen Art vertreten, die aus den Westalpen in die südwestliche Schweiz einstrahlt. .... **Trigonurinae** REICHE, 1866; S. 201

– Merkmalskombination anders. **17**

17 Abdomen an den Seiten breit und flach abgesetzt, die Seiten selbst scharfkantig (Segmente mit nur einem Paar Paratergite) (Abb. 4h). **18**

– Abdomen seitlich schmaler abgesetzt, die Seiten zumindest an den vorderen Segmenten mit separierter Dorsalfläche (je Segment mit zwei Paar Paratergiten) (Abb. 4i). **20**

18 Kopf mit zwei Ocelli (knopfartige Strukturen) am Hinterrand des Scheitels (Abb. 4d). .... **Omaliinae** MACLEAY, 1825; S. 49

– Kopf mit höchstens einem Ocellus. **19**

19 Pronotum deutlich quer, abgeflacht oder flach gewölbt. Kleine, kaum glänzende oder matte Arten von maximal 3,3 mm Länge (Abb. 11a–c). .... **Proteininae** ERICHSON, 1839; S. 117

– Entweder Pronotum deutlich hoch gewölbt, Vorderkörper kräftig punktiert und etwas metallisch glänzend oder über 6 mm lang und Pronotum nicht quer (Abb. 16e–f). .... **Oxytelinae** (**Deleasterini** REITTER, 1909); S. 231

20 Abdomen mit vollständigem Sternit II. Tarsen oft weniger als 5-gliedrig. .... **Oxytelinae** FLEMING, 1821 (pars); S. 207

– Abdomen ohne oder nur mit rudimentärem Sternit II. Tarsen immer 5-gliedrig. **21**

21 Klein, weniger als 2 mm lang, mit kleinen, aber deutlich kegelförmig gewölbten Augen, diese bis an den Hinterrand des Kopfes gerückt, Schläfen

daher fehlend. Körper fein und dicht pubeszent. In Mitteleuropa nur eine Art, die an Totholz vorkommt (Abb. 11f). .... **Phloeocharinae** ERICHSON, 1839; S. 128

– Größer, mindestens 2,2 mm lang. Formen unter 4 mm Länge besitzen flache Augen und deutliche Schläfen. **22**

22 Körper schlank (Abb. 19e–23b). Kopf groß, meist mit deutlich ausgebildeten Wangen. Fühlereinlenkung über der äußeren Mandibelbasis gelegen und oben von einer faltenartigen Vorwölbung der Stirn bedeckt. Letztes Glied der Maxillarpalpen viel kleiner als das vorletzte, entweder stiftförmig oder quer warzenförmig. Procoxae und Profemora kräftig entwickelt. .... **Paederinae** FLEMING, 1821; S. 322

– Körper oft weniger gestreckt, Wangen fehlend oder nur kurz, Procoxae kurz, konisch zapfenförmig. Letztes Glied der Maxillarpalpen oft etwa so groß wie das vorletzte. **23**

23 Körper mehr oder weniger kahn- oder keilförmig (Abb. 12b–f, 13a–f). Letztes Glied der Maxillarpalpen oft deutlich kleiner und schmaler als das vorletzte. .... **Tachyporinae** MACLEAY, 1825; S. 130

– Körper nicht kahnförmig. Letztes Glied der Maxillarpalpen mindestens etwa so groß wie das vorletzte. **24**

24 Körper nicht auffällig abgeflacht. Pronotum nicht oder wenig quer, maximal 1,3-mal so breit wie lang (Abb. 16b–c). .... **Oxytelinae** FLEMING, 1821 (pars); S. 207

– Körper, insbesondere Pronotum und Elytren auffällig abgeflacht. Pronotum deutlich quer, > 1,3-mal so lang wie breit. Corticole Arten. **25**

25 Fühler kurz, zurückgelegt den Hinterrand des Pronotums nicht erreichend; Fühlerglieder VIII–X deutlich quer. Pronotum, abgesehen von einigen Randpunkten, unpunktiert (Abb. 12a). Kopf ohne Sexualdimorphismus. In Mitteleuropa nur 2 Arten in den Alpen. .... **Olisthaerinae** THOMSON, 1859; S. 129

– Fühler lang gestreckt, zurückgelegt den Hinterrand der Elytren zumindest fast erreichend, meist deutlich überragend; Fühlerglieder VIII–X gestreckt. Pronotum überall deutlich punktiert (Abb. 15e). Kopf mit meist deutlichem Sexualdimorphismus. In Mitteleuropa 2 Arten. .... **Piestinae** ERICHSON, 1839; S. 206

Abb. 5: Habitus von *Acidota crenata* (a), *Amphichroum canaliculatum* (b), *Anthobium melanocephalum* (c), *Anthophagus bicornis* (d), *Arpedium quadrum* (e), *Deliphrosoma macrocephalum* (f). Maßstab: 2 mm.

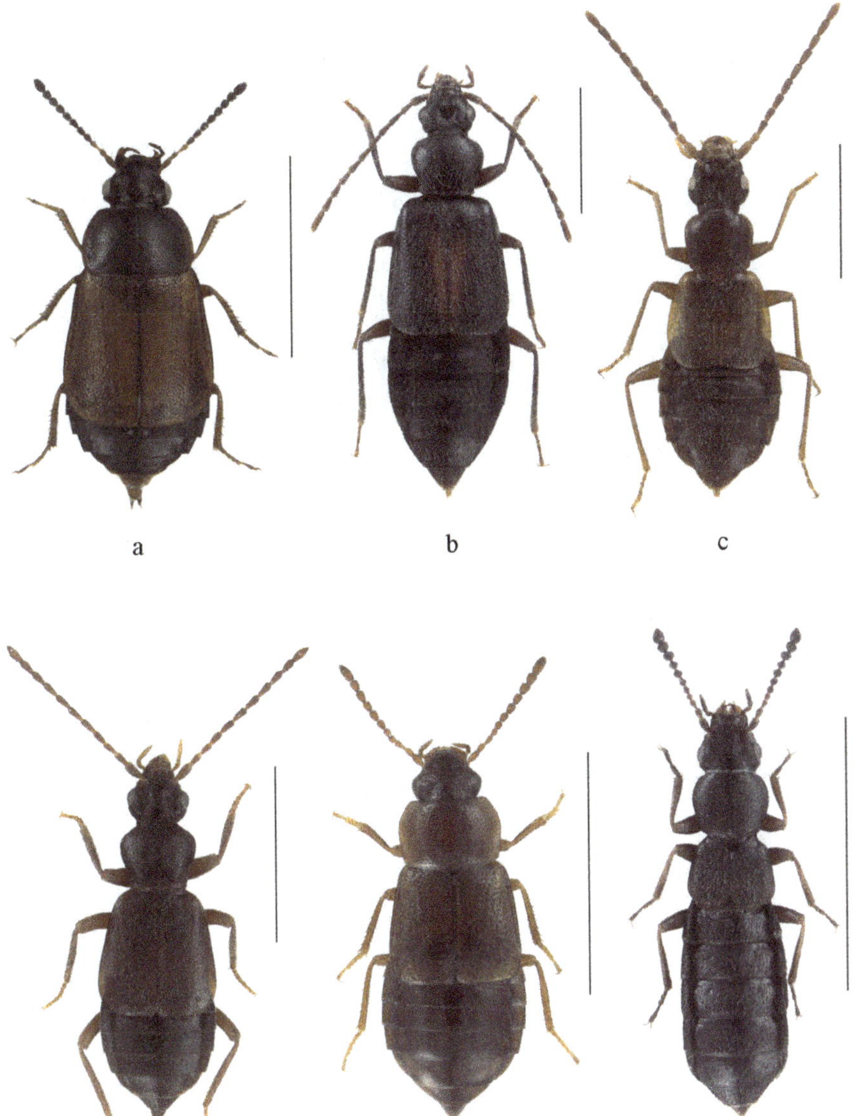

Abb. 6: Habitus von *Deliphrum tectum* (a), *Geodromicus suturalis* (b), *Hygrogeus aemulus* (c), *Lesteva monticola* (d), *Mannerheimia arctica* (e), *Micralymma marinum* (f). Maßstab: 2 mm.

a b c d e f

Abb. 7: Habitus von *Olophrum piceum* (a), *Orochares angustatus* (b), *Philorinum sordidum* (c), *Phyllodrepoidea crenata* (d), *Porrhodites fenestralis* (e), *Xylodromus concinnus* (f). Maßstab: 2 mm (a–b, d–f), 1 mm (c).

Abb. 8: Habitus von *Boreaphilus velox* (a), *Coryphiomorphus dieckmanni* (b), *Coryphium angusticolle* (c), *Eudectus giraudi* (d), *Eusphalerum minutum* (e), *Hadrognathus longipalpis* (f). Maßstab: 1 mm.

Abb. 9: Habitus von *Acrolocha minuta* (a), *Acrulia inflata* (b), *Dropephylla linearis* (c), *Hapalaraea pygmaea* (d), *Phloeonomus pusillus* (e), *Omalium rivulare* (f). Maßstab: 1 mm.

Abb. 10: Habitus von *Paraphloeostiba gayndahensis* (a), *Hypopycna rufula* (b), *Phloeostiba plana* (c), *Phyllodrepa floralis* (d), *Pycnoglypta lurida* (e), *Xylostiba monilicornis* (f). Maßstab: 1 mm.

Abb. 11: Habitus von *Megarthrus prosseni* (a), *Metopsia similis* (b), *Proteinus brachypterus* (c), *Micropeplus porcatus* (d), *Dasycerus sulcatus* (e), *Phloeocharis subtilissima* (f). Maßstab: 1 mm.

Abb. 12: Habitus von *Olisthaerus substriatus* (a), *Bolitobius castaneus castaneus* (b), *Bryophacis rufus rufus* (c), *Bryoporus cernuus* (d), *Carphacis striatus* (e), *Ischnosoma splendidum* (f). Maßstab: 2 mm.

Abb. 13: Habitus von *Lordithon thoracicus* (a), *Mycetoporus punctus* (b), *Parabolitobius inclinans* (c), *Cilea silphoides* (d), *Coproporus colchicus* (e), *Lamprinodes saginatus* (f). Maßstab: 2 mm (a–d, f), 1 mm (e).

a b c d e f

Abb. 14: Habitus von *Lamprinus erythropterus* (a), *Sepedophilus littoreus* (b), *Tachinus rufipes* (c), *Tachyporus chrysomelinus* (d), *Trichophya pilicornis* (e), *Habrocerus capillaricornis* (f). Maßstab: 2 mm.

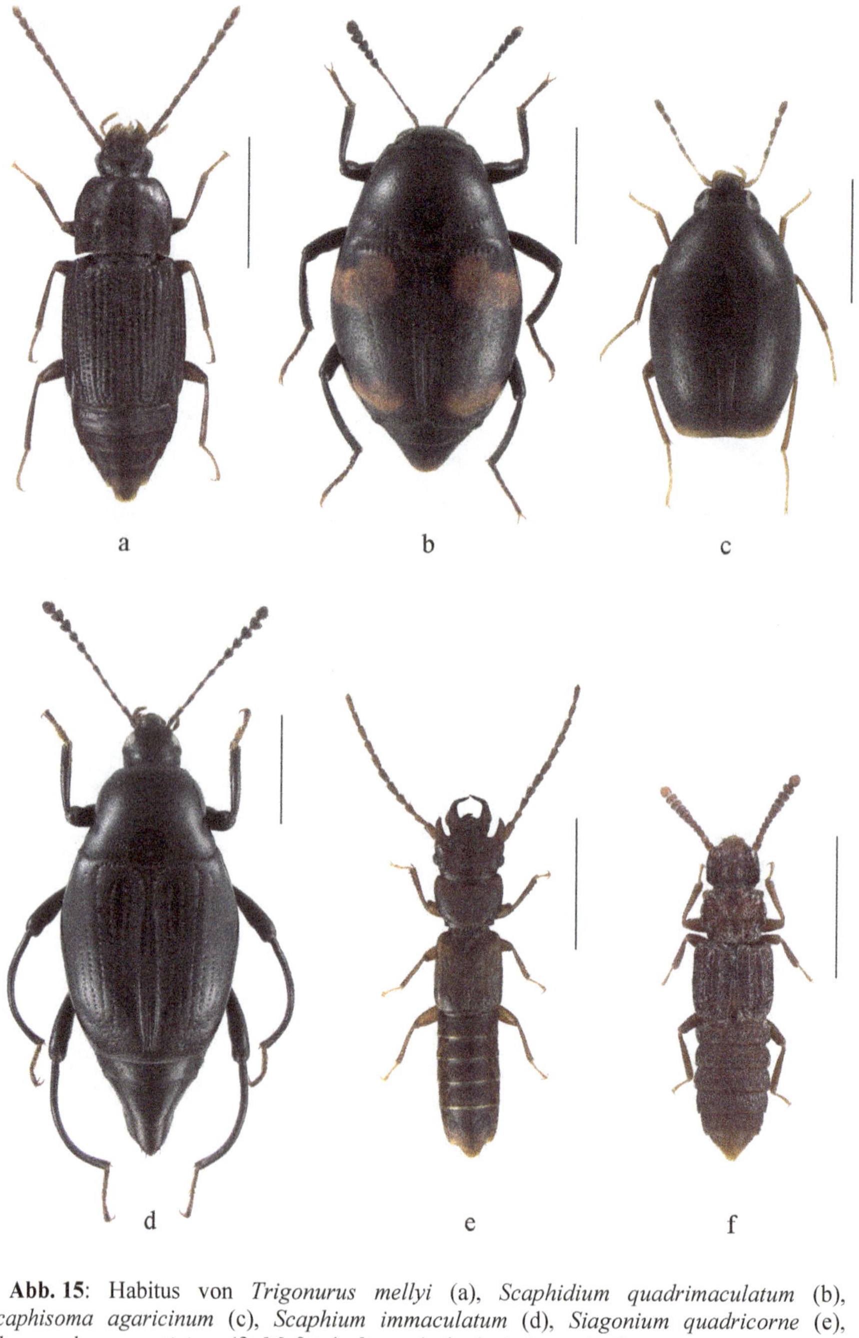

Abb. 15: Habitus von *Trigonurus mellyi* (a), *Scaphidium quadrimaculatum* (b), *Scaphisoma agaricinum* (c), *Scaphium immaculatum* (d), *Siagonium quadricorne* (e), *Thoracophorus corticinus* (f). Maßstab: 2 mm (a–b, d–e), 1 mm (c, f).

Abb. 16: Habitus von *Bledius tricornis* (a), *Coprophilus striatulus* (b), *Manda mandibularis* (c), *Planeustomus palpalis* (d), *Deleaster dichrous* (e), *Syntomium aeneum* (f). Maßstab: 2 mm (a–c, e), 1 mm (d, f).

Abb. 17: Habitus von *Anotylus rugosus* (a), *Aploderus caelatus* (b), *Oxytelus piceus* (c), *Platystethus arenarius* (d), *Carpelimus obesus* (e), *Ochthephilus praepositus* (f). Maßstab: 2 mm (a–c), 1 mm (d–f).

Abb. 18: Habitus von *Teropalpus unicolor* (a), *Thinobius ciliatus* (b), *Thinodromus dilatatus* (c), *Oxyporus rufus* (d), *Dianous coerulescens* (e), *Stenus clavicornis* (f). Maßstab: 1 mm (a–c), 2 mm (d–f).

a b c

d e f

Abb. 19: Habitus von *Edaphus lederi* (a), *Euaesthetus ruficapillus* (b), *Megatyphlus carniolicus strupianus* (c), *Pseudopsis sulcata* (d), *Astenus procerus* (e), *Ochthephilum fracticorne* (f). Maßstab: 0,5 mm (a), 1 mm (b–f).

Abb. 20: Habitus von *Leptobium gracile* (a), *Achenium humile* (b), *Domene scabricollis* (c), *Lathrobium brunnipes* (d), *Lobrathium multipunctum* (e), *Platydomene angusticollis* (f). Maßstab: 2 mm.

Abb. 21: Habitus von *Pseudobium gridellii* (a), *Pseudolathra manueli* (b), *Scymbalium anale* (c), *Tetartopeus terminatus* (d), *Hypomedon debilicornis* (e), *Lithocharis nigriceps* (f). Maßstab: 2 mm.

Abb. 22: Habitus von *Luzea nigritula* (a), *Medon fusculus* (b), *Pseudomedon obsoletus* (c), *Sunius melanocephalus* (d), *Paederidus ruficollis* (e), *Paederus fuscipes* (f). Maßstab: 1 mm (a–d), 2 mm (e–f).

Abb. 23: Habitus von *Rugilus orbiculatus* (a), *Scopaeus laevigatus* (b), *Atrecus affinis* (c), *Othius punctulatus* (d), *Bisnius sordidus* (e), *Cafius xantholoma* (f). Maßstab: 1 mm (a–b), 2 mm (c–f).

Abb. 24: Habitus von *Erichsonius cinerascens* (a), *Gabrius astutoides* (b), *Gabronthus thermarum* (c), *Hesperus rufipennis* (d), *Neobisnius prolixus* (e), *Philonthus tenuicornis* (f). Maßstab: 2 mm.

Abb. 25: Habitus von *Rabigus tenuis* (a), *Remus sericeus* (b), *Acylophorus glaberrimus* (c), *Astrapaeus ulmi* (d), *Euryporus picipes* (e), *Quedius dilatatus* (f). Maßstab: 2 mm (a–c), 5 mm (d–f).

Abb. 26: Habitus von *Quedius mesomelinus* (a), *Abemus chloropterus* (b), *Creophilus maxillosus* (c), *Dinothenarus fossor* (d), *Dinothenarus pubescens* (e), *Emus hirtus* (f). Maßstab: 5 mm.

Abb. 27: Habitus von *Ocypus nitens* (a), *Ontholestes tessellatus* (b), *Platydracus stercorarius* (c), *Staphylinus erythropterus* (d), *Tasgius melanarius* (e), *Atanygnathus terminalis* (f). Maßstab: 5 mm (a–e), 1 mm (f).

Abb. 28: Habitus von *Heterothops dissimilis* (a), *Gauropterus fulgidus* (b), *Gyrohypnus punctulatus* (c), *Hypnogyra angularis* (d), *Leptacinus pusillus* (e), *Megalinus glabratus* (f). Maßstab: 2 mm.

Abb. 29: Habitus von *Milichilinus decorus* (a), *Nudobius lentus* (b), *Phacophallus parumpunctatus* (c), *Stenistoderus nothus* (d), *Xantholinus longiventris* (e), *Zeteotomus brevicornis* (f). Maßstab: 2 mm.

Unterfamilie Omaliinae MACLEAY, 1825

Habitus wie in Abb. 5a–10f. Körper klein bis mittelgroß, 1,5–7,0 mm. Färbung gelblich bis schwarz, oft bräunlich oder rötlichgelb. Körper mehr oder weniger abgeflacht. Elytren länger als bei den meisten übrigen Staphyliniden, manchmal das ganze Abdomen bedeckend. Kopf mit einem Paar – selten kaum erkennbarer – Ocelli auf dem Scheitel, etwa im Bereich der (gedachten) Verbindungslinie der hinteren Augenränder. Vor den Ocelli oft mit einem Paar von Eindrücken (Tentorialgruben), die jeweils mit einem Tentorium (spangenartige Einstülpung des Ektoskeletts) im Kopfinneren verbunden sind. Tarsenformel bei mitteleuropäischen Arten 5–5–5. Fühler 11-gliedrig. Mindestens ein Abdominaltergit mit einem Paar von Tomentflecken; Intersegmentalmembranen von ziegelartiger Struktur. Procoxae breit, konisch; Procoxalhöhlen hinten offen. Metatrochanteren etwa so lang wie oder etwas länger als ⅓ der Metafemora. Sternit VIII innen mit basalem, mit den Verteidigungsdrüsen verbundenem Fortsatz (nur sichtbar bei seziertem Abdomen). ♂: Sternit IX lang und schmal; Tergit X kurz; laterale Sklerite des Tergits IX dorsal verschmolzen; Aedoeagus mit Parameren, Letztere mit der Ventralseite des Medianlobus verbunden. ♀: Segment IX mit zweigliedrigen Styli. Von den im Habitus ähnlichen Proteininae durch das Paar Ocelli auf dem Scheitel (Proteininae: 0–1 Ocellus) leicht zu unterscheiden. Omaliinae leben in der Bodenstreu, an faulenden organischen Substraten (Pilze, Kot, Kompost usw.), in hohlen Bäumen, unter Borke, in Nestern von Vögeln und Säugern, in Blüten und auf der Vegetation, in semiaquatischen Lebensräumen (Ufer, Spritzmoos usw.) und in allen terrestrischen Biotopen von der Ebene bis in alpine Lagen sowie in der Gezeitenzone der Küsten.

Die Unterfamilie ist weltweit verbreitet und umfasst ca. 1500 Arten in ca. 130 Gattungen. Die italienischen Omaliinae (einschließlich der meisten in Mitteleuropa vertretenen Gattungen und Arten) wurden von ZANETTI (1987) bearbeitet. Die Tribus Coryphiini wurde von ZERCHE (1990) revidiert. Eine Reihe von Synonymisierungen, die auch die mitteleuropäischen Arten betreffen, wurde kürzlich von ZANETTI (2008) vorgenommen.

1 Letztes Glied der Maxillarpalpen sehr klein, bei geringer Vergrößerung kaum erkennbar; vorletztes Glied breit lang oval (Abb. 30d) (Tribus Coryphiini JAKOBSON, 1908). **33**

– Letztes Glied der Maxillarpalpen unterschiedlich geformt, aber nie sehr klein (Abb. 30a–c, 55k, l). **2**

2 Tarsen mit Kränzen aus dichten langen Borsten. Elytren lang (Abb. 8e), Nahtwinkel beim ♀ oft nach hinten vorgezogen (Abb. 47). Blütenbesuchende Arten (Abb. 8e). Tribus Eusphalerini HATCH, 1957. .... ***Eusphalerum*** KRAATZ, 1857; S. 83

– Tarsen mit Borsten, diese aber nicht dicht und lang. **3**

3 Glied V der Metatarsen mindestens etwa so lang wie I–IV zusammen (Tribus Omaliini MACLEAY, 1825). **4**

– Glied V der Metatarsen kürzer als I–IV zusammen. **16**

4 Elytren sehr kurz, nicht länger als das Pronotum, zusammen etwa so breit wie die doppelte Nahtlänge (Abb. 6f). Körper matt. An Meeresküsten. .... ***Micralymma*** WESTWOOD, 1838; S. 74

– Elytren länger als das Pronotum. **5**

5 Seiten des Pronotums von vorn bis hinten krenuliert (gekerbt). Körper kurz, gewölbt und glänzend. Kopf beiderseits zwischen den Fühlerbasen und den Ocelli mit Längskiel. Mesoventrit gekielt (Abb. 9b). .... ***Acrulia*** THOMSON, 1858; S. 100

– Seiten des Pronotums glatt oder teilweise gekerbt (*Hapalaraea*, *Phloeonomus minimus*). **6**

6 Letztes Glied der Maxillarpalpen deutlich schmaler als das vorletzte, mit parallelen Seiten. Meist unter Borken. 7

– Letztes Glied der Maxillarpalpen so breit wie das vorletzte oder etwas schmaler; Seiten nicht parallel. **10**

7 Fühlerglied VI 1,5-mal so breit wie V. Fühler mit langen Borsten, diese viel länger als die Glieder IV–X. Kopf vor den Augen deutlich vorgewölbt (Abb. 10f). Unter Borken. .... ***Xylostiba*** GANGLBAUER, 1895; S. **117**

– Fühlerglied VI doppelt so breit wie V. Fühler mit kürzeren Borsten, diese etwa so lang wie oder etwas länger als die Glieder IV–X. Kopf vor den Augen nur leicht vorgewölbt. **8**

8 Kopf und Pronotum mit deutlicher Punktur, mikroskulptiert, aber nicht völlig matt. Größer, 2,0–3,2 mm. **9**

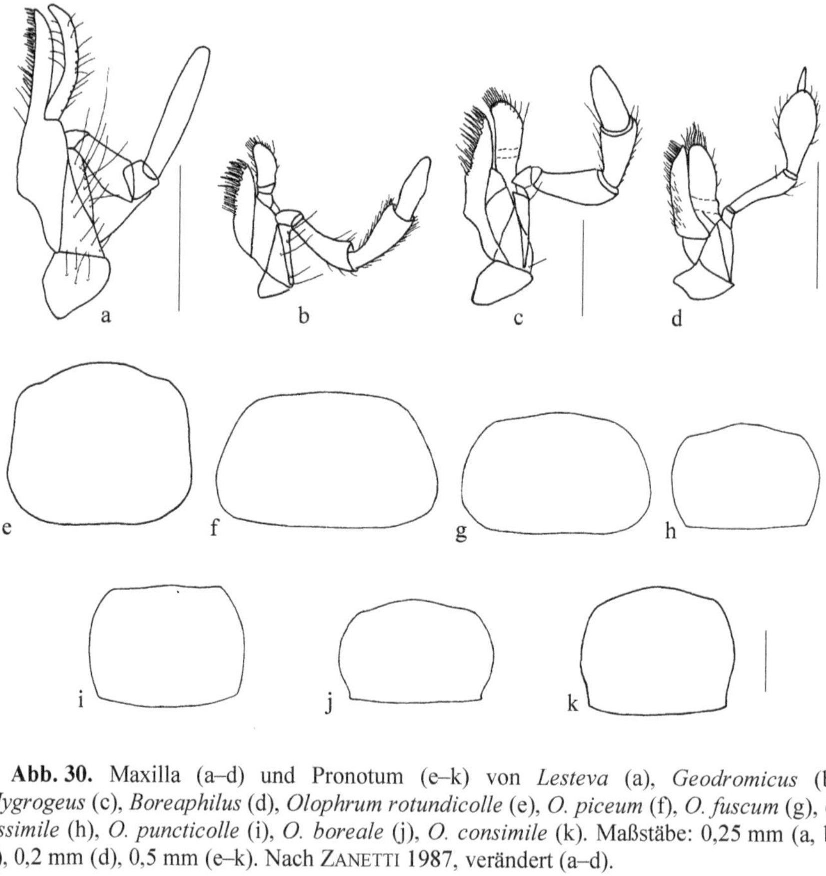

Abb. 30. Maxilla (a–d) und Pronotum (e–k) von *Lesteva* (a), *Geodromicus* (b), *Hygrogeus* (c), *Boreaphilus* (d), *Olophrum rotundicolle* (e), *O. piceum* (f), *O. fuscum* (g), *O. assimile* (h), *O. puncticolle* (i), *O. boreale* (j), *O. consimile* (k). Maßstäbe: 0,25 mm (a, b–c), 0,2 mm (d), 0,5 mm (e–k). Nach ZANETTI 1987, verändert (a–d).

– Kopf und Pronotum undeutlich punktiert, mit sehr dichter, regelmäßiger Mikroskulptur und matt. Kleiner, 1,3–2,0 mm (Abb. 9e). Unter Borken. .... ***Phloeonomus*** HEER, 1839; S. 112

9 Maxillarpalpen wie in Abb. 55l, Glied III relativ kürzer und IV länger. Pronotum spärlich punktiert (Abb. 10a). Adventiv an Faulstoffen, gelegentlich auch unter Borken und in Baumhöhlen. .... ***Paraphloeostiba*** STEEL, 1960; S. 112

– Maxillarpalpen wie in Abb. 55k, Glied III relativ länger und IV kürzer. Pronotum dicht punktiert (Abb. 10c). Unter Borken. .... ***Phloeostiba*** THOMSON, 1858; S. 113

10 Fühlerglied VII länger als breit, Glieder IX–XI vergrößert. Seiten des Pronotums vor den Hinterwinkeln konkav. Körper sehr konvex und glänzend (Abb. 10e). .... ***Pycnoglypta*** THOMSON, 1858; S. 115

– Fühlerglied VII so lang wie breit oder quer. **11**

11 Pronotum mit einem Paar deutlicher Längseindrücke auf der Scheibe, vor den Hinterwinkeln abgeflacht. Mesoventrit gekielt (Abb. 9f). .... ***Omalium*** GRAVENHORST, 1802; S. 99

– Pronotum gleichmäßig gewölbt, höchstens mit einem Paar sehr flacher Eindrücke. Mesoventrit nicht gekielt. **12**

12 Hinterwinkel des Pronotums abgerundet oder sehr stumpf gewinkelt. Fühlerglied III lang und keulenförmig, mit sehr dünner Basis. Mikroskulptur des Pronotums fein eingeritzt, netzartig, die Punkte verbindend (Abb. 9a). .... ***Acrolocha*** THOMSON, 1858; S. 99

– Hinterwinkel des Pronotums deutlich ausgeprägt. Fühlerglied III entweder kurz oder nicht keulenförmig. Mikroskulptur des Pronotums anders. **13**

13 Kopf zwischen den Fühlerbasen mit 2 Eindrücken. **14**

– Kopf ohne Eindrücke zwischen den Fühlerbasen. Seitenränder des Pronotums vor den Hinterwinkeln konkav (Abb. 10b). .... ***Hypopycna*** MULSANT & REY, 1880; S. 105

14 Pronotumseiten vor den Hinterwinkeln deutlich konkav, leicht krenuliert (gekerbt). Körper gewölbt (Abb. 9d). Hinterbeine sexualdimorph, beim ♂ charakteristisch geformt (Abb. 49c). .... ***Hapalaraea*** THOMSON, 1858; S. 104

– Pronotum vor den Hinterwinkeln höchstens sehr leicht konkav. Körper mehr oder weniger abgeflacht. Hinterbeine nicht sexualdimorph. **15**

15 Kopf vor den Ocelli mit deutlichen (Tentorial-)Gruben, diese kurz, rundlich oder länglich, parallel oder nach vorn divergierend. Größer 3,0–5,0 mm (Abb. 10d). .... ***Phyllodrepa*** THOMSON, 1859; S. 114

– Kopf ohne derartige Gruben vor den Ocelli. Kleiner, 1,9–3,0 mm (Abb. 9c). .... ***Dropephylla*** MULSANT & REY, 1880; S. 101

16 Labrum vorn tief ausgeschnitten, vierspitzig. Mandibeln auffällig lang vorragend, vor der Spitze fast rechtwinklig gebogen. Kopf und Pronotum mit grober, genabelter Punktur (Fig. 8f) (Tribus Hadrognathini PORTEVIN, 1929). .... ***Hadrognathus*** SCHAUM, 1852; S. 98

– Labrum unterschiedlich geformt, vorn gewöhnlich leicht ausgebuchtet; wenn tief ausgebuchtet, nicht vierspitzig. Punktur von Kopf und Pronotum nicht auffällig grob und genabelt (Tribus Anthophagini THOMSON, 1859). **17**

17 Fühler kräftig, Glieder VIII–X, oft auch Glieder V–VII quer. Körper schlank und parallel (Abb. 7f). .... ***Xylodromus*** HEER, 1839; S. 79

– Fühler schlanker und länger, höchstens die Glieder IX und X quer. **18**

18 Letztes Glied der Tarsen mit zwei membranösen Läppchen an der Klauenbasis. Kopf und Mandibeln oft sexualdimorph: beim ♂ mit Vorwölbungen oder Fortsätzen (Abb. 5d). Meist auf Kräutern, Sträuchern und Bäumen. .... ***Anthophagus*** GRAVENHORST, 1802; S. 56

– Letztes Glied der Tarsen ohne membranöse Läppchen an der Klauenbasis. ... **19**

19 Letztes Glied der Maxillarpalpen viermal so lang wie das kleine vorletzte Glied (Abb. 30a). Pronotum herzförmig (Abb. 6d). Meist Uferbewohner, teilweise auch in anderen Feuchthabitaten und auf Kulturland. .... ***Lesteva*** LATREILLE, 1797; S. 68

– Letztes Glied der Maxillarpalpen viel weniger als viermal so lang wie das größere vorletzte Glied. **20**

20 Kopf mit tiefem, annähernd quadratischem Eindruck vor den Ocelli. Meist Uferbewohner. **21**

– Kopf ohne tiefen Eindruck vor den Ocelli. **22**

21 Pronotum herzförmig. Letztes Glied der Maxillarpalpen kürzer als das vorletzte (Abb. 30b, 6b). .... ***Geodromicus*** REDTENBACHER, 1857; S. 66

– Pronotum nicht herzförmig. Letztes Glied der Maxillarpalpen etwas länger als das vorletzte (Abb. 30c, 6c). .... ***Hygrogeus*** MULSANT & REY, 1880; S. 68

22 Glied I der Metatarsen fast so lang wie II–IV zusammen. Vegetationsbewohner. **23**

– Glied I der Metatarsen höchstens so lang wie II–III zusammen. **24**

23 Größer, 4,0–5,0 mm. Körper von eher ovaler Form. Kopf nahe den Ocelli mit 2 tiefen Tentorialgruben. Fühler schlank, Glied X deutlich länger als breit (Abb. 5b). .... ***Amphichroum*** KRAATZ, 1857; S. 54

– Kleiner, 2,0–3,0 mm. Körper parallel. Kopf ohne Tentorialgruben. Fühlerglied X etwa so lang wie breit (Abb. 7c). .... ***Philorinum*** KRAATZ, 1857; S. 77

24 Abdomen stärker punktiert, Punktzwischenräume ohne Mikroskulptur (Abb. 5a). .... ***Acidota*** STEPHENS, 1829; S. 53

– Abdomen fein punktiert, Punktzwischenräume mit Mikroskulptur. **25**

25 Kopf zwischen den Augen mit 2 tiefen Tentorialgruben deutlich vor den Ocelli. **26**

– Kopf mit oder ohne solche Gruben; sind Gruben vorhanden, liegen sie unmittelbar vor den Ocelli. **27**

26 Fühlerglied II länger als III. Körper mit langer und deutlich erkennbarer Pubeszenz (Abb. 7e). .... ***Porrhodites*** KRAATZ, 1857; S. 77

– Fühlerglied II kürzer als III. Körper mit sehr kurzer, kaum erkennbarer Pubeszenz (Abb. 7b). .... ***Orochares*** KRAATZ, 1857; S. 76

27 Fühlerglied IV kürzer und schmaler als V. ♂: Parameren nur an der Basis dem Medianlobus anliegend (Abb. 34a–c). **28**

– Fühlerglied IV etwa so lang und so breit wie V. ♂: Parameren dem Medianlobus lang anliegend, nur an der Spitze von diesem getrennt (Abb. 34d–i). **29**

28 Punktur der Elytren in Längsreihen angeordnet. Ocelli deutlich ausgeprägt. Körper größer, 4,5–5,5 mm (Abb. 7d). .... ***Phyllodrepoidea*** GANGLBAUER, 1895; S. 79

– Elytren mit unregelmäßiger Punktur. Ocelli undeutlich. Körper kleiner, 2,6–3,2 mm (Abb. 6e). .... ***Mannerheimia*** MÄKLIN, 1880; S. 73

29 Fläche zwischen den Antennenbasen und dem Vorderrand der Augen sehr schmal, höchstens so breit wie das Fühlerglied I, Kontur in Dorsalansicht U-förmig (Abb. 52p). **30**

– Fläche zwischen den Antennenbasen und dem Vorderrand der Augen breiter als das Fühlerglied I, Kontur in Dorsalansicht nicht U-förmig, höchstens nahe den Fühlerbasen schwach ausgerandet (Abb. 7a). **31**

30 Kopf vom Hals durch eine stark punktierte Furche getrennt oder ohne solche Furche. Meso- und Metatibien entweder mit einfacher Pubeszenz oder mit kurzen, anliegenden Dornen (Abb. 5c). .... ***Anthobium*** LEACH, 1819; S. 55

– Kopf vom Hals durch eine tiefe, höchstens fein punktierte Furche getrennt. Meso- und Metatibien mit deutlichen, abstehenden Dornen (Abb. 6a). Gebirgsbewohner. .... ***Deliphrum*** ERICHSON, 1839; S. 65

31 Kopf ohne oder nur mit schwachen Andeutungen von Tentorialgruben. Vorderkörper stark punktiert und mit glatten Punktzwischenräumen (Abb. 7a). .... ***Olophrum*** ERICHSON, 1839; S. 74

– Kopf nahe den Ocelli mit tiefen Tentorialgruben. **32**

32 Pronotum schmal, etwa 1,25-mal so breit wie lang. Letztes Glied der Maxillarpalpen etwa 1,5-mal so lang wie das vorletzte (Abb. 5e). ....
.... ***Arpedium*** ERICHSON, 1839; S. 64

– Pronotum fast doppelt so breit wie lang. Letztes Glied der Maxillarpalpen etwa doppelt so lang wie das vorletzte (Abb. 5f). ....
.... ***Deliphrosoma*** REITTER, 1909; S. 65

33 Kopf schmaler als das Pronotum, dieses in der Mitte mit deutlich gewinkelten Seiten (Abb. 8d). .... ***Eudectus*** REDTENBACHER, 1857; S. 83

– Kopf mindestens so breit wie das Pronotum. **34**

34 Pronotum breiter als lang, herzförmig, Seitenränder in der Mitte gerundet. ... **35**

– Pronotum mindestens so lang wie breit, Seitenränder in der Mitte gewinkelt (Abb. 8a). .... ***Boreaphilus*** C. R. SAHLBERG, 1832; S. **80**

35 Pronotum dicht punktiert, mit mehr oder weniger deutlicher Mikroskulptur und seitlich mit sehr schmalen Eindrücken (Abb. 8b). In Mitteleuropa nur eine in der Hohen Tatra endemische Art. ....
.... ***Coryphiomorphus*** ZERCHE, 1988; S. 82

– Pronotum weniger dicht punktiert, ohne Mikroskulptur und seitlich mit breiteren Gruben (Abb. 8c). .... ***Coryphium*** STEPHENS, 1834; S. 82

Tribus Anthophagini THOMSON, 1859

Gattung *Acidota* STEPHENS, 1829

Mittelgroße Arten, 3,8–7,0 mm. Habitus: Abb. 5a. Kopf mit oder ohne Tentorialgruben. Fühlerglied I vergrößert. Pronotum etwa so breit wie lang oder quer. Elytren oft reihig punktiert. Von allen verwandten Gattungen durch das deutlich punktierte und ziemlich glänzende Abdomen verschieden.

Die holarktische Gattung umfasst etwa 10 Arten, von denen 7 in der Paläarktis vorkommen; die 3 mitteleuropäischen Arten leben überwiegend in der Bodenstreu.

1 Pronotum mit feiner, aber langer Pubeszenz. Elytren unregelmäßig punktiert. Körper einfarbig gelblich. Clypeus vorn sehr schwach aufgewölbt. Pronotum von trapezoider Form, nach vorn verengt und mit gekerbten Seitenrändern. Elytren 1,4-mal so lang wie das Pronotum, grob punktiert und lang pubeszent. ♂: Aedoeagus: Abb. 35f. 5,1 mm (RL: 2,3–2,5 mm). Nordpaläarktisch verbreitet. In Mitteleuropa nur wenige Nachweise aus Tirol bekannt. Subalpin unter *Alnus viridis*. .... ***quadrata*** (ZETTERSTEDT, 1838)

– Pronotum mit undeutlicher Pubeszenz. Elytren fast immer reihig punktiert. **2**

2 Pronotum quer, schwach gewölbt, in der Mitte am breitesten und am Hinterrand mit feiner Randlinie. Clypeus vorn nur an der Seite aufgewölbt. Rötlich bis bräunlichgelb. Pronotum mit fein gekerbten Rändern, in der Mitte oft mit 2 flachen Eindrücken. Pterodimorph; Elytren von variabler Länge, mit unregelmäßigen Punktreihen. ♂: Aedoeagus: Abb. 35g. 3,8–6,0 mm (RL: 2,0–3,1 mm). Transpaläarktisch verbreitet. In Mitteleuropa überall nicht selten, aber aufgrund der Phänologie selten gefunden. In der Bodenstreu von Wäldern und unbewaldeten Biotopen von der Ebene bis in höhere Lagen. Imagines von Oktober bis März, insbesondere von Ende Oktober bis Ende Dezember aktiv. .... ***cruentata*** MANNERHEIM, 1830

– Pronotum so lang wie breit, gewölbt, hinter der Mitte am breitesten und am Hinterrand ohne feine Randlinie. Ganzer Vorderrand des Clypeus hochgewölbt. Rötlichbraun. Pronotum glänzend, dicht punktiert. Immer geflügelt; Elytren 1,5-mal so lang wie das Pronotum, gewölbt, grob und deutlich reihig punktiert (Abb. 5a). ♂: Aedoeagus: Abb. 35h. 5,0–7,0 mm (RL: 2,7–3,6 mm). Holarktisch verbreitet; in Japan die Subspezies *japonica* WATANABE, 1990. In Mitteleuropa überall, aber nicht häufig. In der Streu von Wäldern und unbewaldeten Biotopen (Moore, Heiden usw.). Imagines von August bis September und von März bis Juni (Maxima: September–Oktober, April) aktiv. .... ***crenata crenata*** (FABRICIUS, 1793)

Gattung *Amphichroum* KRAATZ, 1857

Mittelgroße (4,0–5,0 mm), gelblich bis bräunlichgelb gefärbte, deutlich pubeszente Arten; Kopf und Abdomen oft dunkler. Habitus: Abb. 5b. Kopf relativ klein und flach, mit schmal linienförmigen Tentorialgruben vor den deutlichen Ocelli. Fühler schlank. Pronotum schwach quer, gewölbt. Beine relativ lang. ♂: Schläfen mit kräftigen Borsten; Mesotibia in der Mitte nach innen erweitert und distal abrupt verengt. Im Habitus ähnlich *Anthophagus*, von dieser Gattung aber durch das Fehlen membranöser Anhänge an der Tarsenspitze, nicht herzförmiges Pronotum, viel längere Pubeszenz und den Sexualdimorphismus der Schläfen und der Mesotibien verschieden.

Die Gattung ist mit etwa 15 Arten holarktisch verbreitet. Die Imagines der beiden mitteleuropäischen Arten leben in der Vegetation, meist auf Büschen.

1 ♂: Protibia zur Spitze nicht erweitert; Mesotibia von der Mitte an verengt (Abb. 31a); Aedoeagus: Abb. 35i. ♀: Elytren etwas gröber punktiert. Kopf braun, Pronotum rötlichgelb, manchmal in der Mitte gebräunt; Elytren gelblich; Abdomen beim ♂ schwärzlich und beim ♀ rötlichgelb; Beine gelblich; Fühler braun mit hellerer Basis (Abb. 5b). 4,0–5,0 mm (RL: 2,6–3,6 mm). Gebirge Mittel- und Osteuropas, Alpen, Apennin, Balkan. Häufig. In Wäldern und subalpin auf Blüten, meist von Büschen und Bäumen (*Sambucus*, *Prunus* usw.), auch in der Bodenstreu. .... ***canaliculatum*** (ERICHSON, 1840)

– ♂: Protibia zur Spitze erweitert; Mesotibia in der apikalen Hälfte verengt (Abb. 31b); Aedoeagus: Abb. 35j. ♀: Elytren mit etwas weniger grober Punktur. Färbung ähnlich wie bei *canaliculatum*. 4,0–4,5 mm (RL: 2,8–3,5 mm). Alpen. Nicht selten. Subalpin, an Blüten verschiedener Pflanzen (z. B. *Alnus viridis*). .... ***hirtellum*** (HEER, 1839)

Gattung *Anthobium* LEACH, 1819

Mittelgroße (2,5–4,0 mm), breit gebaute Arten (Abb. 5c). Kopf mit deutlichen Ocelli. Fläche zwischen den Fühlerbasen und den Augen schmal und halbkreisförmig (Abb. 51p). Pronotum deutlich quer, mit gerundeten Seitenrändern. Elytren lang und fast das gesamte Abdomen bedeckend. Meso- und Metatibien höchstens fein bedornt. Von *Deliphrum* durch das Fehlen einer tiefen Querfurche zwischen Kopf und Hals sowie durch höchstens fein bedornte Meso- und Metatibien, von *Olophrum* durch geringere Größe und die Form der Fläche zwischen den Fühlerbasen und den Augen unterschieden.

Die Gattung ist holarktisch verbreitet und umfasst etwa 50 Arten, von denen etwa 30 in der Paläarktis vorkommen. Die 4 in Mitteleuropa verbreiteten Arten leben meist in der Bodenstreu.

1 Größer, 3,5–4,0 mm (RL: 3,2–3,7 mm). Pronotum am Vorderrand schmaler als am Hinterrand (Abb. 34l), Hinterwinkel deutlich rechtwinklig markiert. Kopf schwärzlich; Pronotum, Elytren und Abdomen rötlichgelb; Beine gelblich; Fühler braun mit hellerer Basis. Körperoberfläche ziemlich glänzend. Kopf mit großen Tentorialgruben. Elytren lang, grob und fast reihig punktiert (Abb. 5c). Fühler schlank. ♂: Aedoeagus: Abb. 34f. Pontomediterran, von der Türkei und der Kaukasusregion bis nach Frankreich und Nordeuropa. In Mitteleuropa fast überall; nicht in Dänemark. Meist nicht selten; in der Tiefebene selten oder fehlend. In montanen Wäldern, in der Streu, oft im Herbst an Pilzen. .... ***melanocephalum*** (ILLIGER, 1794)

– Durchschnittlich kleiner, 2,4–3,5 mm. Pronotum am Vorderrand so breit wie am Hinterrand (Abb. 34m) und mit verrundeten oder stumpfen Hinterwinkeln. **2**

2 Elytren weniger als 2,5-mal so lang wie das Pronotum. Kopf kaum dunkler als das Pronotum. **3**

– Elytren 2,5-mal so lang wie das Pronotum. Kopf meist deutlich dunkler als das Pronotum. Kopf und Abdomen meist braun oder schwarz; Pronotum und Elytren gelblich bis gelbbraun, selten dunkler; Beine gelblich; Fühler braun mit hellerer Basis. Ziemlich glänzend. Pronotum und Elytren dicht punktiert. Pronotum wie in Abb. 34m geformt. ♂: Aedoeagus: Abb. 34g. 2,5–3,5 mm (RL: 2,2–2,7 mm). Holarktisch verbreitet, die schwach charakterisierte Unterart *sardoum* SCHEERPELTZ, 1961 in Sardinien. In Mitteleuropa überall sehr häufig. In der Bodenstreu von Wäldern und Strauchbiotopen. .... ***atrocephalum atrocephalum*** (GYLLENHAL, 1827)

3 Körper gelblich; Fühler von Glied IV an schwach gebräunt. Ziemlich glänzend. Pronotum und Elytren grob punktiert. Pronotum mit stumpfen Hinterwinkeln und ohne Mittelfurche. ♂: Aedoeagus: Abb. 34h. 3,0–3,5 mm (RL: 2,5–2,9 mm). Europa. In Mitteleuropa im Westen häufiger als im

Osten. In der Bodenstreu von Wäldern, Sümpfen, Heiden und Grasbiotopen. .... ***unicolor*** (MARSHAM, 1802)

– Braunschwarz; Beine gelblich; Fühler einfarbig dunkel. Punktur sehr fein und dicht; Körperoberfläche nur schwach glänzend. Hinterwinkel des Pronotums verrundet. Pronotumoberfläche uneben und mit Mittelfurche. ♂: Aedoeagus: Abb. 34i. 2,4–2,6 mm (RL: 2,2–2,4 mm). Von Mittelasien, Armenien und der Türkei bis Skandinavien, Frankreich und Spanien. In Mitteleuropa nur lokal und selten. In der Streu trockener Wälder auf Sandböden und in unbewaldeten Biotopen. .... ***fusculum*** (ERICHSON, 1839)

Genus *Anthophagus* GRAVENHORST, 1802

Unterschiedlich große (2,5–7,0 mm), ziemlich flache Arten (Abb. 5d). Kopf groß, oft mit Sexualdimorphismus (beim ♂ mit modifizierten Mandibeln, Stirnfortsätzen und längeren Fühlern). Pronotum ziemlich klein, oft annähernd herzförmig. Beine lang. Tarsenspitzen an der Klauenbasis mit einem Paar von Anhängen. Von den im Habitus ähnlichen Gattungen *Lesteva*, *Geodromicus* und *Hygrogeus* durch die membranösen Anhänge an den Tarsenspitzen und die meist bunte Färbung unterscheidbar.

Die Gattung ist mit etwa 35 Arten vor allem in der Westpaläarktis verbreitet. In Mitteleuropa kommen 17 Arten vor. Die Imagines leben in der Vegetation, überwiegend in montanen bis alpinen Lagen.

1 Kopf und Pronotum zwischen der Punktur glänzend, nur sehr flach mikroskulptiert. Vorderwinkel des Pronotums immer völlig verrundet. Untergattung *Phaganthus* MULSANT & REY, 1880. .... **3**

– Kopf und Pronotum (bei *A. spectabilis* nur der Kopf) mehr oder weniger matt, deutlich mikroskulptiert. Vorderwinkel des Pronotums verrundet oder schwach ausgeprägt. **2**

2 Schläfen in Aufsicht winklig verrundet (Abb. 31k–q). Kopf annähernd quadratisch oder quer rechteckig, mit vorragenden Augen. ♂: Stirn vorn oft mit hornartigen Fortsätzen; Mandibeln oft mit Fortsätzen oder anderweitig modifiziert. Untergattung *Anthophagus* GRAVENHORST, 1802. .... **6**

– Schläfen in Aufsicht entweder gerade oder leicht gewölbt, nicht winklig. Kopfform rhomboid, mit schwach vorgewölbten Augen. ♂: Stirn und Mandibeln nicht modifiziert. Untergattung *Dimorphoschelus* KOCH, 1933. ... **13**

3 Kopf ganz oder nur hinten dunkler als das Pronotum; Elytren gelblich, am Scutellum mehr oder weniger ausgedehnt dunkler. Schläfen leicht gerundet, fast gerade (Abb. 31h). ♂: Protarsen erweitert; Aedoeagus: Abb. 32a. Pronotum rötlichgelb; Abdomen braungelb, in der Mitte dunkler. Augen etwas länger als die Schläfen. Pronotum wenig breiter als lang. Elytren fast doppelt so lang wie das Pronotum. Fühler lang, mittlere Glieder doppelt so lang wie breit. 4,0–5,0 mm (RL: 2,7–3,2 mm). Jura, Alpen, Apennin. In den Nordalpen vor allem im Westen. Nicht häufig. Montan. .... ***scutellaris*** ERICHSON, 1840

– Kopf wie das Pronotum gefärbt. ♂: Protarsen nicht erweitert. **4**

4 Augen groß, länger als die Schläfen. Seitenränder des Pronotums mit 2 langen Borsten. Pronotum gröber und etwas verflossen punktiert. Gelbrot mit kaum dunklerem Abdomen. Elytren hinten mit ausgedehntem braunem Fleck. Fühler lang, ihre mittleren Glieder etwa doppelt so lang wie breit.

♂: Aedoeagus: Abb. 32b. 4,6–6,0 mm (RL: 3,2–3,7 mm). West- und Mitteleuropa. In den mitteleuropäischen Bergregionen fast überall, auch in der Ebene. Selten. In Auwäldern an blühenden Bäumen und Sträuchern. .... ***praeustus*** P. MÜLLER, 1821

– Augen kleiner, so lang wie die Schläfen. Pronotum mit 2 kurzen Borsten an den Seitenrändern, nicht verflossen punktiert. **5**

5 Fühler kräftig, Glied IV–VI 1,5-mal so lang wie breit. Durchschnittlich größer, 4,5–6,5 mm (RL: 3,1–3,7 mm). Schläfen: Abb. 31i. Kopf und Pronotum rotgelb; Elytren gelblich mit verschwommenem braunem Makel im hinteren Drittel; Abdomen gelblich, hinten mehr oder weniger angedunkelt; Beine und Fühler gelblich. ♂: Aedoeagus: Abb. 32c. Alpen. Ziemlich häufig. Montan in Auwäldern an blühenden Bäumen und Sträuchern. .... ***rotundicollis*** HEER, 1839

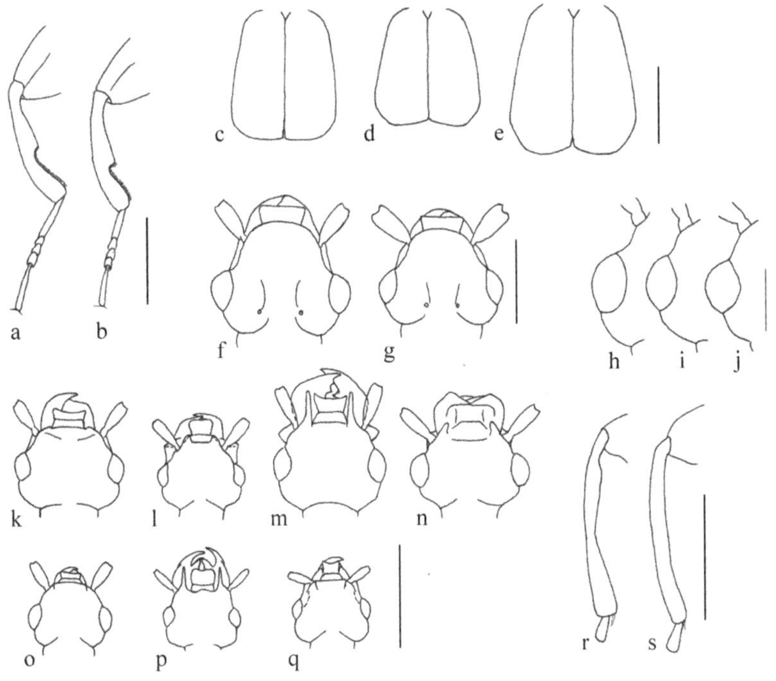

Abb. 31: Mittelbeine (a–b), Elytren (c–e), Kopf (f–q), Mesotibiae (r, s) von *Amphichroum canaliculatum* (a), *A. hirtellum* (b), *Lesteva longoelytrata longolelytrata* (c), *L. monticola*, brachyptere (d) und macroptere Morphe (e), *Geodromicus plagiatus* (f), *G. kunzei* (g), *Anthophagus scutellaris* (h), *A. rotundicollis* (i), *A. caraboides caraboides* (j), *A. spectabilis* (k), *A. forticornis* (l), *A. bicornis* (m), *A. aeneicollis* (n), *A. fallax* (o), *A. alpinus alpinus* (p), *A. noricus* (q), *A. transversus dinaricus* (r), *A. alpestris alpestris* (s). Maßstäbe: 1 mm (c–e, k–q), 0,5 mm (a–b, f–g, r–s), 0,25 mm (h–j). Nach ZANETTI 1987, verändert.

– Fühler schlanker, Glied IV–VI doppelt so lang wie breit. Durchschnittlich kleiner, 4,5–5,5 mm (RL: 2,9–3,3 mm). Schläfen: Abb. 31j. Rotgelb, Elytren oft heller; Abdomen mehr oder weniger angedunkelt. ♂: Aedoeagus: Abb. 32d. Transpaläarktisch verbreitet; die Subspezies *aquilonaris* KOCH, 1940 in Nordspanien. In Mitteleuropa fast überall und zumindest im Süden ziemlich häufig. In Auwäldern an blühenden Bäumen und Sträuchern. .... ***caraboides caraboides*** (LINNAEUS, 1758)

6 Pronotum glänzend, nur schwach mikroskulptiert. Größer, 6,5–7,0 mm (RL: 3,7–4,3 mm). Kopf, Pronotum und Abdomen schwarz, Elytren braungelb, am Hinterrand schmal angedunkelt. ♂: Kopf ohne Stirnfortsätze und mit schwach modifizierten Mandibeln (Abb. 31k); Kopf etwas breiter als das Pronotum; Aedoeagus: Abb. 32e. Beine gelblich. Fühler braun mit hellerer Basis, lang und kräftig, Glied VII fast doppelt so lang wie breit. Jura, Vogesen, Alpen. Selten. In den Nordalpen nur in der Mitte und im Westen. Montan, in Feuchtbiotopen an Sräuchern. .... ***spectabilis*** HEER, 1839

– Pronotum zwischen den Punkten deutlich mikroskulptiert. Durchschnittlich kleiner. **7**

7 Körper größer, 4,0–6,0 mm. **8**

– Körper kleiner, 3,0–4,0 mm. **10**

8 Elytren höchstens doppelt so lang wie das Pronotum. Durchschnittlich kleiner, 4,0–5,0 mm (RL: 2,7–3,0 mm). Kopf und Pronotum rotgelb. ♂: Stirn mit 2 kurzen, kräftigen und parallelen Fortsätzen (Abb. 31l); Kopf etwas breiter als das Pronotum; Aedoeagus: Abb. 32g. Elytren gelblich; Abdomen schwärzlich. Fühlerglied VII weniger als doppelt so lang wie breit. Sudeten, Beskiden, Nordkarpaten, Zentral- und Ostalpen. Ziemlich selten. Subalpin. .... ***forticornis*** KIESENWETTER, 1846

– Elytren mehr als doppelt so lang wie das Pronotum. Durchschnittlich größer, 4,0–6,0 mm. Kopf und Pronotum rotgelb bis schwarz. **9**

9 ♂: Stirn mit langen geraden Fortsätzen (Abb. 31m); Kopf groß, breiter als das Pronotum; Augen kürzer als die Schläfen; Mandibeln in der Mitte gewinkelt. Aedoeagus: Abb. 32h. Fühler länger, Glied VII 3-mal so lang wie breit. Kopf gelbrot bis (selten) schwarz; Pronotum rotgelb bis dunkelbraun mit gelblichen Seitenrändern; Elytren gelblich, in der Mitte oft etwas dunkler; Abdomen schwarz; Beine gelb, Femurspitzen oft angedunkelt. Elytren 2,5-mal so lang wie das Pronotum. 4,0–6,0 mm (RL: 2,8–4,0 mm) (Abb. 5d). Vom Balkan bis zum Apennin und nach Mitteleuropa; irrtümlich auch aus Schweden gemeldet. In den Nordalpen und übrigen Gebirgen Mitteleuropas weit verbreitet und häufig. Montan und subalpin. .... ***bicornis*** (BLOCK, 1799)

– ♂: Stirn mit kurzen und nach vorn konvergierenden Fortsätzen (Abb. 31n); Kopf breiter als das Pronotoum; Augen so lang wie die Schläfen; Mandibeln in der Mitte gewinkelt und an der Spitze schräg abgestutzt; Aedoeagus: Abb. 32i. Fühler kürzer, Glied VII doppelt so lang wie breit. Kopf und Pronotum schwarz; Elytren braungelb, in der Hinterhälfte etwas dunkler; Beine gelblich mit etwas dunkleren Femora; Fühler braun mit hellerer Basis. 4,5–5,0 mm (RL: 3,1–3,5 mm). West- und Zentralalpen. Sehr selten. In montanen Uferbiotopen. .... ***aeneicollis*** FAUVEL, 1873

10 Kopf und Pronotum gelbrot. **11**

– Kopf und Pronotum gewöhnlich braun oder schwarz (ausnahmsweise abweichende Exemplaren von *alpinus alpinus* und *noricus* mit gelblichem Kopf und Pronotum sind von *fallax* durch die Kopfform und von *sudeticus* durch längere Elytren zu unterscheiden.). **12**

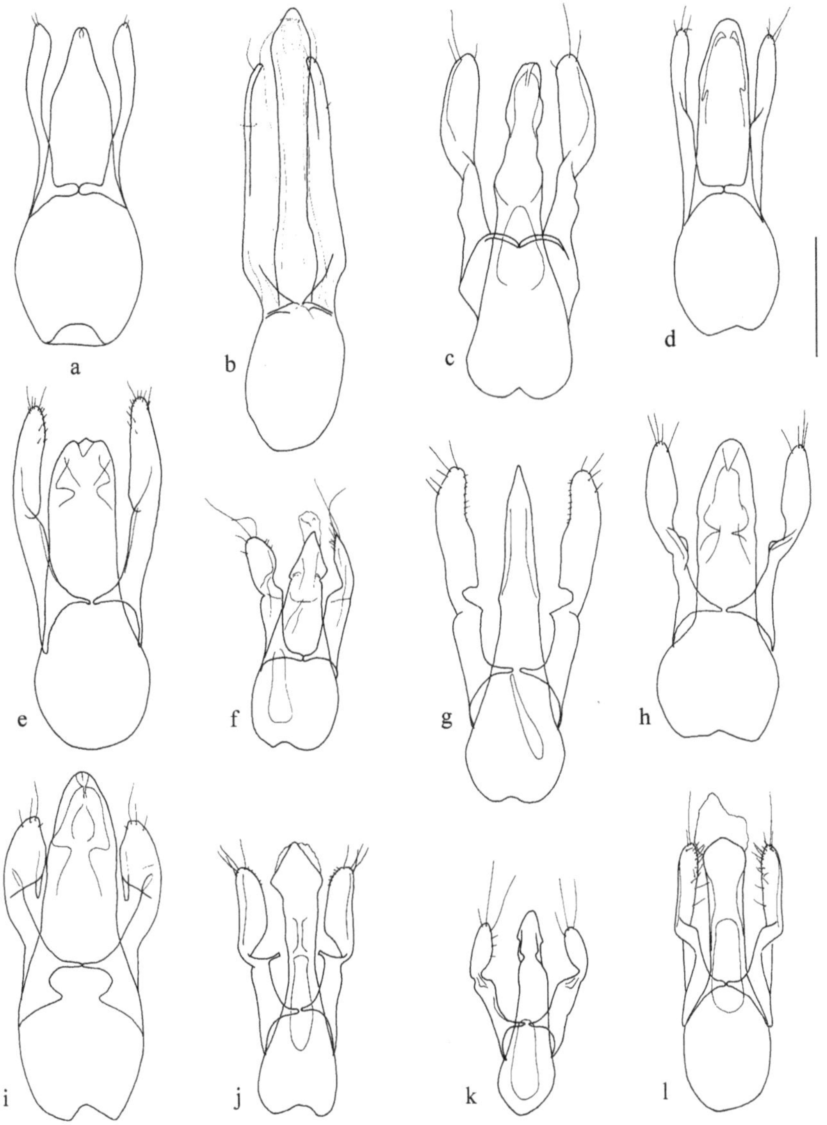

Abb. 32: Aedoeagus (ventral) von *Anthophagus scutellaris* (a), *A. praeustus* (b), *A. rotundicollis* (c), *A. caraboides caraboides* (d), *A. spectabilis* (e), *A. sudeticus* (f), *A. forticornis* (g), *A. bicornis* (h), *A. aeneicollis* (i), *A. fallax* (j), *A. alpinus alpinus* (k), *A. noricus* (l). Maßstab: 0,3 mm. Nach ZANETTI 1987, verändert (a, c–e, g–l).

11 Durchschnittlich kleiner: 3,0–3,5 mm (RL: 2,0–2,3 mm). ♂: Kopf ohne Stirnfortsätze (Abb. 31o), so breit wie das Pronotum oder etwas breiter; Aedoeagus: Abb. 32j. Hals oft dunkler; Elytren gelblich; Abdomen dunkelbraun bis schwarz; Fühler und Beine gelblich. Fühler nicht auffällig lang, Glied VII weniger als doppelt so lang wie breit. Ähnlich *omalinus arrowi*, aber heller gefärbt und Pronotum dichter punktiert. Alpen. Häufig. Subalpin. .... ***fallax*** KIESENWETTER, 1848

– Durchschnittlich größer, 3,0–4,0 mm (RL: 2,1–2,4 mm). ♂: Stirnfortsätze ähnlich denen von *alpinus alpinus*; Kopf breiter als das Pronotum; Aedoeagus: Abb. 32f. Vorderkörper gelbrot; Abdomen braun; Beine gelblich; Fühler gelblich, ab Glied IV etwas dunkler. Elytren weniger als 1,5-mal so lang wie das Pronotum. Fühler lang, Glied VII doppelt so lang wie breit. Sehr ähnlich *alpinus alpinus*, aber durch die Farbe, kürzere Elytren und etwas gröber punktiertes Pronotum verschieden. Beskiden, Sudeten, Karpaten. Nicht selten. Subalpin. ...... ***sudeticus*** KIESENWETTER, 1846

12 ♂: Kopf groß, quer, mit geraden Stirnfortsätzen und stark entwickelten Mandibeln (Abb. 31p); Augen kürzer als die parallelen Schläfen; Innenrand der Mandibeln mit großem Zahn; Aedoeagus: Abb. 32k. ♀: Fühlerglied VII doppelt so lang wie breit; Augen länger als die Schläfen. Kopf und Pronotum schwärzlich, selten gelblich; Elytren gelblich, an der Naht dunkler; Beine geblich; Fühler schwarz mit gelblicher Basis. Pronotum schmal. Elytren etwa doppelt so lang wie breit. 3,0–4,0 mm (RL: 2,2–2,7 mm). Nord- und Mitteleuropa, Alpen; in den Pyrenäen, im Apennin und auf dem Balkan mit 4 weiteren Unterarten. In Mitteleuropa in den Alpen, Beskiden und Sudeten. Häufig. Subalpin und alpin. .... ***alpinus alpinus*** (PAYKULL, 1790)

– ♂: Kopf groß, quer, ohne Stirnfortsätze, Mandibeln weniger stark entwickelt und dorsal kurz gekielt (Abb. 31q); Augen kürzer als die nach hinten etwas erweiterten Schläfen; Aedoeagus: Abb. 32l. ♀: Fühlerglied VII weniger als doppelt so lang wie breit; Augen kürzer als die Schläfen. Kopf und Pronotum braun, selten heller; Elytren gelblich, an der Naht dunkler; Abdomen dunkelbraun; Beine gelblich; Fühler braun mit hellerer Basis. Elytren weniger als doppelt so lang wie breit. Fühler kräftig. 3,0–4,0 mm (RL: 1,9–2,4 mm). Lokal in den österreichischen Ostalpen und im Trentino, in Mitteleuropa aus den Hohen Tauern, Tirol und Kärnten nachgewiesen. Sehr selten. Alpin, in felsigen Habitaten. .... ***noricus*** GANGLBAUER, 1895

13 Körper größer, 4,0–5,0 mm. **14**

– Körper kleiner, 2,5–3,5 mm. **16**

14 Pronotum schlank, so lang wie breit und deutlich herzförmig. Kopf deutlich dunkler als das Pronotum. ♂: Protarsen nicht erweitert; Aedoeagus: Abb. 33a. Kopf schwarz, Pronotum rotgelb; Elytren gelblich, oft mit verschwommenem bräunlichem Fleck; Abdomen schwarz; Fühler und Beine gelb. Augen groß und vorragend, länger als die Schläfen. Elytren doppelt so lang wie das Pronotum. Fühler sehr lang, Glied VII 2,5–3-mal so lang wie breit. 4,0–5,0 mm (RL: 2,4–2,7 mm). Nord- und Mitteleuropa, Balkan, Kaukasus (Subspezies *roubali* KOCH, 1934). In Mitteleuropa fast überall; nicht in Dänemark. Häufig. In montanen und niederen Lagen, in Feuchtbiotopen. .... ***angusticollis angusticollis*** (MANNERHEIM, 1830)

– Pronotum breiter als lang, nicht herzförmig. Kopf nicht deutlich dunkler als das Pronotum. ♂: Protarsen erweitert. **15**

15 ♂: Aedoeagus: Abb. 33b; Mesotibia einfach gebogen, in der Apikalhälfte nicht erweitert (Abb. 31s). Pronotum gewöhnlich dunkler, schmaler gelblich gerandet. Kopf und Pronotum braun mit leichtem Metallglanz; Elytren gelblich, manchmal an der Naht dunkler und mit 2 dunklen Flecken in der Hinterhälfte; Abdomen schwarz; Beine gelblich, manchmal mit dunkleren Femora und Tarsen; Fühler braun mit hellerer Basis. Elytren fast doppelt so lang wie das Pronotum. Fühlerglied VII doppelt so lang wie breit. 4,5–5,0 mm (RL: 3,1–3,4 mm). Mitteleuropa, Alpen, Apennin (Subspezies *kochi*), Balkan. In Mitteleuropa in den Alpen und übrigen Gebirgen weit verbreitet. Häufig. Montan und subalpin. .... ***alpestris alpestris*** HEER, 1839

– ♂: Aedoeagus: Abb. 33c; Mesotibia gerade, in der Apikalhälfte erweitert (Abb. 31r). Pronotum gewöhnlich heller und mit breit gelben Rändern. Allgemeine Färbung und Gestalt ähnlich wie *alpestris alpestris*, aber Elytren immer mit dunklem Fleck. 4,5–5,0 mm (RL: 2,5–2,8 mm). Ostalpen, nördlicher Balkan; die Subspezies *transversus* MOTSCHULSKY, 1858 in Slowenien. Selten. Montan. .... ***transversus dinaricus*** APFELBECK, 1909

16 Elytren weniger als doppelt so lang wie das etwas herzförmige Pronotum. Kopf schwarz bis dunkelbraun; Pronotum gewöhnlich rotgelb, selten dunkler; Elytren gelblich, oft an der Naht dunkler; Beine gelblich; Fühler braun mit hellerer Basis; Abdomen schwarz. ♂: Aedoeagus: Abb. 33d. 2,5–3,0 mm (RL: 1,7–2,4 mm). Alpen. Ziemlich häufig. Subalpin und alpin. .... ***melanocephalus*** HEER, 1839

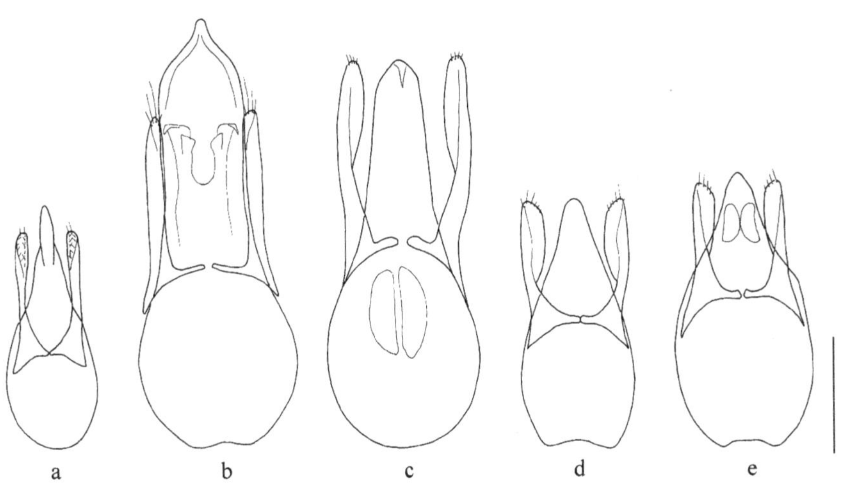

Abb. 33: Aedoeagus (ventral) von *Anthophagus angusticollis angusticollis* (a), *A. alpestris alpestris* (b), *A. transversus dinaricus* (c), A. *melanocephalus* (d), *A. omalinus arrowi* (e). Maßstab: 0,3 mm. Nach ZANETTI 1987, verändert.

– Elytren doppelt so lang wie das eher rechteckige, nicht herzförmige Pronotum. Kopf braun; Pronotum braun mit helleren Hinterwinkeln; selten Kopf und Pronotum rotgelb; Elytren gelblich; Abdomen schwarz; Beine und Fühler gelblich. ♂: Aedoeagus: Abb. 33e. 2,5–3,5 mm (RL: 2,1–2,4 mm). Nordeuropa (Subspezies *omalinus* ZETTERSTEDT, 1828), Mitteleuropa, Alpen, Balkan. In Mitteleuropa in den Alpen, Sudeten und Nordkarpaten. Häufig. Montan und subalpin. .... ***omalinus arrowi*** KOCH, 1933

Genus *Arpedium* ERICHSON, 1839

Körper schlank und mittelgroß (Abb. 5e), 3,0–5,5 mm. Kopf mit deutlichen Eindrücken direkt vor den Ocelli und zwischen den Fühlerbasen; Seitenkontur zwischen den Fühlerbasen und den Augen in Aufsicht rechteckig. Fühler schlank. Letztes Glied der Maxillarpalpen kaum länger als das vorletzte. Pronotum schmal, schwach quer. Glied V der Metatarsen kürzer als I–IV zusammen. Von *Olophrum* und *Anthobium* durch kürzeres letztes Glied der Maxillarpalpen, außerdem von *Olophrum* durch deutliche Tentorialgruben und von *Anthobium* durch die Form der Fläche zwischen den Fühlerbasen und den Augen verschieden.

Arpedium ist holarktisch verbreitet und umfasst derzeit etwa 10 Arten, die früher zum Teil in die mit *Arpedium* synonymisierte Gattung *Eucnecosum* REITTER, 1909 gestellt wurden (ZANETTI 2008). Die 3 mitteleuropäischen Arten leben in der Bodenstreu, meist in Feuchtbiotopen.

1 Größer, 4,5–5,5 mm (RL: 2,8–3,7 mm). Vorderkörper ohne Mikroskulptur und glänzend. Elytren länger, bei Exemplaren aus dem Flachland mehr, bei Exemplaren aus höheren Lagen weniger als doppelt so lang wie das Pronotum. Pronotum tief punktiert. Kopf schwarz; Pronotum und Elytren gelblich bis dunkelbraun mit helleren Rändern; Abdomen braun, manchmal heller; Beine gelblich; Fühler mehr oder weniger geschwärzt. Seitenränder des Pronotums fast parallel. Kopf und Pronotum ungleichmäßig, Elytren grob punktiert. Elytren gewölbt und reihig punktiert (Flachland) oder flacher und unregelmäßig punktiert (höhere Lagen). Habitus: Abb. 5e. ♂: Aedoeagus: Abb. 35a. Europa, Sibirien. In Mitteleuropa überall, aber nicht häufig. In der Bodenstreu in Ufer– und anderen Feuchtbiotopen, von der Ebene bis in höhere Lagen. .... ***quadrum*** (GRAVENHORST, 1806)

– Kleiner, 3,0–4,5 mm (RL: 1,9–2,6 mm). Vorderkörper mikroskulptiert und matt. Elytren kürzer, 1,5-mal so lang wie das sehr flach punktierte Pronotum. 2

2 ♂: Aedoeagus: Abb. 35b; Protibia in der Mitte erweitert. Fühler einfarbig bräunlichgelb. Kopf hinter den Augen erweitert, Schläfen divergent. 3,0–4,5 mm (RL: 2,1–2,6 mm). Holarktisch verbreitet. In Mitteleuropa fast überall. In der Ebene selten, in höheren Lagen häufiger. In Mooren und Sümpfen, in den Alpen in feuchter Streu und an Schneerändern. .... ***brachypterum*** (GRAVENHORST, 1802)

– ♂: Aedoeagus: Abb. 35c; Protibia in der Mitte nicht erweitert. Fühler bräunlich mit hellerer Basis. Kopf nach hinten nicht erweitert, Schläfen parallel. 3,5–4,2 mm (RL: 1,9–2,3 mm). Holarktisch verbreitet. In Mitteleuropa nur in Österreich und der Schweiz. Sehr selten. In den höheren Lagen der Alpen in Mooren, meist in *Carex*- Bülten. ... ***tenue*** (LECONTE, 1863)

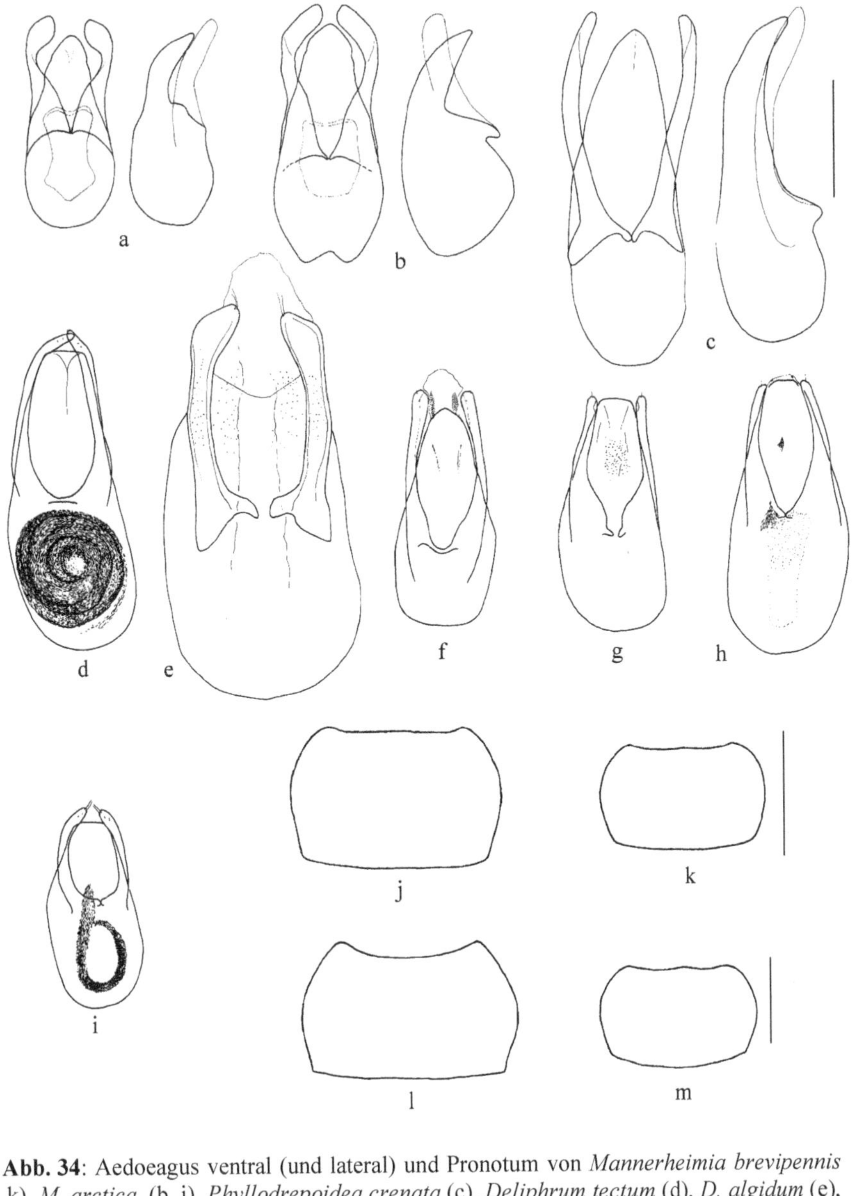

Abb. 34: Aedoeagus ventral (und lateral) und Pronotum von *Mannerheimia brevipennis* (a, k), *M. arctica*, (b, j), *Phyllodrepoidea crenata* (c), *Deliphrum tectum* (d), *D. algidum* (e), *Anthobium melanocephalum* (f, l), *A. atrocephalum atrocephalum* (g, m), *A. unicolor* (h), *A. fusculum* (i). Maßstäbe: 0,3 mm (a–i), 0,5 mm (j–m). Nach ZANETTI 1987, verändert (a–g, i–m).

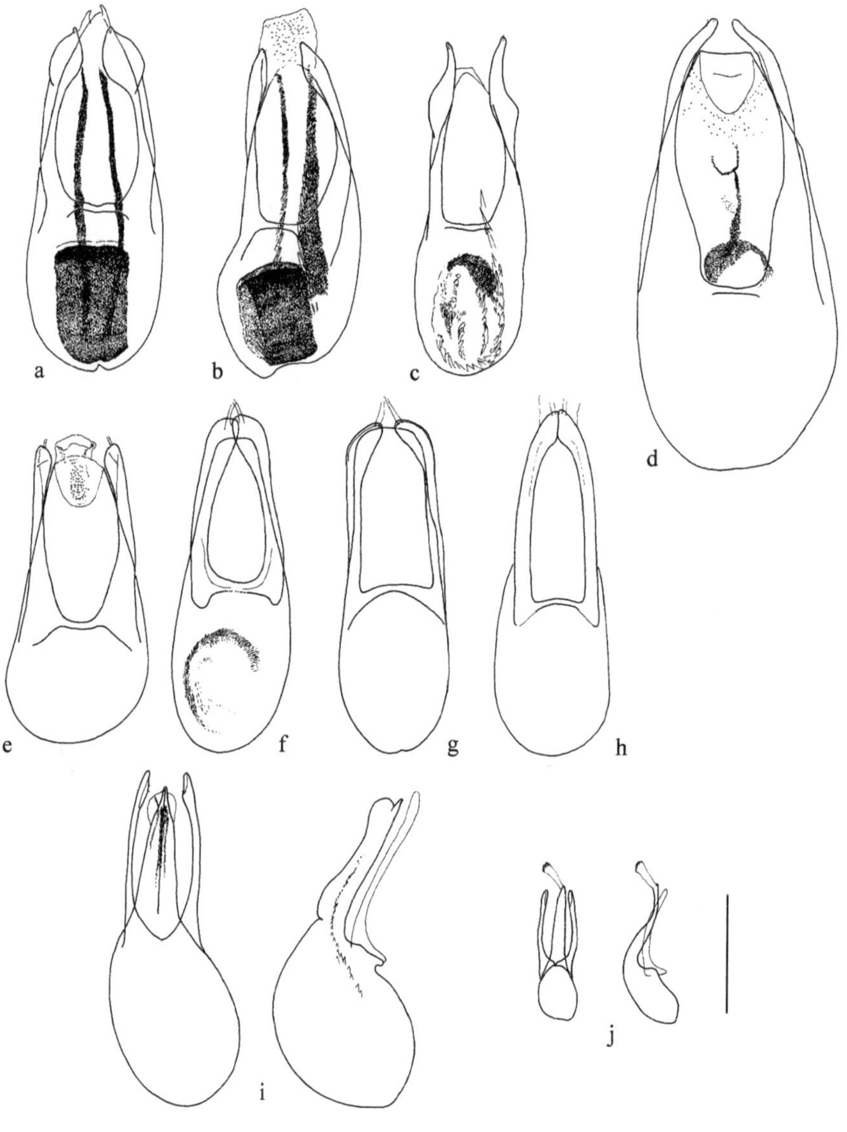

Abb. 35: Aedoeagus ventral (und lateral) von *Arpedium quadrum* (a), *A. brachypterum* (b), *A. tenue* (c), *Deliphrosoma macrocephalum* (d), *D. prolongatum prolongatum* (e), *Acidota quadrata* (f), *A. cruentata* (g), *A. crenata crenata* (h), *Amphichroum canaliculatum* (i), *A. hirtellum* (j). Maßstab: 0,3 mm (a–h), 0,6 mm (i–j). Nach ZANETTI 1987, verändert (a–e, g–i, l).

Gattung *Deliphrosoma* REITTER, 1909

Mittelgroße (4,0–5,0 mm), flache, braun gefärbte Arten (Abb. 5f). Kopf und Pronotum mit deutlicher Mikroskulptur. Kopf mit deutlichen, den Ocelli genäherten Tentorialgruben, Fläche zwischen den Fühlerbasen und den Augen rechteckig. Letztes Glied der Maxillarpalpen deutlich länger als das vorletzte. Pronotum quer. Letztes Glied der Metatarsen kürzer als I–IV zusammen. Von *Olophrum* durch deutliche Tentorialgruben, von *Anthobium* durch die Form der Fläche zwischen den Fühlerbasen und den Augen, und von *Arpedium* durch deutlich queres Pronotum sowie durch den Bau der Maxillarpalpen (letztes Glied viel länger als das vorletzte) verschieden.

Die westpaläarktische Gattung umfasst 24 Arten, von denen nur 2 in Mitteleuropa vorkommen. Sie werden meist in höheren Lagen an Schneerändern gefunden.

1 Kopf zwischen den Ocelli mit Querfurche. ♂: Protibia in der Basalhälfte erweitert; Aedoeagus: Abb. 35d. Seitenränder des Pronotums vor den Hinterwinkeln nicht konkav. Pronotum flach punktiert, ziemlich abgeflacht und mit nicht sehr tiefen Seiteneindrücken (Abb. 5f). Braun mit helleren Elytren; Beine gelblich; Fühler dunkel mit heller Basis. 4,5–5,0 mm (RL: 3,1–3,6 mm). Alpen, Gebirge des Balkans. In Mitteleuropa in den deutschen, österreichischen und Schweizer Alpen. Selten. Subalpin und alpin, meist unter Steinen an Schneerändern; Imagines im Herbst. .... ***macrocephalum*** (EPPELSHEIM, 1873)

– Kopf zwischen den Ocelli ohne Querfurche. ♂: Protibia in der Basalhälfte nicht erweitert; Aedoeagus: Abb. 35e. Seitenränder des Pronotums vor den Hinterwinkeln konkav. Pronotum tief punktiert, in der Mitte gewölbt und mit tiefen Seiteneindrücken. Braun, Pronotum und Elytren heller; Beine gelblich; Fühler gelblich, zur Spitze nur schwach angedunkelt. 4,0–5,0 mm (RL: 3,3–3,7 mm). Alpen und Balkan (6 Unterarten), In Mitteleuropa in den Alpen und in den Sudeten. Selten. Subalpin und alpin, oft an Schneerändern; Imagines meist im Herbst. ..... ***prolongatum prolongatum*** (ROTTENBERG, 1873)

Gattung *Deliphrum* ERICHSON, 1839

Mittelgroße Arten, 3,0–5,5 mm. Kopf zwischen den Fühlerbasen und den Augen mit halbkreisförmigem Eindruck, vom Hals durch eine deutliche Querfurche getrennt; Ocelli sehr deutlich. Pronotum quer. Elytren lang, nach hinten kaum erweitert. Meso- und Metatibien am Außenrand bedornt. Im Habitus (Abb. 6a) an *Olophrum* und *Deliphrosoma* erinnernd, von ersterer Gattung aber insbesondere durch die Querfurche zwischen Kopf und Hals, von letzterer durch den halbkreisförmigen Eindruck zwischen Fühlerbasen und Augen unterschieden.

Die paläarktisch verbreitete Gattung umfasst 5 Arten, von denen 2 in Mitteleuropa an kalten Orten an Faulstoffen leben.

1 Kopf mit kurzen Schläfen und deutlicher Schläfenrandung. Fühler ziemlich kurz und zur Spitze deutlich verbreitert, vorletzte Glieder höchstens so lang wie breit (Untergattung *Deliphrum*). Kleiner, 3,0–4,0 mm (RL: 2,3–2,6 mm). Braun, die Ränder des Pronotums, Elytren und Abdomenspitze braungelb; Beine gelblich; Fühler braun mit hellerer Basis. Pronotum schwach mikroskulptiert. Elytren dicht punktiert. Habitus: Abb. 6a.

♂: Aedoeagus: Abb. 34d. Verbreitung transpaläarktisch. In Mitteleuropa weit verbreitet, aber lokal und ziemlich selten. Im Herbst und Frühjahr, insbesondere an Kot und Pilzen. .... ***tectum*** (PAYKULL, 1789)

– Kopf mit deutlich ausgebildeten gerundeten, ungerandeten Schläfen. Fühler lang und zur Spitze schwächer verbreitert (Untergattung *Arpediopsis* GANGLBAUER, 1895). Größer, 4,5–5,5 mm (RL: 3,2–3,8 mm). Körper schwärzlich mit kaum helleren Elytren; Beine gelblich; Fühler braun mit kaum hellerer Basis. Pronotum deutlich quer mikroskulptiert. Elytren grob punktiert. ♂: Aedoeagus: Abb. 34e. Mitteleuropäische Gebirge einschließlich der Alpen, nördliche Karpaten. Sehr selten. Montan, im Winter an Faulstoffen, oft auf Schnee gefunden. .... ***algidum*** ERICHSON, 1840

Gattung *Geodromicus* REDTENBACHER, 1857

Mittelgroße (4,0–7,0 mm), braune bis schwarze Arten mit deutlicher Pubeszenz. Habitus: 6b. Kopf mit großen, gewölbten Augen und deutlichem Eindruck vor den Ocelli. Fühler schlank. Letztes Glied der Maxillarpalpen etwas kürzer als das vorletzte. Pronotum herzförmig, schmaler als die nach hinten erweiterten Elytren. Beine schlank. Von *Lesteva* und *Hygrogeus* durch den Bau der Maxillarpalpen, von *Lesteva* durch den Eindruck auf dem Kopf und von *Anthophagus* durch das Fehlen von membranösen Fortsätzen an den Tarsenspitzen zu unterscheiden.

Die Gattung ist mit etwa 120 Arten holarktisch verbreitet. Aus der Paläarktis wurden bisher fast 110 Arten bekannt, von denen nur 5 in Mitteleuropa vorkommen. Die Imagines leben an Ufern von Fließgewässern und an Schneerändern in höheren Lagen.

1 Ocelli voneinander so weit entfernt wie von den Augenrändern (Abb. 31g). Elytren kürzer, höchstens etwas mehr als doppelt so lang wie das Pronotum. Augen ziemlich klein, so lang wie die Schläfen oder nur etwas länger. ♂: Aedoeagus mit breitem Medianlobus. **2**

– Ocelli voneinander weiter als von den Augenrändern entfernt (Abb. 31f). Elytren gewöhnlich deutlich mehr als doppelt so lang wie das Pronotum. Augen größer, länger als die Schläfen. ♂: Aedoeagus mit schmalem Medianlobus. **3**

2 ♂: Seitliche Innenstrukturen des Aedoeagus nicht hakenförmig (Abb. 36a). Durchschnittlich heller gefärbt, rötlich braun bis braun; Fühlerbasis rötlichgelb; Elytren oft mit mehr oder weniger ausgedehntem rötlichem Fleck. 4,0–5,5 mm (RL: 2,6–3,2 mm). Pyrenäen, Zentralmassiv (Subspezies *arvernus* SAINTE-CLAIRE DEVILLE, 1935), Jura, Alpen; irrtümlich auch aus Polen gemeldet. Nicht selten. In höheren Lagen an Ufern und am Schneerand unter Steinen. .... ***kunzei kunzei*** (HEER, 1839)

– ♂: Seitliche Innenstrukturen des Aedoeagus hakenförmig (Abb. 36b). Durchschnittlich dunkler gefärbt, braun bis schwarz; Fühlerbasen braunrot bis schwarz. 4,0–5,5 mm (RL: 3,1–3,7 mm). Beskiden, Hohe und Niedere Tatra. Nicht selten. In höheren Lagen an Ufern und am Schneerand unter Steinen. .... ***danieli*** SMETANA, 1959

3 Elytren breit, durchschnittlich 1,8-mal so breit wie das Pronotum, fast immer mit rötlichgelber Längsmakel neben der Naht (Abb. 6b). Augen größer. Schwarz; Beine gelblich mit dunkleren Femurspitzen und Tibien. Kopf klein, schmaler als eine Elytre. ♂: Aedoeagus: Abb. 36c. 5,0–6,0 mm

(RL: 3,6–4,2 mm). Pyrenäen und Alpen (einschließlich der gesamten Nordalpen); auch aus der Tschechischen Republik gemeldet. Ziemlich selten. An Bach- und Flussufern, unter Steinen und im Detritus. .... ***suturalis*** (LACORDAIRE, 1835)

– Elytren weniger breit, durchschnittlich 1,6-mal so breit wie das Pronotum, einfarbig schwarz oder mit rötlichem Fleck, dieser dann aber nicht an der Naht gelegen. Kopf breiter, so breit wie eine Elytre. **4**

4 ♂: Aedoeagus: Abb. 36d. Beine einfarbig braungelb; Elytren oft mit schrägem braunrotem Fleck. Dunkelbraun bis schwarz; Fühler braun. 4,5–6,0 mm (RL: 3,2–3,8 mm). Transpaläarktisch verbreitet. Nicht selten. An Bach- und Flussufern, unter Steinen und im Detritus. .... ***plagiatus*** (FABRICIUS, 1798)

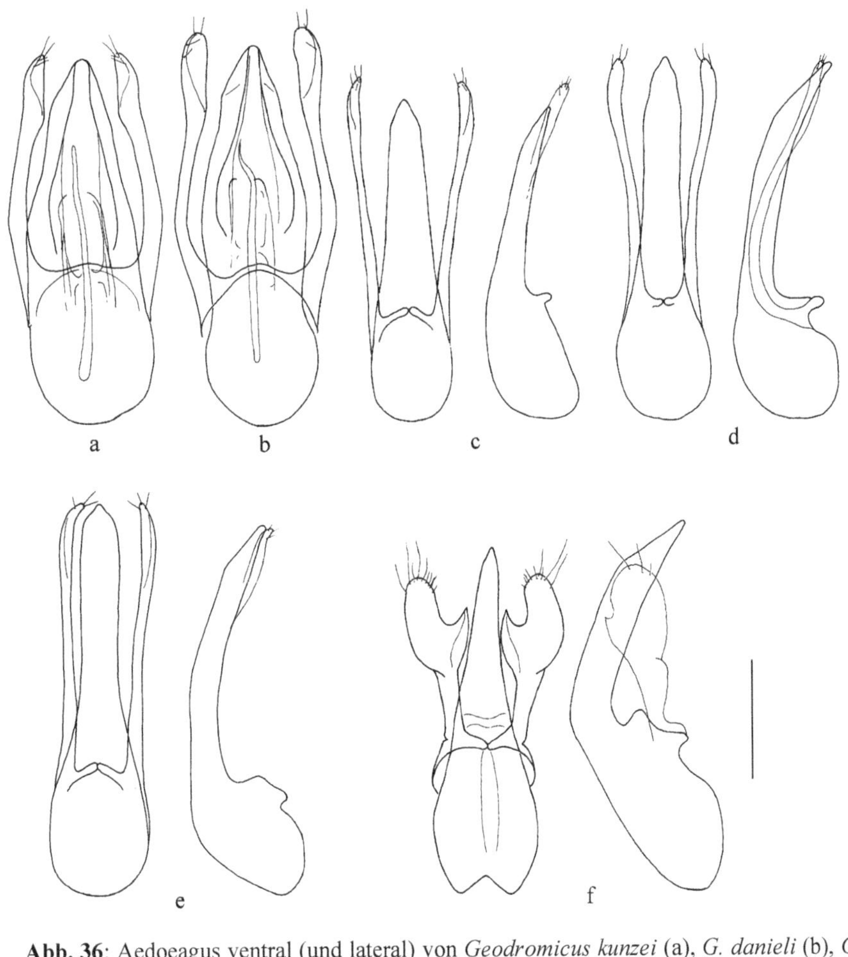

Abb. 36: Aedoeagus ventral (und lateral) von *Geodromicus kunzei* (a), *G. danieli* (b), *G. suturalis* (c), *G. plagiatus* (d), *G. nigrita nigrita* (e), *Hygrogeus aemulus* (f). Maßstab: 0,3 mm. Nach ZANETTI 1987, verändert (a, c–f).

– ♂: Aedoeagus: Abb. 36e. Tibien und Femurspitzen geschwärzt; Körper einschließlich der nie gemakelten Elytren schwarz; Fühler braun. 4,5–6,0 mm (RL: 3,1–3,7 mm). Europa (die zweifelhafte Subspezies *lohsei* JARRIGE, 1963 auf dem Mont Canigou, Frankreich). In Mitteleuropa fast überall; nicht in Dänemark. Nicht selten. An Bachufern und Quellen, unter Steinen und im Moos. .... ***nigrita nigrita*** (P. MÜLLER, 1821)

Gattung *Hygrogeus* MULSANT & REY, 1880

Körper mittelgroß (4,0–5,5 mm), braun. Habitus: Abb. 6c. Kopf groß, mit kleinen Augen und auf dem Scheitel abgeflacht. Letztes Glied der Maxillarpalpen etwas länger als das vorletzte. Fühler und Beine schlank. Pronotum annähernd herzfömig. Elytren kurz. Von *Geodromicus* durch den Bau der Maxillarpalpen und von *Anthophagus* durch das Fehlen von membranösen Anhängen an der Tarsenspitze verschieden.

Die Gattung umfasst derzeit eine Art aus den Alpen und dem Apennin und 11 Arten aus dem Himalaja. Sie leben im Gebirge an Fließgewässern und am Schnee.

Dunkelbraun mit helleren Elytren; Beine und Fühler braungelb. Augen klein, kürzer als die Schläfen; Ocelli reduziert. Kopf und Pronotum matt. Pronotum flach, nach hinten schwach verengt. Elytren flach und kurz, kaum länger als breit. Tarsen kurz. Fühler lang und kräftig. ♂: Aedoeagus: Abb. 36f. 4,0–5,6 mm (RL: 3,3–3,8 mm). Alpen, Apennin. Ziemlich selten. An Bergbächen und Wasserfällen, im Moos und unter Steinen. ....
.... ***aemulus*** (ROSENHAUER, 1847)

Gattung *Lesteva* LATREILLE, 1797

Mittelgroße (3,5–6,0 mm), gelblich braune bis schwarze Arten mit deutlicher Pubeszenz. Habitus: Abb. 6d. Augen meist vorragend, fein pubeszent. Tentorialgruben deutlich vor den Augen gelegen. Vorletztes Glied der Maxillarpalpen klein, nur ein Viertel so lang wie das letzte. Fühler schlank. Pronotum herzförmig, viel schmaler als die gewöhnlich nach hinten erweiterten Elytren. Beine meist ziemlich lang. Von ähnlichen Gattungen (*Geodromicus, Hygrogeus*) insbesondere durch die Form der beiden letzten Glieder der Maxillarpalpen verschieden.

Die holarktisch verbreitete Gattung umfasst mehr als 100 Arten, von denen etwa 100 aus der Paläarktis beschrieben wurden. Die 14 mitteleuropäischen Arten leben meist an Ufern, insbesondere Bachufern und im Spritzmoos. Einige Arten werden oft in Höhlen oder auf Kulturland gefunden.

Die Determination sollte in der Regel durch Untersuchung des Aedoeagus abgesichert werden. Die Form des Aedoeagus, insbesondere das Vorhandensein eines ventralen Kiels, lässt sich am besten in Trockenpräparation beurteilen.

1 Seiten des Pronotums nur in der Vorderhälfte mit feiner Randlinie (Seitenansicht!), Hinterwinkel schwach markiert. Punktur sehr grob (Untergattung *Lestevidia* JEANNEL & JARRIGE, 1949). Bräunlichgelb bis dunkelbraun; Beine gelblich; Fühler braun mit hellerer Basis. Ziemlich glänzend und mit spärlicher langer Pubeszenz. Pronotum kaum breiter als lang. Elytren weniger als doppelt so lang wie das Pronotum. Tarsen kurz. ♂: Aedoeagus: Abb. 37a. 3,5–4,0 mm (RL: 2,3–2,7 mm). In Europa mit

Ausnahme der Iberischen Halbinsel weit verbreitet; Türkei. In Mitteleuropa überall. An Bach- und Flussufern und in Sümpfen. Häufig. ....
.... ***punctata*** ERICHSON, 1839

– Seiten des Pronotums mit vollständiger feiner Randlinie (Seitenansicht!). **2**

2 Pronotum beiderseits neben dem Seitenrand mit tiefem Eindruck. Stark punktiert (Untergattung *Lestevina* BORDONI, 1973). Körper robust. Pronotum deutlich herzförmig. Gelblich braun bis braun; Beine gelblich; Fühler braun mit hellerer Basis. Pronotum deutlich breiter als lang. Elytren breit, 1,5-mal so lang wie das Pronotum. Tarsen kurz. ♂: Aedoeagus mit erweiterten Parameren (Abb. 37b). 3,5–4,0 mm (RL: 2,2–2,4 mm). Mittel- und Westeuropa (Subspezies *heeri* FAUVEL, 1871), Nordafrika, Süditalien (Subspezies *sicula* ERICHSON, 1840). Nordwestliches Mitteleuropa, nach Osten mittlerweile bis Brandenburg nachgewiesen. Nicht selten. Auf Feuchtwiesen, in der Bodenstreu von Mooren, auf Kulturland. ....
.... ***sicula heeri*** FAUVEL, 1871

– Pronotum seitlich ohne Eindrücke, höchstens nahe den Hinterwinkeln schwach eingedrückt. Sehr fein bis grob punktiert (Untergattung *Lesteva* LATREILLE, 1797). **3**

3 Grob punktiert, Durchmesser der Punkte der Pronotummitte viel größer als der Durchmesser der Ommatidien. **4**

– Fein punktiert, Durchmesser der Punkte der Pronotummitte etwa so groß wie oder etwas größer als der Durchmesser der Ommatidien. Mittlere Fühlerglieder höchstens doppelt so lang wie breit. **5**

4 Glied V der Metatarsen länger als Glied I. Elytren hinten fast gerade abgestutzt (Abb. 31c). Kopf und Pronotum schwarz; Elytren dunkelbraun bis schwarz, hinten oft rötlich; Beine rötlichgelb mit dunkleren Femurspitzen; Fühler braun. Elytren mehr als doppelt so lang wie das Pronotum. Aedoeagus: Abb. 37c. 3,5–4,5 mm (RL: 2,3–3,0 mm). Westpaläarktis und Mittelasien, die taxonomisch klärungsbedürftigen Subspezies *maura* ERICHSON, 1840 auf Sardinien und Korsika und *cretica* LOHSE & STEEL, 1961 auf Kreta. In Mitteleuropa überall sehr häufig. Eurytop an feuchten Stellen, insbesondere an Ufern, oft auf Agrarland. ....
.... ***longoelytrata longoelytrata*** (GOEZE, 1777)

– Glied V der Metatarsen nicht länger als Glied I. Elytren hinten wie in Abb. 31d–e. Kopf dunkelbraun bis schwarz.; Pronotum schwarz oder braun mit helleren Rändern; Beine braungelb; Fühler braungelb bis braun. Elytren mehr als doppelt so lang wie das Pronotum (Populationen in niederen Lagen, Abb. 31e) oder weniger als doppelt so lang wie das Pronotum (Populationen in höheren Lagen, Abb. 31d). Habitus: Abb. 6d. ♂: Aedoeagus: Abb. 37d. 4,0–4,8 mm (RL: 2,7–3,5 mm). Westpaläarktis. In gebirgigen Regionen Mitteleuropas überall. Häufig. Vor allem im Moos an Quellen und Bächen. .... ***monticola*** KIESENWETTER, 1847

5 Ganz schwarz, selten die Elytren etwas heller; Beine schwarz oder braun, mit rotgelben Tarsen. Pronotum schwach quer, glänzend, fein und dicht punktiert. Elytren etwas mehr als doppelt so lang wie das Pronotum (macroptere Morphe) oder doppelt so lang wie das Pronotum (brachyptere Morphe), dicht punktiert. Mittlere Fühlerglieder mehr als doppelt so lang wie breit. ♂: Medianlobus des Aedoeagus ohne Mittelkiel (Abb. 37e). 4,0–4,5 mm (RL: 2,9–3,2 mm). Pyrenäen, Mitteleuropa, Alpen, Balkan,

Kaukasus. In gebirgigen Regionen Mitteleuropas weit verbreitet. Selten. Im Schotter und Moos an Quellen und Bächen. .... ***luctuosa*** FAUVEL, 1871

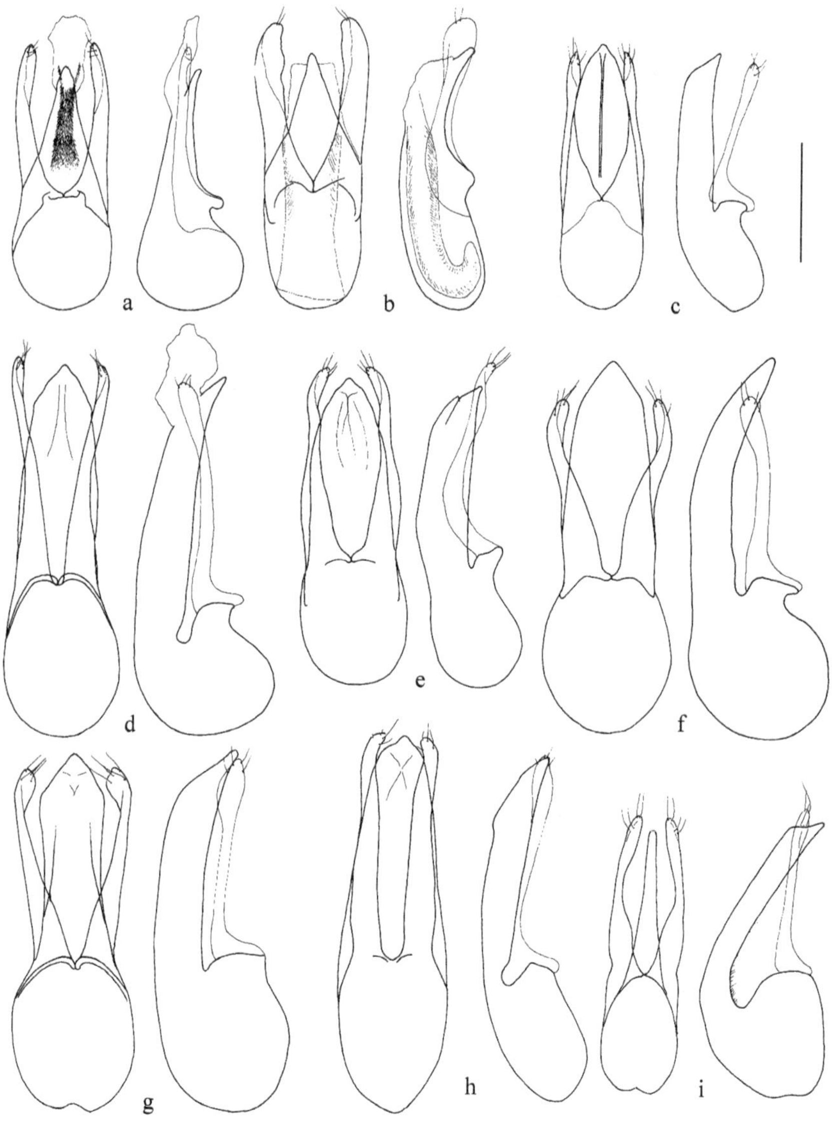

Abb. 37: Aedoeagus ventral und lateral von *Lesteva punctata* (a), *L. sicula heeri* (b), *L. longoelytrata longoelytrata* (c), *L. monticola* (d), *L. luctuosa* (e), *L. omissa carinthiaca* (f), *L. hanseni* (g), *L. bavarica* (h), *L. benicki* (i). Maßstab: 0,3 mm. Nach ZANETTI 1987, verändert.

– Hellbraun bis schwarz. ♂: Medianlobus des Aedoeagus mit oder ohne Mittelkiel. **6**

6 ♂: Medianlobus des Aedoeagus ohne Mittelkiel (Trockenpräparat!). **7**

– ♂: Medianlobus des Aedoeagus mit Mittelkiel (Trockenpräparat!). **10**

7 Elytren fein und flach punktiert. Fühler lang, ♂: Aedoeagus: Abb. 37f–g. **8**

– Elytren tiefer und deutlicher punktiert. ♂: Aedoeagus: Abb. 37h–i, 38a. **9**

8 ♂: Aedoeagus: Abb. 37f; Medianlobus dorsoventral abgeflacht. Pechschwarz bis braun mit etwas helleren Elytren; Beine gelblich, oft mit dunkleren Tibien und Femurspitzen; Fühler bräunlich, zur Spitze oft heller. Augen groß und gewölbt. Pronotum relativ klein und schmal, kaum breiter als lang, fein und dicht punktiert. Elytren breit und ziemlich flach, fein und dicht punktiert, etwas mehr als doppelt so lang wie das Pronotum. Fühler sehr lang; Glied VII 3-mal so lang wie breit. 4,3–4,5 mm (RL: 2,9–3,3 mm). In den Alpen nicht selten. (Die Subspezies *omissa* MULSANT & REY, 1880 im Apennin, auf Sardinien und auf Korsika.) An Quellen und Bachufern im Schotter. .... ***omissa carinthiaca*** LOHSE, 1955

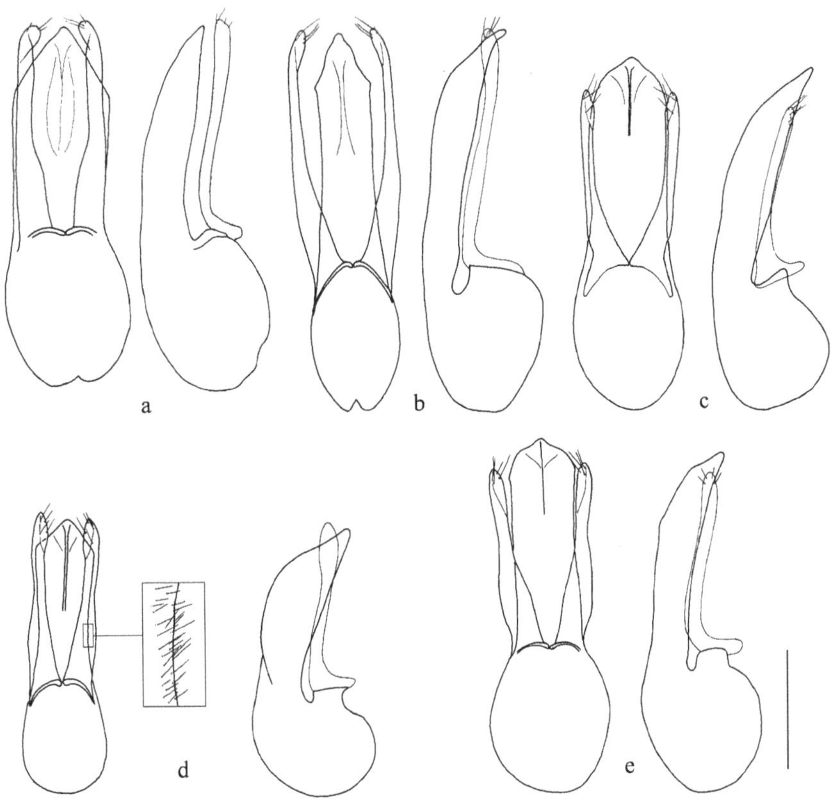

Abb. 38: Aedoeagus ventral und lateral von *Lesteva villardi* (a), *L. breiti* (b), *L. lepontia* (c), *L. pubescens* (d), *L. fontinalis* (e). Maßstab: 0,3 mm. Nach ZANETTI 1987, verändert.

– ♂: Aedoeagus: Abb. 37g; Medianlobus gewölbt. Äußere Merkmale wie bei voriger Art, aber Kopf etwas glänzender; 3,6–4,6 mm (RL: 2,7–3,2 mm). Atlantomediterran, von Nordafrika und Westeuropa bis nach Mitteleuropa und Schweden. In den westlichen Teilen Mitteleuropas, inzwischen bis nach Brandenburg und Sachsen nachgewiesen; angeblich auch in der Slowakei. Selten. In der Sprühzone von Wasserfällen im nassen Moos und Detritus. .... ***hanseni*** LOHSE, 1953

9 ♂: Seiten des Medianlobus in den basalen ⅔ parallel, im apikalen ⅓ abrupt zugespitzt (Abb. 38a). Rotbraun bis gelbbraun; Abdomen braun, Beine und Fühler gelblich. Augen so lang wie die Schläfen, schwach gewölbt. Pronotum schwach gewölbt, etwas breiter als lang, fein und dicht punktiert. Elytren abgeflacht, weniger als doppelt so lang wie das Pronotum, gröber als das Pronotum punktiert. Beine und Fühler schlank; Fühlerglied VII 3–4-mal so lang wie breit. 4,0–5,0 mm (RL: 2,9–3,4 mm). Westalpen; in Mitteleuropa nur in der westlichen Schweiz und in Bayern; Meldungen aus Österreich wurden bisher nicht bestätigt. Sehr selten. In Höhlen. .... ***villardi*** MULSANT & REY, 1880

– ♂: Seiten des Medianlobus zur Spitze gerundet und allmählich verengt (Abb. 37h). Braun; Beine und Fühler gelblich, Femurspitzen und Tibien manchmal etwas dunkler. Augen so lang wie die Schläfen. Kopf und Pronotum fein und sehr dicht punktiert. Elytren doppelt so lang wie das Pronotum, selten kürzer, etwas gröber als das Pronotum punktiert. Beine und Fühler schlank; Fühlerglied VII 2,5–3-mal so lang wie breit. 4,3–4,5 mm (RL: 2,8–3,2 mm). Zentral- und Ostalpen. Selten. An Quellen und Bächen im Schotter und in Moos. .... ***bavarica*** LOHSE, 1956

10 ♂: Aedoeagus: Abb. 37i, Medianlobus schmal und gebogen. Abdomenspitze bräunlichgelb, deutlich heller als das übrige Abdomen; Vorderkörper hellbraun; Femora gelblich mit angedunkelter Spitze; Tibien braun; Fühler bräunlichgelb. Augen so lang wie die Schläfen; Kopf fein und dicht punktiert. Pronotum schwach quer. Elytren weniger als doppelt so lang wie das Pronotum. Fühler nicht auffällig schlank, Glied VII kaum mehr als doppelt so lang wie breit. 3,5–4,0 mm (RL: 2,5–2,7 mm). Alpen. Nicht häufig. An Bächen und Wasserfällen im Moos und Schotter. .... ***benicki*** LOHSE, 1958

– ♂: Aedoeagus anders geformt, Medianlobus weder schmal noch gebogen. Abdomenspitze nur undeutlich aufgehellt. 11

11 ♂: Aedoeagus lang (Abb. 38b), ähnlich wie der von *monticola* gebildet. Fühler lang, Glied VII 3-mal so lang wie breit. Schwärzlich; Beine braungelb; Fühler braun. Augen so lang wie die Schläfen, schwach gewölbt. Pronotum deutlich gewölbt. Vorderkörper dicht punktiert. Elytren nach hinten kaum erweitert. 4,3–5,0 mm (RL: 3,0–3,3 mm). Ostalpen (Bayern, Vorarlberg, Tirol, Kärnten, Niederösterreich, nordöstliches Italien). Sehr selten. An Quellen, Wasserfällen und Bächen im Moos. .... ***breiti*** LOHSE, 1956

– ♂: Aedoeagus anders geformt, weniger lang (Abb. 38c–e). Fühler kürzer, Glied VII gewöhnlich weniger als 3-mal so lang wie breit. 12

12 ♂: Aedoeagus pubeszent (Abb. 38d; mikroskopisches Präparat!). Durchschnittlich kleiner, 3,5–4,0 mm (RL: 2,7–3,0 mm). Braun mit

braungelben Beinen. Augen gewöhnlich kürzer als die Schläfen. Körper mit feiner und dichter Punktur. Pronotum schwach quer. Elytren gewöhnlich weniger als doppelt so lang wie das Pronotum, abgeflacht. Fühler nicht auffällig schlank, Glied VII doppelt so lang wie breit oder wenig länger. Europa. In Mitteleuropa überall häufig. An Quellen, Wasserfällen und Bächen im Moos und Schotter. .... ***pubescens*** MANNERHEIM, 1830

– ♂: Aedoeagus nicht pubeszent. **13**

13 ♂: Aedoeagus: Abb. 38c. Augen weniger als doppelt so lang wie die Schläfen. Elytren relativ tief punktiert. Kopf, Pronotum und Abdomen schwärzlich; Elytren braun; Beine gelblich; Fühler braun. Punktur fein und dicht, auf den Elytren etwas gröber. Pronotum schwach quer. Fühler schlank, Glied VII 2,5-mal so lang wie breit. 3,5–4,5 mm (RL: 2,6–3,1 mm). Südliche Zentral- und Westalpen, Apenninen und Sizilien. In Mitteleuropa nur in der Südschweiz (Tessin). Selten. An Wasserfällen und Bächen im Moos. .... ***lepontia*** BAUDI DI SELVE, 1870

– ♂: Aedoeagus: Abb. 38e. Augen doppelt so lang wie die Schläfen. Elytren flach punktiert. Äußere Merkmale wie bei *omissa*. 4,0–4,3 mm (RL: 2,9–3,0 mm). Westeuropa, Nordafrika. In Mitteleuropa nur in der Westschweiz. Selten. An Bachufern. .... ***fontinalis*** KIESENWETTER, 1850

Gattung *Mannerheimia* MÄKLIN, 1880

Körper klein (2,6–3,2 mm), breit, flach, fast ohne Mikroskulptur, bräunlich gefärbt (Abb. 6e). Kopf annähernd dreieckig, mit Tentorialgruben vor den undeutlichen Ocelli. Pronotum quer. Elytren ziemlich kurz. Meso- und Metatibien am Außenrand mit 8–10 kurzen Dornen. Im Habitus einem kleinen *Olophrum* ähnlich, von dieser Gattung aber leicht durch das kleine Fühlerglied IV (kleiner als V) und die kaum erkennbaren Ocelli unterscheidbar.

Mannerheimia ist mit etwa 20 Arten, von denen 2 auch in Mitteleuropa vorkommen, in den kälteren Regionen der Paläarktis verbreitet. Die Arten leben in der Bodenstreu.

1 Kleiner, 2,6–2,8 mm (RL: 1,4–1,7 mm). Vorletzte Fühlerglieder etwa so breit wie lang. Pronotum mit abgerundeten Hinterwinkeln (Abb. 34k). Kopf und Abdomen dunkelbraun; Pronotum und Elytren gelbbraun; Beine gelblich; Fühler bräunlichgelb mit hellerer Basis. ♂: Aedoeagus: Abb. 34a. Nordeuropa, Alpen, Sibirien, Türkei, Mittelasien, Himalaja. In Mitteleuropa nur in den Nord- und Zentralalpen. Sehr selten. Subalpin, in der Bodenstreu von Nadelwäldern (*Picea*, *Pinus cembra*). .... ***brevipennis*** (MOTSCHULSKY, 1860)

– Größer, 2,8–3,2 mm (RL: 1,8–2,0 mm). Vorletzte Fühlerglieder länger als breit. Hinterwinkel des Pronotums deutlich markiert (Abb. 6e, 34j). Kopf braun; Pronotum, Elytren und Abdomen bräunlichgelb; Beine gelblich; Fühler braungelb mit etwas hellerer Basis. ♂: Aedoeagus: Abb. 34b. Nordeuropa, Alpen, Sibirien. In Mitteleuropa nur von wenigen Orten in Tirol und der Schweiz bekannt. Sehr lokal und selten. Alpin, oft unter Steinen in Zwergstrauchbiotopen mit Weiden (*Salix*). .... ***arctica*** (ERICHSON, 1840)

Gattung *Micralymma* WESTWOOD, 1838

Körper klein (2,5–3,0 mm), matt, schwarz gefärbt (Abb. 6f). Kopf mit flachen Eindrücken vor den Ocelli. Maxillarpalpen relativ kurz, letztes Glied doppelt so lang wie das vorletzte. Fühler mäßig schlank. Elytren sehr kurz, deutlich kürzer als das Pronotum. Glied V der Metatarsen so lang wie I–IV zusammen. Durch den matten Körper und die sehr kurzen Elytren leicht von allen in Mitteleuropa vertretenen Omaliinen-Gattungen zu unterscheiden.

Micralymma ist mit vier Arten holarktisch verbreitet, nur eine davon lebt auch in Mitteleuropa.

Kopf etwas schmaler als das Pronotum, dieses in der Vorderhälfte am breitesten. Fühler mit queren vorletzten Gliedern. Elytren gemeinsam doppelt so breit wie lang. Abdomen nach hinten erweitert. Elytren und Abdomen mit langer Pubeszenz. ♂: Aedoeagus: Abb. 40f. 2,5–3,0 mm (RL: 1,2–1,4 mm). Nordeuropa, nördliches Mitteleuropa, Nordamerika. In Mitteleuropa nur an der Nordseeküste; nicht in Dänemark. Selten. An felsigen Küsten, auch an Molen; oft in der Gezeitenzone. .... ***marinum*** (STRÖM, 1783)

Gattung *Olophrum* ERICHSON, 1839

Körper gewölbt und ziemlich glänzend (Abb. 7a), bräunlichgelb bis dunkelbraun und mittelgroß, 3,5–6,0 mm. Kopf ohne Tentorialgruben vor den deutlichen Ocelli; Fläche zwischen den Fühlerbasen und den Augen rechteckig; Kopf vom Hals nicht durch eine Querfurche getrennt. Fühler schlank. Pronotum quer. Glied V der Metatarsen kürzer als I–IV zusammen. Von *Deliphrum* durch das Fehlen einer Querfurche zwischen Kopf und Hals, von *Anthobium* durch die Form der Fläche zwischen den Fühlerbasen und den Augen sowie von *Arpedium* und *Deliphrosoma* durch das Fehlen von Tentorialgruben unterscheidbar.

Die Gattung ist holarktisch verbreitet und umfasst etwa 50 Arten, von denen 36 in der Paläarktis, nur 7 auch in Mitteleuropa, meist in der Bodenstreu, oft an feuchten und kalten Orten, leben.

1 Pronotumseiten vor den Hinterwinkeln nicht konkav (Abb. 30e–i). **2**

– Pronotum vor den Hinterwinkeln konkav (Abb. 30j–k). **6**

2 Pronotum mit völlig verrundeten Hinterwinkeln (Abb. 30e–g). **3**

– Hinterwinkel des Pronotums nicht scharf markiert, aber erkennbar (Abb. 30h–i). **5**

3 Pronotum schmal, fast so lang wie breit, stark gewölbt und mit konvexem Vorderrand; Vorderwinkel in der Anlage rechteckig, an der Spitze kurz verrundet (Abb. 30e). Körper ganz rotbraun. Kopf und Pronotum sehr dicht punktiert; Elytren grob punktiert. ♂: Aedoeagus: Abb. 39a. 5,5–6,0 mm (RL: 3,8–4,0 mm). Holarktisch verbreitet. In den Gebirgen des östlichen Mitteleuropas. Selten. In Mooren in *Sphagnum*. .... ***rotundicolle*** (C. R. SAHLBERG, 1830)

– Pronotum breiter, mehr als 1,5-mal so breit wie lang; Vorderwinkel in der Anlage stumpfwinklig, an der Spitze breit verrundet (Abb. 30f–g). **4**

4 Elytren stärker gewölbt. Pronotum nach vorn verengt (Abb. 7a). ♂: Aedoeagus länger und schlanker; Paramerenspitze weniger erweitert und mit 2 genäherten Borsten (Abb. 39b). Rötlich braun bis dunkelbraun. Kopf und Pronotum ziemlich dicht punktiert; Elytren grob punktiert. 4,1–6,0 mm (RL: 3,4–4,0 mm). Von Spanien bis ins südliche Nordeuropa und nach Osteuropa. In Mitteleuropa überall häufig. Eurytop an feuchten (Sümpfe, Moore) und an trockenen Orten, in der Bodenstreu. .... ***piceum*** (GYLLENHAL, 1810)

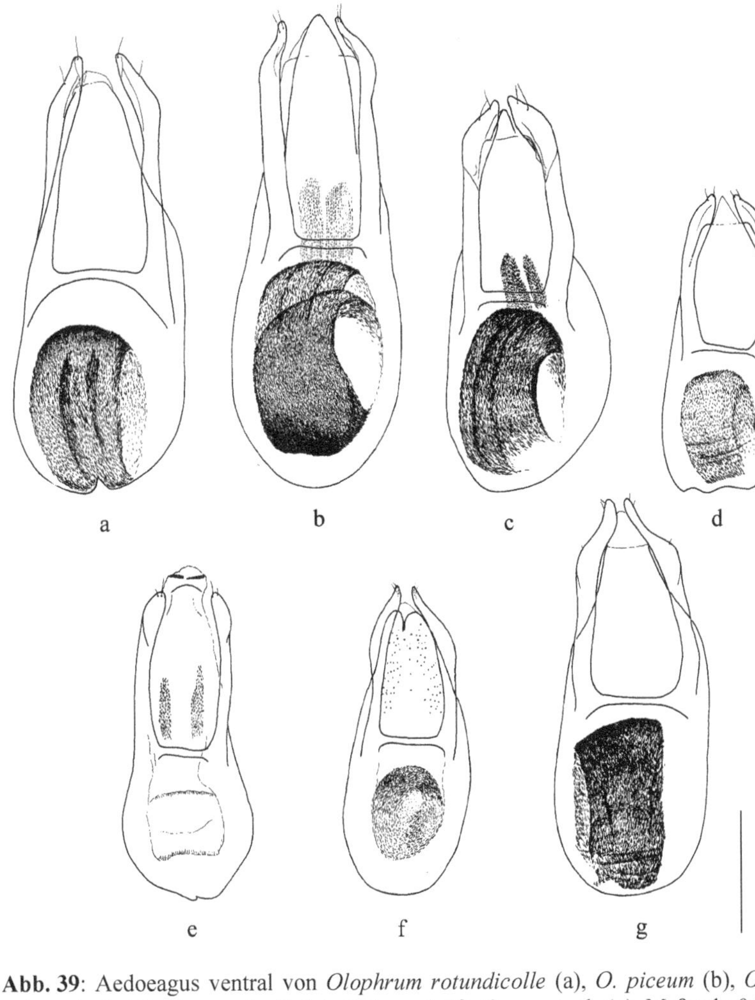

Abb. 39: Aedoeagus ventral von *Olophrum rotundicolle* (a), *O. piceum* (b), *O. fuscum* (c), *O. assimile* (d), *O. puncticolle* (e), *O. boreale* (f), *O. consimile* (g). Maßstab: 0,3 mm.

– Elytren weniger gewölbt. Pronotum nach vorn weniger verengt. Punktur weniger grob. ♂: Aedoeagus weniger schlank; Paramerenspitzen stärker erweitert und mit 2 voneinander weiter entfernten Borsten (Abb. 39c). Dunkelbraun; Pronotum mit mehr oder weniger breit rötlich aufgehellten Rändern, manchmal ganz hell gefärbt; Elytren rotbraun bis dunkelbraun. 5,0–5,5 mm (RL: 3,2–3,7 mm). Holarktisch verbreitet. In Mitteleuropa fast überall. Im Osten nicht selten, im Westen selten. In Auwäldern und anderen Feuchtbiotopen (Sümpfe, Moore). .... ***fuscum*** (GRAVENHORST, 1806)

5 Kopf wie das Pronotum gefärbt oder geringfügig dunkler. Pronotum gewölbt, eben, und dicht gleichförmig punktiert. Schläfen nicht gerandet. Rötlichgelb, Abdomen manchmal etwas dunkler; Fühler bräunlich mit hellerer Basis. ♂: Aedoeagus: Abb. 39d. 3,5–5,0 mm (RL: 2,8–3,2 mm). Vermutlich pontomediterran, von Syrien und der Kaukasusregion bis nach West- und Nordeuropa. In Mitteleuropa überall, aber stellenweise nicht häufig. Sowohl in feuchten als auch in trockenwarmen Biotopen. .... ***assimile*** (PAYKULL, 1800)

– Kopf deutlich dunkler als das Pronotum. Pronotum flach gewölbt, uneben und ungleichmäßig grob punktiert. Schläfen kaum erkennbar gerandet. Kopf und Abdomen braun; Pronotum und Elytren rötlichgelb; Elytren in der Mitte oft dunkler; Fühler bräunlich mit hellerer Basis. ♂: Aedoeagus: Abb. 39e. 4,5–5,0 mm (RL: 3,1–3,3 mm). Pontomediterran, von Syrien und der Türkei bis ins südöstliche Mitteleuropa. In Mitteleuropa nur in Österreich, der Tschechischen Republik und der Slowakei; dort nicht selten. In Uferbiotopen in der Bodenstreu. .... ***puncticolle*** EPPELSHEIM, 1880

6 Pronotum schwach gewölbt, quer, etwa 1,4-mal so breit wie lang. Pronotum flach und ungleichmäßig punktiert. Elytren von variabler Länge, 2,0–2,5-mal so lang wie das Pronotum. Dunkelbraun, Pronotum und Elytren etwas heller; Pronotum mit helleren Rändern. Kleiner, 3,5–5,0 mm (RL: 2,9–3,5 mm). ♂: Aedoeagus: Abb. 39f. Holarktisch verbreitet. In Mitteleuropa nur in den Schweizer und österreichischen Alpen. Sehr selten. In höheren Lagen an Schneerändern. .... ***boreale*** (PAYKULL, 1792)

– Pronotum stark gewölbt, kaum quer, etwa 1,2-mal so breit wie lang. Pronotum dicht und gleichförmig punktiert. Elytren von variabler Länge, 1,5–2,0-mal so lang wie das Pronotum, und variabel punktiert. Braun; Elytren hinten oft heller. Größer, 4,0–6,0 mm (RL: 3,2–3,8 mm). ♂: Aedoeagus: Abb. 39g. Holarktisch verbreitet. In Mitteleuropa im Nordosten und in den Alpen. In den Alpen ziemlich häufig; im östlichen Mitteleuropa (Polen, Ostdeutschland, Tschechische Republik) meist selten. In Feuchtbiotopen (Ufer, Moore), in den Alpen subalpin bis alpin. .... ***consimile*** (GYLLENHAL, 1810)

Gattung *Orochares* KRAATZ, 1857

Körper mittelgroß (3,5–4,0 mm), abgeflacht, schlank und fast ohne Mikroskulptur (Abb. 7b). Kopf schmaler als das Pronotum; Tentorialgruben weit vor den undeutlichen Ocelli gelegen. Fühler ziemlich lang. Pronotum viel schmaler als die breiten Elytren, kaum breiter als lang. Meso- und Metatibien am Außenrand bedornt. Metatarsen mehr als halb so lang wie die Metatibien. Im Habitus ähnlich *Porrhodites*, von dieser Gattung aber insbesondere durch schlankeres Pronotum, viel kürzere Pubeszenz und glänzenderen Körper unterscheidbar.

Die holarktisch verbreitete Gattung umfasst 6 Arten, von denen nur eine in Mitteleuropa vorkommt.

Kopf, Pronotum und Abdomen braun, Elytren bräunlichgelb, Beine gelblich, Fühler braun mit hellerer Basis. Kopf vom Hals nicht durch eine Furche getrennt. Pronotum schlank, sehr fein punktiert. Elytren ziemlich dicht punktiert. ♂: Aedoeagus: Abb. 40h. 3,5–4,0 mm (RL: 2,0–2,6 mm). Europa, Nordamerika. Aus fast allen Regionen Mitteleuropas nachgewiesen, aber selten. An Faulstoffen im Herbst und Winter. ...... ***angustatus*** (ERICHSON, 1840)

Gattung *Philorinum* KRAATZ, 1857

Körper klein (2,0–3,0 mm) (RL: 1,2–1,7 mm), schlank, ziemlich flach und mit deutlicher Pubeszenz (Abb. 7c). Kopf flach, ohne Eindrücke; Ocelli sehr undeutlich. Maxillarpalpen kurz, breit, letztes Glied viel länger als das vorletzte. Metatarsen lang und schlank, etwa so lang wie die Metatibien, Glied V halb so lang wie I–IV zusammen. Im Habitus ähnlich wie *Dropephylla*, von dieser Gattung aber durch den Bau der Tarsen leicht unterscheidbar. Die Form des Aedoeagus, insbesondere in Seitenansicht, erinnert an die bei *Lesteva* und *Amphichroum*.

Philorinum ist mit 9 Arten in der Palaärktis, Orientalis und Afrotropis verbreitet. Nur eine Art kommt auch in Mitteleuropa vor. Die Imagines leben in Blüten.

Körper bräunlich; Beine bräunlichgelb; Fühlerglieder I–IV gelblich, V–XI braun. Kopf und Pronotum dicht punktiert und ziemlich glänzend; Elytren etwas ungleichmäßig punktiert. Körper mit langer, anliegender Pubeszenz. Augen gewölbt. Fühler schlank. ♂: Aedoeagus: Abb. 40e. 2,0–3,0 mm. In der Westpaläarktis weit verbreitet. In Mitteleuropa vor allem im Westen. Selten. Meist an Blüten von Besenginster. .... ***sordidum*** (STEPHENS, 1834)

Gattung *Porrhodites* KRAATZ, 1857

Körper mittelgroß (2,7–3,0 mm), abgeflacht, parallel und mit deutlicher Pubeszenz (Abb. 7e). Tentorialgruben weit von den Ocelli entfernt; zwischen den Fühlerbasen mit zwei weiteren tiefen Eindrücken. Fühlerglied II verlängert, fast so lang wie III und IV zusammen. Beine ziemlich lang; Metatarsen kürzer als die Metatibien. Im Habitus ähnlich *Orochares*, von dieser Gattung aber insbesondere durch breiteres Pronotum und längere Pubeszenz verschieden.

Porrhodites ist mit zwei Arten holarktisch verbreitet, die an Faulstoffen leben und von denen nur eine in Mitteleuropa vorkommt.

Körper gewöhnlich braun mit etwas dunklerem Kopf, Pronotum und Elytren oft bräunlichgelb; Beine gelblich; Fühler braun mit hellerer Basis. Pronotum mit gerundeten Seiten, an den Hinterwinkeln abgeflacht und mit breiter Mittelfurche. Fühler lang und schlank. ♂: Aedoeagus: Abb. 40g. 2,7–3,0 mm (RL: 1,9–2,0 mm). Zirkumpolar verbreitet. In Mitteleuropa, den Alpen und auf Korsika lokal und sehr selten. Keine neueren Funde, zuletzt Anfang des 20. Jahrhunderts nachgewiesen. ... ***fenestralis*** (ZETTERSTEDT, 1828)

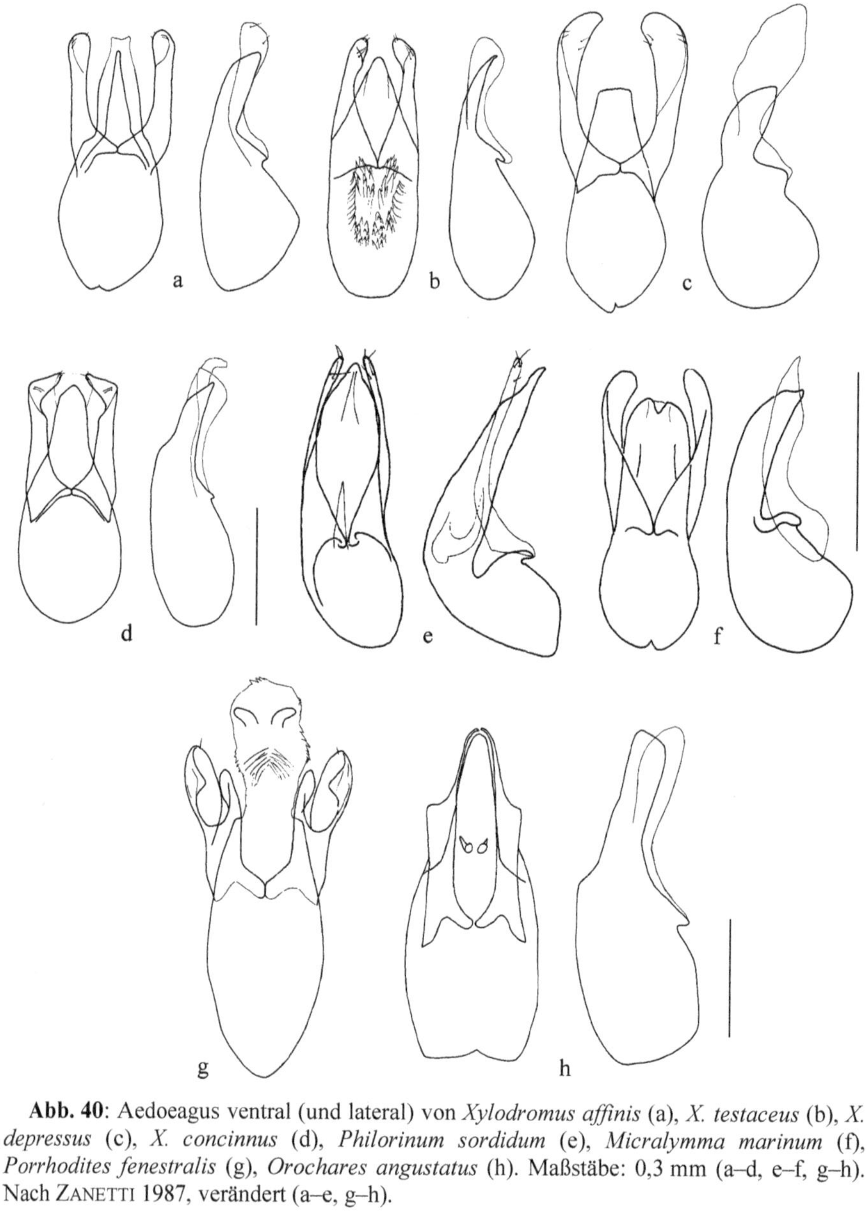

Abb. 40: Aedoeagus ventral (und lateral) von *Xylodromus affinis* (a), *X. testaceus* (b), *X. depressus* (c), *X. concinnus* (d), *Philorinum sordidum* (e), *Micralymma marinum* (f), *Porrhodites fenestralis* (g), *Orochares angustatus* (h). Maßstäbe: 0,3 mm (a–d, e–f, g–h). Nach ZANETTI 1987, verändert (a–e, g–h).

Gattung *Phyllodrepoidea* GANGLBAUER, 1895

Körper mittelgroß, mäßig gewölbt, parallel und fast glatt (Abb. 7d). Kopf mit Tentorialgruben vor den sehr deutlichen Ocelli. Fühler außer der normalen Pubeszenz mit einzelnen langen Borsten. Pronotum quer. Elytren mit in Reihen angeordneter Punktur. Tibien am Außenrand bedornt. Glied V der Metatarsen kürzer als I–IV zusammen. Von *Mannerheimia* insbesondere durch deutliche Ocelli, längsreihig angeordnete Punktur der Elytren und größeren Körper verschieden. Im Habitus an große *Phyllodrepa*, vor allem *P. salicis*, erinnernd, von dieser durch das Fehlen von Längskielen hinter den Fühlerbasen und längere Fühler, deren vorletzte Glieder länger als breit sind, unterscheidbar.

Die Verbreitung der einzigen Art dieser monotypischen Gattung ist auf Europa beschränkt.

Rötlich braun mit etwas dunklerem Kopf und Abdomen; Beine gelblich; Fühler braun mit hellerer Basis. Kopf mit deutlicher Mikroskulptur und mit tiefen Eindrücken zwischen den Fühlerbasen. Pronotum deutlich mikroskulptiert. Elytren mit etwa 8 unregelmäßigen Punktreihen. ♂: Aedoeagus: Abb. 34c. 4,5–5,0 mm (RL: 2,6–3,0 mm). Europa. In Mitteleuropa vor allem in der Mitte und im Süden; auch im nördlichen Niedersachsen (Neuenburger Urwald). Selten. Unter Borke und in Baumhöhlen von Laubbäumen. .... ***crenata*** GANGLBAUER, 1895

Gattung *Xylodromus* HEER, 1839

Kleine bis mittelgroße (2,3–3,5 mm), parallel gebaute und ziemlich flache Arten (Abb. 7f) von gelblicher, brauner oder schwarzer Färbung. Kopf groß, annähernd dreieckig geformt und meist schmaler als das Pronotum. Labrum in der Mitte tief eingedrückt. Ocelli meist kaum erkennbar. Maxillarpalpen ziemlich kurz, letztes Glied viel länger als das vorletzte. Fühler kurz und kräftig. Beine kurz; Glied V der Metatarsen viel kürzer als I–IV zusammen. Im Habitus ähnlich wie *Phyllodrepa*, aber durch das kürzere Gied V der Metatarsen und durch den Bau des Labrums verschieden.

Die Gattung ist holarktisch verbreitet und umfasst 13 Arten, von denen 4 auch in Mitteleuropa vorkommen. Die Imagines leben in der Bodenstreu, an faulendem Pflanzenmaterial, manchmal in anthropogenen Habitaten und in Kleinsäugerbauen. Die systematische Stellung der Gattung ist ungeklärt. Nach dem Bau der Metatarsen gehört sie zu den Anthophagini, im Habitus ähnelt sie aber eher den Omaliini. SMETANA (2004) stellt *Xylodromus* zu den Omaliini.

1 Körper schwarz, Elytren manchmal dunkelbraun; Beine gelblich braun; Fühler einfarbig dunkelbraun, manchmal mit hellerem Glied XI. Pubeszenz undeutlich. Kopf breit, etwas schmaler als das Pronotum; Augen kaum vorragend; Kopfpunktur länglich. Pronotum schwach mikroskulptiert. Elytren mikroskulptiert und mit flacher, ziemlich reihig angeordneter Punktur. ♂: Aedoeagus: Abb. 40a. 3,2–3,7 mm (RL: 1,7–2,0 mm). In Europa weit verbreitet, auch aus Tunesien gemeldet. In Mitteleuropa fast überall. Nicht häufig. In Kleinsäugernestern, meist beim Maulwurf, von der Ebene bis in subalpine Lagen. .... ***affinis*** (GERHARDT, 1877)

– Fühler und Beine gelblich. Kopf deutlich schmaler als das Pronotum. Pubeszenz deutlich. 2

2 Pronotum rötlichgelb. Fühler länger, vorletzte Glieder etwas breiter als lang. Durchschnittlich kleiner, 2,0–3,0 mm (RL: 1,4–1,7 mm). Kopf gelblich bis dunkelbraun; Elytren gelblich; Abdomen braungelb, nach hinten allmählich dunkler. Kopf dicht punktiert. Pronotum gewölbt, ziemlich glänzend, dicht punktiert. ♂: Aedoeagus: Abb. 40b. In der südlichen Westpaläarktis weit verbreitet. In Mitteleuropa fast überall. Selten. In der Bodenstreu von Laubwäldern. .... ***testaceus*** (ERICHSON, 1840)

– Pronotum hellbraun bis braun, oft mit helleren Rändern. Fühler weniger lang, vorletzte Glieder deutlich breiter als lang. Durchschnittlich größer, 3,0–3,5 mm. 3

3 Elytren sehr dicht und flach punktiert, etwas matt. Pronotum mikroskulptiert. Kopf schwärzlich; Pronotum gelbbraun mit helleren Rändern; Elytren gelblich; Abdomen braun. Kopf dicht punktiert und ziemlich glänzend. Pronotum dicht punktiert. ♂: Aedoeagus: Abb. 40c. 3,0–3,5 mm (RL: 1,5–2,0 mm). Paläarktis, Nordamerika. In Mitteleuropa überall nicht selten. In der Bodenstreu von Wäldern und offenen Biotopen. .... ***depressus*** (GRAVENHORST, 1802)

– Elytren weniger dicht und tiefer, mehr oder weniger deutlich längsreihig punktiert, ziemlich glänzend. Pronotum ohne Mikroskulptur. Kopf schwärzlich; Pronotum braun mit helleren Rändern; Elytren gelblich; Abdomen braun. Kopf ziemlich glänzend und mit länglicher Punktur. Pronotum ziemlich grob punktiert. Habitus: Abb. 7f. ♂: Aedoeagus: Abb. 40d. 3,0–3,5 mm (RL: 1,7–1,9 mm). In der Westpaläarktis weit verbreitet, auch aus der Australischen Region gemeldet. In Mitteleuropa früher überall sehr häufig, heute seltener. Synanthrop in (Hühner-)Ställen und Scheunen, von der Ebene bis in hohe Lagen. .... ***concinnus*** (MARSHAM, 1802)

Tribus *Coryphiini* JAKOBSON, 1908

Gattung *Boreaphilus* C. R. SAHLBERG, 1832

Körper klein (2,0–3,3 mm), gelblich bis schwarz gefärbt. Kopf groß (Abb. 8a), mit deutlichen Tentorialgruben auf Höhe der Augenvorderränder. Mandibeln sichelförmig und in der Mitte gezähnt. Letztes Glied der Maxillarpalpen sehr klein. Pronotum schlank, Seitenränder in der Mitte etwas gewinkelt. Glied V der Metatarsen kürzer als I–IV zusammen. Von ähnlichen Gattungen (*Coryphium*, *Coryphiomorphus*) insbesondere durch die charakteristische Form des Pronotums unterscheidbar.

Die Gattung ist mit 20 Arten holarktisch verbreitet, 4 davon kommen in Mitteleuropa vor. Für eine Revision der paläarktischen Vertreter dieser und anderer Gattungen der Coryphiini siehe ZERCHE (1990).

1 Fühlerglied I länger als breit. Vorletztes Glied der Maxillarpalpen schlank. Elytren nach hinten erweitert. 2

– Fühlerglied I nicht länger als breit. Vorletztes Glied der Maxillarpalpen erweitert. Elytren nach hinten nur schwach erweitert. 3

2 Körper pechschwarz; nur die Tibien, Tarsen, Fühler ab Glied III und die Maxillarpalpen gelblich. Kopf groß, glänzend; Augen 0,7-mal so lang wie die Schläfen. ♂: Aedoeagus: Abb. 41f. 3,3–3,4 mm (RL: 2,0–2,1 mm). Ostalpen. In Mitteleuropa nur ein Nachweis aus Osttirol. Sehr selten. Montan und subalpin an Quellen und Fließgewässern. .... ***melichari*** JUREČEK, 1910

– Körper gelblich bis braun; Beine gelblich. Kopf kleiner, schwach glänzend; Augen halb so lang wie die Schläfen. ♂: Aedoeagus: Abb. 41g. 2,5–3,0 mm (RL: 1,8–1,9 mm). Zirkumpolar verbreitet. In Mitteleuropa nur in der Rhön. In Torfmooren im *Sphagnum* und in der Bodenstreu. .... ***henningianus*** C. R. SAHLBERG, 1832

3 Fühlerglieder V–X breiter als lang. Kopf und Pronotum dicht und ziemlich stark punktiert. Braungelb bis braun, Abdomen und manchmal auch der Kopf dunkler. Kopf etwas breiter als lang; Augen halb so lang wie die Schläfen. Pronotum schlank, vor dem Scutellum mit einem Eindruck. Elytren von variabler Länge, 1,5–2,0-mal so lang wie das Pronotum. Habitus: Abb. 8a. ♂: Aedoeagus: Abb. 41h. 2,0–3,0 mm (RL: 1,7–2,0 mm). Zirkummediterran verbreitet. In Mitteleuropa nur aus der Schweiz und Österreich nachgewiesen. Selten. Meist an Ufern und anderen feuchten Orten, in der Bodenstreu. .... ***velox*** (HEER, 1839)

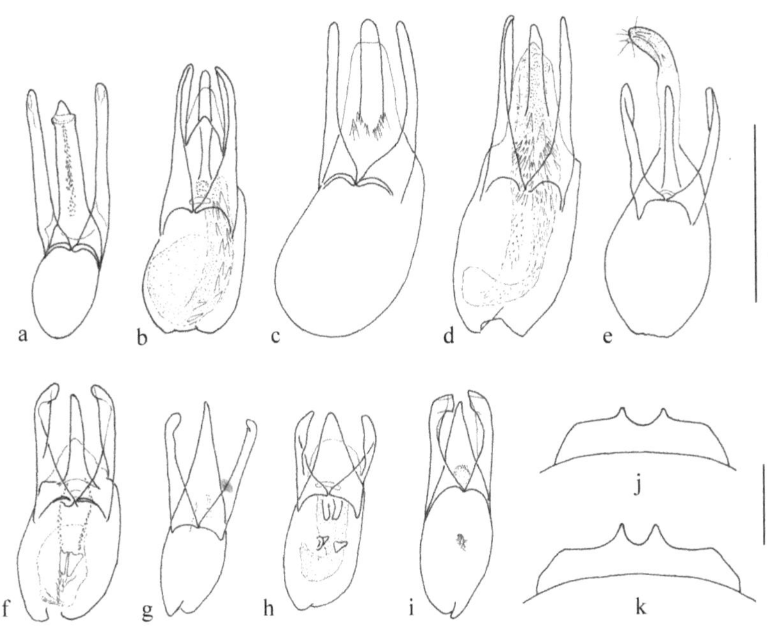

Abb. 41: Aedoeagus ventral und Labrum von *Eudectus giraudi* (a), *Coryphium angusticolle* (b), *C. dilutipes* (c, j), *C. gredleri* (d, k), *Coryphiomorphus dieckmanni* (e), *Boreaphilus melichari* (f), *B. henningianus* (g), *B. velox* (h), *B. carinthiacus* (i). Maßstäbe: 0,3 mm (a–i), 0,1 mm (j–k). Nach ZERCHE 1990, verändert (b, d–i); nach ZANETTI 1987, verändert (j–k).

– Fühlerglieder V–X länger als breit. Kopf und Pronotum dicht und fein punktiert. Körper einfarbig braun. Habitus wie bei *velox*. ♂: Aedoeagus: Abb. 41i. 2,0–2,5 mm (RL: 1,4–1,7 mm). Ostalpen: Karnische Alpen, Karawanken. Sehr selten. Subalpin an Ufern und in der Streu. .... ***carinthiacus*** GANGLBAUER, 1892

Gattung *Coryphiomorphus* ZERCHE, 1988

Körper klein, 2,8–3,0 mm und schwarz. Habitus (Abb. 8b) ähnlich wie bei *Coryphium*. Vorletztes Glied der Maxillarpalpen stark vergrößert und etwas abgeflacht, letztes Glied sehr klein. Pronotum mit sehr kleinen seitlichen Längseindrücken und mit schwach gekerbten Seitenrändern. Kopf und Pronotum mikroskulptiert.

Die 2 Arten der holarktisch verbreiteten Gattung leben an kalten und feuchten Orten.

Kopf und Pronotum dicht rugos punktiert und matt. Elytren breit, deutlich nach hinten erweitert; Naht etwas kürzer als die Elytrenbreite. ♂: Protibia erweitert; Aedoeagus: Abb. 41e. 2,8–3,0 mm (RL: 1,8–2,0 mm). Hohe Tatra. Sehr selten. Montan, an kalten Stellen in Ufermoos. .... ***dieckmanni*** ZERCHE, 1988

Genus *Coryphium* STEPHENS, 1834

Kleine (2,3–3,0 mm), braun bis schwarz gefärbte Arten. Habitus: Abb. 8c. Kopf groß, mit tiefen, etwa in Höhe der Augenvorderränder gelegenen Tentorialgruben. Mandibeln sichelförmig und in der Mitte gezähnt. Letztes Glied der Maxillarpalpen sehr klein. Pronotum quer, mit gekerbten Seitenrändern und 2 Dorsaleindrücken. Beine dünn; Glied V der Metatarsen so lang wie I–IV zusammen. Von *Boreaphilus* durch die Form des Pronotums, von *Coryphiomorphus* durch das nicht mikroskulptierte, glänzende und weniger dicht punktierte Pronotum mit breiteren Eindrücken verschieden.

Die paläarktisch verbreitete Gattung umfasst 15 Arten, von denen 3 in Mitteleuropa, meist in kalten Regionen in der Streu und an morschem Holz leben.

1 Labrum nicht gezähnt. Kopf braun bis schwarz; Pronotum rotgelb bis braun, vorn heller; Elytren bräunlich; Abdomen braun bis schwarz; Beine gelblich; Fühler braun mit hellerer Basis. Kopf etwas quer. Pronotum mit gekerbten Seitenrändern, nach hinten verengt und mit zwei Längseindrücken. Elytren von variabler Länge, meist etwa doppelt so lang wie das Pronotum. Habitus: Abb. 8c. ♂: Aedoeagus: Abb. 41b. 2,5–3,0 mm (RL: 1,8–2,2 mm). Europa. In Mitteleuropa überall, aber ziemlich selten. Von der Ebene bis in subalpine Lagen, am Fuße von Bäumen, in Stammmoos und in Baumhöhlen, oft im Herbst. .... ***angusticolle*** STEPHENS, 1834

– Labrum am Vorderrand mit 2 Zähnchen (Abb. 41j–k). **2**

2 Labrum wie in Abb. 41j. Pronotum und Elytren dunkelbraun; Beine und Fühler meist braun. Kopf quer. Pronotum mit fein gekerbten Seitenrändern, nach hinten stark verengt. Elytren doppelt so lang wie das Pronotum. ♂: Aedoeagus: Abb. 41c. 2,5–3,2 mm (RL: 1,9–2,0 mm). Alpen. In Mitteleuropa nur aus der Schweiz und Österreich bekannt. Selten. Subalpin und alpin in der Bodenstreu. .... ***dilutipes*** GANGLBAUER, 1904

– Labrum wie in Abb. 41k. Körper einschließlich der Fühler und Beine schwarz. Habitus wie bei *dilutipes*. ♂: Aedoeagus: Abb. 41d. 2,6–3,2 mm (RL: 1,9–2,0 mm). Alpen. In Mitteleuropa nur aus der Schweiz und Österreich bekannt. Selten. Subalpin und alpin in der Bodenstreu. .... ***gredleri*** KRAATZ, 1871

Gattung *Eudectus* REDTENBACHER, 1857

Körper klein, bräunlich gefärbt. Habitus: Abb. 8d. Augen groß und vorragend; Tentorialgruben tief und auf Höhe der Vorderränder der Augen gelegen. Mandibeln nicht sichelförmig. Letztes Glied der Maxillarpalpen sehr klein. Fühlerglied I kugelförmig. Pronotum quer, mit gekerbten und in Mitte stark gewinkelten Seitenrändern. Glied V der Metatarsen kürzer als I–IV zusammen. Im Habitus *Boreaphilus*, *Coryphium* und *Coryphiomorphus* etwas ähnlich, aber durch den Bau der Mandibeln und des Pronotums verschieden.

Die holarktische Gattung umfasst 7 Arten, darunter eine auch in Mitteleuropa vorkommende, die in kalten Regionen meist in der Streu am Fuß von Bäumen leben.

Vorderkörper rotbraun, Elytren an der Naht oft breit gebräunt; Abdomen braun; Fühler und Beine gelblich. Augen groß. Pronotum quer und annähernd sechseckig erscheinend, sehr dicht punktiert. Elytren breit, gröber als das Pronotum punktiert. Vorletzte Fühlerglieder etwas quer. ♂: Aedoeagus: Abb. 41a. 2,5–3,0 mm (RL: 1,4–1,6 mm). Disjunkt in Nordeuropa, den Gebirgen und Mittelgebirgen Mitteleuropas und in den Karpaten verbreitet. In Mitteleuropa nördlich bis in die Rhön; alte Funde auch aus Niedersachsen, Thüringen und Sachsen. Selten. Offenbar kaltstenotherm; teilweise in Anzahl am Fuße und unter Borke von altem Ahorn und anderen Bäumen gefunden. .... ***giraudi*** REDTENBACHER, 1857

Tribus Eusphalerini HATCH, 1957

Gattung *Eusphalerum* KRAATZ, 1857

Kleine, seltener mittelgroße Arten (1,5–4,0 mm). Habitus: Abb. 8e. Färbung gelblich, rötlichgelb, braun oder schwarz. Körperform relativ breit und kurz, meist etwas abgeflacht, seltener gewölbt. Kopf fast immer schmaler als das Pronotum. Augen groß und vorragend; Schläfen sehr kurz. Ocelli ausgeprägt, etwa auf der gedachten Verbindungslinie zwischen den Hinterrändern der Augen liegend. Pronotum schmaler als die Elytren, diese meist mehr oder weniger abgeflacht und relativ breit, mehr oder weniger verlängert, manchmal das ganze Abdomen bedeckend; Nahtwinkel beim ♀ oft mehr oder weniger zugespitzt verlängert. Alle Tarsen vergrößert, an den Seiten mit langen und dichten Borsten besetzt. Glied V der Metatarsen so lang oder fast so lang wie I–IV zusammen. Inbesondere durch die Morphologie der Tarsen und durch die Ökologie charakterisiert. Einige größere und schwarz gefärbte Arten ähneln im Habitus *Phyllodrepa floralis* und *P. nigra*.

Die Gattung ist holarktisch verbreitet und umfasst etwa 250 Arten, von denen etwa 45 Arten und Unterarten auch in Mitteleuropa vorkommen. Die Imagines ernähren sich von Pollen und werden an Blüten, meist in Wäldern sowie in subalpinen oder alpinen

Biotopen, oft an feuchten Standorten und in Gewässernähe, angetroffen. Die Lebensweise der Larven ist unbekannt.

Die Gattung wurde von verschiedenen Autoren in mehrere Untergattungen unterteilt, die aber phylogenetisch nicht begründbar sind (TRONQUET & ZANETTI 2008) und auf deren Nennung hier daher verzichtet wird.

1 Kopf und Pronotum ganz gelblich oder rötlichgelb, höchstens der Hals dunkel oder das Pronotum mit einem Paar dunkler Längsflecken. **2**

– Kopf und Pronotum entweder einheitlich dunkel, schwarz oder schwarzbraun gefärbt oder gelblich bis rötlichgelb, dann aber mit umfangreich geschwärztem Hals sowie angedunkelter Kopf- und/oder Pronotummitte. **17**

2 Elytren sehr lang, Verhältnis Elytrenlänge (an der Naht vom Scutellum zum Hinterrand) zur Elytrenbreite (in Höhe der Scutellumspitze) > 1,3. Abdomen bei getrockneten Individuen völlig oder fast völlig von den Elytren verdeckt. ♀: Spitze der Elytren gerundet wie in Abb. 47f oder (oft) verlängert wie in Abb. 47c, nie konkav wie in Abb. 47n. **3**

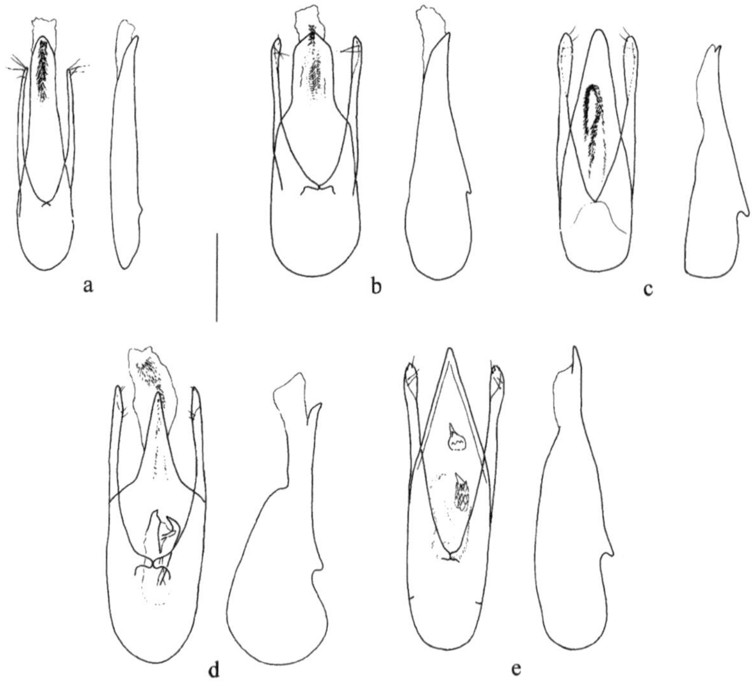

Abb. 42: Aedoeagus ventral und lateral von *Eusphalerum pallens* (a), *E. kraatzi* (b), *E. elongatum* (c), *E. stramineum* (d), *E. palligerum* (e). Maßstab: 0,3 mm. Nach ZANETTI 1987, verändert (a, c–e).

– Elytren kürzer, Verhältnis Elytrenlänge (an der Naht vom Scutellum zum Hinterrand) zur Elytrenbreite (in Höhe der Scutellumspitze) < 1,3 (bei *torquatum* > 1,3, aber mit Elytren wie in Abb. 47h). Abdomen bei getrockneten Individuen gewöhnlich mit 4–5 unbedeckten Tergiten. Elytren hinten gerade abgestutzt, wie in Abb. 47o, konkav wie in Abb. 47n, höchstens wie in Abb. 47l gerundet oder leicht verlängert wie in Abb. 47h. .. **10**

3 Pronotum mit starker Mikroskulptur und undeutlicher Punktur. **4**

– Pronotum mehr oder weniger glänzend, zumindest hinten mit deutlich erkennbarer Punktur. **5**

4 Elytren mit kurzer, aber erkennbarer Pubeszenz. Pronotum mit sehr feiner Mikroskulptur und seidenglänzend. Rötlichgelb mit dunklerem Hals; Metaventrit gelblich. ♂: Mesotibien nicht modifiziert; Abdomen braun, hinten aufgehellt; Elytren hinten gerundet; Aedoeagus: Abb. 42a. ♀: Elytren am Nahtwinkel nach hinten verlängert (Abb. 47a); Abdomen bräunlichgelb. 1,5–2,5 mm (RL: ♂: 1,6–2,1 mm; ♀: 1,7–2,2 mm). Alpen, Apennin, nördlicher Balkan. In Mitteleuropa nur in den Alpen. Häufig in montanen und subalpinen Wäldern und auf Wiesen, an Blüten verschiedener Kräuter, von Juni bis August. .... ***pallens*** (HEER, 1841)

– Elytren mit extrem kurzer, fast unsichtbarer Pubeszenz. Pronotum matt und ohne Pubeszenz. Einschließlich der Fühler und Beine einförmig rötlichgelb. ♂: Mesotibien vergrößert; Elytren hinten abgestutzt. Aedoeagus: Abb. 42b. ♀: Elytren am Nahtwinkel verlängert (Abb. 47b). 2,5–3,0 mm (RL: 2,0–2,3 mm). Verbreitung disjunkt: Pyrenäen und angrenzende Gebiete Nordspaniens, Südostalpen, nördlicher Balkan. In Mitteleuropa aus der südlichen Steiermark und dem südlichen Kärnten gemeldet. Selten. Wirtspflanzen unbekannt, Juli–September. .... ***kraatzi*** (JACQUELIN DU VAL, 1857)

5 ♂: Mesotibien deutlich gebogen (Abb. 48a); Aedoeagus: Abb. 42c. ♀: Elytren mit sehr langer Pubeszenz, hinten stark ausgezogen (Abb. 47c). Gelblich braun, Kopf oft teilweise dunkler; Metaventrit meistens braun. Körper schlank. 2,0–2,5 mm (RL: ♂: 1,8–2,1 mm; ♀: 1,8–2,4 mm). In den Westalpen, nördlich bis in die Westschweiz; ziemlich häufig. Meldungen aus dem westlichen Österreich zweifelhaft. In subalpinen Wäldern, an Blüten verschiedener Kräuter, Juli bis August. Siehe auch Leitzahl 34 (Färbung variabel). .... ***elongatum*** (GANGLBAUER, 1895)

– ♂: Mesotibien gerade oder schwach gebogen. ♀: Elytren mit sehr kurzer, kaum erkennbarer Pubeszenz, hinten vorgezogen oder abgestutzt. **6**

6 Elytren zwischen der Punktur mit deutlicher, feiner Mikroskulptur und ziemlich matt, ihre Punktur unauffällig (etwas stärker beim ♂ von *palligerum*). 7

– Elytren zwischen der Punktur mit sehr schwacher Mikroskulptur und ziemlich glänzend, Punktur überall deutlich. **8**

7 Kleiner, 1,5–2,2 mm (RL: ♂: 1,5–2,0 mm; ♀: 1,8–2,2 mm). Fühler zur Spitze dunkler. Metaventrit teilweise gebräunt. Vorderkörper hell gelblich mit etwas dunklerem Hals; Abdomen braun mit aufgehellter Spitze. Punktur der Elytren nach hinten schwächer werdend, am Hinterrand kaum erkennbar, Mikroskulptur dicht und flach. Elytrenform wie in Abb. 47d. Aedoeagus mit großer sklerotisierter Innenstruktur (Abb. 42d). Mittelgebirge Deutschlands und Böhmens, Alpen, nördlicher Apennin. In

montanen Wäldern und auf Wiesen, in Blüten von Kräutern und Sträuchern, Juni–August. Zumindest im Süden ziemlich häufig. .... ***stramineum*** (KRAATZ, 1857)

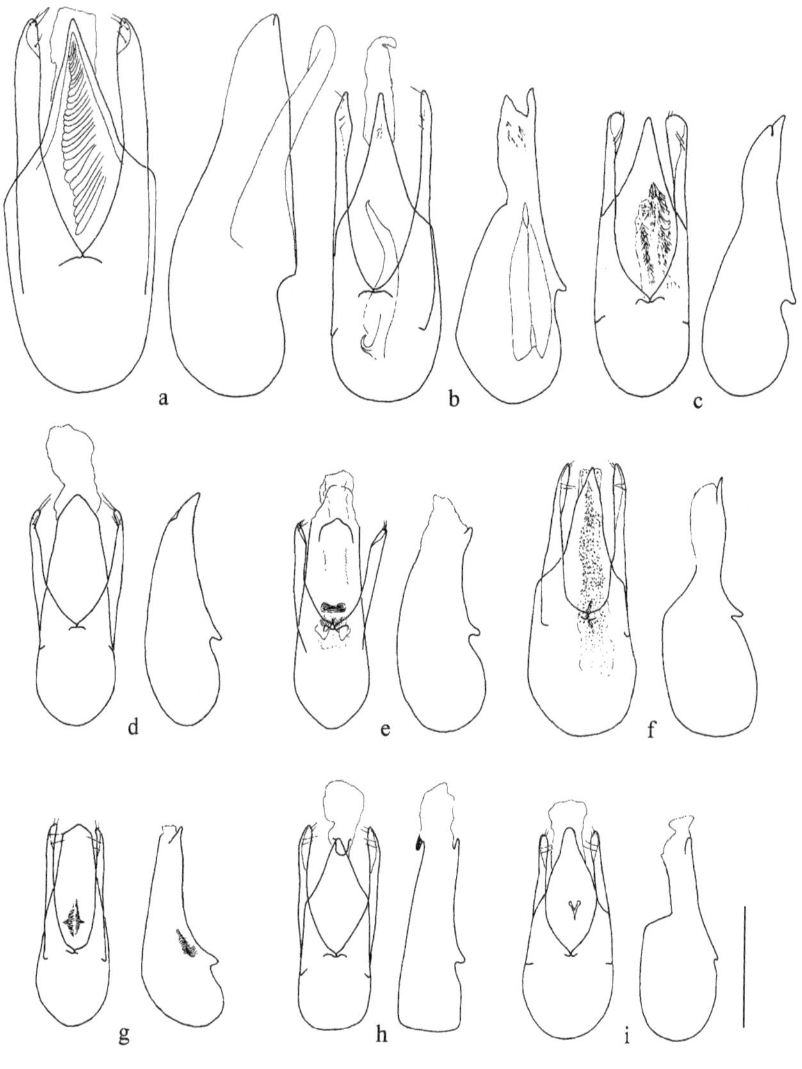

Abb. 43: Aedoeagus ventral und lateral von *Eusphalerum longipenne* (a), *E. montivagum montivagum* (b), *E. umbellatarum celticum* (c), *E. torquatum* (d), *E. marshami* (e), *E. pseudaucupariae* (f), *E. luteum luteum* (g), *E. rhododendri* (h), *E. rectangulum* (i). Maßstab: 0,3 mm. Nach ZANETTI 1987, verändert.

– Größer, 2,5–3,0 mm (RL: ♂: 1,9–2,4 mm; ♀: 2,2–2,9 mm). Fühler und Metaventrit einfarbig gelblich. Vorderkörper rötlichgelb, Abdomen braun, beim ♂ mit hellerer Spitze. ♂: Elytren hinten weniger schwach punktiert; Form der Mesotibien von den Westalpen (schwach gebogen) zu den Ostalpen (gerade) klinal variierend; Aedoeagus mit 3 kleinen sklerotisierten Innenstrukturen (Abb. 42e). Elytrenform wie in Abb. 47e. Lokal häufig. Alpen. Montan und subalpin in Wäldern und auf Wiesen, in Blüten von Kräutern, Juni–August. .... ***palligerum*** (KIESENWETTER, 1847)

8 Metaventrit dunkel. Fühler zur Spitze dunkler. Pronotum gleichförmig fein und spärlich punktiert. ♀: Elytren hinten wie in Abb. 47g verlängert. 9

– Metaventrit gelblich. Fühler einfarbig gelblich. Pronotum sehr fein und flach punktiert, nur hinten deutlich und stärker punktiert. Elytren wie in Abb. 47f, beim ♀ hinten gerundet. Rötlichgelb, Hals oft dunkler; Abdomen beim ♂ braun mit breit gelblicher Spitze, beim ♀ gelblich und apikal etwas dunkler. ♂: Aedoeagus groß, mit einer Reihe großer Innendornen (Abb. 43a). 2,5–3,0 mm (RL: ♂: 2,1–2,5 mm; ♀: 2,4–2,8 mm). Im südlichen und mittleren Europa weit verbreitet, von Frankreich bis zum Balkan und ins nördliche Russland; wohl irrtümlich auch aus Spanien gemeldet. Ziemlich häufig. Bis in subalpine Regionen, selten in der Ebene, an Blüten von Kräutern und Sträuchern, April–August. ...... ***longipenne*** (ERICHSON, 1839)

9 ♂: Aedoeagus mit großer sklerotisierter Innenstruktur (Abb. 43b); Abdomen dunkelbraun mit aufgehellter Spitze. ♀: Abdomen einfarbig gelblich. Elytrenform: Abb. 47g. Vorderkörper rötlichgelb. 2,0–2,5 mm (RL: ♂: 1,9–2,3 mm; ♀: 2,1–2,5 mm). Polytypische Art der Westalpen und des nördlichen Apennin. In Mitteleuropa nur mit einer Unterart vertreten, die im Schweizer Jura vorkommt. In Bergwäldern, Mai–August. .... ***montivagum montivagum*** (HEER, 1839)

– ♂ Aedoeagus mit Innendornen, aber ohne große sklerotisierte Innenstruktur (Abb. 43c). Färbung meist dunkler, Pronotum auf der Scheibe oft gebräunt. Elytrenform in beiden Geschlechtern wie bei der vorigen Art. 2,2–2,5 mm (RL: ♂: 1,7–2,3 mm; ♀: 1,8–2,5 mm). Zentralmassiv, Belgien, Ostfrankreich, Schweizer Jura, Schwarzwald (die Nominatform in den Pyrenäen). Nicht selten. In Bergwäldern, Mai–Juli. Siehe auch Leitzahl 34. .... ***umbellatarum celticum*** COIFFAIT, 1959

10 Metaventrit dunkel, schwarz oder braun. 11

– Metaventrit hell, gelblich oder rötlich. 13

11 Oberseite des Kopfes flach, nur mit 2 flachen Tentorialgruben vor den Ocelli, sehr fein und dicht punktiert. Pronotum mit sehr feiner und dichter, in der deutlichen Mikroskulptur kaum erkennbarer Punktur. Elytren hinten beim ♂ abgestutzt, beim ♀ verlängert (Abb. 47h). Rötlichgelb, Hals beim ♂ meist dunkler; Abdomen schwärzlich; Fühler zur Spitze dunkler. ♂: Aedoeagus: Abb. 43d. 2,0–2,7 mm (RL: 1,8–2,1 mm). Im westlichen und mittleren Europa mit mehreren Unterarten verbreitet; Nordamerika. In Mitteleuropa nur die Nominatform; vor allem im Westen und dort häufig. In unteren und mittleren Lagen an Ginsterblüten, meist Besenginster. Mai–Juli. .... ***torquatum torquatum*** (MARSHAM, 1802)

– Oberseite des Kopfes nie ganz flach, mehr oder weniger uneben, mit Eindrücken nahe den Fühlerbasen und den Ocelli. ♀: Elytren hinten abgestutzt. 12

12 Fühler zur Spitze dunkler, kurz, Glied VII etwa so lang wie breit. Kleiner, 1,5–2,3 mm (RL: 1,3–1,7 mm). Elytren relativ kürzer, etwas mehr als doppelt so lang wie das Pronotum (Abb. 47i). ♂: Metatibia in der Apikalhälfte ohne Dorn; Aedoeagus: Abb. 43e. Oberfläche des Pronotums ziemlich uneben, mit einem Eindruck in der Vorderhälfte. Kopf und Pronotum rötlichgelb, Elytren gelblich; Hals und Scutellum beim ♂ dunkler; Abdomen beim ♂ schwärzlich, beim ♀ gelblich mit geschwärzter Spitze. Mitteleuropa, Alpen, Apennin, nördlicher Balkan. In Mitteleuropa in der Mitte und im Süden. Nicht häufig. In montanen und subalpinen Strauch- und Buschlandschaften, vor allem an blühenden Rosaceen, meist Mai–Juni. .... ***marshami*** (FAUVEL, 1869)

– Fühler einheitlich hell gefärbt, länger, Glied VII länger als breit. Größer, 2,5–3,0 mm (RL: 1,5–1,9 mm). Elytren länger, 2,5-mal so lang wie das Pronotum. ♂: Metatibia mit – in Profilansicht sichtbarem – Dorn (Abb. 48c); Aedoeagus: Abb. 43f. Pronotum mit 2 – beim ♀ stärker ausgeprägten – Eindrücken auf der Scheibe. Vorderkörper rötlichgelb; Kopf beim ♂ teilweise dunkler, beim ♀ nur der Hals dunkler; Abdomen beim ♂ schwärzlich, beim ♀ ganz gelblich. Von Frankreich bis zur Slovakei und nach Karelien, Alpen, nördlicher Apennin. In Mitteleuropa in der Mitte und im Süden. Selten. Montan und subalpin in Wäldern und unbewaldeten Biotopen, an Blüten von Kräutern und Büschen, Juni–Juli. Siehe auch Leitzahl 36. .... ***pseudaucupariae*** (E. STRAND, 1917)

13 Kopf und Pronotum überall sehr dicht und einförmig punktiert; Punktzwischenräume schmaler als die Punktdurchmesser. Fühler länger und zur Spitze dunkler. Färbung des Körpers gelblich. Elytren hinten in beiden Geschlechtern gerade abgestutzt (Abb. 47j). ♂: Aedoeagus: Abb. 43g. 2,5–3,0 mm (RL: 1,5–2,0 mm). In fast ganz Europa, im Apennin die Subspezies *dispar* (BAUDI DI SELVE, 1889). In Mitteleuropa vor allem in der Mitte und im Süden. Häufig. In Wäldern, von der Ebene bis in subalpine Lagen. Juni–September. .... ***luteum luteum*** (MARSHAM, 1802)

– Kopf und Pronotum spärlich, manchmal kaum erkennbar punktiert. **14**

14 ♂: Pronotum mit zwei schwachen Längseindrücken Aedoeagus: Abb. 43h. ♀: Pronotum mit zwei großen und tiefen Längseindrücken, mit sehr dichter Mikroskulptur, matt. Vorderkörper hell gelblich, manchmal mit dunklerem Hals; Abdomen beim ♂ dunkelbraun, beim ♀ heller bräunlich. Elytren wie in Abb. 47k. 1,5–2,2 mm (RL: 1,3–1,7 mm). Nördlicher Apennin, nördlicher Balkan, Alpen. Nicht selten. Montan und subalpin in Wäldern, an Blüten verschiedener Kräuter, Sträucher und Büsche, Mai–August. .... ***rhododendri*** (BAUDI DI SELVE, 1848)

– ♂: Pronotum ohne Eindrücke. ♀: Pronotum mit schwächerer Mikroskulptur und nicht matt. **15**

15 Pronotum gewölbt und etwas quer, < 1,5-mal so breit wie lang, mit scharf markierten Hinterwinkeln. Vorderkörper rötlichgelb; Abdomen beim ♂ braun mit rötlicher Spitze (Hinterhälfte von Segment VII, Segmente VIII–IX), beim ♀ gelblich. Fühler zur Spitze deutlich dunkler. Elytren wie in Abb. 47l. ♂: Aedoeagus: Abb. 43i. 1,5–2,2 mm (RL: 1,4–1,9 mm). Mitteleuropa einschließlich der Alpen, Apennin. Ziemlich häufig. Montan in

Wäldern und Buschlandschaften, wärmeliebender als die nah verwandten *rhododendri*, *bargaglii* und *sorbi*, Juni–August. .... **rectangulum** (BAUDI DI SELVE, 1870)

– Pronotum weniger gewölbt, stärker quer, > 1,5-mal so breit wie lang und mit weniger deutlich markierten Hinterwinkeln. Vorderkörper gelblich; Abdomen beim ♂ entweder ganz dunkel oder an der Spitze nur leicht aufgehellt, beim ♀ gelblich und an der Spitze etwas angedunkelt. Fühler zur Spitze weniger angedunkelt. ♀: Elytren wie in Abb. 47m und 47n. **16**

16 ♂: Aedoeagus: Abb. 44a. Kopf und Pronotum matter. Elytren hinten gerade abgestutzt (Abb. 47m). 1,7–2,1 mm (RL: 1,6–1,8 mm). In der Westpaläarktis mit Ausnahme Nordafrikas und der Iberischen Halbinsel weit verbreitet, vom Iran bis nach Grönland. In Mitteleuropa weit verbreitet, aber gebietsweise fehlend. Im Süden häufig, im Norden selten. In Wäldern und Buschlandschaften, an Blüten verschiedener Pflanzen, meistens an buschigen Rosaceen, Mai–Juni. .... **sorbi** (GYLLENHAL, 1810)

– ♂: Aedoeagus: Abb. 44b. Kopf und Pronotum glänzender. Elytren wie in Abb. 47n. 1,7–2,1 mm (RL: 1,4–1,7 mm). Südalpen, Apennin. In Mitteleuropa bisher nur aus dem Tessin bekannt, dort ziemlich häufig. Montan, meist an Blüten buschiger Rosaceen, April–Mai. .... **bargaglii** (LUZE, 1910)

17 Pronotum einfarbig schwarz oder braun, höchstens die Ränder schmal aufgehellt. **18**

– Pronotum einfarbig hell gefärbt oder mit dunkler Scheibe und breit aufgehellten Rändern. **33**

18 Pronotum mit völlig verrundeten Hinterwinkeln. ♂: Pronotum stark gewölbt und ziemlich matt; Aedoeagus klinal variierend: Abb. 44c–f (44d: Westalpen, 44e: Zentralalpen, 44f: Ostalpen). ♀: Pronotum weniger gewölbt, glatt und glänzend. Elytren kurz, in beiden Geschlechtern hinten abgestutzt: Abb. 47o. 2,0–2,5 mm (RL: 1,5–2,0 mm). Färbung schwärzlich mit braunen oder gelblich braunen, hinten aufgehellten Elytren; Beine und Fühler gelblich, Letztere zur Spitze dunkler. Alpen. Ziemlich häufig. Subalpin und alpin, an Blüten verschiedener Pflanzen, Juni–August. .... **nitidicolle** (BAUDI DI SELVE, 1857)

– Pronotum mit mehr oder weniger deutlich markierten Hinterwinkeln, nie völlig verrundet. **19**

19 Kopf vor den Ocelli eingedrückt, gewöhnlich matt und unpunktiert. ♂: Kopf beiderseits mit – nahe der Fühlerbasis erhöhtem – Längskiel; dieser selten reduziert. **20**

– Kopf vor den Ocelli nicht eingedrückt, gewöhnlich punktiert, selten matt und unpunktiert. ♂: Kopf ohne vorn erhöhten Längskiel. **21**

20 ♂: Innensack des Aedoeagus mit kleinen Dornen und mit kaum erkennbarer sklerotisierter Struktur (Abb. 44g). Durchschnittlich größer, 2,5–4,0 mm (RL: ♂: 2,4–3,4; ♀: 2,9–3,5 mm). Fühler kürzer, Glied IV nicht länger als breit. Pronotum spärlicher und flacher punktiert. Färbung schwärzlich mit dunkelbraunen Elytren; Beine gelblich mit teilweise dunkleren Femora; Fühler zur Spitze dunkler. In Gestalt, Größe und ♀–Elytrenform (Abb. 47pa, 47pb) sehr variabel. Alpen, nördlicher Apennin, Jura. Ziemlich häufig. Montan und subalpin, an gelben *Primula*-Blüten, April–Juli. .... **robustum** (HEER, 1839)

– ♂: Aedoeagus mit deutlichen, sklerotisierten Innenstrukturen (Abb. 44h). Durschnittlich kleiner, 2,4–3,2 mm (RL: 2,3–2,5 mm). Fühler länger, Glied VI länger als breit. Pronotum dichter und kräftiger punktiert. Färbung ähnlich wie bei der vorigen Art. Über große Teile der Alpen verbreitet. Sehr lokal und selten. Montan und subalpin, Juli-September, Wirtspflanzen unbekannt. .... ***kahleni*** ZANETTI, 1986

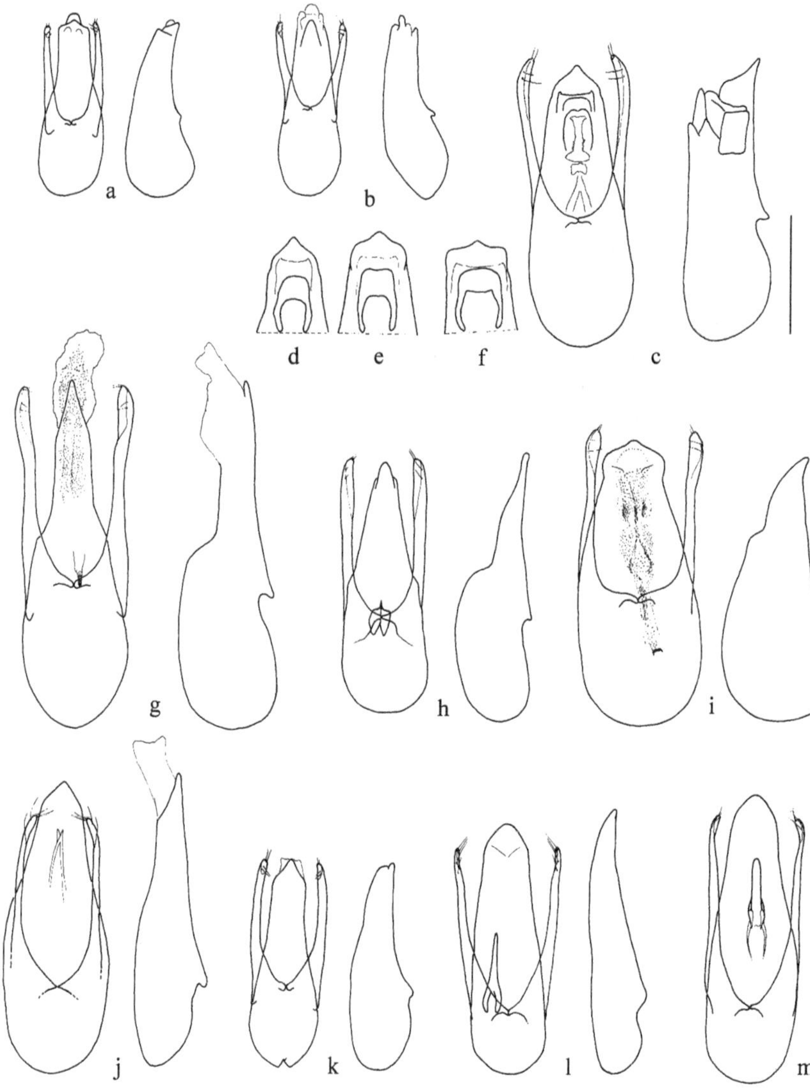

Abb. 44: Aedoeagus ventral und lateral (a–c, g–m), Apex des Aedoeagus dorsal (d–f) von *Eusphalerum sorbi* (a), *E. bargaglii* (b), *E. nitidicolle* (c), *E. nitidicolle* aus den Westalpen (d), Zentralpen (e) und Ostalpen (f), *E. robustum* (g), *E. kahleni* (h), *E. primulae* (i), *E. foveicolle* (j), *E. pulcherrimum* (k), *E. alpinum alpinum* (l), *E. alpinum obenbergeri* (m). Maßstab: 0,3 mm. Nach ZANETTI 1987, verändert.

21 Pronotum braun mit gelblichen Rändern. ♂: Mesotibia stark gebogen; Metatibia wie in Abb. 48b; Aedoeagus: Abb. 44i. ♀: Mesotibia außen mit 10–12 abstehenden Dornen; Elytren hinten abgestutzt, kurz (Abb. 47q). Kopf schwärzlich; Elytren braun; Abdomen schwärzlich; Metaventrit dunkel; Fühler und Beine gelblich. Fühler schlank, Glied VII deutlich länger als breit. Pronotum gleichmäßig gewölbt, ohne Eindrücke. 2,5–3,0 mm (RL: 1,5–2,4 mm). Europa mit Ausnahme der Iberischen Halbinsel, Türkei. In Mitteleuropa fast überall und ziemlich häufig. In Wäldern, in Blüten von *Primula* und anderen Frühblühern, März–Mai. Siehe auch Leitzahl 38. .... ***primulae*** (STEPHENS, 1834)

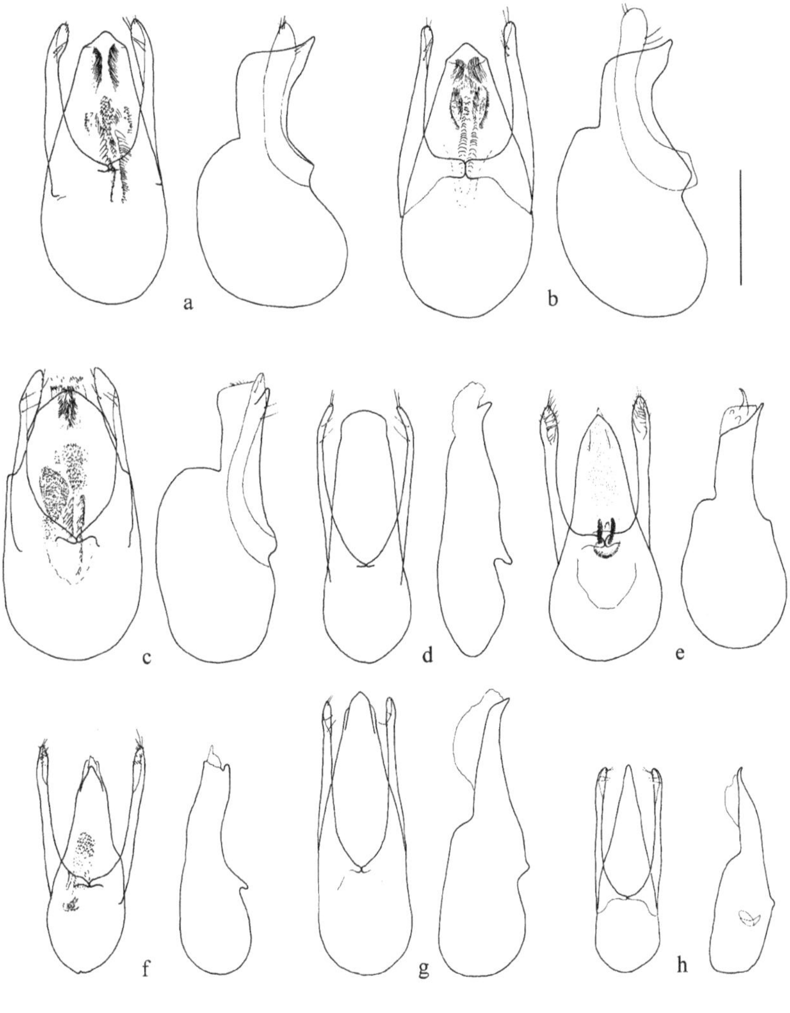

Abb. 45: Aedoeagus ventral und lateral von *Eusphalerum tenenbaumi* (a), *E. atrum* (b), *E. settei* (c), *E. minutum* (d), *E. lapponicum* (e), *E. sorbicola* (f), *E. anale* (g), *E. brandmayri* (h). Maßstab: 0,3 mm. Nach ZANETTI 1987, verändert (a–d, g–h).

– Pronotum einfarbig braun oder schwarz. ♂: Mesotibia gerade oder schwach gebogen. ♀: Elytren hinten von unterschiedlicher Form, abgestutzt oder verlängert; bei Arten mit hinten abgestutzten Elytren Mesotibia höchstens mit 4–8 Dornen. 22

22 Pronotum mit zwei großen Längseindrücken, diese beim ♂ stärker ausgeprägt als beim ♀. Elytren lang, beim ♀ am Nahtwinkel nach hinten vorgezogen (Abb. 47r). Fühler schlank, zur Spitze dunkler. Kopf und Pronotum ziemlich matt und dicht punktiert. Färbung schwarz mit braunen oder gelblich braunen Elytren; Beine und Fühler gelblich, Letztere zur Spitze dunkler. ♂: Aedoeagus: Abb. 44j. 2,3–2,8 mm (RL: ♂: 2,1–2,4 mm; ♀: 2,2–2,5 mm). Schweizer und westliche österreichische Alpen, italienische Zentralalpen. Lokal häufig. Subalpin bis alpin. Juni–August. .... ***foveicolle*** (FAUVEL, 1871)

– Pronotum ohne oder nur mit sehr flachen Eindrücken. **23**

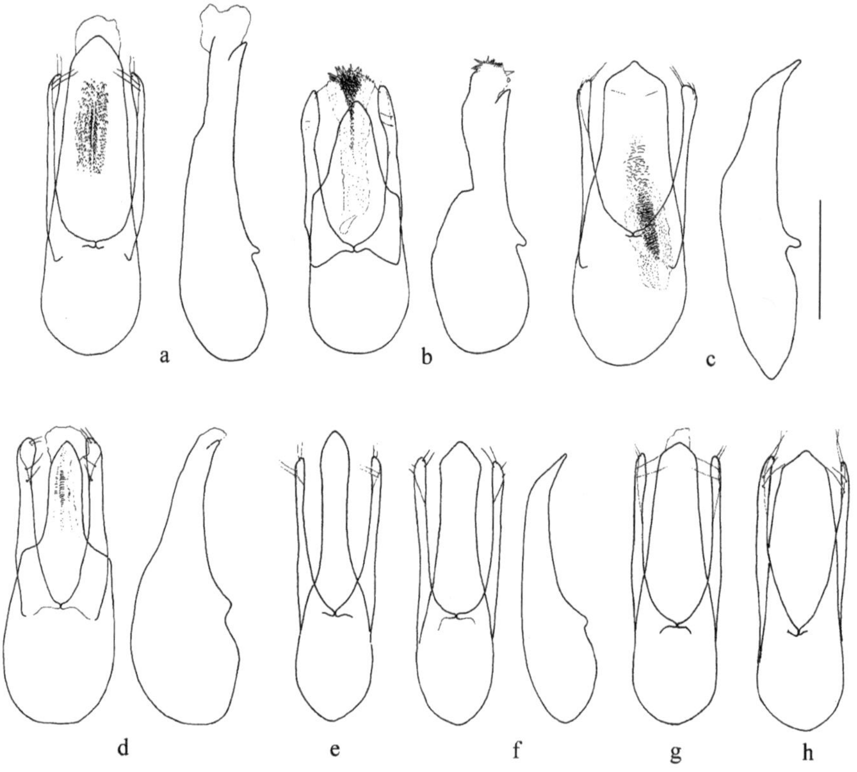

Abb. 46: Aedoeagus ventral (und lateral) von *Eusphalerum signatum signatum* (a), *E. petzi* (b), *E. semicoleoptratum* (c), *E. albertae* (d), *E. limbatum visentinii* (e), *E. limbatum limbatum* (f), *E. limbatum diolii* (g), *E. limbatum paternum* (h). Maßstab: 0,3 mm. Nach ZANETTI 1987, verändert.

23 Femora zumindest teilweise gebräunt oder geschwärzt. Pronotum schmal, nur wenig breiter als der Kopf. Augen groß und stark gewölbt. Beine sehr schlank. Fühler schlank, vorletzte Glieder länger als breit. Elytren ziemlich lang (Abb. 47s). Färbung schwarz mit dunkelbraunen Elytren, Femora braun; Tibien gelblich, oft zur Spitze dunkler; Fühler zur Spitze ausgedehnt dunkler. ♂: Aedoeagus: Abb. 44k. 1,5–2,6 mm (RL: 1,8–2,1 mm). Südliche Teile der Zentralalpen; in Mitteleuropa möglicherweise auch im Tessin nachzuweisen. Lokal und nicht häufig. Alpin, auf kalkhaltigem Geröll an *Dryas octopetala*. .... [***pulcherrimum*** (BERNHAUER, 1901)]

– Femora einfarbig gelblich. **24**

24 Größer, 2,6–3,9 mm. Pronotum beiderseits nahe der Mitte des Seitenrandes mit tiefem rundlichem Eindruck. ♂: Aedoeagus groß, kompakt und mit kugelförmiger Basis. **25**

– Kleiner, 2,0–2,7 mm, nur ausnahmsweise größer. Pronotum seitlich höchstens mit schwachem Eindruck. ♂: Aedoeagus klein, schlank und basal anders geformt. **27**

25 Fühler einfarbig gelblich. Pronotum glänzend, meist mit sehr flacher Mikroskulptur. ♂: Mesotibia gebogen; Abdominalsternite ohne Tuberkel; Aedoeagus: Abb. 45a. Färbung dunkelbraun, Elytren kaum heller; Beine einfarbig gelblich. 2,7–3,0 mm (RL: 2,0–2,3 mm). Mitteleuropa, Alpen, nördlicher Balkan, Sibirien. In Mitteleuropa mit Ausnahme des Nordostens fast überall und ziemlich häufig. Meist in unteren Lagen, in Wäldern an unterschiedlichen Frühblühern, März–Juni. .... ***tenenbaumi*** (BERNHAUER, 1932)

– Fühler zur Spitze mehr oder weniger deutlich dunkler. Pronotum mit deutlicher Mikroskulptur, matt. **26**

26 Elytren mit kurzer, kaum erkennbarer Pubeszenz. ♂: Mesotibia gerade; Abdominalsternite IV–VII in der Mitte mit je einem Tuberkel; Aedoeagus: Abb. 45b. Pronotum: Abb. 48e. Färbung schwarz, Elytren meist kaum heller, aber manchmal rötlichgelb. Beine und Fühler gelblich, Letztere ab Glied VI deutlich geschwärzt. 2,6–3 mm (RL: 1,8–2,3 mm). Westliches Mitteleuropa, Alpen, Apennin. Nicht häufig. Montan, in Buschlandschaften; meist an Rosaceen (*Prunus*, *Crataegus*), März–Juni. .... ***atrum*** (HEER, 1839)

– Elytren mit weißer, kurzer, aber gut erkennbarer Pubeszenz. ♂: Mesotibia gebogen; Abdominalsternite ohne Tuberkel; Aedoeagus: Abb. 45c. Pronotum ziemlich matt, nach vorn deutlich verengt (Abb. 48f). Färbung schwarz; Elytren hinten kaum heller; Beine und Fühler gelblich, Letztere zur Spitze kaum dunkler. 3,5–3,9 mm (RL: 2,4–2,6 mm). In den Alpen sehr lokal und sehr selten. In Mitteleuropa nur aus den Lienzer Dolomiten bekannt. Montan und subalpin, oft an *Saxifraga*. .... ***settei*** ZANETTI, 1982

27 Kopf und Pronotum matt, sehr flach und spärlich punktiert, manchmal fast unpunktiert erscheinend. Pronotum in der Vorderhälfte oft mit flachem Mitteleindruck. Elytren lang (Abb. 47t), etwas uneben, dicht punktiert und mit Mikroskulptur. Färbung schwärzlich mit gelblichen bis bräunlichen Elytren; Beine und Fühler gelblich, Letztere zur Spitze dunkler und ziemlich schlank. ♂: Aedoeagus: Abb. 44l–m. 2,5–2,7 mm (RL: ♂: 1,5–2,4; ♀: 2,0–2,6 mm). **28**

– Pronotum mehr oder weniger glänzend und ohne Mitteleindruck. Elytren ohne Mikroskulptur. **29**

28 Innenstruktur des Aedoeagus wie in Abb. 44l. Gebirge Mitteleuropas, Alpen, Balkan (einschließlich der Südkarpathen). Häufig. Subalpin in offenen Biotopen; an Blüten verschiedener Pflanzen; Juni–August. .... ***alpinum alpinum*** (HEER, 1839)

Abb. 47: Elytren (♂ und ♀) von *Eusphalerum pallens* (a), *E. kraatzi* (b), *E. elongatum* (c), *E. stramineum* (d), *E. palligerum* (e), *E. longipenne* (f), *E. montivagum montivagum* (g), *E. torquatum* (h), *E. marshami* (i), *E. luteum luteum* (j), *E. rhododendri* (k), *E. rectangulum* (l), *E. sorbi* (m), *E. bargaglii* (n), *E. nitidicolle* (o), *E. robustum* (pa: ♂ und kleines ♀, pb: großes ♀), *E. primulae* (q), *E. foveicolle* (r), *E. pulcherrimum* (s), *E. alpinum alpinum* (t), *E. minutum* (u), *E. anale* (v), *E. brandmayri* (w). Maßstab: 1 mm. Nach ZANETTI 1987, verändert (a, c–w).

– Innenstruktur des Aedoeagus wie in Abb. 44m. Nord- und Zentralkarpathen. In Mitteleuropa nur aus der Slowakei bekannt. Häufig. Ökologie wahrscheinlich wie bei der Nominatform. .... ***alpinum obenbergeri*** ZANETTI, 1982

29 Glied V–XI der Fühler dunkler. Elytren kürzer, 1,2–1,3- (♂) bzw. 1,2–1,4-mal (♀) so lang wie auf Höhe der Scutellumspitze breit. **30**

– Fühler entweder einfarbig gelblich oder zur Spitze nur leicht angedunkelt, gelblich braun. Elytren sehr lang, 1,4–1,5- (♂) bzw. 1,5–1,7-mal (♀) so lang wie in Höhe der Scutellumspitze breit. **32**

30 Glied V der Metatarsen kürzer als I–IV zusammen. ♂: Metatibia schwach gebogen; Aedoeagus: Abb. 45d; Parameren apikal mit 4 Borsten. ♀: Elytren wie in Abb. 47u. Färbung schwarz mit braunen Elytren; Beine und Fühler gelblich, Letztere von Glied V an dunkler. 2,0–2,5 mm (RL: 1,8–2,4 mm). Habitus: Abb. 8e. Transpaläarktisch verbreitet; in Mitteleuropa überall, gebietsweise häufig. In Feuchtgebieten (Feuchtwiesen, Sümpfe, Moore), meist an Pflanzen mit gelben Blüten (*Caltha*, *Ranunculus* usw.), Mai–August. .... ***minutum*** (FABRICIUS, 1792)

– Glied V der Metatarsen mindestens so lang wie I–IV zusammen. ♂: Metatibia gerade; Parameren apikal mit ca. 20 Borsten. ♀: Elytren hinten abgestutzt, am Nahtwinkel nicht verlängert. **31**

31 ♂: Aedoeagus: Abb. 45e. Pronotum breiter. Fühler länger. Kopf und Pronotum braun; Elytren bräunlichgelb; Abdomen dunkelbraun; Beine und Fühler gelblich, Letztere in der apikalen Hälfte angedunkelt. 2,1–2,8 mm (RL: 1,6–2,1 mm). Nordpaläarktisch, als zirkumpolar gemeldet, Meldungen aus Nordamerika aber wahrscheinlich falsch. In Mitteleuropa nur aus den Sudeten und den Beskiden bekannt. Sehr selten. Habitatpräferenzen in Mitteleuropa unbekannt, wahrscheinlich an kalten Orten, Mai–Juni. .... ***lapponicum*** (MANNERHEIM, 1830)

– ♂: Aedoeagus: Abb. 45f. Pronotum schmaler. Fühler kürzer. Färbung wie bei voriger Art. 2,5–2,7 mm (RL: 1,8–1,9 mm). Nordeuropa, nördliches Mitteleuropa, Mongolei; in Mitteleuropa nur von wenigen Orten in Norddeutschland und Dänemark nachgewiesen. Selten. In feuchten und kalten Biotopen, hinsichtlich der Wirtspflanzen unspezialisiert, Juni. .... ***sorbicola*** (KANGAS, 1941)

32 ♂: Aedoeagus ohne deutliche Innenstrukturen (Abb. 45g). ♀: Elytren wie in Abb. 47v. Färbung schwärzlich mit braunen Elytren; Abdomen beim ♂ hinten aufgehellt; Fühler und Beine einfarbig gelblich. 1,9–2,7 mm (RL: ♂: 1,7–2,2; ♀: 1,8–2,3 mm). Pyrenäen, Alpen, mitteleuropäische Gebirge. Häufig. Subalpin und alpin, an Blüten verschiedener Kräuter und Sträucher (z. B. *Rhododendron*), Juli–August. .... ***anale*** (ERICHSON, 1840)

– ♂: Aedoeagus mit deutlicher Innenstruktur (Abb. 45h). ♀: Elytren wie in Abb. 47w. 1,7–2,4 mm (RL: ♂: 1,4–1,8 mm; ♀: 1,8–2 mm). Färbung wie bei der vorigen Art. Ostalpen, Riesengebirge, Hohe Tatra, Erzgebirge, Lausitzer Bergland. Nicht selten. Montan bis subalpin, in Fels- und Schotterbiotopen, meist an *Dryas octopetala* und an Waldgräsern. Juli–August. .... ***brandmayri*** ZANETTI, 1981

33 Elytren lang; Verhältnis Nahtlänge/Breite in Höhe der Scutellumspitze > 1,5. .... **34**

– Elytren kurz; Verhältnis Nahtlänge/Breite in Höhe der Scutellumspitze < 1,4. .... **35**

34 ♂: Mesotibia gebogen; Aedoeagus: Abb. 42c. ♀: Elytren mit sehr langer Pubeszenz, hinten stark verlängert (Abb. 47c). Färbung der Oberseite fast einfarbig gelblich braun, Kopf teilweise braun. Körper schlank. 2,0–2,5 mm (RL: ♂: 1,8–2,1 mm; ♀: 1,8–2,4 mm). Siehe Leitzahl 5. ....
.... ***elongatum*** (GANGLBAUER, 1895)

– ♂: Mesotibia gerade; Aedoeagus: Abb. 43c. ♀: Elytren mit kurzer Pubeszenz, hinten verlängert (wie Abb. 47g). 2,2–2,5 mm (RL: ♂: 1,7–2,3 mm; ♀: 1,8–2,5 mm). Siehe Leitzahl 9. ....
.... ***umbellatarum celticum*** COIFFAIT, 1959

35 Metaventrit hell gefärbt, gelblich oder rötlich. Große und kräftige Art, 2,5–3,7 mm (RL: 2,4–2,7 mm). Pronotum mit stark gerundeten Seiten, scharf markierten Hinterwinkeln und weniger dichter Punktur; Punktzwischenräume etwa so breit wie der durchschnittliche Punktdurchmesser. Färbung: Pronotum rötlichgelb, in der Mitte mit dunklem Längsfleck; Kopf rötlichgelb mit dunklem Hals; Elytren gelblich; Abdomen schwärzlich (beim ♀ etwas heller als beim ♂). ♂: Aedoeagus: Abb. 46a. Gebirge Mitteleuropas einschließlich der Alpen; im Apennin die Subspezies *angulatum* (LUZE, 1911). Ziemlich häufig. Montan, in Wäldern; an Blüten von Kräutern und Sträuchern (z. B. *Salix*), Mai–Juli. .... ***signatum signatum*** (MÄRKEL, 1857)

– Metaventrit einfarbig und überwiegend dunkel, schwarz oder braun. **36**

36 Pronotum einfarbig rötlichgelb und ziemlich dicht punktiert, höchstens mit 2 sehr flachen Längseindrücken. Fühler einfarbig gelblich. ♂: Metatibia gezähnt (Abb. 48c); Aedoeagus: Abb. 43f. 2,5–3,0 mm (RL: 1,5–1,9 mm). Siehe Leitzahl 12. .... ***pseudaucupariae*** (E. STRAND, 1917)

– Pronotum entweder rötlichgelb mit breitem Längsfleck in der Mitte oder braun mit breit gelblichen Rändern. Bei Exemplaren von *semicoleoptratum* mit ausnahmsweise einfarbig rötlichem Pronotum hat dieses 2 deutliche Eindrücke; bei Exemplaren von *limbatum* und *albertae* mit ausnahmsweise rötlichgelbem Pronotum ist dieses fein und spärlich punktiert. **37**

37 Fühler einfarbig gelb und sehr lang, Glied VI etwa doppelt so lang wie breit. ♂: Metatibia – in Profilansicht erkennbar – in der apikalen Hälfte gezähnt (Abb. 48d); Aedoeagus: Abb. 46b. Pronotum schmal, einfarbig braun. Kopf schwärzlich; Elytren bräunlichgelb; Abdomen braun; Beine gelblich. 2,5–3,3 mm (RL: 2,0–2,2 mm). Österreichische und slowenische Alpen. Selten. Montan, in Wäldern; an *Primula*-Blüten; Juni. .... ***petzi*** (BERNHAUER, 1910)

– Fühler gewöhnlich zur Spitze angedunkelt und kürzer, Glied VI weniger als doppelt so lang wie breit. ♂: Metatibia ungezähnt. **38**

38 ♂: Mesotibia gebogen; Metatibia wie in Abb. 48b; Aedoeagus: Abb. 44i. Elytren grob punktiert. Pronotum gewölbt, braun mit gelblich braunen Rändern (besonders deutlich an den Hinterwinkeln). 2,5–3,0 mm (RL: 1,5–2,4 mm). Siehe Leitzahl 21. .... ***primulae*** (STEPHENS, 1834)

– ♂: Meso- und Metatibia gerade. Elytren deutlich, aber nicht auffällig grob punktiert; Punktzwischenräume nicht kielartig. Pronotum entweder braun mit gelblichen Rändern oder gelblich und in der Mitte mit braunem Längsfleck. **39**

39 Pronotum mit 2 Längseindrücken (beim ♀ deutlicher und tiefer als beim ♂), rötlichgelb und in der Mitte mit braunem Längsfleck, sehr selten einfarbig rötlich. Kopf gewöhnlich braun, Hals immer braun; Elytren gelblich; Abdomen braun, beim ♀ manchmal teilweise heller; Beine und Fühler gelblich. ♂: Aedoeagus: Abb. 46c. 2,8–3,5 mm (RL: 2,1–2,7 mm). Mitteleuropa, in der Tiefebene weitgehend fehlend, nördlicher und zentraler Apennin, nördlicher Balkan. Häufig. Montan, in Wäldern; meist an Blüten von Büschen (Rosaceae, *Salix*), April–Juni. ***semicoleoptratum*** (PANZER, 1795)

– Pronotum ohne Längseindrücke (aberrante Exemplare ausnahmsweise mit rundlichen Eindrücken). **40**

40 ♂: Aedoeagus: Abb. 46d. Fühlerglieder VIII–X etwa so lang wie breit. Oberfläche des Pronotums mit starker Mikroskulptur. Pronotum rötlichgelb, in der Mitte gewöhnlich mit schmaler dunkler Längsmakel. Kopf gelblich oder braun, zumindest am Hals angedunkelt; Elytren gelblich; Abdomen beim ♂ braun, beim ♀ gelblich braun. 2,4–3,7 mm (RL: 1,5–2,2 mm). Zentral- und Westalpen. In Mitteleuropa nur aus der Schweiz nachgewiesen. Ziemlich selten. Montan und subalpin, in Feuchtbiotopen mit Buschvegetation, oft an *Prunus padus*; Mai–Juli. .... ***albertae*** ZANETTI, 1981

– ♂: Aedoeagus: Abb. 46e–h. Fühlerglieder VIII–X etwas länger als breit. Pronotum mit sehr flacher Mikroskulptur, fast glatt. Kopf braun; Pronotum bräunlichgelb mit brauner Längsmakel in der Mitte oder braun mit breiten gelbbraunen Rändern; Elytren gelbbraun; Abdomen beim ♂ schwärzlich, beim ♀ gelbbraun. 2,2–3,5 mm (RL: 1,8–2,3 mm). Mitteleuropäische Gebirge, Alpen, Balkan; die Art bildet in den Alpen einen Rassenkreis mit 4 Subspezies. Ziemlich häufig. Montan und subalpin, in Wäldern; an Blüten verschiedener frühblühender Kräuter (*Petasites*, *Primula*, *Helleborus* usw.), April–Juni. **41**

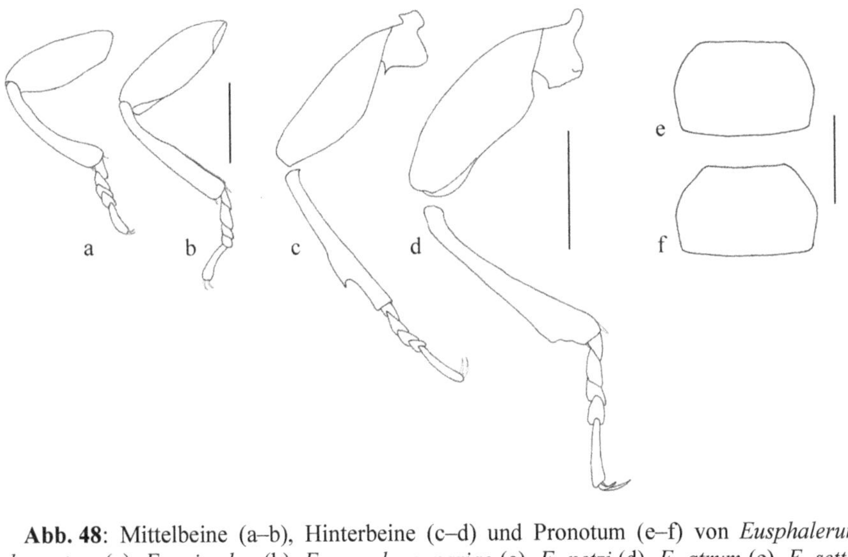

Abb. 48: Mittelbeine (a–b), Hinterbeine (c–d) und Pronotum (e–f) von *Eusphalerum elongatum* (a), *E. primulae* (b), *E. pseudaucupariae* (c), *E. petzi* (d), *E. atrum* (e), *E. settei* (f). Maßstäbe 0,25 mm (a–b), 0,3 mm (c–d), 0,5 mm (e–f). Nach ZANETTI 1987, verändert.

41 ♂: Medianlobus des Aedoeagus in Ventralansicht in der Mitte deutlich verengt (Abb. 46e–f). **42**

– ♂: Medianlobus des Aedoeagus in Ventralansicht zur Spitze allmählich verengt, die Seiten gerade oder leicht konvex (Abb. 46g–h). **43**

42 ♂: Aedoeagus: Abb. 46f. Pronotum spärlich und flach punktiert; Punktzwischenräume auf der Scheibe durchschnittlich etwa doppelt so breit wie der Punktdurchmesser. Pronotum ohne Eindrücke. Gebirge Mitteleuropas, einschließlich der Nordalpen. .... ***limbatum limbatum*** (ERICHSON, 1840)[1]

– ♂: Aedoeagus: Abb. 46e. Pronotum weniger spärlich und deutlicher eingestochen punktiert; Punktzwischenräume durchschnittlich weniger als 1,5-mal so breit wie der Punktdurchmesser; in der Vorderhälfte mit Mitteleindruck. Südliche Ostalpen; in Mitteleuropa nur im südlichen Österreich entlang der italienischen Grenze. .... ***limbatum visentinii*** ZANETTI, 1982

43 ♂: Aedoeagus: Abb. 46g. Pronotum mit sehr spärlicher und flacher, in der Mikroskulptur kaum erkennbarer Punktur. Südliche Zentralalpen; in Mitteleuropa nur aus dem Tessin nachgewiesen. .... ***limbatum diolii*** ZANETTI, 1982

– ♂: Aedoeagus: Abb. 46h. Pronotum mit noch flacherer Punktur, die manchmal völlig fehlt. Venezianische Voralpen, italienischer Teil der Karnischen Alpen; in Mitteleuropa das südliche Österreich nahe der italienischen Grenze erreichend. Verbreitungsgebiet teilweise mit dem von *limbatum visentinii* überlappend. .... ***limbatum paternum*** ZANETTI, 1982

Tribus Hadrognathini PORTEVIN, 1929

Gattung *Hadrognathus* SCHAUM, 1852

Körper (Abb. 8f) etwa 2,2–2,5 mm lang, rötlich bis rötlichbraun gefärbt. Kopf groß, gestreckt, ohne auffällige Eindrücke, mit undeutlichen Ocelli. Mandibeln stark verlängert, vorragend, vor der Spitze abrupt gewinkelt. Maxillarpalpen schlank, letztes Glied viel länger als das vorletzte. Labrum vorn tief ausgebuchtet und vierspitzig. Glied V der Metatarsen kürzer als die Glieder I–IV zusammen. Durch den auffälligen Habitus, die Mandibelform und die Bildung des Labrums unverwechselbar.

Die Gattung umfasst zwei Arten und ist von Nordspanien über Frankreich bis nach Großbritannien, in die Westschweiz und nach Nordwestitalien verbreitet.

Körper rötlich bis rötlichbraun. Kopf gestreckt und nach vorn verschmälert, kaum breiter als lang und mit genabelter Punktur. Pronotum 1,3-mal so breit wie lang; Seitenränder gerundet und vor den Hinterwinkeln schwach konkav; Punktur weniger dicht als auf dem Kopf. Elytren fast 1,5-mal so lang wie das Pronotum, grob punktiert und mit deutlicher Pubeszenz. Glied

---

[1] *E. limbatum* bildet in den Alpen einen Rassenkreis. Die südlichen Populationen der Südalpen zeigen zwei klinale Trends: Vom Monte Rosa–Gebiet im Westen wird der Aedoeagus nach Osten hin (Friuli) breiter und von Kärnten wird der Aedoeagus nach Westen (Friuli) hin schmaler. An einigen Orten (z. B. Plöckenpass und entlang der italienisch–österreichischen Grenze) kommen beide Formen gemeinsam vor.

VIII der Fühler so lang wie breit, IX und X quer. Aedoeagus: Abb. 49e. 2,2–2,5 mm (RL: 1,6–1,8 mm). Nordspanien bis Großbritannien, Frankreich, Westschweiz und Nordwestitalien. In Mitteleuropa nur aus der Umgebung von Genf bekannt. Selten. Montan bis subalpin, vor allem in der Bodenstreu, selten in Totholz. März–November. .... ***longipalpis*** (MULSANT & REY, 1851)

Tribus Omaliini MACLEAY, 1825

Gattung *Acrolocha* THOMSON, 1858

Körper (Abb. 9a) ca. 1,8–3,3 mm lang und gelbbraun bis schwarz gefärbt. Fühlerglied III verlängert und keulenförmig, mit sehr dünner Basis. Punktur des Pronotums durch netzartige Mikroskulptur verbunden. Hinterwinkel des Pronotums verrundet. Elytren mit feiner, durch Mikroskulptur verbundener Punktur, dadurch längsriefig erscheinend. Im Habitus an *Eusphalerum* erinnernd, aber Tarsen ohne Borstenkränze. Von *Phyllodrepa* und *Dropephylla* durch die verrundeten Hinterwinkel des Pronotums und durch das keulenförmige Fühlerglied III leicht zu unterscheiden.

Holarktisch verbreitete Gattung mit etwa 15 Arten, von denen 4 auch in Mitteleuropa vorkommen. Die Imagines leben an faulendem organischem Material, vor allem in Kot und Pilzen, und werden insbesondere im Herbst gefunden.

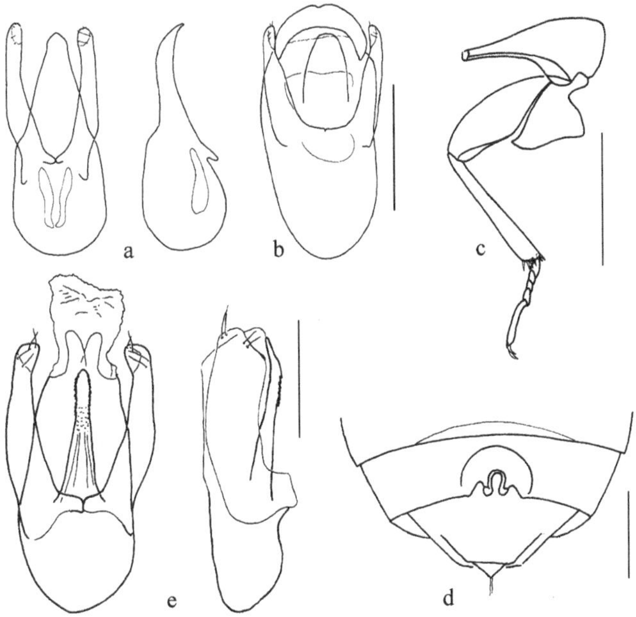

Abb. 49: Aedoeagus ventral (und lateral) (a–b, e), Hinterbein (c) und Apex des Abdomens (ventral) (d) von *Acrulia inflata* (a), *Pycnoglypta lurida* (b), *Hapalaraea pygmaea* (c–d), *Hadrognathus longipalpis* (e), Maßstäbe 0,3 mm (a–b, e), 0.4 mm (c), 0,25 mm (d). Nach ZANETTI 1987, verändert.

1 Seiten des Pronotums an den Hinterwinkeln deutlich eingedrückt. Pronotum mit 2 Längseindrücken und in der Vorderhälfte mit Mittelfurche. Färbung schwärzlich mit dunkelbraunen Elytren; Beine gelblich; Fühler dunkel mit heller Basis (Abb. 9a). ♂: Aedoeagus: Abb. 50a. 1,8–2,0 mm (RL: 1,2–1,4 mm). Europa, Nordamerika. In ganz Mitteleuropa in tieferen Lagen. An Faulstoffen, oft auf Kulturland. Imagines im Herbst und Frühjahr aktiv. Nicht selten. .... ***minuta*** (OLIVIER, 1795)

– Pronotum gleichmäßig gewölbt, ohne deutliche Eindrücke. **2**

2 Pronotum 1,3-mal so breit wie lang. Elytren im hinteren Viertel mit sehr dichter Mikroskulptur, diese ähnlich der des Abdomens. Färbung schwärzlich mit dunkelbraunen Elytren und gelblicher Abdomenspitze. ♂: Aedoeagus: Abb. 50b. 2,8–3,3 mm (RL: 1,5–1,9 mm). Mittleres, westliches und nördliches Europa, Westsibirien; in Mitteleuropa nur aus Norddeutschland und Dänemark bekannt. Selten. Meist in tieferen Lagen im Kot; Imagines im Herbst aktiv. .... ***pliginskii*** BERNHAUER, 1912

– Pronotum etwa 1,5-mal so breit wie lang. Elytren hinten mit weniger dichter Mikroskulptur. **3**

3 Elytren bräunlichgelb; Pronotum rötlich braun oder braun; Kopf dunkelbraun bis schwarz; Abdomen dunkelbraun mit heller Spitze; Fühler dunkel mit umfangreicherer gelblicher Basis. ♂: Aedoeagus: Abb. 50c. 2,8–3,2 mm (RL: 1,5–1,8 mm). Von der Türkei und der Kaukasusregion über den Balkan, Italien und Mitteleuropa bis in die Schweiz und nach Frankreich verbreitet. In Mitteleuropa fast überall, aber lokal und ziemlich selten. Im Herbst an faulenden Pilzen. .... ***amabilis*** (HEER, 1841)

– Pronotum und Elytren dunkelbraun, Abdomenspitze aufgehellt, übriger Körper schwarz; Fühler braun, zur Spitze geschwärzt, nur Glied I heller. ♂: Aedoeagus: Abb. 50d. 1,8–3,0 mm (RL: 1,2–1,5 mm). Europa und Nordafrika. In Mitteleuropa weit verbreitet, aber lokal und selten. Im Herbst in Kot. .... ***sulcula*** (STEPHENS, 1834)

Gattung *Acrulia* THOMSON, 1858

Körper 2,0– 2,5 mm lang, von ovaler Form und gewölbt (Abb. 9b). Kopf mit zwei Kielen, die von den Fühlerbasen zu den wenig deutlichen Ocelli reichen. Fühlerglieder I–II vergrößert, VII–XI quer. Letztes Glied der Maxillarpalpen doppelt so lang wie das vergrößerte vorletzte. Seiten des Pronotums gekerbt (krenuliert). Elytren an den Schultern mit kleiner, borstentragender, zahnartiger Erhebung. Mesoventrit gekielt. Glied V der Metatarsen viel länger als I–IV zusammen. Die durch diese Merkmale sehr ausgezeichnete Gattung ist von der im Bau des Pronotums ähnlichen Gattung *Hapalaraea* insbesondere durch die andere Kopfbildung leicht zu unterscheiden.

Acrulia ist holarktisch verbreitet und umfasst 5 Arten. Die Imagines leben unter Borken und in Baumhöhlen, teilweise auch in der Bodenstreu. In Mitteleuropa ist nur eine Art vertreten.

Kopf und Pronotum gelblich; Elytren braun, Schultern, Seitenränder und Naht aufgehellt; Abdomen gelbbraun; Beine und Fühler gelblich. Pronotum nach vorn verengt; Elytren stark gewölbt. Punktur von Kopf, Pronotum und Elytren grob und dicht; Punktzwischenräume glatt. Fühler von Glied VII an abrupt verbreitert, d. h. mit 5-gliedriger Keule. Im Habitus an *Proteinus* und

Pycnoglypta lurida erinnernd, von Letzterer durch seitlich gekerbtes und nach vor stärker verengtes Pronotum sowie durch viel längere Elytren unterschieden. ♂: Aedoeagus: Abb. 49a. 2,0–2,5 mm (RL: 1,5–1,7 mm). Transpaläarktisch verbreitet. In Mitteleuropa fast überall, aber ziemlich selten. Unter morscher Borke und in morschem Holz von Laubbäumen, besonders Buchen. .... ***inflata*** (GYLLENHAL, 1813)

Gattung ***Dropephylla*** MULSANT & REY, 1880

Körper klein (1,9–3,0 mm), schlank, mehr oder weniger gewölbt, gelblich oder braun (Abb. 9c). Ocelli deutlich, Tentorialgruben fehlend. Pronotum kaum schmaler als die Elytren, manchmal mit sehr flachen Eindrücken. Elytren mit parallelen Seiten, gelegentlich reihig punktiert. Metatarsen etwa halb so lang wie die Metatibien. Glied V der Metatarsen so lang wie I–IV zusammen. Letztes Glied der Maxillarpalpen nicht schmaler als das vorletzte. Mesoventrit nicht gekielt. Von *Phyllodrepa* durch das Fehlen von Tentorialgruben und durch geringere Größe zu trennen. Von weiteren ähnlichen Gattungen durch die bei *Phyllodrepa* aufgeführten Merkmale zu unterscheiden.

Die Gattung ist mit 30 Arten paläarktisch verbreitet, 8 davon wurden bisher aus Mitteleuropa bekannt. Die Imagines leben unter morscher Borke, in Baumhöhlen, teilweise auch in der Bodenstreu und an Blüten. Für eine aktuelle Revision siehe JÁSZAY & HLAVÁC (2006).

1 Elytrenpunktur deutlich reihig angeordnet. Körper, insbesondere das Pronotum, gewölbt. Kopf, Elytren (zumindest hinten) und Abdomenspitze braun, übriger Körper rötlich. Elytren fast doppelt so lang wie das Pronotum. Letzte Fühlerglieder quer. ♂: Aedoeagus: Abb. 51a. 2,5–3,0 mm (RL: 1,5–2,2 mm). In der Westpaläarktis weit verbreitet. In Mitteleuropa überall. Ziemlich häufig. Unter morscher Borke und in Höhlen von Laubbäumen vom Herbst bis ins Frühjahr. .... ***ioptera*** (STEPHENS, 1834)

– Elytrenpunktur unregelmäßig, höchstens andeutungsweise reihig angeordnet. Färbung braun oder auch rötlich, dann aber Körper abgeflacht. **2**

2 Gelblich oder rötlich, nur der Kopf, die Hinterränder der Elytren und die Abdomenspitze manchmal dunkler. Vorletzte Fühlerglieder stark quer. Montane und subalpine Arten. **3**

– Braun, höchstens die Elytren heller. Arten der Ebene und niederer Lagen. Für eine sichere Unterscheidung ist die Untersuchung des Aedoeagus erforderlich. **4**

3 Größer, 2,5–3,0 mm (RL: 1,6–1,9 mm). Augen stark gewölbt und vorragend (Abb. 9c). Elytren sehr dicht und deutlich punktiert, rauh erscheinend. Pubeszenz des Pronotums und der Elytren kurz, kaum erkennbar. Rötlichgelb; Kopf, Elytrenhinterränder und Abdomenspitze oft dunkler, Beine und Fühler gelblich. ♂: Aedoeagus: Abb. 51b. Nord- und Mitteleuropa, auch (vermutlich irrtümlich) vom Balkan gemeldet. In gebirgigen Regionen Mitteleuropas weit verbreitet. Selten. Meist unter morscher Tannenborke; Imagines im Herbst. ...... ***linearis*** (ZETTERSTEDT, 1828)

– Kleiner, 2,0–2,5 mm (RL: 1,2–1,4 mm). Augen weniger gewölbt und weniger vorragend. Elytren ziemlich undeutlich punktiert, glatt erscheinend. Pronotum und Elytren mit langer und deutlich erkennbarer Pubeszenz.

Rötlichgelb, Kopf und Abdomenspitze manchmal etwas dunkler; Elytren immer einfarbig hell; Beine und Fühler gelblich. ♂: Aedoeagus: Abb. 51c. Alpen, lokal (Schweiz, Aostatal, Nord- und Südtirol). Selten. In subalpinen Wäldern am Fuße und in Höhlen von Zirbelkiefern (*Pinus cembra*), manchmal auch an Tannen. Imagines im Herbst. ....
.... ***ammanni*** (BERNHAUER, 1940)

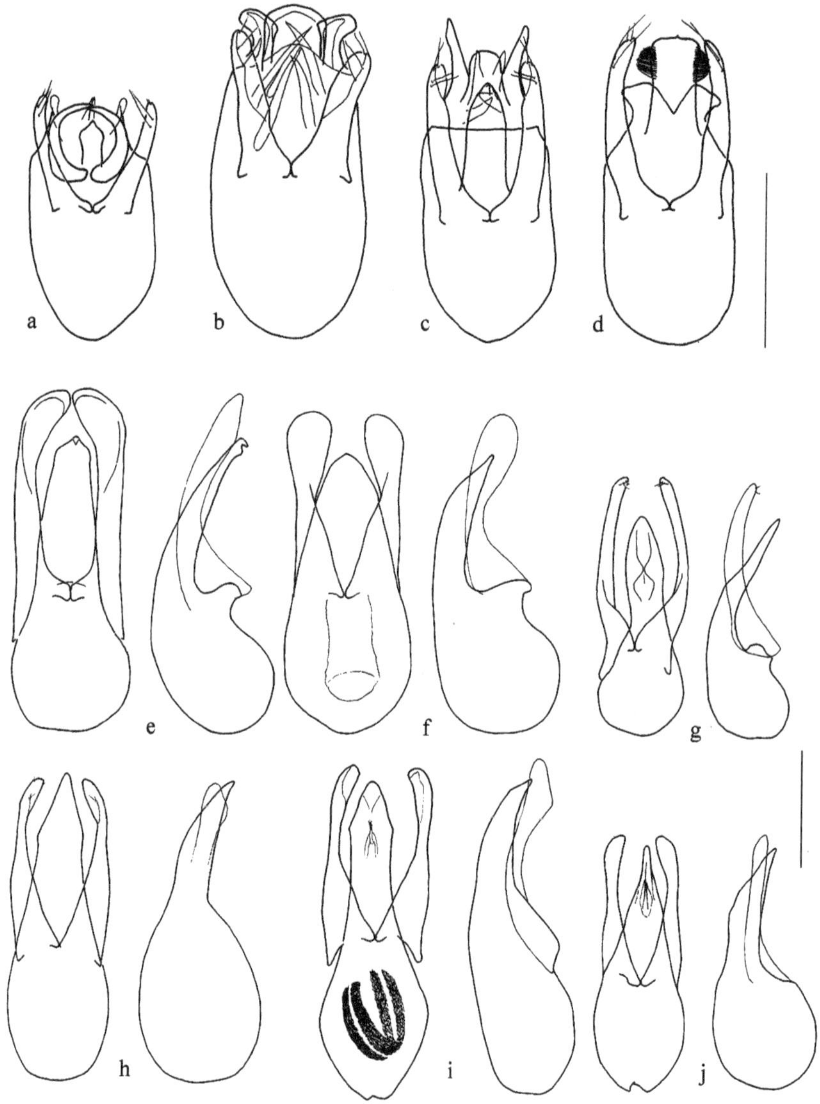

Abb. 50: Aedoeagus ventral (und lateral) von *Acrolocha minuta* (a), *A. pliginskii* (b), *A. amabilis* (c), *A. sulcula* (d), *Phyllodrepa melanocephala melanocephala* (e), *P. salicis* (f), *P. nigra* (g), *P. floralis* (h), *P. puberula* (i), *P. melis* (j). Maßstäbe: 0,3 mm (a–d), 0,15 mm (e–j). Nach ZANETTI 1987, verändert.

4 Fühlerglieder VIII–X stark quer, etwa doppelt so breit wie lang (Abb. 52d). Körper abgeflacht. Braun mit etwas helleren Pronotumrändern; Beine gelblich; Fühler zur Spitze kaum dunkler. ♂: Aedoeagus: Abb. 51d. 2,4–2,8 mm (RL: 1,5–1,8 mm). Von der Türkei bis nach Westeuropa verbreitet. In Mitteleuropa nur aus der westlichen Schweiz nachgewiesen. Selten. Unter morscher Kiefernborke (*Pinus sylvestris*, *P. pinaster*). Meist im Herbst und Winter. .... ***devillei*** (BERNHAUER, 1902)

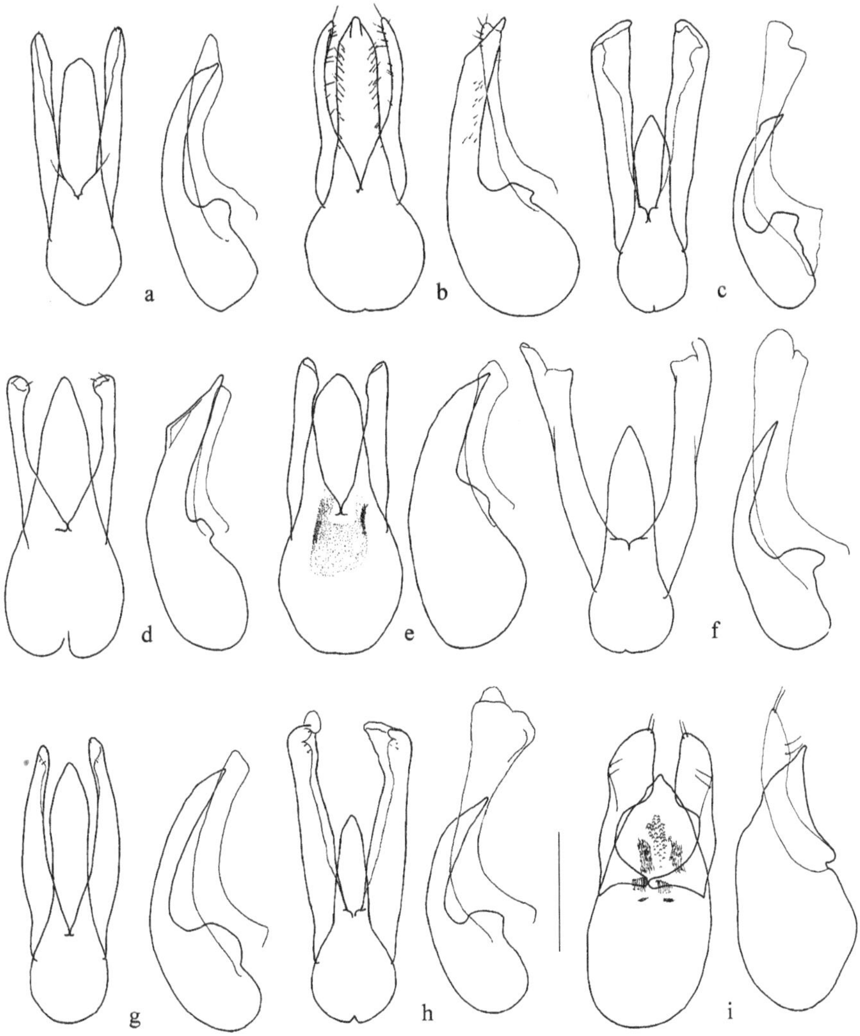

Abb. 51: Aedoeagus ventral und lateral von *Dropephylla ioptera* (a), *D. linearis* (b), *D. ammanni* (c), *D. devillei* (d), *D. gracilicornis* (e), *D. pieninensis* (f), *D. koltzei* (g), *D. vilis* (h), *Hapalaraea pygmaea* (i). Maßstäbe 0,15 mm (a–h), 0,3 mm (i). Nach ZANETTI 1987, verändert (a–e, i); nach JÁSZAY & HLAVAČ 2006, verändert (f–h).

– Fühlerglieder VIII–X quer, aber weniger als doppelt so breit wie lang (Abb. 52b–c). Körper weniger abgeflacht. 5

5 Fühler schlank mit etwas queren Gliedern VI und VII (Abb. 52b). Pronotum und Elytren oft heller als der übrige Körper, gelblich bis gelbbraun, höchstens mit sehr schwacher Mikroskulptur zwischen den Punkten, ziemlich glänzend. ♂: Aedoeagus: Abb. 51e. 2,3–2,8 mm (RL: 1,4–1,6 mm). Von Spanien bis nach Großbritannien und Skandinavien. Überprüfte Nachweise aus Mitteleuropa bisher nur aus Deutschland und Österreich, lokal und sehr selten. Unter Borke von Laubbäumen. .... ***gracilicornis*** (FAIRMAIRE & LABOULBÈNE, 1856)

– Fühlerglieder VI und VII deutlich quer (Abb. 52c). Entweder einfarbig braun oder Elytren etwas heller als der übrige Körper. Mikroskulptur variabel. 6

6 Kopf braun; Pronotum, Elytren (abgesehen von undeutlichen Humeralmakeln) und Abdominaltergite braungelb. Pubeszenz sehr fein und kurz. ♂: Aedoeagus: Abb. 51f. 2,2 mm. Bisher nur aus Frankreich, der Tschechischen Republik und der Slowakei bekannt. Selten. In der Bodenstreu und an morschen Zweigen in Wäldern. .... ***pieninensis*** JÁSZAY & HLAVÁČ, 2006[1]

– Kopf, Pronotum und Elytren braun. 7

7 ♂: Aedoeagus: Abb. 51h. 2,25 mm (RL: 1,3 mm). In der Westpaläarktis weit verbreitet. Überprüfte mitteleuropäische Nachweise bisher nur aus der Schweiz, Sachsen und Schlesien. Selten. Im Herbst unter Borke von Laubbäumen. .... ***vilis*** (ERICHSON, 1840)

– ♂: Aedoeagus: Abb. 51g. 2,4 mm (RL: 1,4 mm). Europa, von Spanien bis nach Mitteleuropa und Skandinavien. Im mittleren Europa aus Norddeutschland, der Tschechischen Republik und Dänemark nachgewiesen. Offenbar nicht selten. Im Herbst unter Borke von Laub- und Nadelbäumen. .... ***koltzei*** JÁSZAY & HLAVÁČ, 2006

Genus *Hapalaraea* THOMSON, 1858

Morphologie (Abb. 9d) ähnlich wie bei *Phyllodrepa*, von dieser Gattung aber durch den gewölbteren, ovalen, an *Acrulia* erinnernden Körper und durch die vor den Hinterwinkeln konkaven Seiten des Pronotums verschieden. Hinterbeine mit auffälligem Sexualdimorphismus. Aedoeagus breit, die Parameren zur Spitze deutlich erweitert.

Die Gattung ist mit 7 Arten holarktisch verbreitet, von denen nur eine in Mitteleuropa vertreten ist.

Kopf braun, übriger Körper rötlich bis bräunlichgelb; Fühler und Beine gelblich. Kopf schmal, mit feinen Furchen am Innenrand der Augen. Pronotum und Elytren dicht und ziemlich fein punktiert und mit relativ langer Pubeszenz. ♂: Hinterbeine mit vergrößertem dreieckigem Trochanter (Abb. 49c); Abdominalsternit VII in der Mitte des Hinterrandes mit 2 Fortsätzen (Abb. 49d); Aedoeagus: Abb. 51i. Im Habitus sehr ähnlich

[1] Der taxonomische Status dieser Art ist zweifelhaft; möglicherweise konspezifisch mit *D. vilis*.

Acrulia inflata and *Pycnoglypta lurida*, aber durch feinere und dichtere Punktur unterschieden. 2,2–3,0 mm (RL: 1,6–2,1 mm). Europa. In Mitteleuropa weit verbreitet. Selten. Unter Borke, in Baumhöhlen und in Vogelnestern. .... ***pygmaea*** (PAYKULL, 1800)

Gattung ***Hypopycna*** MULSANT & REY, 1880

Morphologie (Abb. 10b) ähnlich wie *Phyllodrepa*, von dieser Gattung aber durch folgende Merkmale verschieden: Maxillarpalpen kurz und mit konischem letztem Glied, Stirn aufgewölbt und mit kaum erkennbaren Eindrücken zwischen den Fühlerbasen, Fühlerglieder V–XI stärker erweitert, Pronotumseiten vor den Hinterwinkeln etwas konkav. Von *Hapalaraea* durch das Fehlen feiner Furchen am Innenrand der Augen unterschieden.

Die einzige Art dieser monotypischen Gattung ist westpaläarktisch verbreitet.

Färbung rötlichgelb, Abdomen etwas dunkler. Kopf ziemlich matt. Pronotum dicht punktiert und mit Mikroskulptur. Elytren etwas uneben und dicht punktiert. Pronotum und Elytren mit langer Pubeszenz. Fühler kurz mit etwas queren Gliedern VII–X. Von der ähnlichen *Pycnoglypta lurida* durch die Färbung, längere Pubeszenz und kürzere Fühler verschieden. ♂: Aedoeagus: Abb. 52a. 2,0–2,5 mm (RL: 1,4–1,6 mm). Westpaläarktis, von Nordafrika bis ins südliche Skandinavien. In Mitteleuropa nur aus Deutschland, Dänemark, Österreich und der Tschechischen Republik bekannt. Lokal und selten. Meist in unteren Lagen in Baumhöhlen und in der Bodenstreu; im nördlichen Teil des Verbreitungsgebiets gewöhnlich an wärmebegünstigten Orten. .... ***rufula*** (ERICHSON, 1840)

Gattung ***Omalium*** GRAVENHORST, 1802

Kleine bis mittelgroße Arten (1,7–4,5 mm). Habitus: Abb. 9f. Färbung gelblich, braun oder schwarz, oft mit dunklerem Kopf. Körperoberseite mit kaum erkennbarer Pubeszenz. Letztes Glied der Maxillarpalpen nicht schmaler als das vorletzte an der Basis. Kopf mit deutlichen Ocelli, viel schmaler als das Pronotum; Letzteres mit 2 deutlichen Längseindrücken. Elytren länger als das Pronotum, nach hinten nicht erweitert. Beine ziemlich kurz, Glied V der Metatarsen kürzer als I–IV zusammen. Mesoventrit gekielt. Von *Phloeonomus*, *Phloeostiba*, *Xylostiba* und *Paraphloeostiba* durch die Form des letzten Gliedes der Maxillarpalpen, von *Phloeostiba* and *Paraphloeostiba* auch durch die deutlichen Eindrücke auf dem Pronotum verschieden.

Die Gattung ist mit etwa 90 Arten holarktisch verbreitet, mehr als 75 Arten kommen in der Paläarktis, 19 auch in Mitteleuropa vor. Die Gattungszugehörigkeit zahlreicher aus anderen zoogeographischen Regionen beschriebener *Omalium*-Arten ist sehr zweifelhaft und bedarf der Revision.

Die meisten Arten leben in der Bodenstreu, an Faulstoffen und in Säugerbauen, einige auch an Meeresküsten.

1 Vorderkörper fein und spärlich punktiert. Kopf schwärzlich; Pronotum rotbraun, in der Mitte heller; Elytren braun; Abdomen braun mit hellerer Spitze; Fühler braun mit gelblichem Glied I. Tentorialgruben groß und tief. Hinterwinkel des Pronotums mit dichter Mikroskulptur. Elytren fein

punktiert und mikroskulptiert. ♂: Aedoeagus: Abb. 53a. 4,0–4,5 mm (RL: 2,6–2,8 mm). Selten. Nordwestliches Europa. Niederlande, Dänemark, Norddeutschland. Halobionte Art der Meeresküsten; in Strandanwurf und zwischen Steinen. .... ***laeviusculum*** GYLLENHAL, 1827

– Vorderkörper zumindest auf den Elytren mit dichter und grober Punktur. **2**

2 Pronotum am Vorderand viel schmaler als am Hinterrand (Abb. 52l). Körper glänzend und abgeflacht; Elytren flach mit etwas erhobener Naht, so lang wie zusammen breit (macroptere Morphe) oder etwas breiter als lang (brachyptere Morphe). Braungelb bis schwarz. Kopf dicht punktiert; Tentorialgruben vor den Ocelli schmal linienförmig. Pronotum mit sehr tiefen Eindrücken. ♂: Aedoeagus: Abb. 53g. 3,0–4,0 mm (RL: 1,5–2,1 mm). Europa, Nordafrika, Nordamerika. In Mitteleuropa überall. Im Süden häufig, im Norden weniger häufig. Meist in montanen Wäldern in der Bodenstreu. .... ***excavatum*** STEPHENS, 1834

– Pronotum am Vorder- und Hinterrand etwa gleich breit. **3**

3 Hals spärlich und fein punktiert, deutlich mikroskulptiert. **4**

– Hals dicht und ziemlich grob punktiert. **5**

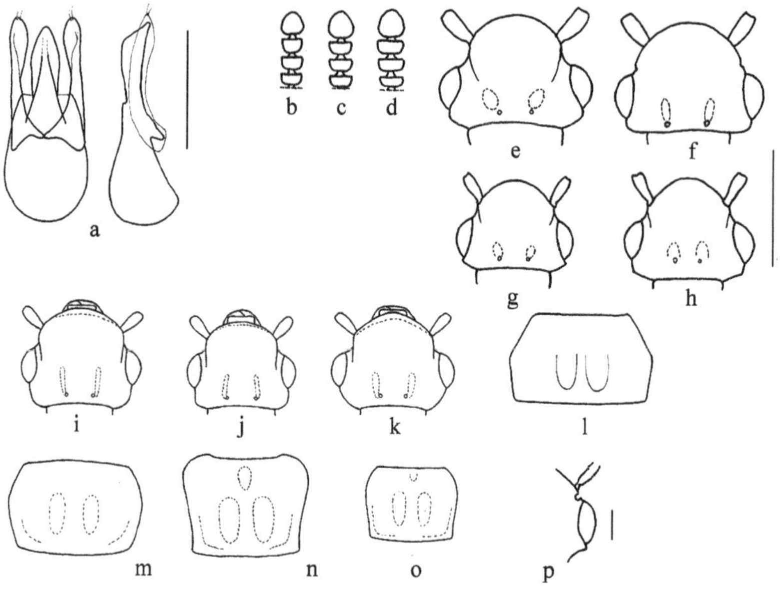

Abb. 52: Aedoeagus ventral und lateral (a), Apex der Antennen (b–d), Kopf (e–k, p) und Pronotum (l–o) von *Hypopycna rufula* (a), *Dropephylla gracilicornis* (b), *D. vilis* (c), *D. devillei* (d), *Omalium rivulare* (e), *O. septentrionis* (f), *O. allardii* (g), *O. strigicolle* (h), *O. caesum* (i), *O. littorale* (j), *O. rugatum* (k), *O. excavatum* (l), *O. oxyacanthae* (m), *O. laticolle* (n), *O. exiguum* (o), *Anthobium melanocephalum* (p). Maßstäbe 0,3 mm (a), 0,2 mm (b–d), 0,5 mm (e–o), 0,1 mm (p). Nach ZANETTI 1987, verändert.

4 Einfarbig rötlich braun. Kopf und Pronotum spärlich punktiert. Elytren mit rugoser, andeutungsweise längsreihig angeordneter Punktur. Kopf relativ klein; Pronotum ziemlich glänzend. ♂: Aedoeagus: Abb. 53c. 3,0–3,5 mm (RL: 2,2–2,4 mm). Nordwestliches Europa. Belgien, Niederlande; je ein alter Nachweis aus Norddeutschland und Dänemark. Sehr selten. Halobionte Art der Meeresküsten; in Strandanwurf. .... ***rugulipenne*** RYE, 1864

– Dunkelbraun mit helleren, abgeflachten Elytren. Fühler braun mit gelblicher Basis. Kopf spärlich punktiert. Hals matt. Pronotum sehr glänzend mit mikroskulptierten Hinterwinkeln. Elytren dicht punktiert, ziemlich glänzend. ♂: Aedoeagus: Abb. 53b. 2,9–4,0 mm (RL: 1,9–2,4 mm). Europa (einschließlich Zypern) und Nordafrika; die Unterart *riparium* an den Küsten von Nord- und Ostsee und des Atlantik, die Subspezies *impar* MULSANT & REY, 1861 an den Küsten des Mittelmeeres. Belgien, Niederlande, Dänemark, Deutschland. Häufig. Halobionte Art der Meeresküsten; im Strandanwurf. .... ***riparium riparium*** THOMSON, 1857

5 Kopf ungleichmäßig punktiert, Punktzwischenräume von variabler Breite. Tentorialgruben rundlich oder oval, nicht schmal linienförmig. **6**

– Kopf gleichmäßig dicht punktiert, Punktzwischenräume von gleicher Breite. Tentorialgruben schmal linienförmig. **14**

6 Größer, 4,0–5,0 mm (RL: 2,5–2,7 mm). Augen so lang wie die Schläfen. Kopf schwärzlich; Pronotum, Elytren und Abdomen gelbbraun. Pronotum gewölbt, nach vorn etwas verengt, fein punktiert. Elytren grob punktiert. ♂: Aedoeagus: Abb. 53d. Südliches Nordeuropa, Baltikum, Mitteleuropa (nicht in der Ebene), Alpen, Balkan. Nicht häufig. Meist in unterirdischen Säugernestern (*Marmota*, *Talpa* etc.). .... ***validum*** KRAATZ, 1857

– Kleiner, 1,7–4,0 mm. Bei größeren Arten Augen viel kürzer als die Schläfen... **7**

7 Größer, > 3,0 mm. Fühlerbasis gelblich; Kopf und Pronotum glänzend. **8**

– Kleiner, < 3,0 mm. Fühlerbasis meist dunkel. Bei Arten von annähernd 3 mm Länge sind Kopf und Pronotum deutlich mikroskulptiert. **9**

8 Größer, 3,0–4,0 mm (RL: 2,0–2,4 mm). Fühlerglied VII länger als breit; Fühler zur Spitze angedunkelt. Schläfen gerundet (Abb. 52e). Pronotum weniger dicht punktiert. Abdomen mikroskulptiert, aber ziemlich glänzend. Kopf schwarz, Pronotum schwarz mit helleren Rändern, Elytren bräunlich, mit helleren Schultern, Abdomen braun, Beine gelblich, Fühler braun mit hellerer Basis. Habitus: Abb. 9f. ♂: Aedoeagus: Abb. 53e. Westpaläarktis, Nordamerika. Sehr häufig. Eurytop an Faulstoffen. ... ***rivulare*** (PAYKULL, 1789)

– Kleiner, 3,0–3,5 mm (RL: 1,9–2,3 mm). Fühlerglied VII so lang wie breit; Fühler zu Spitze kaum dunkler. Schläfen kurz und gewinkelt (Abb. 52f). Pronotum mit dichterer Punktur. Abdomen matt. Kopf schwarz, Pronotum schwarz mit helleren Rändern, Elytren und Abdomen braun, Beine und Fühler gelblich. ♂: Aedoeagus: Abb. 53f. Transpaläarktisch verbeitet; in Mitteleuropa fast überall, im Nordosten offenbar fehlend, selten. Überwiegend montan, meist an Pilzen. .... ***septentrionis*** THOMSON, 1857

9 Kopf schwarz, mit großen Augen und kurzen Schläfen (Abb. 52g); Pronotum braun, deutlich und rauh mikroskulptiert. Elytren gelbbraun, hinten dunkler, dicht punktiert. Abdomen braun mit helleren Rändern. Beine gelblich; Fühler zur Spitze dunkler. ♂: Aedoeagus: Abb. 53h. 2,8–3,0 mm (RL: 1,7–1,9 mm). Südliche Westpaläarktis; angeblich auch in der

Australischen Region. In Mitteleuropa nur wenige verstreute Funde. Selten. An Faulstoffen, meist synanthrop. ....
.... ***allardii*** FAIRMAIRE & BRISOUT DE BARNEVILLE, 1859

– Kopf und Pronotum von gleicher Färbung, höchstens die Seitenränder des Pronotums heller. **10**

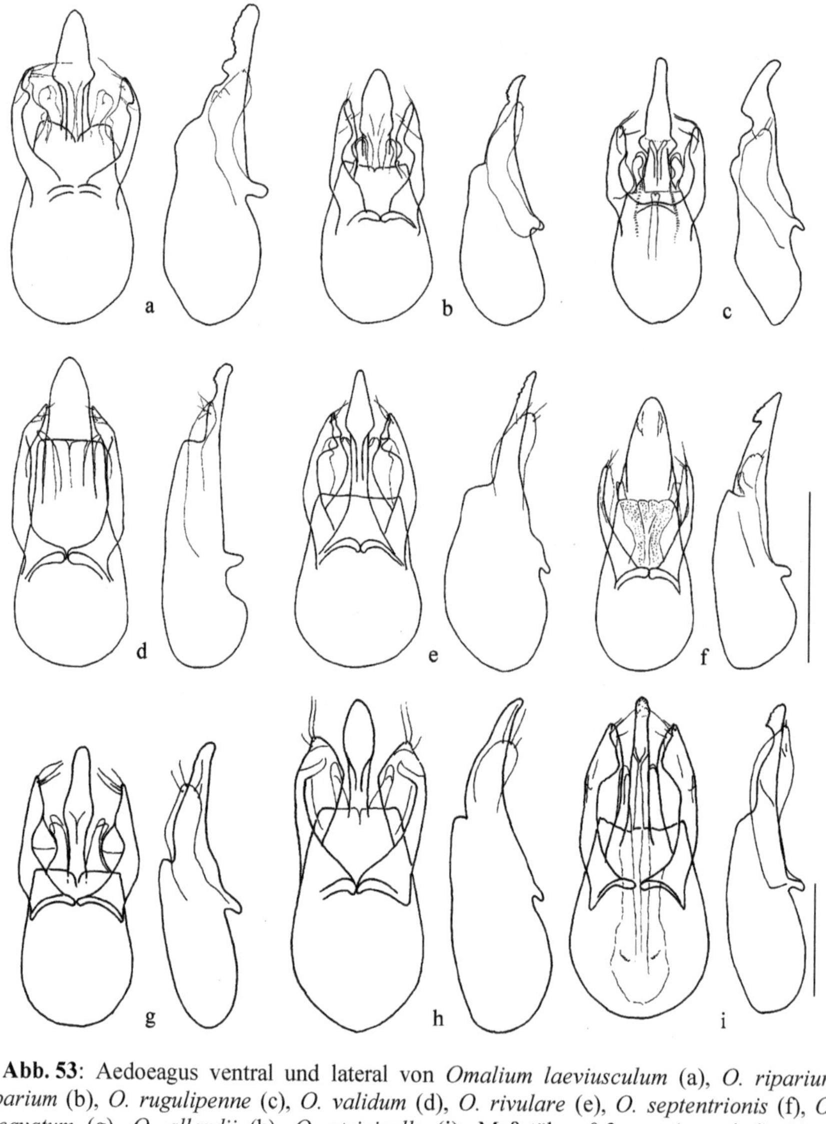

Abb. 53: Aedoeagus ventral und lateral von *Omalium laeviusculum* (a), *O. riparium riparium* (b), *O. rugulipenne* (c), *O. validum* (d), *O. rivulare* (e), *O. septentrionis* (f), *O. excavatum* (g), *O. allardii* (h), *O. strigicolle* (i). Maßstäbe: 0,3 mm (a–g, h–i). Nach ZANETTI 1987, verändert (d–h); nach ZANETTI 2002, verändert (i).

10 Kopf matt, deutlich grob mikroskulptiert. Pronotum deutlich mikroskulptiert, in Höhe des vorderen ⅓ am breitesten. Größer, 2,5–3,0 mm (RL: 1,8–2,0 mm). Dunkelbraun; Beine gelblich; Fühler einfarbig dunkelbraun. Tentorialgruben groß und tief. Augen groß, Schläfen wie in Abb. 52h. Elytren rugos punktiert. ♂: Aedoeagus: Abb. 53i. Nord- und Mitteleuropa, Sibirien, Mongolei, Nordamerika. In Mitteleuropa in gebirgigen Regionen des Südens. Selten. Montan und subalpin an Faulstoffen. .... ***strigicolle*** WANKOWICZ, 1869

– Entweder Kopf und Pronotum mit sehr schwacher Mikroskulptur oder Körper höchstens 2,5 mm lang. **11**

11 Körper schwarz; Beine braungelb, meist mit dunkleren Femora; Fühler schwarz. Kopf und Pronotum mikroskulptiert. Kopf fein und Pronotum dicht punktiert; Elytren mit sehr dichter verflossener Punktur. ♂: Aedoeagus in Seitenansicht mit hakenförmiger Spitze (Abb. 54a). 2,0–2,5 mm (RL: 1,4–1,6 mm). Pyrenäen, Zentralmassiv, Alpen, Tatra, Balkan. Ziemlich selten. Subalpin an Faulstoffen und in der Bodenstreu. .... ***funebre*** FAUVEL, 1871

– Körper zumindest teilweise braun; Beine einfarbig gelblich. ♂: Aedoeagus in Seitenansicht nicht deutlich hakenförmig. **12**

12 Elytren fast überall mit dichter, aber nicht verflossener Punktur. Pronotum in oder etwas vor der Mitte am breitesten, mit weniger tiefen Eindrücken und schwach markierten Hinterwinkeln (Abb. 52m). Kopf schwarz, Pronotum dunkelbraun, Elytren braun, Abdomen schwärzlich, Beine gelblich, Fühler dunkelbraun. Kopf und Pronotum mit dichter Punktur und ziemlich glänzend. ♂: Aedoeagus mit schlanken Parameren; Medianlobus im apikalen Teil kaum schmaler als an der Basis (Abb. 54b). 2,3–2,5 mm (RL: 1,4–1,8 mm). Transpaläarktisch verbreitet. In Mitteleuropa überall. Nicht häufig. Eurytop an Faulstoffen in niederen Lagen. .... ***oxyacanthae*** GRAVENHORST, 1806

– Elytren überall mit sehr dichter, verflossener, durch schmale Längskiele getrennte Punktur. Pronotum vor der Mitte am breitesten, mit deutlichen Eindrücken und scharf markierten Hinterwinkeln (Abb. 52n–o). ♂: Aedoeagus mit breiten Parameren; apikaler Teil des Medianlobus viel schmaler als die Basis. **13**

13 Pronotum an den Vorderwinkeln am breitesten (Abb. 52n). Größer, 2,5 mm (RL: 1,8 mm). Kopf dicht und grob punktiert. Schwarz, Pronotumränder und Elytren rötlich braun; Fühler mit gelblicher Basis; Beine rötlichgelb. ♂: Aedoeagus: Abb. 54c. Nördliches und mittleres Europa; in Mitteleuropa weit verbreitet, aber lokal. Sehr selten. Montan und subalpin, an Faulstoffen. .... ***laticolle*** KRAATZ, 1857

– Pronotum zwischen den Vorderwinkeln und der Mitte am breitesten (Abb. 52o). Sehr kleine Art, 1,7–2,0 mm (RL: 1,1–1,3 mm). Kopf schwarz, Pronotum und Abdomen dunkelbraun, Beine bräunlichgelb, Fühler braun. Kopf spärlicher und ungleichmäßiger punktiert. ♂: Aedoeagus: Abb. 54d. Im Norden und in der Mitte Europas, sporadisch auch im Süden. In Mitteleuropa weit verbreitet. Selten. An Faulstoffen, oft an Aas. .... ***exiguum*** GYLLENHAL, 1810

14 Pronotum meist dunkelbraun bis schwarz, die Ränder manchmal mehr oder weniger ausgedehnt braungelb. **15**

– Pronotum rötlich bis rötlichgelb, höchstens in der Mitte etwas gebräunt. **17**

15 Kopf nicht verflossen punktiert; Schläfen deutlich gewinkelt (Abb. 52j). Kopf, Pronotum und Abdomen schwärzlich, Elytren braun, Beine gelblich, Fühler braungelb mit dunkler Basis. ♂: Aedoeagus im Dorsalansicht an der Spitze breit verrundet, die Spitze in Seitenansicht ventral nicht vorgewölbt (Abb. 54e). 2,4–3,5 mm (RL: 1,5–1,9 mm). Mittelasien, Türkei, Küsten der Nord- und Ostsee, Alpen. Zentralasiatische Steppenart, die in Nord- und Mitteleuropa auch an Meeresküsten und in trockenen Wäldern der Alpen vorkommt. Selten. In der Bodenstreu und im Strandanwurf. .... ***littorale*** KRAATZ, 1857

– Kopf ziemlich rauh und verflossen punktiert; Schläfen weniger deutlich gewinkelt. ♂: Aedoeagus in Dorsalansicht apikal zugespitzt, in Seitenansicht ventral vorgewölbt. Zwei Arten, deren Unterscheidung grundsätzlich durch Untersuchung des Aedoeagus abgesichert werden sollte. **16**

16 ♂: Aedoeagus an der Spitze ohne Kiele (Abb. 54f). Kopf mit schwach gewinkelten Schläfen (Abb. 52i). Pronotum an den Rändern etwas aufgehellt; Fühlerbasis meist dunkel. Kopf und Abdomen schwärzlich, Elytren braun, Beine gelblich. Färbung der Fühler, Augengröße und Elytrenlänge sehr variabel; in Alpenpopulationen Elytren kürzer und Augen kleiner. 2,5–3,5 mm (RL: 1,7–2,0 mm). Westpaläarktis und Mittelasien. In Mitteleuropa überall. Sehr häufig. Eurytop an Faulstoffen und in der Bodenstreu, von der Ebene bis in höhere Lagen. .. ***caesum*** GRAVENHORST, 1806

– ♂: Aedoeagus apikal gekielt (Abb. 54g). Kopf mit gerundeten Schläfen (Abb. 52k). Pronotum mit breit gelblich aufgehellten Rändern. Kopf schwarz; Abdomen dunkelbraun mit aufgehellten Rändern; Elytren braun; Beine gelblich; Fühler meist braun mit heller Basis. Kopf mit sehr dichter rugoser Punktur. Pronotum gewölbt und etwas glänzend. 2,5–3,5 mm (RL: 1,6–2,1 mm). In der Westpaläarktis weit verbreitet. In Mitteleuropa fast überall häufig. Meist in Wäldern, in der Bodenstreu. .... ***rugatum*** MULSANT & REY, 1880

17 Elytren etwa doppelt so lang wie das Pronotum und deutlich länger als breit. Augen viel länger als die Schläfen. Kopf schwarz, Pronotum rötlichgelb, Elytren braun, Abdomen braun mit breit gelblich aufgehellten Rändern. Kopf dicht und etwas rugos punktiert, Elytren grob punktiert. ♂: Aedoeagus: Abb. 54h. 2,5–3,0 mm (RL: 1,5–1,9 mm). Westliches Europa, östlich bis nach Italien verbreitet. Belgien, Niederlande, Westdeutschland. Selten. In offenen und eher trockenen Biotopen. .... ***italicum*** BERNHAUER, 1902

– Elytren etwa 1,5-mal so lang wie das Pronotum und höchstens etwas länger als breit. Augen etwas länger als die Schläfen. Körper rötlich mit mehr oder weniger dunklem Kopf. Kopf und Pronotum dicht, Elytren grob punktiert. ... **18**

18 Größer, 2,8–3,5 mm (RL: 1,8–2,0 mm). Fühler kräftiger. Kopfoberseite vorn mit größerer unpunktierter Fläche. ♂: Aedoeagus: Abb. 54i. Gebirge Mitteleuropas, Alpen, Balkan. In den Alpen teilweise nicht selten, sonst selten. Subalpin, in feuchten Strauchbiotopen, oft unter Grünerlen (*Alnus viridis*). .... ***ferrugineum*** KRAATZ, 1857

– Kleiner, 2,0–2,7 mm (RL: 1,5–1,8 mm). Fühler schlanker. Kopfoberseite vorn mit kleinerer unpunktierter Fläche. ♂: Aedoeagus: Abb. 55a. Nordspanien, Pyrenäen, Zentralmassiv, Vogesen, Jura, Westalpen,

Südwestdeutschland. Ziemlich selten. Subalpin, in der Bodenstreu, etwas weniger hygrophil als *ferrugineum*. .... ***nigriceps*** KIESENWETTER, 1850

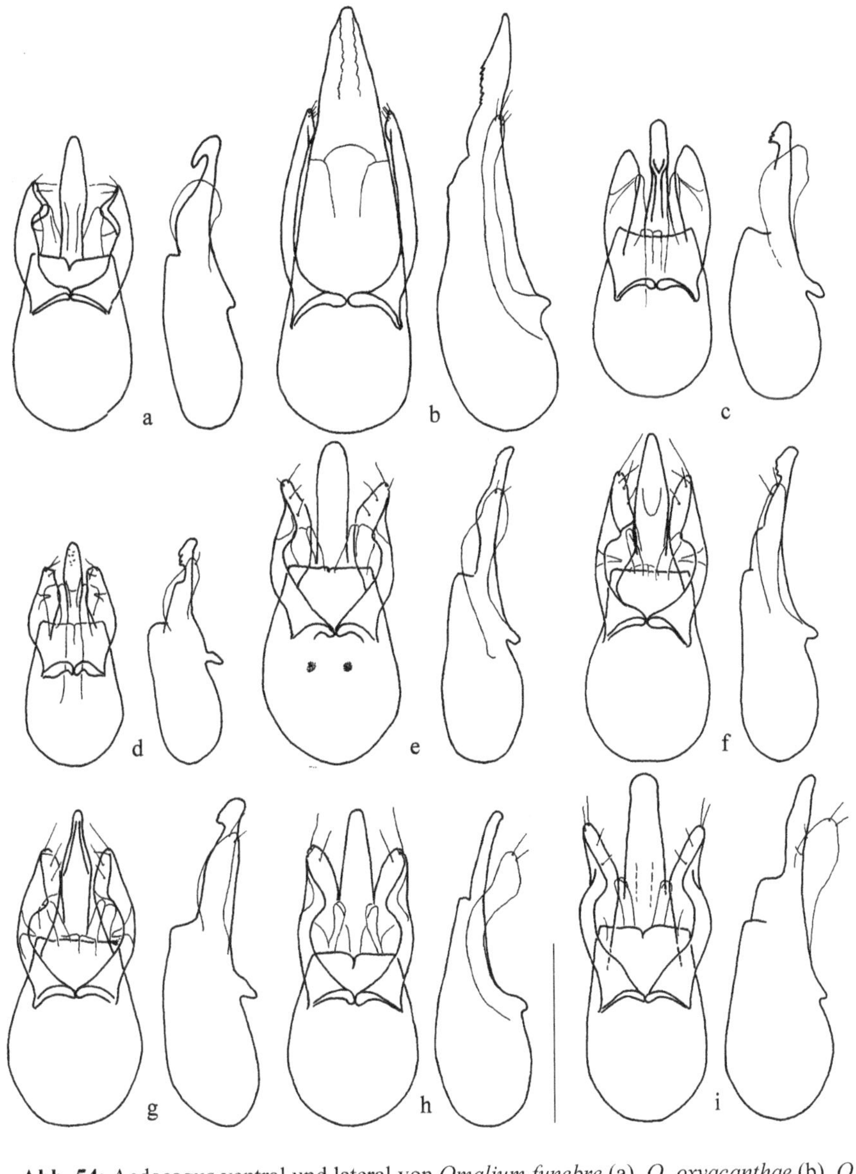

Abb. 54: Aedoeagus ventral und lateral von *Omalium funebre* (a), *O. oxyacanthae* (b), *O. laticolle* (c), *O. exiguum* (d), *O. littorale* (e), *O. caesum* (f), *O. rugatum* (g), *O. italicum* (h), *O. ferrugineum* (i). Maßstab: 0,3 mm. Nach ZANETTI 1987, verändert.

Gattung *Paraphloeostiba* STEEL, 1960

Habitus (Abb. 10a) wie bei *Phloeostiba*, von dieser Gattung aber durch relativ kürzeres Glied III und längeres Glied IV der Maxillarpalpen verschieden. Pronotum spärlich punktiert, gleichmäßig gewölbt, ohne Eindrücke und Beulen. Apikale Hälfte der Fühler dunkler.

Paraphloeostiba ist mit 30 Arten in den Tropen verbreitet. Davon hat sich eine adventiv in der Holarktis ausgebreitet. Für eine Monographie der Gattung siehe STEEL (1960).

Kopf, Pronotum und Abdomen braun; Elytren gelblich, hinten dunkler; Beine gelblich; Fühler zweifarbig, Glieder I–IV gelblich und V–XI braun. Vorderkörper fein und spärlich punktiert, deutlich mikroskulptiert und mit sehr kurzer Pubeszenz. Abdomen schwach mikroskulptiert und glänzender als der Vorderkörper. Von der ähnlichen *Phloeostiba plana* vor allem durch viel spärlichere Punktur auf Pronotum und Elytren unterscheidbar. ♂: Aedoeagus: Abb. 55j. 2,5–3,2 mm (RL: 1,0–1,2 mm). Ursprünglich aus Australien beschrieben, 1988 erstmals aus Europa gemeldet. In Mitteleuropa bislang aus Deutschland, der Schweiz und Österreich (Steiermark) nachgewiesen, aber wohl schon weiter verbreitet. In der Südschweiz häufig, in anderen Gebieten Mitteleuropas (noch) selten oder fehlend. An Faulstoffen aller Art, insbesondere auf Kulturland, aber auch in der Bodenstreu und unter Borke. .... ***gayndahensis*** (MACLEAY, 1873)

Gattung *Phloeonomus* HEER, 1839

Kleine oder sehr kleine (1,3–2,0 mm), matte Arten mit abgeflachtem Körper (Abb. 9e). Letztes Glied der Maxillarpalpen viel länger und schmaler als das vorletzte. Kopf dreieckig. Pronotum mit 2 tiefen Längseindrücken. Glied V der Metatarsen viel länger als I–IV zusammen. Von *Phloeostiba*, *Xylostiba* und *Paraphloeostiba* durch geringere Größe, matte Körperoberfläche, kaum erkennbare Punktur und tiefe Eindrücke auf dem Pronotum verschieden.

Die Gattung ist mit etwa 60 Arten weltweit verbreitet. Die etwa 10 in der Paläarktis vertretenen Arten, darunter auch die 4 in Mitteleuropa verbreiteten, leben unter Borke.

1 Kopf und Pronotum mit dichter, aber nicht körniger Mikroskulptur. Elytren spärlich punktiert und dicht, aber nicht körnig mikroskulptiert. Größer, 1,7–2 mm (Untergattung *Phloeonomus* HEER, 1839). 2

– Kopf und Pronotum mit rauher und körniger Mikroskulptur, völlig matt. Elytren mit körniger Mikroskulptur. Kleiner, 1,3–1,6 mm (RL: 0,9–1,1 mm) (Untergattung *Phloeonomodes* SMETANA, 1964). Kopf, Pronotum und Abdomen schwarz, Elytren dunkelbraun, Fühler braun. Seitenränder des Pronotums krenuliert und in der Mitte stark gewinkelt. Pronotum beiderseits zwischen den deutlichen Längseindrücken und dem Seitenrand mit einem weiteren Eindruck. Kleinste europäische Art der Unterfamilie. ♂: Aedoeagus: Abb. 55b. Mitteleuropa, Italien, Balkan, Kaukasus, Ferner Osten Russlands. In Mitteleuropa lokal und vor allem im Süden. Selten. Unter Borke von Laubbäumen, in niederen Lagen. .... ***minimus*** (ERICHSON, 1839)

2 Fühler gewöhnlich zur Spitze dunkler. Seiten des Pronotums in der Mitte weniger deutlich gewinkelt. 3

– Fühler gewöhnlich einfarbig gelblich. Seiten des Pronotums in der Mitte etwas deutlicher gewinkelt. Elytren mit spärlicher und flacher, aber immer deutlicher Punktur. Längseindrücke des Pronotums ziemlich tief. Kopf schwarzbraun, Pronotum und Abdomen braun, Elytren braun mit etwas dunkleren Seiten. ♂: Aedoeagus: Abb. 55c. 1,7–2,0 mm (RL: 1,1–1,3 mm). In Europa (einschließlich Madeira) weit verbreitet. In Mitteleuropa überall häufig. Unter Borke von Laubbäumen, vor allem in niederen Lagen. .... ***punctipennis*** THOMSON, 1867

3 Kleiner, 1,7–2,0 mm (RL: 1,0–1,2 mm). Kopf und Pronotum deutlicher mikroskulptiert und matt. Elytren mit spärlicher und flacher, oft kaum erkennbarer Punktur und mit kurzer, kaum sichtbarer Pubeszenz. Kopf schwarzbraun, Pronotum und Abdomen braun, Elytren braun mit etwas dunkleren Seiten. Eindrücke auf dem Pronotum ziemlich flach. Habitus: Abb. 9e. ♂: Aedoeagus: Abb. 55d. Holarktisch verbreitet. In Mitteleuropa überall sehr häufig. Unter Borke meist von Nadelbäumen, in niederen bis in höhere Lagen. .... ***pusillus*** (GRAVENHORST, 1806)

– Größer, 2,1–2,5 mm (RL: 1,2–1,3 mm). Kopf und Pronotum schwächer mikroskulptiert und etwas glänzend. Elytren mit spärlicher und flacher, aber gut erkennbarer Punktur und mit kurzer, aber gut sichtbarer Pubeszenz. Kopf und Abdomen braun, Pronotum und Elytren gelbbraun. ♂: Aedoeagus: Abb. 55e. Nordeuropa. Möglicherweise auch in Dänemark zu erwarten, da aus dem südlichen Schweden nachgewiesen. Unter Borke. .... [***sjobergi*** A. STRAND, 1937]

Gattung *Phloeostiba* THOMSON, 1858

In der Körperform (Abb. 10c), im Bau der Maxillarpalpen und der Metatarsen ähnlich wie *Phloeonomus*, von dieser Gattung aber durch größeren Körper (2,0–3,0 mm), fast vollständiges Fehlen von Eindrücken auf dem Pronotum, deutlichere Punktur und anderen Bau des Aedoeagus verschieden. Von ähnlichen *Xylostiba*-Arten durch das relativ längere Glied III und das kürzere Glied IV der Maxillarpalpen, den Bau des Pronotums (dicht punktiert, mit Eindrücken und Erhabenheiten) und die zur Spitze kaum dunkleren Fühler unterscheidbar.

Die Gattung ist mit 8 Arten in der Holarktis und der Afrotropis verbreitet, 2 davon kommen auch in Mitteleuropa vor. Die Arten leben unter Borke.

1 Größer, 2,5–3,0 mm (RL: 1,4–1,6 mm). Heller gefärbt; Pronotum braun, Elytren gelbbraun. Pronotum nahe dem Vorderrand mit einem Paar beulenartiger Erhabenheiten. Kopf schwarz, Elytren meist am Scutellum dunkler, Beine gelblich, Fühler gelblich und zur Spitze dunkler, Abdomen braun. Kopf dicht punktiert und deutlich mikroskulptiert. Pronotum dichter als der Kopf punktiert. Elytren mikroskulptiert und mit flacher Punktur. Habitus: Abb. 10c. ♂: Aedoeagus: Abb. 55f. Transpaläarktisch verbreitet. In Mitteleuropa überall ziemlich häufig. Unter Borke von Laubbäumen, vor allem in niederen Lagen. .... ***plana*** (PAYKULL, 1792)

– Kleiner, 2,0–2,5 mm (RL: 1,3–1,5 mm). Dunkler gefärbt; Pronotum und Elytren dunkelbraun. Pronotum am Vorderrand ohne Beulen. Kopf und

Abdomen schwärzlich, Beine gelblich, Fühler einfarbig braun. Kopf mikroskulptiert, dicht und ziemlich flach punktiert. Pronotum und Elytren gleichartig und wie der Kopf punktiert und mikroskulptiert. ♂: Aedoeagus: Abb. 55g. Paläarktis, Nordamerika. In Mitteleuropa überall. Ziemlich selten. Unter Borke meist von Nadelbäumen, bis in höhere Lagen. .... ***lapponica*** (ZETTERSTEDT, 1838)

Gattung *Phyllodrepa* THOMSON, 1859

Kleine bis mittelgroße Arten (3,0–5,0 mm). Habitus: Abb. 10d. Färbung gelblich, braun oder schwärzlich. Ocelli und Tentorialgruben deutlich. Pronotum kaum schmaler als die Elytren, höchstens mit sehr flachen Eindrücken. Elytren mit parallelen Seiten, manchmal reihig punktiert. Metatarsen etwa halb so lang wie die Metatibien. Glied V so lang wie I–IV zusammen. Letztes Glied der Maxillarpalpen nicht oder kaum schmaler als das vorletzte. Mesoventrit nicht gekielt. *Phyllodrepa*-Arten sind von *Dropephylla* durch die Tentorialgruben und den größeren Körper, von *Hapalaraea* durch die Form des Pronotums, dessen Seiten vor den Hinterwinkeln nicht konkav sind, sowie durch den weniger gewölbten Körper, das Fehlen eines Sexualdimorphismus der Hinterbeine und den schlanken Aedoeagus mit kaum verbreiterten Parameren, von *Hypopycna* durch die Form des Pronotums, dessen Seiten vor den Hinterwinkeln nicht konkav sind, und das Fehlen von Eindrücken zwischen den Fühlerbasen, und schließlich von *Eusphalerum* durch nur kurz beborstete Tarsen zu unterscheiden.

Die Gattung ist mit 18 Arten holarktisch verbreitet, von denen 16 in der Paläarktis, 6 auch in Mitteleuropa vorkommen. Die Imagines leben in Baumhöhlen, in Vogelnestern, in Säugerbauen, in Pflanzenmaterial und werden teilweise auch in Blüten angetroffen.

1 Punktur der Elytren grob, zumindest in der Vorderhälfte deutlich reihig angeordnet; Punkte nicht durch netzartige Mikroskulptur verbunden. Abdominaltergit IV mit einem Paar von Tomentflecken. **2**

– Punktur der Elytren unregelmäßig und schwächer; Punkte durch netzartige Mikroskulptur verbunden (bei *nigra* kaum erkennbar). Abdominaltergite IV und V oder nur IV mit Paaren von Tomentflecken. **3**

2 Kopf, Hinterrand der Elytren, Metaventrit und Abdomen pechschwarz bis braun, der übrige Körper rötlichgelb; Fühler einfarbig rötlich. Abdomen stark punktiert und mit Mikroskulptur, aber ziemlich glänzend. ♂: Aedoeagus: Abb. 50e. 4,0–5,0 mm (RL: 2,1–2,7 mm). In fast ganz Europa, die Subspezies *pollinensis* SCHEERPELTZ, 1956 in Süditalien. In Mitteleuropa überall, aber selten. In Baumhöhlen, oft in Vogelnestern; meist im Herbst und Frühjahr. ...... ***melanocephala melanocephala*** (FABRICIUS, 1787)

– Körper weniger deutlich zweifarbig; Kopf und Abdomen schwarzbraun, Pronotum braun mit schmal gelblich aufgehellten Rändern, Elytren braun, Fühler an der Basis gelblich und zur Spitze dunkler. Abdomen matt und weniger deutlich punktiert. ♂: Aedoeagus: Abb. 50f. 4,0–5,0 mm (RL: 2,4–2,6 mm). In Europa weit verbreitet; in Mitteleuropa überall, aber selten. In Baumhöhlen, meist solchen mit Vogelnestern, auch an Blüten; vor allem im Herbst, aber auch im Frühjahr und Sommer. .... ***salicis*** (GYLLENHAL, 1810)

3 Nur Abdominaltergit IV mit einem Paar von Tomentflecken. Pronotum braun mit gelblichen Rändern. Elytren stellenweise mit netzartiger Mikroskulptur zwischen den Punkten. Fühler und Maxillarpalpen gelblich, Fühlerbasis etwas heller. Pronotum gewölbt, relativ grob punktiert und mit querer Mikroskulptur. ♂: Aedoeagus: Abb. 50g. 3,0–3,5 mm (RL: 2,1–2,3 mm). Transpaläarktisch verbreitet. Aus fast allen Regionen Mitteleuropas nachgewiesen, aber selten. Insbesondere in Baumhöhlen, meist solchen mit Vogelnestern, auch an Blüten; vor allem im Herbst. .... ***nigra*** (GRAVENHORST, 1806)

– Abdominaltergite IV und V mit je einem Paar von Tomentflecken. **4**

4 Fühler und Maxillarpalpen wenigstens teilweise geschwärzt; meist nur Fühlerglieder IV und XI sowie die Basis von Glied III rötlich. Elytren mit sehr kurzer Pubeszenz, Borsten kürzer als der durchschnittliche Punktdurchmesser. Mikroskulptur von Pronotum und Elytren deutlich, aber nicht sehr dicht. Färbung schwarz, Elytren kaum heller, Beine gelblich. Habitus: Abb. 10d. ♂: Aedoeagus: Abb. 50h. 3,5–4,5 mm (RL: 2,0–2,5 mm). In der Westpaläarktis weit verbreitet, auch in Nordamerika. In Mitteleuropa überall häufig. Eurytop in Pflanzenmaterial, in Nestern und an Blüten von Rosaceen; ganzjährig. .... ***floralis*** (PAYKULL, 1789)

– Fühler und Maxillarpalpen einfarbig gelblich. **5**

5 Größer, 3,5–4,5 mm (RL: 2,1–2,3 mm). Pronotum dicht punktiert und deutlich mikroskulptiert, Punkte durch netzartige Mikroskulptur verbunden. Elytren mit relativ langer Pubeszenz, Borsten mindestens so lang wie der durchschnittliche Punktdurchmesser. Einfarbig schwarz mit gelblichen Beinen und braungelben Fühlern. ♂: Aedoeagus: Abb. 50i. In Europa weit verbreitet und aus allen Regionen Mitteleuropas nachgewiesen. Selten. Synanthrop in alten Ställen und Scheunen, von der Ebene bis in höhere Lagen; Imagines im Herbst und Frühjahr. .... ***puberula*** BERNHAUER, 1903

– Durchschnittlich kleiner, 3,0–4,0 mm (RL: 2,0–2,2 mm). Pronotum auf der Scheibe mit schwacher Mikroskulptur zwischen den Punkten. Elytren mit kaum sichtbarer Pubeszenz. Körper braun; Seitenränder des Pronotums, Elytren, Abdomenspitze und Beine gelblich. ♂: Aedoeagus: Abb. 50j. Mitteleuropa, Finnland, Baltikum. Meist selten, lokal häufig. In Fuchs- und Dachsbauen. .... ***melis*** HANSEN, 1940

Gattung *Pycnoglypta* THOMSON, 1858

Körper 2,5–3,0 mm lang, gewölbt und glänzend (Abb. 10e). Kopf stark gewölbt. Pronotum vor den Hinterwinkeln konkav, die Seiten nicht gekerbt. Elytren nach hinten verbreitert. Mesoventrit ungekielt. Glied V der Metatarsen so lang wie I–IV zusammen. Fühler an der Basis und zur Spitze kaum verdickt. Im Habitus an *Acrulia* erinnernd, durch die genannten Merkmale aber leicht unterscheidbar.

Pycnoglypta ist holarktisch verbreitet und umfasst 9 Arten, von denen nur eine in Mitteleuropa vertreten ist.

Körper einfarbig gelbbraun oder braun; Beine und Fühler gelblich. Punktur von Pronotum und Elytren ziemlich grob und dicht auf glattem Grund. Pubeszenz deutlich. Von der ähnlichen *Hapalaraea pygmaea* insbesondere durch weniger dichte Punktur und nach hinten verbreiterte Elytren unterschieden. ♂: Aedoeagus: 49b. 2,5–3,0 mm (RL: 1,3–1,5 mm). Nördliches Europa, Ferner Osten Russlands, Nordamerika. In Mitteleuropa aus dem Nordosten, Dänemark, der Tschechischen Republik und Österreich nachgewiesen. Sehr selten. Im Detritus von Sümpfen. .... ***lurida*** (GYLLENHAL, 1813)

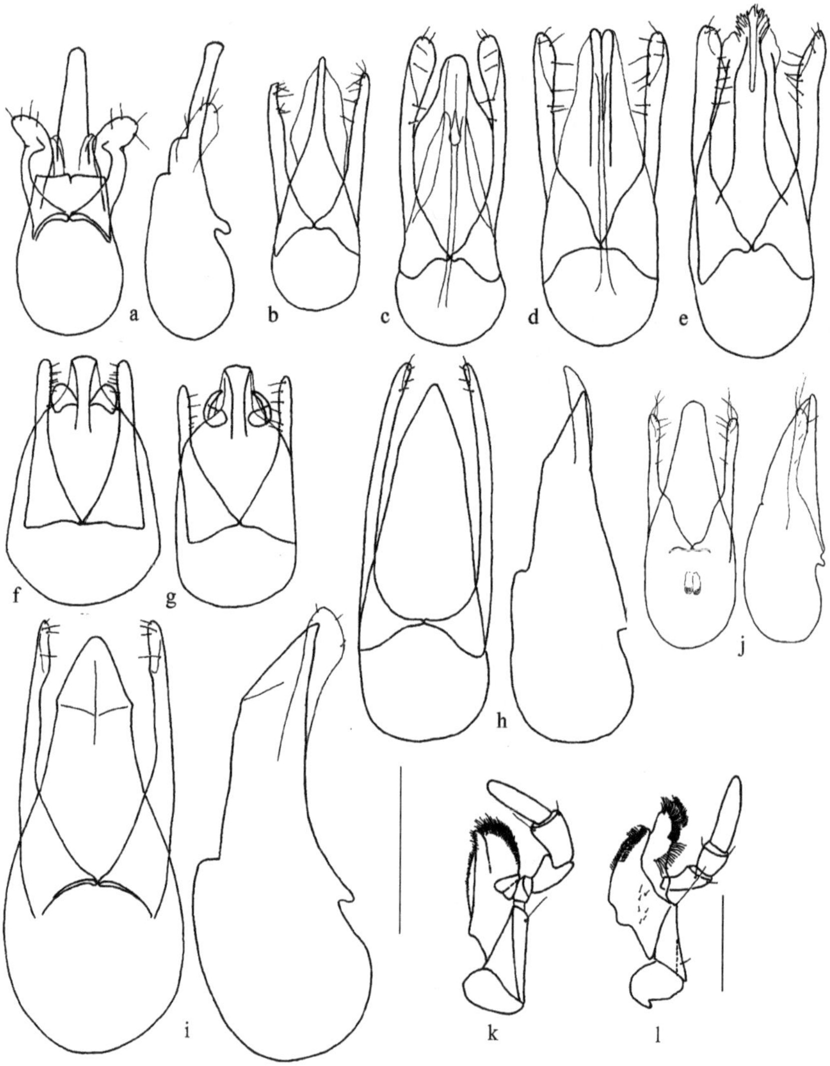

Abb. 55: Aedoeagus ventral (und lateral) (a–i) und Maxilla (k–l) von *Omalium nigriceps* (a), *Phloeonomus minimus* (b), *P. punctipennis* (c), *P. pusillus* (d), *P. sjobergi* (e), *Phloeostiba plana* (f), *P. lapponica* (g), *Xylostiba bosnica* (h), *X. monilicornis* (i), *Paraphloeostiba gayndahensis* (j), *Phloeostiba* (k), *Paraphloeostiba* (l) Maßstäbe: 0,3 mm (a, h–i), 0,15 mm (b–g, j), 0,1 mm (k–l). Nach ZANETTI 1987, verändert (a–i, k–l).

Gattung *Xylostiba* GANGLBAUER, 1895

Morphologie (Habitus, Maxillarpalpen, Metatarsen) ähnlich wie *Phloeonomus* and *Phloeostiba*, aber durch sehr lange Beborstung der Fühler (neben der normalen Pubeszenz mit Borsten, die die Fühlerglieder IV–X deutlich an Länge übertreffen) und den vor den Augen vorgestreckten Kopf ausgezeichnet (Abb. 10f). Von *Omalium* vor allem durch den Bau der Maxillarpalpen und das ungekielte Mesoventrit leicht unterscheidbar.

Die Gattung ist mit 12 Arten in der Paläarktis und in der Afrotropis verbreitet. Möglicherweise gehören weitere, derzeit anderen Gattungen zugerechnete Arten hierher. *Xylostiba*-Arten, darunter auch die 2 in Mitteleuropa vorkommenden, leben unter Borke.

1 Größer, 3,0–3,5 mm (RL: 1,9–2,3 mm). Dunkel gefärbt. Fühlerglied V länger als breit. Kopf schwarz; Pronotum und Abdomen dunkelbraun; Elytren dunkelbraun mit kaum helleren Schultern; Beine gelblich; Fühler zweifarbig, Glieder I–V gelblich, VI–XI schwarz. Kopf spärlich, Pronotum ungleichmäßig punktiert, beide mikroskulptiert. Pronotum mit 2 flachen Eindrücken. Elytren ziemlich glänzend (Abb. 10f). ♂: Aedoeagus: Abb. 55i. Europa, vor allem im Norden und in der Mitte. In Mitteleuropa überall, aber insbesondere im Nordosten ziemlich selten; aus Dänemark unbekannt. Unter Borke meist von Nadelbäumen. .... ***monilicornis*** (GYLLENHAL, 1810)

– Kleiner, 2,5–3,0 mm (RL: 1,6–1,9 mm). Körper braun, Elytren bräunlichgelb, nach hinten allmählich dunkler. Fühlerglied V breiter als lang. Punktur und Mikroskulptur wie bei voriger Art. ♂: Aedoeagus: Abb. 55h. Offenbar pontomediterranes Element, vom Balkan bis nach Frankreich und Großbritannien. In Mitteleuropa im Süden und in der Mitte, im Norden weitgehend fehlend. Selten. Unter Borke von Laubbäumen, meist von Ahorn. .... ***bosnica*** (BERNHAUER, 1902)

Unterfamilie Proteininae ERICHSON, 1839

Körper klein (1–3 mm), breit und abgeflacht (Abb. 11a–c). Färbung meist schwarz oder dunkelbraun, seltener gelblich. Elytren oft länger als bei den meisten übrigen Staphyliniden. Kopf auf dem Scheitel ohne Paar von Ocelli, nur bei einer Gattung mit einem Ocellus, dadurch insbesondere von den z. T. ähnlichen Omaliinae verschieden. Tarsenformel bei mitteleuropäischen Arten 5–5–5. Fühler 11-gliedrig. Abdominaltergite ohne paarige Tomentflecken. Intersegmentalmembranen des Abdomens einfach (nicht ziegelartig strukturiert). Procoxae quer, konisch; Metacoxae quer. Sternit VIII mit – nur bei entsprechend aufpräpariertem Abdomen sichtbarem – innerem und mit den Verteidigungsdrüsen verbundenem Basalfortsatz.

Die Unterfamilie umfasst 5 Triben (von denen nur die Proteinini in Mitteleuropa vertreten sind), mit weltweit 11 Gattungen und etwa 200 Arten, die meist an faulenden organischen Substraten sowie in der Bodenstreu gefunden werden.

1 Scheitel des Kopfes mit einem Ocellus. Vorderrand des Kopfes fast gerade (Abb. 11b). Einfarbig rötlichgelbe Arten. ....
.... ***Metopsia*** WOLLASTON, 1854; S. **119**

– Scheitel ohne Ocellus. Zumindest der Kopf schwärzlich. Vorderrand des Kopfes gerundet. **2**

2 Pronotum mit Mittelfurche. Matte Arten mit charakteristisch geformten, ausgerandeten Hinterwinkeln des Pronotums (Abb. 11a). ....
.... ***Megarthrus*** STEPHENS, 1829; S. **118**

– Pronotum ohne Mittelfurche. Vorderkörper zumindest schwach glänzend. Hinterwinkel des Pronotums normal geformt, nicht ausgerandet (Abb. 11c). ......
.... ***Proteinus*** LATREILLE, 1797; S. **122**

Gattung *Megarthrus* STEPHENS, 1829

Körperlänge 1,9–3,0 mm. Färbung gelblich, braun oder schwärzlich. Körper von breiter Form und abgeflacht (Abb. 11a). Oberfläche matt und dicht punktiert. Kopf annähernd dreieckig. Pronotum mit tiefer Mittelfurche. Fühler dünn mit vergrößerten Gliedern I und II. Hinterwinkel des Pronotums mit artspezifisch geformten Ausrandungen.

Megarthrus umfasst weltweit etwa 140 Arten, von denen mehr als 60 in der Paläarktis, 7 auch in Mitteleuropa vorkommen. Die Arten leben meist an faulendem Pflanzenmaterial, in Pilzen sowie an Kot. Für einen aktuellen Bestimmungsschlüssel der west- und nordostpaläarktischen Arten siehe CUCCODORO & LÖBL (1997).

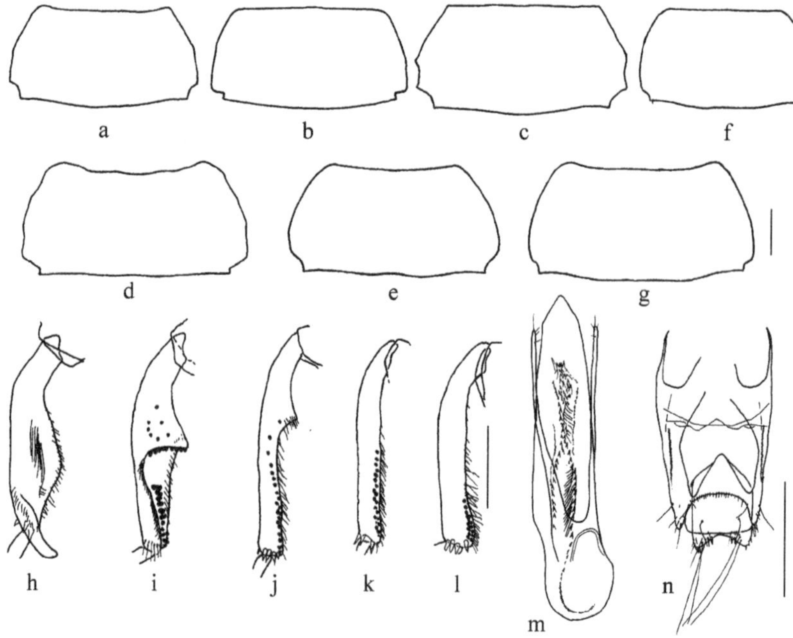

Abb. 56: Pronotum (a–g), Metatibiae (h–l), Aedoeagus (dorsal) (m) und weibliche Terminalia (n) von *Megarthrus bellevoyei* (a), *M. denticollis* (b, h), *M. depressus* (c), *M. hemipterus* (d, i), *M. nitidulus* (e, j), *M. prosseni* (f, l), *M. stercorarius* (g, k), *Pseudopsis sulcata* (m–n). Maßstäbe 0,2 mm (a–g, h–l), 0,15 mm (m–n). Nach CUCCODORO & LÖBL 1997, verändert (h–l).

1 Kopf schwärzlich, der übrige Körper gelblich. Pronotum wie in Abb. 56d. ♂: Metatibia wie in Abb. 56i. Aedoeagus: Abb. 57c. 2,5–2,8 mm (RL: 1,6–1,7 mm). Transpaläarktisch verbreitet. In Mitteleuropa aus den meisten Regionen nachgewiesen, aus den mittleren und östlichen Teilen der norddeutschen Tiefebene bisher nicht gemeldet. Ziemlich selten. In Wäldern an faulenden Pilzen. .... ***hemipterus*** (ILLIGER, 1794)

– Kopf nicht deutlich dunkler als das Pronotum. 2

2 Fühlerbasis gelblich. ♂: Gestalt der Metatibia modifiziert (Abb. 56h, j). 3

– Fühler einfarbig dunkel. ♂: Gestalt der Metatibia nicht modifiziert. 4

3 Hinterwinkel des Pronotums wie in Abb. 56b gebildet. Pronotum mit gelblichen Rändern. ♂: Metatibia wie in Abb. 56h. Aedoeagus: Abb. 57d. 2,1–2,7 mm (RL: 1,3–1,7 mm). Transpaläarktisch verbreitet. In Mitteleuropa überall häufig. Eurytop an faulendem Pflanzenmaterial. .... ***denticollis*** (BECK, 1817)

– Hinterwinkel des Pronotums wie in Abb. 56e gebildet. Pronotum einfarbig braun. ♂: Metatibia wie in Abb. 56j. Aedoeagus: Abb. 57e. 2,4–2,6 mm (RL: 1,4–1,7 mm). Transpaläarktisch verbreitet. In Mitteleuropa fast überall; nicht in Dänemark. Lokal und selten. Meist in Wäldern, an faulendem Pflanzenmaterial. .... ***nitidulus*** KRAATZ, 1857

4 Seitenrand des Pronotums gerundet. 5

– Seitenrand des Pronotums in der Mitte gewinkelt. 6

5 ♂: modifzierte, körnchenförmige Borsten an der Spitze der Metatibia nicht flächig, sondern reihig angeordnet (Abb. 56k). Pronotum: Abb. 56g. Aedoeagus: Abb. 57f. 2,5–3,0 mm (RL: 1,3–1,6 mm). Pyrenäen, Alpen, Karpaten und Kaukasus. Nicht selten. Subalpin, meist in Kot. .... ***stercorarius*** MULSANT & REY, 1878

– ♂: modifizierte, körnchenförmige Borsten an der Spitze der Metatibia flächig angeordnet (Abb. 56l). Pronotum: Abb. 56f. Aedoeagus: Abb. 58a. 1,9–3,0 mm (RL: 1,4–1,6 mm). Habitus: Abb. 11a. Transpaläarktisch verbreitet; in Mitteleuropa überall häufig. Eurytop an Faulstoffen, meist in Kot und Pilzen. .... ***prosseni*** SCHATZMAYR, 1904

6 ♂: Metatibia ohne modifizierte, körnchenförmige Borsten. Seitenränder des Pronotums weniger deutlich gewinkelt (Abb. 56a), breit gelblich gefärbt. Aedoeagus: Abb. 58b. 2,5–2,8 mm (RL: 1,5–1,7 mm). Südliche Westpaläarktis. In Mitteleuropa nur im Süden und Westen. Selten. Eurytop an Faulstoffen, thermophiler als die folgende Art. .... ***bellevoyei*** SAULCY, 1862

– ♂: Metatibia mit modifizierten, körnchenförmigen Borsten. Seitenränder des Pronotums deutlich gewinkelt (Abb. 56c), nicht breit gelblich gefärbt. Aedoeagus: Abb. 58c. 2,5–2,8 mm (RL: 1,6–1,7 mm). Transpaläarktisch verbreitet; in Mitteleuropa überall häufig. Eurytop an Faulstoffen, oft in Pilzen. .... ***depressus*** (PAYKULL, 1789)

Gattung *Metopsia* WOLLASTON, 1854

Körperlänge 2,3–3,0 mm. Habitus: Abb. 11b. Färbung gelblich bis rötlichgelb; Fühler braun, letztes Fühlerglied gelblich. Vorderkörper mit raspelartiger Mikroskulptur und mit kurzen gebogenen Borsten. Kopf groß und annähernd sechseckig, zwischen den Fühlern abgeflacht und vor dem Hals mit Ocellus. Fühler schlank und relativ lang. Pronotum quer und mit Mittelfurche, Hinterrand nahe den Hinterwinkeln ausgerandet.

Die westpaläarktisch verbreitete, von ZERCHE (1998a) revidierte Gattung umfasst 12 Arten, von denen 2 auch in Mitteleuropa vertreten sind.

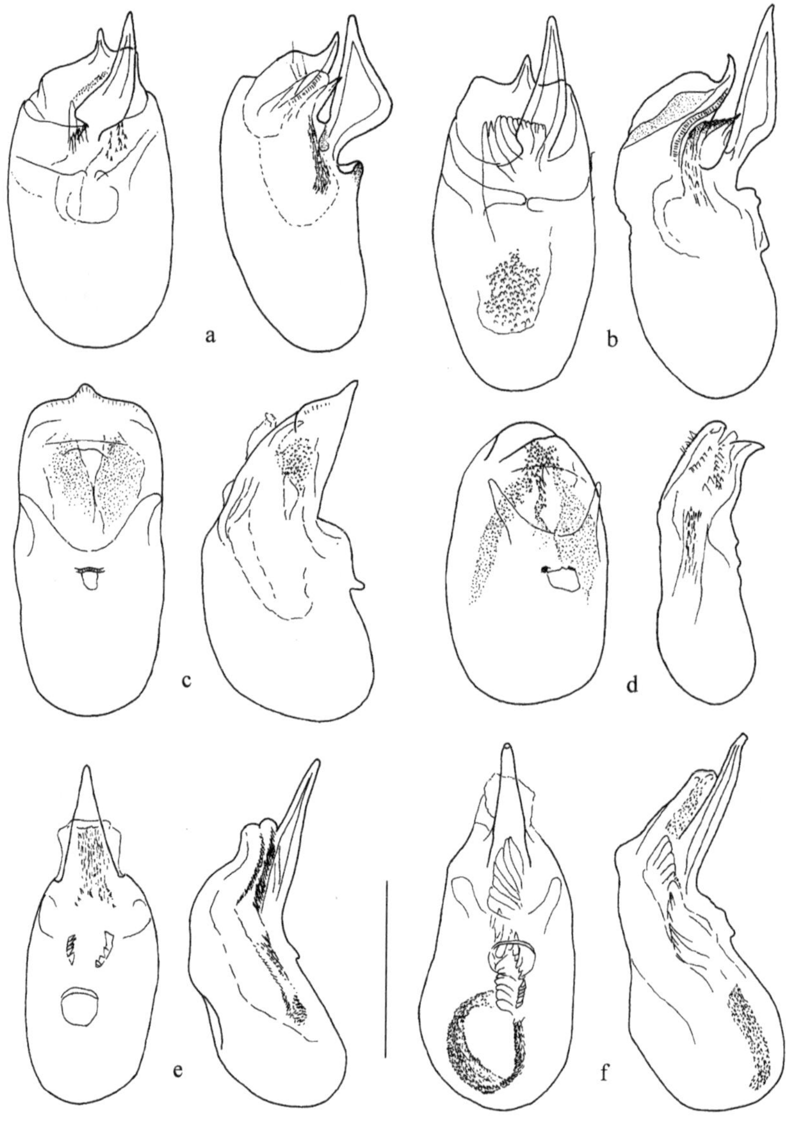

Abb. 57: Aedoeagus ventral und lateral von *Metopsia clypeata* (a), *M. similis* (b), *Megarthrus hemipterus* (c), *M. denticollis* (d), *M. nitidulus* (e), *M. stercorarius* (f). Maßstab: 0,3 mm.

1 ♂: Meso- und Metatibia gebogen, über ihre gesamte Länge etwa gleich breit, vor der Spitze kaum verengt. Aedoeagus: Abb. 57b. 2,3–2,9 mm (RL: 1,8–2,0 mm). Habitus: Abb. 11b. Flügeldimorph. Pontomediterranes Element; von der Kaukasusregion und dem Balkan bis nach Italien, ins östliche Mitteleuropa und nach Skandinavien verbreitet. In Mitteleuropa westlich die Südschweiz (Tessin) und den Rhein erreichend. Nicht selten. Meist an trockenwarmen Stellen in der Bodenstreu und im Moos. .... ***similis*** ZERCHE, 1998

– ♂: Mesotibia gewinkelt. Metatiben gebogen und vor der Spitze stark verengt. Aedoeagus: Abb. 57a. 2,3–3,0 mm (RL: 1,8–2,0 mm). Atlantomediterranes Element; Nordafrika, Iberische Halbinsel bis ins westliche Mitteleuropa und nach Skandinavien. In Mitteleuropa in der Schweiz weit verbreitet, östlich etwa bis Vorarlberg und den äußersten Westen Deutschlands (Rhein, Ostfriesische Inseln) reichend. Nicht selten. Habitat ähnlich wie bei *similis*. .... ***clypeata*** (P. MÜLLER, 1821)

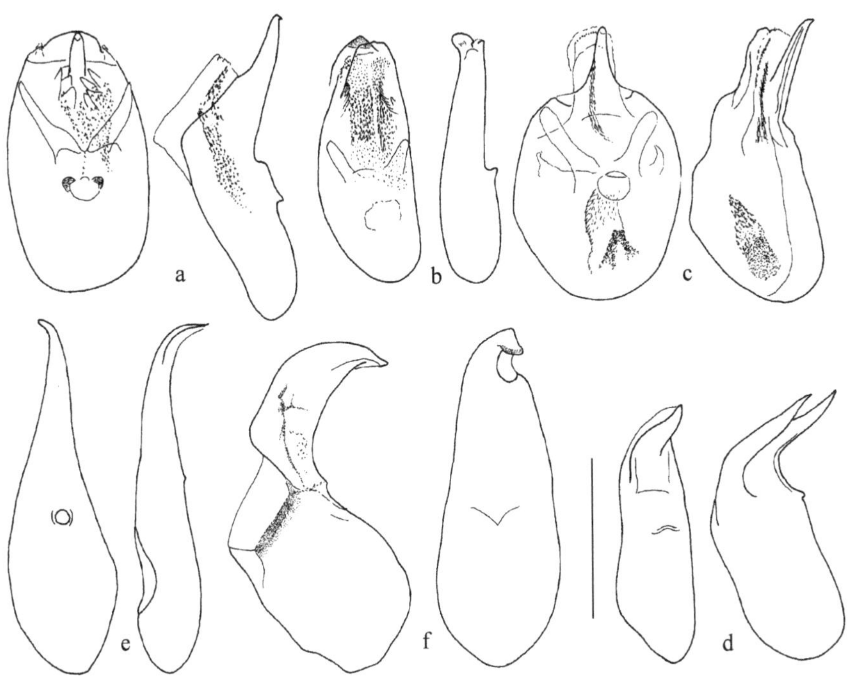

Abb. 58: Aedoeagus ventral und lateral von *Megarthrus prosseni* (a), *M. bellevoyei* (b), *M. depressus* (c), *Proteinus brachypterus* (d), *P. atomarius* (e), *P. laevigatus* (f). Maßstab: 0,3 mm (a–d, f), 0,15 mm (e).

Gattung *Proteinus* LATREILLE, 1797

Körper 1,0–2,7 mm lang, oval, braun oder schwarz gefärbt (Abb. 11c). Vorderkörper – teilweise mit Ausnahme des Pronotums – meist mit erkennbarem Glanz und mit deutlicher Pubeszenz. Kopf und Pronotum mit Mikroskulptur, aber ohne deutliche Punktur, Elytren fein und dicht punktiert. Kopf annähernd dreieckig geformt. Fühlerglieder I und II vergrößert. Pronotum ohne Mittelfurche. Elytren lang und konvex. *Proteinus* ist mit Ausnahme der Australis weltweit verbreitet und umfasst derzeit etwa 45 Arten, von denen 34 in der Paläarktis und 7 in Mitteleuropa vorkommen. Die Arten leben meist an Faulstoffen (Kot, Pilze, Kompost) und in der Bodenstreu. Für einen Schlüssel der westeuropäischen Arten siehe DAUPHIN (1995); die Arten der *crenulatus*-Gruppe wurden kürzlich von ASSING (2007c) bearbeitet.

Zur sicheren Unterscheidung eignen sich insbesondere die männlichen primären und sekundären Geschlechtsmerkmale. Weibchen lassen sich oft nicht sicher determinieren.

1 Mesoventrit ohne Längskiel. **2**

– Mesoventrit mit (teilweise etwas verkürztem) Längskiel. **3**

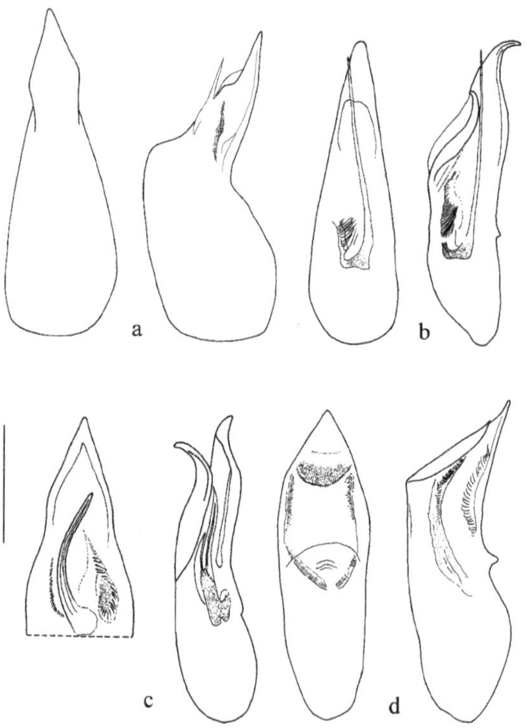

Abb. 59: Aedoeagus ventral und lateral von *Proteinus ovalis* (a), *P. crenulatus* (b), *P. abditus* (c), *P. longicornis* (d). Maßstab: 0,3 mm. Nach ASSING 2007c, verändert (c).

2 Fühler dunkel, Glied I braun. Pronotum mit schwachem Glanz, zu den Hinterwinkeln schwach verengt. ♂: Mesotibia gebogen, mit etwa 12 modifizierten, körnchenförmigen Borsten. Aedoeagus: Abb. 59a. 1,8–2,2 mm (RL: 1,4–1,7 mm). In der Westpaläarktis weit verbreitet. In Mitteleuropa mit Ausnahme des Nordens und Nordostens überall. In der Mitte und im Norden ziemlich selten, im Süden häufiger. Eurytop an Faulstoffen und in der Bodenstreu. .... ***ovalis*** STEPHENS, 1834

– Fühlerglied I rötlichgelb, Glieder II–XI dunkel. Pronotum ziemlich matt, zu den Hinterwinkeln nicht verengt (Abb. 11c). ♂: Mesotibia gerade und mit etwa 20 weniger deutlichen körnchenförmigen Borsten. Aedoeagus: Abb. 58d. 1,6–1,9 mm (RL: 1,3–1,6 mm). Transpaläarktisch verbreitet; in Mitteleuropa überall. Im Süden häufig, im Norden weniger häufig. Eurytop in Pilzen und anderen Faulstoffen. .... ***brachypterus*** (FABRICIUS, 1792)

3 Vorletzte Fühlerglieder etwa so lang wie breit. Größer, 1,5–2,7 mm. **4**

– Vorletzte Fühlerglieder deutlich quer. Kleiner, 1,0–1,8 mm. **6**

4 Fühler einfarbig dunkel oder Basalglieder etwas heller. Stärker gewölbte, glänzendere Arten. ♂: Mesotibia in den distalen ⅔ mit deutlichen körnchenförmigen Borsten. **5**

– Fühlerglied I deutlich aufgehellt, rötlich. Körper weniger gewölbt und matter. ♂: Mesotibia schwach gebogen und mit wenigen, kaum erkennbaren körnchenförmigen Borsten vor der Spitze. Aedoeagus: Abb. 59d. 1,5–2,2 mm (RL: 1,3–1,5 mm). In den Alpen und im Apennin. Nicht häufig. Montan bis subalpin in der Streu (z. B. unter Grünerlen) und an Faulstoffen. .... ***longicornis*** DODERO, 1923

5 ♂: Aedoeagus siehe Abb. 59b. 2,1–2,7 mm (RL: 1,4–1,5 mm). Vermutlich pontomediterranes Element. Von Griechenland und Süditalien bis zu den Pyrenäen, Großbritannien und Südskandinavien. Da die Art bis vor kurzem mit anderen Arten konfundiert wurde, bedürfen alle früheren Nachweise der Revision. Aus Mitteleuropa liegen überprüfte Nachweise derzeit nur aus Deutschland und Österreich vor. Ziemlich selten. Vor allem an Faulstoffen. .... ***crenulatus*** PANDELLÉ, 1867

– ♂: Aedoeagus siehe Abb. 59c. 2,3–2,6 mm (RL: 1,4–1,5 mm). Ursprünglich von insgesamt 3 Fundorten in Deutschland (Hessen, Thüringen) und aus Rumänien beschrieben, mittlerweile auch aus der Tschechischen Republik und der Slowakei nachgewiesen. Offenbar sehr selten. Ökologie kaum bekannt, einmal in einem Dachsbau geködert. .... ***abditus*** ASSING, 2007

6 Größer, 1,5–1,8 mm (RL: 1,1–1,3 mm). Körper stärker gewölbt. Vorletzte Fühlerglieder mäßig quer, etwa doppelt so breit wie lang. ♂: Mesotibia gebogen. Aedoeagus: Abb. 58f. Transpaläarktisch verbreitet. Aus fast allen Teilen Mitteleuropas nachgewiesen. Nicht häufig. Eurytop an Faulstoffen. .... ***laevigatus*** HOCHHUTH, 1872

– Kleiner, 1,0–1,3 mm (RL: 0,9–1,2 mm). Körper weniger stark gewölbt. Vorletzte Fühlerglieder stark quer, etwa 3-mal so breit wie lang. ♂: Mesotibia gerade. Aedoeagus: Abb. 58e. Westpaläarktis, auch aus der Mongolei und Nordamerika gemeldet. In Mitteleuropa überall. Im Süden häufig, im Norden weniger häufig. Eurytop an Faulstoffen, meist in Pilzen, oft in Wäldern. .... ***atomarius*** ERICHSON, 1840

Unterfamilie Micropeplinae LEACH, 1815

Körper klein, stark sklerotisiert. Habitus: Abb. 11d. Fühler 9-gliedrig, letztes Glied vergrößert und von ovaler Gestalt. Pronotum stark quer, seitlich abgeflacht. Elytren mit Längskielen. Prothorax auf der Unterseite mit tiefer Aushöhlung zur Aufnahme der Fühler. Alle Coxae breit getrennt; Tarsenformel 4–4–4 (Tarsenglied I sehr klein, Tarsenformel daher scheinbar 3–3–3). Früher als eigene Familie betrachtet, werden die Micropeplinae nunmehr innerhalb der Staphylinidae der Omaliinae-Gruppe zugeordnet. Für einen aktuellen Bestimmungsschlüssel der westeuropäischen Arten siehe TRONQUET (2008).

Die Micropeplinae umfassen derzeit 5 Gattungen und sind, mit Ausnahme der australischen Region, weltweit verbreitet; in Mitteleuropa ist nur eine Gattung vertreten. Die Arten leben in der Regel in der Streu und an faulendem Pflanzenmaterial.

Gattung *Micropeplus* LATREILLE, 1809

Kleine (1,5–2,7 mm), gelblich bis schwarzbraun gefärbte Arten. Von anderen Staphylinidengattungen durch die Merkmale der Unterfamilie leicht zu unterscheiden. Körper von sehr charakteristischer Gestalt (Abb. 11d). Von *Thoracophorus* (Osoriinae) und *Pseudopsis* (Pseudopsinae), die auch längs gekielte Elytren besitzen, durch seitlich gerandetes Abdomen bzw. viel breitere Gestalt problemlos unterscheidbar.

Die Gattung ist mit etwa 70 Arten, abgesehen von der Australis, weltweit verbreitet. Etwa 50 Arten wurden aus der Paläarktis, 10 aus Mitteleuropa bekannt. Eine Art, *M. tesserula*, wird von einigen Autoren in die Gattung *Arrhenopeplus* KOCH, 1937 gestellt. Da die phylogenetisch-systematische Stellung bzw. Berechtigung dieser Gattung aber noch ungeklärt ist (TRONQUET 2008), wird *M. tesserula* hier als Vertreter der Gattung *Micropeplus* betrachtet. Die Arten leben in der Bodenstreu und faulendem Pflanzenmaterial, sowohl in Wäldern als auch in unbewaldeten Biotopen, meist in geringen Höhenlagen.

1 Elytren zwischen den Kielen ohne Punktur. Körper klein, ca. 1,5 mm lang. **2**

– Elytren zwischen den Kielen punktiert. Größere Arten, 1,7–2,7 mm. **3**

2 Kleiner, 1,5 mm. Elytren zwischen der Naht und dem Seitenkiel (Humeralkiel) mit 2 Längskielen. Braun, Seitenteile des Pronotums rötlichbraun. ♂: Aedoeagus: Abb. 60a. Holarktisch verbreitet und aus allen Teilen Mitteleuropas nachgewiesen. Meist in der Bodenstreu von Wäldern; ziemlich selten; teilweise in Anzahl auf Brandflächen gefunden. .... ***tesserula*** CURTIS, 1828

– Größer, 2,1 mm. Elytren zwischen der Naht und dem Seitenkiel (Humeralkiel) mit 3 Längskielen. ♂: Aedoeagus: Abb. 60e. Schweiz, Frankreich, Spanien. Ökologie wenig bekannt; sehr selten .... ***obsoletus*** REY, 1884

3 Elytren zwischen der Naht und dem Seitenkiel (Humeralkiel) mit 3 Längskielen. **4**

– Elytren zwischen der Naht und dem Seitenkiel (Humeralkiel) mit 2 Längskielen. **6**

4 Kopf und Scheibe des Pronotums mit sehr dichter und rugoser Punktur. Pronotum mit kaum erkennbarem polygonem Kielmuster. Kleiner, 1,7–2,0 mm. ♂: Aedoeagus: Abb. 60b. Von Norditalien und dem südlichen Mitteleuropa bis nach Großbritannien, Südskandinavien, ins Baltikum und in die Kaukasusregion verbreitet. An Feuchtstellen, meist in Sümpfen, lokal und selten. .... ***caelatus*** ERICHSON, 1839

– Kopf und Scheibe des Pronotums mit kaum erkennbarer Punktur. Pronotum mit deutlich erhabenem polygonem Kielmuster. Größer, 2,1–2,4 mm. **5**

5 Größer, 2,2–2,4 mm. Abdominaltergite hinten zwischen den Längskielen glatt, ohne Mikroskulptur. Elytren länger, ca. 1,4-mal so lang wie das Pronotum (Abb. 11d). ♂: Aedoeagus: Abb 60c. Paläarktisch verbreitet und aus allen Regionen Mitteleuropas nachgewiesen. Eurytop in der Streu und totem Pflanzenmaterial, besonders in der Ebene und in Tälern. Nicht selten. .... ***porcatus*** (PAYKULL, 1789)

– Kleiner 2,1–2,2 mm. Abdominaltergite hinten zwischen den Längskielen mit deutlicher Mikroskulptur, matt. Elytren kürzer, ca. 1,2-mal so lang wie das Pronotum. ♂: Aedoeagus: Abb 60d. Vermutlich pontomediterranes Element; von Griechenland bis in die Benelux-Staaten, Deutschland und in die Slowakei verbreitet. An sandigen und schlammigen Ufern in Pflanzenmaterial. Sehr selten. .... ***ripicola*** KERSTENS, 1964

6 Seitenkiel (Humeralkiel) der Elytren sehr erhaben, deutlich gebogen und die Seitenteile der Elytren verdeckend, Letztere daher in Dorsalansicht nicht sichtbar. Zwischenraum zwischen Seiten- und Dorsalkiel breiter als die Zwischenräume zwischen den übrigen Kielen. ♂: Aedoeagus: Abb 60f. 2,1–2,4 mm. Von Griechenland und Süditalien bis zu den Pyrenäen verbreitet; auch aus Schweden gemeldet. In Mitteleuropa nur aus Österreich und der Slowakei nachgewiesen. In der Bodenstreu von Wäldern. Selten. .... ***latus*** HAMPE, 1861

– Seitenkiel (Humeralkiel) der Elytren kaum gebogen, die Seitenteile der Elytren nicht verdeckend, Letztere in Dorsalansicht teilweise sichtbar. Zwischenraum zwischen Seitenkiel und Dorsalkiel etwa so breit wie die Zwischenräume zwischen den übrigen Kielen. **7**

7 Mittelkiel des Abdomens in Seitenansicht nach hinten erhöht und gewinkelt (Abb. 60l). Elytren kurz, an der Naht etwa so lang wie die Breite einer Elytre. ♂: Aedoeagus: Abb. 60h. 2,0–2,4 mm. Europa und Nordafrika. In Mitteleuropa vor allem im Westen. Eurytop sowohl in Wäldern als auch in unbewaldeten Biotopen; in der Bodenstreu und an faulendem Pflanzenmaterial. In Mitteleuropa sehr selten. .... ***staphylinoides*** (MARSHAM, 1802)

– Mittelkiel des Abdomens in Seitenansicht gerundet (Abb. 60k). Elytren länger, an der Naht länger als die Breite einer Elytre. **8**

8 Scheitel des Kopfes mit zwei durch einen Mittelkiel getrennten Erhebungen. ♂: Aedoeagus: Abb. 60i. Größte mitteleuropäische Art, 2,4–2,7 mm. Transpaläarktisch verbreitet. In Mitteleuropa nur im Süden. An Ufern von Gebirgsflüssen, in Pflanzenmaterial. Selten. .... ***longipennis*** KRAATZ, 1859

– Scheitel mit 5 Längskielen. **9**

9 Kleiner, 2,0–2,3 mm. Letztes Fühlerglied gelblich. ♂: Aedoeagus in Ventralansicht kaum asymmetrisch (Abb. 60g). Westpaläarktis, auch aus der

Orientalis und Japan gemeldet. In Mitteleuropa überall. Eurytop und nicht selten. .... ***fulvus*** ERICHSON, 1840[1]

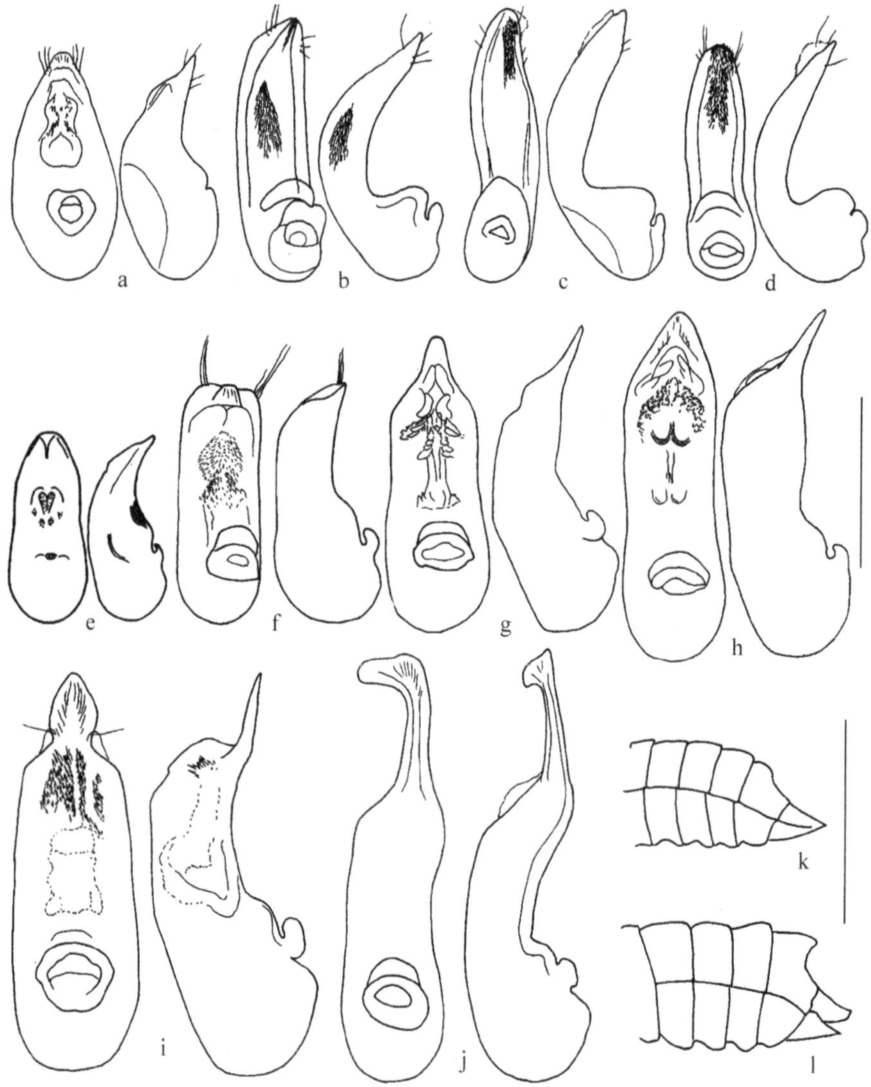

Abb. 60: Aedoeagus ventral und lateral (a–j) und Abdomen lateral (k–l) von *Micropeplus tesserula* (a), *M. caelatus* (b), *M. porcatus* (c), *M. ripicola* (d), *M. obsoletus* (e), *M. latus* (f), *M. fulvus* (g, k), *M. staphylinoides* (h, l), *M. longipennis* (i), *M. marietti* (j). Maßstäbe 0,3 mm (a–j), 1 mm (k–l). Nach TRONQUET 2008, verändert (e).

[1] Der Status von *M. fulvus japonicus* SHARP, 1874 aus Japan ist ungeklärt.

– Größer, 2,3–2,5 mm. Letztes Fühlerglied braun. ♂: Aedoeagus in Ventralansicht stark asymmetrisch (Abb. 60j). Europa und Mittelasien, vermutlich pontomediterranes Element. In Mitteleuropa vor allem im Süden. Eurytop, oft in anthropogenen Biotopen. Nicht häufig. .... ***marietti*** JACQUELIN DU VAL, 1857

Unterfamilie Dasycerinae REITTER, 1887

Durch den an Vertreter der Latridiidae erinnernden Habitus (Abb. 11e) von den übrigen Staphyliniden stark abweichend. Wie Pselaphinae haben die Dasycerinae 3-gliedrige Tarsen, einen ungeteilten Frontoclypeus, tiefe Grübchen am Thorax und Abdomen, reduzierte intersegmentale Membranen und eine Drüse in der Mitte des Hinterrandes von Sternit VIII (die allerdings nicht bei allen Pselaphinen entwickelt ist). Sie sind weiterhin durch folgende Merkmale gekennzeichnet: Kopf, Pronotum und Elytren mit Reihen fein beborsteter Höckerchen, Fühler fadenförmig und mit locker gegliederter Keule, Metaventrit mit Querfurche, Protrochantinen zum Teil sichtbar, Elytren lang, das Abdomen bedeckend, mit Längskielchen und Punktreihen, Abdominalsegmente V und VI mit einem Paar Paratergite, Basis der Sternite IV–VII tief eingedrückt und mit senkrechten Filamenten (fadenförmigen Strukturen) gefüllt.

Die Gruppe wurde früher den Latridiidae zugeordnet, bis CROWSON (1955) sie als zu den Staphylinoidea gehörig und als eigene Familie betrachtete. NEWTON & THAYER (1995), LÖBL & CALAME (1996) und HANSEN (1997) ordneten sie später als eine mit den Pselaphinen nahe verwandte Unterfamilie den Staphylinidae zu. Die Unterfamilie enthält nur eine Gattung.

Gattung *Dasycerus* BRONGNIART, 1800

Dasycerus ist mit 17 Arten in der Holarktis und der Orientalis verbreitet, von denen nur eine sicher in Mitteleuropa vorkommt. Die europäischen Arten sind kleinäugig und haben reduzierte Flügel, während die meisten tropischen Arten große Augen und voll ausgebildete Flügel besitzen. Adulte *Dasycerus* scheiden ein kutikulares Sekret aus, das den ganzen Körper bedeckt.

Die Arten sind nicht spezialisierte Mycophage und Myxomycophage. In Mitteleuropa ist nur eine weit verbreitete Art sicher nachgewiesen. Eine zweite Art wurde einmal aus Österreich gemeldet.

1 Humeralwinkel der Elytren seitlich dreieckig vorragend. Habitus wie in Abb. 11e. Pronotum 0,65–0,75 mm breit, die Höckerchen am Seitenrand viel länger als die Höckerchen in seiner Mitte. 1,9–2,3 mm, hellbraun bis braun. Mittel und Südeuropa, im Süden häufig, im Norden nur stellenweise und selten, in der Tiefebene meist fehlend. .... ***sulcatus*** BRONGNIART, 1800

– Humeralwinkel der Elytren eckig, nicht seitlich vorragend. Pronotum 0,55–0,61 mm breit, die Höckerchen am Seitenrand etwa so lang wie die Höckerchen in seiner Mitte. 2,0–2,2 mm, hellbraun. Auf den Ionischen Inseln Griechenlands und in Epirus häufige Art. Einmal aus dem südlichen Österreich (Kärnten) gemeldet, ein Vorkommen in Mitteleuropa erscheint aber fraglich. .... [***jonicus*** REITTER, 1884]

Unterfamilie Phloeocharinae Erichson, 1839

Nach morphologischen Merkmalen schwach abgegrenztes Taxon, von anderen Unterfamilien durch folgende Merkmalskombination unterschieden: Körper gewöhnlich von schlanker Form, Antennalgruben oben mehr oder weniger verdeckt, Augen den Hinterrand des Kopfes erreichend, Schläfen daher fehlend, Hypopharynx charakteristisch geformt, Procoxa ohne Mesalgrube, Tarsenformel 5–5–5, Abdomen mit 6 sichtbaren Sterniten und 2 oder 4 Paratergiten pro Segment (Herman 1972, Newton et al. 2001, Smetana 1983).

Die recht artenarme Unterfamilie umfasst weltweit derzeit etwa 60 Arten in 7 Gattungen. In der Westpaläarktis ist sie nur durch die Gattung *Phloeocharis* vertreten.

Die Mundwerkzeuge der Imagines und bekannter Larven deuten auf räuberische Lebensweise hin (Newton et al. 2001).

Gattung *Phloeocharis* Mannerheim, 1830

Kleine schlanke Arten von maximal 2,5 mm Länge (Abb. 11f). Ganzer Körper fein und relativ dicht pubeszent, mehr oder weniger deutlich mikroskulptiert und wenig glänzend. Augen sehr weit nach hinten gerückt, an den sehr breiten Hals grenzend, bei macrophthalmen Arten deutlich stumpfkegelig vorspringend; Schläfen fehlend. Aedoeagus mit langem, schlankem und zur Spitze verjüngtem Medianlobus und mit langen, (fast) die Spitze des Medianlobus erreichenden, nur an der Basis mit diesem verbundenen Parameren.

Die Gattung umfasst derzeit 44 Arten, deren Verbreitung mit Ausnahme einer in Kalifornien vorkommenden Art auf die Westpaläarktis beschränkt ist. 42 Arten sind im Mittelmeerraum mehr oder weniger endemisch. Nur eine in Europa weit verbreitete Art ist bisher aus Mitteleuropa sicher nachgewiesen; allerdings lässt sich das Vorkommen einer weiteren, bisher aus den italienischen und französischen Westalpen bekannten Art in der Südwestschweiz nicht ausschließen[1]. Mit Ausnahme der weit verbreiteten corticolen *P. subtilissima* leben die Arten in der Bodenstreu oder in tieferen Bodenschichten.

1 Heller gefärbt, Elytren rötlich bis rotbraun. Habitus wie in Abb. 11f. Größer, 1,7–2,5 mm (RL: 0,85–1,10 mm). Elytren an der Naht mindestens so lang wie das Pronotum. Augen größer und stärker vorragend. Hinterflügel nicht reduziert. In fast ganz Europa unter Borken von Laub- und Nadelbäumen häufig. .... ***subtilissima*** Mannerheim, 1830

– Körper einschließlich der Elytren schwarzbraun bis schwarz gefärbt. Kleiner, 1,5–2,0 mm (RL: 0,7–0,8 mm). Elytren an der Naht deutlich kürzer als das Pronotum. Augen kleiner und weniger vorgewölbt. Hinterflügel reduziert. Bodenstreubewohner. Bisher nur von wenigen Orten in den italienischen und französischen Westalpen bekannt. ... [***laticollis*** Fauvel, 1874]

---

[1] Die Identität der aus der Umgebung von Genf beschriebenen *P. minutissima* Heer, 1839 ist völlig ungeklärt; das Typenmaterial ist verschollen. Dass es sich dabei um eine übersehene, von den beiden im Schlüssel berücksichtigten Arten verschiedene Art handelt, ist jedoch ausgesprochen unwahrscheinlich. Der Name wird daher vorerst als Synonym von *P. subtilissima* betrachtet.

Unterfamilie Olisthaerinae THOMSON, 1859

Körper abgeflacht, gestreckt, Vorderkörper weitgehend unbehaart, glänzend. Kopf hinten nicht abgeschnürt, mit langen Schläfen. Palpen normal geformt, 3. und 4. Glied der Maxillarpalpen etwa gleich lang. Kehlnähte weit getrennt. Elytren seitlich scharf gerandet, seitlich an der Basis mit einer scharfen, fast hakenförmigen Kante. Abdomen mit 6 sichtbaren Sterniten und 4 Paratergiten pro Segment. Alle Tarsen 5-gliedrig. Die systematische Position der Unterfamilie ist nach wie vor nicht restlos geklärt. Zurzeit wird sie als Schwestergruppe zu den Phloeocharinae geführt.

Die Unterfamilie ist weltweit nur durch eine Gattung mit zwei beschriebenen Arten vertreten, die beide auch in Mitteleuropa vorkommen.

Gattung *Olisthaerus* DEJEAN, 1833

Habitus wie in Abb. 12a. Mittelgroße, rötlich-braune bis braun-schwarze Arten. Kopf so breit wie oder schmäler als das Pronotum, nur an der Basis etwas deutlicher punktiert. Antennen relativ kurz mit deutlich queren vorletzten Fühlergliedern. Pronotum auf der Scheibe unpunktiert, mit einigen wenigen Punkten entlang der Ränder und einem Paar gröberer Punkte knapp vor dem Vorderrand. Seitenränder vor dem Hinterrand konkav geschwungen verengt. Elytren länger als das Pronotum, mit Ausnahme der Ränder unpunktiert, mit tiefen unregelmäßigen Längsfurchen. Ganzer Körper mit dichter querwelliger Mikroskulptur, die auf dem Kopf verwirbelt ist und vor allem auf dem Pronotum eine deutliche Irideszenz hervorruft.

Beide Arten leben räuberisch, bevorzugt unter der Borke von Nadelhölzern.

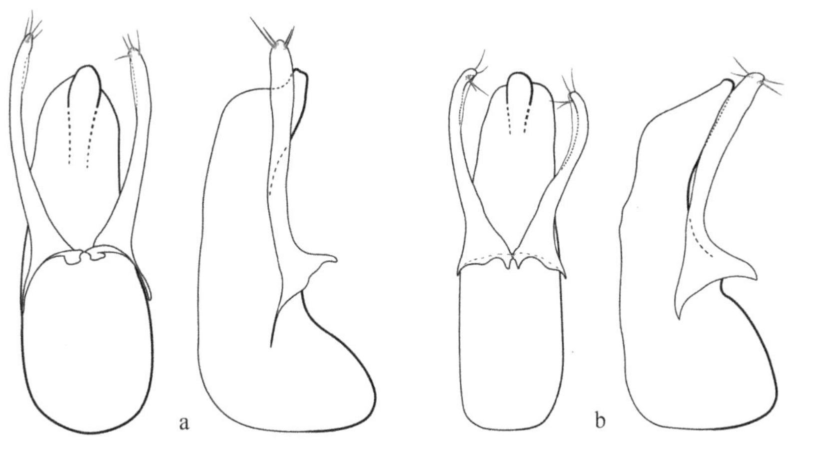

Abb. 61: Aedoeagus ventral und lateral von *Olisthaerus megacephalus* (a), *O. substriatus* (b). Maßstab: 0,5 mm.

1 Kopf so breit wie das Pronotum, über den Schläfen breiter als über den Augen. Pronotum stärker quer (Breite/Länge: 1,4), zur Basis sehr deutlich konkav verengt, an der Basis schmaler als an den Vorderecken. Rotbraun, Kopf meist dunkelbraun bis schwarz, Basis der vorderen Tergite in der Mitte angedunkelt. 5,5–7,5 mm (RL: 3,0–3,8 mm). ♂: Aedoeagus wie in Abb. 61a. Holarktis; in Europa mit disjunktem Verbreitungsbild: Nordeuropa, höhere Lagen des südlichen Mitteleuropa. Sehr selten. Offenbar nicht spezialisiert, aber häufiger unter Kiefernrinde zu finden. .... ***megacephalus*** (ZETTERSTEDT, 1828)

– Kopf schmaler als das Pronotum, über den Augen breiter als über den Schläfen. Pronotum weniger stark quer (Breite/Länge: 1,3), zur Basis weniger deutlich konkav verengt, an der Basis etwa so breit wie an den Vorderecken. Abdomen dichter und gröber punktiert als bei der vorigen Art. Heller rotbraun, Kopf und Elytren schwarz, Schultern und Hinterrand der Elytren oft rötlich aufgehellt. Habitus wie in Abb. 12a. 5,0–6,7 mm (RL: 2,6–3,1 mm). ♂: Aedoeagus wie in Abb. 61b. Verbreitung fast identisch mit der der vorigen Art. Sehr selten. Offenbar ausschließlich unter Fichtenrinde. .... ***substriatus*** (PAYKULL, 1790)

Unterfamilie Tachyporinae MACLEAY, 1825

Körper breit oder schlank kahnförmig (Abb. 12b–f, 13a–f, 14a–d); Kopf klein, hinten einfach abgerundet, ohne deutlich ausgebildeten Hals, meist bis zum Hinterrand der Augen unter dem Pronotum verborgen. Körperoberfläche meist glänzend; Pronotum glatt, selten mit Grundpunktur; vorn, hinten und an den Seiten mit je 4 längeren Tastborsten; bei *Sepedophilus* mit feiner Pubeszenz versehen, Tastborsten sehr klein, kaum länger als die anliegende Pubeszenz. Fühler am Vorderrand des Kopfes außerhalb oder über der Außenkante der Mandibeln inserierend, 11-gliedrig. Maxillarpalpen 4-gliedrig, Labialpalpen 3-gliedrig. Procoxae groß, fast so lang oder länger, oft dicker als die Femora, Trochanter in ventraler Ansicht meist sichtbar. Tarsen 5-gliedrig. Aedoeagus mit 2 freistehenden (Mycetoporini) oder dem Medianlobus anliegenden, teilweise mit ihm und miteinander verwachsenen Parameren (Tachyporini).

Die Monophylie der Unterfamilie wurde in der Vergangenheit kontrovers diskutiert und konnte bisher nicht sicher nachgewiesen werden, die Gliederung in Triben ist derzeit noch nicht als endgültig zu betrachten. Von den 4 aus der Paläarktis bekannten Triben kommen nur 2 in Mitteleuropa vor. Die Unterfamilie ist weltweit mit mehr als 1500 Arten verbreitet. Einige Arten der Gattungen *Tachinus* und *Tachyporus* gehören zu den häufigsten Vertretern unserer Staphylinidenfauna. Während über die Ernährung und Lebensweise der meisten Mycetoporini nur wenig bekannt ist, gehören einige Tachyporini (*Tachyporus* und *Tachinus*) zu den relativ gut erforschten Staphyliniden. *Tachyporus* und *Tachinus* sind polyphage Prädatoren; die kletternden Imagines und Larven von *Tachyporus*-Arten sind als Feinde von Blattläusen von Bedeutung. Zumindest einige *Sepedophilus*-Arten sind mycetophag.

Durch CAMPBELL (1991, 1993) wurden mit der Beborstung der Meso- und Metatibien und der Ausbildung der vorderen Basalrandung des Scutums (vor dem eigentlichen Scutellum liegender Teil des Mesothorax) wichtige neue Merkmale zur Unterscheidung der Gattungen innerhalb der Mycetoporini eingeführt. Zur Unterscheidung der Arten ist die Beurteilung der Mikroskulptur und der Beborstung besonders auf Pronotum und Elytren wichtig. Während die Beurteilung der Mikroskulptur bei *Tachinus* und *Sepedophilus* in der Regel unter dem Binokular möglich ist, erfordert die Untersuchung von *Tachyporus* und den meisten Mycetoporini höhere Vergrößerungen und oft spezielle Optik mit indirekter Beleuchtung. Sind Meßwerte zur Dichte der Mikroskulptur in der Tabelle angegeben, beziehen sich diese auf die Anzahl von Querlinien oder -maschen auf einer Meßstrecke von 10 µm in Längsrichtung. In zahlreichen Fällen ist die Präparation der letzten Abdominalsegmente und/oder des Aedoeagus notwendig. Während bei *Tachinus* Trockenpräparate zur Determination ausreichen, ist in allen anderen Fällen eine Untersuchung der Innenstrukturen des Aedoeagus und damit die Anfertigung mikroskopischer Präparate notwendig. Zur besseren Beurteilung der Innenstrukturen sollte der Aedoeagus von *Ischnosoma* und *Bryoporus* in lateraler Ansicht eingebettet werden, die aller anderen Gattungen zweckmäßigerweise in ventraler, oft (*Mycetoporus*, *Bryophacis*) besser in dorsaler Ansicht.

1 Elytren mit deutlich eingegrabenem Nahtstreifen, Oberfläche mit mindestens 3 deutlichen Reihen von aufrecht stehenden Tastborsten (sutural, diskal und lateral), sowie einigen Hinterrandborsten (apikal). Pronotum immer, Elytren mit Ausnahme der Gattung *Parabolitobius* ohne Grundpunktur und anliegende Beborstung. Schläfen mit deutlicher Randung. Hierher gehören mehr oder weniger abgeflachte Arten mit schlank-kahnförmigem Habitus (Abb. 12b–f, 13a–c) (Tribus Mycetoporini THOMSON, 1859). 2

– Elytren ohne Nahtstreifen, ihre Oberfläche ohne oder nur mit einzelnen Tastborsten. Pronotum unpunktiert, punktiert oder mit feiner Pubeszenz; Elytren mit feiner bis grober Grundpunktur, oft fein anliegend beborstet oder pubeszent. Schläfen ungerandet. Hierher gehören abgeflachte bis gewölbte, breit kahnförmige Arten (Abb. 13d–f, 14a–d) (Tribus Tachyporini MACLEAY, 1825). 9

2 Endbeborstung der Meso- und Metatibien aus 3 großen Borsten innerhalb eines Kranzes gleichlanger kleinerer Borsten bestehend (Abb. 62b). Vordere Basalrandung des Scutums in der Mitte gerade (Abb. 62c). 3

– Endbeborstung der Meso- und Metatibien aus 3 bis 4 großen und ungleich langen kleineren Borsten bestehend (Abb. 62a). Vordere Basalrandung des Scutums in der Mitte mit stumpfem bis spitzem Winkel, teilweise in der Mitte geteilt (Abb. 62d–f). 5

3 Fühler kurz, zurückgelegt den Hinterrand des Pronotums nicht überragend, Glieder VII–X deutlich quer. Glied IV der Maxillarpalpen an der Basis fast so breit wie Glied III (Abb. 63a). Sternite VII und VIII beim ♂ am Hinterrand nicht ausgerandet, nur Sternit VIII am Hinterrand mit wenigen (2–3) Paar kurzer, modifizierter Borsten (Abb. 65i). ....
.... ***Bryoporus*** KRAATZ, 1857; S. 140

– Fühler gestreckt, zurückgelegt Kopf und Pronotum deutlich überragend, Glieder VII–X nicht deutlich quer. 4

4 Elytren mit 3 Reihen von Borstenpunkten, ohne Grundpunktur und Grundbeborstung. Glied IV der Maxillarpalpen an der Basis etwa halb so breit wie Glied III (Abb. 63b). Glied III der Labialpalpen schlank, höchstens halb so breit wie Glied II (Abb. 62k). Sternite VII und VIII beim ♂ am

Hinterrand ausgerandet und zumindest Sternit VIII auffällig beborstet (Abb. 67b, f, i). Kleinere Arten von 3,5 bis 5,5 mm Körperlänge. .... ***Ischnosoma*** STEPHENS, 1829; S. 141

– Elytren mit deutlicher, unregelmäßiger Punktur und anliegender Beborstung, die aufrecht stehenden Tastborsten der Borstenpunktreihen sind in der feinen Grundbeborstung nur schwer zu erkennen. Glied IV der Maxillarpalpen an der Basis fast so breit wie Glied III (Abb. 63c); Glied III der Labialpalpen an der Basis so breit wie Glied II (Abb. 62n, p), apikal schräg abgestutzt. Nur Sternit VIII beim ♂ am Hinterrand mit flacher Ausrandung oder schmalem Einschnitt, ohne auffällige Beborstung (Abb. 78m–o). Bei manchen Arten ♂ mit auffällig verbreiterten Mesotibien und -tarsen (Abb. 78c). Große Arten von mindestens 6 mm Körperlänge. .... ***Parabolitobius*** LI, ZHAO & SAKAI, 2000; S. 165

5 Glied I der Meso- und Metatarsen auf der Unterseite mit einzelnen Dornen (Abb. 64d) und feiner Grundbeborstung; Glied III der Labialpalpen an der Basis so breit wie das vorletzte, apikal schräg abgestutzt (Abb. 62o, q). Supraorbitalborstenpunkt kräftig, seine Borste fast so lang wie Fühlerglied I. Vordere Basalrandung des Scutums in der Mitte mit stumpfem Winkel (wie Abb. 62d). Fühler gestreckt, zurückgelegt etwa die Mitte der Elytren erreichend, die letzten 1–3 Glieder meist hell, zu den dunklen mittleren Fühlergliedern einen auffälligen Kontrast bildend. Unter den nachfolgenden Gattungen besitzen nur einige Arten der Gattung *Lordithon* mit gestrecktem Kopf und gemakelten Elytren ähnlich lange Fühler. ♂: Fühlerglied XI verlängert (Abb. 62l–m); Sternit VIII am Hinterrand in der Mitte erweitert, mit lang gestrecktem Borstenfeld (Abb. 65a–b). Große Arten von 6–9 mm Körperlänge mit einfarbig hellroten Elytren. .... ***Bolitobius*** LEACH, 1819; S. 137

– Glied I der Meso- und Metatarsen auf der Unterseite nur fein beborstet. Glied III der Labialpalpen nicht schräg abgestutzt. Vordere Basalrandung des Scutums in der Mitte stumpf- bis rechtwinklig oder unterbrochen (Abb. 62d–f). Meist kleinere Arten und/oder Elytren nicht einfarbig hellrot. ♂: Fühlerglied XI nicht auffällig verlängert; Sternit VIII meist ohne Auszeichnungen (Ausnahme: *Carphacis*). **6**

6 Glied IV der Maxillarpalpen an der Basis weniger als halb so breit wie Glied III, manchmal nadelförmig (Abb. 63d). Labialpalpen: Abb. 62h. Kopf am Innenrand der Augen mit kräftigem Supraorbitalborstenpunkt. Fühler kurz, die vorletzten Glieder (VII–X) meist deutlich quer. Elytren oft mit zusätzlichen interioren oder exterioren Borstenpunktreihen (Abb. 64c); selten auch das Pronotum mit zusätzlichen Borstenpunkten auf der Oberfläche (Abb. 64a, b). Sternit VIII beim ♂ ohne modifizierte Beborstung, nur selten mit einem Mittelkiel. .... ***Mycetoporus*** MANNERHEIM, 1830; S. 148

– Glied IV der Maxillarpalpen nicht oder nur wenig schmaler als Glied III, nicht nadelförmig. Elytren und Pronotum ohne zusätzliche Borstenpunkte. 7

7 Kopf am Innenrand der Augen mit einem kleinen Supraorbitalborstenpunkt; die Borste kürzer als der Durchmesser des Fühlergliedes I. Fühler sehr kurz und am Ende abgeflacht; vorletzte Glieder stark quer (Abb. 62g). Sternit VIII beim ♂ am Hinterrand etwas erweitert und mit einem auffälligen Borstenfeld versehen (Abb. 65j). .... ***Carphacis*** GOZIS, 1886; S. 140

– Kopf am Innenrand der Augen ohne oder nur mit winzigem, oft nur in lateraler Ansicht erkennbarem Supraorbitalborstenpunkt. Fühler weniger kräftig und nicht so stark abgeflacht. Sternit VIII beim ♂ ohne Einschnitte oder Erweiterungen am Hinterrand, ohne auffällige Borstenfelder. **8**

8 Labialpalpen kurz, die Glieder von abnehmender Breite. Glied I stark verdickt, Glied II kurz und deutlich breiter als Glied III (Abb. 62i). Kopf nie deutlich länger als breit. Scutum mit in der Mitte unterbrochener vorderer Basalrandung (Abb. 62e). Elytren meist einfarbig. Bodenstreubewohner. .... ***Bryophacis*** REITTER, 1909; S. 138

– Labialpalpen gestreckt, Glied II mindestens so lang wie breit, Glied III gestreckt (Abb. 62j). Kopf bei einigen Arten stark nach vorn verlängert, vor den Augen deutliche Wangen bildend. Vordere Basalrandung des Scutums vollständig, in der Mitte stumpfwinklig (Abb. 62d). Elytren meist mehrfarbig, gelb mit schwarzen Makeln oder schwarz mit gelben Humeralmakeln und gelbem Hinterrand. Mycetophile Arten. .... ***Lordithon*** THOMSON, 1859; S. 143

9 Protibien am Außenrand mit regelmäßiger, kammförmiger Borstenreihe (Abb. 63k). Zumindest Pronotum und Elytren mit feiner Pubeszenz. Abdomen drehrund, eine Seitenrandung nur an Segment III erkennbar. Habitus: Abb. 14b. Mesoventrit gekielt. ..... ***Sepedophilus*** GISTEL, 1856; S. 170

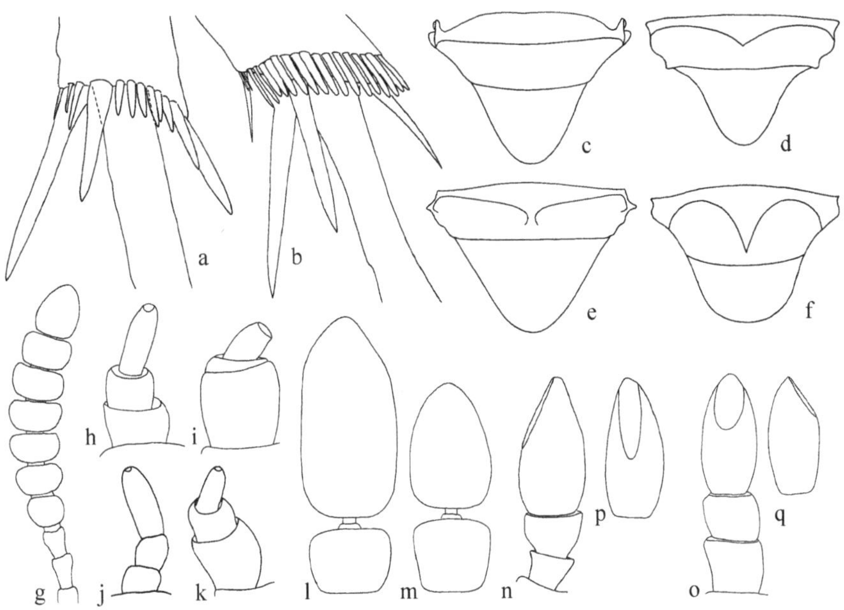

Abb. 62: Endbeborstung der Mesotibia (a–b), Scutellum (c–f), Fühler (g), Labialpalpus (h–k, n–o) und letztes Glied des Labialpalpus (p–q) von *Lordithon* (a, d, j), *Ischnosoma* (b–c, k), *Bryophacis* (e, i), *Mycetoporus* (f, h), *Carphacis* (g), *Parabolitobius* (n, p) und *Bolitobius* (o, q). Letzte Fühlerglieder von *Bolitobius cingulatus*, ♂ (l) und ♀ (m).

– Protibien mit einzelnen Dornen und Tastborsten am Außenrand, jedoch nie mit einer regelmäßig kammförmigen Borstenreihe. Zumindest das Pronotum ohne Grundpunktur und -beborstung. Elytren oft fein beborstet, jedoch nicht pubeszent. Abdomen abgeflacht, nicht drehrund, zumindest Segmente III–VII mit deutlicher Seitenrandung. **10**

10 Glied IV der Maxillarpalpen kurz, nadel- bis kegelförmig; an der Basis deutlich schmaler als Glied III (Abb. 63g). Elytren mit einigen aufrecht stehenden Tastborsten und feiner, anliegender Beborstung. **11**

– Glied IV der Maxillarpalpen an der Basis so breit wie Glied III, so lang oder länger als dieses (Abb. 63h). Elytren glatt oder deutlich punktiert, aber ohne feine, anliegende Beborstung. **13**

11 Fühler gestreckt, die Glieder seitlich wenig zusammengedrückt. Glied IV der gestreckten Meso- und Metatarsen klein, etwa halb so lang wie Glied III (Abb. 65k). Teilweise häufige Bodenstreubewohner. .... ***Tachyporus*** GRAVENHORST, 1802; S. 188

– Fühler kürzer, seitlich stark zusammengedrückt. Glied IV der weniger gestreckten oder kurzen Meso- und Metatarsen deutlich mehr als halb so lang wie Glied III (Abb. 65l–m). Die Arten stehen in Beziehung zu Ameisen. **12**

12 Art mit typischem Trutzhabitus (Abb. 14a), kurzen Beinen und Fühlern. Fühler zurückgelegt die Mitte des Pronotums kaum überragend. Meso- und Metatarsen (Abb. 65l) weniger als 0,40 mm lang. .... ***Lamprinus*** HEER, 1839; S. 170

– Arten ohne typischen Trutzhabitus (Abb. 13f). Fühler länger, zurückgelegt etwa die Basis des Pronotums erreichend. Meso- und Metatarsen (Abb. 65m) mehr als 0,55 mm lang. .... ***Lamprinodes*** LUZE, 1901; S.169

13 Kleine, einfarbige Arten unter 2 mm Körperlänge; deutlich gewölbt (Abb. 13e). Elytren entlang des Seitenrandes mit deutlichem Längseindruck. Epipleuren völlig auf die Unterseite der Elytren umgebogen, von der Seite nicht sichtbar. .... ***Coproporus*** KRAATZ, 1857; S. 169

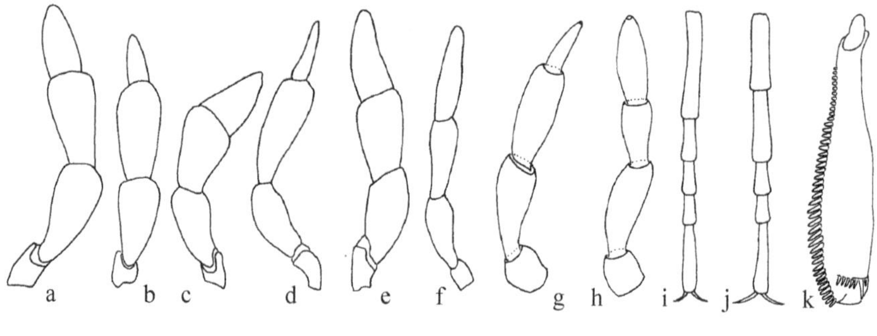

Abb. 63: Maxillarpalpus von *Bryoporus cernuus* (a); *Ischnosoma splendidum* (b); *Parabolitobius inclinans* (c); *Mycetoporus glaber* (d); *Bolitobius cingulatus* (e); *Lordithon lunulatus* (f); *Tachyporus transversalis* (g) und *Tachinus elongatus* (h). Metatarsen von *Cilea silphoides* (i) und *Tachinus rufipes* (j). Protibia von *Sepedophilus testaceus* (k).

– Meist größere, in jedem Fall weniger gewölbte Arten. Elytren entlang des Seitenrandes ohne Längseindruck; Epipleuren immer deutlich von der Oberfläche der Elytren abgewinkelt, aber von der Seite zumindest teilweise sichtbar. **14**

14 Glied I der Metatarsen so lang oder fast so lang wie die Glieder II–IV zusammen (Abb. 63i). 1,8–4,0 mm. Habitus: Abb. 13d. Mesoventrit gekielt. .... ***Cilea*** JACQUELIN DU VAL, 1856; S. 167

– Glied I der Metatarsen nur wenig länger als Glied II (Abb. 63j). Körper immer über 3 mm lang. Habitus: Abb. 14c. Mesoventrit ungekielt. .... ***Tachinus*** GRAVENHORST, 1802; S. 177

Tribus *Mycetoporini* THOMSON, 1859

Kleine bis große, 2,5–10 mm lange, oft bunt gefärbte und meist gestreckt kahnförmige Arten (Abb. 12b–f, 13a–c). Pronotum und Elytren mit oft charakteristischer Beborstung. Pronotum vorn, hinten und an den Seiten mit jeweils 4 Randborsten, zusätzliche diskale Borsten auf der Scheibe des Pronotums kommen bei einigen *Mycetoporus* vor (Abb. 64a–b). Elytren (Abb. 64c) mit Borstenreihen entlang der Naht (Suturalreihe), am Außen- (Lateralreihe) und Hinterrand (Apikalreihe) und auf der Scheibe (Dorsalreihen). Dort befindet sich bei allen Vertretern der Tribus zumindest eine Schulterreihe (Diskalreihe); zusätzliche interiore (zwischen Diskal- und Suturalreihe) und/oder exteriore (zwischen Diskal- und Lateralreihe) Borstenreihen kommen in den Gattungen *Mycetoporus* und *Bryoporus* vor.

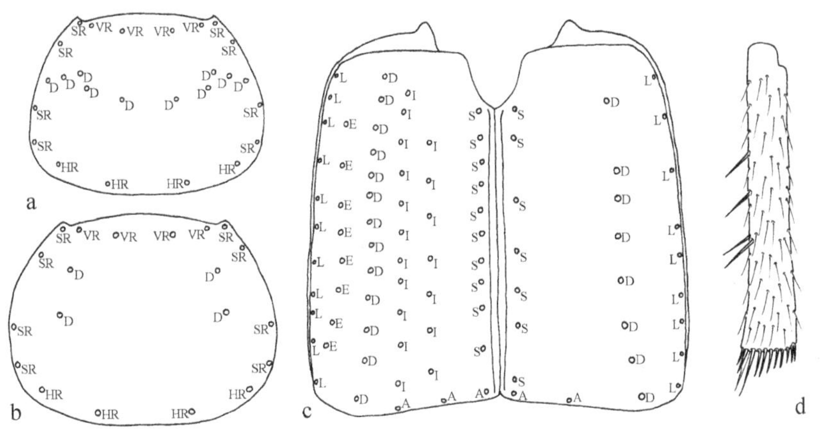

Abb. 64: Schematische Darstellung des Pronotums von *Mycetoporus lepidus* (a) und *M. punctus* (b). Schematische Darstellung der Elytren von *Mycetoporus* (c) mit (links) und ohne (rechts) zusätzliche Punktreihen auf den Elytren. Mesotarsus I von *Bolitobius cingulatus* (d). Abkürzungen (a, b): VR – Vorderrandborstenpunkte, SR – Seitenrandborstenpunkte, HR – Hinterrandborstenpunkte und D – Diskale Borstenpunkte; (c): L – Laterale Borstenpunkte, S – Suturale Borstenpunkte, A – Apikale Borstenpunkte, D – Diskale Borstenpunkte, E – Exteriore diskale Borstenpunkte, I – Interiore diskale Borstenpunkte.

Die Oberfläche der Elytren ist bis auf die reihig angeordneten Tastborsten mit wenigen Ausnahmen (*Parabolitobius*) glatt, unpunktiert und ohne anliegende Grundbeborstung. Tergit VIII ohne Sexualdimorphismus, einfach abgerundet.

♂: Sternit VII meist ohne Auszeichnungen (Ausnahme *Ischnosoma*); Sternit VIII bei vielen Arten ohne Auszeichnungen, manchmal gekielt, am Hinterrand ausgerandet oder erweitert, teilweise auch mit charakteristischer Beborstung. Aedoeagus kurz bis gestreckt oval, apikal abgerundet oder zugespitzt; Medianlobus oft mit artspezifischen sklerotisierten Innenstrukturen. Parameren meist frei beweglich, zumindest am Apex mit längeren Tastborsten.

Die Tribus ist weltweit verbreitet, besitzt aber ihre größte Artenvielfalt in der Paläarktis. In Mitteleuropa kommen etwa 60 Arten vor.

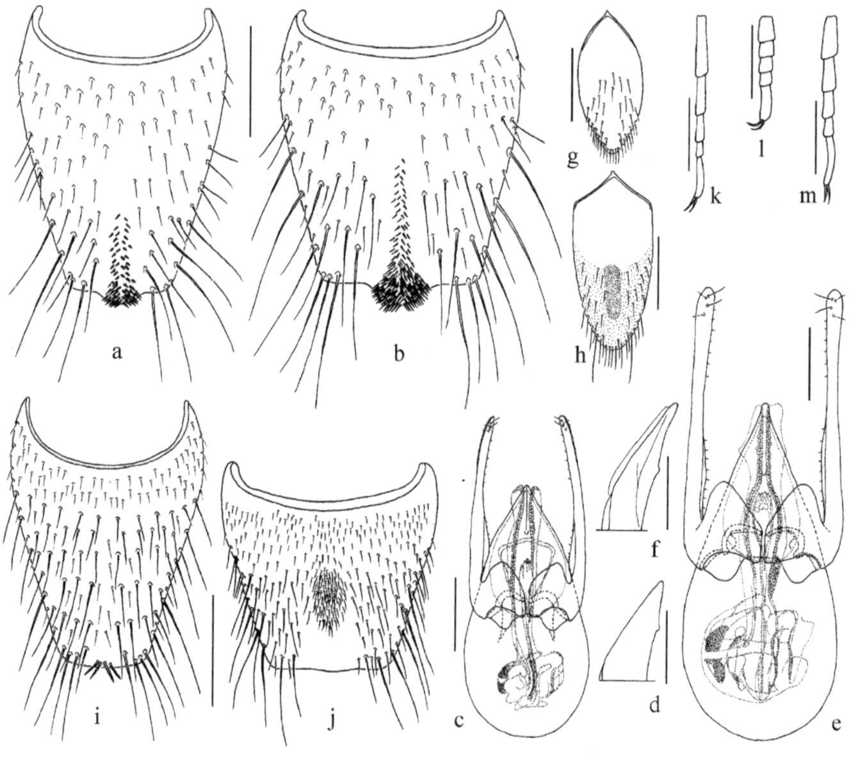

Abb. 65: ♂-Sternit VIII (a–b, i–j), Aedoeagus ventral (c, e), Apex des Medianlobus lateral (d, f), ♀-Tergit X (g–h) und Metatarsen (k–m) von *Bolitobius castaneus castaneus* (a, c-d, g), *B. cingulatus* (b, e-f, h), *Bryoporus cernuus* (i), *Carphacis striatus* (j), *Tachyporus hypnorum* (k), *Lamprinus erythropterus* (l) und *Lamprinodes saginatus* (m). Maßstäbe: 0,5 mm (a–b, g, h, i–j), 0,25 mm (c–f, k–m).

Gattung *Bolitobius* LEACH, 1819

Große, 5,2–9,7 mm lange, gestreckte Arten (Abb. 12b). Grundfärbung schwarz mit rotgelben Elytren, selten auch das Pronotum hell. Fühler gestreckt, zurückgelegt den Hinterrand des Pronotums überragend. Supraorbitalborste kräftig. Glied IV der Maxillarpalpen so lang wie Glied III; Glied III der Labialpalpen breit, an der Spitze schräg abgestutzt (Abb. 62o–q). Vordere Basalrandung des Scutums vollständig, in der Mitte mit stumpfem Winkel (wie in Abb. 62d). Apex der Meso- und Metatibien neben 3 langen Borsten mit ungleich langen kürzeren Borsten versehen (wie in Abb. 62a); Glied I der Meso- und Metatarsen neben der Grundbeborstung mit einzelnen längeren Dornen (Abb. 64d).

♂: Protarsen erweitert; Fühlerglied XI verlängert (Abb. 62l); Sternit VIII am Hinterrand erweitert und mit einem auffälligen Borstenfeld versehen (Abb. 65a–b).

Holarktisch verbreitete Gattung mit ca. 20 aus der Paläarktis bekannten Arten, von denen nur 2 in Mitteleuropa vorkommen. Die Lebensweise der Arten ist weitgehend unbekannt.

1 Größer, 6,8–9,7 mm lang (RL: 3,6–4,8 mm) und robuster. Hinterhälfte von Abdominalsegment VII, Segment VIII und Vorderhälfte von Segment IX/X hell gelbrot, hintere Hälfte von Segment IX/X schwarz. An den Fühlern meist die letzten 2–3 Glieder hell. ♂: Sternit VIII breiter, mit umfangreichem Borstenfeld (Abb. 65b); Medianlobus des Aedoeagus (Abb. 65e) zugespitzt, der Apex dorsoventral abgeflacht, mit kleinem Apikalzahn, ventral nicht gekielt (Abb. 65f). ♀: Tergit X gestreckt, basal schräg abgestutzt (Abb. 65h). Transpaläarktische Art, in Mitteleuropa überall verbreitet. Selten. Bodenstreubewohner feuchter Habitate, oft fliegend gefangen. .... ***cingulatus*** MANNERHEIM, 1830

– Kleiner, 5,2–8,0 mm lang (RL: 2,4–4,0 mm) und weniger robust. Spitze des Abdomens von der Hinterhälfte des Segments VII an hell gelbrot. Fühler mit meist nur einem hellen Endglied; Exemplare ohne oder mit 2 hellen Endgliedern kommen vor. ♂: Sternit VIII schmaler, mit weniger umfangreichem Borstenfeld (Abb. 65a); Medianlobus des Aedoeagus (Abb. 65c) apikal weniger zugespitzt, sein Apex dorsoventral kaum abgeflacht, oberhalb des kleinen Apikalzahns ventral fein gekielt (Abb. 65d). ♀: Tergit X an der Basis gleichmäßiger verrundet (Abb. 65g). In Körpergröße und Färbung variable Art, deren Färbungsvarianten auf Grund ihrer Verbreitungstypen zumindest ein subspezifischer Status zugesprochen werden muss. **2**

2 Pronotum wie die Elytren hellrot. Nord- und Osteuropa, Sibirien, Gebirge Mittel- und Südeuropas, des Kaukasusgebiets und Mittelasiens. In Mitteleuropa nur in Dänemark und Schleswig-Holstein, sonst montan in den höheren Mittelgebirgen und den Alpen. Selten. .... ***castaneus boreomontanicus*** SCHÜLKE, 2010

– Pronotum schwarz, die dunklere Färbung des Pronotums auch bei immaturen Exemplaren meist gut erkennbar. Habitus: Abb. 12b. Expansiv holomediterran verbreitet. In Mitteleuropa überall mit Ausnahme der Hochgebirge. In Dänemark und im Baltikum mit breiter Übergangszone zur ssp. *boreomontanicus*, in der beide Farbformen und auch intermediär gefärbte Individuen vorkommen. Nicht häufig. In der Bodenstreu, oft auch fliegend. .... ***castaneus castaneus*** (STEPHENS, 1832)

Gattung *Bryophacis* REITTER, 1909

Mittelgroße, 3,5–6,6 mm lange Arten. Gelb bis dunkelbraun mit meist dunklerem Kopf und Abdomen (Abb. 12c). Fühler kurz, zurückgelegt den Hinterrand des Pronotums nicht erreichend. Supraorbitalborste fehlend. Glied IV der Maxillarpalpen so lang wie oder nur wenig kürzer als Glied III. Labialpalpen kurz, die Glieder von abnehmender Breite; Glied I stark verdickt, Glied II kurz und deutlich breiter als Glied III (Abb. 62i). Scutum mit in der Mitte unterbrochener vorderer Basalrandung (Abb. 62e). Apex der Meso- und Metatibien neben 3 langen Borsten mit ungleich langen, kürzeren Borsten versehen (wie in Abb. 62a). ♂ ohne auffällige sekundäre Geschlechtsmerkmale.

Holarktisch verbreitete Gattung mit 5 aus der Paläarktis bekannten Arten (SCHÜLKE 2004a), von denen 3 in Mitteleuropa vorkommen und eine weitere möglicherweise in den Hochgebirgen des südlichen Mitteleuropas noch nachgewiesen werden könnte.

1 Elytren und Abdomen mit deutlicher, weitläufiger Mikroskulptur. Elytren mit einer Diskalreihe aus 6–9 größeren Borstenpunkten und umfangreicher und unregelmäßiger, feiner (nicht Borsten tragender) Punktur. Größere, 4,2–6,6 mm lange (RL: 2,3–3,1 mm), etwas matte Art. Habitus: Abb. 12c. Kopf nicht auffällig breit (Kopfbreite/Länge des Pronotums: 0,62–0,68). ♂: Aedoeagus (Abb. 66a) mit etwas erweiterter Basis des Medianlobus, ohne stark sklerotisiertes unpaares Sklerit. Montan bis subalpin in den Gebirgen Mitteleuropas und Teilen des südlichen Europas, nicht in Nordeuropa, wo die Art durch die transpaläarktisch verbreitete Subspezies *punctipennis* THOMSON vertreten wird. In Mitteleuropa bis auf die Tiefebene weit verbreitet und nicht selten. In Moos und Nadelstreu, oft auch auf der Vegetation oder fliegend. .... ***rufus rufus*** (ERICHSON, 1839)

– Oberfläche der Elytren und von Tergit VII glatt, ohne Spur einer Mikroskulptur. Abdomen nur in der Mitte von Tergit III und IV, bei einer Art auch auf der Hinterhälfte von Tergit VII mit feiner Mikroskulptur. Kleinere Arten, 3,5–5,9 mm (RL: 1,9–2,6 mm). Kopf oft deutlich breiter. Elytren mit einer Diskalreihe, teilweise auch mit feiner, nicht Borsten tragender Punktur außerhalb der Diskalreihe; manchmal mit angedeuteten Längsfurchen. ♂: Aedoeagus mit deutlicheren paarigen Strukturen, teilweise mit großem Sklerit. 2

2 Kopf breiter (Kopfbreite/Länge des Pronotums: 0,72-0,78). Elytren mit wenigen diskalen Borstenpunkten (meist 4–5), ohne zusätzliche Punktur und ohne feine Furchung. Kopf schwarz, Pronotum und Elytren meist einheitlich hell gelbbraun gefärbt. 3,6–5,2 mm (RL: 2,0–2,6 mm). ♂: Aedoeagus (Abb. 66b) mit 2 Paar Skleriten, ohne deutliches unpaares Sklerit. In Mittel- und Nordeuropa weit verbreitet und nicht ausgesprochen montan, in Südeuropa im Hochgebirge. Selten. In Moos und trockener Laubstreu, abends von der Vegetation zu keschern. .... ***crassicornis*** (MÄKLIN, 1847)

– Kopf schmaler (Kopfbreite/Länge des Pronotums: 0,65-0,70). Elytren mit zahlreicheren diskalen Borstenpunkten (meist 6–10), feiner (nicht Borsten tragender) Punktur außerhalb der Diskalreihe und oft einer feinen Furchung.

Pronotum und Elytren meist dunkler. 3,6–5,2 mm (RL: 1,9–2,5 mm). ♂: Aedoeagus neben den paarigen Skleriten auch mit einem stärker sklerotisierten, unpaaren Sklerit (Abb. 66c). 3

3 ♂: Aedoeagus mit apikal schmalerem unpaarem Sklerit (Abb. 66h–i). Pronotum und Elytren oft etwas heller, gelb- bis rotbraun. Pyrenäen, Südalpen, Apennin, Kaukasus, Nordanatolien und Ferner Osten Russlands. Nicht in Nordeuropa; bisher nicht im mitteleuropäischen Alpengebiet nachgewiesen. Montan bis alpin. .... [***rugipennis*** (PANDELLÉ, 1869)]

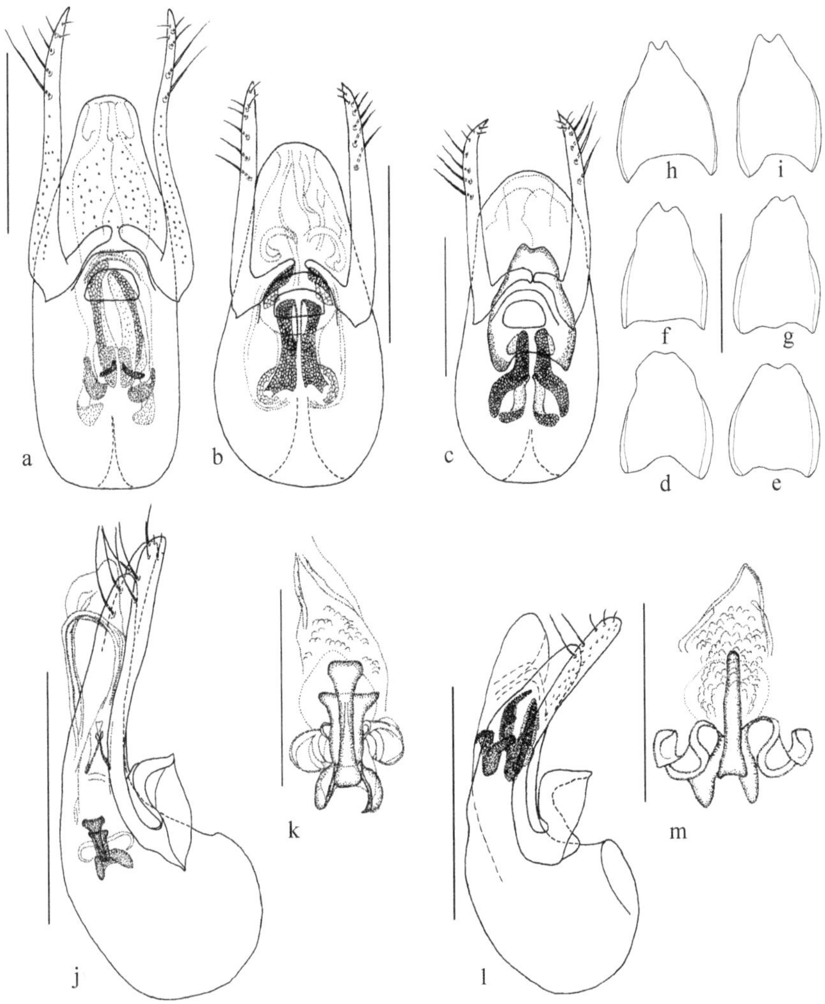

Abb. 66: Aedoeagus, ventral (a–c), Sklerite (d–i, k, m) und Aedoeagus, lateral (j, l) von *Bryophacis rufus rufus* (a), *B. crassicornis* (b), *B. maklini* (c–g), *B. rugipennis* (h–i), *Bryoporus cernuus* (j–k) und *B. multipunctus* (l–m). Maßstäbe 0,25 mm (a, b, c, d–i), 0,5 mm (j, l), 0,2 mm (k, m). Nach SCHÜLKE 2003b (j-m) und SCHÜLKE 2004a (d-i).

– ♂: Aedoeagus mit apikal breiterem unpaarem Sklerit (Abb. 66d–g). Pronotum meist dunkelbraun bis schwarz mit helleren Rändern, Elytren ebenfalls dunkler. Boreomontan; Nordeuropa, Kaukasus, Westanatolien, Kasachstan, Baikalgebiet und Hochgebirge Mittel- und Südeuropas, bisher nicht in den Pyrenäen und im Apennin. In den Alpen und den höheren Gebirgen des östlichen Mitteleuropas verbreitet und teilweise nicht selten, oft zusammen mit *rufus*. .... ***maklini*** (J. SAHLBERG, 1871)

Gattung *Bryoporus* KRAATZ, 1857

Mittelgroße, 4,0–7,5 mm lange, schwarze Arten mit dunkelroten Elytren, selten auch das Pronotum heller (Abb. 12d). Supraorbitalborste fehlend. Fühler kurz, zurückgelegt den Hinterrand des Pronotums nicht überragend, Glieder VII–X deutlich quer. Glied IV der Maxillarpalpen fast so lang und an der Basis fast so breit wie Glied III (Abb. 63a). Labialpalpen kurz, die Glieder von abnehmender Breite; Glied I stark verdickt, Glied II kurz und deutlich breiter als Glied III (wie in Abb. 62i). Endbeborstung der Meso- und Metatibien aus 3 großen Borsten und einem Kranz gleichlanger, kleinerer Borsten bestehend (wie in Abb. 62b). Vordere Basalrandung des Scutums in der Mitte gerade (wie in Abb. 62c). ♂: Sternit VIII am Hinterrand mit wenigen (2–3) paarweise angeordneten kurzen modifizierten Borsten (Abb. 65i). Aedoeagus dorsoventral gebogen, die Innenstrukturen werden beim Ausstülpen gedreht.

Zirkumtropisch verbreitete Gattung mit etwa 40 bekannten Arten, von denen in der Paläarktis 10, in Mitteleuropa nur 2 vorkommen (SCHÜLKE 2003b). Bodenstreubewohner, Lebensweise weitgehend unbekannt.

1 Elytren mit nur einer diskalen Borstenreihe, neben der selten weitere, unregelmäßig verteilte Einzelborsten vorkommen können. Schwarz bis schwarzbraun; Elytren rotbraun; Pronotum mit helleren Rändern oder selten ebenfalls hell rotbraun; Abdomen schwarzbraun, die Hinterränder der Segmente aufgehellt; Beine und Basis der Fühler gelbbraun, Fühler ab Glied IV geschwärzt. 5,5–7,5 mm (RL: 2,7–3,3 mm). Habitus: Abb. 12d. ♂: Aedoeagus (Abb. 66j) mit apikal verbreiterten Skleriten (Abb. 66k). Transpaläarktisch verbreitete Art. In Mitteleuropa überall verbreitet, aber selten. .... ***cernuus*** (GRAVENHORST, 1806)

– Elytren neben Sutural- und Lateralreihe mit 5 regelmäßigen diskalen Borstenreihen. Braunschwarz, Elytren rotbraun, Abdomen mit hellen Hinterrändern der Segmente. Beine und Fühlerbasis heller gelbrot, Fühler zur Spitze geschwärzt. 4,0–7,0 mm (in Mitteleuropa nicht unter 4,5 mm) (RL: 2,0–3,2 mm). ♂: Aedoeagus (Abb. 66l) mit apikal nicht verbreitertem Sklerit (Abb. 66m). Pontomediterrane Art, die das südliche (Schweiz) und südöstliche Mitteleuropa (Österreich, Slowakei, Tschechische Republik, südliches Polen) erreicht, sehr selten. .... ***multipunctus*** HAMPE, 1867

Gattung *Carphacis* GOZIS, 1886

Mittelgroße, 5–7 mm lange Art (Abb. 12e). Supraorbitalborstenpunkt klein, Borste kürzer als das Fühlerglied I breit. In der Ausbildung der Maxillar- und Labialpalpen, der Beborstung der Meso- und Metatibien und der vorderen Basalrandung des Scutums mit *Lordithon* übereinstimmend. Durch die kurzen, abgeflachten Fühler mit stark queren vorletzten Gliedern, das Vorhandensein modifizierter Borstenfelder auf dem ♂-Sternit VIII und das Fehlen von deutlich sklerotisierten Strukturen im Medianlobus des Aedoeagus von *Lordithon* zu unterscheiden. Die meisten der 14 bisher beschriebenen Arten der holarktischen Gattung sind in der östlichen Paläarktis verbreitet. In Mitteleuropa kommt nur eine Art vor, die ähnlich wie *Lordithon*-Arten räuberisch in und an verschiedenen Pilzen lebt.

Robuste Art mit parallelem Abdomen. Dunkelbraun bis schwarz, Elytren rotbraun mit undeutlicher schwarzer Makel vor dem Hinterrand; Seitenränder des Pronotums, Hinterränder der Abdominalsegmente, die Basis der Fühler und die Beine gelbrot. 5,0–7,0 mm (RL: 2,8–3,5 mm). ♂: Sternit VII am Hinterrand etwas erweitert, davor mit einem Feld kurzer modifizierter Borsten (Abb. 65j). Von Frankreich bis Westsibirien gemeldet, auch in Japan. In Mitteleuropa überall verbreitet, aber selten. Meist von Baumpilzen gemeldet, aber auch an großen Röhrenpilzen zu finden; teilweise vergesellschaftet mit *Lordithon*-Arten. .... ***striatus*** (OLIVIER, 1795)

Gattung *Ischnosoma* STEPHENS, 1829

Mittelgroße, 3,5–5,7 mm lange Arten mit hellem Pronotum (Abb. 12f). Supraorbitalborste fehlend. Fühler gestreckt, zurückgelegt den Hinterrand des Pronotums überragend. Glied IV der Maxillarpalpen kürzer und an der Basis nur halb so breit wie Glied III (Abb. 63b). Glied III der Labialpalpen schlank, etwa halb so breit wie Glied II (Abb. 62k). Endbeborstung der Meso- und Metatibien aus 3 großen Borsten und einem Kranz gleichlanger kleinerer Borsten bestehend (Abb. 62b). Vordere Basalrandung des Scutums in der Mitte gerade (Abb. 62c). ♂: Sternite VII und VIII beim Männchen am Hinterrand ausgerandet und zumindest Sternit VIII auffällig beborstet. Aedoeagus mit zugespitztem Medianlobus (Abb. 67c) und eng anliegenden Parameren. Die westpaläarktischen Gattungsvertreter wurden von KOCIAN (1997) revidiert.

Die etwa 100 Arten umfassende Gattung ist in allen zoogeographischen Großregionen verbreitet, erreicht jedoch nicht Südamerika. Aus der Paläarktis sind bisher 54 Arten bekannt geworden, in Mitteleuropa kommen nur 3 davon vor. Die Arten sind in der Bodenstreu, bevorzugt in feuchten Habitaten zu finden.

1 Elytren kürzer, nur so lang wie das Pronotum. Hinterrand von Tergit VII ohne Hautsaum. Kopf schwarz; Pronotum gelbrot; Elytren schwarz (mit blauem Schimmer), ihr Hinterrand breit rot gerandet; Abdomen schwarz mit breit aufgehellten Hinterrändern der Segmente; Fühler und Beine gelb, Fühler in der Mitte angedunkelt. Körpergröße 4,5–5,7 mm (RL: 2,1–2,5 mm). ♂: Hinterrand von Sternit VII nur wenig ausgerandet, ohne auffällige Beborstung (Abb. 67a); Sternit VIII in der Mitte kurz ausgerandet, mit charakteristischen Borstenfeldern und einem völlig unpunktierten Bereich (Abb. 67b). Aedoeagus (Abb. 67c–d) mit hakenförmig gekrümmtem Sklerit. Transpaläarktisch verbreitete Art, die in Mitteleuropa nur im äußersten Norden gefunden wurde (Norddeutschland, nördliches Polen), vielfach nur alte Funde. Sehr selten. Hygrophile Art, meist in Moos und *Sphagnum*. .... ***bergrothi*** (HELLÉN, 1925)

– Elytren länger als das Pronotum (1,05–1,30 ×). Hinterrand von Tergit VII immer mit deutlichem Hautsaum. Färbung heller, weniger kontrastreich. ♂: Auszeichnungen der Sternite VII und VIII anders gebildet. Hierher 2 sehr ähnliche Arten, bei denen sich die früher angegebenen Unterschiede in der Färbung, der Form der Fühler und der Beborstung der Elytren nicht zur sicheren Unterscheidung eignen. **2**

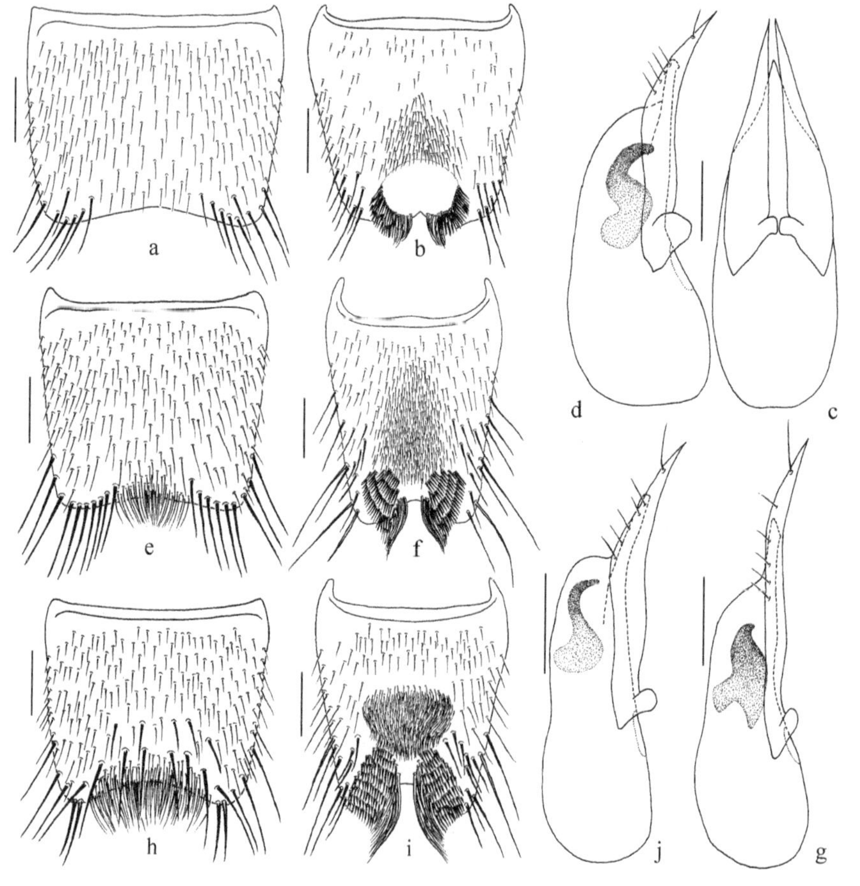

Abb. 67: ♂-Sternit-VII (a, e, h), ♂-Sternit VIII (b, f, i), Aedoeagus ventral (c) und Aedoeagus lateral (d, g, j) von *Ischnosoma bergrothi* (a–d) *I. longicorne* (e–g) und *I. splendidum* (h–j). Alle Maßstäbe 0,2 mm. Nach KOCIAN 1997 (a–j).

2 Durchschnittlich größer, 3,5–5,5 mm (RL: 2,0–2,5 mm). Kopf breiter (0,50–0,60 mm), seine Oberfläche glänzend und ohne Spuren von Mikroskulptur. Kopf meist hell; Pronotum gelbrot; Elytren rötlich mit unscharfen dunklen Bereichen an der Basis; Abdomen braun, Hinterränder der Segmente aufgehellt; Beine und Fühler gelb, Letztere in der Mitte angedunkelt. Diskalreihe der Elytren aus 6–10 Borstenpunkten bestehend. ♂: Sternit VII am Hinterrand weniger tief ausgerandet, im mittleren Drittel ohne große Tastborsten und am Hinterrand mit einem Borstensaum, der etwa ⅓ der Segmentbreite einnimmt (Abb. 67e). Sternit VIII am Hinterrand breit und tief ausgerandet, mit 2 apikalen Borstenfeldern und in der Mitte mit einem lang gestreckten Feld kurzer Borsten (Abb. 67f). Aedoeagus (Abb. 67g) in lateraler Ansicht mit breitem Sklerit. Holarktisch verbreitete Art. In Mitteleuropa überall verbreitet, aber seltener als *splendidum*. Hygrophil, besonders in Mooren, an Ufern und in der Bodenstreu feuchter Wälder. .... ***longicorne*** (MÄKLIN, 1847)

– Durchschnittlich kleiner, 3,5–5,0 mm (RL: 2,0–2,3 mm). Habitus: Abb. 12f. Kopf schmaler (0,43–0,52 mm), deutlich länger als breit; seine Oberfläche glänzend, aber auf dem Scheitel zumindest mit Resten von Mikroskulptur. Kopf meist dunkel braun; Pronotum gelbrot; Elytren oft bis auf eine helle Schultermakel gebräunt; Abdomen braun mit hellen Hinterrändern der Segmente; Beine und Fühler gelb, die mittleren Fühlerglieder angedunkelt. Diskalreihe der Elytren mit 5–7 Borstenpunkten. ♂: Sternit VII am Hinterrand deutlich breiter ausgerandet, über die gesamte Breite mit langen Tastborsten und am Hinterrand mit dichtem Borstensaum, der ⅔ der Segmentbreite einnimmt (Abb. 67h). Sternit VIII hinten kräftig ausgerandet, mit 2 apikalen Borstenfeldern und einem sehr dichten (queren) Borstenbüschel in der Mitte (Abb. 67i). Aedoeagus mit (in lateraler Ansicht) schlankem Sklerit (Abb. 67j). Holarktisch verbreitete Art. In Mitteleuropa überall verbreitet und häufig. An feuchten Stellen in der Bodenstreu und in Moos; sowohl in Wäldern als auch in offenem Gelände. .... ***splendidum*** (GRAVENHORST, 1806)

Gattung *Lordithon* THOMSON, 1859

Kleine bis große, 2,5–10 mm lange, meist bunt gefärbte Arten (Abb. 13a). Elytren meist mehrfarbig, gelb mit schwarzen Makeln oder schwarz mit gelben Humeralmakeln und gelbem Hinterrand. Supraorbitalborstenpunkt fehlend. Labialpalpen gestreckt, Glied II mindestens so lang wie breit, Glied III gestreckt (Abb. 62j). Kopf bei einigen Arten stark nach vorn verlängert, vor den Augen deutliche Wangen bildend. Vordere Basalrandung des Scutums vollständig, in der Mitte winklig (Abb. 62d). Endbeborstung der Meso- und Metatibien aus 3 bis 4 großen und ungleich langen, kleineren Borsten bestehend (Abb. 62a).

Die bisher durch die Länge des Kopfes unterschiedenen Untergattungen sind teilweise paraphyletisch und werden deshalb hier nicht verwendet. Die in Mitteleuropa vorkommenden Arten leben als Prädatoren auf und in Pilzen. Über das Vorkommen an verschiedenen Pilzarten geben die Arbeiten von BENICK (1952) und SCHEERPELTZ & HÖFLER (1948) Auskunft. Die Gattung ist mit derzeit 135 bekannten Arten in allen zoogeographischen Großregionen bis auf die Äthiopis verbreitet, ihr Verbreitungsschwerpunkt liegt in der östlichen und südlichen Paläarktis sowie in

Nordamerika. Aus der Paläarktis sind 70, aus Mitteleuropa 9 Arten bekannt. Die mitteleuropäischen Arten wurden zuletzt von KOCIAN (1996) und SCHÜLKE (2000) untersucht.

1 Kopf kurz, breiter als lang oder nur wenig länger als breit (Kopflänge/-breite < 1,1) (Abb. 68b–c). Arten mit mehrheitlich gelben Elytren, dunklen Scutellar- und Diskalmakeln und/oder Hinterecken; Pronotum einfarbig gelb, oft in der Mitte mehr oder weniger gebräunt, selten schwarz mit schmal gelben Rändern; Abdomen gelbrot bis schwarz, einfarbig mit hellen Hinterrändern der Segmente, nie einfarbig gelbrot mit scharf abgesetzter schwarzer Spitze des Abdomens. **2**

– Kopf lang gestreckt (Kopflänge/-breite > 1,1) (Abb. 68d–e), Wangen vor den Augen deutlich verlängert. Arten mit mehrheitlich schwarzen Elytren mit gelben oder gelbroten Humeralmakeln oder Basalbinden; Pronotum einfarbig gelbrot; Abdominaltergite III–VI und der Vorderrand von Tergit VII hell gelbrot, von der schwarzen Spitze des Abdomens deutlich abgesetzt. 7

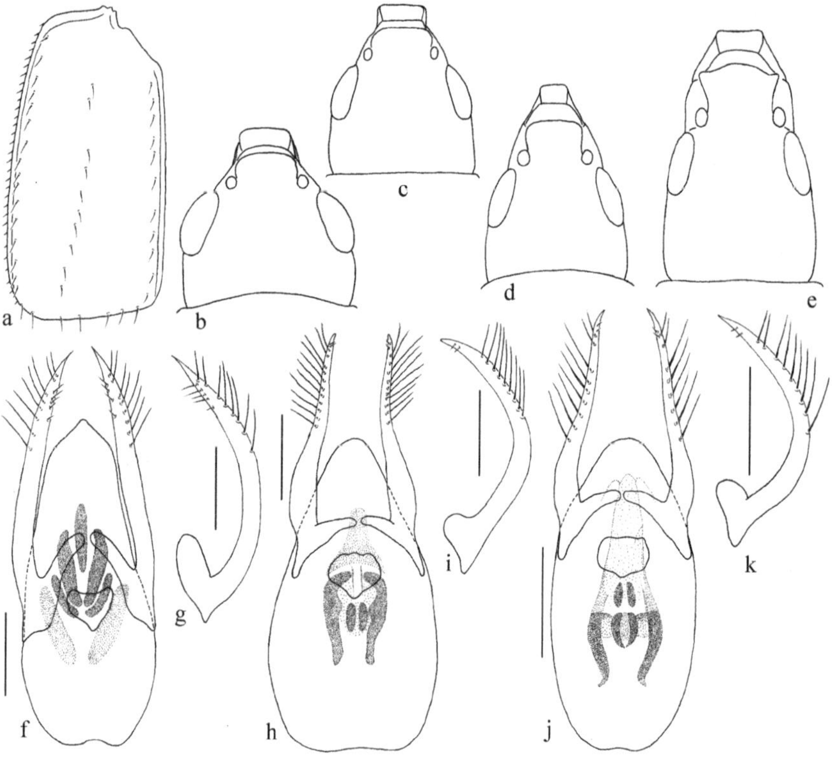

Abb. 68: Elytre (a), Kopf (b-e), Aedoeagus, ventral (f, h, j) und Paramere (g, i, k) von *Lordithon bicolor* (a), *L. trimaculatus* (b), *L. trinotatus* (c), *L. pulchellus* (d), *L. speciosus* (e–g), *L. lunulatus* (h–i) und *L. pulchellus* (j–k). Maßstäbe (f–k) 0,2 mm. Nach KOCIAN 1996 (a–k).

2 Groß, 6,0–10,0 mm (RL: 3,3–5,7 mm). Kopf hinter den Augen deutlich punktiert. Die Punkte der Diskalreihe der Elytren (Abb. 68a) in einer vertieften Furche liegend. Kopf, Pronotum und Elytren gelbrot, Letztere mit schwarzen Außenecken; Abdomen dunkel mit wenig aufgehellten Hinterrändern der Segmente. ♂: Aedoeagus: Abb. 69a; Parameren innen auf der ganzen Länge mit feinen Tastborsten (Abb. 69b). Transpaläarktisch verbreitete Art. In Mitteleuropa sehr selten, kaum neue Funde. In montanen Wäldern. .... ***bicolor*** (GRAVENHORST, 1806)

– Kleiner, 2,5–7,2 mm (RL: 1,5–3,8 mm). Kopf braun oder schwarz; hinter den Augen glatt, ohne Punktur. ♂: Parameren innen nur im Spitzenbereich mit Tastborsten. **3**

3 Diskalreihen der Elytren nur mit wenigen (4–8, meist 4–6) Borstenpunkten. Fühler mit deutlich queren Gliedern VIII–X. Pronotum hinten mit deutlicher Randlinie. Färbung variabel; Kopf braun bis schwarz; Pronotum selten gelb, meist in der Mitte umfangreich geschwärzt, manchmal schwarz mit nur schmalen gelben Rändern; Elytren gelb mit brauner Scutellarmakel und dunklen Außenecken, manchmal auch bis auf Humeralmakeln und Hinterränder der Elytren dunkel; Abdomen braun bis dunkelbraun mit hellen Hinterrändern der Segmente. Oberfläche von Pronotum und Elytren mit kräftiger Mikroskulptur, die auf dem Pronotum nur wenig weitläufiger als auf den Elytren ist. Habitus: Abb. 13a. ♂: Aedoeagus klein, Medianlobus 0,3–0,5 mm lang (Abb. 69k–l). Kleinste mitteleuropäische Art, 2,5–5,5 mm (RL: 1,5–2,8 mm). Die Art ist mit mehreren Subspezies holarktisch verbreitet. Die in Mitteleuropa vorkommende Unterart ist überall an Pilzen häufig. .... ***thoracicus thoracicus*** (FABRICIUS, 1777)

– Diskalreihen der Elytren mit 7 oder mehr Borstenpunkten. Glieder VIII–X der Fühler nicht oder nur wenig quer. Mikroskulptur auf dem Pronotum fehlend oder viel weitläufiger als auf den Elytren. **4**

4 Breit gebaute, robuste Art; 3,8–5,5 mm (RL: 2,2–3,8 mm) lang. Kopf (Abb. 68b) etwas breiter als lang. Glied XI der Fühler etwa doppelt so lang wie breit, fast doppelt so lang wie Glied X. Elytren zusammen von etwa quadratischem Umriss, etwa 1,2-mal so lang wie das Pronotum; Diskalreihen mit 10–12 Borstenpunkten. Kopf schwarz; Pronotum gelb, in der Mitte meist kräftig verdunkelt; Elytren gelbbraun mit umfangreich angedunkelten Außenecken, ohne Scutellarmakel. Pronotum und Elytren mit feiner querliniger Mikroskulptur. ♂: Aedoeagus mit umfangreichen Innenstrukturen und kurzen, wenig zugespitzten Parameren (Abb. 69g–h). Transpaläarktisch verbreitete Art. In Mitteleuropa nur in montanen Wäldern im Osten und Süden. Sehr selten; an Baumpilzen. .... ***trimaculatus*** (FABRICIUS, 1793)

– Schlankere Arten von 3,4–7,2 mm Körperlänge (RL: 2,1–3,5 mm). Kopf etwas länger als breit (Abb. 68c). Letztes Glied der Fühler etwa 1,5-mal so lang wie breit und 1,5-mal so lang wie Glied X. Elytren deutlich länger als zusammen breit, etwa 1,25–1,40-mal so lang wie das Pronotum. **5**

5 Kleine, gestreckte Art, 3,7–5,7 mm (RL: 2,2–2,7 mm) lang. Diskalreihen der Elytren mit zahlreichen (10–15), dicht gestellten Borstenpunkten. Kopf schwarz; Pronotum hinten ohne Randlinie, einfarbig gelb; Elytren gelb, ohne dunkle Scutellarmakel, aber mit dunklen Außenecken; Abdomen meist

hell rötlich, seine Spitze etwas dunkler. Pronotum nicht oder nur in den Hinterecken mikroskulptiert, Elytren mit eng querliniger Mikroskulptur. ♂: Aedoeagus (Abb. 69i) klein; Medianlobus 0,45–0,50 mm lang, mit breiten, nicht deutlich paarigen Skleriten; Paramerenbeborstung dicht (Abb. 69j). Mediterrane Art, die in Mitteleuropa überall verbreitet und nicht selten ist. .... ***exoletus*** (ERICHSON, 1839)

– Weniger schlanke Arten von 3,4–7,2 mm Körperlänge (RL: 2,1–3,5 mm). Diskalreihen der Elytren mit weniger (7–10) Borstenpunkten. Mikroskulptur auf dem Pronotum wenigstens in der Hinterhälfte ausgebildet. Pronotum meist in der Mitte angedunkelt; Elytren mit Scutellarmakel. ♂: Aedoeagus mit paarigen Skleriten; Parameren mit weniger umfangreicher Beborstung. Hierher 2 nur im männlichen Genitalbau sicher zu unterscheidende Arten. **6**

6 Etwas größer, 4,7–7,2 mm (RL: 2,5–3,5 mm). Fühlerglieder VIII–X gestreckt, etwas länger als breit. Hinterrand des Pronotums mit deutlicher Randlinie. ♂: Aedoeagus (Abb. 69c–d) größer, Länge des Medianlobus 0,58–0,68 mm; paarige Sklerite wenig kräftig sklerotisiert. Kopf schwarz; Pronotum gelbrot, meist mit deutlicher länglicher Dorsalmakel; Elytren gelb mit lang gestreckter Makel in der Hinterhälfte; Scutellarmakel deutlich, manchmal das Scutellum hell und nur seine Umgebung angedunkelt; Abdomen dunkel mit hellen Hinterrändern der Segmente. Holomediterrane Art, die bis ins südliche Nordeuropa verbreitet ist. Meldungen aus dem Osten der Paläarktis und Indien beruhen auf Verwechslungen. In Mitteleuropa überall verbreitet und nicht selten. ... ***trinotatus*** (ERICHSON, 1839)

– Etwas kleiner, 3,4–5,8 mm (RL: 2,1–3,0 mm). Fühlerglieder VIII–X meist etwas quer. Randlinie am Hinterrand des Pronotums in der Mitte unterbrochen. ♂: Aedoeagus (Abb. 69e–f) kleiner, Länge des Medianlobus 0,43–0,57 mm; paarige Sklerite kräftig sklerotisiert, dunkel gefärbt. Körperfärbung ähnlich wie bei *L. trinotatus*. Von Vorder- und Mittelasien bis nach Mitteleuropa und Nordspanien verbreitete, pontomediterrane Art. In Mitteleuropa seltener als *trinotatus*, im Nordosten teilweise fehlend. Da die Art bisher mit *trinotatus* und *exoletus* verwechselt wurde, ist ihre Verbreitung noch ungenügend bekannt. .... ***bimaculatus*** (SCHRANK, 1798)

7 Scutellum schwarz; Elytren schwarz mit gelben Humeralmakeln, die weder den Vorderrand noch die Naht der Elytren erreichen, sowie hellem Hinterrand; Sternit VII mit breit gelb abgesetztem Hinterrand. 5,0–7,0 mm (RL: 2,8–3,9 mm). ♂: Aedoeagus mit kräftig beborsteten Parameren (Abb. 68h–i). Von Westeuropa bis in die Baikalregion verbreitet. In Mitteleuropa an Pilzen überall nicht selten. .... ***lunulatus*** (LINNAEUS, 1760)

– Scutellum und die Basis der schwarzen Elytren vollständig gelbrot; Hinterrand von Sternit VII höchstens undeutlich aufgehellt. **8**

8 Kleiner, 4,0–6,0 mm (RL: 2,4–3,3 mm). Kopf kürzer (Abb. 68d), hinter den Augen glatt, ohne Punktur. Diskalborstenreihe der Elytren aus 4–6 Punkten bestehend; die gelbe Basalbinde der Elytren hinten gerade begrenzt. ♂: Aedoeagus ähnlich wie bei *lunulatus*, jedoch mit gestreckteren Innenstrukturen (Abb. 68j–k). Transpaläarktisch verbreitete Art. In

Mitteleuropa fast überall; nicht in Dänemark. Selten. Meist an verschiedenen Baumpilzen. .... **pulchellus** (MANNERHEIM, 1830)[1]

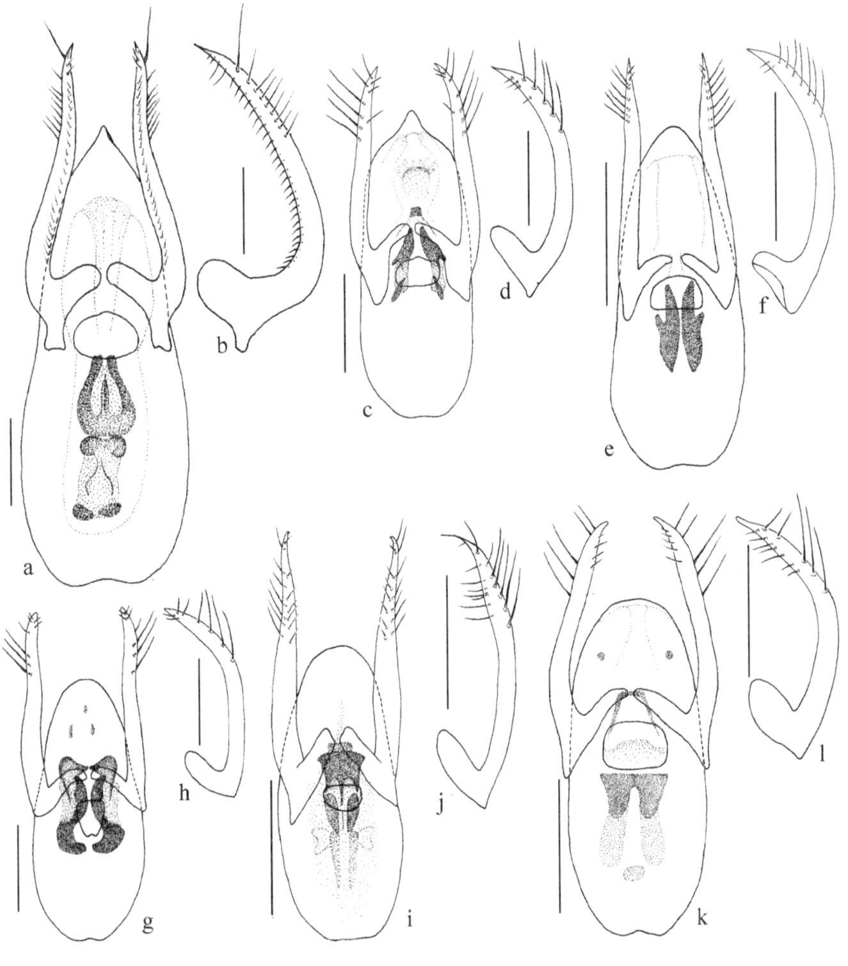

Abb. 69: Aedoeagus, ventral (a, c, e, g, i, k) und Paramere (b, d, f, h, j, l) von *Lordithon bicolor* (a–b), *L. trinotatus* (c–d), *L. bimaculatus* (e–f), *L. trimaculatus* (g–h), *L. exoletus* (i–j) und *L. thoracicus* (k–l). Alle Maßstäbe 0,2 mm. Nach KOCIAN 1996 (a–b, g–l) und SCHÜLKE 2000 (c–f).

---

[1] Aus Südfrankreich wurde mit *Lordithon pulchellus imperator* (MERCERON, 1999) eine Form beschrieben, deren Identität bisher nicht geklärt werden konnte. Das Vorkommen einer Subspezies von *pulchellus* in Südfrankreich ist zoogeographisch jedoch nicht plausibel.

– Größer, 8,0–10,8 mm (RL: 4,2–5,2 mm). Kopf gestreckter (Abb. 68e), hinter den Augen mit deutlicher Punktur. Diskalborstenreihe aus 8–13 Punkten bestehend; die gelbe Basalbinde der Elytren hinten wellenförmig begrenzt, teilweise an der Naht bis zum Hinterrand der Elytren ausgedehnt, so dass nur 2 schwarze, mit dem Seitenrand verbundene Makeln verbleiben. ♂: Aedoeagus apikal deutlicher zugespitzt mit umfangreichen Innenstrukturen und weniger kräftig beborsteten Parameren (Abb. 68f–g). Boreomontan verbreitete, sibirische Art. In Mitteleuropa nur im Süden und Osten in ursprünglichen montanen Wäldern. Sehr selten, aus vielen Gebieten verschwunden. An Baumpilzen. .... ***speciosus*** (ERICHSON, 1839)

Gattung *Mycetoporus* MANNERHEIM, 1830

Kleine bis mittelgroße, 2,5–6,5 mm lange, oft bunt gefärbte Arten (Abb. 13b). Endglied der Maxillarpalpen schlank bis nadelförmig, viel schmaler als Glied III (Abb. 63d, 70c–e). Meso- und Metatibien mit 3 großen und einem Kranz unterschiedlich langer kleinerer Endborsten (wie in Abb. 62a). Vordere Basalrandung des Scutums in der Mitte stumpfwinklig (wie in Abb. 62d). Supraorbitalborstenpunkt kräftig, Borste etwa so lang wie Fühlerglied I. Körper gestreckt parallelseitig bis schlank kahnförmig, größere Arten auch breiter kahnförmig. Pronotum mit Lateralborsten, selten auch mit zusätzlicher diskaler Beborstung (Abb. 64a–b); Elytren neben Sutural-, Diskal- und Lateralreihe oft mit zusätzlichen interioren oder exterioren diskalen Borstenreihen (Abb. 64c). ♂: Sternit und Tergit VIII am Hinterrand abgestutzt oder abgerundet, ohne Ausrandungen oder Borstenfelder, bei 2 im Gebiet vorkommenden Arten mit einem Mittelkiel. Aedoeagus mit frei beweglichen Parameren.

Die Gattung gliedert sich in mindestens 3 Verwandschaftskomplexe, die sich durch den Bau der Maxillarpalpen, die Innenstrukturen des Aedoeagus und die Beborstungstypen von Pronotum und Elytren unterscheiden und deren Verwandschaftsverhältnis zueinander und zur Gattung *Bryophacis* noch ungeklärt ist. Die etwa 125 beschriebenen *Mycetoporus*-Arten sind in der Holarktis verbreitet. Aus der Paläarktis sind bisher etwa 80 Arten bekannt geworden; aus Mitteleuropa wurden bisher 33 Arten der Gattung gemeldet. Mehrere aus benachbarten Gebieten bekannte Arten könnten noch nachgewiesen werden. Zur Identifizierung der Arten ist die Untersuchung der Beborstung von Pronotum und Elytren sowie der Mikroskulptur notwendig, siehe dazu die Bemerkungen in der Einleitung zur Unterfamilie. In einigen Artengruppen (*baudueri*-Gruppe, *nigricollis*-Gruppe) ist eine Untersuchung des Aedoeagus unerlässlich (SCHÜLKE 1996b, 2003a, 2003b, 2004b, 2009a, SCHÜLKE & KOCIAN 2000). Die Arten der Gattung sind bis auf wenige Ausnahmen hygrophil und in der Bodenstreu von Wäldern und offenen Landschaften, aber auch in alpinen Rasen zu finden. Über ihre Lebensweise und Larvalentwicklung ist nur wenig bekannt.

1 Maxillarpalpen kurz und dick, Glied II birnenförmig verdickt, ebenso breit wie oder breiter als Glied III (Abb. 70c). Vorwiegend kleine Arten von 2,5–4,0 mm (RL: 1,3–2,3 mm) Länge mit schlankem Habitus, die ein wenigstens am Hinterrand kräftig mikroskulptiertes Pronotum und bis auf eine alpine Art eine interiore Borstenreihe auf den Elytren besitzen. Die hierher gehörenden Arten sind nach äußeren Merkmalen nur schwer zu diagnostizieren, zur sicheren Determination ist eine Genitaluntersuchung unerlässlich (*baudueri*-Gruppe). **2**

– Maxillarpalpen schlank oder mit erweitertem Glied III. Glied II gestreckter, nicht oder kaum erweitert, in jedem Fall deutlich schmaler als Glied III (Abb. 63d, 70d–e). Meist weniger schlanke, oft größere Arten. Mikroskulptur auf dem Pronotum fehlend oder nur sehr fein. **10**

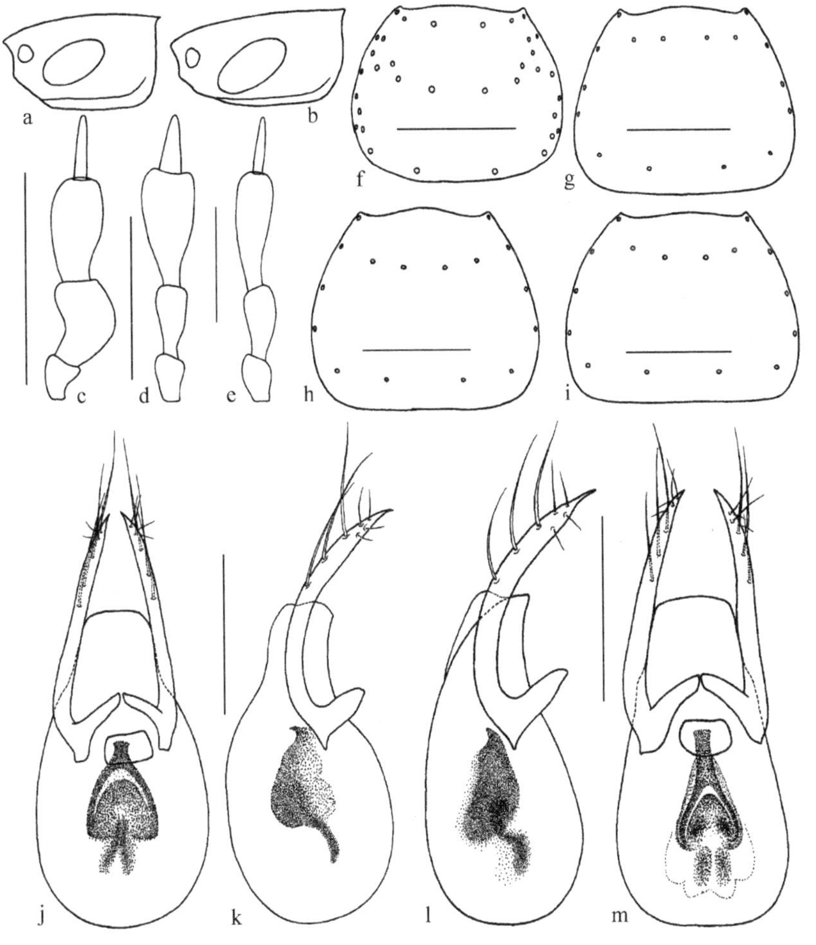

Abb. 70: Kopf, lateral (a–b), Maxillarpalpen (c–e), Pronotum (f–i) und Aedoeagus (j–m) von *Mycetoporus piceolus* (a, l–m), *M. baudueri* (b-c, j–k), *M. lepidus* (d), *M. corpulentus* (e), *M. punctipennis* (f), *M. eppelsheimianus* (g), *M. rufescens* (h) und *M. wingelmuelleri* (i). Maßstäbe: 0,2 mm (c–e, j–m), 0,5 mm (f–i). Nach unveröffentlichten Vorlagen von KOCIAN (j-m).

2 Pronotum einfarbig gelbrot oder gelbbraun. 3

– Pronotum wie der übrige Körper dunkel, braun bis schwarz, teilweise mit helleren Rändern. 6

3 Kopf und Pronotum bis auf den Hinterrand glatt, ohne Mikroskulptur. Kopf braun bis schwarz, immer dunkler als das gelbbraune Pronotum und die hellen Elytren. Elytren so lang oder etwas länger als zusammen breit. Abdomen parallelseitig, etwas an die Arten der *lepidus*-Gruppe (Leitzahl 11ff.) erinnernd; Tergite auffällig kräftig punktiert und fein querwellig mikroskulptiert; die Mikroskulptur wesentlich enger (ca. 5 Maschen / 10 µm) als auf den Elytren. 3,0–3,5 mm (RL: 1,4–1,7 mm). ♂: Aedoeagus (Abb. 71g–h) mit spärlich beborsteten Parameren und charakteristischem Sklerit. Aus Skandinavien und Osteuropa bekannt, wahrscheinlich weiter verbreitet. Die westlichsten bekannten Vorkommen liegen in Belarus westlich von Minsk. Die Art könnte auch im östlichen Mitteleuropa zu finden sein. .... [***debilis*** MÄKLIN, 1847]

– Wenigstens die hintere Hälfte des Pronotums, meist jedoch dessen ganze Oberfläche bis zu den Vorderrandpunkten oder bis zum Vorderrand deutlich mikroskulptiert; Kopf teilweise ebenfalls mit Resten von Mikroskulptur. Abdomen weniger parallelseitig, von der Basis deutlich nach hinten verengt. Tergite, besonders Tergit III und IV, weniger kräftig punktiert und weitläufiger mikroskulptiert (etwa 1–3 Maschen / 10 µm); auf Tergit VI ist die Mikroskulptur nicht enger als auf den Elytren. 4

4 Elytren mit auffällig weitläufiger und kräftiger Mikroskulptur (1–1,5 Maschen / 10µm). Oberfläche der Elytren sehr uneben, die Diskalreihe in einer nach hinten tiefer und breiter werdenden Furche liegend. Interiore Borstenreihe oft stark reduziert. Oberfläche der Elytren innerhalb der interioren Borstenreihen teilweise mit zahlreichen kleinen, nicht borstentragenden Punkten. Elytren kurz (Breite/Länge: 1,45–1,60). Hautsaum am Hinterrand von Tergit VII fehlend. Vorderkörper einfarbig hell gelbrot; Abdomen braun bis dunkelbraun mit hellen Hinterrändern der Segmente; Beine und Fühler gelb. 2,7–3,3 mm (RL: 1,3–1,5 mm). ♂: Aedoeagus mit breitem Sklerit (Abb. 71e–f). Bisher nur aus den piemontesischen Alpen aus alpinen Lagen oberhalb von 2000 m bekannt, meist aus *Rhododendron*-Streu gesiebt. Ein Vorkommen der Art im Wallis ist nicht auszuschließen. .... [***kahleni*** SCHÜLKE, 1996]

– Elytren mit viel feinerer und weniger kräftiger Mikroskulptur. Oberfläche der Elytren nur undeutlich gefurcht. ♂: Innenstrukturen des Aedoeagus anders gebildet. 5

5 Kopf, Pronotum und Elytren einfarbig gelbrot; Kopf nicht dunkler als das Pronotum. Elytren kurz, stets deutlich kürzer als zusammen breit (Breite/Länge: 1,50–1,60). Brachyptere Art; Hautsaum am Hinterrand von Tergit VII vorhanden oder reduziert. Diskalreihe der Elytren mit 5–6 Borsten, die reduzierte interiore Borstenreihe völlig fehlend oder nur mit 2–3 Borsten. 2,6–3,6 mm (RL: 1,3–1,7 mm). ♂: Aedoeagus (Abb. 71c–d) mit kompaktem Sklerit und kleinen Borstenfeldern. Nord- und Osteuropa, ostwärts bis zum Altai und in den Norden Chinas verbreitet. Reliktpopulationen leben in den Alpen, im Apennin und den Gebirgen der nördlichen Balkan-Halbinsel, wahrscheinlich auch in anderen Hochgebirgen Südeuropas. In Mitteleuropa in der oberen Nadelwaldstufe und oberhalb der

Baumgrenze besonders in den Ostalpen (Österreich, Italien und Slowenien) verbreitet, westlich bis in die Schweiz (Graubünden und Tessin) gemeldet, selten. .... ***altaicus*** LUZE, 1901

– Kopf braun bis schwarz, meist deutlich dunkler als Pronotum und Elytren. Mikroskulptur auf dem Kopf meist reduziert und auf die Stirn beschränkt. Brachypter oder macropter; in der Länge der Elytren sehr variabel. Hautsaum am Hinterrand von Tergit VII vorhanden. Diskalreihe und interiore Borstenreihe der Elytren meist gleich stark, aus 6–8 Borstenpunkten bestehend. 2,4–3,6 mm (RL: 1,3–1,8 mm). ♂: Aedoeagus klein (0,35–0,45 mm) mit weniger kompaktem Sklerit und sternförmiger Struktur im basalen Teil des Medianlobus (Abb. 71a–b). Nach Untersuchung der Typenserie fällt auch *gracilis* LUZE, 1901 in die Variationsbreite von *mulsanti*. Häufige, von Nordafrika bis Skandinavien und Osteuropa verbreitete Art; aus Dänemark noch unbekannt. Im Norden in der Ebene, im Süden meist montan bis subalpin. ....
.... ***mulsanti*** GANGLBAUER, 1895

6 Pronotum bis zum Vorderrand mit deutlicher Mikroskulptur. Die meist einfarbig gelben Fühler kurz, mit deutlich queren vorletzten Gliedern, die fast doppelt so breit wie lang sind. Oberfläche des Kopfes in der Mitte meist ebenfalls mit Resten von Mikroskulptur. Hierher 2 sehr ähnliche, montan-alpine Arten. **7**

– Pronotum höchstens bis zu den Vorderrandpunkten mikroskulptiert. **8**

7 Punktreihen auf den Elytren (Diskalreihe 7–10, interiore Reihe 7–9) mit kräftigen und tiefen Borstenpunkten. 3,3–4,0 mm (RL: 1,6–2,0 mm). ♂: Aedoeagus dem von *mulsanti* sehr ähnlich (Abb. 72c–d) aber deutlich größer (0,50–0,57 mm). Bisher nur aus den östlichen Alpen zwischen Graubünden und dem westlichen Kärnten bekannt, in Tirol viel häufiger als *monticola*. Hochmontan bis alpin in Laub- und Nadelstreu sowie in Rasenpolstern. .... ***caliginosus*** SCHÜLKE, 2009

– Punktreihen auf den Elytren (Diskalreihe 8–10, interiore Reihe 7–9) weniger kräftig. 3,3–4,0 mm (RL: 1,6–2,1 mm). ♂: Aedoeagus mit größerem, apikal breiterem Sklerit (Abb. 71i–j). In Europa disjunkt arktoalpin verbreitete Art, mit Nordarealen in Fennoskandien und Großbritannien sowie hochmontan bis alpinen Vorkommen in den Sudeten, Karpaten, Alpen und Hochgebirgen der südlichen Balkanhalbinsel. Nicht selten; aus Tirol, wo *caliginosus* verbreitet ist, liegen nur wenige Einzelfunde vor. In Laub- und Nadelstreu sowie in alpinen Rasen. .... ***monticola*** FOWLER, 1888

8 Fühler wie bei *monticola* und *caliginosus* kurz mit stark queren vorletzten Gliedern, meist einfarbig hell. Mikroskulptur auf dem Pronotum in der Mitte oder an den weiter zurückgesetzten Vorderrandpunkten erlöschend. Elytren mit zahlreichen Borstenpunkten (Diskalreihe 8–12, interiore Reihe 8–11) und weitläufiger Mikroskulptur (wie auf dem Pronotum etwa 1 Masche / 10 µm). 3,5–4,5 mm (RL: 1,9–2,3 mm). ♂: Aedoeagus mit breitem Sklerit, das ähnlich wie bei *altaicus* gebaut ist (Abb. 72a–b). Früher nur aus Gebirgen in Bosnien und Bulgarien bekannt, wurde die Art seit den neunziger Jahren in der Tschechischen Republik, Österreich und Deutschland (Baden-Württemberg, Sachsen und Thüringen) nachgewiesen, wo sie meist in Blockhalden, teilweise auch in Höhlen gefunden wurde. ....
.... ***bosnicus*** LUZE, 1901

– Fühler schlanker, vorletzte Glieder weniger stark quer, meist zur Spitze angedunkelt. Die Mikroskulptur auf dem Pronotum reicht bis zu den Vorderrandpunkten. Hierher 2 sehr ähnliche und variable Arten, die nur durch Genitaluntersuchung sicher zu unterscheiden sind. Die Artengruppe ist revisionsbedürftig, das Vorkommen weiterer Arten in Mitteleuropa ist möglich. **9**

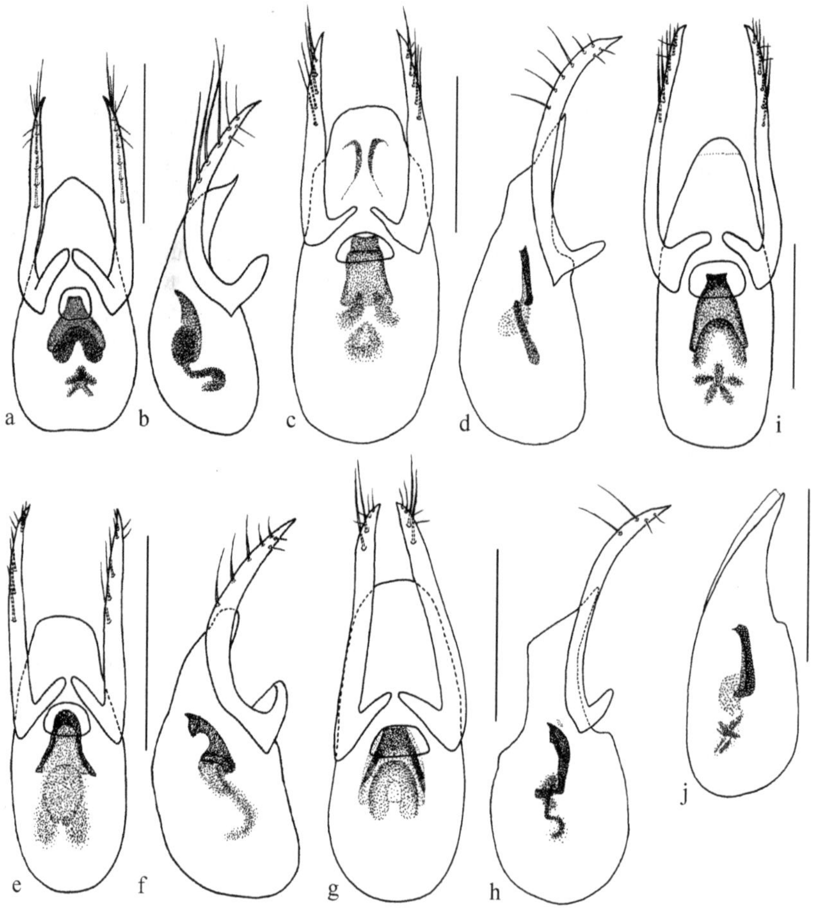

Abb. 71: Aedoeagus von *Mycetoporus mulsanti* (a–b), *M. altaicus* (c–d), *M. kahleni* (e–f), *M. debilis* (g–h) und *M. monticola* (i–j). Alle Maßstäbe 0,2 mm. Nach unveröffentlichten Vorlagen von KOCIAN (a–b, g–j).

9 Kopf breiter und weniger gestreckt, das erste Fühlerglied überragt zurückgelegt deutlich den Vorderrand der Augen. Der Unterrand der Augen ist von der Schläfenrandung soweit entfernt wie ihr Vorderrand von der Fühlergrube (Abb. 70a). Färbung meist braun bis dunkelbraun mit dunklerem Kopf und Abdomen, nur selten fast schwarz mit hellem Hinterrand der Elytren. Größe sehr variabel; Körperlänge 2,8–3,8 mm (RL: 1,4–2,1 mm). ♂: Aedoeagus mit schlankerem Sklerit (Abb. 70l–m). Gesamtverbreitung ungenügend bekannt, in Mitteleuropa überall verbreitet und nicht selten. .... ***piceolus*** REY, 1883

– Kopf schmaler und etwas gestreckt, das erste Fühlerglied erreicht zurückgelegt gerade den Vorderrand der Augen. Der Unterrand der Augen ist der Schläfenrandung stark angenähert (Abb. 70b). Färbung meist einheitlich dunkelbraun bis schwarz mit hellen Hinterrändern der Elytren. 3,1–3,6 mm (RL: 1,7–2,0 mm). ♂: Aedoeagus (Abb. 70j–k) mit weniger schlankem Sklerit. Gesamtverbreitung wegen der Verwechslung mit ähnlichen Arten nicht genau bekannt, in Mitteleuropa überall, aber meist seltener als *piceolus*. .... ***baudueri*** MULSANT & REY, 1875

10 Maxillarpalpen mit erweitertem Glied III, dieses deutlich breiter als Glied II (Abb. 70d). Arten mit parallelseitigem, gestrecktem Habitus; Abdomen erst kurz vor dem Apex verengt. Pronotum mit zusätzlichen diskalen Borstenpunkten, die in einem kurz vor der Mitte des Pronotums befindlichen Bogen angeordnet sind (Abb. 64a, 70f); zusätzliche laterale Borstenpunkte oft vorhanden (*lepidus*-Gruppe). **11**

– Maxillarpalpen gestreckt, die Glieder II und III mehr als doppelt so lang wie breit (Abb. 63d, 70e). Habitus kahnförmig (Abb. 13b); Abdomen von der Basis zum Apex ziemlich gleichmäßig verengt. Unter den hierher gehörenden Arten besitzt nur *punctus* eine zusätzliche Beborstung auf dem Pronotum in Form von je 2 hintereinander in den Verbindungslinien zwischen den äußeren Vorder- und Hinterrandborsten stehenden (diskalen) Borstenpunkten. **15**

11 Pronotum jederseits mit 5 oder mehr diskalen und zahlreichen zusätzlichen lateralen Borstenpunkten (Abb. 70f). Elytren neben der Diskalreihe mit zusätzlichen interioren und exterioren Borstenreihen. Borstenpunkte auf den Elytren auffallend groß und tief. Oberfläche des Pronotums glatt, nur hinten mit Resten von Mikroskulptur. Kopf schwarz; Pronotum etwas heller mit gelbroten Rändern; Elytren rot mit dunkler Scutellarmakel und dunklem Seitenrand, manchmal auch insgesamt dunkler, nur mit heller Humeralmakel und hellem Hinterrand; Abdomen schwarz mit hellen Hinterrändern der Segmente; Fühler gelblich. 3,7–4,6 mm (RL: 1,8–2,2 mm). ♂: Aedoeagus mit kompakter Innenstruktur (Abb. 73g–h). Pontomediterrane Art. In Mitteleuropa nur im Südosten (Österreich, Slowakei, Tschechische Republik), selten. .... ***punctipennis*** SCRIBA, 1868

– Pronotum jederseits mit 4 oder weniger diskalen Borstenpunkten, die Anzahl der lateralen Borstenpunkte beträgt 4 oder 5 (Abb. 64a). Elytren mit einer Diskalreihe aus 5–8 Borstenpunkten. Reste einer interioren Borstenreihe nur in der hinteren Hälfte, aus 1–3 Borstenpunkten bestehend, manchmal völlig reduziert; exteriore Borstenpunkte fehlend. Borstenpunkte nicht auffällig groß und tief. Pronotum vollständig mikroskulptiert. **12**

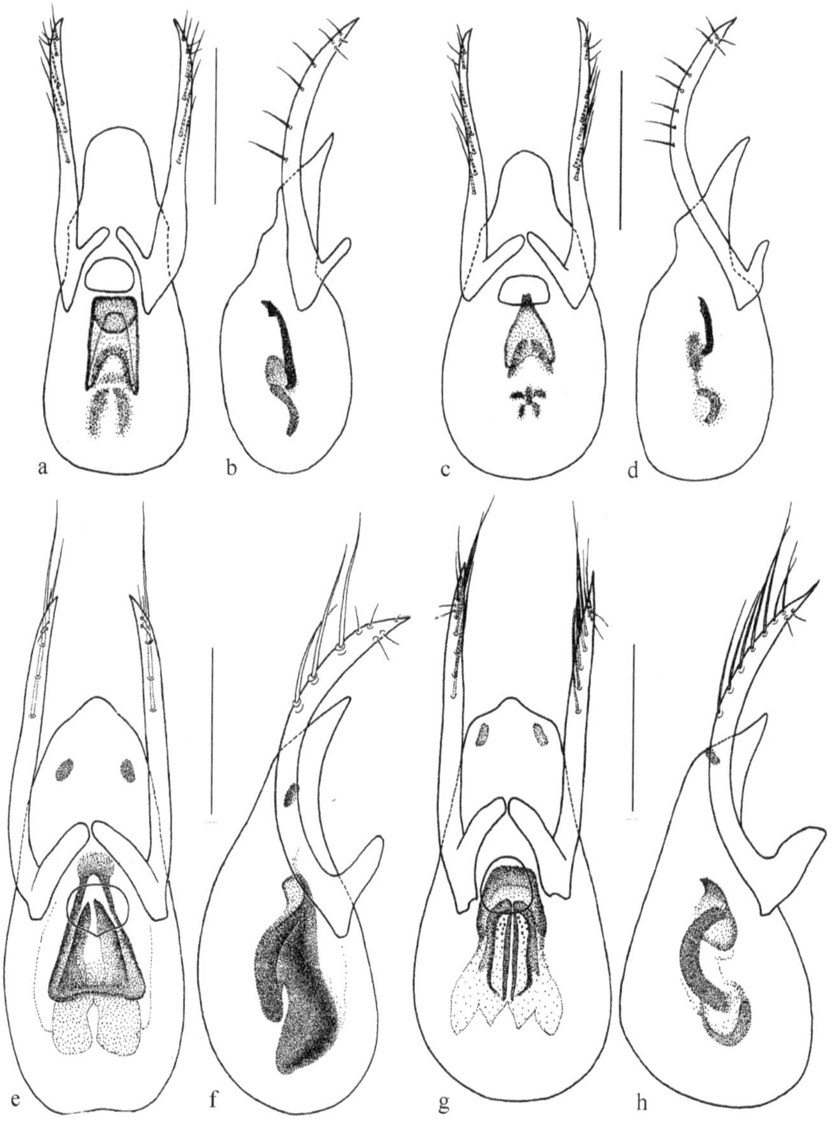

Abb. 72: Aedoeagus von *Mycetoporus bosnicus* (a–b), *M. caliginosus* (c–d), *M. pachyraphis* (e–f) und *M. punctus* (g–h). Alle Maßstäbe 0,2 mm. Nach unveröffentlichten Vorlagen von KOCIAN (e–h).

12 Kopf mit feiner aber deutlicher Mikroskulptur. Pronotum mit 4 lateralen Borstenpunkten. Färbung variabel aber immer relativ einheitlich; Kopf und Abdomen dunkelbraun bis schwarz; Pronotum und Elytren meist etwas heller braun; Elytren nie auffallend heller (rot) als das Pronotum. Individuen mit einheitlich hellbraunem Pronotum und Elytren sind selten. Maxillarpalpen meist gebräunt. Auf dem Pronotum jederseits meist mit 4 diskalen Borstenpunkten. 4,0–5,5 mm (RL: 1,7–2,6 mm). ♂: Aedoeagus (Abb. 73a–b) apikal abgestutzt; Parameren mit meist 5–6 großen Borsten. Transpaläarktisch verbreitete Art. In Mitteleuropa überall häufig. .... ***lepidus*** (GRAVENHORST, 1806)

– Kopf ohne Spuren von Mikroskulptur. Elytren meist deutlich heller (rot) als das braune oder schwarze Pronotum, teilweise mit dunklen Makeln. Die inneren diskalen Borstenpunkte auf dem Pronotum sind oft reduziert. Hierher 3 sehr ähnliche Arten, die sicher nur anhand des Aedoeagus getrennt werden können. **13**

13 Größer, 4,0–5,7 mm (RL: 2,0–2,7 mm). Pronotum mit 5 lateralen Borstenpunkten. Kopf und Pronotum schwarz; Elytren rot mit dunklem Seitenrand und schwarzer Scutellarmakel; Abdomen schwarz mit hellen Hinterrändern der Segmente; Fühler zur Spitze, Maxillarpalpen und die Metafemora meist geschwärzt. ♂: Aedoeagus (Abb. 73c–d) gestreckter, apikal abgerundet zugespitzt; Parameren mit 3–5 großen Borsten. Von ähnlich gefärbten Arten (*nigricollis*, *dispersus*, *glaber*, *confinis*) durch den Bau der Maxillarpalpen und die Beborstung von Pronotum und Elytren immer zu unterscheiden. Wahrscheinlich holomediterrane, bis in das südliche Nordeuropa verbreitete Art; östliche Verbreitungsgrenzen unklar. In Mitteleuropa überall, etwas seltener als *lepidus*. .... ***longulus*** MANNERHEIM, 1830

– Kleiner, 3,5–5,0 mm (RL: 1,7–2,2 mm). Weniger kontrastreich gefärbt; Elytren meist mit dunklen Makeln in der Hinterhälfte. **14**

14 Pronotum mit 4 lateralen Borstenpunkten. 3,7–4,7 mm (RL: 1,7–2,2 mm). ♂: Aedoeagus (Abb. 73e–f) apikal abgerundet zugespitzt, mit charakteristischen Innenstrukturen; Parameren mit 4–5 großen Borsten. Von Westeuropa bis nach Armenien gemeldet, genaue Verbreitung auf Grund von Verwechslungen aber nur ungenügend bekannt. In Mitteleuropa weit verbreitet, im Süden nicht selten, im Norden der Tiefebene sehr selten oder fehlend. .... ***bimaculatus*** LACORDAIRE, 1835

– Pronotum mit 4–5 lateralen Borstenpunkten. 3,5–5,0 mm (RL: 1,8–2,2 mm). ♂: Aedoeagus (Abb. 73i–j) apikal breit abgerundet, Innenstrukturen *lepidus* und *longulus* sehr ähnlich; Parameren mit meist 4–5 großen Borsten. In Nordeuropa und den höheren Gebirgen Mittel- und Südeuropas verbreitet. In Mitteleuropa bisher nur in Norddeutschland und in den Alpen gefunden. Selten. .... ***despectus*** A. STRAND, 1969

15 Pronotum mit jederseits 2 zusätzlichen diskalen Borstenpunkten, die sich in den gedachten Verbindungslinien zwischen den äußeren Vorder- und Hinterrandpunkten befinden. Elytren neben der Diskalreihe mit einer Reihe interiorer Borstenpunkte. Kopf schwarz; Pronotum, Elytren und die Hinterränder der Abdominalsegmente rotbraun bis dunkelbraun, bei dunklen Exemplaren die Elytren mit hellerer Schulter und hellem Hinterrand. Pronotum selten ebenfalls in der Mitte geschwärzt. Aedoeagus mit charakteristischer Innenstruktur (Abb. 72g–h). 4,0–5,5 mm (RL: 2,1–2,9 mm). Habitus: Abb. 12b. Von Spanien bis ins Baikalgebiet verbreitet. In Mitteleuropa überall nicht selten. .... ***punctus*** (GRAVENHORST, 1806)

– Pronotum ohne zusätzliche diskale Borstenpunkte. **16**

16 Elytren neben der diskalen Punktreihe ohne interiore oder exteriore Borstenreihen. **17**

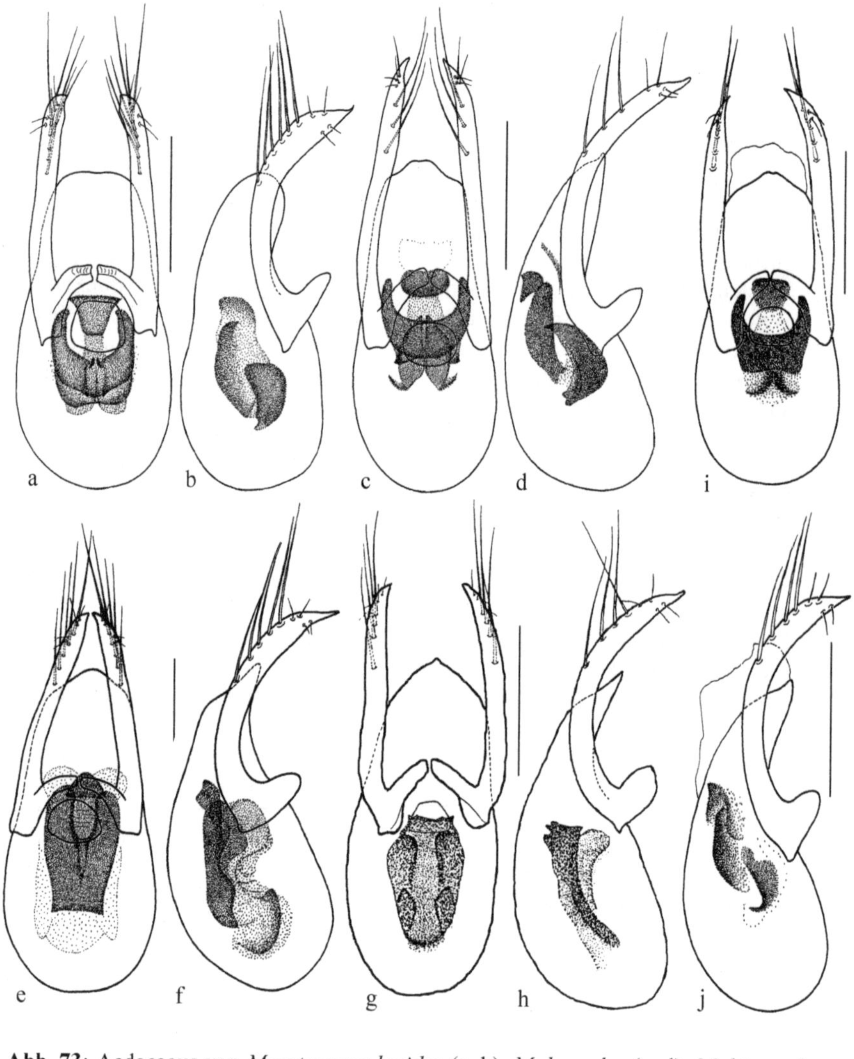

Abb. 73: Aedoeagus von *Mycetoporus lepidus* (a–b), *M. longulus* (c–d), *M. bimaculatus* (e–f), *M. punctipennis* (g–h) und *M. despectus* (i–j). Alle Maßstäbe 0,2 mm. Nach KOCIAN 1994 (a–f) und unveröffentlichten Vorlagen von KOCIAN (g–j).

– Elytren mit exterioren und/oder interioren Borstenreihen. Große und breite Arten, 4,2–6,5 mm (RL: 2,2–3,3 mm). Abweichende Exemplare von *maerkelii* ohne zusätzliche Borstenpunkte auf den Elytren sind durch ihre breite Gestalt (Breite der Elytren: 1,55–1,75 mm) nur mit *corpulentus* zu verwechseln, der jedoch eine viel weitläufigere Mikroskulptur auf dem Pronotum und einen völlig anderen Aedoeagus besitzt. **35**

17 Pronotum mit glatter Oberfläche, ohne sichtbare querwellige Mikroskulptur. *M. reichei*, bei dem auch Individuen ohne deutlich ausgebildete Mikroskulptur vorkommen, wird in beiden Zweigen der Tabelle geführt. **18**

– Pronotum mit feiner querwelliger Mikroskulptur. **27**

18 Pronotum einfarbig schwarz; Elytren rot mit schwarzer Scutellarmakel. 4,5–6,0 mm. Hierher 4 früher konfundierte, nur durch Genitaluntersuchung zu unterscheidende Arten (*nigricollis*-Gruppe), deren Verbreitung noch ungenügend bekannt ist. ♀ sind nicht sicher zuzuordnen. **19**

– Pronotum einfarbig gelbrot. **23**

19 Durchschnittlich größere Arten, 4,0–6,5 mm (RL: 2,1–3,3 mm). ♂: Sternit VII mit einem deutlichen Mittelkiel in der apikalen Hälfte. **20**

– Kleinere Arten, 3,7–5,8 mm (RL: 1,6–3,0 mm). ♂: Sternit VII ohne Mittelkiel. **21**

20 ♂: Innenstrukturen des Aedoeagus groß und kräftig (Abb. 74g–h), deutlich größer als die halbe Länge des Medianlobus. 4,3–6,5 mm (RL: 2,3–3,2 mm). Von Spanien bis in den Kaukasus, auch in Nordeuropa weit verbreitet und nicht selten; bisher aus Großbritannien, Dänemark und dem Osten der mitteleuropäischen Tiefebene unbekannt.. .... ***dispersus*** SCHÜLKE & KOCIAN, 2000

– ♂: Innenstrukturen des Aedoeagus weniger umfangreich (Abb. 74a–b), kleiner als die halbe Länge des Medianlobus. 4,3–6,1 mm (RL: 2,1–3,4 mm). Atlantomediterrane, nach Norden bis ins Rheinland und nach Großbritannien, südöstlich bis nach Kreta verbreitete Art. Ein alter Fund aus Schlesien bedarf der Bestätigung. .... ***nigricollis*** STEPHENS, 1835

21 ♂: Innenstrukturen des Aedoeagus groß und kräftig (Abb. 74g–h), deutlich größer als die halbe Länge des Medianlobus. Hierher sehr kleine Exemplare von *dispersus* (Leitzahl 20), bei denen der Mittelkiel auf dem ♂-Sternit VII reduziert sein kann. .... ***dispersus*** SCHÜLKE & KOCIAN, 2000

– ♂: Innenstrukturen des Aedoeagus weniger umfangreich (Abb. 74c–f), kleiner als die halbe Länge des Medianlobus. **22**

22 ♂: Parameren des Aedoeagus schlank (Abb. 74d); Medianlobus gestreckt (Abb. 74c–d). Innenstrukturen ähnlich wie bei *nigricollis*, das Sklerit aber schmaler als bei dieser Art. 3,7–5,8 mm (RL: 1,6–2,9 mm). In 2 Subspezies von den Kanarischen Inseln, Nordafrika und Spanien bis in den Kaukasus, nördlich bis in das südliche Skandinavien verbreitet. In Mitteleuropa lebt nur die aus der Ukraine beschriebene Nominat-Unterart. In ganz Mitteleuropa nicht selten, im Osten der Tiefebene bisher der einzige bekannte Vertreter der Artengruppe. .... ***glaber glaber*** (SPERK, 1835)

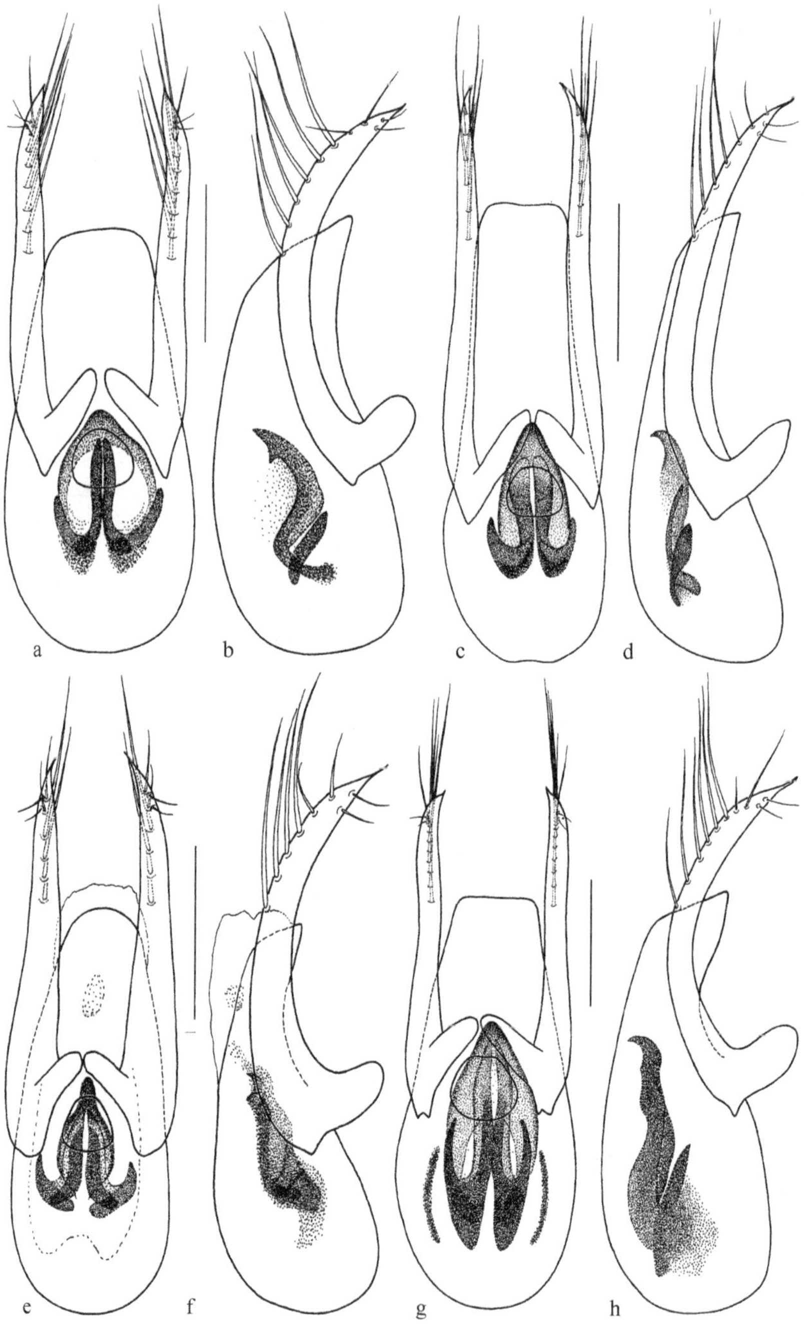

Abb. 74: Aedoeagus von *Mycetoporus nigricollis* (a–b), *M. glaber glaber* (c–d), *M. confinis* (e–f) und *M. dispersus* (g–h). Alle Maßstäbe 0,2 mm. Nach SCHÜLKE & KOCIAN 2000 (a–h).

– ♂: Parameren an der Basis auffällig breit (Abb. 74f); Medianlobus kurz (Abb. 74e–f). Innenstrukturen denen von *ambiguus* ähnlich, Sklerit klein und apikal schmal zugespitzt. 3,8–5,6 mm (RL: 1,9–2,7 mm). Südeuropa; aus dem südlichen Mitteleuropa bisher nur aus der Tschechischen Republik und Österreich bekannt, jedoch ohne aktuelle Nachweise. .. ***confinis*** REY, 1883

23 Kopf schwarz; Pronotum und Elytren gelbrot bis rot. Fühler schlanker und zur Spitze angedunkelt, Glied V etwa so lang wie breit, vorletzte Glieder weniger als doppelt so breit wie lang. 3,8–4,5 mm (RL: 2,0–2,4 mm). ♂: Aedoeagus mit breiten Parameren und schlankerem unpaaren Sklerit (Abb. 75e–f). Arktoalpin verbreitete Art; aus Skandinavien, den Alpen und Hochgebirgen der Balkan-Halbinsel bekannt. In Mitteleuropa nur aus Österreich sicher nachgewiesen, selten. .... ***inaris*** LUZE, 1901

– Kopf hell gelbrot; nur selten gebräunt, dann Glied V der kürzeren Fühler deutlich quer. **24**

24 Oberfläche der Elytren ohne sichtbare Mikroskulptur. **25**

– Oberfläche der Elytren zumindest in der hinteren Hälfte mit deutlicher Mikroskulptur. Elytren der teilweise pterodimorphen Arten von unterschiedlicher Länge; Hautsaum am Hinterrand von Tergit VII bei brachypteren Formen teilweise reduziert. Die hierher gehörenden Arten sind oft nur anhand des Aedoeagus sicher zu unterscheiden. **26**

25 Fühler gestreckter, Glieder IV und V länger als breit. Elytren so lang oder etwas länger als das Pronotum (1,0–1,1 ×). Hinterrand von Tergit VII immer mit feinem Hautsaum. Gelbrot, Elytren mit dunkler Scutellarmakel und angedunkeltem Seitenrand. 3,4–4,2 mm (RL: 1,8–2,2 mm). ♂: Aedoeagus (Abb. 75a–b) mit an der Basis breiten Parameren und größerer, kompakter Innenstruktur. Von Südeuropa bis ins südliche Nordeuropa verbreitet, im nördlichen Mitteleuropa selten, meist an wärmebegünstigten Standorten, im Süden nicht selten. .... ***forticornis*** FAUVEL, 1875

– Fühler kurz, Glieder IV und V quer. Elytren kürzer als das Pronotum (0,85–0,98 ×). Hinterrand von Tergit VII meist ohne Hautsaum. Gelbrot, Elytren ohne dunkle Scutellarmakel, oft umfangreich gebräunt oder geschwärzt. 2,5–3,5 mm (RL: 1,4–1,9 mm). ♂: Aedoeagus (Abb. 75g–h) klein mit schlanken Parameren und kleiner, wenig kompakter Innenstruktur. Von Südosteuropa bis ins südliche Großbritannien vordringend. Im südlichen und mittleren Mitteleuropa an wärmebegünstigten Standorten verbreitet und selten, in der Tiefebene meist fehlend. .... ***ambiguus*** LUZE, 1901

26 Elytren vollständig mikroskulptiert; Pronotum ohne Spuren von Mikroskulptur. Pronotum und Elytren einfarbig hell; Kopf manchmal etwas gebräunt. Elytrenlänge und Ausbildung des Hautsaums am Tergit VII variabel. 2,6–3,6 mm (RL: 1,4–2,0 mm). ♂: Aedoeagus (Abb. 75c–d) mit an der Basis breiten Parameren und ähnlicher Innenstruktur wie *forticornis*. Gesamtverbreitung durch Verwechselung mit ähnlichen Arten nur ungenügend bekannt. In Mitteleuropa überall verbreitet und nicht selten. Vornehmlich in Feuchtgebieten und Heiden. .... ***clavicornis*** (STEPHENS, 1832)

– Elytren nur hinten deutlich mikroskulptiert. Einfarbig helle Form von *reichei*. Pronotum bei mitteleuropäischen Exemplaren meist ohne deutliche Mikroskulptur. ♂: Aedoeagus (Abb. 75i–j) mit schlanken Parameren und weniger kompakter Innenstruktur. Siehe Leitzahl 32. .... ***reichei*** (PANDELLÉ, 1869)

27 Große Art, 5,4–7,0 mm (RL: 2,9–3,6 mm). Schwarz mit dunkelroten Elytren. ♂: Aedoeagus: Abb. 75k–l. Montan bis alpin in den Gebirgen des südlichen und mittleren Mitteleuropas, Südeuropas und des Kaukasus. In Mitteleuropa in den Alpen, im Schwarzwald und den Hochlagen der östlichen Mittelgebirge (Bayerischer Wald, Thüringer Wald, Erzgebirge, Lausitzer Bergland, Riesengebirge, Tatra), selten. .... ***corpulentus*** LUZE, 1901

– Kleinere Arten, 2,7–5,7 mm (RL: 1,4–2,7 mm). Elytren nicht einfarbig dunkelrot. **28**

28 Mittlere Vorderrandpunkte des Pronotums nach hinten gerückt, viel weiter vom Vorderrand entfernt als die seitlichen Vorderrandpunkte. Hierher 3 sehr ähnliche Arten, die auch durch Genitaluntersuchung nur schwer zu unterscheiden sind. **29**

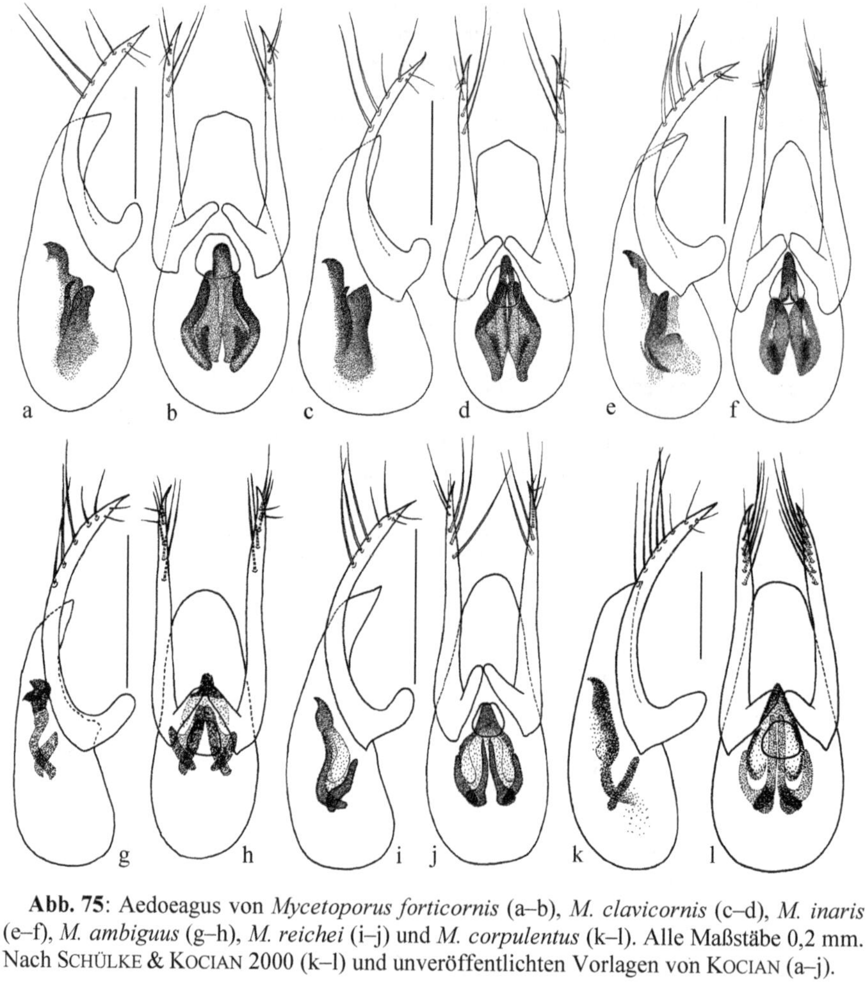

Abb. 75: Aedoeagus von *Mycetoporus forticornis* (a–b), *M. clavicornis* (c–d), *M. inaris* (e–f), *M. ambiguus* (g–h), *M. reichei* (i–j) und *M. corpulentus* (k–l). Alle Maßstäbe 0,2 mm. Nach SCHÜLKE & KOCIAN 2000 (k–l) und unveröffentlichten Vorlagen von KOCIAN (a–j).

– Mittlere Vorderrandpunkte des Pronotums nicht nach hinten gerückt, kaum weiter vom Vorderrand entfernt als die seitlichen Vorderrandpunkte. **31**

29 Kleiner, 2,9–3,6 mm (RL: 1,5–1,9 mm). ♂: Aedoeagus: Abb. 76k–l. Holarktische Art mit arktoalpiner Disjunktion in Europa. Neben einem Nordareal in Fennoskandien und Russland mit Reliktarealen in den Alpen und weiteren Hochgebirgen des südlichen Europas, nicht selten. Hochmontan bis alpin in Laub- und Nadelstreu sowie alpinen Rasen. .... ***nigrans*** MÄKLIN, 1853

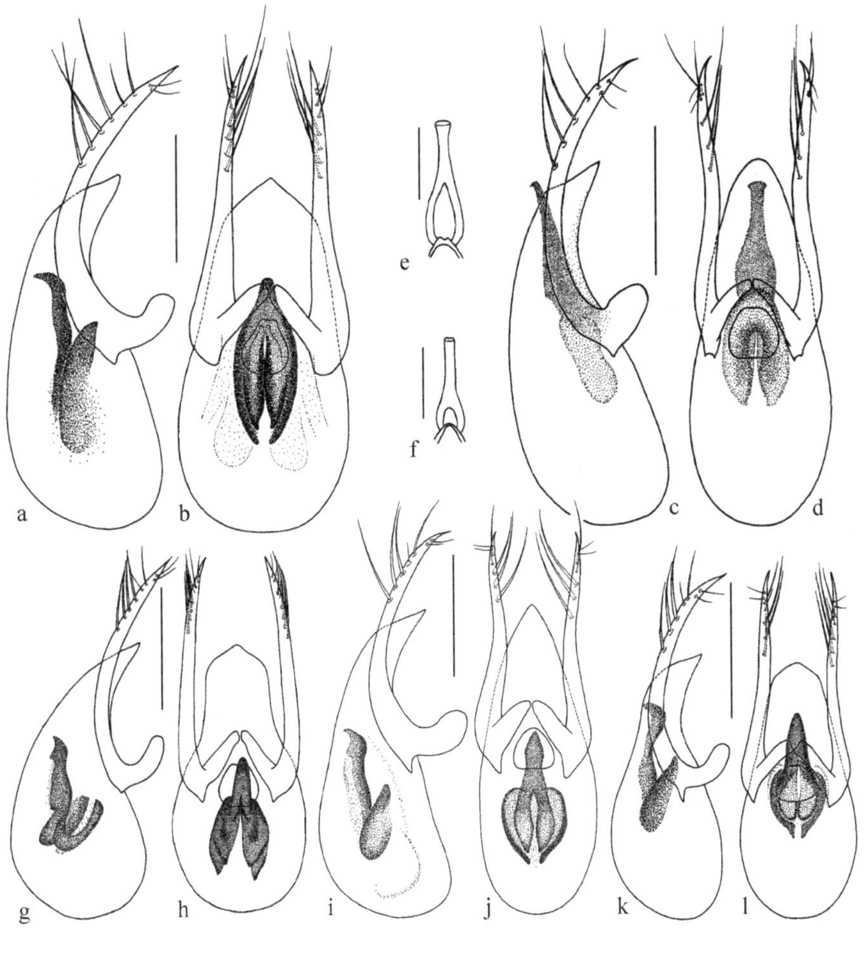

Abb. 76: Aedoeagus von *Mycetoporus montanus* (a–b), *M. niger* (c–d), *M. angularis* (g–h), *M. ignidorsum* (i–j) und *M. nigrans* (k–l). Unpaares Sklerit von *Mycetoporus niger* (e) und *M. imperialis* (f). Maßstäbe 0,2 mm (a–d, g–l); 0,1 mm (e–f). Nach unveröffentlichten Vorlagen von KOCIAN (a–d, g–l).

– Größer, 3,7–5,7 mm (RL: 1,8–2,7 mm). Innenstrukturen des Aedoeagus anders gebaut. **30**

30 Kleiner, 3,7–4,7 mm (RL: 1,8–2,2 mm). Pronotum immer dunkelbraun bis schwarz mit hellen Rändern. ♂: Aedoeagus: Abb. 76g–h. Atlantomediterran verbreitet; von den Kanarischen Inseln und Nordafrika bis nach Großbritannien und Irland vordringend, nach Osten bis ins südliche Polen, Österreich und Rumänien gemeldet. In Mitteleuropa im Süden und in der Mitte weit verbreitet, aber selten, in der Tiefebene weithin fehlend. .... ***angularis*** MULSANT & REY, 1853

– Größer, 4,4–5,7 mm (RL: 2,1–2,7 mm). Pronotum teilweise heller rotbraun mit nur undeutlich angedunkelter Mitte. ♂: Aedoeagus: Abb. 76i–j. Ostmediterrane Vikariante von *angularis*. Südosteuropa, Türkei, Vorderasien. Die genaue Verbreitungsgrenze beider Taxa ist bisher nicht genau bekannt, sichere Belege der Art existieren bisher aus dem Norden der Balkan-Halbinsel, nicht aus dem eigentlichen Mitteleuropa. .... [***ignidorsum*** EPPELSHEIM, 1880]

31 Unscheinbar gefärbte, einfarbig dunkelbraune Art, die durch ihren parallelen Habitus etwas an Vertreter der *lepidus*-Gruppe (Leitzahl 11ff.) erinnert. Von allen anderen mitteleuropäischen Arten der Gattung durch ein breiteres Endglied der Maxillarpalpen zu unterscheiden, deshalb auch mehrfach als *Bryoporus* beschrieben. Elytren mit einer Diskalreihe aus 7–10 Borstenpunkten; oft mit einzelnen interioren Borstenpunkten; selten mit einer interioren Reihe aus bis zu 5 Borstenpunkten. 3,8–4,5 mm (RL: 2,0–2,3 mm). ♂: Aedoeagus mit charakteristischen Innenstrukturen (Abb. 72e–f). Sibirische Art mit boreomontaner Disjunktion in Europa. In Mitteleuropa aus den Alpen der Schweiz und Österreichs sowie aus Dänemark bekannt; alte Meldungen liegen auch aus Bayern, Schlesien und Mähren vor. Sehr selten. .... ***pachyraphis*** (PANDELLÉ, 1869)

– Auffälliger gefärbte Arten mit hellem Pronotum und/oder deutlich gemakelten Elytren. Endglied der Maxillarpalpen an der Basis schmal. **32**

32 Schlanke Art, 3,1–4,3 mm (RL: 1,4–2,2 mm). Elytren mit variabler Färbung; selten einfarbig hell; meist gelbrot bis rotbraun mit großen dunklen Makeln in der hinteren Hälfte; manchmal bis auf den Hinterrand und undeutliche Humeralmakeln schwarz. Pronotum ebenfalls mit variabler Färbung, hell gelbrot bis schwarz mit undeutlich aufgehellten Rändern. Dunkle Exemplare können mit *angularis* verwechselt werden, einfarbig helle Stücke sind nur durch Genitaluntersuchung von *clavicornis* zu trennen (siehe Leitzahl 26). ♂: Aedoeagus (Abb. 75i–j) mit kleinen Innenstrukturen. Holomediterran verbreitete Art, die in Mitteleuropa in 2 Morphen auftritt, bei denen es sich jedoch auf Grund ihrer Gesamtverbreitung nicht um Subspezies handeln kann. Beide Formen lassen sich im Bau des Aedoeagus nicht unterscheiden. In Mitteleuropa vermutlich im ganzen Gebiet an wärmebegünstigten Standorten zu finden, selten. .... ***reichei*** (PANDELLÉ, 1869)

– Arten mit breiterem Habitus. Elytren überwiegend dunkel mit deutlichen gelben Humeralmakeln; Pronotum einfarbig gelbrot oder schwarz mit hellen Rändern. ♂: Aedoeagus mit größeren Innenstrukturen. **33**

33 4,0–4,8 mm (RL: 2,0–2,5 mm). Pronotum einfarbig gelb- bis rotbraun. ♂: Aedoeagus mit kompakter Innenstruktur (Abb. 76a–b). Holarktische Art, die in Europa disjunkt verbreitet ist. Neben einem Nordareal in

Skandinavien und Russland kommen Reliktpopulationen in den Alpen vor. In Mitteleuropa neben älteren (überprüften) Belegen aus Brandenburg und dem Harz nur aus den schweizerischen und österreichischen Alpen aktuell nachgewiesen, sehr selten. .... ***montanus*** LUZE, 1901

– Größenvariable Arten, 2,7–4,7 mm (RL: 1,5–2,4 mm). Pronotum dunkelbraun bis schwarz mit gelbem Vorder- und Hinterrand. Aedoeagus mit lang gestreckten Innenstrukturen (Abb. 76c–f). **34**

34 Elytren etwas kürzer (1,00–1,12-mal so lang wie das Pronotum), mit 6–10 Borstenpunkten in der Diskalreihe. Färbung weniger intensiv, Elytren mit braungelben Humeralmakeln. ♂: Aedoeagus mit schlankem Sklerit (Abb. 76c–e). Montane Art in Mitteleuropa, Skandinavien und Gebirgen des südlichen Europas. In Mitteleuropa im Süden und in der Mitte weit verbreitet, in Norddeutschland und Dänemark lokal auch in der Ebene, selten. .... ***niger*** FAIRMAIRE & LABOULBÈNE, 1856

– Elytren etwas länger (1,10–1,20-mal so lang wie das Pronotum), mit 8–14 diskalen Borstenpunkten. Färbung intensiver, Elytren mit gelben Humeralmakeln. ♂: Aedoeagus wie bei *niger*, das Sklerit kürzer und apikal kaum erweitert (Abb. 76f). Südosteuropa und Vorderasien, nach Norden bis in die Gebirge der nördlichen Balkan-Halbinsel und der südlichen Karpaten bekannt, bisher nicht im eigentlichen Mitteleuropa. ....[***imperialis*** BERNHAUER, 1902]

35 Exteriore Borstenreihe auf den Elytren fehlend; interiore Borstenreihe nur aus wenigen (1–3) Einzelpunkten bestehend oder ebenfalls fehlend. Breite Art mit einfarbig rotbraunen Elytren. Aedoeagus (Abb. 77a–b) größer als bei allen anderen im Gebiet vorkommenden Arten. 5,5–6,5 mm (RL: 2,8–3,3 mm). Sibirische Art mit disjunktem Areal in Europa. In Mitteleuropa im Süden und in der Mitte in montanen Lagen weit verbreitet aber selten, in der Tiefebene teilweise fehlend. .... ***maerkelii*** KRAATZ, 1857

– Elytren neben der Diskalreihe mit einer exterioren und mehreren interioren Punktreihen. Elytren einfarbig rot- bis dunkelbraun oder dunkelbraun mit unauffälligen hellen Humeralmakeln. **36**

36 Elytren nur mit einer interioren Borstenreihe und maximal 1–2 zusätzlichen interioren Borstenpunkten. Gesamtzahl der innerhalb der Diskalreihe liegenden interioren Borstenpunkte etwa 10. Fühler kurz, zurückgelegt den Hinterrand des Pronotums nicht erreichend, Glied VI deutlich quer. Mittlere Vorderrandborsten des Pronotums (Abb. 70i) etwa so weit vom Vorderrand entfernt wie voneinander. Elytren kürzer als bei *rufescens* (Breite/Länge: 1,35–1,40). Kopf schwarz; Pronotum braun mit hellem Vorder- und Hinterrand; Elytren dunkelbraun bis schwarz mit gelber Humeralmakel. 4,2–5,0 mm (RL: 2,3–2,6 mm). ♂: Aedoeagus mit sehr ähnlichen Innenstrukturen wie bei *rufescens* (wie in Abb. 77c–d). Eventuell handelt es sich nur um eine lokal auftretende, montane Variante des sehr variablen *rufescens*. Bisher nur aus den Ostalpen in Österreich und Italien sowie aus den Südkarpaten gemeldet. In Laub- und Nadelstreu, sehr selten. .... ***wingelmuelleri*** LUZE, 1901

– Elytren mit 2 deutlichen, teilweise sehr unregelmäßigen interioren Borstenreihen. Gesamtzahl der innerhalb der Diskalreihe liegenden interioren Borstenpunkte größer als 15. .... **37**

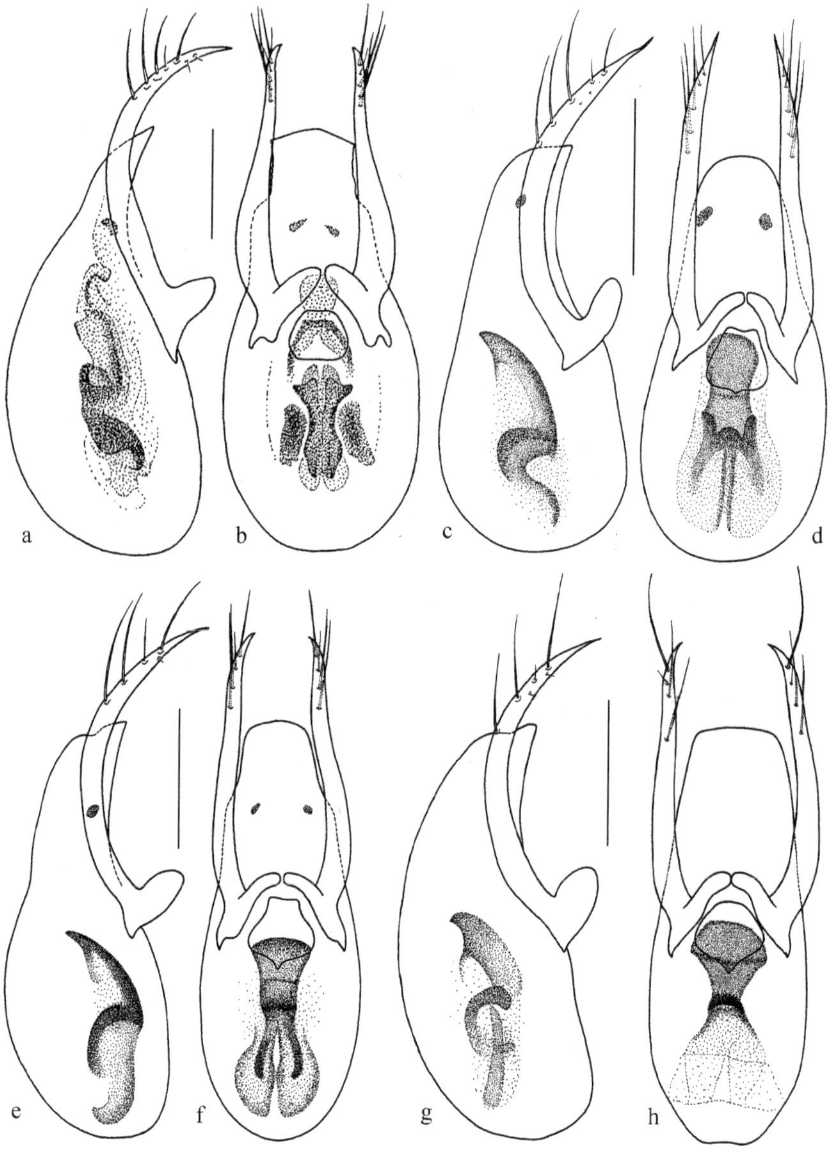

Abb. 77: Aedoeagus von *Mycetoporus maerkelii* (a–b), *M. rufescens* (c–d), *M. brucki* (e–f) und *M. eppelsheimianus* (g–h). Alle Maßstäbe 0,2 mm. Nach unveröffentlichten Vorlagen von KOCIAN (a–h).

37 Mittlere Vorderrandpunkte auf dem Pronotum nach hinten verschoben, soweit oder weiter vom Vorderrand als voneinander entfernt (Abb. 70h). Elytren meist länger (Breite/Länge: 1,20–1,30). Schwarz; Pronotum oft einfarbig hell rotbraun; Elytren braun, meist mit umfangreichen aber undeutlichen Humeralmakeln. Körpergröße 4,2–5,8 mm (RL: 2,2–3,0 mm). ♂: Aedoeagus: Abb. 77c–d. Vom westlichen Mittelmeergebiet bis nach Nordeuropa verbreitet, auch auf Zypern. In Mitteleuropa überall nicht selten. In Laub- und Nadelstreu und unter verpilztem Holz. .... ***rufescens*** (STEPHENS, 1832)

– Mittlere Vorderrandpunkte auf dem Pronotum nicht nach hinten verschoben, vom Vorderrand viel weniger weit entfernt als voneinander (Abb. 70g). Pronotum braun mit hellen Rändern; Elytren dunkel mit hellen Humeralmakeln oder einfarbig rotbraun. **38**

38 Elytren einfarbig rotbraun, die Punktreihen ziemlich regelmäßig angeordnet. 4,3–5,8 mm (RL: 2,2–3,0 mm). ♂: Aedoeagus: Abb. 77e–f. In Südosteuropa, der Türkei und dem Kaukasus verbreitete Art, die den Süden Mitteleuropas (Schweiz, Österreich, Tschechische Republik, Slowakei, SO-Polen) erreicht; aus Deutschland nur alte Meldungen. Selten. Meist montan in Laub- und Nadelstreu. .... ***brucki*** (PANDELLÉ, 1869)

– Elytren dunkelbraun mit undeutlichen Humeralmakeln, die Punktreihen sehr unregelmäßig angeordnet. 4,5–6,0 mm (RL: 2,3–3,0). ♂: Aedoeagus: Abb. 77g–h. Vom Kaukasus und der Türkei weit über Europa verbreitet, im Norden und Westen Finnland, Frankreich und Großbritannien erreichend. In Mitteleuropa überall verbreitet, aber nicht häufig. In feuchtem Moos, Laub- und Nadelstreu. .... ***eppelsheimianus*** FAGEL, 1968

Gattung *Parabolitobius* LI, ZHAO & SAKAI, 2000

Große (5,5–9,5 mm) und gestreckte Arten mit gelb- bis dunkelbrauner Grundfärbung (Abb. 13c). Die in Mitteleuropa vorkommenden Arten wurden bisher auf Basis der identisch gebauten Labialpalpen (Abb. 62n–p) mit *Bolitobius* vereinigt. Der Bau des Aedoeagus, die Endbeborstung der Meso- und Metatibien (wie in Abb. 62b), die gerade vordere Basalrandung des Scutums (wie in Abb. 62c) und die Sexualdimorphismen weisen aber auf eine nähere Verwandtschaft mit *Bryoporus* und *Ischnosoma* hin. Von allen anderen mitteleuropäischen Mycetoporini ist *Parabolitobius* durch die zusätzlich zu den Tastborsten vorhandene irreguläre Grundpunktur und -beborstung der Elytren einfach zu unterscheiden. Über die Lebensweise der Arten ist wenig bekannt, die mitteleuropäischen Vertreter sind meist in der Bodenstreu von Wäldern zu finden. Die Gattung ist mit 10 beschriebenen Arten paläarktisch verbreitet. In Mitteleuropa kommen 2 Arten vor eine dritte wurde einmal aus Südwestdeutschland gemeldet.

1 Größer, 7,0–9,5 mm (RL: 3,2–4,3 mm). Elytren deutlich länger als das Pronotum (1,15 ×), länger als breit. Elytren dicht punktiert und mit dicht anliegender Grundbeborstung. ♂: Mesotibien und Glied I der Mesotarsen deutlich erweitert (Abb. 78c). Gelbbraun, Kopf und Abdomen mit Ausnahme der Hinterränder der Abdominalsegmente dunkelbraun bis schwarz. Aedoeagus mit auffälligen, apikal löffelförmig erweiterten

Parameren (Abb. 78f, j). Sternit VIII am Hinterrand eingeschnitten (Abb. 78m–n). **2**

– Kleiner, 5,5–7,5 mm (RL: 2,6–3,3 mm). Elytren so lang oder etwas kürzer als das Pronotum (0,95–1,0 ×), etwa so lang wie zusammen breit. Ihre Oberfläche weitläufig punktiert und unauffällig anliegend beborstet. Gelbbraun, Kopf und Abdomen mit Ausnahme der Hinterränder der Abdominalsegmente schwarz. ♂: Mesotibien und -tarsen nicht modifiziert; Sternit VIII am Hinterrand nur schwach ausgerandet (Abb. 78o); Parameren des schlanken Aedoeagus (Abb. 78l) apikal nur wenig erweitert. Mittel-, Ost- und östliches Nordeuropa, Kaukasus. In Mitteleuropa verbreitet, im Norden sehr selten oder stellenweise fehlend. .... ***formosus*** (GRAVENHORST, 1806)

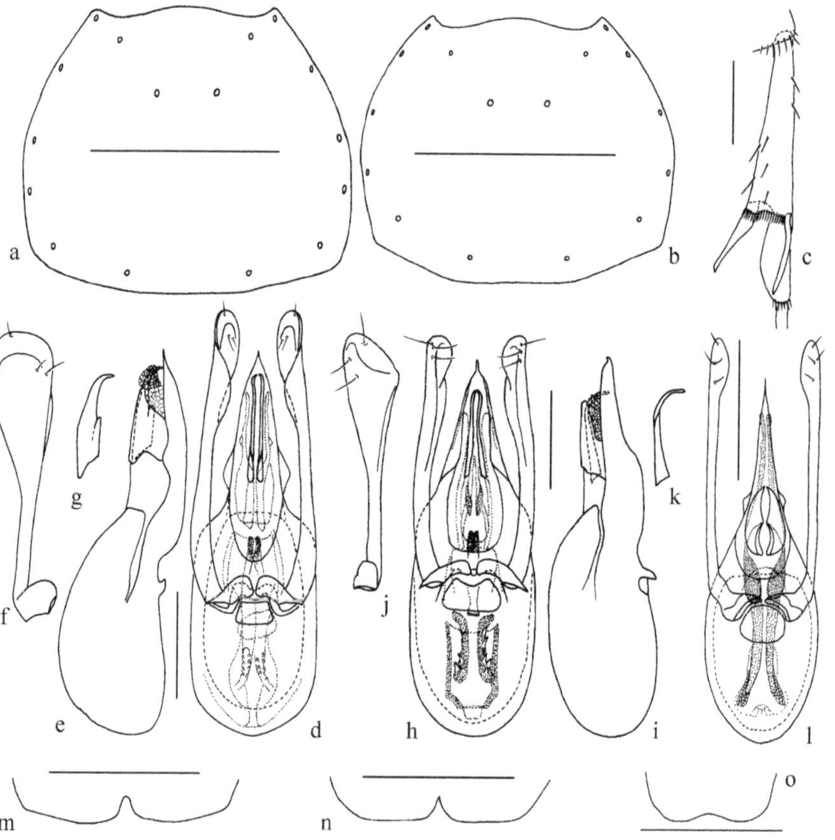

Abb. 78: Pronotum (a–b), Mesotibia und Mesotarsus I (c), Aedoeagus ventral (d, h, l), Medianlobus lateral (e, i), Innenseite der Paramere (f, j), Sklerit (g, k), Hinterrand von ♂-Sternit VIII (m–o) von *Parabolitobius inclinans* (a, c–g, m), *P. barnevillei* (b, h–k, n) und *P. formosus* (l, o). Maßstäbe 1 mm (a–b, m–o), 0,5 mm (c–l).

2 Hinterecken des Pronotums deutlich abgerundet (Abb. 78a). Habitus: Abb. 13c. ♂: Sternit VIII am Hinterrand mit abgerundetem Mittelausschnitt (Abb. 78m); Aedoeagus (Abb. 78d–e) mit breit löffelförmig erweiterten Parameren (Abb. 78f) und kräftigen, hakenförmigen Skleriten (Abb. 78g). Pontomediterrane Art. In Mitteleuropa überall verbreitet, aber selten. In der Bodenstreu von Wäldern. .... ***inclinans*** (GRAVENHORST, 1806)

– Hinterecken des Pronotums abgerundet, aber noch eine undeutliche Hinterecke bildend (Abb. 78b). ♂: Sternit VIII am Hinterrand mit spitzem Mittelausschnitt (Abb. 78n); Aedoeagus (Abb. 78h–i) mit weniger kräftig erweiterten Parameren (Abb. 78j) und schlankeren Skleriten (Abb. 78k). Atlantomediterrane Vikariante von *inclinans*. Von Nordafrika bis in das französische Rhonetal verbreitet. Nach einem (überprüften) Exemplar aus dem Schwarzwald gemeldet, ein autochthones Vorkommen in Mitteleuropa bleibt fraglich. .... ***barnevillei*** (PANDELLÉ, 1869)

Tribus *Tachyporini* MACLEAY, 1825

Kleine bis große, 2,0–9,5 mm lange, oft bunt gefärbte, meist breit kahnförmige Arten (Abb. 13d–f, 14a–d). Pronotum vorn, hinten und an den Seiten mit jeweils 4 Randborsten, diese bei einigen Gattungen reduziert oder ganz fehlend. Elytren ohne ausgeprägte Borstenreihen, nur mit abstehenden Einzelborsten, nur bei *Tachyporus* mit artspezifischer Beborstung. Die Oberfläche der Elytren ist meist deutlich punktiert, mit oder ohne anliegender Grundbeborstung oder feiner Pubeszenz. Tergit VIII geschlechtsspezifisch geformt, beim ♀ meist vierlappig. ♂: Sternit VII meist ohne Auszeichnungen; bei *Tachinus* breit ausgerandet und artspezifisch beborstet. Sternit VIII am Hinterrand ausgerandet. Aedoeagus oval bis lang gestreckt; Parameren meist am Medianlobus anliegend, manchmal mit ihm und miteinander verwachsen, in jedem Fall unbeweglich und ohne deutliche apikale Beborstung. Medianlobus des Aedoeagus teilweise mit artspezifisch sklerotisierten Innenstrukturen.

Die Tribus ist weltweit verbreitet; in Mitteleuropa kommen etwa 60 Arten vor.

Gattung *Cilea* JACQUELIN DU VAL, 1856

Im Habitus (Abb. 13d) und durch die bunte Färbung an *Tachyporus* erinnernd. Durch das kräftig mikroskulptierte Pronotum, dessen Randborsten fast völlig reduziert sind, das gekielte Mesoventrit und das gestreckte Glied IV der Maxillarpalpen, das etwa doppelt so lang wie Glied III und kaum schmaler als dieses ist, ausgezeichnet. Sternite und Tergite VIII in beiden Geschlechtern spitz ausgezogenen 4–6-lappig. Fühler ab Glied IV mit feiner Pubeszenz. Glied I der Metatarsen so lang wie die Glieder II–IV zusammen (Abb. 62i).

Die Gattung ist mit etwa 20 Arten hauptsächlich in den Tropen der Alten Welt (Orientalis und Äthiopis) verbreitet. In Mitteleuropa kommen 2 Arten vor.

1 Größer, 2,8–3,5 mm (RL: 1,8–2,2 mm). Pronotum schwarz mit breiten hellgelben Rändern; Elytren gelb mit tropfenförmiger Dorsalmakel, die teilweise mit der dunklen Scutellarregion, dem Vorderrand der Elytren und dem Seitenrand verbunden ist. Durch die Färbung mit keiner anderen mitteleuropäischen Tachyporine zu verwechseln (Abb. 13d). Die

ursprünglich paläarktische Art ist heute fast kosmopolitisch verbreitet. In Mitteleuropa nicht selten. Besonders in Kompost, oft auch fliegend. .... ***silphoides*** (LINNAEUS, 1767)

– Kleiner, 2,0–2,7 mm (RL: 1,3–1,7 mm), dadurch Arten der Gattung *Coproporus* ähnlich. Pronotum dunkelbraun, Ränder kaum aufgehellt; Elytren hellbraun mit unscharfer, dunklerer Dorsalmakel oder einfarbig hellbraun. Tergit VIII in beiden Geschlechtern 4-lappig (Abb. 79g). ♂: Sternit VIII mit tiefem, etwas zugespitztem Mittelausschnitt am Hinterrand (Abb. 79h), Aedoeagus (Abb. 79i) etwa 0,70–0,75 mm lang, mit schmalen, an der Basis miteinander verwachsenen Parameren. Aus Südafrika beschrieben, seit wenigen Jahren adventiv auch in Europa, bisher in Süditalien, auf Sardinien und Mallorca, in Österreich (Burgenland, Niederösterreich) und Deutschland (Sachsen, Thüringen, Niedersachsen, Mecklenburg) aufgefunden. Die meisten Funde stammen aus Autokescher-ausbeuten. .... ***exilis*** (BOHEMAN, 1848)

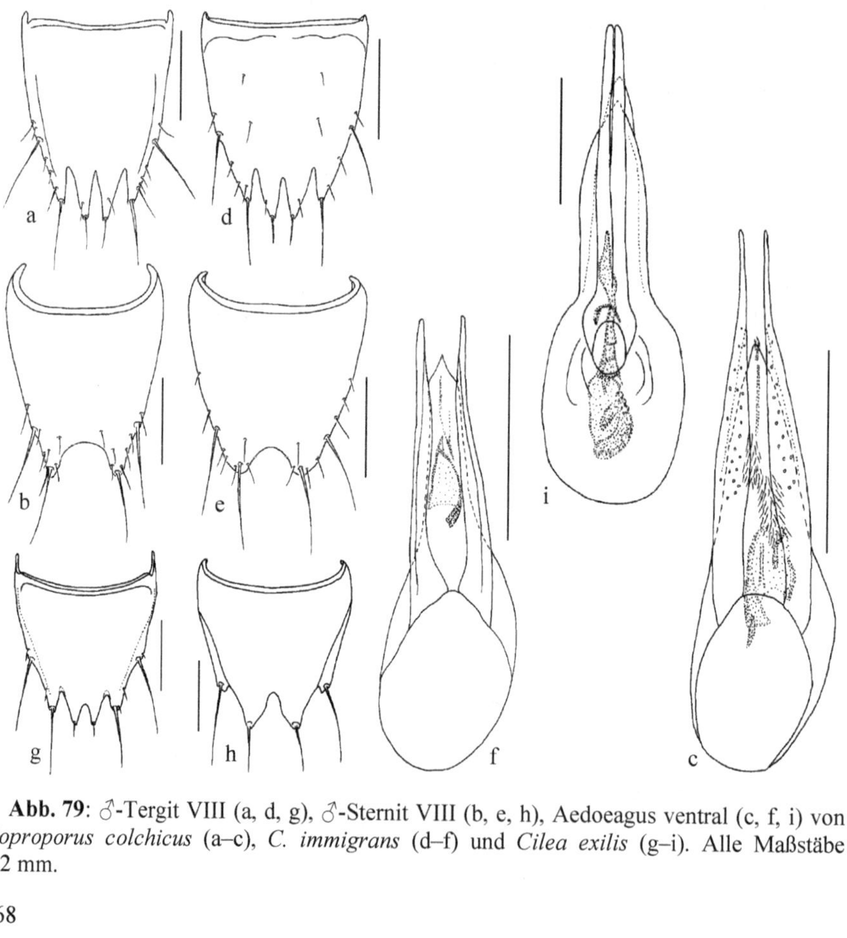

Abb. 79: ♂-Tergit VIII (a, d, g), ♂-Sternit VIII (b, e, h), Aedoeagus ventral (c, f, i) von *Coproporus colchicus* (a–c), *C. immigrans* (d–f) und *Cilea exilis* (g–i). Alle Maßstäbe 0,2 mm.

Gattung *Coproporus* KRAATZ, 1857

Kleine Arten mit stark gewölbtem Körper (Abb. 13e). Elytren entlang des Seitenrandes mit einem deutlichen Längseindruck. Epipleuren von der Seite nicht sichtbar. Mesoventrit gekielt. Glied IV der Maxillarpalpen an der Basis schmaler als Glied III, etwas länger als dieses, etwa 1,5-mal so lang wie breit. Fühler kurz, Glieder VIII–X deutlich quer. Die Gattung ist mit etwa 225 Arten vorwiegend zirkumtropisch verbreitet, in der Paläarktis kommen 32, in Mitteleuropa nur 2 Arten vor, eine davon erst seit wenigen Jahren.

1 Etwas graziler, 2,2–2,8 mm (RL: 1,35–1,65 mm). Vorderkörper, besonders die Elytren weniger stark gewölbt. Habitus: Abb. 13e. Tergit VIII (Abb. 79a) in beiden Geschlechtern ohne sekundäre Basalrandung. ♂: Sternit VIII am Hinterrand breiter ausgerandet (Abb. 79b); Aedoeagus (Abb. 79c) größer (0,48–0,56 mm) und robuster mit etwas längeren, apikal schlankeren Parameren. Mittelmeergebiet, in Mitteleuropa nur in der Slowakei regelmäßig gefunden, fragliche Meldungen auch aus Mähren und dem südlichen Polen, selten. An wahrscheinlich aus Russland importiertem Holz auch einmal in Schweden gesammelt. .... ***colchicus*** KRAATZ, 1858

– Etwas robuster, 2,2–2,8 mm (RL: 1,36–1,70 mm). Vorderkörper, besonders die Elytren, stärker gewölbt. Tergit VIII (Abb. 79d) in beiden Geschlechtern mit sekundärer Basalrandung, die in der Mitte unterbrochen sein kann. ♂: Sternit VIII mit schmalerer Ausrandung am Hinterrand (Abb. 79e); Aedoeagus (Abb. 79f) wesentlich kleiner (0,41–0,46 mm) und graziler; Parameren unauffällig, apikal nicht auffallend schlank. Adventivart, wahrscheinlich erst seit kurzem in Europa. Bisher aus Dänemark, Schweden, Norwegen, Österreich (Vorarlberg), Großbritannien und Deutschland (Niedersachsen, Baden-Württemberg, Thüringen, Sachsen, Schleswig-Holstein, Berlin) bekannt. .... ***immigrans*** SCHÜLKE, 2007

Gattung *Lamprinodes* LUZE, 1901

Von *Tachyporus* durch die verkürzten, abgeplatteten Fühler und den Bau der Meso- und Metatarsen, bei denen Glied IV nicht deutlich kürzer als Glied III ist, zu unterscheiden (Abb. 65m). Die Gattung steht *Tachyporus* außerordentlich nahe, möglicherweise bilden die hierher gestellten Arten nur eine Artengruppe speziell (an Ameisen) angepasster *Tachyporus*-Arten. Habitus: Abb. 13f.

Die 3 bekannten Arten der Gattung sind auf Europa und das Mediterrangebiet beschränkt, 2 von ihnen kommen in Mitteleuropa vor. Ihre Anpassung an Ameisen ist ungeklärt, sie werden oft auch ohne Ameisen angetroffen.

1 Kopf, Pronotum und Abdomen schwarz; Pronotum mit breit gelben Hinterecken; Elytren gelbrot mit geschwärzter Scutellarregion; Beine und Fühler gelb. Seitenrandborsten von Elytren (teilweise) und Abdomen sehr lang, so lang wie die Fühlerglieder I–IV. Pronotum und Elytren glatt, ohne sichtbare Mikroskulptur. 4,8–5,6 mm (RL: 2,2–2,6 mm). Die Art sieht *Tachyporus hypnorum* sehr ähnlich, unterscheidet sich von ihm aber außer durch den Bau der Fühler und Tarsen auch durch das Fehlen einer dunklen Seitenrandung der Elytren und durch die Körpergröße. An Wärmestellen des südlichen und mittleren Mitteleuropa, nach HORION (1967) angeblich Bruträuber bei Ameisen der Gattung *Tapinoma*; sehr selten. .... ***haematopterus*** (KRAATZ, 1857)

– Kopf und Abdomen schwarz; Pronotum und Elytren einfarbig hell gelbrot; Beine und Fühler rotbraun. Seitenrandborsten von Elytren (teilweise) und Abdomen maximal so lang wie die Fühlerglieder I–III. Pronotum glatt; Elytren mit sehr feiner querliniger Mikroskulptur. 3,4–5,0 mm (RL: 2,2–2,8 mm). Von Nordafrika bis in die Ukraine und nach Skandinavien verbreitet. In Mitteleuropa in der Ebene und mittleren Lagen. Meist selten. In offenen, trockenen Habitaten; wiederholt bei Ameisen der Gattung *Myrmica* angetroffen, oft außerhalb von Ameisennestern beobachtet. .... ***saginatus*** (GRAVENHORST, 1806)

Gattung *Lamprinus* HEER, 1839

Mit *Lamprinodes* weitgehend übereinstimmend, jedoch durch den stark gewölbten Trutzhabitus und noch kürzere Beine und Fühler ausgezeichnet (Abb. 14a). Mit *Tachyporus* nahe verwandt, vielleicht wie die *Lamprinodes*-Arten nur ein an das Leben bei Ameisen angepasster Vertreter dieser Gattung.

Monotypische Gattung mit einer westpaläarktisch verbreiteten Art, die auch Mitteleuropa besiedelt.

Schwarz, Pronotum an den Seiten und hinten, sowie die Hinterränder der Abdominalsegmente etwas aufgehellt; Elytren rot mit geschwärzter Scutellarregion; Fühler und Beine rotbraun. 3,3–4,3 mm (RL: 1,85–2,35 mm). Durch den Trutzhabitus mit stark verkürzten Beinen und Fühlern mit keiner anderen Tachyporine im Gebiet zu verwechseln. Pontomediterran verbreitete Art, die von Mittelasien und dem Iran bis nach Frankreich vordringt. In Mitteleuropa besonders im Südosten (östliches Österreich, Slowakei, Tschechien), im Norden neuere Funde nur aus Brandenburg, Sachsen-Anhalt und Niedersachsen. Sehr selten. Von Ameisen der Gattungen *Tetramorium* und *Lasius* gemeldet, aber auch außerhalb von Nestern zu finden. .... ***erythropterus*** (PANZER, 1796)

Gattung *Sepedophilus* GISTEL, 1856

Durch das Vorhandensein eines Borstenkammes an der Außenseite der Protibien ausgezeichnet (Abb. 63k). Arten von gewölbtem, konischem Habitus (Abb. 14b) und mit feiner Pubeszenz auf dem gesamten Körper. Randborsten auf dem Pronotum völlig reduziert. Mundteile ähnlich wie bei *Tachyporus*; Maxillarpalpen mit zugespitztem Glied IV, das an der Basis deutlich schmaler als Glied III ist; Labialpalpen mit gestrecktem Glied III. Auch im Bau der Abdominalsegmente VIII–X sehr ähnlich *Tachyporus*, besonders durch das ganzrandige ♂-Tergit VIII, das ganzrandige, am Hinterrand beborstete ♀-Sternit VIII und den Aedoeagus mit wenig sklerotisierten, dem Medianlobus des Aedoeagus anliegenden Parameren. Ein Teil der bei uns vorkommenden Arten ist nur durch Untersuchung des Aedoeagus sicher zu bestimmen (*testaceus*-Gruppe), bei anderen Arten ist die Untersuchung der Mikroskulptur von besonderer Bedeutung (*pedicularius*-Gruppe).

Die artenreiche Gattung ist mit mehr als 350 bekannten Arten weltweit verbreitet. Aus der Paläarktis wurden bisher etwa 100 Arten bekannt, aus Mitteleuropa 13. Zwei weitere, aus den Nachbargebieten bekannte Arten können eventuell noch nachgewiesen werden. Einige Arten sind enger an Holz und Pilze (*bipunctatus*, *bipustulatus*, *wankowiczi*) gebunden, zumindest *bipustulatus* und *wankowiczi* sind wahrscheinlich mycetophag. Für *binotatus* wurde eine Beziehung zu den Fraßgängen von *Cerambyx cerdo* vermutet (HORION 1967), für die es jedoch keine sicheren Belege gibt.

1 Elytren und Abdomen an den Seiten mit langen, schwarzen Tastborsten, die Borsten etwa so lang wie Fühlerglieder I und II zusammen. Schwarz; Oberseite mit kräftigerer, goldgelber Pubeszenz; Elytren mit einer gelben Makel, die von der Schulter einen Bogen entlang der Naht der Elytren bildet. 2,0–2,8 mm (RL: 1,3–1,7 mm). Mediterrane Art; in Mitteleuropa weit verbreitet und nicht selten. In verpilztem Holz. .... ***bipunctatus*** (GRAVENHORST, 1802)

– Tastborsten an den Seiten höchstens so lang wie Fühlerglied I breit; meist nur mit unauffälliger Pubeszenz. **2**

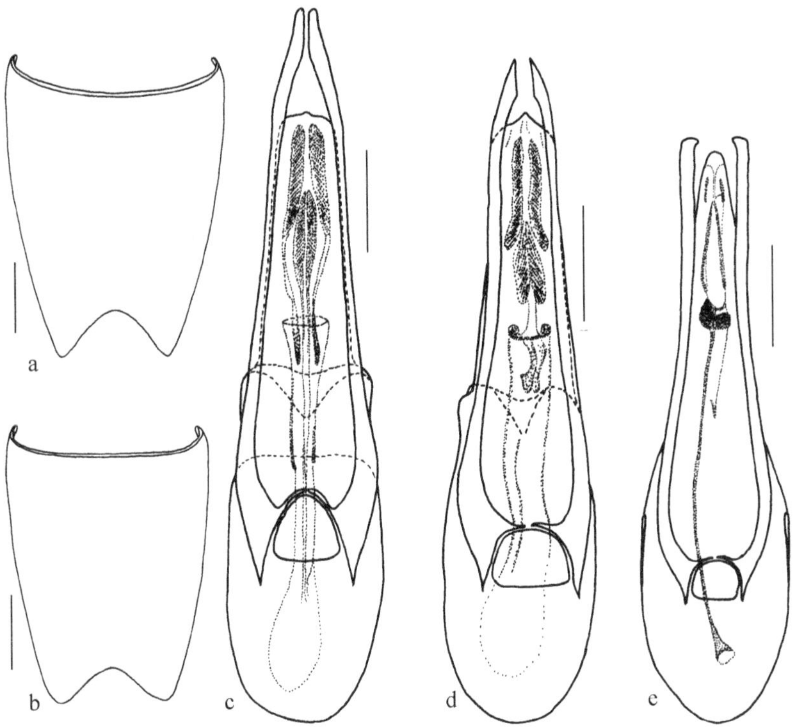

Abb. 80: ♂-Sternit VIII (a–b) und Aedoeagus ventral (c–e) von *Sepedophilus bipustulatus* (a, c), *S. wankowiczi* (b, d) und *S. littoreus* (e). Alle Maßstäbe 0,2 mm.

2 Große oder mittelgroße, robuste Arten mit deutlichen, scharf begrenzten, gelben Makeln auf den Elytren. Abdomen mit langen (länger als Fühlerglied I und II zusammen) Tastborsten ab Segment III. 3

– Schlankere, weniger auffällig gefärbte Arten; Vorderkörper entweder einfarbig oder die braunen Elytren mit undeutlichen Aufhellungen oder Scutellarmakeln. Beborstung des Abdomens bei größeren Arten weniger umfangreich, lange Tastborsten nur an den Segmenten VIII–X; bei deutlich kleineren Arten auch an den Seiten der Segmente III–VII Borsten, die fast so lang wie Fühlerglied I + II sind. 5

3 Kleinere Art, 3,0–3,5 mm (RL: 1,8–2,2 mm). Elytren etwa 1,2-mal so lang wie das Pronotum. Tergite IV–VI ohne auffällige Beborstung. Die gelbrote Makel auf den Elytren erreicht den Seitenrand und reicht nach hinten bis über die Hälfte der Elytren. Pontomediterrane Art. Im mittleren und südlichen Mitteleuropa besonders im Osten verbreitet, überall sehr selten. Besonders an alten Eichen, wahrscheinlich mycetophag. ....
.... ***binotatus*** (GRAVENHORST, 1802)

– Größere Arten, 3,8–5,3 mm (RL: 2,4–3,0 mm). Elytren kaum länger als das Pronotum (1,0–1,1 ×). Tergite IV–VI am Seiten- und Hinterrand mit langen, schwarzen Borsten besetzt. Dunkelbraun bis schwarz; Elytren an der Basis mit einer viereckigen gelben Makel, die weder den Seitenrand noch die Naht der Elytren erreicht. 4

4 Etwas größer, 4,0–5,3 mm (RL: 2,5–3,0 mm). Humeralmakel auf den Elytren größer, länger als ⅓ der Elytrenlänge. Punktur der Elytren dichter (Punktabstand 15–20 µm). ♂: Sternit VIII am Hinterrand etwas tiefer ausgerandet (Abb. 80a); Aedoeagus etwa 1,35–1,45 mm lang; Parameren länger (Abb. 80c). Pontomediterran verbreitete Art. In Mitteleuropa besonders im Südosten (Bayern, Böhmen, Österreich, Slowakei), vornehmlich in Parkanlagen an Baumpilzen. Zwischen 1875 und 1881 wurde die Art auch in Dänemark gefangen. Aktuelles, gesichertes Belegmaterial aus dem westlichen und nördlichen Mitteleuropa existiert nur aus Rheinland-Pfalz, bisher nicht überprüfte Meldungen können sich auch auf die folgende Art beziehen. .... ***bipustulatus*** (GRAVENHORST, 1802)

– Etwas kleiner, 3,8–5,0 mm (RL: 2,4–2,7 mm). Humeralmakel auf den Elytren kleiner, etwa ⅓ der Elytrenlänge erreichend. Punktur der Elytren weitläufiger (Punktabstand ca. 25–30 µm). ♂: Sternit VIII am Hinterrand weniger tief ausgerandet (Abb. 80b); Aedoeagus kleiner, 1,25–1,35 mm lang; Parameren kürzer (Abb. 80d). Transpaläarktisch verbreitete Art. Aus Litauen beschrieben, aber aus Osteuropa nur wenig gemeldet. Aktuelle Funde liegen aus dem Baltikum (Lettland) vor, ein Vorkommen im nordöstlichen Mitteleuropa und Skandinavien ist nicht auszuschließen. Lebensweise unbekannt, wahrscheinlich ähnlich wie *bipustulatus* an Baumpilzen. .... [***wankowiczi*** (PANDELLÉ, 1869)]

5 Pronotum und Elytren etwas abgeflacht. Hinterrand des Pronotums in der Mitte vor dem Scutellum flach ausgebuchtet, seine Hinterwinkel deutlich nach hinten gezogen. Fühler lang, vorletzte Glieder deutlich länger als breit. Oberfläche der Elytren mit sehr feiner Pubeszenz (Länge: ca. 15–20 µm), unscharf aufgehellten Basalmakeln oder ganz aufgehellter Basis; Umgebung des Scutellums meist dunkel. 3,5–5,0 mm (RL: 2,3–3,2 mm). Habitus: Abb. 14b. ♂: Aedoeagus mit ähnlichen Innenstrukturen wie in der *testaceus*-

Gruppe; Apex der Parameren anders geformt (Abb. 80e). Holarktisch verbreitete Art. In Mitteleuropa überall verbreitet und nicht selten. Oft werden fliegende Exemplare gefangen. .... ***littoreus*** (LINNAEUS, 1758)

– Pronotum und Elytren gleichmäßiger gewölbt. Hinterrand des Pronotums nicht deutlich ausgebuchtet, seine Hinterwinkel nur unauffällig nach hinten gezogen. Oberfläche der Elytren mit längerer Pubeszenz (ca. 40–50 µm). Fühler meist weniger gestreckt, ihre vorletzten Glieder kaum länger als breit, oft auch deutlich quer. **6**

6 Größere Arten von 2,5–5,5 mm (RL: 1,6–3,3 mm) mit enger querwelliger Mikroskulptur auf dem Pronotum und meist längeren Fühlern, deren Glieder VIII–X etwa so lang wie breit oder nur mäßig quer sind (Ausnahme: *immaculatus*). Die hierher gehörenden Arten der *testaceus*-Gruppe sind teilweise nur anhand ihrer männlichen Geschlechtsmerkmale zu unterscheiden. **7**

– Kleinere Arten von 2,0–3,3 mm (RL: 1,2–1,7 mm) mit weitläufigerer oder fehlender Mikroskulptur auf dem Pronotum und kurzen Fühlern mit stark queren Gliedern VIII–X (*pedicularius*-Gruppe). **12**

7 Kleinere Art von 2,5–3,5 mm (RL: 1,6–2,0 mm). Seiten des Abdomens ab Segment III mit längerer Beborstung (an Segment IV und V etwa so lang wie an den Fühlergliedern I und II). Dunkelbraun bis schwarz; nur die Hinterränder von Pronotum, Elytren und Abdominalsegmenten schmal aufgehellt. Fühler gelb mit gebräunter Mitte, Glieder VIII–X deutlich quer. Wahrscheinlich pontomediterrane Art, von Vorderasien bis nach Großbritannien und ins südliche Nordeuropa verbreitet. Meldungen aus Südwesteuropa und Nordafrika beruhen auf Fehlbestimmungen. In Mitteleuropa in der Bodenstreu überall verbreitet und nicht selten. ....
.... ***immaculatus*** (STEPHENS, 1832)

– Größere Arten von 3,5–5,5 mm (RL: 2,2–3,3 mm). Vorletzte Glieder der Fühler länger als oder so lang wie breit, lediglich bei *testaceus* quer. Abdominalsegmente an den Seiten nur fein beborstet (Borsten an Segment IV und V etwa so lang wie Fühlerglied I). **8**

8 Fühler wenig gestreckt (Abb. 81m); Glied VII nicht länger als breit; Glieder VIII–X deutlich quer. Oberseite einfarbig braun bis schwarz. Durchschnittlich kleiner als die folgenden Arten, 3,5–4,7 mm lang (RL: 2,3–2,7 mm). ♂: Protarsen wenig erweitert (Abb. 81f); Sternit VIII mit breitem und flachen Ausschnitt am Hinterrand (Abb. 81a); Aedoeagus (Abb. 81o) klein und schlank mit einfachem Ausstülpschlauch und charakteristischem Basalsklerit (Abb. 81t). Expansiv holomediterrane Art, adventiv auch in Nordamerika. In Mitteleuropa überall häufig. Meist unter Rinde oder in verrottendem Holz, aber auch in der Bodenstreu. .. ***testaceus*** (FABRICIUS, 1793)

– Fühler deutlich gestreckt (Abb. 81n); Glied VII deutlich länger als breit; Glieder VIII–X nicht deutlich quer. ♂: Protarsen stärker erweitert; Aedoeagus größer und/oder mit anderen Innenstrukturen versehen. **9**

9 Körper deutlich zweifarbig; Kopf, Pronotum und Abdomen schwarzbraun; Elytren rotbraun mit geschwärzter Scutellarregion und dunklem Seitenrand. 3,5–5,5 (RL: 2,4–3,3 mm). ♂: Protarsen deutlich erweitert (Abb. 81g); Sternit VIII lang gestreckt und mit kleinem, winkligen Ausschnitt am Hinterrand (Abb. 81b); Aedoeagus groß und schlank (Abb. 81p), mit einfachem Ausstülpschlauch und schlankem Basalsklerit (Abb. 81u).

Transpaläarktisch verbreitete Art, adventiv auch in Nordamerika. In Mitteleuropa weit verbreitet und überall häufig. Im Gegensatz zu *testaceus* eher in der Bodenstreu, aber auch an Totholz und Pilzen zu finden. .... ***marshami*** (STEPHENS, 1832)

– Zumindest der Vorderkörper einfarbig gelbrot bis schwarzbraun; die Elytren nie auffällig heller als das Pronotum, ohne Scutellarmakel oder angedunkelten Seitenrand. ♂: Sternit VIII kürzer, mit breiterem Ausschnitt am Hinterrand (Abb. 81c–e), Aedoeagus mit anderen Innenstrukturen. **10**

10 ♂: Sternit VIII kurz (Abb. 81d); Aedoeagus groß und robust (Abb. 81q), mit trompetenförmig erweitertem Ausstülpschlauch und charakteristischem Basalsklerit (Abb. 81v); Parameren den Medianlobus des Aedoeagus deutlich überragend. Protarsen deutlich erweitert (Abb. 81h). ♀: Protarsen nur wenig erweitert (Abb. 81i). Einfarbig braun bis schwarz. Tastborsten an den Seiten der Segmente IV und V kurz (100–150 µm). 3,8–5,3 mm (RL: 2,4–3,0 mm). Bisher aus Nord-, Mittel- und Osteuropa sowie aus Großbritannien und Norditalien bekannt. In Mitteleuropa aus Böhmen, der Slowakei, Südpolen, Deutschland (Thüringen, Niedersachsen, Bayern), Österreich (Tirol, Steiermark) und der Schweiz gemeldet; selten. Oft im Anspülicht von Gebirgsflüssen, aber auch an Pilzen gefunden. .... ***constans*** (FOWLER, 1888)

– ♂: Sternit VIII länger (Abb. 81c, e); Aedoeagus mit anderen Innenstrukturen. Einfarbig braun bis schwarz oder rötlich mit angedunkelter Basis des Abdomens. Seiten der Abdominalsegmente IV und V etwas länger beborstet (170–200 µm). **11**

11 Vorderkörper gelbbraun; Basis des Abdomens angedunkelt. 4,0–5,1 mm (RL: 2,2–2,8 mm). ♂: Protarsen sehr stark erweitert (Abb. 81j); Sternit VIII mit tiefem Ausschnitt am Hinterrand (Abb. 81c); Aedoeagus groß und kräftig (Abb. 81r), mit langem Ausstülpschlauch und charakteristischem Basalsklerit (Abb. 81w); Parameren den Medianlobus des Aedoeagus weit überragend. ♀: Protarsen ebenfalls deutlich erweitert (Abb. 81k). Aus Mittel- und Vorderasien bis nach Mitteleuropa verbreitet. In Mitteleuropa liegen Einzelfunde aus Böhmen, Mähren, der Slowakei, Österreich (Burgenland) und Deutschland (Sachsen, Brandenburg, Mecklenburg-Vorpommern, Nordrhein-Westfalen) vor. Bodenstreubewohner, oft fliegend gefunden. .... ***transcaspicus*** (BERNHAUER, 1917)

– Einfarbig braun bis schwarzbraun. 4,3–5,2 mm (RL: 2,7–3,0 mm). ♂: Protarsen weniger stark erweitert (Abb. 81l); Sternit VIII mit flacherem Ausschnitt am Hinterrand (Abb. 81e); Aedoeagus kleiner und schlanker (Abb. 81s), mit charakteristischem Basalsklerit (Abb. 81x); Parameren den Medianlobus kaum überragend. ♀: Protarsen nicht erweitert. Westmediterrane Art, die auch in Großbritannien vorkommt und vielleicht den Westen Mitteleuropas erreicht; Meldungen aus Schweden erwiesen sich als nicht zutreffend. Bodenstreubewohner, auch an Totholz. .... [***lusitanicus*** HAMMOND, 1973]

12 Hinterwinkel des Pronotums abgerundet rechtwinklig (Abb. 82b, d); Mikroskulptur fehlend oder reduziert, nur unvollständige Maschen bildend. Elytren länger (Abb. 82b), etwa so lang wie das Pronotum (0,95–1,05 ×). **13**

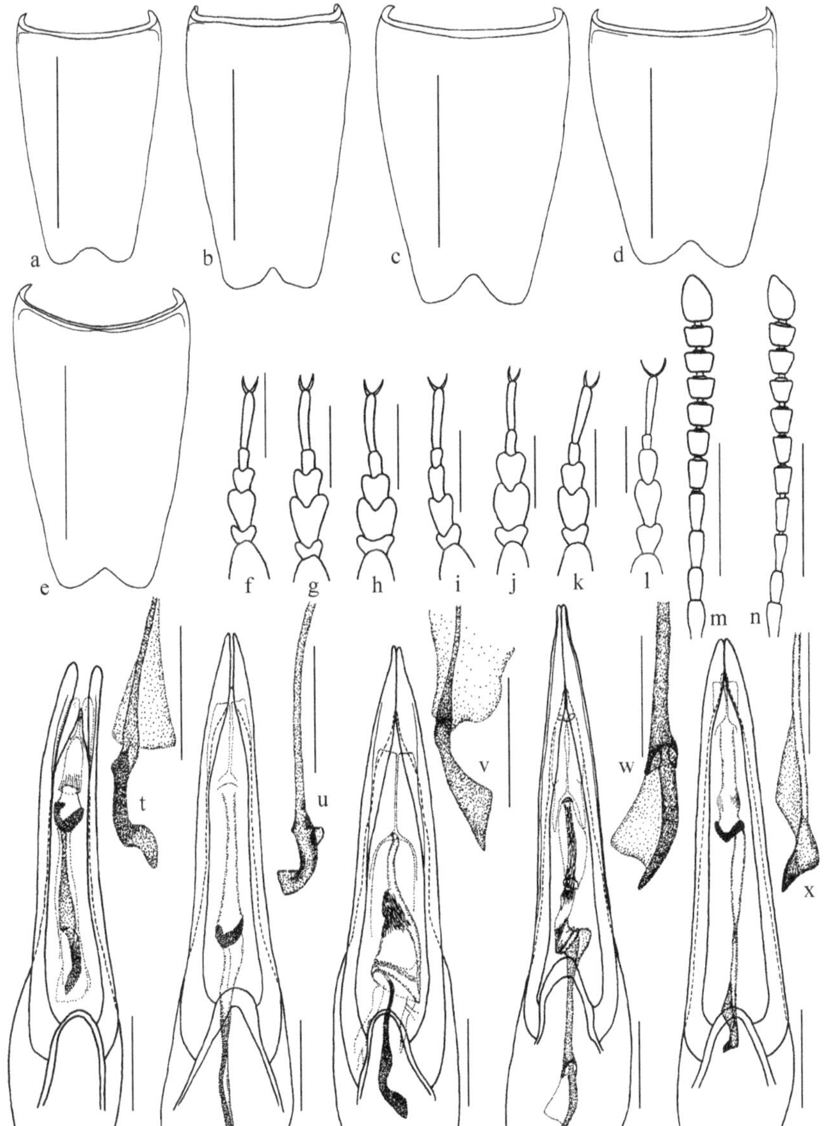

Abb. 81: ♂-Sternit VIII (a–e), ♂-Protarsen (f–h, j, l), ♀-Protarsen (i, k), Fühler (m–n), Aedoeagus ventral (o–s) und Basalsklerit (t–x) von *Sepedophilus testaceus* (a, f, m, o, t), *S. marshami* (b, g, n, p, u), *S. constans* (d, h, i, q, v), *S. transcaspicus* (c, j, k, r, w), *S. lusitanicus* (e, l, s, x). Maßstäbe 0,5 mm (a–e, m–n), 0,2 mm (f–l, o–s), 0,1 mm (t–x). Nach SCHÜLKE 1998b (a–e, q–s) und HAMMOND 1973 (t–v, x)..

– Hinterwinkel des Pronotums abgerundet spitzwinklig (Abb. 82a, c); die Mikroskulptur deutlich und vollständige quere Maschen bildend. Elytren kürzer (Abb. 82a), 0,8–0,9-mal so lang wie das Pronotum. **14**

13 Pronotum mit unvollständiger Mikroskulptur, die keine geschlossenen Maschen bildet. Gelbrot; Basis des Abdomens und die Scutellarregion teilweise angedunkelt. 2,2–3,1 mm (RL: 1,2–1,7 mm). Aedoeagus (Abb. 82g) 0,55–0,65 mm lang. Atlantomediterrane Art. In ganz Mitteleuropa verbreitet und selten, nur im Westen und an den Küsten häufiger. .... ***nigripennis*** (STEPHENS, 1832)

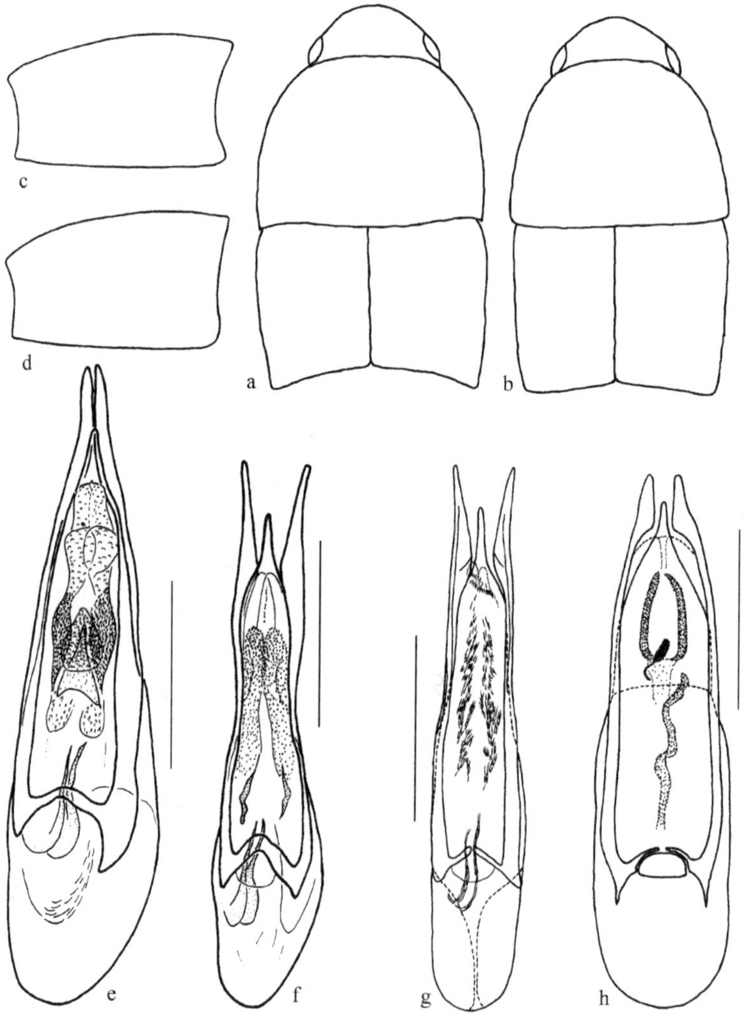

Abb. 82: Habitus (a–b), Pronotum, lateral (c–d), Aedoeagus, ventral (e–h) von *Sepedophilus pedicularius* (a, c, e), *S. obtusus* (b, d, f), *S. nigripennis* (g) und *S. doderoi* (h). Alle Maßstäbe 0,2 mm. Nach SCHÜLKE & UHLIG 1989 (a–f) und SCHÜLKE 1999 (g).

– Pronotum glatt, ohne Mikroskulptur. Schwarz; Hinterränder von Pronotum, Elytren und Abdominalsegmenten schmal aufgehellt. 2,0–2,8 mm (RL: 1,3–1,6 mm). Aedoeagus (Abb. 82f) 0,55–0,65 mm lang. Pontomediterrane Art. In Mitteleuropa besonders im Süden häufig, nach Norden seltener oder fehlend. Bevorzugt an trockeneren Standorten. .... ***obtusus*** (LUZE, 1902)

14 Einfarbig pechschwarze Art mit schmal aufgehellten Hinterrändern von Pronotum, Elytren und Abdominalsegmenten. 2,5–3,3 mm (RL: 1,3–1,6 mm). Hinterrand von Tergit VII bei mitteleuropäischen Exemplaren immer mit Hautsaum. Aedoeagus (Abb. 82e) größer (0,67–0,83 mm) und mit deutlicher sklerotisierten Innenstrukturen. Transpaläarktisch verbreitete Art. In Mitteleuropa überall; im Norden häufig, im Süden seltener und meist in höheren Lagen. An feuchteren Standorten in Streu, Moos und an Totholz. .... ***pedicularius*** (GRAVENHORST, 1802)

– Gelbrot bis rotbraun, Kopf und Abdomen teilweise dunkler, 2,4–2,9 mm (RL: 1,2–1,5 mm). Aedoeagus (Abb. 82h) kleiner (0,55–0,62 mm). Hinterrand von Sternit VII ohne Hautsaum. In Hochlagen der Zentral- und Westalpen. In Mitteleuropa nur aus dem Wallis bekannt, selten. .... ***doderoi*** (GRIDELLI, 1931)

Gattung *Tachinus* GRAVENHORST, 1802

Kleine bis große (3,1–9,5 mm), abgeflachte Arten von meist kahnförmigem Habitus (Abb. 14c). Letztes Glied der Maxillarpalpen nicht oder kaum schmaler und mindestens so lang wie das vorletzte Glied (Abb. 63h). Mesoventrit ungekielt. Vorderkörper ohne Grundbeborstung oder Pubeszenz; Elytren deutlich punktiert und/oder mikroskulptiert. Tastborsten auf den Elytren reduziert, auf dem Pronotum winzig, halb so lang wie die Breite von Fühlerglied II. Tergite III und IV, teilweise auch V und VI in der Mitte mit kleinen Tomentflecken, die in Struktur und Funktion dem Hautsaum am Hinterrand von Tergit VII gleichen und diesen beim Zusammenfalten der Hautflügel unterstützen. ♂: Protarsen erweitert; Aedoeagus mit stärker sklerotisierten Parameren, die dem Medianlobus anliegen und zum Teil miteinander und mit dem Medianlobus verwachsen sind; Sternit VII am Hinterrand ausgerandet und in unterschiedlichem Umfang beborstet; Sternit VIII mit tief ausgeschnittenem Hinterrand. ♀: Tergit VIII mit unterschiedlich gebauten Mittellappen; Sternit VIII meist sechslappig, die Mittellappen jeweils mit einem Kranz heller Borsten besetzt.

Bisher wurden etwa 250 Arten der überwiegend holarktisch verbreiteten Gattung beschrieben, aus der Paläarktis davon fast 200. In Mitteleuropa kommen 20 Arten der Gattung vor, eine weitere könnte von Osten her Mitteleuropa erreichen. Ergänzende Informationen zur Taxonomie und Verbreitung westpaläarktischer *Tachinus* finden sich bei ULLRICH (1975).

Tachinus-Arten sind in der Bodenstreu, an Aas, Exkrementen, Pilzen und Faulstoffen aller Art, manche auch in Tiernestern zu finden. Einige Arten gehören zu den häufigsten einheimischen Staphyliniden und besitzen als Prädatoren auf Äckern und Grünland auch ökonomische Bedeutung. Die im Offenland häufigen Arten (*rufipes*, *laticollis*, *marginellus*, *corticinus*) sind zum Teil Biotopwechsler und verbringen den Winter oft in Wäldern und Feldgehölzen (ULLRICH 1975).

1 Abdomen parallelseitig, gestreckt, erst ab Segment VIII deutlich verengt. Protibien zur Spitze stark erweitert, viel kürzer als die Profemora. 2
– Abdomen von der Basis an nach hinten verengt. Protibien zur Spitze nicht auffällig erweitert, kaum kürzer als die Profemora. 3
2 Oberseite glänzend und stark punktiert. Tomentflecken auf den Abdominaltergiten fehlend. Schwarz; Pronotum manchmal rotbraun; Elytren auf der Scheibe hell gelbbraun, um das Scutellum, am Seiten- und Hinterrand und oft auch an der Naht angedunkelt; Beine und Fühler rotgelb. 3,5–4,5 mm (RL: 2,0–3,2 mm). ♂: Sternit VII einfach ausgerandet und am Hinterrand nur unauffällig beborstet (Abb. 84f); Aedoeagus (Abb. 88d) kurz; Parameren in lateraler Ansicht mit kräftigem Apikalhaken. ♀: Tergit VIII mit tief gespaltenem Mittellappen (Abb. 86b). Pontomediterrane Art, die den Südosten Mitteleuropas (Slowakei, östliches Österreich, Mähren, südöstliches Polen) erreicht; sehr selten. .... ***discoideus*** ERICHSON, 1839
– Oberseite matt; Mikroskulptur deutlich; Punktur auf den Elytren undeutlich, teilweise reihig. Tomentflecken auf den Tergiten II–V. Dunkelbraun bis schwarz; Hinterränder von Pronotum, Elytren und Abdominalsegmenten schmal aufgehellt; Beine und Fühler rotbraun. Größe sehr variabel, 5,8–9,5 mm (RL: 2,8–4,8 mm). ♂: Sternit VII am Hinterrand breit ausgerandet und mit einem Saum feiner Borsten besetzt (Abb. 83a); Aedoeagus gestreckt (Abb. 87d); Parameren in lateraler Ansicht mit deutlichem Apikalhaken. ♀: Tergit VIII mit tief gespaltenem Mittellappen (Abb. 85a). Holarktische Art. In Mitteleuropa besonders montan verbreitet, in der Tiefebene sehr selten oder teilweise fehlend. Hygrophil, in der Bodenstreu und in Moos, seltener in Kompost, an Aas oder Pilzen. .... ***elongatus*** GYLLENHAL, 1810
3 Abdomen ab Segment IV oder V mit langen, schwarzen Seitenrandborsten, deren Insertionspunkte bei abgebrochenen Borsten deutlich zu erkennen sind. 4
– Abdomen erst ab Segment VII oder VIII mit langen Seitenrandborsten. 5
4 Abdomen ab Segment IV mit Seitenrandborsten; Tergite III–VI mit kräftigen Tomentflecken. Elytren parallelseitig, deutlich länger als das Pronotum (1,25–1,45 ×). Schwarz; Elytren rotbraun, manchmal in der Mitte angedunkelt; Basis der ersten Fühlerglieder, Ränder des Pronotums und Hinterränder der Abdominalsegmente aufgehellt; Beine rotbraun. 5,0–7,0 mm (RL: 4,1–5,6 mm). ♂: Sternit VII am Hinterrand sehr flach ausgerandet, in der Ausrandung mit einem schmalen Feld modifizierter Borsten (Abb. 83b); Aedoeagus (Abb. 87c) mit in ventraler Ansicht gleichmäßig schmaler werdenden Parameren. ♀: Tergit VIII dreilappig; Mittellappen gleichmäßig zugespitzt (Abb. 85b). Expansiv mediterrane Art. In Mitteleuropa überall verbreitet und nicht selten. An Exkrementen und anderen Faulstoffen. .... ***lignorum*** (LINNAEUS, 1758)
– Abdomen ab Segment V mit Seitenrandborsten; Tergite III–VI mit feinen Tomentflecken. Elytren kurz, nach hinten divergierend, so lang oder kaum länger als das Pronotum (0,98–1,08 ×). Rotbraun bis schwarzbraun; Mitte des Pronotums oft dunkler; Beine und die Basis der Fühler rötlich. 4,5–5,8 mm (RL: 3,45–4,00 mm). ♂: Sternit VII am Hinterrand schmal und flach ausgerandet, in der Ausrandung mit einem schmalen Feld modifizierter Borsten (Abb. 83f); Aedoeagus (Abb. 87i) in ventraler Ansicht mit breiteren Parameren. ♀: Tergit VIII wie bei *lignorum* dreilappig mit gleichmäßig

zugespitztem Mittellappen (Abb. 85c). In subalpinen Lagen der Ostalpen und der Slowakei. Selten. .... ***latiusculus*** MÄRKEL & KIESENWETTER, 1848

5 Oberfläche der Elytren matt, fein oder grob punktiert, wie das Pronotum mit deutlicher Mikroskulptur. **6**

– Oberfläche der Elytren deutlich punktiert, aber ohne Mikroskulptur. Pronotum zumindest in der Mitte glatt und glänzend, ohne Mikroskulptur. ... **16**

6 Große Arten, 6–9 mm lang (RL: 3,70–5,15 mm). Elytren gestreckt, rot oder rotbraun. Tergite III–VI mit Tomentflecken. Hierher 2 Arten, die im männlichen Geschlecht auch genitaliter nur schwer zu unterscheiden sind, deren ♀ sich aber anhand des Baus von Tergits VIII einfach trennen lassen. ... **7**

– Kleinere Arten, 4–7 mm lang (RL: 2,5–4,5 mm). Elytren einfarbig dunkel oder mit hellen Makeln. Tergite III–IV oder III–V mit Tomentflecken. **8**

7 Pronotum zwischen der Punktur glatt und glänzend, überall breit rot gerandet. Elytren hell rotbraun; Fühlerglieder I–IV rot. 6–9 mm (RL: 4,2–5,15 mm). ♂: Sternit VII am Hinterrand breit ausgerandet, in der Ausrandung mit kräftigem Feld modifizierter Borsten (Abb. 83d); Aedoeagus (Abb. 87f) etwas schlanker, mit in lateraler Ansicht gleichmäßiger gebogenen Parameren. ♀: Tergit VIII dreilappig, mit breitem Mittellappen (Abb. 85h). Pontomediterrane Art. In Mitteleuropa überall verbreitet, aber nicht häufig. Vorzugsweise an Faulstoffen. ....
.... ***humeralis humeralis*** GRAVENHORST, 1802

– Pronotum zwischen der Punktur mit deutlicher Mikroskulptur, an den Seiten breit, vorn und hinten schmal rot gerandet. Elytren dunkler rotbraun, in der Mitte oft unscharf verdunkelt; Fühlerglieder I–IV ebenfalls angedunkelt. 6–8 mm (RL: 3,7–4,65 mm). ♂: Sternit VII ähnlich wie bei *humeralis* ausgerandet und beborstet (Abb. 83e); Aedoeagus (Abb. 87e) etwas kompakter, mit in lateraler Ansicht weniger gleichmäßig gebogenen Parameren. ♀: Tergit VIII mit schmalerem und spitzerem Mittellappen (Abb. 85g). Eurosibirische Art. In Mitteleuropa im Norden auch in der Ebene, im Süden mehr in höheren Lagen. Nicht häufig. Wie *humeralis* vornehmlich an Faulstoffen. .... ***proximus*** KRAATZ, 1855

8 Tergite III–V mit Tomentflecken. Vorderrand des Pronotums mit deutlicher Randung. **9**

– Tergite III–IV mit Tomentflecken. Vorderrand des Pronotums ungerandet. .. **11**

9 Größere Art, 4,5–6,5 mm (RL: 3,2–4,3 mm), mit gestreckten Elytren (1,55–1,65-mal so lang wie das Pronotum). Färbung variabel; schwarz; Ränder des Pronotums, Hinterrand der Elytren und der Abdominalsegmente schmal aufgehellt; Elytren mit großer, gelbroter Humeralmakel. Bei einem Teil der Exemplare dehnt sich die helle Färbung soweit aus, dass nur der Kopf, die Mitte des Pronotums und die Naht und Seitenränder der Elytren dunkel bleiben. Bei hellen Exemplaren sind auch die Hinterränder der Abdominalsegmente und die Spitze des Abdomens umfangreich aufgehellt. ♂: Sternit VII am Hinterrand tief, im Grunde geradlinig ausgerandet und auffällig beborstet (Abb. 83c); Aedoeagus (Abb. 87g) gestreckt mit apikal abgeflachten, in ventraler Ansicht parallelen Parameren. ♀: Tergit VIII vierlappig, mit kurzen, spitzen Mittellappen (Abb. 85f). Transpaläarktische, adventiv auch in Nordamerika vorkommende Art: In Mitteleuropa überall nicht selten. An Faulstoffen, Kompost und an Saftstellen, auch in Höhlen und Nestern von Kleinsäugern. .... ***subterraneus*** (LINNAEUS, 1758)

– Durchschnittlich kleinere, sehr größenvariable Arten, 3,7–6,0 mm lang (RL: 2,4–3,8 mm); Elytren weniger gestreckt (maximal 1,5-mal so lang wie das Pronotum). Nur nach Geschlechtsmerkmalen sicher zu unterscheiden. **10**

10 Elytren deutlich länger als das Pronotum (1,4–1,5 ×). Glied IV der Fühler wenig kürzer als Glied II. Schwarz; Seiten des Pronotums schmal aufgehellt; Elytren rotbraun; Fühler schwarz; Beine rotgelb. ♂: Sternit VII am Hinterrand tief ausgerandet, an den Seiten der Ausrandung mit kammförmigen Borsten, in der Mitte mit quer-trapezoidalem Feld modifizierter Borsten (Abb. 84g); Aedoeagus (Abb. 88b) kurz und kompakt; Parameren am Apex mit kleinem ventralem Haken. ♀: Tergit VIII vierlappig mit spitzen Mittellappen (Abb. 86c). Pontomediterrane Art. In Mitteleuropa überall verbreitet. Nicht selten. Oft auf der Vegetation, besonders auf blühenden Sträuchern. .... ***fimetarius*** GRAVENHORST, 1802

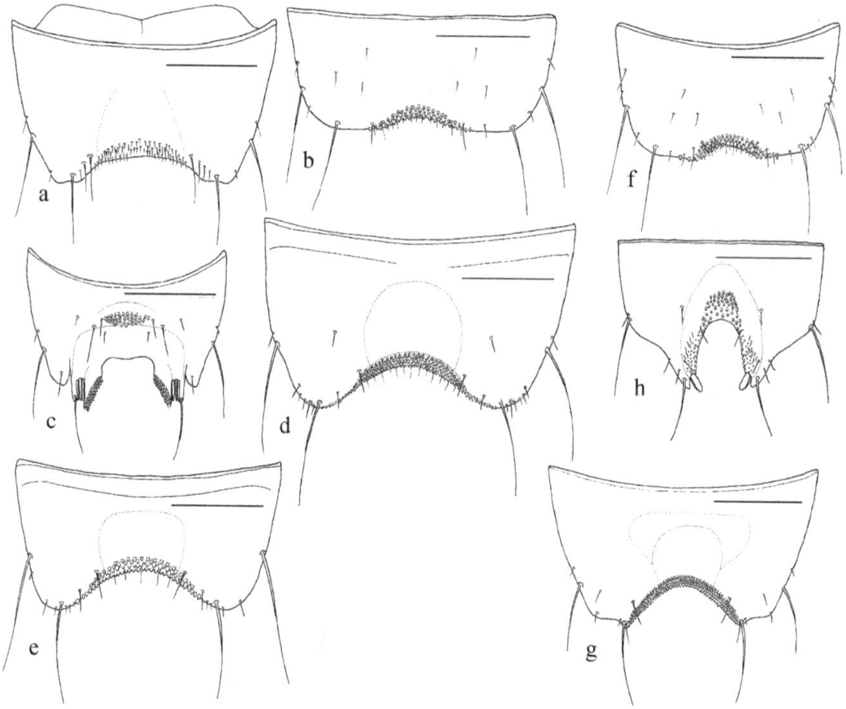

Abb. 83: ♂-Sternite VII von *Tachinus elongatus* (a), *T. lignorum* (b), *T. subterraneus* (c), *T. humeralis humeralis* (d), *T. proximus* (e), *T. latiusculus* (f), *T. rufipennis* (g) und *T. sibiricus* (h). Alle Maßstäbe 0,5 mm.

– Elytren weniger gestreckt (1,2–1,4-mal so lang wie das Pronotum). Glied IV der Fühler viel kürzer als Glied II. Dunkelbraun bis schwarz; Ränder des Pronotums und die Elytren nur weniger heller. ♂: Sternit VII ähnlich *fimetarius*, die Ausrandung am Hinterrand im Grunde etwas breiter und gleichmäßiger abgerundet (Abb. 84h); Aedoeagus (Abb. 88c) ebenfalls ähnlich *fimetarius*; Parameren in lateraler Ansicht am Apex schlanker, mit deutlichem Apikalhaken. ♀: Tergit VIII mit breitem Mittellappen, der apikal in 2 Spitzen geteilt ist, zwischen denen sich eine breite, abgerundete Ausrandung befindet (Abb. 86d). Holomediterrane Art. Im südöstlichen Mitteleuropa (Österreich, Tschechische Republik). Vereinzelt, sehr selten. .... ***bonvouloiri*** PANDELLÉ, 1869

11 Hinterwinkel des Pronotums deutlich. Schwarz; Hinterrand des Pronotums schmal aufgehellt; Elytren meist mit kleiner, undeutlicher Humeralmakel. Mikroskulptur auf den Elytren oft erloschen, nur an den Rändern deutlicher. 4,5–5,8 mm (RL: 2,8–3,7 mm). ♂: Sternit VII (Abb. 83h) am Hinterrand schmal und tief ausgerandet, um die Ausrandung herum mit modifizierter Beborstung, an den Seiten jeweils mit einer zu einem schräg gestellten Plättchen modifizierten Borste; Aedoeagus (Abb. 87b) mit langen, an der Spitze ventrad geknickten Parameren. ♀: Tergit VIII vierlappig, Mittellappen tief gespalten und zugespitzt (Abb. 85e). Ostpaläarktische Art; in Europa offenbar in Ausbreitung begriffen; bisher aus der Umgebung von Moskau, aus Österreich (Kärnten, Tirol, Oberösterreich, Salzburg), Slowenien und der Tschechischen Republik bekannt. Selten. An Pilzen und Faulstoffen aller Art. .... ***sibiricus*** SHARP, 1888

– Hinterwinkel des Pronotums abgerundet; Mikroskulptur auf den Elytren deutlicher. **12**

12 Elytren an der Basis in größerem Umfang unscharf aufgehellt oder mit großen scharf begrenzten Humeralmakeln. **13**

– Elytren einfarbig oder mit kleinen unscharf begrenzten Humeralmakeln. **15**

13 Fühler kurz, Glieder VI–X quer. Schwarz; Pronotum meist nicht hell gerandet; Elytren an der Basis mit relativ deutlich abgesetzten Humeralmakeln, die die Scutellarregion nicht erreichen; zumindest die Basis der Fühler und die Beine gelb- bis rotbraun. 5,0–6,0 mm (RL: 2,7–3,7 mm). ♂: Sternit VII (Abb. 84b) mit flacher Ausrandung, in der Mitte mit schmalem Feld modifizierter Borsten; Aedoeagus (Abb. 87j) mit apikal etwas ventrad gebogenen, schräg abgestutzten Parameren. ♀: Tergit VIII (Abb. 86a) ähnlich wie bei *bonvouloiri* mit breitem Mittellappen, der apikal breit und tief, im Grunde abgerundet ausgeschnitten ist. Transpaläarktisch verbreitete Art. In Mitteleuropa überall. Selten. An Faulstoffen, in Vogelnestern und an saftenden Bäumen, oft in der Kronenregion. .... ***bipustulatus*** (FABRICIUS, 1793)

– Fühler gestreckt, Glieder VI–X nicht quer. Durchschnittlich etwas größer. Pronotum zumindest an den Seiten deutlich gelb gerandet. ♂: Aedoeagus mit in lateraler Ansicht dorsad abgeknickten oder am Apex dorsad gebogenen Parameren mit zumindest angedeuteten Apikalhaken. ♀: Tergit VIII mit tief gespaltenem Mittellappen, der Mitteleinschnitt spitz, nicht breit abgerundet. **14**

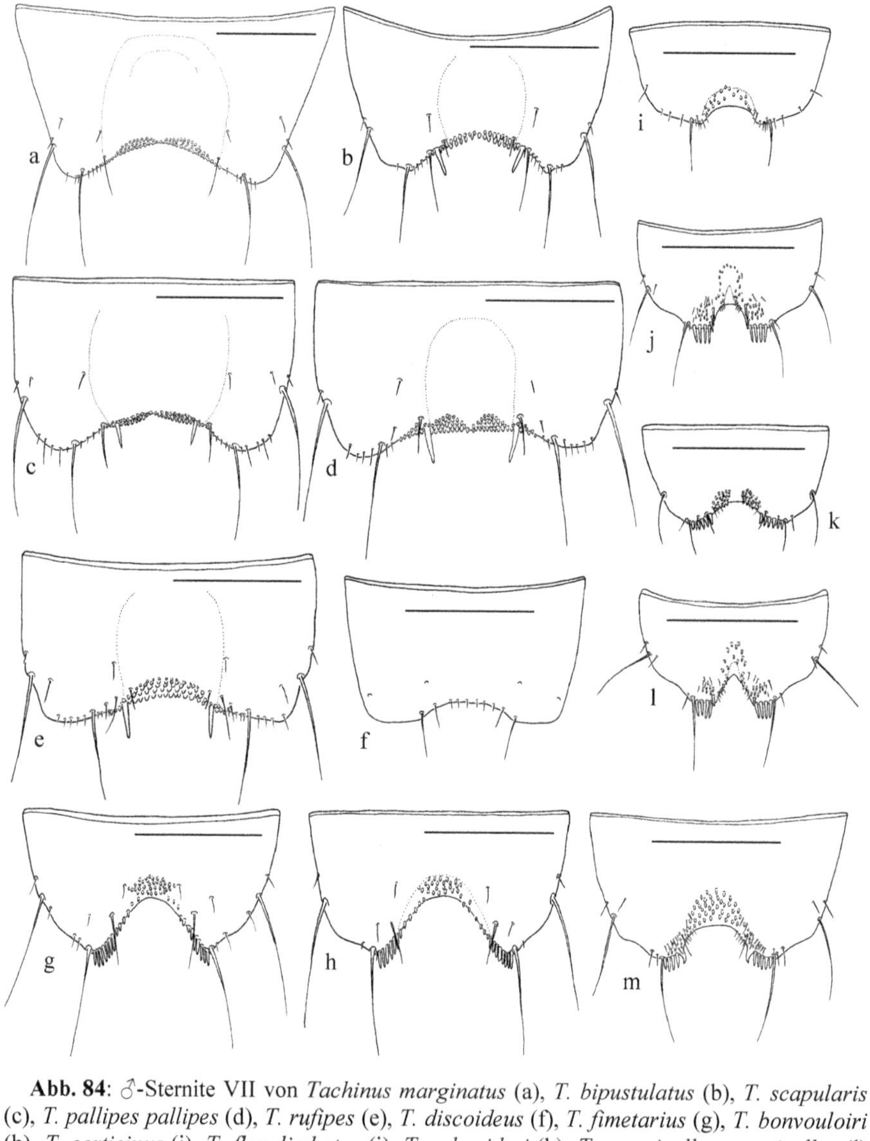

Abb. 84: ♂-Sternite VII von *Tachinus marginatus* (a), *T. bipustulatus* (b), *T. scapularis* (c), *T. pallipes pallipes* (d), *T. rufipes* (e), *T. discoideus* (f), *T. fimetarius* (g), *T. bonvouloiri* (h), *T. corticinus* (i), *T. flavolimbatus* (j), *T. schneideri* (k), *T. marginellus marginellus* (l) und *T. laticollis* (m). Alle Maßstäbe 0,5 mm.

14 Kontrastreich gefärbte Art. Schwarz; Seiten des Pronotums breit, Vorder- und Hinterrand schmal aufgehellt; Elytren gelb mit dunklem Seitenrand und einem dunklen Nahtstreifen, der nach hinten breiter wird und im hinteren Drittel der Elytren mit dem dunklen Seitenrand zusammenfließt; Hinterrand der Elytren hell. Pronotum deutlich feiner als die Elytren punktiert. Fühler lang und gestreckt, zurückgelegt den Hinterrand des Pronotums deutlich überragend; vorletzte Fühlerglieder deutlich länger als breit. 5,5–7,0 mm (RL: 3,1–4,3 mm). ♂: Sternit VII (Abb. 84a) flach ausgerandet, mit einem zweigeteilten schmalen Feld modifizierter Borsten; Aedoeagus (Abb. 87m) mit schlanken, in lateraler Ansicht am Apex dorsad abgeknickten Parameren. ♀: Tergit VIII (Abb. 85i) tief gespalten vierlappig, Mittellappen schlank und zugespitzt. Transpaläarktisch verbreitete Art, die im Westen Nord- und Osteuropa erreicht. In Mitteleuropa nur im Osten. Sehr selten, oft nur alte Funde. .... ***marginatus*** (FABRICIUS, 1793)

– Weniger kontrastreich gefärbt. Schwarz; Elytren etwas heller; Seiten des Pronotums und vorderes Drittel der Elytren unscharf begrenzt gelbrot; Hinterränder von Pronotum, Elytren und Abdominalsegmenten schmal aufgehellt. Pronotum und Elytren fast einheitlich dicht und fein punktiert. Fühler weniger gestreckt. 5–6 mm (RL: 3,5–4,3 mm). ♂: Sternit VII (Abb. 84c) am Hinterrand flach und breit ausgerandet, in der Ausrandung mit einem schmalen, mittig zweigeteilten Feld modifizierter Borsten; Aedoeagus (Abb. 87k) mit in lateraler Ansicht am Apex etwas dorsad gebogenen Parameren. ♀: Tergit VIII (Abb. 85j) vierlappig, Mittellappen tief gespalten und zugespitzt. Pontomediterran verbreitete Art. In Mitteleuropa nur im südlichen Teil verbreitet: Selten. Vornehmlich an Faulstoffen aller Art. .... ***scapularis*** STEPHENS, 1832

15 Schwarzbraun bis schwarz; Ränder des Pronotums und die Hinterränder der Elytren und Abdominalsegmente schmal aufgehellt; Elytren meist mit kleinen, undeutlichen Humeralmakeln. Helle Exemplare mit aufgehellten Rändern des Pronotums und helleren Elytren werden *pallipes* oder *scapularis* sehr ähnlich und können nur durch Untersuchung der Geschlechtsmerkmale sicher angesprochen werden. 5,0–6,5 mm (RL: 3,3–4,0 mm). Habitus: Abb. 14c. ♂: Sternit VII (Abb. 84e) mit flacher Ausrandung am Hinterrand; Feld modifizierter Borsten schmal, in der Mitte nicht geteilt; Aedoeagus (Abb. 87l) mit schlanken, in lateraler Ansicht am Apex etwas ventrad gebogenen Parameren. ♀: Tergit VIII (Abb. 85k) mit breitem Mittellappen, der apikal deutlich zugespitzt ist. Expansiv holomediterrane Art, im Osten zumindest bis in den Altai verbreitet. In Mitteleuropa überall sehr häufig. In der Bodenstreu und Faulstoffen aller Art. .... ***rufipes*** (LINNAEUS, 1758)

– Schwarzbraun bis schwarz; Seiten des Pronotums breit, Vorder- und Hinterrand schmal hell gerandet; Hinterränder der Elytren und Abdominalsegmente schmal aufgehellt; Elytren mit kleinen, unscharf begrenzten Humeralmakeln. 5–6,8 mm (RL: 3,5–4,5 mm). ♂: Sternit VII (Abb. 84d) am Hinterrand flach ausgerandet, das Feld modifizierter Borsten schmal und in der Mitte angedeutet zweigeteilt; Aedoeagus (Abb. 87h) mit breiten, apikal abgeplatteten Parameren. ♀: Tergit VIII (Abb. 85l) mit tief gespaltenem Mittellappen. Transpaläarktisch verbreitete Art. In

Mitteleuropa hauptsächlich montan verbreitet und nicht selten, in der Ebene selten. Hauptsächlich in Wäldern an Faulstoffen aller Art. ....
.... **pallipes pallipes** (GRAVENHORST, 1806)

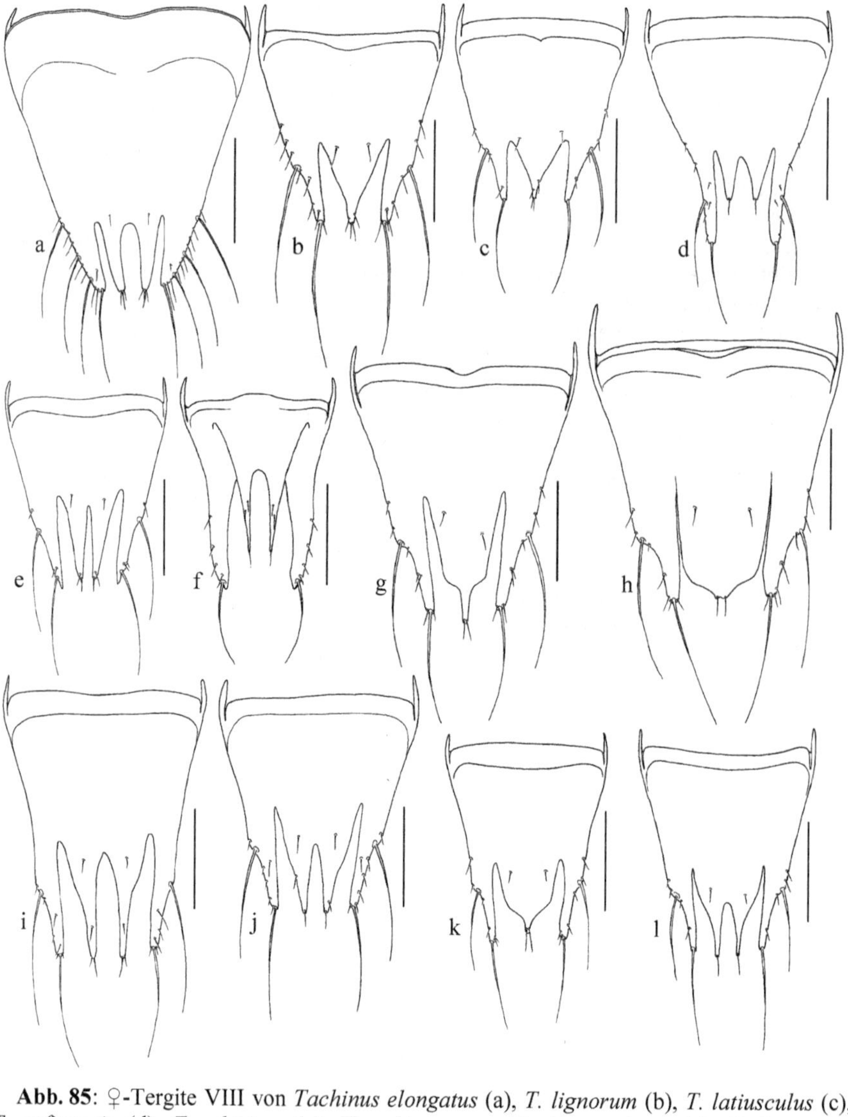

Abb. 85: ♀-Tergite VIII von *Tachinus elongatus* (a), *T. lignorum* (b), *T. latiusculus* (c), *T. rufipennis* (d), *T. sibiricus* (e), *T. subterraneus* (f), *T. proximus* (g), *T. humeralis humeralis* (h), *T. marginatus* (i), *T. scapularis* (j), *T. rufipes* (k) und *T. pallipes pallipes* (l). Alle Maßstäbe 0,5 mm.

16 Größere Art, 6,0–7,2 mm (RL: 3,5–4,6 mm). Schwarz; Elytren hell rotbraun mit angedunkeltem Hinterrand; Fühler und Beine braun. ♂: Sternit VII (Abb. 83g) am Hinterrand tief ausgerandet und in der Ausrandung mit einem schmalen, über die gesamte Breite gleich breiten Feld modifizierter Borsten; Aedoeagus (Abb. 87a) breit und kompakt, Parameren in lateraler Ansicht am Apex nur wenig ventrad gebogen. ♀: Tergit VIII (Abb. 85d) vierlappig, die Mittellappen viel kürzer als die Seitenlappen. Transpaläarktisch verbreitete Art. In Mitteleuropa überall verbreitet, aber auf Grund der verborgenen Lebensweise selten gefunden. Vornehmlich in unterirdischen Nestern von Kleinsäugern, besonders im Frühjahr auch an faulenden Pflanzenstoffen. .... ***rufipennis*** GYLLENHAL, 1810

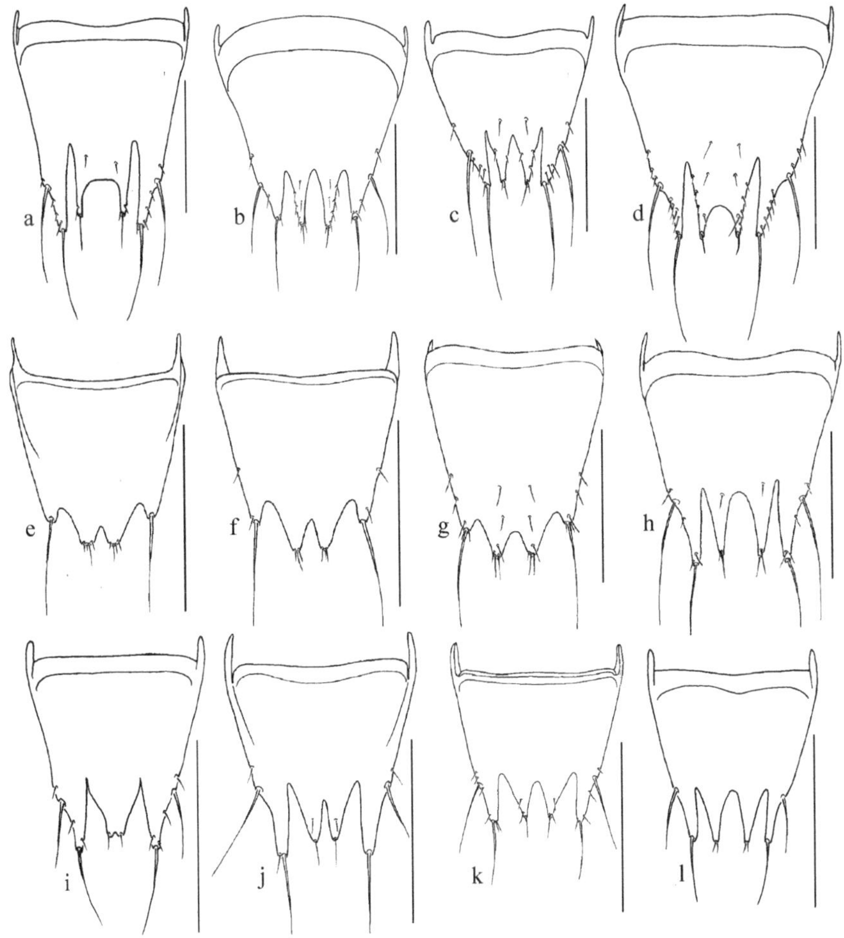

Abb. 86: ♀-Tergite VIII (a–d, h–l) und ♂-Tergite VIII (e-g) von *Tachinus bipustulatus* (a), *T. discoideus* (b), *T. fimetarius* (c), *T. bonvouloiri* (d), *T. laticollis* (g–h), *T. flavolimbatus* (e, i), *T. marginellus marginellus* (f, j), *T. schneideri* (k) und *T. corticinus* (l). Alle Maßstäbe 0,5 mm.

– Kleinere Arten, 3,1–5,0 mm (RL: 1,9–3,0 mm). Elytren überwiegend dunkel gefärbt, oft mit hellen Humeralmakeln oder Seitenrändern. **17**

17 Abdominalsegment VII mit langen, schwarzen Seitenrandborsten. Durchschnittlich etwas größere Arten, 3,2–5,0 mm (RL: 2,0–3,0 mm). Pronotum meist hell gerandet; Elytren mit hellen Seitenrändern. **18**

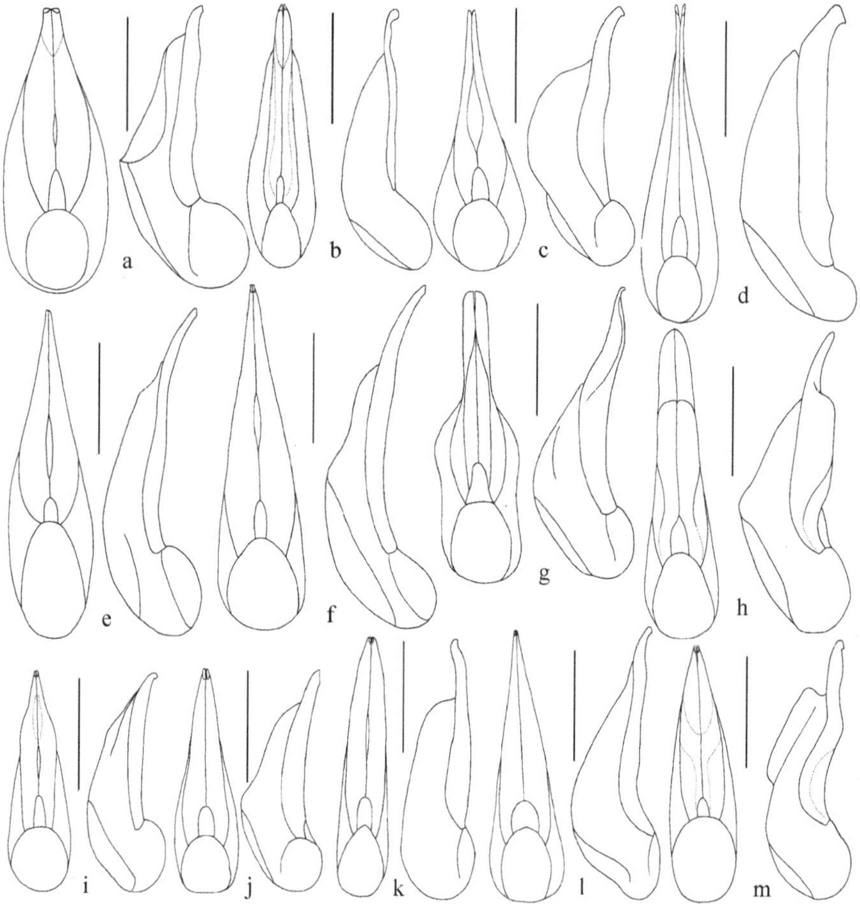

Abb. 87: Aedoeagi (links ventral, rechts lateral) von *Tachinus rufipennis* (a), *T. sibiricus* (b), *T. lignorum* (c), *T. elongatus* (d), *T. proximus* (e), *T. humeralis humeralis* (f), *T. subterraneus* (g), *T. pallipes pallipes* (h), *T. latiusculus* (i), *T. bipustulatus* (j), *T. scapularis* (k), *T. rufipes* (l) und *T. marginatus* (m). Alle Maßstäbe 0,5 mm.

– Abdominalsegment III–VII ohne Seitenrandborsten. Pronotum mit kräftiger Punktur. Kleine pterodimorphe Art, 3,1–4,2 mm (RL: 1,9–2,6 mm). Schwarz- bis rotbraun; Pronotum und die Hinterränder der Elytren oft heller. ♂: Sternit VII (Abb. 84i) am Hinterrand schmal, fast halbkreisförmig ausgerandet, mit wenig auffälliger Beborstung; Aedoeagus (Abb. 88h) in lateraler Ansicht mit am Apex ventrad gebogenen Parameren. ♀: Tergit VIII (Abb. 86l) vierlappig, Mittellappen einfach zugespitzt. Transpaläarktisch verbreitet. In Mitteleuropa überall häufig. Vornehmlich in offenen Habitaten, in der Bodenstreu und Faulstoffen aller Art. .... ***corticinus*** GRAVENHORST, 1802

18 Pronotum und Elytren kräftig, das Pronotum nur wenig feiner als die Elytren punktiert. Schwarz; Seiten- und Hinterrand des Pronotums und der Elytren breit gelb gerandet, auch der Vorderrand des Pronotums mit schmalerer, gelber Randung. 3,3–4,4 mm (RL: 2,1–2,7 mm). ♂: Einschnitt am Hinterrand des Sternits VII (Abb. 84j) abgerundet, Tergit VIII (Abb. 86e) mit kurz dreieckigem Mitteleinschnitt; Aedoeagus (Abb. 88a) in lateraler Ansicht mit nur wenig ventrad gebogenen Parameren. ♀: Tergit VIII (Abb. 86i) mit breitem Mittellappen, der nur an der Spitze leicht eingekerbt ist. In Nordafrika, auf der Iberischen Halbinsel, in Frankreich und Italien verbreitet und nicht selten. Nördlich reicht das Vorkommen der Art bis Großbritannien und Belgien. Sehr selten. .... ***flavolimbatus*** PANDELLÉ, 1869

– Pronotum fein, meist merklich feiner als die Elytren punktiert. Vorderrand des Pronotums kaum, die anderen Ränder von Pronotum und Elytren weniger breit und weniger kontrastreich aufgehellt. **19**

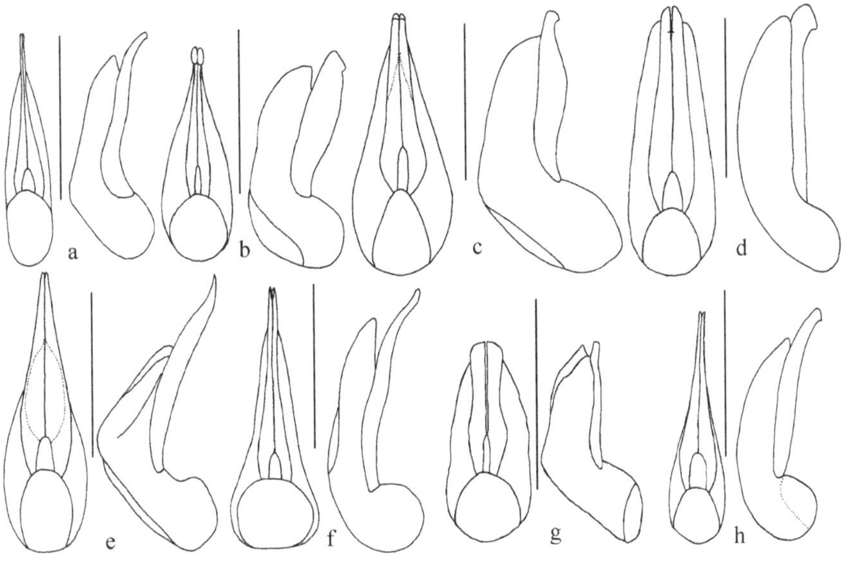

Abb. 88: Aedoeagi (links ventral, rechts lateral) von *Tachinus flavolimbatus* (a), *T. fimetarius* (b), *T. bonvouloiri* (c), *T. discoideus* (d), *T. laticollis* (e), *T. marginellus marginellus* (f), *T. schneideri* (g) und *T. corticinus* (h). Alle Maßstäbe 0,5 mm.

19 Klein, 3,2–3,6 mm (RL: 2,0–2,4 mm). Relativ dunkel gefärbt; Pronotum einfarbig schwarz, nur am Hinterrand sehr schmal braun gerandet; Elytren mit unscharf braunen Seiten- und Hinterrändern. ♂: Sternit VII (Abb. 84k) am Hinterrand nur flach ausgerandet; Aedoeagus kurz (Abb. 88g), Parameren kurz und sehr schmal, in ventraler Ansicht parallelseitig. ♀: Tergit VIII vierlappig (Abb. 86k), Mittellappen so lang wie die Seitenlappen. Aus dem Kaukasus beschrieben, später in Osteuropa und Skandinavien gefunden, westlich bisher bis Lettland bekannt. .... [***schneideri*** LUZE, 1900]

– Meist größer, 3,4–5,0 mm (RL: 2,2–3,0 mm). Heller gefärbt; zumindest Seiten- und Hinterränder von Pronotum und Elytren gelb gerandet. ♂: Sternit VII am Hinterrand tiefer ausgerandet; Aedoeagus mit längeren Parameren. ♀: Mitteleinschnitt am Hinterrand von Tergit VIII anders gebildet. **20**

20 Etwas breiter gebaut und weniger kontrastreich gefärbt. 3,7–5,0 mm (RL: 2,3–3,0 mm). ♂: Sternit VII (Abb. 84m) am Hinterrand mit breiter, im Grunde gerader Ausrandung; Tergit VIII (Abb. 86g) mit abgerundet dreieckigem Mitteleinschnitt; Aedoeagus (Abb. 88e) in lateraler Ansicht mit am Apex leicht dorsad gebogenen Parameren. ♀: Mitteleinschnitt am Hinterrand des Tergits VIII (Abb. 86h) viel breiter als die Einschnitte zwischen Mittel- und Seitenlappen. In ganz Europa und im Kaukasus, ostwärts bis ins Baikalgebiet und die Mongolei verbreitet. In Mitteleuropa eine der häufigsten *Tachinus*-Arten. .... ***laticollis*** GRAVENHORST, 1802

– Etwas schlanker gebaut und kontrastreicher gefärbt. 3,4–4,8 mm (RL: 2,2–2,8 mm). Seitenränder der Elytren deutlicher hell. ♂: Einschnitt am Hinterrand von Sternit VII (Abb. 84l) dreieckig; Tergit VIII (Abb. 86f) mit spitz dreieckigem Mitteleinschnitt am Hinterrand; Aedoeagus (Abb. 88f) mit schmalen, in lateraler Ansicht am Apex ventrad gebogenen Parameren. ♀: Tergit VIII (Abb. 86j) mit schmalem, spitzem Mitteleinschnitt, der schmaler als die Einschnitte zwischen Mittel- und Seitenlappen ist. In mehreren Unterarten von Europa bis ins Baikalgebiet vorkommend. In Mitteleuropa überall verbreitet und häufig. .... ***marginellus marginellus*** (FABRICIUS, 1781)

Gattung *Tachyporus* GRAVENHORST, 1802

Meist bunt gefärbte, 2,2–4,5 mm lange, ausgesprochen kahnförmige Arten mit teleskopartigem Abdomen (Abb. 14d). Fühler schlank. Maxillarpalpen mit kleinem, zugespitztem Glied IV, das an der Basis meist nur halb so breit wie Glied III ist (Abb. 89b–c). Metatarsen gestreckt, Glied I so lang wie die 3 folgenden Glieder zusammen, Glied IV sehr klein. Kopf und Pronotum blank, eine sehr weitläufige Mikropunktur ist nur bei hoher Vergrößerung (100 ×) sichtbar. Pronotum vorn, hinten und an den Seiten mit je 4 Borstenpunkten. Elytren fein punktiert, mit anliegender Pubeszenz, oft mit artspezifischer Anordnung von Borstenpunkten, in denen aufrecht stehende Tastborsten inserieren. Abb. 89a zeigt die Lage der Tastborsten, die in Reihen entlang des Außen- und Hinterrandes der Elytren (Lateral- und Apikalborsten), entlang der Naht (Suturalborsten) und auf der Scheibe der Elytren (Humeral-, Sublateral- und Diskalborsten) angeordnet sind. Sutural-, Diskal- und Sublateralreihen können bis auf Einzelborsten oder vollständig reduziert sein, die Humeralborste ist, wenn vorhanden, immer nur eine Einzelborste. Die in der Tabelle angegebene Formel für die Elytrenbeborstung hat die folgende Struktur: Humeralborste, Sublateralborsten (Diskalborsten: innen, Mitte, außen) Suturalborsten; Zur Chaetotaxie der Elytren siehe auch CAMPBELL (1979), BOOTH (1988) und SCHÜLKE (1991, 1993, 1996a, 1997, 2007). Lateral- und Apikalborsten eignen sich nur in Ausnahmefällen zur Unterscheidung der Arten. Soweit bekannt, ist die Variabilität der Beborstung angegeben, der Wert „0" kennzeichnet das Fehlen der entsprechenden Borsten. ♂: Protarsen meist erweitert; Sternit VIII am Hinterrand ausgerandet; Tergit VIII ganzrandig; Aedoeagus mit wenig sklerotisierten, eng am Aedoeagus anliegenden Parameren; Innenstrukturen unauffällig, ohne oder mit einem lang gestreckten dunklen Sklerit. ♀: Sternit VIII hinten breit abgerundet und mit einem Kranz heller Borsten versehen; Tergit VIII vierlappig. Im Bau der männlichen und weiblichen Geschlechtsmerkmale im Wesentlichen mit *Sepedophilus* und den nahe verwandten Gattungen *Lamprinus* und *Lamprinodes* übereinstimmend.

Viele *Tachyporus*-Arten sind anhand ihrer Körperfärbung einfach anzusprechen. Abweichend gefärbte oder immature Exemplare sind jedoch nur durch Untersuchung zusätzlicher Merkmale, wie der Mikroskulptur auf Pronotum und Elytren, der Beborstung der Elytren, teilweise auch des Aedoeagus zu unterscheiden. Die feine Mikroskulptur auf Pronotum, Elytren und Abdomen ist nur bei hoher Vergrößerung (100 ×) und indirekter Beleuchtung sichtbar. Zur Überprüfung der vorhandenen Optik empfiehlt sich ein Test mit Individuen der häufigen und sofort kenntlichen Arten *hypnorum* oder *nitidulus*. Da die entsprechende Optik nicht immer zur Verfügung steht, wird die Bestimmungstabelle hauptsächlich auf Färbungsmerkmalen aufgebaut und durch Angaben zu Mikroskulptur und Elytrenbeborstung ergänzt. Dazu war es leider notwendig, besonders variabel gefärbte Arten mehrfach in der Tabelle zu führen. Immature Tiere, die an der schwachen Sklerotisierung zu erkennen sind, lassen sich nicht anhand der Färbung, sondern ausschließlich anhand der übrigen Merkmale (Mikroskulptur, Elytrenbeborstung usw.) identifizieren.

Die Gattung ist vornehmlich holarktisch verbreitet; einzelne Arten erreichen den Norden der Orientalis und der Neotropis. Eine Artengruppe ist vor allem entlang des ostafrikanischen Grabenbruchs bis nach Südafrika verbreitet. Aus der Paläarktis wurden bisher etwa 85 Arten bekannt. Mehrere früher verkannte Arten wurden erst jüngst aus Mitteleuropa nachgewiesen (*obscurellus, vafer*) oder als Fehlmeldung erkannt (*abner, caucasicus*). Neben den 21 bisher sicher aus Mitteleuropa nachgewiesenen *Tachyporus*-Arten werden mit *abner*, *assingi*, *caucasicus* und *transpadanus* auch Arten berücksichtigt, die auf Grund ihrer Verbreitung im südlichen Europa den äußersten Süden oder Südosten Mitteleuropas noch erreichen könnten.

Die meist flugfähigen *Tachyporus*-Arten sind Prädatoren in offenen Landschaften, in Wäldern und Feuchtgebieten. Außer in der Bodenstreu sind sie oft auf der Vegetation zu finden. Einige Arten (*hypnorum*, *chrysomelinus*, *dispar*) besitzen auf Grund ihrer Häufigkeit Bedeutung als Blattlaus-Antagonisten.

1 Glied IV der Maxillarpalpen kurz, kaum länger als an der Basis breit (Abb. 89b). Kleine Art mit abgeflachtem Körper, 2,2–3,2 mm (RL: 1,4–1,8 mm). Elytren mit deutlicher Mikroskulptur. Formen mit verkürzten Elytren und fehlendem Hautsaum am Tergit VII kommen vor. Färbung sehr variabel von hell gelbbraun bis dunkelbraun; Pronotum teilweise in der Mitte angedunkelt; Elytren oft mit dunkler Zeichnung. Elytrenbeborstung: 1, 1–2 (2, 2–4, 1–2) 2–3 (Abb. 89d). Holarktische Art, in ganz Mitteleuropa

häufig. Meist in offenen Habitaten, in der Bodenstreu und auf der Vegetation. .... ***nitidulus*** (FABRICIUS, 1781)

– Glied IV der Maxillarpalpen länger, mindestens doppelt so lang wie an der Basis breit (Abb. 89c). Körper weniger deutlich abgeflacht und/oder deutlich größer. 2

2 Kopf und Pronotum einfarbig gelbrot. Immature Exemplare anderer Arten sind nur anhand der Mikroskulptur und Elytrenbeborstung zu identifizieren. Stimmen Körpergröße, Mikroskulptur und/oder Elytrenbeborstung nicht mit den nachfolgenden Leitzahlen (3–5) überein, folge man Leitzahl 6 unter Vernachlässigung der Färbungsmerkmale. 3

– Zumindest der Kopf schwarz oder gebräunt, deutlich dunkler als das Pronotum. 6

3 Basale Hälfte der Elytren schwarz, apikale Hälfte hell gelbrot. Abdominalsegmente III–VI ebenfalls gelbrot, Segmente VII und VIII schwarz. Elytrenbeborstung: 0, 1 (2, 2–3, 0) 0 (Abb. 90h). Elytren mit deutlicher Mikroskulptur. Die Art ist durch die kontrastreiche Färbung nicht zu verwechseln. 3,7–4,5 mm (RL: 2,0–2,6 mm). Von Europa bis ins Baikalgebiet verbreitet. In Mitteleuropa überall häufig. meist in offenen Habitaten in Moos und Streu, häufig auch auf der Vegetation. ....
.... ***obtusus*** (LINNAEUS, 1767)

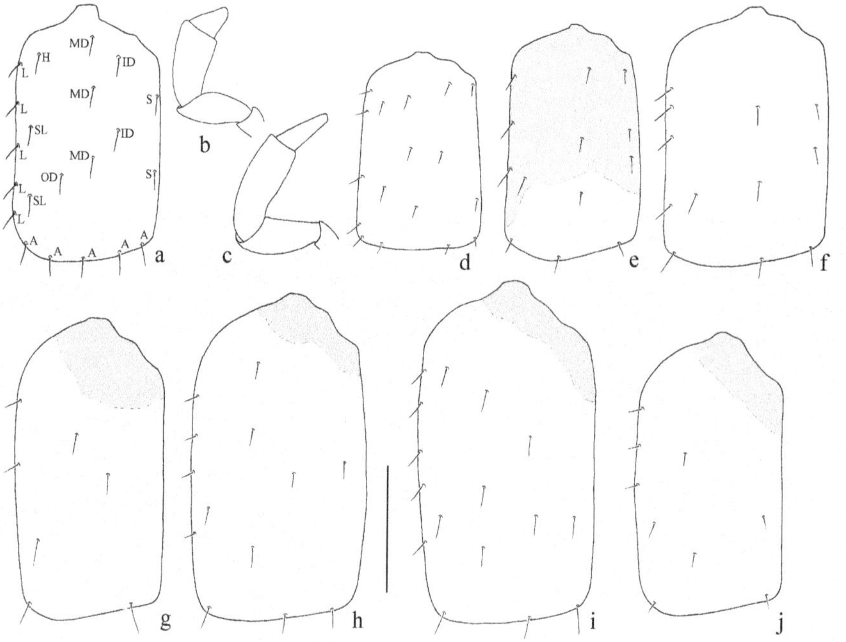

Abb. 89: Schema der Elytrenbeborstung bei *Tachyporus*-Arten (a), Maxillarpalpus (b–c), Elytrenfärbung und -beborstung (d–j) von *T. nitidulus* (b, d), *T. transversalis* (c, e), *T. abdominalis* (f), *T. formosus* (g), *T. solutus* (h), *T. caucasicus* (i) und *T. pallidus* (j). Abkürzungen (a): A – Apikalborsten, H – Humeralborste, ID – Innere Diskalborsten, L – Lateralborsten, MD – Mittlere Diskalborsten, OD – Äußere Diskalborste, S – Suturalborsten, SL – Sublateralborsten. Maßstab 0,5 mm (d–j).

– Elytren mit weniger deutlichen (kürzeren und nicht die ganze Breite der Elytrenbasis ausfüllenden) dunklen Basalbinden, dunklen Scutellarmakeln oder einfarbig hell. Abdomen weniger kontrastreich gefärbt. Beborstung der Elytren anders. **4**

4 Größer, 3,4–4,3 mm (RL: 2,0–2,4 mm). Kopf und Pronotum gelb; Elytren gelb mit dunkler Scutellarmakel oder kurzer, nicht über die gesamte Breite der Elytren reichenden Basalbinde (Abb. 89g); Abdomen mit dunklerer Basis und hellem Apex. Elytrenbeborstung wenig umfangreich: 0, 1 (1, 0–2, 0) 0. Elytren mit deutlicher Mikroskulptur. Holomediterrane Art, die von Südwesten her Mitteleuropa erreicht und bis nach Thüringen und ins westliche Sachsen verbreitet ist. Aus dem nördlichen Mitteleuropa nur eine Meldung aus Dänemark. .... ***formosus*** MATTHEWS, 1838

– Kleinere Arten, 2,7–3,6 mm (RL: 1,5–2,2 mm). Elytren ohne deutliche dunkle Scutellarmakeln oder Basalbinden, einfarbig hell oder mit unscharf begrenzten Längsmakeln oder Mittelbinden. Elytrenbeborstung unterschiedlich, nur mit mittleren Diskalborsten. **5**

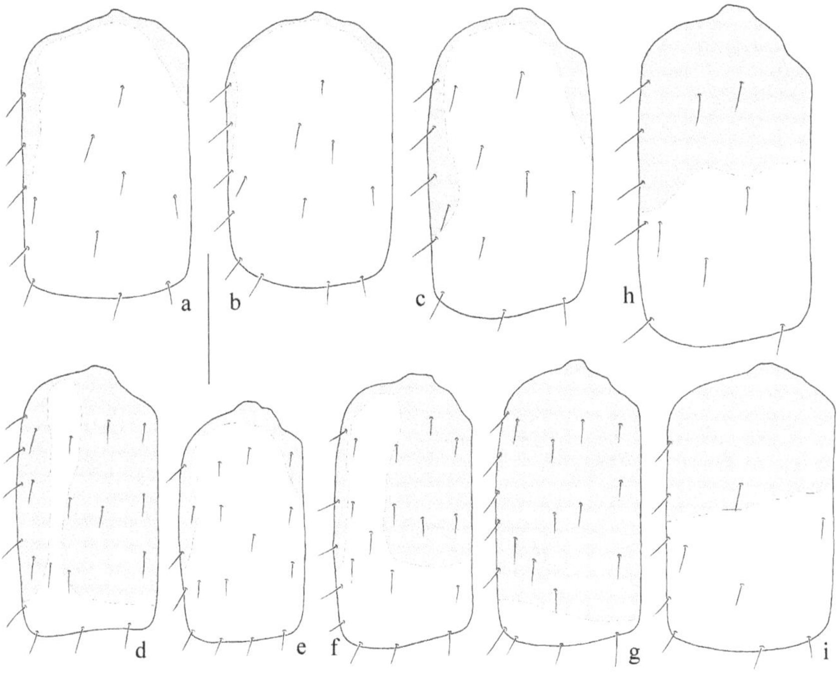

Abb. 90: Elytrenfärbung und -beborstung von *Tachyporus chrysomelinus* (a), *T. dispar* (b), *T. hypnorum* (c), *T. abner* (d), *T. tersus* (e), *T. pusillus* (f), *T. pulchellus* (g), *T. obtusus* (h) und *T. vafer* (i). Maßstab 0,5 mm.

5 Elytren kurz, 0,58–0,65-mal so lang wie breit. Kleinere und hell gefärbte Art. 2,7–3,6 mm (RL: 1,5–2,2 mm). Kopf, Pronotum und Elytren einfarbig hell gelbrot; Elytren sehr selten mit undeutlicher Diskalmakel; Abdomen auch in ausgefärbtem Zustand meist hellbraun, nicht mit abstechend dunklerer Basis. Elytrenbeborstung: 0, 1 (0, 1–3, 0) 1–2 (Abb. 89f). Mikroskulptur auf den Elytren deutlich. Hautflügel meist reduziert, Hautsaum am Hinterrand von Tergit VII aber immer noch vorhanden. Durch die kurzen Elytren und ihre Beborstung nur mit immaturen *ruficollis* zu verwechseln, die aber meist deutlich größer sind, einen breiteren Kopf besitzen und denen der Hautsaum am Hinterrand von Tergit VII immer fehlt. Holarktisch verbreitete Art. In Mitteleuropa besonders im Nordosten in Feuchtbiotopen häufig, nach Westen und Süden selten bis sehr selten. .... ***abdominalis*** (FABRICIUS, 1781)

– Elytren etwas länger, 0,65–0,70-mal so lang wie breit. Kopf und Pronotum hell; Elytren meist mit deutlicher dunkler Basis und einer Querbinde in der Mitte, die an der Naht meist unterbrochen ist; Abdominalsegmente dunkel mit hellen Hinterrändern. Elytrenbeborstung: 0, 1 (0, 1–2, 0) 1 (Abb. 91f). Elytren glatt, ohne Mikroskulptur. 2,8–3,5 mm (RL: 1,8–2,0 mm). Bisher nur in wenigen Exemplaren aus Südtirol bekannt, wahrscheinlich aus Asien stammende Adventivart. .... [***transpadanus*** SCHÜLKE, 2007]

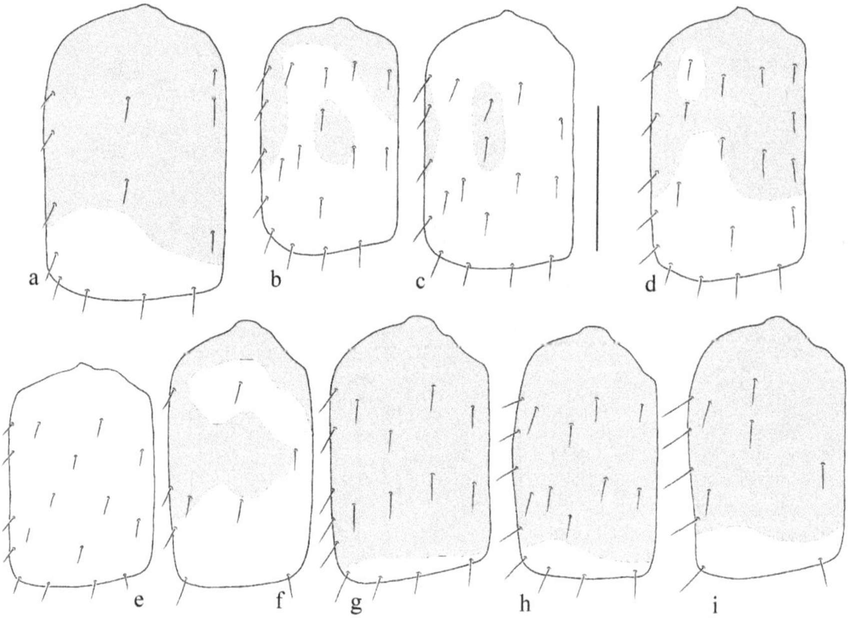

Abb. 91: Elytrenfärbung und -beborstung von *Tachyporus ruficollis* (a), *T. atriceps* (b), *T. quadriscopulatus quadriscopulatus* (c), *T. assingi* (d), *T. obscurellus* (e), *T. transpadanus* (f), *T. austriacus* (g), *T. scitulus* (h) und *T. corpulentus* (i). Maßstab 0,5 mm.

6 Pronotum überwiegend gelbrot, höchstens in der Mitte unscharf angedunkelt oder mit einer dunklen Längsmakel, die weniger als 30% der Oberfläche des Pronotums einnimmt. Die Arten *atriceps*, *pulchellus*, *transversalis* und *tersus*, bei denen sowohl Individuen mit überwiegend hellem als auch dunklem Pronotum vorkommen, werden in beiden Alternativen berücksichtigt. **7**

– Pronotum in der Vorderhälfte dunkel oder in der Mitte großflächig gebräunt oder geschwärzt, oft ganz dunkel mit hellen Rändern oder Hinterwinkeln. Die dunkle Färbung nimmt mindestens 50% der Oberfläche des Pronotums ein. **20**

7 Lateralborsten (Seitenrandborsten) von Pronotum und Elytren kurz (Abb. 89h–j), nicht länger als die größte Breite der Mesotibien. Hierher 3 nur anhand der Mikroskulptur und Elytrenbeborstung sicher anzusprechende Arten mit schwarzem Kopf, gelbem Pronotum, gelben Elytren und dunklem Abdomen. **8**

– Lateralborsten von Pronotum und Elytren länger, viel länger als die größte Breite der Mesotibien. **10**

8 Durchschnittlich kleiner, 2,7–3,7 mm (RL: 1,8–2,2 mm). Elytrenbeborstung: 0, 1 (0, 2–3, 0) 1–2 (Abb. 89j). Elytren vorn glatt, in der Hinterhälfte immer mit deutlicher Mikroskulptur. Elytren mit meist sehr deutlicher, schwarzer Scutellarmakel. Von Westeuropa bis ins Baikalgebiet gemeldet. In Mitteleuropa weit verbreitet, aber nur am Niederrhein, in Dänemark und Nordostdeutschland (Mecklenburg-Vorpommern, Brandenburg) regelmäßig gefunden. In Feuchtgebieten, bevorzugt in *Carex*-Bülten. .... ***pallidus*** SHARP, 1871

– Durchschnittlich größer, 2,8–4,5 mm (RL: 1,8–2,5 mm). Elytren bis zum Hinterrand ohne Mikroskulptur, meist ohne oder mit wenig auffälliger Scutellarmakel. **9**

9 Pronotum meist einfarbig hell. Elytren ohne Humeralborstenpunkt, Elytrenbeborstung: 0, 1 (1, 1–4, 0) 1–2 (Abb. 89h). 2,8–4,0 mm (RL: 1,8–2,4 mm). ♂: Aedoeagus (Abb. 92h) mit gleichmäßiger zum Apex verengten Parameren. Pontomediterrane Art. In Mitteleuropa überall verbreitet und nicht selten. in offenem Gelände in Streu und Moos, häufig auch auf der Vegetation. .... ***solutus*** ERICHSON, 1839

– Pronotum meist mit dunkler, tropfenförmiger Längsmakel; Elytren mit undeutlicher Scutellarmakel. Elytren mit kleinem Humeralborstenpunkt: 1, 1 (1–3, 3, 0) 1–3 (Abb. 89i). 3,5–4,5 mm (RL: 2,1–2,5 mm). ♂: Aedoeagus (Abb. 92i) mit weniger gleichmäßig verengten Parameren, die in Höhe des Apex des Medianlobus etwas eingeschnürt sind. Holomediterrane Art, die bis 1990 als Farbaberration von *solutus* galt. Bisher aus dem eigentlichen Mitteleuropa nicht sicher nachgewiesen, ein Vorkommen in Wärmegebieten des südlichen Mitteleuropas scheint aber nicht ausgeschlossen. Meist in offenem Gelände in Moos und Streu. .... [***caucasicus*** KOLENATI, 1846]

10 Hautflügel reduziert, Tergit VII am Hinterrand immer ohne Hautsaum. Kopf breit, etwa so breit wie das Pronotum lang (0,94–1,00 ×). Elytren etwas kürzer als das Pronotum (0,9–1,0 ×). Elytrenbeborstung: 0, 0 (0–1, 2–3, 0) 2–4 (Abb. 91a). Elytren mit deutlicher Mikroskulptur. Größe sehr variabel, 3,4–5,0 mm (RL: 1,5–2,4 mm). Kopf schwarz, Pronotum gelbrot,

Elytren meist einfarbig dunkel mit schmal aufgehelltem Hinterrand, Abdomen dunkel. ♂: Aedoeagus groß und kräftig (Abb. 92a), ohne auffällige Innenstrukturen. Europäische Montanart, die in Belgien, den Niederlanden, Nordwestdeutschland und Dänemark weit ins Flachland vordringt, im östlichen Teil der Tiefebene (Mecklenburg-Vorpommern, Brandenburg, nördliches Polen) aber meist fehlend. In Wäldern in Moos und Bodenstreu. .... ***ruficollis*** GRAVENHORST, 1802

– Hautflügel ausgebildet oder reduziert, Tergit VII am Hinterrand immer mit deutlichem Hautsaum. **11**

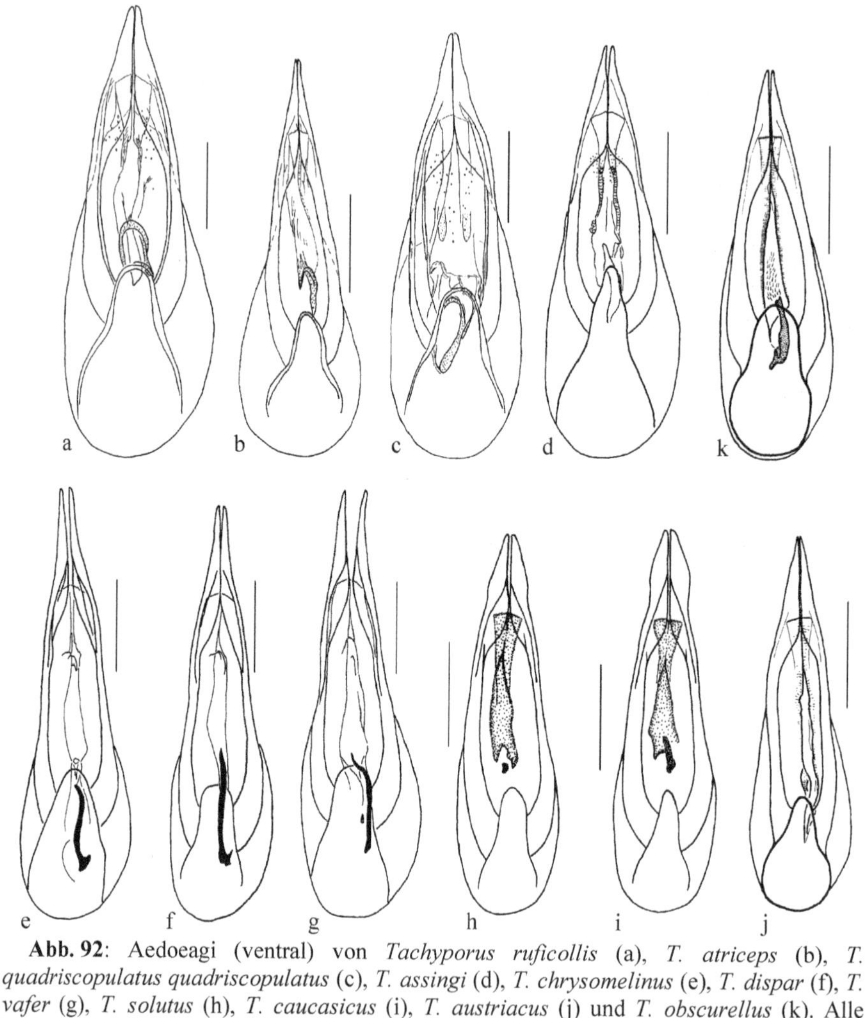

Abb. 92: Aedoeagi (ventral) von *Tachyporus ruficollis* (a), *T. atriceps* (b), *T. quadriscopulatus quadriscopulatus* (c), *T. assingi* (d), *T. chrysomelinus* (e), *T. dispar* (f), *T. vafer* (g), *T. solutus* (h), *T. caucasicus* (i), *T. austriacus* (j) und *T. obscurellus* (k). Alle Maßstäbe 0,2 mm. Nach SCHÜLKE 1991 (h–i), SCHÜLKE 1993 (j–k), SCHÜLKE 1996a (e–g) und SCHÜLKE 1997 (a–d).

11 Kopf breit, 0,65–0,70-mal so breit wie das Pronotum, etwa so breit wie das Pronotum lang (0,94–1,05 ×). Elytrenbeborstung: 1, 1–3 (1–3, 1–3, 0–1) 0–4. Elytren immer mit deutlicher Mikroskulptur. ♂: Protarsen oft deutlich erweitert. Arten mit hellem Pronotum, das nur selten großflächig dunkelbraun gefärbt ist. Die Arten sind meist nur anhand der männlichen Geschlechtsmerkmale sicher zu unterscheiden. **12**

– Kopf schmaler, 0,53–0,61-mal so breit wie das Pronotum, meist deutlich schmaler als das Pronotum lang (0,85–0,98 ×). Elytren meist deutlich länger als das Pronotum und meist ohne Humeralborstenpunkt. **14**

12 Variabel gefärbte, meist überwiegend dunkle Art. Kopf schwarz, Pronotum rötlich bis rotbraun, manchmal auch bis auf die Ränder dunkelbraun (siehe Leitzahl 20); Basis und Außenrand der Elytren mit dunkler Zeichnung, manchmal bis auf den Hinterrand dunkel; Abdomen dunkel. Elytren etwas länger als das Pronotum (1,0–1,2 ×). Elytrenbeborstung: 1, 1 (1–2, 1–3, 0–2) 0–3 (Abb. 91b). 2,4–3,6 mm (RL: 1,4–2,0 mm). ♂: Aedoeagus (Abb. 92b) schlank und relativ klein, 0,74–0,90 mm lang, ohne auffällige Innenstrukturen. Protarsen mäßig, Mesotarsen nicht erweitert. Von Westeuropa bis nach Sibirien verbreitet, Verbreitung in Südosteuropa und Vorderasien weitgehend ungeklärt. In Mitteleuropa überall verbreitet und nicht selten. An Ufern, aber auch in sehr trockenen Habitaten. ....
.... ***atriceps*** STEPHENS, 1832

– Meist heller gefärbte Arten, besonders die Elytren einfarbig gelbrot bis rötlich, selten mit kleinen länglichen Diskalmakeln, nie mit angedunkelter Basis oder dunklem Seitenrand. ♂: Aedoeagus breiter gebaut, Protarsen deutlich, Mesotarsen wenigstens etwas erweitert. **13**

13 Pronotum und Elytren gelb; Elytren (Abb. 91c) manchmal mit undeutlichen Diskalmakeln. Elytren längenvariabel, 0,86–1,10-mal so lang wie das Pronotum. Elytrenbeborstung: 1, 1–2 (1–2, 1–3, 0–1) 1–3, meist mit nur einer Sublateralborste. Hautflügel bei mitteleuropäischen Exemplaren meist stark reduziert, Hautsaum am Hinterrand von Tergit VII aber immer vorhanden. 3,0–3,6 mm (RL: 1,7–2,0 mm). ♂: Aedoeagus größer, 0,87–0,97 mm (Abb. 92c); Protarsen deutlich erweitert, Mesotarsen ebenfalls erweitert und mit auffällig langer Beborstung. In mehreren Unterarten von Nordafrika und Westeuropa bis nach Skandinavien verbreitete Art. In Mitteleuropa wesentlich seltener als *atriceps*, besonders im Norden und Osten selten oder fehlend; in den Alpen auch bis in höhere Lagen aufsteigend. Meist in trockeneren, wärmebegünstigten Biotopen. ....
.... ***quadriscopulatus quadriscopulatus*** PANDELLÉ, 1869

– Pronotum und Elytren einfarbig gelbrot; Elytren (Abb. 91d) etwas dunkler als das Pronotum, aber ohne Makeln. Elytren meist etwas länger als das Pronotum (1,00–1,16 ×) und mit mindestens 2 Sublateralborsten: 1, 2–3 (2–3, 1–3, 0–1) 2–4. 2,5–3,6 mm (RL: 1,7–2,0 mm). ♂: Aedoeagus kürzer, 0,83–0,90 mm (Abb. 92d); Protarsen erweitert, Mesotarsen etwas erweitert, aber nicht auffällig lang beborstet. Balkanhalbinsel und Türkei, Verbreitungsgrenzen noch ungenügend bekannt. .... [***assingi*** SCHÜLKE, 1997]

14 Elytren kurz, 0,60–0,65-mal so lang wie breit, etwa so lang wie oder wenig länger als das Pronotum (0,98–1,13 ×). Elytrenbeborstung: 1, 1 (2, 2, 1) 2 (Abb. 91e). Elytren mit kräftiger, weitläufiger Mikroskulptur. Kopf schwarz; Pronotum und Elytren einfarbig rötlich; Elytren ohne

Scutellarfleck oder dunklen Seitenrand; Abdomen dunkel. 3,0–3,8 mm (RL: 1,6–2,0 mm). ♂: Aedoeagus mit deutlichem Sklerit im Medianlobus (Abb. 92k). In Habitus, Mikroskulptur und Elytrenbeborstung mit dem dunkler gefärbten *austriacus* zu verwechseln, dessen Aedoeagus jedoch kein deutliches Sklerit besitzt. Nordpaläarktische Art, die auch in den Ostalpen in Osttirol, Kärnten (Gurktaler Alpen) und der Steiermark (Seetaler Alpen) aufgefunden wurde. In Hochlagen in Streu und Rasen. Sehr selten. .... ***obscurellus*** ZETTERSTEDT, 1838

– Elytren länger, mehr als 0,70-mal so lang wie breit, meist deutlich länger als das Pronotum (1,05-1,30 ×). Elytren immer ohne Humeralborsten, nur sehr selten einseitig mit einer kleinen Borste. Pronotum und Elytren meist heller gelbrot, Letztere meist mit dunklen Scutellarmakeln und Seitenrändern oder einer dunklen Basalbinde. **15**

15 Elytren mit schwarzer Basalbinde. Beborstung der Elytren wenig zahlreich, nur mit einer (mittleren) diskalen Borstenreihe. **16**

– Kopf schwarz; Pronotum gelb bis rotbraun; Elytren gelbrot mit Scutellarmakeln und dunklem Seitenrand, manchmal bis auf den Hinterrand dunkel, aber nie mit dunkler Basalbinde. Elytrenbeborstung mit deutlich zahlreicheren Borsten. **17**

16 Größer, 3,1–4,0 mm (RL: 1,9–2,3 mm). Kopf schwarz; Pronotum gelb; Elytren gelbrot mit scharf begrenzter schwarzer Basalbinde (Abb. 90i). Elytrenbeborstung stark reduziert: 0, 1 (0, 2, 0) 0. Elytren überall mit deutlicher Mikroskulptur. ♂: Aedoeagus (Abb. 92g) ähnlich wie bei *chrysomelinus* mit schlankem, ca. 200 µm langem Sklerit. Pontomediterrane Art, die das südöstliche Mitteleuropa (Slowakei, Österreich, östliche Schweiz) erreicht. Sehr selten. In Wärmegebieten. .... ***vafer*** SCHÜLKE, 1996

– Kleiner, 2,5–3,5 mm (RL: 1,4–2,0 mm). Kopf schwarz; Pronotum hell rotbraun, meist mit unscharfen dunklen Stellen an den Seiten der Vorderhälfte; Elytren mit unscharf begrenzter dunkler Basalbinde. Elytrenbeborstung weniger stark reduziert: 0, 1 (0, 2-3, 0) 2-3 (Abb. 89e). Pronotum und Elytren mit deutlicher Mikroskulptur. Abweichende Exemplare, bei denen die dunkle Färbung der Vorderhälfte des Pronotums teilweise oder vollständig reduziert ist. Siehe Leitzahl 22. .... ***transversalis*** GRAVENHORST, 1806

17 Kleiner, 2,5–3,2 mm (RL: 1,5–1,8 mm). Elytren mit 2 Sublateralborsten; Elytrenbeborstung: 0, 2 (1, 2–3, 0) 2–3 (Abb. 90e). Oberfläche der Elytren glatt, ohne Mikroskulptur. Kopf schwarz; Pronotum gelb, in der Mitte oft in unterschiedlichem Umfang gebräunt, meist mit einer unscharfen Längsmakel; Elytren gelbrot mit dunkler Scutellarmakel und dunklem Seitenrand. Helle Exemplare der Art werden oft mit *chrysomelinus* oder *dispar*, dunkle (siehe Leitzahl 23) oft mit *pusillus* oder *hypnorum* verwechselt. Von allen diesen Arten unterscheidet sich *tersus* durch die auf den Elytren fehlende Mikroskulptur. West-, Mittel- und südliches Nordeuropa, Verbreitungsgrenze im Osten unbekannt. In ganz Mitteleuropa in Feuchtbiotopen bis in höhere Lagen verbreitet. Überall selten bis sehr selten. .... ***tersus*** ERICHSON, 1839

– Meist größer, 2,7–4,2 mm (RL: 1,7–2,4 mm). Elytren nur mit einer Sublateralborste und immer mit deutlicher Mikroskulptur. **18**

18 Kleiner, 2,7–3,2 mm (RL: 1,7–2,0 mm). Elytren mit zahlreicheren Borsten:

1, 1 (2–3, 3, 1–2), 3–4 (Abb. 90g). Elytren mit sehr kräftiger Mikroskulptur. Kopf schwarz; Pronotum einfarbig rötlich; Elytren an der Basis umfangreich geschwärzt, meist bis auf den rötlichen Hinterrand und Teile der Naht dunkel. Exemplare mit überwiegend oder vollständig dunklem Pronotum kommen vor (siehe Leitzahl 27). Die Art wird oft mit *transversalis* verwechselt, von dem sie sich aber durch das Fehlen der Mikroskulptur auf dem Pronotum unterscheidet. Im Norden der Paläarktis weit verbreitet. In Mitteleuropa besonders in der Ebene in Feuchtbiotopen, aber auch in Mittelgebirgslagen. Überall sehr selten. An Ufern, auch in Mooren in Moos. .... ***pulchellus*** MANNERHEIM, 1843

– Größer, 3,0–4,2 mm (RL: 1,8–2,4 mm). Elytrenbeborstung mit wenigen Borsten, ohne Humeralborsten (nur in Ausnahmefällen auf einer Seite ausgebildet): 0–1, 1 (1–2, 2, 0) 1–2. Kopf schwarz; Pronotum einfarbig hell gelbrot; Elytren gelbrot mit dunkler Scutellarmakel und dunklem Seitenrand. **19**

19 Hinterrand der Elytren mit je 3 Apikalborsten, davon nur eine nahe dem Hinterwinkel (Abb. 90a). 3,0–4,2 mm (RL: 1,8–2,4 mm). Habitus: Abb. 14d. ♂: Sklerit im Medianlobus des Aedoeagus (Abb. 92e) kurz (ca. 150 µm); Parameren mit längeren Spitzen. Transpaläarktisch verbreitet. In Mitteleuropa überall sehr häufig. In offenen Habitaten in der Bodenstreu, häufig auch auf der Vegetation. .... ***chrysomelinus*** (LINNAEUS, 1758)

– Hinterrand der Elytren mit je 4 Apikalborsten, davon 2 nahe dem Hinterwinkel (Abb. 90b). 3,0–4,2 mm (RL: 1,8–2,4 mm). ♂: Sklerit im Medianlobus des Aedoeagus (Abb. 92f) länger (ca. 250 µm); Parameren mit kürzeren Spitzen. Westpaläarktis, adventiv auch in Nordamerika. In Mitteleuropa überall verbreitet und sehr häufig. Lebensweise ähnlich *chrysomelinus*. .... ***dispar*** (PAYKULL, 1789)

20 Kopf breit, 0,63–0,70-mal so breit wie das Pronotum, so breit wie die Länge des Pronotums (0,94–1,05 ×). Elytrenbeborstung: 1, 1 (1–2, 1–3, 0–2) 0–3. Elytren immer mit deutlicher Mikroskulptur. Hierher Exemplare mit mehrheitlich dunklem Pronotum. Kopf schwarz; Pronotum dunkelbraun mit unscharf aufgehellten Rändern; Elytren rotbraun, an der Basis of mit umfangreicher dunkler Zeichnung (siehe Leitzahl 12). .... ***atriceps*** STEPHENS, 1832

– Kopf schmaler, 0,53–0,62-mal so breit wie das Pronotum, deutlich schmaler als die Länge des Pronotums (0,80–0,95 ×). **21**

21 Größere Art, 3,1–4,0 mm (RL: 2,0–2,3 mm). Kopf schwarz, Maxillarpalpen hellgelb; Pronotum schwarz mit deutlich abgesetzten hell gelben Rändern und Hinterwinkeln; Elytren gelbrot mit schwarzer Scutellarmakel und dunklem Seitenrand; Abdomen dunkel. Elytrenbeborstung: 1, 1 (1–2, 1–3, 0–1) 1–3 (Abb. 90c). Elytren mit deutlicher Mikroskulptur. In Südeuropa und Mittelasien häufige Exemplare mit umfangreicher dunkler Zeichnung auf den Elytren scheinen in Mitteleuropa zu fehlen. Expansiv holomediterrane Art, von Nordafrika bis nach Nordeuropa, Mittelasien, nach Nepal, ins nordwestliche China und ins Baikalgebiet verbreitet. In Mitteleuropa überall die häufigste Art der Gattung, meist in offenen Biotopen, auch auf der Vegetation. .... ***hypnorum*** (FABRICIUS, 1775)

– Kleinere Arten, 2,5–3,7 mm (RL: 1,4–2,0 mm). Färbung des Pronotums weniger kontrastreich, entweder nur schmal hell gerandet oder mit unscharf abgesetzter Randung, nie mit auffälligen, gelben Hinterwinkeln. Maxillarpalpen meist deutlich angedunkelt. **22**

22 Körper etwas abgeflacht, im Habitus an *nitidulus* erinnernd, aber mit deutlich längerem Endglied der Maxillarpalpen (Abb. 89c). Kopf schwarz, Maxillarpalpen gebräunt; Pronotum und Elytren in der Vorderhälfte dunkelbraun, in der Hinterhälfte dunkel gelbbraun; Abdomen dunkel. Elytrenbeborstung: 0, 1 (0, 2–3, 0) 2–3 (Abb. 89e). Pronotum und Elytren mit deutlicher Mikroskulptur, dadurch auch bei abweichender Färbung (reduzierte dunkle Färbung auf dem Pronotum; siehe Leitzahl 16) mit keiner anderen mitteleuropäischen Art zu verwechseln. 2,5–3,5 mm (RL: 1,4–2,0 mm). Holarktisch verbreitet. Im nordöstlichen Mitteleuropa in Feuchtbiotopen häufig, nach Westen und Süden seltener. In Mooren, und Sümpfen, an Ufern, in Moos, Streu und Bülten. .... ***transversalis*** GRAVENHORST, 1806

– Körper stärker gewölbt. Zeichnung von Pronotum und Elytren anders, ohne Querbinden. Pronotum immer ohne Mikroskulptur. **23**

23 Elytren überwiegend hell, gelb mit dunkler Scutellarmakel und dunklem Seitenrand; Maxillarpalpen gelb oder mit 2 gebräunten Endgliedern. Elytren ohne Humeralborstenpunkt: 0, 2 (1, 2–3, 0) 2–3 (Abb. 90e). Oberfläche der Elytren glatt, ohne Mikroskulptur. Hierher abweichend gefärbte Exemplare (siehe Leitzahl 17) mit überwiegend dunklem Pronotum. Von den nachfolgenden Arten durch die helle Färbung der Elytren meist leicht zu unterscheiden. .... ***tersus*** ERICHSON, 1839

– Elytren überwiegend dunkelbraun bis schwarz mit helleren Hinterrändern oder Längsbinden, immer mit Humeralborstenpunkten. **24**

24 Elytren mit auffallend kontrastreicher Färbung, dunkelbraun bis schwarz mit hellgelbem Hinterrand und einer von der Schulter bis zum Hinterrand reichenden gelben Längsbinde. Kopf schwarz; Endglieder der Maxillarpalpen gebräunt; Pronotum dunkelbraun bis schwarz, an den Rändern nur undeutlich aufgehellt; Abdomen dunkel. Elytrenbeborstung: 1, 1–2 (2, 3, 1) 2–3 (Abb. 90d). Oberfläche der Elytren glatt, ohne Mikroskulptur. 2,4–3,3 mm (RL: 1,5–2,0 mm). Holomediterrane Art, die vielleicht auch im südlichsten Mitteleuropa aufgefunden werden könnte. In Italien nach Norden bis an den Gardasee bekannt. .... [***abner*** SAULCY, 1865]

– Elytren oft mit hellem Hinterrand, machmal mit hellen Humeralmakeln, jedoch nie so kontrastreich gefärbt wie *abner*. **25**

25 Fast einfarbig dunkelbraune bis schwarze Art, nur die Seiten und der Hinterrand des Pronotums, die Hinterränder der Elytren und Abdominalsegmente schmal gelb gerandet. Mundteile inklusive der Maxillarpalpen hellgelb. Elytren mit weniger zahlreichen Borsten: 1, 1 (0, 2, 0) 0–1 (Abb. 91i). Oberfläche der Elytren glatt, ohne Mikroskulptur. 2,5–3,0 mm (RL: 1,5–1,8 mm). Westeuropa bis Sibirien, südlich bis nach Griechenland verbreitet. In Mitteleuropa weit verbreitet. Selten, manchmal in Kiefernwäldern häufiger in Nadelstreu und Moospolstern. .... ***corpulentus*** J. SAHLBERG, 1876

– Pronotum und Elytren mit oft breiteren, eher unscharf aufgehellten Rändern. Mundteile nie auffällig hellgelb; Maxillarpalpen mit gebräunten Endgliedern oder vollständig dunkel. Elytren mit zahlreicheren Borsten. **26**

26 Elytren länger (Länge/Breite der Elytren > 0,70), deutlich länger als das

Pronotum (1,15–1,30 ×). **27**

– Elytren kürzer (Länge/Breite der Elytren < 0,70), nicht oder nur wenig länger als das Pronotum (0,96–1,12 ×). **28**

27 Mikroskulptur der Elytren (Abb. 90g) und des Abdomens kräftiger als bei allen anderen Arten der Gattung. Elytren meist nur mit einer Sublateralborste; Elytrenbeborstung: 1, 1 (2–3, 3, 1–2), 3–4. Kopf schwarz; Endglieder der Maxillarpalpen gebräunt; Pronotum rötlich bis braun (siehe Leitzahl 18), oft mit dunkelbrauner Diskalmakel unterschiedlicher Ausdehnung oder ganz dunkel; Elytren an der Basis ausgedehnt schwarz, Nahtbereich und Hinterrand in unterschiedlichem Maße gelbbraun. Oft mit *transversalis* verwechselt, von dem sich die Art aber durch das Fehlen der Mikroskulptur auf dem Pronotum unterscheidet. 2,7–3,2 mm (RL: 1,7–2,0 mm). Im Norden der Paläarktis weit verbreitet. In Mitteleuropa besonders in der Ebene in Feuchtbiotopen, aber auch in Mittelgebirgslagen. Überall sehr selten. .... ***pulchellus*** MANNERHEIM, 1843

– Mikroskulptur der Elytren (Abb. 90f) fein und in der Vorderhälfte undeutlich; Elytren gewöhnlich mit 2 Sublateralborsten; Elytrenbeborstung: 1, 1–2 (2–3, 3, 1–2) 2–4. Kopf schwarz; Maxillarpalpen gebräunt; Pronotum dunkelbraun bis schwarz mit hellen Rändern; Elytren dunkel rotbraun mit schwarzer Scutellarmakel und dunkler Seitenrandmakel. Weitere unscharf begrenzte Verdunkelungen auf den Elytren kommen selten vor, nie dunkle Basalbinden wie bei *pulchellus*. 2,8–3,7 mm (RL: 1,7–2,0 mm). Expansiv mediterran verbreitete Art. In ganz Mitteleuropa verbreitet, in der Ebene häufig, in höheren Lagen meist selten. .... ***pusillus*** GRAVENHORST, 1806

28 Elytren glatt, ohne Mikroskulptur. Elytrenbeborstung: 1, 1 (1–2, 1–2, 0–1) 2–3 (Abb. 91h). Kopf schwarz, Maxillarpalpen dunkel; Pronotum und Elytren dunkelbraun bis schwarz, Letztere mit breit rot aufgehellten Hinterrändern. 2,5–3,6 mm (RL: 1,6–1,9 mm). Von Westeuropa zumindest bis nach Mittelasien verbreitet. In Mitteleuropa überall, auch bis in höhere Lagen aufsteigend, nicht selten. In offenen Habitaten, oft auf Rasenflächen. .... ***scitulus*** ERICHSON, 1839

– Elytren mit deutlicher, weitläufiger Mikroskulptur. Elytrenbeborstung: 1, 1 (2, 2, 0–1) 2 (Abb. 91g). Kopf, Pronotum und Elytren dunkelbraun bis schwarz, Ränder des Pronotums und Hinterränder der Elytren unscharf aufgehellt; Maxillarpalpen dunkel; Abdomen dunkel. 2,8–3,7 mm (RL: 1,4–2,0 mm). ♂: Aedoeagus ohne deutliches Sklerit (Abb. 92j), dadurch von dem ähnlichen, aber heller gefärbten *obscurellus* zu unterscheiden. Montane Art in den Alpen und Karpaten (Slowakei, Ukraine), besonders in Flussauen größerer Gebirgsflüsse. .... ***austriacus*** LUZE, 1901

Unterfamilie Trichophyinae THOMSON, 1859

Habitus wie in Abb. 14e. Innerhalb der Staphylinidae durch folgende Merkmale sehr ausgezeichnet: Fühlerglieder III–XI extrem verdünnt, fast haarförmig; Kopf hinten abgeschnürt, kantenförmig begrenzt; Augen deutlich vorragend, hinten gelegen, an die hintere Abschnürung angrenzend; Antennalgruben an der Kopfseite; Pronotum und Elytren dicht punktiert und pubeszent, mehr oder weniger matt; Maxillarpalpen 5-gliedrig, Glied IV länger als III, V winzig und semitransparent, nur bei höherer Vergrößerung erkennbar; Abdominalsegmente IX–X anders als bei den Habrocerinae nicht extrem modifiziert; Aedoeagus mehr oder weniger asymmetrisch, Parameren lang und schlank, nur an der Basis mit dem Medianlobus verbunden.

Monotypische Unterfamilie; einzige Gattung: *Trichophya* MANNERHEIM.

Gattung *Trichophya* MANNERHEIM, 1830

Artenarme Gattung mit 18 beschriebenen, in der Holarktis und der Orientalis verbreiteten Arten, von denen lediglich 3 in der Westpaläarktis vorkommen. In Mitteleuropa ist nur eine Art vertreten.

2,8–3,5 mm. Körper dunkelbraun bis schwarzbraun; Elytren, Abdomenspitze, Beine und Fühler gewöhnlich etwas heller. Kopf und Pronotum dicht und deutlich, Elytren sehr dicht und feiner punktiert. Aedoeagus-Abbildung: ASSING (2003b). Transpaläarktisch verbreitet, adventiv auch in Nordamerika. In Mitteleuropa überall, aber gebietsweise nicht häufig. In der Bodenstreu und an faulenden Pflanzenstoffen. Oft fliegend nachgewiesene Art. .... ***pilicornis*** (GYLLENHAL, 1810)

Unterfamilie Habrocerinae MULSANT & REY, 1877

Habitus (Abb. 14f) ähnlich wie bei *Tachyporus*; Vorderkörper mit einigen langen Borsten, aber ohne Pubeszenz; Maxillarpalpen 4-gliedrig, das lange Glied IV an der Basis breit und apikal spitz auslaufend; Elytren an der Seite scharf gekantet; Metacoxae von dreieckiger Gestalt, stark abgeflacht. ♂: Abdominalsegmente VIII–XI extrem modifiziert, die Sklerite des Segments VIII lange Fortsätze bildend; Aedoeagus bis auf den Endophallus reduziert (äußere sklerotisierte Teile fehlend).

Die Unterfamilie umfasst insgesamt nur 22 Arten in zwei Gattungen, von denen eine auf die gemäßigten Zonen Südamerikas beschränkt ist (ASSING 2008c; ASSING & WUNDERLE 1995, 1996).

Gattung *Habrocerus* ERICHSON, 1839

Zusätzlich zu den Merkmalen der Unterfamilie leicht erkennbar an den extrem dünnen Fühlergliedern III–XI. Von *Trichophya*, der einzigen weiteren in Mitteleuropa vertretenen Staphylinidengattung mit ähnlichem Fühlerbau und das Abdomen nicht vollständig verdeckenden Elytren, vor allem durch den hinten nicht gekanteten Kopf, das Vorhandensein von Schläfen, das Fehlen von Pubeszenz und Grundpunktur auf dem Vorderkörper sowie die völlig anders gebildeten primären und sekundären Geschlechtsmerkmale unterschieden.

Die ursprünglich in der Holarktis, der Orientalis und der Neotropis verbreitete Gattung enthält derzeit 16 Arten (ASSING 2008c). Für eine Revision der Gattung mit Abbildungen der primären und sekundären Geschlechtsmerkmale siehe ASSING & WUNDERLE (1995). In Mitteleuropa ist sie mit nur einer Art vertreten.

3,4–4,2 mm. Körper braun bis schwärzlich; Beine und oft auch die Fühlerglieder III–XI gelblich bis hellbraun. Pronotum glänzend, ohne oder nur an den Rändern mit sehr flacher Mikroskulptur. ♂: Fortsätze des Abdominalsegments VIII mit jeweils 2 langen Borsten; Endophallus mit 4–9 stark sklerotisierten und basal stark erweiterten Innendornen. ♀: Tergit

VIII hinten scharf und lang zugespitzt. Ursprünglich westpaläarktisch verbreitet, inzwischen adventiv auch in anderen zoogeographischen Regionen, fast kosmopolitisch verbreitet. In Mitteleuropa überall häufig, insbesondere in feuchter und tiefer Bodenstreu. .... ***capillaricornis*** (GRAVENHORST, 1806)

Unterfamilie Trigonurinae REICHE, 1866

Durch den flachen, kompakten, an Nitiduliden erinnernden Habitus (Abb. 15a) gekennzeichnete Unterfamilie. Von den übrigen Staphyliniden durch die Kombination folgender Merkmale unterscheidbar: Kopf mit deutlichem Hals, Fühler an den Seiten der Stirn, unterhalb einer Stirnkante und knapp vor dem oberen Augenrand inserierend, Fühler ohne Keule, Labialpalpen kurz, mit sehr kleinem Glied II. Pronotum in der Basalhälfte am breitesten, gegen die abgerundeten Vorderwinkel verjüngt, Hinterwinkel eckig, Elytren länger als zusammen breit, weit hinter das Niveau des Hinterrandes des Metaventrits reichend, mit Längspunktreihen, ohne deutlichen Nahtstreifen. Protrochantinen sichtbar, Metacoxae nicht bis zum Seitenrand des Abdomens reichend, Tarsen 5-gliedrig. Elytren das Abdomen bis zum Tergit IV verdeckend, Tergite III–VII mit je einem Paar Paratergite versehen. Sternite ab Segment III ausgebildet, Basis von Sternit III scharf gekielt.

Die Gruppe wurde früher zu den Piestinae oder Silphidae gestellt, gegenwärtig wird sie als eine selbständige, möglicherweise mit den Scaphidiinen und Piestinen näher verwandte Unterfamilie angesehen (NEWTON & THAYER 1992).

Gattung *Trigonurus* MULSANT, 1847

Trigonurus ist die einzige Gattung der Unterfamilie und mit 11 Arten in der Holarktis verbreitet. Die Larven und Imagines leben unter der Rinde von Nadelbäumen (NEWTON et al. 2001). Eine Art ist aus Frankreich und Italien bekannt und wurde auch in der Schweiz nachgewiesen.

Länge 5–5,5 mm. Pronotum mit einem flachen Mitteleindruck und zwei tiefen, stark punktierten Gruben in den Hinterwinkeln, Prohypomera runzelig mikroskulptiert. Elytren mit 9 Punktreihen, ohne Nahtstreifen. Meso- und Metaventrite kräftig punktiert, Metaventrit mit seitlichen Eindrücken. In Mitteleuropa sehr selten, nur aus den Waadtländer Alpen in der Schweiz bekannt. .... ***mellyi*** MULSANT, 1847

Unterfamilie Scaphidiinae LATREILLE, 1806

Durch die stark konvexe und kompakte Körperform gekennzeichnet (Abb. 15b–d). Körper glänzend, mit sehr kurzer, unauffälliger Behaarung, abgesehen von langen Haaren am männlichen Metaventrit bei *Scaphidium*-Arten. Kopf zum Teil vom Pronotum verdeckt, ohne Hals, nach unten gerichtet. Fühler lang, zwischen den Augen eingefügt. Prosternum kurz. Protrochantinen verdeckt. Procoxalhöhlen hinten offen, schmal getrennt. Abdomen konisch, mit 1–3 von oben sichtbaren Tergiten, sonst von den Elytren bedeckt; mit 6 freiliegenden Sterniten; Sternit III groß, Sternit VII länger als Sternite IV–VI. Abdominalsegmente mit jeweils bis zu 2 Paar Paratergiten. Beine lang, Tarsen 5-gliedrig. Augen meist groß und stark konvex. Fühlerglied VIII oft deutlich kleiner als VII und IX. Pronotum nach vorn verengt, mit Seitenstreifen und deutlich abgegrenzten Prohypomeren. Elytren kurz hinter der Basis am breitesten, mit Nahtstreifen, Seitenstreifen und Epipleuralstreifen, hinten abgestutzt.

Die Unterfamilie wurde seit Ende des 19. Jahrhunderts als eine eigene Familie betrachtet. Auf Grund von Larvenmerkmalen wurde sie von KASULE (1966) als Unterfamilie zu den Staphylinidae, von LAWRENCE & NEWTON (1982) in die „Oxytelinae-Gruppe" gestellt. Die Unterfamilie ist in vier Triben untergliedert, drei davon sind in Mitteleuropa vertreten (LÖBL 1997). Die phylogenetischen Beziehungen der Gattungen wurden von LESCHEN & LÖBL (1995, 2005) untersucht. Weltweit sind etwa 1400 Arten bekannt; am höchsten ist die Diversität in den Subtropen und Tropen Asiens. Nach Norden nimmt die Artenzahl deutlich ab. Über die Biologie der meisten Arten ist wenig bekannt, bisherige Beobachtungen deuten auf obligatorische Mycophagie oder Myxomycophagie der Larven und Imagines hin. Manche Arten der Gattung *Scaphisoma* können als Schädlinge in Pilzzuchten massenhaft auftreten.

1 Körper weniger als 3 mm lang (Abb. 15c). Fühlerglieder III–XI dünn, flach und asymmetrisch, Glied III dreieckig, Glied VIII deutlich kleiner als VII und IX. Scutellum klein, zum Großteil vom Pronotum verdeckt. .... ***Scaphisoma*** LEACH, 1815; S. 203

– Körper etwa 5–7 mm lang (Abb. 15b, d). Fühlerglieder III–XI kräftig, symmetrisch, höchstens die Keulenglieder leicht abgeflacht. Fühlerglied III lang, subzylindrisch, Glied VIII nicht oder nur etwas kleiner als VII und IX. Freiliegender Teil des Scutellums groß. **2**

2 Augen an der Fühlerbasis nicht eingeschnitten. Pronotum mit abgerundeten, die Epipleuren der Elytren nicht berührenden Hinterecken. Glied I der Metatarsen etwa so lang wie II. .... ***Scaphium*** KIRBY, 1837; S. 202

– Augen in der Nähe der Fühlerbasis tief ausgeschnitten. Pronotum mit spitz verlängerten Hinterecken, die die Epipleuren der Elytren berühren. Glied I der Metatarsen viel länger als II. .... ***Scaphidium*** OLIVIER, 1790; S. 202

Tribus Scaphidiini LATREILLE, 1806

Gattung *Scaphidium* OLIVIER, 1790

Körper (Abb. 15b) auffällig gefärbt. Augen an der Fühlerbasis tief eingeschnitten. Glieder der Fühlerkeule meist leicht abgeflacht. Pronotum gewöhnlich mit einer Querreihe kräftiger Punkte. Elytren ohne oder mit Längsreihen von Punkten. Mesoventrit mit Mittelkiel. Mesanepisternum mit epimeraler Linie. Freiliegender Teil der Mesepimeren klein. Mitte des Metaventrits beim Männchen lang behaart. Die Gattung ist mit über 340 Arten fast weltweit verbreitet. In Mitteleuropa kommt nur eine Art vor.

Körper schwarz, Flügeldecken mit je zwei rötlichen Flecken (sehr selten fehlen die vorderen Flecken), ohne Längspunktreihen. Tibien mit Längskanten. Männchen mit ventral abgeflachten Profemora, Protibien zur Spitze verdickt, Innenseite der Meso- und Metatibien lang behaart. Länge 5–6.5 mm. In Europa und im Nahen Osten weit verbreitet und stellenweise häufig. .... ***quadrimaculatum*** OLIVIER, 1790

Tribus Scaphiini ACHARD, 1924

Gattung *Scaphium* KIRBY, 1837

Körper (Abb. 15d) einfarbig schwarz oder schwarzbraun, ziemlich parallelseitig. Augen an der Fühlerbasis ohne Ausschnitt. Glieder der Fühlerkeule nicht abgeflacht. Pronotum ohne deutliche Punktreihe. Elytren mit diskalen Längsreihen und einer Basalreihe von Punkten. Mesoventrit ohne Mittelkiel. Mesanepisternum ohne epimerale Linie. Freiliegender Teil der Mesepimeren groß. Metaventrit in beiden Geschlechtern unbehaart. Aus der Holarktis sind 3 Arten bekannt, davon ist eine im Mittelmeerraum weit verbreitet und kommt auch in Mitteleuropa vor.

Elytren mit 6 diskalen Längsreihen von Punkten, die zwei äußeren Punktreihen verkürzt, die dritte Punktreihe im Bogen in die Basalreihe übergehend. Meso- und Metatibien beim Männchen stark gebogen. Fortsatz des Metaventrits beim Männchen doppelzähnig nach hinten verlängert. Länge 5,5–7,5 mm. Holomediterran verbreitet, im Süden häufig, nach Norden bis Holland, ins Rheinland, nach Böhmen, Schlesien und die Slowakei verbreitet, in Mitteleuropa selten, thermophil. ....
.... ***immaculatum*** (OLIVIER, 1790)

Tribus Scaphisomatini CASEY, 1894

Gattung *Scaphisoma* LEACH, 1815

Körper (Abb. 15c) bei den europäischen Arten einfarbig schwarz, dunkel- oder rötlichbraun, Hinterrand der Elytren und der letzten Abdominalsegmente gewöhnlich aufgehellt. Fühlerglied III kurz und asymmetrisch. Fühlerkeule locker gegliedert, stark abgeflacht. Pronotum in der Mitte deutlich nach hinten verlängert, das Scutellum zum Großteil bedeckend. Mesanepisternum mit deutlicher epimeraler Linie. Metaventrit und Sternit III mit postcoxalen Linien.

Die Gattung ist mit etwa 590 beschriebenen und sehr vielen noch unbeschriebenen Arten fast weltweit verbreitet. Die paläarktischen Arten wurden von LÖBL (1970) revidiert. Die Mehrzahl der 10 mitteleuropäischen Arten kann nach äußeren Merkmalen determiniert werden. Zur sicheren Bestimmung der Arten der *agaricinum*-Gruppe, die durch das Fehlen der Basalstreifen auf den Elytren gekennzeichnet ist, ist jedoch eine Untersuchung des Aedoeagus notwendig. Die häufige Art *S. boleti* ist der einzige hell gefärbte europäische Gattungsvertreter. Durch das Vorkommen immaturer Exemplare anderer Arten kann die Körperfärbung jedoch nicht als alleiniges Bestimmungsmerkmal verwendet werden.

Der mehr oder weniger herausragende Apex des Abdomens sowie der variabel geneigte Kopf beeinflussen die Gesamtlänge der Individuen. Deswegen ist bei *Scaphisoma*-Arten als Länge die Länge vom Vorderrand des Pronotums bis zum Apex der Elytren angegeben.

1 Nahtstreifen der Elytren entlang des Pronotumhinterrandes nach außen gebogen und entlang des Basalrandes der Elytren verlängert, je einen Basalstreifen bildend. **2**

– Nahtstreifen der Elytren zwar entlang des Pronotumhinterrandes nach außen gebogen, jedoch nicht weiter entlang des Basalrandes der Elytren verlaufend und keinen Basalstreifen bildend. Die hierher gehörenden Arten der *agaricinum*-Gruppe sind nur im männlichen Geschlecht durch Untersuchung des Aedoeagus sicher zu determinieren. **8**

2 Endglied der Maxillarpalpen breit, dreieckig, am Außenrand mit einer Rinne. Körperlänge etwa 2,3–2,5 mm. Pronotum etwa wie die Elytren grob punktiert. Fühlerglied VI etwa so lang wie VII und doppelt so lang wie V (Abb. 93i). Mikroskulptur der freiliegenden Abdomenaltergite und -sternite deutlich, aus Punkten bestehend. Disjunkt in Europa und im Fernen Osten Russlands verbreitet. In Europa von Russland bis nach Deutschland und auf den Balkan verbreitet, in Mitteleuropa von wenigen Fundorten aus Deutschland, Österreich, der Tschechischen Republik und der Slowakei bekannt, sehr selten. .... ***limbatum*** ERICHSON, 1845

– Endglied der Maxillarpalpen schlank, konisch, ohne Rinne. Arten unter 2,3 mm Körperlänge. Punktierung des Pronotums ausgesprochen fein. **3**

3 Körper dunkel- oder rötlichbraun. Sternit III fein runzelig mikroskulptiert. Freiliegende Tergite mit aus Punkten bestehender Mikroskulptur. Elytren hinten deutlich abgerundet (Abb. 93a). Fühlerglieder IV und V von etwa gleicher Länge und Breite (Abb. 93g). Von Ostsibirien bis in den Norden Skandinaviens, nach Großbritannien und Südeuropa verbreitet, in Mitteleuropa häufig. .... ***boleti boleti*** (PANZER, 1793)

– Körper schwarz oder braunschwarz, Apex der Elytren und die hinteren Abdominalsegmente manchmal aufgehellt. Freiliegende Abdominalsegmente entweder ohne Mikroskulptur, mit Mikropunktur oder querrunzelig mikroskulptiert. Elytren hinten nicht oder schwach abgerundet (Abb. 93b). Fühlerglieder IV und V meist deutlich verschieden. **4**

4 Mikroskulptur der freiliegenden Abdominaltergite und -sternite deutlich querrunzelig. Fühlerglied VI nur etwas länger als V (Abb. 93h). Vom Iran und Russland bis nach Skandinavien, Großbritannien und Südeuropa verbreitet. In Mitteleuropa überall häufig. .... ***assimile assimile*** ERICHSON, 1845

– Mikroskulptur auf den freiliegenden Abdominalsegmenten fehlend oder aus Punkten bestehend. Fühlerglieder V und VI meist deutlich verschieden. **5**

5 Fühlerglieder schlank, die Glieder V, VI und VIII fast gleich breit (Abb. 93j). Außenrand der Parameren an der Basis leicht ausgerandet (Abb. 93c). Vom Altai bis nach Skandinavien, Spanien und Italien verbreitet. In Mitteleuropa nur aus Österreich, der Tchechischen Republik und Polen bekannt. Sporadisch und selten. .... ***boreale*** LUNDBLAD, 1952

– Fühlerglieder V, VI und VIII ungleich breit, Glieder VI und VIII deutlich erweitert. Außenrand der Parameren des Aedoeagus nicht ausgerandet. **6**

6 Fühlerglied XI etwa 1,5-mal so lang wie X (Abb. 93l). Größere Art, Körper etwa 2,0–2,2 mm lang. Vom Kaukasus bis ins südöstliche Polen, die Slowakei, Österreich, Süddeutschland und in die Ostschweiz verbreitet, in Mitteleuropa sehr selten. .... ***obenbergeri*** LÖBL, 1963

– Fühlerglied XI etwa 1,1–1,2-mal so lang wie Glied X. Körper oft unter 2 mm lang. **7**

7 Sternit III ohne Mikroskulptur. Fühlerglied IV schlank, zusammen mit Glied III länger als Glied V (Abb. 93m). Von Tadschikistan bis nach Schweden, Holland, Spanien und Süditalien verbreitet, in Mitteleuropa weit verbreitet, aber selten, aus einigen Teilen der Tiefebene bisher unbekannt. .... ***balcanicum*** TAMANINI, 1954

– Sternit III mit kräftiger, aus Punkten bestehender Mikroskulptur. Fühlerglied IV kurz, zusammen mit Glied III höchstens so lang wie Glied V (Abb. 93k). Vom Iran bis nach Frankreich, Skandinavien und Italien verbreitet. In Mitteleuropa gebietsweise fehlend; in der Tiefebene teilweise nicht selten, im Süden nur sporadisch. .... ***subalpinum subalpinum*** REITTER, 1880

8 ♂: Parameren zur Mitte verjüngt, im apikalen Drittel gleichmäßig schlank (Abb. 93e). Elytren meist kräftig punktiert. Eurosibirische Art, westlich bis nach Nordeuropa, Holland und Norditalien verbreitet. In Mitteleuropa weit verbreitet, aber nur lokal und selten. .... ***inopinatum*** LÖBL, 1967

– ♂: Parameren zur Mitte nicht verjüngt. Elytren meist fein punktiert. **9**

9 ♂: Parameren ziemlich breit, mit leicht gewelltem Außenrand (Abb. 93d). Eurosibirische Art, von den Britischen Inseln bis in den Fernen Osten Russlands verbreitet, in Südwesteuropa teilweise fehlend. In Mitteleuropa überall häufig. .... ***agaricinum*** (LINNAEUS, 1758)

– ♂: Parameren schlank, mit fast gleichmäßig leicht gebogenem Außenrand (Abb. 93f). Bisher nur aus der Türkei, Kroatien, Italien und Südfrankreich bekannt, in Mitteleuropa nur im Tessin. .... ***loebli*** TAMANINI, 1969

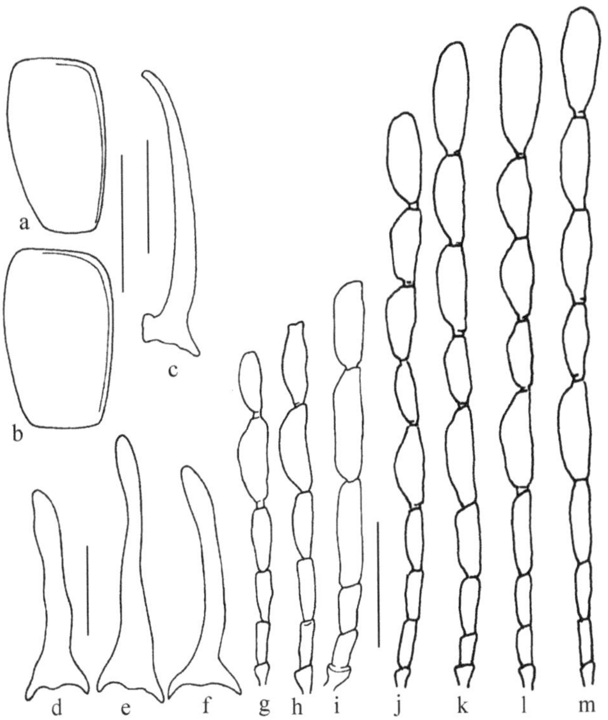

Abb. 93: Elytron (a–b), Paramere (c–f), Fühlerglieder III–VIII (g–i) und Fühlerglieder III–XI (j–m) von *Scaphisoma boleti boleti* (a, g), *S. assimile assimile* (b, h); *S. boreale* (c, j), *S. agaricinum* (d), *S. inopinatum* (e), *S. loebli* (f), *S. limbatum* (i), *S. subalpinum subalpinum* (k), *S. obenbergeri* (l) und *S. balcanicum* (m). Maßstäbe 1 mm (a–b); 0,1 mm (d–f); 0,2 mm (c, g–m).

Unterfamilie Piestinae ERICHSON, 1839

Körper lang gestreckt und mehr oder weniger abgeflacht. Antennalgruben seitlich gelegen, durch einen faltenartig vorragenden Stirnvorsprung verdeckt, von oben nicht sichtbar. Kopf ohne Ocelli. Procoxae klein und rundlich. Abdomen lang, parallel und seitlich gekantet. Tarsenformel 5–5–5.

Vergleichsweise artenarme Unterfamilie, weltweit mit etwas mehr als 100 Arten in 8 Gattungen. Soweit bekannt leben die meisten Arten corticol und ernähren sich sapro- oder mycophag (NEWTON et al. 2001). In Mitteleuropa ist die Unterfamilie nur mit einer Gattung vertreten.

Gattung *Siagonium* KIRBY & SPENCE, 1815

Körper in Anpassung an die corticole Lebensweise abgeflacht und von langer paralleler Gestalt, an einige Gattungen der Oxytelinae erinnernd (Abb. 15e).

Die in der Holarktis und der Neotropis verbreitete Gattung enthält derzeit 22 Arten. Von den 18 in der Paläarktis vorkommenden Arten sind nur zwei westpaläarktisch. Beide sind aus Mitteleuropa nachgewiesen; sie sind in Körpergröße, Ausprägung des Geschlechtsdimorphismus (Kopfform, Mandibeln) und anderen morphologischen Merkmalen ausgesprochen variabel.

1 Vorderkörper in der Regel gänzlich ohne Mikroskulptur, selten (insbesondere in Randbereichen) mit verloschener Mikroskulptur; Tergite IV–VI nur mit verloschener Mikroskulptur. Färbung von Kopf, Pronotum und Abdomen variabel rötlich braun bis schwarzbraun, Beine und Fühler rötlich; Elytren rötlich, Vorder- und Hinterrand sowie Naht oft angedunkelt, selten so ausgedehnt angedunkelt, dass der Eindruck von rötlichen Makeln entsteht. Körpergröße 3,4–5,8 mm. ♂: Kopf bei großen Exemplaren vergrößert, vor den Augen mit je einem lang dreieckigen, nach vorn gerichteten und leicht nach unten gebogenen hornartigen Fortsatz; Mandibeln mit einem auffällig langen, nach innen gebogenen dorsalen Fortsatz; Fühler verlängert, zurückgelegt den Elytrenhinterrand fast erreichend, Glieder V–X 1,5-mal so lang wie breit oder länger; bei kleineren Exemplaren Stirnfortsätze fehlend, Mandibelfortsätze deutlich kleiner und Fühler deutlich kürzer, Glied V–X nicht oder wenig länger als breit. ♀: Kopf und Mandibeln ohne Fortsätze, Fühler kürzer, Fühlerglieder V–X etwa so lang wie breit oder wenig länger als breit. In Europa mit Ausnahme des Nordens und Teilen Südeuropas weit verbreitet. In Mitteleuropa fast überall, aus Dänemark unbekannt. Nicht häufig. Unter – noch nicht stark verrotteter – Borke verschiedener Laubbäume. .... ***quadricorne*** KIRBY & SPENCE, 1815

– Hintere Kopfhälfte und Halsschild in der Regel mit deutlicher längsrissiger Mikroskulptur, die selten in der Mitte des Kopfes und des Pronotums nur verloschen angedeutet ist; Elytren mit mehr oder weniger deutlicher netzartiger nadelrissiger Mikroskulptur; Abdomen mit deutlicher isodiametrischer Mikroskulptur. Abdominaltergite IV–VI nur mit verloschener Mikroskulptur. Körperfärbung schwarzbraun bis schwarz; Elytren mit gelblichem bis rötlichem Seitenmakel, der vom Humeralwinkel bis zum hinteren Elytrendrittel oder -viertel reicht und von der Naht um mindestens ¼–⅓ der Elytrenbreite getrennt ist. Körpergröße ebenfalls variabel: 3,8–6,2 mm. ♂: Kopf bei großen Exemplaren vergrößert und extrem quer, vor den Augen mit je einem langen und deutlich spitzeren Fortsatz, Mandibeln mit noch mächtigerem, nach innen gebogenem dorsalem Fortsatz, Fühler stark verlängert, zurückgelegt die Spitze des Abdomens erreichend, Glieder V–X 2,5–4-mal so lang wie breit; bei kleineren Exemplaren Stirnfortsätze fehlend, Mandibelfortsätze deutlich kleiner und Fühler deutlich kürzer, Glied V–X 2–2,5-mal so lang wie breit. ♀: Kopf ohne, Mandibeln mit kleineren Fortsätzen, Fühler kürzer als beim ♂, aber den Elytrenhinterrand zurückgelegt deutlich überragend, Fühlerglieder V–X 1,5–2,5-mal so lang wie breit. Südosteuropa und südöstliches Mitteleuropa (Österreich, Tschechische Republik, Slowakei, Süddeutschland); in Deutschland überprüfte Nachweise nur aus Bayern und Hessen. Wie die vorige Art unter Laubbaumborke, aber eher in höheren Lagen; selten. .... ***humerale*** GERMAR, 1836

Unterfamilie Osoriinae ERICHSON, 1839

Durch das Fehlen von Paratergiten und das daher ungerandete Abdomen sowie die 3-gliedrigen Tarsen leicht kenntlich. Die Unterfamilie, die in den Tropen eine enorme Diversität aufweist (etwas mehr als 100 Gattungen, über 2000 Arten), ist in Mitteleuropa nur durch eine Gattung und Art vertreten.

Tribus Thoracophorini REITTER, 1909

Gattung *Thoracophorus* MOTSCHULSKY, 1837

Kopf, Pronotum und Elytren mit deutlichen Längrippen. Abdomen zylindrisch, Sternite und Tergite verschmolzen. Augen und Fühlereinlenkung unter der erweiterten Seitenkante des Kopfes verborgen. Habitus wie in Abb. 15f.

Die Gattung ist mit etwa 45 Arten vorwiegend zirkumtropisch verbreitet, nur wenige Arten erreichen gemäßigte Klimazonen. Aus der Paläarktis wurden bisher 4 Arten bekannt, von denen eine auch Mitteleuropa erreicht.

Meist an Totholz gebunden, einige neotropische Arten leben bei Termiten. Die Art der Beziehung unserer mitteleuropäischen Art zu Ameisen ist weitgehend ungeklärt. Eine Zusammenfassung der Biologie geben BURAKOWSKI & NEWTON (1992).

Kopf und Pronotum dunkelbraun, Pronotum und Abdomen heller braun, Fühlerbasis, Palpen und Beine bräunlich rot. 2,2–2,6 mm (RL: 1,2–1,4 mm). In fast ganz Europa (ohne Skandinavien). Selten. Unter Borke und im morschen Holz alter Laubbäume, meist zusammen mit *Lasius brunneus* (LATREILLE, 1798). .... ***corticinus*** MOTSCHULSKY, 1837

Unterfamilie Oxytelinae FLEMING, 1821

Durch die Ausbildung eines deutlich sklerotisierten Sternits II gegenüber anderen Unterfamilien ausgezeichnet (mit Ausnahme der Deleasterini und Coprophilini, bei denen nur ein rudimentäres Sternit II vorhanden ist). Weitere charakteristische Merkmale finden sich im Bau der Abdomenspitze. Tergit IX ist durch Tergit X vollständig in 2 Tergalteile IX geteilt, in denen sich Öffnungen befinden, in die charakteristische Wehrdrüsen münden. Fühler unter einem Höcker oder einer Leiste am Seitenrand des Kopfes eingefügt. Der Kopf ist vorgestreckt und oft von der Breite des Pronotums. Procoxae konisch zapfenförmig hervorragend, Mesocoxae einander angenähert, Metacoxae quer. Trochanter der Hinterbeine kurz, knapp ein Fünftel der Länge der Femora erreichend. Tarsen 2- bis 5-gliedrig. Schlanke (zylindrische oder abgeflachte) Formen überwiegen. Arten mit breiterem Habitus (Deleasterini) sind von ähnlichen Vertretern der Omaliinae durch das Fehlen von Ocelli zu unterscheiden.

Die Gliederung der Unterfamilie in Triben wurde von HERMAN (1970) und MAKRANCZY (2006) überarbeitet. Aus praktischen Gründen wird hier die Trennung in Oxytelini und Thinobiini beibehalten, die den phylogenetischen Analysen beider Autoren nicht widerspricht.

Die Unterfamilie ist weltweit mit mehr als 2000 beschriebenen Arten verbreitet. Oxytelinen stellen einige der häufigsten Vertreter der einheimischen Staphylinidenfauna. Im Gegensatz zu den meisten übrigen Staphyliniden sind zahlreiche Arten der Oxytelinae nicht carnivor. Sie leben von verwesenden pflanzlichen oder tierischen Stoffen (*Anotylus*, *Oxytelus*, *Platystethus*, *Aploderus*) oder Algen (*Bledius*, zumindest einige Thinobiini). Die Ernährung vieler Arten ist jedoch noch unbekannt. Neben den meist coprophilen und phytodetriticolen Oxytelini sind viele Vertreter der Blediini und Thinobiini hygrophile Uferbewohner. Die Arten einiger Gattungen legen unterirdische Gangsysteme an (*Bledius*, *Platystethus*).

Zur sicheren Determination ist in zahlreichen Fällen eine Präparation der letzten Abdominalsegmente und des Aedoeagus, bei *Ochthephilus* und manchen *Carpelimus* auch der im Segment IX/X der Weibchen befindlichen, weichhäutigen und recht unscheinbaren Ringstrukturen notwendig. Durch die breit abgerundeten Nahtwinkel der Elytren zahlreicher Arten ist die Angabe der Elytrenlänge entlang der Naht oft schwierig. In einigen Fällen wird deshalb die Elytrenlänge von ihrer Vorderkante an der Schulter bis zu ihrem Hinterrand angegeben (Schulterlänge; siehe Abb. 96f).

1 Seiten des Abdomens breit gerandet, die Seitenrandung scharf, Segmente III–VI mit je einem Paar Paratergite, ohne abgesetzte Diskalfläche (Tribus Deleasterini REITTER, 1909) (Abb. 4h). Tarsen 5-gliedrig. **2**

– Seitenrandung des Abdomens weniger scharf, Segmente II bis VI mit jeweils 2 Paar Laterosterniten (Parasternite + Paratergite), dadurch mit deutlicher Diskalfläche (Abb. 4i). Tarsen 2- bis 5-gliedrig. **3**

2 Habitus wie in Abb. 16f. Klein, 2–3 mm, gewölbt und stark punktiert. Oberfläche mit metallischem Glanz. .... ***Syntomium*** CURTIS, 1828; S. 232

– Habitus wie in Abb. 16e. Größer, über 6 mm, flach. Färbung rötlichbraun mit schwarzem Kopf, ohne metallischen Glanz. ....
.... ***Deleaster*** ERICHSON, 1839; S. 231

3 Alle Beinpaare mit 5 deutlich sichtbaren Tarsengliedern. **4**

– Anzahl der Tarsenglieder 2–5, bei 4- oder 5-gliedrigen Tarsen sind die ersten 2–3 Tarsenglieder stark verkleinert und erscheinen als ein gemeinsames erstes Tarsenglied (Abb. 94g). **5**

4 Abdomen mit 6 vollständigen Sterniten, Sternit II reduziert, mit Sternit III unbeweglich verbunden (Tribus Coprophilini HEER, 1839). Oberseite ohne Grundbeborstung. Schwarz, nur die Elytren manchmal gelb. Pronotum mit Längsfurchen, paarigen Eindrücken und/oder gekerbtem Seitenrand. Elytren kräftig punktstreifig gefurcht (Abb. 16b). ....
.... ***Coprophilus*** LATREILLE, 1829; S. 231

– Abdomen mit 7 vollständigen Sterniten, Sternit II und III durch eine bewegliche Membran verbunden (Tribus Planeustomini JACQUELIN DU VAL, 1857). Oberseite fein beborstet, Färbung hell, Kopf, Pronotum und Hinterrand der Elytren dunkler. Pronotum ohne Eindrücke oder gekerbten Seitenrand. Elytren fein, etwas reihig punktiert (Abb. 16c). .... ***Manda*** BLACKWELDER, 1952; S. 252

5 Pro- und Mesotibia außen bedornt, zu Grabbeinen umgestaltet (Abb. 94f). **6**

– Pro- und Mesotibia außen nicht bedornt, höchstens fein beborstet, nicht zu Grabbeinen umgestaltet (Abb. 94e) (Tribus Thinobiini J. SAHLBERG, 1876). . **11**

6 Körper auffällig schlank und gestreckt (Abb. 16d). Färbung hellgelb bis braun. Mandibeln lang, sichelförmig vorstehend, Tarsen 4-gliedrig (Tribus Planeustomini). .... ***Planeustomus*** JACQUELIN DU VAL, 1857; S. 252

– Körper weniger gestreckt, abgeflacht oder zylindrisch, meist dunkler gefärbt. Mandibeln selten vorstehend. Tarsen meist 3-gliedrig. 7

7 Fühler gekniet mit verlängertem Basalglied. Körper zylindrisch (Abb. 16a). Pronotum oft mit feiner Mittellinie, jedoch ohne seitliche Eindrücke. Männchen bei einigen Arten mit hornartigen Auszeichnungen am Kopf und/oder am Vorderrand des Pronotums. Tarsen 3- oder 4-gliedrig (Tribus Blediini ÁDÁM, 2001). .... ***Bledius*** LEACH, 1819; S. 211

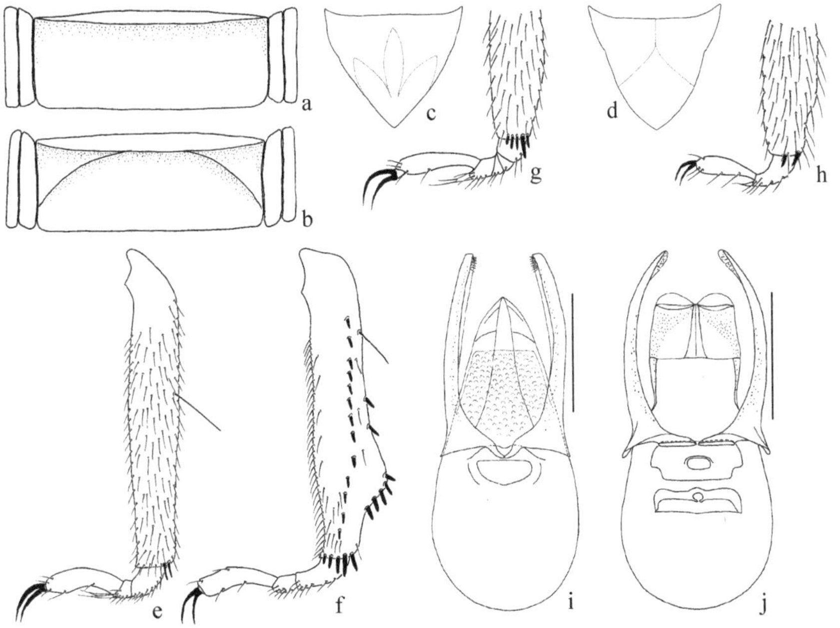

Abb. 94: Abdominaltergit von *Aploderus* (a) und *Oxytelus* (b); Scutellum von *Anotylus* (c) und *Oxytelus* (d); Protibia und Tarsen von *Carpelimus* (e) und *Anotylus* (f); Tarsen von *Ochthephilus* (g) und *Thinobius* (h); Aedoeagus von *Coprophilus pennifer* (i) und *C. piceus* (j). Maßstab 0,2 mm (i–j). Nach SCHÜLKE & UHLIG 1988 (a–d).

– Fühler nicht gekniet, Basalglied nicht oder kaum verlängert. Körper abgeflacht. Kopf beim Männchen oft verbreitert, manchmal mit nach vorn gerichteten Dornen, Pronotum ohne Auszeichnungen. Tarsen 3-gliedrig (Tribus Oxytelini FLEMING, 1821). **8**

8 Pronotum meist, Elytren fast immer mit längsrissiger Skulptur. Basalfurchen der Tergite III–VII an den Seiten nach hinten gezogen, Basolateralfurchen bildend (Abb. 94b). **9**

– Pronotum ohne Längsfalten oder -runzeln. Tergite III bis VII ohne Basolateralfuchen (Abb. 94a). **10**

9 Scutellum mit rhombischem Eindruck (Abb. 94d). Tergit II ebenfalls mit Basolateralfurche. Tarsenglied I deutlich länger als Glied II. Habitus wie in Abb. 17c. .... ***Oxytelus*** GRAVENHORST, 1802; S. 243

– Scutellum mit einem aus 3 Teileindrücken bestehenden, kleeblattförmigen Eindruck (Abb. 94c). Tergit II mit gerader Basalfurche. Tarsenglieder I und II annähernd gleich lang. Habitus wie in Abb. 17a. .... ***Anotylus*** THOMSON, 1859; S. 232

10 Oberseite kahl oder mit kaum sichtbarer Grundbeborstung. Pronotum mit einer Mittelfurche, aber ohne seitliche Eindrücke. Habitus siehe Abb. 17d. .... ***Platystethus*** MANNERHEIM, 1830; S. 246

– Elytren mit rauher Grundbeborstung, Pronotum ohne Mittelfurche, aber mit 2 seitlichen Längseindrücken. Habitus siehe Abb. 17b. .... ***Aploderus*** STEPHENS, 1833; S. 243

11 Endglied der Kiefertaster größer, kegelförmig zugespitzt, mindestens so lang wie das vorletzte Glied. Nahtwinkel der Elytren kurz abgerundet oder rechtwinklig. Elytren mit abgesetzten Epipleuren, Tarsen 5-gliedrig, die Glieder I bis III verkleinert und von oben wie ein gemeinsames Glied erscheinend (wie in Abb. 94g). Habitus siehe Abb. 17f. .... ***Ochthephilus*** MULSANT & REY, 1856; S. 266

– Endglied der Kiefertaster klein, eine oft kaum sichtbare nadelförmige Spitze bildend. **12**

12 Nahtwinkel der Elytren breit ausgerandet und klaffend, die Hinterflügel dort freilassend (Abb. 18b). Körper abgeflacht. Pronotum ohne deutliche Eindrücke. Elytren ohne abgesetzte Epipleuren. Tarsen 2-gliedrig (Abb. 94h). .... ***Thinobius*** KIESENWETTER, 1844; S. 272

– Nahtwinkel der Elytren rechtwinklig, Körper etwas gewölbt, Elytren mit linienförmig abgesetzten Epipleuren, Pronotum oft mit seitlichen Längseindrücken oder einem hufeisenförmigen Eindruck an der Basis. Tarsen 3- oder 5-gliedrig. **13**

13 Pronotum mit einem hufeisenförmigen Eindruck an der Basis. Tarsen 5-gliedrig, die Glieder I–III verkleinert und wie ein gemeinsames Glied erscheinend (Abb. 94g). Habitus siehe Abb. 18c. .... ***Thinodromus*** KRAATZ, 1857; S. 283

– Pronotum mit oder ohne seitliche Längseindrücke, jedoch nie mit einem hufeisenförmigen Eindruck an der Basis. **14**

14 Pronotum meist mit Längseindrücken entlang der Mitte des Pronotums. Tarsen 3-gliedrig (Abb. 94e). Kehlnähte zumindest teilweise vereint. Arten von 1,3–3,5 mm Körperlänge. Habitus siehe Abb. 17e. .... ***Carpelimus*** LEACH, 1819; S. 253

– Pronotum ohne deutliche Längseindrücke, Habitus siehe Abb. 18a. Tarsen 5-gliedrig mit verkleinerten Gliedern I–III, die wie ein gemeinsames Tarsenglied erscheinen. Kehlnähte in ihrer gesamten Länge getrennt. 3–3,5 mm. .... [***Teropalpus*** SOLIER, 1849]; S. 266

Tribus *Blediini* ÁDAM, 2001

Gattung *Bledius* LEACH, 1819

Bledius-Arten sind durch die stark bedornten Protibien und die zylindrische Gestalt (Abb. 16a) meist leicht zu erkennen. Pronotum ohne deutliche Eindrücke und Längskiele oder -falten, jedoch oft mit einer feinen Mittelfurche, meist deutlich punktiert. Schwarze oder braune Arten von 2–8 mm Körperlänge, Elytren schwarz, rot oder gelb, oft mit deutlichen Scutellarmakeln. Fühler gekniet mit verlängertem Basalglied. Beine mit 3 oder 4 Tarsengliedern. ♂: bei einigen Arten mit Auszeichnungen auf Kopf und/oder Pronotum (Untergattungen *Euceratobledius*, *Elbidus* und *Bledius*), manchmal auch am Hinterrand von Sternit VII (*Hesperophilus*). Aedoeagus wenig sklerotisiert, der Ventralfortsatz apikal gespalten und am Medianlobus anliegend, eine ventrale Lamelle bildend, deren Spitzen oft nach innen gebogen sind (im Text als Ventrallamelle bezeichnet).

Die vorliegende Untergattungstabelle ist nur für mitteleuropäische Gattungsvertreter nutzbar. HERMAN (1986) gab die Unterteilung der Gattung in Untergattungen im Weltmaßstab auf und teilte die Gattung in 34 Artengruppen, von denen lediglich 9 in Mitteleuropa vorkommen. Da jedoch für alle in Mitteleuropa verbreiteten Artengruppen Untergattungsnamen existieren, werden sie hier vorrangig verwendet. Sie erlauben den Anschluß an die bisherige Literatur, was durch bloße Verwendung der in eckigen Klammern angegebenen Artengruppen, die meist nach in Mitteleuropa nicht vorkommenden Arten benannt wurden, nicht gegeben ist.

Die Determination von *Bledius*-Arten ist zum Teil ausgesprochen schwierig. Viele Arten sind im Habitus, den Proportionen von Pronotum und Elytren, der Punktur und Mikroskulptur sehr variabel. Hier ist in jedem Fall die Untersuchung einer Serie von Exemplaren zu empfehlen. Der Bau des Aedoeagus und der Abdominalsegmente zahlreicher europäischer Arten wurde bisher nicht im Detail untersucht, zum Teil sind Unterschiede der wenig sklerotisierten und einfach gebauten Aedoeagi sehr gering und ihre Variabilität unbekannt. In der Deutung einiger Arten bestehen Unterschiede zwischen mitteleuropäischen und skandinavischen oder britischen Autoren, Teile der Gattung (Untergattungen *Bargus* und *Hesperophilus*) sind deshalb dringend revisionsbedürftig.

Bledius-Arten besiedeln Gangsysteme unterschiedlicher Tiefe auf sandigen oder lehmigen, vorzugsweise sonnenexponierten Böden. Einige Arten sind halophil oder halobiont, manche besiedeln vorwiegend Steilwände an Ufern oder in Lehm- und Tongruben, andere leben vorwiegend auf ebenen Flächen. Soweit bekannt sind alle *Bledius*-Arten phytophag und leben von Algen, in deren Nähe sie ihre Gangsysteme anlegen. Einige Arten leben vorwiegend einzeln, andere in zum Teil großen Kolonien. Die Käfer können durch Abgraben oder Schwemmen des Bodens, viele auch schon durch vorsichtiges Festklopfen gesammelt werden. Viele Arten sind flugaktiv, sie gehören im Autokescher und auch am Licht zu den regelmäßig vertretenen Staphyliniden.

Die Gattung ist weltweit mit Ausnahme der Antarktis verbreitet. Bisher sind mehr als 450 Arten beschrieben worden, von denen etwa 200 in der Paläarktis und 48 in Mitteleuropa vorkommen. Eine umfangreiche Übersicht über die Gattung wurde von HERMAN (1986), eine Untersuchung der Präimaginalstadien, der Biologie und Verbreitung der in Polen vorkommenden Gattungsvertreter mit Genitalabbildungen von STANIEC (2001) publiziert.

1 Elytren mit vollständiger Seitenrandkante (Abb. 95a). **2**
– Seitenrandkante der Elytren fehlend oder bis auf kleine Reste reduziert (Abb. 95b). .... Untergattung ***Teratobledius*** ÁDÁM, 2001; S. 230
2 Procoxal-Fissur geschlossen (Abb. 95d-e). **3**
– Procoxal-Fissur offen (Abb. 95c). **4**
3 Labrum mit feinem und tiefem Mitteleinschnitt (Abb. 95f). Protergosternalnaht vorhanden (Abb. 95d). Pronotum an der Basis oft einfach abgerundet, mit oder ohne Mittelfurche. Endglieder der Fühler keine Keule bildend. .... Untergattung ***Hesperophilus*** STEPHENS, 1829; S. **225**

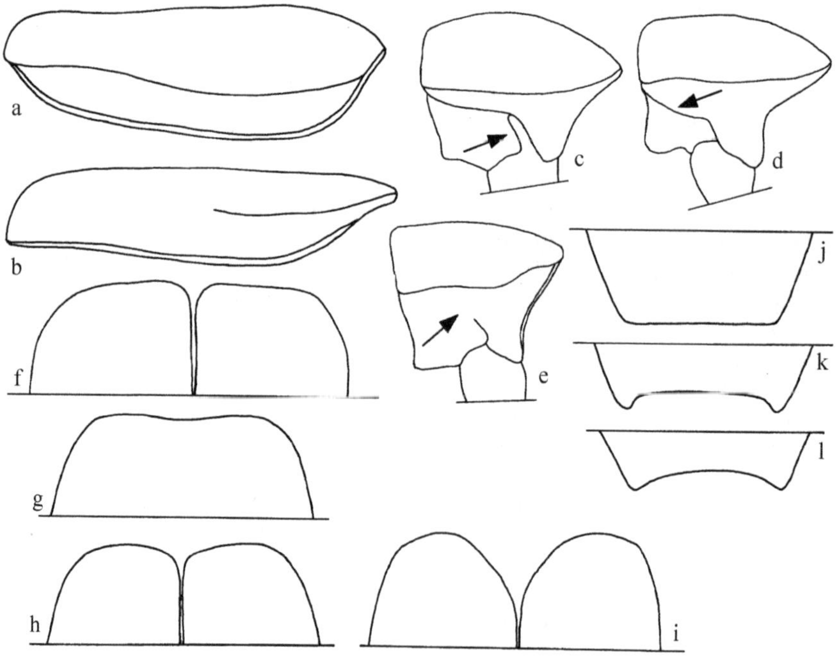

Abb. 95: Elytren, lateral (a–b), Prothorax, lateral (c–e), Labrum (f–i) und Hinterrand des Tergits VIII (j–l) von *Bledius gallicus* (a, d, f), *B. tibialis* (b, l), *B. opacus* (c, h, k), *B. fergussoni fergussoni* (e, g), *B. talpa* (i) und *B. verres* (j). Pfeile zeigen die offene Procoxalfissur (c) und die vorhandene (d) oder fehlende (e) Protergosternalnaht.

– Labrum am Vorderrand höchstens flach ausgerandet, ohne tiefen Mitteleinschnitt (Abb. 95g). Protergosternalnaht fehlend (Abb. 95e). Überwiegend halophile oder halobionte Arten mit breitem Pronotum, das an der Basis stark ausgeschweift verengt ist und eine deutliche Mittelfurche besitzt. Fühler mit angedeuteter 3-gliedriger Keule. ....
.... Untergattung ***Dicarenus*** GISTEL, 1834; S. 223

4 Vorder- und Seitenrand des Clypeus nach oben leistenförmig aufgebogen. **5**

– Vorder- und Seitenrand des Clypeus einfach, ohne aufgebogenen Rand. **6**

5 Metatibien mit langer feiner Beborstung und einer Reihe von 3 bis 5 Subapikalborsten am Außenrand. Pronotum des ♂ am Vorderrand in ein langes Horn auslaufend. .. Untergattung ***Euceratobledius*** ZNOJKO, 1929; S. **224**

– Metatibien mit langer feiner Beborstung und nur einer Subapikalborste am Außenrand. Pronotum des ♂ am Vorderrand höchstens etwas vorgezogen, ohne Horn. .... Untergattung ***Elbidus*** MULSANT & REY, 1878; S. 224

6 Hautsaum am Hinterrand von Tergit VII umfangreich, in der Mitte durch eine feine Einbuchtung des Tergit-Hinterrandes erweitert und dort etwa so breit wie das Fühlerglied I an der Basis. Kopf in beiden Geschlechtern vor den Augen über der Fühlereinlenkung mit stumpfen Vorsprüngen, Leisten oder hornartigen Auszeichnungen. Pronotum des ♂ nach vorn in ein langes Horn auslaufend (Abb. 16a). Überwiegend halophile oder halobionte Arten. .....
.... Untergattung ***Bledius*** LEACH, 1819; S. 221

– Hautsaum am Hinterrand von Tergit VII viel feiner, in der Mitte kaum breiter als an den Seiten, etwa halb so breit wie Fühlerglied I an der Basis. Pronotum beim ♂ immer ohne Horn. 7

7 Hinterrand von Tergit VIII in beiden Geschlechtern gerade (Abb. 95j). Fühler oft mit stark verlängerten Basalgliedern. ....
....Untergattung ***Pucerus*** MULSANT & REY, 1878; S. 229

– Hinterrand von Tergit VIII in beiden Geschlechtern ausgebuchtet (Abb. 95k– l). Basalglieder der Fühler nicht außergewöhnlich verlängert. **8**

8 Labrum 2-lappig oder am Vorderrand tief ausgebuchtet und in der Mitte mit tiefem Mitteleinschnitt (Abb. 95i). Mandibeln lang und schlank, vorragend und nicht gekreuzt. .... Untergattung ***Astycops*** THOMSON, 1859; S. 213

– Labrum am Vorderrand höchstens flach ausgebuchtet, mit feinem Mitteleinschnitt (Abb. 95h). Mandibeln kurz, in Ruhelage gekreuzt. ....
.... Untergattung ***Bargus*** SCHIØDTE, 1866; S. 215

Untergattung *Astycops* THOMSON, 1859

[*albonotatus*-Gruppe]

Mandibeln schlank, in Ruhelage gerade vorstehend. Labrum in 2 Lappen geteilt (Abb. 95i). Clypeus ohne Auszeichnungen. Procoxalfissur offen. Seitenrandkante der Elytren vollständig. Tarsen 4-gliedrig. Tergit VIII am Hinterrand breit ausgerandet. Aedoeagus mit breiten, innen häutigen Parameren, die den Medianlobus etwas überragen und apikal deutliche Borsten tragen. Holarktisch verbreitete Artengruppe mit 8 paläarktischen Arten, von denen 4 auch in Mitteleuropa vorkommen.

1 Schwarz, Elytren mit blauem Metallglanz; Kopf und Pronotum durch die starke Mikroskulptur matt. Pronotum mit feiner Mittelfurche und sehr flacher Punktur, seine Oberfläche mit deutlicher weißlich-grauer, wellig gelagerter Beborstung. Elytren wesentlich breiter als das Pronotum. ♂: Aedoeagus: Abb. 96a. 4,1–4,8 mm (RL: 2,2–2,5 mm). Von Westeuropa bis in den Fernen Osten verbreitet. In Mitteleuropa weit verbreitet, aber gebietsweise fehlend. Selten. An feinsandigen, vegetationslosen Ufern. .... ***talpa*** (GYLLENHAL, 1810)

– Elytren ohne metallischen Glanz, ihre unauffällige Beborstung nicht wellig gelagert. **2**

2 Elytren zum größten Teil oder wenigstens in den Außenecken gelb. **3**

– Elytren einfarbig schwarz. Pronotum mit deutlichen, rechtwinkligen Hinterecken, fein punktiert mit feiner Mittellinie. Durch das 2-lappige Labrum und die vorragenden Mandibeln von habituell ähnlichen Arten der Untergattung *Bargus* leicht zu unterscheiden. ♂: Aedoeagus: Abb. 96b. 3,8–4,4 mm (RL: 1,8–2,2 mm). Transpaläarktisch von Westeuropa bis in den Fernen Osten Russlands verbreitet. An sandigen Ufern in ganz Mitteleuropa häufig. .... ***subterraneus*** ERICHSON, 1839

3 Größer, 4,0–4,5 mm (RL: 2,1–2,3 mm). Elytren überwiegend dunkel, nur die Seiten (ohne die Schultern) und der Hinterrand gelb (Abb. 96e). Hinterecken des Pronotums nicht ausgeschweift, stumpfwinklig (Abb. 97f). ♂: Aedoeagus: Abb. 96c. Bisher nur aus Polen und der Ukraine bekannt, sehr selten. An Flussufern. .... ***limbatus*** HOCHHUTH, 1872

– Kleiner, 3,2–3,5 mm (RL: 1,7–1,9 mm). Elytren überwiegend hell, nur eine von der Basis bis kurz vor den Nahtwinkel reichende Makel dunkel (Abb. 96f). Hinterecken des Pronotums leicht ausgeschweift, rechtwinklig (Abb. 97g). ♂: Aedoeagus: Abb. 96d. Vom östlichen Polen und der Slowakei bis ins Baikalgebiet verbreitet, sehr selten. An Flussufern. .... ***tenenbaumi*** BERNHAUER, 1936

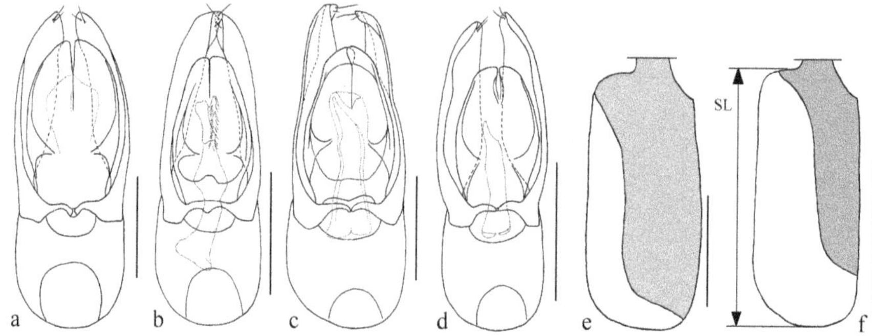

Abb. 96: Aedoeagus (ventral) von *Bledius talpa* (a), *B. subterraneus* (b), *B. limbatus* (c) und *B. tenenbaumi* (d); Elytre von *B. limbatus* (e) und *B. tenenbaumi* (f); SL – Schulterlänge der Elytre. Maßstäbe 0,2 mm (a–d), 0,5 mm (e–f).

Untergattung *Bargus* SCHIØDTE, 1866

[*annularis*-Gruppe]

Mandibeln kräftig und kurz, in Ruhelage gekreuzt. Labrum mit feinem Mitteleinschnitt. Clypeus ohne Auszeichnungen. Seitenrandkante der Elytren vollständig. Procoxalfissur meist in ihrer ganzen Länge, bei einigen Arten nur ventral offen. Tarsen 4-gliedrig. ♂: Aedoeagus mit meist breiten, teilweise membranösen Parameren. Die Trennung der mitteleuropäischen Taxa erfolgt bisher fast ausschließlich nach ektoskelettalen Merkmalen. Form, Punktur und Mikroskulptur des Pronotums und die Länge und Färbung der Elytren unterliegen bei einigen Arten aber großer Variabilität. Die Artengruppe ist deshalb, auch wegen ihrer umfangreichen Synonymie, besonders revisionsbedürftig. Von den mehr als 40 in der Paläarktis vorkommenden Arten wurden bisher 19 auch in Mitteleuropa nachgewiesen.

1 Pronotum mit deutlicher, manchmal am Vorder- oder Hinterrand unvollständiger Mittellängsfurche. Mittelgroße bis große Arten, 2,8–6,0 mm (nur selten < 3,5 mm). 2

– Pronotum ohne Mittellängsfurche, stets kräftig mikroskulptiert. Kleine bis mittelgroße Arten, 2,1–4,1 mm. 15

2 Der Seitenrand des Pronotums ist vor den Hinterwinkeln meist deutlich ausgebuchtet, die eigentlichen Hinterecken sind deutlich rechtwinklig oder stumpfwinklig ausgebildet (Abb. 97a). 3

– Der Seitenrand des Pronotums ist vor den Hinterwinkeln kaum ausgebuchtet oder einfach abgerundet, die eigentlichen Hinterecken sind breit abgerundet (Abb. 97b). 13

3 Größere Arten, Breite des Pronotums > 0,98 mm. 4

– Kleinere Arten, Breite des Pronotums < 0,95 mm. 5

4 Etwas größer, Pronotum etwa 1,15–1,30 mm breit. Pronotum vor den Hinterecken sehr kräftig ausgebuchtet (Abb. 97a), kräftig punktiert; Mittellängslinie vorn oft undeutlich oder fehlend. Schwarz; Elytren rotbraun mit unscharf geschwärzter Scutellarregion und Naht; Beine braun mit geschwärzten Femora; Fühler an der Basis gelbbraun, zur Spitze geschwärzt. 4,9–6,0 mm (RL: 2,7–3,2 mm). Transpaläarktisch verbreitet, in Europa mit disjunkten Arealen in Nordosteuropa und Skandinavien sowie im gesamten Alpengebiet, den Pyrenäen und der Hohen Tatra. Lokal oft nicht selten. An Ufern von Flüssen und Gebirgsbächen. ..... ***littoralis*** HEER, 1839

– Etwas kleiner, Pronotum etwa 0,98–1,12 mm breit. Pronotum vor den Hinterecken deutlich weniger stark ausgebuchtet und wenig kräftig punktiert. Einfarbig schwarz, Beine und die Basis der Fühler gelbbraun, letztere zur Spitze geschwärzt. 4,2–4,8 mm (RL: 2,4–2,7 mm). Bisher nur aus Skandinavien, dem Baltikum, dem nördlichen Russland und dem nordwestlichen Mitteleuropa (Niederlande, Nordwestdeutschland) bekannt. Sehr selten. An sandigen Uferstellen. .... ***vilis*** MÄKLIN, 1878

5 Pronotum trotz dichter Mikroskulptur glänzend. Kopf schmal (0,65–0,75 mm breit), meist viel schmaler als das Pronotum (Kopfbreite/Pronotumbreite: 0,74–0,84; meist unter 0,80). Schwarz; Elytren rotbraun mit angedunkeltem Nahtwinkel; Beine und Fühler einfarbig hellgelb, letztere selten zur Spitze hin gebräunt. 3,1–3,7 mm (RL: 1,7–2,0 mm). ♂: Aedoeagus: Abb. 98a. In den Alpen kommen Exemplare mit

einfarbig dunklen Elytren und zur Spitze gebräunten Fühlern vor. Über fast ganz Europa mit Ausnahme des Südens der Iberischen Halbinsel und der südlichen Balkanhalbinsel verbreitet, Verbreitungsgrenze im Osten unbekannt. In Mitteleuropa überall vorkommend, in der Ebene häufiger als im Gebirge. An sandigen Ufern. .... ***longulus*** ERICHSON, 1839

– Pronotum durch dichte Mikroskulptur matt. Arten mit roten oder rotbraunen Elytren (*pallipes*, *arcticus*) besitzen einen weniger schmalen Kopf (0,78–0,90 mm breit), der weniger schmal als das Pronotum ist (Kopfbreite/Pronotumbreite: 0,77–0,85; meist über 0,80). **6**

6 Pronotum mit kräftiger, sehr dichter Punktur, Punktzwischenräume meist nicht größer als die Punktdurchmesser. Einfarbig schwarz, manchmal die Elytren etwas heller. Beine und Fühler einfarbig hellgelb. 3,6–4,1 mm (RL: 1,8–2,1 mm). ♂: Aedoeagus: Abb. 98b. Von Großbritannien und Nordfrankreich bis nach Finnland, ins nördliche Russland und die nördliche Balkanhalbinsel verbreitet. In Mitteleuropa besonders im Westen und Süden verbreitet, aber selten; im Osten der Tiefebene bisher nicht nachgewiesen. An sandigen Ufern, auch an sandigen Steilufern der Küsten. .... ***defensus*** FAUVEL, 1872

– Pronotum mit feinerer und weitläufigerer Punktur. Punktzwischenräume meist deutlich größer als die Punktdurchmesser. Fühler meist zur Spitze deutlich geschwärzt. **7**

7 Fühler vollständig gelb bis gelbbraun, von der Basis zur Spitze nicht deutlich angedunkelt. Pronotum mit teilweise kräftiger Mikroskulptur, vor den Hinterwinkeln meist deutlich ausgeschweift. **8**

– Fühler oft mit hellgelbem Basalglied, zur Spitze deutlich angedunkelt oder geschwärzt. Zur Beurteilung dieses Merkmals sollte möglichst eine größere Serie untersucht werden, auch bei den hierher gehörenden Arten kommen Einzelstücke mit hellen Fühlern vor. Pronotum vor den Hinterwinkeln weniger deutlich ausgeschweift. **9**

8 Durchschnittlich kleiner, Pronotum 0,68–0,80 mm (meist unter 0,76 mm) breit. Pronotum mit kräftiger Mikroskulptur, in der die relativ weitläufige Punktur aber noch deutlich sichtbar ist. Von dem ähnlichen *defensus* durch die viel weitläufigere Punktur des Pronotums, von *pallipes* durch die geringere Größe zu unterscheiden. 3,4–3,8 mm (RL: 1,8–2,1 mm). Schwarz, Beine und Fühler gelb bis gelbbraun. ♂: Aedoeagus: Abb. 98c. Nördliches und mittleres Europa; von Westeuropa bis ins südliche Skandinavien und nach Russland verbreitet; die östliche Verbreitungsgrenze ist unbekannt; nicht in Südeuropa. In Mitteleuropa im Norden nicht selten, im Süden besonders in höheren Lagen fehlend. An sandigen Ufern, auch an der Küste. .... ***terebrans*** (SCHIØDTE, 1866)

– Durchschnittlich größer, Pronotum 0,75–0,85 mm (meist über 0,79 mm) breit. Pronotum mit sehr kräftiger Mikroskulptur, in der die weitläufige Punktur kaum noch sichtbar ist. 3,6–4,2 mm (RL: 2,0–2,3 mm). Schwarz, Beine und Fühler gelb bis gelbbraun. ♂: Aedoeagus: Abb. 98d. Aus Großbritannien beschrieben und bisher nur aus Norwegen, der Tschechischen Republik und der Slowakei gemeldet. Die Verbreitung in Mitteleuropa ist noch weitgehend unbekannt, offenbar sehr selten. An sandigen Ufern. .... ***annae*** SHARP, 1911

9 Arten mit kürzeren Elytren, ihre Schulterlänge (siehe Abb. 96f) 0,95–1,03-mal so lang wie die Elytrenbreite. **10**

– Arten mit längeren Elytren, ihre Schulterlänge 1,03–1,11-mal so lang wie die Elytrenbreite. **11**

10 Pronotum vor den Hinterwinkeln meist deutlich ausgeschweift. Schwarz; Elytren braun bis dunkelbraun; Beine und Fühlerbasis gelb; Fühler zur Spitze allmählich dunkler werdend, ab Glied VI schwarzbraun bis schwarz. 3,5–4,2 mm (RL: 1,8–2,2 mm). ♂: Aedoeagus: Abb. 98e. Vom nördlichen Großbritannien über Nordeuropa bis nach Ostsibirien verbreitet; in Mitteleuropa nur aus der Hohen Tatra und Tirol gemeldet. Sehr selten. An Gebirgsflüssen. .... ***arcticus*** J. SAHLBERG, 1890

– Pronotum vor den Hinterwinkeln weniger deutlich ausgeschweift. Einfarbig schwarz; Elytren nicht heller als Kopf und Pronotum; Beine und Basalglied der Fühler gelb bis gelbbraun, nachfolgende Fühlerglieder geschwärzt. 3,4–4,2 mm (RL: 1,7–2,2 mm). ♂: Aedoeagus: Abb. 98f. Verbreitung weitgehend ungeklärt; sicher aus Nordeuropa und dem nördlichsten Mitteleuropa (Dänemark, Nordseeküste) nachgewiesen. Meldungen aus Österreich, der Schweiz und der Slowakei sind zu überprüfen. Selten. An sandig-lehmigen Uferstellen. .... ***fuscipes*** RYE, 1865

11 Pronotum viel schmaler als die Elytren (Pronotum-/Elytrenbreite 0,75–0,82). Hinterwinkel des Pronotums sehr variabel, teilweise deutlich rechtwinklig markiert, teilweise abgerundet. Schwarz; Elytren oft etwas heller; Beine und Basalglied der Fühler gelb bis gelbbraun. 3,5–4,2 mm (RL: 1,8–2,2 mm). ♂: Aedoeagus (Abb. 99a) mit kräftigen, einwärts gekrümmten Spitzen der Ventrallamelle. Von Westeuropa bis in den Fernen Osten Russlands gemeldet; vermutlich beruhen viele dieser Meldungen aber auf Fehlbestimmungen. In Mitteleuropa nach überprüftem Material im Alpengebiet weit verbreitet, auch aus Gebirgen im östlichen Mitteleuropa (Tschechische Republik, Slowakei) gemeldet, nicht selten. An Ufern von Gebirgsflüssen. .... ***denticollis*** FAUVEL, 1872

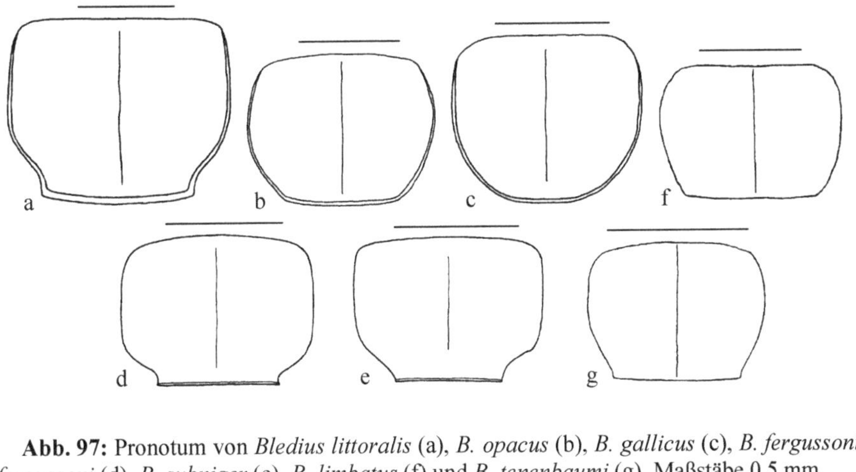

Abb. 97: Pronotum von *Bledius littoralis* (a), *B. opacus* (b), *B. gallicus* (c), *B. fergussoni fergussoni* (d), *B. subniger* (e), *B. limbatus* (f) und *B. tenenbaumi* (g). Maßstäbe 0,5 mm.

– Pronotum breiter (Pronotum-/Elytrenbreite 0,82–0,92). ♂: Spitzen der Ventrallamelle des Aedoeagus schmaler oder nicht deutlich einwärts gekrümmt. **12**

12 Größere Art, Pronotum 0,74–0,89 (meist um 0,82) mm breit. Neben einfarbig schwarzen Individuen mit gelben Beinen und heller Basis der Fühler kommen Individuen vor, die gelbbraune Elytren mit einer dunklen Scutellarmakel besitzen. Solche Individuen werden *opacus* sehr ähnlich und sind von dieser Art nur im Bau des Aedoeagus zu unterscheiden, da auch die Form der Hinterwinkel des Pronotums variiert. 3,8–4,4 mm (RL: 2,0–2,4 mm). ♂: Spitzen der Ventrallamelle des Aedoeagus breit, in der Mitte überlappend (Abb. 99b). Von Westeuropa bis nach Ostsibirien und China verbreitet. Auf Grund von Verwechslungen mit ähnlichen Arten müssen jedoch besonders Meldungen aus dem Osten der Paläarktis als unsicher gelten. In Mitteleuropa aus fast allen Ländern und Regionen gemeldet, in der Ebene deutlich häufiger als im Gebirge. An sandigen Flussufern, auch in Sand- und Tongruben. .... ***pallipes*** (GRAVENHORST, 1806)

– Kleinere Art, Pronotum 0,63–0,76 (meist um 0,70) mm breit. Einfarbig schwarz mit gelbbraunen Beinen und hellerer Fühlerbasis. Pronotum mit oft nur schwach ausgeprägten Hinterwinkeln; deutlich dichter als bei *pallipes* und *opacus* punktiert. 3,3–3,8 mm (RL: 1,7–2,0 mm). ♂: Spitzen der Ventrallamelle des Aedoeagus schmaler, in der Mitte nicht deutlich überlappend (Abb. 99c). Von Großbritannien über Mittel- und das südliche Nordeuropa bis ins Baltikum und nach Rumänien gemeldet; wahrscheinlich weiter nach Osten verbreitet; aus Südeuropa unbekannt. In der Tiefebene nicht selten, im Süden seltener. An sandigen Ufern fließender und stehender Gewässer, auch an der Küste. .... ***filipes*** SHARP, 1911

13 Etwas größere Art, 4,0–4,8 mm (RL: 2,1–2,4 mm). Einheitlich dunkelbraun bis schwarzbraun mit dunkelbraunen Beinen, an denen nur die Tarsen gelb sind; Fühler inklusive Glied I braun, in der Mitte stärker geschwärzt. Pronotum kräftig, kaum weniger dicht als die Elytren punktiert. Alpengebiet in Frankreich, Norditalien, der Schweiz, Österreich und Süddeutschland (Bayern). Selten. An Flussufern. .... ***strictus*** FAUVEL, 1872

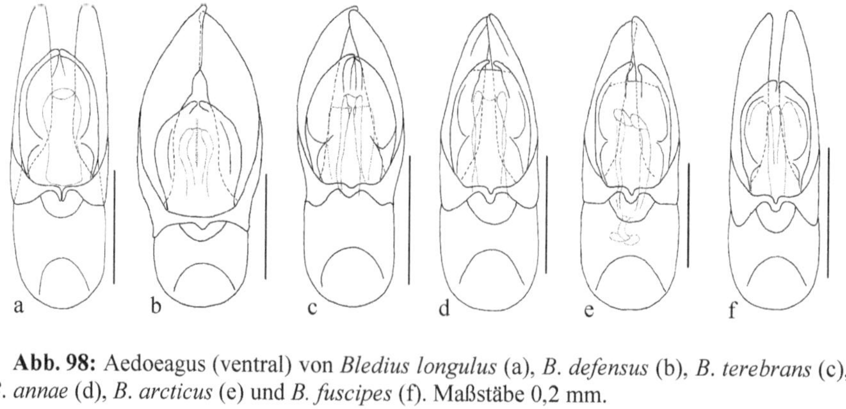

Abb. 98: Aedoeagus (ventral) von *Bledius longulus* (a), *B. defensus* (b), *B. terebrans* (c), *B. annae* (d), *B. arcticus* (e) und *B. fuscipes* (f). Maßstäbe 0,2 mm.

– Etwas kleinere Arten mit gelbroten Elytren, gelben Beinen und hellen Fühlern, deren Glied I immer hell gelb ist. Punktur auf dem Pronotum deutlich weitläufiger als auf den Elytren. **14**

14 Größer, 3,5–4,6 mm (RL: 2,0–2,3 mm). Elytren deutlich breiter und länger als das Pronotum. Schwarz; Elytren gelbrot mit undeutlich dunklerer Naht; Fühler zur Spitze gebräunt. Form der Hinterwinkel des Pronotums sehr variabel; oft mit deutlich ausgebildeten Winkeln, dann nur durch den Aedoeagus von *pallipes* zu unterscheiden. ♂: Aedoeagus: Abb. 99d. Von Spanien und Großbritannien bis nach Nordeuropa und Russland verbreitete Art. In Mitteleuropa besonders in der Ebene überall häufig, nach Süden seltener. An Ufern, in Ton-, Sand- und Kiesgruben. .... ***opacus*** (BLOCK, 1799)

– Kleiner, 2,8–3,4 mm (RL: 1,5–1,8 mm). Elytren etwa so lang wie und nicht breiter als das Pronotum. Körperfärbung ähnlich *opacus*; Elytren an der Naht weniger stark gebräunt; Fühler bis zur Spitze gelb. Mittellinie auf dem Pronotum oft stark reduziert. Dadurch und durch die kurzen Elytren wird die Art *erraticus* ähnlich, von dem sie sich aber durch die deutliche Punktur des Pronotums und dessen abgerundete Hinterecken unterscheidet. Aus Mittelitalien beschrieben, sonst nur aus Südtirol, Kroatien, Mähren und Süddeutschland (Bayern) bekannt. Sehr selten. .... ***secessus*** BONDROIT, 1912

15 Größere Arten, 3,0–4,1 mm (RL: 1,7–2,2 mm). Pronotum nur sehr fein punktiert, die Punktur in der kräftigen Mikroskulptur kaum sichtbar. **16**

– Kleinere Arten, 2,1–3,2 mm (RL: 1,1–1,6 mm). Pronotum mit weitläufiger kräftiger Punktur, die auch in der kräftigen Mikroskulptur meist gut zu erkennen ist. Die hierher gehörenden Arten unterscheiden sich zum Teil nur durch Nuancen in der Punktur und Mikroskulptur; sie sind dringend revisionsbedürftig. Auf Grund fragwürdiger Literaturangaben ist über die Gesamtverbreitung der Arten nur wenig bekannt. **18**

16 Etwas kleiner und schlanker, 3,0–3,8 mm (RL: 1,7–2,0 mm). Kopf nur wenig schmaler als das Pronotum (Pronotum-/Kopfbreite 1,00–1,10), Elytren länger als breit (Schulterlänge/Breite 1,05–1,15). Schwarz; Pronotum etwas heller; Elytren braun; Beine und die Basis der Fühler gelbbraun, letztere zur Spitze nur wenig gebräunt. ♂: Aedoeagus: Abb. 99e. Südost-Europa von Ungarn bis Griechenland. Alte Meldungen aus dem südlichen und südöstlichen Mitteleuropa beruhen wohl auf Verwechslungen mit den beiden folgenden Arten, bisher keine sicheren Belege. An Fluss- und Seeufern. .... [***bosnicus*** BERNHAUER, 1902]

– Etwas größer und weniger schlank. Kopf meist deutlich schmaler als das Pronotum (Pronotum-/Kopfbreite 1,10–1,24). **17**

17 Kopf deutlich schmaler als das Pronotum (Pronotum-/Kopfbreite 1,12–1,24, meist > 1,18). Elytren kurz, ihre Schulterlänge kaum größer als ihre Breite (1,00–1,05). Schwarz; Pronotum kaum heller; Elytren deutlich heller, rotbraun, oft mit angedunkelter Scutellarregion; Beine und die Basis der braunen Fühler gelbbraun. 3,3–4,1 mm (RL: 1,8–2,2 mm). ♂: Aedoeagus: Abb. 99f. Von Westeuropa bis ins südliche Skandinavien und nach Osteuropa gemeldet; im Mittelmeergebiet fehlend; östliche Verbreitungsgrenze unbekannt. In Mitteleuropa mit Ausnahme der Hochgebirge überall vorhanden, im Norden häufiger als im Süden. An sandigen Ufern, auch auf Kalkboden. .... ***erraticus*** ERICHSON, 1839

– Kopf weniger schmal (Pronotum-/Kopfbreite 1,10–1,17, meist < 1,15). Elytren etwas länger als breit (Schulterlänge/Breite 1,05–1,12). Schwarz; Pronotum wenig heller; Elytren dunkelbraun; Beine und die Basis der braunen Fühler gelb. 3,2–4,0 mm (RL: 1,8–2,2 mm). ♂: Aedoeagus: Abb. 99g. Im Alpengebiet nicht selten, auch aus Nordeuropa gemeldet. An Flussufern. .... ***fontinalis*** BERNHAUER, 1929

18 Elytren deutlich breiter als das Pronotum (Elytren-/Pronotumbreite 1,20–1,27). Pronotum matt, mit kräftiger Mikroskulptur; Hinterwinkel völlig abgerundet oder etwas ausgeschweift, die eigentlichen Hinterecken deutlich abgerundet. Einheitlich schwarzbraun mit etwas heller braunen Elytren; Fühler gelb, zur Spitze etwas gebräunt; Beine gelbbraun, Femora oft deutlich gebräunt. 2,2–3,2 mm (RL: 1,2–1,6 mm). Südliches und mittleres Europa, Nordafrika. In Mitteleuropa weit verbreitet, aber selten. Im Flachland an Ufern und in Kiesgruben, im Süden an Gebirgsflüssen etwas häufiger. .... ***baudii*** FAUVEL, 1872

– Elytren kaum breiter als das Pronotum (Elytren-/Pronotumbreite 1,00–1,08). Körper einfabig schwarzbraun, teilweise mit hellgelben Elytren. Pronotum matt, fein und etwas dichter als bei *baudii* punktiert oder glänzender, mit deutlich markierten Hinterecken und weitläufiger Punktur. **19**

19 Pronotum trotz deutlicher Mikroskulptur glänzend; Hinterwinkel deutlich ausgeschweift und mit deutlich markierten Hinterecken. Elytren von der Schulter bis zum Hinterrand meist etwas länger als breit (0,95–1,15, meist um 1,00). Körper einfarbig dunkelbraun bis schwarzbraun; Elytren oft etwas heller, aber nie hellgelb; Beine und Fühler gelbbraun, Letztere zur Spitze etwas gebräunt. 2,3–3,1 mm (RL: 1,2–1,5 mm). Verbreitung weitgehend unbekannt, hauptsächlich aus dem weiteren Alpengebiet gemeldet. Im südlichen Mitteleuropa (Schweiz, Österreich, Süddeutschland) teilweise nicht selten. Vor allem an Ufern von Gebirgsflüssen, auch in Lehm- und Tongruben. .... ***agricultor*** HEER,1841

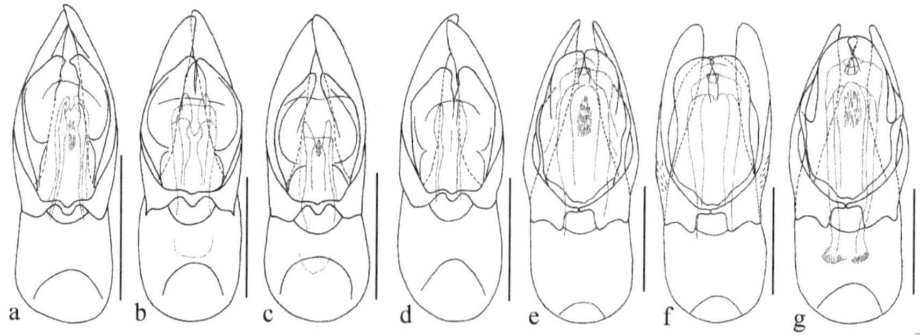

Abb. 99: Aedoeagus (ventral) von *B. denticollis* (a), *B. pallipes* (b), *B. filipes* (c), *B. opacus* (d), *B. bosnicus* (e), *B. erraticus* (f) und *B. fontinalis* (g). Maßstäbe 0,2 mm.

– Pronotum matt; Hinterwinkel weniger stark ausgeschweift oder abgerundet, die eigentlichen Hinterecken immer abgerundet. Elytren von der Schulter bis zum Hinterrand kürzer als breit (0,80–1,00 mm, meist unter 0,90 mm). Körper schwarzbraun bis schwarz; Elytren gelb, teilweise mit undeutlichem, an der Naht verlängertem Scutellarfleck. 2,1–2,7 mm (RL: 1,1–1,4 mm). Verbreitung weitgehend unbekannt; von Frankreich und Belgien bis nach Polen und Ungarn, nördlich bis Dänemark, nach Süden bis Norditalien gemeldet. In Mitteleuropa weit verbreitet, aber überall sehr selten. Oft an wärmebegünstigten Standorten. .... ***pygmaeus*** ERICHSON, 1839

Untergattung *Bledius* LEACH, 1819

[*gigantulus*-Gruppe]

Arten mit auffälligen Geschlechtsauszeichnungen beim ♂ in Form eines langen, nach vorn gerichteten Horns am Vorderrand des Pronotums, manchmal zusätzlich mit kleineren Hörnern über der Einlenkungsstelle der Fühler. Seitenrandkante von Pronotum und Elytren vollständig. Procoxalfissur offen. Labrum mit vollständigem oder leicht gekerbtem Vorderrand, dieser nicht aufgebogen. Tergit VII am Hinterrand mit kräftigem, in der Mitte auffällig verbreitertem Hautsaum. Tarsen 4-gliedrig. Metatibia mit einer kräftigen Außenrandborste nahe der Spitze. Aedoeagus mit schlanken Parameren, die den Medianlobus überragen. Von den 23 aus der Paläarktis bekannten Arten kommen 4 auch in Mitteleuropa vor. Sie sind in unterschiedlichem Maße halobiont oder halophil und zumeist an den Küsten und an Binnenlandsalzstellen zu finden. Die Arten sind in Körpergröße, den Proportionen des Pronotums, der Ausbildung der ♂-Geschlechtsmerkmale, teilweise auch in der Färbung außerordentlich variabel (SCHÜLKE 2009a, 2010).

1 Kleiner, 3,5–4,0 mm (RL: 1,8–2,2 mm). Körper einheitlich dunkelbraun bis schwarz, Elytren oft etwas heller. Pronotum beim ♂ (ohne Horn) etwa so lang wie breit, beim ♀ etwas quer. Außerordentlich variable Art. Hauptsächlich, aber nicht ausschließlich an den Küsten von Nordafrika und Westeuropa bis nach Mittelasien verbreitet. In Mitteleuropa nur im Südosten (Österreich), an der holländischen Nordseeküste und an einigen Salzstellen in Thüringen, Sachsen-Anhalt und Niedersachsen. .... ***unicornis*** (GERMAR, 1825)

– Deutlich größer, 4,7–7,8 mm (RL: 2,5–4,2 mm). Körper schwarzbraun bis schwarz mit rotbraunen Elytren, die in der Scutellarregion umfangreich geschwärzt sind. Pronotum auch beim ♂ (ohne das Horn) deutlich quer. **2**

2 Pronotum mit relativ gleichmäßiger und enger Punktur; Punktzwischenräume an den Seiten etwa so groß wie die Punktdurchmesser; Punktur in der Mitte etwas weitläufiger; selten mit schwielig erhabenen und weniger dicht punktierten Partien neben der Mittellinie. Kopf beim ♂ über der Fühlereinlenkung mit nach vorn gerichteten, auch bei kleinen Exemplaren noch deutlich erkennbaren Hörnern. 4,7–6,8 mm (RL: 2,5–4,0 mm). Schwarz; Elytren rotbraun mit schwarzem Scutellarfleck, der sich meist über die ganze Länge der Naht ausdehnt. ♂: Aedoeagus mit apikal deutlich erweitertem Medianlobus (Abb. 100c). Über Nordafrika, das südliche und mittlere Europa bis ins südliche Nordeuropa, Mittelasien und

China verbreitete Art; auch aus Japan gemeldet. In Mitteleuropa nicht selten an den Küsten und Binnenlandsalzstellen. Besonders im östlichen Mitteleuropa auch an nicht salzbeeinflussten Standorten, an sandigen und lehmigen Ufern, in Ton- und Kiesgruben zu finden. ... ***tricornis*** (HERBST, 1784)

– Pronotum weitläufiger punktiert; Punktzwischenräume auch an den Seiten viel größer als die Durchmesser der Punkte; schwielig erhabene und fast unpunktierte Partien neben der Mittellinie größer und deutlicher. Kopf beim ♂ über der Fühlereinlenkung mit einem kurz zugespitzten, aber nicht nach vorn verlängerten Vorsprung. ♂: Aedoeagus mit apikal weniger deutlich erweitertem Medianlobus. **3**

3 Durchschnittlich kleiner, 5,6–7,4 mm (RL: 2,9–3,6 mm). Kopf 1,0–1,11 mm (♂) bzw. 1,0–1,15 mm (♀) breit. Vorderecken des Pronotums deutlich abgerundet. Glied IV der Fühler weniger gestreckt (Länge/Breite: 1,25–1,45). Punktur auf den Elytren etwas weitläufiger, Punktzwischenräume größer als die Punktdurchmesser. Schwarz; Beine etwas heller braun; Elytren gelbbraun bis rotbraun, meist mit einer deutlichen Scutellarmakel, die von den Schultern bis zum Nahtwinkel reicht. ♂: Sternit VIII (Abb. 100a) am Hinterrand meist einfach bogenförmig vorgezogen, zwischen den innersten großen Hinterrandborsten ohne oder nur mit wenigen (< 5) feinen Borstenpunkten. Aedoeagus (Abb. 100d) kleiner; Parameren innen (Innenseite der Paramerenbasis bis zum Apex) 0,44–0,53 mm lang; apikaler Teil des Medianlobus oberhalb der Paramerenbasis 0,37–0,43 mm lang. ♀: Spermathek (Abb. 100f) etwas kleiner, der basale (größere) Teil des Receptaculum seminis etwa 0,18 mm lang. Von den Küsten Westeuropas und des Mittelmeergebietes (Atlantik, Mittelmeer, Nordsee) bis in die Mongolei gemeldet. In Mitteleuropa nur an der Nordseeküste und an Salzstellen in Nord- und Mitteldeutschland sowie in Österreich. Selten, aber an den Fundstellen oft in großer Zahl.. ....
.... ***spectabilis*** KRAATZ, 1857

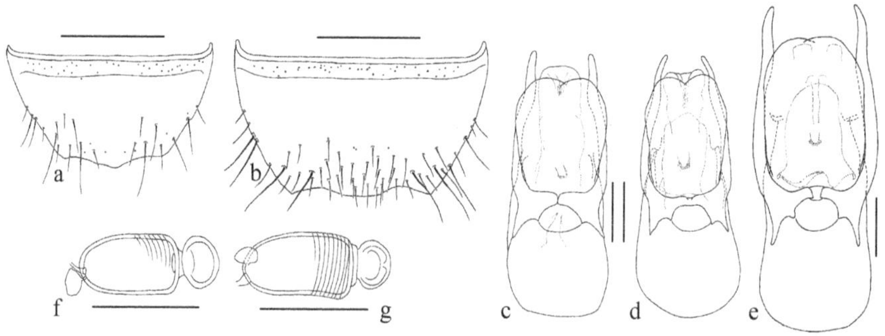

Abb. 100: ♂-Sternit VIII (a–b), Aedoeagus, ventral (c–e) und Spermathek (f–g) von *Bledius spectabilis* (a, d, f), *B. frisius* (b, e, g) und *B. tricornis* (c). Maßstäbe 0,5 mm (a, b), 0,2 mm (c–g).

– Durchschnittlich größer, 6,3–7,8 mm (RL: 3,4–4,2 mm). Kopf 1,06–1,35 mm (♂) bzw. 1,04–1,25 mm (♀) breit. Vorderecken des Pronotums deutlicher. Glied IV der Fühler mehr gestreckt (Länge/Breite: 1,40–1,55). Punktur auf den Elytren enger, Punktzwischenräume etwa so groß wie die Punktdurchmesser. Schwarz; Beine etwas heller rotbraun; Elytren rotbraun mit unscharf angedunkelter Scutellarregion, jedoch nur selten mit einer großen Scutellarmakel wie bei *spectabilis*. ♂: Sternit VIII (Abb. 100b) am Hinterrand ähnlich wie bei *spectabilis* vorgezogen, zwischen den innersten großen Hinterrandborsten mit mehr als 10 feinen Borstenpunkten. Aedoeagus (Abb. 100e) größer; Parameren innen (Innenseite der Paramerenbasis bis zum Apex) 0,53–0,68 mm lang; apikaler Teil des Medianlobus oberhalb der Paramerenbasis 0,44–0,51 mm lang. ♀: Spermathek (Abb. 100g) größer, der basale (größere) Teil des Receptaculum seminis etwa 0,19–0,22 mm lang. Küsten Europas, Nordafrikas und Vorderasiens. In Mitteleuropa wahrscheinlich nur an den Küsten der Nordsee von Belgien bis Dänemark weit verbreitet. Nicht selten. .... ***frisius*** LOHSE, 1978

Untergattung *Dicarenus* GISTEL, 1834

[*basalis*-Gruppe]

Vorderrand des Labrums zumindest in der Mitte aufgebogen, ganzrandig, ohne Mitteleinschnitt. Seitenrandkante an Pronotum und Elytren vollständig; Procoxalfissur geschlossen; Pronotum ohne Protergosternalnaht. Tarsen 4-gliedrig. Parameren bei unseren Arten schlank, den Medianlobus überragend. Von den 6 westpaläarktischen Arten kommen nur 2 in Mitteleuropa vor. Beide leben ausschließlich oder bevorzugt in salinen Habitaten entlang der Küsten.

1 Schwarz; Elytren bis auf Basis und Naht gelb; Tibien und Fühler bis auf das geschwärzte Basalglied rotbraun; Tarsen gelb. Die dunkle Färbung auf den Elytren am hinteren Ende der Naht manchmal nach außen erweitert, so dass eine x-förmige Zeichnung entsteht, die den Hinterrand der Elytren jedoch nicht erreicht. Pronotum zu den kurz abgesetzten Hinterecken steil verengt (Abb. 97d). 2,7–3,2 mm (RL: 1,7–2,0 mm). Von Westeuropa und Nordafrika bis nach Ostsibirien verbreitet. In Mitteleuropa an den Küsten von Nord- und Ostsee, teilweise auch im Hinterland, im Osten der Tiefebene (Brandenburg) auch tief im Binnenland. Nicht selten. An sandigen Küstenabschnitten, seltener auch an Ufern von Binnengewässern. .... ***fergussoni fergussoni*** JOY, 1912

– Schwarz; Basis der Elytren mit umfangreicher, unscharf begrenzter Schwärzung, oft nur die hintere Hälfte des Seitenrandes und der Hinterrand der Elytren gelb. Pronotum zu den tiefer ausgeschweiften Hinterecken geschwungen verengt (Abb. 97e). 2,5–3,2 mm (RL: 1,6–2,0 mm). An den Küsten Nordafrikas, Südwest- und Westeuropas. In Mitteleuropa an den Küsten der Nord- und Ostsee. Auf den Nordseeinseln teilweise nicht selten, von der Ostsee nur wenige Belege bekannt. Bewohner sandiger Strandabschnitte. .... ***subniger*** SCHNEIDER, 1898

Untergattung *Elbidus* MULSANT & REY, 1878

[*kochi*-Gruppe]

Labrum ganzrandig und ohne Mitteleinschnitt, Seitenrand und oft auch der Vorderrand aufgebogen. Seitenrandkante an Pronotum und Elytren vollständig; Procoxalfissur offen; Protergosternalnaht vorhanden. Tarsen 4-gliedrig. Metatibien mit einer kräftigen Außenrandborste nahe dem Apex. Hautsaum am Hinterrand von Tergit VII einfach, in der Mitte nicht verbreitert. ♂: Aedoeagus mit schlanken Parameren, die den Medianlobus überragen. Über den Fühlereinlenkungsstellen mit stark entwickelten Stirnhörnern. Pronotum bei größeren Exemplaren in der Mitte des Vorderrandes nach vorn erweitert. Von den etwa 30 paläarktischen Arten kommen nur 2 in Mitteleuropa vor, wo sie ausschließlich saline Habitate an den Küsten und im Binnenland besiedeln.

1 3,8–6,0 mm (RL: 2,2–3,2 mm). Die aufgebogene Vorderrandung des Clypeus ist in der Mitte unterbrochen (Abb. 101a). Kopf, Pronotum und Abdomen schwarzbraun bis schwarz; Elytren dunkelbraun, Seitenrand und Hinterwinkel heller braun; Beine braun mit gelben Tarsen; Fühler mit brauner Basis, zur Spitze geschwärzt. Elytren kräftig und etwas dichter punktiert (Punktdurchmesser 15 µm, Punktabstand etwa 50 µm). ♂: Stirnhörner winklig abgestutzt (Abb. 101c), ihre Größe variiert mit der Körpergröße. Holomediterrane, bis nach Mittelasien verbreitete Art. In Mitteleuropa an den Küsten der Nordsee und an Binnenlandsalzstellen in Österreich (Neusiedler See) und Deutschland (Thüringen und Sachsen-Anhalt). Selten. .... ***bicornis bicornis*** (GERMAR, 1823)

– 3,5–4,8 mm (RL: 2,0–2,7 mm). Die aufgebogene Vorderrandung des Clypeus ist vollständig (Abb. 101b). Kopf, Pronotum und Abdomen schwarzbraun bis schwarz; Elytren gelbbraun, nur entlang der Naht etwas angedunkelt; Beine gelbbraun; Fühler rotbraun mit hellerer Basis. Elytren feiner und etwas weitläufiger punktiert (Punktdurchmesser 8 µm, Punktabstand etwa 60 µm). ♂: Stirnhörner der ♂ mehr zugespitzt und etwas nach innen gebogen (Abb. 101d), ihre Größe und Form variiert mit der Körpergröße. Küsten Westeuropas und des Mittelmeergebietes. In Mitteleuropa aktuell nur von den Küsten der Nord- und Ostsee, östlich bis Mecklenburg-Vorpommern (Zingst) bekannt, aber sicher weiter verbreitet, da auch aus Schweden und Finnland (Aland-Inseln) gemeldet. Alte Belege auch vom Salzigen See bei Eisleben. Selten. .... ***diota*** SCHIØDTE, 1866

Untergattung *Euceratobledius* ZNOJKO, 1929

[*furcatus*-Gruppe]

Labrum ganzrandig, ohne Mitteleinschnitt, Seiten- und Vorderrand breit aufgebogen. Seitenrandkante an Pronotum und Elytren vollständig; Procoxalfissur offen; Protergosternalnaht vorhanden. Tarsen 4-gliedrig. Metatibien mit 4 oder mehr kräftigen Außenrandborsten nahe dem Apex. Hautsaum am Hinterrand von Tergit VII einfach, in der Mitte nicht verbreitert. ♂: Aedoeagus mit schlanken Parameren, die den Medianlobus überragen. Über den Fühlereinlenkungsstellen mit stark entwickelten Stirnhörnern. Pronotum am Vorderrand mit einem kräftigen, nach vorn gerichteten

Horn. Von den 9 paläarktischen Arten kommt nur eine an den Küsten und Binnenlandsalzstellen Mitteleuropas vor.

Schwarz bis braunschwarz; Elytren dunkel- oder gelbbraun mit geschwärzter Scutellarregion; Fühler und Beine heller braun. 5,2–6,7 mm (RL: 2,8–3,6 mm). ♂: Vorderwinkel des Pronotums vorspringend. Über der Fühlereinlenkung mit stark entwickelten Stirnhörnern. Die Ausbildung der ♂-Geschlechtsmerkmale, besonders des Hornes am Vorderrand des Pronotums variiert mit der Körpergröße. ♀: Vorderwinkel des Pronotums stumpf. Über der Fühlereinlenkung mit kürzerer, ohrenförmige Lamelle. Von ähnlich großen Vertretern der Untergattung *Elbidus* und ♀ der Untergattung *Bledius* durch den breit aufgebogenen Rand des Labrums, den nicht in der Mitte verbreiterten Hautsaum am Tergit VII und die Beborstung der Metatibien zu unterscheiden. Küsten des Mittelmeergebietes, des Atlantiks und der Nordsee. In Mitteleuropa an der Nordseeküste und einigen Binnenlandsalzstellen. Selten. .... ***furcatus*** (OLIVIER, 1811)

Untergattung *Hesperophilus* STEPHENS, 1829

[*semiferrugineus*-Gruppe]

Labrum am Vorderrand in der Mitte kurz ausgerandet, mit tiefem Mitteleinschnitt. Seitenrandkante an Pronotum und Elytren vollständig; Protergosternalnaht vorhanden; Procoxalfissur geschlossen. Tarsen 4-gliedrig. ♂: Aedoeagus mit breiten, am Innenrand membranösen Parameren, die den Medianlobus deutlich überragen. Sternit VII beim ♂ teilweise modifiziert, am Hinterrand mehr oder weniger tief ausgerandet und mit einer häutigen Membran versehen; oft zusätzlich mit 2 Zähnen neben der Ausrandung. Vorderkörper oft glänzend, dann meist ohne deutliche Mittelfurche auf dem Pronotum. Von den mehr als 30 in der Paläarktis vorkommenden Arten wurden bisher 11 sicher in Mitteleuropa nachgewiesen (SCHÜLKE 2008a, im Druck).

1 Pronotum mit deutlicher, oft jedoch vorn oder hinten reduzierter Mittelfurche. **2**

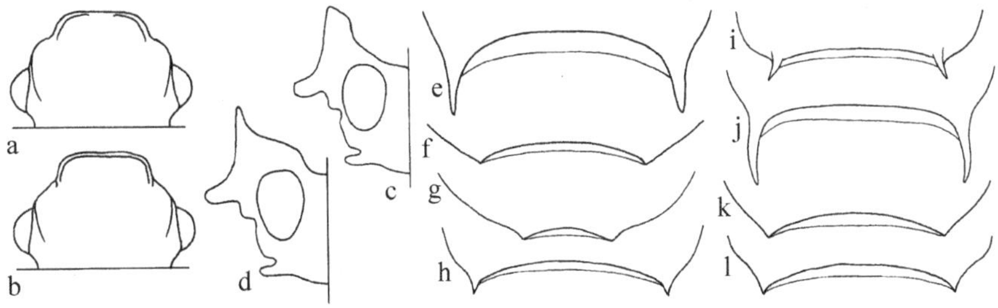

Abb. 101: Kopf, dorsal (a–b), Kopf, lateral (c–d) und ♂-Sternit VII von *Bledius bicornis bicornis* (a, c) und *B. diota* (b, d), *B. femoralis* (e), *B. gallicus* (f), *B. procerulus* (g), *B. cribricollis* (h), *B. crassicollis* (i), *B. dissimilis* (j), *B. heterocerus* (k) und *B. occidentalis* (l). Nach unveröffentlichten Vorlagen von MAKRANCZY (a–d).

– Pronotum ohne Mittelfurche, dann jedoch mit einem breiten unpunktierten Mittelstreifen. Die hierher gehörenden Arten sind teilweise außerordentlich variabel und oft nur anhand der Geschlechtsauszeichnungen des ♂ anzusprechen. 7

2 Pronotum und Elytren mit kräftiger Punktur, Pronotum durch kräftige Mikroskulptur matt. Etwas größere Arten von 2,8–4,8 mm (RL: 1,6–2,4 mm) Körperlänge. ♂: Hinterrand von Sternit VII mit Ausrandung. 3

– Punktur auf dem Pronotum fein und weitläufig, auf den Elytren etwas kräftiger. Oberfläche des Pronotums trotz kräftiger Mikroskulptur oft etwas glänzend. Etwas kleinere Arten von 2,7–3,8 mm (RL: 1,5–2,1 mm) Körperlänge. ♂: Hinterrand von Sternit VII ohne sekundäre Geschlechtsauszeichnungen. Auf Grund der großen Variabilität der hierher gehörenden Arten sind ältere Angaben sämtlich zu überprüfen. 5

3 Sternit VII des ♂ am Hinterrand über die ganze Breite ausgerandet, die Hinterecken in 2 spitze Zähne ausgezogen. Zwischen den Hinterecken befindet sich eine breite sichelförmige Membran (Abb. 101e). Aedoeagus (Abb. 102a) mit relativ schmalen Spitzen der Ventrallamelle. 2,8–3,7 mm (RL: 1,7–2,1 mm). Schwarzbraun bis schwarz; Elytren nur selten heller braun; Beine gelbbraun; Fühler einfarbig dunkel bis schwarzbraun. Von West- und Nordeuropa über Mitteleuropa bis in das Baltikum und ins nördliche Balkangebiet verbreitet. In Mitteleuropa besonders im Nordwesten nicht selten, nach Osten und Süden sehr selten, teilweise fehlend. An sandigen Ufern und Böschungen. ... ***femoralis*** (GYLLENHAL, 1827)

– Sternit VII des ♂ nur in der Mitte ausgerandet, ohne auffällige Zähne. Schwarz; Elytren oft rotbraun; Beine gelbbraun; Fühler braun bis dunkelbraun. 4

4 Größer, 3,7–4,8 mm (RL: 1,9–2,4 mm). Elytren deutlich länger als das Pronotum (Schulterlänge/Pronotumlänge > 1,35). ♂: Ausrandung am Hinterrand von Sternit VII breiter (Abb. 101f); Ventrallamelle des Aedoeagus (Abb. 102b) zum Apex bogenförmig verengt. Transpaläarktisch verbreitete Art. In Mitteleuropa überall nicht selten. An sandigen, aber auch an schlammigen Flussufern und an feuchten Stellen an Ackerrändern. .... ***gallicus*** (GRAVENHORST, 1806)

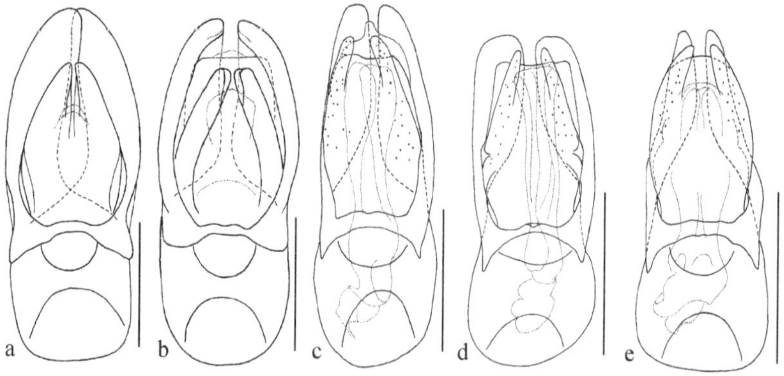

Abb. 102: Aedoeagus (ventral) von *Bledius femoralis* (a), *B. gallicus* (b), *B. atricapillus* (c), *B. lohsei* (d) und *B. nanus* (e). Maßstäbe 0,2 mm.

– Kleiner, 2,9–3,7 mm (RL: 1,6–2,0 mm). Elytren nur so lang wie das Pronotum (Schulterlänge/Pronotumlänge < 1,25). ♂: Ausrandung am Hinterrand von Sternit VII schmaler (Abb. 101g); Ventrallamelle des Aedoeagus (Abb. 103a) an den Seiten fast geradlinig verengt. Von Frankreich über Mitteleuropa und das südliche Nordeuropa (Schweden) bis nach Westsibirien und auf die Balkan-Halbinsel verbreitet. In Mitteleuropa besonders im Süden und Osten verbreitet, im Norden der Tiefebene teilweise noch nicht nachgewiesen. Bevorzugt an Wärmestellen zu finden. .... ***procerulus*** ERICHSON, 1840

5 Größer, 3,0–3,8 mm (RL: 1,7–2,1 mm). Pronotum 0,63–0,74 mm breit, matter und mit kräftiger Mikroskulptur. Kopf und Abdomen dunkelbraun bis schwarz; Pronotum meist heller, oft rotbraun; Elytren gelb mit unscharfer Verdunkelung an der Naht und/oder der Scutellarregion; Fühler hell, an der Basis gelb, zur Spitze nur undeutlich gebräunt. In Färbung, Elytrenlänge und Mikroskulptur sehr variabel. ♂: Aedoeagus: Abb. 102c. Ob der aus Großbritannien beschriebene *B. praetermissus* WILLIAMS, 1929 mit *atricapillus* identisch ist, kann erst nach Typenuntersuchung geklärt werden; die von LOHSE (1989) gemeldeten *praetermissus* gehören hierher. Verbreitung weitgehend unbekannt, in Mitteleuropa besonders an der Nordseeküste weit verbreitet und nicht selten, aber auch in Pionierbiotopen (Sand-, Lehm-, Tongruben, Tagebauseen) im Binnenland. .... ***atricapillus*** (GERMAR, 1825)

– Kleiner, 2,7–3,7 mm (RL: 1,5–1,8 mm). Pronotum 0,56–0,66 mm breit, ebenfalls mit deutlicher Mikroskulptur, aber weniger matt. **6**

6 ♂: Aedoeagus mit schlanken Parameren, die um den Medianlobus herumlaufen und deren Spitzen auf der Dorsalseite des Aedoeagus parallel verlaufen (Abb. 102e). Kopf deutlich schmaler als das Pronotum (Kopf-/Pronotumbreite 0,85–0,94, Mittelwert etwa 0,90). Kopf, Pronotum und Abdomen meist einheitlich schwarz; Elytren gelb mit großer dunkler Makel, die von den Schultern bis fast zu den Nahtwinkeln der Elytren reicht (etwa wie in Abb. 96f); Fühler an der Basis gelb, zur Spitze geschwärzt. Von Westeuropa bis nach Vorder- und Mittelasien gemeldet; in Mitteleuropa weit verbreitet. In Ton- und Sandgruben, oft in großer Dichte an Steilwänden siedelnd. .... ***nanus*** ERICHSON, 1840

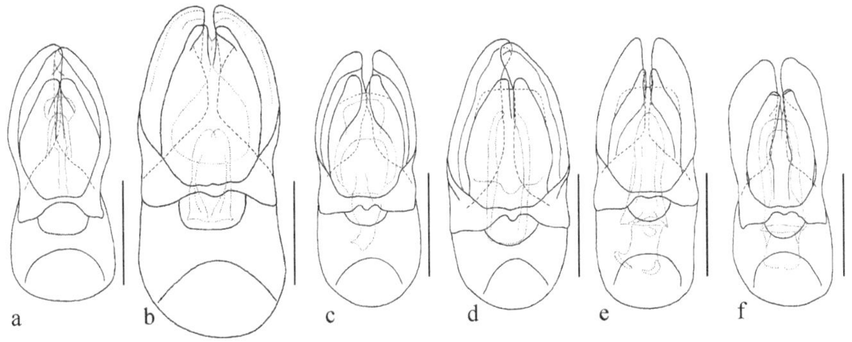

Abb. 103: Aedoeagus (ventral) von *B. procerulus* (a), *B. cribricollis* (b), *B. crassicollis* (c), *B. dissimilis* (d), *B. occidentalis* (e) und *B. heterocerus* (f). Maßstäbe 0,2 mm.

– ♂: Aedoeagus ähnlich wie bei *atricapillus* mit verbreiterten Parameren (Abb. 102d). Kopf nur wenig schmaler als das Pronotum (Kopf-/Pronotumbreite 0,92–0,99, Mittelwert etwa 0,96). Kopf dunkelbraun bis schwarz; Pronotum rot- bis dunkelbraun; Abdomen braun; Elytren gelb mit dunkler Scutellarregion und meist einer undeutlichen Makel an der Mitte der Naht. Verbreitung weitgehend unbekannt, in Mitteleuropa bisher nur von der Ostseeküste in Schleswig-Holstein bekannt. .... ***lohsei*** SCHÜLKE, 2011

7 Hinterecken des Pronotums meist völlig verrundet. Oberfläche glänzend, bis auf den Vorderrand meist ohne Mikroskulptur; neben der punktfreien Mittellinie mit sehr unregelmäßiger, meist kräftiger und weitläufiger Punktur; Punktzwischenräume meist deutlich größer als ihr Durchmesser. Schwarz mit meist einfarbig gelbroten Elytren, diese manchmal um das Scutellum oder entlang der Naht geschwärzt; Fühler und Beine gelb. 3,5–4,5 mm (RL: 1,9–2,2 mm). ♂: Sternit VII (Abb. 101h) in der Mitte ausgerandet, in der Ausrandung membranös; neben der Ausrandung am Hinterrand mit einem Paar spitz dreieckiger Zähnchen von variabler Länge (meist 40–70 µm lang, manchmal kürzer). Aedoeagus groß, 0,6–0,7 mm lang (Abb. 103b). Verbreitung ungenügend bekannt, da teilweise mit ähnlichen Arten verwechselt. In Mitteleuropa im Süden weit verbreitet, nach überprüften Belegen nördlich bis ins Rheinland, ins südliche Niedersachsen, nach Thüringen, Sachsen-Anhalt und Sachsen sowie ins südliche Polen. Nicht selten. An lehmigen Ufern, in Kiesgruben, auch an lehmigen Ackerrändern. .... ***cribricollis*** HEER, 1839

– Merkmalskombination anders, Pronotum dichter punktiert oder deutlich mikroskulptiert und/oder Geschlechtsauszeichnungen anders. Aedoeagus kleiner, 0,45–0,60 mm lang. **8**

8 Pronotum dicht und relativ fein, deutlich feiner als die Elytren punktiert, Punktzwischenräume kaum so groß wie ihr Durchmesser; Oberfläche meist vollständig mit deutlicher Mikroskulptur; Hinterecken meist nicht völlig verrundet, stumpfwinklig. Elytren breiter als lang (Breite/Schulterlänge: 1,10–1,15), nur wenig länger als das Pronotum (Schulterlänge/Pronotumlänge 1,05–1,15). Schwarz mit meist braunen Elytren, diese mit dunkler Scutellarregion; Beine und Fühler gelb. 2,8–3,6 mm (RL: 1,5–2,0 mm). ♂: Sternit VII (Abb. 101i) ähnlich wie bei *cribricollis*, in der Mitte ausgerandet, in der Ausrandung membranös; neben der Ausrandung am Hinterrand mit einem Paar spitz dreieckiger Zähnchen (etwa 40–60 µm lang). Aedoeagus: Abb. 103c. Von Großbritannien bis ins Kaukasusgebiet gemeldet, aus dem Mediterrangebiet bisher unbekannt. In Mitteleuropa im Süden in Tal- und Vorgebirgslagen verbreitet. Selten. An lehmigen Ufern, in Tongruben. .... ***crassicollis*** LACORDAIRE, 1835

– Merkmalskombination anders. Pronotum weniger dicht punktiert. Elytren länger und/oder Geschlechtsmerkmale beim ♂ anders. **9**

9 Elytren deutlich länger als das Pronotum (Schulterlänge/Pronotumlänge 1,20–1,30). Punktur auf Pronotum und Elytren etwa von gleicher Stärke und Dichte, Punktzwischenräume etwa so groß wie die Punktdurchmesser. Pronotum mit völlig abgerundeten Hinterwinkeln, zumindest in der Vorderhälfte mit deutlicher Mikroskulptur. Schwarz; Pronotum oft etwas heller; Elytren meist braun mit breiter Schwärzung entlang der Naht, seltener einfarbig braun oder fast schwarz; Beine und Fühler gelb, Letztere

teilweise zu Spitze hin gebräunt. 3,1–4,0 mm (RL: 1,8–2,2 mm). ♂: Sternit VII (Abb. 101j) am Hinterrand breit und tief ausgerandet, in der Ausrandung membranös; neben der Ausrandung am Hinterrand mit einem Paar langer, gebogener Zähne (etwa 140–180 µm lang). Aedoeagus wie in Abb. 103d. Die bisher als var. *nigricans* bezeichnete Form kommt nach Studium der Typen nicht in Mitteleuropa vor, es handelt sich um eine mit *gallicus* nah verwandte Art. Transpaläarktisch von Westeuropa bis nach Sachalin verbreitet, nach Norden das südliche Skandinavien erreichend. In Mitteleuropa besonders im Süden weit verbreitet, im Norden gebietsweise fehlend. Selten. An lehmigen Ufern, an Steilwänden und Böschungen in Sand- und Tongruben. .... ***dissimilis*** ERICHSON, 1840

– Merkmalskombination anders. Pronotum mit angedeuteten Hinterwinkeln. Elytren kürzer und/oder Geschlechtsmerkmale beim ♂ anders. **10**

10 ♂: Aedoeagus mit apikal breiteren Spitzen der Ventrallamelle (Abb. 103f). Sternit VII des ♂ in der Mitte ausgerandet, in der Ausrandung membranös (Abb. 101k); an den Seiten der Ausrandung mit kleinen Zähnen von 20–30 µm Länge, teilweise sind diese fast völlig reduziert. Schwarz; Elytren rotbraun, um das Scutellum und entlang der Naht wie bei *dissimilis* angedunkelt. 2,8–3,7 mm (RL: 1,5–2,2 mm). Verbreitung ungenügend bekannt, aus Bosnien beschrieben und bisher aus Albanien, Italien, Kroatien, Ungarn, der Türkei und Österreich belegt. Die bisherigen Meldungen aus dem südöstlichen Mitteleuropa beziehen sich zumeist auf *occidentalis*. Selten. An Fluss- und Grabenufern. .... ***heterocerus*** EPPELSHEIM, 1889

– ♂: Aedoeagus mit apikal schmalen Spitzen der Ventrallamelle (Abb. 103e). Sternit VII des ♂ in der Mitte ausgerandet, in der Ausrandung membranös (Abb. 101l); an den Seiten der Ausrandung mit kurzen, 20–40 µm langen, dreieckige Zähnchen. Schwarz; Elytren meist einfarbig rotbraun; Beine und Fühler gelbbraun. 3,3–3,9 mm (RL: 1,8–2,2 mm). Verbreitung ungenügend bekannt, aus Belgien beschrieben und bisher von Großbritannien bis nach Griechenland nachgewiesen. In Mitteleuropa wahrscheinlich überall verbreitet, aber selten. Bevorzugt an lehmigen Fluss- und Grabenufern. .... ***occidentalis*** BONDROIT, 1907

Untergattung *Pucerus* MULSANT & REY, 1878

[*verres*-Gruppe]

Mandibeln lang vorstehend, beim ♂ auf der Oberseite mit einem spitzen Zahn. Labrum am Vorderrand ausgebuchtet und mit scharfen Außenecken. Fühler auffällig lang und mit langem, manchmal schaftförmigem Basalglied. Tarsen 3-gliedrig. Hinterrand des Tergits VIII einfach abgestutzt (Abb. 95j). ♂: Parameren des Aedoeagus kurz, den Apex des Medianlobus nicht überragend. Im Süden der Alten Welt und in Australien verbreitet. Von den etwa 25 paläarktischen Arten kommen 3 in Mitteleuropa vor.

1 Clypeus in der Mitte mit 2 spitzen, aufgerichteten Zähnen. Fühler sehr gestreckt, zurückgelegt beim ♀ den Hinterrand der Elytren etwa erreichend, beim ♂ ihn überragend. Pronotum deutlich punktiert und mit deutlicher

Mittellinie, seine Hinterecken abgerundet. Schwarz; Elytren rotgelb mit einem breiten, an der Basis bis zu den Schultern verbreiterten schwarzen Nahtsaum; Mundteile, Fühler und Beine rötlich, teilweise angedunkelt. 3,2–4,2 mm (RL: 1,8–2,4 mm). ♂: Rand des Kopfes vor den Augen zu einem nach vorn gerichteten Höcker verlängert, unter dessen Spitze die Fühler eingelenkt sind. Mittelmeergebiet bis Mittelasien, auch aus zahlreichen tropischen Gebieten gemeldet. In Mitteleuropa nur auf salzigen Böden am Neusiedler See. .... ***verres*** ERICHSON, 1840

– Clypeus ohne aufgerichtete Zähne. Fühler gestreckt, in beiden Geschlechtern zurückgelegt höchstens die Mitte der Elytren erreichend; beim ♂ unter dem weniger höckerförmig erhabenen Rand des Kopfes vor den Augen eingelenkt. **2**

2 Größer, 3,5–4,5 mm (RL: 2,0–2,3 mm). Pronotum mehr als 0,74 mm breit. Schwarz; Elytren mit schwarzer Basis und breit geschwärzter Naht, meist nur die Außenecken gelb. Pronotum etwas glänzend, fein und weitläufig punktiert. Holomediterrane, von Nordafrika und SW-Europa bis nach Zentralasien verbreitete Art. In Mitteleuropa nur im Süden und Südosten (Schweiz, Österreich, Tschechische Republik). Sehr selten. Vorzugsweise in Tälern und im Vorland der Gebirge. .... ***fossor*** HEER, 1839

– Kleiner, 2,6–3,4 mm (RL: 1,6–1,9 mm). Pronotum weniger als 0,74 mm breit. Schwarz; Elytren gelb mit weniger ausgedehntem schwarzem Nahtwinkel, die Humeralwinkel oft noch hell. Kopf und Pronotum matt und nur schwach punktiert. Südeuropäische Art, die wohl nicht in Mitteleuropa vorkommt. Meldungen aus Polen und der Slowakei beziehen sich auf *tenenbaumi*. .... [***frater*** KRAATZ, 1857]

Untergattung *Teratobledius* ÁDÁM, 2001

[*tibialis*-Gruppe]

Mandibeln lang vorstehend, Labrum in 2 Lappen geteilt. Clypeus ohne Auszeichnungen. Seitenrandkante der Elytren nur in der hinteren Hälfte ausgebildet. Tarsen 4-gliedrig. ♂: Aedoeagus mit langen Parameren, die den Medianlobus deutlich überragen. Von den 4 paläarktisch verbreiteten Arten kommen 2 auch in Mitteleuropa vor.

1 Kleiner, 2,5–3,0 mm (RL: 1,4–1,7 mm). Pronotum quer, bis hinter die Mitte erweitert, nach hinten einfach halbkreisförmig abgerundet. Elytren fein punktiert. Von Westeuropa bis nach Zentralasien verbreitet. In Mitteleuropa vorwiegend im Süden und Osten; nicht häufig. An sandigen Ufern, oft an Pionierstandorten (Tagebauseen). .... ***tibialis*** HEER, 1839

– Größer, 3,0–3,5 mm (RL: 1,7–2,2 mm). Pronotum von den Vorderecken bis zur Mitte gleichmäßig erweitert, zu den stumpf abgerundeten Hinterecken deutlich ausgeschweift verengt. Elytren mit gedrängter, etwas runzeliger Punktur. In Südwesteuropa und Nordafrika verbreitet. In Mitteleuropa nur aus der Schweiz und Österreich bekannt. Selten. An sandigen Ufern von Flüssen und Seen. .... ***morio*** HEER, 1839

Tribus *Coprophilini* HEER, 1839

Gattung *Coprophilus* LATREILLE, 1829

Langgestreckte Arten ohne feine Grundbeborstung (Abb. 16b), Glänzend schwarz, teilweise mit helleren Elytren. Durch das reduzierte, mit Sternit III fest verbundene Sternit II und tief punktstreifig gefurchte Elytren ausgezeichnet. Pro- und Mesotibien bedornt, alle Tarsen deutlich 5-gliedrig. Die Gattung ist mit 2 Untergattungen und etwa 30 Arten holarktisch verbreitet, von denen bisher 3 aus Mitteleuropa bekannt geworden sind.

1 Körper abgeflacht (Abb. 16b), vollständig schwarzbraun bis schwarz. Pronotum kaum breiter als lang, vorn mit tiefer Längsfurche, vor der Basis jederseits mit einem tiefen Eindruck. Hinterecken des Pronotums scharf, sein Seitenrand kräftig gekerbt (Untergattung *Coprophilus*). Seitenrand des Pronotums, Fühler und Beine rotbraun, Letztere oft bis auf die Tarsen geschwärzt. 5,3–7,2 mm (RL: 3,0–3,9 mm). Phytodetriticole Art. Nicht selten. An Faulstoffen aller Art, auch an der Küste unter Anspülicht, dort teilweise häufig. .... ***striatulus*** (FABRICIUS, 1793)

– Körper deutlich etwas gewölbt. Elytren gelb mit dunkler Scutellarregion oder einheitlich dunkelbraun. Pronotum gleichmäßig gewölbt, mit stumpfen Hinterecken, ohne Längsfurchen oder Eindrücke; Seitenrand nicht oder nur schwach gekerbt. Das Pronotum ist sexualdimorph, beim ♂ deutlich länger als breit, beim ♀ quer. Kleinere Arten von 3,3–4,7 mm (RL: 2,0–2,6 mm). Zumindest die mitteleuropäischen Vertreter sind spezialisierte Bewohner unterirdischer Säugetierbauten (Untergattung *Zonyptilus* MOTSCHULSKY, 1845). **2**

2 Elytren gelb mit geschwärzter Scutellarregion und Naht; Beine und Fühlerbasis gelbbraun; Fühler zur Spitze geschwärzt. Pronotum fein und weitläufig punktiert, die Punktzwischenräume viel größer als die Punktdurchmesser. 3,3–4,5 mm (RL: 2,0–2,6 mm). ♂: Aedoeagus: Abb. 94i. Von der Ukraine bis nach China verbreitet. Meldungen aus Mitteleuropa beruhen vermutlich auf Verwechslungen mit der folgenden Art. .... [***pennifer*** (MOTSCHULSKY, 1845)]

– Elytren einheitlich dunkelbraun; Beine und Fühler gelbrot; Fühler zur Spitze nicht angedunkelt. Pronotum ähnlich fein, aber dichter punktiert, die Punktzwischenräume kaum größer als die Punktdurchmesser. 4,0–4,7 mm (RL: 2,2–2,6 mm). ♂: Aedoeagus: Abb. 94j. Aus Südosteuropa nach Mitteleuropa einstrahlend. In Mitteleuropa aus Österreich, der Slowakei, der Tschechischen Republik und Deutschland (Hessen, Niedersachsen, Sachsen-Anhalt, Sachsen und Thüringen) bekannt. Sehr selten. In den Bauen von Hamster, Maulwurf und Ziesel. .... ***piceus*** (SOLSKY, 1866)

Tribus *Deleasterini* REITTER, 1909

Gattung *Deleaster* ERICHSON, 1839

Breite, abgeflachte Art (Abb. 16e), die in Färbung und Habitus Vertretern der Unterfamilie Omaliinae (*Geodromicus*, *Anthophagus*) ähnlich ist, sich von diesen aber durch das Fehlen der Ocelli und das Vorhandensein eines voll ausgebildeten

Abdominalsternits II unterscheidet. Die Gattung ist mit etwa 10 Arten vorwiegend holarktisch verbreitet, von denen nur eine in Mitteleuropa vorkommt.

Schwarz; Pronotum und Elytren rotbraun; Fühler und Beine gelbrot; selten die Elytren (besonders in den Hinterwinkeln) und das Pronotum teilweise geschwärzt. Kopf mit großen Augen und deutlichen, aber nicht vorspringenden Schläfen. Pronotum herzförmig, an der Basis und den Seiten mit je einem großen Eindruck. Elytren nach hinten etwas erweitert, viel länger und breiter als das Pronotum. 7,0–8,0 mm (RL: 3,7–4,2 mm). In Mitteleuropa im Süden häufiger, im Norden selten. Bewohner sandiger Ufer, fliegt gern in der Dämmerung und wird deshalb regelmäßig mit dem Autokescher oder am Licht gefangen. .... ***dichrous*** (GRAVENHORST, 1802)

Gattung *Syntomium* CURTIS, 1828

Durch den gewölbten Habitus (Abb. 16f) und den metallischen Glanz sehr ausgezeichnet. Vorderkörper kräftig punktiert. Von ähnlich großen Vertretern der Omaliinae auch durch das Fehlen von Ocelli zu unterscheiden. Von den 8 in der Holarktis verbreiteten Arten kommt nur eine in Mitteleuropa vor.

Schwarz; Vorderkörper mit metallischem Glanz; Fühler zum Teil, Tibien ganz rotbraun. Kopf mit großen Augen und kurzen Schläfen. Pronotum breiter als der Kopf, jedoch viel schmaler als die kurzen Elytren. Seitenrand des Pronotums gekerbt, die Oberfläche wie die Elytren kräftig und dicht punktiert, mit unpunktierter Mittellinie. Endglieder der Fühler erweitert, eine undeutliche Fühlerkeule bildend. 2,0–2,7 mm (RL: 1,1–1,5 mm). Von Westeuropa bis nach Skandinavien und ins Kaukasusgebiet verbreitet, östliche Verbreitungsgrenze unbekannt. In ganz Mitteleuropa verbreitet und nicht selten. Wegen der versteckten Lebensweise als Bewohner von Moospolstern leicht zu übersehen, fliegt in der Dämmerung. .... ***aeneum*** (P. MÜLLER, 1821)

Tribus *Oxytelini* THOMSON, 1858

Gattung *Anotylus* THOMSON, 1859

Körper parallel, abgeflacht (Abb. 17a) und meist deutlich punktiert und/oder skulptiert. Pronotum mit 3 Längsfurchen. Scutellum mit dreigeteiltem, kleeblattförmigem Eindruck (Abb. 94c). Tergite III–VII mit Basolateralfurchen (Abb. 94b). Viele Arten zeigen einen ausgeprägten Sexualdimorphismus in Körpergröße, Kopfform und Augengröße. ♂: Sternite VI–VIII oft mit markanten Auszeichnungen. Aedoeagus meist abgeflacht, Ventrallamelle des Medianlobus meist tief gespalten; Parameren den Apex des Medianlobus deutlich überragend, vielgestaltig, teilweise deutlich asymmetrisch. Die Arten der Gattung sind Vertretern der Gattungen *Oxytelus* und *Aploderus* ähnlich, von denen sie sich durch die Form des Scutellareindrucks und die längsrissige Oberflächenskulptur (von *Oxytelus*), bzw. durch das Vorhandensein von Längseindrücken auf dem Pronotum und von Basolateralfurchen (von *Aploderus*) unterscheiden. Die umfangreiche, in allen zoogeographischen Regionen verbreitete Gattung (fast 400 Arten weltweit, mehr als

120 in der Paläarktis) ist mit 22 Arten in Mitteleuropa vertreten. Die auf westpaläarktischen Arten basierende Untergattungsaufteilung wurde von HERMAN (1970), HAMMOND (1976) und MAKRANCZY (2006) aufgegeben; monophyletische Artengruppen wurden bisher nicht definiert. Da nicht für alle in Mitteleuropa vertretenen Artengruppen Untergattungsnamen existieren, wird die Gattung hier in informelle Artengruppen gegliedert. Die Unterscheidung der oft sehr ähnlichen Arten ist teilweise nach ektoskelettalen Merkmalen (*rugosus*-Gruppe, *nitidulus*-Gruppe) möglich, oft ist jedoch eine Untersuchung der ♂-Sternite VI–VIII und/oder des Aedoeagus notwendig (siehe SCHÜLKE 2009b). *Anotylus*-Arten sind phytosaprophag und an Dung und Faulstoffen aller Art zu finden.

1	Seitenrand des Pronotums deutlich gekerbt. Zwischenraum zwischen Naht der Elytren und Nahtstreifen glatt. Fühlerglied IV gestreckt, deutlich länger als breit. Größere Arten (3,6–5,3 mm; RL: 1,9-2,9 mm). ♂: Sternit VI am Hinterrand mit kleinem Mittelvorsprung (Ausnahme *insecatus*); Sternit VII am Hinterrand ohne Auszeichnungen (Ausnahme *insecatus*); Sternit VIII am Hinterrand doppelbuchtig (Abb. 104a–d); Aedoeagus mit auf der Ventralseite des Aedoeagus befindlichen, parallelen Parameren (Abb. 104e–h), Medianlobus mit 2 ausstülpbaren Apikalstrukturen (*rugosus*-Gruppe).	**5**
–	Seitenrand des Pronotums nicht deutlich gekerbt. Nahtstreifen der Elytren von der Naht durch eine parallele Furche getrennt, verdoppelt erscheinend (Ausnahme *maritimus*). Fühlerglied IV klein und rundlich. ♂: Auszeichnungen der Sternite VI–VIII und Aedoeagus anders.	**2**
2	Arten mit überwiegend glänzendem Vorderkörper (Ausnahme *intricatus*). Pronotum und Elytren mit deutlicher Punktur und ohne feine längsrissige Mikroskulptur. 2,1–4,5 mm (RL: 1,2–2,3 mm).	**3**
–	Überwiegend matte Arten. Zumindest die Elytren mit feiner längsrissiger Mikroskulptur. Pronotum und Elytren mit undeutlicher Punktur oder unpunktiert. 1,6–3,9 mm (RL: 0,9–2,2 mm).	**4**
3	Größere Arten, Körperlänge meist deutlich über 3 mm, nur maritimus manchmal kleiner. Oberfläche des Vorderkörpers glänzend. ♂: Sternit VIII mit geradrandiger Basis (Abb. 105f–j), Aedoeagus mit relativ breiten, manchmal etwas asymmetrischen Parameren (Abb. 105k–o) (*sculpturatus*-Gruppe).	**4**
–	Kleinere Arten, Körperlänge höchstens 3,0 mm. Oberfläche des Vorderkörpers glänzend oder matt. ♂: Sternit VIII an der Basis tief ausgerandet (Abb. 106c–d), Aedoeagus mit schlanken, parallelen Parameren (Abb. 106e–f) (*nitidulus*-Gruppe).	**12**
4	Größere Arten, Körperlänge 2,3–3,9 mm (RL: 1,4–2,2 mm). ♂: Sternit VII am Hinterrand mit zwei kleinen Höckern oder einer 2-spitzigen Lamelle (Abb. 104i, l); Sternit VIII kaum modifiziert (Abb. 104j, m); Aedoeagus mit schlanken parallelen Parameren (Abb. 104k) (*complanatus*-Gruppe).	**13**
–	Kleinere Arten, Körperlänge 1,6–2,8 mm (RL: 0,9–1,6 mm). ♂: Sternite VII und VIII meist mit deutlichen Auszeichnungen; Aedoeagus mit kräftigeren, zumeist gebogenen, oft asymmetrischen Parameren (Abb. 106k–n, 107m–q) (*tetracarinatus*-Gruppe).	**15**
5	Clypeus und Hals glänzend, nur einfach fein punktiert. Schwarz, Elytren und Beine rot oder rotbraun. 3,6–4,9 mm (RL: 1,9–2,6 mm). ♂: Sternit VII in der Mitte mit einer unauffälligen Erhebung, am Hinterrand in der Mitte	

mit 2 sehr keinen Höckern; Sternit VIII am Hinterrand leicht doppelbuchtig, in der Mitte gerade abgestutzt (Abb. 104a); Aedoeagus: Abb. 104e. Mittel- und Osteuropa, südliches Nordeuropa, Kaukasus, Kasachstan, adventiv in Nordamerika. In Mitteleuropa weit verbreitet und nicht selten, in der Ebene häufiger als im Gebirge. Die Art wird an Faulstoffen gefunden, im Norden vorwiegend an wärmebegünstigten Orten. ..... ***insecatus*** (GRAVENHORST, 1806)

– Clypeus mit feiner, kurz- bis rundmaschiger, Hals mit deutlicher längsrunzeliger Mikroskulptur. **6**

6 Clypeus trotz Mikroskulptur etwas glänzend und nicht matter als der übrige Kopf. Kleinere und schlankere Art, auch beim ♂ mit kaum erweitertem Kopf. Dunkel pechbraun; Pronotum dunkel rotbraun; Elytren heller rotbraun; Fühler zum Teil und Beine rotgelb. 3,6–4,5 mm (RL: 1,9–2,5 mm). ♂: Sternit VIII am Hinterrand deutlich doppelbuchtig (Abb. 104d); Aedoeagus: Abb. 104h. Mittel-, Ost- und Südosteuropa, Kaukasus. In Mitteleuropa weit verbreitet, aber überall selten. An feuchten Stellen (Wiesen, Ufer) im Detritus und an Faulstoffen. ... ***rugifrons*** (HOCHHUTH, 1849)

– Clypeus durch kräftige Mikroskulptur matt. Größer (4,0–5,3 mm) (RL: 2,0–2,9 mm). Kopf beim ♂ oft deutlich erweitert. Oberseite meist ganz schwarz; Beine teilweise heller. **7**

7 Vorderkörper deutlich glänzend, kräftig punktiert, die Punktur verrunzelt. Untergrund der Elytren nicht mikroskulptiert. 4,1–5,3 mm (RL: 2,2–2,9 mm). Einfarbig schwarz. Exemplare mit rotbraunem Pronotum und helleren Eytren kommen vor, sie sind von *rugifrons* durch den matten Clypeus und die kräftigere Gestalt zu unterscheiden. ♂: Sternit VIII am Hinterrand doppelbuchtig (Abb. 104c), in der Mitte zugespitzt; Aedoeagus: Abb. 104g. Paläarktische Region, adventiv in Nordamerika und Neuseeland. In Mitteleuropa überall verbreitet und eine der häufigsten Staphyliniden. In der Bodenstreu und an Faulstoffen aller Art. .... ***rugosus*** (FABRICIUS, 1775)

– Vorderkörper kaum glänzend, die Oberfläche der Elytren mit deutlicher und sehr dichter Mikropunktur. Einfarbig schwarz mit teilweise helleren Beinen. 4,0–5,0 mm (RL: 2,0–2,5 mm). ♂: Sternit VIII am Hinterrand deutlich doppelbuchtig (Abb. 104b); Aedoeagus: Abb. 104f. Südöstliches Mitteleuropa, Südosteuropa, südliches Osteuropa. In Mitteleuropa nur im östlichen Österreich und der Slowakei. Sehr selten. ...... ***mendus*** HERMAN, 1970

8 Zwischenraum zwischen Naht und Nahtstreifen der Elytren einfach. Fühler gestreckt, Glieder VI–X weniger quer (Breite/Länge von Glied VII: ca. 1,25). Kopf und Abdomen schwarz; Pronotum etwas heller; Elytren braun, selten einfarbig pechschwarz; Fühler einfarbig rotbraun; Beine gelbrot. Kopf und Pronotum grob punktiert, die Punktur freistehend, höchstens an den Seiten des Pronotums etwas längsrunzelig. 2,4–3,8 mm (RL: 1,4–1,9 mm). ♂: Sternit VII am Hinterrand mit 2 deutlichen Höckern (Abb. 105b); Sternit VIII am Hinterrand leicht doppelbuchtig (Abb. 105g); Aedoeagus ähnlich *inustus* mit etwas längeren Parameren (Abb. 105l). Bewohner der Küsten Nord-, West- und Mitteleuropas, stellenweise auch am Mittelmeer. In Mitteleuropa an der Nordsee und an der westlichen Ostseeküste. Selten. Unter Tang und in Detritus. .... ***maritimus*** (THOMSON, 1861)

– Zwischenraum zwischen Naht und Nahtstreifen der Elytren mit einer parallelen Furche, verdoppelt erscheinend. Fühler mit stark queren Gliedern

VI–X (Breite/Länge von Glied VII: ca. 1,45), schwarz, manchmal die Basalglieder heller. **9**

9 Clypeus glatt oder nur mit Resten von Mikroskulptur, glänzend. Punktur auf dem Kopf überwiegend, auf dem Pronotum zumindest in der Mitte freistehend und nicht längsrunzelig. 2,9–4,5 mm (RL: 1,4–2,3 mm). ♂: Sternit VII am Hinterrand in der Mitte mit 2 undeutlichen Höckern, davor flach eingedrückt (Abb. 105a); Sternit VIII am Hinterrand fast geradrandig (Abb. 105f); Aedoeagus mit kurzen, am Medianlobus anliegenden Parameren (Abb. 105k). Nordafrika, Europa mit Ausnahme des Nordens, Vorder- und Mittelasien. Meldungen aus der Ostpaläarktis sind zu überprüfen. In Mitteleuropa überall, aber nur im Süden häufiger, im Norden und Osten vorwiegend an Wärmestellen. An Faulstoffen aller Art. .... ***inustus*** (GRAVENHORST, 1806)

– Clypeus deutlich kurzmaschig mikroskulptiert, matt. **10**

10 Punktur auf dem Kopf und in der Mitte des Pronotums ähnlich wie bei *inustus* freistehend. Elytren mit gelbbraunen Längsmakeln entlang der Naht und undeutlichen Humeralmakeln. 3,1–4,4 mm (RL: 1,6–2,3 mm). ♂: Sternit VII ähnlich wie bei *inustus*, Höcker am Hinterrand etwas deutlicher (Abb. 105c); Sternit VIII am Hinterrand deutlich ausgerandet (Abb. 105h). Aedoeagus ebenfalls ähnlich *inustus* mit anliegenden Parameren, diese am Apex weniger stark gewinkelt (Abb. 105m). Aus Nordafrika, Spanien und Portugal bekannt; weitere taxonomisch ungeklärte Unterarten wurden aus Ägypten und Portugal beschrieben. Auch aus der Schweiz gemeldet, ein autochthones Vorkommen in Mitteleuropa ist aber sehr unwahrscheinlich. .... [***plagiatus plagiatus*** (ROSENHAUER, 1856)]

– Punktur auf der Hinterhälfte des Kopfes und auf dem Pronotum vollständig längsrunzelig. Bei großen ♂ mit stark erweitertem Kopf kann die Mikroskulptur des Clypeus stark reduziert sein. Elytren ohne auffällige Zeichnung. 3,3–4,5 mm (RL: 1,7–2,3 mm). Hierher 2 nur durch Genitaluntersuchung zu trennende Arten. **11**

11 ♂: Sternit VII am Hinterrand mit 2 deutlichen Höckern, davor tief halbkreisförmig eingedrückt und auch vor dem Eindruck fein beborstet (Abb. 105e); Sternit VIII am Hinterrand tief ausgerandet (Abb. 105j); Aedoeagus mit kräftigen, apikal erweiterten Parameren (Abb. 105o). Von Südwesteuropa bis nach Zentralasien (Mongolei) verbreitet, aus Nordafrika nur aus Algerien gemeldet. In Mitteleuropa überall verbreitet und häufig. An Faulstoffen aller Art. .... ***sculpturatus*** (GRAVENHORST, 1806)

– ♂: Sternit VII am Hinterrand mit 2 deutlichen Höckern, davor aber nur flach eingedrückt, vor dem Eindruck ohne feine Beborstung (Abb. 105d); Sternit VIII am Hinterrand tief ausgerandet (Abb. 105i); Aedoeagus mit schlankeren, apikal nicht erweiterten Parameren (Abb. 105n). Von einigen Autoren (MAKRANCZY 1999, ÁDÁM 2004) wird eine Synonymie zu *A. hybridus* (EPPELSHEIM, 1878) aus dem Kaukasus vermutet, von dem sich europäische Exemplare aber in Färbung und Mikroskulptur deutlich unterscheiden. Verbreitung noch ungenügend bekannt, bisher zumeist aus dem westlichen und mittleren Europa gemeldet, auch aus der Türkei bekannt. In Mitteleuropa überall, aber viel seltener als *sculpturatus*. An Faulstoffen aller Art. .... ***mutator*** (LOHSE, 1963)

12 Vorderkörper nicht vollständig matt; besonders der Clypeus entlang des Vorderrandes und oberhalb der Fühlereinlenkungsstellen trotz vorhandener Mikroskulptur noch deutlich glänzend; Pronotum mit stärker glänzenden Kielen zwischen den Längsfurchen. 2,5–3,9 mm (RL: 1,5–2,2 mm). ♂: Sternit VII am Hinterrand gerade abgestutzt (Abb. 104i), am Hinterrand mit 2 deutlichen kleinen Höckern, die den Hinterrand überragen können; Sternit VIII am Hinterrand deutlich doppelbuchtig ausgerandet (Abb. 104j); Aedoeagus mit schlanken, symmetrischen Parameren (Abb. 104k). Europa, Nordafrika, östlich bis in die Türkei verbreitet. Meldungen aus Nordeuropa, Mittel- und Zentralasien sind zu überprüfen. In Südeuropa häufige, nach Norden seltener werdende Art. An Faulstoffen aller Art; auch im Autokescher und am Licht. .... ***complanatus*** (ERICHSON 1839)

– Vorderkörper einschließlich des Clypeus vollständig matt; Pronotum einheitlich skulptiert, ohne glänzendere Kiele. 2,3–3,6 mm (RL: 1,4–2,0 mm). ♂: Sternit VII am Hinterrand vorgezogen und in einer oft deutlich 2-spitzigen Lamelle auslaufend (Abb. 104l), diese meist ganz flach, manchmal etwas gekielt, aber nie mit 2 deutlich vorstehenden Höckern; Sternit VIII am Hinterrand nur undeutlich ausgerandet (Abb. 104m); Aedoeagus wie bei *complanatus*. Bisher aus Großbritannien, Deutschland, der Schweiz, der Slowakei und dem Kaukasus bekannt, in Südeuropa offenbar fehlend. An Faulstoffen aller Art, manchmal gemeinsam mit *complanatus*. .... ***hammondi*** SCHÜLKE, 2009

13 Vorderkörper matt; kräftig längsrissig skulptiert, in der Skulptur aber eine deutliche Punktur sichtbar. 2,2–3,0 mm (RL: 1,3–1,7 mm). ♂: Sternit VII, Sternit VIII (Abb. 106d) und Aedoeagus (Abb. 106f) sehr ähnlich *nitidulus*. Vom westlichen Mittelmeergebiet angeblich bis nach China und in den Fernen Osten Russlands verbreitet. In Mitteleuropa nur im Süden. Selten. An Faulstoffen aller Art. .... ***intricatus*** (ERICHSON, 1840)

– Vorderkörper glänzend; Kopf und Pronotum nicht längsrissig skulptiert; Punktur teilweise längsrunzelig verflossen, aber zumindest zum Teil freistehend. **14**

14 Punktur auf Kopf, Pronotum und Elytren teilweise längsrunzelig verflossen. 2,1–2,8 mm (RL: 1,2–1,6 mm). ♂: Sternit VII verlängert, Sternit VIII teilweise verdeckend, am Hinterrand geradrandig; Sternit VIII basal stark ausgerandet (Abb. 106c); Aedoeagus mit kurzen, schlanken Parameren (Abb. 106e). Transpaläarktisch verbreitete Art, adventiv auch in anderen zoogeographischen Regionen. In Mitteleuropa überall häufig. An Faulstoffen aller Art, auch in Feuchtbiotopen. .... ***nitidulus*** (GRAVENHORST, 1802)

– Punktur auf Kopf, Pronotum und Elytren freistehend. Furchen auf dem Pronotum reduziert. 2,5–3,0 mm (RL: 1,4–1,8 mm). ♂ unbekannt. Bisher nur nach Einzelstücken aus Österreich und der Slowakei bekannt. Möglicherweise handelt es sich um extrem aberrante Individuen des in Habitus, Körpergröße und Punktur ausgesprochen variablen *nitidulus*. .... ***petzi*** BERNHAUER, 1914

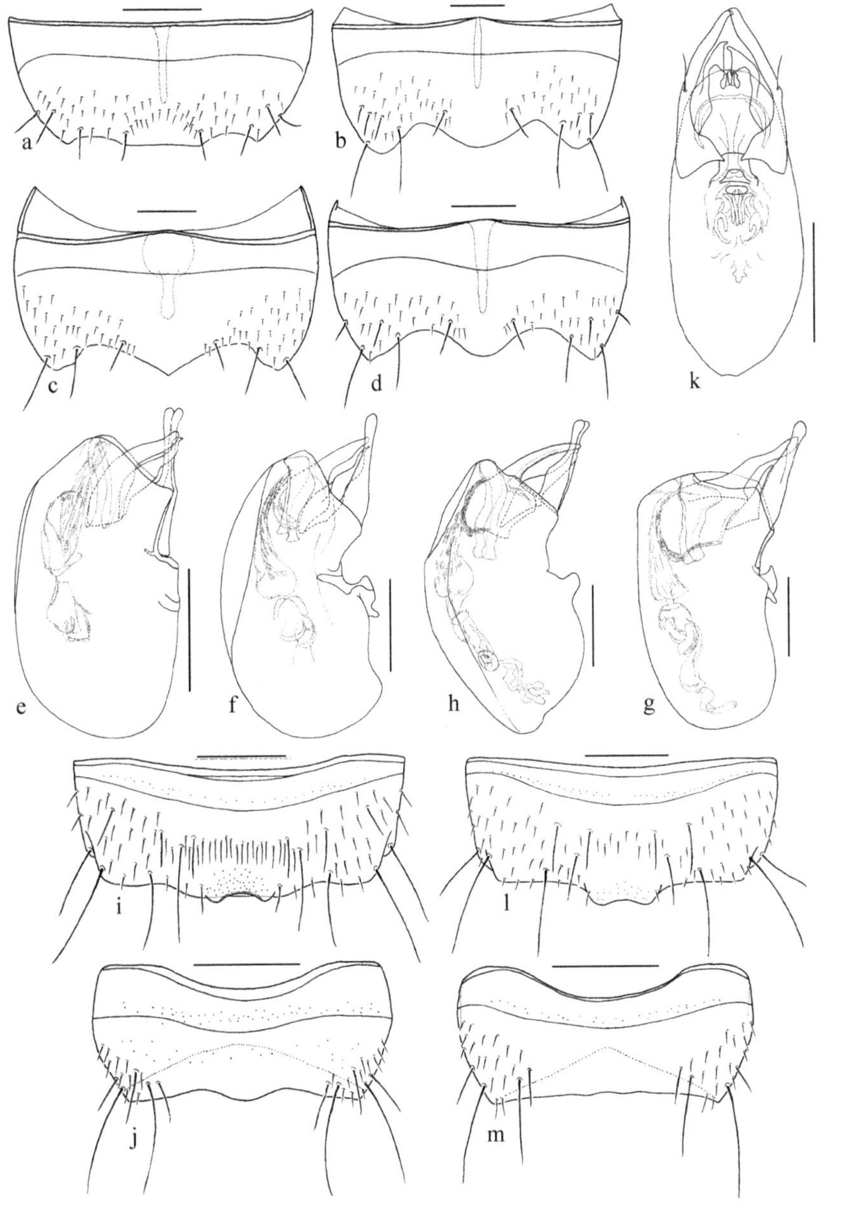

Abb. 104: ♂-Sternit VII (a–d, j, m), ♂-Sternit VIII (i, l), Aedoeagus, lateral (e–h) und Aedoeagus, ventral (k) von *Anotylus insecatus* (a, e), *A. mendus* (b, f), *A. rugosus* (c, g), *A. rugifrons* (d, h), *A. complanatus* (i–k) und *A. hammondi* (l–m). Maßstäbe 0,2 mm. Nach SCHÜLKE 2009b (i–j, l–m).

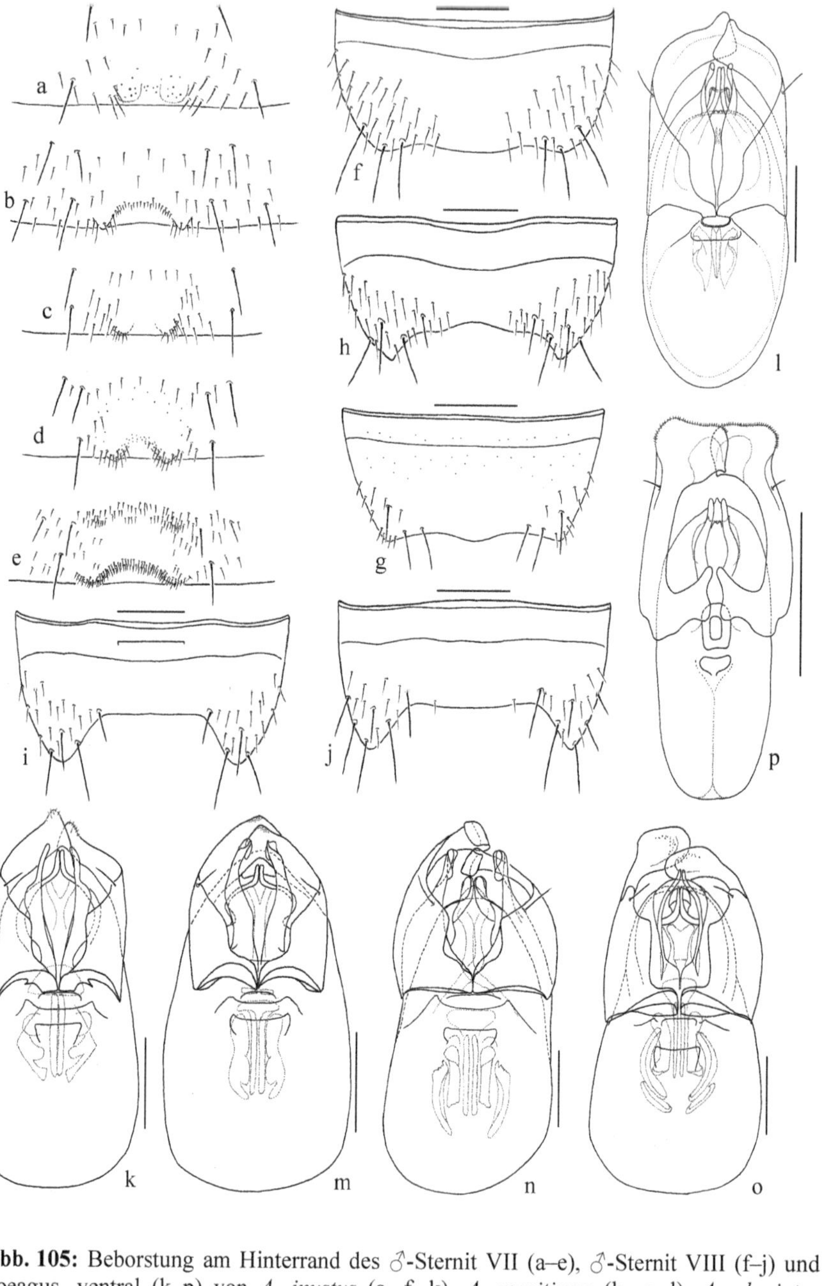

Abb. 105: Beborstung am Hinterrand des ♂-Sternit VII (a–e), ♂-Sternit VIII (f–j) und Aedoeagus, ventral (k–p) von *A. inustus* (a, f, k), *A. maritimus* (b, g, l), *A. plagiatus plagiatus* (c, h, m), *A. mutator* (d, i, n), *A. sculpturatus* (e, j, o) und *A. hamatus* (p). Maßstäbe 0,2 mm.

15 Die längsrissige Mikroskulptur auf Kopf und Pronotum teilweise reduziert; Kopf mit glänzenden Bereichen zumindest auf dem Clypeus oder den Fühlereinlenkungsstellen; Längskiele auf dem Pronotum glänzend. **16**

– Kopf und Pronotum völlig matt und vollständig fein längsrissig skulptiert. ... **18**

16 Kopf mit größeren glänzenden Bereichen, auch auf dem Pronotum ist die längsrissige Mikroskulptur stärker reduziert. Protibien am Apex deutlich ausgeschnitten (wie in Abb. 106b). 2,0–2,2 mm (RL: 1,1–1,3 mm). ♂: Sternit VII mit 2 kleinen Höckern vor dem Hinterrand (Abb. 107d); Sternit VIII am Hinterrand flach ausgerandet (Abb. 107j); Aedoeagus mit asymmetrischen Parameren (Abb. 107o). Verbreitung weitgehend unbekannt. Aus Österreich beschrieben, in Mitteleuropa sonst nur aus der Slowakei sicher nachgewiesen. Lebensweise unbekannt. ....
.... ***politus*** (ERICHSON, 1840)

– Mikroskulptur auf dem Kopf nur vorn auf dem Clypeus oder den Einlenkungsstellen der Fühler fehlend oder reduziert; auch auf dem Pronotum nur die feinen Längskiele glänzend. Protibien am Apex nur wenig ausgeschnitten. ♂: Sternit VII ohne Modifikationen, Aedoeagus mit symmetrischen Parameren (Abb 106k–l). Die beiden hierher gehörenden Arten sind mit *tetracarinatus* eng verwandt und nur anhand der männlichen Geschlechtsmerkmale sicher voneinander zu trennen. **17**

17 ♂-Sternit VIII am Hinterrand gerundet vorgezogen, davor mit einer feinen, queren Kante (Abb. 106g); Aedoeagus mit schlankeren Parameren (Abb. 106k). 1,8–2,6 mm (RL: 1,1–1,5 mm). Östlicher Mittelmeerraum, westlich bis nach Großbritannien, ins nördliche Frankreich und nach Norditalien verbreitet. In Mitteleuropa überall selten. An faulenden Pflanzenstoffen; vor allem an Exkrementen. ...... ***clypeonitens*** (PANDELLÉ, 1867)

– ♂-Sternit VIII am Hinterrand gerundet vorgezogen, davor mit 2 bogig nach innen gerichteten Kanten (Abb. 106h); Aedoeagus (Abb. 106l) mit breiteren, apikal stärker gebogenen Parameren. 1,8–2,8 mm (RL: 1,1–1,6 mm). Westliches Mittelmeergebiet, von Nordafrika über die Iberische Halbinsel bis nach Südfrankreich, Korsika, Sardinien, Süditalien und Malta verbreitet. Mitteleuropäische Belege erwiesen sich bei Überprüfung als zu *clypeonitens* gehörend, In Mitteleuropa bisher nicht sicher nachgewiesen, eventuell in der südwestlichen Schweiz. Lebensweise wie bei *clypeonitens*. ....
.... [***speculifrons*** (KRAATZ, 1857)]

18 Protibien am Apex deutlich ausgeschnitten (Abb. 106b). ♂: Sternite VII–VIII mit auffälligen Auszeichnungen. Nur im männlichen Geschlecht sicher zu unterscheiden. **19**

– Protibien mit parallelem Umriss, apikal nicht ausgeschnitten (Abb. 106a). ♂: Sternite VII–VIII weniger auffällig modifiziert. **23**

19 ♂: Sternit VII am Hinterrand tief eingedrückt, neben dem Eindruck mit je einem langen nach hinten ragenden Dorn, sowie einem kleineren Mitteldorn (Abb. 107e); Sternit VIII ebenfalls mit 2 Dornen am Hinterrand (Abb. 107k). Aedoeagus (Abb. 107p) mit asymmetrischen Parameren. 1,8–2,2 mm (RL: 1,1–1,4 mm). Von Westeuropa bis nach Mittelasien gemeldet. In Mitteleuropa nur im Süden weiter verbreitet, aber selten; im Norden weithin fehlend. An trockenen Exkrementen, besonders Wildlosung. ....
.... ***pumilus*** (ERICHSON, 1839)

– ♂: Sternit VII ohne großen Eindruck und Dornen auf der Oberfläche. **20**

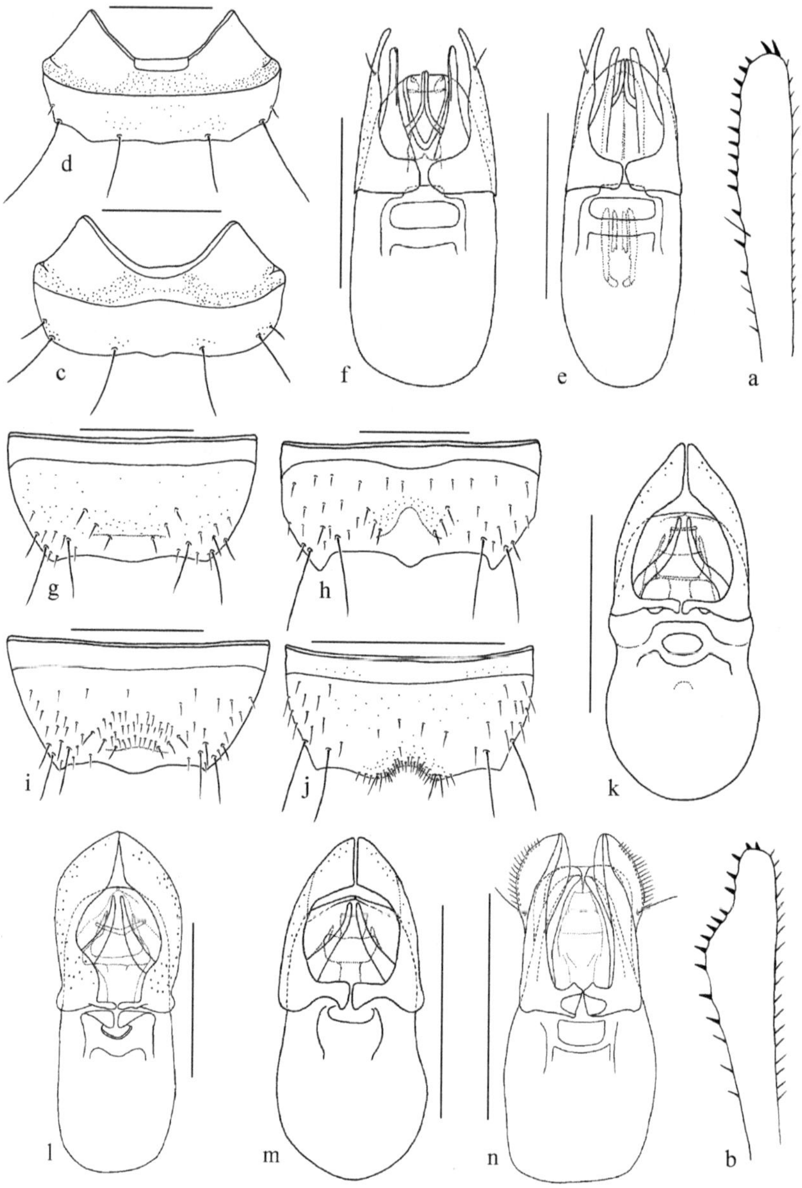

Abb. 106: Protibia (a-b), ♂-Sternit VIII (c-d, g-j) und Aedoeagus, ventral (e-f, k-n) von *Anotylus tetracarinatus* (a, i, m) und *A. pumilus* (b), *A. nitidulus* (c, e), *A. intricatus* (d, f), *A. clypeonitens* (g, k), *A. speculifrons* (h, l), und *A. tetratoma* (j, n). Maßstäbe 0,2 mm. Nach PALM 1961 (a–b).

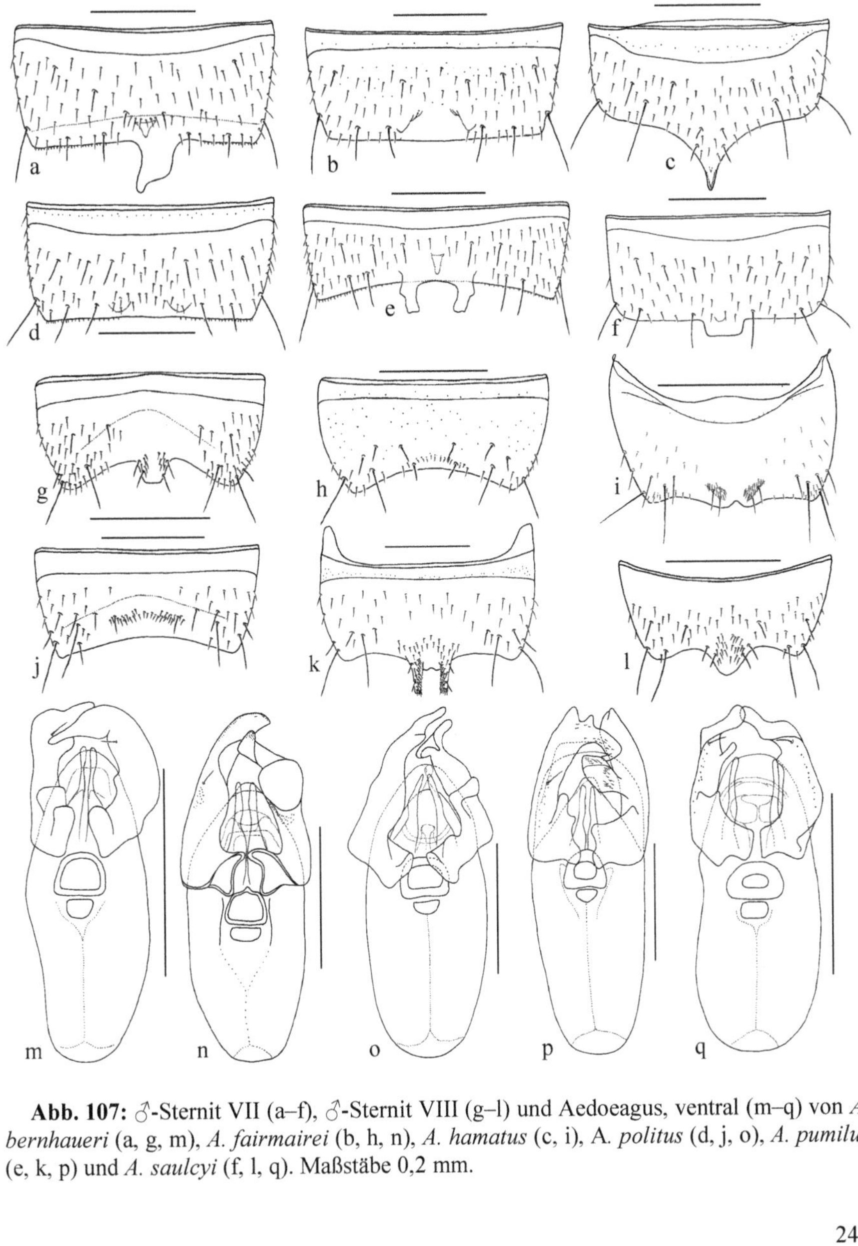

Abb. 107: ♂-Sternit VII (a–f), ♂-Sternit VIII (g–l) und Aedoeagus, ventral (m–q) von *A. bernhaueri* (a, g, m), *A. fairmairei* (b, h, n), *A. hamatus* (c, i), A. *politus* (d, j, o), *A. pumilus* (e, k, p) und *A. saulcyi* (f, l, q). Maßstäbe 0,2 mm.

20 ♂: Sternit VII mit 2 kleinen Höckern, am Hinterrand nicht deutlich vorgezogen (Abb. 107b); Sternit VIII am Hinterrand breit ausgerandet (Abb. 107h); Aedoeagus mit asymmetrischen Parameren (Abb. 107n). 2,0 2,5 mm (RL: 1,0–1,4 mm). Von Westeuropa bis in den Kaukasus und nach Mittelasien verbreitet. In Mitteleuropa überall; selten. An Faulstoffen aller Art. .... ***fairmairei*** (PANDELLÉ, 1867)

– ♂: Sternit VII am Hinterrand vorgezogen und mit auffälligen Förtsätzen. **21**

21 ♂: Sternit VII in der Mitte mit einem gerade abgestutzten Fortsatz (Abb. 107f); Sternit VIII am Hinterrand ausgebuchtet mit kleinem Mittelfortsatz (Abb. 107l); Aedoeagus mit leicht asymmetrischen Parameren (Abb. 107q). 1,8–2,2 mm (RL: 1,0–1,3 mm). Von Großbritannien bis in die Türkei, die Mongolei und nach Ostsibirien verbreitet. In Mitteleuropa überall, stellenweise nicht selten. In den Nestern unterirdisch lebender Säugetiere, besonders beim Maulwurf. .... ***saulcyi*** (PANDELLÉ, 1867)

– ♂: Sternit VII mit langem, zugespitztem Fortsatz. **22**

22 ♂: Sternit VII mit stark zugespitztem, symmetrischem Mittelfortsatz (Abb. 107c); Sternit VIII mit 2 kleinen, beborsteten Kielen (Abb. 107i); Aedoeagus mit symmetrischen, apikal verbreiterten Parameren (Abb. 105p). 1,7–2,3 mm (RL: 1,0–1,3 mm). Transpaläarktisch, von Westeuropa bis in das nördliche China verbreitet. In Mitteleuropa vermutlich überall, aber selten. In Dung, auch in Nestern unterirdisch lebender Säugetiere. .... ***hamatus*** (FAIRMAIRE & LABOULBÈNE, 1856)

– ♂: Sternit VII mit asymmetrischem Mittelfortsatz (Abb. 107a); Sternit VIII deutlich ausgerandet, in der Mitte mit größerem Mittelfortsatz (Abb. 107g); Aedoeagus asymmetrisch (Abb. 107m). 1,7–2,3 mm (RL: 1,0–1,3 mm). Vom südöstlichen Mitteleuropa bis nach Mittelasien verbreitet. Sehr selten. In den Nestern unterirdisch lebender Säugetiere, vor allem beim Ziesel. .... ***bernhaueri*** (GANGLBAUER, 1898)

23 Größer, 1,9–2,5 mm (RL: 1,0–1,4 mm); ♂♂ deutlich größer als die ♀♀. Kopf besonders beim ♂ deutlich quer (etwa 1,4-mal so breit wie lang) vom Hals durch eine deutliche Furche getrennt. Abdomen langgestreckt und parallelseitig. ♂: Sternit VII ohne Auszeichnungen; Sternit VIII am Hinterrand etwas vorgezogen (Abb. 106i); Aedoeagus symmetrisch (Abb. 106m); Parameren zum Apex gleichmäßig gebogen. Die Art gilt als Kosmopolit. Auf Grund von Verwechslungen mit ähnlichen Arten (*clypeonitens*, *speculifrons* und andere) ist das Verbreitungsgebiet aber derzeit nicht genau zu bestimmen. In Mitteleuropa überall die häufigste Art der *tetracarinatus*-Gruppe. An Faulstoffen aller Art. .... ***tetracarinatus*** (BLOCK, 1799)

– Kleiner, 1,6–1,8 mm (RL: 0,9–1,1 mm); ♂♂ und ♀♀ etwa gleich groß. Kopf weniger deutlich quer (etwa 1,3-mal so breit wie lang), vom Hals nur undeutlich abgesetzt. Abdomen nach hinten deutlich verengt. ♂: Sternit VII ohne Auszeichnungen; Sternit VIII am Hinterrand ausgerandet und umfangreich beborstet (Abb. 106j); Aedoeagus symmetrisch (Abb. 106n); Parameren apikal erweitert und außen wimpernförmig beborstet. Verbreitung weitgehend ungeklärt. Von Spanien bis nach Nordeuropa und ins westliche Asien verbreitet. In Mitteleuropa nur aus Polen, Österreich und der Slowakei sicher belegt. Sehr selten. An trockenen Exkrementen, bevorzugt an Wildlosung. .... ***tetratoma*** (CZWALINA, 1870)

Gattung *Aploderus* STEPHENS, 1833

Habituell mit *Oxytelus* und *Anotylus* weitgehend übereinstimmend, von diesen durch das Fehlen von Basolateralfurchen auf den Abdominaltergiten zu unterscheiden (Habitus siehe Abb. 17b). Pronotum mit unpunktiertem, etwas erhabenem Mittelstreifen und jederseits einem länglichen Eindruck. Punktur auf Kopf und Pronotum weitläufig und grob; Elytren grob punktiert und deutlich beborstet. Kopf beim ♂ vergrößert, die Augen deutlich kleiner als beim ♀. ♂: Aedoeagus mit zahlreichen dorn- und plättchenförmigen Innenstrukturen; Parameren zur Spitze löffelförmig erweitert. Die Gattung ist mit 20 Arten vornehmlich holarktisch verbreitet. Von 13 aus der Paläarktis bekannten Arten kommen nur 2 in Mitteleuropa vor.

1 Seitenrand des Pronotums fein gekerbt. Kopf in der Mitte oder zumindest vor dem Hals mit einer kurzen Längsfurche. Protibien an der Spitze allmählich schmaler werdend (Abb. 109b). Oberfläche von Kopf und Pronotum mit schwacher, manchmal verloschener Mikroskulptur. Punktur auf Kopf und Pronotum kräftig und tief. Schwarz; Elytren und Fühler etwas heller; Beine braun. 4,0–4,6 mm (RL: 1,8–2,3 mm). ♂: Mitte von Sternit VII (Abb. 109d) weitläufig beborstet; Sternit VIII (Abb. 109f) am Hinterrand kaum ausgerandet; Aedoeagus mit kurzen Ventralfortsätzen (Abb. 109h). Ost- und Mitteleuropa, südliches Nordeuropa. In Mitteleuropa besonders im Nordosten, nach Süden und Westen seltener werdend oder weithin fehlend. Selten. Auf Feuchtwiesen, an Ufern, auf Äckern und auf sumpfigen oder moorigen Böden in der Streu, in Moos und abgestorbenem Schilf, teilweise auch an Salzstellen. .... ***caesus*** (ERICHSON, 1839)

– Seitenrand des Pronotums ohne Spuren einer Kerbung. Kopf in der Mitte ohne Längsfurche. Protibien an der Spitze außen gerundet ausgeschnitten (Abb. 109a). Oberfläche von Kopf und Pronotum mit dichter und kräftiger Mikroskulptur, weitläufiger und viel flacher punktiert. Dunkelbraun bis schwarz; Elytren und Fühler heller braun; Beine gelbbraun. 3,1–4,7 mm (RL: 1,8–2,7 mm). ♂: Sternit VII am Hinterrand in der Mitte etwas vorgezogen, in der Mitte dicht beborstet (Abb. 109c); Ausrandung am Hinterrand von Sternit VIII (Abb. 109e) sehr deutlich; Aedoeagus mit verlängerten Ventralfortsätzen (Abb. 109g). Transpaläarktisch verbreitete Art; in Mitteleuropa überall nicht selten. An Faulstoffen aller Art. .... ***caelatus*** (GRAVENHORST, 1802)

Gattung *Oxytelus* GRAVENHORST, 1802

Körper parallel und abgeflacht (Abb. 17c), meist deutlich punktiert oder skulptiert. Pronotum mit 3 Längsfurchen; Scutellum mit flachem, rhombischem Eindruck (Abb. 94d). Zwischenraum zwischen Naht der Elytren und dem Nahtstreifen einfach, glatt. Tergite II–VII mit Basolateralfurchen (Abb. 94b). Viele Arten zeigen einen ausgeprägten Sexualdimorphismus in Körpergröße, Kopfform und Augengröße. Von ähnlichen Arten der Gattungen *Anotylus* und *Aploderus* durch die Form des Scutellareindrucks und das Vorhandensein von Basolateralfurchen (von *Aploderus*) zu unterscheiden. ♂: Sternite VII und VIII oft mit markanten Auszeichnungen; Aedoeagus abgeflacht; Ventralfortsätze des Medianlobus meist kurz und in ventraler Richtung umgebogen.

Die Gattung ist mit etwa 200 Arten weltweit verbreitet. In Mitteleuropa kommen 5 Arten vor, die zu 2 Untergattungen gerechnet werden. *Oxytelus*-Arten leben an Faulstoffen aller Art. Sie fliegen in der Dämmerung auch ans Licht.

1 Glieder IV und V der Fühler gleichartig gebildet, etwas länger als breit; Glied IV wie die folgenden Glieder mit deutlicher Pubeszenz; Glied I vor der Spitze nicht eingeschnürt (Abb. 108a); vorletzte Fühlerglieder nicht breiter als lang. Vorderrandung des Clypeus nicht aufgebogen. Augen in beiden Geschlechtern groß, die ganzen Seiten des Kopfes einnehmend. (Untergattung *Epomotylus* THOMSON, 1859). Seitenrand des Pronotums glatt, seine Punktur längsrunzelig verflossen. Elytren hinter der Schulter mit einer Längsfalte, die innen von einer feinen Furche begrenzt wird. 3,5–4,5 mm (RL: 1,9–2,2 mm). Pechbraun bis schwarz; Mitte des Pronotums und die Elytren oft rotbraun; Basis der Fühler rötlich; Beine gelb. ♂: Sternit VII mit geradem Hinterrand; Sternit VIII am Hinterrand durch tiefe Einschnitte geteilt (Abb. 108c); Aedoeagus: Abb. 108h. Kosmopolitisch verbreitete Art. In Mitteleuropa überall häufig. An Faulstoffen aller Art. .... ***sculptus*** GRAVENHORST, 1806

– Glied IV der Fühler rundlich oder quer, viel kleiner als Glied V, glänzend und ohne Pubeszenz; Glieder VIII–X nicht länger als breit. Augen von unterschiedlicher Größe, bei den meisten Arten sexualdimorph, beim ♂ deutlich kleiner als beim ♀. Vorderrand des Clypeus bei Arten mit ähnlich großen Augen etwas aufgebogen (Untergattung *Oxytelus* GRAVENHORST, 1802). **2**

2 Klein, 2,2–2,7 mm (RL: 1,1–1,4 mm). Augen in beiden Geschlechtern sehr groß, die gesamten Seiten des Kopfes einnehmend. Vorderrand des Clypeus etwas aufgebogen. Kopf, Pronotum und Elytren längsrissig skulptiert. Fühler schlank, Glied I vor der Spitze nicht eingeschnürt. Pechschwarz und glänzend; Elytren gelb- bis rotbraun; Abdomen braun; Beine und Fühler gelb. ♂: Sternit VII am Hinterrand in der Mitte nur unauffällig vorgezogen; Sternit VIII am Hinterrand durch tiefe Einschnitte geteilt (Abb. 108g); Aedoeagus (Abb. 108l) abgeflacht, mit stark gegliederten, geschwungenen Parameren. Ostpaläarktisch-orientalische Art, adventiv in Europa und inzwischen von Spanien bis Finnland verbreitet. In Mitteleuropa überall; nicht selten. In Kompost; häufig fliegend (Autokescher, am Licht) nachgewiesen. .... ***migrator*** FAUVEL, 1904

– Größer, 3,8–5,0 mm (RL > 1,8 mm). Fühler nie vollständig gelb. **3**

3 Fühlerglied I nicht eingeschnürt (wie in Abb. 108a), rot oder rotbraun. Einfarbig schwarze Art mit rotbraunen Beinen. Vorderrand des Clypeus in beiden Geschlechtern einfach, nicht aufgebogen. Vorletzte Fühlerglieder nicht quer. Pronotum am Seitenrand undeutlich gekerbt. Punktur auf der stark glänzenden Oberseite von Kopf und Pronotum nur schwach verrunzelt, in der Mitte freistehend. Augen beim ♀ etwa so lang wie die Schläfen, beim ♂ etwa 0,7-mal so lang wie die Schläfen. 4,0–5,0 mm (RL: 1,9–2,5 mm). ♂: Sternit VII am Hinterrand etwas, Sternit VIII kräftig gerundet vorgezogen (Abb. 108d); Aedoeagus (Abb. 108i) mit eng am Medianlobus anliegenden Parameren. Mittel-, Ost- und südliches Nordeuropa. In Mitteleuropa im Nordosten häufiger, nach Süden und Westen seltener. Besonders im Frühjahr an feuchten Stellen. .... ***fulvipes*** ERICHSON, 1839

– Fühlerglied I vor der Spitze eingeschnürt (Abb. 108b), gelb; Fühlerglieder VIII–X deutlich quer. Elytren gelbbraun mit geschwärztem Nahtwinkel. Seiten des Pronotums glattrandig. Vorderrand des Clypeus in beiden Geschlechtern etwas aufgebogen. Die hierher gehörenden Arten sind durch einen auffälligen Geschlechtsdimorphismus in der Größe der Augen ausgezeichnet. **4**

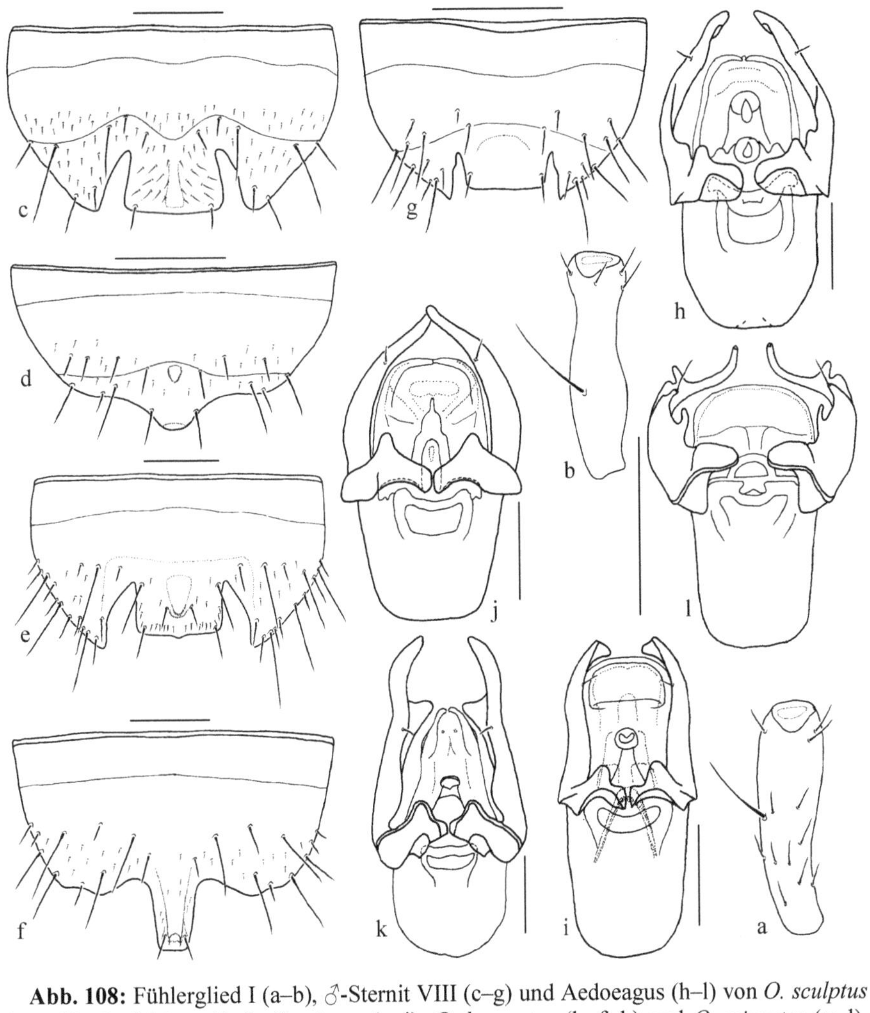

Abb. 108: Fühlerglied I (a–b), ♂-Sternit VIII (c–g) und Aedoeagus (h–l) von *O. sculptus* (a, c, h), *O. fulvipes* (d, i), *O. piceus* (e, j), *O. laqueatus* (b, f, k) und *O. migrator* (g, l). Maßstäbe 0,2 mm (c–l).

4 Augen kleiner und fein facettiert, beim ♀ kaum länger als die Schläfen, beim ♂ nur halb so lang wie die Schläfen. 3,8–5,0 mm (RL: 1,9–2,6 mm). ♂: Sternit VII am Hinterrand mit 2 kleinen Höckern; Sternit VIII (Abb. 108f) am Hinterrand mit einer lang ausgezogenen Lamelle; Aedoeagus (Abb. 108k) mit breiten, wenig gebogenen Parameren. Paläarktische Art, adventiv auch in Nord- und Südamerika. In Mitteleuropa im Norden nicht selten, in der Mitte und im Süden vorwiegend montan, nach Westen seltener. An Faulstoffen aller Art. .... ***laqueatus*** (MARSHAM, 1802)

– Augen größer und weniger fein facettiert, beim ♀ fast die ganzen Kopfseiten einnehmend, beim ♂ etwas länger als die Schläfen. 4,0–5,0 mm (RL: 2,2–2,5 mm). ♂: Sternit VII am Hinterrand in der Mitte kräftig vorgezogen, apikal abgestutzt; Sternit VIII (Abb. 108e) am Hinterrand durch tiefe Einschnitte geteilt; Aedoeagus (Abb. 108j) mit schlankeren, deutlich gebogenen Parameren. Paläarktische Art, adventiv auch in der äthiopischen Region. In Mitteleuropa überall verbreitet, im Osten teilweise häufig, nach Westen hin seltener. An Faulstoffen aller Art, oft fliegend (Autokescher, am Licht) nachgewiesen. .... ***piceus*** (LINNAEUS, 1767)

Gattung *Platystethus* MANNERHEIM, 1830

Körperform mit *Oxytelus*, *Anotylus* und *Aploderus* übereinstimmend, jedoch durch das Fehlen von Eindrücken oder Längsfalten auf dem nur mit einer Mittellinie versehenen Pronotum von diesen zu unterscheiden (Habitus siehe Abb. 17d). Elytren an der Naht überlappend, ihre Nahtwinkel bei den meisten Arten ähnlich wie bei *Thinobius* breit abgerundet. Basolateralfurchen auf den Abdominaltergiten II–VII fehlend. ♂: Pronotum breiter und dadurch stärker quer; Kopf breit mit stärker hervortretenden, oft längeren Schläfen; Fühler länger; Vorderrand des Clypeus bei einigen Arten mit nach vorn gerichteten Hörnern; Sternit VIII bei allen mitteleuropäischen Arten außer *laevis* und *nodifrons* dreigeteilt. Die gegenwärtige Untergattungseinteilung ist unbefriedigend, insbesondere in der Untergattung *Platystethus* werden habituell und im Bau der Abdominalsegmente und des Aedoeagus sehr heterogene Formen vereinigt.

Platystethus-Arten leben an Ufern und in Feuchtbiotopen. Manche Arten sind häufig an Dung zu finden. Sie fliegen in der Dämmerung auch ans Licht. Die Gattung ist mit etwa 60 Arten weltweit verbreitet, in der Paläarktis kommen etwa 40, in Mitteleuropa 10 Arten vor.

1 Kopf am Innenrand der Augen ohne Längsfurche (Abb. 109i). Elytren und oft auch das Pronotum mit längsrissiger Skulptur. Kopf vom Hals durch eine deutliche Furche abgeschnürt. (Untergattung *Platystethus* MANNERHEIM, 1830). **2**

– Kopf am Innenrand der Augen mit einer Längsfurche (Abb. 109j–k). Pronotum und Elytren glatt oder mit kurzmaschiger Mikroskulptur. Kopf vom Hals nicht vollständig durch eine deutliche Furche abgeschnürt, die Furche ist auf die Mitte des Kopfes reduziert. (Untergattung *Craetopycrus* TOTTENHAM, 1939). **3**

2 Clypeus zwischen den Fühlereinlenkungsstellen vertieft und abgeflacht, am Vorderrand beim ♂ mit einem Mittelzahn, beim ♀ geradrandig oder leicht eingekerbt. Pronotum, beim ♂ auch der Kopf in der Mitte, mit einer

deutlichen Längsfurche. Am Innenrand der Augen mit einer Vertiefung, in der ein kräftiger Borstenpunkt steht. Elytren immer sehr deutlich und kräftig punktiert. Nahtwinkel der Elytren breit abgerundet. Schwarz; Elytren in der Mitte heller braun; Beine gelbbraun bis braun mit dunkleren Femora; Fühler und Taster dunkelbraun bis schwarz. ♂: Größer, 2,9–4,0 mm (RL: 1,6–2,2 mm); Kopf und Pronotum verbreitert; Schläfen länger; Sternit VII am Hinterrand nur ganz geringfügig eingedrückt und abgestutzt, Sternit VIII dreiteilig (Abb. 109l); Aedoeagus: Abb. 109n. ♀: Kleiner, nur 2,7–3,4 mm lang (RL: 1,3–2,0 mm). Transpaläarktisch verbreitete Art, in Mitteleuropa überall häufig. An Faulstoffen aller Art. .... ***arenarius*** (GEOFFROY, 1785)

– Clypeus zwischen den Fühlereinlenkungsstellen ziemlich gleichmäßig gewölbt, Vorderrand in beiden Geschlechtern geradrandig. Längsfurche auf dem Pronotum fein, auf dem Kopf fehlend. Am Innenrand der Augen ohne Vertiefung, nur mit einem mäßig kräftigen Borstenpunkt. Elytren mit deutlichen, nicht abgerundeten Nahtwinkeln. Punktur fein und weitläufig, besonders auf den Elytren in der dichten Mikroskulptur nur schwer sichtbar. Schwarz; Beine meist heller braun. ♂: Wenig größer, 2,7–3,5 mm (RL: 1,4–1,8 mm); Kopf und Pronotum breiter; Schläfen nur wenig länger; Sternit VIII (Abb. 109m) nicht dreigeteilt; Aedoeagus: Abb. 109o. ♀: Etwas kleiner, 2,5–3,2 mm (RL: 1,2–1,6 mm). In den gesamten Alpen, im Apennin und im Kaukasus. Nicht häufig. In subalpinen und alpinen Lagen an Faulstoffen aller Art. .... ***laevis*** MÄRKEL & KIESENWETTER, 1848

3 Vorderkörper kurzmaschig bis isodiametrisch mikroskulptiert. Punktur fein, teilweise auf den Elytren reduziert. Clypeus des ♂ am Vorderrand mit 2 kräftigen, gerade nach vorn gerichteten Hörnern (Abb. 109j), die das Labrum meist weit überragen. **4**

– Vorderkörper glatt, ohne sichtbare Mikroskulptur; fein bis sehr kräftig punktiert. Clypeus beim ♂ ohne Auszeichnungen oder nur mit kleineren Kopfhörnern (Abb. 109k), die den Vorderrand des Labrums meist nicht überragen. **6**

4 Vorderkörper einheitlich schwarz. Oberfläche durch kräftige Mikroskulptur matt. Punktur auf Pronotum und Elytren reduziert, auf den Elytren kaum noch zu erkennen. Fühler länger, beim ♂ die vorletzten Glieder nicht, beim ♀ nur schwach quer. Fortsatz des Mesoventrits an den Seiten nur seicht eingedrückt. 3,0–4,5 mm (RL: 1,6–2,2 mm). ♂: Sternit VII am Hinterrand nicht ausgerandet, schmal und flach eingedrückt, die Breite des Eindrucks beträgt etwa ¼ der Sternitbreite, an ihren Seiten befindet sich jederseits eine kleine Erhebung; Sternit VIII: Abb. 110a; Aedoeagus: (Abb. 110i) mit kräftigen Parameren und schlanken, stark gebogenen Ventralfortsätzen. Transpaläarktisch verbreitet. In Mitteleuropa besonders in der Ebene nicht selten, im Gebirge viel seltener. An Feuchtstellen und an Faulstoffen aller Art. .... ***alutaceus*** THOMSON, 1861

– Zumindest die Elytren in der Mitte heller braun oder gelb. Oberfläche des Vorderkörpers zwar dicht mikroskulptiert, aber durchaus glänzend. Punktur deutlicher, auch auf den Elytren immer sichtbar. Fühler kürzer, ihre vorletzten Glieder auch beim ♂ meist etwas quer. Fortsatz des Mesoventrits an den Seiten mit einer kleinen Längsgrube. **5**

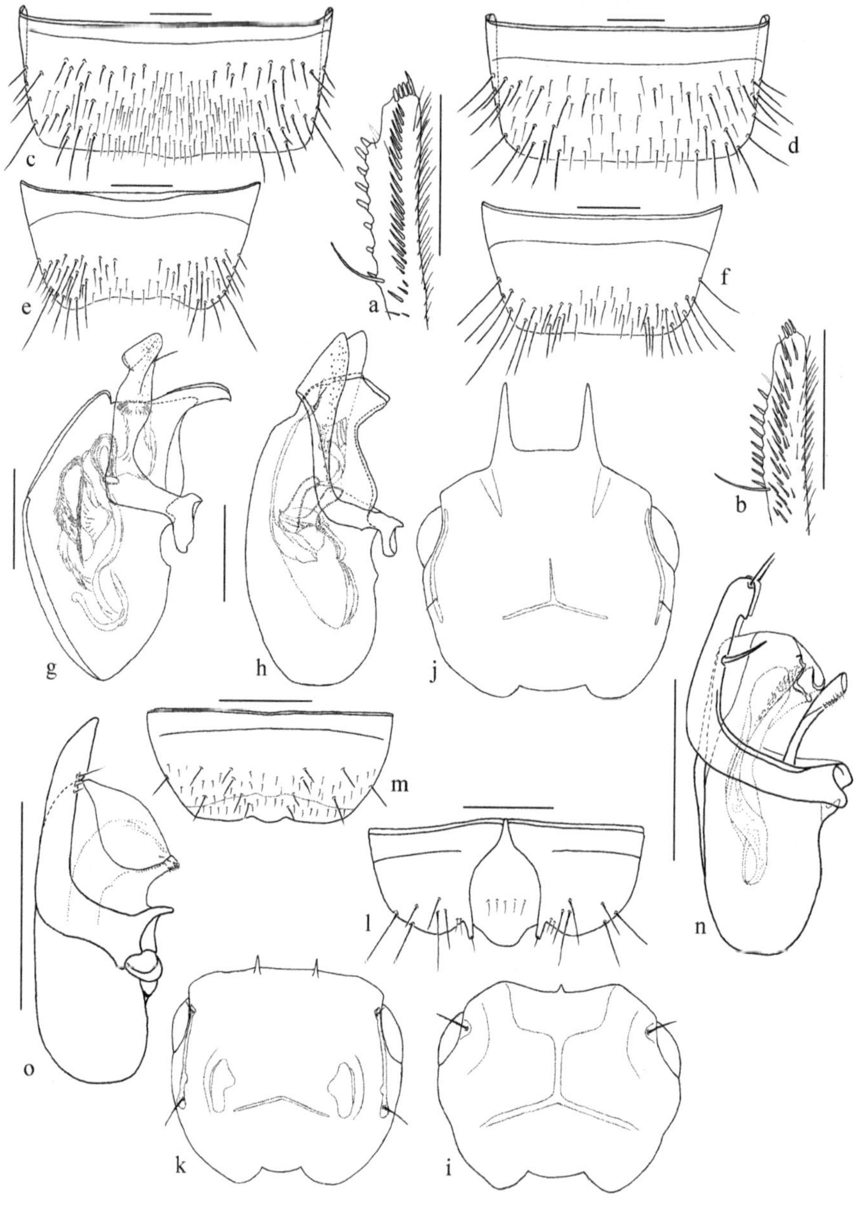

Abb. 109: Protibia (a–b), ♂-Sternit VII (c–d), ♂-Sternit VIII (e–f, l–m), Aedoeagus, lateral (g–h, n–o) und Kopf (i–k) von *Aploderus caelatus* (a, c, e, g), *A. caesus* (b, d, f, h), *Platystethus arenarius* (i, l, n), *P. alutaceus* (j), *P. spinosus* (k) und *P. laevis* (m, o). Maßstäbe 0,3 mm (a–b), 0,2 mm (c–h, n–o). Nach unveröffentlichten Vorlagen von MAKRANCZY (a–b).

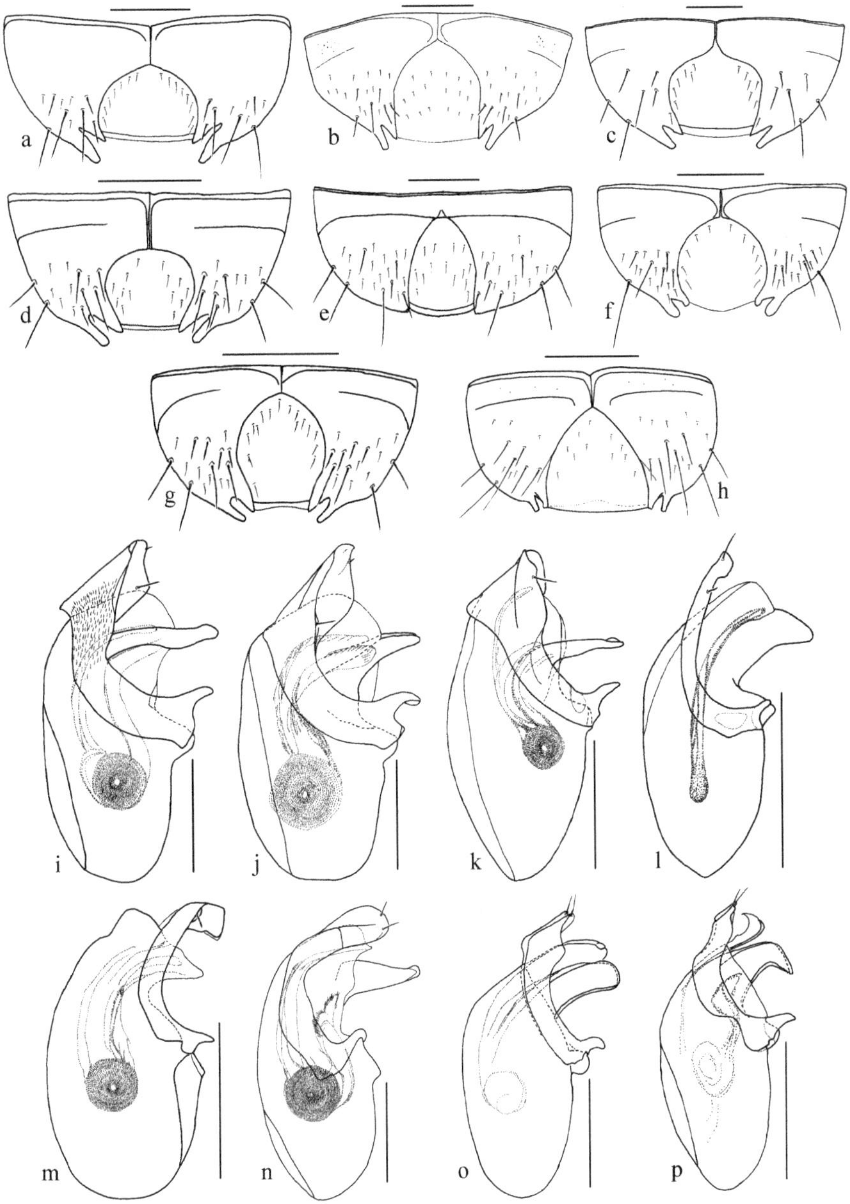

Abb. 110: ♂-Sternit VIII (a–h) und Aedoeagus, lateral (i–p) von *Platystethus alutaceus* (a, i), *P. cornutus cornutus* (b, j), *P. degener* (c, k), *P. capito* (d, l), *P. nodifrons* (e, m), *P. spinosus* (f, n), *P. nitens* (g, o) und *P. burlei* (h, p). Maßstäbe 0,2 mm.

5 ♂: Sternit VII am Hinterrand über ⅓ der Sternitbreite flach ausgerandet, neben der Ausrandung ohne Erhebungen; Mittelteil von Sternit VIII (Abb. 110b) länger als breit, 3–4-mal so lang wie die basale Trennlinie zwischen den Seitenteilen des Sternits; Seitenteile wie bei *alutaceus* mit jeweils 2 apikalen Lamellen; Aedoeagus (Abb. 110j) mit kräftigen Parameren, Ventralfortsätze weniger stark gebogen. Die unscharf helle Zeichnung auf den Elytren bildet ein undeutliches Band, das von den Schultern zum Nahtwinkel reicht. 2,8–4,0 mm (RL: 1,4–2,2 mm). In mehreren Unterarten, deren taxonomische Stellung überprüft werden muss, über die gesamte Paläarktische Region verbreitet, auch in Teilen der Orientalis, der Afrotropis und in Nordamerika. Die Nominat-Unterart in Mitteleuropa überall häufig. An Feuchtstellen und an Faulstoffen aller Art. .... ***cornutus cornutus*** (GRAVENHORST, 1802)

– ♂: Sternit VII am Hinterrand wie bei *alutaceus* nur mit einem schmalen Eindruck, der weniger als 1/5 der Sternitbreite erreicht, an den Seiten jederseits mit einer kleinen Erhebung; Mittelteil von Sternit VIII (Abb. 110c) breiter als lang, etwa 3-mal so lang wie die basale Trennlinie der Seitenteile des Sternits; Seitenteile apikal mit 2 kräftigen, stärker einwärts gerichteten Lamellen; Aedoeagus (Abb. 110k) sehr ähnlich dem von *alutaceus* mit stark gebogenen Ventralfortsätzen. Die unscharf helle Zeichnung der Elytren ist mehr an die Naht und den Hinterrand angenähert und bildet einen gemeinsamen hellen Bereich. 2,5–3,7 mm (RL: 1,3–2,1 mm). Über große Teile Europas und des Mittelmeergebietes bis nach Mittelasien verbreitet, auch aus Nordamerika gemeldet. In Mitteleuropa weit verbreitet, aber deutlich seltener als *cornutus*. An Feuchtstellen und an Faulstoffen. .... ***degener*** MULSANT & REY, 1878

6 Die grobe und teilweise auf Kopf und Pronotum längsrunzelig verflossene Punktur des Vorderkörpers trägt eine deutlich sichtbare Beborstung (Länge der Borsten ca. 70 µm). Prosternum mit deutlich erhabenem, aber stark verrundetem Mittelkiel. Einfarbig schwarz; Elytren, Tibien und Tarsen heller braun. 2,5–3,2 mm (RL: 1,4–1,8 mm). ♂: Kopfhörner fehlend; Sternit VIII: Abb. 110d; Ventralfortsatz des Aedoeagus (Abb. 110l) breit, in ventraler Richtung gebogen, Parameren schlank. Von Westeuropa und Nordafrika bis nach Westsibirien und Mittelasien verbreitet. In Mitteleuropa im Süden und in der Mitte verbreitet, aber selten; im Gebirge nur in Tallagen, im nördlichen Teil der Tiefebene (Norddeutschland, Dänemark, nördliches Polen) teilweise fehlend. An sandigen Uferpartien und Feuchtstellen, auch an Faulstoffen, meist an wärmebegünstigten Standorten. .... ***capito*** HEER, 1839

– Vorderkörper grob oder fein punktiert, ohne oder nur mit sehr unauffälliger Beborstung (Länge der Borsten bis 30 µm). Prosternum ohne Mittelkiel oder mit scharf gekieltem Fortsatz. 7

7 Größere Art, 3,5–5,2 mm (RL: 1,8–2,5 mm). Vorderkörper fein und gleichmäßig punktiert. Elytren am Hinterrand ungerandet. Fühler gestreckt, in beiden Geschlechtern die vorletzten Glieder etwa so lang wie breit. Prosternum ohne deutlichen Mittelkiel. Schwarz; Elytren und Tibien heller braun; Tarsen gelbbraun. ♂: Clypeus mit längeren Hörnern, die bei großen Exemplaren den Vorderrand des Labrums überragen; Sternit VII am Hinterrand etwas eingedrückt und vorgezogen, der Eindruck selbst im

Gegensatz zur Oberfläche des Sternits unpunktiert und ohne Mikroskulptur; Sternit VIII mit rundlichem Mittelteil (Abb. 110f); Aedoeagus (Abb. 110n) mit in ventraler Richtung gebogenem Ventralfortsatz. Über Südeuropa und das Mittelmeergebiet bis nach Mittelasien verbreitet, erreicht die Art Mitteleuropa nur im Süden (Schweiz, Süd- und Südwestdeutschland, Tschechische Repubklik, Österreich, Slowakei). Selten. An Ufern und Faulstoffen aller Art. .... ***spinosus*** ERICHSON, 1840

– Kleinere Arten, 2,0–3,5 mm (RL: 1,1–1,9 mm). Vorderkörper fein und unregelmäßig oder grob punktiert. Elytren hinten deutlich gerandet. Fühler weniger gestreckt, ihre vorletzten Glieder meist deutlich quer. ♂: Kopfhörner kleiner oder fehlend; Auszeichnungen am Hinterrand von Sternit VII anders. **8**

8 Vorderkörper dicht und fast so kräftig wie bei *capito* punktiert, die Punktur auf dem Kopf zwischen den Augen aber nicht verrunzelt. Herzförmiger Eindruck auf dem Scutellum deutlicher als bei anderen Arten und in der Mitte gekielt. Prosternum mit scharf gekieltem Fortsatz. 2,3–3,4 mm (RL: 1,3–1,9 mm). Schwarz bis schwarzbraun, nur die Beine heller braun. ♂: Kopfhörner fehlend; Sternit VII am Hinterrand nur sehr seicht eingedrückt, überall gleichmäßig punktiert; Sternit VIII (Abb. 110e) mit schlankem Mittelteil, die Seitenteile basal nicht getrennt und apikal ohne Lamellen; Aedoeagus (Abb. 110m) mit kurzem Medianlobus. Transpaläarktisch verbreitet. In Mitteleuropa besonders aus dem Norden und Osten gemeldet, nach Westen und Süden seltener, gebietsweise fehlend. An Feuchtstellen und Faulstoffen aller Art. .... ***nodifrons*** MANNERHEIM, 1830

– Vorderkörper viel feiner und weitläufiger punktiert, Punktur auf dem Kopf zwischen den Augen meist runzelig verflossen. Herzförmiger Eindruck auf dem Scutellum flach und in der Mitte nicht deutlich gekielt. Prosternum ohne Mittelkiel. ♂: Kopfhörner vorhanden; Sternit VII am Hinterrand kaum sichtbar ausgerandet, vor dem Hinterrand in der Mitte unpunktiert; Mittelteil von Sternit VIII (Abb. 110g, h) länger als breit, etwa 3–4-mal so lang wie die basale Trennlinie zwischen den Seitenteilen des Sternits, Seitenteile apikal mit 2 Lamellen. **9**

9 Vorderkörper schmaler. Elytren länger, an der Naht nur mäßig kürzer als das Pronotum (> 0,85), ihre Schulterlänge etwa so lang wie das Pronotum. Schwarz; Elytren kaum heller; Beine braun; Fühler schwarz. 2,2–3,5 mm (RL: 1,1–1,7 mm). ♂: Sternit VII mit feiner und kürzerer Beborstung (Länge: ca. 40 µm); Sternit VIII (Abb. 110g) mit apikal schmaler werdendem Mittelteil; Aedoeagus (Abb. 110o) mit in lateraler Ansicht breiterem und mehr abgerundetem Ventralfortsatz des Medianlobus. Transpaläarktisch verbreitete Art. In Mitteleuropa überall verbreitet, nach Norden und im Gebirge seltener. Auf feuchten Böden, an Ufern und an Faulstoffen aller Art. .... ***nitens*** (C. R. SAHLBERG, 1832)

– Vorderkörper breiter gebaut. Elytren sehr kurz und nach hinten divergierend, an der Naht viel kürzer als das Pronotum (< 0,65), ihre Schulterlänge ebenfalls noch deutlich kürzer als das Pronotum. Schwarz; Pronotum oft etwas heller; Elytren hellbraun; Beine gelbbraun; Fühler gelbbraun bis braun, aber nie geschwärzt. 2,0–3,2 mm (RL: 1,0–1,5 mm). ♂: Sternit VII mit kräftigerer und längerer Beborstung (Länge: ca. 60 µm); Mittelteil von Sternit VIII apikal am breitesten; Aedoeagus (Abb. 110p) mit in lateraler Ansicht schmalerem und mehr zugespitzt hakenförmigem Ventralfortsatz des Medianlobus. Von Spanien, Südfrankreich und Italien bis nach Ungarn verbreitet. Aus Mitteleuropa nur von einem Fundort am Neusiedler See bekannt; keine aktuellen Funde. In Ungarn aus Torfboden getreten, nach Funden aus Spanien vermutlich endogäisch lebend. .... ***burlei*** BRISOUT DE BARNEVILLE, 1862

Tribus *Planeustomini* JACQUELIN DU VAL, 1857

Gattung *Manda* BLACKWELDER, 1952

Im Habitus (Abb. 16c) an *Coprophilus striatulus* erinnernd, mit dieser Gattung in den bedornten Tibien und den deutlich 5-gliedrigen Tarsen übereinstimmend. Färbung hell. Körperoberfläche fein beborstet. Pronotum ohne deutliche Eindrücke. Elytren ohne punktstreifige Furchen. Mandibeln deutlich vorragend. Die holarktisch verbreitete Gattung besteht aus 4 Arten, von denen nur eine in Mitteleuropa vorkommt.

Körperoberfläche deutlich mikroskulptiert, matt. Rostrot; Kopf, Pronotum und der Hinterrand der Elytren angedunkelt oder schwarz. Kopf mit großen, etwas vorspringenden Augen, etwa so breit wie das Pronotum. Elytren nur wenig breiter, aber deutlich länger als das Pronotum. Punktur des Vorderkörpers seicht und weitläufig, auf den Elytren undeutlich reihig. Fühler schlank mit 3 größeren Endgliedern. 5,8–7,0 mm (RL: 2,6–3,2 mm). Von Großbritannien und Frankreich bis nach Russland gemeldet; östliche Verbreitungsgrenze unbekannt; aus dem Mittelmeergebiet nur aus Griechenland bekannt. In Mitteleuropa im Osten verbreitet und nicht selten, nach Westen und Süden seltener. An Ufern; abends auf nassem Wiesengelände oft in Mengen schwärmend, häufig auch am Licht gefunden. .... ***mandibularis*** (GYLLENHAL, 1827)

Gattung *Planeustomus* JACQUELIN DU VAL, 1857

Von *Manda* durch die 4-gliedrigen Tarsen, deren erste beide Glieder verkleinert sind und wie ein gemeinsames Glied erscheinen, zu unterscheiden. Langgestreckte, hell gefärbte Arten mit lang vorragenden Mandibeln (Abb. 16d). Kopf mit vorgewölbten Augen, größer und breiter als das schmale Pronotum. Elytren auf der vorderen Hälfte mit undeutlichen Punktreihen. Die Gattung ist mit etwa 25 Arten über die westliche Paläarktis, den Norden der orientalischen Region und Teile Afrikas verbreitet und dringend revisionsbedürftig. In Mitteleuropa kommen 3 Arten vor, die ähnlich wie *Manda* an Ufern und auf feuchten Wiesen zu finden sind.

1 Größere Art, 4,3–5,6 mm (RL: 2,2–3,0 mm). Augen groß, fast die ganze Kopfseite einnehmend. Elytren kürzer, etwa ⅓ länger als das Pronotum. In Südosteuropa verbreitet. In Mitteleuropa nur aus der Slowakei bekannt. Sehr selten. .... ***heydeni heydeni*** (EPPELSHEIM, 1884)

– Kleinere Arten, 2,0–3,0 mm (RL: 1,2–1,5 mm). Kopf mit kleineren Augen; Schläfen kurz, aber deutlich ausgebildet. **2**

2 Elytren lang und gestreckt, etwa 1,5-mal so lang wie das Pronotum. Rötlichgelb bis rotbraun; Kopf und Abdomen zur Spitze dunkler; Beine und

Basis der Fühler gelb. Fühler mit 5 größeren und dunkleren Endgliedern. Oberseite schwach glänzend, kräftig, aber weitläufig und seicht punktiert. 2,0–3,0 mm (RL: 1,2–1,5 mm). Habitus: Abb. 16d. Von Großbritannien über Mittel- und das südliche Nordeuropa bis nach Südosteuropa verbreitet; östliche Verbreitungsgrenze unbekannt. Im gesamten Mitteleuropa in ebenen Lagen verbreitet und selten, im Gebirge meist fehlend. .... ***palpalis*** (ERICHSON, 1839)

– Elytren kürzer, nur so lang wie das Pronotum. Zierlicher als *palpalis* gebaut, etwa 2,0 mm (RL: 1,2 mm) lang. Fühler kürzer, mit deutlich queren vorletzten Gliedern. Von Westeuropa angeblich bis nach Belgien verbreitet. Sehr selten. .... ***flavicollis*** FAUVEL, 1871

Tribus *Thinobiini* J. SAHLBERG, 1876

Gattung *Carpelimus* LEACH, 1819

Kleine bis mittelgroße, 1,3–3,5 mm lange, gestreckte Arten mit abgeflachtem oder drehrundem Körper (Abb. 17e). Meist schwarz, selten die Elytren oder das Pronotum hell. Endglied der Maxillarpalpen klein, nadelförmig. Elytren mit linienförmig abgesetzten Epipleuren. Tibien ohne Dornen. Tarsen 3-gliedrig. Pronotum bei fast allen Arten mit deutlichen Eindrücken. Die bisher gebräuchliche Untergattungsaufteilung wurde von GILDENKOV (2001a, 2001b, 2002, 2003a, 2003b) unter Berücksichtigung der männlichen Geschlechtsmerkmale überarbeitet. Die dadurch entstandene Gruppierung der Arten ist vereinfacht und offenbar in vielen Fällen zutreffender. So scheint für die Untergattungen *Carpelimus* LEACH, 1819 und *Paratrogophloeus* HATCH, 1957 auf Basis der Genitalmorphologie eine Monophylie wahrscheinlich, für die Untergattungen *Troginus* MULSANT & REY, 1878 und *Trogophloeus* MANNERHEIM, 1830 gilt das nur bedingt. Die Abtrennung der bisherigen Untergattung *Myopinus* SCHEERPELTZ, 1937 allein auf Grund der Augengröße ist nicht hinreichend begründet; *elongatulus* wird daher als zur Untergattung *Trogophloeus* gehörig betrachtet. Eine Determination der Arten auf Grund ihrer äußeren Morphologie ist in vielen Fällen schwierig (z. B. bei *pusillus*, *lindrothi*, *despectus*, *schneideri*).

Die Gattung ist mit mehr als 400 Arten weltweit verbreitet, in der Paläarktis kommen etwa 115 Arten vor, von denen mehr als 30 auch in Mitteleuropa vertreten sind.

Die Arten leben zumeist auf vegetationsfreien Flächen, meist an schlammigen, lehmigen oder sandigen Uferpartien fließender oder stehender Gewässer, auch in Schotter. Einige Arten graben wie *Bledius* Gänge in Uferböschungen oder leben in Bodenstreu und Kompost. Wahrscheinlich ernähren sich alle Arten phyto- oder saprophag; einige sind zumindest im mitteleuropäischen Teil ihres Verbreitungsgebietes halophil oder halobiont. *Carpelimus*-Arten sind ausgesprochen flugaktiv und werden oft zahlreich mit dem Autokescher und auch am Licht gefangen.

Aedoeagus-Präparate können in der Regel ohne Aufhellung in KOH hergestellt werden. Die äußere Form des Medianlobus ist dabei wenig aussagekräftig. Ähnlich wie bei *Ochthephilus* und zahlreichen *Thinobius* besitzt der Aedoeagus apikal ein Paar mehr oder weniger sklerotisierte Spangen, die bei Erektion des Internalsackes auseinander klaffen und so die Form des Medianlobus stark verändern. In einigen Fällen (hier in der Untergattung *Paratrogophloeus*) kann zur Determination von ♀♀

die in der Spitze des Abdomens (Segment IX/X) befindliche Ringstruktur genutzt werden (Abb. 112e-j).

Abb. 111: Kopf und Pronotum von *Carpelimus corticinus* (a), *C. despectus* (b), *C. exiguus* ♂ (ca), *C. exiguus* ♀ (cb), *C. gracilis* (d), *C. elongatulus elongatulus* (e), *C. foveolatus foveolatus* (f), *C. halophilus* (g), *C. schneideri schneideri* (h), *C. fuliginosus* (i), *C. pusillus* (j), *C. subtilis* (k), *C. transversicollis* (l), *C. obesus* (m), *C. rivularis* (n), *C. zealandicus* ♂ (oa) und *C. zealandicus* ♀ (ob). Maßstab 0,2 mm. Nach unveröffentlichten Vorlagen von MAKRANCZY (a–n), nach STEEL 1969, verändert (oa–ob).

1 Fühler (Abb. 112b–d) gestreckt, die Glieder IV–VII immer deutlich länger als breit. Mittelgroße bis größere Arten von 2,0–3,6 mm. Pronotum breit und mit meist deutlichen Längseindrücken. 2

– Fühler (Abb. 112a) weniger gestreckt, die Glieder IV–VII kürzer, oft quer, Glied IV nie länger als breit. Arten von 1,3–2,8 mm. 11

2 Augen sehr groß (Abb. 111m), fast die ganzen Seiten des Kopfes einnehmend; Schläfen höchstens ein Viertel der Augenlänge erreichend. ♂: Aedoeagus mit großem asymmetrischen „Ringsklerit" und mit langen und schlanken Parameren, die den Medianlobus deutlich überragen (Untergattung *Carpelimus* LEACH, 1819). 7

– Augen kleiner (Abb. 111n); Kopf hinter den Augen mit deutlichen, backenförmigen Schläfen, die etwa die halbe Augenlänge erreichen. ♂: Aedoeagus mit kurzen, schlanken Parameren, die den Medianlobus nicht deutlich überragen (Untergattung *Paratrogophloeus* HATCH, 1957). 3

3 Kopf und Pronotum durch dicht gedrängte, nabelförmige Punktur matt. Schwarz, Beine und die Fühlerbasis braunrot. ♂: Aedoeagus (Abb. 113a). 3,3–3,6 mm (RL: 1,7–2,0 mm). Bisher aus Südosteuropa und dem südlichen Mitteleuropa gemeldet; Verbreitung ungenügend bekannt. Aus Mitteleuropa existieren ältere Meldungen aus Österreich und ein aktueller Fund aus dem Rheinland. Sehr selten. An Ufern fließender und stehender Gewässer. .... ***opacus*** (BAUDI DI SELVE, 1848)

– Kopf und Pronotum fein und dicht punktiert, die Punktur auf glänzendem Untergrund stehend, Punktabstände nur wenig kleiner als die Punktdurchmesser. Die hierher gehörenden Arten sind nur anhand ihrer Geschlechtsmerkmale sicher zu unterscheiden. 4

4 ♂: Aedoeagus mit einem in Ventralansicht pfeilförmigen Sklerit, das in lateraler Ansicht hakenförmig gebogen ist (Abb. 113b–c). ♀: Ringstruktur (Abb. 112i–j) etwa so lang wie breit. 5

– ♂: Aedoeagus ohne ein in Ventralansicht pfeilförmiges Sklerit (Abb. 113d–e). ♀: Ringstruktur (Abb. 112e–h) gestreckt, länger als breit. Größere Arten, Pronotum mehr als 0,58 mm breit. 6

5 ♂: Aedoeagus (Abb. 113b) mit einem Paar kleinerer Basalsklerite. ♀: Ringstruktur: Abb. 112j. Durchschnittlich kleiner, 2,6–3,3 mm (RL: 1,3–1,6 mm), Pronotum 0,50–0,58 mm breit. Fühlerglieder IX und X etwa so lang wie breit. Schwarz, Beine bis auf die gelben Tarsen und die Fühlerbasis braun. Von Großbritannien und Nordafrika über die gesamte Paläarktis verbreitet, auch in Nordamerika. In Mitteleuropa an Ufern und anderen feuchten Stellen überall verbreitet und häufig. .... ***rivularis*** (MOTSCHULSKY, 1860)

– ♂: Aedoeagus (Abb. 113c) mit einem Paar größerer Basalsklerite. ♀: Ringstruktur: Abb. 112i. Durchschnittlich größer, 2,8–3,4 mm (RL: 1,4–1,7 mm), Pronotum 0,54–0,65 mm breit. Fühlerglieder IX und X etwas länger als breit. Schwarz, Elytren oft etwas heller; Beine gelbbraun; Fühlerbasis in größerem Umfang gelbbraun. Vom Kaukasusgebiet, der Türkei, Transkaspien und Südosteuropa bis nach Großbritannien verbreitet. In Mitteleuropa nicht häufig, nach Norden seltener, bisher aus Polen und Dänemark unbekannt. An Ufern stehender und fließender Gewässer. .... ***similis*** (SMETANA, 1967)

6 ♂: Aedoeagus (Abb. 113d) mit breiteren Basalskleriten. ♀: Ringstruktur (Abb. 112e–f) mehr einheitlich langgestreckt bis oval. 2,7–3,5 mm (RL: 1,4–1,7 mm). Schwarz; Beine und Fühlerbasis in unterschiedlichem Umfang aufgehellt, braun bis gelb. Aus der gesamten Westpaläarktis bis nach Mittelasien belegt, Meldungen aus anderen Gebieten sind wegen möglicher Verwechslungen unsicher. In Mitteleuropa überall nicht selten. An Ufern und anderen feuchten Stellen. .... ***bilineatus*** STEPHENS, 1834

– ♂: Aedoeagus (Abb. 113e) mit schlankeren Basalskleriten. ♀: Ringstruktur (Abb. 112g–h) in der Mitte abgesetzt. 3,0–3,5 mm (RL: 1,5–1,8 mm). Schwarz; Beine und Fühlerbasis in unterschiedlichem Umfang aufgehellt, braun bis gelb. Aus Südosteuropa und dem südlichen Osteuropa bis nach Mitteleuropa verbreitet, auch aus Mittelasien bekannt. In Mitteleuropa seltener als *bilineatus*. An Ufern. .... ***erichsoni*** (SHARP, 1871)

7 Kopf und Pronotum duch kräftige Mikroskulptur matt, ohne sichtbare Punktur. Elytren kräftig punktiert. Schwarz, Fühlerbasis und Beine machmal heller. 2,5–2,8 mm (RL: 1,3–1,5 mm). ♂: Aedoeagus: Abb. 113f. Von Nordafrika und Südeuropa bis ins Baikalgebiet verbreitet. In Mitteleuropa zumeist nur alte Meldungen aus dem östlichen Österreich. Sehr selten. An Ufern, besonders an Salzstellen. ....
.... ***anthracinus anthracinus*** (MULSANT & REY, 1861)

– Pronotum auf glänzender Oberfläche deutlich erkennbar punktiert. **8**

8 Fühler weniger gestreckt, Glieder VIII–X etwa so lang wie oder nur wenig länger (< 1,1 ×) als breit (Abb. 112d). Längseindrücke auf dem Pronotum reduziert oder fehlend. 2,0–2,4 mm (RL: 1,1–1,4 mm); Pronotum 0,45–0,52 mm breit. Schwarz; Pronotum manchmal, Elytren oft etwas heller; Fühler und Beine braun, Fühlerbasis, Tibien und Tarsen heller. ♂: Aedoeagus: Abb. 113g. Von Nordafrika über das gesamte Mittelmeergebiet und Vorderasien bis auf die Arabische Halbinsel und in die Mongolei verbreitet. In Mitteleuropa nur aus dem Süden (Österreich, Tschechische Republik, Slowakei und Südpolen) gemeldet, meist nur alte Funde. Sehr selten. Vorwiegend auf Sand- und Schotterbänken an Fließgewässern. .... ***politus politus*** (KIESENWETTER, 1850)

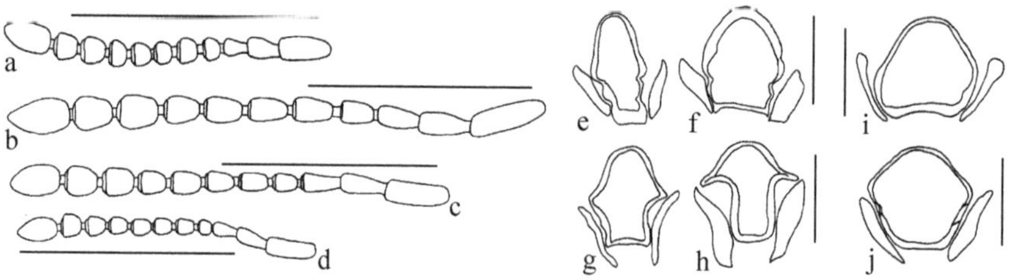

Abb. 112: Fühler (a–d) und ♀-Ringstrukturen (e–j) von *Carpelimus corticinus* (a), *C. gusarovi* (b), *C. obesus* (c), *C. politus politus* (d), *C. bilineatus* (e, f), *C. erichsoni* (g, h), *C. similis* (i) und *C. rivularis* (j). Maßstäbe 0,5 mm (a–d), 0,1 mm (e–j). Nach MAKRANCZY 2002 (e–j).

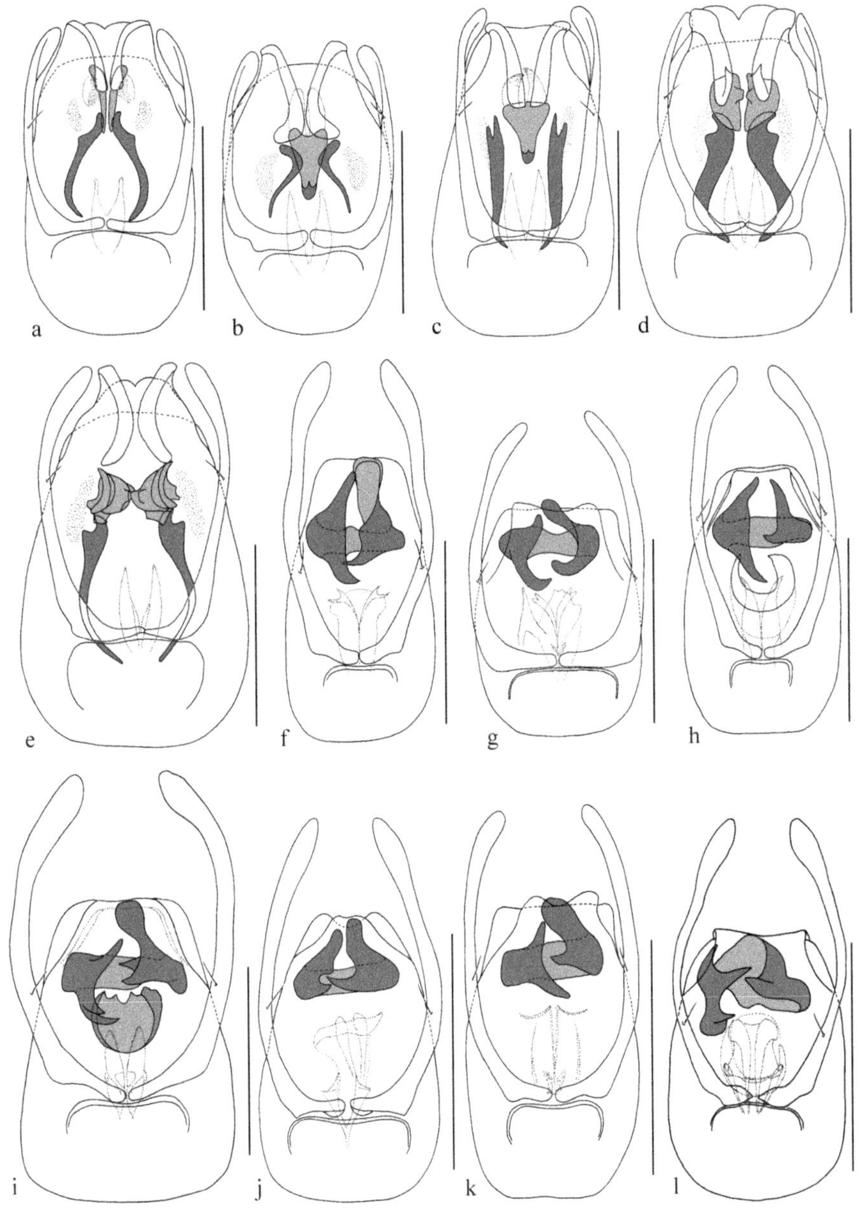

Abb. 113: Aedoeagus (ventral) von *Carpelimus opacus* (a), *C. rivularis* (b), *C. similis* (c), *C. bilineatus* (d), *C. erichsoni* (e), *C. anthracinus anthracinus* (f), *C. politus politus* (g), *C. obesus* (h), *C. gusarovi* (i), *C. nitidus* (j), *C. fuliginosus* (k) und *C. insularis* (l). Maßstäbe 0,25 mm.

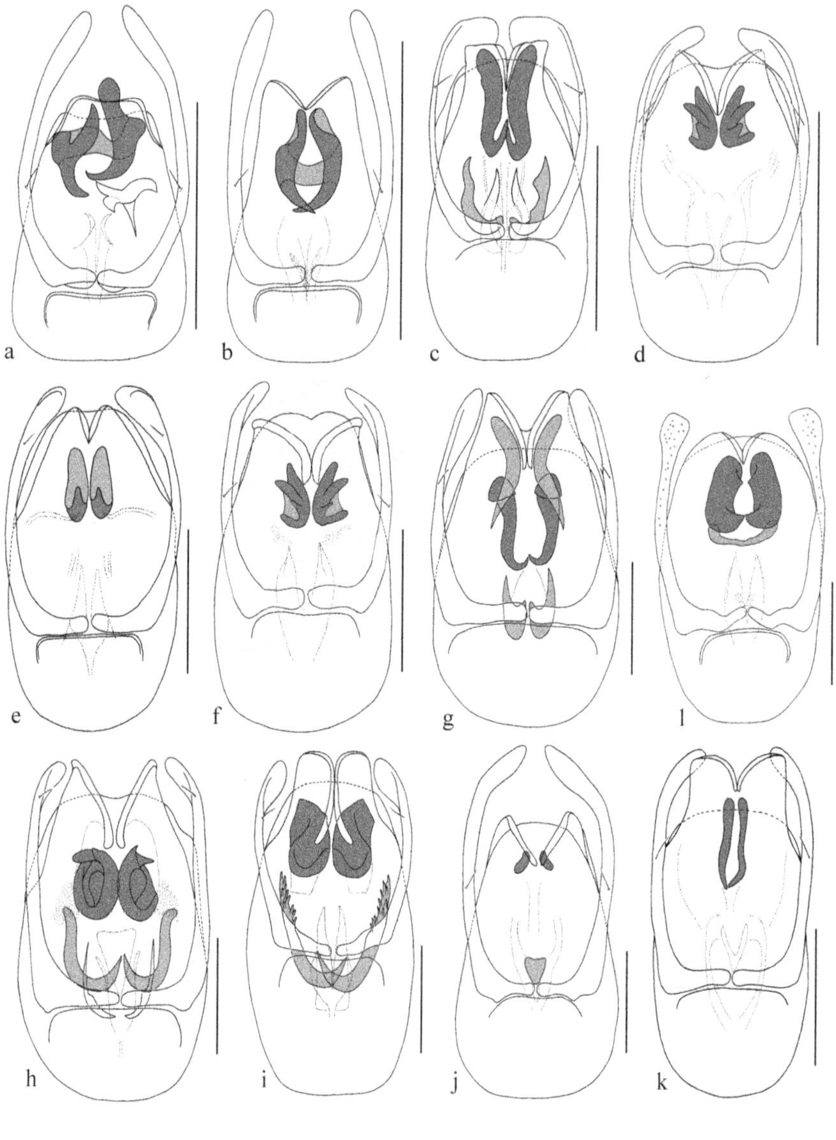

Abb. 114: Aedoeagus (ventral) von *Carpelimus lindrothi lindrothi* (a), *C. pusillus* (b), *C. elongatulus elongatulus* (c), *C. impressus* (d), *C. subtilis* (e), *C. heidenreichi* (f), *C. punctatellus* (g), *C. ganglbaueri* (h), *C. corticinus* (i), *C. manchuricus subtilicornis* (j), *C. alutaceus* (k) und *C. despectus* (l). Maßstäbe 0,25 mm (a–d), 0,1 mm (e–l).

– Fühler gestreckter, auch die Glieder VIII–X deutlich (> 1,2 ×) länger als breit (Abb. 112b–c). Pronotum mit deutlichen Längseindrücken (wie in Abb. 111m). Meist deutlich größer. Schwarz; Basis der Fühler und Beine bis auf die gelbbraunen Tarsen nur wenig heller. **9**

9 Etwas kleiner, 2,1–2,7 mm (RL: 1,1–1,4 mm). Pronotum schmaler, 0,43–0,50 mm breit. ♂: Aedoeagus (Abb. 113l) im Basalteil mit großen sklerotisierten Strukturen. Nordafrika, Südeuropa, Kaukasusgebiet, Vorder- und Mittelasien, auch aus der Äthiopischen Region bekannt. In Mitteleuropa nur aus der Schweiz gemeldet, sichere Belege fehlen bisher. An Ufern von Fließgewässern. .... [***insularis*** (KRAATZ, 1858)]

– Größere, nur anhand des Aedoeagus sicher trennbare Arten. 2,6–3,2 mm (RL: 1,3–1,7 mm), Pronotum 0,55–0,65 mm breit. **10**

10 ♂: Aedoeagus (Abb. 113i) im Internalsack neben dem großen apikalen „Ringsklerit" mit einem weiteren großen Sklerit, das apikal in 4 kurze Spitzen ausläuft. Holomediterrane Art. In Mitteleuropa bisher aus Österreich (Neusiedler See), Baden-Württemberg und den Niederlanden bekannt. Selten. An See- und Grabenufern. .... ***gusarovi*** GILDENKOV, 1997

– ♂: Aedoeagus (Abb. 113h) im Internalsack neben dem großen Apikalsklerit mit einem weiteren großen Sklerit, das in 2 längere Spitzen ausläuft. Transpaläarktisch verbreitete Art, auch aus Australien und Nordamerika gemeldet. In Mitteleuropa überall häufig. An Ufern und anderen feuchten Stellen. .... ***obesus*** (KIESENWETTER, 1844)

11 Augen sehr groß (Abb. 111i), fast die ganzen Seiten des Kopfes einnehmend; Schläfen höchstens ein Drittel der Augenlänge erreichend. ♂: Aedoeagus mit langen und schlanken Parameren, die den Medianlobus deutlich überragen (Untergattung *Carpelimus* LEACH, 1819). **12**

– Augen kleiner, Kopf hinter den Augen mit deutlichen, backenförmigen Schläfen oder allmählich verengt, die Schläfen aber immer länger als ein Drittel der Augenlänge (Abb. 111a–h, j–l, o). ♂: Aedoeagus mit kurzen, schlanken Parameren, die den Medianlobus nicht deutlich überragen (Ausnahme: *pusillus* und *manchuricus subtilicornis*). **13**

12 Kleiner, 1,7–2,3 mm (RL: 1,0–1,2 mm); Pronotum 0,40–0,45 mm breit. Kopf, Pronotum und Elytren kräftig punktiert, glänzend. Längseindrücke auf dem Pronotum deutlich. Schwarz, nur die Tarsen heller. Von dem ähnlichen *lindrothi* durch die größeren Augen und den Aedoeagus (Abb. 113j) zu unterscheiden. Holomediterrane Art, von Nordafrika bis nach Mittelasien verbreitet. In Mitteleuropa nur im Süden weiter verbreitet, nach Norden und Westen sehr selten oder fehlend. An Ufern und anderen feuchten Stellen, auch auf Salzboden. .... ***nitidus*** (BAUDI DI SELVE, 1848)

– Größer, 2,2–2,7 mm (RL: 1,1–1,1,4 mm); Pronotum 0,45–0,55 mm breit. Kopf, Pronotum und Elytren fein punktiert, glänzend. Längseindrücke auf dem Pronotum bis auf kleine Eindrücke an der Basis reduziert oder ganz fehlend (Abb. 111i). Kopf und Abdomen schwarz; Pronotum und Elytren oft etwas heller; Beine und die Fühlerbasis hellbraun. Von dem sehr ähnlichen *politus* durch kürzere Fühlerglieder IV–VII und durch den Aedoeagus (Abb. 113k) zu unterscheiden. Von Nordafrika über das gesamte Südeuropa bis in die Türkei, den Kaukasus, das südliche Nordeuropa und das zentrale Russland verbreitet. In Mitteleuropa nicht häufig, teilweise nur ältere

Meldungen. An Ufern und anderen Feuchtstellen sowie in Gras- und Heuhaufen, Kompost und Misthaufen. .... ***fuliginosus*** (GRAVENHORST, 1802)

13 Augen sehr klein (Abb. 111e, k), deutlich kürzer als die deutlich backenförmig erweiterten Schläfen. Oberfläche von Kopf und Pronotum matt oder sehr fein punktiert (Untergattung *Trogophloeus* MANNERHEIM, 1830). **14**

– Augen größer, mindestens so lang wie oder deutlich länger als die Schläfen (Abb. 111a–b, d, f–g, l), oder mit langen, flach in den Hals übergehenden Schläfen (Abb. 111c, h, o). Oberfläche von Kopf und Pronotum matt, fein oder grob punktiert. **15**

14 Klein, 1,3–1,7 mm (RL: 0,8–0,9 mm). Pronotum (Abb. 111k) wenig quer (Breite/Länge: 1,10–1,18). Oberfläche von Kopf und Pronotum fein mikroskulptiert und punktiert, schwach glänzend. Kopf und Abdomen schwarz, Pronotum und Elytren meist etwas heller; Beine und Fühler gelbbraun mit gelber Fühlerbasis sowie gelben Tibien und Tarsen. Leicht mit *gracilis* zu verwechseln, von diesem jedoch durch den Genitalbau und die kleinen Augen zu unterscheiden. ♂: Aedoeagus mit 2 kleineren Skleriten im Apikalteil des Medianlobus (Abb. 114e). Nord- und Mitteleuropa, nördliches Südeuropa, östliche Verbreitungsgrenze unsicher. In Mitteleuropa überall selten. An Ufern von fließenden und stehenden Gewässern, an der Küste auch an Steilufern. .... ***subtilis*** (ERICHSON, 1839)

– Größer, 2,0–2,6 mm (RL: 0,95–1,25 mm). Pronotum (Abb. 111e) stärker quer (Breite/Länge: 1,24–1,30). Oberfläche von Kopf und Pronotum durch starke Mikroskulptur und dichte Punktur völlig matt. Schwarz; Beine und Fühlerbasis braun; Tarsen gelb. ♂: Aedoeagus mit 2 apikalen Skleriten und deutlichen Basalstrukturen im Medianlobus (Abb. 114c). Von Westeuropa bis ins Baikalgebiet verbreitete Unterart. In Mitteleuropa überall einer der häufigsten Gattungsvertreter. An Ufern, auf Feuchtwiesen, auf Agrarland, auch in feuchter Bodenstreu. .... ***elongatulus elongatulus*** (ERICHSON, 1839)

15 Kopf und Pronotum mit grober oder feiner, aber immer deutlich sichtbarer Punktur, die Punkte durch erkennbare Zwischenräume getrennt. Zwei Arten mit intermediärer Merkmalsausprägung (*incongruus*, *zealandicus*) werden hier doppelt angeführt. **16**

– Kopf und Pronotum mit kräftiger Mikroskulptur, in der die Punktur nicht sichtbar ist. **24**

16 Körper, vor allem Kopf und Pronotum, kaum abgeflacht, zylindrisch. Kopf besonders beim ♂ sehr groß. Schläfen hinter den Augen allmählich verengt, nicht backenförmig abgesetzt (Abb. 111oa-ob). Pronotum etwa so lang wie breit (Breite/Länge: 1,0–1,25) (Untergattung *Troginus* MULSANT & REY, 1878). **17**

– Körper abgeflacht. Schläfen backenförmig abgesetzt. Pronotum deutlich quer (Breite/Länge > 1,25). **18**

17 Größer, 2,3–2,7 mm (RL: 1,2–1,6 mm). Punktur auf der Innenhälfte des Pronotums kräftiger und dichter, Punktdurchmesser größer als die Punktzwischenräume. ♂: Aedoeagus (Abb. 115f) mit etwas längeren und schlankeren Skleriten. Aus Neuseeland beschrieben, adventiv in Mitteleuropa und Großbritannien. Aus Belgien, den Niederlanden, Deutschland, Österreich, der Schweiz und Schweden gemeldet. Belege aus Nord- und Westdeutschland konnten bestätigt werden, alle anderen

Meldungen bleiben auf Grund der bisher nicht erfolgten Trennung von *incongruus* fraglich. Ripicole und flugaktive Art, zumeist im Autokescher nachgewiesen. Siehe auch Leitzahl 26. .... ***zealandicus*** (SHARP, 1900)

– Kleiner, 1,7–2,3 mm (RL: 1,0–1,3 mm). Punktur auf der Innenhälfte des Pronotums feiner und weitläufiger, Punktdurchmesser kleiner als die Punktzwischenräume. ♂: Aedoeagus mit kürzeren und weniger schlanken Skleriten. Aus Großbritannien beschrieben und angeblich ebenfalls aus Neuseeland stammend. Galt bis vor kurzem als Synonym von *zealandicus*. Bestätigte Belege existieren derzeit nur aus Großbritannien. An Ufern, in Sandgruben, auch an der Küste. Siehe auch Leitzahl 26. .... [***incongruus*** STEEL, 1969]

18 Augen mindestens doppelt so lang wie die Schläfen. **19**

– Augen kleiner, deutlich weniger als doppelt so lang wie die Schläfen, oft nicht oder kaum länger als diese (Untergattung *Trogophloeus* MANNERHEIM, 1830). **21**

19 Glänzend, kräftig und etwas weitläufig punktiert; Punktzwischenräume auf Kopf, Pronotum und Elytren fast so groß wie die Punktdurchmesser. Schwarz, Fühlerbasis und Beine nur wenig heller; Tarsen gelb. Ähnlich *nitidus*, von diesem durch die deutlich backenförmigen Schläfen und den Aedoeagus (Abb. 114a) zu unterscheiden (Untergattung *Carpelimus* LEACH, 1819). Transpaläarktisch von Großbritannien über Nord-, Mittel- und Osteuropa bis in den Fernen Osten Russlands verbreitet. In Mitteleuropa nur im Norden häufiger, aus dem Süden nur Einzelfunde aus der Schweiz und Österreich. An Ufern stehender und fließender Gewässer. .... ***lindrothi lindrothi*** (PALM, 1943)

– Oberfläche des Vorderkörpers nur matt glänzend, feiner und dichter punktiert (Untergattung *Trogophloeus* MANNERHEIM, 1830). **20**

20 Größer, 2,2–2,5 mm (RL: 1,2–1,4 mm). Breiter gebaut, Pronotum 0,45–0,52 mm breit. Schwarz; Beine bis auf die gelben Tarsen dunkelbraun; Fühlerglied I rotbraun. ♂: Aedoeagus (Abb. 114d) mit einem Paar apikaler Sklerite. Transpaläarktisch von Großbritannien bis in den Fernen Osten Russlands verbreitet. In Mitteleuropa überall, aber nur im Süden häufiger. An Ufern stehender und fließender Gewässer. .... ***impressus*** (LACORDAIRE, 1835)

– Kleiner, 1,9–2,2 mm (RL: 1,0–1,1 mm). Schlanker gebaut, Pronotum 0,35–0,40 mm breit. Schwarz mit dunkelbraunen Beinen, gelben Tarsen und undeutlich aufgehellter Fühlerbasis. ♂: Aedoeagus (Abb. 114f) sehr ähnlich *impressus*. Von *corticinus* und *manchuricus subtilicornis* außer durch die Innenstrukturen des Aedoeagus durch die kürzeren Schläfen zu unterscheiden. Transpaläarktisch von Mitteleuropa bis nach Ostsibirien verbreitet. In Mitteleuropa weit verbreitet, aber selten; aus dem Westen und Norden (Benelux, Dänemark) teilweise noch unbekannt. Meist an sandigen Ufern größerer Flüsse. .... ***heidenreichi*** (L. BENICK, 1934)

21 Vorderkörper sehr glänzend, weitläufig und sehr kräftig punktiert. Eindrücke auf dem Pronotum undeutlich. Schläfen etwas länger als die Augen. Fühler kurz, Glieder V–X deutlich quer. 1,7–2,1 mm (RL: 0,7–1,0 mm). Schwarz, Fühlerbasis und Beine kaum heller; Tarsen gelb. ♂: Aedoeagus: Abb. 114g. Von Mittelasien über das Kaukasusgebiet bis ins westliche und nördliche Mitteleuropa verbreitet. Selten. In Trockenbiotopen,

Steinbrüchen, Sandgruben und auf sonnenexponierten Schotter- und Kiesbänken. .... ***punctatellus*** (ERICHSON, 1840)

– Vorderkörper weniger glänzend, seine Punktur feiner und dichter. Pronotum mit deutlichen Längseindrücken. Fühlerglieder weniger stark quer, zumindest die Glieder V und VII oft kaum breiter als lang. **22**

22 Pronotum in der Hinterhälfte zwischen den Längseindrücken mit glänzender, unpunktierter Mittellinie. Kopf und Pronotum glänzend, mit deutlicher, grober Punktur und glänzenden Zwischenräumen. Glied VII der Fühler deutlich quer. Schläfen fast so lang wie die Augen. 1,5–1,9 mm (RL: 0,8–1,0 mm). Schwarz; Beine bis auf die etwas aufgehellten Tarsen und Fühler schwarzbraun bis schwarz. ♂: Aedoeagus (Abb. 114h) mit einem Paar großer Apikalsklerite und gebogenen Basalskleriten. Südosteuropa und Mitteleuropa. Selten. An Salzstellen in Norddeutschland, Österreich, der Slowakei und der Tschechischen Republik. ... ***ganglbaueri*** (BERNHAUER, 1901)

– Pronotum ohne glänzende Mittellinie in der Hinterhälfte. Oberfläche von Kopf und Pronotum matter, fein und dicht punktiert, teilweise mit deutlicher Mikroskulptur. Schläfen meist deutlich kürzer als die Augen. **23**

23 Vorderkörper fein punktiert, aber ohne deutliche Mikroskulptur. Schläfen fast so lang wie die Augen. 2,0–2,3 mm (RL: 1,0–1,2 mm). Schwarz, Beine bis auf die gelben Tarsen braun. ♂: Aedoeagus (Abb. 114i) ähnlich *ganglbaueri* mit einem Paar großer Apikalsklerite und gebogenen Basalskleriten, Parameren nur so lang wie der Medianlobus. In der gesamten Paläarktis von Nordafrika und Westeuropa bis Japan verbreitet, auch aus Nord-und Südamerika sowie Australien gemeldet. In Mitteleuropa überall sehr häufig. An den Ufern stehender und fließender Gewässer, auf feuchten Wiesen, Äckern und in feuchter Bodenstreu. ***corticinus*** (GRAVENHORST, 1806)

– Vorderkörper fein punktiert und mit deutlicher Mikroskulptur. Schläfen deutlich kürzer als die Augen. 2,0–2,3 mm (RL: 1,0–1,3 mm). Schwarz, Beine bis auf die gelben Tarsen braun. ♂: Aedoeagus (Abb. 114j) mit kleinen Apikalskleriten, Parameren den Medianlobus deutlich überragend. Transpaläarktisch von Großbritannien bis in den Fernen Osten Russlands verbreitete Art. Die Unterart *subtilicornis* in Mitteleuropa wahrscheinlich überall verbreitet, meist seltener als der ähnliche *corticinus*. An Ufern stehender und fließender Gewässer, auch auf Agrarland. ....
.... ***manchuricus subtilicornis*** (ROUBAL, 1946)

24 Pronotum kaum quer (Breite/Länge meist < 1,2). Arten mit mehr zylindrischem Habitus; besonders Kopf und Pronotum stark gewölbt. Schläfen hinter den Augen allmählich verengt (Abb. 111ca-cb, oa-ob). Elytren nicht ausgesprochen grob punktiert. ♂ mit deutlich vergrößertem Kopf und unterschiedlich geformtem Pronotum. Auch die Größe und Tiefe der Eindrücke auf dem Pronotum kann sexualdimorph sein (Untergattung *Troginus* MULSANT & REY, 1878). **25**

– Pronotum deutlicher quer (Breite/Länge meist > 1,2). Arten die hinsichtlich der Proportion des Pronotums nicht immer deutlich über 1,2 liegen, besitzen einen zumindest nicht deutlich zylindrischen Habitus (*despectus*, *schneideri*, *alutaceus*, *gracilis*), kurze backenförmige Schläfen (*despectus*, *punctipennis*) oder grob punktierte Elytren (*despectus*). **27**

25 Oberfläche von Kopf und Pronotum mit kräftiger Mikroskulptur, matt, ohne deutlich erkennbare Punktur. Pronotum etwas quer (Breite/Länge: 1,1–1,2)

(Abb. 111ca-cb). Schwarz; Beine heller braun, die Femora aber oft geschwärzt. 1,8–2,2 mm (RL: 1,0–1,2 mm). ♂: Aedoeagus (Abb. 115g) mit 2 kleinen apikalen Skleriten. Fast über die gesamte Paläarktis und Paläotropis verbreitete Art. In Mitteleuropa nur im Süden und Osten, im Norden und Westen meist fehlend. Selten. .... ***exiguus*** (ERICHSON, 1839)

– Oberfläche von Kopf und Pronotum etwas glänzend, mit undeutlicher Mikroskulptur und deutlich erkennbarer feiner Punktur. Bei den hierher gehörenden Arten (siehe auch Leitzahl 17) kommen Exemplare mit kräftigerer Mikroskulptur vor, in der die Punktur nicht mehr deutlich sichtbar ist. **26**

26 Größer, 2,3–2,7 mm (RL: 1,2–1,6 mm). Punktur auf der Innenhälfte des Pronotums kräftiger und enger, Punktdurchmesser größer als die Punktzwischenräume. ♂: Aedoeagus (Abb. 115f) mit etwas längeren und schlankeren Skleriten. Siehe auch Leitzahl 17. .... ***zealandicus*** (SHARP, 1900)

– Kleiner, 1,7–2,3 mm (RL: 1,0–1,3 mm). Punktur auf der Innenhälfte des Pronotums feiner und weitläufiger, Punktdurchmesser kleiner als die Punktzwischenräume. ♂: Aedoeagus ähnlich dem des *zealandicus* mit kürzeren und weniger schlanken Skleriten. Siehe auch Leitzahl 17. .... [***incongruus*** STEEL, 1969]

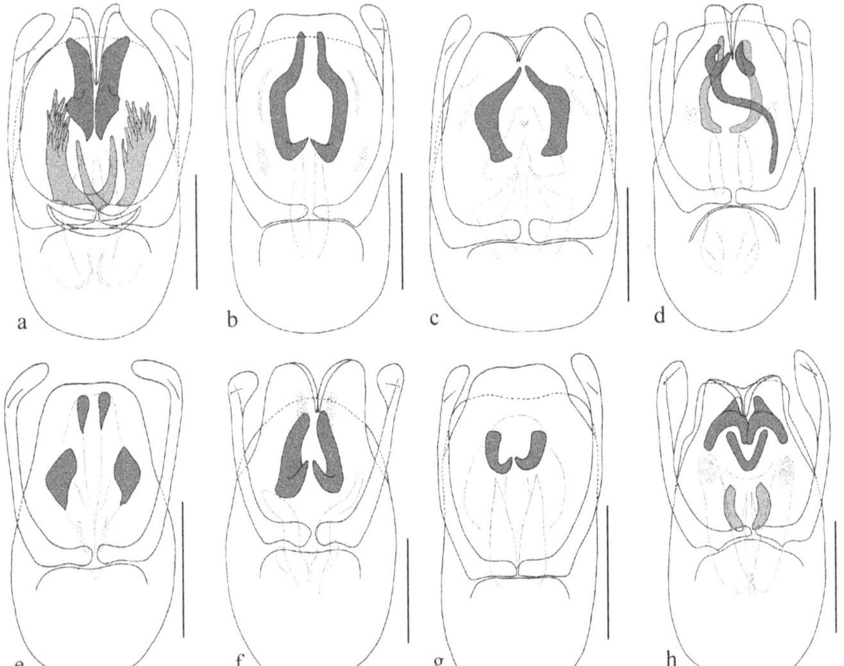

Abb. 115: Aedoeagus (ventral) von *Carpelimus gracilis* (a), *C. foveolatus foveolatus* (b), *C. punctipennis* (c), *C. halophilus* (d), *C. transversicollis* (e), *C. zealandicus* (f), *C. exiguus* (g) und *C. schneideri schneideri* (h). Maßstäbe 0,1 mm.

27 Glieder IX und X der Fühler nicht deutlich quer. Arten mit großen bis sehr großen Augen (Abb. 111j), diese 2–3-mal so lang wie die wenig backenförmig ausgebildeten Schläfen. Elytren mit feiner Punktur. Elytren oft braun; Beine und die Fühlerbasis stets heller, gelb bis gelbbraun. **28**

– Glieder IX und X der Fühler deutlich quer. Arten mit kleineren Augen, meist deutlich weniger als das Doppelte der Schläfenlänge erreichend. Schläfen deutlich backenförmig vom Hals abgesetzt (Abb. 111d, f, h, l). Bestehen hinsichtlich Augenlänge und Fühlerbau Zweifel (Abb. 111b, g), sind hierher gehörende Arten schwarz mit dunkler Fühlerbasis, an den Beinen höchstens die Tarsen hell (*despectus*, *halophilus*). **29**

28 Schlanke Art mit deutlich querem Pronotum (Breite/Länge: ca. 1,3). Augen sehr groß, fast 3-mal so lang wie die Schläfen (Abb. 111j). Elytren deutlich heller als das Pronotum, braun bis gelbbraun; Beine und Fühlerbasis gelb. 1,4–1,9 mm (RL: 0,85–1,1 mm). ♂: Aedoeagus (Abb. 114b) mit großem „Ringsklerit" und langgestreckten Parameren (Untergattung *Carpelimus* LEACH, 1819). Transpaläarktisch verbreitet. In Mitteleuropa überall häufig. An Ufern und Feuchtstellen. .... ***pusillus*** (GRAVENHORST, 1802)

– Weniger schlanke Art, Pronotum weniger stark quer (Breite/Länge: 1,18–1,22). Augen kleiner, etwa doppelt so lang wie die Schläfen. Elytren schwarz bis schwarzbraun, nicht heller als das Pronotum; Fühlerbasis braun; Beine braun mit helleren Tarsen. 1,5–1,8 mm (RL: 0,8–1,0 mm). ♂: Aedoeagus (Abb. 114k) mit 2 schlanken apikalen Skleriten und kürzeren Parameren (Untergattung *Trogophloeus* MANNERHEIM, 1830). Nordafrika, Südeuropa von Spanien bis Griechenland, Ukraine. Das Vorkommen in Mitteleuropa ist zweifelhaft. .... [***alutaceus*** (FAUVEL, 1898)]

29 Kleine, sehr schlanke Art; Pronotum weniger als 0,32 mm breit. Schläfen fast so lang wie die Augen (Abb. 111d). Elytren mit sehr feiner Punktur. 1,4–1,7 mm (RL: 0,8–1,0 mm). Dunkelbraun bis schwarz; Pronotum oft, Elytren immer heller braun; Beine gelb; Basalglied der dunkelbraunen Fühler heller braun. ♂: Aedoeagus (Abb. 115a) mit einem Paar großer Apikalsklerite und langen gebogenen Basalskleriten (Untergattung *Trogophloeus* MANNERHEIM, 1830). Expansiv holomediterrane Art, bis in die Mongolei verbreitet und auch aus Nordamerika gemeldet. In Mitteleuropa überall, im Osten häufiger als im Westen. In der Ebene und in Tallagen der Gebirge, nicht im Hochgebirge. An vegetationsfreien Ufern, in Sand- und Tongruben, auf Agrarland, auch aus Kompost gemeinsam mit *pusillus* gemeldet. .... ***gracilis*** (MANNERHEIM, 1830)

– Weniger schlanke Arten, Pronotum meist breiter als 0,32 mm. Schläfen deutlich kürzer als die Augen. Bei Arten mit ähnlich fein punktierten Elytren sind Pronotum und Elytren nicht aufgehellt. **30**

30 Pronotum stark quer (Breite/Länge > 1,35). Einfarbig schwarze Art mit grober Punktur der Elytren. Durch die Form des Pronotums (Abb. 111f) sowie längere Schläfen und Fühler von dem ähnlichen *despectus* zu unterscheiden. 1,9–2,2 mm (RL: 1,0–1,2 mm). ♂: Aedoeagus (Abb. 115b) mit einem Paar größerer Sklerite (Untergattung *Trogophloeus* MANNERHEIM, 1830). Holomediterran; von Nordafrika und Südwesteuropa bis nach Vorderasien und nach Nordeuropa verbreitet. Halophile Art, an Küsten und Binnenlandsalzstellen weit verbreitet, meist selten. .... ***foveolatus foveolatus*** (C. R. SAHLBERG, 1832)

– Pronotum weniger deutlich quer (Breite/Länge < 1,3). **31**

31 Zweifarbig; Kopf und Abdomen schwarz; Pronotum bis auf die Mitte und die Elytren deutlich heller braun; Beine und Basis der Fühler hellbraun. Elytren kräftig punktiert. 1,7–2,0 mm (RL: 0,85–2,0 mm). ♂: Aedoeagus (Abb. 115c) mit 2 größeren Skleriten und zusätzlichen apikalen und basalen Strukturen. (Untergattung *Trogophloeus* MANNERHEIM, 1830). Von Nordafrika über das gesamte Südeuropa bis nach Vorder- und Mittelasien verbreitet. Meldungen aus Mitteleuropa (Österreich) sind zweifelhaft. .... [***punctipennis*** (KIESENWETTER, 1850)]

– Weniger kontrastreich gefärbt, meist einfarbig schwarz. **32**

32 Schläfen nicht backenförmig, hinter den Augen allmählich verengt (Abb. 111h). Kopf wie bei *exiguus* wenig abgeflacht und relativ groß. Pronotum sichtbar abgeflacht und deutlich quer (Breite/Länge: 1,2–1,3). Elytren fein punktiert. Schwarz, auch die Beine und die Fühlerbasis kaum heller. ♂: Aedoeagus (Abb. 115h) mit apikal etwas erweiterten Parameren (Untergattung *Troginus* MULSANT & REY, 1878). Westeuropäischer Küstenbewohner. In Mitteleuropa nur an der Nordseeküste und auf der dänischen Insel Fyn. Selten. Auf Salzwiesen und an Grabenufern. .... ***schneideri schneideri*** (GANGLBAUER, 1895)

– Schläfen deutlich backenförmig oder wenigstens deutlich winklig vom Hals abgesetzt (Abb. 111b, g, l). Vorderkörper deutlich abgeflacht und/oder Elytren mit kräftiger Punktur. **33**

33 Schläfen viel kürzer als die halbe Augenlänge (Abb. 111b), weniger stark vom breiten Hals abgesetzt. Habitus etwas gewölbt, aber nicht so konisch wie bei *exiguus*. Elytren mit deutlicher, grober Punktur. 1,5–2,0 mm (RL: 0,85–1,1 mm). Schwarz; etwas glänzend; Beine manchmal heller braun. ♂: Aedoeagus (Abb. 114l) mit einem Paar kräftiger Apikalsklerite (Untergattung *Troginus* MULSANT & REY, 1878). Von dem ähnlichen *foveolatus* durch den Schläfenbau und kürzere Fühler zu unterscheiden. Aus Vorder- und Mittelasien bis nach West- und Nordeuropa verbreitet, eine weitere Unterart lebt in der Ostpaläarktis. In Mitteleuropa weit verbreitet, aber meist selten. Die Art lebt wie manche *Bledius* oft individuenreich an Ufern und Steilwänden. .... ***despectus*** (BAUDI DI SELVE, 1870)

– Schläfen etwa von halber Augenlänge, deutlicher vom Hals abgesetzt. Habitus deutlich abgeflacht. Elytren weniger kräftig punktiert (Untergattung *Trogophloeus* MANNERHEIM, 1830). **34**

34 Kleiner, 1,3–1,7 mm (RL: 0,75–0,9 mm) und schmaler (Abb. 111g). Pronotum weniger als 0,34 mm breit. Punktur auf den Elytren in der kräftigen Mikroskulptur nur undeutlich. Färbung einheitlich schwarz; Beine ebenfalls dunkel, nur die Spitzen der Tibien und die Tarsen heller. ♂: Aedoeagus (Abb. 115d) mit asymmetrischen Innenstrukturen. Von Nordafrika bis ins Baikalgebiet verbreitet. In Mitteleuropa an Küsten und Binnenlandsalzstellen weit verbreitet und lokal nicht selten. .... ***halophilus*** (KIESENWETTER, 1844)

– Größer, 1,5–1,8 mm (RL: 0,85–1,0 mm) und breiter (Abb. 111l). Pronotum mehr als 0,35 mm breit. Punktur auf den Elytren auf glänzendem Untergrund deutlich. Schwarz, Elytren meist etwas heller; Beine dunkelbraun mit hellen Spitzen der Tibien und Tarsen; Fühlerbasis gelbbraun. ♂: Aedoeagus (Abb. 115e) mit umfangreichen, symmetrischen

Innenstrukturen. Pontomediterrane Art, von Vorderasien und Südosteuropa bis ins südöstliche Mitteleuropa (Neusiedlersee) verbreitet. Sehr selten. An schlammigen Ufern unter Schilfdetritus gefunden, Salzbindung unsicher. .... ***transversicollis*** (SCHEERPELTZ, 1947)

Gattung *Ochthephilus* MULSANT & REY, 1856

Gestreckt und parallelseitig (Abb. 17f). Elytren sehr lang und abgeflacht. Pronotum mit ankerförmigem Eindruck. Von ähnlichen Arten der Gattung *Thinobius* durch die Körpergröße und deutlich abgesetzte Epipleuren, von *Carpelimus* und *Thinodromus* durch die abgeflachte Körperform, von allen genannten Gattungen durch das größere, an der Basis verdickte letzte Glied der Maxillartaster zu unterscheiden. Zur sicheren Bestimmung der Arten ist die Präparation der Genitalsegmente VIII–X, des Aedoeagus und der im Segment IX/X des Abdomens befindlichen genitalen Ringstrukturen der Weibchen notwendig. Die mitteleuropäischen Arten der Gattung wurden von MAKRANCZY (2001) revidiert. Die bisher gültige Einteilung in Untergattungen ist phylogenetisch nicht begründet und wird deshalb hier nicht verwendet. Ältere Verbreitungsangaben sind bis auf wenige Ausnahmen als unsicher zu betrachten. Über die Verbreitung der hier behandelten Arten außerhalb Mitteleuropas ist daher zurzeit nur wenig bekannt.

Die Vertreter der holarktisch verbreiteten Gattung leben in Moospolstern der Sprühzone von Wasserfällen, Mühlenwehren etc., einige ähnlich wie *Thinobius*-Arten auf Sand- und Schotterbänken. Soweit bekannt, sind die meisten Arten flugaktiv und werden auch im Autokescher gefangen. Von den 45 in der Paläarktis verbreiteten Arten wurden bisher 14 in Mitteleuropa nachgewiesen.

1 Seitenrand und Vorderecken des Pronotums mit stumpfen Zähnen (Abb. 116a). Punktur auf Pronotum und Elytren grob. 3,5–4,0 mm (RL: 1,9–2,3 mm). ♂: Aedoeagus: Abb. 117o. Von Südwesteuropa bis ins westliche Mitteleuropa verbreitet. Westliche Schweiz, Belgien, Niederlande, südliches und westliches Deutschland. Lokal, aber an den Fundstellen nicht selten. An Ufern von Fließgewässern. .... ***flexuosus*** MULSANT & REY, 1856

– Seitenrand und Vorderecken des Pronotums ohne Zähne. Punktur auf den Elytren feiner. **2**

2 Hinterecken von Tergit VIII in beiden Geschlechtern in scharfe Spitzen ausgezogen (Abb. 116d). 4,3–4,8 mm (RL: 2,2–2,5 mm). ♂: Aedoeagus: Abb. 117a. ♀: Ringstruktur: Abb. 116y. Holomediterrane Art. In Mitteleuropa im Süden weit verbreitet, aber selten. In der Ebene weithin fehlend, aber auch aus Dänemark bekannt. An Bachufern, in Spritzmoos, oft auch in Höhlen. .... ***aureus*** (FAUVEL, 1871)

– Hinterecken von Tergit VIII immer abgerundet (Abb. 116e–i). **3**

3 Nahtwinkel der Elytren sehr stark abgerundet. Punktur auf Pronotum und Elytren sehr fein und unregelmäßig, auf dem mikroskulptierten Untergrund nur schwer sichtbar. Elytren mit ungleicher, längerer Beborstung. Fühler sehr schlank, mittlere Fühlerglieder etwa doppelt so lang wie breit. 4,0–4,4 mm (RL: 2,0–2,3 mm). Tergit X in beiden Geschlechtern mit gezähntem Hinterrand (Abb. 116j–k). ♂: Aedoeagus: Abb. 117b. Besonders im südlichen Frankreich und den Südalpen verbreitet. In Mitteleuropa bisher nur aus Österreich (Osttirol) gemeldet. .... ***emarginatus*** (FAUVEL, 1871)

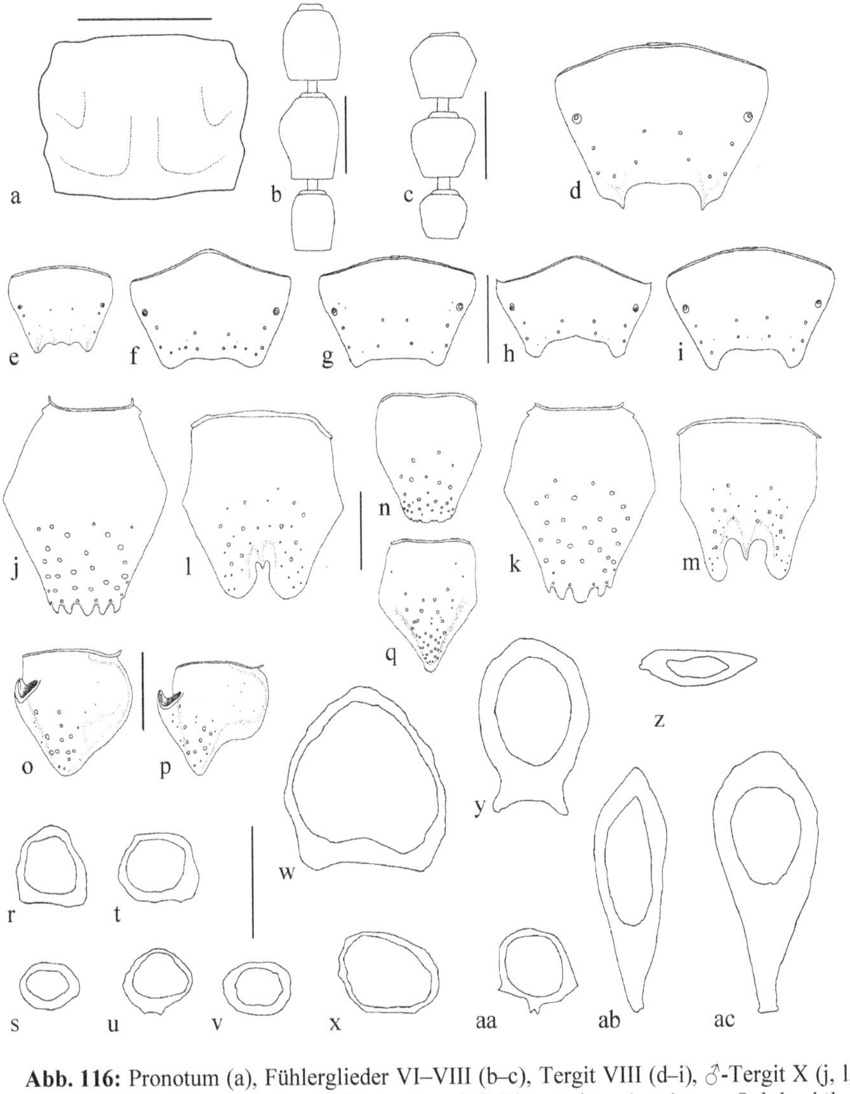

Abb. 116: Pronotum (a), Fühlerglieder VI–VIII (b–c), Tergit VIII (d–i), ♂-Tergit X (j, l, n), ♀-Tergit X (k, m, q), ♀-Tergit IX (o–p) und ♀-Ringstruktur (r–ac) von *Ochthephilus flexuosus* (a), *O. angustatus* (b, z), *O. omalinus* (c, h, l–m, u), *O. aureus* (d, y), *O. scheerpeltzi* (e), *O. lenkoranus* (f, w), *O. venustulus* (g, t), *O. andalusiacus* (i, n, aa), *O. emarginatus* (j–k), *O. angustior* (q, r), *O. praepositus* (o, ac), *O. rosenhaueri* (p, ab), *O. tatricus* (s), *O. brachypterus* (v) und *O. carnicus* (x). Maßstäbe 0,5 mm (a), 0,2 mm (d–i), 0,1 mm (b, c, j–p), 0,05 mm (r–ac). Nach MAKRANCZY 2001 (d–y, aa–ac).

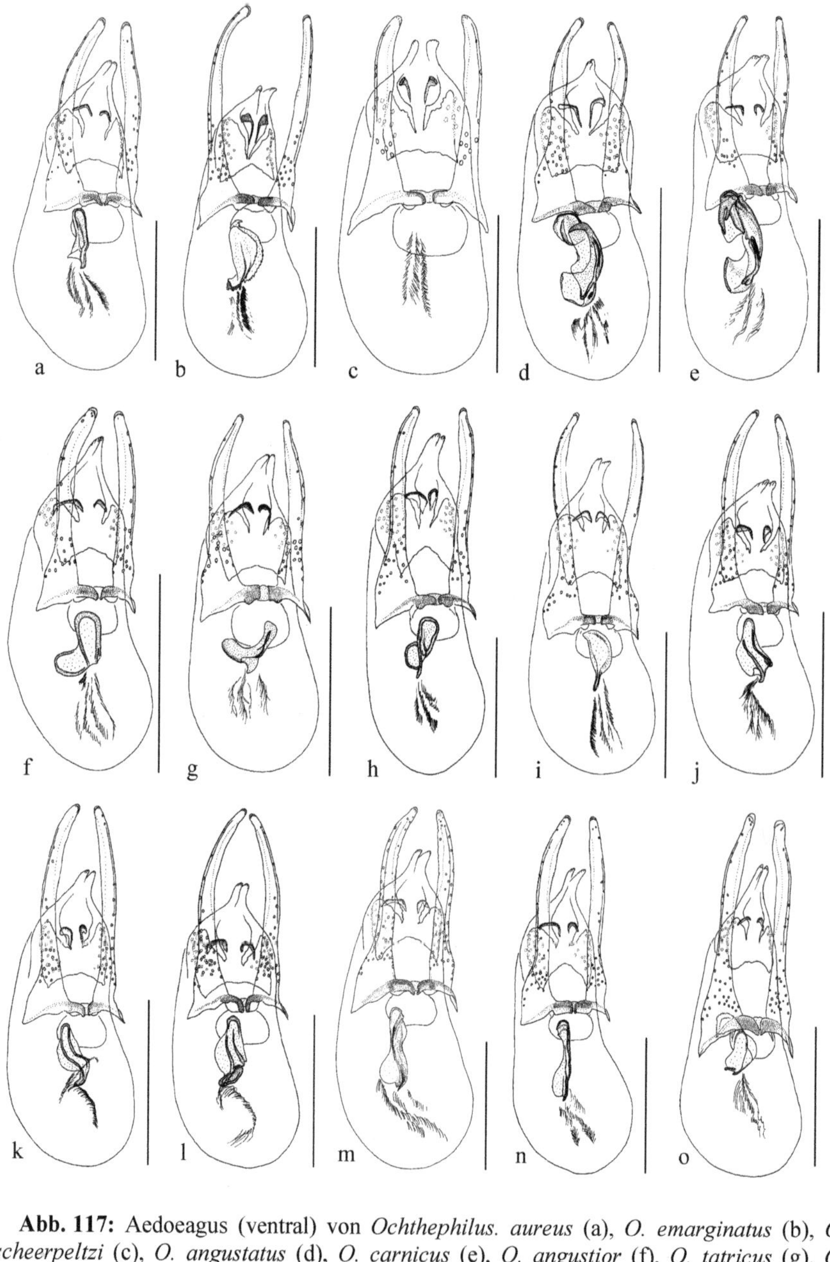

Abb. 117: Aedoeagus (ventral) von *Ochthephilus. aureus* (a), *O. emarginatus* (b), *O. scheerpeltzi* (c), *O. angustatus* (d), *O. carnicus* (e), *O. angustior* (f), *O. tatricus* (g), *O. brachypterus* (h), *O. lenkoranus* (i), *O. venustulus* (j), *O. omalinus* (k), *O. andalusiacus* (l), *O. praepositus* (m), *O. rosenhaueri* (n) und *O. flexuosus* (o). Maßstab 0,2 mm (a, b, d–o), 0,1 mm (c). Nach MAKRANCZY 2001 (c–o).

– Nahtwinkel der Elytren nicht oder nur wenig abgerundet. Punktur der Elytren trotz Mikroskulptur überall gut sichtbar, oft sehr deutlich. Beborstung der Elytren kürzer und gleichförmiger. Mittlere Fühlerglieder weniger als doppelt so lang wie breit. **4**

4 Sehr kleine und schlanke Art, 2,3–2,5 mm (RL: 1,2–1,5 mm). Pronotum weniger als 0,5 mm breit. Der ankerförmige Eindruck auf dem Pronotum basal nicht voll ausgebildet. Ausrandung am Hinterrand von Tergit VIII wellig (Abb. 116e). ♂: Aedoeagus ohne Sklerite im Internalsack (Abb. 117c). Südosteuropäische Art. In Mitteleuropa aus der Tschechischen Republik, Österreich und Sachsen gemeldet, keine neuen Funde. An den Ufern größerer Flüsse. .... ***scheerpeltzi*** (FAGEL, 1951)

– Größere und robustere Arten. Pronotum mehr als 0,5 mm breit mit voll ausgebildetem ankerförmigem Eindruck. Aedoeagus mit Skleriten im Internalsack. **5**

5 Fühlerglied VII etwas asymmetrisch (Abb. 116b), mit charakteristischer Verdickung an einer Seite. ♂: Medianlobus mit sehr großem, umgekehrt C-förmigem Sklerit (Abb. 117d–e). **6**

– Fühlerglied VII von normaler Form (Abb. 116c). ♂: Sklerit im Medianlobus des Aedoeagus kleiner. **7**

6 Kleinere, ziemlich schlanke Art, 3,1–3,7 mm (RL: 1,6–1,9 mm). Pronotum 0,52–0,56 mm breit. Nahtwinkel der Elytren stärker abgerundet. Augen so lang oder kürzer als die Schläfen. ♂: Aedoeagus: Abb. 117d. ♀: Ringstruktur: Abb. 116z. Von den ähnlich kleinäugigen *tatricus* und *brachypterus* durch die geringere Körpergröße und längere Fühler zu unterscheiden. Bisher von Nordafrika bis nach Bosnien-Herzegowina nachgewiesen. In Mitteleuropa bisher nur aus Österreich und Bayern bekannt. Selten. An Ufern von Fließgewässern, oft im Hochwassergenist. .... ***angustatus*** (ERICHSON, 1840)

– Größere und robustere Art, 3,6–4,4 mm (RL: 1,9–2,3 mm). Pronotum 0,60–0,66 mm breit. Hinterrand der Elytren gerade, Nahtwinkel deutlich. Augen etwas länger als die Schläfen. ♂: Aedoeagus: Abb. 117e. ♀: Ringstruktur: Abb. 116x. Von den in der Größe ähnlichen Arten durch längere Schläfen (*lenkoranus*), kleinere Augen (*rosenhaueri* und *praepositus*) oder längere Fühler (*praepositus*) zu unterscheiden. Alpengebiet. In Mitteleuropa verstreute Funde aus der Schweiz und Österreich. Selten. An Bachufern in Schotter und Detritus. .... ***carnicus*** (SCHEERPELTZ, 1950)

7 ♂: Aedoeagus (Abb. 117f) mit kurzen Parameren und umgekehrt L-förmigem Sklerit. ♀: Apex von Tergit X zugespitzt (Abb. 116q); Ringstruktur: Abb. 116r. Ziemlich schmale und matte Art. 3,0–3,7 mm (RL: 1,6–1,9 mm). Fühlerglied VI ähnlich groß wie die Glieder V und VII. Andere Arten ähnlicher Größe (*omalinus*, *andalusiacus*, *venustulus*) besitzen größere Augen, kürzere Schläfen und ein Fühlerglied VI, das deutlich kleiner als die Glieder V und VII ist. Von Spanien und Griechenland bis nach Mitteleuropa und Großbritannien verbreitet. In Mitteleuropa nur im Süden (Schweiz, Österreich, Südwestdeutschland). An Ufern von Fließgewässern, auch am Licht. .... ***angustior*** (BERNHAUER, 1943)

– ♂: Aedoeagus mit längeren Parameren, Sklerit im Internalsack des Medianlobus anders geformt. ♀: Apex von Tergit X einfach abgerundet, abgestutzt oder verschiedenartig eingebuchtet (Abb. 116m)............................. **8**

8 Pronotum im Vergleich zu den anderen Körperteilen groß, dem Tier eine robuste Erscheinung verleihend. Augen klein, so lang wie die Schläfen oder nur wenig länger. 9

– Pronotum von normaler Größe, Augen fast doppelt so lang wie die Schläfen oder länger. 10

9 Fühler etwas kürzer, Glied VI etwas quer. Pronotum 0,64–0,68 mm breit mit weniger abgerundeten Vorderecken und mehr parallelen Seiten; der Abstand der Hinterecken voneinander beträgt 0,83–0,85 der Maximalbreite des Pronotums. Elytren zusammen weniger als 1 mm (meist etwa 0,8 mm) breit. 3,2–4,2 mm (RL: 1,7–2,2 mm). ♂: Aedoeagus: Abb. 117g. ♀: Ringstruktur: Abb. 116s. Alpen und Karpaten, in Deutschland aus dem Schwarzwald bekannt, meist in mittleren Lagen. Sehr selten. .... ***tatricus*** (SMETANA, 1967)

– Fühler etwas länger und robuster, Glied VI etwas länger als breit. Pronotum 0,72–0,80 mm breit mit deutlich abgerundeten Vorderecken; seine Seiten mit einem undeutlichen Höcker, deutlicher nach hinten verengt; der Abstand der Hinterecken voneinander beträgt 0,79–0,82 der Maximalbreite des Pronotums. Elytren zusammen etwa 1 mm breit, meist deutlich breiter. 3,7–4,6 mm (RL: 1,9–2,4 mm). ♂: Aedoeagus: Abb. 117h. ♀: Ringstruktur: Abb. 116v. Aus Rumänien beschrieben, in Mitteleuropa bisher aus Österreich (Kärnten) und der Slowakei aus Hochlagen der Alpen und Karpaten bekannt. Selten. .... ***brachypterus*** (JEANNEL & JARRIGE, 1949)

10 Basalrand von Tergit VIII in der Mitte abgerundet vorgewölbt (Abb. 116f). ♂: Aedoeagus (Abb. 117i) mit charakteristischem Sklerit im Medianlobus. ♀: Ringstruktur: Abb. 116w. 3,4–3,9 mm (RL: 1,9–2,1 mm). Die ähnlichen Arten *omalinus*, *venustulus*, *andalusiacus* sind nur wenig kleiner, besitzen aber kürzere Fühler (mittlere Fühlerglieder etwa so lang wie breit), *praepositus* und *rosenhaueri* sind deutlich größer (RL: 2,1–2,4 mm). Süd- und Südosteuropa, Kaukasusgebiet und Türkei. Bisher aus Mitteleuropa nur aus der westlichen Schweiz (Kanton Vaud) und der Slowakei bekannt. Selten. An Ufern von Fließgewässern. ....***lenkoranus*** (SCHEERPELTZ, 1950)

– Basalrand von Tergit VIII einfach, mehr gleichmäßig gerundet (Abb. 116g, i). ♂: Aedoeagus mit anders geformtem Sklerit. 11

11 Kleine Arten (RL < 2,1 mm); Schläfen nicht länger als 0,08 mm. 12

– Größere Arten (RL > 2,1 mm); Schläfen länger als 0,08 mm. 14

12 Arten mit meist einfarbigen Elytren. Hinterrand von Tergit VIII mit stärker hervortretenden Ecken, Ausrandung in der Mitte tief und breit (Abb. 116h–i). 13

– Elytren normalerweise mit einem etwas helleren oder gelben Fleck in der Mitte. Hinterrand von Tergit VIII mit wenig betonten Ecken, Ausrandung in der Mitte flach (Abb. 116g). Kopf auf der Oberseite oft mit glänzenden Flecken. 3,0–3,8 mm (RL: 1,6–1,9 mm). ♂: Aedoeagus: Abb. 117j. ♀: Ringstruktur: Abb. 116t. Aus Spanien und Griechenland bekannt, auch in der südlichen Hälfte von Frankreich verbreitet, bisher aber noch nicht aus Mitteleuropa nachgewiesen. .... [***venustulus*** (ROSENHAUER, 1856)]

13 Hinterrand von Tergit X in beiden Geschlechtern deutlich eingeschnitten (Abb. 116l–m), der Einschnitt geschlechtsspezifisch verschieden, aber immer mit einem Mittelzahn. Ausrandung zwischen den Hinterecken von Tergit VIII geradrandig oder etwas konkav, normalerweise mit einer kleinen Kerbe in der Mitte (Abb. 116h). Oberseite des Kopfes oft mit

charakteristischem Glanz. 3,4–3,8 mm (RL: 1,8–2,1 mm). ♂: Aedoeagus: Abb. 117k. ♀: Ringstruktur: Abb. 116u. Vom Kaukasusgebiet und der Türkei bis nach Großbritannien und Nordeuropa verbreitet. Im südlichen Mitteleuropa häufig; besonders im Vorland der Gebirge, teilweise bis in die Ebene vordringend; im Norden und Nordosten aber weithin fehlend. An Ufern von Fließgewässern, vorwiegend auf Schotter- und Kiesbänken. .... ***omalinus*** (ERICHSON, 1840)

– Hinterrand von Tergit X (Abb. 116n) etwas ungleichmäßig wellig, bei höherer Vergrößerung mit feiner und unregelmäßiger Zähnelung. Die breite Mittelausrandung von Tergit VIII etwas konvex, ohne Mitteleinschnitt, an den Hinterecken breit abgerundet (Abb. 116i). Oberseite des Kopfes meist matt. 3,4–3,8 mm (RL: 1,7–2,0 mm). ♂: Aedoeagus: Abb. 117l. ♀: Ringstruktur: Abb. 116aa. Von Nordafrika bis in die Türkei und nach Finnland verbreitet. In Mitteleuropa weit verbreitet in den Alpen, Sudeten, Westkarpaten und im Schwarzwald, aber auch in Norddeutschland gefunden. Nicht häufig. An Ufern und in nassem Spritzmoos, auch im Autokescher. .... ***andalusiacus*** (FAGEL, 1957)

14 Fühler kürzer, Glieder IX und X etwa so lang wie breit. Elytren kürzer, etwa so lang wie zusammen breit. ♂: Aedoeagus (Abb. 117m) dem der folgenden Art sehr ähnlich, auch an der Form des etwas unterschiedlichen Sklerits nur schwer zu unterscheiden. ♀: Tergit IX (Abb. 116o) von etwa dreieckiger Form; Ringstruktur: Abb. 116ac. 3,5–4,4 mm (RL: 2,0–2,4 mm). Kaukasusgebiet, Türkei, Süd-, Südost- und Mitteleuropa. Im südlichen Mitteleuropa in allen Gebirgen häufig. An Ufern von Fließgewässern, auf Schotter- und Kiesbänken, in Spritzmoos, auch häufig im Autokescher. .... ***praepositus*** MULSANT & REY, 1878

– Fühler länger, die Glieder IX und X deutlich gestreckt, länger als breit. Elytren sehr schlank, etwas länger als zusammen breit. ♂: Aedoeagus: Abb. 117n. ♀: Tergit IX ausgerandet (Abb. 116p); Ringstruktur: Abb. 116ab. 4,0–4,4 mm (RL: 2,0–2,5 mm). Kaukasusgebiet, Süd-, Südost- und Mitteleuropa In Mitteleuropa mit Ausnahme der Tiefebene weit verbreitet. Lokal und ziemlich selten. An Ufern von Fließgewässern, auch in Spritzmoos. .... ***rosenhaueri*** (KIESENWETTER, 1850)

Gattung *Teropalpus* SOLIER, 1849

Habitus (Abb. 18a) ähnlich *Thinodromus*. Wie bei dieser Gattung mit 5-gliedrigen (3-gliedrig erscheinenden) Tarsen. Von *Carpelimus* und *Thinodromus* durch die vollständig voneinander getrennten Kehlnähte und das Fehlen deutlicher Eindrücke auf dem Pronotum zu unterscheiden.

Die Gattung enthält etwa 10 zumeist in den gemäßigten Gebieten der Südhalbkugel verbreitete Arten, von denen eine adventiv in Europa vorkommt.

Kopf, Pronotum und Elytren fein und gleichmäßig punktiert, fein anliegend beborstet. 3,1–3,7 mm (RL: 1,7–2,1 mm). Kopf und Abdomen schwarzbraun bis schwarz; Pronotum etwas, Elytren deutlich heller braun; Fühler und Beine braun; Tarsen gelb. Aus Neuseeland beschrieben und vor 1900 nach Europa eingeführt, wo die Art an der Kanalküste Frankreichs und

Großbritanniens unter Treibholz und Seetang gefunden wird. Bisher noch nicht aus Mitteleuropa gemeldet. .... [***unicolor*** (SHARP, 1900)]

Gattung *Thinobius* KIESENWETTER, 1844

Die Gattung enthält die kleinsten Vertreter der Oxytelinae, 0,6 bis 3,0 mm lange, flache und parallele, zum Teil sehr schlanke Arten (Abb. 18b). Kopf oft stark entwickelt, das quere Pronotum ohne Mittelfurchen oder Eindrücke, fast immer mit abgerundeten Hinterecken. Elytren gestreckt, meist deutlich länger als zusammen breit, ohne abgesetzte Epipleuren. Nahtwinkel der Elytren umfangreich abgerundet, in der Mitte ein dreieckiges Feld freilassend, in dem die Hautflügel sichtbar sind. Endglied der Maxillarpalpen sehr klein, stiftförmig. Fühler mit 2 vergrößerten Basalgliedern, teilweise auch mit 3 vergrößerten Endgliedern. Tarsen 2-gliedrig.

Die Gattung wurde in mehrere Untergattungen gegliedert, die sicher zum Teil monophyletische Gruppen darstellen. Sie ist weltweit mit etwa 130 Arten verbreitet, von denen über 80 aus der Paläarktis beschrieben wurden. Aus Mitteleuropa wurden bisher 27 Arten nachgewiesen, 4 weitere Arten aus Nachbargebieten wurden ebenfalls in der Tabelle berücksichtigt. Einzelne Artengruppen wurden in jüngerer Zeit revidiert (SCHÜLKE 1998a, MAKRANCZY & SCHÜLKE 2001, 2003, SCHÜLKE 2008b, 2008c, MAKRANCZY 2009). Mit dem Vorkommen weiterer, bisher unbekannter Arten ist zu rechnen.

Thinobius-Arten sind Bewohner von Sand-, Kies- und Schotterufern an Fließgewässern, bevorzugt an solchen mit intakter Uferdynamik. Eine endogäisch lebende Art besiedelt tiefere Bodenschichten in Auwäldern. Eine Bevorzugung unterschiedlicher Substrate durch einzelne Arten ist bekannt, aber insgesamt noch zu wenig untersucht. Viele Arten sind flugaktiv und besitzen sehr große Areale. Zumindest Vertreter der Untergattung *Thinobius* ernähren sich wahrscheinlich wie *Carpelimus* von Algen. Sie können teilweise sehr hohe Individuendichten erreichen. Über die Ernährung der zu anderen Untergattungen gehörenden, meist selteneren Arten gibt es keine Informationen. Zur Überprüfung der Determination ist eine Untersuchung des Aedoeagus unter dem Mikroskop, teilweise auch der Abdominalsegmente VI–VIII unerlässlich. Die weiblichen Terminalia sowie die Spermathek sind meist sehr ähnlich und nur in einigen Fällen für eine sichere Determination nützlich. Wegen der breit abgerundeten Nahtwinkel der Elytren wird im Schlüssel die Schulterlänge (Vorderkante der Elytren an der Schulter bis zum Hinterrand) als Elytrenlänge verwendet.

1 Prescutum (vor dem Scutellum liegender Teil des Mesothorax) mit 2 breiten Seiten- und 2 schmalen Mittelgruben, die am Grunde mit Chitinlamellen versehen sind (Abb. 118g). Kopf meist schmaler als das Pronotum, quer oder rundlich elyptisch, nur selten abgerundet rechteckig. Augen meist groß, grob oder sehr grob facettiert. Schläfen meist kürzer als der Längsdurchmesser der Augen. ♂: Sternit VI bis VIII oft mit auffälligen sekundären Geschlechtsmerkmalen; Aedoeagus am Apex des Medianlobus mit sklerotisierten Dornen, Spitzen oder langem Flagellum; Parameren meist sehr schlank, fast fadenförmig. **2**

– Prescutum nur mit 2 breiten Seitengruben (Abb. 118h), in der Mitte glatt. Kopf länglich oder quer rechteckig mit nach hinten erweiterten Schläfen. Schläfen fast immer länger als der von oben sichtbare Längsdurchmesser der Augen. Augen meist feiner facettiert. ♂: Sternit VI und VII ohne auffällige Geschlechtsmerkmale, Sternit VIII am Hinterand nur gering modifiziert; Aedoeagus meist von einfacher Form; Parameren kurz, nicht fadenförmig, manchmal völlig reduziert. **17**

2 Kleine, 1,1–1,3 mm (RL: 0,59–0,65 mm) lange, hell gefärbte Art. Kopf abgerundet lang rechteckig. Schläfen deutlich länger als die grob facettierten Augen. Pronotum 0,18–0,20 mm breit. Elytren deutlich länger als breit. Kopf bräunlich; Pronotum und Elytren heller gelbbraun; Abdomen an der Basis braun, nach hinten dunkler werdend; Fühler gelbbraun, am Apex kaum dunkler. ♂: Sternit VIII am Hinterrand nicht ausgerandet; Aedoeagus (Abb. 122c) mit wenig sklerotisiertem, einfach ovalem Medianlobus, apikal in 2 häutige Lamellen auslaufend (Untergattung *Platyderothinophilus* SCHEERPELTZ, 1959). Von Frankreich über Mitteleuropa bis nach Rumänien bekannt. Im südlichen Mitteleuropa an sandigen bis feinkiesigen, sonnigen Uferpartien größerer Flüsse. Selten, meist nur alte Funde. .... ***ligeris*** PYOT, 1874

– Meist größere Arten mit quer elliptischem oder rundlichem Kopf oder ähnlich kleine Arten mit abgerundet viereckigem Kopf mit Auszeichnungen an den ♂-Sterniten VII und/oder VIII. ♂: Aedoeagus mit langem Flagellum, deutlichen dornigen Innenstrukturen und/oder langgestreckten Parameren (Untergattung *Thinobius* KIESENWETTER, 1844). **3**

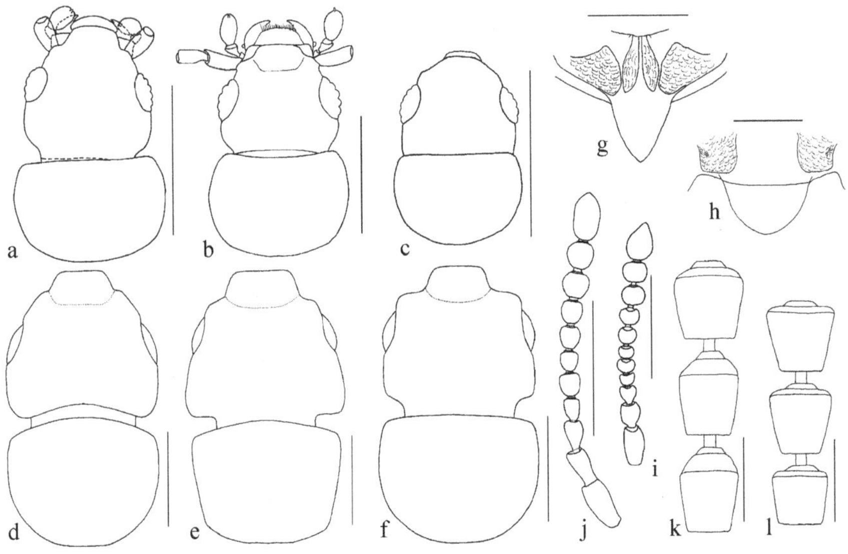

Abb. 118: Kopf und Pronotum (a-f), Fühler (i-j), Fühlerglieder VI–VIII (k-l) von *Thinobius brevipennis* (a, i), *T. flagellatus* (b), *T. minutissimus* (c), *T. linearis* (d, k), *T. klimai* (e), *T. angusticeps* (f), *T. longipennis* (j) und *T. bicolor* (l). Scutum und Scutellum der Untergattungen *Thinobius* (g) und *Thiphonilus* (h). Maßstäbe 0,2 mm (a–f, i, j), 0,05 mm (g, h, k, l).

3 Glieder IV–VI der Fühler deutlich quer (Abb. 118i). Kleine Arten (RL: 0,42–0,72 mm). 4

– Glieder IV–VI der Fühler so lang wie breit oder etwas gestreckt (Abb. 118j). Größere Arten (RL: 0,65–0,93 mm). 12

4 Schläfen etwa so lang wie die Augen, etwas backenförmig erweitert (Abb. 118a). Elytren etwa so lang wie zusammen breit. Robuste, etwas gewölbte Art, 0,8–1,3 mm, (RL: 0,45–0,68 mm). Einfarbig dunkelbraun bis schwarz, auch die Beine und Fühler dunkel. In der Länge der Elytren und der Augengröße sehr variable Art. ♂: Aedoeagus (Abb. 120a) mit mehreren apikalen Dornen; Parameren kurz und breit, am Apex deutlich beborstet (*brevipennis*-Gruppe). Von Großbritannien bis nach China verbreitet. In Mitteleuropa von der Ebene bis in die Alpen verbreitet, aber selten. Im Gegensatz zu den meisten anderen Arten auch an schlammigen Uferbereichen und stehenden Gewässern gefunden, im Gebirge auch an Schneefeldern. .... ***brevipennis*** KIESENWETTER, 1850

– Schläfen oft kürzer, nicht erweitert. Elytren deutlich länger als zusammen breit. Sehr kleine, flache und schlanke Arten. Fühler oft mit hellerer Basis. ♂: Aedoeagus anders gebaut; Parameren meist schlank. 5

5 Winzige Arten von 0,7–1,1 mm (RL: 0,42–0,55 mm). Kopf etwas gestreckt. Schläfen wenig bis deutlich länger als der von oben sichtbare Längsdurchmesser der Augen (Abb. 118c). ♂: Medianlobus des Aedoeagus mit umfangreicher Beborstung oder größeren Skleriten im Internalsack (*minutissimus*-Gruppe). 6

– Meist etwas größere Arten von 0,8–1,5 mm (RL: 0,52–0,72 mm). Kopf abgerundet, nicht länger als breit. Schläfen so lang oder etwas länger als der von oben sichtbare Längsdurchmesser der Augen (Abb. 118b). ♂: Medianlobus des Aedoeagus ohne deutliche Dornen oder Sklerite im Internalsack. 7

6 ♂: Medianlobus des Aedoeagus (Abb. 121b) ohne lange Dornen, aber mit einem umfangreichen Borstenfeld. 0,7–0,9 mm (RL: 0,42–0,53 mm). Von Frankreich bis auf den Balkan verbreitet. In Mitteleuropa nur aus Böhmen bekannt; keine neueren Funde. .... ***minutissimus*** FAUVEL, 1873

– ♂: Medianlobus des Aedoeagus (Abb. 121c) mit langen Dornen und einem schuppenförmigen Sklerit. 1,0–1,1 mm (RL: 0,48–0,55 mm). Von Frankreich bis nach Rumänien verbreitet. In Mitteleuropa nur im Süden (Österreich, Tschechische Republik, Slowakei) gefunden, aber wegen der geringen Größe sicher oft übersehen. An sonnigen Schotterufern in Tallagen. .... ***brigitteae*** SCHÜLKE, 1998

7 ♂: Aedoeagus (Abb. 120b) etwas abgeflacht, Apex des Medianlobus aufgebogen erweitert; Parameren kräftig mit 2 sehr großen Borsten (*brevipennis*-Gruppe). 1,0–1,5 mm (RL: 0,52–0,72 mm). Mit *brevipennis* verwandt, jedoch deutlich schlanker und ohne erweiterte Schläfen. Über weite Teile des Mittelmeergebietes verbreitet, oft an salzigen Küstenlagunen. Bei der auf einem Exemplar beruhenden Meldung aus Sachsen-Anhalt, handelt es sich wahrscheinlich um eine Fundortverwechslung. .... [***gilvus*** FAUVEL, 1899]

– ♂: Aedoeagus apikal nicht erweitert; Parameren schlanker und immer ohne Borsten. 8

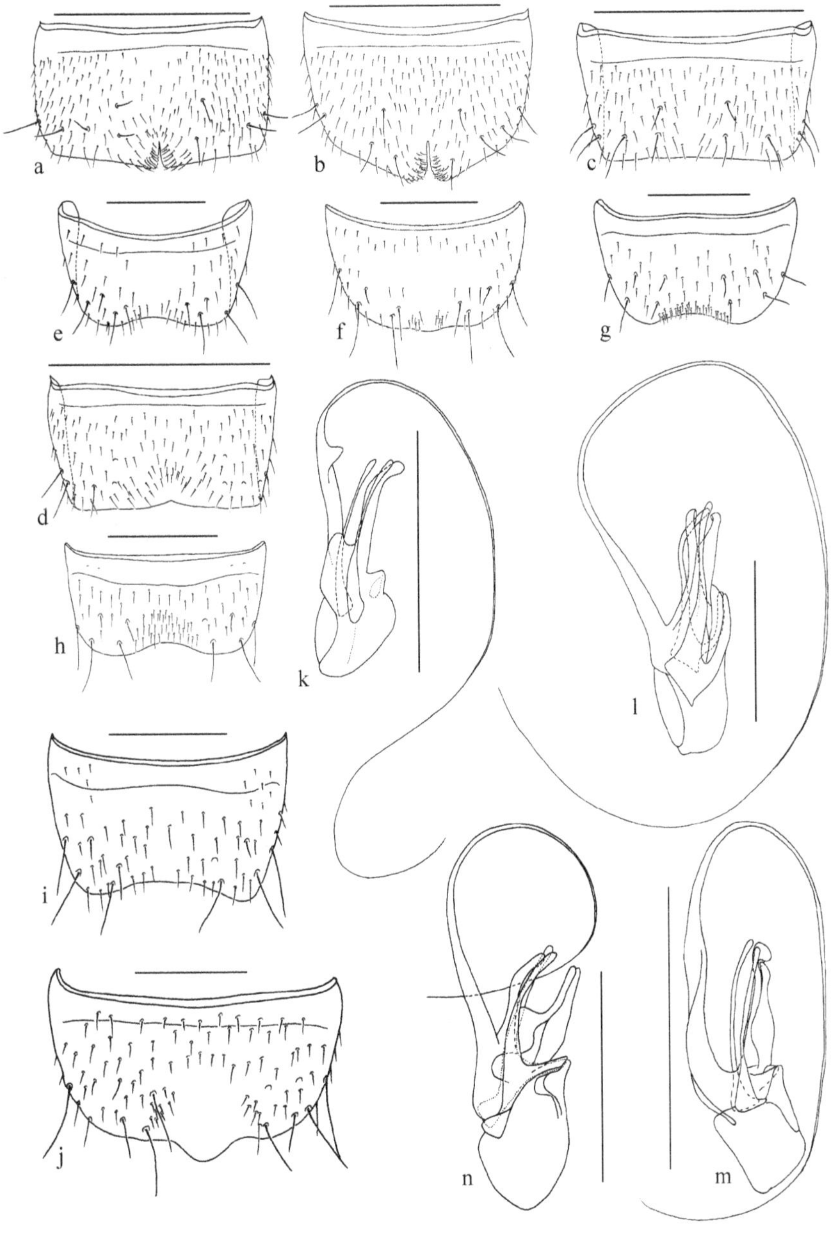

Abb. 119: ♂-Sternit VII (a–d), ♂-Sternit VIII (e–j) und Aedoeagus (k–n) von *Thinobius pusillimus* (a, e, k), *T. flagellatus* (b, f, l), *T. heeri* (c, g, m) und *T. smetanai* (d, h, n), *T. ciliatus* (i) und *T. longipennis* (j). Maßstäbe 0,2 mm (a–d, k, m), 0,1 mm (e–j, l, n). Nach SCHÜLKE 2008c (a–h, k–n).

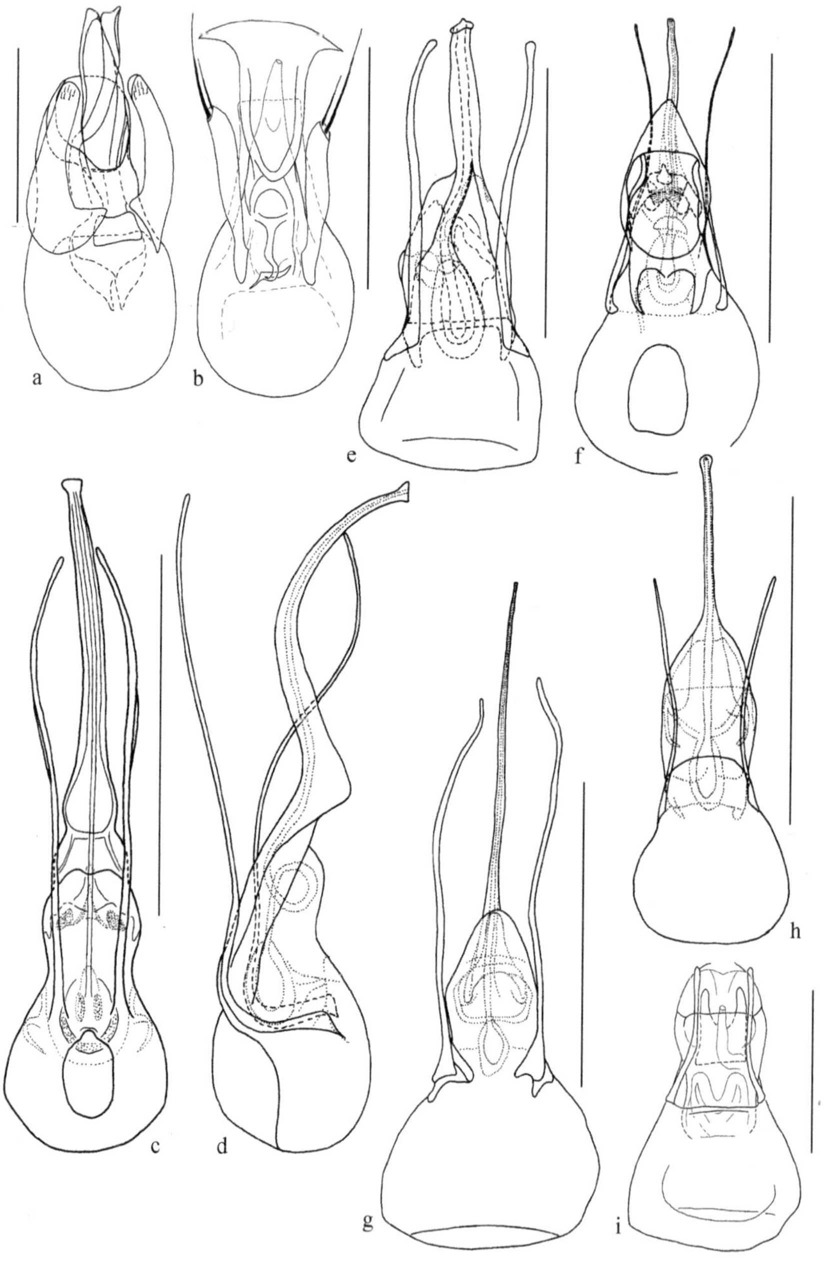

Abb. 120: Aedoeagus, ventral (a–c, e–i) und Aedoeagus, lateral (d) von *Thinobius brevipennis* (a), *T. gilvus* (b), *T. ciliatus* (c–d), *T. opacus* (e), *T. crinifer* (f), *T. comes* (g), *T. lohsei* (h) und *T. atomus* (i). Maßstäbe 0,1 mm (a, b, i), 0,2 mm (c–h). Nach SCHÜLKE 1998a (b, i), SCHÜLKE 2008b (e) und MAKRANCZY 2004 (c).

8 ♂: Aedoeagus (Abb. 120i) kurz, ohne auffällig sklerotisierte Strukturen, apikal abgestutzt (*atomus*-Gruppe). 0,9–1,1 mm (RL: 0,52–0,57 mm). Gesamtverbreitung unbekannt, aus Frankreich beschrieben. In Mitteleuropa bisher nur sichere Belege aus Böhmen und Österreich, keine neuen Funde. .... ***atomus*** FAUVEL, 1871

– ♂: Medianlobus des Aedoeagus in ein langes Flagellum auslaufend, das auch in Ruhelage aus dem Abdomen des Männchens herausragt (*pusillimus*-Gruppe). **9**

9 Hinterrand des ♂-Sternits VII mit schmalem Einschnitt (Abb. 119a–b). **10**

– Hinterrand des ♂-Sternits VII geradrandig oder nur undeutlich in der Mitte eingekerbt (Abb. 119c–d). **11**

10 ♂: Sternit VII nicht verlängert (Abb. 119a); Sternit VIII (Abb. 119e) am Hinterrand flach ausgerandet. Ventralfortsatz des Aedoeagus (Abb. 119k) lang und schlank. Basis des Flagellums in Höhe der Spitze des Ventralfortsatzes mit deutlicher Verbreiterung. 0,8–1,4 mm (RL: 0,58–0,67 mm). Verbreitung ungenügend bekannt, sichere Belege nur aus Frankreich und Mitteleuropa. Hier vor allem aus dem Osten (Böhmen, Brandenburg, Sachsen-Anhalt, Polen) gemeldet, es existieren jedoch keine neueren Funde; aktuell nur aus Baden-Württemberg belegt. An Kies- und Sandufern meist größerer Flüsse. .... ***pusillimus*** (HEER, 1839)

– ♂: Sternit VII am Hinterrand etwas verlängert (Abb. 119b), Sternit VIII (Abb. 119f) am Hinterrand in der Mitte undeutlich vorgezogen, mit 2 Gruppen feiner Borsten versehen. Die Insertionsstelle des Flagellums in der basalen Hälfte des Medianlobus (Abb. 119l) liegend, das etwas schräg inserierende Flagellum dadurch deutlich vom Aedoeagus abstehend. Flagellum ohne auffällige Verdickung in Höhe der Spitze der Ventralfortsätze. 1,0–1,5 mm (RL: 0,58–0,72 mm) Von Ostsibirien bis nach Nord- und Mitteleuropa verbreitet; in Mitteleuropa nordwestlich bis ins Elbegebiet bekannt. Nicht selten. An Kies- und Sandufern meist größerer Flüsse, auch an schlammigen Uferpartien zu finden. ....***flagellatus*** LOHSE, 1984

11 ♂: Sternit VII (Abb. 119d) am Hinterrand schwach eingekerbt; Sternit VIII (Abb. 119h) am Hinterrand flach ausgerandet; Aedoeagus (Abb. 119n) klein, Medianlobus < 0,125 mm lang; Flagellum relativ kurz. Etwas kleinere Art, 0,8–1,2 mm (RL: 0,55–0,65 mm). Äußerlich den Arten der *minutissimus*- oder *atomus*-Gruppe ähnlich, mit relativ großen Augen (Augen-/Schläfenlänge 1,33–1,60). Mittelmeergebiet von Südfrankreich bis Anatolien und Transkaukasien. Aus Mitteleuropa bisher nur nach einem alten Fund aus Mähren bekannt. .... ***smetanai*** SCHÜLKE, 2008

– ♂: Hinterrand von Sternit VII (Abb. 119c) geradrandig, ohne Mitteleinschnitt; Sternit VIII (Abb. 119g) am Hinterrand seicht ausgerandet und mit einem feinen Borstensaum; Aedoeagus (Abb. 119m) mit kräftigem Flagellum, welches nahe am Basalkörper des Medianlobus inseriert. 0,9–1,4 mm (RL: 0,57–0,68). Österreichische Alpen (Tirol, Kärnten); sicher in den Alpen weiter verbreitet. An Schotter- und Kiesufern von Fließgewässern. .... ***heeri*** SCHÜLKE, 2008

12 Kleinere Art mit kürzeren Fühlern, deren vorletzte Glieder etwa so lang wie breit sind (*crinifer*-Gruppe). 1,2–1,5 mm (RL: 0,65–0,78 mm). ♂: Sternit VIII am Hinterrand seicht ausgerandet (Abb. 119i); Aedoeagus groß und lang gestreckt, in lateraler Ansicht charakteristisch gebogen (Abb. 120c–d).

Von Spanien bis nach Bulgarien und nördlich bis nach Großbritannien, Skandinavien und in das nördliche Russland verbreitet. In Mitteleuropa von der Ebene bis in montane Lagen eine der häufigsten Arten der Gattung. An Schotter- und Kiesufern größerer Fließgewässer, oft mit dem Autokescher nachgewiesen. .... ***ciliatus*** KIESENWETTER, 1844

– Größere Arten von 1,2–1,8 mm (RL: 0,70–0,93 mm). Fühler gestreckt, ihre vorletzten Glieder deutlich länger als breit. **13**

13 ♂: Sternit VIII am Hinterrand ausgeschweift (Abb. 119j); Aedoeagus (Abb. 121a) asymmetrisch, apikal unregelmäßig abgerundet; Medianlobus innen mit uhrfederförmig aufgerolltem, oft ausgestülptem Flagellum (*longipennis*-Gruppe). 1,2–1,8 mm (RL: 0,70–0,87 mm). Von Frankreich und Großbritannien bis in die Mongolei und nach Nord-China verbreitet. In Mitteleuropa selten, aber manchmal in großer Anzahl gefunden. Vor allem in ebenen Lagen auf Sandbänken an Fließgewässern. .... ***longipennis*** (HEER, 1841)

– ♂: Aedoeagus weniger asymmetrisch; Medianlobus langgestreckt; Parameren sehr schlank, fast fadenförmig. Medianlobus innen ohne aufgerolltes Flagellum (*crinifer*-Gruppe). **14**

14 ♂: Apex des Medianlobus deutlich länger als die Parameren (Abb. 120g), sehr schlank. 1,3–1,8 mm (RL: 0,75–0,87 mm). Bisher nur aus Österreich (Niederösterreich), Deutschland (Nordrhein-Westfalen), der Slowakei und Rumänien bekannt. Selten. .... ***comes*** SMETANA, 1959

– ♂: Apex des Medianlobus die Parameren kaum überragend oder apikal knopfförmig erweitert. **15**

15 ♂: Apex des Medianlobus breiter und kräftiger (Abb. 120e), die Parameren kaum überragend. 1,2–1,8 mm (RL: 0,70–0,79 mm). Atlantomediterrane Art, von Nordafrika bis nach Südostfrankreich verbreitet. Einmal aus Straßburg gemeldet, aber sonst bisher nicht sicher aus Mitteleuropa nachgewiesen. .... [***opacus*** MULSANT & REY, 1878]

– ♂: Apex des Medianlobus schlank. **16**

16 ♂: Apex des Medianlobus länger und knopfförmig erweitert (Abb. 120h). 1,2–1,7 mm (RL: 0,70–0,83 mm). Norditalien und Südfrankreich, bisher aus Mitteleuropa noch nicht nachgewiesen. .... [***lohsei*** SMETANA, 1984]

– Apex des Medianlobus kürzer (Abb. 120f), an der Spitze meist etwas schräg abgestutzt. 1,2–1,8 mm (RL: 0,72–0,93 mm). Transpaläarktisch von Irland bis in die Mongolei verbreitet. In Mitteleuropa in den Gebirgen und deren Vorland neben *ciliatus* die häufigste Art der Gattung, in der Tiefebene weithin fehlend. An Sand- und Schotterufern von Gebirgsflüssen. .... ***crinifer*** SMETANA, 1959

17 Scheitel durch eine scharf eingeschnittene Querfurche vom Hals abgesetzt (Abb. 118d). Die deutlich ausgebildeten Schläfen so lang oder wenig länger als die Augen. Vorderrand des Pronotums in der Mitte deutlich vorgezogen. (Untergattung *Thiphonilus* TOTTENHAM, 1939). **18**

– Scheitel nicht vom Hals abgesetzt, allmählich in den Hals übergehend (Abb. 118e, f). Schläfenlänge variabel, so lang wie oder mehrfach länger als die Augen; in einem Fall die Augen völlig reduziert. Vorderrand des Pronotums wenig deutlich vorgezogen. **24**

18 Klein, 1,0–1,2 mm (RL: 0,5–0,6 mm). Pronotum weniger als 0,25 mm breit. Schläfen deutlich kürzer als die Augen. Mittelbraun; Elytren etwas heller, nach hinten aufgehellt. ♂: Aedoeagus: Abb. 121j. Bisher nur aus Südfrankreich und Oberösterreich bekannt. Sehr selten. Lebensweise unbekannt. .... ***micros*** FAUVEL, 1871

– Größer, 1,5–2,4 mm (RL: 0,7–1,0 mm). Pronotum mehr als 0,25 mm breit. Schläfen wenigstens so lang wie die Augen. **19**

19 Pronotum mit scharf winkligen Hinterecken, ca. 0,29 mm breit. Durchschnittlich kleiner, 1,5–1,7 mm (RL: 0,7–0,8 mm). ♂: Medianlobus des Aedoeagus (Abb. 121i) mit schlanken Apikallamellen. Nach Material aus Böhmen und Spanien beschrieben und später auch aus Frankreich, Österreich und der Sklowakei gemeldet. Lebensweise unbekannt, keine neueren Funde. .... ***heterogaster*** FAUVEL, 1889

Abb. 121: Aedoeagus (ventral) von *Thinobius longipennis* (a), *T. minutissimus* (b), *T. brigitteae* (c), *T. brunneipennis* (d), *T. petzi* (e), *T. bicolor* (f), *T. linearis* (g), *T. holdhausi*, (h), *T. heterogaster* (i) und *T. micros* (j). Maßstäbe 0,1 mm. Nach SCHÜLKE 1998a (b–c) und MAKRANCZY & SCHÜLKE 2001 (d–j).

– Hinterecken des Pronotums abgerundet. Meist größere Arten, 1,8–2,4 mm (RL: 0,8–1,0 mm). Pronotum mehr als 0,3 mm breit. **20**

20 Fühlerglieder VI und VII (Abb. 118k) an ihrem verengten Apex deutlich verlängert, deutlich länger als breit. **21**

– Fühlerglieder VI und VII (Abb. 118l) an ihrem Apex nicht verlängert, etwa so lang wie breit. **22**

21 Kleiner und schlanker, 2,0–2,2 mm (RL: 0,8–0,9 mm). Pronotum schmaler, etwa 0,30 mm breit. ♂: Medianlobus des Aedoeagus (Abb. 121h) mit verbreiterten Apikallamellen. Aus Kärnten beschrieben; weitere Verbreitung unbekannt. Sehr selten. .... ***holdhausi*** SCHEERPELTZ, 1947

– Größer und robuster, 2,2–2,4 mm (RL: 0,9–1,0 mm). Pronotum mindestens 0,32 mm breit. Medianlobus des Aedoeagus (Abb. 121g) mit schlanken Apikallamellen. Verbreitung ungeklärt. Die Art wurde von Großbritannien bis ins Kaukasusgebiet gemeldet. Belege sind zu überprüfen. In Mitteleuropa zumindest im Alpengebiet an Kies- und Schotterufern größerer Flüsse weit verbreitet. Selten. .... ***linearis*** KRAATZ, 1857

22 Etwas kleiner und schlanker, 1,8–2,2 mm (RL: 0,8–0,9 mm). Elytren länger (Schulterlänge 0,42 mm). ♂: Medianlobus des Aedoeagus (Abb. 121e) mit schlanken Apikallamellen. Alpengebiet, nördliches Italien, Rheinland. Selten. .... ***petzi*** BERNHAUER, 1908

– Etwas größer, 2,2–2,4 mm (RL: 0,8–1,0 mm). Elytren kürzer (Schulterlänge etwa 0,40 mm). Nur anhand des Aedoeagus zu unterscheidende Arten. **23**

23 ♂: Medianlobus des Aedoeagus (Abb. 121d) mit kurzen, breit abgerundeten Apikallamellen, diese mit großen sensorischen Poren. Im westlichen und südlichen Mitteleuropa weit verbreitet. Selten. ... ***brunneipennis*** KRAATZ, 1857

– ♂: Medianlobus des Aedoeagus (Abb. 121f) mit kurzen, zugespitzten Apikallamellen, ohne grobe sensorische Poren. Von Großbritannien über das südliche Mitteleuropa bis nach Norditalien verbreitet. Sehr selten. .... ***bicolor*** JOY, 1911

24 Augen völlig reduziert. 1,4–1,6 mm (RL: 0,64–0,71 mm). Vorderkörper einfarbig gelb; Vorderrand des Clypeus dunkel; Abdomen nach hinten etwas dunkler. In der Slowakei und Ungarn in Auwäldern an der Donau in sandigen Bodenschichten. April bis Oktober. Möglicherweise im Einzugsgebiet der Donau weiter verbreitet (Untergattung *Platyderothinophilus* SCHEERPELTZ, 1959). .... ***korbeli*** LÖBL & RYCHLIK, 1994

– Augen teilweise klein, aber immer deutlich zu erkennen. **25**

25 Augen flach; Schläfen fast doppelt so lang wie die Augen oder länger (Abb. 118e). Färbung des Vorderkörpers überwiegend hell, gelb bis gelbbraun (Untergattung *Platyderothinophilus*). **26**

– Augen gewölbt; Schläfen weniger als 1,5-mal so lang wie die Schläfen (Abb. 118f). Färbung des Vorderkörpers dunkler; Kopf und Pronotum mittel- bis dunkelbraun; Elytren teilweise heller. **27**

26 Größer, 2,3–2,5 mm (RL: 1,20–1,24 mm). Pronotum etwa 0,34–0,40 mm breit. Kopf deutlich breiter als das Pronotum (> 1,05). Kopf, Pronotum, Elytren und Fühler gelb bis gelbbraun; Kopf meist etwas dunkler als das Pronotum; Abdomen mittel- bis dunkelbraun. ♂: Aedoeagus: Abb. 122a. Balkanhalbinsel, Norditalien, Österreich. Selten. Auf Schotterbänken und im Hochwassergenist. .... ***klimai*** BERNHAUER, 1902

– Kleiner, 1,7–1,8 mm (RL: 0,87–0,94 mm). Pronotum etwa 0,30–0,31 mm breit. Kopf schmaler als das Pronotum. Körper gelbbraun, nur der Vorderrand des Clypeus und die Augen dunkler; Elytren etwas dunkler als die Abdomenspitze. ♂: Aedoeagus: Abb. 122b. Aus Großbritannien beschrieben, auch im mitteleuropäischen Alpengebiet (Bayern, Oberösterreich) aufgefunden. Sehr selten; keine neuen Funde. .... ***newberyi*** SCHEERPELTZ, 1925

27 Pronotum mehr als 0,3 mm breit. Hierher 2 größere, nur durch Genitaluntersuchung sicher zu unterscheidende Arten mit meist einheitlich dunkelbrauner Färbung (Untergattung *Platyderothinophilus*). **28**

– Pronotum weniger als 0,3 mm breit. Hierher 3 kleinere, nur durch Genitaluntersuchung sicher zu unterscheidende Arten von etwas hellerer Färbung. **29**

28 Etwas größer, 2,2–2,6 mm (RL: 1,08–1,16 mm). Pronotum 0,35–0,39 mm breit. Kopf und Pronotum dunkelbraun; Elytren mit Ausnahme eines Scutellarflecks und die Fühler etwas heller; Abdomen mittel- bis dunkelbraun, nach hinten dunkler werdend. Beborstung auf den Elytren fein und dicht. ♂: Aedoeagus breit und kompakt (Abb. 122f). Von Großbritannien bis nach Westsibirien verbreitet. In Mitteleuropa nur auf sandig-kiesigen Uferbänken von Gebirgsflüssen in den Alpen und Karpaten. Selten. Meist von Juni bis August. .... ***major*** KRAATZ, 1857

– Etwas kleiner und schlanker, 1,9–2,2 mm (RL: 1,00–1,07 mm). Pronotum 0,31–0,35 mm breit. Färbung ähnlich der vorigen Art. ♂: Aedoeagus deutlich schlanker (Abb. 122e). Weit verbreitet, von Großbritannien und Skandinavien über Mitteleuropa und das nördliche Italien bis nach Kroatien. In Mitteleuropa im Alpengebiet und in den Westkarpaten (Tatra). Teilweise nicht selten. An Schotterufern größerer Flüsse, besonders zur Zeit des Frühjahrshochwassers. .... ***angusticeps*** FAUVEL, 1889

29 Augen etwa so lang wie die Schläfen. 1,4–1,7 mm (RL: 0,75–0,84 mm). Körper mittel- bis dunkelbraun, Elytren etwas heller. ♂: Aedoeagus (Abb. 122d) von abgeflacht ovaler Form mit deutlichen Parameren (Untergattung *Platyderothinophilus*). Von der Balkanhalbinsel ins südöstliche Mitteleuropa (Oberösterreich, Mähren) vordringend. Sehr selten, kaum neue Funde. Auf sonnigen Schotterbänken von Gebirgsflüssen in Tallagen. .... ***apfelbecki*** BERNHAUER, 1905

– Augen deutlich etwas kürzer als die Schläfen. Zwei Arten mit asymmetrischem Aedoeagus ohne deutlich sichtbare Parameren. (Untergattung *Oedarthrothinophilus* SCHEERPELTZ, 1959). **30**

30 ♂: Aedoeagus (Abb. 122g–h) mit längerer schlauchartiger Innenstruktur im apikalen Teil; Basalteil stark asymmetrisch mit kräftigem Zahn an der Spitze. ♀: Spermathek: Abb. 122i. 1,3–1,7 mm (RL: 0,79–0,85 mm). Körper hell- bis mittelbraun; Elytren meist etwas heller; Abdomen etwas dunkler als der Vorderkörper. Von Südfrankreich bis auf die Balkanhalbinsel verbreitet. In Mitteleuropa in den Alpen, Sudeten und Westkarpaten. Teilweise nicht selten. Ältere Belege sind auch auf die folgende Art zu kontrollieren. An Schotterufern von Gebirgsflüssen. .... ***delicatulus*** KRAATZ, 1857

– ♂: Aedoeagus (Abb. 122j–k) ohne längere schlauchartige Innenstruktur im apikalen Teil; Basalteil weniger asymmetrisch, nur mit einem kurzen Zahn an der Spitze. ♀: Spermathek: Abb. 122l. Körpergröße ähnlich der vorherigen Art. Färbung variabel, meist einheitlich mittelbraun mit etwas helleren Elytren. Von Südfrankreich bis auf den Balkan verbreitet. Aus dem eigentlichen Mitteleuropa bisher nicht bekannt, aber zumindest in Südtirol vorkommend. Möglicherweise bisher mit *delicatulus* konfundiert. An Schotterufern von Gebirgsflüssen. .... [***hummleri*** BERNHAUER, 1940]

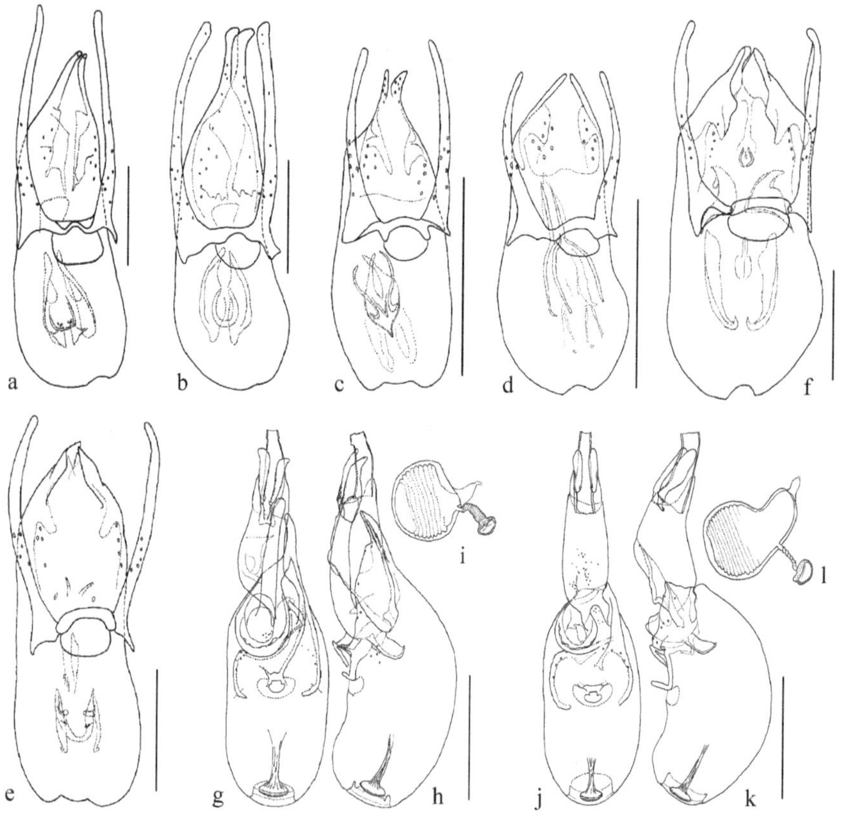

Abb. 122: Aedoeagus, ventral (a–g, j), Aedoeagus, lateral (h, k) und Spermathek (i, l) von *Thinobius klimai* (a), *T. newberyi* (b), *T. ligeris* (c), *T. apfelbecki* (d), *T. angusticeps* (e), *T. major* (f), *T. delicatulus* (g–i) und *T. hummleri* (j–l). Maßstäbe 0,1 mm (a–g), 0,09 mm (j–k), 0,06 mm (i, l). Nach MAKRANCZY 2009 (g–l).

Gattung *Thinodromus* KRAATZ, 1857

Habituell (Abb. 18c) einem großen *Carpelimus* ähnlich, von diesem aber sofort durch den deutlichen, hufeisenförmigen Eindruck auf dem Pronotum zu unterscheiden. Endglied der Maxillarpalpen klein, nadelförmig. Epipleuren der Elytren linienförmig abgesetzt. Tarsen 5-gliedrig, Glieder I bis III verkleinert und wie ein gemeinsames Glied erscheinend. Fühler sexualdimorph, beim ♂ länger als beim ♀. Die Arten leben an Ufern, einige vornehmlich an fließenden Gewässern. Die Gattung ist mit etwa 100 Arten in allen Faunenregionen verbreitet. Aus der Paläarktis wurden bisher etwa 45 Arten bekannt (GILDENKOV 2000a, 2000b, 2001c), von denen 5 in Mitteleuropa vorkommen.

1 Abdomen parallelseitig, Segment VII an der Basis fast so breit wie Segment III. Fühlerglieder IV und V deutlich kürzer als Glied III (Länge Glied IV/III: 0,7). ♂: Sternit VIII am wenig sklerotisierten Hinterrand etwas ausgerandet; Aedoeagus breiter, mit kurzem Medianlobus, den die Parameren deutlich überragen; Parameren mit 2 größeren Borsten auf der Innenseite (Untergattung *Amisammus* GOZIS, 1886). **2**

– Abdomen konisch zugespitzt, Segment VII an der Basis viel schmaler als Segment III. Fühlerglieder III–V etwa gleich lang. ♂: Sternit VIII am Hinterrand in eine kurz abgerundete Spitze auslaufend; Aedoeagus gestreckt, sein Apex von den langgestreckten Parameren lateral und dorsal umschlossen; Parameren ohne deutliche Borsten (Untergattung *Thinodromus* KRAATZ, 1857). **4**

2 Kleinere Art, 2,3–2,9 mm (RL: 1,3–1,7 mm). Beine und Fühlerbasis gelbbraun. ♂: Aedoeagus: Abb. 123a. ♀: Spermathek mit größerem Receptaculum seminis (wie in Abb. 123h). Bisher mit dem kaukasisch-pontomediterran verbreiteten *mannerheimii* (KOLENATI, 1846) verwechselt, der nicht in Mitteleuropa vorkommt. Verbreitung deshalb weitgehend ungeklärt. Aus Südwesteuropa und Italien bis ins westliche und südliche Mitteleuropa vordringend. Sehr selten; oft nur alte, teilweise fragliche Meldungen. An Ufern stehender und fließender Gewässser. .... ***plagiatus plagiatus*** (KIESENWETTER, 1850)

– Größere Arten, 2,9–3,5 mm (RL: 1,5–1,9 mm). Beine und Fühler ganz dunkel gefärbt. Aedoeagus und/oder Spermathek anders. **3**

3 Kopf und Pronotum deutlich fein und dicht, die Elytren ziemlich kräftig punktiert; Punktdurchmesser auf den Elytren entspricht etwa dem Durchmesser eines Ommatidiums. 2,9–3,4 mm (RL: 1,5–1,8 mm). ♂: Aedoeagus mit charakteristischen Innenstrukturen (Abb. 123b) und kräftigen, weniger gebogenen Parameren. ♀: Spermathek aus 2 etwa gleich großen, abgewinkelten Teilen bestehend (Abb. 123g). Fast über die ganze Paläarktis verbreitet. In Mitteleuropa überall verbreitet und nicht selten. An Ufern. .... ***arcuatus*** (STEPHENS, 1834)

– Kopf und Pronotum sehr fein, Elytren ebenfalls nur fein punktiert; Punktdurchmesser auf den Elytren nur halb so groß wie der Durchmesser eines Ommatidiums. 3,0–3,5 mm (RL: 1,6–1,9 mm). ♂: Aedoeagus mit charakteristischer Innenstruktur (Abb. 123c), Parameren kürzer und deutlicher gebogen. ♀: Spermathek mit größerem Receptaculum seminis

(Abb. 123h). In den Gebirgen Süd- und Südosteuropas und im Alpengebiet. In Mitteleuropa nur in den Alpen. Selten. An den Ufern von Gebirgsbächen. .... **distinctus** (FAIRMAIRE & LABOULBÈNE, 1856)

4 Körper kurz anliegend beborstet, nur an den Seiten des Pronotums mit längeren Tastborsten; schwach glänzend. Oberfläche des Pronotums dicht und fein punktiert. 3,0–3,5 mm (RL: 1,7–2,1 mm). ♂: Aedoeagus mit längeren Parameren und großen Skleriten, die fast halb so lang wie der Medianlobus sind (Abb. 123d); Sklerite an der Basis am breitesten (Abb. 123e). ♀: Spermathek aus 2 etwa gleich großen Teilen bestehend (Abb. 123i). Süd- und Südosteuropa. Im mittleren und südlichen Mitteleuropa weit verbreitet und nicht selten; in der Tiefebene weithin fehlend. An Sand- und Kiesufern stehender und fließender Gewässer. .... **dilatatus** (ERICHSON, 1839)

– Körper, besonders die Seiten von Pronotum, Elytren und Abdomen, aber auch die Beine lang abstehend beborstet; glänzend. Oberfläche des Pronotums ohne deutliche Punktur. 3,0–3,5 mm (RL: 1,6–2,0 mm). ♂: Aedoeagus sehr ähnlich der vorherigen Art, die Sklerite jedoch nahe der Mitte am breitesten (Abb. 123f). ♀: Spermathek ebenfalls ähnlich wie bei *dilatatus*, meist etwas stärker gewinkelt (Abb. 123j). Nordafrika, Süd- und Mitteleuropa. Im südlichen und südöstlichen Mitteleuropa (Schweiz, Österreich, Slowakei, Tschechien); alte Meldungen auch aus Bayern und dem südlichen Polen. Selten. An Ufern von Fließgewässern. .... **hirticollis** MULSANT & REY, 1878

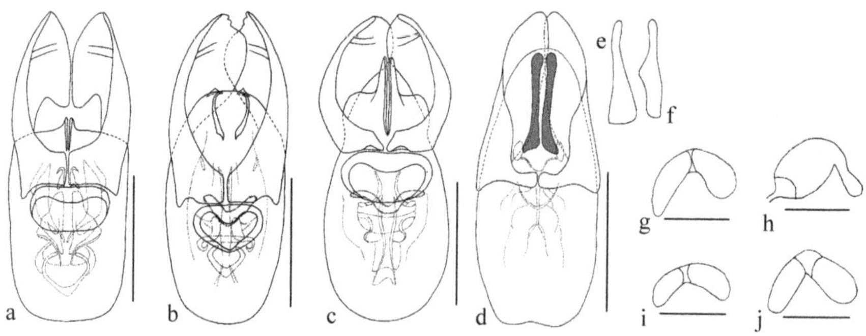

Abb. 123: Aedoeagus, ventral (a–d), Sklerite (lateral) im Medianlobus des Aedoeagus (e–f) und Spermathek (g–j) von *Thinodromus plagiatus* (a), *T. arcuatus* (b, g), T. *distinctus* (c, h), *T. dilatatus* (d–e, i) und *T. hirticollis* (f, j). Maßstäbe 0,25 mm (a–f), 0,1 mm (g–j). Nach GILDENKOV 2001c (e–j).

Unterfamilie Oxyporinae FLEMING, 1821

Kopf vorn quer abgestutzt. Augen aus dem Kopfumriss hervorragend. Mandibeln lang vorstehend, gekreuzt. Fühler mit stark abgeplatteten und queren vorletzten Gliedern. Labialpalpen mit großem, halbmondförmigem Endglied. Seitenrandlinie des Pronotums weit auf die Unterseite verschoben. Procoxae konisch zapfenförmig, Mesocoxae weit voneinander getrennt. ♂: Aedoeagus mit kurzen, vom Medianlobus abstehenden Parameren.

Die Unterfamilie besteht aus zwei Gattungen mit über 100 Arten, von denen etwa die Hälfte aus der Paläarktischen Region beschrieben wurde. In Mitteleuropa leben lediglich 3 Arten, die sämtlich zur Gattung *Oxyporus* gehören.

Gattung *Oxyporus* FABRICIUS, 1775

Glänzende, oft bunte Arten von auffälligem Habitus (Abb. 18d). Kopf so groß oder größer als das quere Pronotum. Elytren kürzer als zusammen breit, mit einzelnen, teilweise reihig angeordneten Punkten. Tergite III–VII mit deutlichen Basolateralfurchen. Larven und Imagines von *Oxyporus* ernähren sich von frischen Blätter- und Röhrenpilzen, in die die Imagines Gänge zur Eiablage fressen, von denen aus die Larven weiter in den Pilzen minieren. Die Verpuppung findet in der Erde statt. Eine deutschsprachige Zusammenfassung neuerer Erkenntnisse zur Biologie gibt LIPKOW (1997). Die Arten zeigen eine beträchtliche Variabilität in Körpergröße und Färbung, das ♂ besitzt einen deutlich verbreiterten Kopf und verlängerte Mandibeln. Die paläarktischen Vertreter der Gattung sind revisionsbedürftig, die Identität der in Mitteleuropa vorkommenden Taxa steht dabei aber nicht in Frage.

1 Vollständig schwarz; Fühler gelbbraun oder schwarz mit hellen Seitenrändern der abgeplatteten Glieder V-XI; Tarsen gelb. Unausgefärbte Exemplare besitzen undeutliche helle Humeralmakeln. Transpaläarktisch verbreitete Art, die Skandinavien und das Baltikum sowie den äußersten Osten Mitteleuropas erreicht. Östliches Polen; sehr selten. .... ***mannerheimi*** GYLLENHAL, 1827

– Zumindest Teile der Elytren und die Maxillar- und Labialpalpen, oft auch das Pronotum, die Beine und Teile des Abdomens hell (gelb oder gelbrot). 2

2 Kopf schwarz; Pronotum gelbrot; Elytren schwarz mit ausgedehnten gelben Schultermakeln und dunkler Naht; Scutellum gelb oder angedunkelt; Abdomen mit gelbroten Segmenten III–VI; Tergit VI am Hinterrand in der Mitte manchmal geschwärzt; Beine gelb mit schwarzer Basis der Femora (Abb. 18d). Von Westeuropa bis in den Fernen Osten Russlands gemeldet. In Mitteleuropa überall; nicht selten. Vornehmlich in Blätterpilzen .... ***rufus rufus*** (LINNAEUS, 1758)

– Kopf (bis auf den schmalen gelben Vorderrand) und Pronotum schwarz; Elytren gelb mit schwarzen Hinterecken; Abdomen und Beine einfarbig gelb. Exemplare mit teilweise geschwärztem Abdomen und Beinen kommen vor. Aus der gesamten Paläarktis von Großbritannien bis nach Japan gemeldet. Der taxonomische Status der ähnlich gefärbten ostpaläarktischen Populationen ist jedoch ungeklärt. In Mitteleuropa besonders in montanen Lagen weit verbreitet. Überall selten. Vornehmlich in ursprünglichen Wäldern in Blätter- und Röhrenpilzen. .... ***maxillosus*** FABRICIUS, 1793

Unterfamilie Steninae MACLEAY, 1825

Fühler 11-gliedrig, frei auf der Stirn inserierend, mit 2 dickeren Basalgliedern und einer mehr oder weniger deutlich abgesetzten 3-gliedrigen Keule. Metacoxae konisch, breit getrennt, lateral nicht erweitert, Procoxae konisch, klein, Procoxalnaht geschlossen. Tarsen 5-gliedrig, einfach oder gelappt, Abdominalsegmente mit oder ohne Paratergite. Abdomen mit paarigen Pygidialdrüsen.

Die artenreiche Unterfamilie umfasst weltweit nur 2 Gattungen mit über 2.640 Arten. Sie ernähren sich von Collembolen und anderen kleinen Arthropoden.

Larven mit langen Fühlern, diese länger als die Mandibeln. Ligula breit, gespalten. Kopfkapsel ohne Hals (NEWTON 1990, NEWTON et al. 2001).

1 Augen die gesamte Kopfseite einnehmend. Labium handschuhfingerartig ausstülpbar. Sternit IX ohne auffällig langen apikolateralen Borstenpinsel. .... ***Stenus*** LATREILLE, 1797; S. 286

– Augen weniger groß, Schläfen deutlich entwickelt. Labium nicht ausstülpbar. Sternit IX mit langem apikolateralem Borstenpinsel. .... ***Dianous*** LEACH, 1819; S. 317

Gattung *Stenus* LATREILLE, 1797

Kleine bis mittelgroße Arten mit großen, die gesamten Kopfseiten einnehmenden Augen (Abb. 18f) und einem handschuhfingerartig ausstülpbaren Labium, das mit seinen apikalen Klebpolstern (Paraglossen) als Fangapparat für Collembolen, Cicadinenlarven, Dipteren und andere kleine Arthropoden dient.

Mit über 2.470 Arten weltweit (außer Neuseeland) verbreitet und mit 740 paläarktischen sowie 34 holarktischen Arten eine der artenreichsten Gattungen der Tierwelt. Die bisherige Einteilung in Untergattungen ist phylogenetisch zweifelhaft (PUTHZ 2008); im Schlüssel wird daher auf die Zuordnung der Arten zu Untergattungen verzichtet. Der Hinterrand von Sternit IX (beim Weibchen auch als Valvifer bezeichnet) kann artspezifisch unterschiedlich geformt sein und ist daher taxonomisch relevant (Abb. 124e, q–aa). Aedoeagus bei allen einheimischen Arten bilateralsymmetrisch und nur bei wenigen Arten im Umriss variabel (z. B. *S. morio*, Abb. 128f–g); Innenkörper des Medianlobus meist mit stark sklerotisierten, unterschiedlich gestalteten Ausstülpstrukturen. Weibchen mit oder ohne deutlich sklerotisierte Spermathek. Die sklerotisierte Spermathek besitzt meist ein distales, stärker sklerotisiertes, offenes, oft abgesetztes Endstück (Infundibulum; siehe PUTHZ 2005) von oft artspezifischer Gestalt, einen mehr oder weniger gedrehten mittleren Schlauchteil (variabel) und einen geschlossenen Endschlauch, dessen Länge im Verhältnis zum Mittelteil der Spermathek taxonomisch von Bedeutung sein kann (NAOMI 2006). Die Orientierung der Spermathek im Abdomen kann individuell verschieden sein.

Die in der Tabelle verwendeten Maße gelten bei einigen Arten (z. B. *S. glacialis, S. parcior*) nur für mitteleuropäische Populationen; für Populationen des Mittelmeerraumes können andere Maße zutreffen, z. B. was die Proportionen der Elytren angeht. Für die Messungen sind Vergrößerungen über 50 × erforderlich.

In Mitteleuropa sind bisher 132 Arten nachgewiesen, die meist in Feuchtbiotopen anzutreffen sind. Mehrere Arten leben aber auch an trockenen Standorten, wenige bei Ameisen (*S. aterrimus, S. cribratus*). Einige an Ufern häufige Arten können mithilfe eines Entspannungssekrets (Detergens) von der Wasseroberfläche wieder ans Ufer gelangen.

1 Abdominalsegmente IV–VI ohne Seitenrandung, also ohne Paratergite oder liniendünne Trennlinie. **2**

– Abdominalsegmente IV–VI mit deutlicher Seitenrandung, also mit Paratergiten (selten kann diese dünn, linienförmig sein). **19**

2 Elytren mit einer roten Makel. 5,0–6,2 mm (RL: 2,5–2,7 mm). ♂: Apikalpartie des Medianlobus spitzwinklig verengt, bei Seitenansicht mit stark vorspringendem Zahn. Zerstreut von Irland bis zur Slowakei, disjunkt im Fernen Osten auch in Japan. Selten. Nur in Mooren, in *Sphagnum* und in *Juncus*. .... ***kiesenwetteri*** ROSENHAUER, 1856

– Elytren einfarbig dunkel. **3**

3 Basalrand der ersten freiliegenden Tergite ohne vorspringende kleine Kielchen (z. B. Abb. 124a). **4**

– Basalrand der ersten freiliegenden Tergite mit 3 oder 4 kleinen Kielchen (z. B. Abb. 124b–d, i–j). **15**

4 Beine einfarbig schwarz, braun oder rötlichbraun. **5**

– Beine zweifarbig, die dunkle Färbung ist von der hellen Färbung scharf abgesetzt. **12**

5 Tarsenglied IV gelappt (z. B. Abb. 124n–p). **6**

– Tarsenglied IV einfach (z. B. Abb. 124k–m). **10**

6 Elytren zwischen den Punkten mikroskulptiert. **7**

– Elytren zwischen den Punkten ohne Mikroskulptur, glänzend-glatt. Fühlerglied I dunkel (schwarz oder braun), Glieder II–VIII heller, gelblich, Keule ± gebräunt. Aedoeagus: Abb. 125h. 3,0–4,0 mm (RL: 1,5–1,9 mm). West-, Mittel- und Nordeuropa, nördliches Südeuropa; eingeführt in British Columbia. Nicht selten. Besonders in Sumpf- und Moorgebieten. .... ***fulvicornis*** STEPHENS, 1833

7 Tergit VII zwischen den Punkten ohne Mikroskulptur. Fühlerglied I dunkel (schwarz oder braun), Glieder II–VIII heller, gelblich, Keule ± gebräunt. Kopf deutlich schmaler als die Elytren (< 0,90). **8**

– Tergit VII zwischen den Punkten mikroskulptiert. Fühler insgesamt (mehr) einfarbig, braun bis schwarzbraun. Kopf wenig schmaler als die Elytren (> 0,94). Aedoeagus: Abb. 125g. 2,7–3,8 mm (RL: 1,4–1,7 mm). Pontomediterran: ganz Europa, außer Iberische Halbinsel; östlich bis Iran. Überall nicht selten. In Sumpfgebieten und Mooren; in Rohrkolbenblättern. .... ***latifrons*** ERICHSON, 1839

8 Durchschnittlich robuster. ♂: Aedoeagus: Abb. 125a; Parameren viel länger als der Medianlobus. ♀: Sternit VIII im hinteren Drittel median leicht beulig aufgetrieben. 4,0–4,8 mm (RL: 2,0–2,3 mm). Sibirisch: Mittel- und Nordeuropa, Sibirien, Japan; zerstreut und selten. Nicht nur in Sumpfgebieten. .... ***bohemicus*** MACHULKA, 1947

– Durchschnittlich weniger robust. ♂: Aedoeagus anders. ♀: Sternit VIII ohne hintere Beule. **9**

9 Durchschnittlich größer und robuster. ♂: Aedoeagus: Abb. 125b; Parameren etwas länger als der Medianlobus. 3,5–5,0 mm (RL: 1,8–2,2 mm).

Westpaläarktisch: Ganz Europa (außer im Süden), Westsibirien. In Mitteleuropa überall häufig. Oft auf feuchten Wiesen zu keschern. .... ***tarsalis*** LJUNGH, 1810

– Durchschnittlich kleiner. ♂: Aedoeagus: Abb. 125c; Parameren kaum länger als der Medianlobus. 3,4–4,8 mm (RL: 1,8–2,1 mm). Nord- und Mitteleuropa, Großbritannien, nördliches Südeuropa. Zerstreut in anmoorigen Wiesen, im Gebirge oft über 1200 m. .... ***oscillator*** RYE, 1870

10 Stirnmitte deutlich erhoben, von den Stirnseitenteilen durch deutliche Längsfurchen abgesetzt. ♂: Medianlobus: Abb. 125l. 3,0–4,2 mm (RL: 1,6–1,8 mm). Holomediterran: Ganz Europa; östlich bis Turkmenistan. Überall häufig. Euryök. .... ***brunnipes brunnipes*** STEPHENS, 1833

– Stirn ganz flach oder leicht konvex, ohne abgesetzten Mittelteil. **11**

11 Größer, RL etwa 1,7 mm (> 1,5 mm), Elytren länger (Elytrenlänge/-breite: 0,74–0,88). ♂: Medianlobus: Abb. 125d. 3,0–4,0 mm. Westpaläarktisch: West-, Nord- und Mitteleuropa, nordöstliches Südeuropa, Westsibirien, Usbekistan. Nicht häufig. In feuchten Biotopen, an temporären Seen. .... ***nigritulus*** GYLLENHAL, 1827

– Kleiner, RL $\leq$ 1,5 mm, Elytren kürzer (Elytrenlänge/-breite: 0,69–0,75). ♂: Medianlobus: Abb. 125k. 2,7–3,5 mm. Pontomediterran: Mitteleuropa (südöstliches Österreich), nördlicher Balkan, Kasachstan. Selten. An feuchten Stellen. .... ***josefkrali*** HROMÁDKA, 1981

12 Kleiner, RL: < 1,5 mm. Femora schwarz. Elytren etwa 1,5x so breit wie der Kopf. ♂: Sternit VII mit seitlich vorspringenden Kielen. ♂: Parameren basal erweitert, den Medianlobus weit überragend. 2,0–3,0 mm (RL: 1,3–1,5 mm). Holomediterran: West-, Mittel- und Südeuropa, westliches Nordafrika, südliches Nordeuropa, Kaukasus bis Turkmenistan. Nicht häufig. In feuchten bis sehr nassen Biotopen. ....***fornicatus*** STEPHENS, 1833

– Größer, RL > 2,5 mm. Femora in ihrer Basalhälfte gelblich. ♂: Parameren basal nicht erweitert, kürzer als der Medianlobus oder ihn kaum überragend. **13**

13 Abdomen fein (und sehr dicht) punktiert, Punktzwischenräume mikroskulptiert. 4,3–5,3 mm (RL: 2,4–2,7 mm). ♂: Apikalpartie des Medianlobus bei Seitenansicht ohne vorspringenden Zahn. Parameren zur Spitze nicht verbreitert. Pontomediterran: Großbritannien, Mitteleuropa und östliches Südeuropa, Türkei. Zerstreut, nicht selten. An nassen, vegetationsreichen Teich- und Sumpfrändern. .... ***solutus*** ERICHSON, 1840

– Abdomen grob punktiert, Punktzwischenräume ohne Mikroskulptur. ♂: Apikalpartie des Medianlobus oder Parameren anders. **14**

14 Gröber punktiert, Punktzwischenräume auf dem Abdomen etwa so groß wie die Punkte. 4,7–5,7 mm (RL: 2,4–2,7 mm). ♂: Apikalpartie des Medianlobus bei Seitenansicht mit vorspringendem Zahn, Parameren zur Spitze nicht erweitert. Paläarktisch: Ganz Europa, westliches Nordafrika, Sibirien, China, Japan. Hygrophil, überall häufig an feuchten, vegetationsreichen Standorten. .... ***cicindeloides*** (SCHALLER, 1783)

– Weniger grob punktiert, Punktzwischenräume am Abdomen kleiner als die Punktradien. 4,2–5,7 mm (RL: 2,4–2,6 mm). ♂: Apikalpartie des Medianlobus bei Seitenansicht ohne vorspringenden Zahn, Parameren zur Spitze erweitert. Paläarktisch: Ganz Europa, Nordafrika, Sibirien, Mongolei. Überall häufig. In feuchten Biotopen; oft gekeschert. .... ***similis*** (HERBST, 1784)

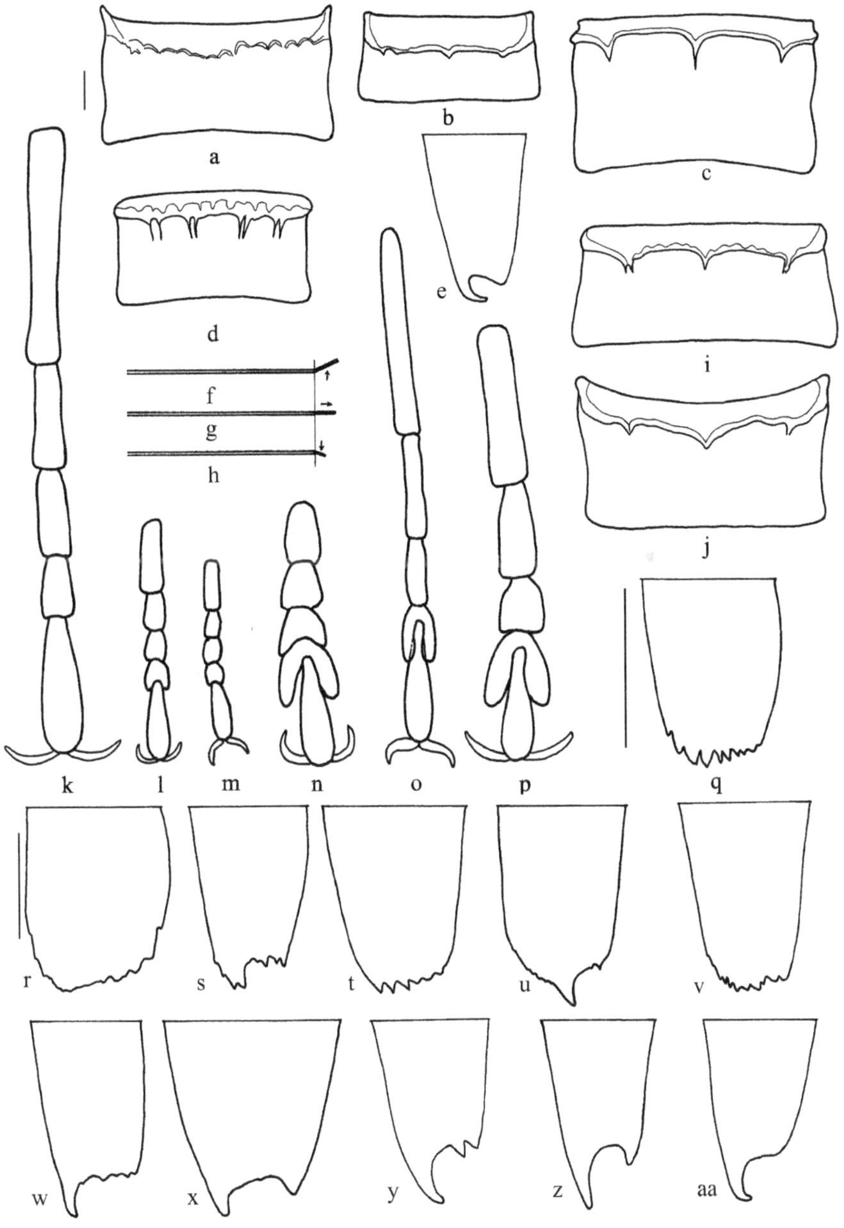

Abb. 124: Tergit III (a–d, i–j), ♀-Sternit IX (Valvifer, hintere Partie, e, q–aa), Lage des Paratergits (f: rückenwärts aufgebogen; g: in der Horizontalen liegend; h: bauchwärts geneigt), Hintertarsen (k–p) von *Stenus impressus* (a, w), *S. pusillus* (b, m, q), *S. ater* (c), *S. boops* (d), *S. ruralis* (e), *S. bifoveolatus* (i), *S. glacialis* (j, o), *S. comma* (k, r), *S. humilis* (l, s), *S. picipennis* (n, t), *S. similis* (p, x), *S. cephallenicus* (s), *S. cribratus* (u), *S. fuscicornis* (v), *S. flavipalpis* (y), *S. nitens* (z), *S. planifrons* (v). Alle Maßstäbe 0,1 mm (a = b–d, e, i–p; q = v, aa; r = s–u, w–z); f–h: ohne Maßstab.

15 Basalrand der ersten freiliegenden Tergite mit einem Mittelkiel und 2 weniger deutlichen Seitenkielchen. Sternit IX am Hinterrand gesägt. ♂: Medianlobus: Abb. 125e. 2,1–2,8 mm (RL: 1,3–1,5 mm). Pontomediterran: Südliches Mitteleuropa, südliches Nordosteuropa, nördlicher Balkan, Ukraine. Selten. Hygrophil und psammophil, vorwiegend auf sandigen Ufern von Gebirgsgewässern. .... ***eumerus*** KIESENWETTER, 1850

– Basalrand der ersten freiliegenden Tergite mit 4 kurzen Kielchen **16**

16 Vorderkörper grob, regelmäßig und sehr eng punktiert, Punktzwischenräume überall viel schmaler als die Punktradien. ♀: ohne sklerotisierte Spermathek. ♂: Medianlobus: Abb. 125f. 2,0–2,8 mm (RL: 1,2–1,4 mm). Westpaläarktisch: Mittel- und Nordeuropa, Großbritannien, Norditalien, Westsibirien, südöstlich bis Usbekistan. Nicht häufig. An pflanzenreichen Gräben, Teichen und Seeufern. ... ***opticus*** GRAVENHORST, 1806

– Vorderkörper grob, aber weniger gedrängt und weniger regelmäßig punktiert, Punktzwischenräume mehrfach so groß oder größer als die Punktradien. ♀: mit sklerotisierter Spermathek. Drei Arten, die, auch wegen ihrer Variabilität, schwierig zu bestimmen sind. **17**

17 Meist kleiner, RL: 1,2–1,5 mm. **18**

– Meist größer, RL: 1,3–1,7 mm. ♂: Medianlobus: Abb. 125i. ♀: Spermathek: Abb. 125j. 2,3–3,6 mm. Außer im Süden in ganz Europa, Türkei bis Iran. Nicht selten. Euryök, an faulenden pflanzlichen Stoffen, an feuchten Graben- und Seeufern.. ***crassus*** STEPHENS, 1833

18 Glänzender, Elytren zwischen den Punkten glatt. ♂: Medianlobus: Abb. 125n. ♀: Spermathek ähnlich Abb. 125j. 2,1–2,7 mm. Holarktisch: ganz Europa, außer im Süden, Nordamerika. Nicht häufig. Hygrophil bis moorliebend, auf sauren Wiesen, an Graben- und Seeufern. .... ***formicetorum*** MANNERHEIM, 1843

– Weniger glänzend, Elytren zwischen den Punkten ± deutlich mikroskulptiert. ♂: Medianlobus: Abb. 125m. ♀: Spermathek ähnlich Abb. 125j. 2,1–3,1 mm. Zerstreut in ganz Europa außer im Südwesten und im Gebirge. Halophil, an der Küste und an Salzstellen im Binnenland. .... ***intermedius*** REY, 1884

19 Seitenrandung des Abdomens linienförmig schmal, ohne ausgeprägte Paratergite. **17**

– Abdominalsegmente IV–VI mit deutlich ausgeprägten Paratergiten. **20**

20 Paratergite zur Seite geneigt (Abb. 124h) und/oder diejenigen von Segment V in der Hinterhälfte erheblich schmaler als Fühlerglied I. **21**

– Paratergite in der Horizontalen liegend (Abb. 124g) oder zur Rückenseite (Abb. 124f) aufgebogen, breiter, diejenigen von Segment V in der Hinterhälfte so breit wie oder breiter als Fühlerglied I. **27**

21 Vorderrand der Vordertergite mit basalen Kielchen. **22**

– Vorderrand der Vordertergite ohne basale Kielchen. **25**

22 Vordere Tergite mit basalem Mittelkiel (vgl. Abb. 124c). Sternit IX am Hinterrand gesägt (vgl. Abb. 124q). ♂: Medianlobus: Abb. 126a. 1,6–2,1 mm (RL: 1,1–1,2 mm). [falls viel größer und Tarsen gelappt, vgl. Leitziffer 43 *bifoveolatus*]. Holarktisch: Großbritannien, Mittel- und Nordeuropa; Nordamerika. Selten. In Mooren und Sümpfen. .... ***pumilio*** ERICHSON, 1839

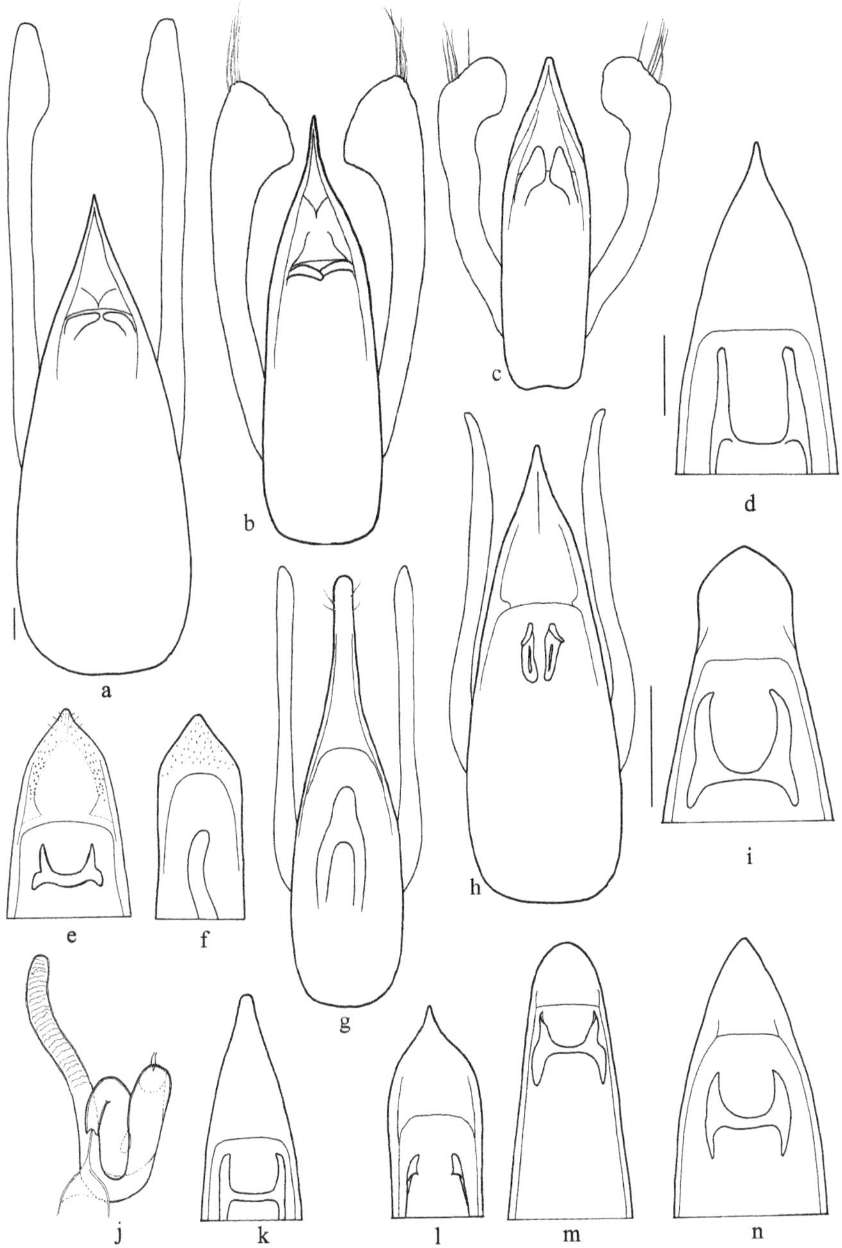

Abb. 125: Ventralansicht des Aedoeagus bzw. der Apikalpartie des Medianlobus mit Innenhaken (soweit vorhanden), Paramerenbeborstung weitgehend weggelassen (a–i, k–n) und Spermathek (j) von *Stenus bohemicus* (a), *S. tarsalis* (b), *S. oscillator* (c), *S. nigritulus* (d), *S. eumerus* (e), *S. opticus* (f), *S. latifrons* (g), *S. fulvicornis* (h), *S. crassus* (i, j), *S. josefkrali* (k), *S. brunnipes* (l), *S. intermedius* (m), *S. formicetorum* (n). Alle Maßstäbe 0,1 mm (a = b–c; d = e–h, j–l; i = m–n).

– Vordere Tergite mit 4 kleinen basalen Kielchen (Abb. 124d). Sternit IX apikolateral spitz (vgl. Abb. 124w–aa). **23**

23 Elytren schmaler und kürzer (Elytrenbreite/-länge: 1,22–1,30), nicht oder wenig breiter als der Kopf (Elytrenbreite: Kopfbreite: 0,95–1,16). ♂: Medianlobus: Abb. 126b. Spermathek: Abb. 126i. Durchschnittlich kleiner. 2,0–2,9 mm (RL: 1,2–1,5 mm). Westpaläarktisch: West-, Mittel- und Nordeuropa, nördliches Südeuropa. Nicht selten. Hygrophil, in ständig feuchten, oft grasreichen Biotopen, in Weiden- und Erlenlaub, oft im Genist. .... ***fuscipes*** GRAVENHORST, 1806

– Elytren breiter und länger (Elytrenbreite/-länge: 1,04–1,23), deutlich breiter als der Kopf (Elytrenbreite: Kopfbreite: 1,01–1,25). Durchschnittlich größer. **24**

24 Größer: 2,5–3,5 mm (RL: 1,5–1,8 mm). ♂: Medianlobus: Abb. 126c. Spermathek: Abb. 126j. Oft mit anderen Arten verwechselt (z. B. *morio, fuscicornis, prometheus*). Westpaläarktisch: West-, Mittel- und Nordeuropa, Westsibirien. Nicht selten. Hygrophil, an sumpfigen Stellen, auf nassen Wiesen. .... ***argus*** GRAVENHORST, 1806

– Kleiner: 2,3–3,3 mm (RL: 1,3–1,6 mm). ♂: Medianlobus: Abb. 126d. Spermathek: Abb. 126k. Holarktisch: Nordeuropa, östliches Mitteleuropa, Sibirien, China; Nordamerika. Selten. Hygrophil, an vegetationsreichen Tümpelufern, oft im Genist. . ... ***ageus*** CASEY, 1884

25 Beine hell, rötlichgelb. **26**

– Beine dunkel, dunkelbraun bis schwarz. ♂: Medianlobus: Abb. 126p. 2,5–3,4 mm (RL: 1,4–1,6 mm). Atlantomediterran: Westeuropa, Nordafrika. Aus Mitteleuropa nur Einzelfunde aus dem Rheinland und der Rhön. Selten. An Tümpeln. .... ***leprieuri*** CUSSAC, 1851

26 Elytren länger (Elytrenlänge/-breite: 0,74–0,88). ♂: Medianlobus: Abb. 126e. ♀: Sternit VIII apikal stumpf-dreieckig (Abb. 126h). 2,8–3,5 mm (RL: 1,5–1,6 mm). Westpaläarktisch: West-, Mittel- und Nordeuropa, nördliches Südeuropa. Nicht häufig. An faulendem Pflanzenmaterial, auf Sumpfwiesen. .... ***pallipes*** GRAVENHORST, 1802

– Elytren kürzer (Elytrenlänge/-breite: 0,69–0,75). ♂: Medianlobus: Abb. 126f. ♀: Sternit VIII apikal dreieckig zugespitzt (Abb. 126g). 3,0–4,0 mm (RL: 1,6–1,7 mm). Östliches Mitteleuropa, Osteuropa. Selten. In feuchtem Laub und Moos an Baumstümpfen. .... ***kolbei*** GERHARDT, 1893

27 Elytren mit einer gelblichen oder rötlichen Makel. **28**

– Elytren einfarbig. **36**

28 Vordere Tergite mit basalem Mittelkiel (z. B. Abb. 124b, c, i, j). **29**

– Vordere Tergite ohne basalen Mittelkiel (z. B. Abb. 124a.). **30**

29 Größer und robuster, 5,9–6,7 mm (RL: 2,6–3,0 mm). Punktabstände auf Tergit VII so groß wie oder größer als die Punktdurchmesser. Elytrenmakel fast in der Elytrenmitte. ♂: Apikalpartie des Medianlobus breit abgestutzt mit mittlerer Ausrandung. Westpaläarktisch: Europa, Sibirien. Häufig. Eurytop, an feuchten Stellen, in pflanzlichem Detritus. .... ***bimaculatus*** GYLLENHAL, 1810

– Kleiner und schlanker, 3,6–5,0 mm (RL: 2,0–2,3 mm). Punktabstände auf Tergit VII kleiner als die Punktdurchmesser. Elytrenmakel in der Hinterhälfte der Elytren. ♂: Apikalpartie des Medianlobus vorn schmal abgerundet, ohne Ausrandung (Abb. 127t). Pontomediterran: West- und

Mitteleuropa, Osteuropa, Südosteuropa, Kleinasien. Verstreut und selten. An großen Flüssen; oft im Genist. .... ***stigmula*** ERICHSON, 1840

30 Beine zweifarbig (rötlichgelb/schwarz). **31**

– Beine einfarbig schwarz bis dunkelbraun. **32**

31 Kopf im Verhältnis zu den Elytren schmaler (0,88–0,96). Elytren länger (Elytrenbreite/-länge: 1,04–1,15). Elytrenmakel weniger nach außen gerückt, deutlicher vom Seitenrand getrennt, Distanz zwischen Naht und Elytrenmakel deutlich kleiner als der Durchmesser der Makel. ♂: Medianlobus: Abb. 127f. 3,6–4,8 mm (RL: 2,0–2,3 mm). Holomediterran: West-, Süd-, Mitteleuropa, südlichstes Nordeuropa; Nordafrika, südlich bis Yemen. In Mitteleuropa im Norden selten, im Süden nicht häufig. Hygrophil, an vegetationsreichen Ufern von Bächen, Quellen und moosigen Rinnsalen. .... ***guttula guttula*** P. MÜLLER, 1821

– Kopf im Verhältnis zu den Elytren breiter (0,94–1,01). Elytren kürzer (Elytrenbreite/-länge: 1,13–1,24). Elytrenmakel deutlicher nach außen gerückt, nicht oder wenig deutlich vom Seitenrand getrennt, Distanz zwischen Naht und Elytrenmakel etwa so groß wie der Durchmesser der Makel. ♂: Medianlobus: Abb. 127m. 4,0–5,4 mm (RL: 2,1–2,5 mm). Pontomediterran: Südöstliches Mitteleuropa, Südosteuropa, Kleinasien. Selten. Montan; an Gebirgsbächen, in überrieseltem Moos. .... ***maculiger*** WEISE, 1875

32 Abdomen insgesamt gröber punktiert, auf Tergit VI sind die Punkte gut so groß wie der basale Querschnitt von Fühlerglied III. Meist blaumetallisch. ♂: Medianlobus: Abb. 126o; apikale Borsten der Parameren etwa so lang wie subapikale Borsten. 4,0–5,2 mm (RL: 2,3–2,6 mm). West-, Süd-, Mittel- und Osteuropa. Nicht häufig. An offenen, sandigen, leicht schlickigen Ufern; oft im Gebirge. .... ***longipes*** HEER, 1839

– Abdomen insgesamt weniger grob punktiert, auf Tergit VI sind die Punkte deutlich kleiner als der basale Querschnitt von Fühlerglied III. **33**

33 Glied II der Maxillarpalpen an der Basis (meist) dunkel. **34**

– Glied II der Maxillarpalpen an der Basis deutlich gelb. **35**

34 Elytrenmakel durchschnittlich kleiner; Breite einer Elytre/Makelbreite 2,5–2,7 (extrem: 2,1–4,0). Elytren eher mit Bleiglanz. ♂: Medianlobus: Abb. 126l; apikale Borsten der Parameren viel länger als subapikale Borsten. 4,3–5,6 mm (RL: 2,2–2,6 mm). Holarktisch: ganz Europa ohne nordwestlichster Balkan und mittleres Italien; Kleinasien, Sibirien, Nordamerika. Häufig. An feinsandigen Ufern von Flüssen und Bächen, in Kiesgruben. .... ***comma comma*** LECONTE, 1863

– Elytrenmakel durchschnittlich größer; Breite einer Elytre/Makelbreite 1,9–2,0 (extrem: 1,8–2,3), Elytren eher mit Blauglanz. Maße und Aedoeagus wie Nominatform. Adriatomediterran: Italien, Südschweiz, Slowenien, Kroatien. Häufig. Ökologie wie Nominatform. .... ***comma aeneiceps*** REY, 1884

35 Elytrenmakel kleiner und vom Seitenrand genauso weit entfernt wie von der Naht. Abdomen feiner und dichter punktiert, Punktzwischenräume auf Tergit VI kaum größer als die Punkte. Meist mit leichtem Messingschimmer. ♂: Medianlobus: Abb. 126m; apikale Borsten der Parameren kürzer als subapikale Borsten. 4,3–5,3 mm (RL: 2,3–2,6 mm). Paläarktisch: ganz Europa bis auf den Süden, Sibirien, Japan. Häufig. Auf leicht schlammigen Äckern, an sandigen Ufern. .... ***biguttatus*** (LINNAEUS, 1758)

– Elytrenmakel erheblich größer und fast bis zum Seitenrand reichend. Abdomen weniger fein und weniger dicht punktiert, Punktzwischenräume auf Tergit VI deutlich größer als die Punkte. Meist mit leichtem Blauschimmer. ♂: Medianlobus: Abb. 126n; apikale Borsten der Parameren mindestens so lang wie subapikale Borsten. 4,3–5,3 mm (RL: 2,3–2,5 mm). Pontomediterran: Südöstliches Europa, auch in Ungarn; möglicherweise auch im östlichen Österreich, Kleinasien. Ökologie wie *longipes*. .... [***doderoi*** BONDROIT, 1912]

36 Vorderrand der Vordertergite mit basalen Kielchen. **37**

– Vorderrand der Vordertergite ohne basale Kielchen. **91**

37 Vorderrand der Vordertergite mit 3 basalen Kielchen (zum Beispiel Abb. 124b–c, i–j). **38**

– Vorderrand der Vordertergite mit 4 basalen Kielchen (Abb. 124d). **67**

38 Metatarsenglied I höchstens so lang wie Glied V (z. B. Abb. 124l–m). **39**

– Metatarsenglied I deutlich länger als Glied V (z. B. Abb. 124k, o). **50**

39 Sternit IX apikolateral spitz (zum Beispiel Abb. 124w–aa). Abdomen stark zugespitzt (bei Exemplaren mit eingezogenem Abdomen müssen die letzten Segmente abpräpariert werden). **40**

– Sternit IX apikolateral stumpf gesägt (z. B. Abb. 124q–v). Abdomen nach hinten verschmälert, aber nicht stark zugespitzt (bei Exemplaren mit eingezogenem Abdomen müssen die letzten Segmente abpräpariert werden). **43**

40 Maxillarpalpen hell rötlichgelb. **41**

– Zumindest Glied III der Maxillarpalpen braun. ♂: Apikalausrandung von Sternit VIII höchstens so tief wie Fühlerglied II breit. Medianlobus: Abb. 126u. 2,1–2,7 mm (RL: 1,2–1,4 mm). Pontomediterran: südöstliches Mitteleuropa (östliches Österreich), Südosteuropa, Kleinasien. Nicht häufig. In Erlen- und Weidenlaub von Wäldern. .... ***planifrons planifrons*** REY, 1884

41 Elytren im Verhältnis zum Kopf breiter (1,12–1,22). **42**

– Elytren im Verhältnis zum Kopf schmaler (1,00–1,15). ♂: Medianlobus: Abb. 126s–t. 1,9–2,5 mm (RL: 1,1–1,2 mm). Südliches Mitteleuropa, vorwiegend im Gebirge. Zerstreut. In Erlen- und Weidenlaub an Flussufern. .... ***planifrons misael*** BONDROIT, 1912

42 Stirnmitte etwas weitläufiger als die Stirnseiten punktiert, Punkte in der Stirnmitte kreisrund. ♂: Apikalausrandung von Sternit VIII weniger tief als Fühlerglied II breit. Medianlobus: Abb. 126q–r. 1,9–2,5 mm (RL: 1,1–1,3 mm). Europa mit Ausnahme des Südwestens, nördliches Südeuropa, Kleinasien, Westsibirien, Kasachstan. Nicht selten. An faulenden Pflanzenmaterialien, an trockenen Stellen und auch auf feuchten Wiesen. .... ***circularis*** GRAVENHORST, 1802

– Stirnmitte ebenso dicht wie die Stirnseiten punktiert, Punkte in der Stirnmitte leicht oval ♂: Apikalausrandung von Sternit VIII tiefer als Fühlerglied II breit, Medianlobus: Abb. 126v–w. 2,0–2,5 mm (RL: 1,1–1,3 mm). Mitteleuropa (östliches Österreich), nördlicher Balkan, Weißrussland, Sibirien. Zerstreut und selten gefunden. Auf feuchten Wiesen, in Erlen- und Weidenlaub an Flussufern. ...... ***exspectatus*** PUTHZ, 1965

43 Tarsenglied IV tief gelappt (vgl. Abb. 124n, p). ♂: Medianlobus: Abb. 127u. 3,0–4,2 mm (RL: 1,7–1,9 mm). Paläarktisch: Europa, außer Süden, Sibirien. Überall häufig. An sumpfigen Stellen, am Boden oder auch kletternd an niedrigen Pflanzen. .... ***bifoveolatus*** GYLLENHAL, 1827

– Tarsenglied IV ungelappt (z. B. Abb. 124k–l). **44**
44 Längsfurchen auf der Stirn ± flach, aber deutlich ausgeprägt, Stirn nicht ganz gleichartig punktiert. Vorderkörper dicht, aber weniger tief eingestochen, nicht auffällig gleichartig punktiert; die Punkte können auch leicht oval sein. **45**
– Stirn vollkommen flach, ohne Längsfurchen, grob und sehr dicht, auffällig gleichartig punktiert. Vorderkörper äußerst dicht, tief eingestochen und auffällig gleichartig punktiert; Punktzwischenräume undeutlich abgesetzt, Punkte etwa kreisrund. ♂: Medianlobus: Abb. 127a. 2,7–3,5 mm (RL: 1,5–1,7 mm). Westsibirische Taiga-Art: Westeuropa, nördliches Mitteleuropa (Schleswig-Holstein, Mecklenburg, Mark Brandenburg), südlichstes Nordeuropa, Osteuropa. Sehr selten. In Sumpf- und Moorgebieten, in *Carex*-Bülten. .... ***glabellus*** THOMSON, 1870
45 Stirnfurchen scharf, Pronotum in der Hinterhälfte mit lateralen Eindrücken. ♂: Aedoeagus: Abb. 129h. ♀-Sternit IX: Abb. 124q. Kleiner. 1,9–2,7 mm (RL: 1,1–1,3 mm). Meist macropter, brachyptere Stücke seltener. Europa (außer Südosteuropa), westliches Nordafrika. Häufig. Euryök, an feuchten Stellen (Wiesen, Gärten, Hecken, Gräben, Wäldern), an faulenden Pflanzenstoffen. .... ***pusillus*** STEPHENS, 1833
– Stirnfurchen breiter und ± deutlich. Pronotum in der Hinterhälfte ohne laterale Eindrücke. **46**
46 Elytren länger (Elytrenlänge/-breite: 0,68–0,85) (seltene Ausnahmen!). **47**
– Elytren kürzer (Elytrenlänge/-breite: 0,61–0,70) (seltene Ausnahmen!). **48**
47 Beine dunkelbraun bis schwarz. ♂: Medianlobus: Abb. 127b. 2,4–3,6 mm (RL: 1,4–1,8 mm). Paläarktisch: Europa (außer Südeuropa), Sibirien, Island. Nicht selten. Auf feuchten, bewachsenen Böden, in pflanzlichem Detritus, in Weiden- und Erlenbrüchen, Sümpfen und Mooren. .... ***carbonarius*** GYLLENHAL, 1827
– Beine heller, rotbraun. Eine in den Proportionen sehr variable Art. ♂: Medianlobus: Abb. 127c. 2,4–3,5 mm (RL: 1,3–1,6 mm). Paläarktisch: Europa (außer Süden), Kaukasus, Sibirien. Überall häufig. In feuchten, vegetationsreichen Biotopen, auch in Wäldern. .... ***humilis*** ERICHSON, 1839
48 Punktur des Pronotums sehr dicht, gedrängt, in der Nähe von Vorder- und Hinterrand manchmal zusammenfließend, Punktzwischenräume auf der Scheibe gratartig scharf, unregelmäßig und weniger deutlich mikroskulptiert. **49**
– Punktur des Pronotums sehr dicht, aber nicht gedrängt, auch in der Nähe von Vorder- und Hinterrand meist getrennt, Punktzwischenräume zumindest auf der Scheibe breiter und flacher, eng isodiametrisch mikroskulptiert. ♂: Medianlobus: Abb. 127d. 2,8–3,9 mm (RL: 1,5–1,7 mm). Pontomediterran: östliches Mitteleuropa, Südosteuropa, westlich bis Bayerischer Wald, Niederösterreich und Schweiz. Selten. In Gebirgen. In feuchtem Buchenlaub, auf Pflanzen an Bergbächen. .... ***phyllobates phyllobates*** PENECKE, 1901
49 Weniger robust, Längsfurchen der Stirn flacher, Mittelteil weniger deutlich erhoben. Elytren nicht oder weniger trapezoid. Siehe Leitziffer 47: *humilis*.

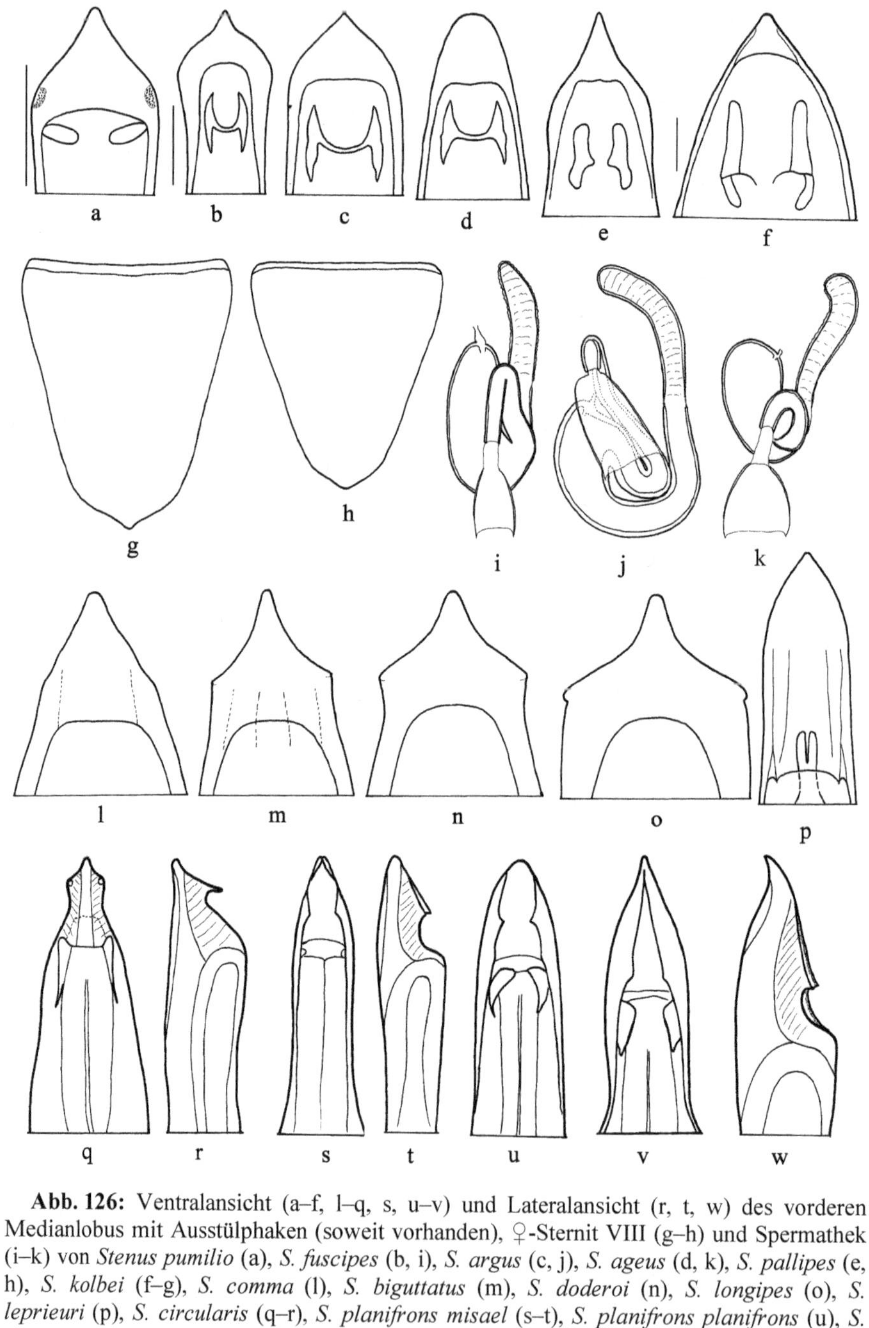

Abb. 126: Ventralansicht (a–f, l–q, s, u–v) und Lateralansicht (r, t, w) des vorderen Medianlobus mit Ausstülphaken (soweit vorhanden), ♀-Sternit VIII (g–h) und Spermathek (i–k) von *Stenus pumilio* (a), *S. fuscipes* (b, i), *S. argus* (c, j), *S. ageus* (d, k), *S. pallipes* (e, h), *S. kolbei* (f–g), *S. comma* (l), *S. biguttatus* (m), *S. doderoi* (n), *S. longipes* (o), *S. leprieuri* (p), *S. circularis* (q–r), *S. planifrons misael* (s–t), *S. planifrons planifrons* (u), *S. exspectatus* (v–w). Alle Maßstäbe 0,1 mm (a = j–l; b = c–e, g, m–w; f = h–i).

– Robuster, Längsfurchen der Stirn deutlicher ausgeprägt, Mittelteil stärker erhoben. Elytren breiter und deutlicher trapezoid. ♂: Medianlobus: Abb. 127e. 3,6–3,7 mm (RL: 1,4–1,7 mm). Pontomediterran: Mitteleuropa (Mähren, Kärnten), Südosteuropa, Kleinasien, Kaukasus, Sibirien, meist im Gebirge. In feuchtem Laub. .... ***cephallenicus*** BERNHAUER, 1913

50 Elytren erheblich breiter als lang (> 1,33), Hinterrand mit einem auffälligen Saum kurzer abstehender Borsten. ♂: Metatibien mit starker knotenförmiger Verdickung in der Mitte; Sternite ohne Mittelkiel; Apikalpartie des Medianlobus breit ausgeschnitten. 5,0–6,3 mm (RL: 2,6–2,8 mm). Paläarktisch: Großbritannien, West-, Mittel- und Nordeuropa, Sibirien. Lokal nicht selten. An Ufern großer Flüsse. .... ***calcaratus*** SCRIBA, 1864

– Elytren meist etwa so lang wie breit; wenn breiter als lang, erheblich kleiner und Elytrenbreite/-länge < 1,32, Hinterrand ohne Borstensaum. **51**

51 Beine überwiegend dunkel gefärbt (dunkelbraun bis schwarzbraun). **52**

– Beine überwiegend heller gefärbt (rötlichbraun bis rotbraun). **59**

52 Größer; RL > 2,6 mm. Abdomen auffällig gewölbt, Stirnfurchen scharf und tief eingeschnitten. ♂: Metatibien mit schwacher knotenförmiger Verdickung in der Mitte; Sternite mit mittlerem Längskiel; Apikalpartie des Medianlobus sehr schmal ausgeschnitten. 4,5–6,5 mm (RL: 2,6–2,8 mm). Holarktisch: Europa, paläarktisches Asien, Japan, Nordamerika. Häufig. An sumpfigen, vegetationsreichen Stellen. .... ***juno*** (PAYKULL, 1789)

– Kleiner; RL ≤ 2,6 mm. Abdomen weniger gewölbt. Stirnfurchen weniger scharf und tief eingeschnitten. ♂: Sexualcharaktere anders. **53**

53 Elytren deutlich breiter als der Kopf (Elytrenbreite/-länge: 1,25–1,37). **54**

– Elytren im Verhältnis zum Kopf weniger breit (Elytrenbreite/-länge: 0,98–1,24). **55**

54 Pronotum mit deutlicher Längsfurche. Stirnfurchen deutlicher ausgeprägt, Stirnmitte stärker erhoben. Abdomen dichter, gleichartiger punktiert, Punktzwischenräume meist kleiner als die Punktradien. ♂: Metatibien in der apikalen Hälfte innen ohne Zahn. Medianlobus: Abb. 127g. 4,0–5,4 mm (RL: 2,1–2,3 mm). Pontomediterran: West-, Mittel- und südliches Nordeuropa, nördliches Südeuropa, Kleinasien. Verbreitet, aber selten. In Moor-, Sumpf- und feuchten Heidegebieten. .... ***longitarsis longitarsis*** THOMSON, 1851

– Mittellängsfurche des Pronotums weniger deutlich ausgeprägt. Stirnfurchen weniger deutlich ausgeprägt, Stirnmitte weniger erhoben. Abdomen weniger dicht, weniger gleichartig punktiert, Punktzwischenräume mehrmals so groß wie die Punktradien. ♂: Metatibien in der Hinterhälfte innen mit spitzem Zahn. Medianlobus: Abb. 127h. 4,0–5,5 mm (RL: 2,2–2,7 mm). Pontomediterran: Südfrankreich, Italien, aus Mitteleuropa nur aus dem Burgenland bekannt, Südosteuropa, Kleinasien, Iran bis Kasachstan. Verbreitet, aber selten. Auf feuchten Wiesen und in Sumpfgebieten. .... ***intricatus zoufali*** FLEISCHER, 1909

55 Elytren im Verhältnis zum Kopf breiter (1,14–1,24). **56**

– Elytren im Verhältnis zum Kopf schmaler (0,95–1,11). **58**

56 Pronotumlänge/-breite: < 1,04, Pronotum ohne deutliche mittlere Längsfurche. Punktur des Pronotums gröber und überall sehr dicht. ♂: Metaventrit breit und tief eingedrückt. Medianlobus: Abb. 127s. 4,0–5,3 mm (RL: 2,2–2,4 mm). Westpaläarktisch: West-, Mittel- und

Nordeuropa, Osteuropa bis Ukraine. Sehr selten. Auf Sumpfwiesen mit reicher Vegetation, oft im Genist gefunden. .... ***scrutator*** ERICHSON, 1840

– Pronotum deutlich länger als breit (> 1,07), mit ± deutlicher mittlerer Längsfurche; Punktur des Pronotums weniger grob, sehr dicht, in der Mitte aber oft weniger gedrängt, Punktzwischenräume hier oft größer als an den Seiten. ♂: Metaventrit abgeflacht. Medianlobus anders. **57**

57 Größer, 4,0–5,5 mm (RL: 2,2–2,6 mm, durchschnittlich 2,4 mm). Mittelfurche des Pronotums deutlicher ausgeprägt. ♂: Metatibien mit knotenartiger Anschwellung in der Mitte. Sternit VIII in der Hinterhälfte mit 2 Höckern. Medianlobus: Abb. 127i. Holomediterran: Europa (außer Norden), Nordafrika, Kleinasien bis Iran. Nicht selten; im Norden selten. Sowohl in trockenen Biotopen als auch an feuchten Orten, auf offenem Boden und in pflanzlichem Detritus. .... ***ater*** MANNERHEIM, 1830

– Kleiner, 3,7–4,5 mm (RL: 2,1–2,2 mm). Mittelfurche des Pronotums schwächer ausgeprägt. ♂: Metatibien einfach. Sternit VIII in der Hinterhälfte ohne Höcker. Medianlobus: Abb. 127r. Pontomediterran: südöstliches Europa bis Kirgisien, in Mitteleuropa nur im östlichsten Österreich. Selten. In Steppengebieten, an Flussufern, in pflanzlichem Detritus. .... ***hypoproditor*** PUTHZ, 1965

58 Gröber punktiert, die Punkte auf dem Pronotum viel gröber als der größte Querschnitt von Fühlerglied III. Metatarsenglied I viel (1,2 ×) länger als das Klauenglied. ♂: Sternit VII seitlich gekielt. Medianlobus: Abb. 127n. 3,5–4,3 mm (RL: 1,9–2,1 mm). Westpaläarktisch: Mitteleuropa, nördliches Südeuropa, südliches Nordeuropa, Osteuropa. Selten. Auf trockenen, etwas anmoorigen Böden, in der Randzone von Mooren. .... ***gallicus*** FAUVEL, 1873

– Feiner punktiert, die größten Punkte auf dem Pronotum höchstens so groß wie der größte Querschnitt von Fühlerglied III. Metatarsenglied I deutlich, aber nicht auffällig länger als das Klauenglied (≤ 1,2 ×). ♂: Sternit VII seitlich nicht gekielt. Medianlobus: Abb. 127q. 3,0–3,8 mm (RL: 1,6–1,8 mm). Paläarktisch: Europa außer Süden, Sibirien. Selten. In Sumpf- und Moorgebieten. .... ***proditor*** ERICHSON, 1839

59 Tarsenglied IV gelappt (Abb. 124o). Beborstung auffällig lang, Borsten der Elytren mindestens 2-mal so lang wie der Durchmesser eines Punktes. Zwei messingglänzende, variable Arten, die auch zusammen vorkommen und die durch Genitaluntersuchung bestimmt werden sollten. **60**

Abb. 127: Ventralansicht des vorderen Medianlobus mit Innenhaken (außer bei c) (a–u, x–dd, ff–ii), Spermathek (v–w, ee) und Paramerenspitze (jj–kk) von *Stenus glabellus* (a), *S. carbonarius* (b), *S. humilis* (c), *S. phyllobates* (d), *S. cephallenicus* (e), *S. guttula* (f), *S. longitarsis* (g), *S. intricatus zoufali* (h), *S. ater* (i), *S. clavicornis* (j), *S. obscuripalpis* (k), *S. providus* (l), *S. maculiger* (m), *S. gallicus* (n), *S. lustrator* (o), *S. sylvester* (p), *S. proditor* (q), *S. hypoproditor* (r), *S. scrutator* (s), *S. stigmula* (t), *S. bifoveolatus* (u), *S. melanopus* (v, z), *S. canaliculatus* (w, aa), *S. atratulus* (x), *S. lohsei* (y, ee), *S. nitens* (bb), *S. ruralis* (cc), *S. palposus* (dd), *S. asphaltinus* (ff), *S. guynemeri guynemeri* (gg), *S. cribratus* (hh), *S. flavipes* (ii), *S. pubescens pubescens* (jj), *S. umbratilis* (kk). Alle Maßstäbe 0,1 mm (a = b–w; x = y; ff = z–ee, gg–kk).

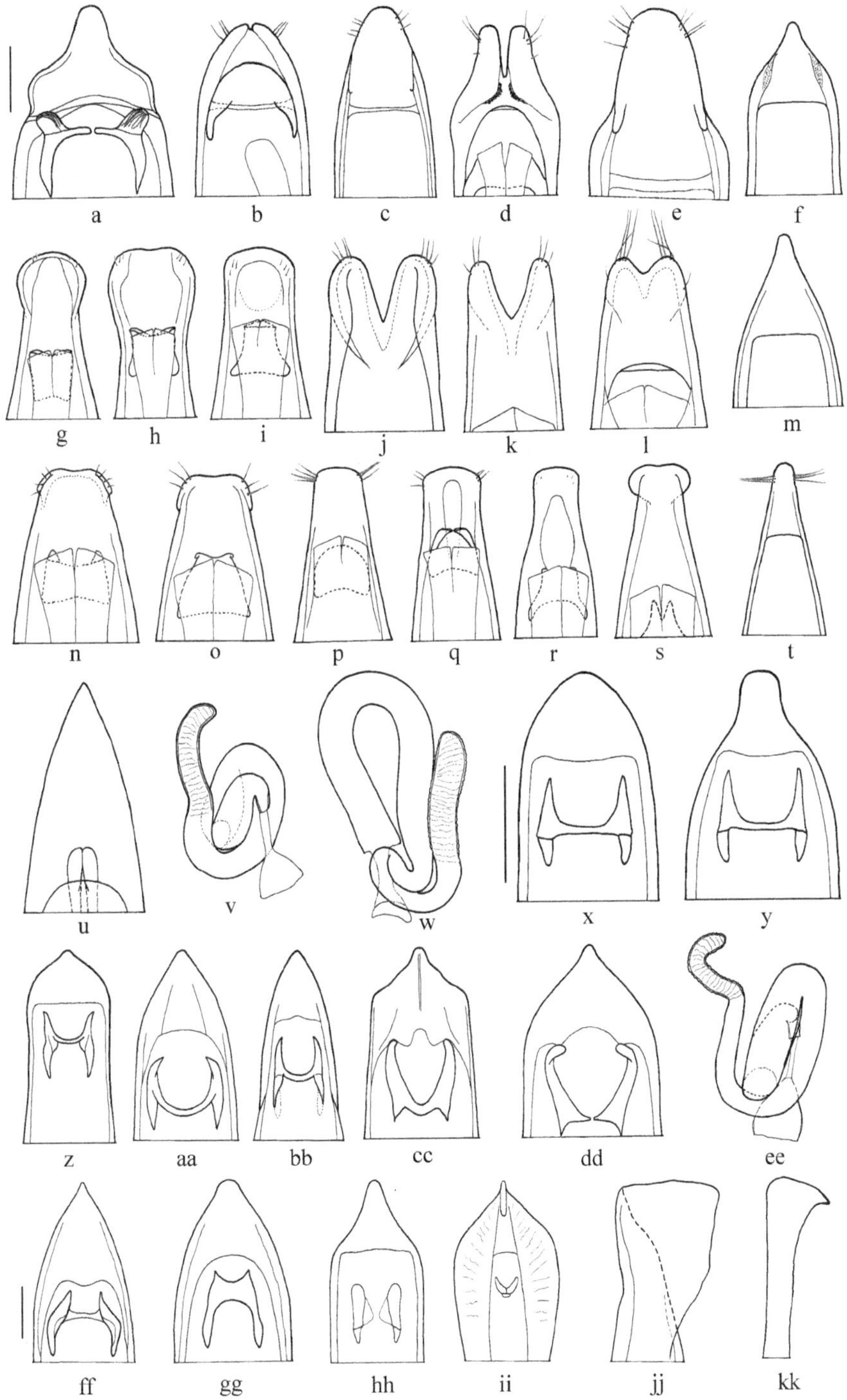
a
b
c
d
e
f
g
h
i
j
k
l
m
n
o
p
q
r
s
t
u
v
w
x
y
z
aa
bb
cc
dd
ee
ff
gg
hh
ii
jj
kk

– Tarsenglied IV ungelappt. Beborstung kurz, Borsten der Elytren kaum länger als der Durchmesser eines Punktes. 61

60 ♂: Medianlobus: Abb. 129c. ♀: Spermathek: Abb 129f. Elytren im Verhältnis zum Kopf durchschnittlich breiter (1,00–1,08; gilt nur für mitteleuropäische Stücke; in Südosteuropa macroptere Populationen). 4,0–5,5 mm (RL: 2,0–2,5 mm). Südliches Mitteleuropa, Südeuropa (außer Südwesteuropa), Westeuropa, Kleinasien bis Irak. Nördlich der Mittelgebirge selten, aber auch aus Dänemark gemeldet. In den höheren Gebirgen nicht selten. In Laub und Moos. .... ***glacialis*** HEER, 1839

– ♂: Medianlobus: Abb. 129d. ♀: Spermathek: Abb. 129e. Elytren im Verhältnis zum Kopf durchschnittlich schmaler (1,06–1,14; gilt nur für mitteleuropäische Stücke; in Südosteuropa macroptere Populationen). 3,5–5,5 mm (RL: 1,9–2,5 mm). Mittleres und südliches Mitteleuropa (in der Tiefebene fehlend), Südeuropa (außer Südwesteuropa), Kleinasien bis Iran. Nicht selten (oft zusammen mit *glacialis*). .... ***parcior*** BERNHAUER, 1929

61 Metatarsenglied I viel (1,3 ×) länger als das Klauenglied. Größere Arten (RL > 2,5 mm). 63

– Metatarsenglied I deutlich, aber nicht so auffällig länger als das Klauenglied (< 1,2 ×). ♂: Metafemora mit spitzem Innenzahn im basalen Viertel; Sternite VI und VII mit wenig langer, abstehender Seitenbeborstung; Sternit VIII ohne Kiele. Medianlobus: Abb. 127p. Kleinere Art, 3,2–4,1 mm (RL: 1,8–2,1 mm). Westpaläarktisch: West-, Mittel-, Nord- und Osteuropa. Zerstreut und selten. An sumpfigen Stellen, an Waldgräben, in Erlenbrüchen, an faulendem pflanzlichen Detritus. .... ***sylvester*** ERICHSON, 1839

62 Elytren matt, dichter punktiert, Punktzwischenräume fast überall kleiner als die Punktradien. 63

– Elytren fettglänzend, weniger dicht punktiert, Punktzwischenräume oft so groß wie die Punktradien (oder auch noch größer), dicht isodiametrisch mikroskulptiert. ♂: Metatrochanter mit kleinem Zahn; Sternite III–VI mit langer, abstehender Seitenbeborstung; Sternit VIII mit basalem Mittelkiel; Medianlobus: Abb. 127o. 4,0–5,0 mm (RL: 2,3–2,5 mm). Westpaläarktisch: West-, Mittel-, Nord- und Osteuropa: eingeführt in Nordamerika. Nicht selten. In Moor- und Sumpfgebieten, in feuchtem Schilf, Heu, Laub. .... ***lustrator*** ERICHSON, 1839

63 Abdomen dichter punktiert, auf den Tergiten III und IV sind die Punktzwischenräume (meist) kleiner als die Punkte. ♂: Sternit VII ohne lang abstehende seitliche Beborstung. 64

– Abdomen weniger dicht punktiert, auf den Tergiten III und IV sind die Punktzwischenräume zumindest in der hinteren Mitte so groß wie oder größer als die Punkte. ♂: Sternit VII mit lang abstehender seitlicher Beborstung in der Hinterhälfte. 65

64 Maxillarpalpen heller, Glieder II und III rötlichgelb. ♂: Medianlobus: Abb. 127j. 4,0–5,5 mm (RL: 2,1–2,5 mm). Paläarktisch; adventiv im östlichen Nordamerika. Europa: im Süden bis Pyrenäen, Abruzzen, Bosnien-Herzegowina. Sehr häufig. Eurytop; in Wäldern, Heiden, Mooren, Gärten, auf Äckern, in der Bodenstreu und in pflanzlichem Detritus. .... ***clavicornis*** (SCOPOLI, 1763)

– Maxillarpalpen dunkler, Glieder II und III überwiegend braun bis dunkler. ♂: Medianlobus: Abb. 127k. Im weiblichen Geschlecht oft sehr schwer von *clavicornis* zu unterscheiden. 4,4–5,5 mm (RL: 2,3–2,5 mm). Pontomediterran (?): östliches Österreich bis Ukraine. Selten. Auf feuchten Wiesen, wiederholt im Genist gefunden. .... ***obscuripalpis*** HUBENTHAL, 1911

65 Basalteil der Femora deutlich aufgehellt, hell rötlichbraun. Elytren 1,04–1,18-mal so breit wie der Kopf. ♂: Sternit VIII in der hinteren Mitte ± breit geglättet. **66**

– Basalteil der Femora wenig heller als der Rest, kastanienbraun. Elytren1,15–1,23-mal so breit wie der Kopf. ♂: Sternit VIII in der hinteren Mitte gleichmäßig dicht punktiert. Medianlobus: Abb. 127s. Siehe Leitziffer 56 *scrutator*.

66 Elytren breiter (Elytrenbreite/Kopfbreite: 1,11–1,18). Vorderrand des Pronotums entweder so dicht punktiert wie das übrige Pronotum oder weitläufiger als der Rest des Pronotums (meist schlankere Stücke mit kürzeren Elytren). ♂: Medianlobus: Abb. 127l. 4,3–6,0 mm (RL: 2,3–2,7 mm), Holomediterran: Europa mit Ausnahme des Nordens, Nordafrika, Kleinasien bis Kasachstan. Nicht selten. In Moor- und Sumpfgebieten, an faulenden pflanzlichen Stoffen, Gras, Laub, an feuchten Stellen. .... ***providus providus*** ERICHSON, 1839

– Elytren schmaler (Elytrenbreite/Kopfbreite: 1,04–1,14). Vorderrand des Pronotums dicht gedrängt punktiert. ♂: wie die Nominatform. 3,5–5,0 mm (RL: 1,8–2,3 mm). Adriatomediterran: Südschweiz, Norditalien, Slowenien, Kroatien. Selten. An sumpfigen Stellen. .... ***providus simplex*** REY, 1884

67 Glied I der Maxillarpalpen dunkelbraun bis schwarz, Elytren auffällig silbrig, gewunden angeordnet beborstet. Apikalzahn von Sternit IX stark einwärts gekrümmt (Abb. 124e). ♀: ohne sklerotisierte Spermathek. **68**

– Glied I der Maxillarpalpen gelb oder rötlichgelb, Elytren ohne auffällig silbrige, gewunden angeordnete Beborstung. Apikalzahn von Sternit IX gerade nach hinten gerichtet (Abb. 124z) oder leicht nach innen gekrümmt (Abb. 124aa). ♀: mit oder ohne deutlich sklerotisierte Spermathek. **69**

68 Durchschnittlich kleiner und schlanker. Kopf durchschnittlich schmaler (Kopfbreite/Elytrenbreite: 0,75–0,84). ♂: Medianlobus: Abb. 127cc. 3,0–4,0 mm (RL: 1,8–2,0 mm). Paläarktisch: Europa (außer Südeuropa), Sibirien, China, Japan. In Mitteleuropa vorwiegend im Gebirge, im Norden fehlend. Nicht häufig. An sandigen Fluss- und Bachufern. .... ***ruralis*** ERICHSON, 1840

– Durchschnittlich größer und robuster, Kopf breiter (Kopfbreite/Elytrenbreite: 0,79–0,88). ♂: Medianlobus: Abb. 127dd. 3,5–4,5 mm (RL: 2,0–2,4 mm). Paläarktisch: Europa (außer Südeuropa), Sibirien. Selten und gebietsweise fehlend. An vegetationslosen, feinsandigen Ufern. .... ***palposus*** ZETTERSTEDT, 1838

69 Pronotum mit mittlerer Längsfurche; diese kann sehr dünn und manchmal auch wenig deutlich sein. ♀ mit deutlich sklerotisierter Spermathek............. **70**

– Pronotum ohne mittlere Längsfurche. ♀ mit oder ohne deutlich sklerotisierte Spermathek. **72**

70 Elytren zwischen den Punkten mikroskulptiert (nur bei absolut sauberen Stücken erkennbar). ♂: Medianlobus: Abb. 127aa. ♀: Spermathek: Abb. 127w. 2,7–4,0 mm (RL: 1,6–1,9 mm) Holarktisch: Europa mit Ausnahme des Südens, Sibirien, Nordamerika. Überall häufig. Auf schlammigen und sandigen, spärlich bewachsenen Böden, in pflanzlichem Detritus. .... ***canaliculatus*** GYLLENHAL, 1827

– Elytren zwischen den Punkten ohne Mikroskulptur, glänzend. **71**

71 Die mittlere Längsfurche des Pronotums erstreckt sich scharf über die gesamte Pronotumlänge. Pronotum dichter punktiert, Punktzwischenräume meist kleiner als die Punktradien. Kopf 0,87–0,94-mal so breit wie die Elytren. ♂: Medianlobus: Abb. 127bb. ♀: Spermathek: Abb. 128b. 3,0–4,2 mm (RL: 1,8–2,0 mm). Westpaläarktisch: Europa mit Ausnahme des Südens. Nicht häufig. An sumpfigen Ufern, in Moorgebieten, auch in *Sphagnum*. .... ***nitens*** STEPHENS, 1833

– Mittlere Längsfurche nur in der Hinterhälfte des Pronotums erkennbar. Pronotum weniger dicht punktiert, Punktzwischenräume oft größer als die Punktradien. Kopf 0,76–0,85-mal so breit wie die Elytren. ♂: Medianlobus: Abb. 127z. ♀: Spermathek: Abb. 127v. 2,3–3,4 mm (RL: 1,6–1,8 mm). Holomediterran: Europa ohne den hohen Norden, Nordafrika, Kleinasien; adventiv im östlichen Nordamerika. Nicht selten. An schlammigen Ufern, oft auch halophil. .... ***melanopus*** (MARSHAM, 1802)

72 Elytren zwischen den Punkten ohne Mikroskulptur, glänzend. Wenn die Mikroskulptur sehr flach und undeutlich ist, prüfe man auch die alternativen Arten unter Leitziffer 81. .... **73**

– Elytren zwischen den Punkten ± deutlich mikroskulptiert (nur bei sauberen Exemplaren erkennbar). Selten ist die Mikroskulptur sehr schwach. **81**

73 Beine dunkelbraun bis schwarz. **74**

– Beine rötlichgelb bis rötlichbraun. **79**

74 Stirn flacher, insgesamt konkav, Mittelteil nicht die Höhe der Augeninnenränder erreichend. ♀: ohne sklerotisierte Spermathek. Drei Arten, die wegen der großen Variabilität von *morio* oft verwechselt werden. **75**

– Stirn weniger flach, insgesamt konvex, Mittelteil die Höhe der Augeninnerränder (meist) überragend. ♀ mit deutlich sklerotisierter Spermathek. **77**

75 Femora schwarz. **76**

– Femora dunkel kastanienbraun. ♂: Medianlobus: Abb. 128h. 2,8–3,3 mm (RL: 1,6–1,7 mm). Westpaläarktisch: Mitteleuropa, südliches Nordeuropa, Osteuropa, Westsibirien. Selten. In Waldsümpfen, auf anmoorigen Böden. .... ***excubitor*** ERICHSON, 1839

76 Kopf meist erheblich schmaler als die Elytren (0,79–0,90 ×). ♂: Medianlobus: Abb. 128f–g; im Umriss variabel. In den Körperproportionen sehr variabel, oft (z. B. mit *boops, melanarius, argus*) verwechselte Art. 2,4–4,0 mm (RL: 1,4–1,8 mm). Holarktisch: Europa mit Ausnahme des Südwestens, Sibirien, China, Nordamerika. Nicht häufig. Auf sumpfigen Böden, an faulenden pflanzlichen Stoffen. .... ***morio*** GRAVENHORST, 1806

– Kopf meist wenig schmaler als die Elytren (0,82–0,95 ×). ♂: Medianlobus: Abb. 128i; Umriss konstant. 2,5–3,5 mm (RL: 1,4–1,8 mm). Adriatomediterran: Südschweiz, ganz Italien, südlichstes Österreich, Slowenien, westliche Balkanhalbinsel. .... ***trivialis*** KRAATZ, 1857

77 Pronotum (auch vorne) und Tergite III–VI ohne Mikroskulptur. ♀ mit sklerotisierter Spermathek. **78**

– Pronotum (wenigstens vorne), oft auch das Abdomen mit Mikroskulptur. ♀ ohne sklerotisierte Spermathek. Siehe Leitziffer 88 *melanarius*.

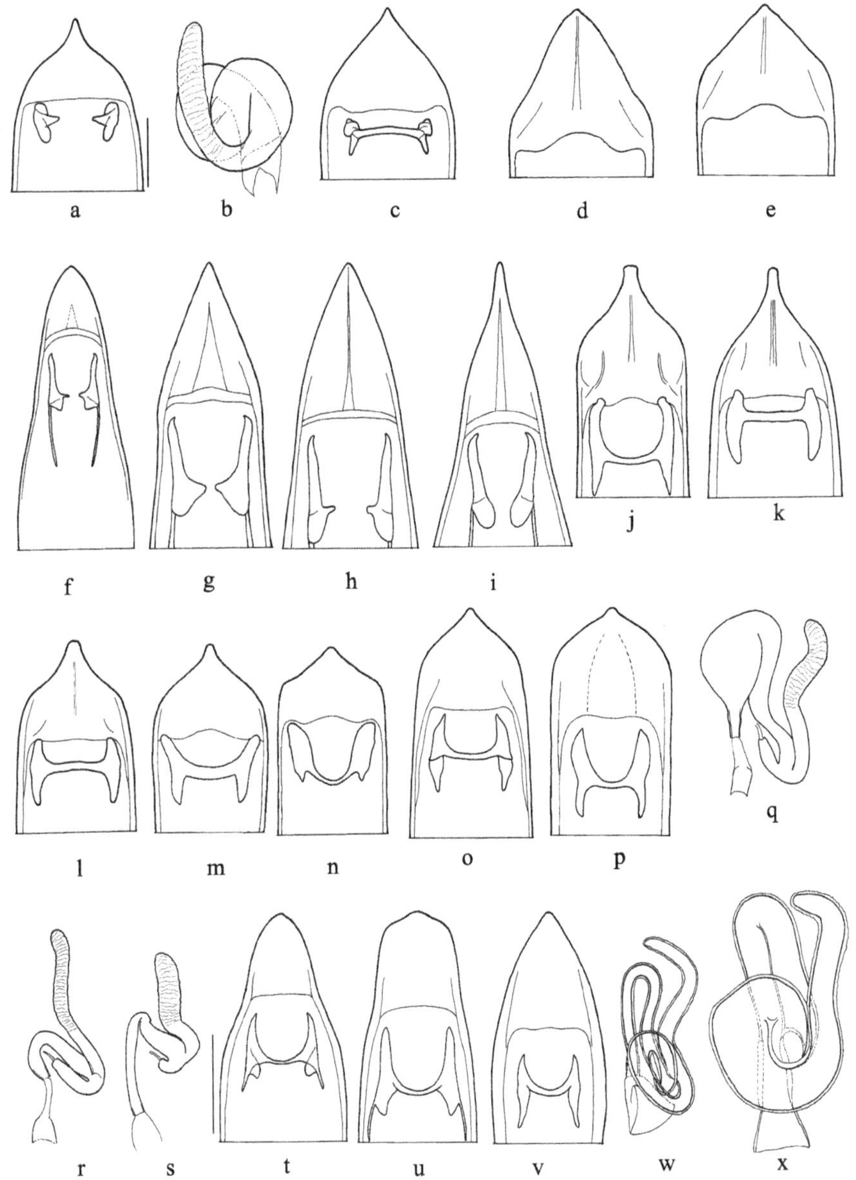

Abb. 128: Ventralansicht des vorderen Medianlobus mit Innenhaken (außer bei d, e) (a, c–p, t–v) und Spermathek (b, q–s, w, x) von *Stenus incanus* (a), *S. nitens* (b), *S. aterrimus* (c), *S. boops boops* (d), *S. boops ludmilae* (e), *S. morio* (f–g), *S. excubitor* (h), *S. trivialis* (i), *S. melanarius* (j), *S. incrassatus* (k), *S. umbricus* (l), *S. horioni* (m), *S. subdepressus* (n), *S. pseudoboops* (o, x), *S. ampliventris* (p, w), *S. europaeus* (q, v), *S. cautus* (r, u), *S. macrocephalus* (s–t). Alle Maßstäbe 0,1 mm (a = b–s, w–x; t = u–v).

78 ♂: Medianlobus: Abb. 127x. ♀: Spermathek: wie Abb. 127ee. Tergite VI und VII zwischen den Punkten ohne Mikroskulptur. 2,2–3,2 mm (RL: 1,4–1,6 mm). Holomediterran: Großbritannien, Süd- und Mitteleuropa, südliches Nordeuropa, Osteuropa, Kleinasien bis Iran, Nordafrika. Nicht selten. Xerophil-heliophil. Auf trockenen, sandigen Böden, zwischen Graswurzeln, in Steppen- und Heidegebieten. .... ***atratulus*** ERICHSON, 1839

– ♂: Medianlobus: Abb. 127y. ♀: Spermathek: Abb. 127ee. Tergite VI und VII zwischen den Punkten mikroskulptiert. 2,3–3,1 mm (RL: 1,4–1,5 mm). Südliches Mitteleuropa, Osteuropa bis Ukraine. Sehr selten. Meist im Genist von Gebirgsflüssen gefunden. .... ***lohsei*** PUTHZ, 1965

79 Elytren durchschnittlich länger (Elytrenlänge/Elytrenbreite: 0,86–0,90) und eher quadratisch. ♂: Medianlobus: Abb. 128v. ♀: Sternit VIII am Hinterrand gleichmäßig abgerundet; Spermathek: Abb. 128q. 2,3–3,2 mm (RL: 1,4–1,6 mm). Westpaläarktisch: Europa außer Südeuropa, Westsibirien. Nicht selten. Hygrophil, an grasreichen Ufern, auf Wiesen, an sumpfigen Stellen, in Erlenbrüchen, oft im Genist. .... ***europaeus*** PUTHZ, 1966

– Elytren durchschnittlich kürzer (Elytrenlänge/Elytrenbreite: 0,80–0,86) und leicht nach hinten divergent. ♀: Sternit VIII am Hinterrand abgerundet oder mit winzigem Mittelvorsprung. **80**

80 ♂: Medianlobus: Abb. 128u; Apikalpartie ventral mit apikal knopfförmig verdickten Borsten. ♀: Sternit VIII in der Hinterrandmitte leicht vorgezogen; Spermathek: Abb. 128r. 2,3–3,3 mm (RL: 1,4–1,6 mm). Paläarktisch: Europa mit Ausnahme des Westens und Südens, Kleinasien bis Iran, Sibirien. Nicht häufig. An faulenden Pflanzenstoffen, Heu, Stroh, Kompost. .... ***cautus*** ERICHSON, 1839

– ♂: Medianlobus: Abb. 128t; Apikalpartie ventral mit einfachen Borsten. ♀: Sternit VIII am Hinterrand gleichmäßig abgerundet; Spermathek: Abb. 128s. 2,3–3,2 mm (RL: 1,4–1,6 mm). Adriatomediterran: Südfrankreich, Norditalien, Südschweiz, Slowenien. Selten. Vorwiegend im Gebirge. Oft im Genist gefunden. .... ***macrocephalus*** AUBÉ, 1863

81 Kopf deutlicher (0,68–0,82 ×) schmaler als die Elytren. Drei im weiblichen Geschlecht oft schwer zu unterscheidende Arten. **82**

– Kopf weniger deutlich schmaler als die Elytren (0,79–0,92 ×). **84**

82 Kopf durchschnittlich schmaler (Kopfbreite/Elytrenbreite: 0,68–0,75). ♂: Meso- und Metatibien mit Apikaldornen, Apikalausschnitt von Sternit VIII etwa so tief wie die Metafemora an ihren Spitzen breit; Medianlobus: Abb. 128k. 2,8–4,0 mm (RL: 1,6–1,9 mm). Paläarktisch: Europa außer Südeuropa, Kleinasien bis Iran, Sibirien. Nicht häufig. An sumpfigen, schlammigen Stellen, in Erlenbrüchen, an Tümpeln und in Kiesgruben. .... ***incrassatus*** ERICHSON, 1839

– Kopf durchschnittlich breiter (Kopfbreite/Elytrenbreite: 0,72–0,82). **83**

83 ♂: Meso- und Metatibien ohne Apikaldornen; Apikalausschnitt von Sternit VIII sehr flach, viel weniger tief als die Metafemora an ihren Spitzen breit; Medianlobus: Abb. 128m. 2,9–3,7 mm (RL: 1,6–1,8 mm). Pontomediterran: Mitteleuropa (nur Burgenland), südöstliches Europa, Kleinasien. Nicht häufig. Auf schlammigen Böden an Tümpeln und Seen. ... ***horioni*** PUTHZ, 1971

– ♂: Meso- und Metatibien mit Apikaldornen; Apikalausschnitt von Sternit VIII etwa so tief wie die Metafemora an ihren Spitzen breit; Medianlobus: Abb. 128l. 2,8–4,0 mm (RL: 1,6–1,9 mm). Adriatomediterran: Südschweiz,

Italien, Korsika. Nicht häufig. Auf schlammigen Böden an Seen und Tümpeln. .... ***umbricus*** BAUDI DI SELVE, 1870

84 Stirnmitte ± deutlich erhoben, über das Niveau der Augeninnenränder hinausragend. **85**

– Stirnmitte flach, eingesenkt, nicht die Höhe der Augeninnenränder erreichend. Siehe Leitziffer 76 *morio* und 24 *argus*.

85 Punktzwischenräume auf den Elytren größer, manchmal fast so groß wie die Punktradien, eng isodiametrisch mikroskulptiert, Punkte überall deutlich getrennt (Punktzwischenräume deutlicher ausgeprägt). Elytren mit Fettschimmer. **86**

– Punktzwischenräume auf den Elytren meist schmaler, weniger deutlich, nicht isodiametrisch mikroskulptiert, Punkte weniger deutlich getrennt (Punktzwischenräume weniger deutlich ausgeprägt). **88**

86 Paratergite schmaler, oft seitwärts geneigt, diejenigen von Segment V mindestens in der Hinterhälfte schmaler als Fühlerglied I. Mikroskulptur der Elytren oft nur sehr flach. Siehe Leitziffer 24.

– Paratergite breiter, rückenwärts aufgebogen, Paratergite von Segment V in der Hinterhälfte deutlich breiter als Fühlerglied I. Mikroskulptur der Elytren tief und sehr deutlich. **87**

87 ♂: Medianlobus: Abb. 128o; Apikalpartie ventromedian dicht beborstet. ♀: Spermathek sehr groß: Abb. 128x. 3,0–3,7 mm (RL: 1,6–1,8 mm). Westsibirische Taiga-Art: reliktär im östlichen Mitteleuropa und in Osteuropa bis Rumänien. Sehr selten in Sumpf- und Moorgebieten, in nassen *Carex*-Bülten. .... ***pseudoboops*** PUTHZ, 1966

– ♂: Medianlobus: Abb. 128p; Apikalpartie ventromedian fast borstenfrei. ♀: Spermathek kleiner: Abb. 128w. 2,6–3,6 mm (RL: 1,4–1,9 mm). Westsibirische Art: reliktär, weit verbreitet: Südfrankreich, Österreich, Norditalien, Deutschland, Ungarn, Weißrussland, Finnland, Nordwestrussland. Sehr selten. In Sumpf und Moorgebieten, in nassen *Carex*-Bülten. .... ***ampliventris*** J. SAHLBERG, 1890

88 Abdomen zwischen den Punkten ± mikroskulptiert. **89**

– Abdomen zwischen den Punkten (meist) ohne Mikroskulptur. 2,4–3,5 mm (RL: 1,4–1,7 mm). ♂: Medianlobus: Abb. 128j. Holarktisch: Europa mit Ausnahme des Südens, Sibirien, China, Japan, Nordamerika. Nicht häufig. An schlammigen Ufern von Tümpeln, in Mooren; in *Sphagnum*. ....
.... ***melanarius melanarius*** STEPHENS, 1833

89 Durchschnittlich größer (RL: 1,6–1,9 mm). Vorderkörper weniger gleichmäßig punktiert, Punkte teilweise zusammenfließend. **90**

– Durchschnittlich kleiner (RL: 1,4–1,5 mm), Vorderkörper auffällig gleichmäßig punktiert, Punkte deutlich getrennt. 2,3–3,2 mm. ♂: Medianlobus: Abb. 128n. Nördliches Südeuropa, Westeuropa, Mitteleuropa bis Polen. Zerstreut und selten. In Heidegebieten, auf trockenen Moorböden; in Gras und *Calluna*-Streu. ....
.... ***subdepressus*** MULSANT & REY, 1861

90 ♂: Medianlobus: Abb. 128d; Apikalpartie (vom Ausstülpspalt bis zur Spitze) durchschnittlich 1,28-mal (1,09–1,40) so breit wie lang. 3,0–4,1 mm (RL: 1,6–1,9 mm). Paläarktisch: Europa mit Ausnahme des Südens, Kleinasien, Sibirien, China, Japan. Überall häufig. An offenen, pflanzenarmen, sandigen und schlammigen Stellen. . ... ***boops boops*** LJUNGH, 1810

– ♂: Medianlobus: Abb. 128e; Apikalpartie (vom Ausstülpspalt bis zur Spitze) durchschnittlich 1,48-mal (1,33–1,69) so breit wie lang. 3,0–4,1 mm (RL: 1,6–1,9 mm). Adriatomediterran: Südschweiz, Norditalien, Slowenien. Häufig. An offenen, pflanzenarmen, sandigen und schlammigen Stellen. .... ***boops ludmilae*** HROMÁDKA, 1979

91 Tarsenglied IV einfach (Abb. 124k). **92**

– Tarsenglied IV gelappt (Abb. 124n–p). **106**

92 Größere Arten, RL > 2,0 mm. **93**

– Kleinere Arten, RL ≤ 1,8 mm. **97**

93 Stirnmitte beulig über das Niveau der Augeninnenränder hinaus erhoben, unpunktiert und glänzend. Punktur der Elytren stellenweise tief furchig zusammenfließend. ♂: Aedoeagus: Abb. 127gg; Spitze des Medianlobus abgerundet. ♀ mit sklerotisierter Spermathek. 4,0–5,5 mm (RL: 2,1–2,5 mm). Altlantomediterran: West- und Südeuropa, südliches Mitteleuropa (Schwarzwald, Bayern. Schweiz, Österreich), meist montan. Nicht selten. Streng hygrobiont, in ständig überrieselten Biotopen mit Moos. .... ***guynemeri guynemeri*** JACQUELIN DU VAL, 1850

– Stirnmitte eingesenkt oder nur breit und flach erhoben, nicht über das Niveau der Augeninnenränder hinausreichend. Punktur der Elytren überall getrennt. **94**

94 Abdomen grob und weitläufig punktiert, glänzend, Punkte etwa so groß wie der basale Querschnitt von Fühlerglied II, Punktzwischenräume so groß wie die Punkte, glatt und glänzend. ♂: Aedoeagus: Abb. 127ff. ♀ mit sklerotisierter Spermathek. 3,8–5,5 mm (RL: 2,1–2,6 mm). Holomediterran: West- und Südeuropa, südliches Mittel- und Osteuropa. Nicht häufig. Thermophil-heliophil. Auf montanen Schutthalden, auf Trockenhängen, auch in Sandgruben und an anderen wärmebegünstigten Stellen. .... ***asphaltinus*** ERICHSON, 1840

– Abdomen feiner und dichter punktiert; Punktzwischenräume genetzt, nicht oder weniger glänzend. **95**

95 Stirnmittelteil eingesenkt, unterhalb des Augeninnenrandniveaus liegend, Stirn dicht punktiert, Punktzwischenräume überwiegend viel kleiner als die Punktradien. Beborstung von Elytren und Abdomen lang, auffällig golden oder silbrig glänzend. **96**

– Stirnmitte nicht eingesenkt, breit, flachkonvex, etwa in Höhe der Augeninnenränder liegend; Stirn weniger dicht punktiert, Punktzwischenräume überwiegend größer als die Punktradien. Beborstung von Elytren und Abdomen kurz, weniger auffällig. ♂: Medianlobus: Abb. 128c. 3,5–5,0 mm (RL: 1,9–2,4 mm). Paläarktisch: Mitteleuropa, nördliches Südeuropa, südliches Nordeuropa, Osteuropa bis Sibirien. Selten. Myrmecophil bei hügelbauenden Waldameisen der Gattung *Formica*. .... ***aterrimus*** ERICHSON, 1839

96 Beine überwiegend hell gefärbt, rötlichgelb. Beborstung goldglänzend. Abdomen wenig fein und sehr dicht punktiert, Punktzwischenräume kleiner als die Punkte. ♂: Sternite VI und VII mit abstehender seitlicher Borstenbürste; Medianlobus: Abb. 129a. 4,0–5,5 mm (RL: 2,2–2,6 mm). Westpaläarktisch: West- und Mitteleuropa, südliches Nordeuropa, Südeuropa, Südosteuropa bis Ukraine. Nicht selten. Hygrophilschattenliebend. An tonig-lehmigen Böschungen, in Lehm- und Ziegeleigruben. .... ***fossulatus*** ERICHSON, 1840

– Beine überwiegend dunkel gefärbt, schwarz bis schwarzbraun. Beborstung silbrig glänzend. Abdomen mäßig fein und mäßig dicht punktiert, Punktzwischenräume oft so groß wie die Punkte oder größer. ♂: Sternite VI und VII einfach, Medianlobus: Abb. 129b. 3,6–5,0 mm (RL: 2,1–2,4 mm). Westpaläarktisch: südliches Mitteleuropa, nördliches Südeuropa, Osteuropa bis Ukraine. Selten. Montan, hygrophil an Sand-, Kies- und Schotterufern von Gebirgsbächen und -flüssen. .... ***gracilipes*** KRAATZ, 1857

97 Sternit IX apikolateral spitz (z. B. Abb. 124w). **98**

– Sternit IX apikolateral rund-gesägt (z. B. Abb. 124q–v). **102**

98 Glied I der Metatarsen etwa so lang wie Glied V. ♀: ohne sklerotisierte Spermathek. **99**

– Glied I der Metatarsen deutlich länger als Glied V. ♀: außer *veselovae* alle mit sklerotisierter Spermathek (etwa wie in Abb. 129r). Fünf Arten, die nur anhand des Aedoeagus sicher getrennt werden können. **100**

99 Stirn gröber und viel dichter punktiert, mittlerer Punktdurchmesser deutlich größer als der basale Querschnitt von Fühlerglied III, Punktzwischenräume auf den Seitenteilen der Stirn viel kleiner als die Punktradien. Elytren flach genetzt. ♂: Medianlobus: Abb. 128f–g. Siehe Leitziffer 76 *morio.*

– Stirn feiner und weniger dicht punktiert, mittlerer Punktdurchmesser so groß wie der basale Querschnitt des 3. Fühlergliedes, Punktzwischenräume auf den Seitenteilen der Stirn größer als die Punktradien. Elytren ohne Mikroskulptur. ♂: Medianlobus: Abb. 128a. 2,6–3,5 mm (RL: 1,5–1,7 mm). Holomediterran: West-, Mittel- und Südeuropa, Nordafrika, Kleinasien bis Armenien. Selten. Vorwiegend im Gebirge, an sandig-kiesigen Ufern von Gebirgsbächen; oft im Genist gefunden. .... ***incanus*** ERICHSON, 1839

100 ♂: Aedoeagus: Abb. 129o. Stärker glänzend, Vorderkörper meist ohne Netzung. 2,0–3,3 mm (RL: 1,3–1,6 mm). Südeuropa, südliches Mitteleuropa, Kaukasus. Selten. Xerophil-heliophil, montan. In Grasheiden und alpinen Matten. .... ***prometheus*** PUTHZ, 1967

– ♂: Aedoeagus anders. Weniger stark glänzend, Vorderkörper meist ± tief genetzt. **101**

101 ♂: Aedoeagus: Abb. 129p. 2,3–3,2 mm (RL: 1,4–1,6 mm). Südschweiz, Norditalien. Selten. Montan. In Grasheiden, auch im Hochwassergenist gefunden. .... ***ignifuga*** BONDROIT, 1912

– ♂: Aedoeagus: Abb. 129m. 2,3–3,3 mm (RL: 1,4–1,6 mm). Schweiz, Slowakei. Sehr selten. Montan. In Grasbüscheln, auch im Hochwassergenist gefunden. .... ***alpicola*** FAUVEL, 1873

– ♂: Aedoeagus: Abb. 129n. 2,5–3,1 mm (RL: 1,5 mm). Südostfrankreich, Südschweiz. Sehr selten. Montan. In Gras; auch im Hochwassergenist gefunden. .... ***auguratus*** PUTHZ, 2003

– ♂: Aedoeagus: Abb. 129q. 2,5–3,5 mm (RL: 1,3–1,6 mm). Holarktisch, arktoalpin: Nordeuropa, Sibirien, Nordamerika, Norditalien (ein Nachweis aus Trento). .... [***veselovae*** RYVKIN, 1987]

102 Pronotum in der Hinterhälfte mit je einem kleinen Eindruck jederseits der Mitte. Vorderrand der ersten Tergite mit der Andeutung von 3 Kielchen. Siehe Leitziffer 45 *pusillus.*

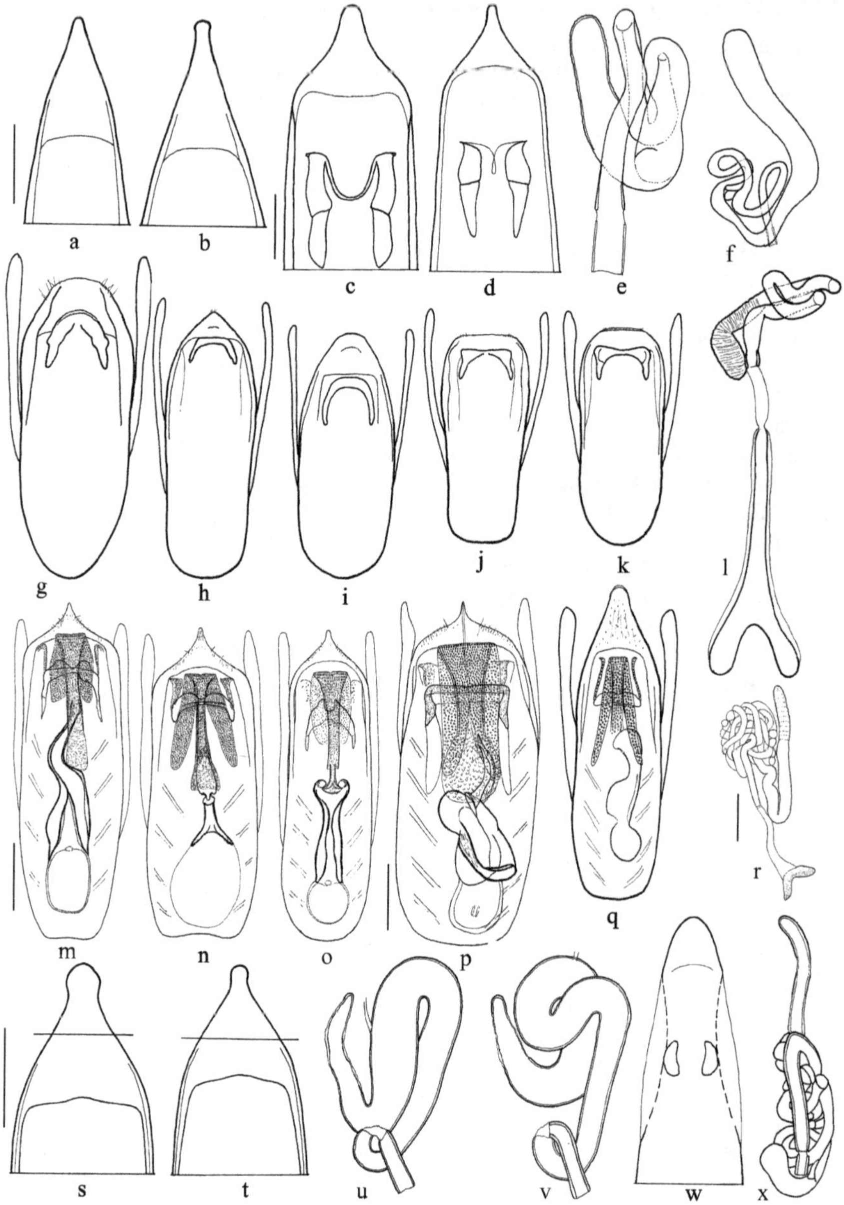

Abb. 129: Ventralansicht des Aedoeagus (komplett: m–q, nur mit Ausstülpspange: g–k), Apikalpartie des Medianlobus (a–d, s–t [Querstrich = Höhe der Paramerenspitze], w) und Spermathek (e–f, l, r, u–v, x) von *Stenus fossulatus* (a), *S. gracilipes* (b), *S. glacialis* (c, f), *S. parcior* (d–e), *S. nanus* (g), *S. pusillus* (h), *S. indifferens* (i), *S. assequens* (j), *S. contumax* (k), *S. claritarsis* (l), *S. alpicola* (m), *S. auguratus* (n), *S. prometheus* (o, r), *S. ignifuga* (p), *S. veselovae* (q), *S. impressus* (s, u–v), *S. aceris* (t), *S. subaeneus* (w–x). Alle Maßstäbe 0,1 mm (a = b–l, u–v, x; m = n–q; r; s = t, w). Nach PUTHZ 2003 (m–p, r).

– Pronotum ohne hintere Eindrücke. Vorderrand der ersten Tergite ohne Andeutung von Kielchen. Vier Arten, die sich sicher nur anhand des Aedoeagus unterscheiden lassen. **103**

103 ♂: Aedoeagus: Abb. 129g, Apikalpartie des Medianlobus mit erhobenen seitlichen Ventralfalten. 1,8–2,8 mm (RL: 1,2–1,3 mm). Paläarktisch: Europa außer Süden, Sibirien bis China. Nicht selten. Euryök, an trockenen und auch an feuchten Stellen, an faulendem Pflanzenmaterial. Von der Ebene bis ins Gebirge. .... ***nanus*** STEPHENS, 1833

– ♂: Aedoeagus anders, Apikalpartie des Medianlobus ventral flacher, ohne erhobene Seitenfalten. **104**

104 ♂: Apikalpartie des Medianlobus abgestutzt: Abb. 129j–k. **105**

– ♂: Apikalpartie des Medianlobus abgerundet: Abb. 129i. 1,8–2,5 mm (RL: 1,2–1,3 mm). Westliches Mitteleuropa, Osteuropa bis Kleinasien. Selten. Oft im Genist gefunden. .... ***indifferens*** PUTHZ, 1967

105 ♂: Aedoeagus: Abb. 129j; Parameren meist länger. 1,8–2,6 mm (RL: 1,2–1,4 mm). Holarktisch: Europa, besonders Südeuropa, Sibirien, Nordamerika. Nicht häufig. In Grasbiotopen; oft mit Bodenfallen nachgewiesen. .... ***assequens assequens*** REY, 1884

– ♂: Aedoeagus: Abb. 129k; Parameren meist kürzer. 1,8–2,6 mm (RL: 1,2–1,4 mm). Bisher wenig bekannt: Großbritannien, Frankreich, Niederlande, Norddeutschland, Sachsen. Selten. Auf Rasen- und Ruderalflächen, in Gärten. Meist mit Bodenfallen nachgewiesen. .... ***contumax*** ASSING, 1994

106 Nur Fühlerglied I schwarzbraun bis schwarz, Glieder II-VIII abstechend heller gefärbt (gelblich bis hellbraun), Keule ± gebräunt. **107**

– Fühler anders gefärbt, Glied I nicht abstechend dunkler als die folgenden Glieder oder Glieder I und II abstechend dunkler als der Rest der Fühler. ... **117**

107 Beine vollständig gelb. ♂: Aedoeagus: Abb. 127ii. Kleiner: 2,7–3,8 mm (RL: 1,5–1,8 mm). Ganz Europa, Kleinasien, Kaukasus. Nicht selten. Pflanzenkletterer; in Sümpfen und Moorgebieten, an Gräben und Teichen, im Seggenried, in faulendem Heu. ....***flavipes flavipes*** STEPHENS, 1833

– Beine dunkler, schwarz oder schwarzbraun, zumindest der Apikalteil der Metatibien dunkelbraun. Größere Arten: RL ≥ 1,8 mm. **108**

108 Elytren kürzer (Elytrenlänge/-breite ≤ 0,90 (0,75–0,87). **109**

– Elytren länger (Elytrenlänge/-breite ≥ 0,90 (0,90–0,98). **111**

109 Abdomen grob und sehr dicht punktiert, Punktzwischenräume auch in den Tergitmitten kleiner als die Punkte. **110**

– Abdomen mäßig fein und wenig dicht punktiert, Punktzwischenräume meist viel größer als die Punkte. ♂: Aedoeagus: Abb. 131u. 3,5–5,3 mm (RL: 1,8–2,3 mm). Atlantomediterran: West- und Mitteleuropa, südliches Nordeuropa. Nicht häufig. Pflanzenkletterer. An quelligen Stellen in Wäldern, in überrieseltem Moos, in Erlenbrüchen, auf nassen Wiesen mit Binsen und Schwertlilien. .... ***nitidiusculus nitidiusculus*** STEPHENS, 1833

110 Elytren breiter, deutlich bis viel breiter als der Kopf (1,17–1,25). Beine dunkler braun. ♂: Medianlobus: Abb. 130k. 3,0–4,7 mm (RL: 1,8–2,1 mm). Westpaläarktisch: Ganz Europa, vorderer Orient bis Iran. Häufig. An Gräben, in Sümpfen und Erlenbrüchen, in *Carex*-Bülten etc. .... ***picipes picipes*** STEPHENS, 1833

– Elytren schmaler, kaum breiter als der Kopf (1,02–1,06). Beine heller, rotbraun. ♂ wie die Nominatform. 2,9–4,3 mm (RL: 1,7–2,0 mm). West-,

Mittel- und Osteuropa bis Bulgarien, Rumänien. Selten. Kaltstenotherm in Mooren. .... ***picipes brevipennis*** THOMSON, 1851

111 Abdomen zwischen den Punkten ohne Mikroskulptur. **112**

– Abdomen zwischen den Punkten dicht mikroskulptiert. **113**

112 Stirnmitte mäßig grob, sehr dicht punktiert, Punktzwischenräume kleiner als die Punktradien; Punktdurchmesser ≥ basaler Querschnitt von Fühlerglied III. Pronotum schmaler (Pronotumlänge/-breite: 1,00–1,07). 3,8–5,0 mm (RL: 2,1–2,2 mm) ♂: Medianlobus: Abb. 130d. Paläarktisch: ganz Europa, Kleinasien, Sibirien. Nicht selten. Pflanzenkletterer. An stehenden Gewässern mit reicher Ufervegetation, im Seggenried. .... ***binotatus*** LJUNGH, 1804

– Stirnmitte weniger grob und weniger dicht punktiert, Punktzwischenräume meist größer als die Punktradien; Punktdurchmesser < basaler Querschnitt von Fühlerglied III. Pronotum breiter (Pronotumlänge/-breite: 0,96–1,02). ♂: Medianlobus: Abb. 130l. 4,5–6,0 mm (RL: 1,5–1,8 mm). Atlantomediterran: Westeuropa östlich bis Belgien, westliches Südeuropa, Nordafrika. Selten. Pflanzenkletterer. In Sumpfgebieten. ...... ***canescens*** ROSENHAUER, 1856

113 Glied III der Maxillarpalpen und die Tarsen dunkel, braun bis schwärzlich. Zwei sehr große Arten, RL > 2,6 mm. **114**

– Glied III der Maxillarpalpen und die Tarsen heller, rötlichgelb bis hellbraun. Kleinere Arten, RL < 2,6 mm. **115**

114 Sternit IX apikal rund bzw. abgestutzt. ♂: Parameren des Aedoeagus apikal schmal mit starker Innenspitze. Abb. 127kk. ♀: Sternit VIII am Hinterrand abgerundet. 4,2–6,0 mm (RL: 2,2–2,6 mm). Holarktisch: Westeuropa, nördliches Mitteleuropa, Osteuropa, Nordeuropa, Sibirien, Nordamerika. Selten. An Tümpel- und Teichufern, im Uferdetritus, als Pflanzenkletterer auch auf der Ufervegetation. .... ***umbratilis*** (CASEY, 1884)

– Sternit IX apikolateral spitz. ♂: Parameren des Aedoeagus apikal sehr breit und ohne Innenspitze: Abb. 127jj. ♀: Sternit VIII in der Mitte des Hinterrandes spitz vorgezogen. 4,5–6,5 mm (RL: 2,6–2,8 mm). Holarktisch: Europa außer Südeuropa, Sibirien, China. Nicht häufig. An Tümpel- und Teichufern, im Uferdetritus, als Pflanzenkletterer auch auf der Ufervegetation. .... ***pubescens pubescens*** STEPHENS, 1833

115 Größere Arten, RL ≥ 2,0 mm, Elytren breiter (Elytrenbreite/Kopfbreite: 1,19–1,28). An Ufern von Tümpeln und Teichen, in pflanzlichem Detritus, Schilf usw. Drei Arten, die sicher nur durch Untersuchung der Sexualcharaktere zu bestimmen sind. **116**

– Kleinere Art, RL < 2,0 mm. Elytren schmaler (Elytrenbreite/Kopfbreite: 1,12–1,19). 3,5–4,5 mm (RL: 1,8–2,0 mm). ♂: Medianlobus: Abb. 130j. ♀: Infundibulum klein: Abb. 130h. Holarktisch: Europa außer Südeuropa, Sibirien, Nordamerika. Selten. In Moor- und Sumpfgebieten, in *Sphagnum* und in pflanzlichem Detritus. .... ***niveus*** FAUVEL, 1865

116 ♂: Medianlobus: Abb. 130b. ♀: Infundibulum: Abb. 130e. 3,8–5,5 mm (RL: 2,1–2,4 mm). Paläarktisch: ganz Europa, paläarktisches Asien bis Xinjiang. Nicht häufig. An Fluss- und Seeufern, als Pflanzenkletterer besonders an Schilf. .... ***pallitarsis pallitarsis*** STEPHENS, 1833

– ♂: Medianlobus: Abb. 130a. ♀: Infundibulum: Abb. 130f. 3,8–5,2 mm (RL: 2,1–2,3 mm). Pontomediterran: West- und Südeuropa bis Kleinasien. Nicht häufig. An Fluss- und Seeufern, als Pflanzenkletterer besonders an Schilf. .... ***butrintensis*** SMETANA, 1959

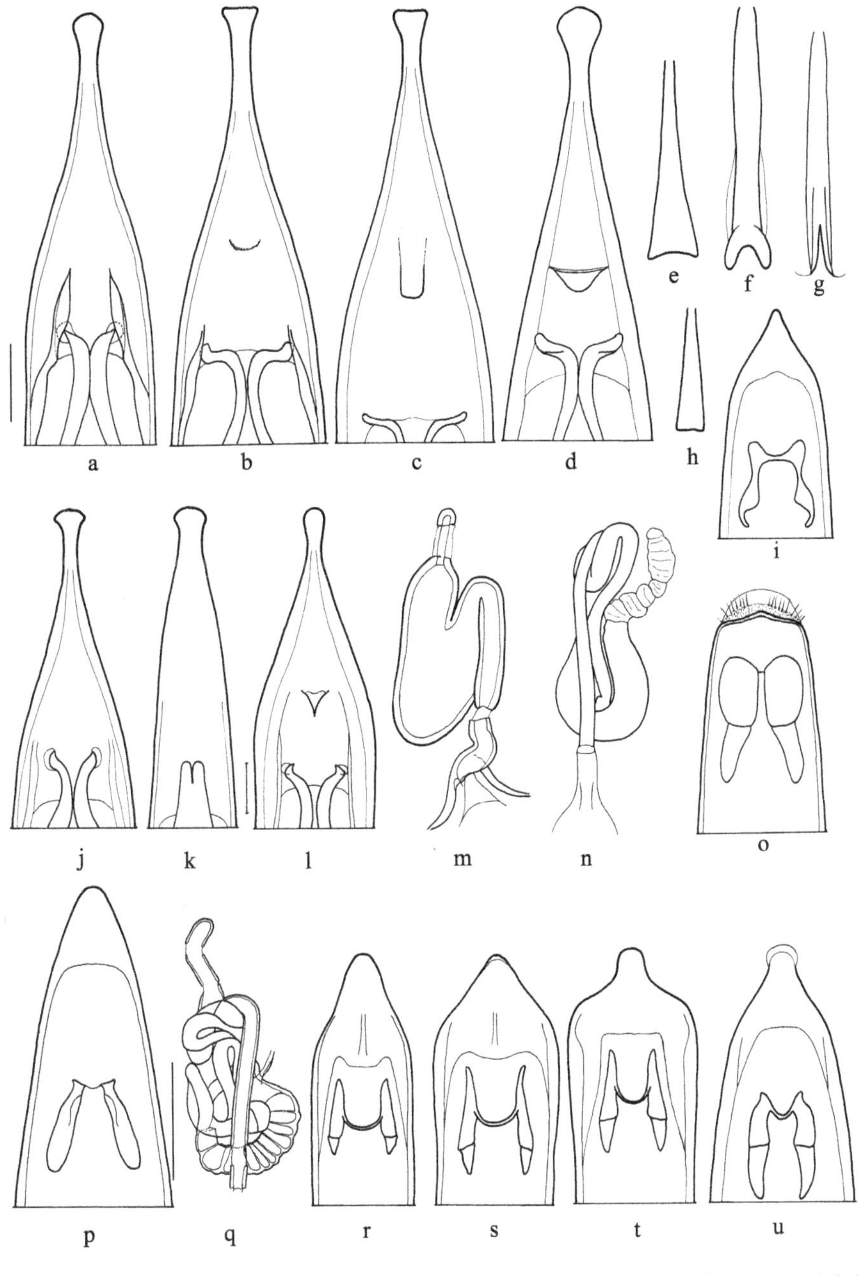

Abb. 130: Ventralansicht der Apikalpartie des Medianlobus mit Ausstülphaken (a–d, i–l, o–p, r–u), Spermathek (m–n, q) und Infundibulum der Spermathek (e–h) von *Stenus butrintensis* (a, f), *S. pallitarsis* (b, e), *S. claritarsis* (c, g), *S. binotatus* (d), *S. niveus* (h, j), *S. fuscicornis* (i, m), *S. picipes* (k), *S. canescens* (l), *S. scaber* (n, o), *S. ossium* (p–q), *S. ochropus* (r), *S. ludyi* (s), *S. carpathicus* (t), *S. reitteri* (u). Alle Maßstäbe 0,1 mm (a = b–k, m–o, q–u; l; p).

– ♂: Medianlobus: Abb. 130c. ♀: Infundibulum: Abb. 129l und 130g. 3,5–6,0 mm (RL: 2,0–2,4 mm). Pontomediterran: südöstliches Mitteleuropa (Niederösterreich, Burgenland), Südosteuropa bis Turkmenien. Selten. An Fluss- und Seeufern, als Pflanzenkletterer besonders an Schilf. .... ***claritarsis*** PUTHZ, 1971

117 Sternit IX apikal rund/gesägt (z. B. Abb. 124q–v). **118**

– Sternit IX apikolateral spitz (z. B. Abb. 124w). **121**

118 Glied I der Metatarsen höchstens so lang wie das Klauenglied. **120**

– Glied I der Metatarsen erheblich länger als das Klauenglied. **119**

119 Abdomen gröber und viel dichter punktiert, Punktzwischenräume auch am Tergithinterrand kleiner als die Punkte. Siehe Leitziffer 110 *picipes brevipennis*.

– Abdomen viel feiner und viel weitläufiger punktiert, Hinterrand der Tergite breit punktfrei. ♂: Aedoeagus: Abb. 131s. 2,7–4,5 mm (RL: 1,8–2,1 mm). Holomediterran: West- und Südeuropa, Nordafrika, Mitteleuropa, im Osten bis Estland und Bulgarien. Nicht häufig. An schlammigen Ufern, auf Lehmboden, in quelligen Biotopen. .... ***picipennis*** ERICHSON, 1840

120 Kleinere, wenig glänzende Art. Kopf wenig schmaler als die Elytren. Pronotum genetzt. Sternit IX: Abb. 124v. ♂: Medianlobus: Abb. 130i. ♀: Spermathek: Abb. 130m. Variabel, oft mit anderen Arten verwechselt (zum Beispiel mit *argus* und *alpicola*, diese aber mit apikolateral spitzem Sternit IX). 2,3–3,5 mm (RL: 1,4–1,7 mm). Holomediterran: West- und Südeuropa, südliches Mitteleuropa (nördlich bis Sachsen), südliches Osteuropa, Kleinasien bis Iran. Nicht selten. Wärmeliebend; in trockenen Laubwäldern, in Moos und faulenden Pflanzenteilen. .... ***fuscicornis*** ERICHSON, 1840

– Größere, stark messingglänzende Art. Kopf viel schmaler als die Elytren. Pronotum ungenetzt. Sternit IX: Abb. 124u. ♂: Aedoeagus: Abb. 127hh. 3,8–5,2 mm (RL: 2,3–2,5 mm). Holomediterran: Südeuropa, südöstliches Mitteleuropa (östlichstes Österreich), Kleinasien. Sehr selten. Wärmeliebend; vermutlich Gast bei Ernteameisen (*Messor*). .... ***cribratus*** KIESENWETTER, 1850

121 Pronotum zwischen den Punkten ohne Mikroskulptur, glatt. **122**

– Pronotum zwischen den Punkten mikroskulptiert. **128**

122 Fühlerglieder I und II dunkelbraun bis schwarz, die folgenden Glieder abstechend heller gefärbt. ♂: Medianlobus: Abb. 129w. ♀: Spermathek: Abb. 129x. 3,5–5,5 mm (RL: 1,9–2,4 mm). Holomediterran. West- und Südeuropa, Nordafrika, südliches Mitteleuropa, Osteuropa, Kleinasien. In Mitteleuropa sehr selten. Wärmeliebende Waldart, in Laub und Graswurzeln. .... ***subaeneus*** ERICHSON, 1840

– Fühlerglieder I und II heller, rötlichgelb bis bräunlich, die folgenden Glieder nicht abstechend heller gefärbt. **123**

123 Fühlerglied III höchstens 1,5-mal so lang wie Glied II. Pronotum ohne deutliche Eindrücke. Zwei variable Arten, die deshalb mehrfach aufgeführt werden. **124**

– Fühlerglied III mehr als 1,7-mal so lang wie Glied II. Pronotum mit ± deutlichen Eindrücken. **125**

124 Abdomen zwischen den Punkten ohne Mikroskulptur (auch Tergit VII ohne Mikroskulptur). Sehr variable Art (brachypter bis macropter).

♂: Medianlobus: Abb. 130r. ♀: Spermathek: Abb. 131b; mit langem Infundibulum. 2,4–4,0 mm (RL: 1,4–1,9 mm). Pontomediterran: Westeuropa, Südeuropa (außer Iberische Halbinsel), Mitteleuropa, südliches Nordeuropa, Osteuropa, Kleinasien bis Syrien und Turkmenien. Nicht selten. Wärmeliebend; in trockenen Biotopen, in Bodenstreu, Gras und Moos. .... ***ochropus*** KIESENWETTER, 1858

– Abdomen zwischen den Punkten ± deutlich mikroskulptiert. Siehe Leitziffer 140 *ludyi*.

125 Elytren ± gleichmäßig punktiert; Punkte nirgends furchig zusammenfließend. **126**

– Elytren ungleichmäßig, sehr grob punktiert; Punkte zumindest in der hinteren Außenhälfte teilweise zusammenfließend. ♂: Medianlobus: Abb. 130o. 3,5–4,5 mm. ♀: Spermathek: Abb. 130n. 3,5–4,5 mm. (RL: 1,6–2,1 mm). Adriatomediterran: Südschweiz, Italien, Slowenien, Kroatien, Algerien. .... ***scaber*** FAUVEL, 1871

126 Stark glänzende Arten, auch die Abdomenspitze ohne Mikroskulptur. Beborstung auffällig lang, Borsten der Elytren mindestens doppelt so lang wie der Durchmesser eines Punktes. Zwei wegen ihrer Variationsbreite oft schwer voneinander zu trennende Arten, die auch zusammen vorkommen. Siehe Leitziffer 60.

– Weniger stark glänzende Arten, zumindest die Tergite VII–X mit Mikroskulptur. Beborstung kurz, Borsten der Elytren kaum länger als der Durchmesser eines Punktes. **127**

127 Elytren meist kürzer (Elytrenbreite/-länge: > 1,20), Apikalpartie der Meso- und Metatibien nicht oder kaum geschwärzt. ♂: Metatibien mit kleinem Präapikaldorn; Apikalpartie des Medianlobus mit breiterer Spitze (Abb. 129s); Parameren länger. ♀: Spermathek: Abb. 129u–v; Infundibulumabschnitt gerade und mindestens 4-mal so lang wie breit. 3,0–4,6 mm (RL: 1,8–2,1 mm). Westpaläarktisch: Europa mit Ausnahme des äußersten Südens, Kleinasien. Häufig. Euryök, in Laub- und Nadelstreu, an faulendem Pflanzenmaterial, auch an feuchten Stellen. ....
.... ***impressus*** GERMAR, 1824

– Elytren meist länger (Elytrenbreite/-länge: < 1,20), Apikalpartie der Meso- und Metatibien deutlich geschwärzt. ♂: Metatibien ohne Präapikaldorn; Apikalpartie des Medianlobus mit schmalerer Spitze (Abb. 129t); Parameren kürzer. ♀: Spermathek ähnlich Abb. 129u–v; Infundibulumabschnitt gedreht, kaum deutlich abgesetzt, höchstens 3-mal so lang wie breit. 3,5–5,0 mm (RL: 1,9–2,2 mm). Holomediterran: West- und Südeuropa, Nordafrika, südlichstes Mitteleuropa (Wallis, Südösterreich?), Kleinasien, Libanon. Bei uns sehr selten, in Südeuropa häufig. In Grasbüscheln, Laub- und Nadelwäldern, in Moos, Laubstreu, an grasbewachsenen Gräben. ....***aceris*** STEPHENS, 1833

128 Elytren deutlich breiter als lang, trapezoid (Elytrenbreite/-länge: > 1,4). Brachyptere oder aptere Arten. **129**

– Elytren weniger breit, oft rechteckig (Elytrenbreite/-länge: < 1,4). Macroptere und brachyptere Arten. **134**

129 Größere Art, RL > 1,8 mm. Pronotum mit 5 tiefen Eindrücken. Stirnmitte stark beulig erhoben, das Niveau der Augeninnenränder auffällig überragend. ♂: Medianlobus: Abb. 130u. ♀: Spermathek: ähnlich Abb. 131e.

Hinterrand von Tergit VIII mit Hautsaum. 3,5–5,0 mm (RL: 1,9–2,1 mm). Nord- und Ostkarpaten: Slowakei, Rumänien, Ukraine. Sehr selten gefunden. Montan; in Moos an Felsen. .... ***reitteri*** WEISE, 1875

– Kleinere Arten, RL < 1,8 mm (meist um 1,5 mm). Pronotum mit tiefen oder flachen Eindrücken. Stirnmitte weniger erhoben, das Niveau der Augeninnenränder nicht oder wenig überragend. **130**

130 Aptere oder brachyptere Arten; Hinterrand von Tergit VII ganz oder wenigstens in der Mitte ohne Hautsaum. **131**

– Brachypter; Hinterrand von Tergit VII mit deutlichem, schmalem Hautsaum. Pronotum mit ziemlich tiefen Eindrücken. ♂: Meso- und Metatibien mit Apikaldornen. Medianlobus: Abb. 131g. ♀: Spermathek: Abb. 131t. 2,6–3,8 mm (RL: 1,5–1,8 mm). Nord- und Ostkarpaten: Polen, Slowakei, Rumänien, Ukraine. Selten. Montan. In feuchtem Moos an Felsen, in Gras. .... ***obscuripes*** GANGLBAUER, 1896

131 Beine heller gefärbt, rötlichgelb bis rötlichbraun. Hierher zwei sehr ähnliche Arten. **132**

– Beine dunkler gefärbt, dunkel kastanienbraun bis schwarz. **133**

132 Hinterrand von Tergit VII ganz ohne apikalen Hautsaum. ♂: Meso- und Metatibien ohne Apikaldornen. Medianlobus (Abb. 131r) ohne Ausstülphaken. ♀: Spermathek: Abb. 131k. 2,5–3,5 mm (RL: 1,4–1,6 mm). Westliches Mitteleuropa: Belgien, Schwarzwald, mitteldeutsche Gebirge, Böhmerwald, Alpen. Nicht häufig. Montan; in Moos an Felsen und Baumstämmen. .... ***montivagus*** HEER, 1841

– Hinterrand von Tergit VII ganz oder nur in der Mitte ohne apikalen Hautsaum. ♂: Meso- und Metatibien mit Apikaldornen. Medianlobus: Abb. 130t. ♀: Spermathek: Abb. 131d. 2,3–3,5 mm (RL: 1,4–1,6 mm). Lausitzer Bergland, Sudeten, Karpaten, Böhmerwald. Nicht häufig. Montan; in Moos, in Buchenlaub zwischen Felsen. (Oft mit *ludyi* verwechselt, der jedoch am ganzen Hinterrand von Tergit VII einen deutlichen Hautsaum besitzt.) .... ***carpathicus*** GANGLBAUER, 1896

133 Kleiner und schlanker, Vorderkörper deutlicher schimmernd, Punktur auf den Stirnseiten deutlich eingestochen und klar voneinander getrennt. Medianlobus: Abb. 131i. ♀: Spermathek: Abb. 131h. 2,3–3,2 mm (RL: 1,3–1,5 mm). Julische Alpen (Südostkärnten und Slowenien). Selten. Alpin; in alpinen Rasen, zwischen Felsblöcken, zwischen Wurzeln von Alpenpflanzen. .... ***hypsidromus*** GANGLBAUER, 1902

– Größer und breiter, Vorderkörper fast vollständig matt, Punkte auf den Stirnseiten weniger deutlich eingestochen, fast in der sehr engen Grundskulptur verschwindend. ♂: Medianlobus: Abb. 131j. ♀: Spermathek: Abb. 131e. 3,0–4,2mm (RL: 1,6–1,7 mm). Karawanken, östlichste Karnische Alpen. Sehr selten. Alpin; in alpinen Rasen, zwischen Felsblöcken, in Pflanzenwurzeln. .... ***hoelzeli*** SCHEERPELTZ, 1947

134 Tergit VII zwischen den Punkten ohne Mikroskulptur, glänzend. **135**

– Tergit VII zwischen den Punkten mit Mikroskulptur. **137**

135 Durchschnittlich größer, RL ≥ 1,9 mm, Fühlerglied III > 1,7-mal so lang wie Glied II. Siehe Leitziffer 127 *impressus, aceris.*

– Durchschnittlich kleiner, RL meist < 1,9 mm, Fühlerglied III kürzer, höchstens 1,7-mal so lang wie breit. **136**

136 ♂: Aedoeagus: Abb. 130r. ♀: Spermathek: Abb. 131b. Siehe Leitziffer 124 *ochropus*.

– ♂: Aedoeagus: Abb. 130s. ♀: Spermathek: Abb. 131c. Abweichend glatte Stücke des *ludyi*. Siehe Leitziffer 140.

137 Beine dunkler gefärbt, Apikalpartie der Metafemora breit verdunkelt; Fühler bräunlich; Glied III der Maxillarpalpen braun oder dunkler. **138**

– Beine heller gefärbt, Metafemora nicht oder nur kurz an den Knien dunkler; Fühler gelb bis rötlichgelb; Glied der Maxillarpalpen hellbraun oder rötlichgelb. **139**

138 Elytren erheblich breiter als der Kopf (> 1,10). ♂: Medianlobus: Abb. 130p. ♀: Spermathek: Abb. 130q. 3,0–4,5 mm (RL: 1,8–2,1 mm). Atlantomediterran: West- und Südeuropa östlich bis Italien, Nordafrika, südwestliches Mitteleuropa. In Mitteleuropa selten. Im Detritus, an Ufern von Bächen, an faulendem Pflanzenmaterial. .... ***ossium*** STEPHENS, 1833

– Elytren nicht oder kaum (< 1,05 ×) breiter als der Kopf. 2,5–4,0 mm (RL: 1,6–1,9 mm). ♂: Medianlobus: Abb. 131q. ♀: Spermathek: Abb. 131f. Westpaläarktisch: Europa außer Südeuropa, Sibirien. Nicht häufig. An sumpfigen Stellen, an faulendem Pflanzenmaterial. .... ***palustris*** ERICHSON, 1839

139 Deutlich metallisch (messingfarben) schimmernd. Pronotum zwischen den Punkten meist ohne Mikroskulptur. **140**

– Nicht oder weniger deutlich metallisch schimmernd. Pronotum zwischen den Punkten tief isodiametrisch mikroskulptiert, matter. Arten, die nur durch Genitaluntersuchung sicher zu trennen sind. **141**

140 Kleinere Art, RL ≤ 1,9 mm. ♂: Medianlobus: Abb. 130s. ♀: Spermathek wie Abb. 131b, Infundibulum aber nur etwa doppelt so lang wie breit (Abb. 131c). 2,6–4,0 mm (RL: 1,5–1,8 mm). Europa mit Ausnahme des Südens, Sibirien. Nicht selten. An feuchten Stellen, in Auwäldern, in der Ebene und im Gebirge, in Moos und Laubstreu. .... ***ludyi*** FAUVEL, 1886

– Größere Arten, RL > 1,9 mm. Siehe Leitziffer 127 *impressus, aceris*.

141 Elytren stärker quer (Elytrenbreite/-länge: ≥ 1,35). Insgesamt schlankere Arten. **142**

– Elytren weniger quer (Elytrenbreite/-länge: ≤ 1,35). Insgesamt weniger schlanke Arten. **143**

142 ♂: Sternit VIII mit stumpfwinkligem, flachem Apikalausschnitt; Medianlobus (Abb. 131p) ohne Ausstülphaken. ♀: Spermathek etwa wie in Abb. 131a; Endschlauch der Spermathek überragt etwas das mittlere Schlauchknäuel. 3,2–4,5 mm (RL: 1,7–1,9 mm). Südöstliches Österreich, Bosnien-Herzegowina, Mazedonien, Bulgarien. Sehr selten. In Gras und unter Steinen. .... ***dilatatus*** L. BENICK, 1929

– ♂: Sternit VIII mit rundem, flachem Apikalausschnitt; Medianlobus (Abb. 131l) mit Ausstülphaken. ♀: Spermathek etwa wie in Abb. 131a; Endschlauch der Spermathek überragt etwas das mittlere Schlauchknäuel. 3,0–4,5 mm (RL: 1,6–2,0 mm). Ostkarpaten: Slowakei, Rumänien, Bulgarien, Ukraine. Selten. Montan; in Gras, unter Steinen, an Schneerändern. .... ***transsilvanicus*** BERNHAUER, 1900

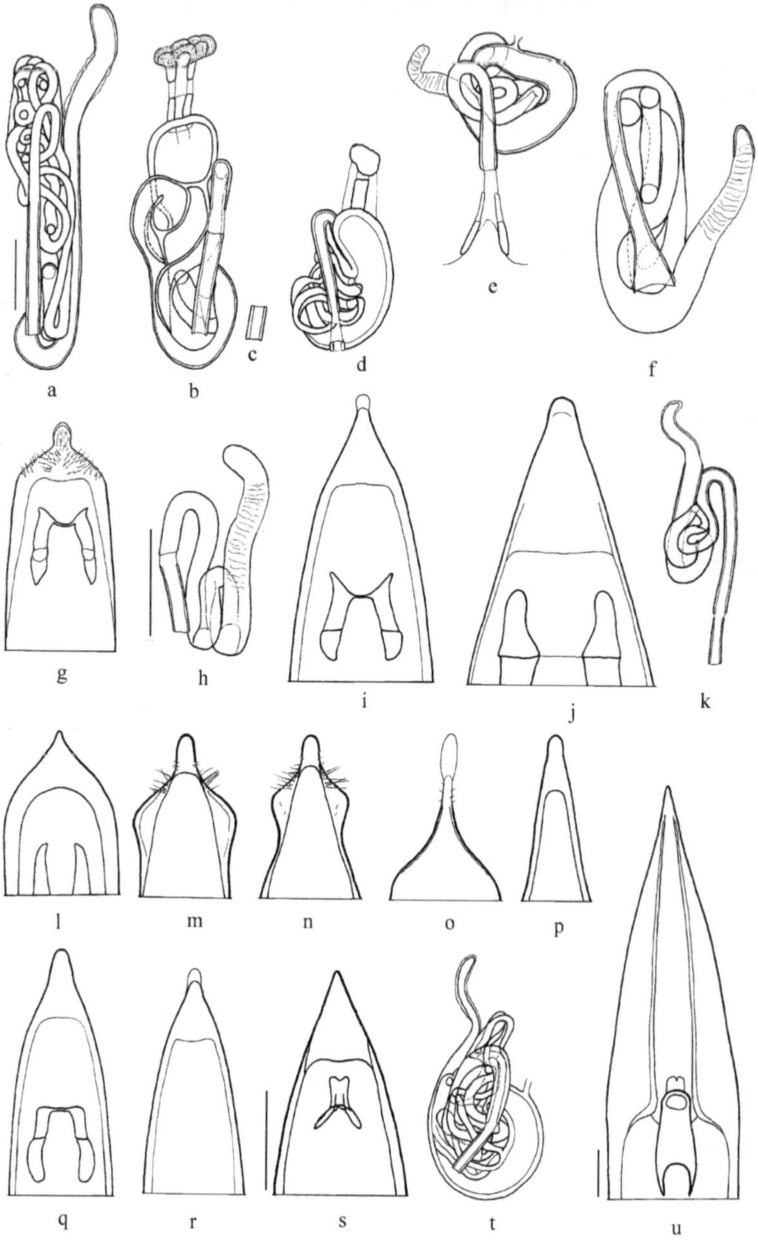

Abb. 131: Spermathek (a, b, d–f, h, k, t), Infundibulum der Spermathek (c) und Ventralansicht der vorderen Partie des Medianlobus mit Ausstülphaken (soweit vorhanden; g, i–j, l–s, u) von *Stenus geniculatus* (a, m), *S. ochropus* (b), *S. ludyi* (c), *S. carpathicus* (d), *S. obscuripes* (g, t), *S. montivagus* (k, r), *S. palustris* (f, q), *S. hypsidromus* (h–i), *S. hoelzeli* (e, j), *S. transsilvanicus* (l), *S. flavipalpis* (n), *S. annulipes* (o), *S. dilatatus* (p), *S. picipennis* (s), *S. nitidiusculus* (u). Alle Maßstäbe 0,1 mm (a = b–g, j–r, t; h = i; s; u).

143 ♂: Medianlobus: Abb. 131n. ♀: Spermathek etwa wie in Abb. 131a; Endschlauch der Spermathek jedoch höchstens so lang wie das mittlere Schlauchknäuel. 3,5–5,2 mm (RL: 1,9–2,2 mm). Westpaläarktisch: ganz Europa mit Ausnahme des Südens. Nicht häufig. Kälteliebend; in Sümpfen (*Carex*-Bülten), Mooren, in nassem Moos an Felsen, im Laub von Auwäldern; vorwiegend im Gebirge. .... ***flavipalpis*** THOMSON, 1860

– Medianlobus und Spermathek anders **144**

144 ♂: Medianlobus: Abb. 131m. ♀: Spermathek: Abb. 131a; Endschlauch überragt deutlich das mittlere Schlauchknäuel. 3,2–5,2 mm (RL: 1,7–2,2 mm). Westpaläarktisch: Ganz Europa außer Süden. Nicht selten. In Kiefernwäldern mit *Calluna* und in trockenen Heiden. .... ***geniculatus*** GRAVENHORST, 1806

– ♂: Medianlobus: Abb. 131o. ♀: Spermathek ähnlich der von *geniculatus*. 3,5–4,5 mm (RL: 1,9–2,0 mm). Südwestliches Mitteleuropa (Schweiz), Norditalien, Balkan. Sehr selten. In faulendem Heu, in *Carex*-Bülten, mehrfach im Hochwassergenist gefunden. .... ***annulipes*** HEER, 1839

Gattung *Dianous* LEACH, 1819

Mittelgroße Arten mit großen Augen, die jedoch nicht die gesamte Kopfbreite einnehmen, Schläfen deutlich entwickelt (Abb. 18e). Labium einfach (nicht ausstülpbar). Sternit IX mit langem apikolateralem Borstenpinsel.

Mit über 210 Arten in der Nordhemisphäre und in der Übergangszone zur Orientalis verbreitet, bei uns nur durch eine auffällige Art vertreten.

Blaumetallisch, Elytren mit je einem großen rötlichen Fleck. 5,0–6,0 mm (RL: 2,6–2,8 mm). Westpaläarktisch. Ganz Europa (im Süden mehrere Subspezies) bis Westsibirien. Nicht häufig. In den Gebirgen an Wasserfällen und überrieseltem Moos, in der Tiefebene insbesondere an Mühlenwehren. .... ***coerulescens coerulescens*** (GYLLENHAL, 1810)

Unterfamilie Euaesthetinae THOMSON, 1859

Fühler auf der Stirn vor den Augen inserierend, mit 2 dickeren Basalgliedern und einer mehr oder weniger deutlich abgesetzten 2- oder 3-gliedrigen Keule. Labrum am Vorderrand gezähnt oder krenuliert. Procoxae klein, konisch, mehr oder weniger vorragend; Procoxalnaht geschlossen. Tarsen der mitteleuropäischen Arten 5-gliedrig, Abdomen der mitteleuropäischen Arten mit Paratergiten.

Die artenreiche Unterfamilie umfasst weltweit über 27 Gattungen mit mehr als 1000 Arten. In Mitteleuropa sind nur 2 Gattungen vertreten.

Larven mit kurzen Fühlern, kürzer als die Mandibeln; Ligula schmal und spitz; Kopfkapsel mit schwacher Halseinschnürung. Die Arten der Unterfamilie ernähren sich räuberisch (NEWTON 1990, NEWTON et al. 2001).

1 Stirn mit hinterer Querfurche und vorderen Seitenfurchen. Oberlippe vorn ungezähnt. Tergit III mit basalem Mittelkiel. Oberseite unpunktiert. Habitus wie in Abb. 19a. .... ***Edaphus*** MOTSCHULSKY, 1856; S. 318

– Stirn ohne Furchen. Oberlippe vorn gezähnt. Tergit III ohne basalen Mittelkiel. Oberseite dicht punktiert. Habitus wie in Abb. 19b. .... *Euaesthetus* GRAVENHORST, 1806; S. 319

Gattung *Edaphus* MOTSCHULSKY, 1857

Sehr kleine bis kleine Arten mit Pselaphinen-Habitus (Abb. 19a). Stirn mit hinterer Querfurche oder anderen Eindrücken, Labrum vorn fast glatt oder leicht krenuliert (nicht gezähnt). Pronotum herzförmig, am Hinterrand mit Seitenfältchen und kleinen Grübchen. Abdomen mit deutlichen Paratergiten, Tergit III mit basalem Mittelkiel.

Mit über 470 Arten weltweit, vor allem in der Orientalis verbreitet; bei uns nur durch eine Art vertreten.

Rötlichbraun, glänzend, Habitus Pselaphinen-ähnlich. Pronotum herzförmig, am Hintrrand mit 6 kleinen Basalgrübchen, einem kurzen, bis zur Hinterrandbasis durchgehenden Mittelfältchen sowie kurzen basalen Seitenfältchen. ♂: Aedoeagus: Abb. 132e. 0,9–1,1 mm (RL: 0,6–0,7 mm). Kosmopolit. Selten. In warmem Kompost, in Gärtnereien, auf Schuttplätzen, in Tresterabfällen. .... ***lederi*** EPPELSHEIM, 1878

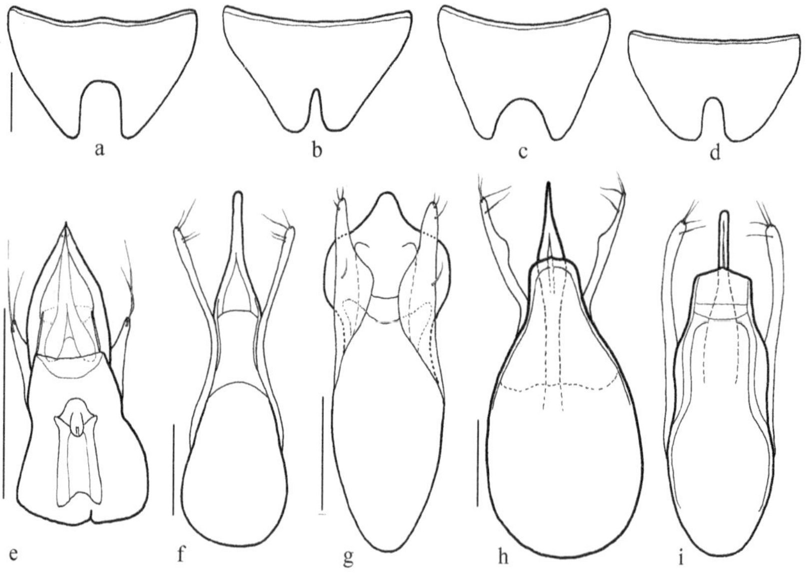

Abb. 132: ♂-Sternit VIII (a–d) und Ventralansicht des Aedoeagus (e–i) von *Euaesthetus ruficapillus* (a, f), *E. laeviusculus* (b, g), *E. bipunctatus* (c, h), *E. superlatus* (d, i) und *Edaphus lederi* (e). Alle Maßstäbe 0,1 mm (a = b–d; g=i).

Gattung *Euaesthetus* GRAVENHORST, 1806

Kleine Arten; Habitus wie in Abb. 19b. Stirn einfach gewölbt, ohne Eindrücke. Labrum gezähnt. Pronotum gewölbt, meist ohne hintere Seitenfältchen. Abdomen mit deutlichen Paratergiten, Tergit III ohne basalen Mittelkiel.

Mit über 40 Arten in der Nordhemisphäre verbreitet, bei uns durch 4 rötlich- bis dunkelbraune Arten vertreten. In feuchtem Laub und faulenden Pflanzenresten.

1 Pronotum mit kurzem basalem Mittelkiel. ♂: Sternit VIII: Abb. 132a; Aedoeagus: Abb. 132f. 1,3–1,7 mm (RL: 0,6–0.7 mm). Paläarktisch: ganz Europa, Kleinasien, Sibirien. Nicht selten. Auf sumpfigen Böden an faulenden Pflanzenteilen, oft im Genist gefunden. .... ***ruficapillus*** (LACORDAIRE, 1835)

– Pronotum an der Basis ohne Mittelkiel **2**

2 Weitläufiger punktiert, glänzend. Elytren sehr dicht, aber deutlich getrennt punktiert. ♂: Sternit VIII: Abb. 132b; Aedoeagus: Abb. 132g. 1,5–2,1 mm (RL: 0,8–0.9 mm). Holarktisch: ganz Europa mit Ausnahme des Südens, Sibirien, Nordamerika. Nicht häufig. In Sümpfen und Mooren. .... ***laeviusculus*** MANNERHEIM, 1844

– Sehr dicht und rauh punktiert, matt. Elytrenskulptur körnig, äußerst dicht. ♂: Sternit VIII wie in Abb. 132c–d). **3**

3 Größer: 1,6–1,9 mm (RL: 0,7–0,8 mm). ♂: Sternit VIII: Abb. 132c; Aedoeagus: Abb. 132h. Transpaläarktisch verbreitet. Nicht häufig. In Feuchtbiotopen und auf Kulturland. .... ***bipunctatus*** (LJUNGH, 1804)

– Kleiner: 1,3–1,7 mm (RL: 0,6–0.8 mm). ♂: Sternit VIII: Abb. 132d; Aedoeagus: Abb. 132i. Paläarktisch: zerstreut in Mitteleuropa, Osteuropa bis Ukraine, Sibirien. Selten. Vor allem an trockenwarmen Orten, in Gras und faulendem Material. .... ***superlatus*** PEYERIMHOFF, 1937

Unterfamilie Leptotyphlinae FAUVEL, 1874

Kleine, sehr schlanke Käfer (Abb. 19c), 2 mm Körperlänge nicht oder kaum überschreitend. Kopf augenlos. Hautflügel fehlend; Elytren sehr kurz, unbeweglich, mit dem Körper verwachsen. Tarsen entweder 2- oder 3-gliedrig.

Die Unterfamilie ist weltweit durch 43 Gattungen und über 500 Arten vertreten, die sich auf 5 Triben verteilen. Die meisten Arten sind aus dem Mittelmeerraum beschrieben. Vier Gattungen mit jeweils einer Art sowie einer zusätzlichen Subspezies sind auch aus Mitteleuropa nachgewiesen, allerdings könnte mit weiteren Nachweisen zu rechnen sein. Bedingt durch die Flugunfähigkeit der Käfer, ihren Lebensraum und ihr folglich geringes Ausbreitungspotential werden sich potentielle Neufunde vor allem auf Gebiete beschränken, die während der Eiszeit nicht vergletschert waren.

Über die Lebensweise ist sehr wenig bekannt. Alle mitteleuropäischen Arten leben unterirdisch, teilweise tief im Boden, wo sie sich vermutlich von Milben und Collembolen ernähren.

Da alle mitteleuropäischen Gattungen nur mit jeweils einer einzigen Art vertreten sind, werden sie in einem gemeinsamen Schlüssel behandelt. Die Arten sind darüber hinaus sehr leicht anhand äußerer Merkmale zu bestimmen, deshalb wurde auf die Abbildung der Aedoeagi verzichtet.

1 Glied II der Maxillarpalpen stark erweitert, wesentlich breiter als Glied III (Abb. 133a). Alle Tarsen 2-gliedrig. 1,4 mm. Tribus Leptotyphlini FAUVEL, 1874. Slowakei: Höhle Ardovská jaskyňa. .. ***Leptotyphlus kovaci*** ŠUSTEK, 2000

– Glied II und III der Maxillarpalpen erweitert, Glied III etwas breiter als Glied II (Abb. 133b); Tarsen 2- oder 3-gliedrig. **2**

2 Kopf dorsal mit V-förmiger Furche (Abb. 133c). Ligula deutlich ausgebildet (Abb. 133d). Mandibeln zur Spitze länger und schärfer zugespitzt. Alle Tarsen 2-gliedrig. Zweigeschlechtlich. 1,9–2,1 mm. Tribus Neotyphlini COIFFAIT, 1963. Die Nominatform in Norditalien, in Mitteleuropa mit einer Subspezies in Österreich (Kärnten). ....
.... ***Megatyphlus carniolicus strupianus*** PACE, 1979

– Kopf dorsal ohne V-förmige Furche. Ligula reduziert (Abb. 133e). Mandibeln zur Spitze weniger lang und stumpfer. Tarsen 2- oder 3-gliedrig. Zweigeschlechtlich oder parthenogenetisch. Tribus Metrotyphlini COIFFAIT, 1963. .... **3**

3 Tarsenformel 2–2–2. Zweigeschlechtlich. 1,1–1,2 mm. Die Nominatform in Norditalien, in Mitteleuropa mit einer Subspezies in der Schweiz (Tessin). ....
.... ***Metrotyphlus serianensis besucheti*** PACE, 1976

– Tarsenformel 3–3–3. Parthenogenetisch. 0,8–1,0 mm. Eine von der Türkei bis Südwesteuropa verbreitete Art, die in Mitteleuropa durch zwei Subspezies vertreten ist. **4**

4 Südwesteuropa (Frankreich, Portugal), in Mitteleuropa nur aus der südwestlichen Schweiz (Genf) bekannt. ....
.... ***Gynotyphlus perpusillus rhodanicus*** COIFFAIT, 1955

– Südöstliches Mitteleuropa, höchstwahrscheinlich verschleppt. ....
.... ***Gynotyphlus perpusillus piffli*** SCHEERPELTZ, 1959[1]

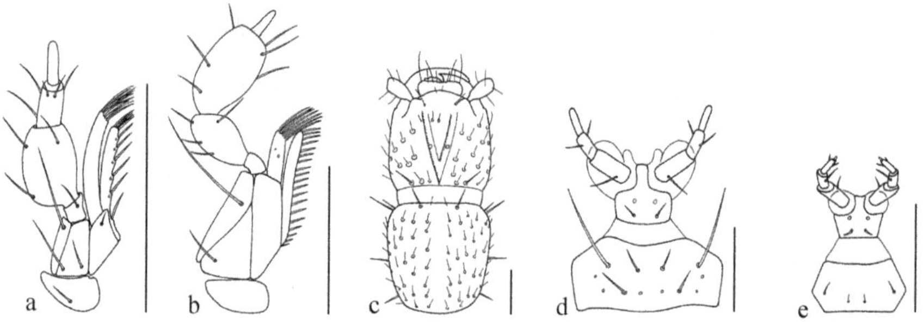

Abb. 133: Maxillarpalpus (a–b) von *Leptotyphlus* (a), *Megatyphlus* (b), Kopf und Pronotum von *Megatyphlus carniolicus* (c), Labium (d–e) von *Megatyphlus* (d), *Gynotyphlus* (e). Maßstab: 0,1 mm (a–c); 0,05 mm (d, e). Nach PACE (1996).

[1] Die subspezifische Unterteilung der Art ist revisionsbedürftig. Die beiden mitteleuropäischen Unterarten wurden nach geografischen Gesichtspunkten zugeordnet.

Unterfamilie Pseudopsinae GANGLBAUER, 1895

Von allen übrigen Staphyliniden durch den Bau des Abdominalsegments IX unterschieden: laterale Sklerite des Tergits IX dorsal verschmolzen und seitlich mit einer feilenförmigen Struktur, die als Stridulationsorgan gedeutet wird (NEWTON 1982). Beide Merkmale sind schwer erkennbar und insbesondere das Letztere erfordert eine mikroskopische Präparation (Abb. 56n). Die Unterfamilie ist leichter anhand folgender Merkmale erkennbar: Kopf und Pronotum grob punktiert; Vorderkörper mit Längskielen oder -rippen (Abb. 19d); Fühler ohne Keule; Tergit VIII am Hinterrand mit einer kammartigen Struktur. Die europäischen Arten sind außerdem durch keulenförmige Borsten auf Kopf und Abdomen ausgezeichnet. Kopf ohne Ocelli, Fühler 11-gliedrig, Tarsenformel 5–5–5.

Die Unterfamilie umfasst 4 Gattungen mit 50 Arten und ist in der Paläarktis, der Nearktis, der Neotropis und der Australis verbreitet. In Mitteleuropa ist sie mit nur einer Art vertreten.

Gattung *Pseudopsis* NEWMAN, 1834

Färbung bräunlich. Körper schlank und abgeflacht (Abb. 19d). Kopf mit 2 Längsrippen hinter den Fühlergruben und 3 kurzen Rippen auf dem Scheitel. Fühler kräftig. Mandibeln vorstehend und gebogen. Pronotum mit 5 Längsrippen, davon die mittlere weniger stark ausgeprägt. Elytren jeweils mit 2 dorsalen Längsrippen. Oberfläche von Pronotum und Elytren uneben. Von den Gattungen *Thoracophorus* (Osoriinae) und *Micropeplus* (Microplepinae), die ebenfalls Längsrippen oder -kiele auf Kopf und/oder Pronotum besitzen, durch gerandetes Abdomen bzw. schlankeren Körper leicht zu unterscheiden.

Pseudopsis ist mit 46 Arten in der Paläarktis, der Nearktis, der Neotropis und der Australis verbreitet. Für eine Bestimmungstabelle der paläarktischen Arten siehe ZERCHE (1998b).

♂: Aedoeagus: Abb. 56m. 3,5–4,0 mm (RL: 1,7–1,9 mm). In der südlichen Westpaläarktis weit verbreitet. In Südeuropa vor allem in der Bodenstreu. Aus Mitteleuropa liegen nur wenige – überwiegend alte – Funde aus den Niederlanden, Deutschland, Österreich, der Tschechischen Republik und Polen vor. Sehr selten. In Mitteleuropa vor allem an Faulstoffen (Kompost, Strohabfälle usw.) in anthropogen beeinflussten Biotopen. .... ***sulcata*** NEWMAN, 1834

Unterfamilie Paederinae FLEMING, 1821

Körper lang gestreckt. Kopf hinten abgeschnürt, mit meist langen Schläfen und vor den Augen mit meist deutlich ausgebildeten, mehr oder weniger parallelen Wangen. Fühlereinlenkung über der äußeren Mandibelbasis gelegen und oben von einer faltenartigen Vorwölbung der Stirn bedeckt. Letztes Glied der Maxillarpalpen entweder viel kleiner als das vorletzte oder groß, abgeflacht und apikal schräg abgestutzt. Alle Tarsen 5-gliedrig. Larven, soweit bekannt, mit nur 2 Larvenstadien (NEWTON et al. 2001).

Sehr artenreiche Unterfamilie mit weltweit mehr als 6000 beschriebenen Arten in etwa 220 Gattungen. Alle in Mitteleuropa vertretenen Arten gehören in die Tribus Paederini. Bisherige Beobachtungen und der Bau der Mundwerkzeuge deuten auf vorwiegend räuberische Lebensweise hin.

Zahlreiche Synonymisierungen, die auch die mitteleuropäische Fauna betreffen, wurden kürzlich durch ASSING (2008d) vorgenommen.

1 Erstes Fühlerglied auffällig verlängert, mindestens so lang wie Glied II–V zusammen (Abb. 19f). Subtribus *Cryptobiina* CASEY, 1905. .... ***Ochthephilum*** STEPHENS, 1829; S. 330

– Erstes Fühlerglied nicht auffällig verlängert, deutlich kürzer als Glied II–V zusammen. 2

2 Vorletztes Glied der Meso- und Metatarsen deutlich zweilappig; Glied V kürzer als I. 3

– Vorletztes Glied der Meso- und Metatarsen nicht deutlich zweilappig; Glied V mindestens etwa so lang wie I. 5

3 Kleiner, 3,5–6,0 mm; Habitus wie in Abb. 19e. Färbung des Vorderkörpers meist weniger kontrastreich. Kopf und Pronotum gedrängt punktiert, mehr oder weniger matt. Letztes Glied der Maxillarpalpen winzig, nadelförmig, nur bei hoher Vergrößerung und genauem Hinsehen erkennbar. Hals höchstens ⅓ der Kopfbreite erreichend. Mandibeln auffällig lang und spitz. Vorderrand des Labrums in der Mitte zweispitzig. ♂: Aedoeagus ohne Parameren. Subtribus *Astenina* HATCH, 1957. .... ***Astenus*** DEJEAN, 1833; S. 325

– Größer, 6,0–11,0 mm. Pronotum gelbrot, Kopf fast immer schwarz. Kopf und Pronotum mehr oder weniger spärlich punktiert, glänzend. Letztes Glied der Maxillarpalpen kurz, breit, warzenförmig. Hals ⅓ bis ½-mal so breit wie der Kopf. Mandibeln nicht auffällig schlank und spitz. Vorderrand des Labrums abgestutzt oder schwach konkav, in der Mitte nicht zweispitzig. ♂: Aedoeagus mit deutlichen Parameren. Subtribus *Paederina* FLEMING, 1821. 4

4 Abdomen einfarbig schwarz (Abb. 22e), oft mit blauem Schimmer. Sternit III in der Mitte ohne Kiel, schwach gewölbt. .... ***Paederidus*** MULSANT & REY, 1878; S. 365

– Abdomen deutlich zweifarbig, Segmente III–VI gelbrot, VII–X schwarz (Abb. 22f). Sternit III mit Mittelkiel. .... ***Paederus*** FABRICIUS, 1775; S. 366

5 Hals auffällig schmal, höchstens 1/5 so breit wie der Kopf (Abb. 23a–b). 6

– Hals deutlich breiter, mindestens ¼ so breit wie der Kopf. 7

6 Kleiner, 2,5–4,0 mm. Vorderkörper fein oder sehr fein punktiert (Abb. 23b). Subtribus *Scopaeina* MULSANT & REY, 1878. .... ***Scopaeus*** ERICHSON, 1839; S. 370

– Größer, bei normaler Präparation mindestens 4,0 mm. Kopf und Pronotum grob und dicht, genabelt punktiert (Abb. 23a). Subtribus *Stilicina* CASEY, 1905. .... ***Rugilus*** LEACH, 1819; S. 380

7 Letztes Glied der Maxillarpalpen kurz, breit und warzenförmig. ♂: Aedoeagus mit langen, dünnen und apikal beborsteten Parameren (Abb. 137d). Habitus: Abb. 20a. Subtribus *Dolicaonina* CASEY, 1905. .... ***Leptobium*** CASEY, 1905; S. 332

– Letztes Glied der Maxillarpalpen konisch oder nadelförmig, viel schmaler als das vorletzte Glied, oft sehr klein und nur bei hoher Vergrößerung erkennbar oder im ausgehöhlten Apex des großen vorletzten Gliedes versteckt. ♂: Parameren von reduzierter Länge oder fehlend. **8**

8 Glied I der Metatarsen etwa so lang wie II. Subtribus *Lathrobiina* LAPORTE, 1835. .... **9**

– Glied I der Metatarsen länger als II. **15**

9 Glied V der Metatarsen etwa so lang wie I–IV zusammen. Körper stark abgeflacht (Abb. 20b). Pronotum mit spitz vorstehenden Vorderwinkeln. .... ***Achenium*** LEACH, 1819; S. 332

– Glied V der Metatarsen kürzer als I–IV zusammen. Körper oft etwas, aber nicht auffällig stark abgeflacht. Pronotum nicht mit auffällig spitz vorstehenden Vorderwinkeln. **10**

10 Pronotum oval und matt, mit dichter längsrissiger Punktur, ohne unpunktierte Mittellinie (Abb. 20c). .... ***Domene*** FAUVEL, 1873; S. 333

– Pronotum mehr rechteckig geformt, nicht auffällig dicht punktiert und mit unpunktierter Mittellinie; meist auch die Punktzwischenräume auf der Pronotumfläche beiderseits der Mittellinie glänzend. **11**

11 Umgeschlagene Teile der Elytren in Seitenansicht über dem gerandeten unteren Rand mit einer weiteren feinen Linie (Abb. 144g). **12**

– Umgeschlagene Teile der Elytren in Seitenansicht über dem gerandeten unteren Rand ohne weitere feine Linie. **14**

12 Pronotum beiderseits der unpunktierten Mittellinie mit einer von den ungeordneten seitlichen Punkten mehr oder weniger deutlich getrennten, aus ca. 15 Punkten bestehenden Punktreihe. Habitus: Abb. 21b. Eine, in Mitteleuropa bisher nur aus Südwestdeutschland und der Schweiz bekannte Art. .... ***Pseudolathra*** CASEY, 1905; S. 350

– Pronotum beiderseits der unpunktierten Mittellinie ohne deutlich abgesetzte Punktreihe. **13**

13 Elytren mit mehr oder weniger deutlich in Reihen angeordneter, grober Punktur. Hals etwa halb so breit wie der Kopf. Körper nicht abgeflacht (Abb. 20e). .... ***Lobrathium*** MULSANT & REY, 1878; S. 346

– Elytren mit ungeordneter, feinerer Punktur. Hals etwa ⅓ der Kopfbreite. Körper abgeflacht (Abb. 20f). Ripicole Arten. .... ***Platydomene*** GANGLBAUER, 1895; S. 346

14 Hals etwa ⅓ so breit wie der Kopf (Abb. 21d). Hygrophile Arten. .... ***Tetartopeus*** CZWALINA, 1888; S. 352

– Hals etwa halb so breit wie der Kopf (Abb. 20d). .... ***Lathrobium*** GRAVENHORST, 1802; S. 334

15 Größer, 8,5–11,5 mm. Körper ähnlich wie bei *Achenium* auffällig abgeflacht (Abb. 21c). Außenrand der Mesotibien bedornt. Subtribus *Lathrobiina*. .... ***Scymbalium*** ERICHSON, 1839; S. 351

– Kleiner. Körper nicht auffällig abgeflacht. Außenrand der Mesotibien nicht bedornt. **16**

16 Körper auffällig schlank (Abb. 21a). Pronotum etwa 1,5-mal so lang wie breit. Elytren mit deutlichen, flach eingefurchten, aus zahlreichen (ca. 20–25) Punkten bestehenden Punkreihen. Kopf mit sehr kurzen Wangen und mit großen, weit nach vorn gerückten Augen; Schläfen etwa 2-mal so lang wie diese. Subtribus *Lathrobiina*. .... ***Pseudobium*** MULSANT & REY, 1878; S. 350

– Körper weniger schlank. Pronotum höchstens etwas länger als breit. Elytren in der Regel ohne, selten mit nicht eingefurchten, aus weniger als 20 Punkten bestehenden Punktreihen. Kopf anders gebildet. Subtribus *Medonina* CASEY, 1905. .... **17**

17 Vorderkörper überall mit extrem feiner und dichter Punktur, mehr oder weniger matt. **18**

– Zumindest der Kopf und/oder das Pronotum nicht mit extrem feiner und dichter Punktur. **19**

18 Fühler schlank, Glied IV mindestens etwa 2-mal so lang wie breit. Augen zumindest etwas kürzer als die Schläfen (Abb. 22c). Protarsen mit mehr oder weniger deutlichem Geschlechtsdimorphismus, beim ♂ verbreitert. ♂: Sternit VII nicht deutlich modifiziert. Aedoeagus sehr klein und auffällig schwach sklerotisiert. .... ***Pseudomedon*** MULSANT & REY, 1878; S. 361

– Fühler weniger schlank, Glied IV höchstens 1,5-mal so lang wie breit (Abb. 21f). Augen groß, mindestens fast so lang wie die Schläfen. Protarsen ohne deutlichen Geschlechtsdimorphismus, beim ♂ nicht auffällig verbreitert. ♂: Hinterrand des Sternit VII schwach oder deutlich konkav und mit modifizierter Beborstung. Aedoeagus relativ groß und normal sklerotisiert. .... ***Lithocharis*** DEJEAN, 1833; S. 355

19 Fühler kurz, etwa 1,3–1,4-mal so lang wie die Kopfbreite (Abb. 21e); Glied VII–X deutlich quer. In Mitteleuropa mit nur einer, auf Kopf und Pronotum deutlich mikroskulptierten und vermutlich parthenogenetischen Art vertretenen Gattung. .... ***Hypomedon*** MULSANT & REY, 1878; S. 355

– Fühler länger und schlanker; Glied VII–VIII nicht deutlich quer. Kopf und Pronotum oft ohne Mikroskulptur. Nicht parthenogenetische Arten. **20**

20 2,7–3,2 mm; Habitus: Abb. 22a. Zumindest Kopf, Pronotum und Abdomen in der Regel ganz schwarz, Pronotum nur sehr selten dunkelbraun; Elytren dunkelbraun bis schwarz. Kopf und Pronotum dicht bis sehr dicht, aber nicht gedrängt punktiert; Punktzwischenräume ohne deutliche Mikroskulptur. ♂: Hinterrand des Sternit VIII schwach konkav und mit vielen langen, dünnen Borsten besetzt. Aedoeagus von sehr charakteristischer Form (Abb. 145a–b, d). .... ***Luzea*** BLACKWELDER, 1952; S. 357

– Von ähnlicher Größe oder größer. Körper zumindest teilweise heller gefärbt. Kopf und Pronotum oft spärlicher oder gedrängt punktiert. Hinterrand des ♂-Sternit VIII entweder mit deutlichen Borstenkämmen, in Gruppen angeordneten Borsten oder ohne Sonderbildungen. Aedoeagus anders geformt. **21**

21 Kehlnähte auf der Kopfunterseite stark genähert. Meist wenig kontrastreich gefärbt. Hinterrand des ♂-Sternit VII jederseits mit deutlichem schwarzem

Borstenkamm oder mit in Gruppen angeordneten langen Borsten. Meist größere und oft dunkler gefärbte Arten. Habitus: Abb. 22b. .... ***Medon*** STEPHENS, 1833; S. **358**

– Kehlnähte deutlich getrennt. Pronotum in der Regel lebhaft rötlich gefärbt und deutlich heller als der schwärzliche Kopf. Hinterrand des ♂-Sternit VII ohne Borstenkämme und ohne in Gruppen angeordnete Borsten, höchstens mit längeren dünnen Borsten am gesamten Hinterrand. Habitus: Abb. 22d. .... ***Sunius*** STEPHENS, 1829; S. 363

Subtribus Astenina HATCH, 1957

Gattung *Astenus* DEJEAN, 1833

Kleine bis mittelgroße, grazile Arten (Abb. 19e) mit gedrängt punktiertem, mattem Kopf und Pronotum. Vorletzte Tarsenglieder zweilappig. Hals höchstens ⅓ so breit wie der mehr oder weniger lang rechteckige bis quadratische Kopf. Mandibeln auffällig schlank und spitz. Vorderrand des Labrums zweispitzig. Letztes Glied der Maxillarpalpen winzig, nadelförmig, oft kaum erkennbar. Aedoeagus ohne Parameren.

Artenreiche Gattung mit weltweit deutlich mehr als 400 Arten, die in der Paläarktis mit knapp 200 Arten vertreten ist. Die paläarktischen Arten werden derzeit 3 Untergattungen zugeordnet, deren Status aber zweifelhaft ist und nicht auf phylogenetischen Untersuchungen basiert. Das bisherige Subgenus *Astenognathus* wurde bereits mit *Astenus* synonymisiert (ASSING 2008d). Insgesamt ist die Gattung höchst revisionsbedürftig; mehrere Namen europäischer Arten werden gegenwärtig widersprüchlich gedeutet. Bei einem Teil der aus Mitteleuropa gemeldeten Arten handelt es sich offensichtlich um Synonyme oder Fehldeterminationen. In der Tabelle werden daher nur die Arten berücksichtigt, deren Vorkommen wahrscheinlich oder zumindest möglich ist. Aufgrund häufiger Fehlbestimmungen bedürfen die Nachweise aber teilweise noch der Bestätigung. Die im Gebiet vertretenen Arten sind zumeist mehr oder weniger wärmeliebend, teilweise flugunfähig oder pterodimorph und zeichnen sich in der Regel durch beachtliches Klettervermögen aus.

Die Färbung, aber auch andere morphologische Merkmale sind z. T. ausgesprochen variabel. Eine sichere Determination der meisten Arten ist nur durch Untersuchung des Aedoeagus, insbesondere der Form des Ventralfortsatzes möglich.

1 Abdomen an der Basis schmaler, Tergit III am Hinterrand (ohne Paratergite) deutlich weniger als doppelt so breit wie lang (messen!), an der Basis meist ohne Quereindruck. Pronotum meist ohne lange Borste in der Mitte des Seitenrandes. Vorkommen in Mitteleuropa mit Ausnahme einer 5,0–6,5 mm großen Art auf den äußersten Westen und Süden beschränkt. **2**

– Abdomen an der Basis breiter, Tergit III am Hinterrand (ohne Paratergite) mindestens etwa doppelt so breit wie lang, an der Basis meist mit mehr oder weniger deutlichem Quereindruck. Pronotum oft zusätzlich mit Seitenborsten. 3,3–4,6 mm (RL: 1,7–2,3 mm). Weit verbreitete Arten. **8**

2 Kleinere geflügelte Art; 3,5–4,4 mm (RL: 1,8–2,3 mm). Elytren deutlich (1,25–1,40 ×) breiter und an der Naht deutlich länger als das Pronotum; Humeralwinkel deutlich ausgeprägt. Pronotum rotgelb bis rotbraun, meist heller als der rotbraune bis schwärzliche Kopf; Elytren gelblich, meist mit je einer dunklen Makel in der Mitte, die aber auch fehlen kann. Elytren mit mäßig dichter, deutlich eingestochener, durch Zwischenräume getrennter Punktur. ♂: Aedoeagus wie in Abb. 135a. Verbreitung: südliche Westpaläarktis, Mittelasien, angeblich auch auf Taiwan. Aus Mitteleuropa liegen nur unbestätigte Meldungen aus der Schweiz und dem Neusiedlerseegebiet vor. .... ***bimaculatus bimaculatus*** (ERICHSON, 1840)

– Größere Arten mit reduzierten Hinterflügeln (Ausnahme: *cribrellus*); 4,4–6,5 mm (RL: 2,2–2,6 mm). Elytren schlank, kaum (1,00–1,15 ×) breiter und an der Naht kürzer als das Pronotum; Humeralwinkel meist schwach ausgeprägt. **3**

3 Pronotum kurz hinter der Mitte des Seitenrandes mit langer Borste (kann abgebrochen sein!). Durchschnittlich kleinere Art, 4,4–5,2 mm (RL: 2,2–2,4 mm). Körper schwarz, Hinterränder der Elytren breit gelblich aufgehellt. In Habitus und Färbung sehr ähnlich *pulchellus*, von diesem aber durch etwas schlankeres Abdomen, kürzere und schlankere, weniger gewölbte Elytren sowie durch den Bau des Aedoeagus unterschieden. ♂: Aedoeagus ähnlich dem von *pulchellus*, aber etwas größer und Ventralfortsatz apikal schlanker und länger (Abb. 134f). Gesamtverbreitung unklar. Aus Piemont beschrieben; von Kleinasien und der Kaukasusregion westlich bis nach Frankreich gemeldet, aber sicher oft mit ähnlichen Arten verwechselt. Überprüfte Nachweise liegen bisher nur aus Italien (südlich bis Calabrien), dem südöstlichen Frankreich und der Türkei vor. Vorkommen in Mitteleuropa zweifelhaft: angeblich in Belgien; von SMETANA (2004) irrtümlich für Deutschland angegeben. .... [***cribrellus*** (BAUDI DI SELVE, 1870)]

– Pronotum in oder kurz hinter der Mitte des Seitenrandes ohne lange Borste. Durchschnittlich größere Arten mit reduzierten Hinterflügeln; 4,8–6,5 mm (RL: 2,3–2,6 mm). Punktur der matten Elytren gedrängt, nicht eingestochen, gekörnt oder verrunzelt bis zusammenfließend. Für eine sichere Unterscheidung der folgenden Arten ist – bei Material aus dem Süden, Südwesten und Westen Mitteleuropas – in der Regel die Untersuchung des Aedoeagus unerlässlich. Eine Ausnahme bildet *procerus* (ausgedehnte helle Färbung der Elytren), die einzige Art dieser Gruppe, die im Norden und Osten Mitteleuropas vertreten ist. **4**

4 Elytren mit deutlich gelb oder gelbrötlich aufgehelltem Hinterrand; teilweise mit ausgedehnterer heller Färbung. **5**

– Elytren einfarbig dunkel gefärbt; Hinterrand höchstens schwach heller bräunlich durchscheinend; Humeralwinkel selten etwas heller. **6**

5 Elytren mit breiter (mindestens ¼ der Elytrenlänge) aufgehelltem Hinterrand oder ausgedehnterer heller Färbung (Abb. 19e), selten hell mit dunkler Scheibenmakel. Pronotum schlanker, 1,20–1,30-mal so lang wie breit. Vorder- und Hinterwinkel des Pronotums mit je einer langen schwarzen Borste, die die Länge des Fühlerglied II deutlich übertrifft. ♂: Aedoeagus wie in Abb. 134d. Weit verbreitet, von Westsibirien und Mittelasien westlich bis zu den Britischen Inseln und Frankreich; Meldungen von der Iberischen Halbinsel und aus Nordwestafrika sind zweifelhaft. In Mitteleuropa überall, aber vor allem im Norden nicht häufig. In trockenwarmen unbewaldeten Biotopen; oft auf Sandböden. ....
.... ***procerus*** (GRAVENHORST, 1806)

– Elytren hinten nur schmal aufgehellt. Pronotum breiter, 1,10–1,15-mal so lang wie breit. Vorderwinkel des Pronotums mit einer schwarzen Borste etwa von der Länge des Fühlerglied II; Borste der Hinterwinkel extrem kurz, kaum erkennbar. ♂: Aedoeagus wie in Abb. 134a. Verbreitung atlantomediterran; Meldungen aus Slowenien sind zweifelhaft. In Mitteleuropa nur in der Schweiz, dem Westen Deutschlands und in den Niederlanden. Selten. .... ***serpentinus*** (MOTSCHULSKY, 1858)

6 Vorder- und Hinterwinkel des Pronotums mit je einer langen Borste (die allerdings oft abgebrochen ist). ♂: Aedoeagus apikal deutlich weniger schlank und spitz (Abb. 134e). Aus dem gesamten Mittelmeerraum gemeldet, aber Verbreitung ungeklärt, da die Literaturangaben sicher vielfach auf Verwechslungen beruhen. Überprüfte Nachweise liegen aus Italien (nördlich bis Südtirol), Ungarn, Rumänien und der südlichen Schweiz (Tessin) vor. .... ***laticeps*** (MERKL, 1991)

– Zumindest die Hinterwinkel des Pronotums ohne lange Borste. Ventralfortsatz des Aedoeagus apikal länger und spitzer. **7**

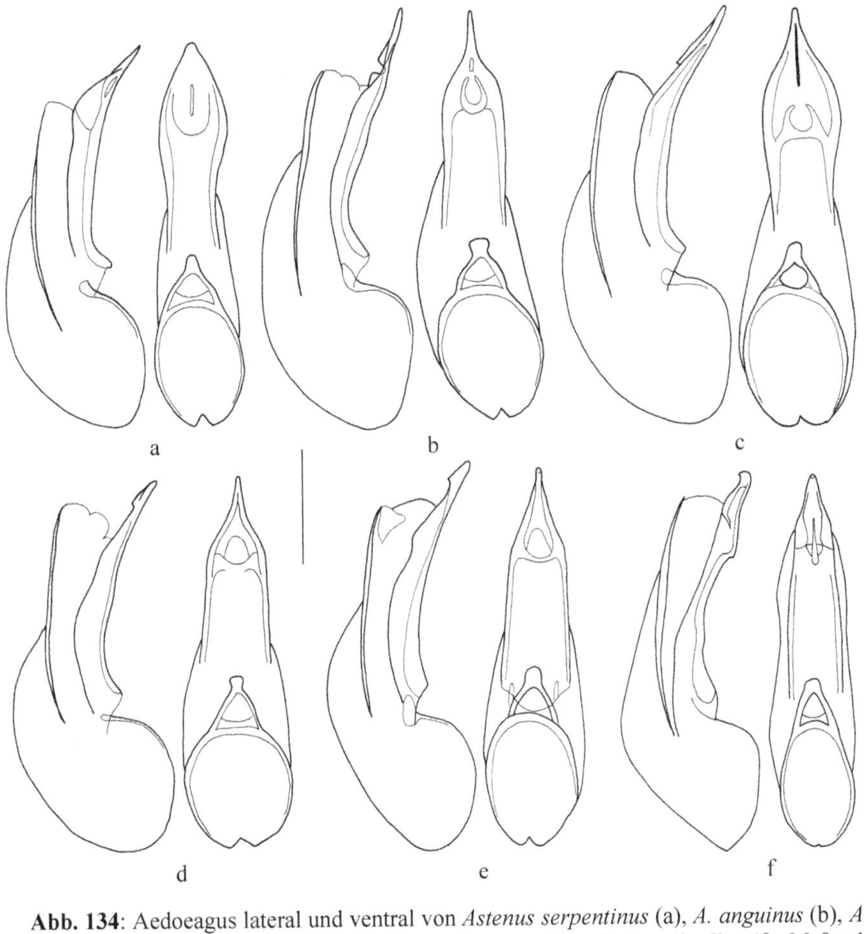

Abb. 134: Aedoeagus lateral und ventral von *Astenus serpentinus* (a), *A. anguinus* (b), *A. unicolor* (Lectotypus) (c), *A. procerus* (d), *A. laticeps* (e) und *A. cribrellus* (f). Maßstab 0,2 mm.

7 ♂: Aedoeagus wie in Abb. 134c. Verbreitung vermutlich altlantomediterran. In Mitteleuropa nur eine unbestätigte Meldung aus der Schweiz. .... ***unicolor*** (MULSANT & REY, 1878)

– ♂: Aedoeagus wie in Abb. 134b. Gesamtverbreitung ungeklärt; überprüfte Nachweise bisher nur aus dem westlichen Alpengebiet und Italien. In Mitteleuropa lediglich aus der südlichen Schweiz glaubhaft nachgewiesen. Frühere Meldungen aus Österreich beruhen vermutlich auf Verwechslung mit ähnlichen Arten; männliche Belegexemplare wurden trotz Nachsuche bisher nicht gefunden. .... ***anguinus*** (BAUDI DI SELVE, 1848)[1]

8 Körper mit Ausnahme des meist mehr oder weniger deutlich angedunkelten Abdominalsegments VII einfarbig gelbrot gefärbt. Tergit III am Hinterrand (ohne Paratergite) etwa doppelt so breit wie lang. ♂: Aedoeagus wie in Abb. 135f. 3,5–4,5 mm (RL: 1,7–2,1 mm). Weit verbreitet: südliche Westpaläarktis, angeblich auch in der Äthiopis und der Orientalis; im gesamten Mittelmeerraum nicht selten. Aus Mitteleuropa nur zweifelhafte Funde, die nicht bestätigt werden konnten und vermutlich auf fehldeterminierten immaturen Exemplaren anderer Arten beruhen. Oft unter Steinen in unbewaldeten Biotopen (Grasland, Brachen usw.). .... [***melanurus*** (KÜSTER, 1853)]

– Kopf, Pronotum und Abdomen bei ausgefärbten Exemplaren überwiegend dunkel gefärbt. Eine sichere Unterscheidung der folgenden Arten ist oft nur durch Genitaluntersuchung möglich. **9**

9 Tergit III am Hinterrand (ohne Paratergite) etwa doppelt so breit wie lang. **10**

– Tergit III am Hinterrand (ohne Paratergite) etwa 2,2–2,6-mal so breit wie lang. **11**

10 Elytren am Hinterrand gewöhnlich nur sehr schmal gelblich aufgehellt; selten umfangreicher gelb gefärbt. Elytren kürzer, 0,85–0,95-mal so lang wie das Pronotum. ♂: Aedoeagus wie in Abb. 135c. In Europa weit verbreitet, auch aus Algerien und Kleinasien gemeldet. In ganz Mitteleuropa vertreten, im Norden aber gebietsweise fehlend. Nicht häufig. Meist an feuchten Stellen, oft an faulendem Pflanzenmaterial (Laub, Genist, Kompost usw.). .... ***immaculatus*** STEPHENS, 1833

– Hinterrand der Elytren breiter gelb aufgehellt, die Gelbfärbung gewöhnlich das hintere Viertel oder Drittel der Elytren einnehmend, an der Naht noch weiter nach vorn reichend. Exemplare mit noch ausgedehnterer hellerer Färbung kommen vor, sind aber selten. Elytren länger, etwa so lang wie oder etwas länger als das Pronotum. ♂: Aedoeagus wie in Abb. 135b. Von Mittelasien bis nach Skandinavien, den Britischen Inseln und Frankreich verbreitet. In Mitteleuropa überall, aber nicht häufig; wahrscheinlich adventiv. Vor allem in Stroh, Mist und Kompost. .... ***pulchellus*** (HEER, 1839)

11 Elytren gewöhnlich deutlich (> 1,10 ×) länger als das Pronotum; es kommen jedoch auch Exemplare mit kürzeren Elytren vor. ♂: Ventralfortsatz des Aedoeagus in Seitenansicht apikal etwas nach dorsal gebogen und in Ventralansicht breit (Abb. 135g). Für Abbildungen der Variationsbreite

---

[1] Der aus Portugal beschriebene *A. anguinus oblongicollis* KOCH, 1940 ist zoogeographisch nicht plausibel. Vermutlich handelt es sich dabei entweder um ein jüngeres Synonym oder um eine distinkte Art.

siehe ASSING (1999). Offenbar holomediterran verbreitet. In Mitteleuropa aus fast allen Ländern gemeldet, aber insbesondere im Norden und in der Mitte nur lokal. Selten. Häufig mit *A. gracilis*, z. T. auch mit *A. pulchellus* verwechselt. Meist in unbewaldeteten Biotopen; oft in der Streu, faulendem Pflanzenmaterial und unter Steinen. .... ***lyonessius*** (JOY, 1908)

– Elytren in der Regel kürzer und schmaler, etwa so lang wie oder etwas länger (0,95–1,10 ×) als das Pronotum. ♂: Ventralfortsatz des Aedoeagus entweder völlig anders geformt oder in Seitenansicht apikal nicht nach dorsal gebogen und in Ventralansicht schlanker. **12**

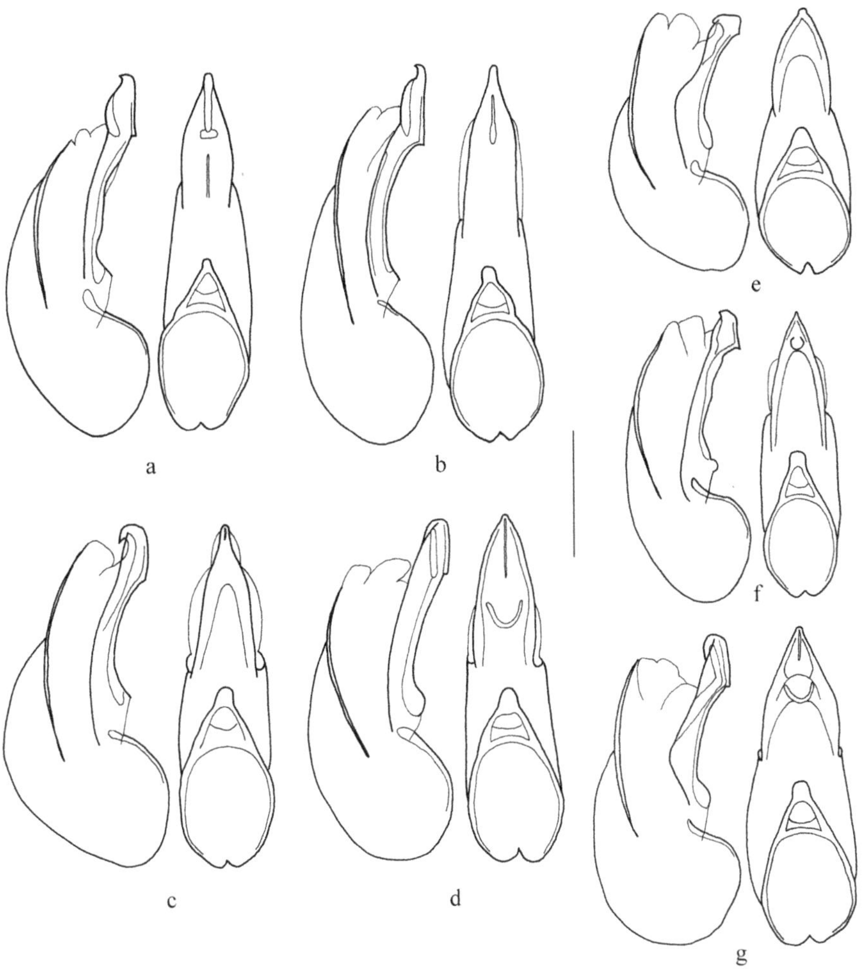

Abb. 135: Aedoeagus lateral und ventral von *Astenus bimaculatus* (Lectotypus) (a), *A. pulchellus* (b), *A. immaculatus* (c), *A. gracilis* (d), *A. misellus* (e), *A. melanurus* (f) und *A. lyonessius* (g). Maßstab 0,2 mm.

12 ♂: Aedoeagus ähnlich dem des *A. lyonessius*, aber in Seitenansicht apikal nicht nach dorsal gebogen und in Ventralansicht schlanker (Abb. 135d). Selten kommen Exemplare mit gänzlich rötlichen Elytren und rotbraunem Pronotum vor. Transpaläarktisch verbreitet. In Mitteleuropa überall nicht besonders selten. Vor allem in trockenen Biotopen (Waldränder, Heidegebiete, Agrarland usw.). .... ***gracilis*** (PAYKULL, 1789)

– ♂: Ventralfortsatz des Aedoeagus völlig anders gebildet (Abb. 135e). Nach jetzigem Kenntnisstand atlantomediterran verbreitet. In Mitteleuropa nur aus der Schweiz gemeldet. .... ***misellus*** (MULSANT & REY, 1880)

Subtribus Cryptobiina CASEY, 1905

Gattung *Ochthephilum* STEPHENS, 1829

Durch das keulenförmige, verlängerte Fühlerglied I, das etwa so lang wie die Gesamtlänge von Glied II–V ist (Abb. 19f), von allen anderen in Mitteleuropa vorkommenden Paederinen leicht zu unterscheiden. Kopf und Pronotum deutlich länger als breit. Glied I der Metatarsen deutlich länger als Glied II. ♂: Sternit VIII hinten sehr tief und spitz ausgeschnitten. Aedoeagus ohne Parameren.

Die Gattung ist in der Paläarktis mit derzeit gut 40 Arten vertreten, von denen ein Teil aber sicher in andere Gattungen gehört. Aus Mitteleuropa sind bislang 3 Arten nachgewiesen, die alle in Feuchtbiotopen leben.

Die in Mitteleuropa vorkommenden Arten haben normalerweise einen schwarzbraunen bis schwarzen Körper, gelblichbraune Beine und dunkelbraune, zur Spitze aufgehellte Fühler mit mehr oder weniger aufgehellter Basis des Glied I. Gelegentlich kommen Exemplare vor, deren Pronotum, seltener der gesamte Vorderkörper, heller rötlich oder rotbraun gefärbt ist. Die Körpergröße ist ebenfalls variabel: 4,5–7,5 mm (RL: 2,5–3,4 mm). Aufgrund der Ähnlichkeit der äußeren Morphologie und recht hoher intraspezifischer Variabilität ist eine sichere Unterscheidung meist nur durch Untersuchung des Aedoeagus und der weiblichen Terminalia möglich. Anders als bei anderen Paederinen sollte der Aedoeagus, zur leichteren Beurteilung der apikalen Innenstrukturen, so präpariert werden, dass eine Betrachtung im Durchlicht möglich ist und dass der Ventralfortsatz nach links weist. Alle 3 in Mitteleuropa vorkommenden Arten sind flügeldimorph; bei Individuen mit reduzierten Hinterflügeln sind auch die Elytren mehr oder weniger deutlich verkürzt. Zur Unterscheidung der – häufigeren – brachypteren Morphe von *O. fracticorne* und *O. collare* eignet sich auch die Länge der Hinterflügelrudimente. Es empfiehlt sich, diese bei frischen Exemplaren vor der Präparation zu untersuchen. Für eine Übersicht der westpaläarktischen und mittelasiatischen Arten einschließlich Genitalabbildungen siehe ASSING (2009a).

1 ♂: Ventralfortsatz des Aedoeagus mit deutlich abgesetztem Apex (Ventralansicht) (Abb. 136c), die kleinere der beiden apikalen Innenstrukturen stark gebogen (Lateralansicht) (Abb. 136f). ♀: laterale Fortsätze des Tergits IX kürzer; Tergit X hinten mit ca. 5 Borsten (Abb. 136i). Individuen vom europäischen Festland fast immer brachypter, ihre Elytren deutlich (0,8–0,9 ×) kürzer als das Pronotum. Holomediterran, vom Balkan und der Ukraine bis in den westlichen Mittelmeerraum. In Mitteleuropa bisher nur aus der Schweiz bekannt, möglicherweise aber auch

in anderen Gebieten des südlichen Mitteleuropa nachzuweisen und bislang übersehen. Eurytop in Feuchtbiotopen: meist in Küstennähe, seltener auch an Salzstellen des Binnenlandes, in Sümpfen und auf Feuchtwiesen. .... ***brevipenne*** (MULSANT & REY, 1861)

– ♂: Ventralfortsatz des Aedoeagus ohne abgesetzten Apex, die kleinere der beiden apikalen Innenstrukturen entweder größer oder weniger stark gebogen. ♀: laterale Fortsätze des Tergits IX länger. In Mitteleuropa weit verbreitete Arten. **2**

2 Hinterflügel der brachypteren Morphe höchstens etwa so lang wie die Elytren. ♂: Aedoeagus: Abb. 136a; die kürzere der beiden apikalen Innenstrukturen stark gebogen, die längere deutlich länger und schlanker (Abb. 136d). ♀: Tergit X etwas weniger schlank, hinten meist mit ca. 5–7 Borsten (Abb. 136g). Habitus: Abb. 19f. Offenbar sexualpterodimorph; macroptere ♂♂ unbekannt. Holarktisch verbreitet; in der Paläarktis von Nordwestspanien bis nach Japan nachgewiesen. In Mitteleuropa überall häufig. Eurytop in Feuchtbiotopen. .... ***fracticorne*** (PAYKULL, 1800)

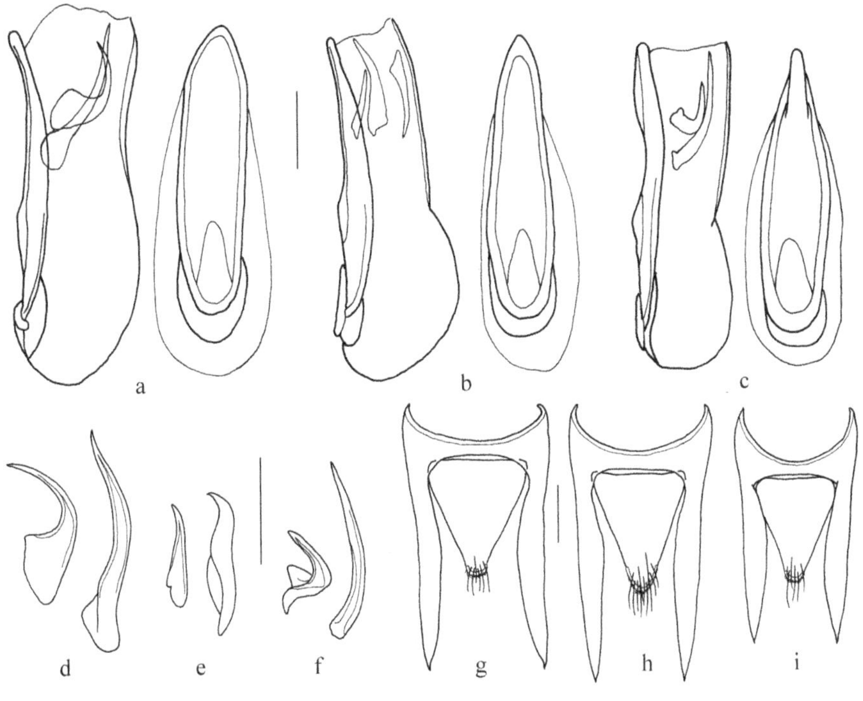

Abb. 136: Aedoeagus lateral und ventral (a–c), apikale Innenstrukturen des Aedoeagus (d–f) und ♀-Tergite IX–X (g–i) von *Ochthephilum fracticorne* (a, d, g), *O. collare* (b, e, h) und *O. brevipenne* (c, f, i). Alle Maßstäbe 0,2 mm.

– Hinterflügel der brachypteren Morphe mindestens etwa doppelt so lang wie die Elytren (submacropter). ♂: Aedoeagus: Abb. 136b; die kürzere der beiden apikalen Innenstrukturen nur schwach gebogen, die längere kürzer und weniger schlank (Abb. 136e). ♀: Tergit X etwas schlanker, hinten meist mit zahlreicheren (10–15) Borsten (Abb. 136h). Pontomediterran; von der Kaukasusregion und dem Balkan bis nach Südskandinavien und Frankreich. In Mitteleuropa überall, aber viel seltener als *fracticorne*. In Feuchtbiotopen, zumindest im Norden Mitteleuropas offenbar ausschließlich an Salzstellen der Küsten und des Binnenlandes sowie in anthropogenen Sekundärbiotopen (Gruben usw.). .... ***collare*** (REITTER, 1884)

Subtribus Dolicaonina CASEY, 1905

Gattung *Leptobium* CASEY, 1905

Habitus ähnlich wie bei *Lathrobium* (Abb. 20a). Körper meist auffällig zylindrisch. Hals 0,62–0,75-mal so breit wie der Kopf. Letztes Glied der Maxillarpalpen breiter als lang (warzenförmig), kurz, etwas schmaler und viel kürzer als das vorletzte; dadurch, mit Ausnahme der Paederina, von allen anderen in Mitteleuropa vorkommenden Paederinen unterschieden. Glied I der Metatarsen gestreckt, ca. 3–4-mal so lang wie breit und deutlich länger als Glied II. ♂: Sternit VIII hinten sehr tief und schmal, fast parallel ausgeschnitten. Aedoeagus mit stark modifiziertem Ventralfortsatz und mit langen dünnen Parameren.

Die Gattung ist nach einer aktuellen Revision (ASSING 2005) paläarktisch verbreitet und umfasst derzeit 60 beschriebene, mit großer Mehrheit im Mittelmeerraum vorkommende Arten. *Leptobium*-Arten sind mehr oder weniger thermophil, haben vermutlich unterirdische Reproduktionshabitate und werden meist unter Steinen gefunden. In Mitteleuropa kommt nur eine Art vor.

5,0–7,5 mm (RL: 2,6–3,6 mm). Normalfärbung: Körper schwarz, Elytren hinten jeweils mit einem großen gelblichen oder rötlichgelben Fleck (Abb. 20a); Beine und Fühler gelblich braun; außerhalb Mitteleuropas kommen gelegentlich Exemplare mit mehr oder weniger einfarbig rötlichen Elytren vor. Pteropolymorphe Art. ♂: Aedoeagus sehr charakteristisch (Abb. 137d). Verbreitungstyp holomediterran, in der südlichen Westpaläarktis von den Kanarischen Inseln östlich bis Mittelasien. In Mitteleuropa nur im Süden. Selten; aus Deutschland nur wenige sehr alte Funde bekannt. In unbewaldeten bodenfeuchten Biotopen: Ufer- und Küstenbiotope, Feuchtwiesen, Agrarland usw. ... ***gracile*** (GRAVENHORST, 1802)

Subtribus Lathrobiina LAPORTE, 1835

Gattung *Achenium* LEACH, 1819

Habitus sowie Bau der Fühler und der Maxillarpalpen ähnlich wie bei *Scymbalium*, aber Körper stark abgeflacht (Abb. 20b); dadurch von allen anderen in Mitteleuropa vorkommenden Paederinen unterschieden. Glied V der Metatarsen etwa so lang oder fast so lang wie I–IV zusammen; Glied I etwa so lang wie II, weniger als doppelt so lang wie breit (dadurch leicht von *Scymbalium* zu unterscheiden). Kopf quer. Kopf und Pronotum mit doppelter Punktur, d. h. zwischen der normalen groben Punktur mit sehr feiner Mikropunktur. Hemitergite IX in beiden Geschlechtern hinten spitz nach oben gebogen. ♂: Hinterrand des Sternits VIII meist flach bis mäßig tief winklig ausgeschnitten. Aedoeagus mit schlanken und kurzen Parameren.

Die Gattung wurde kürzlich revidiert und ist in der Paläarktis mit 52 Arten verbreitet; eine weitere Art kommt in der Afrotropis vor (ASSING 2010b). In Mitteleuropa sind nur 2 Arten vertreten, die in unbewaldeten und meist wärmebegünstigten Biotopen vor allem auf lehmigen Böden leben und sich in unterirdischen Spaltensystemen fortpflanzen.

1 Kopf und Pronotum gewöhnlich schwarz gefärbt; Elytren von variabler Färbung, vorn mehr oder weniger ausgedehnt schwärzlich, die Hinterecken mehr oder weniger ausgedehnt gelblich bis rötlich. Elytren etwa so lang wie oder länger als das Pronotum. 7,5–10,0 mm (RL: 3,7–4,7 mm). ♂: Aedoeagus wie in Abb. 137a. Offenbar expansiv adriatomediterranes Element, von Süditalien und dem südlichen Balkan bis zur Iberischen Halbinsel, nach Frankreich, Südengland sowie in den Süden des europäischen Russlands verbreitet. In Mitteleuropa im Süden, Westen und in der Mitte lokal und selten, im Norden und Osten fehlend. In Ufernähe meist stehender Gewässer, auf feuchten Wiesen, im Mittelmeerraum auch in Küstenbiotopen; besonders bei Überflutungen unter Steinen zu finden. ....
.... ***depressum*** (GRAVENHORST, 1802)

– Kopf und Pronotum rotbraun bis dunkelbraun, seltener schwärzlich; Elytren meist einfarbig hellbraun, seltener mit etwas angedunkelter Basis und/oder angedunkelten Außenwinkeln. Elytren meist kürzer, ca. 0,8–0,9-mal so lang wie das Pronotum (brachyptere Morphe), seltener etwa oder fast so lang wie das Pronotum (macroptere Morphe). 6,0–8,0 mm (RL: 3,4–4,1 mm). Habitus: Abb. 20b. ♂: Aedoeagus wie in Abb. 137b. Verbreitung offenbar pontomediterran, von Kleinasien und Süditalien bis nach Frankreich, England, Südschweden und Mittelasien; auch aus Westsibirien gemeldet. In Mitteleuropa überall, aber lokal und meist selten. In Ufer- und Küstenbiotopen, auf Feuchtwiesen und Agrarland; vor allem auf lehmigen oder kalkhaltigen Böden. .... ***humile*** (NICOLAI, 1822)

Gattung *Domene* FAUVEL, 1873

Endglied der Maxillarpalpen klein und nadelförmig. Labrumvorderrand in der Mitte tief eingebuchtet, ungezähnt. Hals mindestens ⅓ so breit wie der Kopf. Pronotum mit abgerundeten Vorder- und Hinterwinkeln (Abb. 20c). Glied I der Metatarsen nicht länger als II; Glied V kürzer als die Gesamtlänge der Glieder I–IV. Aedoeagus oft mit zweigeteiltem Ventralfortsatz.

Die Gattung ist in der Paläarktis mit etwa 50 Arten in 6 Untergattungen vertreten, von denen die Mehrzahl (36 Arten) in der Westpaläarktis – mit wenigen Ausnahmen mehr oder weniger endemisch – verbreitet ist. Neben der Paläarktis sind *Domene*-Arten auch aus der Orientalis und der Australis beschrieben worden; ihre Gattungszugehörigkeit ist jedoch sehr zweifelhaft. Westpaläarktische Diversitätszentren sind die Iberische Halbinsel, Nordwestafrika und die Kanarischen Inseln. Die weiter verbreiteten Arten sind meist Bodenstreubewohner. In Mitteleuropa kommt nur eine Art vor.

Körper schwarzbraun, Beine und Fühler dunkelrot bis rotbraun. Kopf mit dichter genabelter, Pronotum mit stark längsrissiger Punktur, fast völlig matt. Elytren mit dichter, ungenabelter Punktur und glänzenden Punktzwischenräumen. Elytren etwa so breit wie und deutlich kürzer als das Pronotum. Hinterflügel reduziert. Habitus: Abb. 20c. ♂: Aedoeagus mit tief geteiltem Ventralfortsatz (Abb. 137c). 6,2–8,2 mm (RL: 3,2–4,2 mm). Mitteleuropa, im Westen die Vogesen erreichend, Balkanhalbinsel, südlich bis Montenegro und Nordgriechenland. In Mitteleuropa in gebirgigen Gebieten fast überall, in der Tiefebene fehlend. Nahe der nördlichen Verbreitungsgrenze selten, im Süden nicht selten bis häufig. Meist in der Bodenstreu von Laubwäldern; im Norden collin bis montan, im Süden vor allem montan bis subalpin. .... ***scabricollis*** (ERICHSON, 1840)

Gattung *Lathrobium* GRAVENHORST, 1802

Kleine bis große Arten, 4,0–15,0 mm (RL: 1,9–7,4 mm). Körper schlank und gestreckt, nicht auffällig abgeflacht. Hals 0,5–0,6-mal so breit wie der Kopf (Abb. 20d). Augen – meist deutlich – kürzer als die Schläfen, bei 4 Arten aus den Alpen mehr oder weniger reduziert. Letztes Glied der Maxillarpalpen konisch, klein, deutlich schmaler und kürzer als das vorletzte Glied. Letztes Glied der Labialpalpen klein, schmal und nadelförmig, viel kürzer und schmaler als das vorletzte Glied. Labrum mit in der Mitte tief eingebuchtetem Vorderrand, ungezähnt. Umgeschlagene (seitliche) Teile der Elytren ohne zusätzliche Linie. Glied I der Metatarsen nicht länger als II. Elytren und Hinterflügel bei weit verbreiteten Arten oft mit deutlichem Dimorphismus. Färbung bei einigen Arten recht variabel. ♂: Sternit VII und VIII von artspezifischer Form, oft mit auffälliger dunkler Beborstung; Aedoeagus ohne Parameren. ♀: Sternit VIII fast immer deutlich länger als Tergit VIII, sein Hinterrand mehr oder weniger deutlich vorragend; Tergit IX in der Regel ungeteilt und in der Mitte meist länger als Tergit X.

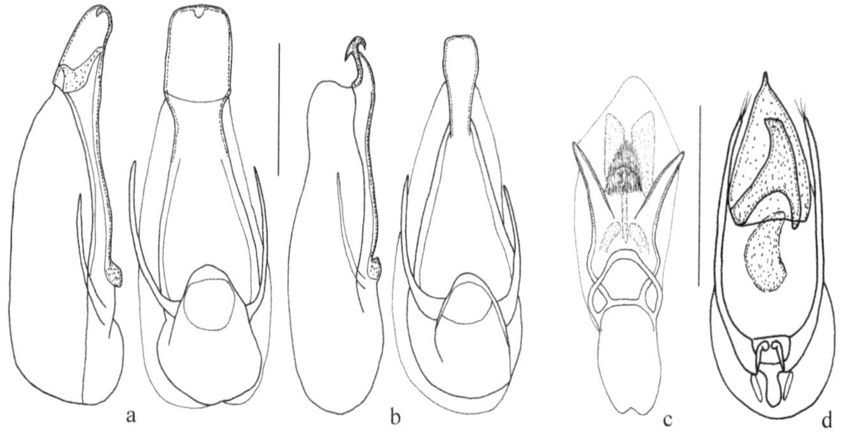

Abb. 137: Aedoeagus (lateral und) ventral von *Achenium depressum* (a), *A. humile* (b), *Domene scabricollis* (c) und *Leptobium gracile* (d). Alle Maßstäbe 0,5 mm.

Die wahrscheinlich holarktisch verbreitete Gattung umfasst derzeit mehr als 300 Arten; von den mehr als 260 in der Paläarktis vertretenen Arten und Unterarten kommen etwa 80 in der Westpaläarktis vor. Aus Mitteleuropa wurden 24 Arten aus 2 Untergattungen sicher nachgewiesen; eine weitere, bislang nur aus Norditalien bekannte Art könnte auch in der Südschweiz vorkommen. Die meisten Arten sind mehr oder weniger hygrophil; einige leben endogäisch.

Ein Großteil der Arten ist nach äußeren Merkmalen aufgrund hoher Ähnlichkeit und z. T. erheblicher intraspezifischer Variabilität kaum zu unterscheiden. Andererseits ist eine verlässliche Determination anhand des sehr charakteristischen Aedoeagus immer problemlos möglich. Zur Unterscheidung der Weibchen eignen sich insbesondere die Form und relative Länge des Sternits VIII, teilweise auch des Tergits VIII, sowie die Form und Länge der Tergite IX und X. Es ist daher dringend zu empfehlen, bei den Männchen den Aedoeagus herauszupräparieren und bei den Weibchen die Abdominalsegmente VIII–X abzutrennen und so zu präparieren, dass Form und Länge des Sternits VIII sowie der Tergite VIII–X zu beurteilen sind. Für weitere Abbildungen der Aedoeagi fast aller in Mitteleuropa vorkommender Arten sowie der weiblichen Terminalia einiger nach äußeren Merkmalen schwer zu unterscheidender Arten siehe WÜSTHOFF (1942) bzw. BOOTH (2003). Die microphthalmen Arten der Ostalpen wurden von ASSING (1996) revidiert.

1 Augen bis auf winzige längliche Rudimente völlig reduziert, ohne Ommatidien und unpigmentiert. Große Art, 11,0–15,0 mm (RL: 6,0–7,4 mm). Körper braunrot bis rotbraun, Elytren gewöhnlich etwas heller. ♂: Sternit VII in der Mitte eingedrückt und mit kurzen schwarzen, zur Mitte gerichteten Borsten; Sternit VIII beiderseits der Mitte mit charakteristischen, großen, aus kammartig angeordneten schwarzen Borsten bestehenden Borstenfeldern, in der Mitte eingedrückt und in der Mitte des Hinterrandes nur sehr flach ausgeschnitten. Aedoeagus wie in Abb. 140a. Untergattung *Glyptomerus* H. MÜLLER, 1856. Südkärnten, Nordostitalien, Slowenien, Nordkroatien. Wegen der versteckten Lebensweise selten nachgewiesen. Endogäische Art, die auch in Höhlen gefunden wurde. .... ***cavicola*** (H. MÜLLER, 1856)

– Augen deutlich größer, bei den meisten Arten groß, bei wenigen Arten relativ klein, aber immer aus deutlichen Ommatidien bestehend. ♂: Sternit VIII bei einigen Arten mit Feldern schwarzer Borsten, die aber nicht kammartig angeordnet sind. Untergattung *Lathrobium* GRAVENHORST, 1802. .... **2**

2 Färbung des Körpers mehr oder weniger einfarbig gelbbraun bis rotbraun, Abdomen teilweise etwas dunkler braun. Augen klein, in Dorsalansicht höchstens ca. ⅓ so lang wie die Schläfen. Selten gefundene Arten mit sicher oder wahrscheinlich unterirdischem Reproduktionshabitat. **3**

– Kopf, Pronotum und Abdomen bei ausgefärbten Exemplaren fast immer schwarz, Kopf und Pronotum selten dunkelbraun. Augen meist größer. Bei ausnahmsweise mehr oder weniger einförmig rotbraun gefärbten Exemplaren von über 7,0 mm Länge sind die Fühlerglieder IV–VIII deutlich weniger als doppelt so lang wie breit. Epigäische Arten. **8**

3 Große Art, 7,5–10,0 mm (RL: 4,0–5,2 mm). Fühler lang; Glied IV–VIII etwa doppelt so lang wie breit. ♂: Sternit VII am Hinterrand beiderseits der Mitte mit je 15–20 recht langen, schwarzen, kammartig angeordneten

Borsten, in der Mitte zwischen diesen Borstenkämmen mit einigen dickeren schwarzen Borsten; Sternit VIII ohne auffällig modifizierte Beborstung, hinten ziemlich tief V-förmig ausgeschnitten. Aedoeagus wie in Abb. 140g. ♀: Sternit VIII in der Mitte abgestutzt vorgezogen (Abb. 141m); Tergit X in der Mitte gekielt, ca. 0,9-mal so lang wie Tergit IX in der Mitte. Verbreitung offenbar pontomediterran, von Bosnien-Herzegowina und Italien bis Belgien und Frankreich nachgewiesen. Über ganz Mitteleuropa verbreitet, im Norden gebietsweise fehlend. Ausgesprochen selten gefunden; aus vielen Regionen sind nur alte Nachweise bekannt. Reproduktionshabitat ungeklärt; bei den bekannten Nachweisen (Ufer fließender Gewässer, Bodenfallen, Flugnachweise am Abend, angeflogene Exemplare in Gebäuden) handelt es sich sicher um Zufallsfunde während der oberirdischen Ausbreitungsphase. .... ***spadiceum*** ERICHSON 1840

– Deutlich kleinere Arten, < 7,2 mm (RL: < 3,5 mm). Fühler kürzer; Glied IV–VIII höchstens 1,5-mal so lang wie breit. **4**

4 Größer, 5,5–7,0 mm (RL: 2,7–3,2 mm); Pronotumlänge 0,95–1,10 mm. Abdomen sehr dicht punktiert und mit sehr deutlicher Mikroskulptur, fast völlig matt. Fühler länger; Glied IV–VII etwa 1,5-mal so lang wie breit. ♂: Sternit VII hinten mit flachem Mitteleindruck, dieser mit kurzen dunklen, schräg nach innen gerichteten Borsten besetzt, Hinterrand in der Mitte konkav ausgerandet; Sternit VIII am Hinterrand beiderseits der Mitte auffällig spitz und lang vorgezogen (Abb. 138g); in der Hinterhälfte mit schmalem Mitteleindruck, dieser beiderseits der Mitte ebenso wie die zahnartigen Fortsätze des Hinterrandes mit dunklen, kurzen und dicken Borsten besetzt; Aedoeagus etwa 1,1 mm lang, mit stark asymmetrischem Ventralfortsatz und mit auffällig verlängerter Dorsalplatte (Abb. 138a). ♀: Sternit VIII viel länger als Tergit VIII, Hinterrand in der Mitte abgestutzt (Abb. 138k); laterale Sklerite des Tergits IX sehr lang, den Hinterrand des Tergits X weit überragend (Abb. 138h). Flügeldimorphe Art, die oft mit *dilutum* verwechselt wird. Von Russland und Bosnien-Herzegowina westlich und nordwestlich bis nach Frankreich, den Britischen Inseln und Südschweden verbreitet. In Mitteleuropa überall, aber selten gefunden. Vor allem in – trockenen und feuchten – unbewaldeten Biotopen (Agrarland, Wiesen, Trockenrasen, Brachen, Gärten usw.), seltener in Wäldern; gelegentlich in unterirdischen Säugernestern. Reproduktionshabitat unbekannt, sicher unterirdisch; fast immer Einzelfunde, oft mit Bodenfallen, selten Flugnachweise. .... ***pallidum*** NORDMANN, 1837

– Kleiner, 4,5–6,0 mm (RL: 2,2–2,7 mm); Pronotumlänge 0,80–0,95 mm. Abdomen weniger dicht punktiert und etwas glänzend. Fühler kürzer; Glied IV–VII so lang wie breit oder nur etwas länger als breit. ♂: primäre und sekundäre Geschlechtsmerkmale völlig anders. ♀: Sternit VIII hinten konvex (nicht abgestutzt); laterale Sklerite des Tergits IX den Hinterrand des Tergits X nicht deutlich überragend. **5**

5 Augen größer, in Dorsalansicht mindestens ca. ¼–⅓ der Schläfenlänge, in Aufsicht größer als der Querschnitt des Fühlergliedes II. Kopf mit flacher Mikroskulptur und etwas glänzend. Elytren länger, ca. 0,75-mal so lang wie das Pronotum. ♂: Sternit VII ohne Eindruck, auffällige Beborstung oder Ausrandung am Hinterrand; Sternit VIII ohne auffällige Beborstung, hinten mit flacherem, breit V-förmigem Ausschnitt, dieser etwa 1/7–1/8 so tief wie die maximale Sternitlänge; Aedoeagus sehr klein, ca. 0,5 mm lang, etwas asymmetrisch und von sehr charakteristischer Form (Abb. 138b). ♀: Sternit VIII wie in Abb. 138l; laterale Sklerite des Tergits IX kurz (Abb. 138i). Oft mit *pallidum* verwechselt. Flügeldimorph, macroptere Morphe sehr selten. Verbreitungstyp noch ungeklärt; bisher vom Baltikum und Rumänien über Skandinavien, Mitteleuropa und den Alpenraum westlich bis nach Frankreich und den Britischen Inseln. In Mitteleuropa überall, aber noch seltener gefunden als *pallidum*. Reproduktionshabitat unbekannt, sicher unterirdisch. In unbewaldeten Biotopen, vor allem an Ufern, auf Agrar- und Grasland; oft mit Bodenfallen nachgewiesen. .... ***dilutum*** ERICHSON, 1839

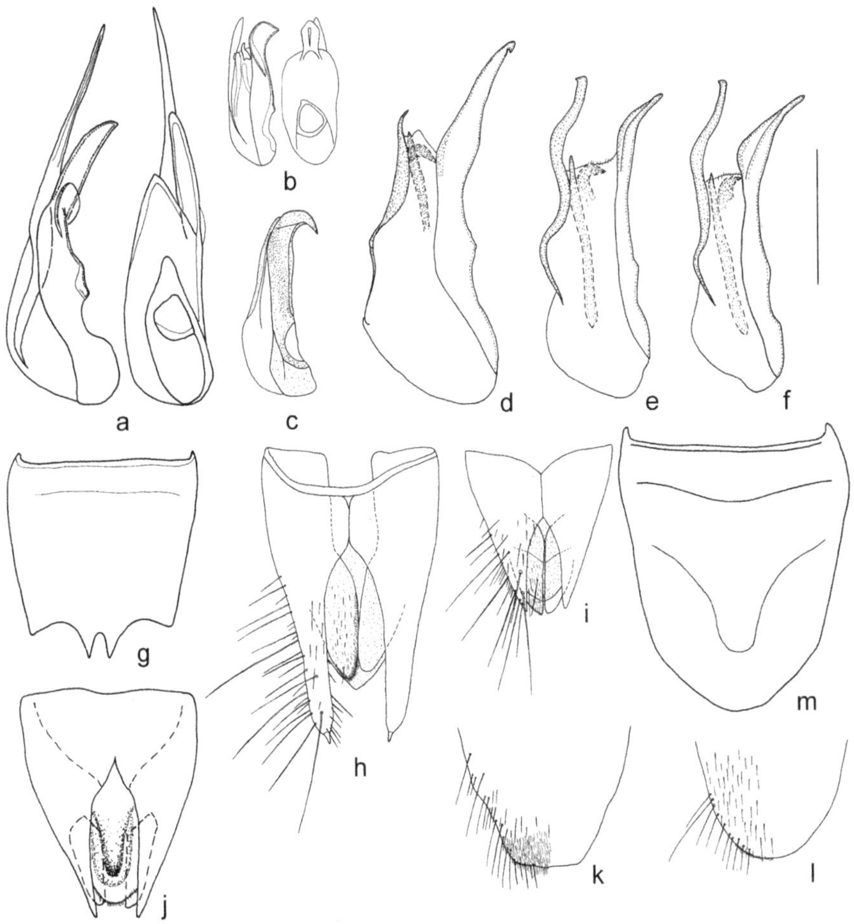

Abb. 138: Aedoeagus lateral (und ventral) (a–f), ♂-Sternit VIII (g), ♀-Segmente IX–X (h–i) und ♀-Sternit VIII (k–m) von *Lathrobium pallidum* (a, g–h, k), *L. dilutum* (b, i, l), *L. longulum* (c), *L. testaceum* (d, j, m), *L. carinthiacum* (e) und *L. exsul* (f). Maßstab 0,5 mm.

– Augen kleiner, in Dorsalansicht ca. 1/6 der Schläfenlänge, in Aufsicht kleiner als der Querschnitt des Fühlergliedes II. Kopf mit deutlicher isodiametrischer Mikroskulptur und fast matt. Elytren kürzer, 0,55–0,65-mal so lang wie das Pronotum; Hinterflügel völlig reduziert. ♂: Sternit V–VII mit Mitteleindruck, beiderseits dieses Eindrucks mit schwarzer Beborstung; Sternit VIII hinten mit größerem und tieferem Ausschnitt, dieser ¼–⅓ so tief wie die maximale Sternitlänge; Aedoeagus völlig anders geformt. Endemische Arten der Ostalpen. **6**

6 ♂: Aedoeagus größer, ca. 1,8–1,9 mm, und mit längerem, in Lateralansicht zur etwas hakenförmigen Spitze fast geradem Ventralfortsatz (Abb. 138d). ♀: Sternit VIII mit schmal U-förmiger Verwachsungsnaht (Abb. 138m); Tergit X mit deutlich erhabenem Längswulst (Abb. 138j), der bei Exemplaren mit ausgezogenem Abdomen bei höherer Vergrößerung deutlich zu erkennen ist. Ober- und Niederösterreich bis Nordsteiermark, ein Nachweis aus Tirol (ohne Fundortangabe), disjunkt auch in den slowenischen Ausläufern der dinarischen Karstgebiete. Nicht häufig. In tiefen Laublagen und Bodenschichten montaner und subalpiner Wälder. .... ***testaceum*** KRAATZ, 1857

– ♂: Aedoeagus kleiner, ca. 1,1 mm, mit kürzerem, in Seitenansicht deutlich gekrümmtem Ventralfortsatz. ♀: Sternit VIII mit breit U-förmiger Verwachsungsnaht; Tergit X ohne Längswulst. 2 Arten, die sich mit Sicherheit nur anhand des Aedoeagus (Lateralansicht) unterscheiden lassen. ... 7

7 ♂: Aedoeagus wie in Abb. 138e. Aus den Karawanken, dem Bacher Gebirge und der Koralpe sicher nachgewiesen; möglicherweise auch in einigen angrenzenden Gebirgen. Von SMETANA (2004) irrtümlich auch für Kroatien angegeben. Nicht häufig. Montan bis alpin, in tieferen Bodenschichten bewaldeter und unbewaldeter Biotope; oft unter tief eingebetteten Steinen gefunden. .... ***carinthiacum*** SCHEERPELTZ, 1926

– Aedoeagus wie in Abb. 138f. Von den Karnischen Alpen über die Gailtaler und Gurktaler Alpen bis zur Seealpe, möglicherweise auch in der Saualpe. Selten. Ökologie wie die vorige Art. .... ***exsul*** ASSING, 1996

8 Elytren rötlich oder zweifarbig, vorn mehr oder weniger ausgedehnt schwarz und mindestens das hintere Drittel rötlich, selten nur die Naht und der Hinterrand der Elytren rötlich. **9**

– Körper bis auf die Extremitäten ganz schwarz. **22**

9 Kopf überall grob und dicht, dichter als das Pronotum punktiert, Punktzwischenräume wesentlich schmaler als der Punktdurchmesser. Elytren rot mit schmal geschwärzter Basis. Relativ kleine Art, 5,8–9,0 mm (RL: 3,0–4,0 mm). ♂: Sternit VIII mit kleinem und flachem, breit stumpfwinkligem bis konkavem Hinterrandausschnitt, beiderseits davon mit einem wenig umfangreichen dunklen Borstenfeld; Aeodeagus wie in Abb. 140b. ♀: Sternit VIII hinten breit abgestutzt vorgezogen (Abb. 141p), ca. 1,25–1,30-mal so lang wie Tergit VIII; Tergit X ca. 0,7-mal so lang wie Tergit IX in der Mitte. Von Russland über Nord- und Mitteleuropa bis nach Frankreich, den Britischen Inseln und Island verbreitet; im Süden bis Norditalien, Ungarn und Rumänien. In Mitteleuropa überall, aber nach Westen seltener. Ausgeprägt hygrophil; vor allem in Mooren, auch an sumpfigen Seeufern und in Waldsümpfen. .... ***rufipenne*** GYLLENHAL, 1813

– Kopf weniger grob und vor allem weniger dicht punktiert. Körper bei den meisten Arten größer. **10**

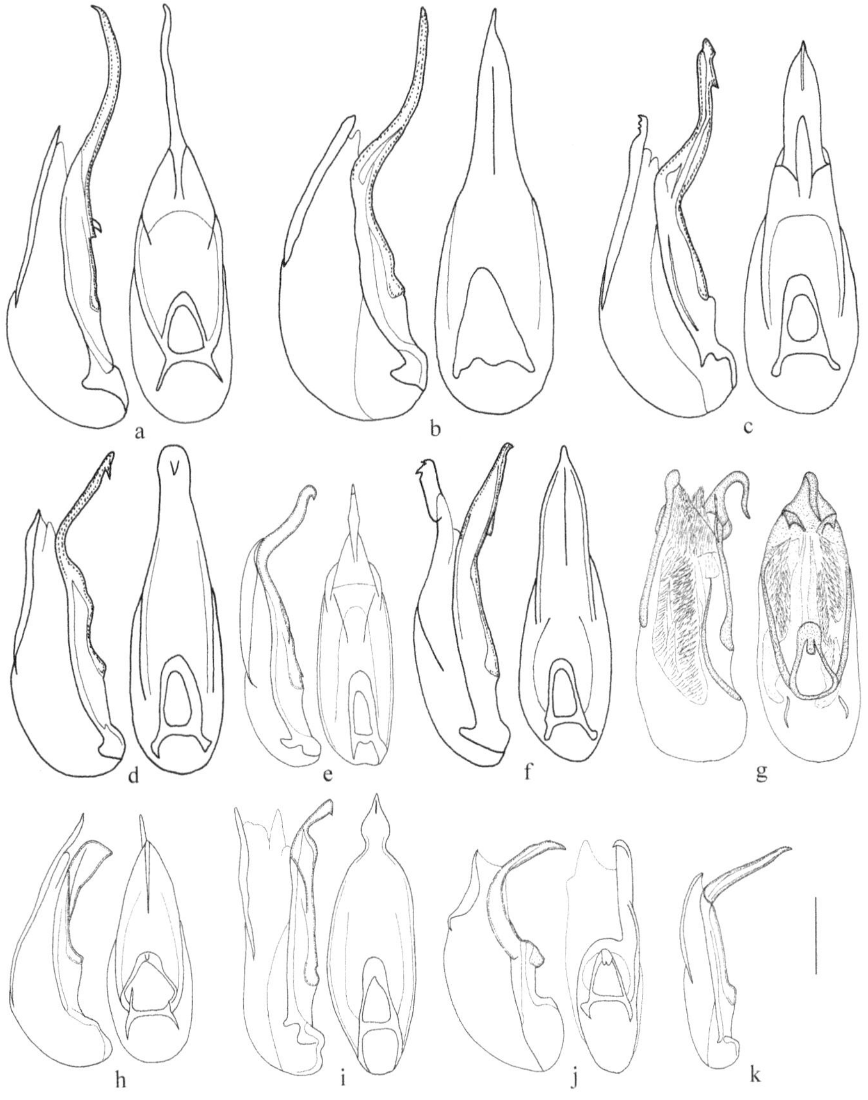

Abb. 139: Aedoeagus lateral (und ventral) von *Lathrobium andorranum* (a), *L. magistrettiorum* (b), *L. geminum* (c), *L. taxi* (d), *L. furcatum* (e), *L. pallidipenne* (f), *L. roessleri* (g), *L. elongatum* (h), *L. crassipes* (i), *L. fulvipenne* (j) und *L. lineatocolle* (k). Maßstab 0,5 mm. Nach ASSING 2001 (g).

10 Kleine Art, 5,7–7,3 mm (RL: 3,1–3,7 mm); Pronotumbreite ca. 0,8 mm. Elytren vorn umfangreich (vordere ⅓–⅔), selten ganz geschwärzt. ♂: Sternit VII in der Hinterhälfte abgeflacht, Beborstung nicht modifiziert; Sternit VIII hinten beiderseits der Mitte mit schwarzem Bostenfeld, der Hinterrand in der Mitte flach konkav, fast gerade, nicht ausgeschnitten; Aedoeagus sehr klein (Abb. 140c). ♀: Sternit VIII schlank, ca. 1,15-mal so lang wie Tergit VIII, Hinterrand nach hinten ausgezogen, in der Mitte schwach konvex (Abb. 141q); Tergit VIII kaum (ca. 1,05 ×) breiter als lang; Tergit X ca. 0,85-mal so lang wie Tergit IX in der Mitte. Verbreitung pontomediterran, vom Balkan nordwestlich bis ins südöstliche Österreich und nach Norditalien. Von SMETANA (2004) irrtümlich auch für Deutschland angegeben; Gleiches gilt wahrscheinlich für den Nachweis aus Polen. In Mitteleuropa sicher nur aus den südöstlichen Bundesländern Österreichs (Niederösterreich, Kärnten, Steiermark, Burgenland) bekannt. Selten. An Ufern. .... ***elegantulum*** KRAATZ, 1857

– Größere Arten, > 6,5 mm (RL: > 3,6 mm); Pronotumbreite > 0,9 mm. Primäre und sekundäre Geschlechtsmerkmale anders. **11**

11 Durchschnittlich kleinere Art, 6,7–9,5 mm (RL: 3,7–4,7 mm). Elytren rötlich, vorn nicht oder nur sehr schmal angedunkelt. ♂: Sternit VIII sehr charakteristisch, hinten mit umfangreichen schwarzen Borstenfeldern beiderseits der Mitte, Hinterrand breit abgestutzt vorgezogen und mit scharf spitzwinklig vorstehenden Außenecken (Abb. 140i); Aedoeagus von sehr charakteristischer Form, asymmetrisch, der Ventralfortsatz kurz mit mit 2 hakenförmig umgebogenen Spitzen (Abb. 140h). ♀: Sternit VIII ähnlich wie bei *elegantulum* (Abb. 141l), ca. 1,3-mal so lang wie Tergit VIII; Letzteres mit undeutlich konkavem bis geradem Hinterrand; Tergit X ca. 0,9-mal so lang wie Tergit IX in der Mitte. Verbreitung offenbar pontomediterran; von Kleinasien und dem Südbalkan bis zum Baltikum, den Britischen Inseln und Frankreich; aus Skandinavien bisher unbekannt. In Mitteleuropa fast überall, aber selten. Hygrophil in Sumpfgebieten, an Ufern und auf Kulturland. .... ***laevipenne*** HEER, 1839

– Durchschnittlich größere Arten, 7,5–10,5 mm (RL: 4,0–5,0 mm) mit anderen Geschlechtsauszeichnungen. **12**

12 Elytren am Hinterrand mit jeweils ca. 20 mikroskopischen, ca. 0,01 mm langen Börstchen, die ab etwa 50-facher Vergrößerung gut erkennbar sind. Elytren nicht oder nur schmal geschwärzt. Einfarbig braune oder dunkle Exemplare kommen vor, sind aber selten. Kopf länger als breit, etwa so breit wie das Pronotum. ♂: Sternit VIII ohne dunkle Borstenfelder, in der Mitte des Hinterrandes deutlich konkav, aber nicht sehr tief ausgerandet; Aedoeagus stark asymmetrisch (Abb. 139j). ♀: Sternit VIII mit gleichmäßig konvex gerundetem Hinterrand (Abb. 141e); Tergit X kurz, etwa halb so lang wie Tergit IX in der Mitte. Flügeldimorphe Art: macroptere Morphe mit deutlichen Humeralwinkeln, Elytren ca. 0,9-mal so lang wie Pronotum; brachyptere Morphe mit schwach ausgeprägten Humeralwinkeln, Elytren ca. 0,8-mal so lang wie das Pronotum. Transpaläarktisch verbreitet; adventiv auch in Nordamerika. In Mitteleuropa überall häufig. Eurytop, vor allem in unbewaldeten Biotopen. .... ***fulvipenne*** (GRAVENHORST, 1806)

– Elytren am Hinterrand ohne mikroskopische Börstchen. Die folgenden Arten lassen sich ohne Vergleichsmaterial mit Sicherheit nur anhand der Geschlechtsmerkmale unterscheiden. **13**

13 Elytren lang, meist ca. 1,05-mal so lang wie das Pronotum. ♂: Sternit VIII in der Mitte längs eingedrückt, dieser Eindruck von zahlreichen kräftigen schwarzen Borsten gesäumt, Hinterrand in der Mitte mit deutlicher, aber nicht sehr tiefer Ausrandung; Aedoeagus von charakteristischer Form (Abb. 139h). ♀: Sternit VIII hinten in der Mitte schwach konkav bis abgestutzt (Abb. 141k) (aber schmaler und weniger deutlich abgestutzt als bei *geminum*) und ca. 1,2-mal so lang wie Tergit VIII; Letzteres hinten gerade bis schwach konvex; Tergit X ca. 1,4-mal so lang wie Tergit IX in der Mitte (Abb. 141r), dadurch von allen Arten ähnlicher Färbung und Größe zu unterscheiden. Kopf meist ca. 1,1-mal so lang wie breit. Elytrenfärbung sehr variabel, meist im vorderen ⅓ schwärzlich, weniger scharf von den rötlichen hinteren ⅔ abgesetzt als bei *geminum*; Elytren nicht selten umfangreicher angedunkelt, so dass nur die Naht und der Hinterrand heller durchscheinen, sehr selten völlig schwarz. Transpaläarktisch verbreitet. In Mitteleuropa überall häufig. Eurytop in bodenfeuchten Biotopen. .... ***elongatum*** (LINNAEUS, 1767)

– Elytren meist kürzer. ♂: Geschlechtsmerkmale anders. ♀-Tergit X kürzer als Tergit IX in der Mitte. **14**

14 Coxae aller Beine rot. Elytren vorn nicht oder nur undeutlich verdunkelt. Kopf fast so breit wie lang und oft breiter als das Pronotum. ♂: Sternit VIII hinten in der Mitte mit recht umfangreichem dunklem Borstenfeld, Hinterrand in der Mitte sehr flach und recht breit ausgerandet; Aedoeagus fast symmetrisch (Abb. 139f). ♀: Sternit VIII nach hinten vorgezogen, Hinterrand in der Mitte gewöhnlich flach konkav, seltener abgestutzt (Abb. 141j); Tergit VIII mit schwach konkavem Hinterrand; Tergit X ca. 0,75-mal so lang wie Tergit IX in der Mitte. Verbreitung vermutlich pontomediterran; von Russland und Kleinasien über den Balkan, Italien und Mitteleuropa nordwestlich bis nach Frankreich und den Britischen Inseln, angeblich auch in Spanien. In Mitteleuropa überall, aber selten. Hygrophil vor allem in unbewaldeten Biotopen (Ufer, Acker- und Grasland, Gärten, Kiesgruben usw.). .... ***pallidipenne*** HOCHHUTH, 1851

– Coxae meist dunkel. ♂ und meist auch ♀-Sexualmerkmale anders. **15**

15 ♂: Sternit VIII in der Hinterhälfte beiderseits der Mitte mit je einem recht umfangreichen länglichen Feld mit zahlreichen kräftigen schwarzen Borsten, Hinterrand in der Mitte nur sehr undeutlich konkav ausgerandet; Aedoeagus sehr charakterisch (Abb. 139c). ♀: Sternit VIII hinten breit abgestutzt (Abb. 141g), 1,4-mal so lang wie das Tergit VIII, Letzteres mit geradem Hinterrand; Tergit X ca. 0,65-mal so lang wie Tergit IX in der Mitte. Kopf fast so breit wie lang. Elytren gewöhnlich kontrastreich zweifarbig, mit breit (ca. ⅓ der Elytrenlänge) geschwärzter Basis; sehr selten kommen Exemplare mit einfarbig schwarzen Elytren vor. Flügeldimorph; macroptere Morphe: Elytren ca. 0,95-mal so lang wie das Pronotum; brachyptere Morphe: Elytren ca. 0,80–0,85-mal so lang wie das Pronotum. Verbreitung transpaläarktisch. In Mitteleuropa überall häufig. Eurytop, meist in unbewaldeten und eher feuchten Biotopen (Sumpfgebiete, Ufer, Agrarland, Gärten, Heidegebiete usw.). .... ***geminum*** KRAATZ, 1857

– Sexualmerkmale anders. Seltene oder nur im äußersten Südwesten, Süden und Südosten Mitteleuropas vorkommende Arten. **16**

16 ♂: Sternit VIII hinten beiderseits der Mitte mit einigen dunklen, aber nicht besonders kräftigen Borsten, Hinterrand in der Mitte flach konkav; Aedoeagus in Lateralansicht ähnlich dem von *fulvipenne*, aber mit fast geradem Ventralfortsatz (Abb. 139k) und in Ventralansicht fast symmetrisch. ♀: Sternit VIII nach hinten verlängert (Abb. 141f), ca. 1,3-mal so lang wie Tergit VIII, Hinterrand in der Mitte abgestutzt; Tergit VIII mit schwach konvexem Hinterrand; Tergit X ca. 0,75-mal so lang wie Tergit IX in der Mitte. Elytren gewöhnlich im vorderen ¼ angedunkelt und relativ kurz, ca. 0,8-mal so lang wie das Pronotum. Kopf fast so breit wie lang und etwa so breit wie das Pronotum. Transpaläarktisch verbreitet. In Mitteleuropa fast überall; im Norden gebietsweise fehlend, im Westen sehr selten, im Süden und Osten etwas weniger selten. Vor allem in Uferbiotopen und auf Feuchtwiesen. .... ***lineatocolle*** SCRIBA, 1859

– Sexualmerkmale anders. Nur im äußersten Südwesten, Süden, Südosten und Osten Mitteleuropas. **17**

17 Aus Südosteuropa und Italien in den Südosten und Osten Mitteleuropas einstrahlende Arten. **18**

– Aus Südwesteuropa und Italien in die Schweiz einstrahlende bzw. dort zu erwartende Arten. **20**

18 ♂: Sternit VII vor dem Hinterrand mit dreieckigem Eindruck, dieser dicht mit kurzen, dicken und schwarzen Borsten besetzt; Sternit VIII sehr auffällig gebildet, Hinterrand in der Mitte tief ausgebuchtet, Ränder der Ausbuchtung niedergedrückt und – insbesondere an den Spitzen – dicht mit kurzen, dicken und schwarzen Borsten besetzt; Aedoeagus fast symmetrisch und mit charakteristisch geformtem Ventralfortsatz (Abb. 139e). ♀: Sternit VIII ca. 1,25-mal so lang wie Tergit VIII, Hinterrand in der Mitte schwach konkav (Abb. 141c); Tergit VIII mit schwach konkavem Hinterrand; Tergit X etwa so lang wie Tergit IX in der Mitte. Das vordere ¼–⅓ der Elytren gewöhnlich geschwärzt. Verbreitung pontomediterran; vom Iran, dem Kaukasus und der Türkei bis ins südöstliche Mitteleuropa verbreitet. In Mitteleuropa nur aus Südostösterreich, Südostpolen und der Slowakei bekannt; von SMETANA (2004) irrtümlich auch aus der Tschechischen Republik gemeldet. Sehr selten. Wahrscheinlich primär ripicol. .... ***furcatum*** CZWALINA, 1888

– Sexualmerkmale anders. ♀: Tergit X kürzer im Verhältnis zu Tergit IX. **19**

19 ♂: Sternit VIII hinten breit und flach stumpfwinklig ausgeschnitten, ohne Borstenfelder, aber mit wenigen dunklen und nicht besonders dicken Borsten; Aedoeagus groß, leicht asymmetrisch und mit charakteristisch geformtem Ventralfortsatz (Abb. 139d). ♀: Sternit VIII ca. 1,4-mal so lang wie Tergit VIII, Hinterrand in der Mitte abgestutzt bis schwach konvex (Abb. 141h); Tergit VIII mit schwach konkavem Hinterrand; Tergit X ca. 0,7-mal so lang wie Tergit IX in der Mitte. Das vordere ¼–⅓, seltener die gesamte Vorderhälfte der Elytren geschwärzt. Flügeldimorph; macroptere Morphe: Elytren ca. 0,95-mal so lang und 1,2-mal so breit wie das Pronotum, mit deutlich ausgeprägten Humeralwinkeln; brachyptere Morphe: Elytren ca. 0,85-mal so lang und ca. 1,1-mal so breit wie das Pronotum, mit schwach ausgeprägten Humeralwinkeln. Verbreitung pontomediterran; von

Kleinasien bis ins östliche und südöstliche Mitteleuropa verbreitet. In Mitteleuropa nur aus Polen, der Tschechischen Republik und der Slowakei bekannt; von SMETANA (2004) irrtümlich auch aus Deutschland gemeldet. Sehr selten. An Ufern, auf Grasland; macroptere Individuen auch am Licht gefunden. .... ***taxi*** BERNHAUER, 1902

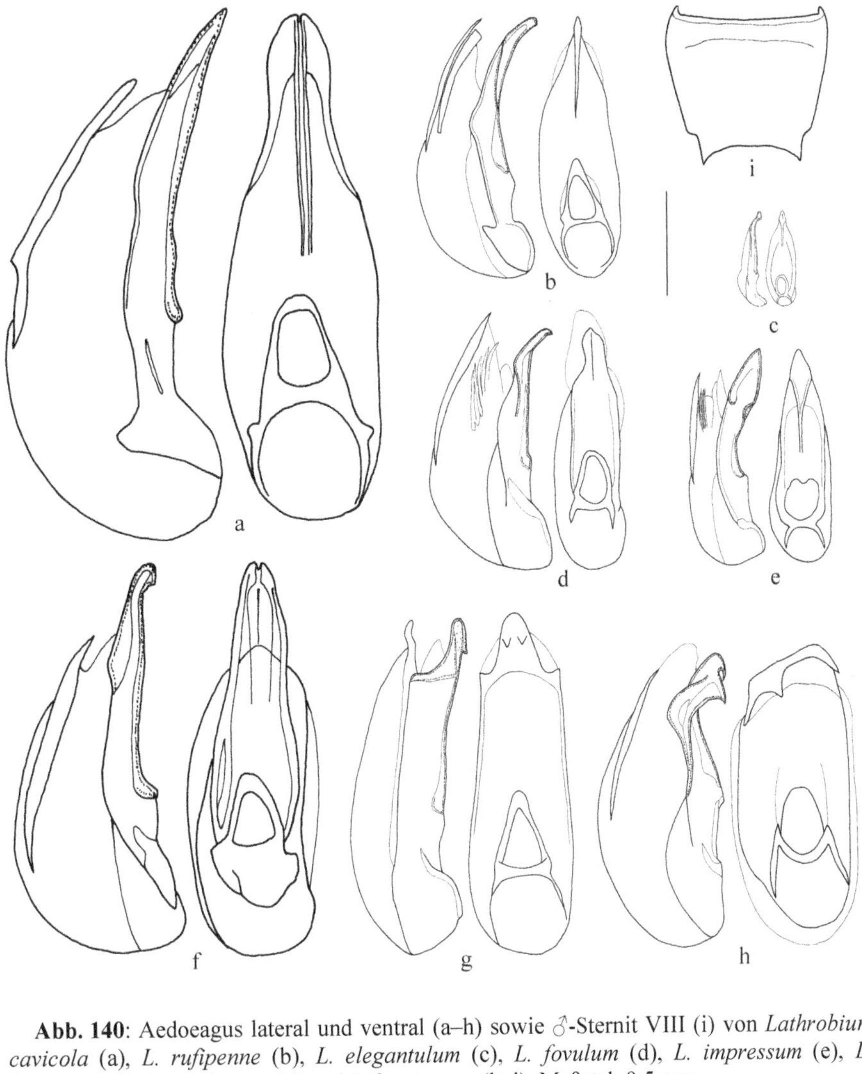

Abb. 140: Aedoeagus lateral und ventral (a–h) sowie ♂-Sternit VIII (i) von *Lathrobium cavicola* (a), *L. rufipenne* (b), *L. elegantulum* (c), *L. fovulum* (d), *L. impressum* (e), *L. brunnipes* (f), *L. spadiceum* (g) und *L. laevipenne* (h–i). Maßstab 0,5 mm.

– ♂: Sternit VIII hinten beiderseits der Mitte mit deutlichen und recht umfangreichen Borstenfeldern, Hinterrand in der Mitte nur sehr undeutlich konkav; Aedoeagus völlig anders gebaut (Abb. 139i). ♀: Sternit VIII ca. 1,3-mal so lang wie Tergit VIII, Hinterrand deutlich vorgezogen, in der Mitte abgestutzt bis schwach konvex (Abb. 141d); Tergit VIII mit schwach konvexem Hinterrand; Tergit X ca. 0,8-mal so lang wie Tergit IX in der Mitte. Vom Balkan und Italien bis ins südöstliche Mitteleuropa einstrahlend. In Mitteleuropa nur aus der Tschechischen Republik und der Slowakei nachgewiesen. Sehr selten. In Feuchtbiotopen. .... ***crassipes*** MULSANT & REY, 1878

20 Durchschnittlich etwas größere Art mit längeren und breiteren, vorn mehr oder weniger umfangreich geschwärzten Elytren. ♂: Sternit VIII vor dem Hinterrand beiderseits der Mitte mit einem relativ umfangreichen dunklen Borstenfeld, Hinterrand in der Mitte ziemlich breit, aber nicht sehr tief konkav ausgerandet; Aedoeagus groß, kaum asymmetrisch und mit charakteristisch geformtem Ventralfortsatz (Abb. 139b). ♀: Sternit VIII ca. 1,35-mal so lang wie Tergit VIII, Hinterrand in der Mitte abgestutzt bis schwach konkav (Abb. 141b); Tergit VIII mit geradem Hinterrand; Tergit X ca. 0,65-mal so lang wie Tergit IX in der Mitte. Verbreitung adriatomediterran; von Süditalien nördlich bis in die Südschweiz. Sehr selten. An Ufern, in Sümpfen und anderen Feuchtbiotopen. .... ***magistrettiorum*** KOCH, 1944

– Durchschnittlich etwas kleinere Arten mit etwas kürzeren und schmaleren, gewöhnlich einfarbig rötlichen Elytren. Sexualmerkmale anders. **21**

21 ♂: Sternit VIII vor dem Hinterrand beiderseits der Mitte mit einem relativ umfangreichen dunklen Borstenfeld, Hinterrand in der Mitte sehr flach konkav ausgerandet; Aedoeagus groß, mit charakteristisch geformtem, hakenförmigem Ventralfortsatz (Abb. 139g). ♀: Tergit VIII hinten flach konkav; Sternit VIII verlängert, ca. 1,4-mal so lang wie Tergit VIII, etwa so wie bei *pallidipenne* geformt (vgl. Abb. 141j); Tergit X ca. 0,70–0,75-mal so lang wie Tergit IX in der Mitte. Elytren ganz rötlich; vorn nicht geschwärzt. Bisher nur aus Norditalien bekannt, möglicherweise auch in der Südschweiz nachzuweisen. Sehr lokal und selten. Soweit bekannt ripicol. .... [***roessleri*** ASSING, 2001]

– ♂: Sternit VIII ähnlich wie bei *roessleri*; Aedoeagus groß, mit sehr langem und schlankem Ventralfortsatz (Abb. 139a). ♀: Tergit VIII deutlich (ca. 1,15 ×) länger als breit, dadurch von allen anderen ähnlich großen rotflügligen Arten verschieden; Sternit VIII nur 1,15-mal so lang wie Tergit VIII, Hinterrand gleichmäßig schwach konvex (Abb. 141i); Tergit X ca. 0,7-mal so lang wie Tergit IX in der Mitte. Verbreitung atlantomediterran; von der Iberischen Halbinsel bis zu den Vogesen und in die Schweiz. Selten. Offenbar ripicol. .... ***andorranum*** KOCH, 1937

22 Größere Arten, 7,5–11,5 mm (RL: 4,0–5,3 mm). **23**

– Kleinere Arten, 4,0–8,5 mm (RL: 1,9–3,7 mm). **25**

23 ♂: Sternit VII in der Hinterhälfte mit dreieckigem Eindruck, dieser mit zahlreichen kurzen schwarzen Borsten besetzt, Hinterrand im mittleren Drittel deutlich konkav ausgerandet; Sternit VIII hinten spitzwinklig, schmal und tief, fast bis zu Mitte ausgeschnitten; Aedoeagus nahezu symmetrisch (Abb. 140f). ♀: Sternit VIII ca. 1,4-mal so lang wie Tergit

VIII, Hinterrand in der Mitte sehr deutlich gerundet bis fast spitzwinklig vorgezogen (Abb. 141a); Tergit VIII hinten gerade bis schwach konvex; Tergit X in der Mitte dachförmig gekielt, vorn ganz bis zum Vorderrand des Tergits IX reichend; Tergit IX in der Mitte völlig getrennt, dadurch von allen mitteleuropäischen *Lathrobium*-Arten verschieden (Abb. 141s). Flügeldimorphe Art; Elytren bei der macropteren Morphe fast so lang wie das Pronotum und mit deutlich ausgeprägten Humeralwinkeln, bei der brachypteren Morphe deutlich kürzer als das Pronotum und mit schwächer ausgeprägten Humeralwinkeln. Habitus: Abb. 20d. Transpaläarktisch verbreitet. In Mitteleuropa überall häufig. Eurytop in Feuchtbiotopen, auch an Faulstoffen. .... ***brunnipes*** (FABRICIUS, 1793)

– ♂: Sternit VII mit weniger auffälliger Beborstung, Hinterrand in der Mitte nicht deutlich konkav; Aedoeagus von völlig anderer Form. ♀: Sternit VIII von anderer Form; Tergit IX in der Mitte nicht völlig getrennt; Tergit X in der Mitte nicht gekielt und breit vom Vorderrand des Tergits IX getrennt. Hierher ausnahmsweise einfarbig schwarze Exemplare von Arten mit normalerweise teilweise rötlichen Elytren. **24**

24 Aedoeagus wie in Abb. 139h. ♀: Tergit X deutlich (ca. 1,4 ×) länger als Tergit IX in der Mitte. Siehe Leitzahl 13. .... ***elongatum*** (LINNAEUS, 1767)

– Aedoeagus wie in Abb. 139c. ♀: Tergit X deutlich (ca. 0,65 ×) kürzer als Tergit IX in der Mitte. Siehe Leitzahl 15. .... ***geminum*** KRAATZ, 1857

25 Kleinste Art der Gattung (in Mitteleuropa); 4,0–5,5 mm (RL: 1,9–2,3 mm). ♂: Sternit VIII hinten in der Mitte ausgezogen, nicht konkav oder ausgeschnitten; Aedoeagus mit hakenförmigem Ventralfortsatz (Abb. 138c). ♀: Sternit VIII länger als Tergit VIII, Hinterrand vorgezogen und in der Mitte schwach konkav; Tergit X ca. 0,9-mal so lang wie Tergit IX in der Mitte. Flügeldimorphe Art. Transpalärktisch verbreitet. In Mitteleuropa überall häufig. Eurytop auf feuchten Böden und an faulendem Pflanzenmaterial. .... ***longulum*** GRAVENHORST, 1802

– Mittelgroße Arten; 5,8–8,5 mm (RL: 2,8–3,7 mm). ♂: Hinterrand des Tergits VIII in der Mitte deutlich ausgeschnitten; Aedoeagus völlig anders geformt. ♀: Tergit VIII stärker nach hinten ausgezogen, Hinterrand in der Mitte abgestutzt bis konvex. **26**

26 Größere und breiter gebaute Art; 6,5–8,5 mm (RL: 3,2–3,7 mm); Pronotumbreite fast immer 0,9–1,0 mm. Kopf 0,85–0,95-mal so breit wie das Pronotum. Augen größer, 0,4–0,5-mal so lang wie die Schläfen. Kopf mit spärlicherer Punktur und sehr flacher Mikroskulptur. ♂: Sternit hinten beiderseits des Ausschnitts mit kaum verdichteter dunkler Beborstung. Aedoeagus wie in Abb. 140d. ♀: Sternit VIII ca. 1,25-mal so lang wie Tergit VIII, Hinterrand deutlich ausgezogen und in der Mitte konvex (Abb. 141n); Tergit X in der Vorderhälfte mit scharfem, hinten erhöhtem und zugespitzem Kiel, ca. 1,2-mal so lang wie Tergit IX in der Mitte. Flügeldimorphe Art. Vermutlich transpaläarktisch verbreitet; das derzeit bekannte Verbreitungsgebiet reicht von Westsibirien bis Frankreich. In Mitteleuropa überall, aber gebietsweise nicht häufig. In Sümpfen und anderen Feuchtbiotopen, auch an Feuchtstellen in Wäldern. .... ***fovulum*** STEPHENS, 1833

– Kleinere und schlankere Art; 5,8–7,6 mm (RL: 2,8–3,4 mm); Pronotumbreite 0,7–0,8 mm. Kopf mindestens so breit wie das Pronotum.

Augen kleiner, 0,3–0,4-mal so lang wie die Schläfen. Kopf dichter punktiert und mit recht deutlicher Mikroskulptur. ♂: Sternit VIII hinten beiderseits des Ausschnitts mit deutlich verdichteter schwarzer Beborstung. Aedoeagus wie in Abb. 140e. ♀: Sternit VIII ca. 1,35-mal so lang wie Tergit VIII, Hinterrand deutlich ausgezogen und in der Mitte schwach konvex (Abb. 141o); Tergit X ohne Kiel, deutlich (ca. 0,7 ×) kürzer als Tergit IX in der Mitte. Flügeldimorphe Art. Verbreitung transpaläarktisch. In Mitteleuropa überall, meist nicht selten, gebietsweise nicht häufig. In Feuchtbiotopen. .... ***impressum*** HEER, 1841

Gattung *Lobrathium* MULSANT & REY, 1878

Habitus (Abb. 20e) ähnlich wie bei *Lathrobium*. Umgeschlagene (seitliche) Teile der Elytren in Seitenansicht mit feiner Linie (Abb. 144g). Hals etwa halb so breit wie der Kopf. Labrumvorderrand in der Mitte tief eingebuchtet, ungezähnt. Letztes Glied der Maxillarpalpen schmal und kurz, aber deutlich erkennbar, konisch nadelförmig. Körper nicht auffällig abgeflacht. Vorderkörper grob punktiert. Glied I der Metatarsen etwa so lang wie II, V kürzer als die Gesamtlänge der Glieder I–IV.

Die Gattung – früher Subgenus von *Lathrobium* – umfasst weltweit fast 100 Arten und ist in der Paläarktis mit mehr als 80 Arten in 2 Untergattungen vertreten. Für eine aktuelle Revision westpaläarktischer Arten siehe ASSING (2007a). *Lobrathium*-Arten sind mehr oder weniger hygrophil, die meisten sind Uferbewohner. In Mitteleuropa kommt nur eine Art vor.

Färbung ausgesprochen variabel, mehr oder weniger einfarbig hell rötlich braun bis schwarz, in letzterem Fall Elytren in der Hinterhälfte gewöhnlich gelbbraun bis dunkelrot; Fühler und Beine gelblich bis rotbraun. Punktur der Elytren grob und fast immer mehr oder weniger reihig angeordnet. Pteropolymorph: bei macropteren Individuen Hinterflügel voll entwickelt und Elytren etwa so lang wie oder etwas länger als das Pronotum; bei der brachypteren Morphe Hinterflügel stark verkürzt und Elytren kürzer als das Pronotum. ♂: Sternit VII in der Mitte mit einem Paar länglicher Tuberkel, in der Hinterhälfte mit nach hinten verbreitertem Eindruck; Sternit VIII hinten mit sehr tiefer, in der Mitte gerundeter Einbuchtung; Aedoeagus wie in Abb. 142j. ♀: Tergit VIII hinten abgerundet; Sklerite des Segments IX hinten mit dornförmigen, leicht nach oben gebogenen Fortsätzen. Sehr größenvariabel, 6,0–8,5 mm (RL: 2,9–4,2 mm). Habitus: Abb. 20e. Weit verbreitet in Europa und Nordafrika; adventiv auch in Nordamerika. In Mitteleuropa überall nicht selten. Meist – aber nicht ausschließlich – in unbewaldeten Feuchtbiotopen (Ufer, Feuchtwiesen, Sümpfe, Salzstellen); auch in Parks, Gärten, Agrarland und auf Ruderalflächen; im Winter gelegentlich in unterirdischen Säugernestern. ....
.... ***multipunctum*** (GRAVENHORST, 1802)

Gattung *Platydomene* GANGLBAUER, 1895

Mittelgroße Arten, 5,5–9,5 mm. Habitus (Abb. 20f), Punktur, Mundwerkzeuge und andere morphologische Merkmale ähnlich wie bei *Lathrobium* und *Lobrathium*, aber Vorderkörper, insbesondere die Elytren, stärker abgeflacht. Umgeschlagene Teile der

Elytren wie bei *Lobrathium* in Seitenansicht mit feiner Linie. Kopf breiter als das schlanke Pronotum, dieses mindestens etwa 1,35-mal so lang wie breit. Augen höchstens halb so lang wie die Schläfen. Fühler lang und gestreckt, alle Fühlerglieder mindestens 1,5-mal so lang wie breit. Elytren nicht reihig punktiert, mindestens so lang wie das Pronotum. ♂: Sternit VII und VIII vor dem Hinterrand eingedrückt; Sternit VII hinten breit und mehr oder weniger flach konkav ausgebuchtet; Sternit VIII mit dunklen modifizierten Borsten im Eindruck, Hinterrand schmal und flach (deutlich flacher als bei *Lobrathium*) konkav oder stumpfwinklig ausgebuchtet.

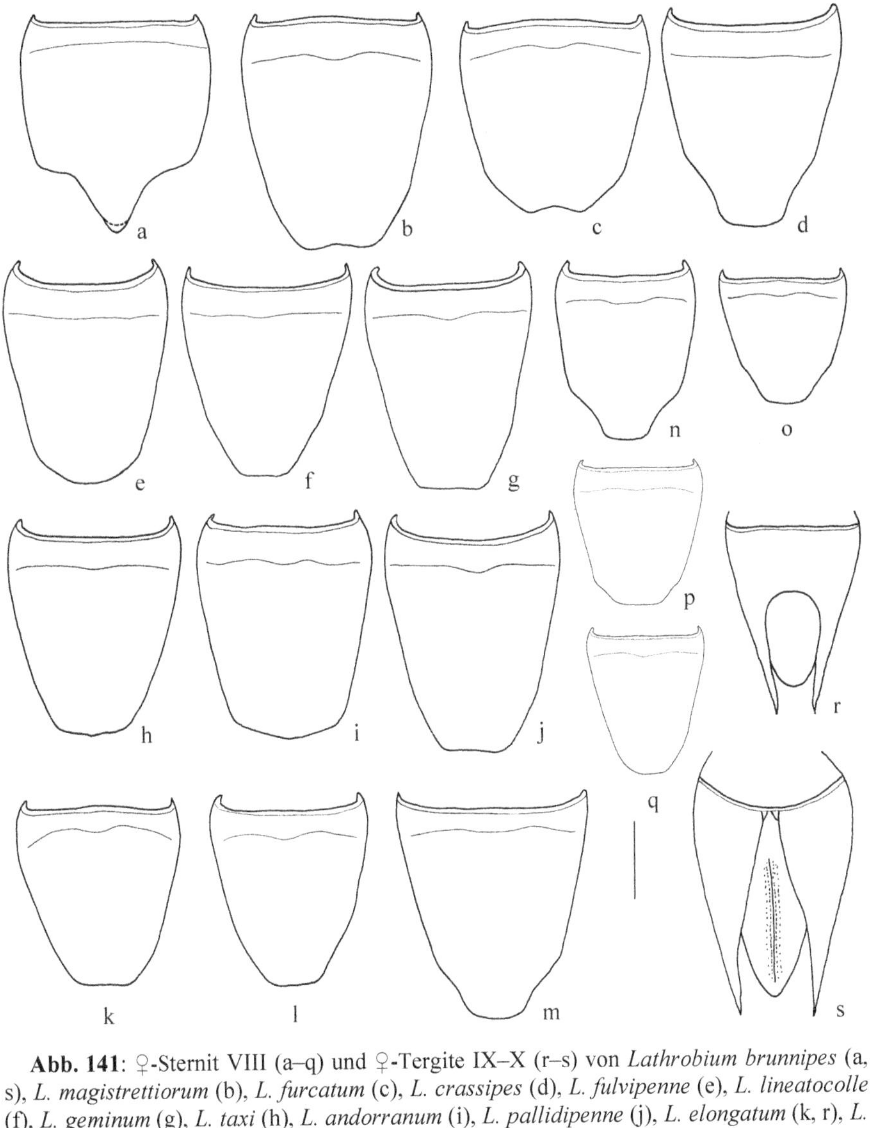

Abb. 141: ♀-Sternit VIII (a–q) und ♀-Tergite IX–X (r–s) von *Lathrobium brunnipes* (a, s), *L. magistrettiorum* (b), *L. furcatum* (c), *L. crassipes* (d), *L. fulvipenne* (e), *L. lineatocolle* (f), *L. geminum* (g), *L. taxi* (h), *L. andorranum* (i), *L. pallidipenne* (j), *L. elongatum* (k, r), *L. laevipenne* (l), *L. spadiceum* (m), *L. fovulum* (n), *L. impressum* (o), *L. rufipenne* (p) und *L. elegantulum* (q). Maßstab 0,5 mm.

Die Gattung – früher Subgenus von *Lathrobium* – ist in der Paläarktis mit derzeit etwa 20 Arten verbreitet, 13 davon sind westpaläarktisch. In Mitteleuropa sind 6 Arten vertreten, die alle selten gefunden werden. *Platydomene*-Arten leben ripicol an Schotterufern und auf Kiesbänken von Fließgewässern, meist in gebirgigen Regionen.

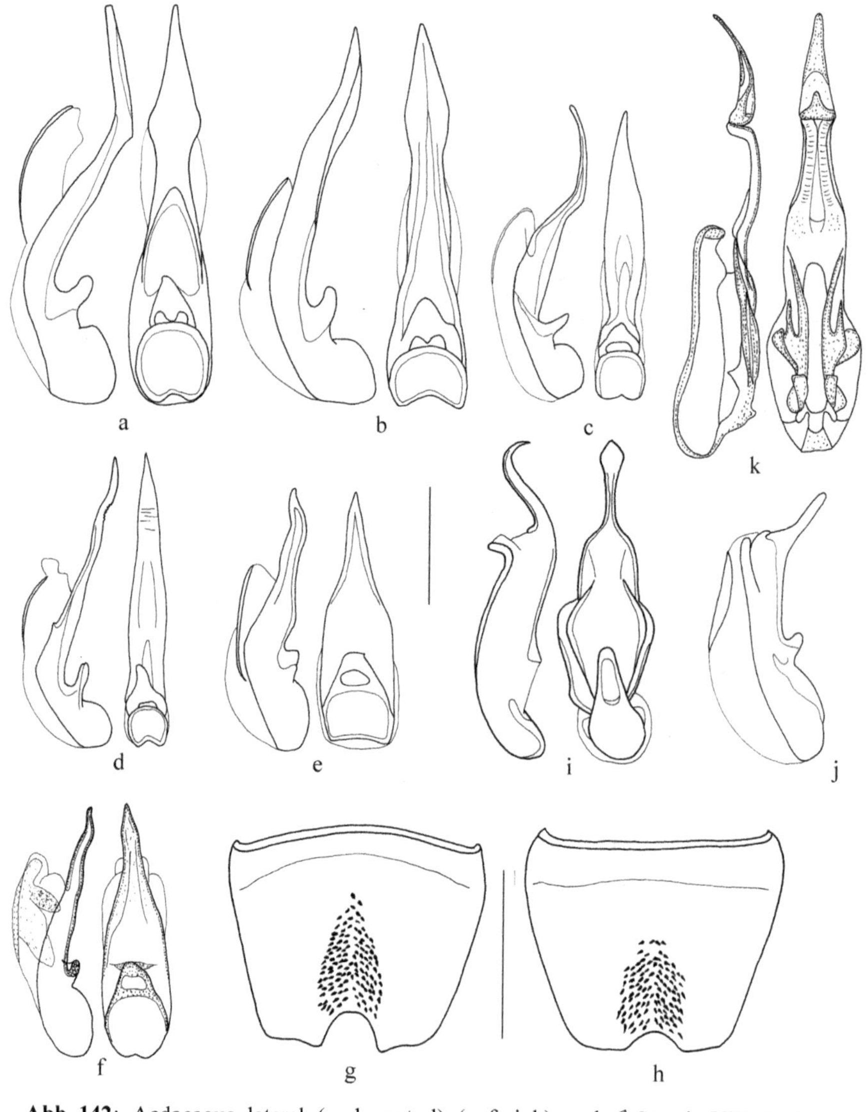

Abb. 142: Aedoeagus lateral (und ventral) (a–f, i–k) und ♂-Sternit VIII (g–h) von *Platydomene angusticollis* (a), *P. springeri* (b), *P. bicolor* (c), *P. picipes* (d), *P. distinctiventris* (e, h), *P. sodalis* (f–g), *Pseudobium gridellii* (i), *Lobrathium multipunctum* (j) und *Pseudolathra manueli* (k). Alle Maßstäbe 0,5 mm.

1 Vorderkörper braunrot bis rotbraun, Hinterhälfte der Elytren heller rötlich. Kopf und Pronotum dicht, relativ fein und in etwa gleicher Stärke punktiert. Kopf nur wenig länger als breit. Schläfen etwa 3-mal so lang wie die Augen. ♂: Sternit VII hinten sehr flach ausgerandet; Sternit VIII mit sehr kleinem, in der Mitte winkligem Ausschnitt, Borstenfeld wenig umfangreich. Ventralfortsatz des Aedoeagus wie in Abb. 142c. 6,5–8,0 mm (RL: 3,3–4,2 mm). Derzeit bekannte Verbreitung: Kaukasusregion und Balkan bis Italien und Frankreich; auch aus Algerien gemeldet. In Mitteleuropa aus Österreich, Süddeutschland, Polen, der Tschechischen Republik und der Slowakei nachgewiesen. Selten. Montan an Ufern von Gebirgsflüssen. ....
.... ***bicolor bicolor*** (ERICHSON, 1840)

– Kopf und Pronotum schwarzbraun bis schwarz. Gesamtheit der übrigen Merkmale nicht zutreffend. 2

2 Elytren einfarbig braun bis schwarzbraun. Kopf 1,10–1,15-mal so lang wie breit, überall (auch auf der Stirn) mehr oder weniger dicht und deutlich feiner als das Pronotum punktiert. Schläfen 2,5–3,0-mal so lang wie die Augen. ♂: Sternit VII hinten deutlich konkav; Sternit VIII hinten mit breitem, recht flachem und in der Mitte stumpfwinkligem Ausschnitt; Aedoeagus mit sehr langem und schlankem Ventralfortsatz (Abb. 142d). 5,7–7,0 mm (RL: 3,2–3,8 mm). Kaukasusregion und Balkan bis Spanien, Nordafrika, Kanarische Inseln. In Mitteleuropa aus Österreich, der Schweiz, Polen, der Tschechischen Republik und der Slowakei nachgewiesen; in Deutschland neuere Funde nur aus Bayern. Selten. Montan an Ufern von Gebirgsflüssen. .... ***picipes picipes*** (ERICHSON, 1840)

– Elytren zweifarbig, die hinteren ⅔ deutlich aufgehellt, rötlich. Gesamtheit der übrigen Merkmale nicht zutreffend. 3

3 Kleiner, 5,0–6,0 mm (RL: 3,2–3,6 mm). Kopf und Pronotum in etwa gleicher Stärke punktiert. Fühler kürzer, Fühlerglieder IV–X höchstens doppelt so lang wie breit. Nur anhand der männlichen Sexualmerkmale unterscheidbare Arten. 4

– Größere Arten, 7,0–9,0 mm (RL: 3,8–4,8 mm). Pronotum gröber als der Kopf punktiert. Fühler länger, Fühlerglieder IV–X mindestens doppelt so lang wie breit. 5

4 ♂: Sternit VII hinten in der Mitte deutlicher konkav ausgerandet; Sternit VIII mit längerem und schmalerem, mit modifizierten Borsten besetztem Eindruck, Hinterrand in der Mitte mit tieferer halbkreisförmiger Ausrandung (Abb. 142g); Aedoeagus mit weniger geschwungenem und schlankerem Ventralfortsatz (Abb. 142f). Verbreitung wegen häufiger Verwechslung mit der folgenden Art klärungsbedürftig. Sichere Nachweise bisher aus Süddeutschland und Österreich; Meldungen aus Polen und der Slowakei dürften sich auf *distinctiventris* beziehen. Selten. Bach- und Flussufer. .... ***sodalis*** (KRAATZ, 1857)

– ♂: Hinterrand des Sternits VII gleichmäßig flach konkav; Sternit VIII mit kürzerem und breiterem Eindruck, Hinterrand in der Mitte mit flacherer konkaver Ausrandung (Abb. 142h); Aedoeagus mit kräftigerem und in Seitenansicht deutlicher geschwungenem Ventralfortsatz (Abb. 142e). Verbreitung noch klärungsbedürftig; offenbar auf die Karpathen und ihre Ausläufer beschränkt. Bisher sicher aus Rumänien, Südpolen und der

Slowakei nachgewiesen. Früher als Subspezies von *sodalis* betrachtet. Selten. An Bach- und Flussufern. .... ***distinctiventris*** (KOCH, 1939)

5 Aedoeagus wie in Abb. 142b. Mitteleuropa, Italien, Balkan. In Mitteleuropa aus der Schweiz, Österreich und Süddeutschland (Bayern) nachgewiesen. Selten. An Flussufern. .... ***springeri*** (KOCH, 1937)

– Aedoeagus wie in Abb. 142a. Habitus: Abb. 20f. Von Armenien bis zu den Britischen Inseln, Spanien und Marokko verbreitet. In Mitteleuropa aus Belgien, der Schweiz, Österreich, Polen, der Tschechischen Republik, der Slowakei nachgewiesen; in Deutschland neuere Funde nur aus Bayern und dem Rheinland. Selten. An Fluss- und Bachufern. .... ***angusticollis*** (LACORDAIRE, 1835)

Gattung *Pseudobium* MULSANT & REY, 1878

Kleine, auffällig gestreckte Arten (Abb. 21a). Kopf, Pronotum und Elytren mehr oder weniger parallel und deutlich länger als breit. Augen relativ groß, aber wegen des lang gestreckten Kopfes nur etwa halb so lang wie die Schläfen. Vorderrand des Labrums in der Mitte tief eingebuchtet, ungezähnt. Letztes Glied der Maxillarpalpen klein, viel kürzer und schlanker als das verdickte vorletzte Glied, oft in der ausgehöhlten Spitze des vorletzten Gliedes verborgen und dann nur bei Ansicht von vorn erkennbar. Pronotum seitlich ungerandet, beiderseits der unpunktierten Mittellinie mit je einer aus 15–20 Punkten bestehenden Punkreihe. Elytrenpunktur in Reihen angeordnet. Glied I der Metatarsen etwas länger als Glied II.

Die Gattung ist in der Paläarktis mit etwa 20 Arten vertreten, von denen nur eine möglicherweise in Mitteleuropa vorkommt. *Pseudobium*-Arten werden in der Regel an Ufern fließender Gewässer gefunden.

3,6–4,6 mm (RL: 2,0–2,4 mm). Körper dunkelbraun bis schwarz; Hinterränder der Elytren und in der Regel auch die Naht hinten mehr oder weniger ausgedehnt rötlichgelb aufgehellt (Abb. 21a); Fühler und Beine rötlich, Femora gewöhnlich dunkler. ♂: Aedoeagus wie in Abb. 142i. Verbreitung atlantomediterran; von Nordwestafrika, Madeira und der iberischen Halbinsel bis Norditalien und Ostfrankreich. Nur aus der Schweiz und einmal vor fast 150 Jahren aus dem Rheinland gemeldet. Ripicol. .... ***gridellii*** JARRIGE, 1949[1]

Gattung *Pseudolathra* CASEY, 1905

Äußere Morphologie (Abb. 21b) ähnlich wie bei *Lathrobium*. Umgeschlagene Teile der Elytren in Seitenansicht wie bei *Lobrathium* und *Platydomene* über dem gerandeten unteren Rand mit eine weiteren feinen Linie. Hals 0,5–0,6-mal so breit wie der Kopf. Kopf und Pronotum glänzend, grob und nicht sehr dicht punktiert. Pronotum

[1] Angeblich soll *P. gridellii* in Portugal, Nordafrika sowie auf Madeira und den Balearen von der Subspezies *P. gridellii ibericum* COIFFAIT, 1982 vertreten werden, die sich von der Nominatform durch dunklere Färbung und apikal etwas schlankeren Ventralfortsatz des Aedoeagus unterscheiden soll. Die Abtrennung der Unterart ist anhand des mir vorliegenden Materials nicht nachvollziehbar und auch zoogeographisch nicht plausibel.

beiderseits der unpunktieren Mittellinie mit mehr oder weniger deutlicher, aus ca. 15 Punkten bestehender Punktreihe. Glied I der Metatarsen nicht länger als Glied II.

Die Gattung ist in der Paläarktis mit insgesamt 15 Arten vertreten. In Mitteleuropa kommt nur eine Art vor.

Mittelgroße Art, 7,0–9,0 mm (RL: 3,3–3,7 mm). Kopf, Pronotum und Abdominalsegmente III–VI dunkelbraun bis schwarz; Elytren, Spitze des Abdomens, Fühler und Beine rötlich. Von ähnlichen *Lathrobium*-Arten auch durch längere und schlankere Fühler zu unterscheiden; Glied III–VI fast 2,5–3,0-mal so lang wie breit. Habitus: Abb. 21b. ♂: Sternit VIII hinten schmal V-förmig ausgeschnitten; Aedoeagus auffällig lang gestreckt (Abb. 142k). Aus Algerien, Frankreich, Italien und dem südwestlichen Mitteleuropa gemeldet. Aus der Schweiz und einmal aus dem Südwesten Deutschlands (Kaiserstuhl) nachgewiesen. Wärmeliebend; Ökologie aber noch weitgehend ungeklärt. .... ***manueli*** (FAUVEL, 1865)

Gattung *Scymbalium* ERICHSON, 1839

Körper relativ groß und etwas abgeflacht (Abb. 21c). Kopf breiter als lang. Vorderrand des Labrums in der Mitte tief eingebuchtet, ungezähnt. Letztes Glied der Maxillarpalpen konisch, schmaler und deutlich kürzer als das vorletzte, aber größer als bei den meisten anderen Gattungen der Lathrobiina, auch bei geringer Vergrößerung gut erkennbar. Fühler schlank, Glied III–VI mehr als doppelt so lang wie breit; Glied VI–XI jeweils keulenförmig, basal sehr dünn und zur Spitze stark verdickt. Hals breit, 0,6–0,7-mal so breit wie der Kopf. Pronotum trapezoid, von vorn nach hinten verschmälert, ohne Punktreihen. Elytrenpunktur nicht in Reihen angeordnet. Protarsen beim ♂ stark, beim ♀ etwas schwächer erweitert. Meso- und Metatarsen viel schlanker als bei *Lathrobium*; Glied I der Metatarsen deutlich länger als II, fast so lang wie II und III zusammen, 3,5–4,5-mal so lang wie breit. ♂: Aedoeagus anders als bei den vorhergehenden Lathrobiina mit kurzen und dünnen Parameren.

Die Gattung ist mit 2 Arten in der Westpaläarktis vertreten. Die Gattungszugehörigkeit derzeit noch zu *Scymbalium* gerechneter Arten aus der Äthiopis, Orientalis und Australis ist fraglich und bedarf der Überprüfung. In Mitteleuropa kommt nur eine Art vor.

8,0–12,0 mm (RL: 4,3–5,5 mm). Kopf, Pronotum, und Abdominalsegmente III–VI dunkelbraun bis schwarz; Elytren, Spitze des Abdomens, Fühler und Beine rötlich bis rotbraun. Von ähnlich gefärbten *Lathrobium*-Arten äußerlich leicht durch längere und schlankere Fühler, anders geformte Fühlerglieder, breiteren und stärker abgeflachten Körper, andere Pronotumform und vor allem viel längere und schlankere Meso- und Metatarsen zu unterscheiden (Abb. 21c). ♂: Sternit VIII hinten tief und schmal V-förmig eingeschnitten; Aedoeagus wie in Abb. 143h. Von Mittelasien über die südliche Westpaläarktis westlich bis nach Italien und Südfrankreich verbreitet. In Mitteleuropa nur in den Süden einstrahlend und dort selten: Slowakei, Österreich, Schweiz; von SMETANA (2004) – wohl irrtümlich – auch für Polen angegeben. In Mitteleuropa selten. Vor allem an Seeufern und auf bodenfeuchtem Grasland. .... ***anale*** (NORDMANN, 1837)

Gattung *Tetartopeus* CZWALINA, 1888

Mittelgroße Arten, 5,0–9,0 mm (RL: 2,7–4,3 mm). Habitus (Abb. 21d), Mundwerkzeuge und andere morphologische Merkmale ähnlich wie bei *Lathrobium*, aber Hals schmaler, nur 0,3–0,4-mal so breit wie der Kopf. Umgeschlagene Teile der Elytren anders als bei *Lobrathium* und *Platydomene* in Seitenansicht ohne zusätzliche feine Linie. ♂: Sternit VIII ohne modifizierte Borsten, am Hinterrand sehr schmal und meist wenig tief ausgeschnitten; Aedoeagus mit schlankem Ventralfortsatz.

Die Gattung – früher Untergattung von *Lathrobium* – ist in der Paläarktis mit derzeit knapp 30 Arten vertreten, davon sind 14 auf die Westpaläarktis beschränkt und 4 transpaläarktisch verbreitet. Aus Mitteleuropa wurden 6 Arten sicher nachgewiesen; alle sind hygrophil und leben in Uferbiotopen, Sumpfgebieten und Mooren. Äußerlich ähnliche Arten lassen sich vor allem durch den Bau des Aedoeagus, insbesondere die Form der Dorsalplatte, und bei den Weibchen durch die Form des Sternits VIII sicher unterscheiden.

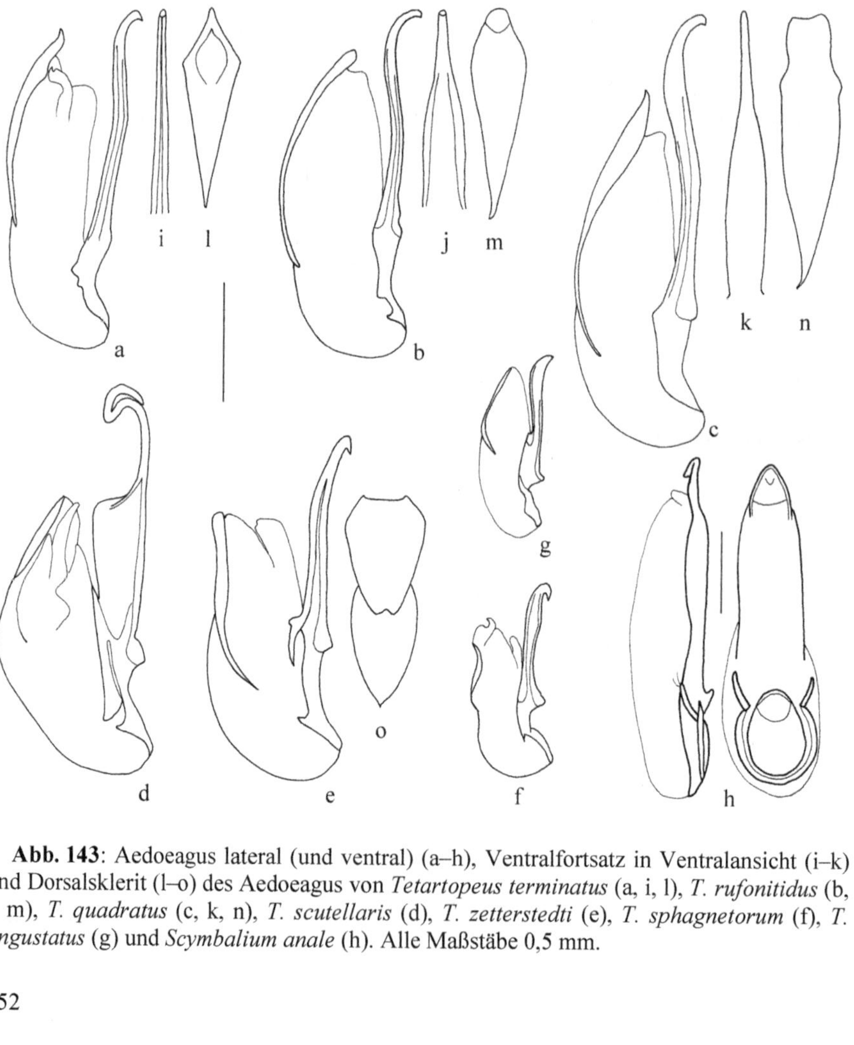

Abb. 143: Aedoeagus lateral (und ventral) (a–h), Ventralfortsatz in Ventralansicht (i–k) und Dorsalsklerit (l–o) des Aedoeagus von *Tetartopeus terminatus* (a, i, l), *T. rufonitidus* (b, j, m), *T. quadratus* (c, k, n), *T. scutellaris* (d), *T. zetterstedti* (e), *T. sphagnetorum* (f), *T. angustatus* (g) und *Scymbalium anale* (h). Alle Maßstäbe 0,5 mm.

1 Elytren rot mit schwarzer Basis. 6,0–8,0 mm (RL: 3,0–3,7 mm). 2
– Elytren schwarz, manchmal mit gelblichem Hinterrand oder gelblichen Hinterwinkeln. 3
2 Kopf länglich oval, ca. 1,20-mal so lang wie breit. Punktur des Kopfes – abgesehen von einem schmalen, länglichen, spärlich punktierten Mittelstreifen – sehr dicht; Punktzwischenräume überwiegend schmaler als der Punktdurchmesser. Fühlerglieder I(–II) und (X–)XI rötlich gefärbt, die übrigen Glieder schwarzbraun. ♂: Aedoeagus kleiner, ca. 0,8 mm lang, und mit viel kürzerem, breiterem und apikal nicht gewundenem Ventralfortsatz (Abb. 143g). ♀: Hinterrand des Sternits VIII nur wenig unter dem des hinten flach konvexen oder in der Mitte seicht konkaven Tergit VIII vorragend (Abb. 144c). Atlantomediterran verbreitet, von Nordafrika und der Iberischen Halbinsel östlich bis Polen und in die Tschechische Republik. In Mitteleuropa aus der Schweiz, Österreich, Belgien, Westdeutschland, Polen und der Tschechischen Republik gemeldet; Nachweise aus dem östlichen Mitteleuropa bedürfen allerdings der Überprüfung und könnten auf Verwechslung mit *scutellaris* beruhen. Lokal und selten. Meist an Ufern, auch in Auen und Quellgebieten. ....
.... ***angustatus angustatus*** (LACORDAIRE, 1835)
– Kopf weniger länglich, 1,10–1,15-mal so lang wie breit, hinten breiter abgerundet. Punktur des Kopfes spärlicher, Punktzwischenräume dorsal zwischen den Augen durchschnittlich etwa so breit wie der Punktdurchmesser oder breiter. Fühler schwarzbraun mit hellerer Basis (Glied I(–II)), Glied XI meist ähnlich wie IX gefärbt. ♂: Aedoeagus deutlich größer, ca. 1,6 mm lang, und mit auffällig geformtem Ventralfortsatz (Abb. 143d). ♀: Sternit VIII hinten deutlich vorgezogen, länger als Tergit VIII (Abb. 144b). Von der Kaukasusregion, Russland und dem Balkan westlich bis ins östliche Mitteleuropa; ältere Meldungen aus Italien sind zweifelhaft. In Mitteleuropa aus Österreich, Polen, der Tschechischen Republik, und der Slowakei nachgewiesen; irrtümlich auch aus Deutschland gemeldet. Sehr selten. Meist in Uferbiotopen. ... ***scutellaris*** (NORDMANN, 1837)
3 Pronotum nur 1,10–1,15-mal so lang wie breit und mindestens 0,92-mal so breit wie die Elytren. Elytren kurz, nur etwa 0,7–0,8-mal so lang wie das Pronotum. Körper ganz schwarz gefärbt; Beine schwarzbraun mit helleren Tarsen; Fühler braun bis schwarzbraun mit hellerer Basis. ♂: Sternit VIII hinten mit Mittelausschnitt von variabler Tiefe; Aedoeagus wie in Abb. 143e. Nordeuropäische Art, die von SMETANA (2004) irrtümlich auch für Italien, Österreich und Deutschland angegeben wird; eine zweifelhafte Meldung liegt auch aus der Schweiz vor. Sichere Nachweise aus Mitteleuropa unbekannt; ein Vorkommen im nordöstlichen Polen ist aber nicht auszuschließen. .... [***zetterstedti*** (RYE, 1872)]
– Pronotum 1,14–1,30-mal so lang wie breit und weniger als 0,80-mal so breit wie die Elytren. Elytren viel länger, meist mindestens etwa so lang wie das Pronotum, nur bei einer Art mit hinten gelb gefärbten Elytren 0,85–1,00-mal so lang wie das Pronotum. 4
4 Kleiner, 5,0–6,5 mm (RL: 2,7–3,2 mm). Kopf ca. 1,15-mal so lang wie breit. Körper ganz schwarz gefärbt; Fühler und Beine dunkelbraun bis schwarzbraun mit helleren Tarsen. ♂: Sternit VII in der Hinterhälfte mit deutlichem Mitteleindruck; Sternit VIII hinten in der Mitte sehr fein, kaum

erkennbar eingeschnitten; Aedoeagus klein, nur ca. 0,8 mm lang, und mit deutlich kürzerem, apikal hakenförmigem Ventralfortsatz (Abb. 143f). ♀: Tergit VIII in der Mitte des Hinterrandes schwach stumpf gewinkelt (Abb. 144d). Nordeuropa, Mitteleuropa, nördlicher Balkan. In Mitteleuropa aus der Schweiz, Österrreich, Deutschland und Polen nachgewiesen; aus vielen Regionen noch unbekannt. Sehr lokal und selten. In Moorgebieten. .... ***sphagnetorum*** (MUONA, 1977)

– Größere Arten, 6,5–8,0 mm (RL: 3,3–4,3 mm). Kopf höchstens ca. 1,10-mal so lang wie breit. ♂: Sternit VIII hinten deutlich schmal eingeschnitten; Aedoeagus mindestens 1,4 mm lang und mit völlig anders geformtem Ventralfortsatz. ♀: Hinterrand des Tergits VIII in der Mitte spitz oder scharf gerundet, stark nach hinten vorgezogen (Abb. 144a). Für die Unterscheidung der folgenden 3 Arten eignen sich insbesondere die Form des Dorsalsklerits des Aedoeagus und die Form des ♀-Sternit VIII. **5**

5 Elytren kürzer, 0,85–1,00-mal so lang wie das Pronotum, ohne deutliche Mikroskulptur und daher glänzend, Hinterwinkel fast immer mit deutlichem gelbem Fleck (Abb. 21d). Beine fast immer hell gelbrot. ♂: Ventralfortsatz des Aedoeagus in Ventralansicht schmaler (besonders an der Basis) (Abb. 143a, i); Dorsalplatte apikal zugespitzt (Abb. 143l). ♀: Hinterrand des Sternits VIII in der Mitte deutlich vorgezogen und apikal abgestutzt (Abb. 144a); Tergit X schwach konvex, seitlich ungerandet. Transpaläarktisch verbreitet. In Mitteleuropa überall und nicht selten. Vor allem in Sumpfgebieten und Mooren. .... ***terminatus*** (GRAVENHORST, 1802)

– Elytren in der Regel zumindest etwas länger als das Pronotum, mit flacher Mikroskulptur und mehr oder weniger matt; Hinterwinkel höchstens undeutlich aufgehellt. Beine meist dunkler, rotbraun bis schwarzbraun. ♂: Ventralfortsatz des Aedoeagus in Ventralansicht basal verbreitert; Dorsalplatte apikal abgerundet oder abgestutzt. ♀: Hinterrand des Sternits VIII in der Mitte nicht deutlich vorgezogen. **6**

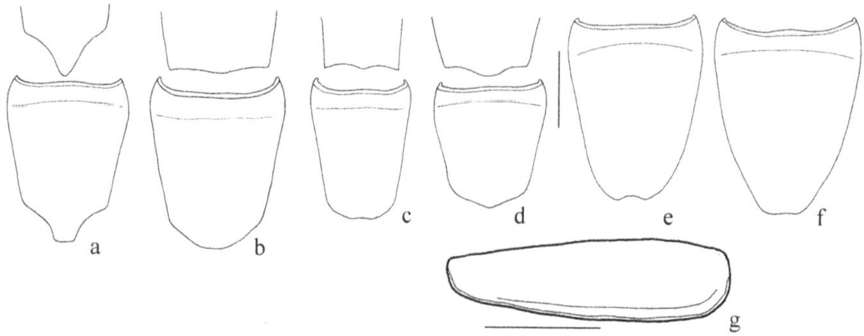

Abb. 144: ♀-Tergit VIII (Hinterrand) und ♀-Sternit VIII (a–d), ♀-Sternit VIII (e–f) und Elytron lateral (g) von *Tetartopeus terminatus* (a), *T. scutellaris* (b), *T. angustatus* (c), *T. sphagnetorum* (d), *T. rufonitidus* (e), *T. quadratus* (f), und *Lobrathium multipunctum* (g). Alle Maßstäbe 0,5 mm.

6 Beine oft (aber nicht immer!) heller gefärbt, rotbraun bis schwarzbraun. ♂: Dorsalsklerit des Aedoeagus apikal schmal abgerundet (Abb. 143m); Aedoeagus kleiner, ca. 1,5 mm lang, mit kürzerem und in Ventralansicht weniger schlankem Ventralfortsatz (Abb. 143b, j). ♀: Sternit VIII hinten weniger stark vorgezogen, Hinterrand breiter, flach konkav bis fast abgestutzt (Abb. 144e); Tergit X stark konvex. Von den Britischen Inseln und Frankreich östlich bis Mittelasien und China verbreitet; im Mittelmeerraum (Iberische Halbinsel, Italien, Balkan, Kleinasien) offenbar fehlend. In Mitteleuropa aus Österreich, Deutschland, Dänemark, Polen, der Tschechischen Republik und der Slowakei nachgewiesen. Nicht häufig, gebietsweise selten. An Ufern, in Sümpfen, auf Feuchtwiesen, oft an Faulstoffen, Hochwassergenist usw., auch am Licht. .... ***rufonitidus*** (REITTER, 1909)

– Beine schwarzbraun. ♂: Dorsalplatte des Aedoeagus apikal breit abgestutzt und konkav ausgerandet (Abb. 143n). Aedoeagus ca. 1,8 mm lang, mit längerem und schlankerem Ventralfortsatz (Abb. 143c, k). ♀: Sternit VIII hinten länger vorgezogen und schmaler abgestutzt (Abb. 144f); Tergit X abgeflacht und seitlich gerandet. Transpaläarktisch verbreitet. In Mitteleuropa wohl überall, wenn auch gebietsweise noch nicht nachgewiesen. Nicht häufig. An Ufern, in Mooren und Sumpfgebieten. .... ***quadratus*** (PAYKULL, 1789)

Subtribus Medonina CASEY, 1905

Gattung *Hypomedon* MULSANT & REY, 1878

Kleine, hell gefärbte Arten. Äußere Morphologie (Abb. 21e) ähnlich wie bei *Sunius* und *Medon*. Kopf relativ groß und mit ausgeprägten Hinterecken. Labrumvorderrand in der Mitte flach konkav ausgebuchtet, ungezähnt. Fühler kurz, Glied IV–VI etwa so lang wie breit, VII–X deutlich breiter als lang.

Die Gattung ist in der Paläarktis mit 2 Arten vertreten, von denen eine kosmopolitisch verbreitet ist und auch in Mitteleuropa vorkommt.

2,5–2,9 mm (RL: 1,4–1,6 mm). Körper rötlichgelb bis hell rotbraun, Elytren gelblich. Kopf und Pronotum mit deutlicher netzartiger Mikroskulptur und fast matt sowie mit großen flachen Punkten. Offensichtlich parthenogenetisch, da ♂♂ unbekannt. Habitus: Abb. 21e. Kosmopolitisch verbreitet. Seit Mitte des 20. Jahrhunderts adventiv in Mitteleuropa; hier mittlerweile wohl überall, wenn auch gebietsweise noch nicht nachgewiesen. An Faulstoffen; oft synanthrop. .... ***debilicornis*** (WOLLASTON, 1857)

Gattung *Lithocharis* DEJEAN, 1833

Kleine bis mittelgroße Arten, 3,5–5,2 mm; von *Medon*-ähnlicher Gestalt (Abb. 21f). Ganzer Körper sehr fein und dicht punktiert. Augen groß, mindestens fast so lang wie die Schläfen. Kehlnähte gerade, deutlich getrennt. Labrum in der Mitte ganzrandig oder mit undeutlichem Vorsprung, nicht eingebuchtet und ohne zahnartige Fortsätze. ♂: Sternit VII in der Mitte des Hinterrandes mit mehr oder weniger langem auffälligem

Borstenkamm (nicht wie bei *Medon* mit einem Paar Borstenkämme); Sternit VIII hinten mit tiefer Ausbuchtung und oft mit auffälligen pinselartigen Borstenbüscheln. Aedoeagus mit – z. T. reduzierten – Parameren und recht kompliziert gebautem, schwach sklerotisiertem Medianlobus, dessen Innensack oft mehr oder weniger ausgestülpt ist.

Die Gattung umfasst weltweit mehr als 100 Arten, von denen ein Großteil in den Tropen vorkommt. In der Paläarktis kommen 14 Arten vor; 2 davon sind auch in Mitteleuropa vertreten. Beide sind Bewohner von Faulstoffen.

Eine Absicherung der Determination durch Untersuchung der sehr charakteristischen männlichen Geschlechtsmerkmale ist dringend zu empfehlen, zumal nicht auszuschließen ist, dass weitere kosmolitisch verbreitete Arten auch in Mitteleuropa nachzuweisen sein werden.

1 Pronotum mit glänzender, unpunktierter Mittellinie. Augen durchschnittlich kleiner, höchstens so lang wie, meist etwas kürzer als die Schläfen. Kopf etwas weniger quer und meist mit weniger ausgeprägten Hinterecken. ♂: Sternit VII in der Mitte des Hinterrands stärker konkav ausgebuchtet, beiderseits des Borstenkamms mit zahlreicheren verlängerten Borsten (Abb. 145h); Hinterrand des Sternits VIII beiderseits der in der Mitte winkligen Ausbuchtung ohne pinselartige Beborstung (Abb. 145g); Aedoeagus wie in Abb. 145f, mit sehr kurzen und schlanken Parameren. 3,5–4,5 mm (RL: 2,0–2,4 mm). Habitus: Abb. 21f. Ursprünglich aus Südasien stammend, heute Kosmopolit. Seit etwa 1940 auch in Mitteleuropa und mittlerweile überall nicht selten. An Faulstoffen (Kompost usw.), auch in der Bodenstreu von Wäldern und an Ufern (Hochwassergenist). .... ***nigriceps*** KRAATZ, 1859

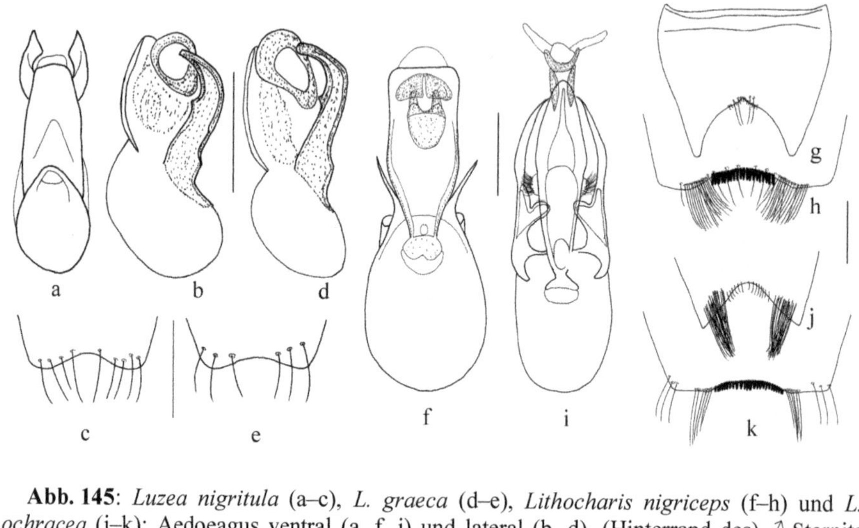

Abb. 145: *Luzea nigritula* (a–c), *L. graeca* (d–e), *Lithocharis nigriceps* (f–h) und *L. ochracea* (i–k): Aedoeagus ventral (a, f, i) und lateral (b, d), (Hinterrand des) ♂-Sternits VIII (c, e, g, j) und Hinterrand des ♂-Sternit VII (h, k). Alle Maßstäbe 0,2 mm.

– Pronotum ohne glänzende, unpunktierte Mittellinie, selten hinten mit feinem kurzem Längsstrichel. Augen durchschnittlich größer, mindestens so lang wie die Schläfen. Kopf durchschnittlich stärker quer und meist mit stärker ausgeprägten Hinterecken. ♂: Sternit VII hinten sehr flach konkav, beiderseits des Borstenkamms mit wenigen verlängerten Borsten (Abb. 145k); Hinterrand des Sternits VIII mit pinselartigem gelblichem Borstenbüschel beiderseits der in der Mitte gerundeten Ausbuchtung (Abb. 145j); Aedoeagus wie in Abb. 145i, mit längeren Parameren. 3,5–4,5 mm (RL: 2,0–2,4 mm). Kosmopolit. In Mitteleuropa überall recht häufig. Vor allem an Faulstoffen (Kompost, Mist, Strandanwurf usw.). .... ***ochracea*** (GRAVENHORST, 1802)

Gattung *Luzea* BLACKWELDER, 1952

Äußere Morphologie (Abb. 22a) sehr ähnlich wie bei *Sunius*. Von dieser Gattung durch abweichenden Bau des Aedoeagus unterschieden, von den in Mitteleuropa vertretenen *Sunius*-Arten außerdem durch die mehr oder weniger einförmig schwarzbraune bis schwärzliche Färbung des Körpers zu trennen. Körperlänge 3,0–4,0 mm (RL: 1,5–2,0 mm). Sternit VII des ♂ in der Mitte flach konkav ausgerandet, Hinterrand beiderseits der Mitte mit zahlreichen längeren dunklen Borsten (keine Borstenkämme!); Hinterrand des Sternits VIII breit und nicht besonders tief ausgerandet.

Artenarme Gattung mit derzeit 9 in der Westpaläarktis und Mittelasien verbreiteten Arten (ASSING 2010a, 2011a). Aus Mitteleuropa ist nur eine Art sicher nachgewiesen (Schweiz); das Vorkommen einer zweiten Art im südöstlichen Mitteleuropa ist wahrscheinlich. Zur Unterscheidung dieser Arten ist die Anfertigung eines mikroskopischen Präparats des Aedoeagus und die Untersuchung im Durchlicht empfehlenswert, da der Ventralfortsatz von den stark sklerotisierten apikalen Innenstrukturen verdeckt wird.

1 Kopf und Pronotum durchschnittlich dichter punktiert und meist mehr oder weniger matt; Punktzwischenräume meist deutlich schmaler als der Punktdurchmesser. ♂: Hinterrand des Sternits VIII deutlicher konkav ausgerandet (Abb. 145c). Aedoeagus in Seitenansicht mit an der Basis kräftigerem und apikal spitzerem Ventralfortsatz (Abb. 145a–b). Habitus: Abb. 22a. Verbreitung westmediterran, von den Kanaren und Nordwestafrika bis Frankreich und Italien. In Mitteleuropa bisher nur ein bestätigter Nachweis aus der Südwestschweiz (Genf). Frühere Meldungen aus Deutschland und Österreich basieren auf Fehlbestimmungen. In unbewaldeten Biotopen (Wiesen, Ruderalflächen usw.); oft unter Steinen gefunden. .... ***nigritula*** (ERICHSON, 1840)

– Kopf und Pronotum durchschnittlich spärlicher punktiert und gewöhnlich mit glänzenderen Punktzwischenräumen, diese zumindest in der Kopfmitte oft breiter als oder so breit wie die Punktdurchmesser. ♂: Hinterrand des Sternite VIII schwächer konkav ausgerandet (Abb. 145e). Aedoeagus in Seitenansicht mit schlankerem und apikal weniger zugespitztem Ventralfortsatz (Abb. 145d). Pontomediterran, vom Iran und dem Nahen Osten über den Balkan bis ins nördliche Ungarn verbreitet; ein Vorkommen im südöstlichen Mitteleuropa ist nicht gesichert, aber wahrscheinlich. Lebensweise wie bei *nigritula*. .... [***graeca*** (KRAATZ, 1857)]

Gattung *Medon* STEPHENS, 1833

Kleine bis mittelgroße Arten. Kopf auf der Unterseite mit stark genäherten Kehlnähten. Hals nicht auffällig schmal. Letztes Glied der Maxillarpalpen sehr klein und nadelförmig. Glied I der Metatarsen länger als II. Glied IV der Tarsen bei den in Mitteleuropa vertretenen Arten nicht zweilappig. Kopf und/oder Pronotum deutlich punktiert. Fühler nicht auffällig kurz (Abb. 22b). ♂: Sternit VII am Hinterrand mit einem Paar deutlicher schwarzer Borstenkämme oder mit in Gruppen angeordneten langen schwarzen Borsten. Aedoeagus ohne Parameren.

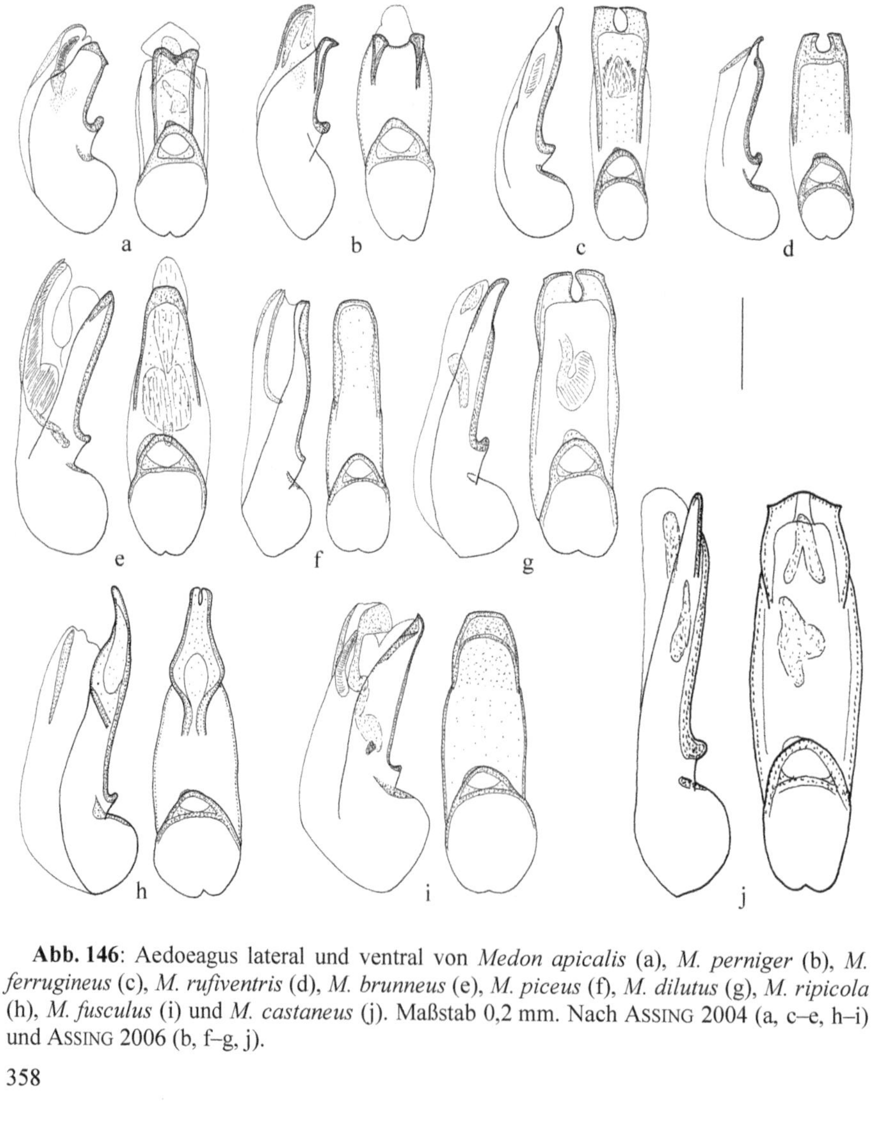

Abb. 146: Aedoeagus lateral und ventral von *Medon apicalis* (a), *M. perniger* (b), *M. ferrugineus* (c), *M. rufiventris* (d), *M. brunneus* (e), *M. piceus* (f), *M. dilutus* (g), *M. ripicola* (h), *M. fusculus* (i) und *M. castaneus* (j). Maßstab 0,2 mm. Nach ASSING 2004 (a, c–e, h–i) und ASSING 2006 (b, f–g, j).

Wie bei *Lithocharis* ist die tatsächliche Gesamtartenzahl und -verbreitung der Gattung derzeit nicht abschätzbar, da die Abgrenzung der Gattungen innerhalb der Subtribus Medonina noch weitgehend ungeklärt ist und viele heute zu *Medon* gerechnete Arten (annähernd 300) mit hoher Wahrscheinlichkeit in andere Gattungen gehören. Aus der Westpaläarktis sind nach aktuellen Revisionen (ASSING 2004, 2006) und mehreren Nachträgen 56 Arten bekannt (Nomina dubia nicht mitgerechnet). In Mitteleuropa kommen 10 Arten vor, die in der Bodenstreu, an Faulstoffen, einige auch an Totholz, in Maulwurfsnestern und anderen Habitaten leben. Die meisten Arten werden ziemlich selten gefunden, auch weil ihre – wahrscheinlich unterirdischen – Reproduktionshabitate oft ungeklärt sind.

Aufgrund der äußeren Ähnlichkeit und hoher intraspezifischer Variabilität ist für eine sichere Determination die Untersuchung der männlichen Geschlechtsmerkmale in der Regel unerlässlich.

1 Größte Art der Gattung (in Mitteleuropa): 6,0–8,0 mm (RL: 3,5–4,2 mm). Kopf länger als breit. Augen nur etwa ⅓ der Schläfenlänge in Dorsalansicht. Fühler und Beine auffällig lang und schlank; alle Fühlerglieder länger als breit; Metatarsen fast so lang wie Metatibien. ♂: Sternit VII hinten konkav ausgebuchtet und mit einem Paar Borstenkämmen. Aedoeagus sehr schlank, größer als bei anderen mitteleuropäischen Arten (Abb. 146j). Verbreitung expansiv atlantomediterran. In Mitteleuropa fast überall, aber selten. Gewöhnlich in Maulwurfsnestern, seltener auch in unterirdischen Nestern anderer Kleinsäuger. .... ***castaneus*** (GRAVENHORST, 1802)

– Kleinere Arten. Kopf etwa so lang wie breit oder breiter als lang. Augen meist relativ größer. Fühler und Beine weniger schlank. **2**

2 ♂: Sternit VII hinten nicht deutlich konkav und mit in Gruppen (nicht in Kämmen) angeordneten recht dünnen schwarzen Borsten (Abb. 147a). **3**

– ♂: Sternit VII mit konkav bis trapezoid ausgebuchtetem Hinterrand, dieser mit einem Paar schwarzer Borstenkämme (Abb. 147b–h). **4**

3 ♂: Aedoeagus wie in Abb. 146a. Oft mit *perniger* und *ripicola* verwechselt. Verbreitung expansiv atlantomediterran. In ganz Mitteleuropa verbreitet, aber relativ selten gefunden. Reproduktionshabitat unbekannt, wahrscheinlich unterirdisch. Meist fliegend nachgewiesen (Autokescher, Fenster- und Lichtfallen). .... ***apicalis*** (KRAATZ, 1857)

– ♂: Aedoeagus wie in Abb. 146b. Oft mit *apicalis* verwechselt. Italien (dort nicht besonders selten), Südostfrankreich, Südschweiz (Tessin). Vorwiegend in der Laubstreu von Wäldern und in unterirdischen Nestern von Kleinsäugern (Maulwurf, Wühlmäuse) gefunden. ***perniger*** COIFFAIT, 1978

4 ♂: Sternit VII hinten sehr tief trapezoid ausgebuchtet; Hinterrand zwischen den beiden Borstenkämmen mit dunklen, langen und dünnen Borsten beiderseits der Mitte (Abb. 147g); Sternit VIII hinten mit tiefer, fast halbkreisförmiger Ausbuchtung (Abb. 147k). Aedoeagus wie in Abb. 146i. Habitus: Abb. 22b. Oft mit *ripicola* verwechselt. Verbreitung expansiv pontomediterran. In Mitteleuropa überall, nördlich bis Schleswig-Holstein. Selten gefunden. In verschiedensten Lebensräumen nachgewiesen (inbesondere Laubstreu, unterirdische Säugernester, Kompost, hohle Bäume, Gärten, Flussufer), aber eigentliches Reproduktionshabitat ungeklärt. .... ***fusculus*** (MANNERHEIM, 1830)

– ♂: Sternit VII hinten flacher konkav oder flach V-förmig ausgebuchtet. Aedoeagus völlig anders geformt. **5**

5 ♂: Sternit VII hinten tiefer, meist flach V-förmig ausgebuchtet (Abb. 147h). Aedoeagus mit schlankem Ventralfortsatz von charakteristischer Gestalt (Abb. 146h). Kopf mit feiner und dichter, Pronotum mit sehr feiner und dichter, flacher Punktur. Oft mit *apicalis* und *fusculus* verwechselt. Verbreitung expansiv atlantomediterran. In Mitteleuropa wohl überall, wenn auch aus Teilen der Tiefebene bisher nicht bekannt. Selten gefunden. Meist in Feuchtgebieten (Flussauen, Teichanlagen), in Hochwassergenist, in Maulwurfsnestern und in der Laubstreu von Laubwäldern, vor allem in unteren Lagen; Reproduktionshabitat ungeklärt. .... ***ripicola*** (KRAATZ, 1854)

– ♂: Sternit VII hinten flach konkav ausgebuchtet; Aedoeagus völlig anders geformt. Punktur des Pronotums weniger fein und deutlicher. Kopf oft grob punktiert. **6**

6 ♂: Glied I–IV der Protarsen einfach, nicht erweitert. Apex des Aedoeagus in Ventralansicht gerundet oder nur mit angedeuteten Seitenwinkeln, in der Mitte nicht eingeschnitten. **7**

– ♂: Glied I–IV der Protarsen mehr oder weniger stark erweitert. Apex des Aedoeagus in Ventralansicht seitlich gewinkelt und in der Mitte eingeschnitten. **8**

7 Kopf mit feiner Punktur. Vorderkörper gewöhnlich schwarzbraun. ♂: Aedoeagus wie in Abb. 146f. Verbreitung expansiv atlantomediterran. In Mitteleuropa bisher nur aus Deutschland, Polen und der Tschechischen Republik sicher nachgewiesen; frühere Meldungen aus Österreich konnten bislang nicht bestätigt werden und beruhen vermutlich auf Fehldeterminationen. Selten gefunden. Vor allem in Mooren, Heidegebieten und Kiefernwäldern, besonders auf sauren Böden; seltener auch in unterirdischen Kleinsäugernestern beobachtet. .... ***piceus*** (KRAATZ, 1858)

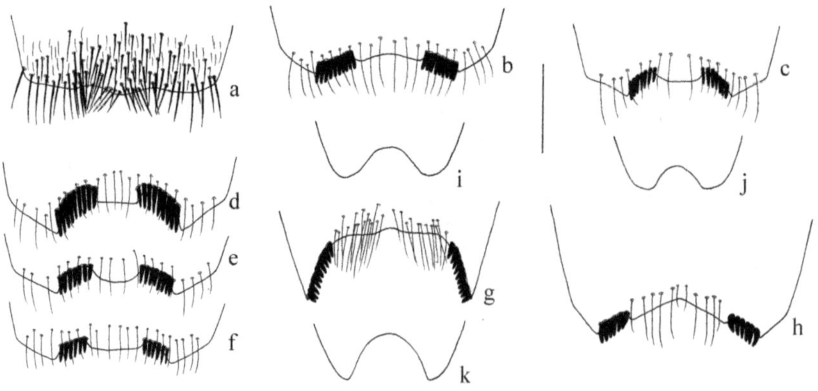

Abb. 147: Hinterrand des ♂-Sternits VII (a–h) und des ♂-Sternits VIII (i–k) von *Medon apicalis* (a), *M. brunneus* (b, i), *M. rufiventris* (c, j), *M. ferrugineus* (d–f), *M. fusculus* (g, k) und *M. ripicola* (h). Maßstab 0,2 mm. Nach ASSING 2004 (a–k).

– Kopf mit grober Punktur. Vorderkörper gewöhnlich rotbraun. Aedoeagus wie in Abb. 146e; Sternit VII–VIII: Abb. 147b, i. Verbreitung expansiv adriato- oder pontomediterran; auf dem Balkan die mit Abstand häufigste Art der Gattung. In Mitteleuropa fast überall, in Teilen der Tiefebene bislang unbekannt oder nur alte Funde; im nördlichen Mitteleuropa selten, im Süden häufiger. Vor allem in der Bodenstreu von Laubwäldern. .... ***brunneus*** (ERICHSON, 1839)

8 Kopf mit auffällig grober, dichter und genabelter Punktur; Punkte durch sehr schmale Zwischenräume getrennt. Punktur des Abdomens wenig dicht. ♂: Aedoeagus wie in Abb. 146c; Form und Beborstung des Sternits VII etwas variabel (Abb. 147d–f). Verbreitung pontomediterran. In Mitteleuropa nur aus Österreich, der Slowakei und der Tschechischen Republik nachgewiesen. Selten. Waldränder, Gebüsche, Grasland; auch an Faulstoffen und Säugerbauen. .... ***ferrugineus*** (ERICHSON, 1840)

– Kopf mit deutlich feinerer und ungenabelter Punktur. Abdomen dicht punktiert. **9**

9 Kopf, manchmal mit Ausnahme einer kleinen punktfreien oder punktarmen Fläche in der Mitte, sehr dicht punktiert; Punktzwischenräume deutlich schmaler als der durchschnittliche Punktdurchmesser. Augen wenig mehr als ⅓ so lang wie die Schläfen. Größer, 4,0–6,0 mm (RL: 2,5–2,9 mm). ♂: Aedoeagus wie in Abb. 146g. In mehreren Unterarten über große Teile Europas, Nordafrikas und Vorderasiens verbreitet; in Mitteleuropa nur die adriatomediterrane Nominatform, die bisher sicher aus Deutschland, Österreich und Polen nachgewiesen wurde. Sehr selten. Die bisher bekannten Fundumstände (am Fuße alter Bäume, unter Borke, in Nestern von Kleinsäugern und Ameisen usw.) lassen keine eindeutigen Rückschlüsse hinsichtlich des – vermutlich unterirdischen – Reproduktionshabitats zu. .... ***dilutus dilutus*** (ERICHSON, 1839)

– Kopf weniger dicht punktiert, insbesondere in der Mitte mit größeren Bereichen, in denen die Punktzwischenräume wenigstens teilweise so breit wie – oder breiter als – der Punktdurchmesser sind. Kopfform variabel, oft trapezoid nach hinten erweitert und mit deutlichen Hinterrecken. Augen etwa halb so lang wie die Schläfen. Kleinere Art (RL: 2,0–2,4 mm). Aedoeagus wie in Abb. 146d; Sternit VII–VIII: Abb. 147c, j. Verbreitung expansiv pontomediterran. In Mitteleuropa weit verbreitet, aber lokal und sehr selten gefunden. Die bisherigen Funde deuten auf eine Assoziation mit Totholz (Baumstubben, Borke alter oder toter Bäume) hin; das Reproduktionshabitat muss aber noch als ungeklärt gelten. .... ***rufiventris*** (NORDMANN, 1837)

Gattung *Pseudomedon* MULSANT & REY, 1878

Kleine Arten, 3,0–4,5 mm. Von *Medon*-ähnlicher Gestalt (Abb. 22c), aber schlanker. Ganzer Körper sehr fein und dicht punktiert, dicht und kurz pubeszent (Anpassung an Feuchtbiotope). Kehlnähte gebogen und breit getrennt. Labrum in der Mitte eingebuchtet, aber ohne zahnartige Vorsprünge am Vorderrand. Tergit und Sternit VIII lang gestreckt, deutlich länger als breit. Fühler ziemlich lang und schlank. ♂: Sternit VIII ohne auffällige Borstenkämme oder -felder, Hinterrand nicht oder nur sehr schwach konkav ausgerandet; Aedoeagus klein, schwach sklerotisiert und in

Ventralansicht mit asymmetrischem Basalteil; Ventralfortsatz seitlich komprimiert, daher in Ventralansicht sehr dünn erscheinend.

Die Gattung umfasst derzeit 24 Arten, von denen 10 in der Westpaläarktis (einschließlich Mittelasien) verbreitet sind. Die frühe Auftrennung in 2 Untergattungen entfällt, da *Euphonus* FAUVEL sich als Synonym von *Pseudomedon* erwiesen hat (ASSING 2009b, 2011a). In Mitteleuropa kommen 3 Arten vor. Die Namen *obscurellus* und *obsoletus* wurden früher teilweise umgekehrt gedeutet; auf welche der beiden Arten sich ältere ökologische und zoogeographische Literaturdaten beziehen, ist daher nicht immer eindeutig zu klären.

Die *Pseudomedon*-Arten leben meist in Feuchtbiotopen, insbesondere in Gewässernähe, werden aber z. T. auch synanthrop an faulenden Stoffen (Kompost o. ä.) gefunden. Einige Arten leben in unterirdischen Habitaten und werden fast ausschließlich bei Überschwemmungen nachgewiesen.

Die Determination sollte durch Untersuchung der männlichen Geschlechtsmerkmale abgesichert werden; dies gilt insbesondere für die Unterscheidung von *obscurellus* und *obsoletus*.

1 Größer, 3,7–4,5 mm (RL: 2,1–2,4 mm). Fühler länger und schlanker; Glied III–VI annähernd 3-mal so lang wie breit, VIII etwa doppelt so lang wie breit und X etwas länger als breit. ♂: Sternit VIII hinten tiefer eingeschnitten; Aedoeagus wie in Abb. 148a. Pterodimorphe Art. Verbreitung noch weitgehend ungeklärt; aus dem südlichen Mitteleuropa (Schweiz, Süddeutschland, Österreich, Slowakei) und Mazedonien bekannt. Die brachyptere Morphe wurde bisher nur aus der Schweiz (Tessin) nachgewiesen. Sehr selten und fast ausschließlich bei Überschwemmungen gefunden. Habitat offenbar unterirdisch. .... ***huetheri*** (HUBENTHAL, 1927)

– Kleinere Arten, 3,0–4,1 mm. (RL: 1,6–2,2 mm). Fühler kürzer; Glied III–VI höchstens doppelt so lang wie breit, VIII höchstens etwas länger als breit und X etwa so lang wie breit oder schwach quer. ♂: Sternit VIII hinten weniger tief ausgeschnitten; Aedoeagus anders geformt. **2**

2 Durchschnittlich kleiner (RL: 1,6–1,9 mm) und heller gefärbt; Pronotum und Elytren meist rotbraun; Fühler mehr oder weniger einfarbig rötlich braun. ♂: Sternit VIII hinten tiefer und schmaler, fast V-förmig ausgeschnitten (Abb. 148d); Aedoeagus sehr klein, ca. 0,35 mm lang (Abb. 148c). In Flügel- und Augenbildung polymorphe Art, aus Mitteleuropa aber ausschließlich macroptere Exemplare mit voll entwickelten Augen bekannt. Verbreitung: Westpaläarktis; kürzlich auch aus Südamerika nachgewiesen, dort vermutlich adventiv. In Mitteleuropa überall, aber aus einigen Teilen Deutschlands noch nicht gemeldet oder nur alte Funde. Im Norden selten, im Süden etwas häufiger. In Feuchtbiotopen und an Faulstoffen. .... ***obscurellus*** (ERICHSON, 1840)

– Durchschnittlich größer (RL: 1,8–2,2 mm) und dunkler gefärbt; Vorderkörper oft (aber nicht immer!) einfarbig schwarz braun; Fühler oft in der Mitte angedunkelt. ♂: Sternit VIII hinten flach konkav ausgebuchtet (Abb. 148e); Aedoeagus größer, ca. 0,55 mm lang (Abb. 148 b). Habitus: Abb. 22c. In der Westpaläarktis weit verbreitet; Meldungen aus Nordamerika, der Australis und der Äthiopis sind zweifelhaft und könnten sich auf *obscurellus* beziehen. Aus allen mitteleuropäischen Ländern bekannt, aus einigen Teilen Deutschlands aber noch nicht nachgewiesen oder nur alten Funde. Im Norden selten, im Süden häufiger. An Feuchtstellen und an Faulstoffen (Kompost usw.). .... ***obsoletus*** (NORDMANN, 1837)

Gattung *Sunius* STEPHENS, 1829

Kleine Arten, 3,0–4,5 mm. Im Habitus (Abb. 22d) der Gattung *Medon* sehr ähnlich, aber von schlankerer Gestalt und meist glänzender. Kehlnähte deutlich getrennt. Körper der in Mitteleuropa vorkommenden Arten meist mehr oder weniger zweifarbig: Kopf und Abdomen dunkelbraun bis schwarz, Pronotum und Elytren rötlich. ♂: Sternit VII ohne Borstenkämme oder Borstengruppen am Hinterrand, hinten höchstens sehr schwach konkav ausgerandet; Aedoeagus mit langem und schlankem, bei einigen Arten subapikal gezähntem Ventralfortsatz.

Die vermutlich holarktisch verbreitete Gattung ist in der Paläarktis nach aktuellen Revisionen (ASSING 2008a, 2008e, 2011b) mit derzeit 113 Arten vertreten. Aus der Westpaläarktis und Mittelasien sind 102 Arten und 2 Unterarten bekannt, von denen die große Mehrheit im Mittelmeerraum vorkommt. Aus Mitteleuropa sind 4 Arten gemeldet; das Vorkommen von *S. propinquus* bedarf jedoch der Bestätigung. Eine weitere Art ist in Italien nördlich bis Aosta verbreitet und damit auch in der südlichen Schweiz zu erwarten.

Die mitteleuropäischen *Sunius*-Arten werden in unterschiedlichen Lebensräumen angetroffen: in der Wurzelschicht von Grasvegetation, in der Streu von Bäumen und Sträuchern, oder an Gewässerufern. Insbesondere in den Wintermonaten wurden sie oft in unterirdischen Kleinsäugernestern gefunden; eine Bindung an dieses Habitat ist aber unwahrscheinlich.

Für eine sichere Determination ist in der Regel die Untersuchung der männlichen Geschlechtsmerkmale unerlässlich.

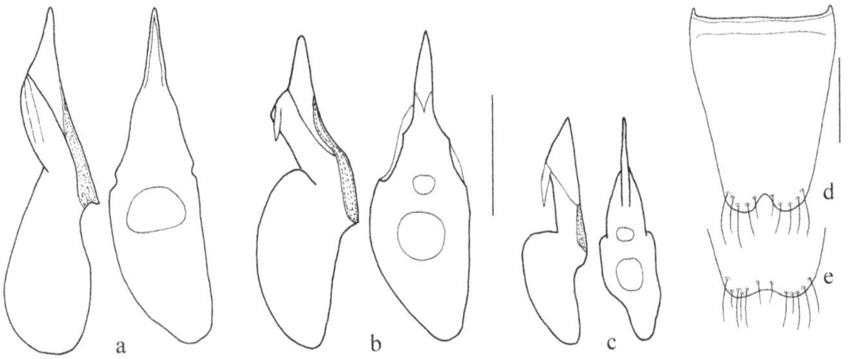

Abb. 148: Aedoeagus lateral und ventral (a–c) sowie ♂-Sternit VIII (d–e) von *Pseudomedon huetheri* (a), *P. obsoletus* (b, e) und *P. obscurellus* (c–d). Alle Maßstäbe 0,2 mm.

1 Kopfoberseite zwischen der Punktur mit deutlicher querer Mikroskulptur. ♂: Sternit VIII hinten tief V-förmig ausgeschnitten; Aedoeagus wie in Abb. 149e. Verbreitung atlantomediterran, von den Azoren, Madeira, Nordwest-Afrika und der Iberischen Halbinsel bis England, Frankreich und Italien. In Mitteleuropa alte Meldungen aus Österreich und Süddeutschland, die vermutlich auf Verwechslung mit anderen Arten beruhen; neuere – allerdings nicht überprüfte – Nachweise nur aus den Niederlanden und Belgien. Meist in Feuchtbiotopen (Gewässerufer usw.); im Winter auch in Kleinsäugernestern (besonders beim Maulwurf). .... ***propinquus*** (BRISOUT DE BARNEVILLE, 1867)

– Kopfoberseite ohne deutliche Mikroskulptur. **2**

2 ♂: Ventralfortsatz des Aedoeagus in Seitenansicht auffällig lang und gerade, subapikal mit einem Paar zahnartiger Vorsprünge (Abb. 149c–d). **3**

– ♂: Ventralfortsatz des Aedoeagus anders geformt, subapikal ohne zahnartige Vorsprünge. **4**

3 ♂: Ventralfortsatz des Aedoeagus relativ länger und schlanker, subapikale zahnartige Vorsprünge weniger weit von der Spitze des Ventralfortsatzes entfernt; Innenstruktur des Aedoeagus stärker gebogen (Abb. 149c). Verbreitung expansiv atlantomediterran, östlich bis Polen und in die Tschechische Republik. In Mitteleuropa insbesondere im Westen, in der Mitte und im Norden weiter verbreitet. Sichere Nachweise aus Österreich und der Slowakei unbekannt. Ziemlich selten. In verschiedenen unbewaldeten Lebensräumen (insbesondere Feuchtbiotope, Agrarflächen, Gärten, Salzstellen); auch in Säugernestern. .... ***bicolor*** (OLIVIER, 1795)

– ♂: Ventralfortsatz des Aedoeagus weniger lang und kräftiger; subapikale zahnartige Vorsprünge weiter von der Spitze des Ventralfortsatzes entfernt; Innenstruktur des Aedoeagus schwächer gebogen (Abb. 149d). In Italien weit verbreitet, nördlich bis Aosta nachgewiesen und daher auch in der Südschweiz zu erwarten. .... [***italicus*** (COIFFAIT, 1961)]

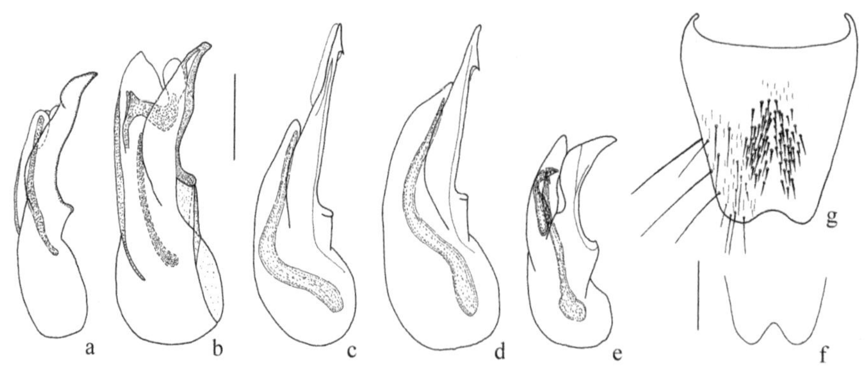

Abb. 149: Aedoeagus lateral (a–e) und (Hinterrand des) ♂-Sternit VIII (f–g) von *Sunius melanocephalus* (a, f), *S. fallax* (b, g), *S. bicolor* (c), *S. italicus* (d) und *P. propinquus* (e). Alle Maßstäbe 0,2 mm. Nach ASSING 1995 (a–b, g).

4 ♂: Sternit VIII beiderseits der Mitte mit auffälligen, verdickten schwarzen Borsten, Hinterrand flach konkav ausgebuchtet (Abb. 149g). Aedoeagus wie in Abb. 149b. Vom südlichen Balkan und der Kaukasusregion bis ins südöstliche Mitteleuropa verbreitet, hier nur aus dem südlichen Österreich und der Slowakei sicher nachgewiesen. Ziemlich selten. Sowohl in bewaldeteten als auch in unbewaldeten Biotopen; in Feuchtgebieten, aber auch in Trockenbiotopen. .... ***fallax*** (LOKAY, 1919)

– ♂: Sternit VIII ohne auffällige Borstenfelder, Hinterrand tief V-förmig ausgeschnitten (Abb. 149f). Aedoeagus mit charakteristisch geformtem Apex (Abb. 149a). Durchschnittlich kleinere Art. Habitus: Abb. 22d. Verbreitung transpaläarktisch; adventiv in Nordamerika. In Mitteleuropa die am weitesten verbreitete und am wenigsten seltene Art der Gattung. Im Norden recht selten, im Süden etwas häufiger. Vor allem in unbewaldeten Lebensräumen: Wiesen, Trockenrasen, Feuchtbiotope, Agrarflächen, Gärten, Salzstellen; nicht auf sauren Böden und in dichten Wäldern. Gelegentlich auch in Kompost und anderen Faulstoffen sowie in Nestern von Kleinsäugern und Ameisen. .... ***melanocephalus*** (FABRICIUS, 1793)

Subtribus Paederina FLEMING, 1821

Gattung *Paederidus* MULSANT & REY, 1878

Die Gattung, früher Untergattung von *Paederus*, ist in der Paläarktis mit 12 Arten vertreten; nur 2 – äußerlich sehr ähnliche Arten – sind in Mitteleuropa verbreitet. Körper von *Paederus*-ähnlicher Gestalt (Abb. 22e); die beiden in Mitteleuropa vorkommenden Arten sind durch die auffällige Färbung unverkennbar: deutlich zweifarbig mit hellrotem Pronotum, restlicher Körper schwärzlich, Elytren und oft auch Kopf und Abdomen mit metallischem Blauschimmer. Ihre Larven wurden kürzlich von STANIEC et al. (2011) beschrieben und abgebildet. Alle Arten sind Uferbewohner.

1 Labrum in der Mitte des Vorderrandes mit einem erhabenen Längskörnchen. Pubeszenz der Abdominaltergite III–VI in der Mitte auffällig zur Mitte konvergierend, fast quer; an den Seiten deutlich nach außen gerichtet. ♂: Aedoeagus mit apikal gerundeter Dorsalplatte und mit apikal nicht auffällig zugespitzten Parameren (Abb. 150b). Durchschnittlich kleiner, 6,5–9,0 mm. Habitus: Abb. 22e. In der Westpaläarktis mit Ausnahme des Nordens weit verbreitet. In Mitteleuropa im Süden überall und nicht selten, im Norden seltener; im nordöstlichen Mitteleuropa in der Ebene gebietsweise fehlend oder keine neuen Funde. ...... ***ruficollis*** (FABRICIUS, 1777)

– Labrum in der Mitte ohne Längskörnchen. Pubeszenz der Tergite III–VI in der Mitte und an den Seiten gerade oder schräg nach hinten gerichtet, nicht quer. ♂: Dorsalplatte und Parameren des Aedoeagus apikal zugespitzt (Abb. 150a). Durchschnittlich größer, 8,0–10,5 mm. In Europa mit Ausnahme des Nordens weit verbreitet, im Südosten nach Kleinasien einstrahlend. Im Süden Mitteleuropas überall und nicht selten, im Norden deutlich seltener. In der Tiefebene weithin fehlend oder keine neuen Nachweise. .... ***rubrothoracicus*** (GOEZE, 1777)

Gattung *Paederus* FABRICIUS, 1775

Mittelgroße bis relativ große Arten. Durch die auffällige Färbung (Abb. 22f) sehr ausgezeichnet: Abdomen zweifarbig, Segmente III–VI gelbrot, VII–X schwärzlich; Pronotum rötlich; Kopf schwarz und Elytren blau oder grün metallisch, ausgenommen eine in Mitteleuropa bisher nur aus der Südschweiz nachgewiesene Art mit einfarbig rotgelbem Vorderkörper.

Recht artenreiche Gattung, die weltweit mehr als 600 Arten umfasst (FRANK 1988) und in der Paläarktis mit etwa 80 Arten vertreten ist. Aus Mitteleuropa sind bisher 10 Arten nachgewiesen, die überwiegend in Feuchtbiotopen (Ufer, Sümpfe etc.), teilweise aber auch in trockeneren Lebensräumen anzutreffen sind. Die Larven und Imagines ernähren sich vorzugsweise räuberisch, Imagines wurden aber auch beim Fressen von Pflanzenresten und Algen beobachtet. Das Sekret zumindest eines Teils der Arten enthält Paederin, ein Kontaktgift, das schwere Hautreizungen (Dermatitis linearis) und Bindehautentzündungen (Konjunktivitis) verursachen kann (FRANK & KANAMITSU 1987). Abbildungen der weiblichen Terminalia einiger Arten, nach denen sich zumindest Artengruppen unterscheiden lassen, finden sich bei ADORNO & ZANETTI (1999).

1 Vorderkörper einfarbig rotgelb. ♂: Aedoeagus dem des *riparius* ausgesprochen ähnlich[1] (Abb. 150f, q). Hinterflügel dimorph. 7,5–11,0 mm (RL: 3,8–4,8 mm). In Norditalien weit verbreitet und nicht selten, auch aus Griechenland und Albanien gemeldet. In Mitteleuropa bisher nur aus der Südschweiz (Tessin) bekannt. Vor allem im Schilfgürtel von Seeufern. Untergattung *Paederus* FABRICIUS 1775. .... ***melanurus*** ARAGONA, 1830

– Vorderkörper deutlich zweifarbig; Kopf und Elytren dunkel gefärbt. **2**

2 Elytren kurz, an der Naht höchstens 0,85-mal so lang wie das Pronotum. **3**

– Elytren länger, etwa so lang wie oder länger als das Pronotum. **6**

3 Elytren nach hinten nicht deutlich erweitert; Seiten der Elytren mehr oder weniger parallel. Pronotum an der Seite mit feiner aber deutlicher und vollständiger Randlinie. ♂: Aedoeagus dorsal mit einem Paar gekrümmter Fortsätze; Parameren in Seitenansicht subapikal deutlich gebogen (Abb. 150e). 7,5–10,5 mm (RL: 3,6–4,6 mm). Subgenus *Poederomorphus* GAUTIER DES COTTES, 1862. In der Westpaläarktis weit verbreitet und eine der häufigsten Arten der Gattung, nach Osten bis nach Westsibirien. In Mitteleuropa im Süden häufig, im Norden weniger häufig; meist in trockenwarmen Biotopen. .... ***littoralis littoralis*** GRAVENHORST, 1802

– Elytren nach hinten deutlich erweitert, Seiten nicht parallel. Pronotum bei ähnlich großen Arten ohne oder mit in der Mitte unterbrochener Randlinie, nur bei einer deutlich kleineren Art mit deutlicher und vollständiger Randlinie. ♂: Aedoeagus dorsal ohne Fortsätze; Parameren in Seitenansicht gerade oder nur leicht gebogen. Untergattung *Harpopaederus* SCHEERPELTZ, 1957. .... **4**

---

[1] Der taxonomische Status ist daher zweifelhaft; sehr wahrscheinlich handelt es sich bei *melanurus* um eine Unterart oder nur um eine Farbmorphe von *riparius*.

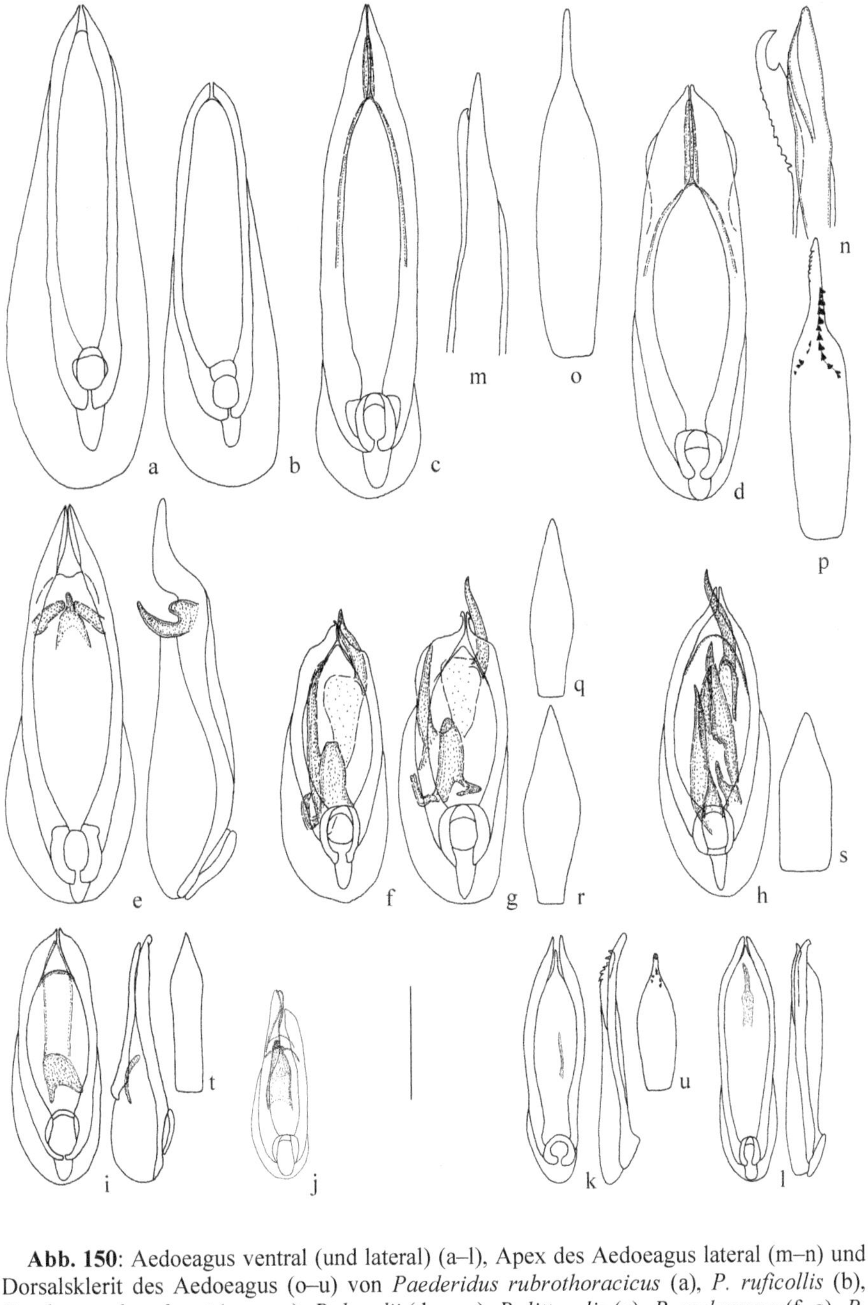

Abb. 150: Aedoeagus ventral (und lateral) (a–l), Apex des Aedoeagus lateral (m–n) und Dorsalsklerit des Aedoeagus (o–u) von *Paederidus rubrothoracicus* (a), *P. ruficollis* (b), *Paederus schoenherri* (c, m, o), *P. baudii* (d, n, p), *P. littoralis* (e), *P. melanurus* (f, q), *P. riparius* (g, r), *P. balcanicus* (h, s), *P. caligatus* (i, t), *P. fuscipes* (j), *P. brevipennis* (k, u) und *P. limnophilus* (l). Maßstab 0,5 mm.

4 Kleiner, 6,0–8,0 mm (RL: 2,6–3,5 mm). Pronotum an der Seite mit deutlicher und vollständiger Randlinie. ♂: Aedoeagus klein, 1,10–1,25 mm (einschließlich der Parameren); Ventralfortsatz, Dorsalplatte und Parameren apikal sehr spitz (Abb. 150k); Dorsalplatte subapikal mit kleinen Zähnchen (Abb. 150u). Von Ost- und Südosteuropa bis nach Frankreich, Belgien und in die Niederlande verbreitet. In Mitteleuropa nur im Norden teilweise fehlend, sonst aus allen Regionen nachgewiesen. Überwiegend – im Bereich der nördlichen Verbreitungsgrenze fast ausschließlich – in trockenwarmen Biotopen. .... ***brevipennis*** LACORDAIRE, 1835

– Größer, 8,0–11,5 mm (RL: 3,8–4,0 mm). Pronotum ohne oder mit in der Mitte unterbrochener sehr feiner Randlinie. ♂: Aedoeagus deutlich größer, einschließlich der Parameren 1,8–2,3 mm lang. **5**

5 Kopf und Elytren mit gröberer und dichterer Punktur; Punktabstände der Schläfenpunktur hinter den Augen (Seitenansicht!) höchstens so breit wie der Punktdurchmesser. Elytren etwas länger, an der Naht 0,62–0,70-mal so lang wie das Pronotum, nach hinten etwas weniger stark erweitert und mit noch ansatzweise erkennbaren Humeralwinkeln. Vorletztes Glied der Maxillarpalpen apikal verdunkelt. ♂: Aedoeagus sehr schlank (Abb. 150c, m), 2,2–2,3 mm lang; Dorsalplatte ungezähnt (Abb. 150o). Südosteuropa, nordöstliches Italien, südöstliches Mitteleuropa. In Deutschland bisher nur aus Bayern nachgewiesen. An Ufern von Gebirgsflüssen und -bächen. Nicht häufig. .... ***schoenherri*** CZWALINA, 1889

– Kopf und Elytren mit feiner und spärlicher Punktur; Punktabstände der Schläfenpunktur hinter den Augen durchschnittlich deutlich breiter als der Punktdurchmesser. Elytren sehr kurz, an der Naht 0,55–0,60-mal so lang wie das Pronotum, ohne Humeralwinkel. Vorletztes Glied der Maxillarpalpen meist (aber nicht immer!) völlig gelb. ♂: Aedoeagus weniger schlank (Abb. 150d, n), etwa 2,0 mm lang; Dorsalplatte mit zahlreichen Zähnchen besetzt (Abb. 150p), in Seitenansicht mit hakenförmig gebogener Spitze (Abb. 150n). In den Gebirgen Italiens, Südostfrankreichs und der Südschweiz (Tessin); in den Südalpen östlich bis zum Gardasee. Nicht häufig. An Bach- und Flussufern, aber auch in Waldbeständen und subalpinen Zwergstrauchbiotopen. .... ***baudii*** FAIRMAIRE, 1860

6 Kleine Art, 6,0–8,0 mm (RL: 3,1–3,8 mm). Elytren auffällig lang, an der Naht 1,10–1,25-mal so lang wie das Pronotum (Abb. 22f). Tibien nur an der Basis leicht angedunkelt, sonst gelblich. Augen groß und deutlich vorgewölbt, von oben betrachtet etwa so lang wie die Schläfen. ♂: Aedoeagus sehr klein, einschließlich der Parameren 0,8–1,0 mm, und stark asymmetrisch; linke Paramere (Ventralansicht) deutlich länger und anders geformt als die rechte Paramere (Abb. 150j). Untergattung *Heteropaederus* SCHEERPELTZ, 1957. Kosmopolit. In Mitteleuropa überall, im Nordwesten aber nur stellenweise und selten. In Feuchtbiotopen (Ufer, Feuchtwiesen, Sümpfe usw.) .... ***fuscipes fuscipes*** CURTIS, 1826

– Elytren kürzer, an der Naht weniger als 1,10-mal so lang wie das Pronotum; eine Art mit annähernd so langen Elytren ist deutlich größer. Ähnlich kleine Arten mit deutlich angedunkelten Tibien. Augen oft kleiner. ♂: Aedoeagus meist zumindest etwas größer (Ausnahme: *caligatus*), Parameren gleich lang. **7**

7 Größere Arten, 7,5–11,0 mm (RL: 3,8–4,8 mm). Tibien gelblich, nur an der äußersten Basis undeutlich angedunkelt. ♂: Aedoeagus größer, einschließlich der Parameren 1,4–1,5 mm lang, und mit großen und deutlich sklerotisierten, mehr oder weniger dornförmigen Innenstrukturen. Untergattung *Paederus* FABRICIUS 1775. .... **8**

– Kleinere Arten, 6,0–8,0 mm (RL: 2,8–3,7 mm). Tibien mehr oder weniger vollständig angedunkelt, braun bis dunkelbraun. ♂: Aedoeagus kleiner, einschließlich der Parameren höchstens etwa 1,1 mm lang, höchstens mit nur einem kleinen und schlanken Dorn im Internalsack. Untergattung *Eopaederus* SCHEERPELTZ, 1957. .... **9**

8 Kopf hinter den Augen von oben betrachtet fast geradlinig zur Halsabschnürung verengt, nur sehr schwach konvex. Punktur der Elytren feiner und spärlicher, Punktzwischenräume durchschnittlich deutlich breiter als der Punktdurchmesser. Vordertibien apikal breiter geschwärzt. ♂: Aedoeagus mit apikal abgerundetem Ventralfortsatz; Internalsack mit 4 langen und 2 kurzen dornförmigen Strukturen (Abb. 150h, s). Von der Kaukasusregion, Kleinasien, Ost- und Südosteuropa bis nach Italien und Frankreich verbreitet. In Mitteleuropa nur im Süden, Südosten und Osten: Österreich, Slowakei, Tschechische Republik, Polen. In Deutschland bisher nur aus Berlin/Brandenburg nachgewiesen. In Feuchtgebieten. .... ***balcanicus*** KOCH, 1938

– Kopf hinter den Augen von oben betrachtet gerundet, stark konvex verengt. Elytrenpunktur dichter und gröber, Punktzwischenräume eng, deutlich schmaler als der Punktdurchmesser. Vordertibien apikal nur schmal oder (selten) gar nicht geschwärzt. ♂: Aedoeagus mit apikal stumpf zugespitztem Ventralfortsatz; Internalsack mit 2 langen dornförmigen Strukturen (Abb. 150g, r). Transpaläarktisch verbreitet, auch in Nordamerika. In Mitteleuropa überall häufig. In Feuchtgebieten und an Ufern. .... ***riparius*** (LINNAEUS, 1758)

9 Elytren feiner und enger punktiert; Punktzwischenräume deutlich schmaler als der Punktdurchmesser. ♂: Aedoeagus schlank, mit schmaleren Parameren und stark zugespitztem Ventralfortsatz; Internalsack mit schmalem sklerotisiertem Dorn (Abb. 150l). Von Ost- und Südosteuropa westlich bis Italien und Frankreich verbreitet. Im mittleren und südlichen Mitteleuropa weit verbreitet, im Westen und Norden fehlend. Selten. In der Nähe von Gewässern, vor allem an Bach- und Flussufern. .... ***limnophilus*** ERICHSON, 1840

– Elytren gröber und weitläufiger punktiert; Punktzwischenräume durchschnittlich etwa so breit wie der Punktdurchmesser. ♂: Aedoeagus breiter, mit breiteren Parameren und weniger stark zugespitztem Ventralfortsatz; Internalsack ohne Dorn (Abb. 150i, t). In Europa mit Ausnahme des Nordens weit verbreitet. In Mitteleuropa vor allem im Süden und in der Mitte; in der Tiefebene selten, teilweise fehlend. Besonders in Mooren und auf Feuchtwiesen. .... ***caligatus*** ERICHSON, 1840

Subtribus Scopaeina MULSANT & REY, 1878

Gattung *Scopaeus* ERICHSON, 1839

Kleine bis sehr kleine Arten; Körperlänge mitteleuropäischer Arten 2,3–4,0 mm. Labrum vierzähnig. Kopf am oberen Augenrand mit flacher Grube, in der eine lange, dünne Sinnesborste (Trichobothrium) inseriert (Autapomorphie der Scopaeina). Hals schmal, bei mitteleuropäischen Arten etwa 0,2-mal so breit wie der Kopf (Abb. 23b). Kopf parallelseitig (Abb. 151a–b) bis trapezoid mit divergierenden Schläfen und konkavem Hinterrand (Abb. 151c). Pronotum oval, am breitesten etwas vor der Mitte. Kopf und Elytren dicht punktiert; die Punktzwischenräume etwa so breit wie der Punktdurchmesser; Pronotum meist feiner und weitläufiger punktiert; Abdomen kräftig mikroskulptiert. Protarsen schmal oder erweitert – beim ♀ meist ebenso deutlich wie beim ♂. Medianlobus des Aedoeagus (Abb. 152–153) in 2 laterale Lobi und einen dorsalen Lobus differenziert; Basalteil mit 2 häufig borstentragenden, oftmals reduzierten, lateralen Lobi; Innensack mit ventral vorstehendem Fortsatz; Parameren reduziert. Spermathek aus 2 gegeneinander beweglichen Hälften bestehend (Spermapumpe), mit einem sklerotisierten (nachfolgend: Ductus) und einem durchscheinenden Ductus (Abb. 155m–z).

Die Gattung *Scopaeus* ist mit ca. 450 beschriebenen und vielen unbeschriebenen Arten vorwiegend in den Tropen und Subtropen verbreitet. Von den etwa 110 aus der Westpaläarktis (excl. Mittelasien) bekannten Arten sind nur elf in Mitteleuropa weiter verbreitet; 7 mediterrane Arten strahlen in den Süden bzw. Westen Mitteleuropas ein oder sind hier zu erwarten. Revisionen mitteleuropäischer Arten wurden von FRISCH (1997, 1998) vorgelegt. Die *Scopaeus*-Arten der damaligen Tschechoslowakei wurden von BOHÁČ (1985) faunistisch und ökologisch bearbeitet. Das Untergattungskonzept in LOHSE (1964) ist phylogenetisch nicht begründbar und wurde von FRISCH et al. (2002) verworfen. Alle mitteleuropäischen Arten sind gegenwärtig *Scopaeus* s. str. zugeordnet.

Die hygrothermophilen, meist ripicolen Arten besiedeln feuchte, sandig-lehmige oder kiesige, vegetationsarme Böden, meist Störstellen und Umlagerungsflächen naturnaher Fließgewässer. Im folgenden Schlüssel wird nur auf abweichende Habitatpräferenzen hingewiesen. Die Charakterisierung einiger Arten als myrmecophil oder xerothermophil (HORION 1965, KOCH 1989a) ist unrichtig.

Die Determination der zum Teil außerordentlich ähnlichen *Scopaeus*-Arten muss durch die Untersuchung der Sexualmerkmale abgesichert werden. Die Bestimmung der ♀♀ vieler Arten ist anhand der Ausbildung der lateralen Enden des Tergits IX und der Spermathek möglich (Durchlichtmikroskop, mind. 200fach). Die Spermatheken sind sehr klein (ca. 0,05–0,1 mm) und werden beim Sezieren der Abdominalspitze leicht übersehen. Die im Schlüssel verwendeten Indizes beruhen auf Messungen bei 140-facher Vergrößerung. Die Anordnung der Arten im Schlüssel spiegelt ihre phylogenetische Verwandtschaft nicht wider.

1 Protarsen sehr schmal; Glieder I–III so lang wie breit, selten geringfügig breiter (Abb. 151d). ♂: Aedoeagus wie in Abb. 152a; Sternit VIII wie in Abb. 154a. ♀: Tergit IX mit tiefer, stumpfwinklig begrenzter Ausrandung (Abb. 155a); Kammer der Spermathek doppelbuchtig (Abb. 155m). Grazile, äußerst fein punktierte, mikroskulptierte, matt glänzende Art. Kopf schlank und parallelseitig, etwa 1,2-mal so lang wie breit; Hinterecken breit verrundet. Augen groß, 0,67–0,86-mal so lang wie die Schläfen. Elytren lang und parallelseitig, bis zu 1,2-mal so lang wie das Pronotum. Körper meist dunkelbraun bis schwarz; Pronotum häufig rötlich aufgehellt; Elytren zum Hinterrand heller oder mit unscharf begrenzter, gelbbrauner Randbinde; Beine, Fühler und Maxillarpalpen gelbbraun bis braun; Femora manchmal geschwärzt. Körperlänge 2,9–3,1 mm (RL: 1,6–1,7 mm). Holomediterran; nach Osten bis zum Baikalsee, in Mitteleuropa im äußersten Süden (Tessin, Südtirol, Burgenland, Südslowakei). Nach BOHÁČ (1985) alte Belege aus Mähren; Meldungen aus weiteren Teilen Österreichs sind zweifelhaft. Fliegt ans Licht. .... ***debilis*** HOCHHUTH, 1851

– Protarsen verbreitert; Glieder II–IV mindestens doppelt so breit wie lang (Abb. 151e–h). Sexualmerkmale anders. **2**

2 Kopf quadratisch, 1,0–1,1-mal so lang wie breit; Schläfen bereits hinter den Augen zu den runden Hinterecken leicht verjüngt; Hinterrand häufig schwach konvex, über dem Hals stärker vorgezogen (Abb. 151b). Augen sehr groß, 0,71–0,84-mal so lang wie die Schläfen (Abb. 151b). ♂: Aedoeagus wie in Abb. 152b; Sternit VIII wie in Abb. 154b, Endzähne ventral abstehend. ♀: Distale Ausrandung des Tergits IX sehr breit, von einem stumpfen Zahn begrenzt (Abb. 155b); Sternit IX kurz dreieckig (Abb. 155k); Ductus der Spermathek mit sklerotisiertem, taschenartigem Anhang (Abb. 155n). Breit gebaute, dunkelbraun bis schwarz gefärbte Art mit hell- bis dunkelbraunen Beinen, Fühlern und Maxillarpalpen; mittlere Fühlerglieder und Glied III der Maxillarpalpen dunkler braun oder geschwärzt; Elytren einfarbig, zum Hinterrand aufgehellt oder mit unscharf begrenzter, gelb- bis rotbrauner Hinterrandbinde von variabler Ausdehnung. Vorderkörper kräftig punktiert, ohne Mikroskulptur, glänzend. Mesotibien kräftig, 4,9–5,9-mal so lang wie breit (vergleiche Abb. 151i). Macropter. Körperlänge 3,2–3,6 mm (RL: 1,7–2,1 mm). Transpaläarktisch; in Mitteleuropa meist häufig. Ripicol, aber auch in Sümpfen und auf Feuchtwiesen. Fliegt ans Licht. .... ***laevigatus*** (GYLLENHAL, 1827)

– Kopf schmaler, mindestens 1,14-mal so lang wie breit (vgl. Abb. 151a), oder trapezoid (vgl. Abb. 151c). Augen meist deutlich kleiner, höchstens 0,69-mal so lang wie die Schläfen. ♂: Sexualmerkmale anders. ♀: Sternit IX gestreckt (Abb. 155l); Spermathek ohne sklerotisierten Anhang. **3**

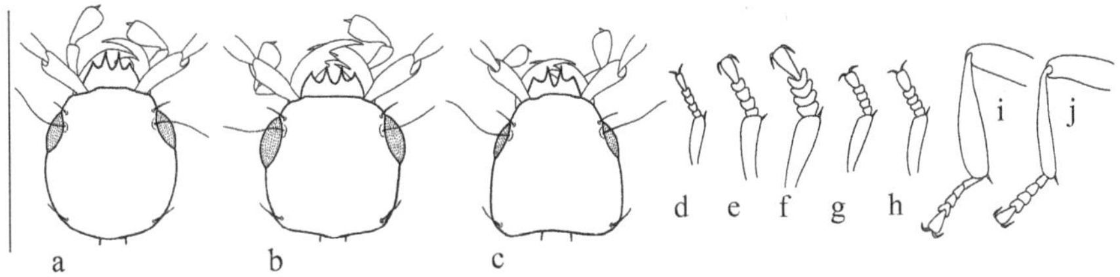

Abb. 151: Kopf von *Scopaeus bicolor* (a), *S. laevigatus* (b), *S. sulcicollis* (c); Protarsen von *S. debilis* (d), *S. bicolor* (e), *S. rubidus* (f), *S. ryei* (g), *S. minimus* (h); Mesotibie von *S. bicolor* (i), *S. gracilis* (j). Maßstab 0,5 mm.

3 Fühlerglieder VIII–X gestreckt, 1,1–1,3-mal so lang wie breit. ♂: Aedoeagus wie in Abb. 152c; Sternit VIII wie in Abb. 154c. ♀: Distale Ausrandung von Tergit IX höchstens stumpfwinklig begrenzt (Tergit IX Typ 2, Abb. 155g–j); Ductus der Spermathek sehr kurz und am Ende verdickt (Abb. 155o). Körper mitteleuropäischer Exemplare braun bis schwarzbraun; Pronotum häufig heller rot- oder orangebraun; Elytren zum Hinterrand aufgehellt oder mit unscharfer, gelbbrauner Randbinde im distalen ¼. Vorderkörper fein punktiert, gewöhnlich ohne Mikroskulptur, glänzend. Kopf 1,14–1,21-mal so lang wie breit, parallelseitig oder hinter den Augen geringfügig erweitert; Hinterecken breit verrundet. Augen groß, 0,63–0,68-mal so lang wie die Schläfen. Mesotibien sehr schlank (Abb. 151j). Macropter. Körperlänge 3,1–3,9 mm (RL: 1,5–2,2 mm). Holomediterran; von Westeuropa einschließlich der Britischen Inseln, den Kanaren und Nordwestafrika über die gebirgigen Teile Europas und Vorderasiens bis Iran; in Mitteleuropa im Alpen- und Karpatenraum häufig, nach Norden seltener, fehlt nördlich der Mittelgebirge. Ripicol an Fließgewässern, sekundär in Sand- und Kiesgruben. ...... ***gracilis*** (SPERK, 1835)

– Fühlerglieder VIII–X quadratisch oder schwach quer. Sexualmerkmale anders. **4**

4 Beine, Fühler und Maxillarpalpen gewöhnlich braun bis schwarzbraun; bei Exemplaren mit helleren Beinen sind die Femora, Fühler und Glied III der Maxillarpalpen deutlich gebräunt. Dunkel rotbraun bis schwarz gefärbte Arten mit parallelem oder schwach trapezoidem Kopf. Elytren in der hinteren Nahthälfte häufig schmal rotbraun, selten umfangreicher rotbraun aufgehellt. ♀: Kammer der Spermathek gestreckt, Ductus nicht geknickt (Abb. 155p–q); distale Ausrandung von Tergit IX von kurzem Zahn begrenzt (Tergit IX Typ 1, Abb. 155c–f). **5**

– Meist heller gefärbte Arten mit hell gelbbraunen Körperanhängen, nur Glied III der Maxillarpalpen einiger Arten dunkler. ♀♀ ebenso dunkel gefärbter Arten unterscheiden sich durch den deutlich trapezoiden Kopf (Abb. 151c), Tergit IX Typ 2 (Abb. 155g–j) und die Spermathek mit kompakter Kammer und geknicktem Ductus (Abb. 155w–z). **6**

5 ♂: Aedoeagus wie in Abb. 152d; Sternit VIII wie in Abb. 154d. ♀: Kammer der Spermathek sehr gestreckt (Abb. 155p). Protarsen schmal; Glieder I–IV etwa doppelt so breit wie lang; Glied V gedrungen, höchstens doppelt so lang wie breit (Abb. 151h). Kopf parallelseitig oder hinter den Augen geringfügig erweitert; Hinterecken breit abgerundet. Augen 0,47–0,52-mal so lang wie die Schläfen. Vorderkörper mit Ausnahme des flacher und weitläufiger punktierten Pronotums kräftig punktiert, gewöhnlich ohne Mikroskulptur, glänzend. Hinterhälfte der Elytren manchmal ausgedehnt rotbraun. Pterodimorph; Elytren 0,75–1,07-mal so lang wie das Pronotum. Körperlänge 2,3–2,6 mm (RL: 1,3–1,4 mm). Expansiv pontomediterran; von Iran über Anatolien, den Balkan und die Ukraine bis Nord- und Westdeutschland und in die Schweiz; im Westen des Verbreitungsgebiets südlich bis zu den Seealpen und in die Toskana; auch aus Dänemark gemeldet. In Mitteleuropa in niederen Lagen auf Feuchtwiesen und in Sümpfen, auch auf Salzböden, nicht häufig. Literaturmeldungen sind unzuverlässig, da der Name *minimus* bis in jüngste Zeit auf *ryei* bezogen wurde. .... ***minimus*** (ERICHSON, 1839)

– ♂: Aedoeagus wie in Abb. 152e; Sternit VIII wie in Abb. 154e. ♀: Kammer der Spermathek weniger stark gestreckt (Abb. 155q). Glied V der Protarsen schmal keilförmig (Abb. 151e–f). Protarsenglieder I–IV der ♂♂ deutlich erweitert, mehr als doppelt so breit wie lang. Kopf schwach trapezoid. Augen 0,52–0,58-mal so lang wie die Schläfen. Vorderkörper mikroskulptiert, matt glänzend. Elytren so lang wie das Pronotum. Macropter. Körperlänge 2,3–3,0 mm (RL: 1,4–1,6 mm). Atlantomediterran; von Nordwestafrika und der Iberischen Halbinsel über Südfrankreich, die Balearen und Italien (nördlich bis Verona) bis Istrien; auch in Nordgriechenland und auf den Azoren; möglicherweise im südlichsten Mitteleuropa. .... [***portai*** LUZE, 1910]

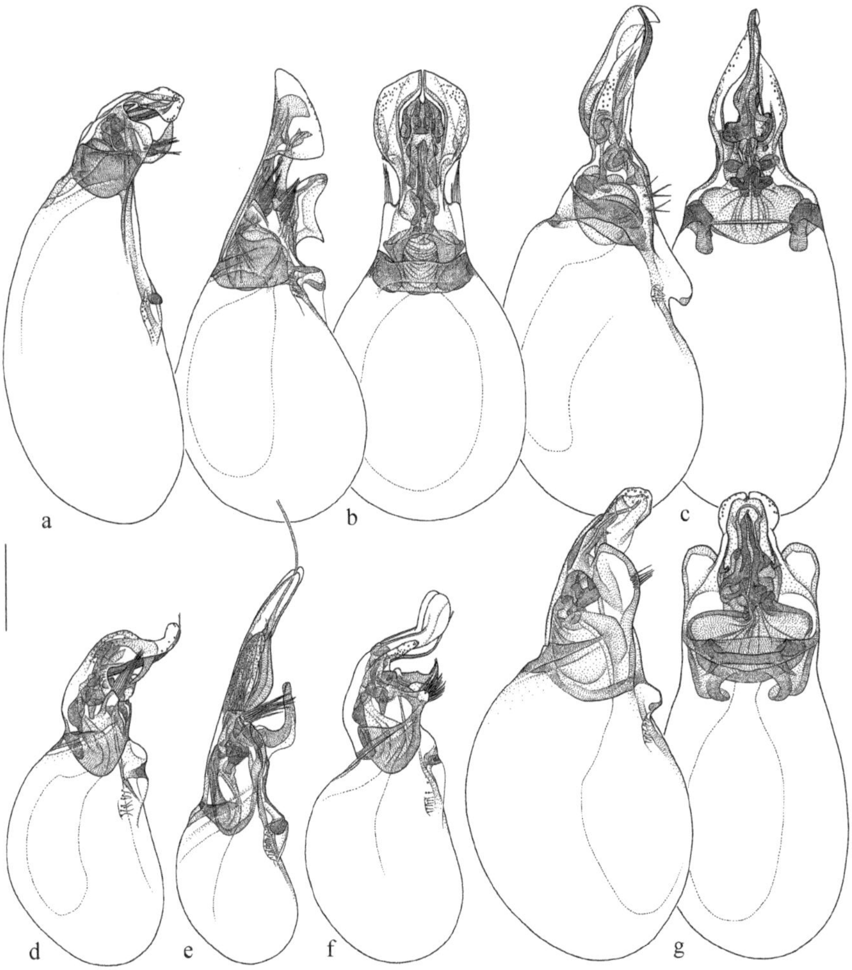

Abb. 152: Aedoeagus von *Scopaeus debilis* (a), *S. laevigatus* (b), *S. gracilis* (c), *S. minimus* (d), *S. portai* (e), *S. ryei* (f), *S. bicolor* (g). Maßstab 0,1 mm.

6 Glied V der Protarsen kurz und gedrungen, höchstens doppelt so lang wie breit, erst in oder hinter der Mitte zur Basis kurz verrundet (Abb. 151g). ♂: Aedoeagus wie in Abb. 152f; Sternit VIII wie in Abb. 154f. ♀: Tergit IX Typ 1 (Abb. 155c–f); Kammer der Spermathek etwas gestreckt, Ducti in entgegengesetzte Richtungen orientiert (Abb. 155r). Gelbbraun bis dunkel rotbraun gefärbte Art mit braunem bis schwarzbraunem Abdomen; Elytren häufig mehr oder weniger geschwärzt. Kopf schwach trapezoid. Augen klein, 0,4–0,47-mal so lang wie die Schläfen. Vorderkörper fein punktiert und mikroskulptiert, mäßig glänzend. Macropter. Körperlänge 2,5–2,9 mm (RL: 1,3–1,5 mm). Europa; von England, Benelux, Frankreich und Nordostspanien über West- und Süddeutschland (Bayern, Hessen, Schleswig-Holstein) bis Südpolen, die Slowakei und Rumänien; nach Süden bis in den Apennin und mittleren Balkan. In Mitteleuropa nur im Alpenraum häufiger. Ripicol an Fließgewässern, sekundär in Sand- und Kiesgruben. .... ***ryei*** WOLLASTON, 1872

– Glied V der Protarsen schmal keilförmig, doppelt so lang wie breit oder länger, bereits vor der Mitte zur Basis verschmälert (Abb. 151e–f). Sexualmerkmale anders. 7

7 Kopf schlank, 1,14–1,27-mal so lang wie breit, parallelseitig oder hinter den Augen geringfügig erweitert; Hinterecken breit verrundet (vgl. Abb. 151a). ♀: Tergit IX Typ 1 (Abb. 155c–f); Ductus der Spermathek nicht geknickt (Abb. 155s–v). Macroptere Arten. 8

– Kopf trapezoid und meist breiter, 1,04–1,17-mal so lang wie breit (vgl. Abb. 151c). ♀: Tergit IX Typ 2 (Abb. 155g–j); Ductus der Spermathek geknickt (vgl. Abb. 155w–z). Macropter oder brachypter. 11

8 Überwiegend pechbraun bis schwarz gefärbte Arten mit hellen Körperanhängen und geschwärztem Glied III der Maxillarpalpen. Vorderkörper kräftig punktiert, ohne Mikroskulptur, glänzend. 9

– Gelbbraun bis rotbraun gefärbte Arten mit hellem Glied III der Maxillarpalpen. Vorderkörper fein punktiert und mikroskulptiert, matt glänzend. 10

9 Elytren mit meist scharf begrenzter, gelbbrauner Binde im hinteren ¼, die nur selten reduziert ist. ♂: Aedoeagus wie in Abb. 152g; Sternit VIII wie in Abb. 154g. ♀: Ducti der Spermathek zusammen stehend (Abb. 155s). Kopf sehr schlank, 1,22–1,27-mal so lang wie breit; Schläfen mit dem Hinterrand fast halbkreisförmig verrundet (Abb. 151a). Mesotibien keulenförmig, nur 4,1–5,1-mal so lang wie breit (Abb. 151i). Protarsen schmal; Glieder I–IV doppelt so breit wie lang (Abb. 151e). Körperlänge 3,4–4,0 mm (RL: 1,8–2,0 mm). Pontomediterran; von Transkaukasien über Anatolien, die Ukraine und den Balkan bis Italien; in Mitteleuropa im äußersten Südosten (Burgenland, Steiermark, Südslowakei); nach BOHÁČ (1985) in Mähren; im Piemont nachgewiesen und möglicherweise in der Südschweiz und Südtirol. Die Meldung für Kärnten (HORION 1965) ist unbelegt. .... ***bicolor*** BAUDI DI SELVE, 1848

– Elytren ohne gelbbraune Binde. ♂: Aedoeagus wie in Abb. 153b; Sternit VIII wie in Abb. 154h. ♀: Ductus der Spermathek gebogen und am Ende verdickt (Abb. 155t). Kopf weniger schlank, 1,14–1,23-mal so lang wie breit; Hinterecken nicht völlig verrundet. Mesotibien schlank. Protarsen breiter; Glieder I–IV mehr als doppelt so breit wie lang. Körperlänge 3,1–

3,7 mm (RL: 1,6–1,8 mm). Expansiv atlantomediterran; von Spanien bis in die Seealpen und Mittelfrankreich; in Mitteleuropa aus der französischen Schweiz (Vaud, Valais) und Westdeutschland (Traisen an der Nahe) bekannt. Meldungen aus Kärnten sind unbelegt und zweifellos unrichtig. .... ***longicollis*** FAUVEL, 1873

10 ♂: Aedoeagus wie in Abb. 153d; Sternit VIII wie in Abb. 154i. ♀: Spermathek mit breiten Enden; Ductus halbkreisförmig gebogen; durchscheinender Ductus häufig mit Höcker an der Basis (Abb. 155u). Kopf rotbraun; Pronotum und Elytren mit Ausnahme einer undeutlichen Scutellarmakel gelb- bis orangebraun; Abdomen braun bis braunschwarz. Körperlänge 3,1–3,6 mm (RL: 1,8–2,0 mm). Seltene, montane Art des Alpen- und Karpatenraumes; von Frankreich östlich der Saone und Rhone über die nördlichen Westalpen (Graubünden) und Ostalpen (Tirol) einschließlich des nördlichen (Südbayern, Oberösterreich) und südlichen (Italien nördlich der Poebene, Kärnten, Steiermark) Voralpenraums bis in die Beskiden und ukrainischen Karpaten. .... ***sericans*** MULSANT & REY, 1855

– ♂: Aedoeagus wie in Abb. 153a; Sternit VIII distal kurz und schmal dreieckig ausgeschnitten. ♀: Spermathek zu den Enden hin nicht erweitert, ohne Höcker an der Basis des durchscheinenden Ductus (Abb. 155v). Vorderkörper orangebraun bis rotbraun; Kopf häufig dunkler; Elytren geschwärzt, ausgenommen die Naht und eine gelbbraune, unscharf abgesetzte Hinterrandbinde; Abdomen schwarzbraun. Körperlänge 2,9–3,1 mm (RL: 1,6–1,7 mm). Seltene, atlantomediterrane Art; Pyrenäen, Seealpen, Grenoble; möglicherweise in der südlichen Schweiz. .... [***cylindricus*** OCHS, 1953]

11 Seitenzähne des Labrums ebenso lang wie die Mittelzähne oder länger. Mesotibien schlank (Abb. 151j). Beine, Fühler und Maxillarpalpen gelbbraun bis dunkelbraun. ♂: Sternit VIII dreieckig ausgeschnitten; Mittellinie deutlich erhaben und jederseits von einem borstenfreien Eindruck begrenzt (Abb. 154j–l). Mediterrane Arten, die in den äußersten Süden und Westen Mitteleuropas einstrahlen. **12**

– Seitenzähne des Labrums deutlich kürzer als die Mittelzähne. Mesotibien häufig keulenförmig verdickt (Abb. 151i). Beine, Fühler und Maxillarpalpen gelbbraun. ♂: Sternit VIII median höchstens flach gewölbt. **14**

12 Hell gelborange bis rotbraun gefärbte, microphthalme, brachyptere Art mit gelbbraunen Beinen, Fühlern und Maxillarpalpen; Abdomen braun bis dunkelbraun. Augen 0,37–0,43-mal so lang wie die Schläfen. Elytren kurz und schmal mit gerundeten Schultern, nur 0,79–0,89-mal so lang wie das Pronotum. Vorderkörper fein punktiert und oberflächlich mikroskulptiert, matt glänzend. ♂: Aedoeagus wie in Abb. 153c; Sternit VIII mit gewölbter, vor dem dreieckigen Ausschnitt verkürzter Mittellinie (Abb. 154j). Körperlänge 2,9–3,1 mm (RL: 1,5–1,8 mm). Adriatomediterran; vom mittleren Apennin bis in die Provence und Veneto; in Südtirol (Leifers) nachgewiesen und möglicherweise auch im Tessin. .... [***micropterus*** FAUVEL, 1873]

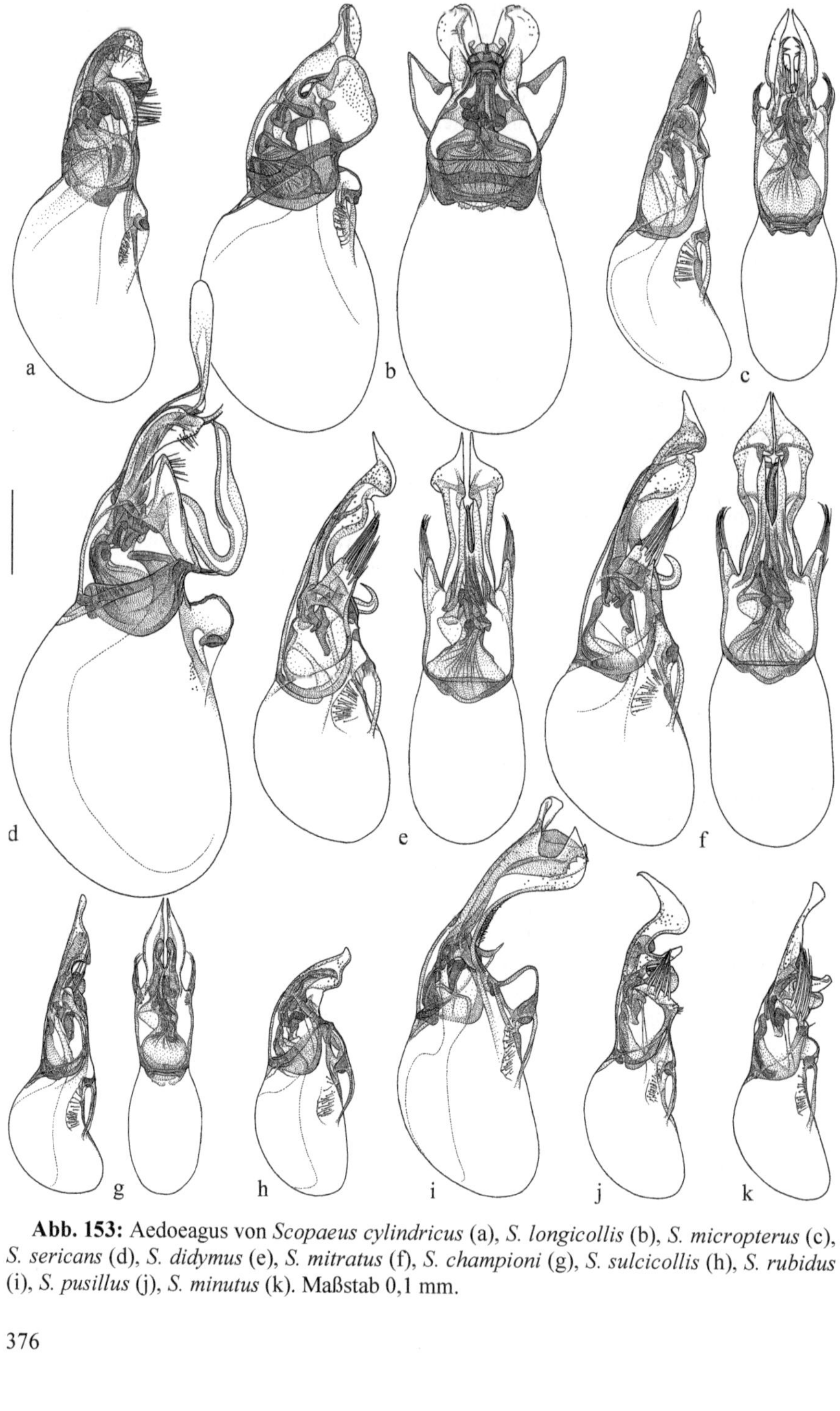

Abb. 153: Aedoeagus von *Scopaeus cylindricus* (a), *S. longicollis* (b), *S. micropterus* (c), *S. sericans* (d), *S. didymus* (e), *S. mitratus* (f), *S. championi* (g), *S. sulcicollis* (h), *S. rubidus* (i), *S. pusillus* (j), *S. minutus* (k). Maßstab 0,1 mm.

– Dunkelbraun bis schwarz gefärbte, macroptere Arten mit braunen oder dunkelbraunen Beinen, Fühlern und Maxillarpalpen. Augen größer, 0,53–0,66-mal so lang wie die Schläfen. Elytren 1,0–1,1-mal so lang wie das Pronotum. Vorderkörper kräftig punktiert, gewöhnlich ohne Mikroskulptur, glänzend. ♂: Sternit VIII mit scharfkantiger, dicht beborsteter, vollständiger Mittelrippe (Abb. 154k–l). Körperlänge 3,1–3,6 mm (RL: 1,7–1,9). Zwei allopatrische, westmediterrane Arten, die Mitteleuropa im äußersten Süden und Westen erreichen. Die ♀♀ können nur anhand des Fundortes unterschieden werden. **13**

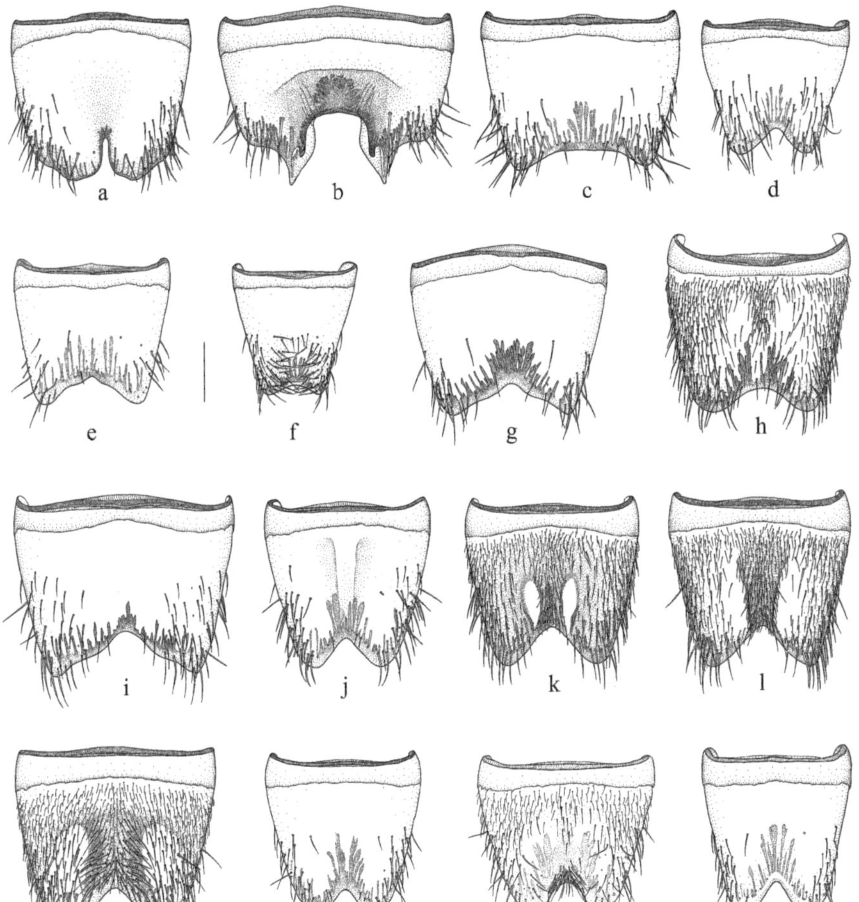

Abb. 154: ♂-Sternit VIII von *Scopaeus debilis* (a), *S. laevigatus* (b), *S. gracilis* (c), *S. minimus* (d), *S. portai* (e), *S. ryei* (f), *S. bicolor* (g), *S. longicollis* (h), *S. sericans* (i), *S. micropterus* (j), *S. didymus* (k), *S. mitratus* (l), *S. rubidus* (m), *S. championi* (n), *S. sulcicollis* (o), *S. minutus* (p). Die feine Grundbeborstung der Sternite ist in h, k–m und o vollständig dargestellt. Maßstab 0,1 mm. Nach FRISCH 1996 (h), FRISCH 1997 (e, p), FRISCH 1998 (c–d, f, j, n), FRISCH 1999a (a), FRISCH 1999b (m, o) und FRISCH 2003 (b).

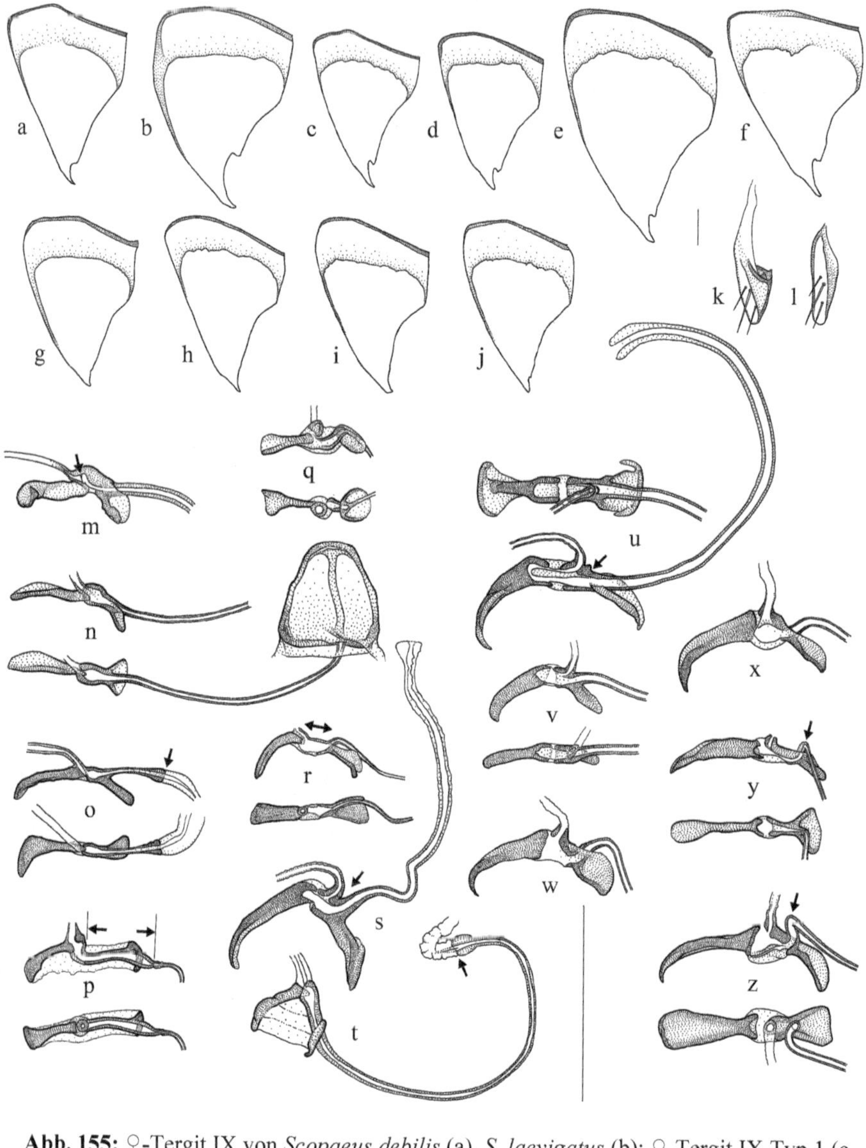

Abb. 155: ♀-Tergit IX von *Scopaeus debilis* (a), *S. laevigatus* (b); ♀-Tergit IX Typ 1 (c–f), Typ 2 (g–j); ♀-Sternit IX von *S. laevigatus* (k), *S. minimus* (l); Spermathek von *S. debilis* (m), *S. laevigatus* (n), *S. gracilis* (o), *S. minimus* (p), *S. portai* (q), *S. ryei* (r), *S. bicolor* (s), *S. longicollis* (t), *S. sericans* (u), *S. cylindricus* (v), *S. didymus* (w), *S. mitratus* (x), *S. rubidus* (y), *S. minutus* (z). Alle Maßstäbe 0,1 mm (a–l; m–z). Nach FRISCH 1996 (t), FRISCH 1997 (q, z), FRISCH 1998 (o–p, r), FRISCH 1999a (m), FRISCH 1999b (y) und FRISCH 2003 (n).

13 ♂: Aedoeagus wie in Abb. 153e; Sternit VIII wie in Abb. 154k. Expansiv atlantomediterran; von Marokko (Tanger), der Iberischen Halbinsel, Korsika und Sardinien über Frankreich bis nach Belgien; in Mitteleuropa bislang nur im Elsass nachgewiesen; möglicherweise in der Schweiz und Westdeutschland. Meldungen aus anderen Teilen Mitteleuropas beruhen auf Verwechslung insbesondere mit macropteren *minutus* (Leitzahl 17). .... ***didymus*** ERICHSON, 1840

– ♂: Aedoeagus wie in Abb. 153f; Sternit VIII wie in Abb. 154l. Adriatomediterran; von Sizilien bis an den Südrand der Alpen (Alpi Orobie); auch auf Korfu; möglicherweise in der Südschweiz und Südtirol. Meldungen aus Österreich sind unbelegt und zweifellos unrichtig. .... [***mitratus*** BINAGHI, 1935]

14 Große Art (3,4–3,9 mm, RL: 1,8–2,0 mm) mit orange- bis rotbraunem Vorderkörper und schwarzbraunem Abdomen. Vorderkörper ohne Mikroskulptur, mit Ausnahme des meist feiner und sehr weitläufig punktierten Pronotums kräftig punktiert, glänzend. ♂: Aedoeagus wie in Abb. 153i; Sternit VIII dreieckig ausgeschnitten, Mittellinie mit seitwärts orientierten Borsten besetzt und jederseits von einem ovalen Eindruck begrenzt (Abb. 154m). Mesotibien keulenförmig, 4,2–4,7-mal so lang wie breit (vgl. Abb. 151i). Macropter. Expansiv atlantomediterran; von der Iberischen Halbinsel bis Nordfrankreich (Aube) und von Sizilien bis ins Trentino (Rovereto); Sardinien; in Mitteleuropa im äußersten Westen (Genf, Straßburg) und in den polnischen Beskiden und daher in weiten Teilen Mitteleuropas zu erwarten, äußerst selten. Meldungen aus Süddeutschland und Österreich sind unbelegt oder beruhen auf Verwechslung mit *sericans*. .... ***rubidus*** MULSANT & REY, 1855

– Kleinere (2,8–3,6 mm, RL: 1,5–1,8), anders gefärbte Arten. Vorderkörper feiner punktiert, häufig mikroskulptiert; Pronotum meist nur wenig weitläufiger punktiert als Kopf und Elytren. Mesotibien meist schlanker. ♂: Sexualmerkmale anders. **15**

15 ♂: Aedoeagus wie in Abb. 153g; Sternit VIII wie in Abb. 154n. Vorderkörper hell rotbraun; Pronotum gewöhnlich heller orangebraun; Elytren mit Ausnahme der Naht und des Basal- und Hinterrandes meist geschwärzt; Abdomen dunkelbraun bis schwarz. Macropter. Körperlänge 2,8–3,1 mm (RL: 1,5–1,6 mm). Montan im südlichen Mitteleuropa und in Südosteuropa: Ostalpen (Südtirol, Tirol, Steiermark), rumänische und ukrainische Karpaten, Bosnien. Seltene, ripicole Art unregulierter Fließgewässer; in Tirol auf Umlagerungsflächen des Lech zwischen 800 und 1200 m syntop mit dem ähnlichen *ryei* (Leitzahl 6); von diesem durch breitere Protarsen mit gestrecktem Glied V und die Sexualmerkmale unterschieden. .... ***championi*** BINAGHI, 1935

– ♂: Sexualmerkmale anders. Dunkler und weniger kontrastreich gefärbte, pterodimorphe Arten mit rotbraunem bis schwarzem Vorderkörper. Körperlänge 2,8–3,6 mm (RL: 1,5–1,8 mm). In ganz Mitteleuropa verbreitete Arten; die ♀♀ sind häufig nicht sicher zu trennen. **16**

16 ♂: Aedoeagus wie in Abb. 153h; Sternit VIII halbkreisförmig ausgerandet, in der Hinterhälfte quer abgeflacht mit erhabener, vor der Ausrandung dicht beborsteter (Seitenansicht) und jederseits von einem borstenfreien Eindruck begrenzter Mittellinie (Abb. 154o). Vorderkörper kräftig punktiert;

Intervalle auf den Elytren schwach raspelartig, etwas unregelmäßig und glänzend (nur im Vergleich mit anderen Arten sicher zu beurteilen). Mesotibien stark verdickt, 4,3–4,7-mal so lang wie breit (vgl. Abb. 151i). Elytren 0,80–0,94-mal so lang wie das Pronotum. Meist brachypter. Vorderkörper dunkel rotbraun bis schwarz; Abdomen dunkelbraun bis schwarz. Glied III der Maxillarpalpen meist etwas verdunkelt. Europäische Art; von den Britischen Inseln und Südskandinavien bis Estland, Polen, die westliche Ukraine und Bulgarien; südlich bis zu den Pyrenäen, Kalabrien und Griechenland. In Mitteleuropa meist häufig. Ripicol, aber auch auf mageren Wiesen, Äckern, Brachen und in Sandheiden. .... ***sulcicollis*** (STEPHENS, 1833)

– ♂: Aedoeagus von anderer Gestalt; Sternit VIII spitz dreieckig ausgeschnitten (Abb. 154p). Vorderkörper einschließlich der Elytren etwas feiner punktiert. Mesotibien meist schlanker. Elytren häufig länger als das Pronotum. **17**

17 ♂: Aedoeagus wie in Abb. 153j. Vorderkörper dunkel rotbraun mit dunklerem Kopf und variabel geschwärzten Elytren oder dunkelbraun bis schwarz mit schmal aufgehelltem Elytrenhinterrand; Abdomen schwarz. Glied III der Maxillarpalpen meist deutlich geschwärzt. Elytren 0,80–1,03-mal so lang wie das Pronotum; mitteleuropäische Exemplare meist macropter. Mesotibien verdickt, doch selten so stark wie bei *S. sulcicollis*, 4,6–5,6-mal so lang wie breit. Westpaläarktische Art; von Südfennoskandien, Benelux und Frankreich bis zum Baikalsee und Altai-Gebirge; südlich bis zu den Pyrenäen, Mittelitalien, Griechenland, den ägäischen Inseln und Anatolien. In ganz Mitteleuropa, aber nicht häufig. Ripicol an Fließgewässern, sekundär in Sand- und Kiesgruben. .... ***pusillus*** KIESENWETTER, 1843

– ♂: Aedoeagus wie in Abb. 153k. Meist heller gefärbt: Vorderkörper rotbraun bis schwarzbraun; Elytren zum Hinterrand häufig aufgehellt; Abdomen geschwärzt. Beine, Fühler und Maxillarpalpen meist dunkler als bei *S. pusillus*, doch Glied III der Maxillarpalpen hell oder nur schwach gebräunt; Femora manchmal geschwärzt. Elytren 0,85-1,07-mal so lang wie das Pronotum. Macroptere Form: Elytren mit ausgeprägten Schultern; Mesotibien schlank. Brachyptere Form: Elytren mit abgerundeten Schultern; Mesotibien verdickt. ♀♀ sind nicht sicher von *S. pusillus* zu trennen; die brachyptere Form ist *S. sulcicollis* (Leitzahl 16) ähnlich. Von den Britischen Inseln über Südfennoskandien bis Westrussland; südlich bis Südspanien, Mittelitalien, den mittleren Balkan und die Ukraine; in Kanada (Montreal) vermutlich adventiv; auch von den Azoren gemeldet. In Mitteleuropa meist häufig. Ripicol, aber auch auf Magerwiesen und Brachland. .... ***minutus*** ERICHSON, 1840

Subtribus Stilicina CASEY, 1905

Gattung *Rugilus* LEACH, 1819

Kleine bis mittelgroße Arten. Kopf deutlich größer und breiter als das Pronotum. Hals auffällig schmal, nur 1/5–1/7 der Kopfbreite (Abb. 23a). Kopf und Pronotum (mit Ausnahme der mehr oder weniger breiten glänzenden oder gefurchten Mittellinie) mit dichter, grober und genabelter Punktur. Vorderrrand des Labrums in der Mitte eingebuchtet, beiderseits dieser Einbuchtung mit 1 oder 2 vorragenden Zähnchen, davon die inneren deutlich länger als die äußeren. Mandibeln mit langer und schlanker Spitze, die rechte mit 4 und die linke mit 3 Zähnen. Maxillarpalpen mit kurzem und schmalem Endglied. Aedoeagus ohne Parameren.

Recht artenreiche Gattung mit weltweit mehr als 250 Arten, die in der Paläarktis mit derzeit knapp 80 Arten in 2 Untergattungen vertreten ist (ASSING im Druck). In Mitteleuropa kommen 9 Arten vor, die alle zur Untergattung *Rugilus* gehören. Über die Biologie der meisten Arten ist noch wenig bekannt.

1 Pronotum rötlich gefärbt. Elytren dunkelbraun bis schwarzbraun mit deutlich gelb aufgehelltem Hinterrand. 5,8–7,8 mm (RL: 3,2–4,2 mm) **2**

– Pronotum dunkelbraun bis schwarz. **3**

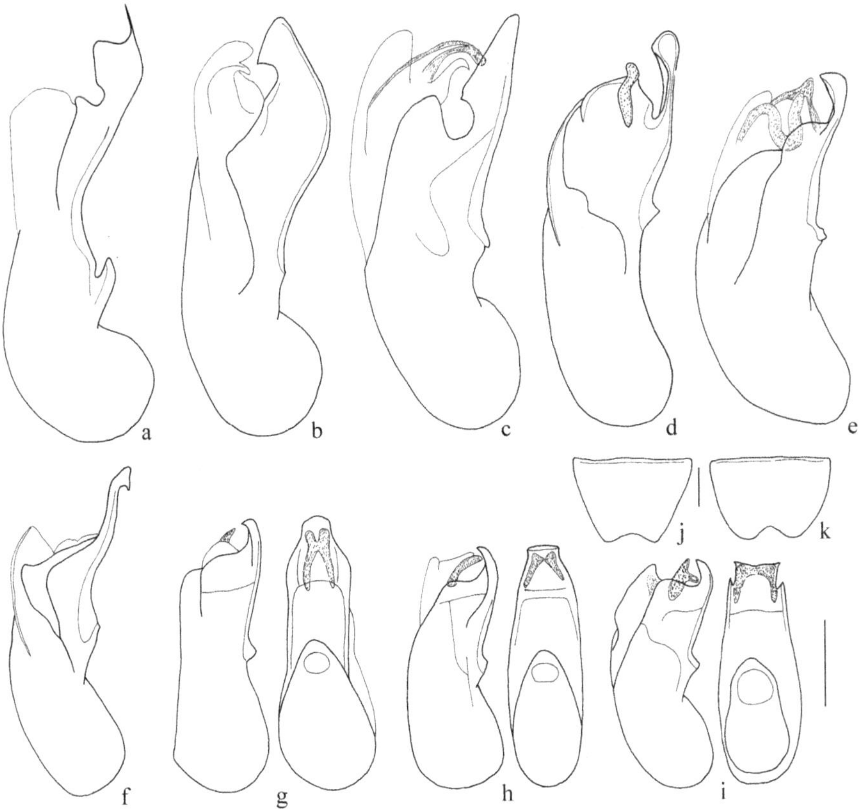

Abb. 156: Aedoeagus lateral (und ventral) (a–i) und ♂-Sternit VIII (j–k) von *Rugilus rufipes* (a), *R. subtilis* (b), *R. similis* (c), *R. festivus* (d), *R. angustatus* (e), *R. geniculatus*, Lectotypus (f), *R. erichsonii* (g), *R. mixtus* (h, k) und *R. orbiculatus* (i–j). Alle Maßstäbe 0,2 mm.

2 Kopf dunkelbraun bis schwarzbraun, deutlich dunkler als das Pronotum; Protibiae und Profemora rotbraun. ♂: Aedoeagus wie in Abb. 156e. Westpaläarktis, adventiv in Nordamerika. In Mitteleuropa mit Ausnahme von Dänemark verbreitet, aber selten bis nicht häufig. Meist in Feuchthabitaten (Ufer, Feuchtwiesen, Faulstoffe), oft fliegend (Autokescher) nachgewiesen. .... ***angustatus*** (GEOFFROY, 1785)

– Kopf rötlich, von gleicher Färbung wie das Pronotum; Protibiae und Profemora schwarzbraun bis schwarz. ♂: Aedoeagus wie in Abb. 156d. Atlantomediterran verbreitet: Nordafrika, Spanien, Frankreich, Italien. Auch aus der Südschweiz gemeldet. Selten. Offenbar vor allem an Ufern. .... ***festivus*** (MULSANT & REY, 1853)

3 Augen in Dorsalansicht kürzer als die Schläfen. Elytren einfarbig rotbraun bis schwarzbraun. Relativ große Arten, 5,5–7,5 mm (RL: 3,2–3,8 mm). 4

– Augen länger als die Schläfen. Elytren gewöhnlich mit zumindest schmal gelblich aufgehellten Hinterrändern oder Hinterecken. Ähnlich große oder kleinere Arten. 5

4 Kopf breiter als lang (Länge vom Stirnvorderrand gemessen), mit abgerundeten, aber zumindest angedeuteten Hinterecken. Augen größer; etwas kürzer als die Schläfen. Beine mit einfarbigen, dunkel rotbraunen bis schwarzbraunen Femora. ♂: Aedoeagus wie in Abb. 156a. Westpalärktis bis Westsibirien, adventiv in Nordamerika. In Mitteleuropa überall häufig. In bewaldeten wie in unbewaldeten Biotopen; oft im Kompost. .... ***rufipes*** GERMAR, 1836

– Kopf länger als breit (Länge vom Stirnvorderrand gemessen), Seiten- und Hinterrand völlig verrundet, ohne Andeutung von Hinterecken. Augen in Dorsalansicht viel kürzer als die Schläfen. Beine heller, meist gelblich, selten dunkler, Femora apikal gegeschwärzt. ♂: Aedoeagus wie in Abb. 156b. Westpaläarktis mit Ausnahme des Nordens. Im südlichen und mittleren Mitteleuropa fast überall und gebietsweise nicht selten, in Norddeutschland selten oder fehlend. In unterschiedlichen Biotopen (Wälder, Feucht- und Trockengebiete), aber meist nur einzeln gefunden. .... ***subtilis*** (ERICHSON, 1840)

5 Größere Arten, 5,0–6,5 mm (RL: 3,0–3,5 mm). Unpunktierte Mittellinie des Pronotums fehlend oder schmaler als Fühlerglied I. ♂: Aedoeagus größer, mindestens ca. 0,7 mm lang. 6

– Kleinere Arten (RL: < 3,0 mm). Unpunktierte Mittellinie – oft deutlich – breiter als Fühlerglied I. ♂: Aedoeagus kleiner. 7

6 Beine einfarbig hellbraun. ♂: Sternit VII mit großem halbkreisförmigem Eindruck, der seitlich jeweils durch einen nach hinten in einen kurzen Zahn auslaufenden Kiel begrenzt ist, der den Hinterrand des Sternits VII nicht deutlich überragt; Sternit VIII hinten mit sehr kleinem V-förmigen Ausschnitt. Aedoeagus wie in Abb. 156c. Westpaläarktis. Im mittleren und südlichen Mitteleuropa nicht selten, im Norden selten. Vor allem in Wäldern und in Feuchtgebieten; oft an faulenden Pflanzenstoffen. .... ***similis*** (ERICHSON, 1839)

– Beine hellbraun; Mesofemora apikal etwas, Metafemora apikal deutlicher angedunkelt. ♂: Sternit VII mit großem und sehr tiefem Eindruck, beiderseits dieses Eindrucks hinten mit einem großen, den Hinterrand des Sternits deutlich überragenden zahnförmigem Fortsatz; Sternit VIII hinten mit deutlich breiterem und größerem, breit V-förmigem, in der Mitte stumpf gewinkeltem Ausschnitt. ♂: Aedoeagus wie in Abb. 156f. Westpaläarktis mit Ausnahme des Nordens. In Mitteleuropa überall, aber meist selten. In Wäldern, unbewaldeten Feucht- und Trockenbiotopen, auch an Faulstoffen. .... ***geniculatus*** (ERICHSON, 1839)

7 Femora apikal fast immer, oft auch Fühlerglied I angedunkelt. Kopf (vom Stirnvorderrand gemessen) etwa so lang wie über den Augen breit, deutlich (ca. 0,85 ×) schmaler als die Elytrenbreite (messen!) (Abb. 23a). ♂: Sternit VIII hinten breit konkav eingebuchtet (Abb. 156j). Aedoeagus wie in Abb. 156i. Weit verbreitet: Westpaläarktis, Mittelasien, China, adventiv in Australien und Nordamerika. In Mitteleuropa überall, im Süden und in der Mitte recht häufig, im Norden seltener. Oft an faulendem Pflanzenmaterial. .. .. ***orbiculatus*** (PAYKULL, 1789)

– Fühler und Beine einfarbig rötlichgelb bis gelbbraun. Kopf breiter als lang und etwa (mindestens 0,95 ×) so breit wie oder breiter als die Elytren. **8**

8 Fühler und Beine kürzer. Fühlerglied III und Glied II der Metatarsen weniger als doppelt so lang wie breit. Glied I der Metatarsen in Dorsalansicht höchstens 3-mal so lang wie breit. ♂: Sternit VII mit flachem Eindruck, beiderseits dieses Eindrucks mit verdichteter dunkler Pubeszenz. Sternit VIII hinten mit schmalerer V-förmiger Ausbuchtung (Abb. 156k). ♂: Aedoeagus wie in Abb. 156h. Balkan, Mitteleuropa. In Mitteleuropa nur stellenweise und selten. Meist in montanen und submontanen Wäldern; wiederholt in Wildfutterresten, sonstigen Faulstoffen, auf frisch geschlagenem Nadelholz und in Nadelreisig. .... ***mixtus*** (LOHSE, 1956)

– Fühler und Beine länger. Fühlerglied III mehr als doppelt so lang wie breit; Metatarsenglied I in Dorsalansicht etwa 4-mal und Metatarsenglied II etwa 3-mal so lang wie breit. ♂: Sternit VII ohne Eindruck und ohne verdichtete Pubeszenz. Sternit VIII hinten breit konkav ausgebuchtet (ähnlich wie Abb. 156j). Aedoeagus wie in Abb. 156g. In der Westpaläarktis weit verbreitet. In Mitteleuropa überall, aber nicht besonders häufig. Besonders in Kompost und anderen Faulstoffen. .... ***erichsonii*** (FAUVEL, 1867)

Unterfamilie Staphylininae, LATREILLE, 1802

Körper meist lang gestreckt. Kopf hinten meist abgeschnürt, mit deutlich ausgebildetem Hals. Fühler am Vorderrand des Kopfes eingelenkt, die Einlenkungen exponiert, von oben immer deutlich sichtbar. Hypomeron des Pronotums ohne großen, deutlich sklerotisierten Postcoxalfortsatz, manchmal mit kleinem, schwach sklerotisiertem, durchscheinendem Fortsatz. Procoxae groß, freiliegend, äußerst beweglich. Elytren ohne Epipleuralkiel. Abdomen mit 6 sichtbaren Sterna und 2 Paar Paratergiten pro Segment.

Die monophyletischen Staphylininae (weltweit etwa 300 Gattungen und über 6700 Arten) werden in 7 Triben unterteilt, von denen 3 in Mitteleuropa vertreten sind. Sowohl Larven als auch Imagines sind Räuber mit extraintestinaler Verdauung. Einzigartig innerhalb der gesamten Familie ist die Ausbildung einer pupa obtecta (Puppe mit am Körper festgekitteten Extremitäten- und Flügelanlagen).

Der hochflexible Körperbau der meisten Formen stellt eine perfekte Anpassung an das Leben in Lückenräumen (Laubstreu, Bodensubstrat, Totholz, Gewässerufer, Dung) dar. Bedingt durch diese Vielfalt an Lebensraumtypen sind die Staphylininae ausgesprochen heterogen.

1 Ohne sklerotisierte Anteprosternalplatte (Abb. 157c). Fühlerbasen weit voneinander entfernt, Entfernung der Fühlerbasen zu den Augenrändern kleiner als die Entfernung zwischen den Fühlerbasen (Abb. 157a). .... **Tribus Staphylinini** LATREILLE, 1802; S. 392

– Mit deutlich sichtbarer, sklerotisierter Anteprosternalplatte (längsgeteilt in 2 breit miteinander verbundene Sklerite) (Abb. 157b: „A"). Fühlerbasen einander genähert, Entfernung der Fühlerbasen zu den Augenrändern größer als die Entfernung zwischen den Fühlerbasen (Abb. 157d). **2**

2 Elytren mit leicht gebogener Naht, bei geschlossenen Elytren überlappend (Abb. 157f). Hals schmal, höchstens ⅓ so breit wie der Kopf. Vorderrand der Stirn deutlich zwischen den Fühlerbasen hervorragend (Abb. 157d). .... **Tribus Xantholinini** ERICHSON, 1839; S. 507

– Elytren mit gerader Naht, bei geschlossenen Elytren gerade aneinanderstoßend (Abb. 157e). Hals breiter, an der schmalsten Stelle fast halb so breit wie der Kopf. Vorderrand der Stirn nicht deutlich zwischen den Fühlerbasen hervorragend. .... **Tribus Othiini** THOMSON, 1859; S. **384**

Tribus Othiini THOMSON, 1859

Mittelgroße und große Arten; 5,0–15,0 mm; im Habitus etwas an *Gabrius* erinnernd. Elytren an der Naht geradlinig zusammenstoßend; Hals von mindestens halber Kopfbreite; durch diese Merkmale von ähnlichen Xantholinini verschieden. Punktreihen des Pronotums bei westpaläarktischen Arten aus 1–3 Punkten bestehend, dadurch von ähnlichen Xantholinini und *Gabrius*-Arten leicht zu unterscheiden. ♂: Sternit VIII hinten nicht deutlich eingeschnitten, sondern schwach konkav ausgerandet und/oder leicht abgeflacht oder eingedrückt; Aedoeagus proximal groß, bulbös, etwas asymmetrisch und auch dorsal sklerotisiert; Internalsack mit Flagellum; die völlig getrennten Parameren sind relativ lang, dünn und besitzen 2–4 apikale Borsten. ♀: laterale Sklerite des Sternits IX (Valviferen) mit langer Endborste (Abb. 158g–h).

Die holarktisch verbreitete Tribus umfasst derzeit 140 Arten und Unterarten in 4 Gattungen (ASSING 2008b, 2010c).

Othiini haben 3 Larvenstadien; Imagines und Larven sind zoophag.

1 Kopf ohne Mundwerkzeuge etwa von quadratischer oder quer rechteckiger Form, mindestens etwa so breit wie das Pronotum und meist mindestens so breit wie lang (Abb. 23c). Mandibeln auffällig lang nach vorn ragend, von der Spitze zur äußeren Basis gemessen mindestens etwa so lang wie – oft länger als – die Entfernung von der Mandibelbasis bis zur Halsabschnürung. Labrum in der Mitte des Vorderrandes recht- bis stumpfwinklig ausgeschnitten. Pronotum beiderseits mit nur einem etwas hinter der Mitte gelegenen Dorsalpunkt. ♀: Laterale Fortsätze des Sternits IX (Valviferen) nicht drehrund. Corticole Arten. .... ***Atrecus*** JACQUELIN DU VAL, 1856; S. 386

– Kopf von eher lang ovaler oder lang rechteckiger Form, meist deutlich länger als breit, und höchstens etwa so breit wie das Pronotum, meist schmaler (Abb. 23d). Mandibeln kürzer als die Entfernung von der Mandibelbasis bis zur Halsabschnürung. Labrum zweilappig, in der Mitte tief und schmal eingeschnitten. Pronotum beiderseits mit 3 Dorsalpunkten, davon der erste am – oder wenig hinter dem – Vorderrand, der zweite etwa auf halber Strecke zwischen Pronotumvorderrand und -mitte und der dritte in der Hinterhälfte des Pronotums. ♀: Laterale Fortsätze des Sternits IX (Valviferen) drehrund (Abb. 158g–h). Epigäische Arten. .... ***Othius*** STEPHENS, 1829; S. 388

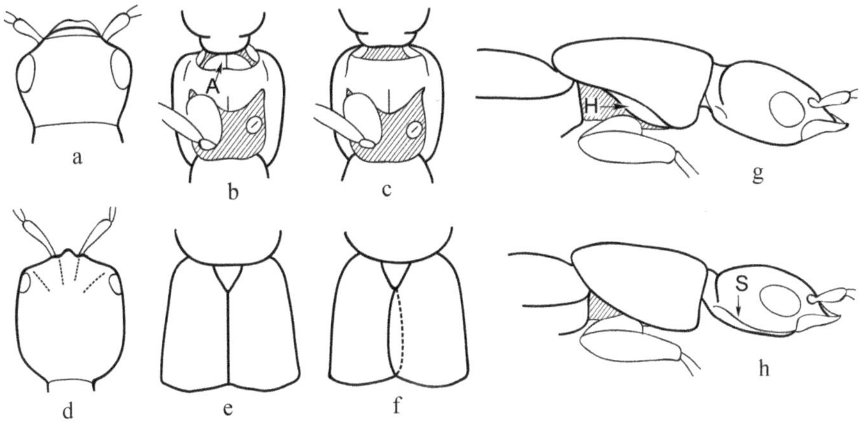

Abb. 157: Schematische Darstellung des Kopfes dorsal (a, d), des Prothorax ventral (b, c), der Elytren dorsal (e–f) und des Vorderkörpers lateral (g–h) bei Staphylinini (a, c, e, g–h), Xantholinini (b, d, f), Othiini (b, e), Staphylinina und Philonthina (g), Quediina, Amblyopinina und Tanygnathinina (h). A – Anteroprosternalplatte, H – Hypomeron des Pronotums, S – Schläfenrandung.

Gattung *Atrecus* JACQUELIN DU VAL, 1856

Durch die im Gattungsschlüssel aufgeführten Merkmale, den Habitus (Abb. 23c) und durch den charakteristischen Bau des Aedoeagus sehr ausgezeichnet.

Die holarktisch verbreitete Gattung umfasst derzeit 14 Arten, von denen 9 in der Paläarktis vorkommen (ASSING 2003c); für Bestimmungstabellen der paläarktischen Arten siehe ASSING (1998, 2000). In Mitteleuropa sind 3 Arten vertreten, die unter Borke und in Totholz leben.

1 Meist deutlich zweifarbig, Pronotum rötlich bis braun, in der Regel (aber nicht immer!) deutlich heller als der dunkelbraune bis schwarze Kopf; Abdominalsegmente III–V rötlich bis rotbraun, VI–VII mit Ausnahme der Hinterränder geschwärzt. Großer Borstenpunkt in der Nähe des oberen Augenrandes um etwa das 1,5–2-fache seines Durchmessers vom Augenrand entfernt. Kopfoberseite in der Hinterhälfte (hinter den Augen) beiderseits in der Regel mit höchstens 6 Punkten; Mikroskulptur der Kopfmitte (hinter den Stirnpunkten) aus einer Mischung von Maschen unterschiedlicher Länge bestehend. Elytren mit feiner Punktur. ♂: Ventralfortsatz des Aedoeagus relativ kurz, kaum länger als die basale Kapsel (Abb. 158a). 5,5–9,5 mm (RL: 2,8–4,7 mm). Habitus: Abb. 23c. In fast ganz Europa und Kleinasien weit verbreitet; offenbar pontomediterranes Element. In Mitteleuropa überall und meist häufig, auch in unteren Lagen. .... ***affinis*** (PAYKULL, 1789)

– Kopf von ähnlicher Färbung wie das Pronotum; Abdomen meist einfarbig, Segmente VI–VII selten deutlich dunkler als die Segmente III–V. Großer Borstenpunkt in der Nähe des inneren Augenrandes um höchstens den eigenen Durchmesser vom Augenrand entfernt. Mikroskulptur der Kopfoberseite entweder deutlich querwellig bzw. aus langen Quermaschen oder isodiametrischen bis sehr kurz queren Maschen bestehend. ♂: Ventralfortsatz des Aedoeagus deutlich länger als die basale Kapsel. Seltene Arten meist montaner Lagen. **2**

2 Kopfoberseite mit feiner isodiametrischer oder aus sehr kurzen Maschen bestehender, feiner Mikroskulptur; in der Hinterhälfte (Fläche hinter den Augen und vor den Punkten des Kopfhinterrandes) auf jeder Seite in der Regel mit 2–5 Punkten. Elytren fein und nicht tief, aber deutlich punktiert. Färbung des Vorderkörpers rotbraun bis dunkelbraun, die Humeralwinkel und der Hinterrand der Elytren meist heller; Abdomen rötlich bis rotbraun, Tergit VII vorn oft undeutlich dunkler. ♂: Ventralfortsatz des Aedoeagus in Seitenansicht apikal länger und schlanker (Abb. 158b). 6,0–8,5 mm (RL: 2,9–4,0 mm). Vom Balkan bis nach Frankreich, den Britischen Inseln, Skandinavien, dem Baltikum und ins westliche Russland nachgewiesen. In Mitteleuropa disjunkt verbreitet: Dänemark, montan im Harz und in den Gebirgen des südlichen Mitteleuropa; im nordöstlichen Sachsen in der Ebene. Selten. Vor allem unter Borke von Nadelhölzern. .... ***longiceps*** (FAUVEL, 1873)

– Kopfoberseite mit recht grober querwelliger oder aus langen Quermaschen bestehender Mikroskulptur; in der Hinterhälfte beiderseits mit > 6 Punkten. Elytren lederartig skulpturiert, ohne deutliche Punktur. Körperfärbung in der Regel schwarzbraun bis schwarz, die Humeralwinkel und die Hinter- und

Seitenränder der Abdominalsegmente etwas heller. ♂: Ventralfortsatz des Aedoeagus in Seitenansicht apikal kürzer und dicker (Abb. 158c). 6,0–9,0 mm (RL: 3,0–3,9 mm). Verbreitung transpaläarktisch; montan in den Gebirgen des südlichen Mitteleuropas. Selten. Vor allem unter Nadelholzborke. .... ***pilicornis*** (PAYKULL, 1790)

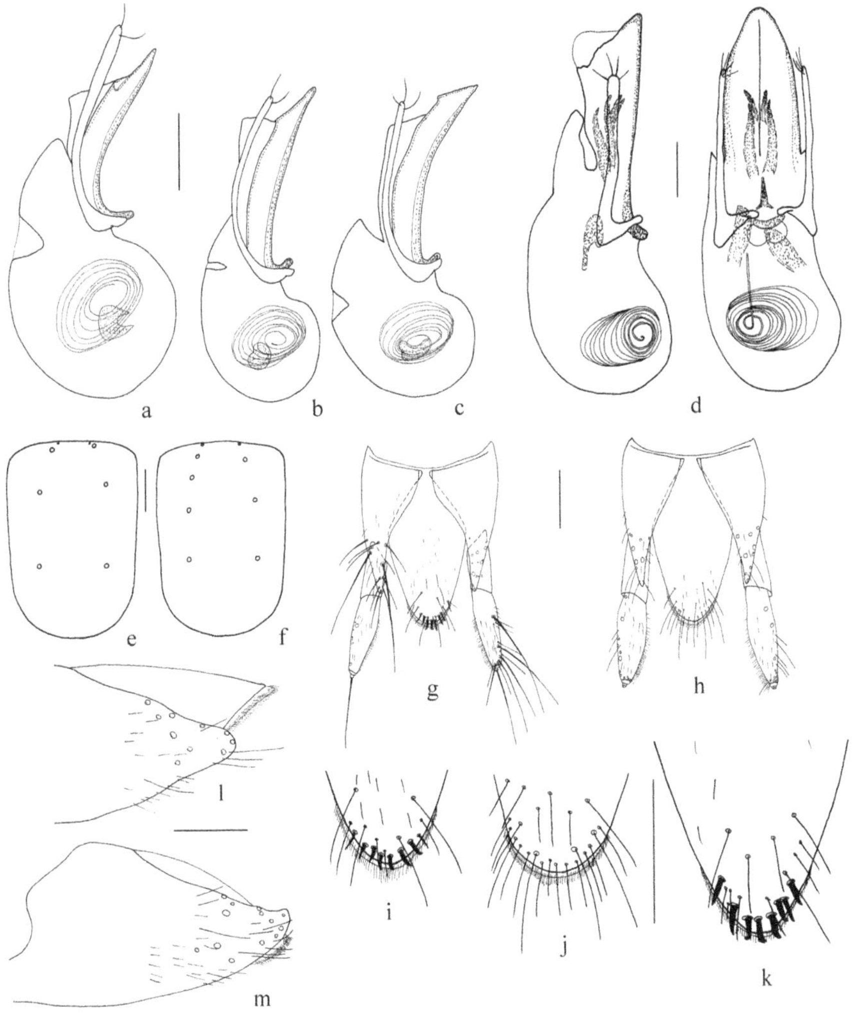

Abb. 158: Aedoeagus lateral (und ventral) (a–d), Variationsbreite (links-rechts) der Punktur des Pronotums (e–f), ♀-Segmente IX–X (g–h), Hinterrand des ♀-Tergit X dorsal (i–j) und ♂-Tergit IX lateral (l–m) von *Atrecus affinis* (a), *A. longiceps* (b), *A. pilicornis* (c), *Othius punctulatus* (d), *O. angustus* (e, g), *O. subuliformis* (f, h), *O. brevipennis* (i), *O. crassus* (j, l) und *O. permutatus* (k, m). Maßstäbe: 0,2 mm. Nach ASSING 1997 (d–m).

Gattung *Othius* STEPHENS, 1829

Durch die Tribusmerkmale, die im Gattungsschlüssel aufgeführten Merkmale und durch den charakteristischen Bau des Aedoeagus hinreichend charakterisiert. Habitus wie in Abb. 23d.

Die mit derzeit 125 bekannten Arten und Unterarten mit Abstand formenreichste Gattung der Tribus ist paläarktisch verbreitet. Für eine aktuelle Revision der westpaläarktischen Arten siehe ASSING (1997, 2003c). In Mitteleuropa sind 10 Arten vertreten, die epigäisch in Wäldern, Strauch- und Grasbiotopen leben. Sie sind univoltin; Larven und Imagines besiedeln die Bodenstreu in z. T. beachtlichen Dichten (bis zu 20 Imagines und > 250 Larven pro m^2) (ASSING 1993). Die Verbreitungsgebiete einiger ökologisch ähnlicher, z. T. flugfähiger Arten sind auffällig parapatrisch, ein Hinweis darauf, dass die Verbreitungsgrenzen zumindest teilweise durch interspezifische Konkurrenz bedingt sind. Abgesehen von *O. punctulatus* ist eine Unterscheidung der Arten oft schwierig, insbesondere bei Material aus dem südlichen Mitteleuropa. Zur Absicherung der Determination ist die Untersuchung des Aedoeagus anzuraten; bei Weibchen sollte die Beborstung des Tergits X untersucht werden.

1 Größte Art, 10,0–15,0 mm (RL: 5,5–6,8 mm); Kopfbreite > 1,2 mm, Pronotumbreite > 1,4 mm, Pronotumlänge > 1,7 mm. ♂: Aedoeagus: Abb. 158d. Normalfärbung: Kopf, Pronotum und Abdomen dunkelbraun bis schwarz, Elytren rötlich. Habitus: Abb. 23d. Holomediterrane, in der gesamten Westpaläarktis weit verbreitete Art. In Mitteleuropa überall häufig. Eurytop in der Bodenstreu von Waldbiotopen. .... **punctulatus** (GOEZE, 1777)

– Deutlich kleinere Arten; Kopfbreite < 1,1 mm, Pronotumbreite < 1,1 mm, Pronotumlänge < 1,4 mm. Färbung meist anders. **2**

2 Abdominaltergit VII am Hinterrand mit feinem Hautsaum (bei *lapidicola* manchmal undeutlich). Hinterflügel voll entwickelt oder von reduzierter Länge, dann aber mindestens so lang wie die Elytren, meist deutlich länger. ... **3**

– Abdominaltergit VII am Hinterrand ohne Hautsaum. Hinterflügel völlig reduziert oder stummelförmig und kürzer als die Elytren. **7**

3 Vorderer Dorsalpunkt des Pronotums um mindestens den doppelten Punktdurchmesser vom Vorderrand entfernt (Abb. 158f). ♂: Ventralfortsatz des Aedoeagus in Lateral- und Ventralansicht apikal sehr spitz, Internalsack mit dünnem und langem Flagellum (mindestens ca. 9 Windungen) und einem zusätzlichen Paar schwach sklerotisierter Innenstrukturen (Abb. 159e). ♀: Borsten am Hinterrand des Tergits X nicht modifiziert (Abb. 158h). Siehe Leitzahl 7. .... **subuliformis** STEPHENS, 1833 (macroptere Morphe)

– Vorderer Dorsalpunkt des Pronotums am Pronotumvorderrand gelegen (Abb. 158e). ♂: Internalsack des Aedoeagus mit dickerem und kürzerem Flagellum (höchstens 5 Windungen), ohne zusätzliche paarige Innenstrukturen. ♀: Hinterrand des Tergits X mit kurzen dicken Borsten (Abb. 158g). **4**

4 Durchschnittlich größere Art, 5,5–9,0 mm (RL: 3,0–3,9 mm); Kopfbreite: 0,66–0,98 mm; Pronotumbreite: 0,74–1,09 mm; Pronotumlänge: 0,89–1,33 mm. Mikroskulptur des Kopfes gewöhnlich zumindest teilweise mit Quermaschen. Hinterflügel meist kürzer und die Elytren nur wenig

überragend. ♂: Aedoeagus mit gekieltem Ventralfortsatz; Flagellum distal speerförmig (Abb. 159a). Verbreitung disjunkt pontomediterran und nordeuropäisch, das südliche Verbreitungsgebiet von der Kaukasusregion und Kleinasien bis ins mittlere Mitteleuropa reichend, in der Ebene des nördlichen Mitteleuropa fehlend, im Norden in Schottland, im mittleren und nördlichen Skandinavien und im nordwestlichen Russland; ein Nachweis liegt auch aus Sibirien (Jenissej-Gebiet) vor. In Mitteleuropa in den Alpen – mit Ausnahme einiger Gebiete der Südostalpen – meist nicht selten; außerdem aus einigen Mittelgebirgen (Böhmerwald, Erzgebirge, Lausitzer Bergland, Sudeten, Beskiden usw.) nachgewiesen; hier selten. In Mitteleuropa fast ausschließlich in montanen, subalpinen und alpinen Biotopen (Wälder, Zwergstrauch- und Grasvegetation), in anderen Teilen des Verbreitungsgebiets auch in der Ebene. Verbreitung und Habitat sind offenbar vor allem durch interspezifische Konkurrenz mit anderen, ökologisch ähnlichen *Othius*-Arten bedingt. .... ***lapidicola*** MÄRKEL & KIESENWETTER, 1848

– Durchschnittlich kleinere Arten, 5,0–8,0 mm (RL: 2,3–3,3 mm); Kopfbreite: 0,57–0,86 mm; Pronotumbreite: 0,69–0,95 mm; Pronotumlänge: 0,86–1,18 mm. Mikroskulptur des Kopfes deutlicher querwellig; Hinterflügel auch bei flugunfähigen Exemplaren mindestens etwa doppelt so lang wie die Elytren. ♂: Aedoeagus ungekielt; Flagellum distal nicht speerförmig. **5**

5 Pronotum glatt und sehr glänzend, meist völlig ohne, gelegentlich mit Resten von querwelliger Mikroskulptur. Grundfärbung bei ausgefärbten Exemplaren schwärzlich; die Elytrenhinterränder meist aufgehellt; Fühler mit Ausnahme der Basis in der Regel auffällig gelblich bis hellbraun. Elytren lang, 0,76–0,93-mal so lang wie das Pronotum. Hinterflügel immer voll entwickelt. ♂: Aedoeagus schlank (Abb. 159b). Wegen der Ähnlichkeit in Habitus und Färbung wird die Art oft mit *Gabrius*-Arten verwechselt, von denen sie aber leicht u. a. durch die geringere Zahl von Dorsalpunkten auf dem Pronotum und die Fühlerfärbung zu unterscheiden ist. Holomediterrane Art, im gesamten Mittelmeerraum weit verbreitet und häufig, östlich bis in den Iran; die Nordostgrenze des Verbreitungsgebiets verläuft schräg von den Britischen Inseln, über die Benelux-Länder, Südwestdeutschland, Südpolen bis zum Schwarzen Meer. In Mitteleuropa im Süden und Westen ziemlich selten, im Norden und Nordosten fehlend. Thermophile Art unbewaldeter Biotope, vor allem in Grasbiotopen. ....
.... ***laeviusculus*** STEPHENS, 1833

– Pronotum mit deutlicher Mikroskulptur und daher weniger glänzend; Grundfärbung von Pronotum und Elytren rötlich bis dunkelbraun; Elytren meist kürzer und parallelseitig; Hinterflügel oft kürzer. **6**

6 ♂: Aedoeagus mit längerem und apikal gerundetem Ventralfortsatz; Flagellum kürzer (Abb. 159c). Kopf meist relativ schmaler und gewöhnlich (aber nicht immer!) deutlich dunkler als das Pronotum gefärbt. Pterodimorph: meist submacropter, selten macropter. Bei Individuen insbesondere aus höheren Lagen der Mittelgebirge und aus den Alpen sollte stets der Aedoeagus untersucht werden. Verbreitung atlantomediterran, vom Norden der Iberischen Halbinsel bis ins nördliche Skandinavien; auf dem Balkan sehr selten (nur ein Fund aus Bosnien-Herzegowina). In Mitteleuropa, abgesehen vom äußersten Südosten, meist nicht selten. Vor allem in unbewaldeten Biotopen, überwiegend auf sandigen und/oder sauren

Böden (Magerrasen, Heidegebiete, subalpine und alpine Zwergstrauch- und Grasbiotope). In den Alpen bis in Höhenlagen von 2700 m. .... ***angustus angustus*** STEPHENS, 1833

– ♂: Aedoeagus mit kürzerem und apikal zugespitztem Ventralfortsatz; Flagellum länger (Abb. 159d). Kopf meist relativ breiter und nicht oder nur wenig dunkler als das Pronotum gefärbt. Verbreitung disjunkt in Süditalien, der West- und Zentralschweiz, einigen deutschen Mittelgebirgen (Rhön, Thüringer Wald, Lausitzer Bergland usw.) und in Nordeuropa (Skandinavien, Nordwestrussland, Baltikum). In Mitteleuropa sehr selten. In montanen Waldbiotopen. .... ***volans*** J. SAHLBERG, 1876

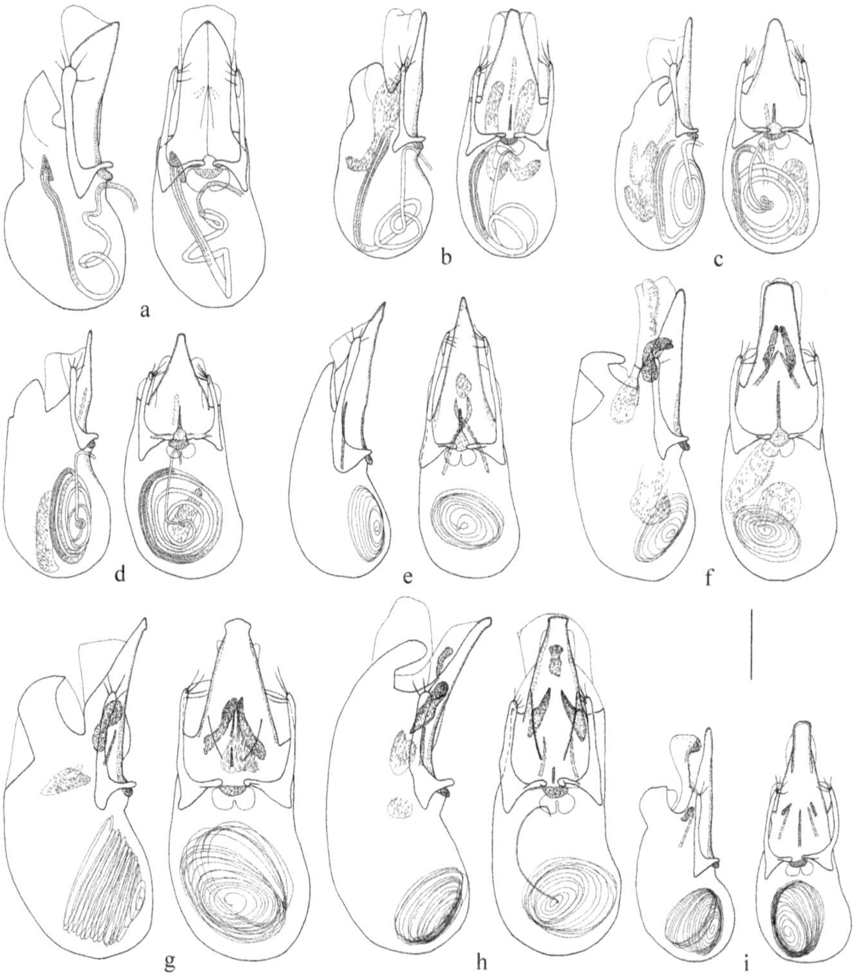

Abb. 159: Aedoeagus lateral und ventral von *Othius lapidicola* (a), *O. laeviusculus* (b), *O. angustus* (c), *O. volans* (d), *O. subuliformis* (e), *O. transsilvanicus* (f), *O. crassus* (g), *O. permutatus* (h) und *O. brevipennis* (i). Maßstab: 0,2 mm. Nach ASSING 1997 (a–i).

7 ♂: Aedoeagus in Ventralansicht mit schlankem und lang zugespitztem Ventralfortsatz, Innensack mit einem Paar langer und schwach sklerotisierter Innenstrukturen (Abb. 159e). ♀: Borsten am Hinterrand des Tergits X nicht modifiziert (Abb. 158h). Flügeldimorphe Art, meist brachypter (und ohne Flugmuskeln), macroptere Morphe (Hinterflügel voll entwickelt, Flugmuskeln vorhanden) ziemlich selten. 4,5–7,2 mm (RL: 2,5–3,3 mm). Verbreitung atlantomediterran, von der Iberischen Halbinsel nördlich und nordöstlich bis zu den Faröer Inseln, Nordskandinavien, Nordwestrussland und dem Baltikum; adventiv auch in Nordamerika. In Mitteleuropa mit Ausnahme des Südostens häufig; die südöstliche Verbreitungsgrenze verläuft quer durch Österreich, dann etwa entlang der tschechisch-slowakischen und der polnisch-slowakischen Grenze. Sie ist praktisch identisch mit der nordwestlichen Verbreitungsgrenze von *brevipennis*. Sichere Nachweise aus den südöstlichen Bundesländern Österreichs (Kärnten, Steiermark, Burgenland) fehlend. Eurytop in bewaldeten und unbewaldeten Biotopen. .... ***subuliformis*** STEPHENS, 1833

– ♂: Aedoeagus anders geformt, apikal nicht scharf zugespitzt, Internalsack mit einem Paar deutlich sklerotisierter Innenstrukturen. ♀: Hinterrand des Tergits X mit oder ohne modifizierte Borsten. Arten der Ostalpen und der Gebirge des südöstlichen Mitteleuropas. **8**

8 ♂: Aedoeagus wie in Abb. 159i geformt; Innenstrukturen sehr klein. ♀: Hinterrand des Tergits X mit verdickten und apikal etwas gebogenen Borsten (Abb. 158i); durch dieses Merkmal auch von der ähnlichen brachypteren Morphe von *subuliformis* und dem oft ähnlichen *transsilvanicus* zu unterscheiden. Durchschnittlich etwas kleiner, 3,9–7,2 mm (RL: 2,2–2,9 mm). Mikroskulptur des Pronotums meist (!) überwiegend isodiametrisch und kurz quermaschig. Von den Bayerischen Alpen (nur bei Berchtesgaden) über große Teile des mittleren, südlichen und östlichen Österreich, die Tschechische Republik, die Slowakei, Slowenien und Ungarn südlich bis nach Kroatien und Bosnien-Herzegowina verbreitet; in den zentralen Teilen des Verbreitungsgebiets häufig. In der Schweiz fehlend. Ökologisch ähnlich wie *subuliformis*, sowohl in Tälern als auch in alpinen Lagen (bis ca. 2400 m). .... ***brevipennis*** KRAATZ, 1857

– ♂: Aedoeagus anders geformt und mit größeren, gebogenen sklerotisierten Innenstrukturen. Durchschnittlich größere Arten, 4,5–8,8 mm (RL: 2,6–3,7 mm). Mikroskulptur des Pronotums gewöhnlich stärker quer. **9**

9 ♂: Laterale Sklerite des Tergits IX in Seitenansicht apikal abgestumpft und leicht nach oben gebogen (Abb. 158m); Sternit IX hinten deutlich konvex; Aedoeagus wie in Abb. 159h. ♀: Hinterrand des Tergits X mit verdickten und apikal etwas gebogenen Borsten (Abb. 158k). Art der Südost-, Ost- und Nordkarpaten, deren Verbreitungsgebiet bis in die Gebirge des südöstlichen Polens und der östlichen Slowakei, westlich bis zur Hohen Tatra reicht. .... ***permutatus*** ASSING, 1997

– ♂: Laterale Sklerite des Tergits IX apikal gerundet; Sternit IX hinten abgestutzt; Aedoeagus anders gebildet. ♀: Borsten am Hinterrand des Tergits X unmodifiziert (Abb. 158j). **10**

10 ♂: Sternit VII mit verdichteter Beborstung und hinten deutlich konkav ausgebuchtet; Aeodeagus wie in Abb. 159g; Flagellum mit ca. 30 Windungen. Art der Ostalpen, dort stellenweise nicht selten: südöstliches

Österreich (Niederösterreich, Kärnten, Steiermark) und Slowenien; frühere Meldungen aus anderen Gebieten beruhen sehr wahrscheinlich auf Fehldeterminationen. In montanen Wäldern und (sub-)alpinen Biotopen, von ca. 1300 bis 2200 m. .... ***crassus*** MOTSCHULSKY, 1858

– ♂: Sternit VII ohne auffällige Beborstung und hinten höchstens schwach konkav ausgerandet; Aedoeagus wie in Abb. 159f, Flagellum kürzer. Karpaten, nordwestlich bis in die Gebirge des südöstlichen Mitteleuropa (südöstliches Polen, Ostslowakei) einstrahlend. Vor allem in Wald- und Zwergstrauchbiotopen mittlerer und höherer Gebirgslagen (600–2000 m). ....
.... ***transsilvanicus*** GANGLBAUER, 1895

Tribus Staphylinini LATREILLE, 1802

Körper meist gestreckt, zierlich bis robust (Abb. 23e–28a), extrem vielgestaltig, vor allem in der Körpergröße: 2,2–40,0 mm (weltweit), 3,2–30,0 mm (Mitteleuropa). Fühlerbasen weit getrennt, den Augen näher stehend als einander, Fühler nur selten gekniet (in Mitteleuropa nur *Acylophorus*). Hals deutlich abgeschnürt, breit (in Mitteleuropa nur bei *Acylophorus* sehr schmal). Hypomeren des Pronotums mit oder ohne durchscheinenden Postcoxalfortsatz. Vorderrand des Prosternums gerade, immer ohne Antesternalsklerite. Nahtstreifen der Elytren gerade, innere Elytrenränder nicht überlappend. Tarsenformel 5–5–5 (nur bei *Atanygnathus* 5–4–4). Aedoeagus mit an der Basis verwachsenen Parameren, meist komplett verschmolzen, auf der Innenseite oft mit modifizierten, knopfartigen Sinnesborsten. Selten (*Atanygnathus* und *Heterothops*) ist die Paramere komplett mit dem stark reduzierten Medianlobus verschmolzen und erweckt dadurch selbst den Eindruck eines Medianlobus. Alle mitteleuropäischen Arten haben paarige, ausstülpbare Verteidigungsdrüsen.

Die Tribus wird in 8 Subtriben unterteilt, von denen 4 in Mitteleuropa vorkommen. Neuere phylogenetische Studien haben gezeigt, dass die bis jetzt verwendete Klassifikation (z. B. SMETANA & DAVIES 2000, HERMAN 2001) nicht unbedingt die natürliche Abstammung der Arten widerspiegelt. Die rezentesten Hypothesen (SOLODOVNIKOV & SCHOMANN 2009, CHATZIMANOLIS et al. 2010) gehen davon aus, dass in einigen Quediina ursprünglichere Merkmale erhalten sind, während Linien wie die Staphylinina und Philonthina abgeleitete Formen mit jüngerer Radiation darstellen.

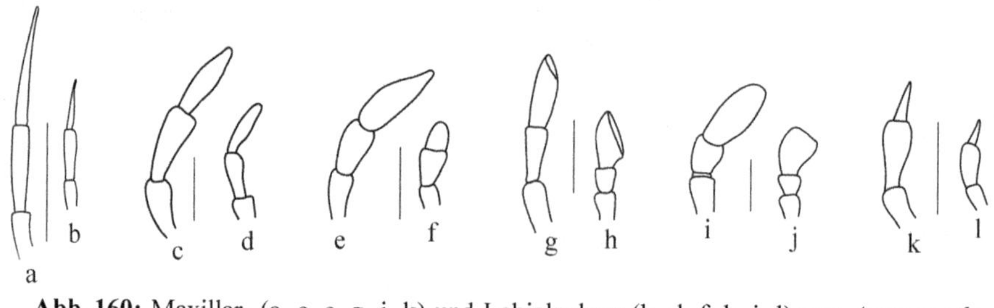

Abb. 160: Maxillar- (a, c, e, g, i, k) und Labialpalpus (b, d, f, h, j, l) von *Atanygnathus terminalis* (a–b), *Quedius* spp. (c–d), *Acylophorus* spp. (e–f), *Euryporus picipes* (g–h), *Astrapaeus ulmi* (i–j) und *Heterothops* spp. (k–l). Alle Maßstäbe: 0,2 mm.

Bedingt durch die hohe epigäische Aktivität sowohl der Imagines als auch der Larven gehören viele Staphylinini zu den am häufigsten mit Bodenfallen erfassten Arten.

1 Tarsenformel 5–4–4. Mundteile, insbesondere Maxillar- (Abb. 160a) und Labialpalpen (Abb. 160b), auffällig lang und schlank (*Atanygnathus*, Abb. 27f). .... Subtribus **Tanygnathinina** REITTER, 1909; S. 507

– Tarsenformel 5–5–5. Mundteile variabel, aber nie auffällig schlank und verlängert. **2**

2 Kopf ohne lange Schläfenrandung (Abb. 157g). Hypomeron des Pronotums nicht oder nur wenig nach innen umgeschlagen und in lateraler Ansicht des Pronotums in der Regel gut sichtbar (Abb. 157g: „H"). Empodialborsten (Borsten auf dem Empodium zwischen den Klauen) vorhanden oder nicht. **3**

– Kopf mit langer Schläfenrandung von der Halseinschnürung bis zur Mandibelbasis, mindestens jedoch bis zur halben Länge des Kopfes (Abb. 157h: „S"). Hypomeron des Pronotums nach innen umgeschlagen und in lateraler Ansicht des Pronotums in der Regel nicht sichtbar (Abb. 157h). Empodialborsten immer vorhanden. **4**

3 Tarsen ohne Empodialborsten. Hals glatt, höchstens mit mikroskopisch feiner Punktur. Oberfläche des Pronotums gewöhnlich (aber nicht immer) glatt, fast immer mit 2 Reihen von Dorsalpunkten. Habitus (Abb. 23e–25b) und Größe variabel, die Mehrheit der Arten jedoch kleiner als 12,0 mm. .... Subtribus **Philonthina** KIRBY, 1837; S. 397

– Tarsen mit einem Paar Empodialborsten. Hals mehr oder weniger dicht und meist grob punktiert. Oberfläche des Pronotums gewöhnlich dicht oder runzelig skulptiert, nicht glatt. Wenn Hals und Pronotum glatt (nur *Creophilus*, Abb. 26c), dann Elytren und Abdomen schwarz mit breiten grauen Bändern silbriger Borsten. Habitus (Abb. 26b–27e) und Größe variabel, alle Arten jedoch größer als 9,0 mm, die Mehrzahl größer als 12,0 mm. .... Subtribus **Staphylinina** LATREILLE, 1802; S. 484

4 Endglied der Maxillarpalpen in der Regel spindelförmig, manchmal vergrößert und apikal abgestutzt, an der Basis jedoch immer nur wenig schmaler als das vorletzte Glied (Abb. 160c). ♂: Aedoeagus mit einer deutlich vom Medianlobus abgesetzten Paramere. Habitus: Abb. 25c–26a. .... Subtribus **Quediina** KRAATZ, 1857; S. 451

– Endglied der Maxillarpalpen sehr dünn, nadelförmig, an der Basis höchstens halb so breit wie das vorletzte Glied (Abb. 160k). ♂: Paramere weitgehend mit dem Medianlobus verschmolzen, so dass der Aedoeagus paramerenlos wirkt (*Heterothops*, Habitus: Abb. 28a). .... Subtribus **Amblyopinina** SEEVERS, 1944; S. 393

Subtribus Amblyopinina SEEVERS, 1944

Nach aktuellen phylogenetischen Untersuchungen (SOLODOVNIKOV 2005, 2006; SOLODOVNIKOV & SCHOMANN 2009; CHATZIMANOLIS et al. 2010) umfasst diese Subtribus, der bislang lediglich einige neotropische und australische Gattungen angehörten, weitere Taxa, von denen mit *Heterothops* eines auch in Mitteleuropa vertreten ist. Morphologisch sind die Amblyopinina durch die Tarsenformel 5–5–5, den Bau des Mesoscutellums mit nur einem queren Basalkiel (bei allen anderen Staphylinini mit 2 Kielen) sowie eine stark entwickelte Paramere, die dem kleineren

Medianlobus anliegt oder teilweise bis vollständig mit ihm verschmolzen ist, charakterisiert.

Gattung *Heterothops* STEPHENS, 1829

Kleine bis mittelgroße Arten von brauner bis schwarzer Färbung; Habitus wie in Abb. 28a. Kopf deutlich schmaler als das Pronotum und mit deutlicher Schläfenrandung vom Hals bis zur Mandibelbasis (Abb. 157h: „S"). Endglied der Maxillar- und Labialpalpen sehr schlank und spitz, viel schmaler als das jeweilige vorletzte Glied (Abb. 160k–l). Pronotum mit 2 Dorsalpunkten, die stark umgeschlagenen Hypomeren ohne durchscheinenden Fortsatz hinter den Procoxae. ♂: Paramere des Aedoeagus völlig mit dem Medianlobus verschmolzen, so dass der Aedoeagus paramerenlos wirkt.

Heterothops enthält zurzeit 148 beschriebene Arten aus allen zoogeographischen Regionen; die Gattungszugehörigkeit zahlreicher tropischer und südhemisphärischer Arten ist jedoch noch unbestätigt. In der Paläarktis kommen etwa 50 Arten vor, 7 davon in Mitteleuropa. Die Taxonomie der Gattung in der Paläarktis und selbst in Mitteleuropa bedarf dringend der Revision. Die Kriterien zur Unterscheidung von intra- und interspezifischer Variabilität sind nicht klar definiert. Die traditionell zur Arttrennung verwendeten Unterschiede (auch des Aedoeagus) sind nur bedingt verwertbar. Die nachfolgende Tabelle folgt zu großen Teilen den Arbeiten von SMETANA (1967) und ISRAELSON (1979a, b). Zur Determination der Arten sind aufgehellte Genitalpräparate notwendig, bei denen die Sklerite im Medianlobus sichtbar sind. In vielen Fällen wird die Auswertbarkeit der Sklerite durch ausgestülpte Internalsäcke oder das Herauspräparieren der Sklerite verbessert. Die verwendete Nomenklatur der Sklerite des Innensacks des Aedoeagus folgt ISRAELSON (1979a, b).

In Mitteleuropa können *Heterothops*-Arten habituell mit einigen kleineren *Quedius*-Arten verwechselt werden, von denen sie sich jedoch durch die viel schmaleren Endglieder der Maxillar- und Labialpalpen leicht unterscheiden lassen. Die Arten kommen meist in feuchten Biotopen, in der Laubstreu, an faulendem Pflanzenmaterial und im Moos vor. Einige Arten bewohnen Nester von Kleinsäugern; eine Art ist an Meeresküsten zu finden.

1 Kopf mit deutlichen, mehr oder weniger gerundeten, jedoch immer als solche erkennbaren Hinterwinkeln (Abb. 161a). **2**

– Kopf oval, mehr oder weniger gleichmäßig gerundet, ohne erkennbare Hinterwinkel (Abb. 161b). **5**

2 Kopf erweitert, zum Hals abrupt verengt, sehr deutliche Hinterwinkel bildend. Fühlerglieder V und VI deutlich länger als breit. Körper dunkelbraun bis schwarz, Elytren oft braun mit hellerem Hinterrand, Beine, Fühler und Palpen gelblich braun. 4,0–5,0 mm (RL: 2,2–2,5 mm). ♂: Aedoeagus wie in Abb. 161c–d, Sklerit „B" apikal fein gezähnt, Sklerit „C" lang, apikal zugespitzt und gekrümmt. Im Mittelmeergebiet und in West-, Mittel- und Nordeuropa. In Mitteleuropa an der gesamten Nordseeküste und der Ostseeküste von Dänemark, Deutschland und Polen, östlich bis Danzig gemeldet. Nicht häufig, an der Ostsee sehr selten. Halophile Art der Meeresküsten, bisher nicht von Salzstellen des Binnenlandes bekannt. .... ***binotatus*** (GRAVENHORST, 1802)

– Kopf parallel, weniger abrupt zum Hals verengt, weniger deutliche Hinterwinkel bildend. Fühlerglieder V und VI so lang wie breit. Aedoeagus: Sklerit „B" apikal nicht gezähnt, Sklerit „C" stumpf und apikal gekörnelt. Die hierher gehörenden Arten sind revisionsbedürftig. **3**

3 ♂: Aedoeagus (Abb. 161e–g) mit apikal einfach zugespitztem, nicht erweitertem Sklerit d. Größter Teil der Elytren hellbraun, nur mit einer dunklen, mehr oder weniger dreieckigen Makel im Bereich des Scutellums. Dunkelbraun bis schwarz, die 3 basalen Fühlerglieder etwas heller als die restlichen Fühlerglieder, Beine bräunlich. 4,5–5,0 mm (RL: 2,2–2,6 mm). Nord- und Mitteleuropa. In Mitteleuropa aus der Tschechischen Republik, Dänemark, Deutschland, den Niederlanden und der Slowakei bekannt; sicher weiter verbreitet, aber früher nicht von ähnlichen Arten getrennt. Nicht häufig. Meist in Komposthaufen, aber auch auf feuchten Wiesen. .... ***stiglundbergi*** ISRAELSON, 1979

– ♂: Aedoeagus (Abb. 161j–l) mit apikal erweitertem Sklerit „D". Größter Teil der Elytren dunkelbraun bis schwarz mit unterschiedlich breit aufgehelltem Hinterrand. **4**

4 ♂: Aedoeagus (Abb. 161k–l) mit scharf zugespitztem Apex (Abb. 161k). Fühler dunkelbraun oder schwarz, manchmal Fühlerglieder I–III bräunlich, deutlich heller als die übrigen Fühlerglieder. Körper dunkelbraun bis schwarz, Elytren dunkel mit breit aufgehelltem Hinterrand. 3,5–4,7 mm (RL: 2,0–2,4 mm). Aus fast der gesamten Paläarktis gemeldet; alte Meldungen ohne Genitaluntersuchung sind grundsätzlich revisionsbedürftig. In ganz Mitteleuropa häufig. In offenen, meist anthropogenen Habitaten, meist in Heu- und Strohhaufen, auch in Laubstreu, Totholz und anderen Pflanzenabfällen; in England wiederholt in Dachsbauten nachgewiesen; auch in unterirdischen Nestern von Kleinsäugern, besonders bei *Talpa*. .... ***praevius*** ERICHSON, 1839

– ♂: Aedoeagus mit sehr scharf zugespitztem Apex (Abb. 161j). Fühler einschließlich der Fühlerglieder I–III einfarbig hellbraun. Körper dunkelbraun mit etwas hellerem Hinterrand der Elytren, helleren Beinen und Fühlern. 3,0–4,2 mm (RL: 1,8–2,0 mm). Nur aus der Tschechischen Republik, Deutschland, Südrussland und Armenien gemeldet. Taxonomischer Status und Verbreitung bedürfen der Überprüfung. .... ***balthasari*** SMETANA, 1967

5 Augen größer, 1,3–1,4-mal so lang wie die Schläfen. Dunkel gefärbt, Elytren und Fühler schwarz. ♂: Aedoeagus apikal abrupt verschmälert (Abb. 161h); Sklerit „B" kurz, kegelförmig, nicht gesägt; Sklerit „C" langgestreckt, konkave Seite nahe des Apex gesägt; Sklerit „D" apikal zugespitzt (Abb. 161i). 3,7–4,0 mm (RL: 1,8–2,2 mm). Transpaläarktisch verbreitet. In ganz Mitteleuropa häufig. Hygrophil in unterschiedlichen Offenlandschaften, auf Feldern, an Graben- und Flussufern, oft in großer Zahl in Hochwassergenist. .... ***quadripunctulus*** (GRAVENHORST, 1806)

– Augen kleiner, höchstens so lang wie die Schläfen. Heller, Elytren zumindest hinten, Fühler wenigstens an der Basis gelblich. **6**

6 Kleiner, 3,8–4,5 mm (RL: 1,8–2,0 mm). Kopfbreite unter 0,5 mm. Elytren gewöhnlich schmaler, 1,15–1,20-mal so breit wie das Pronotum. Habitus wie in Abb. 28a. ♂: Aedoeagus (Abb. 161m–n): Sklerit „B" sehr schwach sklerotisiert oder nicht vorhanden; Sklerit „C" lang, konkave Seiten subapikal gesägt; Sklerit „D" apikal zugespitzt (Abb. 161n). Aus fast der gesamten Paläarktis gemeldet. In Mitteleuropa überall häufig. Meist in offenen, oft in anthropogenen Biotopen; in der Bodenstreu, in Kompost, an Graben- und Flussufern. .... ***dissimilis*** (GRAVENHORST, 1802)

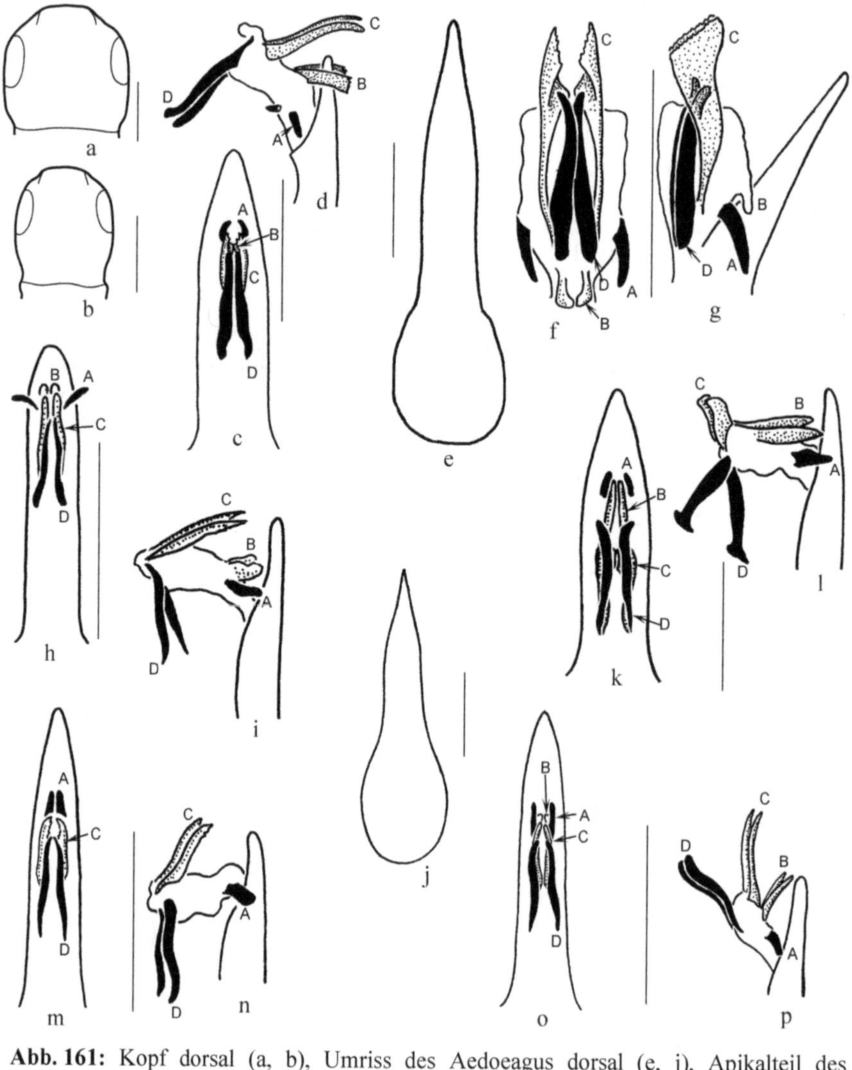

Abb. 161: Kopf dorsal (a, b), Umriss des Aedoeagus dorsal (e, j), Apikalteil des Aedoeagus dorsal mit Innenstrukturen (c, h, k, m, o), Apikalteil des Aedoeagus mit ausgestülptem Innensack lateral (d, g, i, l, n, p) und Innenstrukturen dorsal (f) von *Heterothops binotatus* (a, c–d), *H. dissimilis* (b, m–n), *H. stiglundbergi* (e–g), *H. quadripunctulus* (h–i), *H. balthasari* (j), *H. praevius* (k–l), *H. minutus* (o–p). Alle Maßstäbe: 0,25 mm. A, B, C, D – sklerotisierte Innenstrukturen. Nach ISRAELSON 1979a, verändert (f–g) und 1979b, verändert (a–d, h–i, k–p).

– Größer, 4,0–5,0 mm (RL: 2,3–2,6 mm). Kopfbreite mindestens 0,5 mm. Elytren gewöhnlich breiter, 1,25–1,35-mal so breit wie das Pronotum. ♂: Aedoeagus (Abb. 161o–p): Sklerit „B“ lang zylindrisch, apikal fein gezähnt; Sklerit „C“ lang, nicht gesägt; Sklerit „D“ apikal gerundet (Abb. 161p). Kanaren, Madeira, Marokko sowie West-, Mittel- und südliches Nordeuropa, Verbreitung noch ungenügend bekannt. In Mitteleuropa bisher Nachweise aus Österreich, Deutschland, Dänemark, Polen, Tschechien und der Slowakei. Nicht selten. Biologie weitgehend unbekannt, meist in Heu- und Strohhaufen gefunden. .... ***minutus*** WOLLASTON, 1860

Subtribus Philonthina KIRBY, 1837

Körper lang gestreckt, meist stark glänzend (Abb. 23e–25b). Durch das Fehlen von Empodialborsten an den Klauengliedern gut charakterisiert. Kopf hinten abgeschnürt, mit meist langen Schläfen. Fühler lang, zumindest bei den mitteleuropäischen Vertretern zurückgelegt immer den Hinterrand des Kopfes deutlich überragend. Hals unpunktiert. Hypomeron des Pronotums mit wenigen Ausnahmen von der Seite deutlich sichtbar.

Sehr artenreiche Subtribus mit weltweit etwa 2600 beschriebenen Arten in mehr als 60 Gattungen. Etwa die Hälfte der Arten gehört in die Gattung *Philonthus*, womit diese eine der artenreichsten Gattungen des gesamten Tierreichs ist.

Das einzige moderne Werk, das fast alle Philonthina einer Region behandelt und dessen Gattungsdiagnosen auch weitestgehend für die mitteleuropäische Fauna Gültigkeit haben, existiert für die Nearktische Region (SMETANA 1995). Die Systematik von COIFFAIT (1974) gilt heute als weitgehend überholt. Neuere taxonomisch-faunistische Erkenntnisse zur mitteleuropäischen Fauna finden sich in SCHILLHAMMER (2009).

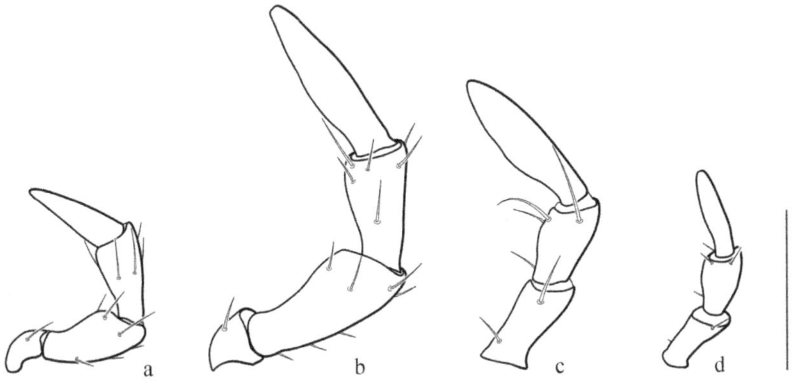

Abb. 162: Maxillarpalpus von *Rabigus tenuis* (a), *Philonthus atratus* (b); Labialpalpus von *P. atratus* (c), *Gabrius femoralis* (d). Maßstab: 0,5 mm.

1 Basale 3 oder 4 Protarsenglieder mehr oder weniger deutlich verbreitert (beim ♂ üblicherweise mehr als beim ♀), an der Unterseite mit modifizierten, hellen Borsten. **2**

– Basale Protarsenglieder nicht verbreitert, an der Unterseite mit normalen Borsten. **9**

2 Letztes Glied der Labialpalpen deutlich schmaler als das vorletzte (wie in Abb. 162d). Unauffällig hell- bis dunkelbraun gefärbte Arten. Körperlänge < 5mm. .... ***Gabronthus*** TOTTENHAM, 1955; S. **420**

– Letztes Glied der Labialpalpen nicht schmaler als das vorletzte (wie in Abb. 162c). **3**

3 Kopf und Pronotum mit isodiametrischer Mikroskulptur. Höchstens 8 mm lang. **4**

– Kopf und Pronotum ohne oder mit Mikroskulptur aus kürzeren oder längeren, wellig angeordneten Maschen. Arten mit isodiametrischer Mikroskulptur auf Kopf und Pronotum mindestens 10 mm lang. **5**

4 Metatarsen länger; erstes Glied länger als das letzte, etwa so lang wie die drei folgenden zusammen. Fühlerglied II nicht verdickt. Küstenbewohner. .... ***Remus*** HOLME, 1837; S. 450

– Metatarsen sehr kurz; erstes Glied kürzer oder höchstens so lang wie das letzte, deutlich kürzer als die drei folgenden zusammen. Fühlerglied II verdickt, etwa gleich breit wie Glied I, wesentlich breiter als Glied III. An Ufern von Binnengewässern. .... ***Erichsonius*** FAUVEL, 1874; S. 406

5 Körperlänge ≤ 5,0 mm (RL: ≤ 2,6 mm). Kopf und Pronotum dicht punktiert, Pronotum ohne erkennbare Punktreihen entlang der punktfreien Mittellinie. .... ***Neobisnius*** GANGLBAUER, 1895; S. 420

– Körperlänge > 5,0 mm (RL: > 2,6 mm). Ähnlich kleine Arten nie mit dicht punktiertem Kopf und Pronotum und immer mit deutlich erkennbaren Punktreihen entlang der Mittellinie des Pronotums. **6**

6 Seitenrandlinie des Pronotums nach vorne nur leicht nach ventral gebogen, großer lateraler Borstenpunkt die Seitenrandkehle berührend oder höchstens einen Punktdurchmesser davon entfernt. **7**

– Seitenrandlinie des Pronotums nach vorne ab etwa der halben Länge deutlich nach ventral gebogen, großer lateraler Borstenpunkt mindestens drei Punktdurchmesser von der Seitenrandkehle entfernt. **8**

7 Letztes Glied der Maxillarpalpen konisch, nicht länger als das vorletzte (Abb. 162a). .... ***Rabigus*** MULSANT & REY, 1876; S. 449

– Letztes Glied der Maxillarpalpen spindelförmig, länger als das vorletzte (Abb. 162b). .... ***Philonthus*** STEPHENS, 1829; S. 422

8 Maxillar- und Labialpalpen sehr lang und schlank, letztes Maxillarpalpenglied fast doppelt so lang wie das vorletzte, stabförmig. Elytren normal punktiert, Untergrund glänzend. .... ***Hesperus*** FAUVEL, 1874; S. 420

– Maxillar- und Labialpalpen normal, letztes Glied der Maxillarpalpen spindelförmig, unwesentlich länger als das vorletzte. Elytren äußerst dicht punktiert und behaart, matt. .... ***Cafius*** CURTIS, 1829; S. 405

9 Letztes Glied der Labialpalpen schmal, fast stiftförmig, deutlich schmaler als das vorletzte (Abb. 162d). .... ***Gabrius*** STEPHENS, 1829; S. 408

– Letztes Glied der Labialpalpen spindelförmig, nicht deutlich schmaler als das vorletzte (siehe Abb. 162c). .... ***Bisnius*** STEPHENS, 1829; S. 399

Gattung *Bisnius* STEPHENS, 1829

Habitus wie in Abb. 23e. Die Arten dieser Gattung wurden früher zu *Philonthus* gestellt, kürzlich aber auf Grund der unverbreiterten, unterseits normal beborsteten Protarsen als eigene Gattung abgespalten. Von *Gabrius*, der die gleiche Protarsenbildung aufweist, unterscheidet sich *Bisnius* durch das spindelförmige Endglied der Labialpalpen (wie bei *Philonthus*, Abb. 162c), das nicht schmaler ist als das vorletzte. Die eher kleinen bis mittelgroßen Arten sind einander zum Teil sehr ähnlich und ohne Genitaluntersuchung in einigen Fällen nur durch direkten Vergleich mit verlässlich bestimmten Exemplaren ähnlicher Arten zu bestimmen. Da viele *Philonthus*-Arten noch nicht auf die Gattungszugehörigkeit hin untersucht wurden, ist die genaue Artenzahl noch unbekannt. Bisher sind *Bisnius*-Arten aber nur aus der Holarktis bekannt, einige von ihnen kommen adventiv auch in anderen Faunenregionen vor. Aus Mitteleuropa sind 13 Arten nachgewiesen, von denen die meisten eine nidikole Lebensweise führen (in Nagerbauten, Vogelnestern oder Baumhöhlen). Einige dieser selten gefundenen Arten lassen sich erfolgreich mit Taubenmist ködern.

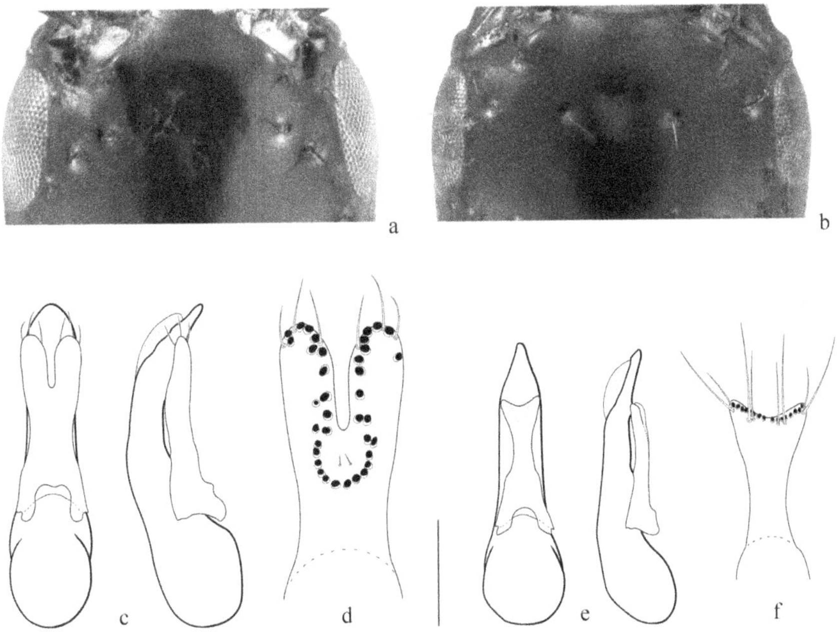

Abb. 163: Interokularpunkte von *Bisnius fimetarius* (a), *B. sordidus* (b); Aedoeagus ventral und lateral (c, e) und Paramere (d, f) von *B. nitidulus* (c–d), *B. puella* (e–f). Maßstab: 0,2 mm (c), 0,1 mm (d), 0,5 mm (e) und 0,25 mm (f).

1 Pronotum mit dorsalen Punktreihen aus je 4 Punkten. **2**

– Pronotum mit dorsalen Punktreihen aus 7–12 Punkten, im basalen Drittel meist sehr unregelmäßig, zwischen dorsaler Punktreihe und Seitenrand jederseits mit etwa 10 Punkten. Kopf – beim ♂ deutlich – quer. Augen deutlich kürzer als die Schläfen. Fühler kurz, Glieder IV–V etwa so lang wie breit, Glieder VIII–X quer. Schwarz, Tibien außen oft schmal gelblich. 7,5–9,0 mm (RL: 3,8–4,3 mm). ♂: Aedoeagus wie in Abb. 163e–f. Von Großbritannien über den nördlicheren Teil der Westpaläarktis zumindest bis nach Westsibirien verbreitet, nicht im eigentlichen Mediterrangebiet. In Mitteleuropa nicht häufig. Vom Tiefland bis in die montane Stufe, vorzugsweise in Kuhdung. .... ***puella*** (NORDMANN, 1837)

2 Sehr kleine Art, 4,0–4,5 mm (RL: 2,0–2,2 mm). Kopf und Pronotum länglich. Augen deutlich kürzer als die Schläfen. Die 4 Interokularpunkte voneinander gleich weit entfernt (ähnlich Abb. 163b). Fühler kurz, Glied IV etwa so breit wie lang, Glieder VII–X quer. Elytren deutlich kürzer als das Pronotum, locker und relativ grob punktiert. Flugunfähig; Hinterrand des Tergits VII ohne weißen Hautsaum. Schwarz, Beine gelb, Fühler rötlich, oft zur Spitze leicht angedunkelt. ♂: Aedoeagus wie in Abb. 163c–d. Transpaläarktisch, vom östlichen Frankreich bis in den Fernen Osten Russlands verbreitet. In Mitteleuropa meist nicht selten, vorzugsweise in offenem, sandigem Gelände. .... ***nitidulus*** (GRAVENHORST, 1802)

– Deutlich größere Arten (RL: > 2,5 mm). **3**

3 Innere Interokularpunkte weit getrennt, voneinander mindestens doppelt so weit entfernt wie vom äußeren Interokularpunkt (Abb. 163a). Schläfen nur ca. 1,2-mal so lang wie die Augen. Pronotum entweder parallelseitig oder kurz vor der Basis am breitesten, nach vorn geradlinig verengt. Schwarz, Vorderkörper mit schwach metallisch-grünlichem Schimmer. Beine gelb, Innenseiten der Metatibien geschwärzt. 6,0–7,5 mm (RL: 3,0–3,5 mm). ♂: Aedoeagus wie in Abb. 164a–b. Gesamte Paläarktis außer Japan, adventiv auch in Nordamerika. In Mitteleuropa überall häufig. An faulenden Stoffen aller Art. .... ***fimetarius*** (GRAVENHORST, 1802)[1]

– Alle 4 Interokularpunkte voneinander etwa gleich weit entfernt (Abb. 163b).... **4**

4 Augen deutlich aus dem Kopfumriss hervortretend. Tarsen sehr lang und schlank, Mesotarsen länger als die Mesotibien, Metatarsen so lang wie die Metatibien. Pronotum vor der Basis sehr deutlich konkav geschwungen. Schwarz, Elytren entweder ganz rot oder mit dunkelbraunem Scutellarfleck variabler Größe. 6,5–8,5 mm (RL: 3,5–4,3 mm). ♂: Aedoeagus wie in Abb. 164c–d. Von Mitteleuropa bis nach Ostsibirien verbreitet. In Mitteleuropa in der südlichen Hälfte. Selten. In unterirdischen Nagerbauen (vorwiegend bei *Citellus* und *Cricetus*), oft mit Bodenfallen nachgewiesen. .... ***scribae*** (FAUVEL, 1867)

– Augen nicht aus dem Kopfumriss hervortretend. Tarsen kürzer, Mesotarsen höchstens so lang wie die Mesotibien, Metatarsen kürzer als die Metatibien. Färbung anders. **5**

---

[1] Der von den Beskiden als *intrudens* (TOTTENHAM, 1949) beschriebene *B. longicollis* (BERNHAUER, 1908) ist *B. fimetarius* ähnlich. Der Fundort basiert höchstwahrscheinlich auf fehlerhafter Etikettierung. Die Art ist in der Ostpaläarktis verbreitet.

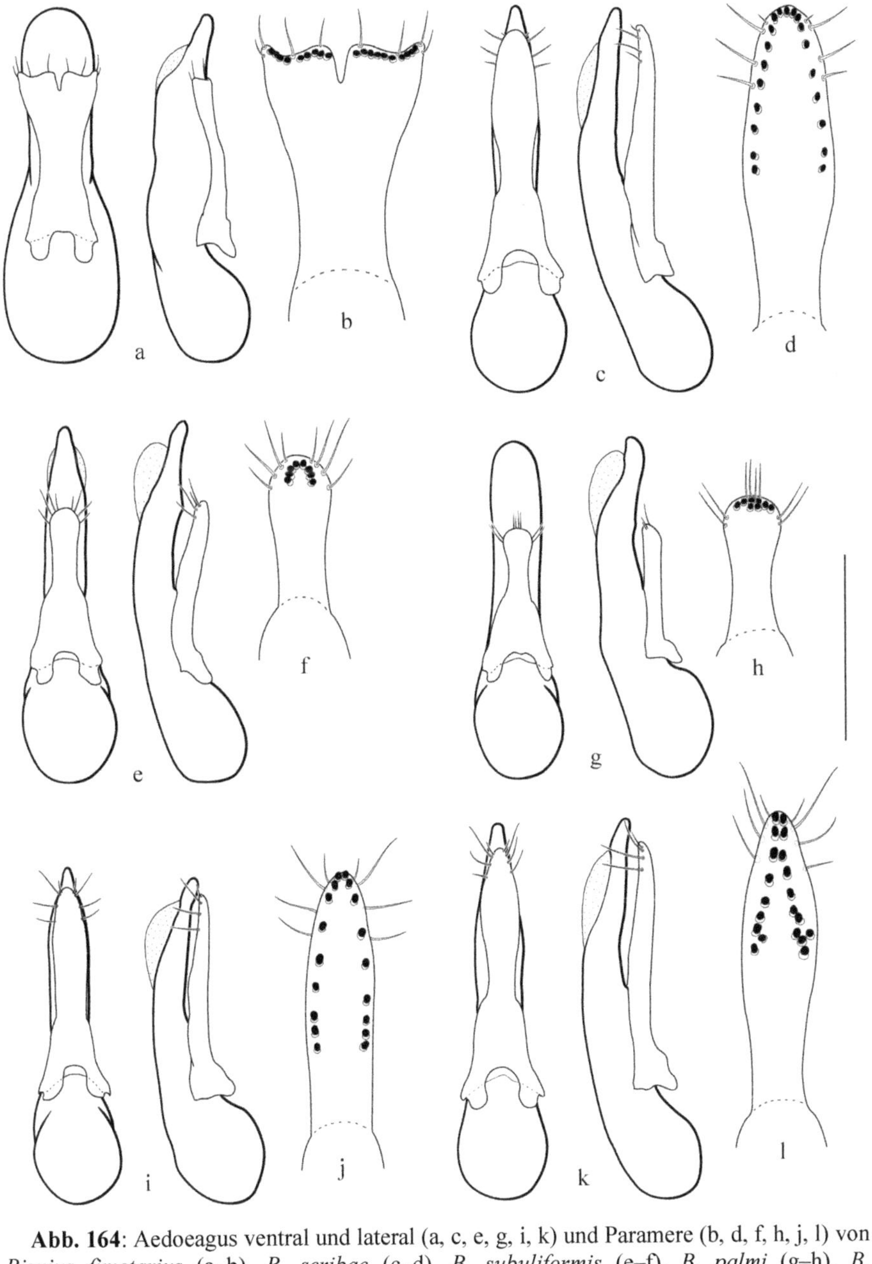

Abb. 164: Aedoeagus ventral und lateral (a, c, e, g, i, k) und Paramere (b, d, f, h, j, l) von *Bisnius fimetarius* (a–b), *B. scribae* (c–d), *B. subuliformis* (e–f), *B. palmi* (g–h), *B. nigriventris* (i–j), *B. cephalotes* (k–l). Maßstab: 0,5 mm (a, c, e, g, i, k), 0,25 mm (b, d, f, h, j, l).

5 Kopf und Pronotum vollständig querwellig mikroskulptiert, höchstens zwischen den dorsalen Punktreihen des Pronotums etwas schwächer, aber selbst dann in diesem Bereich nie spiegelblank. Elytren dicht punktiert, Punktabstände betragen einen Punktdurchmesser oder weniger. **6**

– Kopf dorsal ohne oder mit lückenhafter Mikroskulptur, Pronotum zumindest zwischen den dorsalen Punktreihen völlig ohne Mikroskulptur, spiegelblank und glänzend. Selten mit Resten einer Mikroskulptur zwischen den dorsalen Punktreihen, dann aber Fühlerglied IV länglich und Glieder V–VI höchstens so breit wie lang. **9**

6 Kopf schwarz, Pronotum rot mit dunkler Vorderhälfte, Elytren gelblich bis rot, Abdominalsegmente dunkelbraun mit rötlichen Hinterrändern, selten der ganze Körper schwarz bis schwarzbraun, aber Hinterhälfte des Pronotums fast immer dunkel rötlich durchscheinend sowie Hinterränder der Tergite deutlich und breit rötlich gerandet. Elytren fein punktiert, Punkte deutlich feiner als die der Dorsalreihen des Pronotums. Kopf bei großen ♂♂ mit nach hinten erweiterten Schläfen, nicht breiter als das Pronotum. Fühlerglied IV so lang wie breit, Glied V leicht, Glieder VI–X deutlich quer. 5,5–7,5 mm (RL: 2,7–3,7 mm). ♂: Aedoeagus wie in Abb. 164e–f. Von Großbritannien über den nördlichen und mittleren Teil der Westpaläarktis bis nach Mittelasien verbreitet, nicht im eigentlichen Mediterrangebiet. In Mitteleuropa überall, aber nicht häufig. Vorzugsweise in Nestern in hohlen Bäumen; oft fliegend und an Ködern nachgewiesen. .... ***subuliformis*** (GRAVENHORST, 1802)

– Körper ganz schwarz. Hinterhälfte des Pronotums nie rötlich durchscheinend sowie Hinterränder der Tergite bei ausgefärbten Exemplaren nicht rötlich. **7**

7 Elytren schwarz, ohne Metallschimmer. Fühler sehr kurz, Glied IV etwa so lang wie breit, Glieder VI–X deutlich quer, Glieder VIII–X etwa doppelt so breit wie lang. Seitenrand des Pronotums vor der Basis tief und scharf konkav geschwungen. Mikroskulptur auf Kopf und Pronotum deutlich und dicht. Kopf breiter als lang, besonders beim ♂. Schläfen 1,25–1,60-mal so lang wie die Augen. 7,5–9,5 mm (RL: 3,5–4,5 mm). ♂: Aedoeagus (Abb. 164g–h) dem des *subuliformis* recht ähnlich. Adventivart aus Nordamerika, bis jetzt nur wenige Nachweise (Sizilien, Tschechien, Türkei). In Baumhöhlen und Nestern (Vögel, Eichhörnchen usw.). Bei gezielter Suche in entsprechenden Habitaten höchstwahrscheinlich an vielen Orten in der südlichen Hälfte Mitteleuropas nachzuweisen. .... ***palmi*** (SMETANA, 1955)

– Elytren mit deutlichem, meist grünlichem Metallschimmer. Fühler länger, Glied VI nicht oder undeutlich quer, Glieder VIII–X höchstens 1,5-mal so breit wie lang. **8**

8 Fühler kürzer, Glieder IV und V etwa so lang wie breit, Glied VI leicht quer, Glieder VII–X deutlich quer, Glieder VIII–X etwa 1,5-mal so breit wie lang. Kopf auch bei großen ♂♂ kaum breiter als das Pronotum. Seitenrand des Pronotums zur Basis leicht konvex oder fast geradlinig. Mikroskulptur auf dem Pronotum zwischen den dorsalen Punktreihen oft etwas lückenhaft. Abdominaltergite III–VI mit 2 Basallinien, die des Tergits VI nur wenig schwächer erhaben als die der vorderen Tergite, normalerweise scharf bis zu den lateralen Stigmata durchgehend. Durchschnittlich kleiner, 6,0–7,5 mm (RL: 2,9–3,5 mm). ♂: Aedoeagus wie in Abb. 164i–j. Die Verbreitung der

Art ist völlig ungeklärt, da viele Meldungen auf Fehldeterminationen beruhen. Gesicherte Funde stammen aus Nordeuropa, dem nördlichen und mittleren Mitteleuropa, den Ostalpen und Westsibirien. Ökologie wahrscheinlich der des *cephalotes* ähnlich. .... ***nigriventris*** (THOMSON, 1867)

– Fühler länger, Glied IV erkennbar länglich, Glied V etwas länglich oder so lang wie breit, Glied VI so lang wie breit, Glieder VII–X schwach quer. Kopf bei großen ♂♂ deutlich breiter als das Pronotum. Seitenrand des Pronotums vor der Basis deutlich konkav geschwungen, sehr selten geradlinig. Elytren bei großen ♂♂ in der Hinterhälfte mit deutlicher, scharfer Längskante an den Seiten. Tergite III–V mit 2 Basallinien, sehr selten mit 2. Basallinie auf dem Tergit VI, diese dann aber viel schwächer als auf den vorderen Tergiten und in der Regel zu den Seiten hin verloschen. Durchschnittlich größer, 6,5–8,0 mm (RL: 3,5–4,0 mm). ♂: Aedoeagus wie in Abb. 164k–l. In der gesamten Paläarktis außer Japan, adventiv auch in Nordamerika. In Mitteleuropa selten. Wird vor allem mit Taubenmist geködert. .... ***cephalotes*** (GRAVENHORST, 1802)

9 Pronotum außerhalb der dorsalen Punktreihen (sehr selten auch innerhalb) mit Resten querwelliger Mikroskulptur. Kopf meist mit zwar schwacher, aber fast vollständiger Mikroskulptur, die auf dem Scheitel meist mehr oder weniger lückenhaft ist. **10**

– Pronotum gänzlich ohne Mikroskulptur, sehr stark glänzend, Kopf höchstens auf der Stirn mit feinen Resten einer Mikroskulptur. **12**

10 ♂: Aedoeagus wie in Abb. 165a–b; Paramerenform extrem variabel. Tergite III–VI mit 2 Basallinien, die des Tergits VI meist fast so stark erhaben wie die der vorderen Tergite, meist scharf bis zu den lateralen Stigmata durchgehend, selten undeutlich. Elytren bei großen ♂♂ in der Hinterhälfte mit deutlicher, scharfer Längskante an den Seiten. Habituell dem *cephalotes* recht ähnlich. Schwarz, letzte 1–2 Fühlerglieder häufig rötlich aufgehellt, Elytren mit schwachem Metallschimmer, Beine bei ausgefärbten Exemplaren schwarz, höchstens die Tarsen heller. 5,5–8,5 mm (RL: 3,1–4,7 mm). Expansive, ursprünglich in der Ostpaläarktis beheimatete Art, die adventiv auch in Australien und Nordamerika vorkommt und sich in der zweiten Hälfte des 20. Jahrhunderts über fast ganz Europa ausgebreitet hat. In Mitteleuropa selten. Oft mit Taubenmist geködert. ..... ***parcus*** (SHARP, 1874)

– ♂: Aedoeagus anders gebaut. Tergite III–V mit 2 Basallinien, sehr selten auf dem Tergit VI mit einer kurzen und sehr schwachen Andeutung einer 2. Basallinie in der Mitte. **11**

11 ♂: Aedoeagus wie in Abb. 165c–d. Beine schwarz, bei typisch gefärbten Exemplaren Meso- und Metatibien höchstens mit einem sehr schmalen und kurzen gelben Strich außen an der Basis, Tarsen oft rötlich. Durchschnittlich größer. 5,5–8,5 mm (RL: 3,0–4,2 mm). Bisher überwiegend aus der nördlichen Hälfte Europas bekannt. In Mitteleuropa aus Deutschland, Österreich und der Schweiz gemeldet. Vermutlich weiter verbreitet und bei Anwendung geeigneter Sammelmethoden wohl auch in den übrigen mitteleuropäischen Ländern nachzuweisen. Nicht häufig. Kann mit Taubenmist erfolgreich geködert werden. ....
.... ***pseudoparcus pseudoparcus*** (BRUNNE, 1976)

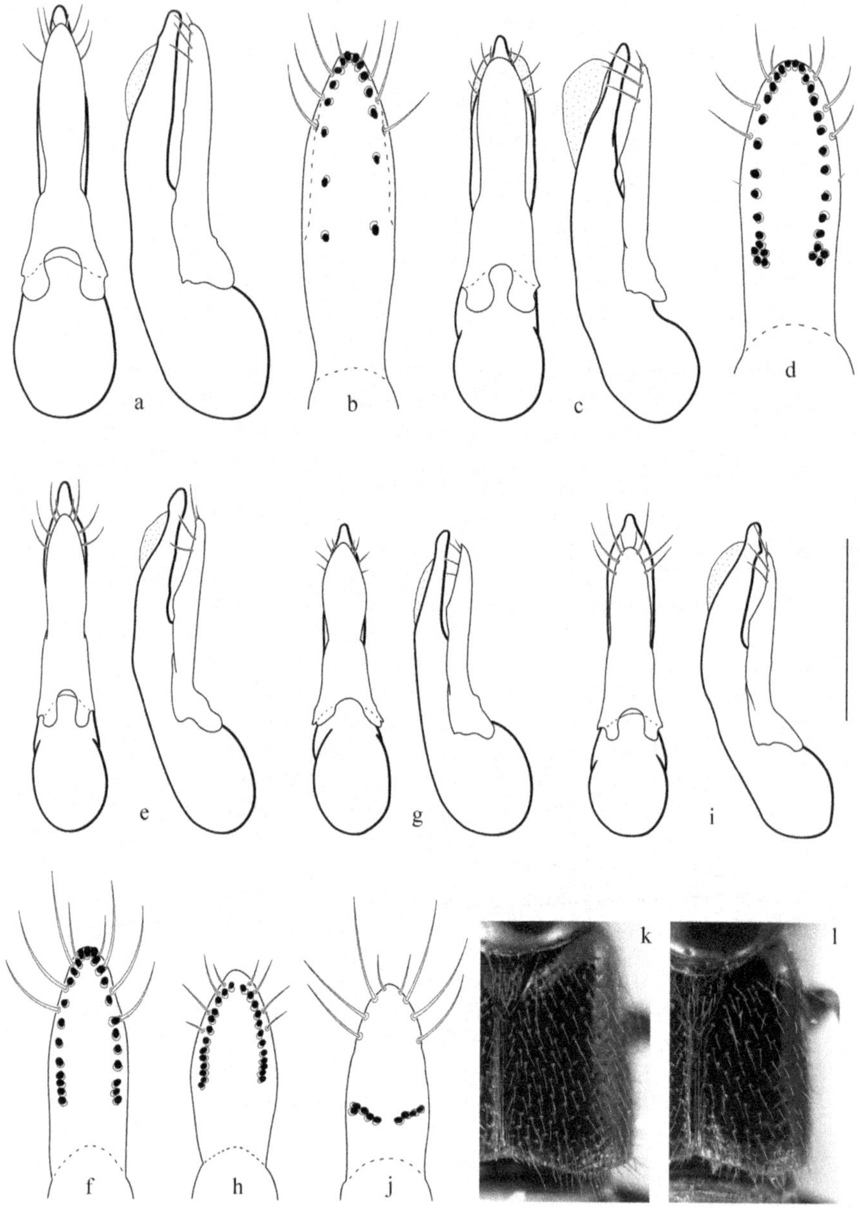

Abb. 165: Aedoeagus ventral und lateral (a, c, e, g, i), Paramere (b, d, f, h, j) und Elytron (k–l) von *Bisnius parcus* (a–b), *B. pseudoparcus* (c–d), *B. sordidus* (e–f), *B. spermophili* (g–h, k), *B. sparsus* (i–j, l). Maßstab: 0,5 mm (a, c, e, g, i), 0,25 mm (b, d, f, h, j).

– ♂: Aedoeagus wie in Abb. 165e–f. Beine gelbbraun bis rotbraun, Hinterbeine etwas dunkler rotbraun, Innenseiten der Meso- und Metatibien geschwärzt, im Gegensatz zu *pseudoparcus* bleiben bei typisch gefärbten Exemplaren die gesamten Außenseiten rötlich. Extrem große ♂♂ (selten) mit Andeutung einer Außenkante an den Elytren. Habitus wie in Abb. 23e. 5,5–7,5 mm (RL: 3,0–4,2 mm). Die Art ist extrem variabel, sowohl in Grösse als auch Ausprägung der Punktur und Mikroskulptur. Über die gesamte Paläarktis verbreitet, mittlerweile Kosmopolit. Sehr häufig. Ökologisch offensichtlich wesentlich weniger spezialisiert als die anderen Arten der Gruppe. .... ***sordidus*** (GRAVENHORST, 1802)

12 Fühler sehr kurz, Glieder zur Spitze bereits ab dem Glied VI quer. Stirn zwischen den Fühlerbasen mit feinen Resten einer Mikroskulptur. Elytren feiner und dichter punktiert (Abb. 165k). Schwarz, Elytren dunkelbraun bis schwarzbraun, ohne Metallschimmer. 5–7 mm (RL: 2,7–3,5 mm). ♂: Aedoeagus wie in Abb. 165g–h. Von Großbritannien über den nördlichen und mittleren Teil der Westpaläarktis bis nach Mittelasien verbreitet, nicht im eigentlichen Mediterrangebiet. In Mitteleuropa selten und gebietsweise fehlend. In unterirdischen Säugerbauen, oft mit Bodenfallen nachgewiesen. .... ***spermophili*** (GANGLBAUER, 1897)

– Fühler länger, Glieder zur Spitze erst ab dem Glied VIII leicht quer. Elytren gröber und wesentlich lockerer punktiert (Abb. 165l). Kopf gänzlich ohne Mikroskulptur. Schwarz, Elytren oft bräunlich aufgehellt, aber trotzdem immer mit leichtem Metallschimmer. 5,0–7,5 mm (RL: 2,8–3,6 mm). ♂: Aedoeagus wie in Abb. 165i–j. Nach bisheriger Kenntnis atlantomediterran verbreitet, von Nordafrika über Spanien und Frankreich bis nach Österreich, Ostdeutschland und Belarus. Meldungen aus der Afrotropis und aus Kasachstan bedürfen der Bestätigung. Selten. Wahrscheinlich Vogelnestbewohner, da oft aus Hühnerställen nachgewiesen. .... ***sparsus*** (LUCAS, 1846)

Gattung *Cafius* CURTIS, 1829

Habitus wie in Abb. 23f. Die einzige mitteleuropäische Art der Gattung ist durch die grubige Punktur des Pronotums und die scheckige Abdominalbeborstung leicht kenntlich. Von der Gattung *Hesperus*, die eine ähnliche Form der Seitenrandlinien des Pronotums besitzt, durch die dichte Mikroskulptur des Vorderkörpers und die kurzen Palpenendglieder verschieden. Die Gattung ist weltweit mit 45 beschriebenen Arten vertreten, deren Gattungszugehörigkeit aber in einigen Fällen zweifelhaft ist (siehe auch *Remus*). Alle Arten kommen an Meeresküsten vor.

Kopf schwarz, Pronotum und Elytren dunkelbraun, Ränder des Pronotums manchmal und Epipleuren der Elytren immer rotgelb, Abdomen dunkel bis heller bräunlich, Beine rotbraun mit schwärzlichen Innenseiten der Tibien. Kopf quadratisch mit leicht konkaver Basis, bis auf die Schläfen weitgehend unpunktiert. Augen sehr groß, wesentlich länger als die Schläfen. Pronotum so lang wie breit, etwa so breit wie der Kopf, Seitenrand vor der Basis lang konkav verengt, Dorsalreihen mit je 4 grubenartig vertieften Punkten. Elytren sehr lang und deutlich breiter als das Pronotum, äußerst dicht und fein beborstet. Abdomen sehr dicht und fein, fast raspelartig punktiert, jedes

Tergit mit einem Paar deutlicher heller Borstenflecken am Hinterrand. 6–10 mm (RL: 3,5–4,5 mm). Die Art ist in der gesamten Westpaläarktis verbreitet, dringt entlang der Küste des Roten Meeres in die nordöstlichen Bereiche der afrotropischen Region vor; adventiv in der Neotropis (Chile). An den Küsten der Nord- und Ostsee überall häufig. .... ***xantholoma*** (GRAVENHORST, 1806)

Gattung *Erichsonius* FAUVEL, 1874

Habitus wie in Abb. 24a. Schlanke, relativ kleine Arten von weniger als 8 mm Länge. Seitenrandlinie des Pronotums knapp vor der Mitte deutlich nach ventral gebogen, großer lateraler Porenpunkt daher weit von der Seitenrandlinie entfernt. Metatarsen kurz. Fühlerglied II deutlich verdickt, etwa gleich breit wie Glied I. Abdomen dicht und fein pubeszent. Kopf und Pronotum mit isodiametrischer Mikroskulptur. Andere wichtige Merkmale, wie das Fehlen einer transparenten Membran am Vorderrand des Labrums, gut ausgebildete Infraorbitalkanten, zweilappige Ligula, sowie das Vorhandensein eines postcoxalen Fortsatzes an den Hypomeren des Pronotums, lassen die Zugehörigkeit der Gattung zu den Philonthina sehr fragwürdig erscheinen. Jüngste phylogenetische Analysen positionieren *Erichsonius* eher als potentielle eigene Subtribus an der Basis der Staphylinini. Die Gattung wird in 2 Untergattungen geteilt, die möglicherweise als getrennte Gattungen angesehen werden müssen. *Erichsonius* ist überwiegend paläotropisch verbreitet, von den etwa 160 beschriebenen Arten kommen in Mitteleuropa nur 4 vor. Die Arten leben an Ufern verschiedenster Gewässertypen. Detailliertere Angaben zur Systematik, Morphologie, Lebensweise und Verbreitung finden sich bei UHLIG & STERRENBURG (1990).

1 Kopf (mit Ausnahme der Mitte) kräftig und weniger dicht punktiert, Punktabstände immer deutlich größer als die Punktdurchmesser. Pronotum kräftig, weniger dicht punktiert, entlang der punktfreien Mittellinie mit deutlicher Punktreihe von etwa 7–10 Punkten, Mikroskulptur des Pronotums relativ schwach, Oberfläche daher recht glänzend. Elytren kräftig punktiert, Punktabstände entsprechen etwa dem Punktdurchmesser. ♂: Aedoeagus in Ruhelage nicht gedreht, Parameren divergierend und zur Spitze deutlich erweitert. Untergattung *Sectophilonthus* TOTTENHAM, 1949. .... **2**

– Kopf (mit Ausnahme der Mitte) fein und sehr dicht punktiert, Punktabstände nur wenig größer als die Punktdurchmesser. Pronotum fein, sehr dicht punktiert, mit punktfreier Mittellinie, eine deutlich abgesetzte Punktreihe kaum erkennbar, Mikroskulptur des Pronotums deutlich, Oberfläche daher matt. Elytren relativ fein und sehr dicht punktiert, Punkte fast zusammenstoßend. ♂: Aedoeagus in Ruhelage um 90° gedreht, Parameren parallel und bis zur Spitze schlank. Untergattung *Erichsonius* FAUVEL, 1874. .... **3**

2 Fühler braun, letztes Glied abstechend heller als das vorletzte Glied, Mikroskulptur des Pronotums schwach, vor allem entlang der Mitte oft nur schwer zu erkennen (50 ×). 3,4–5,2 mm (RL: 1,9–2,6 mm). ♂: Aedoeagus wie in Abb. 166a–b. Atlantomediterran; in Mitteleuropa nur im äußersten Westen (Belgien, Niederlande, westliches Deutschland). Nicht häufig. Im Anspülicht von Seen und Flüssen. .... ***ytenensis*** SHARP, 1913

– Fühler gelbbraun oder rotgelb mit angedunkelter Mitte, zur Spitze allmählich heller, letztes Glied nicht abstechend heller als das vorletzte. Mikroskulptur des Pronotums immer deutlich sichtbar. 3,4–5,7 mm (RL: 1,8–2,7 mm). ♂: Aedoeagus wie in Abb. 166c–d. Atlantomediterran. In Mitteleuropa im Westen nicht häufig, nach Norden und Osten hin selten. An sandigen und kiesigen Ufern sauberer Seen und Flüsse. .... ***signaticornis*** (MULSANT & REY, 1853)

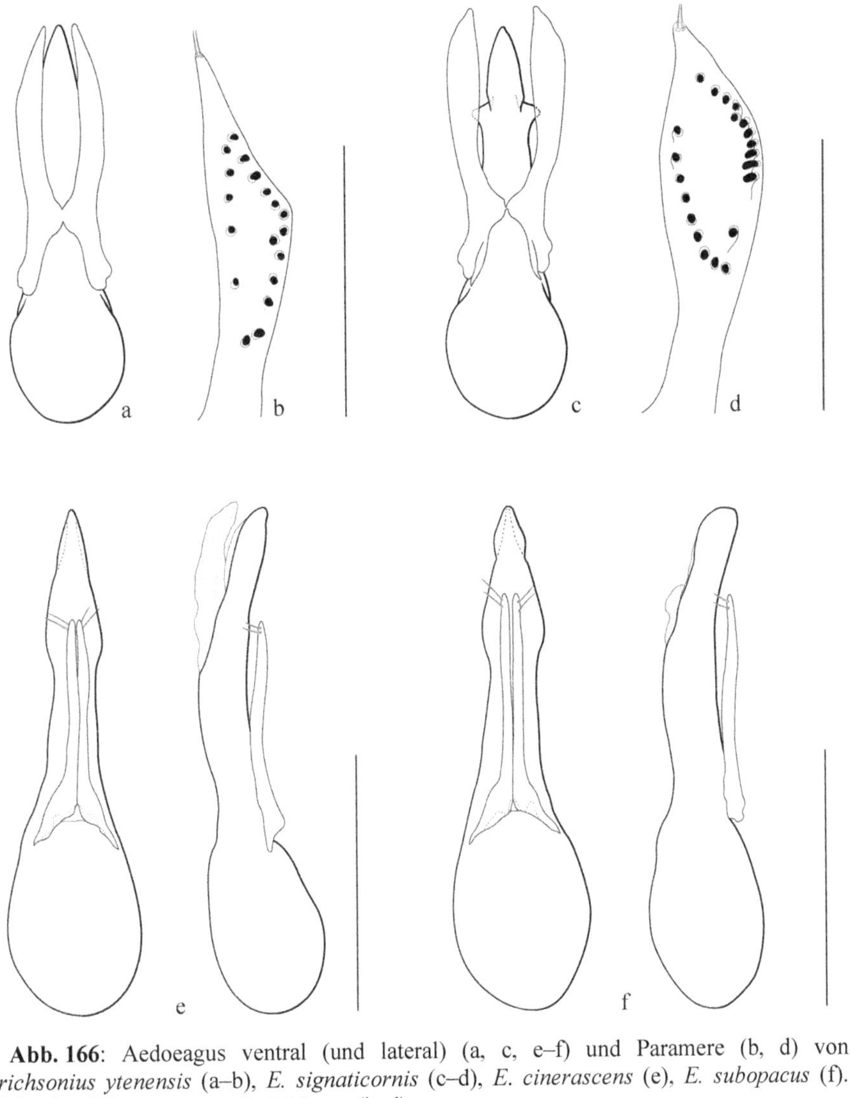

Abb. 166: Aedoeagus ventral (und lateral) (a, c, e–f) und Paramere (b, d) von *Erichsonius ytenensis* (a–b), *E. signaticornis* (c–d), *E. cinerascens* (e), *E. subopacus* (f). Maßstäbe: 0,5 mm (a, c, e–f), 0,25 mm (b, d).

3 Kleiner, etwas schlanker. Schläfen parallel, in Lateralansicht 0,27–0,40 mm lang. Habitus wie in Abb. 24a. 3,4–5,8 mm (RL: 2,0–2,9 mm). ♂: Aedoeagus wie in Abb. 166e. Europa mit Ausnahme des Südens. In Mitteleuropa überall häufig. An Ufern langsam fließender und stehender Gewässer sowie in Mooren. .... ***cinerascens*** (GRAVENHORST, 1802)

– Größer, robuster. Schläfen leicht nach hinten erweitert, in Lateralansicht 0,38–0,55 mm lang. 4,3–7,8 mm (RL: 2,4–3,8 mm). ♂: Aedoeagus wie in Abb. 166f. Holomediterran. Entlang der großen Flüsse nach Mitteleuropa vordringend, bisher nicht aus der Schweiz und den Benelux-Staaten gemeldet. In Mitteleuropa selten. Lebensweise wie bei *cinerascens*. .... ***subopacus*** (HOCHHUTH, 1851)

Gattung *Gabrius* STEPHENS, 1829

Habitus wie in Abb. 24b. Meist kleine, schlanke, unauffällig braun bis schwarz gefärbte Arten. Protarsen nicht verbreitert, unterseits normal beborstet; letztes Labialpalpenglied stiftförmig (Abb. 162d), deutlich schmaler als das vorletzte (dadurch von *Bisnius* zu trennen). Die Gattung *Gabronthus*, die kleinen *Gabrius*-Arten ähnelt und auch ein schmales letztes Labialpalpenglied besitzt, hat deutlich verbreiterte, unterseits mit hellen modifizierten Borsten besetzte Protarsen. Viele der Arten sind einander außerordentlich ähnlich und nur durch Untersuchung des Aedoeagus sicher zu trennen (vor allem die Arten der *nigritulus*-Gruppe mit schlankem Kopf). Eine Genitalpräparation sollte daher obligatorisch bei allen *Gabrius* erfolgen und zwar so, dass die Paramere nach oben zeigt (Ventralansicht) und auch die Lateralansicht ermöglicht[1].

Von den weltweit über 300 beschriebenen Arten sind in Mitteleuropa 25 Arten sicher nachgewiesen, bei 4 weiteren wäre ein Vorkommen möglich oder zu erwarten. Die meisten Arten sind hygrophil und bevorzugen entweder Wälder oder Gewässerufer. Einige wenige Arten sind auch unter Borke oder an Faulstoffen zu finden.

1 Fläche zwischen den 2 Basallinien auf den Tergiten III–V dicht, mehrreihig beborstet. 2

– Fläche zwischen den 2 Basallinien auf den Tergiten III–V nicht beborstet, höchstens mit einigen verstreuten Borstenpunkten, vor allem auf dem Tergit V. 5

2 Pronotum mit dorsalen Punktreihen aus je 5 Punkten; Kopf markant rechteckig, 1,07–1,12-mal so lang wie breit. Schläfen bis zu den gerundeten, aber deutlichen Hinterecken parallel, etwa 1,6-mal so lang wie die Augen. Pronotum schlank, nicht breiter als der Kopf, parallelseitig. Schwarz, Elytren rot bis rotbraun, immer sehr deutlich heller als der Rest des Körpers, Beine rötlich. 6,5–8,0 mm (RL: 3,0–3,7 mm). ♂: Aedoeagus wie in Abb. 167g–h. Von den Pyrenäen bis in den Nordwesten Chinas verbreitet. In Mitteleuropa aus den Alpen und einigen Mittelgebirgen bekannt. Meist

[1] Die früher oft bevorzugte Darstellung des Aedoeagus in Dorsalansicht ist nur in wenigen Fällen hilfreich, während bei vielen problematischen Arten die Lateralansicht wesentlich zielführender ist.

selten. Montan bis alpin, an Flussufern und Schneerändern; oft fliegend nachgewiesen. .... ***tirolensis*** (LUZE, 1903)

– Pronotum mit dorsalen Punktreihen aus je 6 Punkten. **3**

3 Schwarz, Elytren gelbrot, bei ausgefärbten Exemplaren immer sehr deutlich heller als der Rest des Körpers. Kopf eiförmig oder rundlich rechteckig, länger als breit. Schläfen fast regelmäßig verrundet, etwa 1,5-mal so lang wie die Augen. Pronotum mit schwach gerundeten oder fast parallelen Seiten, breiter als der Kopf. Beine gelb. 5,5–7,0 mm (RL: 3,0–3,3 mm). ♂: Aedoeagus wie in Abb. 167a–b. Von Spanien und Großbritannien über weite Teile Europas bis nach Russland, in den Kaukasus und nach Kleinasien verbreitet. In Mitteleuropa weit verbreitet, aber sehr selten. An Ufern stehender und fließender Gewässer. .... ***lividipes*** (BAUDI DI SELVE, 1848)

– Elytren braun bis schwarz, nicht auffallend heller als der Rest des Körpers. **4**

4 ♂: Aedoeagus wie in Abb. 167c–d. Apikalrand der Paramere in der Mitte meist schwach ausgerandet oder fast regelmäßig flach konkav. 5,0–6,5 mm (RL: 2,8–3,2 mm). Aus der gesamten Paläarktis gemeldet, die fernöstlichen Nachweise beruhen aber teilweise auf Verwechslung. In Mitteleuropa mit eher südlichem Verbreitungsschwerpunkt. Nicht häufig. Submontan bis subalpin, hygrophil, in Feuchtbiotopen und in Wäldern in der feuchten Laubstreu. .... ***astutus*** (ERICHSON, 1840)

– ♂: Aedoeagus wie in Abb. 167e–f. Paramere deutlich zweilappig, apikal in der Mitte mit variabler, aber sehr deutlicher Ausrandung. In Größe und Gestalt nicht von *astutus* zu unterscheiden. Habitus wie in Abb. 24b. Von Frankreich und den Niederlanden bis in die Türkei und den Kaukasus verbreitet, in Nordamerika wahrscheinlich adventiv. In Mitteleuropa häufiger als *astutus*. Lebensweise ähnlich. .... ***astutoides*** (A. STRAND, 1946)

5 Pronotum mit dorsalen Punktreihen aus je 5 Punkten. **6**

– Pronotum mit dorsalen Punktreihen aus je 6 Punkten. **10**

6 Fühler länger, Glied IV, oft auch Glied V zumindest etwas länger als breit, vorletzte Glieder höchstens schwach quer. Hinterränder der Abdominalsegmente kaum, höchstens sehr unscharf heller gerandet. Größer, RL mindestens 2,9 mm. **7**

– Fühler kürzer, Glied IV so lang wie breit, bereits ab Glied VI (oft schon ab V) quer, vorletzte Glieder sehr deutlich quer. Hinterränder der Abdominalsegmente breit und scharf hell rötlich braun gerandet. Kleiner, RL höchstens 2,6 mm. **8**

7 Pronotum entlang der Mitte 1,25–1,30-mal so lang wie die Elytren von der erhabenen Basislinie des Scutellums bis zum Nahtwinkel. Kopf durchschnittlich kürzer, 1,05–1,12-mal so lang wie breit, Seiten mehr konvex. Schläfen etwas kürzer, 1,7–1,8-mal so lang wie die Augen. Elytren und Abdomen dichter punktiert und beborstet, Punktabstände auf den Tergiten III–V größtenteils so groß wie oder kleiner als ein Punktdurchmesser. Braun bis dunkelbraun, Beine und Fühlerglieder I–II gelblich. Durchschnittlich kleiner, 6,0–7,5 mm (RL: 2,9–3,4 mm). ♂: Aedoeagus wie in Abb. 168b. Über den mittleren und nördlichen Teil der Paläarktis von Westeuropa bis in den Fernen Osten Russlands verbreitet. In Mitteleuropa nicht selten. In der Laubstreu beschatteter Biotope und an Gewässern. .... ***osseticus*** (KOLENATI, 1846)

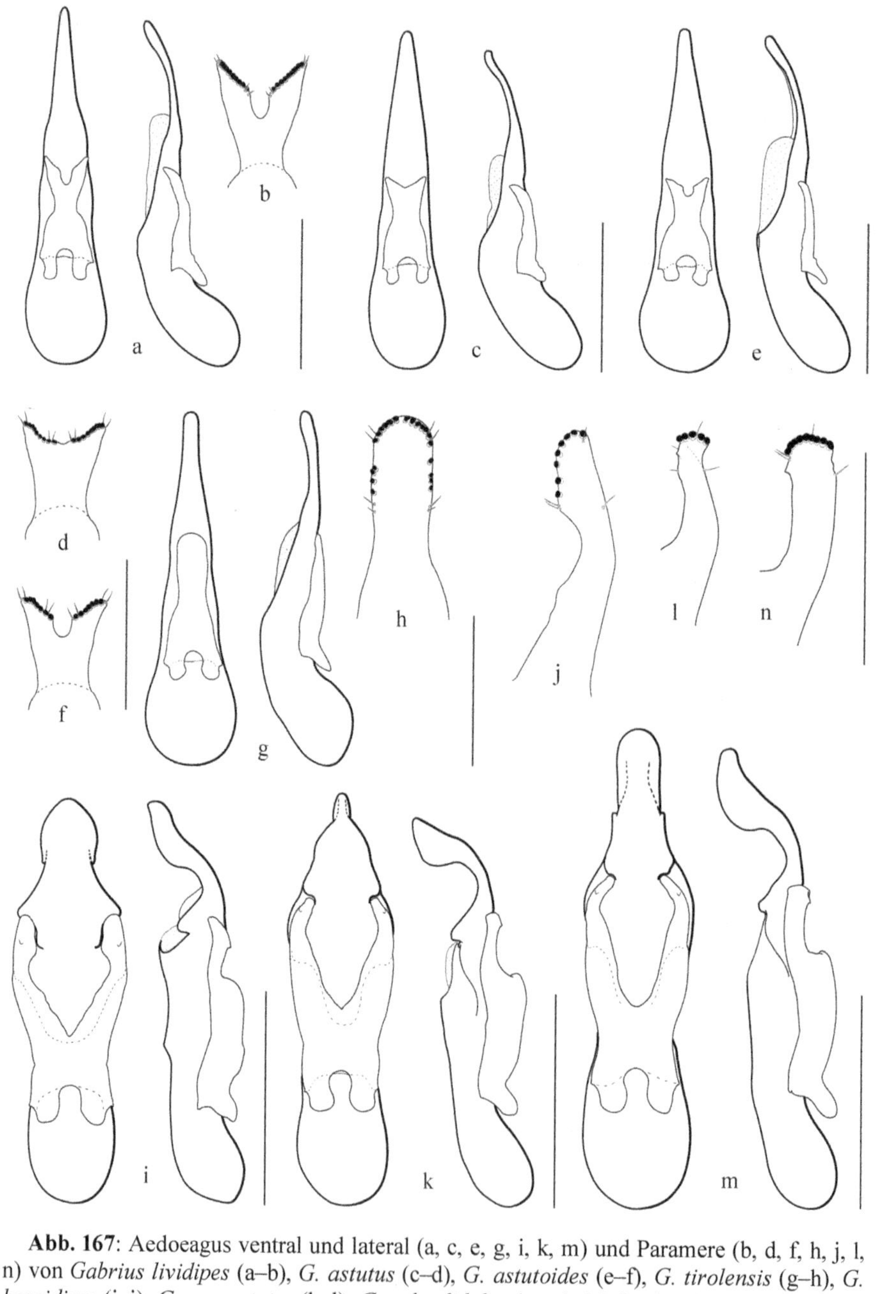

Abb. 167: Aedoeagus ventral und lateral (a, c, e, g, i, k, m) und Paramere (b, d, f, h, j, l, n) von *Gabrius lividipes* (a–b), *G. astutus* (c–d), *G. astutoides* (e–f), *G. tirolensis* (g–h), *G. bescidicus* (i–j), *G. exspectatus* (k–l), *G. splendidulus* (m–n). Maßstäbe: 0,5 mm (a, c, e, g, i, k, m), 0,25 mm (b, d, f, h, j, l, n).

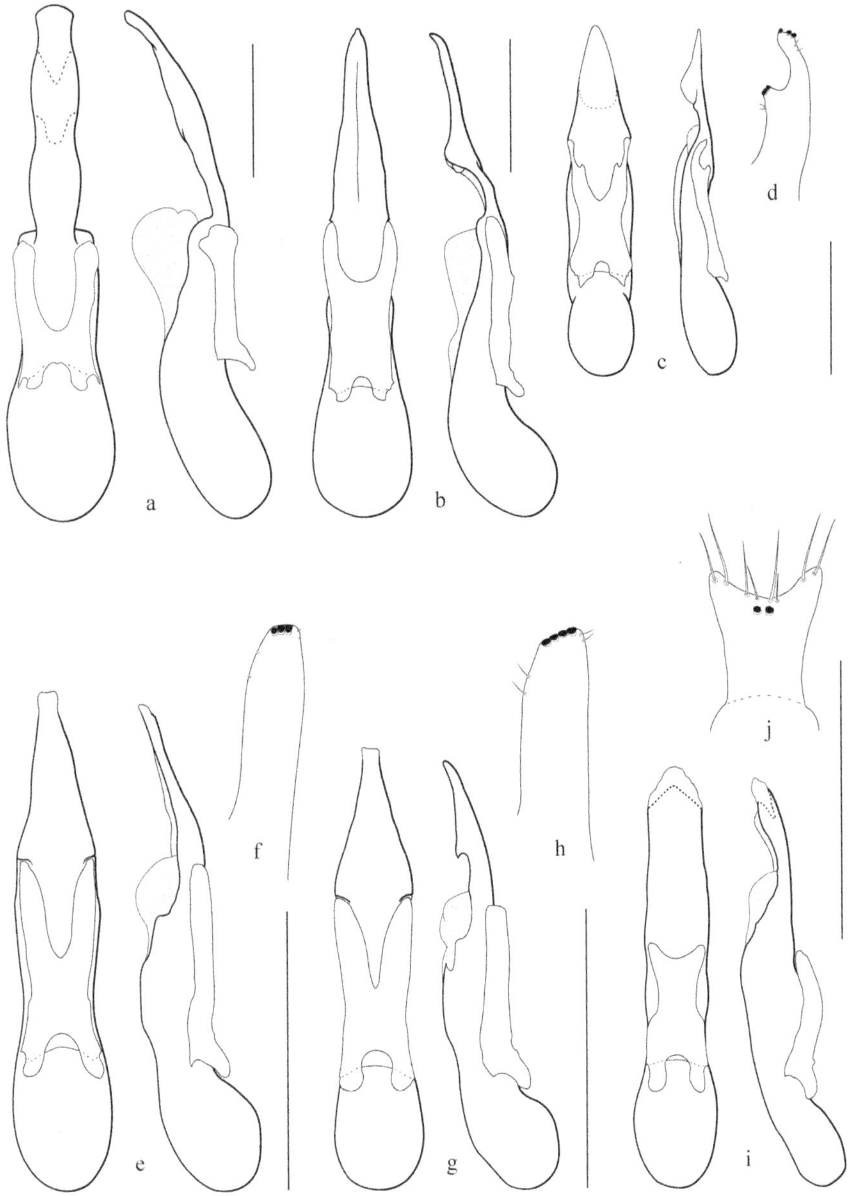

Abb. 168: Aedoeagus ventral und lateral (a–c, e, g, i) und Paramere (d, f, h, j) von *Gabrius femoralis* (a), *G. osseticus* (b), *G. exiguus* (c–d), *G. keysianus* (e–f), *G. dieckmanni* (g–h), *G. piliger* (i–j). Maßstäbe: 0,5 mm (a–c, e, g, i), 0,25 mm (d, f, h, j).

– Pronotum entlang der Mitte nur 1,10–1,17-mal so lang wie die Elytren von der erhabenen Basislinie des Scutellums bis zum Nahtwinkel. Kopf durchschnittlich länger, 1,15-mal so lang wie breit, deutlicher parallelseitig. Schläfen etwas länger, 1,8–2,0-mal so lang wie die Augen. Elytren und Abdomen weniger dicht punktiert und beborstet, Punktabstände auf den Tergiten III–V größtenteils deutlich größer als ein Punktdurchmesser. Braun bis schwarzbraun, Beine gelblich, basale Fühlerglieder oft dunkel. Durchschnittlich größer, 6–8 mm (RL: 3,3–3,7 mm). ♂: Aedoeagus wie in Abb. 168a. Über den südlichen Teil Europas von Spanien bis in die Ukraine und nach Kleinasien verbreitet. In Mitteleuropa nur im Süden (Schweiz, Österreich, Slowakei, Mähren, südöstliches Polen, Süddeutschland bis nach Thüringen). Meist selten. Vorzugsweise in der Laubstreu in Wäldern. .... ***femoralis*** (HOCHHUTH, 1851)

8 Augen sehr klein, Schläfen mehr als doppelt so lang wie die Augen (2,05–2,25 ×). Fühler kürzer, bereits ab dem Glied V quer, Glieder VIII–X doppelt so breit wie lang. Pronotum annähernd parallelseitig, etwa 1,25-mal so lang wie breit. 4,5–5,0 mm (RL: 2,3–2,4 mm). ♂: Aedoeagus wie in Abb. 167i–j. Bisher nur aus dem östlichen Tschechien, der Ost-Slowakei und Skandinavien bekannt. Selten. Unter der Borke toter Bäume. .... ***bescidicus*** SMETANA, 1954

– Augen größer, Schläfen weniger als doppelt so lang wie die Augen. Fühler etwas länger, Glied V so lang wie breit, ab dem Glied VI quer, Glieder VIII–X zwar sehr deutlich quer, aber etwas weniger als doppelt so breit wie lang. 9

9 Kopf 1,00–1,06-mal so lang wie breit. Augen durchschnittlich größer, 0,57–0,69-mal so lang wie die Schläfen. Pronotum etwas kürzer, 1,23–1,27-mal so lang wie breit, Seiten nach hinten nur schwach verengt, an der Basis nur wenig schmaler als im vorderen Drittel, selten deutlicher verengt. 4,7–5,5 mm (RL: 2,4–2,5 mm). ♂: Aedoeagus wie in Abb. 167k–l. Von Frankreich über weite Teile Europas bis nach Finnland, Russland, Kleinasien und ins Altaigebirge verbreitet. Die einzigen gesicherten Nachweise aus Mitteleuropa stammen aus der Slowakei. In vielen Sammlungen ist die Art aber mit der folgenden vermischt, daher bedarf die genaue Verbreitung noch der Klärung. Selten. Lebensweise wahrscheinlich ähnlich der von *splendidulus* und *bescidicus*. .... ***exspectatus*** SMETANA, 1952

– Kopf durchschnittlich länglicher, 1,03–1,10-mal so lang wie breit. Augen durchschnittlich kleiner, nur 0,53–0,59-mal so lang wie die Schläfen. Pronotum etwas länger, 1,29–1,32-mal so lang wie breit, im vorderen Drittel am breitesten, Seiten nach hinten immer deutlich geradlinig verengt, an der Basis immer deutlich schmaler als am Vorderrand. 4,5–6,0 mm (RL: 2,3–2,6 mm). ♂: Aedoeagus wie in Abb. 167m–n. Von West- und Südwesteuropa bis nach Skandinavien, Westsibirien und Kleinasien verbreitet; adventiv in Nordamerika. In Mitteleuropa überall häufig. Unter der Borke toter Bäume. .... ***splendidulus*** (GRAVENHORST, 1802)

10 Größer, 5,0–6,5 mm (RL: 2,7–3,0 mm). Pronotum deutlich breiter als der Kopf (1,25–1,33 ×), im basalen Drittel am breitesten, nach vorne relativ deutlich verengt. Vorderkörper, vor allem die Elytren, mit schwachem Metallschimmer. ♂: Aedoeagus wie in Abb. 168c–d. Von West- und Südwesteuropa bis nach Schweden, Russland und nach Kleinasien

gemeldet, gesicherte Nachweise sind aber dürftig. In Mitteleuropa sehr selten. Ökologie weitgehend unbekannt. .... ***exiguus*** (NORDMANN, 1837)

– Kleiner, RL höchstens 2,5 mm. Pronotum zwar oft breiter als der Kopf, aber nie so deutlich (höchstens 1,15 ×). Vorderkörper immer ohne Metallschimmer. **11**

11 Kopf so breit wie lang oder geringfügig länger als breit (< 1,1 ×), quadratisch oder mit leicht nach hinten verengten Schläfen. Pronotum (vor allem beim ♂) so breit wie oder kaum breiter als der Kopf (< 1,1 ×). Arten, bei denen Zweifel bestehen können, werden doppelt berücksichtigt. **12**

– Kopf deutlich länger als breit (> 1,1 ×). Pronotum mit wenigen Ausnahmen merklich breiter als der Kopf (> 1,12 ×). **20**

12 Augen groß, 0,70–0,79-mal so lang wie die Schläfen. Pronotum gedrungen, 1,13–1,17-mal so lang wie breit. Stirn zwischen den Augen fast immer deutlich eingedrückt, manchmal sogar mit kurzer Längsfurche. Fühler mit deutlich queren Gliedern VIII–X. Beine gelb, Innenseiten der Metatibien undeutlich angedunkelt. 4–5 mm (RL: 2,0–2,5 mm). ♂: Aedoeagus wie in Abb. 168i–j. Von Westeuropa bis nach Russland, in die Ukraine und den Kaukasus verbreitet. In Mitteleuropa selten. An Faulstoffen, auch an Exkrementen und Taubenmist. .... ***piliger*** MULSANT & REY, 1876

– Augen kleiner, meist deutlich weniger als 0,7-mal so lang wie die Schläfen (seltene Exemplare von *latro* und *nigritulus* mit sehr großen Augen haben ein längeres Pronotum und kaum quere vorletzte Fühlerglieder). Stirn zwischen den Augen nicht oder sehr undeutlich eingedrückt. **13**

13 Elytren (von der erhabenen Basislinie des Scutellums bis zum Nahtwinkel) deutlich kürzer als das Pronotum entlang der Mitte. Fühler kurz, Glied IV so lang wie breit, meist ab dem Glied VI leicht quer, Glieder VII–X deutlich quer. Kopf etwas bis deutlicher länger als breit (1,04–1,10 ×). Augen sehr klein, Schläfen 2,07–2,23-mal so lang wie die Augen. Fühler und Palpen meist ganz schwarzbraun bis schwarz, Metafemora braun bis dunkelbraun, dunkler als die Pro- und Mesofemora, Metatibien deutlich geschwärzt. 3,9–4,5 mm (RL: 2,0–2,2 mm). ♂: Aedoeagus wie in Abb. 169a–b. Nord- und Mitteleuropa, in Mitteleuropa nur von ganz wenigen Lokalitäten in Deutschland, Polen und Österreich bekannt. Sehr selten. Vorzugsweise in *Sphagnum*. .... ***sphagnicola*** (SJÖBERG, 1950)

– Elytren (von der erhabenen Basislinie des Scutellums bis zum Nahtwinkel) so lang wie oder länger als das Pronotum entlang der Mitte, oder kürzer (*trossulus* und sehr selten auch *subnigritulus*, die ähnlich kleine Augen wie *sphagnicola* haben), dann aber Fühlerglied IV länglich und Glieder VIII–X nur schwach quer sowie Metafemora gelb bis gelbrot. **14**

14 Elytren (von der erhabenen Basislinie des Scutellums bis zum Nahtwinkel) deutlich länger als das Pronotum entlang der Mitte. **15**

– Elytren (von der erhabenen Basislinie des Scutellums bis zum Nahtwinkel) etwa so lang wie oder kürzer als das Pronotum entlang der Mitte, selten undeutlich länger, dann aber Beine gelb, erstes Fühlerglied rötlich und Abdominaltergite apikal deutlich rot gerandet. **16**

15 Kopf etwas schlanker, geschlechtsdimorph 1,03–1,05-mal (♂) oder 1,10–1,12-mal (♀) so lang wie breit, so breit wie das Pronotum (♂) oder schlanker als das Pronotum (♀). Schläfen 1,76–1,88-mal so lang wie die Augen. Abdominaltergite etwas weitläufiger punktiert. Färbung (ausgefärbte

Exemplare): Fühler dunkel, aber meist mit etwas hellerem letztem Glied sowie etwas helleren Gliedern II–III, Beine braun, Metafemora dunkler, Innenseiten der Mesotibien kaum, die der Metatibien deutlich umfangreich geschwärzt. 4–5 mm (RL: 2,3–2,5 mm). ♂: Aedoeagus wie in Abb. 168e–f. Von der Atlantikküste Frankreichs und der Britischen Inseln bis nach Dänemark verbreitet. Selten. Halophil. .... ***keysianus*** SHARP, 1910

– Kopf breiter, beim ♂ so lang wie breit, beim ♀ 1,03–1,04-mal so lang wie breit. Schläfenlänge auffallend geschlechtsdimorph, 1,77–1,93-mal (♂) oder 1,47–1,64-mal (♀) so lang wie die Augen. Abdominaltergite etwas dichter punktiert. Färbung wie bei *keysianus*, aber Fühler ganz dunkel und auch die Mesotibien innen deutlicher angedunkelt. 4,2–5,2 mm (RL: 2,3–2,6 mm). ♂: Aedoeagus wie in Abb. 168g–h. Bekanntes Verbreitungsmuster sehr disjunkt: Ostsibirien, Westrussland, Nord-Deutschland. Selten. Wahrscheinlich wie *keysianus* halophil, aber an Binnensalzstellen; in Deutschland fast ausschließlich mit dem Autokescher nachgewiesen. .... ***dieckmanni*** SMETANA, 1957

16 Beine braun bis dunkelbraun, Hinterbeine dunkler als die Mittel- und Vorderbeine, Vorderkörper fast immer einheitlich schwarz, Abdomen schwarz, Tergit VII apikal undeutlich bräunlich aufgehellt, Fühlerglieder I–III etwas heller als der Rest, aber nie abstechend heller rötlich, Palpen braun bis dunkelbraun. Kopf 1,04–1,07-mal so lang wie breit. Augen sehr klein, Schläfen 1,56–1,85-mal (meist 1,70–1,85 ×) so lang wie die Augen. Fühlerglieder VIII–X mehr oder weniger deutlich quer. Elytren (von der erhabenen Basislinie des Scutellums bis zum Nahtwinkel) etwa so lang wie das Pronotum entlang der Mitte. 3,7–4,3 mm (RL: 1,9–2,2 mm). ♂: Aedoeagus wie in Abb. 169e–f. Von Westeuropa bis in den Fernen Osten Russlands verbreitet, im Mittelmeerraum teilweise fehlend. Nicht selten. Ziemlich eurytop, in Mitteleuropa vorwiegend montan. .... ***appendiculatus*** SHARP, 1910

– Beine einheitlich gelb bis gelbrot, höchstens die Metatibien innen mehr oder weniger deutlich angedunkelt. **17**

17 Elytren (von der erhabenen Basislinie des Scutellums bis zum Nahtwinkel) deutlich kürzer das Pronotum entlang der Mitte. Kopf sehr groß, 0,96–1,02-mal so lang wie breit, beim ♂ oft etwas breiter als das Pronotum, beim ♀ ein wenig schmaler. Schläfen entweder parallel oder leicht bogenförmig nach hinten verengt, sehr deutlich (1,7–2,2 ×) länger als die Augen. Schwarz, Fühlerbasis mehr oder weniger deutlich bräunlich aufgehellt, Palpen heller oder dunkler braun (nur bei unausgefärbten Exemplaren rot), Abdominaltergite apikal nicht oder nur sehr schmal und unscharf rot gerandet. 4,0–5,3 mm (RL: 2,1–2,5 mm). ♂: Aedoeagus wie in Abb. 169g–h. Über den mittleren und nördlichen Teil Europas bis nach Russland verbreitet. Stellenweise häufig. In Feuchtbiotopen. .... ***trossulus*** (NORDMANN, 1837)

– Elytren (von der erhabenen Basislinie des Scutellums bis zum Nahtwinkel) zumindest so lang wie das Pronotum entlang der Mitte, sehr selten kürzer (ausnahmsweise bei *subnigritulus*), dann von *trossulus* nur durch den Aedoeagus zu unterscheiden. **18**

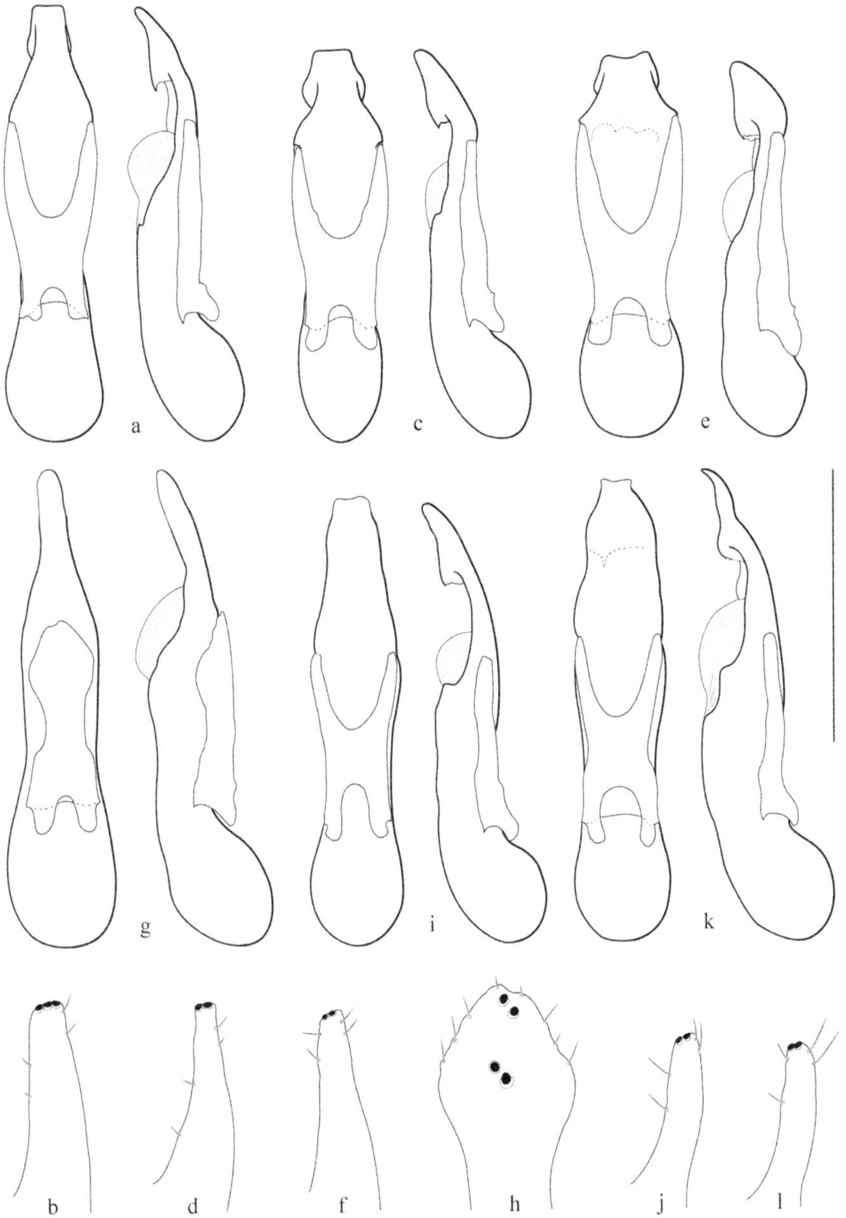

Abb. 169: Aedoeagus ventral und lateral (a, c, e, g, i, k) und Paramere (b, d, f, h, j, l) von *Gabrius sphagnicola* (a–b), *G. toxotes* (c–d), *G. appendiculatus* (e–f), *G. trossulus* (g–h), *G. subnigritulus* (i–j), *G. latro* (k–l). Maßstab: 0,5 mm (a, c, e, g, i, k), 0,25 mm (b, d, f, h, j, l). Nach SCHILLHAMMER 2009 (a–d).

18 Augen sehr klein, Schläfen 1,85–2,20-mal so lang wie die Augen. Kopf so lang wie breit oder undeutlich länglich (bis 1,06-mal so lang wie breit), fast so breit wie das Pronotum. Schwarz, Pronotum oft undeutlich heller als der Kopf, Fühler dunkelbraun, Glieder I–III und Endglied rötlich aufgehellt, Beine einfarbig gelb bis rotgelb, bei sehr dunklen Exemplaren die Innenseiten der Metatibien undeutlich angedunkelt. Abdomen schwarz, Hinterränder der Tergite bei ausgefärbten Exemplaren höchstens unscharf rötlich aufgehellt. 3,7–4,3 mm (RL: 1,9–2,2 mm). ♂: Aedoeagus wie in Abb. 169i–j. Von Mittelasien, dem Irak und Iran sowie dem Kaukasus bis Südosteuropa verbreitet. In Mitteleuropa nur aus der Ostslowakei bekannt, dort sehr selten. Die Meldungen aus Österreich und der Tschechischen Republik basieren auf Fehlbestimmungen. An Gewässerrändern unter Steinen oder in der feuchten Laubstreu. .... ***subnigritulus*** JOY, 1913

– Augen größer, Schläfen < 1,7-mal (meistens 1,4–1,6 ×) so lang wie die Augen. Hinterränder der Tergite meist breit und scharf rot gerandet. **19**

19 Pronotum etwas breiter, 1,17–1,25-mal so lang wie breit. Elytren (von der erhabenen Basislinie des Scutellums bis zum Nahtwinkel) normalerweise etwas länger als das Pronotum entlang der Mitte. Schwarz mit braunen oder dunkelbraunen Elytren, Beine meist einfarbig gelb, sehr selten die Metatibien angedunkelt. 4,5–5,0 mm (RL: 2,2–2,5 mm). ♂: Aedoeagus wie in Abb. 170a. Kosmopolit. In Mitteleuropa überall häufig. Eurytop. .... ***nigritulus*** (GRAVENHORST, 1802)

– Pronotum schlanker, 1,24–1,32-mal so lang wie breit. Elytren (von der erhabenen Basislinie des Scutellums bis zum Nahtwinkel) so lang wie das Pronotum entlang der Mitte. Färbung wie bei *nigritulus*, aber meist das Pronotum etwas heller als der Kopf, Beine gelb, Innenseiten der Metatibien meist mit einem kurzen dunklen Längswisch an der Basis. 3,5–5,0 mm (RL: 1,8–2,5 mm). ♂: Aedoeagus wie in Abb. 169k–l. Pontomediterrane Art, von Nord-Pakistan bis Südosteuropa und ins zentrale Mediterrangebiet verbreitet, die Meldungen aus der Schweiz und Südfrankreich basieren zum Teil auf Verwechslung oder bedürfen der Überprüfung. Im Zentrum des Verbreitungsgebiets nicht selten. In feuchter Laubstreu und entlang von Gewässern unter Steinen. .... [***latro*** JOY, 1913]

20 Schläfen mehr als doppelt so lang wie die Augen. Elytren (von der erhabenen Basislinie des Scutellums bis zum Nahtwinkel) deutlich kürzer als das Pronotum. Siehe Leitzahl 13 *sphagnicola*.

– Schläfen weniger als doppelt so lang wie die Augen. **21**

21 Elytren (von der erhabenen Basislinie des Scutellums bis zum Nahtwinkel) kürzer als das Pronotum entlang der Mitte. 3,8–4,5 mm (RL: 1,9–2,3 mm). ♂: Aedoeagus wie in Abb. 169c–d. Von Westeuropa bis in den Fernen Osten Russlands verbreitet. In Mitteleuropa nicht häufig. In feuchten Wäldern. .... ***toxotes*** JOY, 1913

– Elytren (von der erhabenen Basislinie des Scutellums bis zum Nahtwinkel) zumindest so lang wie das Pronotum entlang der Mitte, meist länger. **22**

22 Robuste Art (RL: 2,3–2,5 mm) mit angedunkelten Metafemora und deutlich geschwärzten Innenseiten der Tibien. Küstenbewohner. Siehe Leitzahl 15, ♀ von *keysianus*.

– Kleinere Arten (RL < 2,3 mm), wenn RL = 2,3 mm, dann Metafemora nicht angedunkelt und Innenseiten der Tibien nicht oder undeutlich geschwärzt.

Arten, die sich mit Sicherheit meist nur durch den Aedoeagus unterscheiden lassen. **23**

23 ♂: Aedoeagus mit rautenförmig abgesetztem Apikalteil des Medianlobus, Apikalteil kürzer als die Paramerenäste (Abb. 170d–e). **24**

– ♂: Aedoeagus mit nicht rautenförmig abgesetztem Apikalteil des Medianlobus, Apikalteil mindestens so lang wie die Paramerenäste, meist deutlich länger. **25**

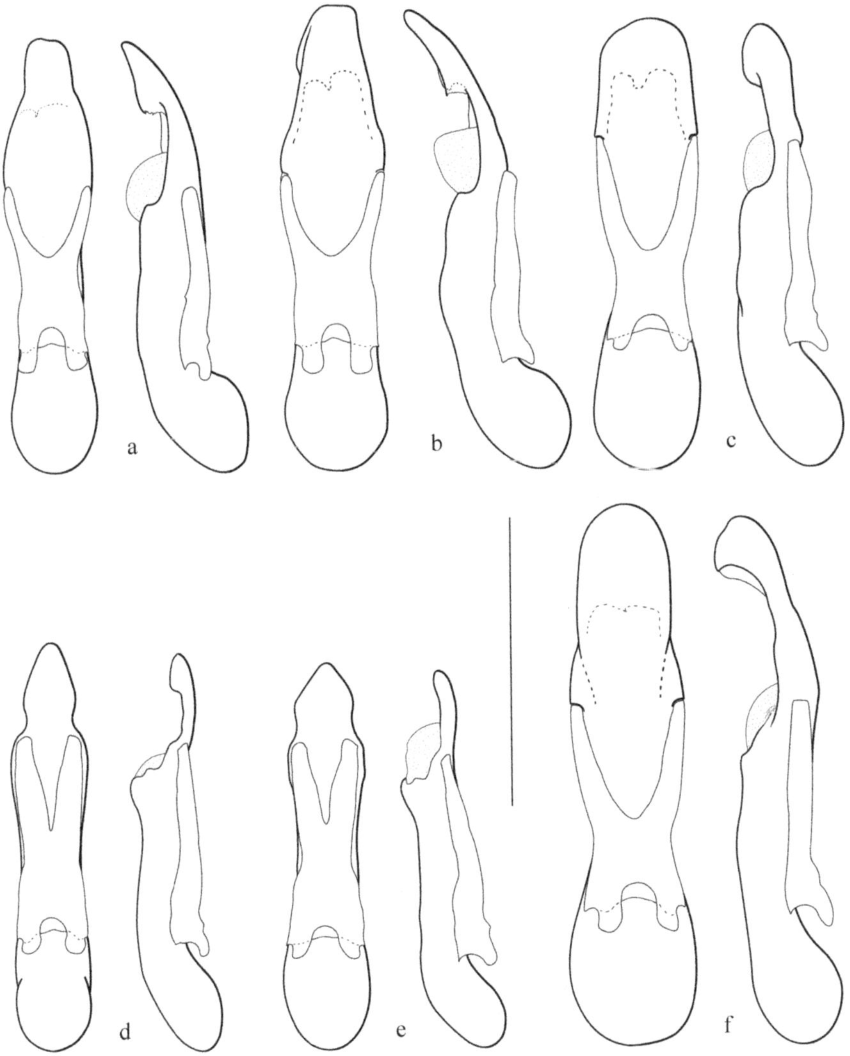

Abb. 170: Aedoeagus ventral und lateral von *Gabrius nigritulus* (a), *G. ravasinii* (b), *G. suffragani* (c), *G. breviventer* (d), *G. sexualis* (e), *G. bishopi* (f). Maßstab: 0,5 mm. Nach SCHILLHAMMER 2009 (d-e).

24 ♂: Aedoeagus wie in Abb. 170e. Apikalteil des Medianlobus in Lateralansicht zur Spitze kaum verbreitert. Innenseiten der Meso- und Metatibien deutlich geschwärzt. Augen kleiner, Schläfen 1,68–1,85-mal so lang wie die Augen. 4,0–4,5 mm (RL: 2,0–2,2 mm). Frankreich, Italien (nördlich bis Südtirol), Großbritannien. Selten. Aus Mitteleuropa noch nicht gemeldet. .... [***sexualis*** SMETANA, 1954]

– ♂: Aedoeagus wie in Abb. 170d, Apikalteil des Medianlobus in Lateralansicht zur Spitze deutlich verbreitert. Innenseiten der Meso- und Metatibien nicht oder äußerst undeutlich geschwärzt. Augen größer, Schläfen 1,47–1,66-mal so lang wie die Augen. 3,5–4,5 mm (RL: 2,0–2,2 mm). Holomediterrane Art, adventiv auch in Indien und Nordamerika. In Europa überall sehr häufig. An Gewässerrändern und in der Laubstreu. .... ***breviventer*** (SPERK, 1835)

25 ♂: Aedoeagus wie in Abb. 170b. Apikalteil des Medianlobus zur Spitze sehr deutlich und abrupt verbogen und leicht gedreht. Beine gelb, manchmal Innenseiten der Metatibien sehr schwach angedunkelt. 4,0–4,5 mm (RL: 2,0–2,2 mm). In der Südhälfte Europas, im Osten bis in die Türkei und den Iran. In Mitteleuropa im Osten Österreichs stellenweise nicht selten, sonst sehr selten, aus Deutschland erst einmal nachgewiesen. Vor allem an Gewässerrändern, wärmeliebend. .... ***ravasinii*** GRIDELLI, 1920

– ♂: Aedoeagus mehr oder weniger symmetrisch, Apikalteil des Medianlobus höchstens unauffällig und gleichmäßig gebogen. **26**

26 ♂ Aedoeagus: Apikalteil des Medianlobus mit breit abgestutztem oder abgerundetem Apex, Seiten mehr oder weniger parallel oder leicht konkav geschwungen. **27**

– ♂ Aedoeagus: Apikalteil des Medianlobus deutlich zum Apex verengt, Seiten geradlinig oder konvex, selten leicht asymmetrisch. **28**

27 ♂: Aedoeagus wie in Abb. 170f. Apikalteil des Medianlobus deutlich länger als die Paramerenäste, Seiten über der Paramerenspitze konkav eingebuchtet. Beinfärbung variabel, ausgefärbte Exemplare fast immer mit dunklen Metafemora und deutlich geschwärzten Innenseiten der Metatibien. 4,0–4,6 mm (RL: 2,1–2,3 mm). West- und Mitteleuropa, Türkei. Aus Österreich und Dänemark noch nicht gemeldet, in Deutschland stellenweise nicht selten. An stehenden und langsam fließenden Gewässern, vor allem unter Ansammlungen toter Pflanzen (*Typha* etc.), oft auf Agrarland. .... ***bishopi*** SHARP, 1910

– ♂: Aedoeagus wie in Abb. 170c. Apikalteil des Medianlobus etwa so lang wie die Paramerenäste, Seiten mehr oder weniger parallel, abgestutzter Apex oft leicht asymmetrisch. 3,5–4,2 mm (RL: 1,9–2,2 mm). Von Frankreich über den südlichen Teil Mitteleuropas bis in die Türkei und den Kaukasus verbreitet. In Mitteleuropa bisher nur aus der Schweiz, Österreich, der Tschechischen Republik und der Slowakei bekannt. Im Osten Österreichs stellenweise sehr häufig, sonst nicht häufig. An stehenden und langsam fließenden Gewässern. .... ***suffragani*** JOY, 1913

28 ♂: Aedoeagus wie in Abb. 171c. Apikalteil des Medianlobus deutlich länger als die Paramerenäste, in Ventralansicht meist leicht nach links gebogen, Seiten mehr oder weniger unregelmäßig geradlinig. 3,5–4,2 mm (RL: 1,9–2,2 mm). In küstennahen Bereichen des Atlantik von Portugal bis Süd-England. Selten. An Gewässerrändern. .... [***velox*** SHARP, 1910]

– ♂: Aedoeagus (Abb. 171a–b): Apikalteil des Medianlobus nur geringfügig länger als die Paramerenäste, perfekt symmetrisch, Seiten über der Paramerenspitze leicht konkav eingebuchtet. **29**

29 ♂: Aedoeagus wie in Abb. 171a. 4,0–4,5 mm (RL: 2,0–2,2 mm). Über den mittleren und nördlichen Teil Europas von den Britischen Inseln bis nach Russland verbreitet (durch die frühere Fehlinterpretation des *velox* bedürfen aber viele Angaben der Überprüfung), adventiv in Nordamerika. In Mitteleuropa nur im nordöstlichen Tiefland Österreichs stellenweise häufig, sonst sehr selten. An stehenden und langsam fließenden Gewässern, unter Ansammlungen toter Pflanzen. .... ***austriacus*** SCHEERPELTZ, 1947

– ♂: Aedoeagus wie in Abb. 171b. 4,5 mm (RL: 2,2 mm). Bisher nur vom Schilfgürtel des Kalterer Sees in Südtirol bekannt (am Licht). .... [***kahleni*** SCHILLHAMMER, 1992]

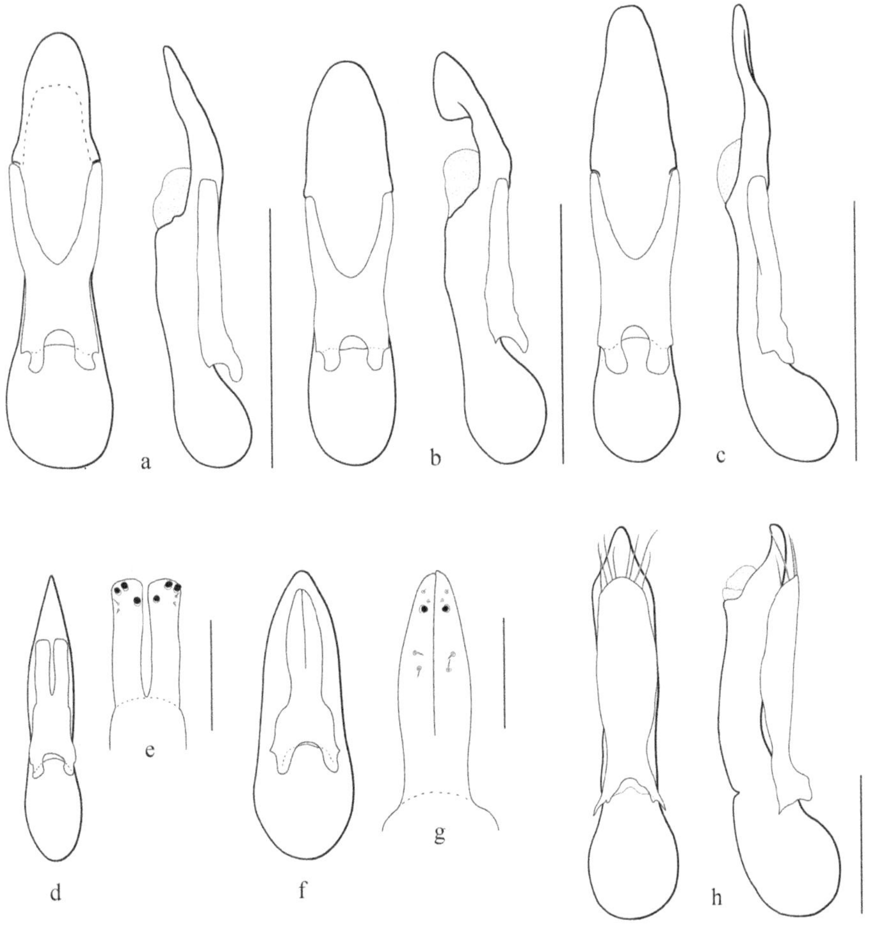

Abb. 171: Aedoeagus ventral und lateral von *Gabrius austriacus* (a), *G. kahleni* (b), *G. velox* (c), *Gabronthus thermarum* (d–e), *G. limbatus* (f–g), *Hesperus rufipennis* (h). Maßstäbe: 0,5 mm (a–c, h), 0,2 mm (d, f), 0,1 mm (e, g).

Gattung *Gabronthus* TOTTENHAM, 1955

Habitus wie in Abb. 24c. Kleine, weniger als 5 mm große Arten. Körper von überwiegend dunkelbrauner Färbung, Elytren immer deutlich heller, mit dunklerer Basis und hellbrauner bis gelblicher Apikalhälfte. Habituell mit *Gabrius* weitgehend übereinstimmend, durch die in beiden Geschlechtern verbreiterten und an der Unterseite mit modifizierten Borsten besetzten Protarsen zu unterscheiden. Von den weltweit etwa 30 Arten kommen in Mitteleuropa 2 vor. Zur Lebensweise ist wenig bekannt, die Arten werden meistens an faulenden Pflanzenstoffen, oft auch in der Nähe stehender Gewässer und vor allem am Licht gefangen.

1 Kopf deutlich länger als breit. Augen klein, deutlich kürzer als die Schläfen. Mikroskulptur auf Kopf und Pronotum fein, oft undeutlich. Habitus wie in Abb. 24c. 3,2–4,0 mm (RL: 1,7–1,8 mm). ♂: Aedoeagus wie in Abb. 171d–e. Kosmopolit. In Mitteleuropa meist selten. In Dung und Kompost, vielfach synanthrop. .... ***thermarum*** (AUBÉ, 1850)

– Kopf etwa so lang wie breit. Augen wesentlich größer, etwa so lang wie die Schläfen. Mikroskulptur auf Kopf und Pronotum sehr deutlich, speziell auf dem Pronotum oft irisierend. 3,3–4,3 mm (RL: 1,8–2,0 mm). ♂: Aedoeagus wie in Abb. 171f–g. Vom Baikalsee bis in die Slowakei und den Osten Österreichs (Neusiedler See). Sehr selten. Möglicherweise halophil. ....
.... ***limbatus*** (FAUVEL, 1900)

Gattung *Hesperus* FAUVEL, 1874

Habitus wie in Abb. 24d. Habituell einem *Philonthus* recht ähnlich, aber durch folgende Merkmale leicht zu unterscheiden: Seitenrandlinie des Pronotums nach vorne deutlich nach ventral gebogen, so dass der große laterale Porenpunkt sehr deutlich davon entfernt steht; letztes Glied der Maxillarpalpen stabförmig, mehr als doppelt so lang wie das vorletzte; primäre Beborstung des Körpers auffällig, vor allem an den Seiten der Elytren dichter und länger als bei *Philonthus*. Die Gattung ist weltweit mit etwa 200 Arten vertreten. Aus Mitteleuropa ist nur eine Art bekannt, deren Vorkommen an naturnahe Wälder gebunden ist. Die Art wird oft an und in hohlen Bäumen gefunden.

Schwarz, Elytren rot, Palpen, Fühlerspitzen, Tibien größtenteils und Tarsen rot bis gelbrot. Pronotum mit zahlreichen feinen Punkten, Mittellinie unpunktiert. 8,0–11,5 mm (RL: 4,3–5,5 mm). ♂: Aedoeagus wie in Abb. 171h. Atlantomediterran; in fast ganz Europa und auch in Nordafrika nachgewiesen, im Osten bis nach Polen, Bulgarien und in die Ukraine. Selten. .... ***rufipennis*** (GRAVENHORST, 1802)

Gattung *Neobisnius* GANGLBAUER, 1895

Habitus wie in Abb. 24e. Kleine, sehr schlanke Arten von höchstens 5 mm Länge. Kopf und Pronotum dicht punktiert, aber mit deutlicher punktfreier Mittellinie. Seitenrandlinie des Pronotums schon vom hinteren Drittel an deutlich nach ventral gebogen, großer lateraler Porenpunkt daher weit von der Seitenrandlinie entfernt. Metatarsen kurz. Von *Erichsonius* durch das normale Fühlerglied II, die normale

Abdominalbeborstung und die Querkante auf dem Mesoventrit zu unterscheiden. Die Gattung ist weltweit verbreitet, von den 72 beschriebenen Arten kommen in Mitteleuropa nur 4 vor. Die Arten leben hauptsächlich an schlammigen und kiesigen Ufern von stehenden und langsam fließenden Gewässern, bei idealen Bedingungen oft in großer Anzahl. Da alle Arten flugfähig sind, werden sie häufig auch am Licht gefangen. Gelegentlich findet man sie auch abseits der Gewässer in Kompost.

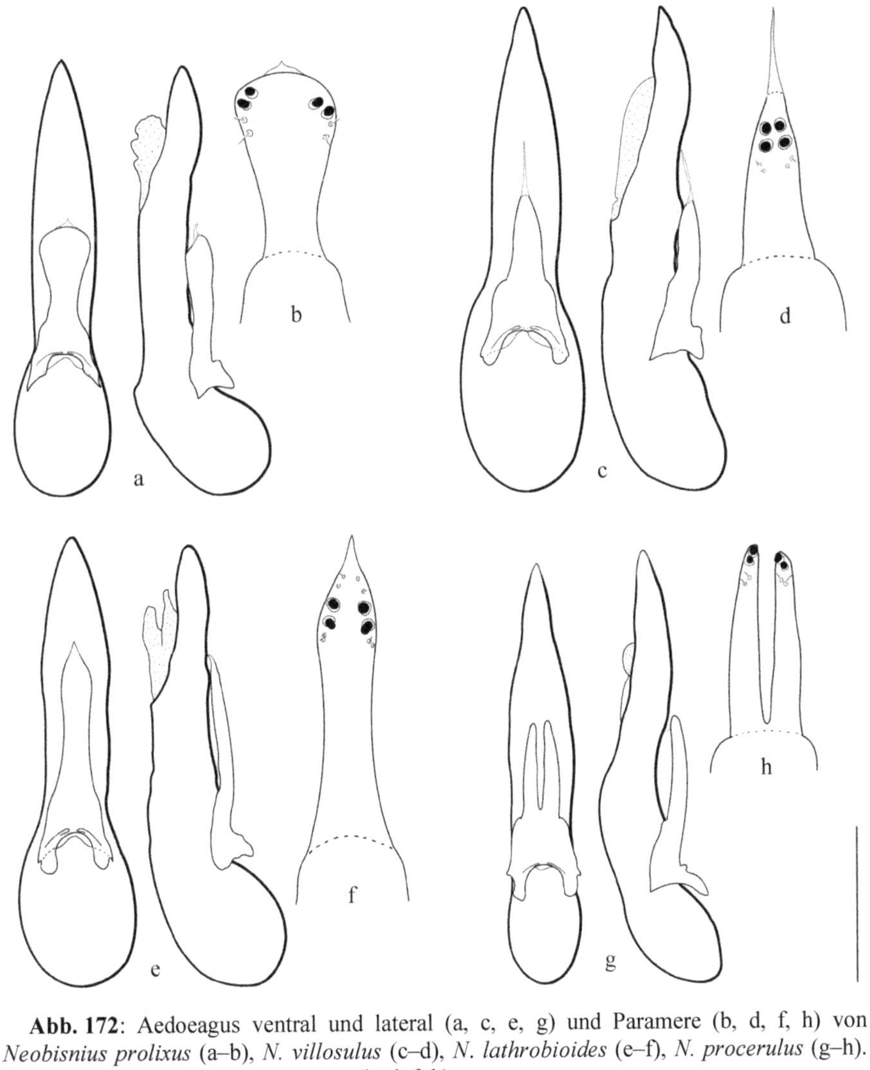

Abb. 172: Aedoeagus ventral und lateral (a, c, e, g) und Paramere (b, d, f, h) von *Neobisnius prolixus* (a–b), *N. villosulus* (c–d), *N. lathrobioides* (e–f), *N. procerulus* (g–h). Maßstab: 0,2 mm (a, c, e, g), 0,1 mm (b, d, f, h).

1 Tergite III–VI an der Basis quer eingedrückt, diese Depression äußerst dicht mit großen grubenförmigen Punkten besetzt, Hinterhälften dieser Tergite fein punktiert. Fühler dunkel, basale 2–3 Glieder rotgelb. 3,5–5,0 mm (RL: 2,0–2,6 mm). Habitus wie in Abb. 24e. ♂: Aedoeagus wie in Abb. 172a–b. Expansiv holomediterran. In der Westpaläarktis ohne den hohen Norden, nach Osten bis Mittelasien. Im mittleren und südlichen Mitteleuropa häufig, nach Norden zu seltener. .... ***prolixus*** (ERICHSON, 1840)

– Tergite III–V an der Basis quer eingedrückt. **2**

2 Fühler ganz rotgelb. Elytren braun bis rotbraun, zum Hinterrand etwas heller. Basaleindrücke der Tergite III–V fast unpunktiert. 3,5–4,5 mm (RL: 1,8–2,2 mm). ♂: Aedoeagus wie in Abb. 172c–d. In ganz Europa. Nicht häufig. .... ***villosulus*** (STEPHENS, 1833)

– Fühler dunkel, die ersten 2–3 Glieder rötlichgelb. Basalfurchen der Tergite III–V dicht und relativ grob punktiert. **3**

3 Kopf normalerweise mit leicht nach hinten verengten Schläfen. Fühler länger, Glied IV etwas länger als breit, vorletzte Glieder sehr schwach quer. Elytren von schwarz mit schmal rötlich-gelbem Hinterrand bis vorwiegend rötlich-gelb mit dunkler Basis. 3,7–4,7 mm (RL: 2,1–2,5 mm). ♂: Aedoeagus wie in Abb. 172g–h. Expansiv holomediterran; in der gesamten Westpaläarktis. Häufig. Auch aus Afrika, Australien und Südamerika bekannt. .... ***procerulus procerulus*** (GRAVENHORST, 1806)

– Kopf gerundet quadratisch, Schläfen normalerweise parallel. Fühler kürzer, Glied IV höchstens so lang wie breit, vorletzte Glieder deutlich quer. Färbung wie bei *procerulus*. 3,8–5,0 mm (RL: 2,1–2,4 mm). ♂: Aedoeagus wie in Abb. 172e–f. Aus fast ganz Europa und Nordafrika, sowie Westasien (Türkei, Iran) gemeldet. Die Verbreitung in Mitteleuropa ist noch nicht geklärt, weil die Art lange Zeit nicht von *procerulus* getrennt wurde. Selten. Bevorzugt offenbar wärmebegünstigte Standorte. .... ***lathrobioides*** (BAUDI DI SELVE, 1848)

Gattung *Philonthus* STEPHENS, 1829

Habitus wie in Abb. 24f. Kleine bis relativ große Arten. Durch das Fehlen einer Grundbeborstung auf dem Vorderkörper meist stark glänzend, viele Arten daher mit Metallglanz. Durch die mehr oder weniger deutlich verbreiterten, unterseits mit modifizierten hellen Borsten versehenen Protarsen sowie den Bau der Labialpalpen (letztes Glied spindelförmig) innerhalb der Subtribus gut charakterisiert. Seitenrandlinie des Pronotums nach vorne kaum nach ventral gebogen, großer lateraler Porenpunkt daher der Seitenrandlinie sehr nahe stehend. Scheibe des Pronotums in den meisten Fällen mit 2 längsverlaufenden Punktreihen. Elytren manchmal bunt.

Das Merkmal der dorsalen Punktreihen des Pronotums ist mit Vorsicht zu beurteilen, weil hin und wieder Punkte reduziert sind oder auch überzählige Punkte auftreten; meist ist dies aber nur auf einer Seite der Fall. Sollte diese Ausnahme symmetrisch sein, dann fällt dies meist durch ungewöhnlich großen oder auch kleinen Abstand zwischen einzelnen Punkten auf – normalerweise sind die Abstände ziemlich regelmäßig (mit Ausnahme von *rectangulus*). Bei der Benennung der Anzahl der Reihenpunkte wurden in historischer Zeit verschiedene Wege eingeschlagen, indem entweder der vorderste Punkt nicht mitgezählt wurde oder in einer Formel (z. B. 1+3 für 4 Reihenpunkte) dargestellt wurde. Hier wird generell der vorderste Punkt in die Anzahl der Reihenpunkte miteinbezogen.

Ein Genitalpräparat sollte, vor allem bei Gruppen mit schwer unterscheidbaren Arten (*varians*-, *longicornis*-, *micans*-Gruppe), immer angefertigt werden. Zusätzlich ist es von Vorteil bei der Präparation darauf zu achten, dass zumindest die Hinterhälfte des Tergits X der Weibchen sichtbar ist, anhand dessen sich zumindest die Weibchen der *varians*-Gruppe gut unterscheiden lassen (SCHILLHAMMER 2009).

Die Arten leben räuberisch und sind in praktisch allen terrestrischen und semiaquatischen (Gewässerufer) Habitaten, oft in großer Zahl, anzutreffen.

Die sehr umfangreiche Gattung enthält weltweit etwa 1200 beschriebene Arten, von denen in Mitteleuropa potentiell 68 vorkommen. Die Gattung ist für die meisten Regionen höchst revisionsbedürftig. Neuere Revisionen existieren für die Arten der Nearktischen Region (SMETANA 1995) und für einzelne Artengruppen der Paläarktischen und Orientalischen Region (SCHILLHAMMER 1998, 1999, 2000, 2003).

Die (Unter-)Gattungseinteilung von COIFFAIT (1974) basiert auf genitalmorphologischen Ähnlichkeiten, die in keiner Weise der natürlichen Verwandtschaft gerecht werden und war daher nicht haltbar. Zurzeit wird *Philonthus* in 2 Untergattungen geteilt.

1 Klauenglieder der Protarsen unterseits mit einer Doppelreihe steifer, schwarzer Dornen, Klauen so lang wie das Klauenglied, zurücklegbar und mit den Dornen eine fangbeinartige Struktur bildend. Untergattung *Onychophilonthus* NERESHEIMER & WAGNER, 1924. .... **2**

– Klauenglieder der Protarsen normal gebaut, Klauen kürzer als das Klauenglied, nicht zurücklegbar, Klauenglied ohne fangbeinartiges Erscheinungsbild. Untergattung *Philonthus* STEPHENS, 1829. .... **3**

2 Dorsale Punktreihen des Pronotums mit je 4 Punkten. Seiten des Pronotums breit gelbrot gerandet, Beine gelbrot. 7,5–10,0 mm (RL: 4,4–4,8 mm). ♂: Aedoeagus wie in Abb. 173a–b. In der gesamten Westpaläarktis außer Nordafrika, nach Osten bis in den Altai sicher nachgewiesen, die Meldung aus Fernost ist zweifelhaft. In Mitteleuropa überall nicht selten. Vor allem an Dung. .... ***marginatus*** (O. MÜLLER, 1764)

– Dorsale Punktreihen des Pronotums mit je 5 Punkten. Ganz schwarz, Beine dunkelbraun, selten rotbraun, immer zumindest mit geschwärzten Innenseiten der Meso- und Metatibien. 8,5–11,5 mm (RL: 4,5–5,1 mm). ♂: Aedoeagus wie in Abb. 173c–d. Sibirische Art, die nach Westen bis Skandinavien (Schweden, Finnland) vordringt. Aus Mitteleuropa noch nicht gemeldet. .... [***lederi*** EPPELSHEIM, 1893]

3 Schwarz, Elytren gelbrot, Beine abstechend zweifarbig, Femora schwarz, Tibien gelbrot mit schwarzen Borsten. Pronotum mit äußerst variablen dorsalen Punktreihen aus 2–5 Punkten, die oft asymmetrisch ausgebildet sind. Kopf deutlich quer rechteckig. Abdominaltergite III–V mit 2 Basallinien, Fläche zwischen diesen Linien unpunktiert (höchstens lateral mit einigen wenigen Punkten), zweite Basallinie gerade. 12,0–14,5 mm (RL: 5,3–7,0 mm). ♂: Aedoeagus wie in Abb. 175c–d. Expansive Art aus der Ostpaläarktis, die in Mitteleuropa mit dem in der Ökologie ähnlichen *nitidus* konkurriert. Häufig. An Faulstoffen aller Art, insbesondere Exkrementen. .... ***spinipes*** SHARP, 1874[1]

– Elytren nicht oder nur teilweise gelbrot, wenn ganz gelbrot, dann Femora und Tibien nicht abstechend zweifarbig und Fläche zwischen den Basallinien des 2. und 3. sichtbaren Tergits deutlich punktiert oder < 10 mm lang. **4**

4 Pronotum ohne erkennbare dorsale Punktreihen, nahezu unpunktiert. **5**

– Pronotum mit dorsalen Punktreihen aus zumindest je 3 Punkten oder dicht punktiert. **7**

5 Kopf und Pronotum schwarz, Elytren mit metallischem Bronzeglanz. Kopf stark quer, rechteckig, zumindest so breit wie das Pronotum. Elytren lateral mit 4 langen Borsten, die allerdings oft abgebrochen sind. Durchschnittlich größer, 12,0–16,5 mm (RL: 6–8 mm). ♂: Hinterrand des Sternits VII nicht nach hinten verlängert; Aedoeagus wie in Abb. 173e–f. Gesamte Paläarktis. Stellenweise häufig. Vorzugsweise in Wäldern. ....
.... ***splendens splendens*** (FABRICIUS, 1792)

– Kopf und Pronotum mit deutlichem grünem Metallschimmer. Elytren lateral mit nur 2 langen Borsten. ♂: Hinterrand des Sternits VII deutlich nach hinten verlängert. Durchschnittlich kleinere Arten. **6**

6 Kopf deutlich quer rechteckig, etwa von der Breite des Pronotums. Elytren mit metallischem Bronzeglanz, weniger dicht punktiert, Punktabstände deutlich größer als ein Punktdurchmesser. 8,5–13,0 mm (RL: 4,5–6,0 mm). ♂: Aedoeagus wie in Abb. 173g–h. Expansiv holomediterran. Nicht häufig, im Osten und Südosten des Verbreitungsgebiets (Griechenland bis Mittelasien) deutlich häufiger als *laminatus*. In Mitteleuropa vorzugsweise in Wäldern. .... ***intermedius*** (LACORDAIRE, 1835)

– Kopf weniger deutlich quer, rundlich, deutlich schmaler als das Pronotum. Elytren mit blauem Metallschimmer, dichter punktiert, Punktabstände etwa so groß wie ein Punktdurchmesser. 8,5–14,0 mm (RL: 5,0–6,1 mm). ♂: Aedoeagus wie in Abb. 173i–j. Expansiv holomediterran. In Mitteleuropa häufig. Eurytop, scheint offenes Gelände zu bevorzugen. ....
.... ***laminatus*** (CREUTZER, 1799)

7 Pronotum mit dorsalen Punktreihen aus je 3 Punkten. **8**

– Pronotum mit dorsalen Punktreihen aus mindestens je 4 Punkten oder dicht punktiert. **10**

8 Elytren zumindest in den äußeren ⅔ (meist gesamte Fläche) gleichmäßig fein punktiert, ohne erkennbare Längsreihen gröberer Punkte, Untergrund mit sehr starker isodiametrischer Mikroskulptur. Kopf und Pronotum mit deutlicher querwelliger Mikroskulptur. Vorderkörper mit grünlich metallischem Schimmer; 8,5–14,0 mm (RL: 5,0–6,1 mm). ♂: Aedoeagus wie in Abb. 174a. In den Alpen, Karpaten und umliegenden Mittelgebirgen; auch aus dem Baltikum gemeldet. In Mitteleuropa meist häufig. In montanen Waldgebieten. .... ***laevicollis*** (LACORDAIRE, 1835)

---

[1] Die kontinentalen Populationen sind von der japanischen subspezifisch verschieden, die Nomenklatur bedarf aber noch der Klärung (SCHILLHAMMER 2009)

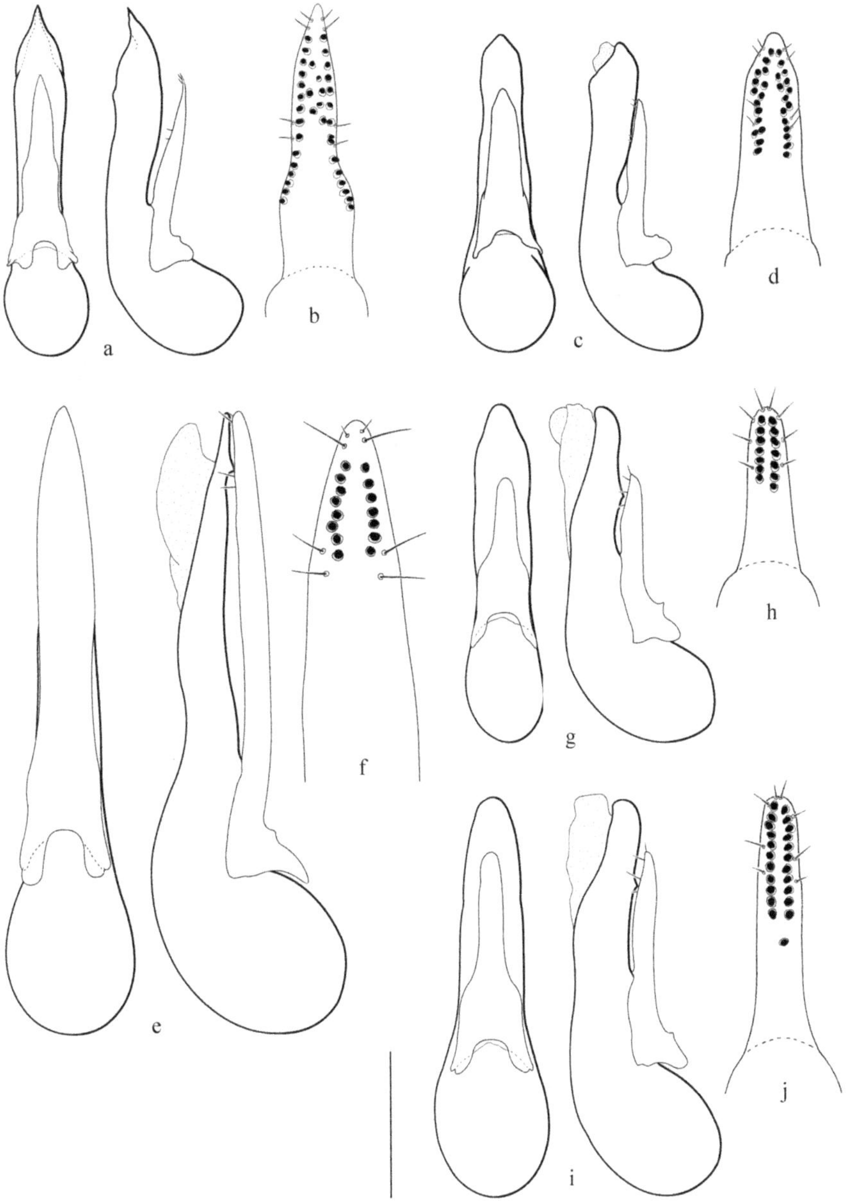

Abb. 173: Aedoeagus ventral und lateral (a, c, e, g, i) und Paramere (b, d, f, h, j) von *Philonthus marginatus* (a–b), *P. lederi* (c–d), *P. splendens* (e–f), *P. intermedius* (g–h), *P. laminatus* (i–j). Maßstab: 0,5 mm (a, c, e, g, i), 0,25 mm (b, d, f, h, j).

– Elytren entweder mit größeren Lücken in der Punktur (vor allem im Drittel entlang der Naht und im äußeren Drittel, das an die umgeschlagenen Seitenteile grenzt) und mit unregelmäßigen Längsreihen gröberer Punkte, die die unpunktierten Partien trennen, oder gesamte Fläche relativ grob und einheitlich punktiert, dann aber Untergrund ohne Spur einer isodiametrischen Mikroskulptur. Entweder ganzer Vorderkörper ohne Metallschimmer oder mit grünlichem Metallschimmer, der auf Kopf und Pronotum meist weniger deutlich ist als auf den Elytren. **9**

9 Elytren im Drittel entlang der Naht und im äußeren Drittel, das an die umgeschlagenen Seitenteile grenzt, nahezu unpunktiert, etwa in der Mitte zwischen Naht und Seitenrand mit 2 unregelmäßigen Längsreihen gröberer Punkte, die die unpunktierten Partien trennen. Mikroskulptur äußerst variabel; entweder ganzer Vorderkörper mikroskulptiert (wie bei *laevicollis*, aber weniger stark) oder nur Elytren mikroskulptiert oder ganzer Vorderkörper glänzend, manchmal mit nur schwer erkennbaren Spuren einer Mikroskulptur. Vorderkörper entweder schwarz oder dunkelbraun, ohne Metallschimmer oder mit leichtem grünlichem Metallschimmer, dann aber fast immer Kopf und Pronotum mit etwas schwächerem Metallschimmer als die Elytren. Exemplare mit ausnahmsweise dichterer Elytrenpunktur und grünlichem Metallschimmer sind nicht leicht von *laevicollis* mit lockerer Punktur entlang der Naht zu trennen; 8,5–14,0 mm (RL: 5,0–6,1 mm). ♂: Aedoeagus wie in Abb. 174b. Von den Pyrenäen über die gesamten Alpen bis zu den Karpaten. Häufig. Subalpin bis alpin, meist unter Steinen. .... ***montivagus*** HEER, 1839[1]

– Elytren relativ grob und einigermaßen einheitlich punktiert, Untergrund ohne Spur einer rundmaschigen Mikroskulptur, jedoch gelegentlich leicht verrunzelt. Pronotum manchmal seitlich mit zusätzlichem Punkt zwischen 2. und 3. Dorsalreihenpunkt. Vorderkörper schwarz bis dunkelbraun, sehr selten mit unscheinbarem metallischem Anflug. 8,5–14,0 mm (RL: 5,0–6,1 mm). ♂: Aedoeagus (Abb. 174c) sehr variabel. In den gesamten Alpen, vor allem in alpinen Lagen. Häufig. Meist unter Steinen. .... ***nimbicola*** FAUVEL, 1874

10 Pronotum mit dorsalen Punktreihen aus je 4 Punkten. **11**

– Pronotum mit dorsalen Punktreihen aus mindestens je 5 Punkten oder dicht punktiert. **35**

11 Erstes Glied der Metatarsen länger als das letzte Glied, etwa so lang wie die Glieder II–IV zusammen. **12**

– Erstes Glied der Metatarsen kürzer als oder höchstens so lang wie das letzte Glied, kürzer als die Glieder II–IV zusammen. **33**

12 Zweite Basallinie der Tergite III–V in der Mitte scharf spitz- bis rechtwinklig nach hinten vorgezogen. **13**

– Zweite Basallinie der Tergite III–V gerade oder höchstens schwach und nicht spitz nach hinten vorgezogen, selten auf dem Tergit V ausnahmsweise mit spitzerem Winkel. Siehe Leitzahl 32 *carbonarius*. **18**

---

[1] Die Taxa *speculum* LOKAY, 1919 und *mareki* COIFFAIT, 1967 sind höchstwahrscheinlich identisch mit *montivagus*. Eine Klärung der momentan sehr verworrenen Situation ist nur durch eine umfangreiche Revision der Artengruppe möglich.

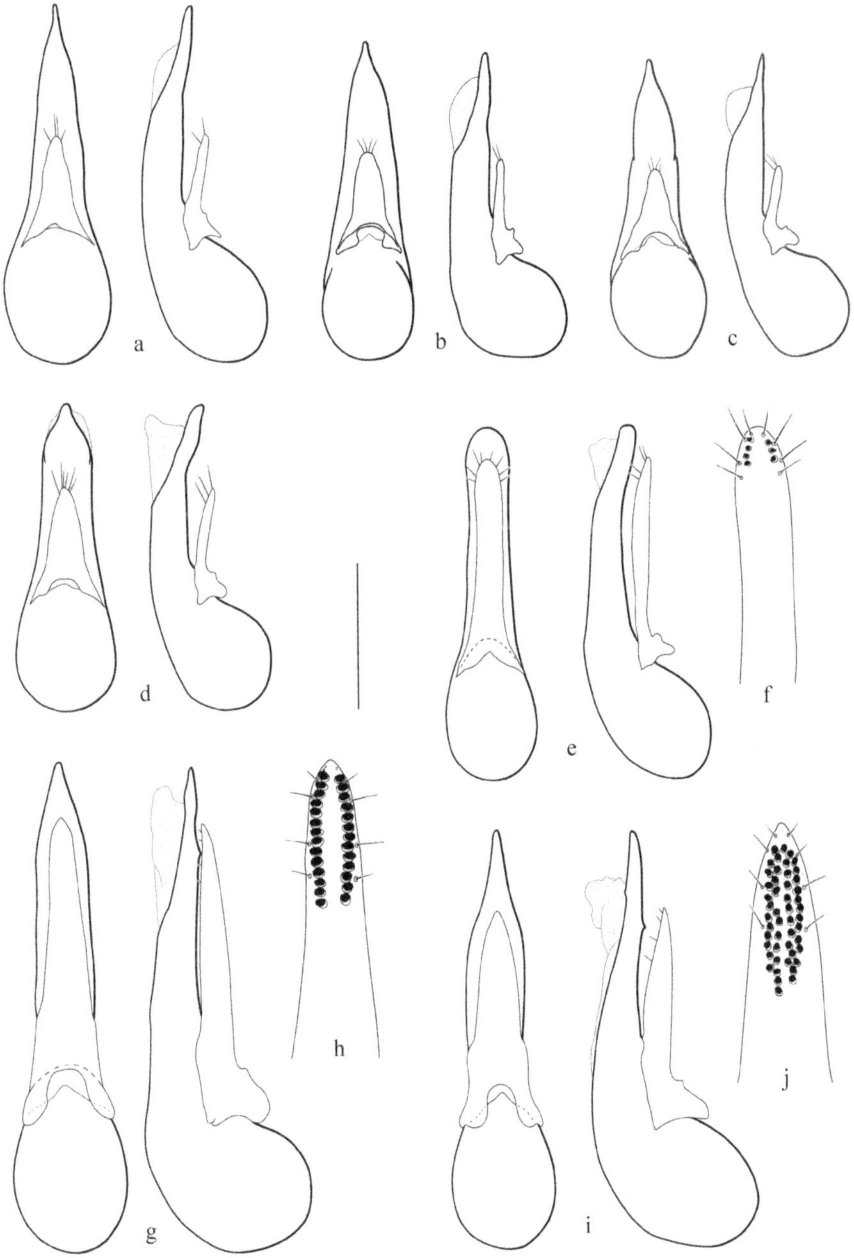

Abb. 174: Aedoeagus ventral und lateral (a–e, g, i) und Paramere (f, h, j) von *Philonthus laevicollis* (a), *P. montivagus* (b), *P. nimbicola* (c), *P. aerosus* (d), *P. addendus* (e–f) , *P. succicola* (g–h) , *P. politus* (i–j). Maßstab: 0,5 mm (a–e, g, i), 0,25 mm (f, h, j).

13 Fühlerglieder VIII–X quer, Glied VI etwa so lang wie breit. **14**
– Fühlerglieder VIII–X etwa so breit wie lang, Glied VI länglich. **16**
14 Fühlerglieder VIII–X sehr deutlich quer, etwa doppelt so breit wie lang. **15**
– Fühlerglieder VIII–X schwach quer. Elytren mit bronzenem bis bronze-grünem Metallschimmer. 9,5–11,5 mm (RL: 5,1–5,5 mm). ♂: Aedoeagus wie in Abb. 174e–f. In den gemäßigten Zonen der gesamten Paläarktis von Großbritannien bis nach Japan. In Mitteleuropa nicht häufig. Eurytop, aber vorzugsweise in Wäldern. .... ***addendus*** SHARP, 1867
15 Pronotum auf der Vorderhälfte zwischen der Dorsalreihe und dem Seitenrand mit einer in Rautenform angeordneten Gruppe von Punkten, deren hinterster etwas hinter dem Niveau des 3. Dorsalreihenpunkts liegt. Elytren mit anthrazit- bis dunkelblauem Metallschimmer. Tergit X in beiden Geschlechtern bis zur Mitte gespalten. 10,0–13,5 mm (RL: 4,9–6,6 mm). ♂: Aedoeagus wie in Abb. 174g–h. Westpaläarktis, ostwärts bis etwa ins Altai-Gebirge. In Mitteleuropa häufig. An Dung und anderen Faulstoffen. ....
.... ***succicola*** THOMSON, 1860
– Hinterster Punkt dieser Sublateralgruppe des Pronotums fehlend. Elytren mit bronzenem bis bronze-grünem Metallschimmer. Tergit X in beiden Geschlechtern höchstens bis zu ⅓ der Länge gespalten. 9,5–12,0 mm (RL: 5,1–5,5 mm). ♂: Aedoeagus wie in Abb. 174i–j. Kosmopolit in gemäßigten Zonen. Sehr häufig. Eurytop, vorzugsweise an Dung und anderen Faulstoffen. .... ***politus*** (LINNAEUS, 1758)
16 Pronotum glatt und glänzend, ohne Mikroskulptur. Elytren dunkelgrün bis grünblau metallisch. **17**
– Pronotum mit feiner, aber deutlicher, welliger Mikroskulptur. Elytren dunkelblau metallisch. Abdominaltergite vor allem an den Seiten mit auffälliger silbriger Beborstung. 7,5–10,0 mm (RL: 4,5–5,0 mm). ♂: Aedoeagus wie in Abb. 175i–j. Aus fast ganz Europa gemeldet. In Mitteleuropa im Norden in der Tiefebene selten oder fehlend. Im Süden Mitteleuropas stellenweise sehr häufig an sandig-kiesigen bis schotterigen Flussufern, von den Tälern bis in montane Lagen. ....
.... ***caerulescens*** (LACORDAIRE, 1835)
17 Abdominaltergite dunkel beborstet. Durchschnittlich größer. 7,5–11,0 mm (RL: 4–5 mm). ♂: Aedoeagus wie in Abb. 175–l. Gesamte Paläarktis. Sehr häufig. An Gewässerufern. .... ***atratus*** (GRAVENHORST, 1802)
– Abdominaltergite mit auffälliger silbriger Beborstung. Durchschnittlich kleiner. 6,5–9,5 mm (RL: 3,7–4,2 mm). Aedoeagus wie in Abb. 175g–h. Vom Fernen Osten bis Skandinavien verbreitet. In Mitteleuropa nur aus Polen gemeldet. .... ***subvirescens*** THOMSON, 1884
18 Elytren zwischen der Punktur deutlich chagriniert, matt. **19**
– Elytren zwischen der Punktur nicht chagriniert, glänzend. **21**
19 Pronotum etwa so lang wie breit. Abdominaltergite zwischen der Punktur mit sehr feiner, aber deutlicher, querwelliger Mikroskulptur. **20**
– Pronotum deutlich breiter als lang. Abdominaltergite zwischen der Punktur ohne Mikroskulptur. 7–9 mm (RL: 4,0–4,5 mm). ♂: Aedoeagus wie in Abb. 174d. Alpen. Selten. In mittleren bis höheren Lagen, in der Laubstreu und unter Steinen. .... ***aerosus*** KIESENWETTER, 1851

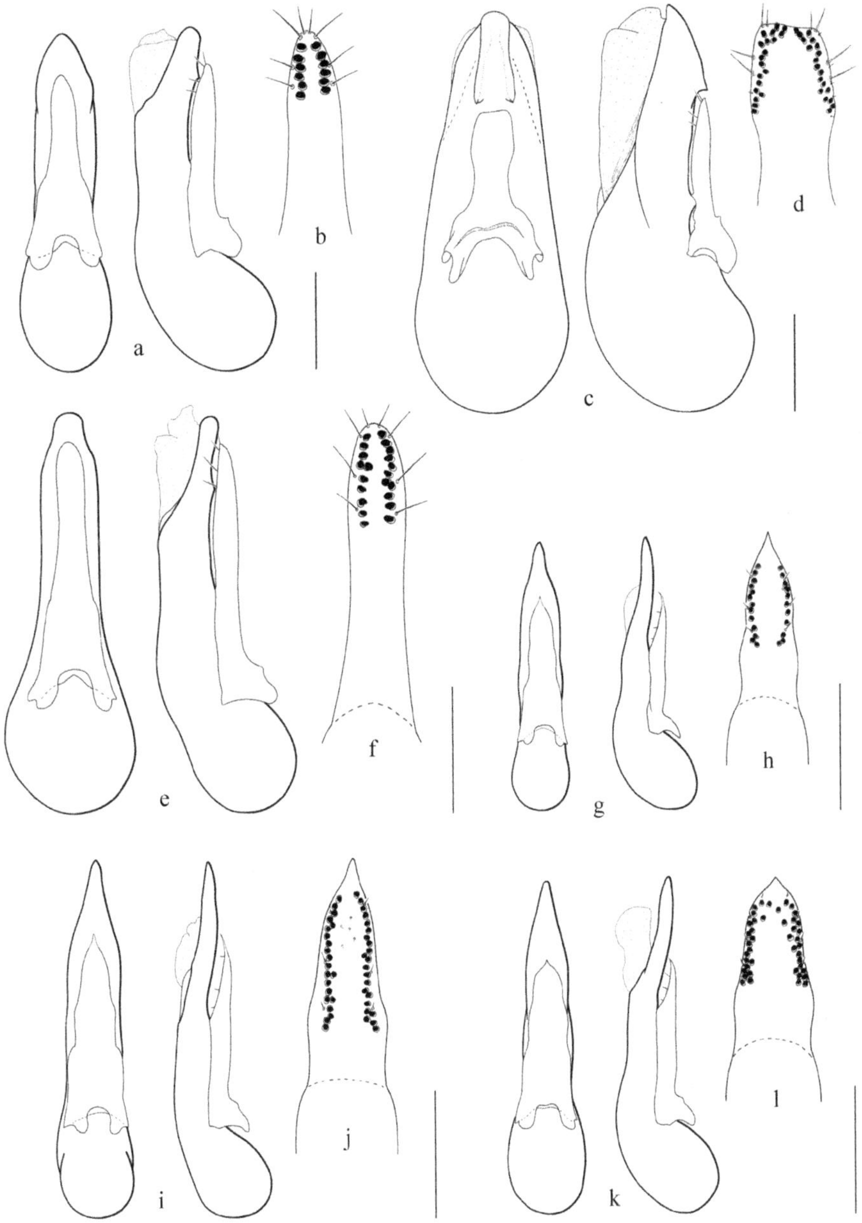

Abb. 175: Aedoeagus ventral und lateral (a, c, e, g, i, k) und Paramere (b, d, f, h, j, l) von *Philonthus nitidus* (a–b), *P. spinipes* (c–d), *P. cyanipennis* (e–f), *P. subvirescens* (g–h), *P. caerulescens* (i–j) , *P. atratus* (k–l). Maßstäbe: 0,5 mm (a, c, e, g, i, k), 0,25 mm (b, d, f, h, j, l).

20 Elytren metallisch bronze-grün. Kopf rundlich, so lang wie breit. Fühler länger, Glieder IV–VII länglich. 11,5–15,5 mm (RL: 5,6–6,6 mm). ♂: Aedoeagus wie in Abb. 176a–b. Transpaläarktisch; bis in den Fernen Osten Russlands verbreitet. In Mitteleuropa überall häufig. In der Bodenstreu von Wäldern. .... ***decorus*** (GRAVENHORST, 1802)

– Elytren metallisch dunkelblau. Kopf gerundet rechteckig, etwas breiter als lang. Fühler kürzer, Glieder IV–VI länglich. 10–13 mm (RL: 5,0–5,8 mm). ♂: Aedoeagus wie in Abb. 176c–d. In den Südwestalpen (Nordwestitalien, Südostfrankreich, Südschweiz). Nicht häufig. In Wäldern. .... ***laetus*** HEER, 1839

21 Kopf und Pronotum mit deutlicher querwelliger Mikroskulptur. **22**

– Kopf und Pronotum ohne querwellige Mikroskulptur, stark glänzend, höchstens Kopf mit äußerst feinen Rudimenten einer welligen Mikroskulptur. **28**

22 Elytren leuchtend metallisch blau bis grünlich-blau oder blau-violett. 12–16 mm (RL: 5,3–7,0 mm). ♂: Aedoeagus wie in Abb. 175e–f. In den Waldgebieten der gesamten Paläarktis außer Japan. Im südlichen und mittleren Mitteleuropa selten, meist keine neueren Funde, im Norden fehlend. Vorzugsweise an Pilzen. .... ***cyanipennis*** (FABRICIUS, 1792)

– Elytren anders gefärbt. **23**

23 Elytren rot. Kopf rechteckig, stark quer, Schläfen etwa so lang wie die Augen, kräftig und dicht punktiert. Fühler sehr kurz, Glieder IV und V so lang wie breit, VI–X deutlich quer. 10,5–16,0 mm (RL: 5,3–7,5 mm). ♂: Aedoeagus wie in Abb. 175a–b. Mittlere und nördliche Paläarktis von Großbritannien bis ins Baikal-Gebiet und die Mongolei verbreitet. In Mitteleuropa überall, aber im Tiefland mittlerweile selten, möglicherweise weil die Art durch den in Ausbreitung begriffenen *spinipes* verdrängt wird. Vorwiegend an Exkrementen großer Huftiere und faulenden Stoffen. .... ***nitidus*** (FABRICIUS, 1787)

– Elytren nicht rot. **24**

24 Kopf rechteckig oder gerundet rechteckig, deutlich breiter als lang, nicht oder nur wenig schmaler als das Pronotum. **25**

– Kopf rundlich, kaum breiter als lang, deutlich schmaler als das Pronotum. **27**

25 Fühlerglieder IV–VII länger als breit, Glieder VIII–X so lang wie breit. Vorderkörper mit leichtem, grünlichem Metallschimmer, Beine rötlich, Metatibien innen leicht geschwärzt. 10,5–16,0 mm (RL: 5,3–7,5 mm). ♂: Aedoeagus wie in Abb. 176e–f. Vom Kaukasus bis ins östliche Österreich verbreitet. In Mitteleuropa selten. Vor allem in sumpfigen Wäldern. .... ***alberti*** SCHILLHAMMER, 2000

– Fühlerglieder IV–VII nicht oder wenig länger als breit, zumindest Glieder IX und X quer. **26**

26 Fühlerglieder IV–VI geringfügig länger als breit, Glieder IX und X leicht quer. Schläfen merklich kürzer als die Augen (Schläfenlänge/Augenlänge = 0,71–0,86), normal punktiert, vor allem Vorderhälfte der Schläfen fast unpunktiert. Kopf und Pronotum deutlich gold-braun irisierend (bei schmutzigen oder verölten Exemplaren oft schwer erkennbar). Elytren mit schwachem grünlichem bis bronze-grünem Metallschimmer. Abdominaltergite sehr locker punktiert, zwischen der Punktur stark irisierend, Beine braun bis rotbraun, Metatibien innen deutlich geschwärzt. Habitus wie in Abb. 24f. 9–12 mm (RL: 4,8–5,5 mm). ♂: Aedoeagus wie in

Abb. 176g–h. Westpaläarktisch, nach Osten bis zum Kaukasus und in den Iran; die Meldungen aus Sibirien bedürfen der Überprüfung; adventiv in Nordamerika. Sehr häufig. Eurytop, in der Laubstreu in Wäldern, auch in Dung und anderen Faulstoffen. .... ***tenuicornis*** MULSANT & REY, 1853

– Fühlerglieder IV–VI nicht länger als breit, Glieder VII–X quer. Schläfen meist länger, selten geringfügig kürzer als die Augen (Schläfenlänge/Augenlänge = 0,92–1,22), äußerst dicht und grob bis fast an den Augenhinterrand punktiert, Punktgruben manchmal zusammenfließend. Kopf und Pronotum schwarz, nicht irisierend, durch dichte Mikroskulptur fast matt. Elytren schwarz, manchmal mit äußerst schwachem Metallschimmer, dieser deutlich schwächer als bei *tenuicornis*. Abdominaltergite dichter punktiert, kaum irisierend. Beine schwarz. 10,5–12,5 mm (RL: 5,3–5,8 mm). ♂: Aedoeagus wie in Abb. 176i–j. Europa; in den Alpen, Karpaten und angrenzenden Mittelgebirgen; auch aus Bosnien und dem Baltikum gemeldet. In Mitteleuropa selten. In montanen bis subalpinen Wäldern. .... ***temporalis*** MULSANT & REY, 1853

27 Erstes Fühlerglied zweifarbig, Unterseite abstechend gelb, Glieder IV–VII länger als breit, Glieder VIII–X etwa so lang wie breit. 9,5–13,0 mm (RL: 4,5–5,5 mm). ♂: Aedoeagus wie in Abb. 177a–b. Paläarktis außer Japan. In Mitteleuropa eine der häufigsten Arten. In tieferen Lagen, in unbewaldeten Biotopen, insbesondere auf Kulturland. .... ***cognatus*** STEPHENS, 1832

– Erstes Fühlerglied einfarbig schwarz, Glieder IV–VI so lang wie breit, Glieder VIII–X deutlich quer. 9,5–11,5 mm (RL: 4,4–5,0 mm). ♂: Aedoeagus wie in Abb. 177c–d. Westpaläarktisch, im Osten bis in die Ukraine; die Funddaten lassen auf ein adriatomediterranes Verbreitungsbild schliessen. In Mitteleuropa überall, aber selten. Lebensweise ungenügend bekannt. .... ***mannerheimi*** FAUVEL, 1869

28 Größer, > 9 mm lang. Kopf und Pronotum mit deutlicher zerstreuter Mikropunktur, die auch schon bei schwächerer Vergrößerung zu erkennen ist. Kopf etwas breiter als lang. Fühlerglieder IV–VI etwas länger als breit, Glieder VIII–X leicht quer. Vorderkörper schwarz, oft mit leicht grünlichem bis bronzenem Metallschimmer, Tibien manchmal, Tarsen oft rötlich aufgehellt. Sternit VII des Männchens wie bei *intermedius* und *laminatus* nach hinten verlängert. 9,5–13,5 mm (RL: 4,5–5,5 mm). ♂: Aedoeagus wie in Abb. 176k–l. Gesamte Paläarktis außer Nord-Afrika. In Mitteleuropa stellenweise häufig, aber gebietsweise noch nicht nachgewiesen. Eurytop, in tieferen bis mittleren Höhenstufen. Vor allem in unbewaldeten Biotopen, oft auf Kulturland. .... ***rotundicollis*** (MÉNÉTRIÉS, 1832)

– Kleiner, < 9 mm lang. Kopf und Pronotum mit extrem feiner Mikropunktur, die erst bei 50-facher Vergrößerung und unter diffuser Beleuchtung sichtbar wird. **29**

29 Elytren ganz oder teilweise rot. **30**

– Elytren schwarz, oft mit bronze-grünlichem Metallschimmer. **31**

30 Elytren (von der erhabenen Basislinie des Scutellums bis zum Nahtwinkel) so lang wie das Pronotum. Schwarz, mit einem rundlichen roten Fleck variabler Ausdehnung am Hinterrand, normalerweise bis zur Elytrenmitte reichend, aber oft so ausgedehnt, dass nur die Basis und Naht der Elytren schwarz bleiben, Fühler und Beine ganz schwarz. Kopf etwa so breit wie lang. 5,0–8,5 mm (RL: 3–4 mm). ♂: Aedoeagus wie in Abb. 177g–h.

Expansiv holomediterran, nach Osten bis Mittelasien. In Mitteleuropa im Norden selten, nach Süden hin häufiger; an faulenden Stoffen (Dung, Kompost). .... ***nitidicollis*** (LACORDAIRE, 1835)

– Elytren deutlich kürzer als das Pronotum, normalerweise ganz rot, selten unscharf angedunkelt, oft auch das Pronotum bräunlich aufgehellt, Fühlerbasis meist rot, Beine rot. Kopf etwas länger als breit. 5,0–6,5 mm (RL: 2,5–3,0 mm). ♂: Aedoeagus wie in Abb. 177e–f. Die genaue Verbreitung ist klärungsbedürftig da die Art früher oft mit *mongolicus* CSIKI, 1901 konfundiert wurde. Gesicherte Nachweise existieren für die Westpaläarktis (ohne Nordafrika) ostwärts bis Mittelasien. In Mitteleuropa stellenweise häufig. Bevorzugt eher offenes Gelände. .... ***lepidus*** (GRAVENHORST, 1802)

31 Elytren dicht punktiert, Punktabstand in Querrichtung entspricht einem Punktdurchmesser oder weniger. **32**

– Elytren weniger dicht punktiert, Punktabstand (vor allem auf der Innenhälfte) größer als ein Punktdurchmesser. Kopf und Pronotum schwarz, glänzend, aber ohne Metallschimmer, Elytren mit schwachem Metallschimmer unterschiedlicher Tönung, von schwach dunkelgrün bis schwach dunkelblau. Abdominaltergite sehr locker punktiert. 5–7 mm (RL: 2,8–3,1 mm). ♂: Aedoeagus wie in Abb. 178k–l. Alpen, Karpaten, Dinarisches Gebirge. Nicht häufig. Subalpin bis hochalpin, unter Steinen. Die Art neigt zur Ausbildung lokaler Morphen. .... ***frigidus frigidus*** MÄRKEL & KIESENWETTER, 1848

32 Elytren mit grünlichem bis bronze-grünem Metallschimmer. Kopf etwa so breit wie lang. Fühler schlanker, Glied IV etwas länglich, Glieder VIII–X kaum quer. Abdominaltergite fein und dicht punktiert, 2. Basallinie auf den Tergiten IV–V in der Mitte fast immer leicht rundlich nach hinten vorgezogen, auf dem Tergit V manchmal auch spitz. 5,5–8,5 mm (RL: 3,1–3,8 mm). ♂: Aedoeagus wie in Abb. 178i–j. Aus der gesamten Paläarktis gemeldet, die ostpaläarktischen Daten bedürfen aber allesamt der Überprüfung; adventiv auch in Nordamerika. In Mitteleuropa eine der häufigsten Arten. Eher im Tiefland, vor allem auf Grasland und Äckern, oft an faulenden pflanzlichen Stoffen. .... ***carbonarius*** (GRAVENHORST, 1802)

– Elytren schwarz mit schwachem stahlblauem Schimmer. Kopf etwas breiter als lang. Fühler kürzer, Glied IV so lang wie breit, Glieder VIII–X leicht quer. Abdominaltergite lockerer und kräftiger punktiert. 6,2–8,2 mm (RL: 3–4 mm). ♂: Aedoeagus wie in Abb. 178m–n. Pyrenäen und Westalpen. In Mitteleuropa nur in der Westschweiz. Nicht häufig. Alpin. .... ***pyrenaeus*** KIESENWETTER, 1850

33 Kopf quer rechteckig, deutlich breiter als lang. Augen länger als die Schläfen. Tergite III–V an der Basis mit einer Querreihe großer grubenförmiger Punkte. Pronotum parallelseitig oder leicht nach vorne verengt, irisierend. 5,5–9,0 mm (RL: 3,2–4,1 mm). ♂: Aedoeagus wie in Abb. 177m–n. Paläarktis, die ostpaläarktischen Daten bedürfen aber der Bestätigung; wahrscheinlich expansiv holomediterran; adventiv in Nordamerika. In Mitteleuropa nicht selten. An Gewässerufern in niederen Lagen, auch in Kompost. .... ***umbratilis*** (GRAVENHORST, 1802)

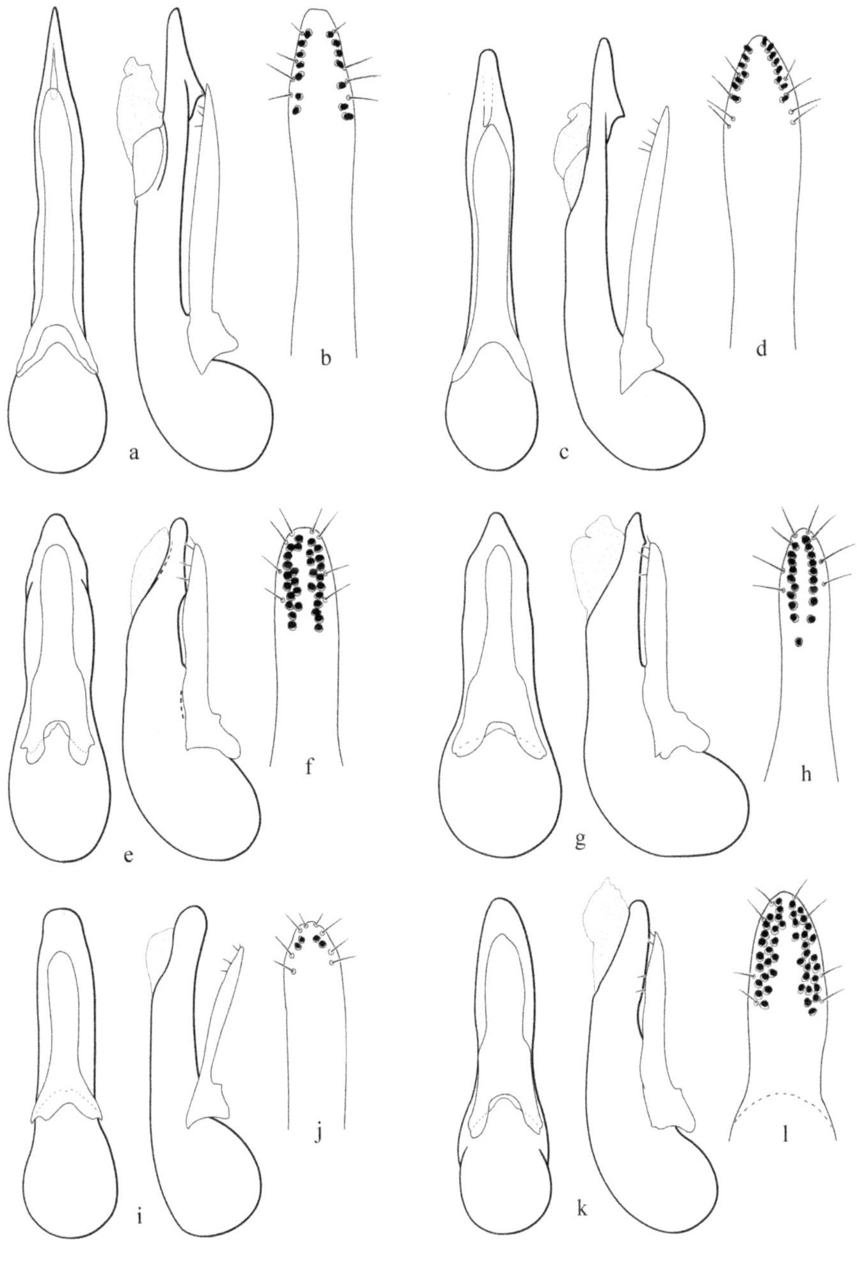

Abb. 176: Aedoeagus ventral und lateral (a, c, e, g, i, k) und Paramere (b, d, f, h, j, l) von *Philonthus decorus* (a–b), *P. laetus* (c–d), *P. alberti* (e–f), *P. tenuicornis* (g–h), *P. temporalis* (i–j), *P. rotundicollis* (k–l). Maßstab: 0,5 mm (a, c, e, g, i, k), 0,25 mm (b, d, f, h, j, l).

– Kopf rundlich oder länglich oval, höchstens so breit wie lang. Augen etwa so lang wie die Schläfen. Basis der Tergite normal punktiert. Pronotum deutlich nach vorne verengt, sehr stark irisierend. Deutlich kleiner (RL < 3,0 mm). **34**

34 Kopf oval, länger als breit. Fühler etwas kürzer, Glied IV so lang wie breit, Glieder VIII–X deutlicher quer. Pronotum durchschnittlich schlanker. Durchschnittlich kleiner, 4,5–6,5 mm (RL: 2,5–2,8 mm). ♂: Aedoeagus wie in Abb. 178a–b. Verbreitung ungenügend bekannt[1]. In Mitteleuropa nicht häufig. Vorzugsweise in Mist und Dung. .... ***albipes*** (GRAVENHORST, 1802)

– Kopf rundlich, etwa so breit wie lang. Fühler etwas länger, Glied IV etwas oder kaum merklich länger als breit, Glieder VIII–X so lang wie breit oder nur sehr schwach quer. Pronotum durchschnittlich breiter. Durchschnittlich größer, 5,5–6,5 mm (RL: 2,7–2,8 mm). ♂: Aedoeagus wie in Abb. 178c–d. Vom Kaukasusgebiet und Nordanatolien westwärts bis nach Spanien, Frankreich und Großbritannien verbreitet. In Mitteleuropa überall, aber selten. Lebensweise ähnlich der des *albipes*. .... ***alpinus*** EPPELSHEIM, 1875

35 Pronotum mit dorsalen Punktreihen aus je 5 Punkten. **36**

– Pronotum mit dorsalen Punktreihen aus mindestens je 6 Punkten oder dicht punktiert. **60**

36 Erstes Glied der Metatarsen länger als das letzte Glied, etwa so lang wie die Glieder II–IV zusammen. **37**

– Erstes Glied der Metatarsen kürzer als oder höchstens so lang wie das letzte Glied, kürzer als die Glieder II–IV zusammen. **54**

37 Zweite Basallinie zumindest der Tergite IV und V in der Mitte scharf spitz- bis rechtwinklig nach hinten vorgezogen. **38**

– Zweite Basallinie der Tergite III–V gerade oder höchstens schwach gerundet nach hinten vorgezogen. **40**

38 Elytren vollständig rot. Kopf und Pronotum ohne Mikroskulptur, stark glänzend. Kopf rundlich rechteckig, etwas breiter als lang. 6–9 mm (RL: 3,3–4,3 mm). ♂: Aedoeagus wie in Abb. 179a–b. Expansiv holomediterran, nach Osten bis Mittelasien. In Mitteleuropa nicht häufig gefunden. Vorzugsweise in unbewaldeten Biotopen; die Art wird am ehesten in Bodenfallen gefangen. .... ***corruscus*** (GRAVENHORST, 1802)

– Elytren schwarz oder nur teilweise rot, dann aber Kopf und Pronotum mit deutlicher Mikroskulptur. **39**

39 Schläfen parallelseitig, dicht und sehr grob punktiert, Punktgruben gegen das Hinterende der Schläfen zusammenfließend und eine scharfe Kante bildend, an der die Schläfen abrupt in die fast gerade Kopfbasis biegen. Pronotum parallelseitig, etwa so breit wie der Kopf; mittlere 3 Dorsalreihenpunkte einander genähert. Elytren mit schwachem Bronzeschimmer. 6,5–10,5 mm (RL: 3,5–5,0 mm). ♂: Aedoeagus wie in Abb. 177i–j. Ursprünglich in der Ostpaläarktis beheimatet, hat sich die Art in der ersten Hälfte des 20. Jahrhunderts in Europa ausgebreitet, heute fast kosmopolitisch. In

---

[1] Aus der gesamten Paläarktis außer Japan gemeldet, aber durch das hohe Verwechslungspotential mit nahe verwandten Arten erscheinen vor allem die ostpaläarktischen Meldungen sowie die Meldung aus Nordafrika (Tunesien) zweifelhaft.

Mitteleuropa überall häufig. In Dünger und Kompost. .... ***rectangulus*** SHARP, 1874

– Schläfen mehr oder weniger gleichmäßig verrundet – Exemplare von *ebeninus*, *concinnus* und *caucasicus* mit ausnahmsweise deutlich gewinkelter 2. Basallinie. **40**

40 Abdominaltergite äußerst dicht und fein pubeszent, Untergrund kaum sichtbar, matt. Elytren schwarz, hinter der Schulter und entlang der Naht mit einem roten Fleck variabler Größe, manchmal Flecken zusammenfließend oder auch stark reduziert. 6–10 mm (RL: 3,5–4,0 mm). ♂: Aedoeagus wie in Abb. 177k–l. Westpaläarktis, nach Osten in Sibirien bis zum Fluss Ob nachgewiesen; die Meldung aus Nordafrika bedarf der Bestätigung; adventiv in der Nearktis. In Mitteleuropa nicht selten. Vorwiegend in Dünger und Kompost, aber auch an Exkrementen. .... ***sanguinolentus*** (GRAVENHORST, 1802)

– Abdominaltergite normal beborstet. **41**

41 Abdominaltergite zwischen der Punktur mit deutlicher, querwelliger Mikroskulptur. Schläfen so lang wie oder länger als die Augen. **42**

– Abdominaltergite zwischen der Punktur ohne Mikroskulptur. Schläfen (mit Ausnahme von *pseudovarians*) kürzer als die Augen. **43**

42 Größer, 6–8 mm (RL: 3,2–3,8 mm). Schläfen länger als die Augen. ♂: Aedoeagus wie in Abb. 178g–h. Holomediterrane Art. In Mitteleuropa weit verbreitet, gebietsweise aber keine neueren Funde. In Dünger und Kompost, auch auf Sandboden. .... ***rufipes*** (STEPHENS, 1832)

– Kleiner, 3,5–5,5 mm (RL: 2,3–2,6 mm). Schläfen so lang wie die Augen. ♂: Aedoeagus wie in Abb. 178e–f. Gesamte Paläarktis; adventiv in der Nearktis. Nicht selten. Lebensweise ähnlich der des *rufipes*. .... ***debilis*** (GRAVENHORST, 1802)

43 Abdominaltergite III–VI mit 2 Basallinien, 2. Basallinie des Tergits VI allerdings feiner als auf Tergit III–V und leicht krenuliert. Elytren rot mit breit geschwärzter Naht und Basis, Rotfärbung sehr variabel, oft nur der Hinterrand rot oder Elytren ganz schwarz, die umgeschlagenen Seitenteile verbleiben jedoch immer zumindest teilweise rot. Fühler kurz, Glieder VIII–X deutlich quer. 6,0–8,5 mm (RL: 3–4 mm). ♂: Aedoeagus wie in Abb. 179e–f. Paläarktis; adventiv in der Nearktis. In den Gebirgen Mittelasiens (südlich bis Kaschmir) häufig; in Mitteleuropa selten bis sehr selten. An Faulstoffen aller Art. .... ***caucasicus*** NORDMANN, 1837

– Nur die Abdominaltergite III–V mit 2 Basallinien. **44**

44 Fühlerglieder VIII–X quer. Elytren immer ohne rote Flecken. **45**

– Fühlerglieder VII–X nicht quer. Elytren mit oder ohne rote Flecken. **47**

45 Ganzes Pronotum mit deutlicher, welliger Mikroskulptur. **46**

– Mikroskulptur des Pronotums weniger deutlich, vor allem zwischen den dorsalen Punktreihen nahezu erloschen. Fühlerglieder VIII–X weniger deutlich quer. Elytren mit schwachem Erzglanz. 5,5–8,0 mm (RL: 3,0–3,5 mm). ♂: Aedoeagus wie in Abb. 179g–h. Paläarktis außer Japan; adventiv in Nordamerika. In Mitteleuropa sehr häufig. Eurytop, an Faulstoffen aller Art. .... ***concinnus*** (GRAVENHORST, 1802)

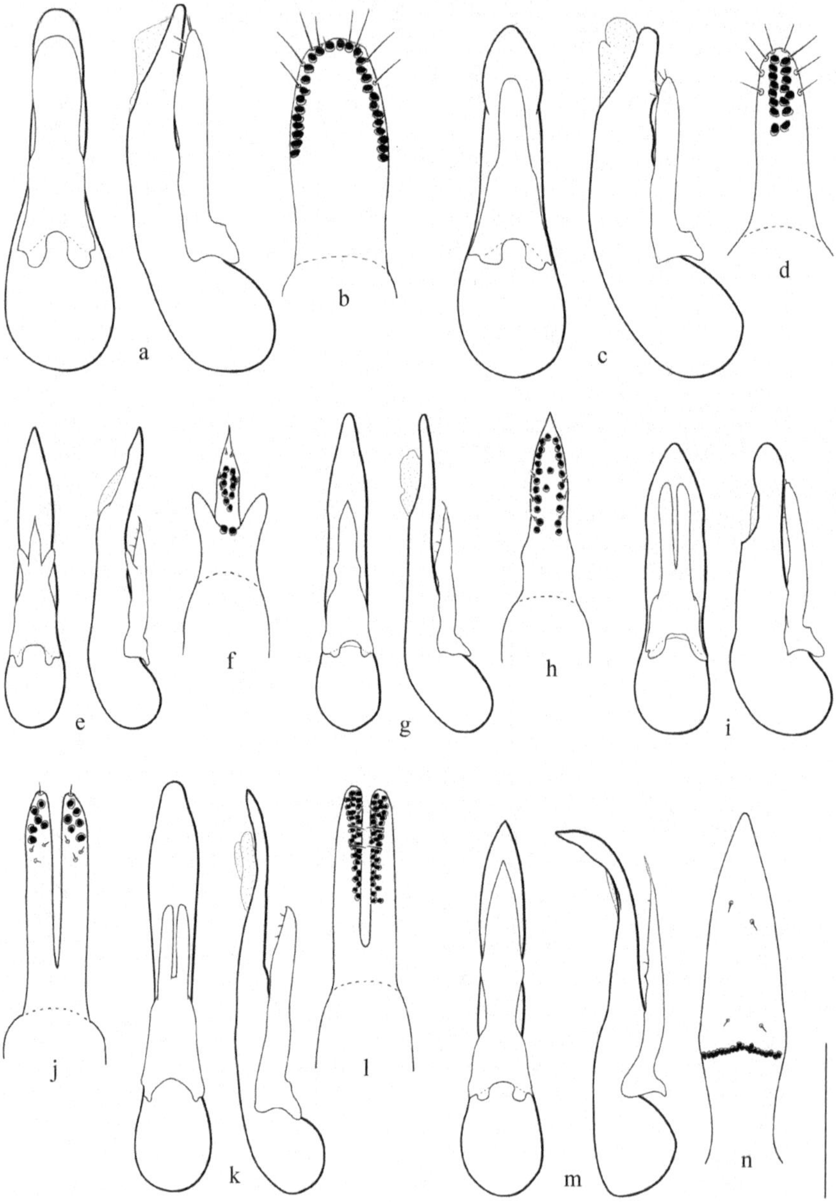

Abb. 177: Aedoeagus ventral und lateral (a, c, e, g, i, k, m) und Paramere (b, d, f, h, j, l, n) von *Philonthus cognatus* (a–b), *P. mannerheimi* (c–d), *P. lepidus* (e–f), *P. nitidicollis* (g–h), *P. rectangulus* (i–j), *P. sanguinolentus* (k–l), *P. umbratilis* (m–n). Maßstab: 0,5 mm (a, c, e, g, i, k, m), 0,25 mm (b, d, f, h, j, l, n).

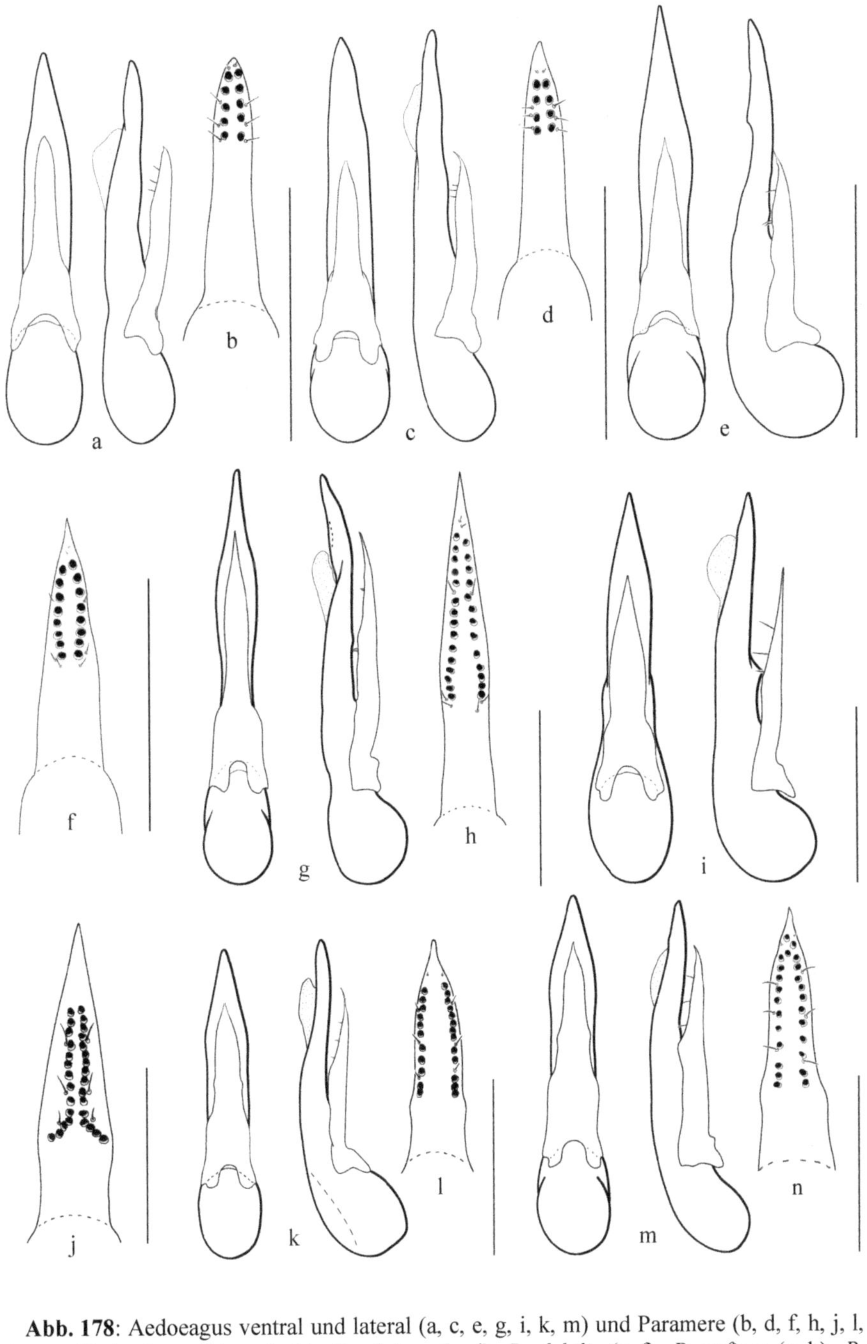

Abb. 178: Aedoeagus ventral und lateral (a, c, e, g, i, k, m) und Paramere (b, d, f, h, j, l, n) von *Philonthus albipes* (a–b), *P. alpinus* (c–d), *P. debilis* (e–f), *P. rufipes* (g–h), *P. carbonarius* (i–j), *P. frigidus* (k–l), *P. pyrenaeus* (m–n). Maßstäbe: 0,5 mm (a, c, e, g, i, k, m), 0,25 mm (b, d, f, h, j, l, n). Nach SCHILLHAMMER 2009 (k–n).

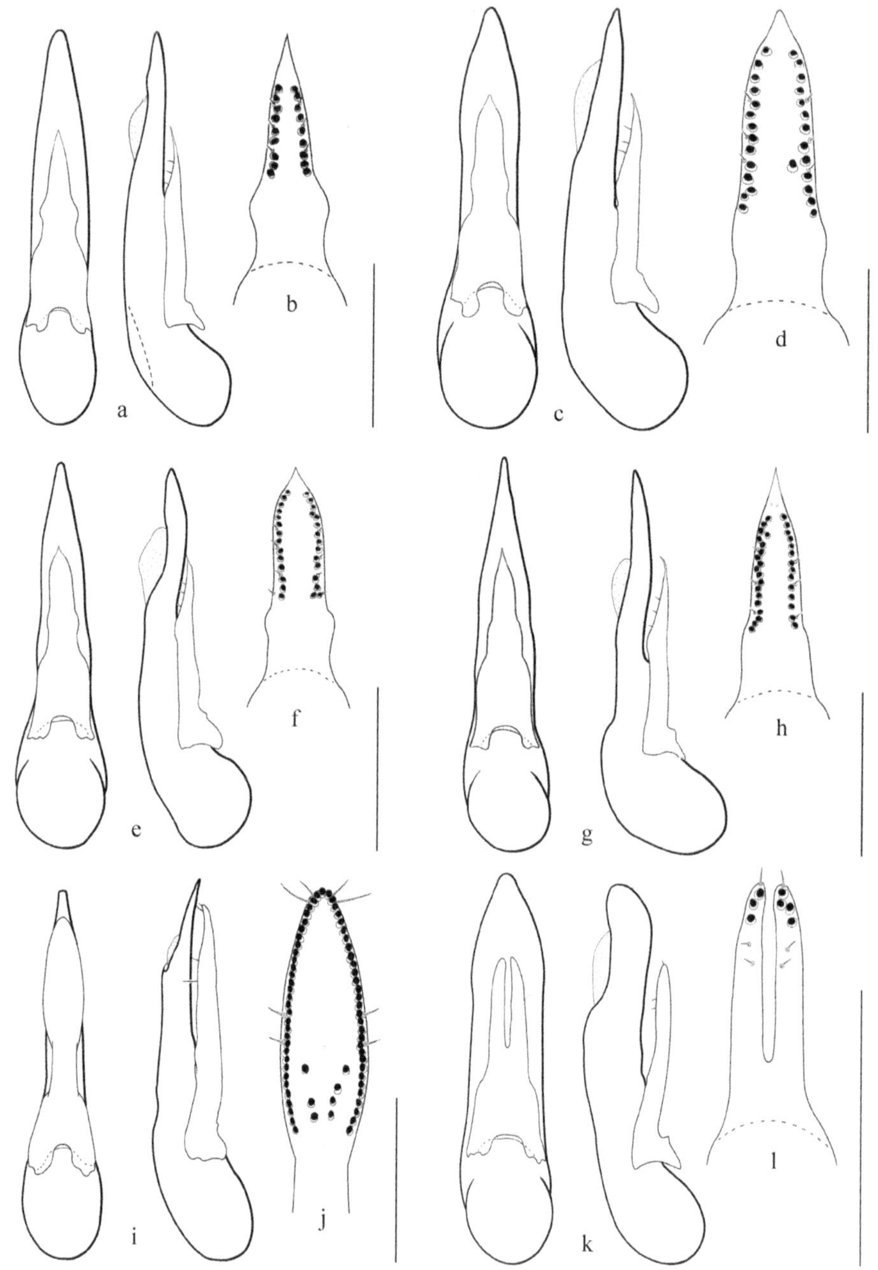

Abb. 179: Aedoeagus ventral und lateral (a, c, e, g, i, k) und Paramere (b, d, f, h, j, l) von *Philonthus corruscus* (a–b), *P. ebeninus* (c–d), *P. caucasicus* (e–f), *P. concinnus* (g–h), *P. cruentatus* (i–j), *P. discoideus* (k–l). Maßstäbe: 0,5 mm (a, c, e, g, i, k), 0,25 mm (b, d, f, h, j, l).

46 Größer, 7,5–10,0 mm (RL: 4,0–4,5 mm). Kopf quer rechteckig (♂) oder mehr abgerundet quadratisch (♀), nur wenig schmaler als das Pronotum. Pronotum fast parallelseitig, in der Mitte am breitesten, nach vorne und hinten mehr oder weniger gleichmäßig, schwach verengt. ♂: Aedoeagus wie in Abb. 179c–d. Paläarktis außer Japan. In Mitteleuropa selten. Lebensweise ungenügend bekannt. .... ***ebeninus*** (GRAVENHORST, 1802)

– Kleiner, 7,0–8,5 mm (RL: 3,3–3,8 mm). Kopf in beiden Geschlechtern rundlich, deutlich schmaler als das Pronotum, im basalen Drittel am breitesten, nach vorne deutlich verengt. ♂: Aedoeagus wie in Abb. 180c–d. Holomediterran verbreitete Art, die nur den Süden und Südosten Mitteleuropas erreicht (Schweiz, Österreich, Slowakei), einmal aus Bayern gemeldet. Die genaue Verbreitung bedarf der Klärung. Selten. Lebensweise ungenügend bekannt. .... ***cochleatus*** SCHEERPELTZ, 1937

47 Klein, RL ≤ 3 mm. Kopf so lang wie breit oder undeutlich länglich. Schwarz, Hinterrand der Elytren schmal heller bräunlich, manchmal ganze Hinterhälfte unscharf begrenzt heller. 5,5–6,5 mm (RL: 2,5–3,0 mm). ♂: Aedoeagus wie in Abb. 180a–b, ziemlich variabel in Form und Paramerenlänge. Paläarktis, Orientalis, bis in die australische Region (Neuguinea). In Mitteleuropa häufig. An faulenden Stoffen aller Art. .... ***parvicornis*** (GRAVENHORST, 1802)

– Größer, RL > 3 mm. **48**

48 Elytren mit dreieckigem bis nierenförmigem rotem Fleck, dessen Außenrand ungefähr parallel zum Elytrenseitenrand verläuft, nach vorne nicht oder etwa das Niveau der Scutellumspitze erreicht und den Elytrenhinterrand nicht oder höchstens äußerst schmal berührt (siehe auch *varians* und *confinis*). Beborstung schwarz. Kopf breiter als lang. Schläfen mit undeutlicher Winkelung, dicht schwarz beborstet, 1,2–1,3-mal so lang wie die Augen. Procoxae schwarz, Beine ganz schwarz, sehr selten Elytren ganz schwarz, dann von *jurgans* durch die ganz schwarzen Coxae und Tibien, die schwarze Beborstung und die umfangreichere Punktur der Fläche zwischen den beiden Basallinien der Tergite III–V zu unterscheiden. 7–9 mm (RL: 3–4 mm). ♂: Aedoeagus wie in Abb. 179i–j. Paläarktis; adventiv in der Nearktis. In Mitteleuropa nicht selten. Eher in offenem Gelände, an Exkrementen und anderen faulenden Stoffen. .... ***cruentatus*** (GMELIN, 1790)

– Elytren ohne rote Flecken, oder mit (ähnlich geformten) roten Flecken, dann aber Procoxae zumindest teilweise gelb, vor allem die Innenseiten, Tibien außen zumindest schmal gelblich und Beborstung heller, oder Rotfärbung den gesamten Elytrenhinterrand einnehmend. **49**

49 Augen deutlich länger als die Schläfen (1,35–1,45 ×, selten kürzer). Schwarz bis dunkelbraun, Elytren fast immer heller als Kopf und Pronotum, erstes Fühlerglied an der Vorderseite gelblich, letztes Fühlerglied ebenfalls oft heller, Procoxae fast ganz gelb, Beine fast immer mit helleren, gelblichen Femora. Fläche zwischen den beiden Basallinien auf den Tergiten IV und V dicht, unregelmäßig zweireihig punktiert, Punktur bis über die Mitte der Fläche nach vorne reichend. Von *jurgans*, dessen Augen ebenfalls länger als die Schläfen sind, durch die dichtere Punktur dieser Fläche sowie die hellere Färbung der Fühler und Beine zu unterscheiden. 6,5–8,5 mm (RL: 3,3–3,8 mm). ♂: Aedoeagus wie in Abb. 180e–f.

Kosmopolit. In Mitteleuropa nicht häufig. An Exkrementen und anderen faulenden Stoffen. .... ***longicornis*** STEPHENS, 1832

– Augen so lang wie die Schläfen oder länger, dann aber entweder Elytren mit roten Flecken (*confinis*) oder mit ganz schwarzen Fühlern und weniger dicht beborsteter Fläche zwischen den Basallinien der Tergite IV und V (*jurgans*). **50**

50 Hinterrand der Elytren breit rot, roter Fleck bei den meisten Exemplaren abgerundet oder leicht winklig nach vorne erweitert, aber nie die Hälfte der Elytrenlänge erreichend. Kopf rundlich, unmerklich breiter als lang. Schläfen so lang wie die Augen. Beine bei ausgefärbten Exemplaren ganz schwarz, Protarsen dunkel rötlich. Körperbeborstung schwarz. 6,5–8,5 mm (RL: 3,5–4,0 mm). ♂: Aedoeagus wie in Abb. 180g–h. Von Großbritannien und Nordafrika bis Westsibirien verbreitet, in den meisten europäischen Ländern nachgewiesen; in Nordeuropa nur einmal aus Südschweden gemeldet. In Mitteleuropa sehr selten. Lebensweise wie bei *longicornis*. .... ***coprophilus*** JARRIGE, 1949

– Elytren ohne rote Flecken oder rote Flecken vom Hinterrand isoliert, im Zweifelsfall reicht der rote Fleck deutlich über die Mitte der Elytrenlänge nach vorn – hierher 4 ähnliche Arten, die sich aber durch die Form des Aedoeagus sowie des Tergits X des ♀ recht gut trennen lassen. **51**

51 Augen so lang wie die Schläfen oder unwesentlich länger (bis 1,07 ×). Fühlerglieder IV–V etwas länger als breit. **52**

– Augen merklich (1,15–1,30 ×) länger als die Schläfen. Fühlerglieder IV–V kurz, so lang wie breit. **53**

52 Kopf so breit wie lang, fast eiförmig gebildet. Elytren mit rotem Fleck von variabler Ausdehnung, meist als unscharfer Längswisch ausgeprägt, der von der Schulter nach hinten reicht, manchmal größer und deutlicher, zur Mitte hin erweitert (dann dem *confinis* recht ähnlich) oder fast geschwunden. 6,0–8,5 mm (RL: 3,2–3,5 mm). ♂: Aedoeagus wie in Abb. 180i–j; Parameren-form etwas variabel. ♀: Tergit X (Abb. 181a): apikale Borstengruppen durch kurzen, breit abgerundeten Fortsatz weit getrennt, feine Beborstung auf der Mittelfläche durch breiten Mittelstreifen getrennt. Aus fast der gesamten Paläarktis gemeldet, möglicherweise mittlerweile Kosmopolit. In Mitteleuropa sehr häufig. An Exkrementen und anderen faulenden Stoffen. .... ***varians*** (PAYKULL, 1789)

– Kopf unmerklich breiter als lang, rundlich. Elytren meist ohne rote Flecken oder mit undeutlichem Längswisch, der von der Schulter nach hinten reicht. 6,0–8,5 mm (RL: 3,2–3,7 mm). ♂: Aedoeagus wie in Abb. 180m–n. ♀: Tergit X (Abb. 181b): apikale Borstengruppen deutlich enger stehend, apikaler Fortsatz schmaler und meist spitzer, feine Borsten auf der Mittelfläche nicht durch breiten Mittelstreifen getrennt, fast regelmäßig verteilt. Aus großen Teilen Europas nachgewiesen oder gemeldet, wegen der Verwechslungsmöglichkeit mit nah verwandten Arten bedarf die genaue Verbreitung aber noch der Klärung. In Mitteleuropa nicht selten, oft zusammen mit den anderen Arten der Gruppe. .... ***pseudovarians*** A. STRAND, 1941

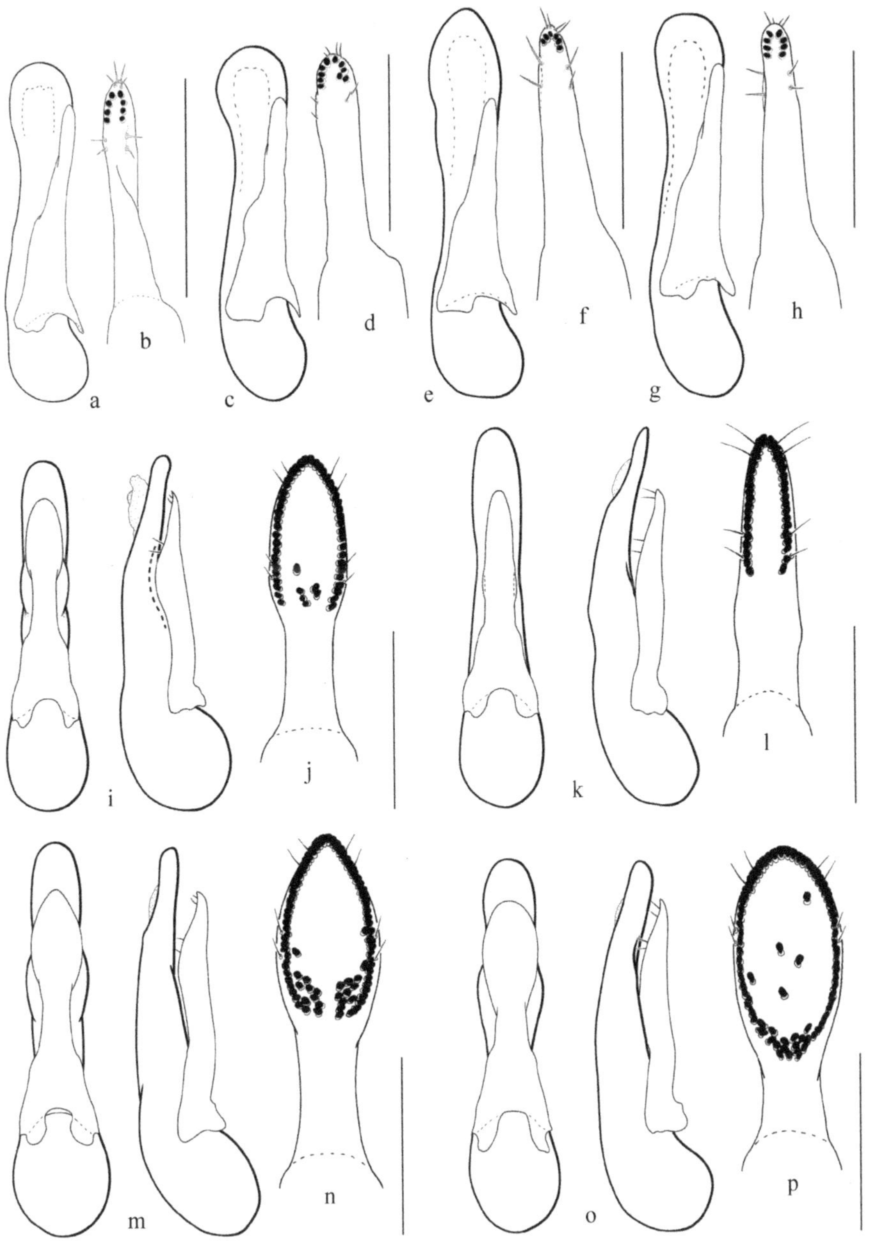

Abb. 180: Aedoeagus ventral (und lateral) (a, c, e, g, i, k, m, o) und Paramere (b, d, f, h, j, l, n, p) von *Philonthus parvicornis* (a–b), *P. cochleatus* (c–d), *P. longicornis* (e–f), *P. coprophilus* (g–h), *P. varians* (i–j), *P. confinis* (k–l), *P. pseudovarians* (m–n), *P. jurgans* (o–p). Maßstäbe: 0,5 mm (a, c, e, g, i, k, m, o), 0,25 mm (b, d, f, h, j, l, n, p). Nach SCHILLHAMMER 2009 (a–b).

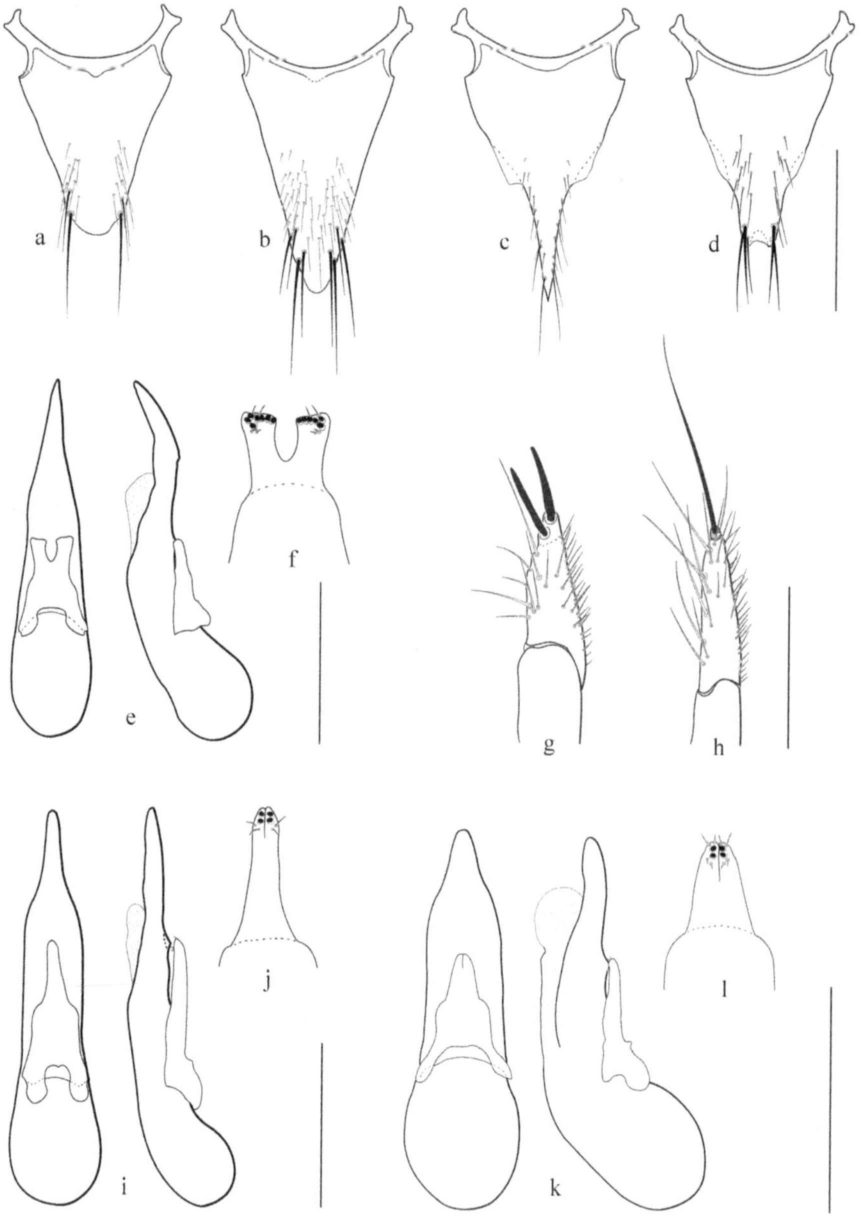

Abb. 181: ♀-Tergit X (a–d), Gonocoxit (g, h), Aedoeagus ventral und lateral (e, i, k) und Paramere (f, j, l) von *Philonthus varians* (a), *P. pseudovarians* (b), *P. jurgans* (c), *P. confinis* (d), *P. ventralis* (e–f), *P. viridipennis* (g), *P. quisquiliarius* (h), *P. corvinus* (i–j), *P. rufimanus* (k–l). Maßstäbe: 0,5 mm (a–e, i, k), 0,25 mm (f–h, j, l). Nach SCHILLHAMMER 2009 (a–d).

53 Elytren ganz dunkel, sehr selten mit der Andeutung eines rötlichen Längswisches hinter der Schulter. Kopf 1,06–1,08-mal breiter als lang, mehr oder weniger rundlich. Fläche zwischen den 2 Basallinien auf den Tergiten IV–V mit einer einfachen Querreihe feiner Borsten, die selten stellenweise (vor allem mehr lateral) unregelmäßig zweireihig ist und nicht über die Mitte nach vorne reicht (durch dieses Merkmal von allen mitteleuropäischen Arten der *varians*- und *longicornis*-Gruppe verschieden). 6,0–8,5 mm (RL: 3,2–3,5 mm). ♂: Aedoeagus wie in Abb. 180o–p; Form des Medianlobus und der Parameren recht variabel. ♀: Tergit X (Abb. 181c): apikaler Teil sehr lang und schlank, sehr spitz und ohne lange Apikalborsten, aber mit kurzen, recht starren Borsten entlang des Außenrandes des Fortsatzes. Aus ganz Europa gemeldet, aber wie bei *pseudovarians* besteht bei der genauen Verbreitung wegen der Verwechslungsmöglichkeit mit ähnlichen Arten noch Klärungsbedarf. Adventiv auch in der Nearktis. In Mitteleuropa nicht selten. Lebensweise wie bei *varians*. .... ***jurgans*** TOTTENHAM, 1937

– Elytren mit großem, üblicherweise gut begrenztem rotem Fleck von dreieckiger Form, dessen Außenrand parallel zum Elytrenseitenrand verläuft und der meistens bis zur Schulter reicht. Kopf rundlich, 1,03–1,06-mal breiter als lang, durchschnittlich schmaler als bei *jurgans*. Selten ist der rote Elytrenfleck kleiner, dann äußerlich von *cruentatus* durch die etwas kürzeren Augen und weniger queren Kopf, sowie hellere Beborstung, von *varians* durch die etwas längeren Augen und kürzeren Fühlerglieder IV–V zu unterscheiden. 6,5–8,0 mm (RL: 3,2–3,5 mm). ♂: Aedoeagus wie in Abb. 180k–l. ♀: Tergit X (Abb. 181d): Apex kurz abgestutzt oder sogar leicht ausgerandet, apikale Borstengruppe sehr eng stehend. Von Grossbritannien bis in die Mongolei gemeldet; genaue Verbreitung noch ungeklärt, vor allem die westeuropäischen Funde müssten überprüft werden. In Mitteleuropa selten. Wahrscheinlich wärmeliebend. ....
.... ***confinis*** A. STRAND, 1941

54 Augen etwa 1,5-mal so lang wie die Schläfen. Fühlerglied IV leicht, V–X deutlich quer. Kopf quer rechteckig mit deutlich markierten Hinterwinkeln. Kopf schwarz, restlicher Körper rotbraun bis dunkelbraun, Fühler, Palpen und Beine einfarbig rotgelb bis bernsteinfarben, Elytren mit rötlicher Naht, Hinterrand und umgeschlagene Seitenteile schmaler oder breiter, gut abgegrenzt gelb, Hinterränder der Tergite rötlich. 4,5–5,5 mm (RL: 2,5–2,6 mm). ♂: Aedoeagus wie in Abb. 179k–l. Kosmopolit. In Mitteleuropa überall, aber nur stellenweise häufig. Vorzugsweise in Kompost. ....
.... ***discoideus*** (GRAVENHORST, 1802)

– Augen weniger als 1,3-mal so lang wie die Schläfen. Fühler länger, zumindest Glied IV so lang wie breit. Färbung generell dunkler, Elytren niemals durchgehend hell gerandet, Fühler angedunkelt. Kopf eher rundlich viereckig mit deutlich abgerundeten Schläfen oder quer rechteckig mit recht deutlichen Hinterwinkeln, dann aber Elytren schwarz oder metallisch blau. .. **55**

55 Beine schwarz, höchstens die Tarsen etwas heller, Schläfen 1,15–1,25-mal so lang wie die Augen. 7–8 mm (RL: 3,7–4,0 mm). ♂: Aedoeagus wie in Abb. 181i–j. ♀: Apex des Gonocoxit mit 2 kurzen starren Dornen (ähnlich Abb. 181g). In ganz Europa mit Ausnahme des Mittelmeerraums, und in Westsibirien. In Mitteleuropa überall, aber selten. In Sümpfen und Mooren. ......
.... ***corvinus*** ERICHSON, 1839

– Zumindest die Vorderbeine größtenteils rot oder gelb, Schläfen höchstens so lang wie die Augen. **56**

56 Elytren metallisch blau. Vorder- und Mittelbeine rot bis gelbrot, Tibien meist zur Spitze angedunkelt. Fühlerglied I rot bis rotbraun. Beborstung von Elytren und Abdomen recht kräftig, auffällig weißlich-silbrig. 5–7 mm (RL: 2,7–3,3 mm). ♂: Aedoeagus wie in Abb. 181k–l. ♀: Apex des Gonocoxit mit 2 kurzen starren Dornen (ähnlich Abb. 181g). Pontomediterran, im Westen bis Spanien, im Osten bis Afghanistan verbreitet. In Mitteleuropa nur im Süden und in der Mitte. Im Süden und Südosten stellenweise häufig, sonst selten, an der Nordgrenze des Verbreitungsgebietes meist nur alte Funde. An Flussufern. .... ***rufimanus rufimanus*** ERICHSON, 1840

– Elytren schwarz oder dunkelbraun, manchmal mit roter Hinterhälfte. **57**

57 Pronotum heller oder dunkler rotbraun, immer heller als der schwarze bis dunkelbraune Kopf. Elytren und Abdomen schwarzbraun bis rotbraun. Fühler kurz, Glied IV etwa so lang wie breit, Glieder V–X quer, rot bis gelbrot, distale Fühlerhälfte meist angedunkelt. Beine ganz gelb. 5,5–6,5 mm (RL: 2,8–3,0 mm). ♂: Aedoeagus wie in Abb. 181e–f. Kosmopolit. In Mitteleuropa nicht häufig. In Exkrementen und Kompost. .... ***ventralis*** (GRAVENHORST, 1802)

– Pronotum schwarz, nicht heller als der Kopf. **58**

58 Fühlerglieder IV–VI länglich, Glieder VII–X etwa so lang wie breit. Kopf kaum breiter als lang. Augen 1,30–1,45-mal so lang wie die Schläfen, Schläfen meist deutlich nach hinten verengt, hinter den Augen fast gleichmäßig gerundet. Elytren einfarbig schwarz, manchmal mit roter Hinterhälfte. 5,5–7,5 mm (RL: 2,8–3,0 mm). ♂: Aedoeagus wie in Abb. 182c–d. ♀: Apex des Gonocoxit (Abb. 181h) mit 2 normalen, langen und dünnen Borsten. Paläarktis. In Mitteleuropa, vor allem im Tiefland, überall sehr häufig. An Gewässerufern. .... ***quisquiliarius quisquiliarius*** (GYLLENHAL, 1810)

– Fühlerglieder IV–VI etwa so lang wie breit, Glieder VII–X mehr oder weniger deutlich quer. Kopf 1,10–1,15-mal breiter als lang. Schläfen nicht oder kaum merklich nach hinten verengt, hinter den Augen mehr oder weniger parallel, dann in abrupter Rundung zur Basis verengt. **59**

59 Protibien sehr kurz, fast keulenförmig verbreitert, kürzer als die Protarsen. Augen so lang wie die Schläfen. Körperbeborstung wie bei *quisquiliarius*. 6,0–6,5 mm (RL: 3,0–3,2 mm). ♂: Aedoeagus wie in Abb. 182e–f. ♀: Apex des Gonocoxit mit 2 normalen, langen und dünnen Borsten (ähnlich Abb. 181h). Pyrenäen, West-, Zentral- und westlichste Ostalpen, Ostsibirien; die zurzeit bekannten Fundorte deuten auf ein disjunktes Verbreitungsmuster hin. In Mitteleuropa bisher aus der südlichen Schweiz und Österreich (Vorarlberg) bekannt. Selten. In mittleren Gebirgslagen, an Gewässerufern. .... ***coracion*** PEYERIMHOFF, 1902

– Protibien von normaler Länge und Form, deutlich länger als die Protarsen. Augen etwas länger als die Schläfen. Elytren manchmal mit sehr schwachem grünlichem Schimmer. Körperbeborstung kräftig, auffallend weißlich-silbrig. 4,5–6,0 mm (RL: 2,6–3,0 mm). ♂: Aedoeagus wie in Abb. 182a–b. ♀: Apex des Gonocoxit (Abb. 181g) mit 2 dicken Dornen. Pontomediterran verbreitet, Südwestasien, Südosteuropa, nach Westen bis Italien. In Mitteleuropa nur im Südosten: südliches Tschechien, Slowakei und in Österreich entlang des Donautals etwa bis Wien. Selten. Im gleichen Lebensraum wie *quisquiliarius*. .... ***viridipennis*** FAUVEL, 1875

60 Pronotum mit dorsalen Punktreihen aus je 6 Punkten. **61**

– Pronotum mit dorsalen Punktreihen aus mehr als 6 Punkten oder dicht punktiert. **67**

61 Elytren rot oder hell braunrot. **62**

– Elytren schwarz. **63**

62 Alle Fühlerglieder länger als breit, Glieder IV–VI deutlich. Augen so lang wie die Schläfen (mitteleuropäische Exemplare) oder länger als die Schläfen (Exemplare aus Mittelasien). Kopf und Pronotum meist stark irisierend. Elytren fein und sehr dicht punktiert, zwischen der Punktur mit feiner Mikroskulptur, daher ziemlich matt. Fühler schwarz bis dunkelbraun, bei normal ausgefärbten Exemplaren ist zumindest das Glied II in der Distalhälfte angedunkelt. 6,5–8,0 mm (RL: 3,5–3,7 mm). ♂: Aedoeagus wie in Abb. 182g–h. Pontomediterrane Art, die nach Osten Mittelasien und Westsibirien, nach Westen Mitteleuropa und Frankreich erreicht. In Mitteleuropa vor allem im Südosten. An Binnenland-Salzstellen im mittleren und östlichen Deutschland, sowie an der Nord- und Ostseeküste bis nach Dänemark. Nicht häufig. Halophil, bisweilen auch an Ufern temporärer Gewässer. .... ***salinus*** KIESENWETTER, 1844

– Fühlerglieder IV und V etwas länger als breit, Glieder VIII–X leicht quer. Augen geringfügig kürzer als die Schläfen. Kopf und Pronotum nicht oder sehr schwach irisierend. Elytren etwas weniger dicht punktiert, zwischen der Punktur ohne Mikroskulptur, glänzend. Fühler schwarz, Glieder I und II hell rot, Glied III distal angedunkelt. 5,5–7,5 mm (RL: 3,3–3,5 mm). ♂: Aedoeagus wie in Abb. 183g–h. Transpaläarktisch, bis in den Fernen Osten Russlands. Fast überall nicht selten, stellenweise sehr häufig. Vor allem an vegetationsarmen, sandigen Ufern. .... ***rubripennis*** STEPHENS, 1832

63 Elytren zwischen der Punktur ohne Mikroskulptur, glänzend. **64**

– Elytren zwischen der Punktur mit deutlicher Mikroskulptur, matt. **65**

64 Beine hell rotgelb, selten die Metatibien etwas angedunkelt. Größer, 7,5–10,0 mm (RL: 4,0–4,2 mm). ♂: Aedoeagus wie in Abb. 182i–j. In ganz Europa, auch aus dem Kaukasus und aus Kasachstan gemeldet. Häufig. In der Verlandungszone stehender Gewässer, vor allem im Tiefland. .... ***fumarius*** (GRAVENHORST, 1806)

– Beine dunkelbraun bis schwarz. Kleiner, 6,5–8,0 mm (RL: 3,2–3,6 mm). ♂: Aedoeagus wie in Abb. 182k–l. Von Spanien bis Ostsibirien verbreitet. In Mitteleuropa in der deutschen Tiefebene nicht selten, sonst selten. In Mooren und Sümpfen. .... ***nigrita*** (GRAVENHORST, 1806)

65 Beine dunkelbraun bis schwarz, selten heller, aber immer mit geschwärzten Innenseiten der Meso- und Metatibien, auch basale Fühlerglieder schwarz. 6,5–7,5 mm (RL: 3,0–3,3 mm). ♂: Aedoeagus wie in Abb. 183i–j; dem des *micantoides* recht ähnlich. Nord- und Nordosteuropa, nordöstliche Türkei, Armenien. In Mitteleuropa nur aus Norddeutschland, Dänemark und Polen bekannt. Selten. An Ufern stehender und langsam fließender Gewässer. .... ***furcifer*** RENKONEN, 1937

– Beine hell rotgelb, selten die Metatibien leicht angedunkelt. Fühlerglied I normalerweise rot bis rotbraun. Zwei nur durch den Aedoeagus unterscheidbare Arten. **66**

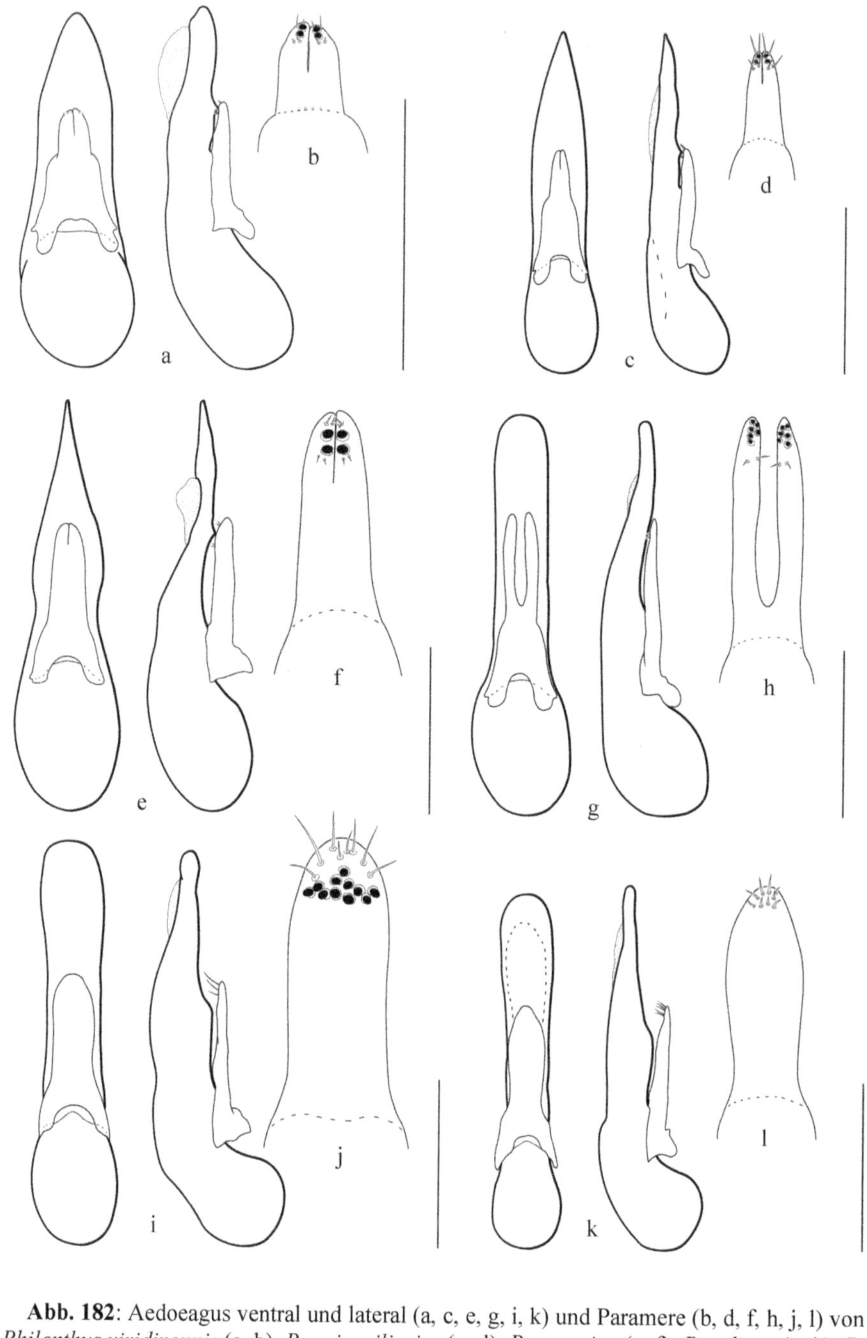

Abb. 182: Aedoeagus ventral und lateral (a, c, e, g, i, k) und Paramere (b, d, f, h, j, l) von *Philonthus viridipennis* (a–b), *P. quisquiliarius* (c–d), *P. coracion* (e–f), *P. salinus* (g–h), *P. fumarius* (i–j), *P. nigrita* (k–l). Maßstäbe: 0,5 mm (a, c, e, g, i, k), 0,25 mm (b, d, f, h, j, l). Nach SCHILLHAMMER 2009 (a–b).

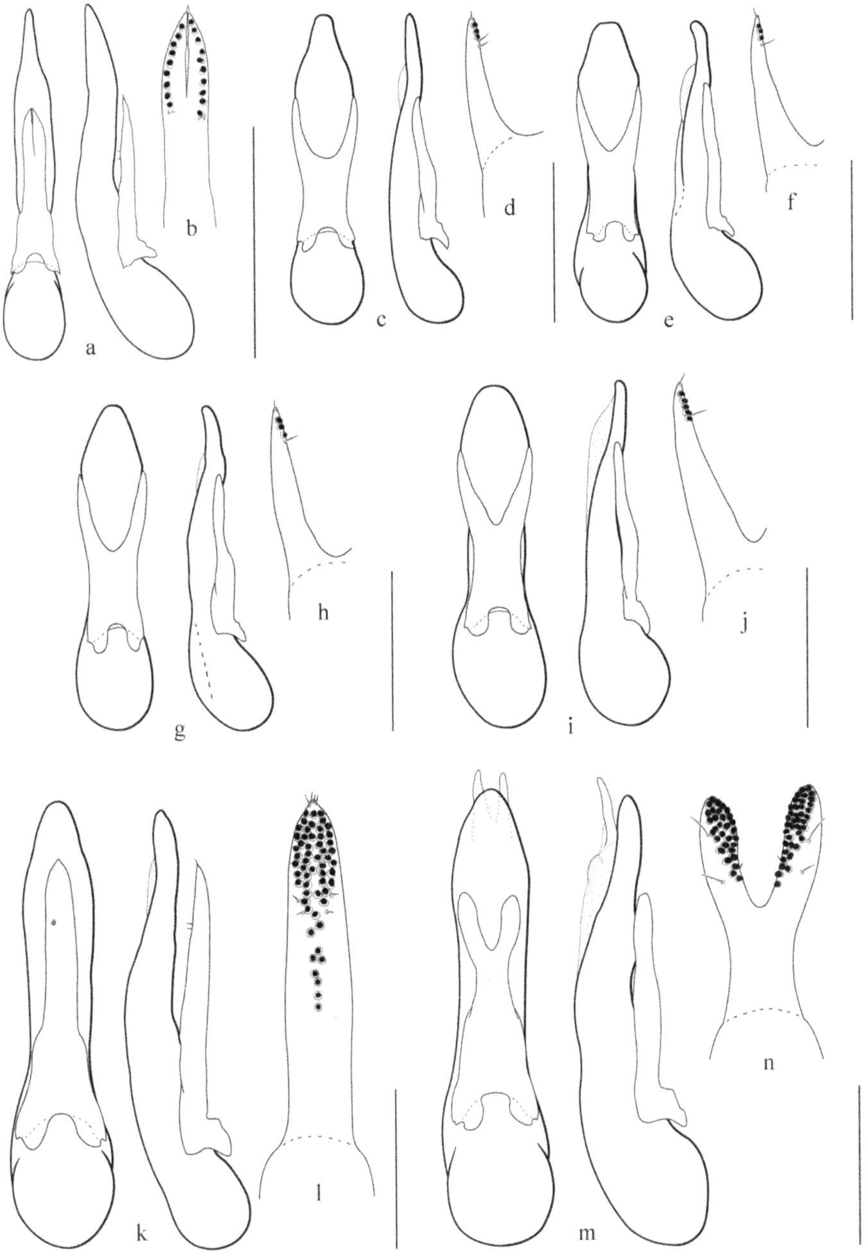

Abb. 183: Aedoeagus ventral und lateral (a, c, e, g, i, k, m) und Paramere (b, d, f, h, j, l, n) von *Philonthus dimidiatipennis* (a–b), *P. micans* (c–d), *P. micantoides* (e–f), *P. rubripennis* (g–h), *P. furcifer* (i–j), *P. punctus* (k–l), *P. binotatus* (m–n). Maßstäbe: 0,5 mm (a, c, e, g, i, k, m), 0,25 mm (b, d, f, h, j, l, n). Nach SCHILLHAMMER 2009 (c–f).

66 ♂: Aedoeagus (Abb. 183c–d) mit längerem und schlankerem Apikalstück des Medianlobus, dieser in Lateralansicht gerade auslaufend, mehr oder weniger zugespitzt, Paramerenform sehr variabel. 5,5–7,5 mm (RL: 2,8–3,3 mm). Transpaläarktisch verbreitet. In Mitteleuropa überall häufig; in der Verlandungszone stehender und langsam fließender Gewässer, vor allem im Tiefland. .... ***micans*** (GRAVENHORST, 1802)

– ♂: Aedoeagus (Abb. 183e–f) mit kürzerem und breiterem Apikalstück des Medianlobus, dieser in Lateralansicht leicht von der Paramere weggebogen, Spitze leicht verdickt und abgerundet, Paramerenform wie bei *micans* sehr variabel. Körpergrösse wie bei *micans*. Bisher mit Sicherheit nur aus Norddeutschland, Südskandinavien und Westsibirien nachgewiesen, alle anderen bis jetzt überprüften Funde haben sich als Fehldeterminationen erwiesen. Selten. Lebensweise wie *micans*. .... ***micantoides*** G. BENICK & LOHSE, 1956

67 Pronotum mit dorsalen Punktreihen aus 7 Punkten, wobei der hinterste Punkt zur Mitte gerückt ist, selten mit einem feineren 8. Punkt. Sehr kleine, in Form und Färbung an einen *Neobisnius* erinnernde Art. Schwarz, Elytren rot mit geschwärzter Basis, manchmal Pronotum rotbraun aufgehellt und Zweifarbigkeit der Elytren weniger deutlich, Beine rotgelb. 4–6 mm (RL: 2,2–3,3 mm); ♂: Aedoeagus wie in Abb. 183a–b. In der südlichen Hälfte der Westpaläarktis außer Nordafrika, sowie östlich davon bis in die Mongolei, wahrscheinlich expansiv holomediterran. In Europa entlang der Meeresküsten; in Mitteleuropa nur je einmal aus Holland und Deutschland (Mecklenburg) gemeldet. Möglicherweise halophil. .... ***dimidiatipennis*** ERICHSON, 1840

– Pronotum mit dorsalen Punktreihen aus deutlich mehr als 8 Punkten oder so dicht punktiert, dass eine separate Punktreihe nicht mehr erkennbar ist, deutlich größer (> 7,5 mm). **68**

68 Pronotum zwischen punktfreiem Mittelstreifen und Seitenrand zwar dicht, aber noch so locker punktiert, dass eine dorsale Punktreihe erkennbar bleibt. Fühlerglieder IV–VI deutlich länglich, Glied VII leicht länglich. Kopf und Pronotum schwarz, oft mit leichtem metallisch-olivgrünem Anflug, Elytren einfarbig schwarz, Beine schwarz, Tarsen oft heller. 8,0–10,5 mm (RL: 4–5 mm). ♂: Aedoeagus wie in Abb. 183k–l. Transpaläarktisch, von Nordafrika und Grossbritannien bis in den Fernen Osten Russlands. In ganz Mitteleuropa nicht selten. An Rändern stehender und langsam fließender Gewässer. .... ***punctus punctus*** (GRAVENHORST, 1802)

– Pronotum zwischen punktfreier Mittellinie und Seitenrand so dicht punktiert, dass eine isolierte dorsale Punktreihe kaum mehr erkennbar ist (dieses Merkmal variiert allerdings leicht). Fühlerglieder IV–VI weniger ausgeprägt länglich, Glied VII so lang wie breit. Färbung entweder wie bei *punctus* oder Elytren rot mit einem großen dreieckigen schwarzen Fleck, der von den Schultern schräg bis zum hinteren Nahtwinkel reicht. 8–10 mm (RL: 4,5–5,0 mm). ♂: Aedoeagus wie in Abb. 183m–n. Nördliche Paläarktis bis in den Fernen Osten. In Mitteleuropa bisher nur aus Dänemark, Norddeutschland und dem nördlichen Polen bekannt (der Nachweis aus Österreich beruht auf einer Falschmeldung). Nicht häufig. An Gewässerufern, wahrscheinlich zumindest in Mitteleuropa halophil. .... ***binotatus*** (GRAVENHORST, 1806)

Gattung *Rabigus* MULSANT & REY, 1876

Habitus wie in Abb. 25a. Relativ kleine, zierliche Arten, in der Mehrzahl bunt gefärbt. Einem *Philonthus* sehr ähnlich und früher auch als Untergattung dessen betrachtet, aber durch das konische letzte Maxillarpalpenglied, welches nicht länger als das vorletzte ist, gut zu unterscheiden (Abb. 162a). Kopf bei den meisten Arten eiförmig, mit langen runden Schläfen, Letztere dicht und fein beborstet. Zurzeit sind weltweit 22 Arten aus der Holarktis und der Orientalis bekannt, von denen 2 in Mitteleuropa vorkommen. Bevorzugter Lebensraum sind eher sandige bis lehmige Flächen, oft auch Laubansammlungen an sandigen Flussufern.

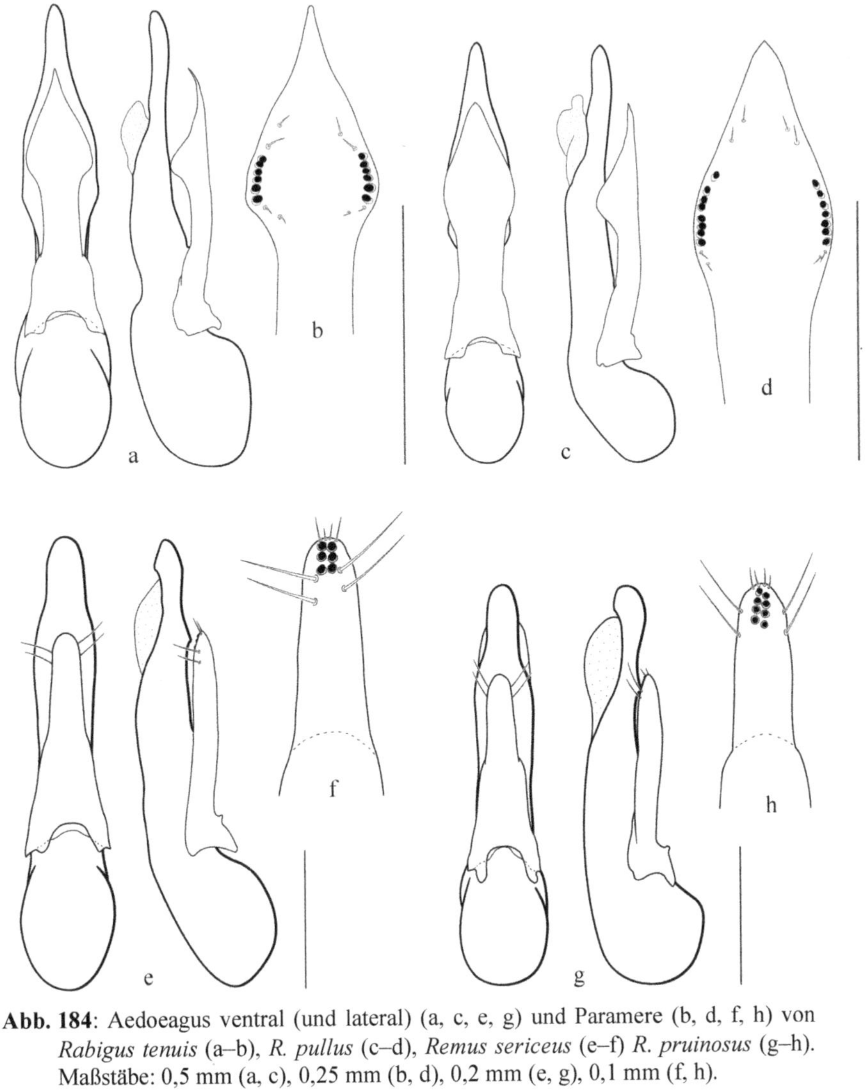

Abb. 184: Aedoeagus ventral (und lateral) (a, c, e, g) und Paramere (b, d, f, h) von *Rabigus tenuis* (a–b), *R. pullus* (c–d), *Remus sericeus* (e–f) *R. pruinosus* (g–h). Maßstäbe: 0,5 mm (a, c), 0,25 mm (b, d), 0,2 mm (e, g), 0,1 mm (f, h).

1 Bunt gefärbt, Kopf schwarz, Pronotum rot, sehr selten angedunkelt, Elytren rot mit variabel geschwärzter Basis, selten nur der Hinterrand rot, Beine gelbrot, Meso- und Metatibien innen geschwärzt. Abdominaltergite dicht gelblich beborstet. Habitus wie in Abb. 25a. 5,5–6,0 mm (RL: 2,4–3,0 mm). ♂: Aedoeagus wie in Abb. 184a–b. Gesamte Paläarktis außer Japan. Im mittleren und südlichen Mitteleuropa nicht häufig; nach Norden zu seltener oder fehlend. In unbewaldeten, meist trockenwarmen Biotopen. .... ***tenuis*** (FABRICIUS, 1793)

– Schwarz, manchmal Hinterrand der Elytren, Fühlerglied I oder auch Beine rötlichbraun. Abdominaltergite weniger dicht, dunkel beborstet. 5,5–6,0 mm (RL: 2,6–2,8 mm). ♂: Aedoeagus wie in Abb. 184c–d. Von Spanien und Großbritannien bis in den Fernen Osten Russlands verbreitet. In Mitteleuropa nördlich bis nach Westfalen und Brandenburg verbreitet. Selten. .... ***pullus*** (NORDMANN, 1837)

Gattung *Remus* HOLME, 1837

Habitus wie in Abb. 25b. Die Gattung ähnelt *Erichsonius*, ist aber durch das unverdickte Fühlerglied II sowie die längeren Metatarsenglieder leicht zu unterscheiden. Von der Gattung *Cafius*, zu der sie oft als Untergattung gestellt wird, unterscheidet sie sich durch dichte Punktur und isodiametrische Mikroskulptur auf Kopf und Pronotum, eine punktfreie Mittellinie auf dem Pronotum sowie durch getrennte Kehlnähte. Die Gattung beinhaltet weltweit 4 Arten, allerdings dürften nach einer Revision einige zurzeit unter *Cafius* geführte Namen der Gattung *Remus* zuzuordnen sein. Zwei Arten sind auch aus Mitteleuropa nachgewiesen. Wie bei *Cafius* findet man die Arten der Gattung *Remus* ausschließlich an Meeresküsten.

1 Seiten des Pronotums geradlinig, parallel oder zur Basis undeutlich verengt. Augen größer, Schläfen 1,3–1,5-mal so lang wie die Augen. Fühler robuster, mit erkennbar länglichen Gliedern IV–VI. Schwarz, Beine dunkler rotbraun. Robustere, breitere Art, Elytren 1,0–1,1 mm breit. Habitus wie in Abb. 25b. 4,5–6,0 mm (RL: 2,3–2,8 mm). ♂: Aedoeagus wie in Abb. 184e–f. Die Art ist an den Küsten der gesamten Westpaläarktis verbreitet und auch aus der nearktischen und australischen Region gemeldet. In Mitteleuropa an der Nordsee- und der holsteinischen Ostseeküste. Selten. ..... ***sericeus*** HOLME, 1837

– Seiten des Pronotums sehr deutlich nach hinten verengt. Augen klein, Schläfen 1,8–1,9-mal so lang wie die Augen. Fühler zierlicher und kürzer, Glieder V und VI so breit wie lang. Dunkelbraun mit rötlich aufgehellten Tergithinterrändern, Beine heller gelbrot. Wesentlich schlanker als *sericeus*, Elytren 0,7–0,8 mm breit. 4,5–6,0 mm (RL: 2,3–2,7 mm). ♂: Aedoeagus wie in Abb. 184g–h. Im westlichen Mittelmeergebiet (ohne Nordafrika) und entlang der Atlantikküste bis England, in die Bretagne und die Niederlande verbreitet; auch von den Azoren und den Kanarischen Inseln gemeldet. Die Populationen östlich von Korsika und Sardinien sind möglicherweise subspezifisch oder sogar spezifisch verschieden. Selten bis sehr selten. .... ***pruinosus*** (ERICHSON, 1840)

Subtribus Quediina KRAATZ, 1857

Körper gestreckt (Abb. 25c-26a), Kopf mit deutlicher Schläfenrandung, diese gewöhnlich vom Hals bis zur Mandibelbasis oder zumindest bis zur halben Länge des Kopfes reichend (Abb. 157h: „S“). Oberfläche des Pronotums glatt und mit 2–4 reihig angeordneten Dorsalpunkten; Hypomeron des Pronotums deutlich bis stark umgeschlagen und in lateraler Ansicht des Pronotums nicht sichtbar (Abb. 157h). Empodialborsten vorhanden. Käfer von variablem Habitus, meist mittelgroß bis groß und gewöhnlich einfarbig braun bis schwarz. An der dem Medianlobus zugewandten Seite der Paramere befinden sich in der Regel modifizierte, kurz stiftförmige sensorische Borsten, die im Folgenden als Stiftborsten (englisch: *peg setae*) bezeichnet werden und in Aufsicht als schwarze Punkte erkennbar sind.

Mit weltweit fast 50 Gattungen und mehr als 1200 beschriebenen Arten sind die Quediina eine der größten Subtribus der Staphylinini. Nach heutigem Kenntnisstand ist die Subtribus polyphyletisch; zahlreiche außerhalb der Holarktis verbreitete Arten gehören nicht hierher (SOLODOVNIKOV & NEWTON 2005; SOLODOVNIKOV 2005, 2006; SOLODOVNIKOV & SCHOMANN 2009). Auch die in Mitteleuropa vorkommende Gattung *Heterothops* wurde aus der Subtribus entfernt und in die Subtribus Amblyopinina gestellt (CHATZIMANOLIS et al. 2010). Die Quediina bilden eine primär holarktische Gruppe biologisch sehr diverser Staphyliniden, die größtenteils auf die Wälder der nördlichen gemäßigten Zonen beschränkt sind. Soweit bekannt, leben sowohl die Larven als auch die Imagines der Quediina räuberisch. Die meisten Arten sind Bewohner der Bodenstreu und anderer organischer Substrate. In Mitteleuropa kommen 4 Gattungen und 75 Arten der Quediina vor.

1 Fühler gekniet, erstes Fühlerglied sehr lang, etwa so lang wie die 4 folgenden Glieder zusammen. Hals schmal, etwa ⅓ so breit wie der Kopf. Körper glänzend schwarz, mit dicht punktierten Schläfen und eher konischem Abdomen (Abb. 25c). .... ***Acylophorus*** NORDMANN, 1837; S. 452

– Fühler nicht gekniet, erstes Fühlerglied höchstens so lang wie die 2 folgenden zusammen. Hals breiter, mehr als halb so breit wie der Kopf. Habitus variabel. **2**

2 Protarsen einfach, in beiden Geschlechtern nicht erweitert, die Unterseite ohne dichten Besatz mit hellen Haftborsten. Endglied der Maxillarpalpen schmal, spindelförmig und spitz zulaufend. Endglied der Labialpalpen verbreitert, mit breit schräg abgestutzter Spitze (Abb. 160h). Erstes Fühlerglied so lang wie die beiden folgenden zusammen. Körper schwarz. Habitus wie in Abb. 25e. .... ***Euryporus*** ERICHSON, 1839; S. 454

– Protarsen bei beiden Geschlechtern mehr oder weniger erweitert, die Unterseite dicht mit hellen Haftborsten besetzt. Die Endglieder der Maxillar- und Labialpalpen einander ähnlich, mehr oder weniger spindelförmig (Abb. 160c–d) oder (seltener) mit breit abgestutzter Spitze (Abb. 160i–j). Erstes Fühlerglied kürzer als die beiden folgenden zusammen. Färbung des Körpers variabel. **3**

3 Endglied der Maxillar- und Labialpalpen mehr oder weniger spindelförmig (Abb. 160c–d). Mandibeln jeweils mit einem Zahn (manchmal zweispitzig) am Innenrand nahe der Basis. Oberfläche des Pronotums beiderseits der Mittellinie mit einer Reihe von 2–4 deutlichen Dorsalpunkten, diese erstrecken sich mindestens über das vordere Drittel des Pronotums. Habitus

(Abb. 25f, 26a) variabel; Elytren jedoch nie gleichzeitig leuchtend rot, unbeborstet (nicht dicht punktiert) und glänzend. .. ***Quedius*** STEPHENS, 1829; S. 454

– Endglied der Maxillar- und Labialpalpen zur Spitze hin erweitert und abgestutzt, nicht spindelförmig (Abb. 160i–j). Mandibeln mit glattem Innenrand, ohne Zahn nahe der Basis. Pronotum glatt, ohne deutliche Dorsalpunkte beiderseits der Mittellinie (unauffällige Dorsalpunkte nur seitlich in der Nähe des Vorderrandes erkennbar). Groß, 10,0–12,0 mm lang; tiefschwarz mit unbeborsteten, sehr spärlich punktierten, roten Elytren und breit rotem Hinterrand des Tergits VII. Habitus: Abb. 25d. .... ***Astrapaeus*** GRAVENHORST, 1802; S. 453

Gattung *Acylophorus* NORDMANN, 1837

Habitus wie in Abb. 25c. Mittelgroß, 6,0–9,0 mm lang, schlank, glänzend schwarz, mit sehr schmalem Hals und stark geknieten Fühlern, dadurch leicht von allen anderen mitteleuropäischen Gattungen der Staphylinini zu unterscheiden. Beide Geschlechter mit nicht erweiterten Protarsen; Sternit VIII auch beim ♂ ohne Ausrandung am Hinterrand. Mandibeln mit sehr scharfer Spitze, jeweils mit einem zweispitzigen Zahn am Innenrand nahe der Basis. Endglied der Maxillarpalpen spindelförmig und stark zugespitzt (Abb. 160e); Endglied der Labialpalpen klein, mit breit abgestutzter Spitze (Abb. 160f). Abdomen zur Spitze stark verengt, eher konisch. Paramere des Aedoeagus apikal mit Stiftborsten.

Acylophorus ist mit etwa 130 Arten fast weltweit verbreitet, der Diversitätsschwerpunkt liegt in den tropischen Regionen Afrikas und Asiens. Aus der Paläarktis sind 17 Arten bekannt, von denen nur 2 in Mitteleuropa vorkommen. Soweit bekannt, leben *Acylophorus*-Arten räuberisch in feuchter Laubstreu, Moos oder Pflanzenabfällen. Imagines und Larven kommen häufig am Rande von Gewässern vor.

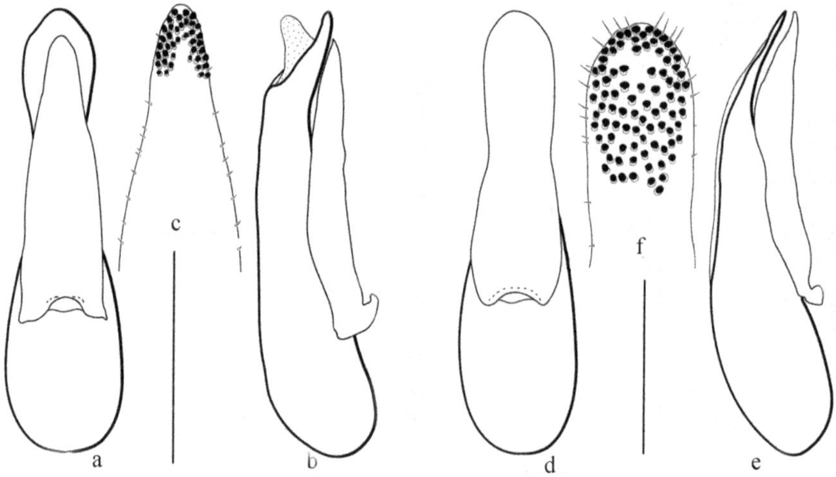

Abb. 185: Aedoeagus ventral (a, d) and lateral (b, e), Rückseite der Paramerenspitze (c, f) von *Acylophorus glaberrimus* (a–c) und *A. wagenschieberi* (d–f). Maßstäbe: 0,5 mm (a–b, d–e), 0,8 mm (c, f).

1 Beine größtenteils schwarz, nur die Basen von Tibien und Tarsen rötlich. Abdomen schwarz, Hinterrand des Segments VII und Basis des Segments VIII oft rötlich. Fühler weniger lang, erstes Fühlerglied deutlich kürzer als die Entfernung von der Fühlerbasis zur Halseinschnürung. 6,0–7,0 mm (RL: 3,0–3,5 mm). Habitus: Abb. 25c. ♂: Aedoeagus (Abb. 185a–c) in Ventralansicht mit konvergierenden Seitenrändern in der apikalen Hälfte der Paramere, Konturen der apikalen Hälfte des Medianlobus unter dem schmaleren Apex der Paramere sichtbar; in Lateralansicht erreicht der Apex der Paramere nicht den Apex des Medianlobus. Holomediterran, von Nordafrika bis nach Mittelasien verbreitet. In Mitteleuropa fast überall, aus Belgien, Luxemburg und Teilen Norddeutschlands aber bisher unbekannt; meist im Flachland, in höher gelegenen und montanen Gebieten teilweise fehlend. Ziemlich selten. In nasser Laubstreu und anderen pflanzlichen Substraten, an Ufern stehender Gewässer, auch im Moos in Sumpfbiotopen. .... ***glaberrimus*** (HERBST, 1784)

– Beine dunkelbraun. Abdomen vollständig schwarz. Fühler länger, erstes Fühlerglied etwa so lang wie die Entfernung von der Fühlerbasis zur Halseinschnürung. 7,0–9,0 mm (RL: 3,5–4,5 mm). Aedoeagus: Abb. 185d–f); Paramere in Ventralansicht mit eher parallel verlaufenden Seitenrändern in der apikalen Hälfte, am Apex breit abgerundet; Konturen der apikalen Hälfte des Medianlobus in Ventralansicht unter dem breiteren Apex der Paramere nicht erkennbar; Apex der Paramere in Lateralansicht den Apex des Medianlobus erreichend. Nord- und Mitteleuropa, nach Osten möglicherweise bis Nordasien verbreitet. In Mitteleuropa fast überall, aber aus Luxemburg und der Slowakei unbekannt. Selten; nach Süden und Osten seltener werdend. Lebensweise ähnlich wie bei *A. glaberrimus,* zumindest in der Tiefebene vorwiegend in Torfmooren. .... ***wagenschieberi*** KIESENWETTER, 1850

Gattung *Astrapaeus* GRAVENHORST, 1802

Habitus wie in Abb. 25d. Groß, robust; glänzend schwarz mit unbeborsteten roten Elytren, rotem Hinterrand des Abdominalsegments VII, rötlichen Maxillar- und Labialpalpen, Fühlerbasen und -spitzen, sowie manchmal rötlichen Tarsen. Mandibeln kräftig, am Innenrand ohne Zähne. Die Endglieder von Maxillar- (Abb. 160i) und Labialpalpen (Abb. 160j) zur Spitze hin erweitert und breit abgestutzt, beilförmig. Augen groß und flach. Pronotum unbeborstet und nur an den Rändern mit unauffälligen Punkten. Protarsen in beiden Geschlechtern erweitert; Hinterrand des Sternits VIII beim ♂ leicht ausgerandet. Aedoeagus symmetrisch mit länglichem Medianlobus und länglicher Paramere; Paramere ohne Stiftborsten. Monotypische Gattung, die von anderen mitteleuropäischen Quediina anhand des Habitus, der schwarzroten Färbung, der beilförmigen Maxillar- und Labialpalpen sowie der ungezähnten Mandibeln leicht zu unterscheiden ist.

10,0–15,0 mm (RL: 6,0–7,5 mm). Schwarz; Elytren und Hinterrand des Abdominalsegments VII rot; Maxillar- und Labialpalpen rötlich, Fühlerbasen und -spitzen sowie manchmal die Tarsen rötlich. Über den südlichen Teil Europas von Spanien bis nach Kleinasien verbreitet. In Mitteleuropa nur aus dem Westen und Süden bekannt (Belgien, Schweiz,

Österreich, Tschechische Republik, Slowakei). Recht selten. Meist unter Steinen und in der Bodenstreu an wärmebegünstigten Orten (Grasbiotope, Agrarland) gefunden. .... ***ulmi*** (ROSSI, 1790)

Gattung *Euryporus* ERICHSON, 1839

Habitus wie in Abb. 25e. Mittelgroß, glänzend; mit relativ kleinem Kopf, breitem, kräftigem Körper und eher parallelem Abdomen. Mandibeln zum Apex dünn und scharf zugespitzt, jeweils mit einem spitzen Zahn am Innenrand nahe der Basis. Endglied der Maxillarpalpen schmal spindelförmig, zugespitzt und pubeszent (Abb. 160g), Endglied der Labialpalpen breit schräg abgestutzt und pubeszent (Abb. 160h); Fühlerglied I etwas verlängert, so lang wie die beiden folgenden Glieder zusammen. Beide Geschlechter mit nicht erweiterten Protarsen. ♂: Sternit VIII am Hinterrand nicht ausgeschnitten; Paramere des Aedoeagus mit Stiftborsten.

Euryporus ist mit 3 Arten in der Westpaläarktis verbreitet. In Mitteleuropa kommt nur eine Art vor, die von anderen Quediina durch den Bau der Maxillar- und Labialpalpen, die schmalen Protarsen und den Habitus leicht zu unterscheiden ist.

9,0–12,0 mm (RL: 4,5–6,5 mm). Schwarz und glänzend, Fühlerbasen, Mundteile und oft auch die Tarsen rötlich bis hellbraun. Elytren und Abdomen grob punktiert; Abdomen mit Metallglanz. Von Großbritannien bis in die ukrainischen Karpaten und nach Skandinavien verbreitet; Verbreitungsgrenze im Osten unklar. In Mitteleuropa überall zu finden, im Norden in der Ebene, im Süden eher montan bis subalpin. Selten gefunden. Reproduktionshabitat unbekannt, vermutlich unterirdisch; Zufallsfunde in feuchter Bodenstreu, in feuchtem Moos und mit Bodenfallen. .... ***picipes*** (PAYKULL, 1800)

Gattung *Quedius* STEPHENS, 1829

Körper mittelgroß bis groß (Abb. 25f, 26a, 187a–e); meist glänzend und von bräunlicher bis schwarzer Färbung. Die Schläfenrandung erstreckt sich meist vom Hals bis zur Mandibelbasis (Abb. 157h: „S"), selten nur bis zur Kopfmitte. Erstes Fühlerglied nicht verlängert, Mandibeln kräftig, nahe der Basis mit einem Zahn. Endglieder der Maxillar- und Labialpalpen mehr oder weniger spindelförmig und mehr oder weniger zugespitzt, nicht dicht pubeszent (Abb. 160c–d). Protarsen in beiden Geschlechtern erweitert und mit hellen Haftborsten auf der Unterseite. ♂ mit mehr oder weniger tief ausgeschnittenem Hinterrand des Sternits VIII. Paramere meist mit Stiftborsten; Aedoeagus auf der Ventralseite des Medianlobus (der Paramerenseite) meist subapikal gezähnt (Subapikalzahn) (Abb. 187e–f: „S"). Einige *Quedius*-Arten werden manchmal mit Arten der Gattung *Philonthus* verwechselt; *Philonthus*-Arten haben jedoch weder eine Schläfenrandung noch Empodialborsten, ihr Hypomeron ist in der Regel von der Seite her gut sichtbar und ihr Pronotum besitzt oft mehr als 4 reihig angeordnete Dorsalpunkte. Kleinere *Quedius*-Arten können mit *Heterothops* verwechselt werden, die jedoch sehr schlanke Endglieder an Maxillar- und Labialpalpen sowie einen vollkommen anders gebildeten Aedoeagus besitzen.

Quedius ist eine primär holarktische, artenreiche Gattung; einige Artengruppen strahlen in die Orientalis und die Neotropis ein. Die Abgrenzung der Gattung ist in vielen Fällen noch revisionsbedürftig. *Velleius* LEACH, 1819, bisher eigenständige

Gattung, ist nach phylogenetischen Untersuchungen synonym zu *Microsaurus* DEJEAN, 1833 (Untergattung von *Quedius*). Andererseits gehören einige Taxa, etwa *Quedionuchus* SHARP, 1884, die derzeit noch zu *Quedius* gerechnet werden, sehr wahrscheinlich in eigenständige Gattungen.

Die Larven und Imagines aller *Quedius*-Arten ernähren sich vermutlich räuberisch von kleinen Invertebraten und leben in der Bodenstreu von Wäldern und unbewaldeten Biotopen. Einige Arten der Untergattung *Microsaurus* sind spezialisierte Bewohner von Säugerbauen sowie von Vogel-, Ameisen- und Wespennestern. Die Imagines von *Microsaurus* werden gelegentlich auf Blüten gefunden.

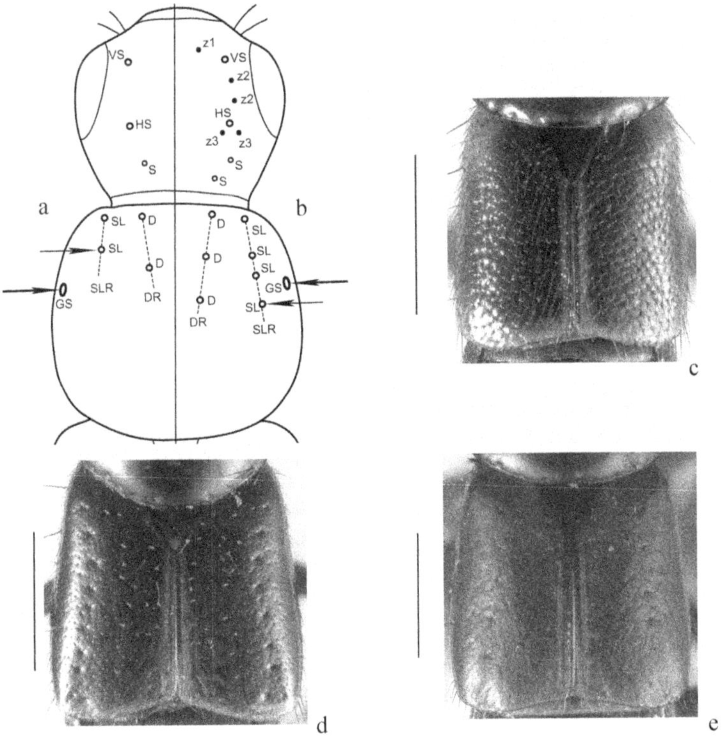

Abb. 186: Chaetotaxie von Kopf und Pronotum (a–b), Elytren dorsal (c–e) von *Quedius* spp. (a–b), *Q. suturalis* (c), *Q. cinctus* (d) und *Q. plagiatus* (e). D – Dorsalpunkte, DR – Dorsalreihen, GS – großer Seitenrandpunkt, HS – hinterer Stirnpunkt, S – Scheitelpunkte, SL – Sublateralpunkte, SLR – sublaterale Punktreihe (Sublateralgruppe), VS – vordere Stirnpunkte, z1–3 – zusätzliche Punkte. Alle Maßstäbe: 1 mm.

Die für die Determination der Arten wichtige Punktur und Beborstung von Kopf und Pronotum ist in Abb. 186a–b schematisch dargestellt. Diese Beborstung ist für viele Arten charakteristisch, es muss aber mit dem Fehlen einzelner Borsten oder dem Auftreten zusätzlicher Borsten gerechnet werden. Die Artbestimmung ist in einigen Artengruppen schwierig und erfordert dann die sorgfältige Untersuchung des Aedoeagus, einzelne ♀♀ sind manchmal nicht sicher zuzuordnen. Aedoeagi können in Form von aufgehellten Dauerpräparaten oder auch trocken, eventuell mit abgelösten Parameren präpariert werden. Bei Arten der Untergattung *Quedius* sind die sklerotisierten Innenstrukturen des Medianlobus als Bestimmungsmerkmal geeignet; allgemein werden zur Unterscheidung von *Quedius*-Arten aber meist die Form der Spitze des Medianlobus sowie die Form und Beborstung der Parameren herangezogen.

1 Elytren sehr dicht punktiert und beborstet; Punktabstände kleiner, höchstens wenig größer als der Punktdurchmesser (Abb. 186c). **2**

– Elytren auffällig spärlich punktiert, unbeborstet; Punktabstände deutlich größer als der Punktdurchmesser (Abb. 186d–e). **4**

2 Vorderrand des Labrums ganzrandig, gerundet, nicht zweilappig oder ausgerandet. Abdomen mehr oder weniger parallel (Abb. 187a). Körperlänge nicht unter 9,0 mm. .... Untergattung ***Quedius*** STEPHENS, 1829; S. 457

– Labrum zweilappig oder mit ausgeschnittenem Vorderrand, nie ganzrandig. Abdomen mehr oder weniger zur Spitze verschmälert, nie parallel (Abb. 187b–d). Körperlänge variabel. **3**

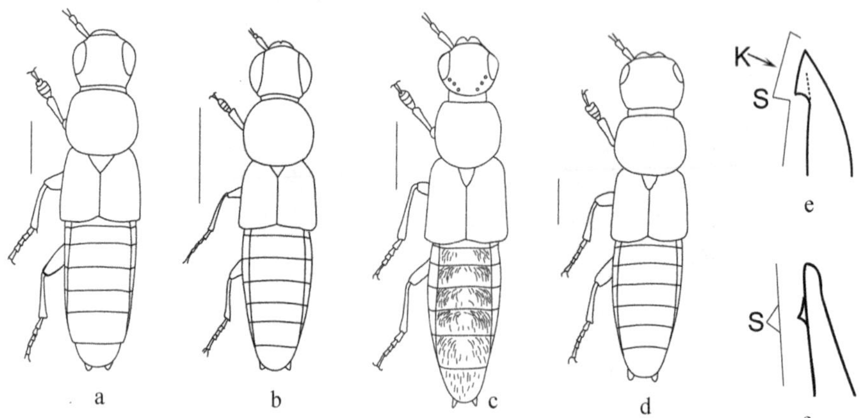

Abb. 187: Habitus (a–d) und Apikalteil des Aedoeagus lateral in schematischer Darstellung (e–f) von *Quedius* (s. str.) *fuliginosus* (a), *Q.* (*Raphirus*) *boops* (b), *Q.* (*Raphirus*) *riparius/plancus* (c), *Q.* (*Microsaurus*) *brevicornis* (d), *Q.* spp. (e–f). K – Kiel; S – Subapikalzahn. Maßstäbe: 1 mm (a-d).

3 Kopf mit einem Scheitelpunkt auf jeder Seite (Abb. 186a: „S"). Falls ausnahmsweise 2 Scheitelpunkte vorhanden sind (Abb. 186b: „S"), besitzt die Stirn ein Paar zusätzlicher Punkte zwischen den vorderen Stirnpunkten (Abb. 186b: „z1") oder der Scheitelpunkt bildet zusammen mit dem hinteren Stirnpunkt eine deutlich schräge Linie hinter dem Auge (*riparius*, Abb. 187c). Tergite an den Seiten einförmig pubeszent oder manchmal mit Flecken dichterer und längerer goldgelber Pubeszenz. Schläfen höchstens so lang wie die Augen, meist deutlich kürzer (Abb. 187b–c). .... Untergattung ***Raphirus*** STEPHENS, 1829; S. 470

– Kopf mit 2 Scheitelpunkten auf jeder Seite (Abb. 186b: „S"), die zusammen mit dem hinteren Stirnpunkt (Abb. 186b: „HS") keine deutliche schräge Linie hinter dem Auge bilden, Stirn ohne zusätzliche Punkte (Abb. 186a). Tergite immer mit gleichförmiger Pubeszenz, nie mit Flecken dichterer und längerer goldgelblicher Pubeszenz an den Seiten. Schläfen mindestens etwa so lang wie die Augen, meist deutlich länger (Abb. 25f, 26a, 187d). .... Untergattung ***Microsaurus*** DEJEAN, 1833; S. 461

4 Oberfläche der Elytren glatt, glänzend, ohne lederartige Mikroskulptur (Abb. 186d). Die Schläfenrandung erstreckt sich vom Hals bis zur Mandibelbasis (Abb. 157h: „S"). Hypomeron des Pronotums stark nach innen umgeschlagen, in Seitenansicht nicht sichtbar (Abb. 157h). .... Untergattung ***Distichalius*** CASEY, 1915; S. 468

– Oberfläche der Elytren mit deutlicher lederartiger Mikroskulptur, daher etwas matt (Abb. 186e). Die Schläfenrandung erstreckt sich vom Hals nur bis zur halben Länge des Kopfes. Hypomeron des Pronotums nicht so stark nach innen umgeschlagen, in Seitenansicht teilweise sichtbar. .... Untergattung ***Quedionuchus*** SHARP, 1884; S. 470

Untergattung *Quedius* STEPHENS, 1829

1 Scutellum unpunktiert und ohne Pubeszenz. Stirn gewöhnlich mit zusätzlichen Punkten zwischen den vorderen Stirnpunkten (Abb. 186b: „z1"). **2**

– Scutellum punktiert und pubeszent. Stirn gewöhnlich ohne zusätzliche Punkte zwischen den vorderen Stirnpunkten, nur bei einer Art (*levicollis*) mit zusätzlichen Punkten. **3**

2 ♂: seitliche Konturen des Medianlobus im Apikalbereich unter der Paramere nicht sichtbar (Abb. 188a); Apex des Medianlobus in Lateralansicht breiter; apikaler Teil der Paramere deutlich breiter als ihr konkaver Mittelteil und relativ breiter, die Reihen von Stiftborsten deutlich weiter zur Mitte gelagert (Abb. 188c). Elytren meist schwarz, selten teilweise oder ganz rötlich gefärbt. Gelegentlich können die zusätzlichen Punkte zwischen den vorderen Stirnpunkten fehlen. 10,0–15,0 mm (RL: 5,5–6,5 mm). Von Nordafrika über fast ganz Europa bis nach Kleinasien und Westsibirien verbreitet. In Mitteleuropa überall häufig. Vor allem in der Bodenstreu von Wäldern, seltener in offenen Lebensräumen. .... ***fuliginosus*** (GRAVENHORST, 1802)

– ♂: seitliche Konturen des Medianlobus im Apikalbereich unter der Paramere sichtbar (Abb. 188d); Apex des Medianlobus in Lateralansicht sehr schmal; apikaler Teil der Paramere allmählich zum Apex verschmälert, ihr Mittelteil nicht konkav und nicht schmaler als der Apikalbereich, die Stiftborstenreihen näher am Seitenrand der Paramere gelegen (Abb. 188f). Elytren schwarz. 10,0–15,0 mm (RL: 5,5–6,5 mm). Von Nordafrika über weite Teile Europas bis nach Klein- und Mittelasien verbreitet. In Mitteleuropa überall häufig. Vor allem in offenen Biotopen. .... ***curtipennis*** BERNHAUER, 1908

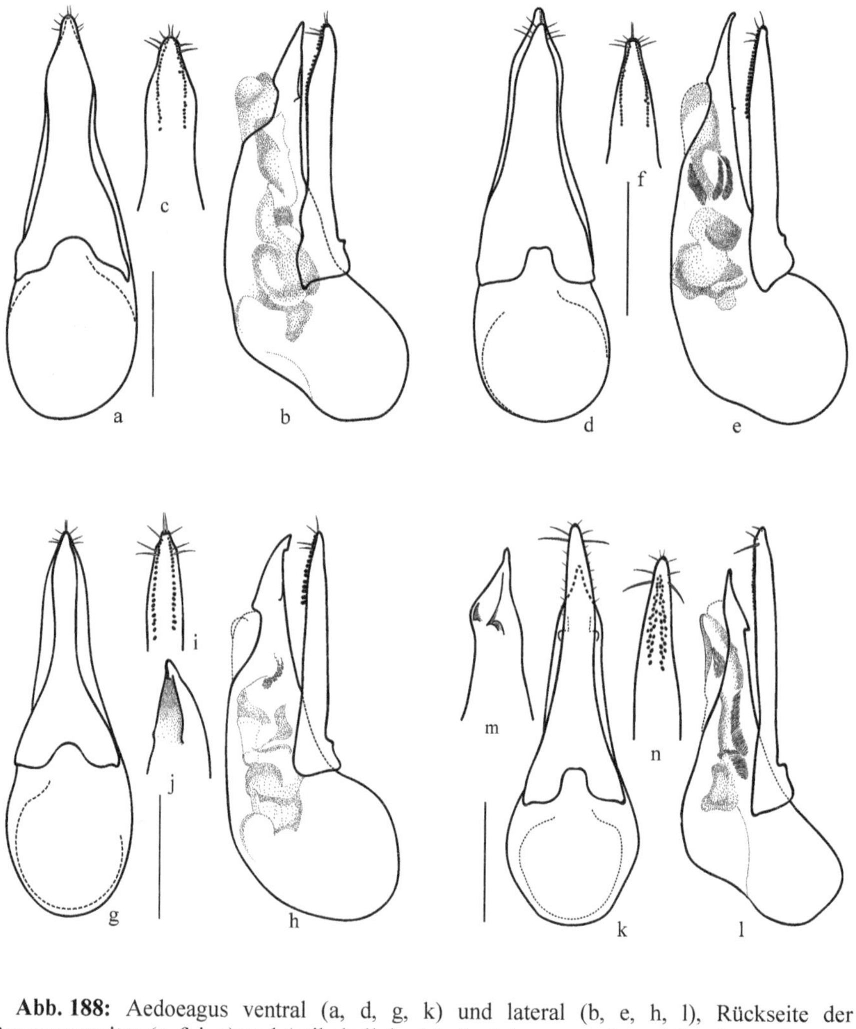

Abb. 188: Aedoeagus ventral (a, d, g, k) und lateral (b, e, h, l), Rückseite der Paramerenspitze (c, f, i, n) und Apikalteil des Medianlobus ventrolateral (j, m) von *Quedius fuliginosus* (a–c), *Q. curtipennis* (d–f), *Q. levicollis* (g–j) und *Q. simplicifrons* (k–n). Maßstäbe: 1 mm (a–b, d–e, g–h, k–l), 0,8 mm (c, f, i–j, m–n).

3 Stirn mit zusätzlichen Punkten zwischen den vorderen Stirnpunkten. ♂: Spitze des Medianlobus ventral mit einem Paar kleiner subapikaler Zähnchen und kurzem apikalem Mittelkiel (Abb. 188j). 10,0–16,0 mm (RL: 6,0–7,0 mm). Holomediterran verbreitete Art. In Mitteleuropa überall; im Süden meist häufig, im Norden seltener. Thermophil, höhere Gebirgsregionen meidend; in der Bodenstreu vor allem unbewaldeter Biotope, oft unter Steinen gefunden. .... ***levicollis*** (BRULLÉ, 1832)

– Stirn ohne zusätzliche Punkte zwischen den vorderen Stirnpunkten. ♂: Spitze des Medianlobus ventral mit 2 deutlichen subapikalen Zähnen, ohne apikalen Mittelkiel. 4

4 Hinterster Sublateralpunkt des Pronotums auf beiden Seiten hinter dem großen Seitenrandpunkt gelegen (Abb. 186b: „SL“, „GS“); gelegentlich kann dieser Punkt auf einer oder sogar beiden Pronotumseiten fehlen. 9,5–13,0 mm (RL: 5,5–6,5 mm). Elytrenfärbung variabel, einfarbig schwarzbraun bis teilweise oder völlig rotbraun. ♂: Aedoeagus (Abb. 188k–n) mit schlanker, apikal leicht asymmetrischer Paramere; Stiftborstenreihen stark genähert, nahezu ineinander übergehend (Abb. 188n). Westeuropäische Art, die vom Nordatlantik bis zum Mittelmeer sowie auf den Kanaren und Madeira verbreitet ist. In Mitteleuropa von der Nordseeküste von Belgien bis nach Dänemark bekannt; selten. Meist in Anspülicht und auf Salzwiesen. Meldungen aus dem Binnenland sind zu überprüfen. .... ***simplicifrons*** FAIRMAIRE, 1862

– Sublateralpunkte des Pronotums auf beiden Seiten vor dem großen Seitenrandpunkt gelegen (Abb. 186a: „SL“, „GS“). ♂: Aedoeagus anders geformt. 5

5 Stirn isodiametrisch mikroskulptiert, nicht querwellig. Schwarze Art mit mehr oder weniger deutlich helleren Beinen und Fühlern. 9,5–10,5 mm (RL: 5,5–6,0 mm). ♂: Medianlobus des Aedoeagus (Abb. 189a–c) subapikal mit engstehenden Zähnen besetzt. Von den Pyrenäen über die Alpen und die vorgelagerten Mittelgebirge bis zu den ukrainischen Karpaten verbreitet. In Mitteleuropa nördlich bis ins Weserbergland, den Harz, das Erzgebirge und die Sudeten verbreitet. Selten. In der Bodenstreu und unter Steinen. Wird in Skandinavien durch die Schwesterart *subunicolor* KORGE, 1961 vertreten, mit der sie früher konfundiert wurde. .... ***unicolor*** KIESENWETTER, 1847

– Stirn querwellig mikroskulptiert. ♂: Aedoeagus anders geformt. Die folgenden Arten können nur durch die sorgfältige Untersuchung des Aedoeagus und seiner inneren Sklerite zuverlässig voneinander unterschieden werden. 6

6 ♂: Medianlobus mit weniger langem, keilförmig zugespitztem Apikalbereich und deutlicheren Subapikalzähnen (Abb. 189g); Innensack mit dickerem, weniger deutlich C-förmig gebogenem Hauptsklerit (Abb. 189e: „H“); Paramere im Mittelteil verhältnismäßig breiter, Stiftborstenreihen in der gesamten apikalen Hälfte nicht deutlich voneinander getrennt (Abb. 189f). Fühler gewöhnlich dunkel, nur an der Basis heller. 9,0–12,0 mm (RL: 5,5–6,0 mm). In Europa weit verbreitet: Britische Inseln, südliches Nordeuropa, Mittel- und Osteuropa. In Mitteleuropa weit verbreitet, bisher aus Belgien, Luxemburg und Polen nicht nachgewiesen. Selten. In feuchter Bodenstreu an Meeresküsten und im Binnenland, zumindest halotolerant. .... ***balticus*** KORGE, 1960

– ♂: Medianlobus mit länger keilförmig zugespitztem Apikalbereich und kleineren Subapikalzähnen (Abb. 189k, o); Innensack mit deutlich C-förmig gebogenem, schlankerem Hauptsklerit (Abb. 189i, m: „H"); Paramere verhältnismäßig schlanker, mit nur an der Spitze ineinander übergehenden Stiftborstenreihen (Abb. 189j, n). Arten mit meist hellen Fühlern. 7

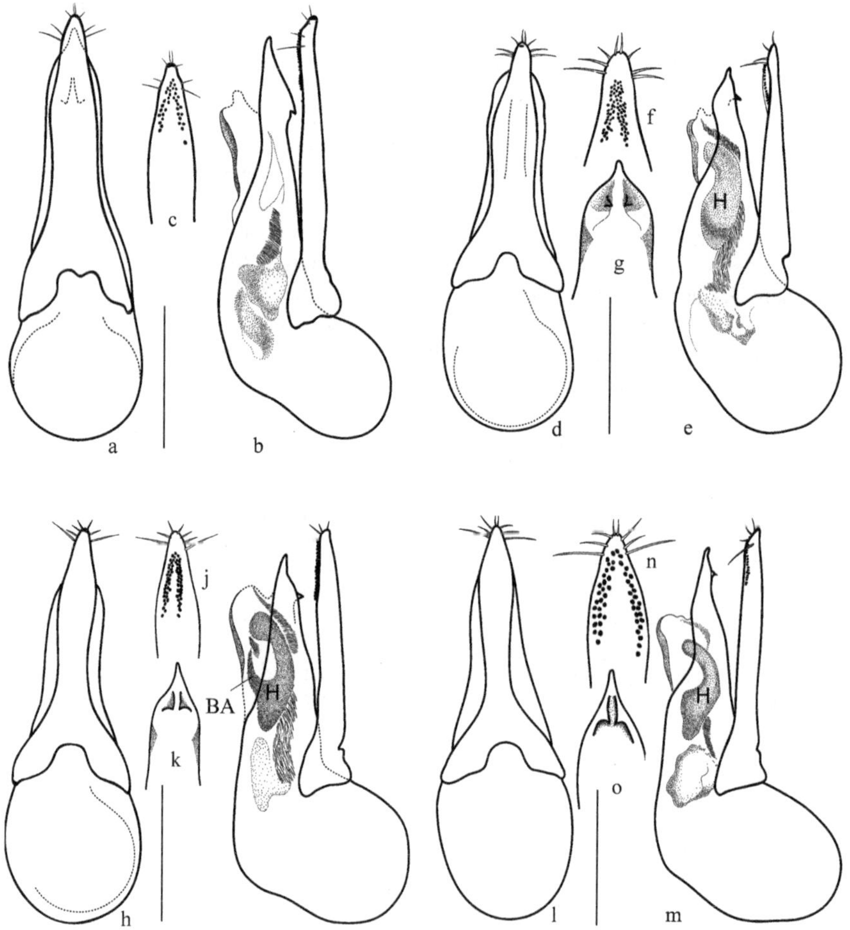

Abb. 189: Aedoeagus ventral (a, d, h, l) und lateral (b, e, i, m), Rückseite der Paramerenspitze (c, f, j, n) und Spitze des Medianlobus ventral (g, k, o) von *Quedius unicolor* (a–c), *Q. balticus* (d–g), *Q. molochinus* (h–k) and *Q. meridiocarpathicus* (l–o). Maßstäbe: 1 mm (a–b, d–e, h–i, l–m), 0,8 mm (c, f, j–k, n–o). BA – Basalanhang des Hauptsklerits, H – Hauptskerit.

7 ♂: Aedoeagus: C-förmiges Hauptsklerit des Innensacks mit dornartigem Basalanhang (Abb. 189i: „BA"); Apex der Paramere verhältnismäßig schmaler, die Stiftborstenreihen näher beieinander liegend (Abb. 189j). Elytren meist rot, manchmal braun bis schwarz; Basale Fühlerglieder gewöhnlich hell, selten dunkel. 9,5–13,0 mm (RL: 5,5–6,0 mm). Von Nordafrika über große Teile Europas bis nach Westsibirien, in den Kaukasus und nach Zypern verbreitet, adventiv auch in Nordamerika. Nachweise aus dem Mittelmeergebiet bedürfen aufgrund häufiger Verwechslungen mit *meridiocarpathicus* der Überprüfung. In Mitteleuropa überall häufig. In der Bodenstreu von Wäldern und unbewaldeten Biotopen. .... ***molochinus*** (GRAVENHORST, 1806)

– ♂: Aedoeagus: C-förmiges Hauptsklerit des Innensacks ohne dornartigen Basalanhang (Abb. 189m: „H"); Apex der Paramere verhältnismäßig breiter, die Stiftborstenreihen breiter getrennt (Abb. 189n). Elytren meist rot bis braun. 10,0–13,0 mm (RL: 5,5–6,5 mm). In Südost- und Osteuropa, im Kaukasus und in Teilen Vorderasiens verbreitet; das Gesamtverbreitungsgebiet ist jedoch durch häufige Verwechslung mit *molochinus* noch unklar. In Mitteleuropa nur aus Österreich und der Slowakei nachgewiesen. Nicht häufig. Lebensweise wie bei *molochinus*.. .... ***meridiocarpathicus*** SMETANA, 1958

Untergattung *Microsaurus* DEJEAN, 1833

1 Scutellum unpunktiert und ohne Pubeszenz. **2**

– Scutellum punktiert und pubeszent. Entweder kleine (4,5–6,5 mm), bräunlich gefärbte Arten, oder große bis sehr große Arten (10,0–24,0 mm), bei denen zumindest Kopf, Pronotum und Elytren dunkelbraun oder schwarz gefärbt sind. **18**

2 Mikroskulptur von Kopf und Pronotum sehr deutlich, aus isodiametrischen Maschen bestehend, niemals wellig oder mit Mikropunktur. Kopf und Pronotum matt. Kopf dunkelbraun, Pronotum rotbraun bis braun mit helleren Rändern; Elytren, Beine, Fühler, Palpen und Hinterränder der Tergite rot- bis hellbraun; Seiten- und Hinterrand der Elytren selten angedunkelt. ♂: Aedoeagus: Abb. 190a–c. 9,0–10,0 mm (RL: 4,5–5,0 mm). Von Südwest- und Westeuropa bis in die Ukraine und nach Finnland verbreitet, auch aus dem Kaukasus gemeldet. In Mitteleuropa überall. Nicht häufig. In den Nestern von Kleinsäugern, vor allem beim Maulwurf. .... ***longicornis*** KRAATZ, 1857

– Mikroskulptur von Kopf und Pronotum überwiegend querwellig und häufig mit Mikropunktur, Mikroskulptur nie isodiametrisch. Kopf und Pronotum mehr oder weniger glänzend. **3**

3 Pronotum beiderseits der Mitte mit 4 Dorsalpunkten und mit 4 in einer Längsreihe angeordneten Punkten in der Sublateralgruppe. Kopf mindestens auf einer Seite zwischen vorderem und hinterem Stirnpunkt mit zusätzlichem Punkt am Augeninnenrand. ♂: Apex des Medianlobus breit gerundet (Abb. 190d), ventral mit einem Paar subapikaler Zähne; Paramere löffelförmig und mit etwa 6–8 Stiftborsten entlang des apikalen Randes (Abb. 190f). Körper rötlich braun bis schwärzlich; Pronotum sowie besonders die Elytren und die Hinterränder der Tergite oft heller als der Rest

des Körpers. 7,0–8,0 mm (RL: 3,8–4,5 mm). Nordpaläarktisch verbreitet, in Mitteleuropa nur aus dem Nordosten Polens bekannt. Selten. Vor allem in Nadelwäldern in Moos und Bodenstreu, auch in alten Mäusenestern. .... ***tenellus*** (GRAVENHORST, 1806)

– Pronotum beiderseits der Mitte mit 2 oder 3, nur ausnahmsweise mit 4 Dorsalpunkten (beide Reihen überprüfen, da gelegentlich der letzte Punkt einer Reihe klein oder nicht vorhanden sein kann). **4**

4 Dorsalreihen des Pronotums mit 2 Punkten. Tastborsten von Kopf, Pronotum und Elytren außerordentlich lang. Pronotum auffallend quer. Augen klein, Schläfen nach hinten vor den breit gerundeten Hinterwinkeln des Kopfes verbreitert. Dunkelbraun bis braun; Elytren und Hinterränder der Tergite oft aufgehellt. ♂: Aedoeagus: Abb. 190g–i. 6,0–7,0 mm (RL: 3,8–4,3 mm). Von Westeuropa und Nordafrika bis nach Skandinavien, Russland und Kleinasien verbreitet, östliche Verbreitungsgrenze noch unklar. In Mitteleuropa überall. Nicht häufig. Myrmecophil bei hügelbauenden *Formica*-Arten, gelegentlich auch bei *Lasius* (*Dendrolasius*). .... ***brevis*** ERICHSON, 1840

– Dorsalreihen des Pronotums mit 3 Punkten, nur selten fehlt ein Borstenpunkt. **5**

5 Schläfenrandung nur an der Basis gut entwickelt, die Mandibelbasis nicht erreichend. ♂: Aedoeagus deutlich asymmetrisch (Abb. 190j–l). Körper hellbraun; Elytren gelblich mit angedunkelten Hinterwinkeln, manchmal auch dunkler Naht. 6,5–8,0 mm (RL: 4,0–4,5 mm). Von Westeuropa bis nach Skandinavien und in die Ukraine verbreitet, auch aus dem Kaukasus gemeldet, nicht im eigentlichen Mediterrangebiet. In Mitteleuropa überall. Recht selten. Häufig in bzw. an Totholz gefunden. .... ***scitus*** (GRAVENHORST, 1806)

– Schläfenrandung (am besten von unten seitlich zu sehen) auf ganzer Länge gut entwickelt, vom Hals bis zur Mandibelbasis reichend. ♂: Aedoeagus (fast) symmetrisch. **6**

6 Alle Punkte der Sublateralgruppe auf beiden Seiten des Pronotums vor oder (selten) auf gleicher Höhe mit dem großen Seitenrandpunkt gelegen (Abb. 186a: „SL“, „GS“). **7**

– Zumindest der hinterste Punkt der Sublateralgruppe auf mindestens einer Seite des Pronotums deutlich hinter dem großen Seitenrandpunkt gelegen (Abb. 186b: „SL“, „GS“). **12**

7 Beine ganz oder zumindest teilweise dunkelbraun bis schwarz. Aedoeagus symmetrisch. **8**

– Beine einfarbig hell, gelblich bis braun, ohne dunklere, dunkelbraune bis schwarze Bereiche. Aedoeagus stark asymmetrisch oder symmetrisch, dann aber die Elytren bräunlich bis rot, deutlich heller als der dunkelbraune Kopf und das Pronotum. **11**

8 ♂: Paramere mit gespaltenem Apex (Abb. 190m, o). Hinterer Stirnpunkt niemals näher am Augenhinterrand als an der Halseinschnürung gelegen, gewöhnlich näher an der Halseinschnürung oder zumindest in der Mitte zwischen beiden. Kopf und Pronotum dunkelbraun bis schwarz; Elytren deutlich heller, gelblich bis rötlich. 9,0–14,0 mm (RL: 5,6–8,5 mm). Von den Britischen Inseln über den mittleren und nördlichen Teil Europas bis nach Russland und in die Ukraine verbreitet, östliche Verbreitungsgrenze

unklar. In Mitteleuropa überall. Selten gefunden. In Totholz, besonders im Mulm hohler Laubbäume. .... ***brevicornis*** THOMSON, 1860

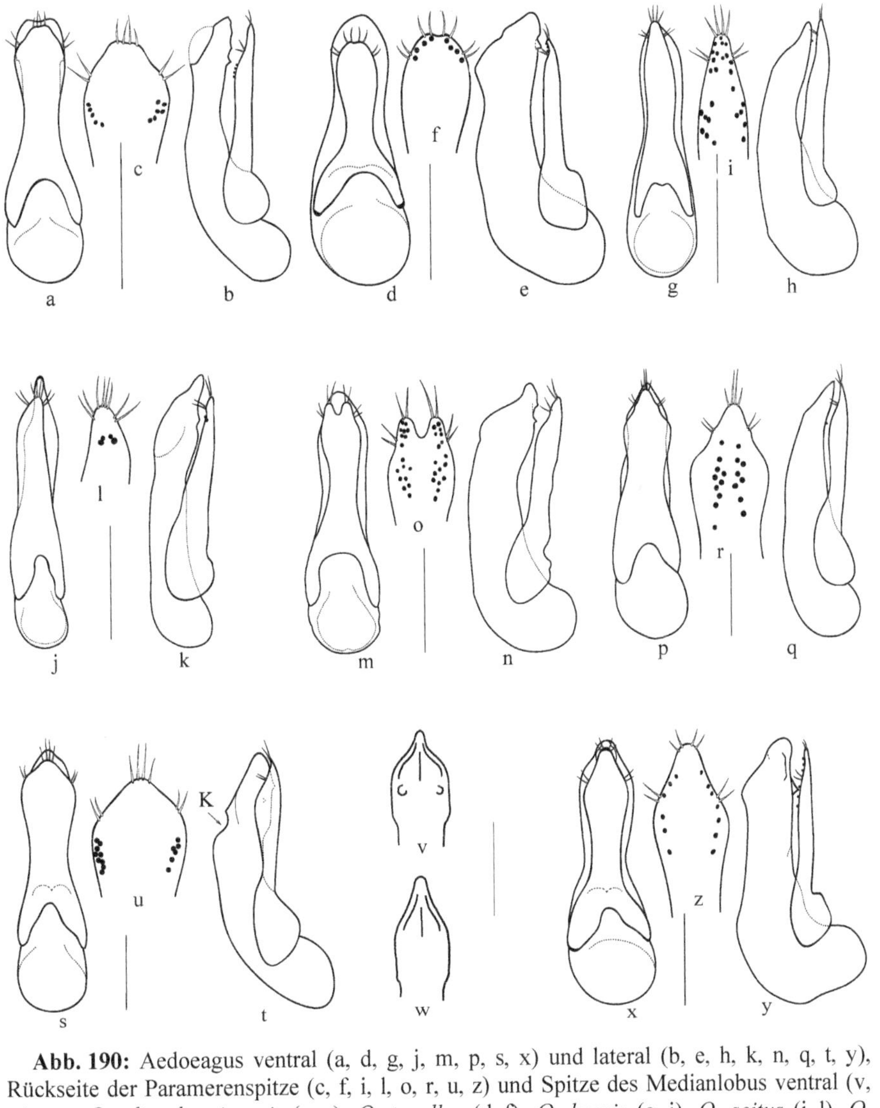

Abb. 190: Aedoeagus ventral (a, d, g, j, m, p, s, x) und lateral (b, e, h, k, n, q, t, y), Rückseite der Paramerenspitze (c, f, i, l, o, r, u, z) und Spitze des Medianlobus ventral (v, w) von *Quedius longicornis* (a–c), *Q. tenellus* (d–f), *Q. brevis* (g–i), *Q. scitus* (j–l), *Q. brevicornis* (m–o), *Q. maurus* (p–r), *Q. mesomelinus mesomelinus* (s–v), *Q. mesomelinus skoraszewskyi* (w) und *Q. vexans* (x–z). Maßstäbe: 0,5 mm (a–b, d–e, g–h, j–k, m–n, p–q, s–t, v–w, x–y), 0,25 mm (c, f, i, l, o, r, u, z).

– ♂: Paramere mit stumpfem, ganzrandigem Apex. Hinterer Stirnpunkt gewöhnlich näher am Augenhinterrand als an der Halseinschnürung gelegen oder gleich weit von beiden entfernt, niemals näher an der Halseinschnürung als am Augenhinterrand. Elytren von gleicher oder sehr ähnlicher dunkelbrauner bis schwarzer Färbung wie Kopf und Pronotum, nur ausnahmsweise heller oder rötlich. **9**

9 ♂: Apex des Medianlobus ziemlich spitz (Abb. 190p); dorsale Seite des Medianlobus ohne Krümmung im Apikalbereich, allmählich zur Spitze verschmälert (Abb. 190q); Stiftborsten in 2 längeren Reihen nahe der Paramerenmitte angeordnet, einander genähert (Abb. 190r). 6,5–9,0 mm (RL: 3,8–4,5 mm). Von Großbritannien über den nördlichen und mittleren Teil Europas bis in den Norden Kleinasiens und in den Kaukasus verbreitet, östliche Verbreitungsgrenze jedoch unklar, nicht im Mittelmeerraum. In Mitteleuropa überall, vom Flachland bis in die subalpine Zone der Gebirge. Ziemlich selten. Oft fliegend nachgewiesen. Meist in Wäldern. .... ***maurus*** (C. R. SAHLBERG, 1830)

– ♂: Apex des Medianlobus stumpfer (Abb. 190s); dorsale Seite des Medianlobus mit abrupter Krümmung im Apikalbereich (Abb. 190t: „K"); Stiftborsten in 2 kürzeren, breiter getrennten und dem Paramerenseitenrand genäherten Reihen angeordnet (Abb. 190u). 7,0–11,0 mm. **10**

10 ♂: Spitze des Medianlobus außer dem Mittelkiel jederseits mit einem nach außen geschwungenen Seitenkiel, diese manchmal noch stärker erhaben als der Mittelkiel und im Gegensatz zum Mittelkiel frei endend; hinter ihrem Ende, etwas nach innen gerückt und jederseits mit einem kräftigen Zähnchen; Apikalteil des Medianlobus vom Mittelkiel bis zu den Seitenkielen nur schwach dachförmig zu den Seiten hin geneigt (Abb. 190v). 10,0–11,5 mm (RL: 5,0–5,5 mm). Habitus: Abb. 26a. Transpaläarktisch, boreomontan verbreitet; offenbar adventiv in Grönland, Nord- und Südamerika sowie in der Australischen Region. In Mitteleuropa im Norden überall, im Süden vor allem in Gebirgsregionen. Häufig. In Wäldern und Offenlandschaften in der Streu und anderen organischen Substraten; oft im Eingangsbereich von Höhlen und in unterirdischen Nestern von Säugetieren. .... ***mesomelinus mesomelinus*** (MARSHAM, 1802)

– ♂: abgesetzter Apikalteil des Medianlobus vom Mittelkiel dachförmig steil zu den Seiten abfallend, ohne Seitenkiele, lediglich mit feiner Randkante; seitliche Zähnchen fehlend (Abb. 190w). 10,0–11,5 mm (RL: 5,0–5,5 mm). Im östlichen und südöstlichen Alpengebiet, auch stellenweise in ostdeutschen Mittelgebirgen. Biologie und Häufigkeit wie bei der Nominatform. .... ***mesomelinus skoraszewskyi*** KORGE, 1961

11 Schläfen deutlich länger als die Augen, unmittelbar hinter den Augen mehr oder weniger parallel, hinten breit gerundet in den Hinterrand übergehend. Elytren hellbraun bis rot, deutlich heller als Kopf und Pronotum. 8,0–11,0 mm (RL: 4,2–5,5 mm). ♂: Aedoeagus (Abb. 190x–z) symmetrisch. Von Frankreich über das mittlere Europa und Südschweden bis in die Ukraine verbreitet, auch aus dem Kaukasus gemeldet. In Mitteleuropa vor allem im Osten (Österreich, Tschechien, Deutschland und Polen). Selten. Meist in Kleinsäugernestern. .... ***vexans*** EPPELSHEIM, 1881

– Schläfen nicht länger als die Augen, unmittelbar hinter den Augen gleichmäßig zum Hals verengt, daher Hinterwinkel des Kopfes undeutlich.

Elytren von gleicher Färbung wie Kopf und Pronotum; ganzer Körper außer Beinen, Fühlern und Palpen bräunlich. 7,0–10,0 mm (RL: 4,5–5,0 mm). ♂: Aedoeagus asymmetrisch, mit langem und stark asymmetrischem Apikalbereich des Medianlobus (Abb. 191a–c). Transpaläarktisch verbreitet, in Südeuropa weithin fehlend. In Mitteleuropa fast überall, aus den Niederlanden bisher unbekannt; im Norden in der Ebene, im Süden besonders montan bis subalpin. Nicht selten. Überwiegend in Wäldern. .... ***xanthopus*** ERICHSON, 1839

12 Kopf zwischen den vorderen und hinteren Stirnpunkten mit einem zusätzlichen Punkt am Augeninnenrand (Abb. 186b: „z2"). Schläfen mindestens 2,5-mal so lang wie die Augen. Pronotum deutlich breiter als lang. 9,0–11,0 mm (RL: 5,0–6,0 mm). ♂: Apex des Medianlobus deutlich über den Apex der Paramere hinausragend (Abb. 191d–e). Nur wenige Einzelstücke aus der Tschechischen Republik, Österreich und Bosnien-Herzegowina bekannt. Sehr selten, keine neueren Funde. Wahrscheinlich in den Nestern unterirdisch lebender Kleinsäuger. ***heterodoxus*** EPPELSHEIM, 1890

– Kopf zwischen den vorderen und hinteren Stirnpunkten ohne zusätzlichen Punkt am Augeninnenrand (Abb. 186a). Schläfen nicht mehr als doppelt so lang wie die Augen. ♂: Apex der Paramere etwa auf gleicher Höhe wie der Apex des Medianlobus. **13**

13 ♂: Apex des Medianlobus ventral mit 2 mehr oder weniger bezahnten Kielen (am besten sichtbar, wenn die Paramere vom Medianlobus getrennt ist). Elytren schwarz oder braun, nicht heller als der übrige Körper gefärbt, oder rötlich und heller als der übrige schwarzbraune bis schwarze Körper, dann aber sublaterale Punktreihe des Pronotums gewöhnlich mit 4 Punkten... **14**

– ♂: Apex des Medianlobus ventral mit einem Kiel, an dessen Ende mit einem Zahn. Elytren rötlich, deutlich heller als der übrige schwarze oder schwarzbraune Körper gefärbt. Sublaterale Punktreihe des Pronotums gewöhnlich aus 2–3 Punkten bestehend. **17**

14 ♂: Apex der Paramere stumpf, aber immer schmal, Stiftborsten in unregelmäßigen, jedoch immer deutlich längs verlaufenden Gruppen angeordnet (Abb. 191i–j). Körper entweder einförmig braun (einschließlich der Elytren) oder dunkelbraun bis schwarz mit rötlichen Elytren. Körper nie völlig schwarz gefärbt. **15**

– ♂: Apex der Paramere sehr stumpf und breit, Stiftborsten in unregelmäßigen, jedoch immer deutlich quer verlaufenden Gruppen angeordnet (Abb. 191p, s). Körper entweder einförmig schwarz (oder zumindest schwarzbraun) oder schwärzlich mit roten Elytren. Körper nie einförmig braun gefärbt. **16**

15 Nur der jeweils hinterste Borstenpunkt der Sublateralgruppen des Pronotums hinter dem großen Seitenrandpunkt liegend. Abdomenspitze (Hinterrand von Segment VII und das ganze Segment VIII) gelblich braun, deutlich heller als das restliche Abdomen; Körperfärbung variabel, gewöhnlich schwarz mit rötlichen Elytren, oder dunkelbräunlich und Elytren mit helleren Hinterrändern und hellerer Naht; Beine gelblich braun. 8,0–10,0 mm (RL: 4,5–5,5 mm). ♂: Medianlobus mit sehr breitem und stumpfem Apex (Abb. 191g); Paramere mit relativ stumpfem Apex (Abb. 191g, i). Weit verbreitete, mediterrane, bis nach Nordeuropa vorkommende Art; adventiv auch in Nordamerika. In Mitteleuropa überall

häufig. An faulendem organischem Material aller Art (Streu, Kompost, Pilze, Totholz, Nester). .... ***cruentus*** (OLIVIER, 1795)

– Die beiden hintersten Borstenpunkte jeder Sublateralgruppe des Pronotums hinter dem großen Seitenrandpunkt gelegen. Abdomenspitze dunkelbraun bis schwarz, höchstens wenig heller als das restliche Abdomen; Körper dunkelbraun bis schwarz; Elytren gelblich bis rötlich; Beine braun, teilweise bis nahezu vollständig angedunkelt. 8,0–11,0 mm (RL: 5,5–6,0 mm). ♂: Medianlobus stumpf zugespitzt (Abb. 191j); Paramere mit annähernd rhomboid geformtem Apex (Abb. 191j, l). Expansiv holomediterrane Art, bis nach Mittelasien und in den westlichen Himalaja verbreitet. In Mitteleuropa fast überall, nicht in Dänemark. Nicht selten. Meist in Laubstreu und anderen Pflanzenabfällen am Boden sowie in Nestern; häufig in Bodenfallen gefangen. .... ***ochripennis*** (MÉNÉTRIÉS, 1832)

16 Elytren gelblich bis rot, ohne Metallglanz, deutlich mit dem restlichen, dunkelbraunen bis schwarzen Körper kontrastierend; Elytren nur ausnahmsweise schwarz. ♂: Apex der Paramere in Seitenansicht den Apex des Medianlobus nicht überragend (Abb. 191o); Stiftborsten der Paramere mehr oder weniger unregelmäßig, nicht deutlich reihig angeordnet (Abb. 191p); Medianlobus in Ventralansicht mit weniger stumpfem Apex (Abb. 191n). 7,0–11,0 mm (RL: 5,2–6,2 mm). Kosmopolit. In Mitteleuropa überall, aber ziemlich selten. Meist an organischen Substraten (Nester, Totholz, Pilze), oft synanthrop. .... ***fulgidus*** (FABRICIUS, 1793)

– Elytren wie der Rest des Körpers schwarz, oft mit bläulichem Metallglanz. 9,0–12,0 mm (RL: 5,0–6,0 mm). ♂: Medianlobus mit stumpferem, breiterem Apex (Abb. 191q); Apex der Paramere etwas über den Apex des Medianlobus hinausragend (Abb. 191r), Stiftborsten mehr oder weniger reihig angeordnet (Abb. 191s). Verbreitung möglicherweise adriatomediterran. In Mitteleuropa überall und zumindest im Westen häufig. In den Nestern von Kleinsäugern, meist beim Maulwurf; oft auch mit Bodenfallen nachgewiesen. .... ***nigrocaeruleus*** FAUVEL, 1876

17 ♂: Abstand von der Spitze des Medianlobus zum Subapikalzahn größer; Paramere relativ kürzer, ihre Spitze nicht über den Apex des Medianlobus hinausragend (Abb. 191t–u). 8,0–11,0 mm (RL: 5,2–6,2 mm). Von Großbritannien über den mittleren und nördlichen Teil Europas bis in die Ukraine verbreitet. In Mitteleuropa überall. Gebietsweise nicht häufig, aber zumindest in Polen häufig. Besonders in Maulwurfsnestern, auch bei anderen Kleinsäugern. Meldungen aus Hummel- und Wespennestern beziehen sich vermutlich auf die folgende Art. . ***puncticollis*** (THOMSON, 1867)[1]

– ♂: Abstand von der Spitze des Medianlobus zum Subapikalzahn geringer; Paramere relativ länger, ihre Spitze über den Apex des Medianlobus hinausragend (Abb. 191m). 8,0–11,0 mm (RL: 5,2–6,2 mm). Von den Britischen Inseln über Mittel- und das südliche Nordeuropa bis nach Südrussland verbreitet. In Mitteleuropa überall nicht selten. Vornehmlich aus den Nestern verschiedener Hymenopteren, aber auch aus Vogelnestern

---

[1] Der taxonomische Status von *Q. puncticollis* und *Q. invreae* bedarf der Revision, ihre Synonymie kann nicht ausgeschlossen werden.

und Bauen unterirdisch lebender Kleinsäuger gemeldet. Vielfach mit Bodenfallen nachgewiesen. .... ***invreae*** GRIDELLI, 1924

18 Kleine Arten von 4,5–6,5 mm Länge. Färbung braun bis dunkelbraun mit schwärzlichem Kopf und helleren Elytren. **19**

– Große oder sehr große Arten von 10,0–24,0 mm Länge. Kopf, Pronotum und Elytren dunkelbraun bis schwarz. **20**

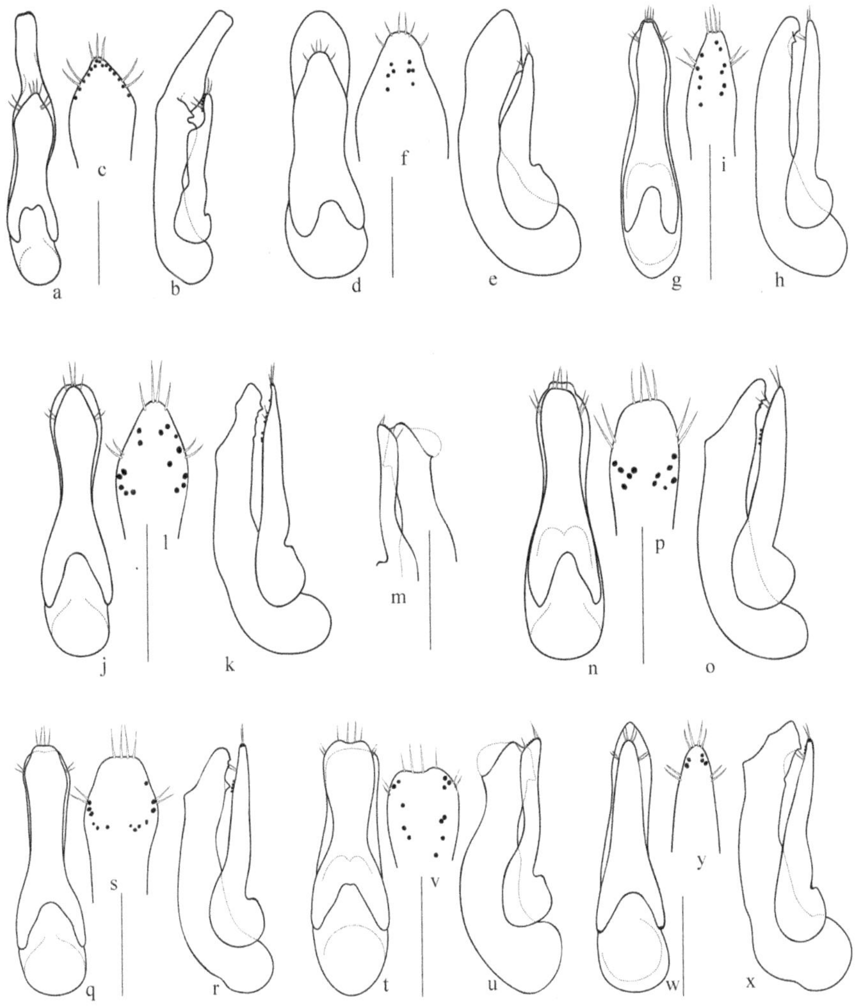

Abb. 191: Aedoeagus ventral (a, d, g, j, n, q, t, w) und lateral (b, e, h, k, m, o, r, u, x), Rückseite der Paramerenspitze (c, f, i, l, p, s, v, y) von *Quedius xanthopus* (a–c), *Q. heterodoxus* (d–f), *Q. cruentus* (g–i), *Q. ochripennis* (j–l), *Q. invreae* (m), *Q. fulgidus* (n–p), *Q. nigrocaeruleus* (q–s), *Q. puncticollis* (t–v) und *Q. truncicola* (w–y). Maßstäbe: 0,5 mm (a–b, d–e, g–h, j–k, n–m, n–o, q–r, t–u, w–x), 0,25 mm (c, f, i, l, p, s, v, y).

19 Augen größer und stärker gewölbt, mindestens so lang wie die Schläfen. ♂: Apex der Paramere deutlich über den Medianlobus hinausragend (Abb. 192b), mit mindestens je 10 Stiftborsten in 2 langgestreckten Längsreihen (Abb. 192c). 5,0–6,5 mm (RL: 3,2–3,8 mm). Westliches und mittleres Europa; zweifelhafte Meldungen aus dem Kaukasus und Kleinasien. In Mitteleuropa besonders im Westen und Süden weit verbreitet, aber in der Tiefebene östlich der Elbe fehlend. Selten. An Totholz, insbesondere in Verbindung mit Vogelnestern. .... ***infuscatus*** ERICHSON, 1840

– Augen kleiner und flacher, deutlich kürzer als die Schläfen. ♂: Apex des Medianlobus deutlich über den der Paramere hinausragend (Abb. 192d–e); Paramere mit höchstens je 6 Stiftborsten in 2 kürzeren Längsreihen (Abb. 192f). 4,5–5,5 mm (RL: 2,8–3,2 mm). Von Großbritannien über das mittlere und den südlichen Teil des nördlichen Europa bis nach Westsibirien verbreitet, nicht im Mediterrangebiet. In Mitteleuropa fast überall, aber bisher nicht aus den Benelux-Staaten bekannt. Selten, im Westen noch seltener als im Osten. Lebensweise ähnlich der von *infuscatus*, aber auch in Säugernestern gefunden. .... ***microps*** GRAVENHORST, 1847

20 Groß und robust (Abb. 25f), 15,0–24,0 mm (RL: 8,5–14,0 mm). Fühler stark gesägt. Pronotum deutlich quer und mit verflachten Seiten, deutlich breiter als der Kopf. Ganzer Körper schwarz, Elytren manchmal dunkelbraun. ♂: Aedoeagus wie in Abb. 192g–i. Transpaläarktische Art mit disjunkter Verbreitung; in Europa weit verbreitet, aber auch aus Japan, Ostchina und Südkorea bekannt, bisher nicht aus Zentralasien und Ostsibirien nachgewiesen. In Mitteleuropa überall nicht selten, aber wegen der Lebensweise nicht häufig gefunden. Imagines und Larven mit Nestern der Hornisse (*Vespa crabro*) assoziiert, wo sich die Larven von Dipterenlarven in den Nestabfällen ernähren. Die Imagines werden auch außerhalb der Hornissennester angetroffen, etwa an Saftfluss von Bäumen und in Flug- und Köderfallen. .... ***dilatatus*** (FABRICIUS, 1787)

– Viel kleiner als die vorige Art, 11,0–14,0 mm (6,0–8,0 mm). Fühler nicht gesägt, von normaler, perlschnurförmiger Gestalt. Pronotum etwa so lang wie breit, etwa so breit wie der Kopf und die Seiten nicht verflacht. Kopf, Pronotum und Elytren dunkelbraun bis schwärzlich; Abdomen mehr oder weniger rötlich braun; Elytren selten hellbraun. ♂: Apex des Medianlobus ventral mit charakteristischer Aushöhlung (Abb. 191x). Von Spanien über Süd- und Mitteleuropa bis in die Ukraine verbreitet, in Skandinavien nur aus Südschweden bekannt. In Mitteleuropa überall, aber selten. An Totholz, besonders in Baumhöhlen. .... ***truncicola*** FAIRMAIRE & LABOULBÈNE, 1856

Untergattung *Distichalius* CASEY, 1915

1 Größer, 7,5–8,5 mm (RL: 4,5–5,5 mm). Tergite spärlicher punktiert. Färbung variabel, meist jedoch bräunlich schwarz mit schmaler gelber Randung entlang der Naht und des Hinterrands. ♂: Aedoeagus größer, mindestens 0,7 mm lang; Medianlobus mit gleichmäßig gerundetem Apex (Abb. 192j); Paramere mit leicht abgerundetem Apex (Abb. 192j, l). Holomediterrane Art, adventiv in Nordamerika. In Mitteleuropa überall häufig. Eurytop, in organischen Substraten. .... ***cinctus*** (PAYKULL, 1790)

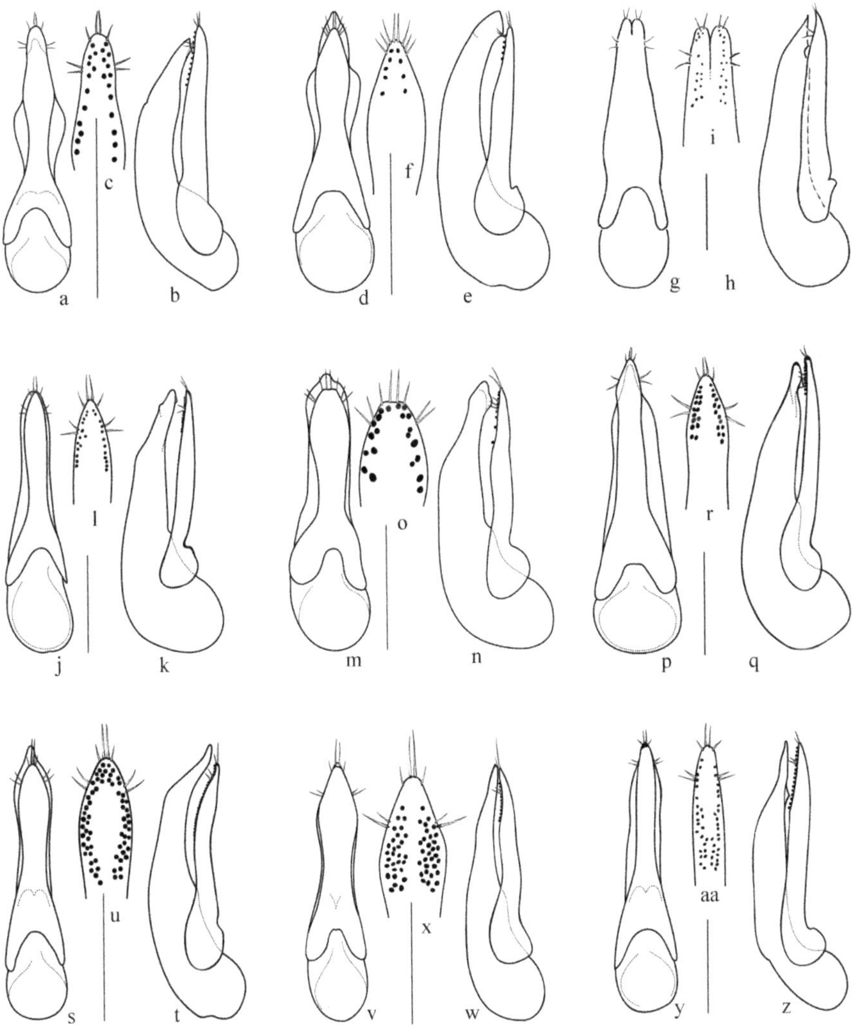

Abb. 192: Aedoeagus ventral (a, d, g, j, m, p, s, v, y) und lateral (b, e, h, k, n, q, t, w, z), Rückseite der Paramerenspitze (c, f, i, l, o, r, u, x, aa) von *Quedius infuscatus* (a–c), *Q. microps* (d–f), *Q. dilatatus* (g–i), *Q. cinctus* (j–l), *Q. punctatellus* (m–o), *Q. plagiatus* (p–r), *Q. plancus* (s–u), *Q. riparius* (v–x) und *Q. picipes* (y–aa). Maßstäbe: 0,5 mm (a–b, d–e, g–h, j–k, m–n, p–q, s–t, v–w, y–z), 0,25 mm (c, f, i, l, o, r, u, x, aa).

– Kleiner, 5,5–6,5 mm (RL: 3,5–4,0 mm). Tergite dichter punktiert. Färbung meist bräunlich schwarz mit schmaler gelber Randung entlang der Naht und des Hinterrands, diese jedoch häufig undeutlich. ♂: Aedoeagus kleiner, höchstens 0,6 mm lang; Medianlobus mit deutlichem, abgerundetem Apikalfortsatz (Abb. 192m), Apex der Paramere breit und stumpf (Abb. 192m, o). Pyrenäen, Alpen, Karpaten, Bayrischer Wald, Böhmerwald und Gebirge des nördlichen Balkans bis nach Bulgarien; montan bis alpin. Nicht selten. In der Bodenstreu und unter Steinen. .... ***punctatellus*** (HEER, 1839)

Untergattung *Quedionuchus* SHARP, 1884

Schläfenrandung kurz, vom Hals nur bis zur Kopfmitte reichend. Elytren mit deutlicher, ledrig gerunzelter Mikroskulptur, matt, ohne Pubeszenz und nur mit wenigen Punkten, die in 2 unregelmäßigen Reihen angeordnet sind (4–5 Punkte je Reihe). Färbung variabel; Kopf gewöhnlich schwarz; Pronotum und Abdomen braun; Elytren und Hinterrand der Tergite hellbraun bis gelblich, manchmal die Elytren schwarz. ♂: Medianlobus mit spitzem Apex (Abb. 192p), sein Subapikalzahn sehr nahe am Apex gelegen (Abb. 192q); Paramere relativ schlank, mit 2 Stiftborstenreihen (Abb. 192r). 6,5–8,5 mm (RL: 4,3–5,3). Holarktische Art mit boreomontan disjunkter Verbreitung in Europa. Das Nordareal erreicht den Nordosten Polens, sonst im mittleren und südlichen Mitteleuropa in Bergwäldern. Ziemlich selten. Meist unter der Borke toter Nadelbäume. .... ***plagiatus*** MANNERHEIM, 1843

Untergattung *Raphirus* STEPHENS, 1829

1 Scutellum unpunktiert und ohne Pubeszenz, manchmal mit leichter Mikropunktur. **2**

– Scutellum punktiert und pubeszent. **32**

2 Stirn mit einem Punktpaar zwischen den vorderen Stirnpunkten (Abb. 186b: „z1“). **3**

– Stirn ohne Punkte zwischen den vorderen Stirnpunkten (Abb. 186a). **5**

3 Vorderrand des Labrums mit breiter, tiefer Kerbe (Abb. 187c). Der seitliche der beiden Scheitelpunkte weiter von der Halsabschnürung entfernt, beide Punkte daher zusammen mit dem hinteren Stirnpunkt eine schräge Linie bildend (Abb. 187c). Größte Pronotumbreite vor oder in der Mitte, Sublateralgruppe mit 4 in einer Reihe angeordneten Punkten. Größere Art, 6,0–8,0 mm (RL: 3,5–4,0 mm). ♂: Medianlobus ohne Subapikalzahn (Abb. 192t). Atlantomediterrane Art, die Großbritannien und das westliche Mitteleuropa erreicht, eine Meldung aus Lettland ist zu überprüfen. In Mitteleuropa nur aus Belgien, Luxemburg, der Schweiz und dem westlichen Deutschland gemeldet. Sehr selten. In feuchter Bodenstreu. .... ***plancus*** ERICHSON, 1840

– Vorderrand des Labrums in der Mitte nur leicht eingekerbt (Abb. 187b). Beide Scheitelpunkte gleich weit von der Halsabschnürung entfernt. Größte Pronotumbreite hinter der Mitte, Sublateralgruppe mit 3 in einer Reihe angeordeten Punkten. Kleinere Arten, 5,0–6,0 mm. **4**

4 ♂: Apex des Medianlobus deutlich nach ventral gebogen (Abb. 193b); Paramere lanzettförmig, Stiftborstenreihen von den Seitenrändern weiter

entfernt, an der Basis konvergierend (Abb. 193a, c). ♀: Tergit X zum Apex allmählich verschmälert, ohne ausgeprägten Apikalfortsatz (Abb. 193d). Tergite braun, gewöhnlich mit dunkleren Mittel- und Seitenflecken. 5,0–6,0 mm (RL: 3,0–3,2 mm). Mittel- und Südeuropa, südliches Nordeuropa, östlich bis nach Kleinasien. In ganz Mitteleuropa vom Flachland bis in die subalpine Zone verbreitet. Nicht selten. In Nadelstreu, Heuhaufen und anderen organischen Substraten; oft fliegend nachgewiesen. .... ***lucidulus*** ERICHSON, 1839

– ♂: Apex des Medianlobus gerade (Abb. 193i); Paramere nicht deutlich lanzettförmig, eher parallelseitig, Stiftborstenreihen den Seitenrändern genähert und basal leicht divergierend (Abb. 193h, j). ♀: Tergit X im apikalen Drittel abrupt verengt, einen ausgeprägten Apikalfortsatz bildend (Abb. 193k). Tergite braun bis dunkelbraun, jedoch nie mit deutlichem Muster von Längsflecken. 5,0–6,0 mm (RL: 3,0–3,3 mm). Expansiv holomediterrane Art, bis ins südliche Nordeuropa und nach Vorder- und Mittelasien verbreitet. In Mitteleuropa überall. Im Flachland recht häufig, in den Gebirgen nur im Vorland und in Tallagen. In Wäldern und Offenlandschaften in der Bodenstreu und anderen organischen Substraten. .... ***scintillans*** (GRAVENHORST, 1806)

5 Augen etwa 2–2,5-mal so lang wie die Schläfen, nie die gesamte Seite des Kopfes vor der Halseinschnürung einnehmend (Abb. 187c). **6**

– Augen etwa 3–4-mal so lang wie die Schläfen, nahezu die gesamte Seite des Kopfes vor der Halseinschnürung einnehmend (Abb. 187b). **28**

6 Kopf mit 2 hintereinander liegenden Scheitelpunkten auf jeder Seite, die zusammen mit dem hinteren Stirnpunkt eine schräge Linie bilden (Abb. 187c). Kopf mit relativ schmalem Hals; größte Breite des Pronotums kurz vor der Mitte. Elytren gestreckt; Tergite an den Seiten mit Flecken dichterer und längerer goldfarbener Beborstung. 6,0–7,0 mm (RL: 3,3–3,6 mm). ♂: Aedoeagus wie in Abb. 192v–x. Pontomediterrane Art, vom Kaukasus, Klein- und Vorderasien bis nach Großbritannien verbreitet. In Mitteleuropa nur im Süden und in der Mitte in Gebirgsregionen und im Hügelland, in der Tiefebene fehlend. Ziemlich selten. Vor allem im Anspülicht an Flussufern und in Spritzmoos. .... ***riparius*** KELLNER, 1843

– Kopf mit einem Scheitelpunkt auf jeder Seite (Abb. 186a: „S“) (falls die Schläfen dicht punktiert sind, können die Scheitelpunkte als deutlich größer und am meisten zur Mitte hin gelegen erkannt werden). Ausnahmsweise (teilweise nur auf einer Seite) auch mit 2 hintereinander liegenden Punkten. ... 7

7 Oberfläche der Elytren zwischen der Punktur mit deutlicher, mehr oder weniger netzartiger Mikroskulptur, daher ziemlich matt. **27**

– Oberfläche der Elytren zwischen der Punktur ohne deutliche Mikroskulptur, höchstens mit einigen leichten Unebenheiten (Vergrößerung > 50 ×), daher sehr glänzend. **8**

8 Hintere Stirnpunkte mit je 1–4 zusätzlichen kleineren Punkten (Abb. 186b: „HS“, „z3“). Relativ große, dunkelbraune bis schwarze Art mit rötlichen Elytren und hellen, gelblich-braunen Beinen. 8,0–11,0 mm (RL: 5,4–6,2 mm). Aedoeagus wie in Abb. 192y–aa. Von Spanien und den Britischen Inseln bis ins südliche Skandinavien und die Ukraine verbreitet. Aus ganz Mitteleuropa nachgewiesen. Im Gebirge nur in niederen Lagen. Nicht selten. Meist in der Bodenstreu von Wäldern. .... ***picipes*** (MANNERHEIM, 1830)

– Hintere Stirnpunkte ohne zusätzliche kleinere Punkte (Abb. 186a: „HS“). **9**

9 Größte Pronotumbreite gewöhnlich vor der Mitte, im vorderen Viertel deutlich verschmälert, Seiten in der Mitte fast parallel erscheinend. 6,5–7,5 mm (RL: 3,5–4,0 mm). ♂: Spitze des Medianlobus mit Subapikalzahn (Abb. 193f); Seiten der Paramere in der apikalen Hälfte mehr oder weniger parallel, zum Apex abrupt verschmälert, mit relativ kurzen Stiftborstenreihen (Abb. 193e, g). Vom Kaukasus und Kleinasien bis ins südliche Nordeuropa, nach Großbritannien und Nordspanien verbreitet. In Mitteleuropa überall. Im Gebirge in montanen bis subalpinen Lagen recht häufig, in der Ebene seltener. Meist in Feuchtbiotopen. .... ***suturalis*** KIESENWETTER, 1845

– Größte Pronotumbreite in oder hinter der Mitte, im vorderen Drittel verschmälert, Seiten gleichmäßig konvex. **10**

10 Pronotum hellbraun oder rötlich, deutlich heller als der dunkelbraune bis schwarze Kopf. 7,5–8,5 mm (RL: 4,3–4,6 mm). ♂: Medianlobus subapikal verbreitert und zur Spitze hin verschmälert, lanzettförmig (Abb. 193l–m); Paramere in den apikalen ⅔ schmaler als der entsprechende Teil des Medianlobus, so dass dessen Seitenränder unter der Paramere sichtbar sind (Abb. 193l); Stiftborsten wenig dicht und in relativ langen Reihen angeordnet, Entfernung zwischen den Stiftborsten viel größer als der Borstendurchmesser (Abb. 193n). Von Südwest- und Westeuropa (einschließlich Madeira) bis in den Süden Skandinaviens und ins Baltikum verbreitet. In Mitteleuropa überall. Im Westen häufiger, nach Osten zunehmend seltener. Besonders in Nadelwäldern und *Calluna*-Heiden. .... ***nigriceps*** KRAATZ, 1857

– Körperfärbung und Form des Aedoeagus anders. **11**

11 Kleinere Arten, 5,0–7,5 mm (RL: 2,8–4,6 mm); nur selten größer, bis zu 10,0 mm. Kopf, Pronotum und Elytren meist braun oder rotbraun, sehr selten dunkelbraun oder schwarz; Elytren niemals rötlich gegen den dunkelbraunen oder schwarzen Körper abgesetzt. Die hierher gehörenden Arten sind nur duch Untersuchung des Aedoeagus sicher zu trennen. **12**

– Größere Arten, 7,5–14,5 mm (RL: 4,8–6,3 mm). Kopf und Pronotum gewöhnlich sehr dunkel, dunkelbraun bis schwarz. **19**

12 ♂: Medianlobus stumpf abgestutzt (Abb. 193o); Apex der Paramere den des Medianlobus weit überragend (Abb. 193p). 7,0–8,5 mm (RL: 4,2–4,6 mm). Ganzer Körper dunkelbraun. Verbreitung und Lebensweise siehe Leitzahl 24. .... ***anceps*** FAIRMAIRE & LABOULBÈNE, 1856

– ♂: Medianlobus von unterschiedlicher Gestalt, jedoch niemals stumpf abgestutzt; Apex der Paramere den des Medianlobus höchstens wenig überragend. **13**

13 ♂: Paramere über die gesamte Länge mehr oder weniger parallelseitig, Apikalbereich nicht lanzettförmig; Medianlobus in Seitenansicht nicht deutlich gekrümmt. **14**

– ♂: Paramere nicht über die gesamte Länge parallel, Apikalbereich entweder lanzettförmig, andernfalls der Medianlobus in Seitenansicht deutlich gekrümmt. **18**

14 ♂: Paramere nur mit 2–5 Stiftborsten in jeder Lateralreihe. **15**

– ♂: Paramere mit mindestens 7 Stiftborsten in jeder Lateralreihe. **16**

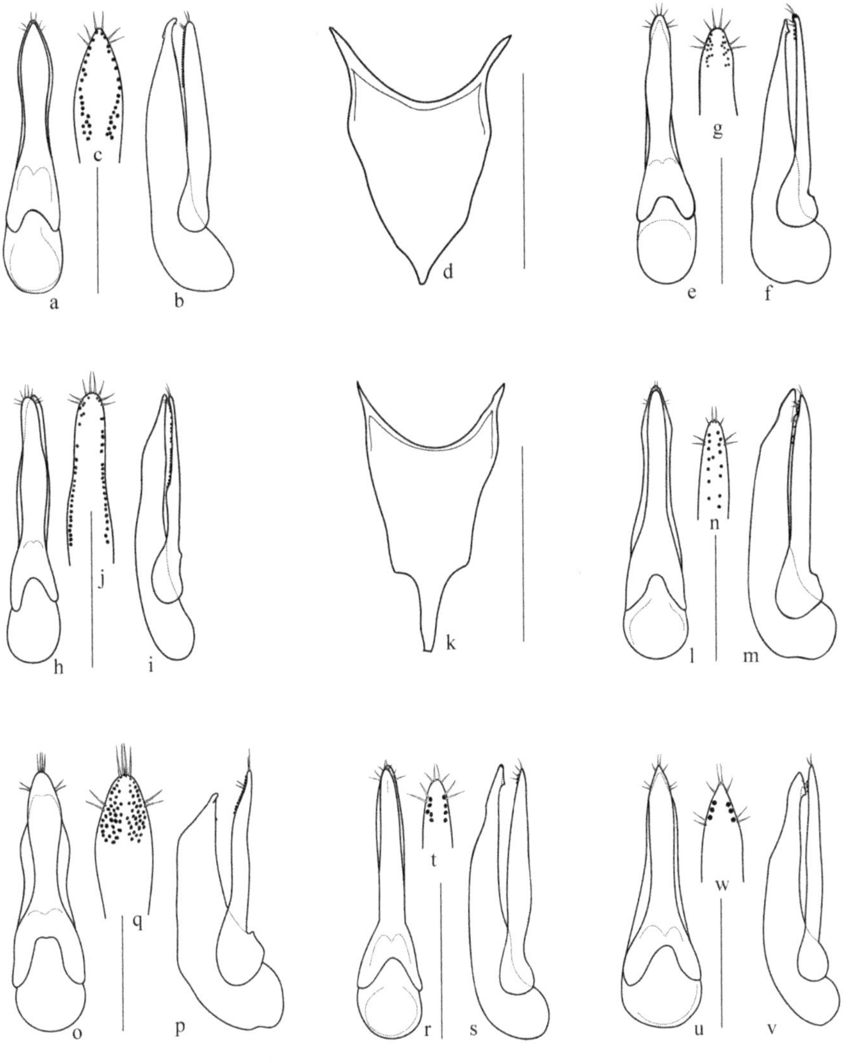

Abb. 193: Aedoeagus ventral (a, e, h, l, o, r, u) und lateral (b, f, i, m, p, s, v), Rückseite der Paramerenspitze (c, g, j, n, q, t, w) und ♀-Tergit X (d, k) von *Quedius lucidulus* (a–d), *Q. suturalis* (e–g), *Q. scintillans* (h–k), *Q. nigriceps* (l–n), *Q. anceps* (o–q), *Q. limbatus* (r–t) and *Q. pseudonigriceps* (u–w). Maßstäbe: 0,5 mm (a–b, e–f, h–i, k–m, o–p, r–s, u–v), 0,25 mm (c, g, j, n, q, t, w). Nach SOLODOVNIKOV (im Druck) (u–v).

15 ♂: Apex der Paramere den des Medianlobus nicht deutlich überragend (Abb. 193s); Apex der Paramere stumpfer, Stiftborstenreihen basal in lateralen Borstenpaaren angeordnet (Abb. 193s–t). Färbung variabel, gewöhnlich jedoch Körper braun mit etwas dunklerem Kopf und häufig mit hellerer Längsaufhellung auf den Elytren. 5,0–6,0 mm (RL: 2,8–3,3 mm). Von Südwest- und Westeuropa bis nach Skandinavien, in den Kaukasus und nach Kleinasien verbreitet. Aus ganz Mitteleuropa (bis auf die Niederlande und Dänemark) nachgewiesen, vom Flachland bis in die subalpine Zone verbreitet. Häufig. Vor allem in der Bodenstreu von Wäldern. .... ***limbatus*** (HEER, 1839)

– ♂: Apex der Paramere den des Medianlobus deutlich überragend (Abb. 193v) und spitzer, die Stiftborstenreihen apikal zu lateralen Borstenpaaren angeordnet (Abb. 193u, w). Färbung variabel, gewöhnlich jedoch Körper braun mit etwas dunklerem Kopf und Abdomen. 5,5-7,5 mm (RL: 3,1–3,6 mm). Pontomediterrane Art, von Kleinasien und Transkaukasien bis ins südöstliche Mitteleuropa verbreitet. In Mitteleuropa nur von wenigen Lokalitäten in Österreich bekannt. Selten. Meist in der Laubstreu. .... ***pseudonigriceps*** REITTER, 1909

16 ♂: Apex des Medianlobus spitz (Abb. 194a), Subapikalzahn weit vom Apex entfernt (Abb. 194b). Paramere in den apikalen ⅔ so breit wie oder breiter als der entsprechende Teil des Medianlobus, dessen Seitenrand unter der Paramere daher nicht sichtbar (Abb. 194a); Stiftborstenreihen dicht und relativ kurz, Zwischenraum zwischen den Stiftborsten etwa so breit wie der Borstendurchmesser (Abb. 194c). Kopf von etwa der gleichen braunen Färbung wie das Pronotum. 6,0–7,5 mm (RL: 3,2–3,6 mm). Von Südwest- und Westeuropa bis nach Klein- und Mittelasien verbreitet; im Mittelmeergebiet häufig. In Mitteleuropa vor allem im Süden, nach Norden und Osten gebietsweise fehlend; bisher nicht aus Belgien, Dänemark und der Tschechischen Republik nachgewiesen. Selten. In der Laubstreu von Wäldern und unbewaldeten Biotopen; wärmeliebende Art. .... ***humeralis*** STEPHENS, 1832

– ♂: Apex des Medianlobus breit gerundet oder sehr stumpf; falls stumpf zugespitzt, Subapikalzahn dem Apex des Medianlobus genähert. **17**

17 ♂: Aedoeagus: Abb. 194d–f; Apex des Medianlobus in Seitenansicht im apikalen Bereich gerade, Subapikalzahn weiter vom Apex des Medianlobus entfernt (Abb. 194e). Körperfärbung variabel, meist jedoch hellbraun, Elytren oft mit dunklerem Fleck auf der Oberfläche entlang der Naht. 6,0–7,5 mm (RL: 3,2–3,6 mm). Über fast ganz Europa mit Ausnahme des hohen Nordens verbreitet, zweifelhafte Nachweise aus der Kaukasusregion, Mittel- und Vorderasien. In ganz Mitteleuropa, außer den Niederlanden; in Dänemark nur auf Bornholm. Im Süden weniger selten als im Norden. In der Bodenstreu von Wäldern und unbewaldeten Biotopen. .... ***nemoralis*** BAUDI DI SELVE, 1848

– ♂: Aedoeagus: Abb. 194g–i; Apex des Medianlobus in Seitenansicht deutlich gekrümmt, der Subapikalzahn dem Apex stark genähert (Abb. 194h). Körper hell- bis dunkelbraun; Elytren oft mit hellem Streifen entlang des Hinterrandes. 6,0–7,0 mm (RL: 3,2–3,5 mm). Von Südwest- und Westeuropa bis ins südliche Skandinavien, Finnland und die Ukraine verbreitet. In Mitteleuropa in Feuchtbiotopen überall häufig. .... ***maurorufus*** (GRAVENHORST, 1806)

18 Kleiner, 6,0–7,5 mm (RL: 3,6–4,2 mm). Körper dunkelbraun bis schwarz, manchmal Elytren heller, etwas rötlich. ♂: Aedoeagus: Abb. 194j–l; Medianlobus in Seitenansicht mit deutlich gekrümmtem Apikalbereich und deutlichem Subapikalzahn (Abb. 194k). Von Südwest- und Westeuropa bis nach Skandinavien, in den Kaukasus und nach Kleinasien verbreitet. In Mitteleuropa überall häufig. In Feuchtbiotopen in der Bodenstreu und im Moos. .... ***umbrinus*** ERICHSON, 1839

– Größer, 8,5–10,0 mm (RL: 4,8–5,2 mm). Einheitlich dunkelbraun. ♂: Aedoeagus: Abb. 194m–o; Medianlobus ohne Subapikalzahn, an der Spitze leicht nach ventral gekrümmt (Abb. 194n). Verbreitung und Lebensweise siehe Leitzahl 22. .... ***sturanyi*** GANGLBAUER, 1895

19 Kopf und Pronotum dunkelbraun; Elytren rötlich, in der Mitte oft mehr oder weniger ausgedehnt angedunkelt (selten Elytren braun mit rötlicher Naht und/oder rötlichem Seitenrand). ♂: Subapikalzahn des Medianlobus weiter vom Apex entfernt (Abb. 194q, t). Größere, 8,5–11,5 mm lange Arten (RL: 5,2–6,3 mm). **20**

– Kopf, Pronotum und Elytren anders gefärbt. ♂: Subapikalzahn des Medianlobus dem Apex genähert. Kleinere Arten von höchstens 10,0 mm (RL: 4,0–5,2 mm) **21**

20 ♂: Medianlobus in Seitenansicht an der Ventralseite gerade (Abb. 194q); Paramere relativ länger, in der apikalen Hälfte allmählich verschmälert, die Stiftborstenreihen länger (Abb. 194p, r). Elytren meist kürzer als das Pronotum und mit matterer Oberfläche. Augen flacher, weniger gewölbt. 8,5–10,5 mm (RL: 5,2–5,6 mm). Gebirge Mittel-, Süd- und Südosteuropas. In Mitteleuropa nur in den Alpen, im Bayrischen Wald und im Böhmerwald sowie in den Westkarpaten. In Höhenlagen zwischen 1000 und 2000 m recht häufig. Oft mit *ochropterus* verwechselt. .... ***obscuripennis*** BERNHAUER, 1901

– ♂: Medianlobus in Seitenansicht gekrümmt (Abb. 194t); Paramere relativ kürzer, in der apikalen Hälfte zunächst verbreitert, dann verschmälert, etwas lanzettförmig, Stiftborstenreihen kürzer (Abb. 194s, u). Elytren meist mindestens so lang wie das Pronotum und mit glänzenderer Oberfläche. Augen stärker gewölbt. 9,0–11,5 mm (RL: 5,6–6,3 mm). Gebirge in Süd- und Mitteleuropa. Verbreitung ähnlich wie bei *obscuripennis*, auch in den Sudeten, bisher aber nicht aus der Slowakei gemeldet. Lebensweise und Häufigkeit wie bei *obscuripennis*. .... ***ochropterus*** ERICHSON, 1840

21 An den Beinen zumindest die Innenseite der Metatibia geschwärzt. **22**

– Alle Beine einheitlich hell. **24**

22 ♂: Medianlobus ohne Subapikalzahn (Abb. 194n). Dunkelbraun. 8,5–10,0 mm (RL: 4,8–5,2 mm). Ostalpen und Gebirge des nordöstlichen Balkans. In Mitteleuropa nur aus den Gebirgsregionen Österreichs, in Deutschland nur aus dem äußersten Südosten bekannt. Selten. In Bergwäldern von etwa 1500 m bis zur Baumgrenze; meist in Laubstreu. .... ***sturanyi*** GANGLBAUER, 1895

– ♂: Medianlobus des Aedoeagus mit Subapikalzahn. **23**

23 Elytren und Abdomen schwarz pubeszent. Körper dunkelbraun bis schwarz, Elytren selten heller. ♂: Apikaler Bereich des Medianlobus in Seitenansicht deutlich gekrümmt (Abb. 194k). 6,0–7,5 mm (RL: 4,2–4,6 mm) . Verbreitung und Lebensweise siehe Leitzahl 18. ..... ***umbrinus*** ERICHSON, 1839

– Elytren und Abdomen goldgelb pubeszent. Körper dunkelbraun bis schwarz; Elytren manchmal braun bis schwärzlich braun, oft mit mehr oder weniger ausgedehnt gelblichem Seiten- und Hinterrand. ♂: Apikaler Bereich des Medianlobus in Seitenansicht nicht deutlich gekrümmt (Abb. 194w). 8,0–10,0 mm (RL: 4,5–5,0 mm). Siehe Leitzahl 26. .... ***dubius*** (HEER, 1839)

24 ♂: Apex der Paramere den Medianlobus deutlich überragend (Abb. 193o–p). Körper dunkelbraun. 6,5–8,5 mm (RL: 4,0–4,8 mm). Iberische Halbinsel, Frankreich, Italien, im Gebirge. In Mitteleuropa nur aus der Schweiz bekannt. Selten. .... ***anceps*** FAIRMAIRE & LABOULBÈNE, 1856

– ♂: Apex der Paramere nicht die Spitze des Medianlobus erreichend. **25**

25 ♂: Stiftborsten der Paramere in 2 Reihen etwas entfernt von den Seitenrändern angeordnet, basal konvergierend, nahezu ineinander übergehend (Abb. 194aa). 7,5–10,0 mm (RL: 4,5–5,2 mm). Südliche West- und Zentralalpen, Ostalpen. In Mitteleuropa nur in Österreich und der Schweiz. Nicht selten. In montanen Wäldern und in der subalpinen Zone. .... ***muelleri*** GRIDELLI, 1924

– ♂: Stiftborsten der Paramere in 2 Reihen entlang der Seitenränder angeordnet, basal divergierend (Abb. 194x). Pubeszenz von Elytren und Abdomen goldgelb. Elytren braun bis schwarzbraun, oft mit mehr oder weniger ausgedehnt gelblichem Seiten- und Hinterrand (Ausmaß und Farbe dieser hellen Randungen variieren beträchtlich). 8,0–10,0 mm (RL: 4,5–5,0 mm). **26**

26 Elytren vollständig schwarzbraun bis schwarz, oft mit auffälliger gelblicher Zeichnung. Beine teilweise angedunkelt. Aedoeagus wie in Abb. 194v–x. 8,0–10,0 mm (RL: 4,5–5,0 mm). Von den französischen Mittelgebirgen, den westlichen und mittleren Alpen bis zum Nordapennin verbreitet. In Mitteleuropa nur in den Alpen, dort ziemlich häufig. Ausgeprägte Gebirgsart, in Lagen zwischen 1000 und 2000 m. .. ***dubius dubius*** (HEER, 1839)

– Elytren pechbraun bis pechschwarz, an den Seiten sehr breit, am Apikalrand schmal und an der Naht sehr schmal braungelb gefärbt. Beine meistens einfarbig braungelb. 8,0–10,0 mm (RL: 4,5–5,0 mm). In den deutschen Mittelgebirgen, den Ostalpen, im Böhmerwald und auf dem nördlichen Balkan. Sehr selten. Verbreitung und Lebensweise wie bei der Nominatform. .... ***dubius fimbriatus*** ERICHSON, 1840[1]

27 Größer und robuster, 11,0–14,0 mm (RL: 6,5–8,0 mm), habituell an Arten der Untergattung *Microsaurus* erinnernd. Körper schwarz, Epipleuren der Elytren gelb. ♂: Aedoeagus wie in Abb. 195a–c. Aus großen Teilen Europas und Kleinasien gemeldet. In ganz Mitteleuropa häufig. Meist in niederen Lagen, vor allem in der Laubstreu von Wäldern, oft auch an faulenden Pilzen. .... ***lateralis*** (GRAVENHORST, 1802)

[1] Eine weitere Unterart, *Q. dubius ermischi* KORGE, 1965, wurde aus Bulgarien beschrieben. Der Status aller Unterarten bedarf der Revision.

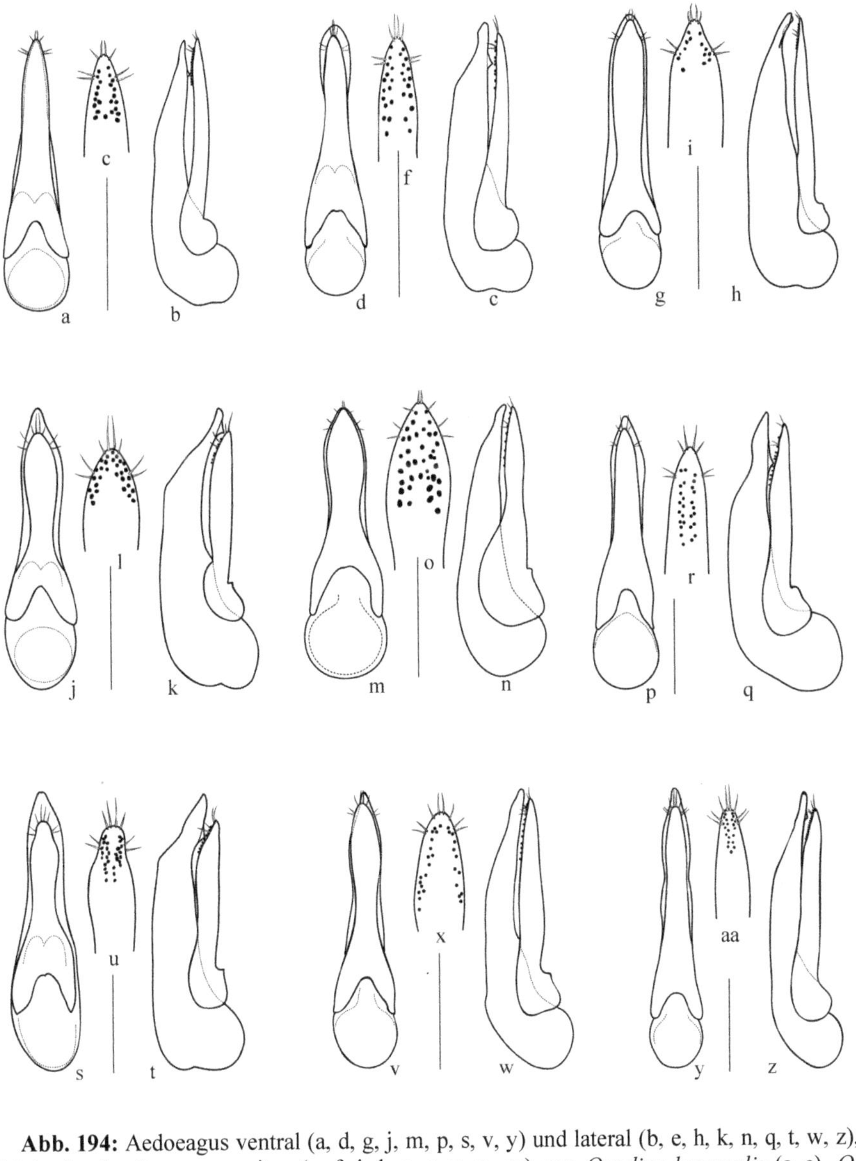

Abb. 194: Aedoeagus ventral (a, d, g, j, m, p, s, v, y) und lateral (b, e, h, k, n, q, t, w, z), Rückseite der Paramerenspitze (c, f, i, l, o, r, u, x, aa) von *Quedius humeralis* (a–c), *Q. nemoralis* (d–f), *Q. maurorufus* (g–i), *Q. umbrinus* (j–l), *Q. sturanyi* (m–o), *Q. obscuripennis* (p–r), *Q. ochropterus* (s–u), *Q. dubius* (v–x) und *Q. muelleri* (y–aa). Maßstäbe: 0,5 mm (a–b, d–e, g–h, j–k, m–n, p–q, s–t, v–w, y–z), 0,25 mm (c, f, i, l, o, r, u, x, aa).

– Kleiner und schlanker, 7,0–9,0 mm (RL: 3,8–4,2 mm). Körper braun. ♂: Aedoeagus wie in Abb. 195d–f. Atlantomediterrane Art, von Nordafrika bis nach Skandinavien, Polen, Rumänien und in den nördlichen Balkan verbreitet. In Mitteleuropa überall. Im Westen häufig, im Osten seltener. In Wäldern in feuchter Streu, häufig in Waldmooren, Sümpfen und an Grabenufern; oft fliegend nachgewiesen. .... ***fumatus*** (STEPHENS, 1833)

28 Kopf und Elytren rötlich braun, Pronotum rötlich braun mit helleren, gelblichen Rändern. Größer, 5,5–6,5 mm (RL: 3,0–3,4 mm). ♂: Aedoeagus wie in Abb. 195g–i. Ostalpen, Karpaten, Gebirge des nordwestlichen Balkans. In Mitteleuropa nur aus Österreich und der Slowakei sicher nachgewiesen, auch aus Polen gemeldet. In der Bodenstreu von Bergwäldern und subalpinen Biotopen, dort meist zahlreich. .... ***cincticollis*** KRAATZ, 1857

– Kopf, Pronotum und Elytren dunkelbraun bis schwarz, Pronotum einfarbig, ohne hellere, gelbliche Ränder. Meist kleiner, 4,0–5,5 mm (RL: 2,7–3,1 mm). **29**

29 Alle Beine einfarbig hell, gelb- oder rotbraun. Tergite mit deutlichen Flecken dicht stehender, goldfarbener, in unterschiedliche Richtungen weisender Borsten an den Seiten. 4,5–5,5 mm (RL: 2,7–3,0 mm). ♂: Paramere über den größten Teil ihrer Länge deutlich schmaler als der Medianlobus und mit stumpfem Apex (Abb. 195j); Stiftborsten relativ dicht in 2 unregelmäßigen Längsreihen angeordnet (Abb. 195l). Weit verbreitete Art: Westeuropa einschließlich der Britischen Inseln, nach Süden bis in die Alpen und Pyrenäen, nach Norden bis Dänemark. In Mitteleuropa aus Österreich, Belgien, Dänemark, Deutschland, den Niederlanden und der Schweiz gemeldet. Selten. An Ufern von Fließgewässern, in Spritzmoos, an Wehren und Wasserfällen. .... ***auricomus*** KIESENWETTER, 1850

– Zumindest die Hinter-, oft auch die Mittel- und selten sogar die Vorderbeine mehr oder weniger ausgedehnt geschwärzt. Tergite mit mehr oder weniger dichter, goldfarbener, an den Seiten manchmal dichterer, immer aber nach hinten gerichteter Beborstung. Paramere entweder deutlich breiter als der Medianlobus oder zumindest nicht deutlich schmaler. Nur in den Alpen verbreitete Arten. **30**

30 ♂: Medianlobus ohne Subapikalzahn (Abb. 195n). Schwarz; Elytren und Abdomen mit Metallglanz; vordere Beinpaare, Fühler und Palpen gelblich; Hinterbeine geschwärzt. 4,0–5,0 mm (RL: 2,8–3,1 mm). Südwestliche Alpen. In Mitteleuropa nur aus der Schweiz bekannt. Nicht selten. In Spritzmoos und Genist an Ufern von Fließgewässern von 500 m bis in die subalpine Zone. .... ***xanthippae*** LOHSE, 1963

– ♂: Medianlobus mit Subapikalzahn (Abb. 195q, t). **31**

31 ♂: Paramere deutlich breiter als der Medianlobus, Umriss des Medianlobus daher in Ventralansicht nicht sichtbar (Abb. 195p); ventraler Zahn des Medianlobus näher an der Basis, etwa in der Mitte des Medianlobus (Abb. 195q); Stiftborsten zahlreicher (ca. 19–25) und in 2 unregelmäßigen, aber deutlichen Reihen angeordnet (Abb. 195r). Abdomen manchmal mit dichteren Flecken goldener Pubeszenz an den Seiten der Tergite. Färbung wie bei *xanthippae*. 4,0–5,0 mm (RL: 2,7–3,0 mm). Gesamte Alpen, Bayerischer Wald und Böhmerwald, Karpaten. Nur in den Ostalpen häufiger, sonst selten. Bis in die subalpine und alpine Zone aufsteigend; in Feuchtbiotopen (Quellriesel, Spritzmoos, Schneeflecken usw.). .... ***haberfelneri*** EPPELSHEIM, 1891

– ♂: Paramere zumindest teilweise schmaler als der Medianlobus, dieser daher in Ventralansicht wenigstens teilweise sichtbar (Abb. 195s); Subapikalzahn des Medianlobus der Spitze stärker genähert (Abb. 195t); Stiftborsten weniger zahlreich (ca. 10–15) und unregelmäßiger angeordnet, Längsreihen daher kaum erkennbar (Abb. 195u). Abdomen mit gleichförmiger Pubeszenz. Färbung wie bei *xanthippae*. Flügelbildung sexualdimorph, die ♂♂ meist macropter und mit längeren Elytren, die ♀♀ brachypter. 4,5–5,5 mm (RL: 2,7–3,0 mm). Über die gesamten Alpen, die Sudeten und die westlichen Karpaten bis in die Ukraine verbreitet. Einzelfunde auch aus dem Schwarzwald und dem Bayerischen Wald bekannt. Nicht selten, in den Alpen vielerorts häufig. In höheren Lagen bis in die alpine Zone; in der Streu alpiner und subalpiner Habitate. .... ***alpestris*** (HEER, 1839)

32 Abdominaltergite III–V vorn an den Seiten mit schwachen Eindrücken und Flecken dichterer Pubeszenz, diese in unterschiedliche Richtungen weisend, nicht nur nach hinten gerichtet. **33**

– Abdominaltergite III–V vorn ohne schwache Eindrücke und mit gleichförmiger, nach hinten ausgerichteter Pubeszenz. **34**

33 ♂: Apex des Medianlobus sehr stumpf zugespitzt, breiter als die Paramere (Abb. 195v); Stiftborstenreihen die Spitze der Paramere nicht erreichend (Abb. 195x). Größere, robustere Art, 7,0–7,5 mm (RL: 3,6–3,9 mm). Kopf größer und verhältnismäßig breiter. Körper dunkelbraun bis schwarz; Kopf gewöhnlich dunkler; Elytren manchmal mit schmal gelblichem Hinterrand; Beine, Fühler und Palpen gelblich. Holomediterran verbreitete Art, die noch Großbritannien und den Süden Skandinaviens erreicht. In Mitteleuropa fast überall, bisher nicht aus der Slowakei nachgewiesen. Im Westen offenbar häufiger als im Osten; im letzten Jahrhundert mit Arealerweiterung nach Osten. Vor allem in trockenwarmen Offenlandschaften, besonders auch anthropogenen Lebensräumen. .... ***semiaeneus*** (STEPHENS, 1833)

– ♂: Apex des Medianlobus schmal zugespitzt, nicht breiter als die Paramere (Abb. 195y), Stiftborstenreihen bis zur Spitze der Paramere reichend (Abb. 195aa). Kleinere, schlankere Art, 5,0–6,0 mm (RL: 3,0–3,3 mm). Kopf kleiner und verhältnismäßig schmaler. Färbung wie bei *semiaeneus*. Atlantomediterran verbreitet. In Mitteleuropa nur aus Belgien, Luxemburg und den Niederlanden bekannt. Lebensweise ähnlich wie bei *semiaeneus*, jedoch oft auch in Küstenhabitaten. .... ***schatzmayri*** GRIDELLI, 1922

34 Zumindest die Metatibia auf der Innenseite mehr oder weniger angedunkelt. Kleiner, 4,5–7,5 mm (RL: 2,5–3,4). Fühlerglied III höchstens so lang wie Glied II. ♂: Subapikalzahn des Medianlobus dem Apex genähert. Die hierher gehörenden Arten können nur durch Genitaluntersuchung sicher bestimmt werden. **35**

– Alle Beine einfarbig hell. Größer, 7,0–10,5 mm (RL: 3,2–4,6). Fühlerglied III deutlich länger als Glied II. ♂: Medianlobus meist ohne Subapikalzahn, andernfalls Körperlänge mindestens 8,0 mm. **42**

35 Pronotum und Elytren von gleicher Färbung wie der restliche Körper, manchmal (besonders das Pronotum) etwas heller, jedoch nie gelbbraun oder rotbraun. Medianlobus in Seitenansicht nicht gekrümmt. **36**

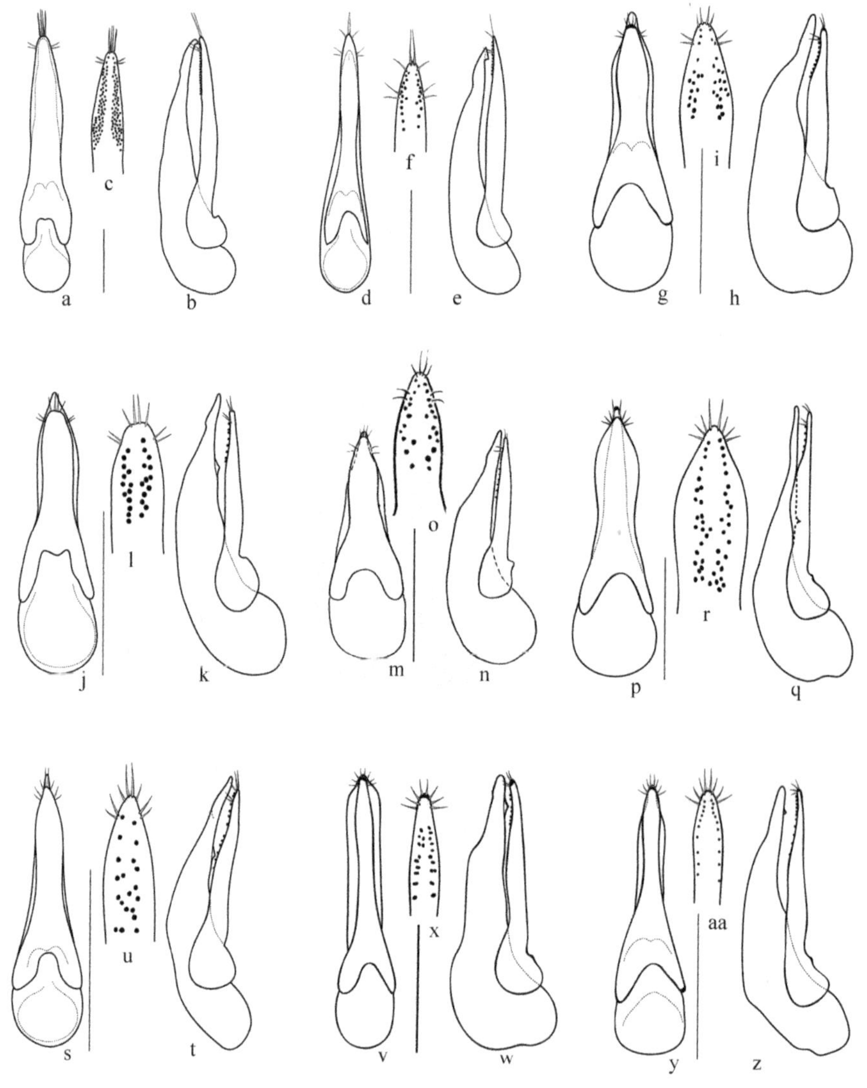

Abb. 195: Aedoeagus ventral (a, d, g, j, m, p, s, v, y) und lateral (b, e, h, k, n, q, t, w, z), Rückseite der Paramerenspitze (c, f, i, l, o, r, u, x, aa) von *Quedius lateralis* (a–c), *Q. fumatus* (d–f), *Q. cincticollis* (g–i), *Q. auricomus* (j–l), *Q. xanthippae* (m–o), *Q. haberfelneri* (p–r), *Q. alpestris* (s–u), *Q. semiaeneus* (v–x) und *Q. schatzmayri* (y–aa). Maßstäbe: 0,5 mm (a–b, d–e, g–h, j–k, m–n, p–q, s–t, v–w, y–z), 0,25 mm (c, f, i, l, o, r, u, x, aa).

– Pronotum und Elytren gelbbraun bis rotbraun, deutlich heller als der restliche Körper. Entweder Medianlobus in Seitenansicht gekrümmt oder Körper höchstens 5,5 mm lang (RL: < 2,8 mm) und Elytren weniger als halb so lang wie das Pronotum. **41**

36 ♂: Paramere größtenteils breiter als der Medianlobus, seitliche Kontur des Medianlobus in Ventralansicht durch die Paramere verdeckt (Abb. 196a). Körper pechschwarz, mit variabel gefärbtem, braunem Pronotum und gewöhnlich dunkelbraunen Elytren; Beine, Fühler und Palpen gelblich braun. 6,0–7,5 mm (RL: 3,2–3,4 mm). Holarktische Art, in der Paläarktis von den Britischen Inseln bis in den Fernen Osten Russlands verbreitet, auch auf Island. Ziemlich selten. In Feuchtbiotopen, meist Wäldern, in der Bodenstreu und im Moos; von der Tiefebene bis in höhere Lagen. ....
.... ***fulvicollis*** (STEPHENS, 1833)

– ♂: Paramere zumindest über den größten Teil ihrer Länge schmaler als der Medianlobus, seitliche Kontur des Medianlobus in Ventralansicht zum größten Teil gut sichtbar. **37**

37 ♂: Medianlobus oberhalb des Subapikalzahns ohne Kiel, daher am Apex nicht beilförmig (Abb. 187f). **38**

– ♂: Medianlobus oberhalb des Subapikalzahns mit Kiel (Abb. 187e: „K“), Apex beilförmig. **40**

38 ♂: Paramere nicht lanzettförmig, allmählich zum Apex verschmälert (Abb. 196d, f), Subapikalzahn des Medianlobus weiter vom Apex entfernt (Abb. 196e). Pechschwarz; Pronotum und Elytren dunkelbraun; Beine, Fühler und Palpen hellbraun bis braun. 5,0–6,0 mm (RL: 3,0–3,4 mm). Holomediterran verbreitet; von Großbritannien bis ins nördliche Europa, in den Kaukasus und nach Kleinasien. In ganz Mitteleuropa vom Flachland bis ins Gebirge häufig. Eurytop in offenen Lebensräumen. ....
.... ***nitipennis*** (STEPHENS, 1833)

– ♂: Paramere mehr oder weniger lanzettförmig, abrupt zum Apex verschmälert (Abb. 196g, j); Subapikalzahn des Medianlobus näher am Apex (Abb. 196h, k) **39**

39 ♂: Aedoeagus (Abb. 196g–i) verhältnismäßig breiter und kürzer, der Apex der Paramere breiter und stumpfer gerundet. Pechschwarz; Pronotum und Elytren dunkelbraun; Beine, Fühler und Palpen hellbraun bis braun. 5,0–6,0 mm (RL: 2,9–3,2 mm). Vornehmlich westeuropäisch verbreitet; von der Iberischen Halbinsel und Großbritannien bis ins südliche Skandinavien, aber auch aus Griechenland und dem Kaukasusgebiet gemeldet, wahrscheinlich oft mit ähnlichen Arten verwechselt. In Mitteleuropa vor allem in niederen und mittleren Lagen östlich bis nach Brandenburg, Sachsen und Bayern verbreitet; bisher nicht in Polen, der Tschechischen Republik, Österreich und der Slowakei nachgewiesen. Nicht häufig. In der Bodenstreu trockenwarmer Biotope wie *Calluna*- und Kiefernheiden sowie Sandmagerrasen. .... ***persimilis*** MULSANT & REY, 1876

– ♂: Aedoeagus (Abb. 196j–l) verhältnismäßig länger und schlanker; Apex der Paramere schlanker und weniger stumpf gerundet. Kopf und Abdomen gewöhnlich pechschwarz; Pronotum und Elytren braun; Beine, Fühler und Palpen hellbraun bis braun. 6,0–7,5 mm (RL: 3,2–3,4 mm). Pontomediterrane Art, die von Klein- und Vorderasien sowie dem

Kaukasusgebiet bis nach Südosteuropa verbreitet ist. Aus Mitteleuropa nur eine unbestätigte Meldung aus Österreich. .... [***acuminatus*** HOCHHUTH, 1849]

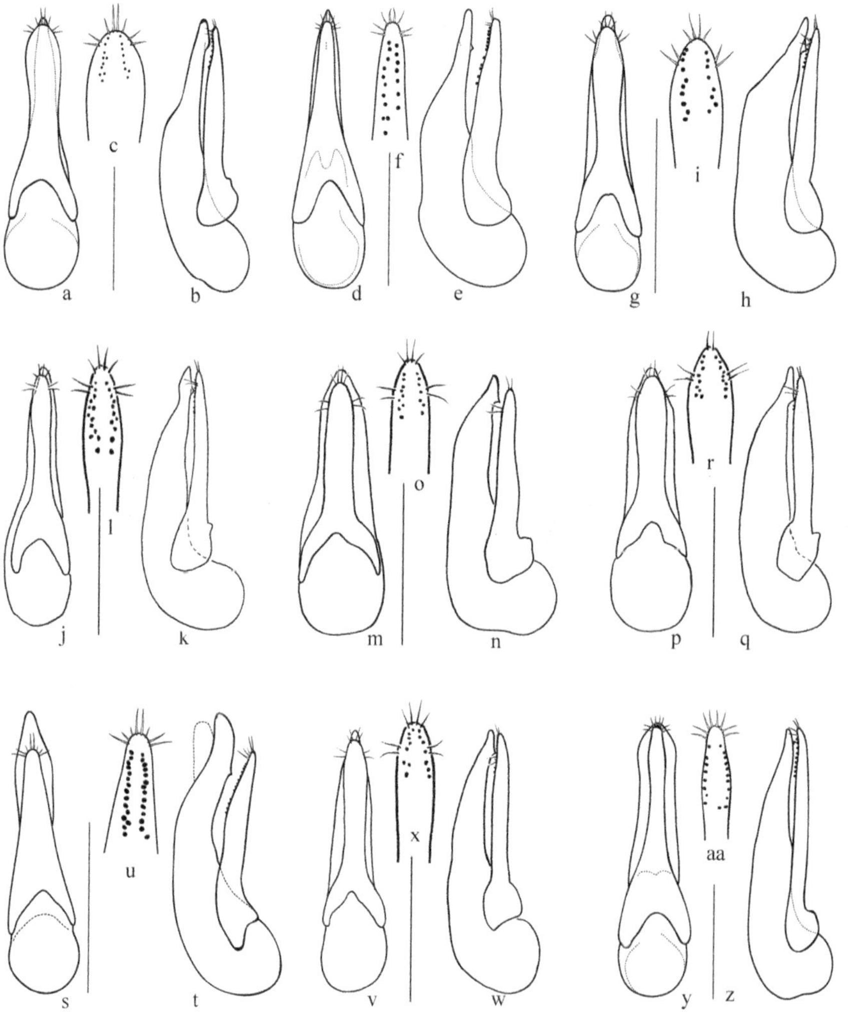

Abb. 196: Aedoeagus ventral (a, d, g, j, m, p, s, v, y) and lateral (b, e, h, k, n, q, t, w, z), Rückseite der Paramerenspitze (c, f, i, l, o, r, u, x, aa) von *Quedius fulvicollis* (a–c), *Q. nitipennis* (d–f), *Q. persimilis* (g–i), *Q. acuminatus* (j–l), *Q. boops* (m–o), *Q. boopoides* (p–r), *Q. scribae* (s–u), *Q. reitteri* (v–x) und *Q. semiobscurus* (y–aa). Maßstäbe: 0,5 mm (a–b, d–e, g–h, j–k, m–n, p–q, s–t, v–w, y–z), 0,25 mm (c, f, i, l, o, r, u, x, aa).

40 ♂: Subapikalzahn des Medianlobus näher am Apex, daher der beilförmige Kiel am Apex des Medianlobus kürzer (Abb. 196n); Paramere schmaler (Abb. 196m, o), Aedoeagus insgesamt kleiner. Kopf und Abdomen gewöhnlich pechschwarz; Pronotum und Elytren oft heller bräunlich; Beine, Fühler und Palpen gelblichbraun. 4,5–5,5 mm (2,5–2,8 mm). Genaue Verbreitung wegen häufiger Verwechslung mit ähnlichen Arten unklar; offenbar expansiv holomediterran verbreitet, von Nordafrika bis Westsibirien gemeldet. In Mitteleuropa überall häufig. Eurytop in der Bodenstreu vor allem unbewaldeter Biotope. .... ***boops*** (GRAVENHORST, 1802)

– ♂: Subapikalzahn des Medianlobus weiter vom Apex entfernt, daher der beilförmige Kiel am Apex des Medianlobus länger (Abb. 196q); Paramere breiter (Abb. 196p, r); Aedoeagus insgesamt größer. Habitus und Färbung wie *boops*. 5,5–6,5 mm (RL: 3,2–3,4). Nördliches und mittleres Europa, nicht in Südeuropa; Verbreitung – auch in Mitteleuropa – aufgrund der häufigen Verwechslung mit ähnlichen Arten der *boops*-Gruppe unklar. In Feuchtbiotopen, insbesondere im nassen Moos an Ufern montaner Fließgewässer. .... ***boopoides*** MUNSTER, 1923

41 ♂: Aedoeagus in Seitenansicht gekrümmt (Abb. 196t). Abdominalpunktur dichter. Braun, meist mit hellbraunem Pronotum; Beine, Fühler und Palpen gelblich braun. 5,5–6,5 mm (RL: 3,2–3,4 mm). Gesamtverbreitung aufgrund häufiger Fehlbestimmung unklar. In Mitteleuropa überprüfte Nachweise nur aus den Ostalpen und der Slowakei bekannt. .... ***scribae*** GANGLBAUER, 1895

– ♂: Aedoeagus in Seitenansicht gerade (Abb. 196w). Abdominalpunktur weitläufiger. Färbung wie bei *scribae*. 5,0–5,5 mm (RL: 2,6–2,8 mm). Gesamtverbreitung und taxonomischer Status revisionsbedürftig. Offenbar montane Art Südosteuropas. Alte Meldungen aus Mitteleuropa beruhen wahrscheinlich auf Fehlbestimmungen. .... [***reitteri*** GRIDELLI, 1925]

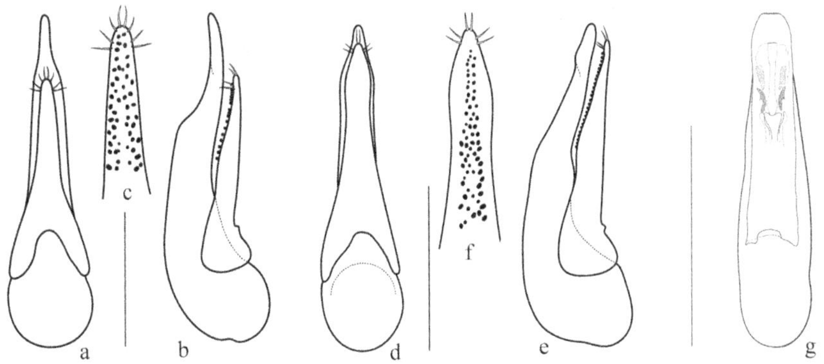

Abb. 197: Aedoeagus ventral (a, d) und lateral (b, e), Rückseite der Paramerenspitze (c, f) von *Quedius paradisianus* (a–c), *Q. collaris* (d–f) und *Atanygnathus terminalis* (g). Maßstäbe: 0,5 mm (a–b, d–e, g), 0,25 mm (c, f).

42 Erstes Glied der Metatarsen deutlich länger als die beiden folgenden Glieder zusammen. ♂: Medianlobus mit Subapikalzahn (Abb. 196z); Apex in Ventralansicht breit gerundet (Abb. 196y). Kopf mehr langoval. Durchschnittlich größer, 8,0–10,5 mm (RL: 4,3–4,6 mm). Pechschwarz, oft mit braunen Elytren und Hinterrändern der Tergite; Pronotum manchmal braun oder rotbraun; Beine, Fühler und Palpen gelbbraun. Holomediterran, nördlich bis nach Großbritannien, Südschweden und Polen verbreitet. In Mitteleuropa nur im Westen häufiger, im Osten (Tiefebene mit Ausnahme der Ostseeküste, Tschechische Republik, Slowakei, Österreich) sehr selten oder fehlend, vor allem in niederen Lagen (bis 500 m). In der Bodenstreu unbewaldeter, trockenwarmer Biotope, auch auf Kulturland. .... ***semiobscurus*** (MARSHAM, 1802)

– Erstes Glied der Metatarsen deutlich kürzer als die beiden folgenden Glieder zusammen. ♂: Medianlobus subapikal ungezähnt, Apex in Ventralansicht verengt (Abb. 197a, d). Kopf von eher rundlicher Form. Durchschnittlich kleiner, 7,0–8,5 mm (RL: 3,2–4,3). 43

43 ♂: Schmaler Apikalbereich des Medianlobus sehr gestreckt und in Seitenansicht leicht nach dorsal gekrümmt (Abb. 197b). Paramere nicht lanzettförmig, verhältnismäßig kürzer, ihr Apex bei weitem nicht an den Apex des Medianlobus heranreichend (Abb. 197a). Pechschwarz; manchmal Pronotum, Elytren und Hinterränder der Tergite braun; Elytren selten mit einem länglichen roten Fleck; Beine, Fühler und Palpen gelbbraun. 7,0–8,5 mm (RL: 4,0–4,3 mm). Gebirge Mittel- und Südosteuropas. In Mitteleuropa in den Alpen, Sudeten, Karpaten und einigen deutschen Mittelgebirgen häufig. In der Bodenstreu von Bergwäldern und der subalpinen Zone. .... ***paradisianus*** (HEER, 1839)

– ♂: Schmaler Apikalbereich des Medianlobus kurz und nicht nach dorsal gekrümmt (Abb. 197e). Paramere etwas lanzettförmig, verhältnismäßig länger, ihr Apex die Spitze des Medianlobus fast erreichend (Abb. 197d). Habitus und Färbung wie bei *paradisianus*, Exemplare mit rot gefleckten Elytren bisher nicht bekannt. 6,5–8,0 mm (RL: 3,2–3,7 mm). Gebirgsart in Mittel- und Südosteuropa, Italien. In Mitteleuropa nur in den Sudeten und Westkarpaten (Polen, Tschechische Republik, Slowakei) sowie in den österreichischen Ostalpen. Häufig. Lebensweise wie bei *paradisianus*. .... ***collaris*** ERICHSON, 1840

Subtribus Staphylinina LATREILLE, 1802

Körper lang gestreckt, aber robust (Abb. 26b–27e). Kopf hinten abgeschnürt, mit deutlich ausgeprägten, meist langen Schläfen. Mandibeln lang, meist kräftig, oft an der Innenseite mit zusätzlicher Bezahnung. Hals dicht punktiert (Ausnahme: *Creophilus*). Hypomeron des Pronotums von der Seite her immer deutlich sichtbar. Klauenglieder mit deutlichen Empodialborsten.

Diese Subtribus beinhaltet unsere größten Staphyliniden. Die trotz ihrer ansehnlichen Körpergröße unzureichend bearbeitete Gruppe umfasst weltweit zurzeit mehr als 900 beschriebene Arten in etwa 50 Gattungen. Jüngere Studien haben zu einer weitreichenden Umstellung auf Gattungsebene auch für die mitteleuropäischen Arten geführt (SMETANA & DAVIES 2000). Neueste, die Fauna Mitteleuropas betreffende taxonomische Änderungen finden sich bei SCHILLHAMMER (2009).

1 Scheibe des Kopfes und des Pronotums glatt und glänzend, weitgehend unpunktiert und unbeborstet (Abb. 26c). .... ***Creophilus*** LEACH, 1819; S. 486

– Scheibe des Kopfes und des Pronotums punktiert und beborstet. **2**

2 Fühler sehr kurz, zurückgelegt den Hinterrand des Kopfes kaum überragend, die 5 vorletzten Glieder stark quer, eine undeutliche Fühlerkeule bildend. Fortsatz des Mesoventrits breit, Mesocoxae daher weit getrennt. Kopf und Großteil des Pronotums sowie letzte Abdominalsegmente dicht hellgelb beborstet (Abb. 26f). .... ***Emus*** LEACH, 1819; S. 487

– Fühler länger und schlanker, zurückgelegt den Hinterrand des Kopfes meist deutlich überragend, vorletzte Fühlerglieder keine Keule bildend. Fortsatz des Mesoventrits schmal, Mesocoxae eng stehend oder einander berührend. Beborstung anders. **3**

3 Vorderecken des Pronotums spitzwinklig vorragend (Abb. 27b). Mesoventrit mit deutlichem Längskiel. .... ***Ontholestes*** GANGLBAUER, 1995; S. 498

– Vorderecken des Pronotums rechtwinklig bis abgerundet. Mesoventrit ungekielt. **4**

4 Großer Postokular-Porenpunkt dem Hinterrand des Kopfes deutlich näher stehend als dem Hinterrand des Auges, Kopf mehr oder weniger deutlich nach hinten erweitert (Abb. 27c). .... ***Platydracus*** THOMSON, 1858; S. **499**

– Großer Postokular-Porenpunkt dem Hinterrand des Kopfes nicht näher stehend als dem Hinterrand des Auges, Kopf nicht nach hinten erweitert. **5**

5 Elytren metallisch grün, die umgeschlagenen Seitenteile, die Basis und der Hinterrand schmal, aber deutlich rot (Abb. 26b). Innenrand der Mandibeln zwischen Zähnung und Basis tief konkav ausgeschnitten. .... ***Abemus*** MULSANT & REY, 1876; S. 486

– Elytren schwarz, bläulich oder rötlich. **6**

6 Basis der Mandibularprostheca geteilt. Kopf entweder lang und dicht silbrig beborstet oder kurz und undeutlich beborstet, dann aber ganzer Vorderkörper mit rötlicher Grundfärbung. Habitus wie in Abb. 26d-e. ....***Dinothenarus*** THOMSON, 1858; S. 486

– Basis der Mandibularprostheca nicht gespalten. Scheibe des Kopfes dunkel beborstet, ganzer Vorderkörper niemals mit rötlicher Grundfärbung, höchstens Elytren rot. **7**

7 Gruben der Mesocoxae hinten und innen ungerandet. Hals dicht goldgelb beborstet, Basis der Abdominaltergite mit deutlichen goldgelben Borstenflecken an der Seite, zumindest auf den Tergiten VI–VIII (Abb. 27d). .... ***Staphylinus*** LINNAEUS, 1758; S. **501**

– Gruben der Mesocoxae hinten und innen deutlich gerandet. Hals schwarz beborstet, Basis der Abdominaltergite höchstens in der Mitte mit einem gelblichen oder silbrigen Borstenfleck. **8**

8 Zumindest linke Mandibel mit 2 oder mehrspitziger Zähnung am Innenrand (Abb. 202a). Habitus: Abb. 27a. .... ***Ocypus*** LEACH, 1819; S. 488

– Beide Mandibeln entweder mit einfacher Zähnung am Innenrand oder ungezähnt und sichelförmig (Abb. 202b, c). Habitus: Abb. 27e. ....***Tasgius*** STEPHENS, 1829; S. 503

Gattung *Abemus* MULSANT & REY, 1876

Habitus wie in Abb. 26b. Basis der Mandibularprostheca in mehrere Äste gespalten, Innenrand der Mandibel in der Basalhälfte tief bogenförmig ausgerandet, Ausrandung mit kleinem, subbasalem Zahn, der sehr nahe der Mandibelbasis sitzt. Mesoventrit ohne Längskiel, Fortsatz des Mesoventrits schmal und zugespitzt. Die Gattung enthält 3 Arten, die alle in der Westpaläarktis vorkommen. Die einzige mitteleuropäische Art ist durch die Färbung innerhalb der Subtribus gut gekennzeichnet.

Kopf und Pronotum kupfrig, dicht punktiert, Pronotum mit mediobasalem, länglichem Spiegelfleck. Elytren metallisch grün, Basis, umgeschlagene Seitenteile und Hinterrand schmal abgegrenzt rötlich. Vorderkörper mit fleckiger, silbriger Beborstung. Abdominaltergite schwarz, Paratergite und Hinterränder breit rötlich, Tergite III–VII mit gelblich-silbrigem, mediobasalem Borstenfleck, der jederseits von einem schwarzen Tomentfleck begrenzt wird. 9,5–12,5 mm (RL: 5,5–6,0 mm). Pontomediterrane Art, von Frankreich bis nach Kleinasien verbreitet und nur den Südosten Mitteleuropas (Österreich, Slowakei, Tschechische Republik, Südostpolen) erreichend. Selten bis sehr selten. Vor allem in naturbelassenen Waldhabitaten. .... ***chloropterus*** (PANZER, 1796)

Gattung *Creophilus* LEACH, 1819

Habitus wie in Abb. 26c. Kopf und Pronotum glänzend, nur seitlich an den Schläfen beborstet, durch dieses Merkmal innerhalb der Subtribus sehr ausgezeichnet. Fühler kurz, vorletzte Fühlerglieder deutlich quer, mit dem Endglied eine undeutliche Keule bildend. Obere Seitenrandlinie des Pronotums zu den Vorderwinkeln hin verlöschend, nicht mit der unteren Linie vereint. Fortsatz des Mesoventrits breit, Mesocoxae daher weit getrennt. Die Gattung ist weltweit mit etwa einem Dutzend Arten vertreten, von denen in Mitteleuropa nur eine vorkommt.

Schwarz, Elytren mit einer variablen, unscharf begrenzten, weißlichen Querbinde, Abdomen mit weißlicher bis schmutzig-weißer scheckiger Beborstung auf den Tergiten, Unterseite dicht hell beborstet. 15–25 mm (RL: 7,5–11,5 mm). Die Art hatte ursprünglich wohl ein holarktisches Areal und ist mittlerweile kosmopolitisch verbreitet. In Mitteleuropa überall sehr häufig. An Aas und anderen faulenden Stoffen. ... ***maxillosus*** (LINNAEUS, 1758)

Gattung *Dinothenarus* THOMSON, 1858

Habitus wie in Abb. 26d–e. Basis der Mandibularprostheca in 2 Äste gespalten. Von der Gattung *Abemus*, die ebenfalls eine gespaltene Prostheca besitzt, durch das Mesoventrit mit einer bogenförmigen Querreihe von borstentragenden Punkten, die aus tiefen Gruben entspringen, und den Bau der Mandibeln zu unterscheiden. Innenrand der Mandibel in der Basalhälfte nicht tief bogenförmig ausgerandet, eher geradlinig verlaufend (und mit einem kleinen subbasalen Zahn, der aber sehr nahe der großen Mandibelbezahnung sitzt), wenn mehr oder weniger konkav ausgerandet, dann Ausrandung ohne kleinen subbasalen Zahn. Die beiden Untergattungen unterscheiden sich im äußeren Erscheinungsbild recht deutlich, beide sind innerhalb der Subtribus durch das Aussehen leicht kenntlich. Die Gattung ist in der Holarktis und dem nordwestlichen Teil der Orientalis verbreitet. Von den etwa 30 beschriebenen Arten kommen 3 in Mitteleuropa vor.

1 Zumindest Pronotum und Elytren zum größten Teil schwarz. Der ganze Körper mit dichter, langer, teils struppiger Beborstung. Ligula ungeteilt, höchstens an der Spitze leicht eingebuchtet. Untergattung *Dinothenarus* THOMSON, 1858. .... **2**

– Körper mit normaler Beborstung (Untergattung *Parabemus* REITTER, 1909). Kopf, Pronotum und Vorderhälfte der Elytren rotbraun, dicht punktiert und schwarz beborstet, Hinterhälfte der Elytren gelbrot, mit goldgelber Beborstung, Fühler schwarz, Femora schwarz, Tibien und Tarsen gelbrot bis rot. Habitus wie in Abb. 26d. Ligula geteilt, deutlich zweilappig. 15,5–21,5 mm (RL: 8,5–10,0 mm). Von der Iberischen Halbinsel bis in die Ukraine verbreitet. In Mitteleuropa im Süden und Westen nicht selten, außer mit Bodenfallen aber selten gefunden; östlich der Elbe in der Tiefebene selten, gebietsweise fehlend. In der Streu von Waldbiotopen und *Calluna*-Heiden. .... ***fossor*** (SCOPOLI, 1771)

2 Schwarz, Labrum und Basalhälfte der Mandibeln gelb, Fühler schwarz, basale 4 oder 5 Glieder gelb, Glieder I und III variabel geschwärzt. Kopf mit verstreuten, großen kahlen Punktgruben, Kopf und Pronotum mit aufstehender, ungeordneter, langer silbriger bis olivfarbener Beborstung, Elytren mit schwarzer bis dunkelolivfarbener, mosaikartig angeordneter Beborstung. Beine schwarz, Femora mit gelbem Fleck kurz vor den Apex, Tibien außen gelb. Habitus wie in Abb. 26e. 13–18 mm (RL: 6,5–8,5 mm). Über große Teile Nord-, Mittel- und Südeuropas bis nach Kleinasien verbreitet. In Mitteleuropa (besonders im Norden) teilweise stark in der Häufigkeit zurückgegangen, nur im Süden stellenweise und vor allem in Wäldern häufiger. Oft zahlreich an frischem Mist. .... ***pubescens pubescens*** (DEGEER, 1774)

– Kopf rotgelb, Pronotum schwarz mit variabler Zeichnung aus rotgelben Flecken, Fühler schwarz mit 5–6 hellgelben basalen Gliedern. Kopf gleichmäßig punktiert, ohne große kahle Punktgruben, lang silbrig beborstet. Punktur von Pronotum und Elytren ähnlich wie bei *pubescens*, Beborstung schwarz, Färbung der Beine wie bei *pubescens*. 14–20 mm (RL: 7,5–9,5 mm). Pontomediterrane Art, in Mitteleuropa nur im äußersten Südosten (Burgenland, Kärnten, Slowakei). Sehr selten. .... ***flavocephalus flavocephalus*** (GOEZE, 1777)

Gattung *Emus* LEACH, 1819

Habitus wie in Abb. 26f. Die einzige Art der Gattung ist durch die dichte und lange, schwarze, weißgraue und goldgelbe Beborstung leicht kenntlich. Fühler extrem kurz, 5 vorletzte Fühlerglieder deutlich quer, mit dem ebenfalls leicht queren Endglied eine undeutliche Keule bildend. Fortsatz des Mesoventrits breit, Mesocoxae daher weit getrennt. Die Gattung ist mit hoher Wahrscheinlichkeit monotypisch. Es wurden zwar in der Gattung mehrere Arten beschrieben, die aber entweder anderen Gattungen angehören oder als nomina dubia geführt werden.

Schwarz, Oberfläche dunkelviolett bis dunkelkupfrig metallisch schimmernd. Kopf mit Ausnahme der Fühlereinlenkungsstelle, Pronotum mit Ausnahme des Hinterrandes und der Hinterhälfte des Seitenrandes, und Abdomen ab dem Tergit VI dicht goldgelb beborstet, hintere Hälfte der Elytren weißlichgrau beborstet, der Rest des Körpers mit schwarzer Beborstung. 20–28 mm (RL: 9,0–13,5 mm). Von West- und Südwesteuropa bis nach Mittelasien verbreitet. In Mitteleuropa selten, in Wärmeperioden gelegentlich häufiger auftretend und weiter nach Norden vordringend. Die Art wird vor allem an Dung großer Huftiere gefunden. .... ***hirtus*** (LINNAEUS, 1758)

Gattung *Ocypus* LEACH, 1819

Habitus wie in Abb. 27a. Mittelgroße bis sehr große Arten. Kopf und Pronotum schwarz, selten mit blauem oder bronzefarbenem Metallschimmer, Beborstung meist unauffällig, die Untergattung *Pseudocypus* oft mit auffälligen längsverlaufenden Borstenbinden auf den Tergiten. Beide Mandibeln mit deutlicher Bezahnung am Innenrand, die der linken Mandibel immer mindestens zweispitzig. Die Gattung ist in der Paläarktis verbreitet. Einige europäische Arten kommen adventiv in Nordamerika vor, einige Arten dringen in den Grenzbereich zur Orientalis vor. Von den mehr als 150 beschriebenen Arten kommen 23 in Mitteleuropa vor. Die 3 Untergattungen unterscheiden sich teilweise auch ökologisch: während die Vertreter der Untergattung *Matidus* vorwiegend Waldbewohner sind, bevorzugen die Arten der anderen Untergattungen eher trockenere Habitate in offenem Gelände.

1 Letztes Maxillarpalpenglied beborstet (Untergattung *Matidus* MOTSCHULSKY, 1860). **2**

– Letztes Maxillarpalpenglied nicht beborstet. **13**

2 Beine rot. Augen vergleichsweise groß, mehr als 0,75-mal so lang wie die Schläfen. **3**

– Beine zumindest mit schwarzen Femora, wenn ganz rot, dann Elytren rotbraun, deutlich heller als Kopf und Pronotum. Augen kleiner, weniger als 0,7-mal, meist weniger als halb so lang wie die Schläfen. **4**

3 Punktur des Pronotums dicht, Punkte etwa einen Punktdurchmesser voneinander getrennt, Sekundärpunktur sehr fein und undeutlich, punktfreie Mittellinie leicht erhaben. Kopf höchstens 1,2-mal so breit wie lang, weniger als 0,9-mal so breit wie das Pronotum. Augen groß, 0,85–0,95-mal so lang wie die Schläfen. 10–18 mm (RL: 5,0–7,5 mm). ♂: Aedoeagus wie in Abb. 198a. Über große Teile Europas verbreitet, aber im Süden (Iberische Halbinsel, Süditalien, Griechenland) fehlend. In Mitteleuropa überall häufig. .... ***brunnipes*** (FABRICIUS, 1781)

– Punktur des Pronotums weit weniger dicht, Punkte durch mindestens 2 Punktdurchmesser voneinander getrennt; deutlich doppelt punktiert, feinere Sekundärpunkte zahlreicher, deutlich sichtbar, punktfreie Mittellinie flach. Kopf 1,3–1,4-mal so breit wie lang, mehr als 0,95-mal so breit wie das Pronotum. Augen kleiner, 0,75–0,80-mal so lang wie die Schläfen. 15–20 mm (RL: 6,5–8,5 mm). ♂: Aedoeagus wie in Abb. 198b. Von Norditalien ins südliche und südöstliche Mitteleuropa einstrahlend. In Norditalien nicht selten, nördlich davon sehr selten. Die genaue Verbreitung dieser früher als ssp. von *brunnipes* betrachteten Art bedarf aber noch der endgültigen Klärung. Die überprüften Funde lassen die Annahme zu, dass die Art im südlichen Teil ihrer Verbreitung eher montan lebt, während sie weiter nördlich im Tiefland vorkommt und dort offensichtlich Auwälder bevorzugt. .... ***alpicola*** (ERICHSON, 1840)

4 Protibien an der Außenseite nur fein beborstet, Dornen finden sich nur am Apikalrand und an der Unterseite, Letztere sind in einer Längsreihe, bestehend aus 3–4 Dornen, angeordnet und in der dichten Beborstung manchmal schwer zu erkennen. **5**

– Protibien an der Außenseite zumindest im Apikalviertel mit kräftigen Dornen. **10**

5 Vorderkörper mehr oder weniger deutlich zweifarbig, Kopf und Pronotum schwarz oder dunkelbraun, Elytren rot bis rotbraun, immer heller als Kopf und Pronotum. **6**

– Vorderkörper einfarbig schwarz oder dunkelbraun (3 manchmal schwer zu unterscheidende Arten). **8**

6 Schläfen leicht backenartig nach hinten verlängert, Kopfhinterrand leicht konkav. Pronotum länger als breit, meist mit durchgehender, leicht erhabener punktfreier Mittellinie. Vorderkörper kräftig punktiert, Untergrund glänzend, nur selten am Kopf mit feiner Mikroskulptur. Beine schwarz, variabel aufgehellt; Fühler schwarz, zur Spitze hin heller werdend, manchmal schon ab Glied IV. 15–20 mm (RL: 7,5–9,0 mm). ♂: Aedoeagus wie in Abb. 198c. Ost- und Südalpen in Südostösterreich, Nordostitalien und Slowenien. Selten. .... ***megalocephalus*** (NORDMANN, 1837)

– Schläfen normal abgerundet, Kopfhinterrand gerade oder schwach konvex. Pronotum etwa so lang wie breit, meist nur in der Hinterhälfte mit punktfreier Mittellinie. Vorderkörper feiner punktiert, Untergrund mit mehr oder weniger deutlicher Mikroskulptur. 7

7 Kopf und Pronotum durch dichte Mikroskulptur matt. Pronotum vom vorderen Drittel an zumindest leicht geradlinig nach hinten verengt. Vorletzte Fühlerglieder bis Glied IX länger als breit. Größer, 18–25 mm (RL: 9,0–11,0 mm). ♂: Aedoeagus wie in Abb. 198d. In den Mittelgebirgen und im Hügelland nördlich der Alpen, vom Weserbergland über den Harz und Thüringen bis in die Sudeten und die Westkarpaten verbreitet, nicht in Südwestdeutschland. Selten. .... ***macrocephalus*** (GRAVENHORST, 1802)

– Kopf und Pronotum mit schwächerer Mikroskulptur, daher glänzender, Seiten des Pronotums parallel oder undeutlich konvex. Fühlerglieder deutlich kürzer, Glieder VII–IX etwa so lang wie breit, Glied IX manchmal leicht quer. Kleiner, 13–19 mm (RL: 7,0–8,5 mm). ♂: Aedoeagus wie in Abb. 198e. Karpaten. In Mitteleuropa nur im äußersten Osten (Slowakei). Nicht häufig. .... ***ormayi*** (REITTER, 1887)

8 Seitenrand des Pronotums (von dem Punkt, an dem die obere Seitenrandlinie nach ventral abbiegt) zu den Vorderecken deutlich, leicht gerundet verengt. In Größe und Gestalt, Punktur und Mikroskulptur von Kopf und Pronotum, sowie Aedoeagusform sehr variable Art. 13–20 mm (RL: 6,0–8,5 mm). ♂: Aedoeagus wie in Abb. 198f. West- und Zentralalpen, im Süden der Alpen östlich bis ins Trentino. In Mitteleuropa in der Schweiz und in Südwestdeutschland. Selten. .... ***chevrolatii*** BAUDI DI SELVE, 1848

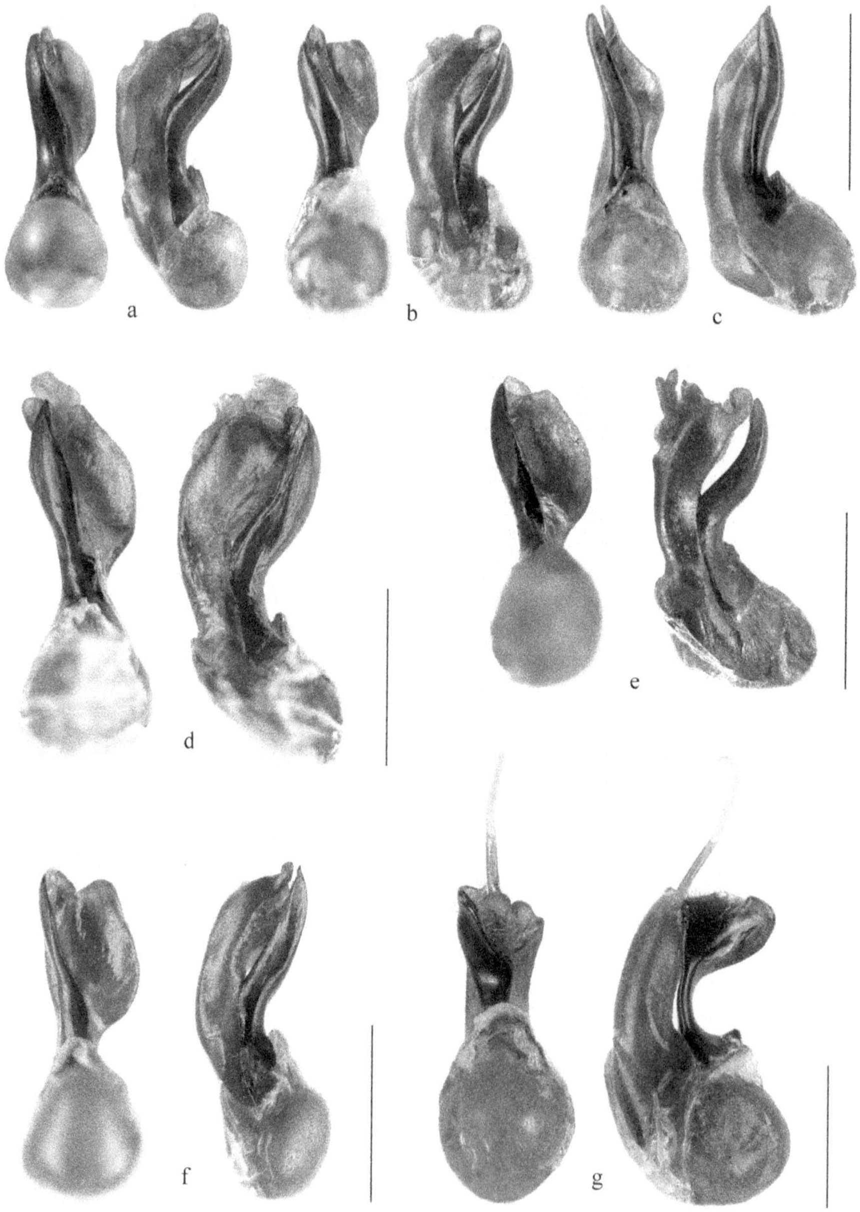

Abb. 198: Aedoeagus ventral und lateral von *Ocypus brunnipes* (a), *O. alpicola* (b), *O. megalocephalus* (c), *O. macrocephalus* (d), *O. ormayi* (e) , *O. chevrolatii* (f), *O. nitens* (g). Maßstab: 1 mm.

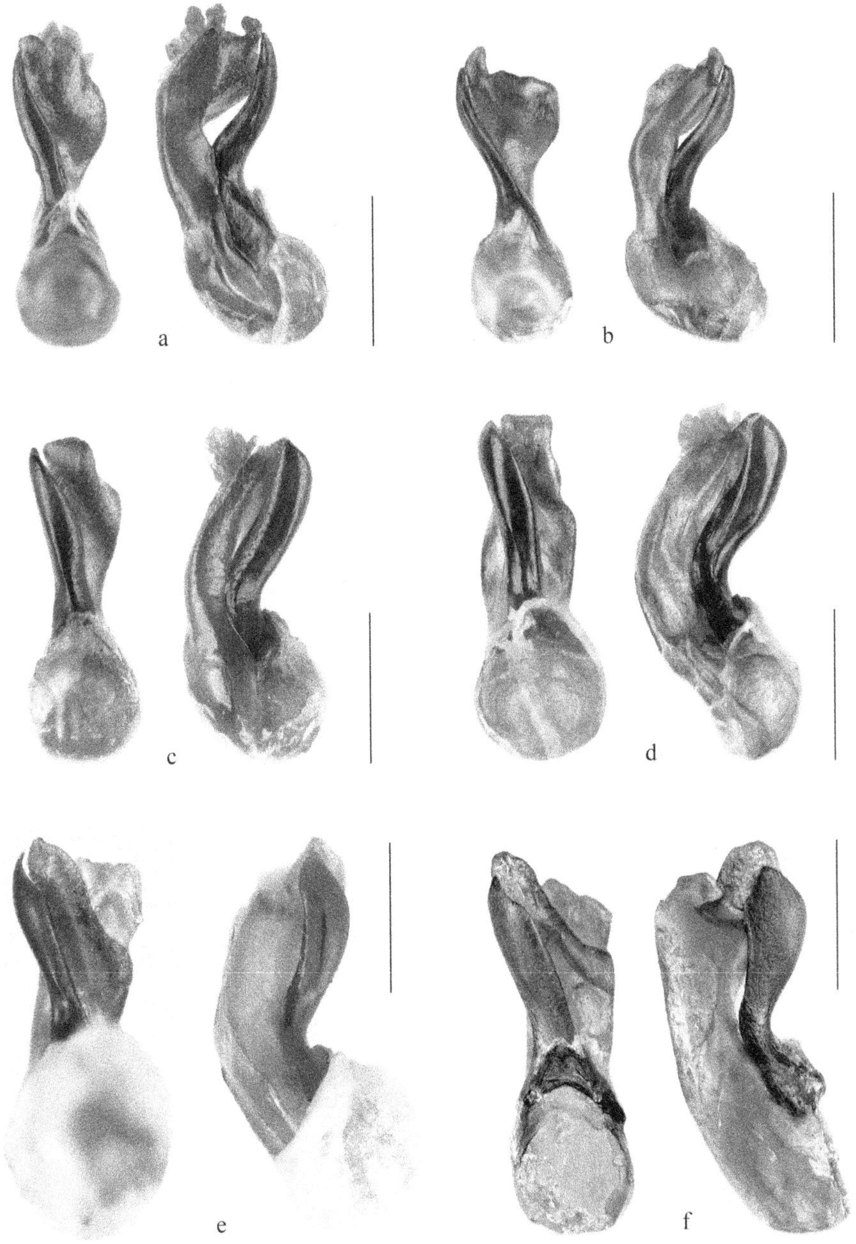

Abb. 199: Aedoeagus ventral und lateral von *Ocypus alpestris* (a), *O. brevipennis* (b), *O. biharicus* (c), *O. tenebricosus* (d), *O. pedemontanus* (e), *O. solarii* (f). Alle Maßstäbe: 1 mm.

– Seitenrand des Pronotums (von dem Punkt, an dem die obere Seitenrandlinie nach ventral abbiegt) zu den Vorderecken nicht oder nur sehr undeutlich verengt, geradlinig verlaufend. 9

9 Punktur von Kopf und Pronotum dicht und grob, besonders in der Vorderhälfte des Pronotums an den Seiten deutlich genabelt, Punktgruben leicht vertieft, oft schwach verrunzelt. Elytren und Abdomen schwarz beborstet, höchstens die äußersten Spitzen der Borsten leicht rötlich aufgehellt. Durchschnittlich größer, 18–25 mm (RL: 9,0–11,0 mm). ♂: Aedoeagus wie in Abb. 199a. Ostalpen. Von der östlichsten Schweiz bis nach Slowenien verbreitet. Besonders im Süden der Alpen häufig. Montan bis alpin. .... ***alpestris*** ERICHSON, 1840

– Punktur von Kopf und Pronotum sehr dicht und fein, Nabelung generell sehr undeutlich oder nicht erkennbar, Punktgruben flach, ohne Spur einer Verrunzelung. Borsten der Elytren und des Abdomens mit schwarzer Basalhälfte, distale Hälfte rostrot bis rotgolden, Beborstung daher in der Gesamtheit heller erscheinend. Die Art variiert enorm in der Größe: 12–22 mm (RL: 6,5–9,5 mm). ♂: Aedoeagus wie in Abb. 199b. Im gesamten Ost- und Zentralalpengebiet von Savoyen bis nach Slowenien. Nicht selten. .... ***brevipennis*** (HEER, 1839)

10 Kopf und Pronotum dicht und sehr grob punktiert, Oberfläche zwischen den Punkten ohne Mikroskulptur, daher stark glänzend. Pronotum mit deutlicher, durchgehender punktfreier Mittellinie. Habitus wie in Abb. 27a. 12–20 mm (RL: 6,0–8,5 mm). ♂: Aedoeagus wie in Abb. 198g. Über ganz Europa mit Ausnahme des hohen Nordens bis in den Kaukasus, nach Kleinasien und in den Iran verbreitet. Überall häufig. .... ***nitens nitens*** (SCHRANK, 1781)

– Kopf und Pronotum sehr dicht und fein punktiert, Oberfläche zwischen den Punkten mit deutlicher Mikroskulptur, daher matt. Pronotum ohne oder nur an der Basis mit angedeuteter punktfreier Mittellinie, größer. 11

11 Pronotum von der breitesten Stelle im vorderen Drittel zur Basis deutlich, geradlinig verengt. 18–25 mm (RL: 9,5–12,5 mm). ♂: Aedoeagus wie in Abb. 199c. Gesamtverbreitung ungenügend bekannt, von Südosteuropa ins südöstliche Mitteleuropa (Österreich, Slowakei, Südost-Polen) einstrahlend. Selten, im nordöstlichen Niederösterreich stellenweise häufiger. .... ***biharicus*** (G. MÜLLER, 1926)

– Seiten des Pronotums nicht oder nur sehr undeutlich zur Basis verengt. 20–30 mm (RL: 10–14 mm). Hierher 3 nur anhand des Aedoeagus sicher zu trennende Arten. 12

12 ♂: Aedoeagus wie in Abb. 199d. Vom mittleren und südlichen Mitteleuropa östlich des Rheins bis in die ukrainischen Karpaten, vorwiegend montan, in der Tiefebene fehlend. Häufig, nach Norden seltener. Vor allem in feuchten Laub- und Mischwäldern. Aufgrund häufiger Verwechslung mit der folgenden Art bedürfen alle Meldungen aus Westeuropa und dem angrenzenden westlichen Mitteleuropa der Überprüfung. .... ***tenebricosus*** (GRAVENHORST, 1846)

– ♂: Aedoeagus wie in Abb. 199e. Westeuropäische Montanart, von Spanien bis in den Nordwesten Italiens, die Schweiz und nach Westdeutschland (westlich des Rheins) verbreitet, adventiv auch auf Madeira. Der Status der

2 beschriebenen Subspezies ist zweifelhaft. ....
.... ***pedemontanus*** (G. MÜLLER, 1924)

– ♂: Aedoeagus wie in Abb. 199f. Italienische und französische Seealpen. In Mitteleuropa nur in der Schweiz. Selten. Bevorzugt im Gegensatz zu *tenebricosus* und *pedemontanus* trockenere Standorte. ....
.... ***solarii*** (G. MÜLLER, 1923)

13 Letztes Glied der Maxillar- und Labialpalpen länglich, mehr oder weniger spindelförmig, Spitze sehr schmal abgestutzt (Untergattung *Pseudocypus* MULSANT & REY, 1876). **14**

– Zumindest letztes Labialpalpenglied kurz, nicht länger als breit, Spitze breit abgestutzt (Untergattung *Ocypus* LEACH, 1819). **21**

14 Pronotum gleichmäßig punktiert, ohne punktfreie Mittellinie. Abdominaltergite an der Basis mit einem kleinen hellen Borstenfleck in der Mitte, der allerdings undeutlich sein kann, Kopf und Pronotum ohne oder mit undeutlichem Metallschimmer. **15**

– Pronotum mit punktfreier Mittellinie. Kopf und Pronotum mit meist deutlichem Metallschimmer. **16**

15 ♂: Aedoeagus wie in Abb. 200a. Augen so lang wie die Schläfen, Pronotum parallelseitig. 13,5–19,0 mm (RL: 7–9 mm). Pontomediterrane Art, Süd- und Südosteuropa, Kleinasien, Kaukasus, Irak. In Mitteleuropa nur im Südosten (Österreich, Tschechische Republik, Slowakei). Selten. An wärmebegünstigten, offenen Standorten. .... ***mus*** (BRULLÉ, 1832)

– ♂: Aedoeagus wie in Abb. 200b. Augen deutlich kürzer als die Schläfen, Pronotum nach hinten leicht verengt. 14,5–20,0 mm (RL: 7,5–9,0 mm). Atlantomediterrane Art, die im Nordosten ihres Areals die Schweiz erreicht. .... ***aethiops*** (WALTL, 1835)

16 Kopf und Pronotum locker punktiert, zwischen den groben borstentragenden Punkten mit feiner Sekundärpunktur, Scheibe des Kopfes sehr spärlich punktiert. Abdominaltergite einheitlich dunkel beborstet. 13–18 mm (RL: 6,5–7,5 mm). ♂: Aedoeagus wie in Abb. 200c. Von Westeuropa bis ins östliche Sibirien verbreitet. Nicht häufig. Vorwiegend in offenem Gelände, aber auch in lichten Wäldern. .... ***fuscatus*** (GRAVENHORST, 1802)

– Kopf und Pronotum sehr dicht punktiert, ohne feine Sekundärpunktur, Pronotum mit unregelmäßiger Längsreihe gröberer Punkte entlang der punktfreien Mittellinie. Abdominaltergite zumindest mit eingestreuten goldenen Borsten. **17**

17 Abdominaltergite mit fein verteilten goldenen Borsten in der dunklen Grundbeborstung, Elytren und Beine einfarbig hellrot. 12,0–17,0 mm (RL: 6,5–7,5 mm). ♂: Aedoeagus wie in Abb. 200d. Von Südwest- und Westeuropa bis nach Mittelasien und ins östliche Sibirien verbreitet. Nicht häufig, östlich der Elbe in der Tiefebene weithin fehlend. In Mitteleuropa sowohl in offenem Gelände als auch in Wäldern, von der Ebene bis in mittlere Gebirgslagen. .... ***fulvipennis*** ERICHSON, 1840

– Helle Beborstung der Abdominaltergite in Längsstreifen angeordnet, Beine zumindest teilweise geschwärzt. **18**

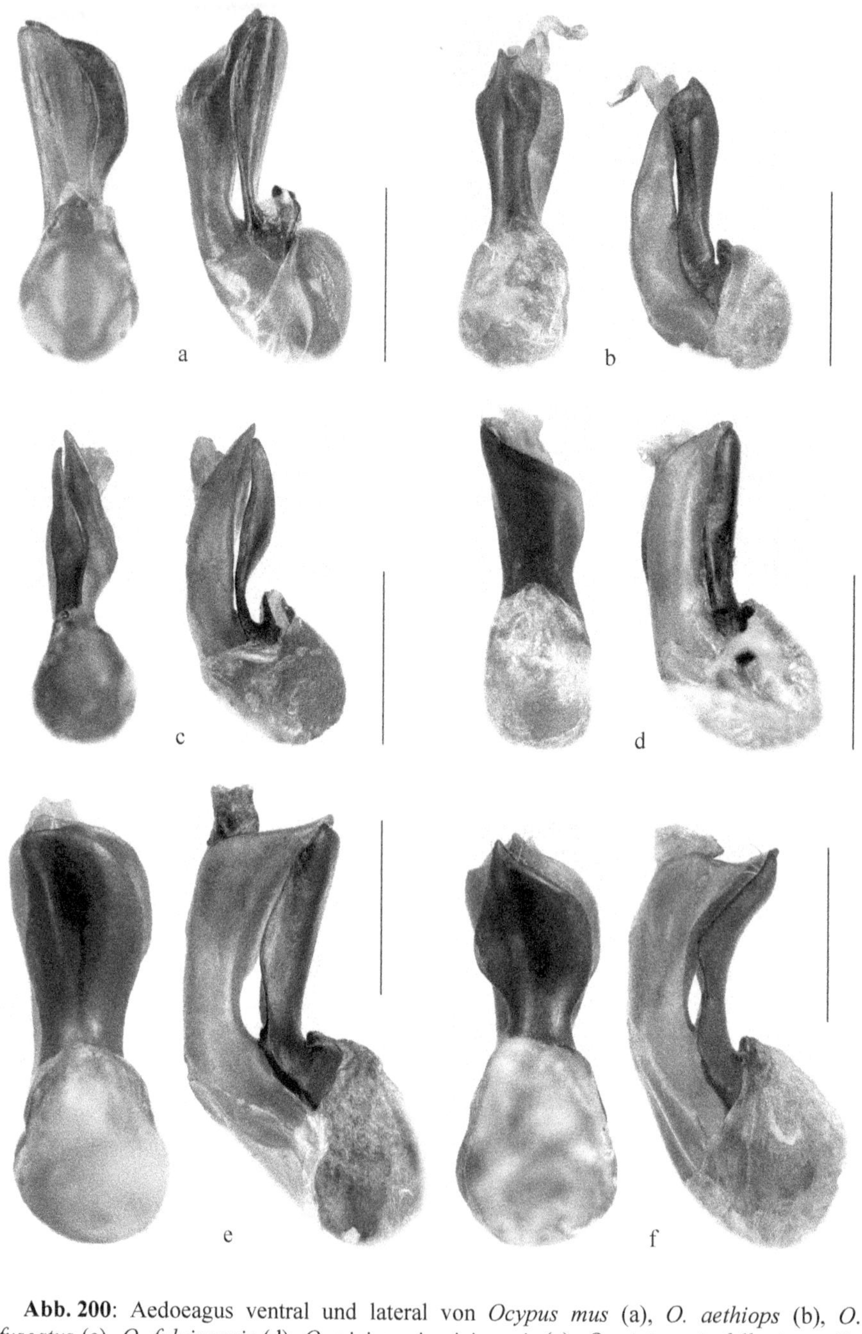

Abb. 200: Aedoeagus ventral und lateral von *Ocypus mus* (a), *O. aethiops* (b), *O. fuscatus* (c), *O. fulvipennis* (d), *O. picipennis picipennis* (e), *O. picipennis fallaciosus* (f). Alle Maßstäbe: 1 mm.

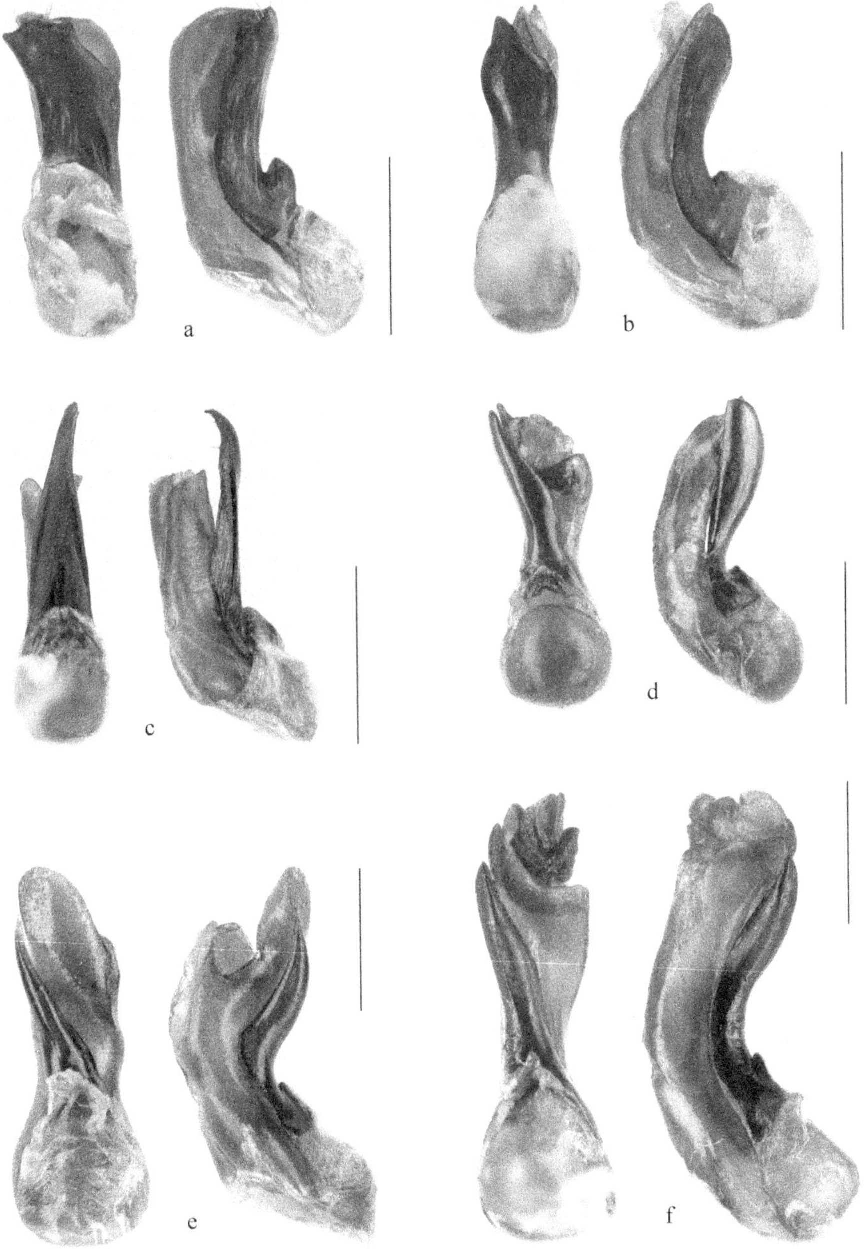

Abb. 201: Aedoeagus ventral und lateral von *Ocypus aeneocephalus* (a), *O. sericeicollis* (b), *O. fortunatarum* (c), *O. ophthalmicus* (d), *O. olens* (e), *O. rhaeticus* (f). Alle Maßstäbe: 1 mm.

18 Beborstung auf jeder Hälfte des Pronotums vollständig schräg oder fast waagerecht nach innen gerichtet. Augen so lang wie die Schläfen, die großen, in einer regelmäßigen Querreihe stehenden Borstenpunkte auf den Abdominaltergiten relativ unauffällig, Punktgruben klein. Fünf helle, längsgerichtete Borstenstreifen der Abdominaltergite oft nur auf den Tergiten IV und V deutlich, Elytren schwarz oder rotbraun. 12,0–20,5 mm (RL: 6,5–9,5 mm). Paläarktis, östlich bis nach China und in die Mongolei verbreitet. In Mitteleuropa nicht häufig; die ssp. *fallaciosus* in den Alpen, vorzugsweise in höheren Lagen.[1]

– ♂: Aedoeagus wie in Abb. 200e. ..... ***picipennis picipennis*** (FABRICIUS, 1793)

– ♂: Aedoeagus wie in Abb. 200f. .... ***picipennis fallaciosus*** (G. MÜLLER, 1926)

– Beborstung des Pronotums vorwiegend nach hinten gerichtet, entlang der Mittellinie entweder deutlich nach hinten gerichtet oder mit einem Streifen divergierender Borsten, der sich in der Kämmrichtung deutlich abgesetzt von den lateralen ⅔ unterscheidet. Augen länger als die Schläfen. Die großen, in einer unordentlichen Querreihe stehenden Borstenpunkte auf den Abdominaltergiten sehr auffällig, zahlreicher als bei *picipennis*; Punktgruben sehr groß, deutlich aus der Grundbeborstung hervorstechend. ... **19**

19 Elytren kurz, von der erhabenen Basallinie des Scutellums bis zum Nahtwinkel so lang wie das Pronotum, ganz dunkel, ohne Spuren einer Rotfärbung. Beborstung des Pronotums entlang der Mittellinie oft leicht nach innen gerichtet oder undeutlich divergierend, dieser Streifen aber nie deutlich von der Kämmrichtung der äußeren ⅔ abgesetzt. Augen etwas länger als die Schläfen (1,15–1,30 ×). Helle Borstenstreifen der Tergite oft undeutlich begrenzt, vor allem auf den hinteren Tergiten. 12–16 mm (RL: 5,5–6,5 mm). ♂: Aedoeagus wie in Abb. 201a. Von Südwest- und Westeuropa bis in den Osten Sibiriens verbreitet. In Europa vor allem in der nördlichen Hälfte häufig. .... ***aeneocephalus*** (DEGEER, 1774)

– Elytren länger, von der erhabenen Basallinie des Scutellums bis zum Nahtwinkel länger als das Pronotum; variabel gefärbt, entweder rötlich mit einem dunklen Streifen entlang der Naht oder dunkel mit rötlicher Naht, rötlichem Hinterrand und rötlichen Epipleuren; wenn ganz dunkel, dann zumindest Epipleuren an den Schultern mit rötlichem Fleck. Beborstung des Pronotums entlang der Mittellinie mit einem Streifen divergierender Borsten, der in der Kämmrichtung deutlich vom lateral angrenzenden Bereich abgesetzt ist. Augen deutlich länger als die Schläfen (1,40–1,65 ×). Helle Borstenstreifen der Tergite normalerweise bis zum vorletzten Tergit sehr deutlich begrenzt, Mittelstreifen besonders deutlich hervorstechend. Zwei sehr ähnliche Arten mit vorwiegend mediterraner Verbreitung, die zum Teil auch aus Mitteleuropa gemeldet wurden. Aufgrund der uneinheitlichen Interpretation der Namen in historischer Zeit und zahlreicher Fehlbestimmungen bedürfen aber alle Meldungen aus Westeuropa und dem westlichen Mitteleuropa der Überprüfung. **20**

---

[1] Der Aedoeagus dieser Art ist extrem vielgestaltig. Die Merkmalskonstanz innerhalb einer Population hat zu einer Flut von revisionsbedürftigen subspezifischen Namen geführt. Einige davon, so auch die ssp. *fallaciosus*, könnten aber eigenständige Arten darstellen.

20 Robustere Art mit breiterem Pronotum (2,25–2,75 mm breit, 1,00–1,05-mal so lang wie breit). Mittlerer heller Borstenstreifen der Tergite nicht längsgeteilt. Durchschnittlich größer, 13–18 mm (RL: 6,6–8,0 mm). ♂: Aedoeagus wie in Abb. 201b. Pontomediterran verbreitet, von Mesopotamien bis England, in Nordafrika und auf der Iberischen Halbinsel unbekannt. Der Verbreitungsschwerpunkt liegt in Südost- und Südeuropa, nach Westen und Norden wird die Art seltener, kommt aber entlang der Atlantikküste bis Nordfrankreich und England vor. Die einzige Meldung für Mitteleuropa stammt aus Belgien. .... ***sericeicollis*** (MÉNÉTRIÉS, 1832)

– Schlankere Art mit schlankerem Pronotum (1,95–2,25 mm breit, 1,08–1,13-mal so lang wie breit). Mittlerer heller Borstenstreifen der Tergite durch ein schmales dunkles Band längsgeteilt (selten undeutlich, aber zumindest auf dem Tergit VI ausgebildet). Durchschnittlich kleiner, 12,5–16,5mm (RL: 6–7 mm). ♂: Aedoeagus wie in Abb. 201c. Atlantomediterrane Art, Nordafrika, Westeuropa (Portugal bis Irland), Kanarische Inseln. Ein Vorkommen im äußersten Westen oder Südwesten Mitteleuropas ist nicht auszuschließen. .... [***fortunatarum*** WOLLASTON, 1871]

21 Elytren deutlich kürzer als das Pronotum, flugunfähig. Hinterrand des Tergits VII ohne weißen Hautsaum. Pronotum etwa so breit wie lang, im Vorderdrittel am breitesten, zur Basis deutlich, geradlinig verengt. Schwarz, durch die gedrängte Punktur matt, vollständig dunkel rotgolden bis graugelb beborstet, daher etwas heller erscheinend. 18–27 mm (RL: 9,0–14,5 mm). ♂: Aedoeagus wie in Abb. 201f. Nord- und Nordwestitalien, Ostschweiz, Westösterreich. Selten. Alpin. .... ***rhaeticus*** EPPELSHEIM, 1873

– Elytren entlang der Seiten viel länger als das Pronotum entlang der Mittellinie, flugfähig. Hinterrand des Tergits VII mit weißem Hautsaum. Pronotum breiter als lang, Seiten parallel oder schwach gerundet. Körperbeborstung dunkel. **22**

22 Zumindest die Elytren metallisch blau, bei Individuen aus tieferen Lagen auch Kopf und Pronotum mit metallisch blauem Schimmer, alpine Exemplare fast immer mit schwarzem Kopf und Pronotum. Punktur von Kopf und Pronotum grob, relativ dicht, aber mit stark glänzenden Zwischenräumen. 14–24 mm (RL: 7,5–11,5 mm). ♂: Aedoeagus wie in Abb. 201d. In der gesamten Westpaläarktis bis nach Mittelasien und Sibirien verbreitet. Stellenweise häufig. Vom Tiefland bis in hochalpine Lagen, vor allem in offenem Gelände. .... ***ophthalmicus ophthalmicus*** (SCOPOLI, 1763)

– Ganzer Körper schwarz. Vorderkörper fein und sehr dicht punktiert, schmale Punktzwischenräume durch feine Mikroskulptur völlig matt. 22–30 mm (RL: 11–14 mm). ♂: Aedoeagus wie in Abb. 201e. Atlantomediterrane Art, die adventiv auch in Nordamerika vorkommt. In fast ganz Europa außer im hohen Norden und äußersten Südosten. Stellenweise häufig. Vom Tiefland bis in montane Lagen, vorzugsweise in offenem Gelände (Wiesen, Trockenrasen), aber auch in lichten, trockenen Wäldern und an Waldrändern. .... ***olens olens*** (O. MÜLLER, 1764)

Gattung *Ontholestes* GANGLBAUER, 1895

Habitus wie in Abb. 27b. Vorderecken des Pronotums spitzwinklig vorgezogen, Randlinie des Hypomerons am Vorderrand deutlich nach innen gebogen. Mesoventrit deutlich längsgekielt. Fühler schlank mit leicht asymmetrischen distalen Fühlergliedern. Beborstung auffällig schwarz und goldgelb marmoriert. Die Gattung ist weltweit (mit Ausnahme von Australien und der Antarktis) verbreitet, von den 30 Arten kommen 3 in Mitteleuropa vor. Die Arten finden sich vor allem an Dung großer Huftiere, Aas, Mist und anderen faulenden Stoffen.

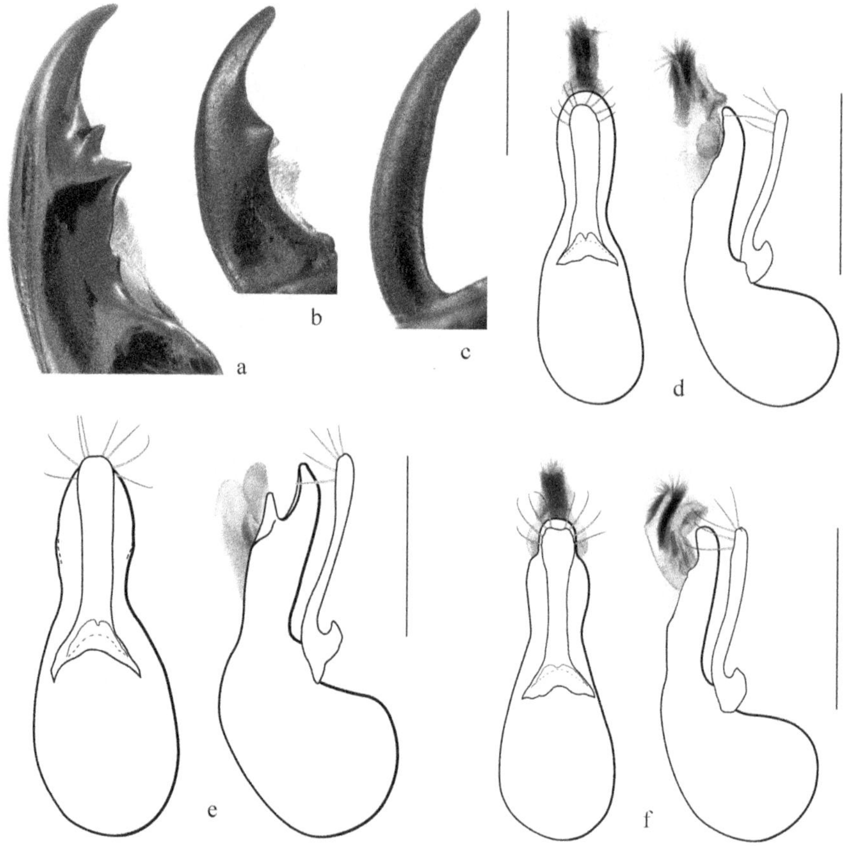

Abb. 202: Linke Mandibel (a–c), Aedoeagus ventral und lateral (d–f) von *Ocypus olens* (a), *Tasgius pedator* (b), *T. melanarius* (c), *Ontholestes murinus* (d), *O. tessellatus* (e), *O. haroldi* (f). Alle Maßstäbe: 1 mm.

1 Seiten des Pronotums vor der Basis deutlich ausgeschweift. Der nichttransparente Teil des Labrums ist größtenteils gelb. Habitus wie in Abb. 27b. 13–20 mm (RL: 8,0–9,5 mm). ♂: Aedoeagus wie in Abb. 202e. Transpaläarktisch verbreitet. In Mitteleuropa ziemlich häufig. .... ***tessellatus*** (GEOFFROY, 1785)

– Seiten des Pronotums vor der Basis nicht ausgeschweift, fast geradlinig. Nichttransparenter Teil des Labrums schwarz. 2

2 Beine ganz schwarz. 9–16 mm (RL: 5–7 mm). ♂: Aedoeagus wie in Abb. 202d. In der Paläarktis ähnlich wie *tessellatus*, aber noch etwas weiter südlich verbreitet, in Kanada offenbar adventiv. In Mitteleuropa überall verbreitet und häufig. .... ***murinus*** (LINNAEUS, 1758)

– Spitzen der Femora und der größere Teil der Tibien und Tarsen gelb. 10–14 mm (RL: 5,5–6,5 mm); ♂: Aedoeagus wie in Abb. 202f. Von Frankreich über das südliche Mitteleuropa bis in die Ukraine verbreitet, Meldungen aus dem zentralen Polen und aus dem Baltikum erscheinen zweifelhaft. In Mitteleuropa aus der Schweiz, Süddeutschland, der Tschechischen Republik, der Slowakei und Österreich bekannt. Selten, im Osten Österreichs allerdings stellenweise gleich häufig wie *murinus*. .... ***haroldi*** (EPPELSHEIM, 1884)

Gattung *Platydracus* THOMSON, 1858

Habitus wie in Abb. 27c. Kopf mehr oder weniger deutlich trapezförmig nach hinten erweitert; großer borstentragender Porenpunkt der Schläfen dem Hinterrand des Kopfes deutlich näher als dem Hinterrand des Auges; dadurch von allen anderen Staphylinina leicht zu unterscheiden. Kopf und Pronotum dicht mit groben Nabelpunkten besetzt. Abdominaltergite meist mit Flecken oder Binden aus goldgelben Borsten. Die weltweit verbreitete Gattung ist sehr artenreich, aber unzureichend bearbeitet. Von den etwa 180 beschriebenen Arten kommen 5 in Mitteleuropa vor. Alle Arten sind mehr oder weniger eurytop und werden meist frei laufend oder mit Bodenfallen gefunden.

1 Kopf, Pronotum und Elytren schwarz mit deutlich blauem bis grünlichem Metallschimmer, Fühlerbasis und Beine rot, Basis der Tergite VII–VIII mit breiter blassgelber bis goldgelber Borstenbinde. 13–19 mm (RL: 7–8 mm). ♂: Aedoeagus wie in Abb. 203a. Von West- und Südwesteuropa bis nach Skandinavien, Westsibirien und Kleinasien verbreitet. In Mitteleuropa überall, aber nicht häufig. Insbesondere in bewaldeten Feuchtbiotopen. .... ***fulvipes*** (SCOPOLI, 1763)

– Elytren rot. 2

2 Fühler sehr kurz, zurückgelegt kaum die Vorderecken des Pronotums überragend (etwa um das letzte Fühlerglied). Augen klein, von oben betrachtet wesentlich kürzer als die Schläfen. 3

– Fühler länger, zurückgelegt die Vorderecken des Pronotums deutlich überragend (mindestens um die letzten 3 Fühlerglieder). Augen größer, etwa so lang wie die Schläfen. 4

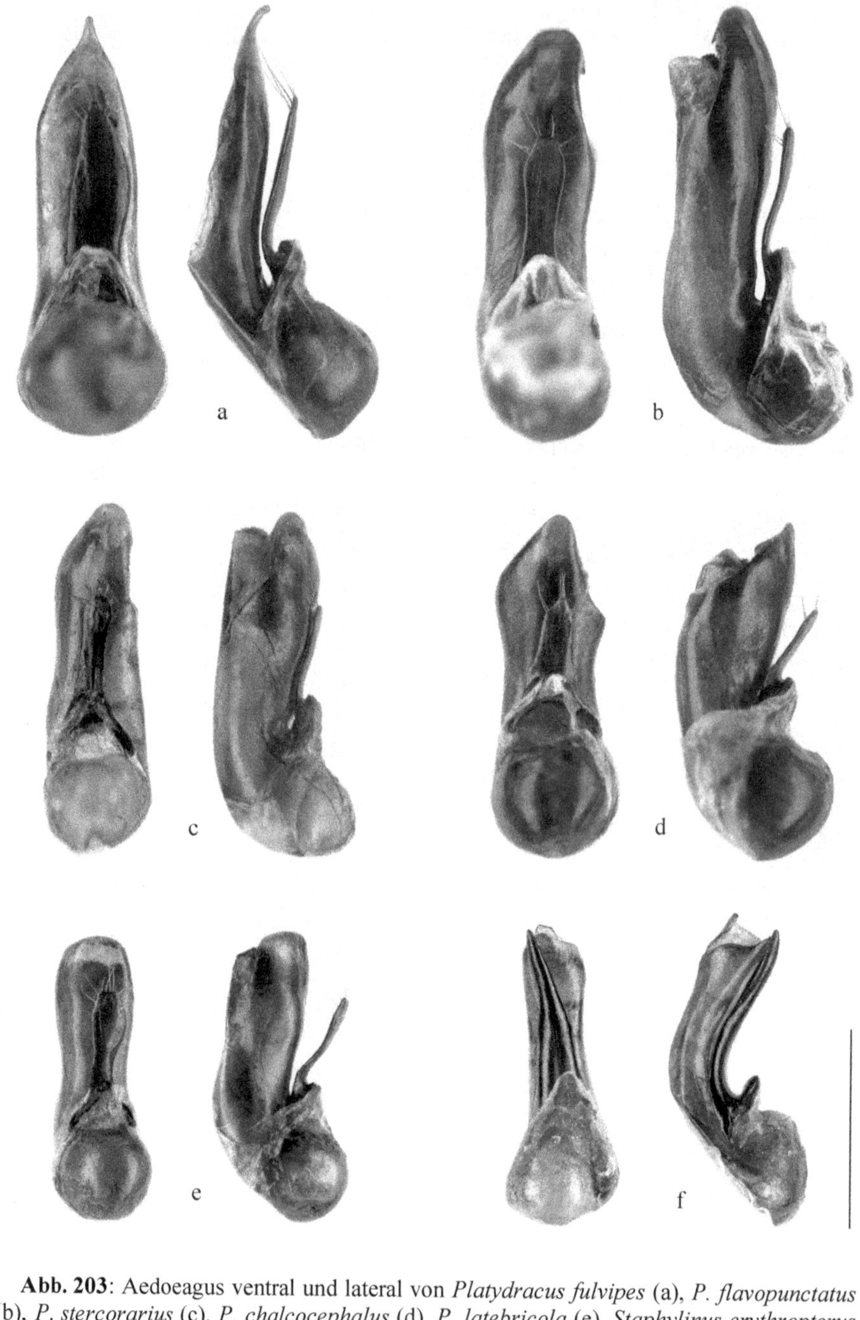

Abb. 203: Aedoeagus ventral und lateral von *Platydracus fulvipes* (a), *P. flavopunctatus* (b), *P. stercorarius* (c), *P. chalcocephalus* (d), *P. latebricola* (e), *Staphylinus erythropterus* (f). Maßstab: 1 mm.

3 Kopf und Pronotum schwarz, mit anthrazitfarbenem oder leicht bläulichem Schimmer, Basis der Tergite VII–VIII mit breiter silbriger Borstenbinde, basale Binde des Tergits VI entweder äußerst schmal oder in 3 große Flecken aufgelöst, Basis der Tergite III–V mit jeweils einem silbrigen Borstenfleck an der Seite, Mittelflecken sehr klein und undeutlich oder fehlend. Habitus wie in Abb. 27c. 13–18 mm (RL: 7–8 mm). ♂: Aedoeagus wie in Abb. 203c. Von West- und Südwesteuropa bis nach Klein- und Mittelasien und Ostsibirien verbreitet. In Mitteleuropa recht häufig. Vorwiegend in unbewaldeten Biotopen, häufig auf Kulturland. .... ***stercorarius stercorarius*** (OLIVIER, 1795)

– Kopf und Pronotum mit deutlichem Bronzeschimmer, Basis der Tergite VI–VIII mit breiter silbriger Borstenbinde, Basis der Tergite III–V mit 3 isolierten silbrigen Flecken, Mittelfleck zumindest auf den Tergiten IV–V immer deutlich. Deutlich größer als die vorhergehende Art: 17,5–22,5 mm (RL: 8,0–10,5 mm). ♂: Aedoeagus wie in Abb. 203b. Von Portugal bis nach Klein- und Mittelasien verbreitet. In Mitteleuropa nur im Südosten (Österreich, Slowakei) regelmäßig gefunden, einmal aus der südwestlichen Schweiz gemeldet. Überall selten. .... ***flavopunctatus*** (LATREILLE, 1804)

4 Größer: 14,5–19,0 mm (RL: 7,0–8,5 mm). Kopf deutlich nach hinten verbreitert. Kopf und Pronotum mit deutlichem Bronzeschimmer; Basis der Tergite III–VI mit einem gut begrenzten, dichten, silbernen Borstenfleck in der Mitte, der von den Lateralflecken deutlich isoliert ist, zwischen dem mittleren und lateralen Borstenfleck mit einem umfangreichen rostroten Tomentfleck, der (fast) bis zum Hinterrand des Tergites reicht. ♂: Aedoeagus wie in Abb. 203d. Von Westeuropa über Mittel- und Südeuropa bis nach Kleinasien verbreitet, nördlich bis nach Dänemark, nicht in Skandinavien. In Mitteleuropa im Süden und in der Mitte weit verbreitet und häufig, im Norden nur an wärmebegünstigten Standorten. .... ***chalcocephalus*** (FABRICIUS, 1801)

– Kleiner: 10,5–15,5 mm (RL: 6,0–7,5 mm). Kopf nach hinten meist undeutlich verbreitert. Kopf und Pronotum schwarz mit höchstens schwachem Bronzeschimmer; Basis der Tergite III–VI mit schlecht begrenztem, etwas breiterem, wenig dichtem, silbernem Borstenfleck in der Mitte, der an der Basis fast immer schmal mit den lateralen Flecken verbunden ist; rostroter Tomentfleck zwischen mittlerem und lateralem Borstenfleck undeutlich, kaum über die basale Depression nach hinten reichend. ♂: Aedoeagus wie in Abb. 203e. Aus fast ganz Europa mit Ausnahme des eigentlichen Mediterrangebietes gemeldet. In Mitteleuropa überall, im Norden durchaus häufig, nach Süden aber selten. Vor allem in unbewaldeten Biotopen. .... ***latebricola*** (GRAVENHORST, 1806)

Gattung *Staphylinus* LINNAEUS, 1758

Habitus wie in Abb. 27d. Schwarz mit roten Elytren und auffälligen goldgelben Borstenflecken am Abdomen, Clypeus und Hals goldgelb beborstet. Mesocoxalgruben innen und hinten ungerandet. Durch diese Merkmale und die auffällige Färbung ist die Gattung leicht zu erkennen. Die Verbreitung beschränkt sich auf die Paläarktis. Mit Sicherheit können der Gattung nur 6 Arten zugewiesen werden, von denen 4 in Mitteleuropa vorkommen. Da bis in die Mitte des 20. Jahrhunderts die meisten der heute als eigenständige Gattungen geltenden Taxa mit *Staphylinus* konfundiert wurden, werden noch unzählige Arten in dieser Gattung geführt, deren korrekte Zuordnung zu den betreffenden Gattungen noch aussteht.

Während *erythropterus* ein ausgesprochener Waldbewohner ist (vor allem Auwälder), bevorzugen die anderen Arten offenes Gelände.

1 Scutellum mit goldgelber Pubeszenz. Pronotum nur mit schwarzer Beborstung. Basis der Tergite VI–VIII mit großen goldgelben Borstenflecken an den Seiten, Tergit III mit kleinen gelben Borstenflecken seitlich am Hinterrand. Fühlerbasis und Beine rötlich. Habitus wie in Abb. 27d. 15–19 mm (RL: 7,0–8,5 mm). ♂: Aedoeagus wie in Abb. 203f. Transpaläarktisch verbreitet. In Mitteleuropa überall sehr häufig, vor allem im Tiefland in feuchten Wäldern. Der Status der aus dem südlichen Alpengebiet und Südeuropa beschriebenen ssp. *springeri* G. MÜLLER, 1923 mit dunkler Fühlerbasis und dunklen Beinen ist zweifelhaft und bedarf der Überprüfung. .... ***erythropterus*** LINNAEUS, 1758

– Scutellum mit vorwiegend schwarzer Pubeszenz, nur die Vorderecken variabel goldgelb. Seiten und Hinterrand des Pronotums sowie ein Fleck am Vorderrand zwischen Mittellinie und Seitenrand goldgelb beborstet. Zumindest Tergite IV–VIII mit goldgelben Borstenflecken an den Seiten. **2**

2 Schläfen deutlich goldgelb beborstet, Tergit III mit durchgehend goldgelb beborstetem Hinterrand, Vorderrand mit einem gelben bis silbrigen Borstenfleck variabler Ausdehnung, seitlich oft mit dem goldgelben Band am Hinterrand verbunden, Beine und Fühler rötlich, Fühler manchmal zur Spitze gebräunt. 19–26 mm (RL: 9–12 mm). ♂: Aedoeagus wie in Abb. 204c. Expansiv holomediterran verbreitete Art. In Mitteleuropa überall, im Süden relativ häufig, im Norden seltener. .... ***caesareus caesareus*** CEDERHJELM, 1798

– Schläfen schwarz beborstet, gelber bis silbriger Borstenfleck am Vorderrand des Tergits III fehlend oder nur durch einige wenige Borsten angedeutet. **3**

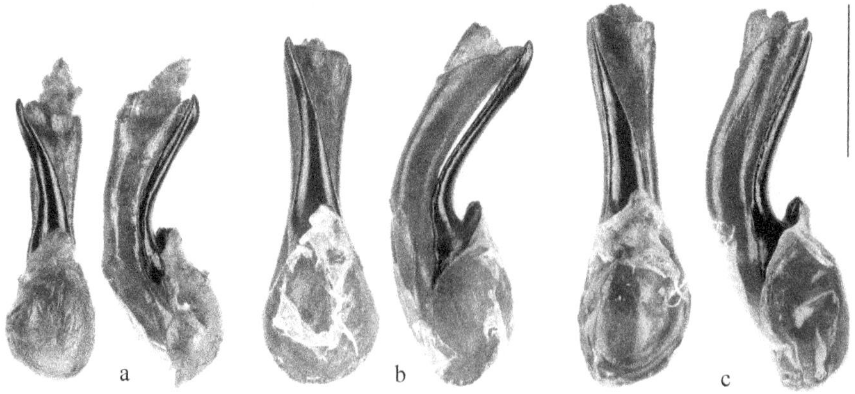

Abb. 204: Aedoeagus ventral und lateral von *Staphylinus dimidiaticornis* (a), *S. rubricornis* (b), *S. caesareus* (c). Maßstab: 1 mm.

3 Fühler etwa ab dem Glied VI angedunkelt. Tergit X in beiden Geschlechtern unwesentlich länger als an der Basis breit. 19–24 mm (RL: 9–11 mm). ♂: Aedoeagus wie in Abb. 204a. Ähnlich wie *caesareus* in Europa weit verbreitet, östlich bis Kasachstan, aber nicht in Nordafrika und Vorderasien, sicher oft mit *caesareus* verwechselt. In Mitteleuropa nach Süden hin seltener. .... ***dimidiaticornis*** GEMMINGER, 1851

– Fühler insgesamt rötlich. Tergit X in beiden Geschlechtern wesentlich länger als an der Basis breit. 18–24 mm (RL: 8–11 mm). ♂: Aedoeagus wie in Abb. 204b. Südosteuropa, Kaukasus, Türkei. In Mitteleuropa nur im Südosten (Österreich, Slowakei, Tschechische Republik). Auf feuchten Wiesen; im Tiefland des östlichen Österreich stellenweise die häufigste Art der Gattung, sonst selten. .... ***rubricornis*** ÁDÁM, 1987

Gattung *Tasgius* STEPHENS, 1829

Habitus wie in Abb. 27e. Habituell der Gattung *Ocypus* ähnlich und früher auch mit ihr vereint. Innenränder der Mandibeln entweder mit nur einem einfachen Zahn oder völlig ungezähnt und sichelförmig, dadurch leicht von *Ocypus* zu unterscheiden. Die Gattung ist holarktisch verbreitet. Von den 43 beschriebenen Arten kommen 8 in Mitteleuropa vor. Die Lebensweise der mitteleuropäischen Vertreter ist recht unterschiedlich. Man findet die Arten sowohl im Wald (in Laubstreu und unter Totholz) als auch im offenen Gelände (Wiesen, Parks, Gärten).

1 Innenrand der Mandibeln mit einem einfachen Zahn (Abb. 202b). Kopf und Pronotum doppelt punktiert (Untergattung *Tasgius* STEPHENS, 1829). **2**

– Innenrand der Mandibeln ungezähnt, sichelförmig (Abb. 202c), selten eine stumpfe Erweiterung erkennbar, Kopf und Pronotum einheitlich oder undeutlich doppelt punktiert (Untergattung *Rayacheila* MOTSCHULSKY, 1845). **3**

2 Ganz schwarz, nur die Tarsen heller. 15–20 mm (RL: 6,5–8,5 mm). ♂: Aedoeagus wie in Abb. 205a. Holomediterran, adventiv auch in Nordamerika. In Mitteleuropa je nach Gebiet selten bis häufig; oft synantrop. .... ***ater*** (GRAVENHORST, 1802)

– Elytren blau, Fühler und Beine rötlich, die Fühler in der Mitte oft angedunkelt. 16–24 mm (RL: 7,5–10,5 mm). ♂: Aedoeagus wie in Abb. 205b. Holomediterrane Art; in Nordeuropa weithin fehlend, aber aus Schweden gemeldet; Nordafrika, Mesopotamien. In Mitteleuropa im Norden selten, im Süden (Österreich) nicht selten. .... ***pedator*** (GRAVENHORST, 1802)

3 Kopf und Pronotum fein, dicht und gleichmässig punktiert, Pronotum ohne erkennbare punktfreie Mittellinie. Schwarz, matt, Fühler und Beine normalerweise rot, Beine selten dunkel und nur die Tarsen heller (vor allem im Südosten des Verbreitungsgebietes). Stücke mit zahnähnlicher Erweiterung am Innenrand der Mandibel sind von den Arten der Untergattung *Tasgius* durch die matte Oberfläche zu unterscheiden. 13–19 mm (RL: 6,5–8,0 mm). ♂: Aedoeagus wie in Abb. 205c. Von Westeuropa bis nach Westsibirien und Vorderasien verbreitet. Nicht häufig. In Wäldern. .... ***morsitans*** (ROSSI, 1790)

– Pronotum zumindest in der Hinterhälfte mit unpunktierter Mittellinie. **4**

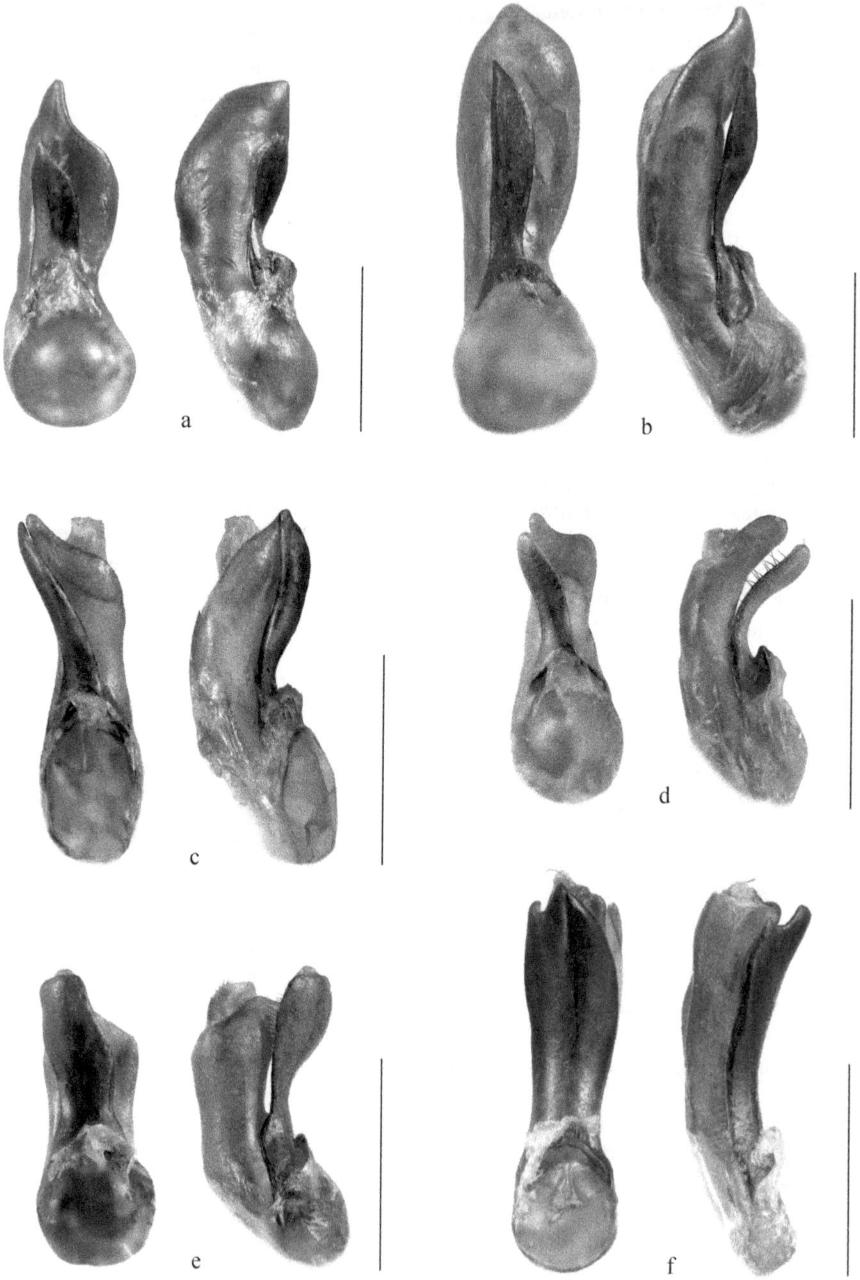

Abb. 205: Aedoeagus ventral und lateral von *Tasgius ater* (a), *T. pedator* (b), *T. morsitans* (c), *T. falcifer* (d), *T. minax* (e), *T. globulifer* (f). Alle Maßstäbe: 1 mm. Nach SCHILLHAMMER 2009 (e).

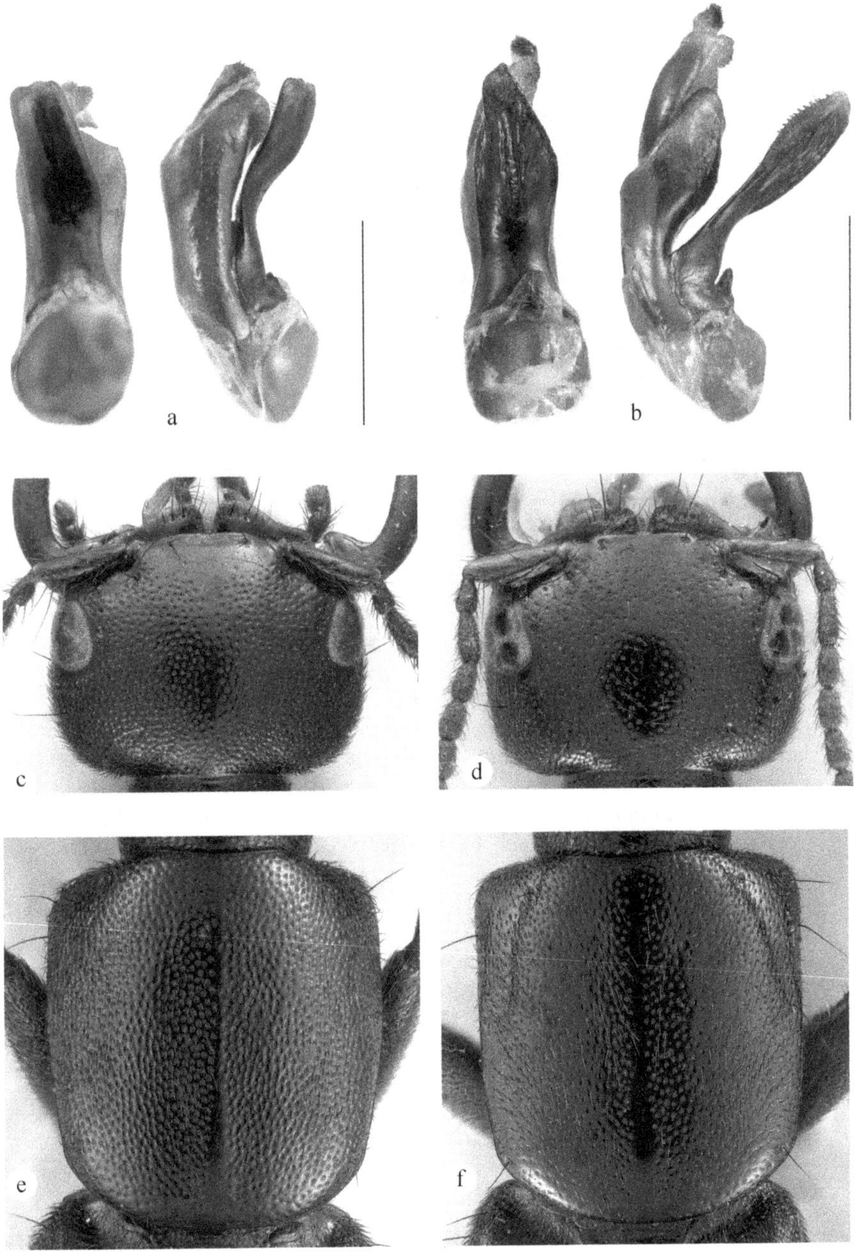

Abb. 206: Aedoeagus ventral und lateral von *Tasgius melanarius* (a), *T. winkleri* (b); Kopf (c, d) und Pronotum (e, f) von *T. melanarius* (c, e), *T. minax* (d, f). Maßstäbe: 1 mm (a, b). Nach SCHILLHAMMER 2009 (a, c-f).

4 Kopf, Pronotum und Elytren mit deutlich blauem bis blaugrünem Metallschimmer, Fühler und Beine rot, selten Vorderkörper schwarz, dann von *minax* durch das längliche, deutlich nach hinten verengte Pronotum zu unterscheiden. 12,0–16,5 mm (RL: 5,5–7,5 mm). ♂: Aedoeagus wie in Abb. 205d. Südeuropa, im Osten bis in die Ukraine, Türkei und Georgien; in Mitteleuropa nur im äußersten Süden. Sehr selten. .... ***falcifer falcifer*** (NORDMANN, 1837)

– Vorderkörper schwarz, ohne Metallschimmer. **5**

5 Pronotum parallelseitig oder nur schwach nach hinten verengt. Fühler schlank und kurz, Glieder IV–VI länglich. **6**

– Pronotum deutlich nach hinten verengt. Fühler robuster und länger, mindestens Glieder IV–VIII länglich. **7**

6 Fühler (mit Ausnahme des letzten Gliedes) und Beine schwarz. Kopf und Pronotum mit Ausnahme der punktfreien Mittellinie relativ dicht punktiert, Punktabstände kaum größer als ein Punktdurchmesser. 11–16 mm (RL: 6–7 mm). ♂: Aedoeagus wie in Abb. 205f. Aus fast ganz Europa gemeldet und bis nach Kleinasien verbreitet. In Mitteleuropa im Norden häufiger als im Süden, jedoch generell nach Osten zu seltener. Oft auf Kulturland. .... ***globulifer*** (GEOFFROY, 1785)

– Fühler (mit Ausnahme der Mitte) und Beine rot. Kopf und Pronotum wesentlich lockerer punktiert, Punktabstände immer deutlich größer als ein Punktdurchmesser (Abb. 206d, f), dadurch im Zweifelsfall auch von *melanarius* (Abb. 206c, e) sicher zu unterscheiden. 11–16 mm (RL: 6–7 mm). ♂: Aedoeagus wie in Abb. 205e. Aus Südostfrankreich (Hautes Alpes) beschrieben und zusätzlich aus Spanien und der Schweiz gemeldet (die Funde aus dem deutsch-niederländischen Grenzgebiet haben sich als Fehlbestimmungen herausgestellt). Da diese offenbar extrem seltene Art immer wieder verwechselt wurde (vor allem mit immaturen *melanarius*), bedürfen alle Meldungen der Überprüfung. Die Verbreitung beschränkt sich wahrscheinlich auf Südfrankreich und die angrenzenden Bereiche der Westschweiz und Nordspaniens, möglicherweise auch Nordwestitaliens. Die Art wird hauptsächlich in montanen Lagen gefunden. .... ***minax*** (MULSANT & REY, 1861)

7 ♂: Aedoeagus wie in Abb. 206a. Punktur des Pronotums dicht, aber Punktgruben selten zusammenfließend, am Hinterrand nahe der punktfreien Mittellinie mit glänzenden Zwischenräumen von mehr als einem Punktdurchmesser. Punktur von Kopf und Pronotum: Abb. 206c, e. Habitus wie in Abb. 27e. 14,0–21,5 mm (RL: 6,5–9,5 mm). Von Westeuropa bis nach Skandinavien und in die Türkei verbreitet, adventiv in Nordamerika. In Mitteleuropa überall häufig. Eher an feuchteren Stellen; nicht so wärmeliebend wie *globulifer* und *winkleri*. .... ***melanarius melanarius*** (HEER, 1839)

– ♂: Aedoeagus wie in Abb. 206b. Punktur des Pronotums bis an den Hinterrand sehr dicht, Punktgruben an vielen Stellen leicht zusammenfließend, Zwischenräume nahe der punktfreien Mittellinie weniger als ein Punktdurchmesser, daher an dieser Stelle kaum glänzend. Größe wie *melanarius*. Von Südwest- und Westeuropa bis in die Türkei und den Libanon verbreitet, adventiv in Madeira und in Nordamerika. In

Mitteleuropa überall, aber seltener als *melanarius*. Im Norden eher an wärmebegünstigten Standorten. .... ***winkleri*** (BERNHAUER, 1906)

Subtribus Tanygnathinina REITTER, 1909

Nach morphologisch-phylogenetischen Untersuchungen (SOLODOVNIKOV 2005, 2006; SOLODOVNIKOV & SCHOMANN 2009) gehört *Atanygnathus* in die Subtribus Amblyopinina. Dieser Befund konnte jedoch durch molekularbiologische Daten nicht bestätigt werden (CHATZIMANOLIS et al. 2010). Daher wird *Atanygnathus* vorerst als einzige Gattung in der durch die Tarsenformel 5–4–4 und deutlich verlängerte Mundteile charakterisierten Subtribus Tanygnathinina belassen.

Gattung *Atanygnathus* JAKOBSON, 1909

Habitus wie in Abb. 27f. Mittelgroß, mit auffällig langen Wangen und Mundteilen: Endglieder der Maxillar- und Labialpalpen sehr lang, schlank und scharf zugespitzt (Abb. 160a–b). ♂: Aedoeagus mit einer mit dem Medianlobus verschmolzenen Paramere, die noch als solche erkennbar ist. ♀: Laterales Abdominalsklerit X apikal mit starken Dornen. *Atanygnathus* ist eine weltweit verbreitete Gattung mit 49 beschriebenen Arten, deren größte Diversität in den Tropen zu finden ist. Aus der Paläarktis sind 2 Arten bekannt, von denen eine in Mitteleuropa vorkommt. Durch die charakteristische Verlängerung des Kopfes und der Mundteile sowie die unter den Staphylinini einzigartige Tarsenformel ist *Atanygnathus* leicht zu erkennen. Die Arten leben in sehr feuchtem Detritus, an Grabenufern, in Sümpfen und Mooren.

Körper schwarz; Pronotum meist braun, oft mit rötlichem Hinterrand, selten vollständig rot; Fühlerbasen, Beine (ganz oder teilweise) und Hinterränder der Elytren und Tergite gelbrot. Aedoeagus wie in Abb. 197g. 4,0–4,5 mm (RL: 2,2–2,4 mm). Von Frankreich über das mittlere Europa bis nach Finnland und in die Ukraine verbreitet, angeblich auch in Japan. In Mitteleuropa weit verbreitet, aber bisher nicht aus Belgien, Luxemburg, Dänemark und der Slowakei bekannt. Nicht häufig, auf sumpfige Habitate mit *Sphagnum* beschränkt. .... ***terminalis*** (ERICHSON, 1839)

Tribus Xantholinini ERICHSON, 1839

Schlanke Arten. Fühler mehr oder weniger gekniet, Fühlerglied I so lang wie die 3–6 folgenden Glieder zusammen. Fühlerbasen genähert, zwischen den Mandibeleinlenkungen inserierend. Kopf mit deutlich abgeschnürtem Hals, dieser 0,2- bis knapp 0,5-mal so breit wie der Kopf. Innenrand der Elytren gebogen und an der Naht überlappend. ♂: Tergit IX völlig in 2 durch das Tergit X getrennte Sklerite geteilt. Aedoeagus stark modifiziert: sklerotisierte Teile des Medianlobus fast völlig reduziert; Innensack meist rundlich bis länglich oval, oft mit charakteristischen, mehr oder weniger deutlich sklerotisierten Innenstrukturen; Parameren stark reduziert oder fehlend. ♀: Tergit IX ungeteilt.

Artenreiche Tribus mit weltweit etwa 1200 Arten in ungefähr 80 Gattungen, von denen mehr als die Hälfte (ca. 45 Gattungen) auch in der Paläarktis vorkommen. In Mitteleuropa sind lediglich 11 Gattungen vertreten.

Die Larven haben, soweit bekannt, 3 Larvenstadien. Bisherige Beobachtungen deuten auf Zoophagie sowohl der Larven als auch der Imagines hin.

Eine Reihe von Synonymisierungen, die auch die mitteleuropäische Fauna betreffen, wurden kürzlich durch ASSING (2008d) vorgenommen.

1 Fühler sehr auffällig gebildet: kurz, Gesamtlänge der Glieder II–XI viel kürzer (< 0,7 ×) als die Kopflänge (Abb. 29f); Glieder IV–XI deutlich abgeflacht und dicht zusammen gedrängt, Zwischengelenke nicht erkennbar. Fühlerbasen stark genähert, voneinander viel weniger weit als von den Außenrändern der Mandibeln entfernt, dazwischen mit deutlichem, erhabenem Stirnfortsatz. Kopf gestreckt, ca. 1,30–1,35-mal so lang wie breit und mit auffällig parallelen Seiten. Hals weniger als ⅓ so breit wie der Kopf. .... ***Zeteotomus*** JACQUELIN DU VAL, 1856; S. 526

– Fühler deutlich länger, Glieder IV–XI nicht deutlich abgeflacht und nicht auffällig gedrängt, mit erkennbaren Zwischengelenken. Kopf (außer bei *Stenistoderus*) weniger gestreckt, Seiten meist nicht auffällig parallel. **2**

2 Kopf mit sehr dünnem Hals, dieser ca. 1/5 so breit wie der Kopf (Abb. 29d). Kopf auffällig gestreckt, 1,3–1,4-mal so lang wie breit, auffällig dicht und gleichmäßig punktiert; Punktzwischenräume netzmaschig chagriniert, abgesehen von einer schmalen punktfreien Mittellinie überall deutlich schmaler als der Punktdurchmesser. Pronotum beiderseits der unpunktierten Mittellinie gleichförmig relativ fein und dicht punktiert, ohne deutliche Dorsalreihen. In Mitteleuropa nur aus der Südschweiz bekannt. .... ***Stenistoderus*** JACQUELIN DU VAL, 1856; S. 519

– Hals mindestens etwa ⅓ so breit wie der Kopf, dieser deutlich weniger gestreckt. Pronotum beiderseits der unpunktierten Mittellinie nicht gleichförmig fein und dicht punktiert, meist mit dorsaler Punktreihe. **3**

3 Letztes Glied der Maxillarpalpen klein und nadelförmig, viel schmaler und kürzer als das vorletzte Glied. **4**

– Letztes Glied der Maxillarpalpen zwar kurz, aber an der Basis nur wenig schmaler als das vorletzte Glied und apikal meist zugespitzt. **5**

4 Dorsale Punktreihen des Pronotums aus jeweils 5–7 Punkten bestehend. Habitus: Abb. 29c. .... ***Phacophallus*** COIFFAIT, 1956; S. 517

– Dorsale Punktreihen des Pronotums aus jeweils 8–16 Punkten bestehend. Habitus: Abb. 28e. .... ***Leptacinus*** ERICHSON, 1839; S. 513

5 Pronotum ohne dorsale Punkreihen (Abb. 28b), nur mit seitlicher Punktreihe, die dem Seitenrand viel näher als der Mitte des Pronotums ist. Scutellum grob punktiert. Kopf mit auffällig grober, z. T. in Längsgruben oder Längsreihen verflossener und ungleichmäßig verteilter Punktur. .... ***Gauropterus*** THOMSON, 1860; S. 509

– Pronotum beiderseits der Mitte mit dorsaler Punktreihe. Scutellum höchstens mit 2 Borstenpunkten. **6**

6 Seitenränder des Pronotums (von hinten nach vorn betrachtet) etwa in der Mitte nach unten gebogen, d. h. in Dorsalansicht nur in der Hinterhälfte erkennbar. ♂: Tergit X auffällig lang, mehr als doppelt so lang wie in der Mitte breit (Abb. 209l). Aedoeagus mit Parameren und ohne sklerotisierte Innenstrukturen. Habitus: Abb. 29b. .... ***Nudobius*** THOMSON, 1860; S. **516**

– Seitenränder des Pronotums erst weiter vorn nach unten gebogen, d. h. in Dorsalansicht auch in der Vorderhäfte wenigstens teilweise erkennbar. ♂: Tergit X weniger gestreckt, breiter als lang oder wenig länger als breit. Aedoeagus oft mit sklerotisierten Innenstrukturen. **7**

7 Große, 10–16 mm lange Arten (RL: 5,7–7,2 mm; Kopfbreite: 1,5–2,1 mm; Pronotumbreite: 1,4–1,9 mm). Körper zweifarbig: Kopf, Pronotum und Abdomen schwarzbraun bis schwarz, Elytren rot oder gelb. Kopf schwach gestreckt, höchstens ca. 1,1-mal so lang wie breit oder sogar breiter als lang; Pronotum 1,2–1,3-mal so lang wie breit (Abb. 28f). Kopf mit feiner Punktur und eingestreuten groben Punkten. .... ***Megalinus*** MULSANT & REY, 1877; S. 515

– Merkmalskombination anders. Ähnlich gefärbte Arten sind deutlich kleiner und/oder deutlich schlanker (Kopf und Pronotum gestreckter). **8**

8 Körper auffällig gefärbt; Pronotum und Abdominalsegmente III–VI rötlich; Kopf, Elytren und Abdomenspitze schwarz (Elytren oft mit blaumetallischem Schimmer und undeutlich aufgehellten Rändern). Abdominaltergite III–VI mit basalem Quereindruck. ♂: Tergit X auffällig dicht mit dicken anliegenden Borsten besetzt (Abb. 209k); Aedoeagus mit Parameren und mit schlauchartiger membranöser Innenstruktur. Habitus: Abb. 29a. .... ***Milichilinus*** REITTER, 1908; S. 516

– Färbung anders, Abdominalsegmente III–VI dunkel gefärbt, nicht abstechend heller als die Segmente VII–VIII. Segment VI ohne oder nur mit angedeutetem basalem Quereindruck. ♂: Tergit X ohne auffällige Beborstung. **9**

9 Körper zweifarbig, schwarzbraun bis schwarz mit roten Elytren. Kopf kaum (ca. 1,05 ×) länger als breit; Punktur des Kopfes sehr spärlich, Punktzwischenräume durchschnittlich mehr als 5-mal so breit wie der Punktdurchmesser. ♂: Tergit VIII sehr auffällig gebildet, Hinterrand konkav ausgerandet und mit schwarzem Palisadensaum (Abb. 209j). Habitus: Abb. 28d. .... ***Hypnogyra*** CASEY, 1906; S. 512

– Merkmalskombination anders. Bei Arten mit roten Elytren ist das Pronotum zumindest teilweise heller gefärbt. Bei Arten mit ähnlich kurzem Kopf ist dieser viel dichter und gröber punktiert. ♂: Tergit VIII nicht auffällig modifiziert. **10**

10 Kopf durchschnittlich weniger gestreckt, 1,05–1,30-mal so lang wie breit, eher keilförmig, Hinterecken des Kopfes kurz abgerundet, aber erkennbar (Abb. 28c); mit dichter, grober, teilweise länglicher oder längs verflossener Punktur, abgesehen von einer mehr oder weniger großen punktfreien Fläche in der Kopfmitte; Punktzwischenräume auf den Schläfen durchschnittlich (meist deutlich) kleiner als der Punktdurchmesser. ♂: Aedoeagus mit deutlichen Parameren und nur mit membranösen Innenstrukturen. .... ***Gyrohypnus*** LEACH, 1819; S. 510

– Kopf durchschnittlich gestreckter, mindestens 1,15-mal so lang wie breit und mehr oder weniger länglich eiförmig; hinten lang verrundet, ohne erkennbare Hinterecken (Abb. 29e); Punktur feiner und spärlicher; Punktzwischenräume auf den Schläfen breiter als der Punktdurchmesser. ♂: Aedoeagus ohne Parameren und fast immer mit mehr oder weniger zahlreichen, dornartigen Innenstrukturen. .... ***Xantholinus*** DEJEAN, 1821; S. 519

Gattung *Gauropterus* THOMSON, 1860

Mittelgroße bis große, schlanke, meist zweifarbige Arten mit dunklem Kopf, Pronotum und Abdomen und mit roten Elytren. Habitus: Abb. 28b. Kopfpunktur auffällig grob, teilweise in Längsvertiefungen angeordnet und längs verflossen. Stirnfurchen scharf markiert. Letztes Glied der Maxillarpalpen mindestens so lang und nur etwas schmaler als das vorletzte. Dorsalreihen des Pronotums bei der in Mitteleuropa vorkommenden Art fehlend. ♂: Tergit X viel länger als breit und sehr schmal; Aedoeagus schmal und mit dünnen Parameren (ähnlich wie bei *Leptacinus*), ohne auffällige sklerotisierte Innenstrukturen.

Die Gattung ist mit etwa 30 Arten vergleichsweise artenarm und mit Ausnahme der Australis in allen zoogeographischen Regionen verbreitet. Aus der Paläarktis sind 7 Arten bekannt; nur eine davon kommt in Mitteleuropa vor. *Gauropterus*-Arten sind meist ripicol.

9,0–11,5 mm (RL: 2,9–3,8 mm). Körper zweifarbig, schwarz mit roten Elytren; Beine dunkelbraun bis schwarzbraun mit rötlichen Tarsen. Pronotum ohne Dorsalreihen. ♂: Aedoeagus klein und schmal (Abb. 207a). Habitus: Abb. 28b. Paläarktis und Nordamerika. In Mitteleuropa fast überall, aber besonders im Norden ziemlich selten. Im Norden des Verbreitungsgebiets vor allem an Faulstoffen (Kompost usw.), im Süden auch in anderen Lebensräumen (Ufer meist fließender Gewässer, Agrarland usw.). .... ***fulgidus*** (FABRICIUS, 1787)

Gattung *Gyrohypnus* LEACH, 1819

Mittelgroße Arten, 6,0–10,0 mm. Kopf an den Seiten mit grober und dichter Punktur; Seiten des Kopfes in Dorsalansicht meist gerade, entweder parallel oder nach hinten divergierend; Hinterecken des Kopfes kurz abgerundet und recht deutlich (Abb. 28c). Dorsalreihen des Pronotums meist aus 4–7, selten aus bis zu 10 Punkten bestehend. ♂: Aedoeagus mit deutlich sklerotisierten Parameren und mit schwach sklerotisierten membranösen Innenstrukturen.

Die Gattung umfasst derzeit 20, z. T. sehr weit verbreitete Arten, von denen 19 in der Paläarktis vorkommen. Die westpaläarktischen Arten wurden kürzlich revidiert (ASSING 2003a). In Mitteleuropa sind 5 Arten vertreten, die in der Bodenstreu und an Faulstoffen leben; eine Art ist myrmecophil. Für eine sichere Unterscheidung ist in der Regel die Untersuchung des Aedoeagus unumgänglich.

1 Augen in Dorsalansicht mindestens etwas mehr als halb so lang wie die Schläfen. Färbung durchschnittlich dunkler: Kopf und Pronotum schwarz, Elytren schwarzbraun bis schwarz, Femora und Tibien dunkelbraun bis schwarz. Durchschnittlich größere Arten, 7,0–10,0 mm (RL: 3,6–4,4 mm). ♂: Aedoeagus größer und breit oval, Parameren relativ kurz, nur ca. 0,2–0,25-mal so lang wie der Medianlobus. **2**

– Augen kleiner, in Dorsalansicht höchstens halb so lang wie die Schläfen, meist deutlich kürzer. Oft weniger dunkel gefärbt; Beine meist (aber nicht immer!) rotbraun bis dunkelbraun. Durchschnittlich kleinere Arten, 6,0–8,5 mm (RL: 3,0–4,0 mm). ♂: Aedoeagus kleiner und oft von schlankerer Gestalt; Parameren relativ länger, ca. ⅓ so lang wie der Medianlobus. **3**

2 Oberseite des Kopfes in der Mitte ohne grobe Punktur, nur mit Mikropunktur (Abb. 207h); Kopfunterseite mit schwacher Mikroskulptur und etwas glänzend. Glied II und III der Maxillarpalpen gewöhnlich geschwärzt, fast immer dunkler als Glied IV. ♂: Aedoeagus kleiner,

Medianlobus ca. 1,0–1,1 mm lang, und mit charakteristischen Innenstrukturen (Abb. 207c). Paläarktisch verbreitet; adventiv auch in der Nearktis, der Neotropis und der australischen Region. In Mitteleuropa überall häufig. An Faulstoffen. .... ***fracticornis*** (O. MÜLLER, 1776)

– Oberseite des Kopfes mit grober Punktur, nur in der Mitte mit einem schmalen Streifen ohne grobe Punkte (Abb. 207g); Kopfunterseite mit deutlicher Mikroskulptur. Maxillarpalpen einfarbig rötlich bis rötlichbraun. ♂: Aedoeagus sehr groß, Medianlobus 1,3–1,5 mm lang, und mit anders geformten Innenstrukturen (Abb. 207b). Habitus: Abb. 28c. In der Westpaläarktis weit verbreitet, nach Osten bis in den Iran nachgewiesen. In Mitteleuropa überall häufig. An Faulstoffen. .... ***punctulatus*** (PAYKULL, 1789)

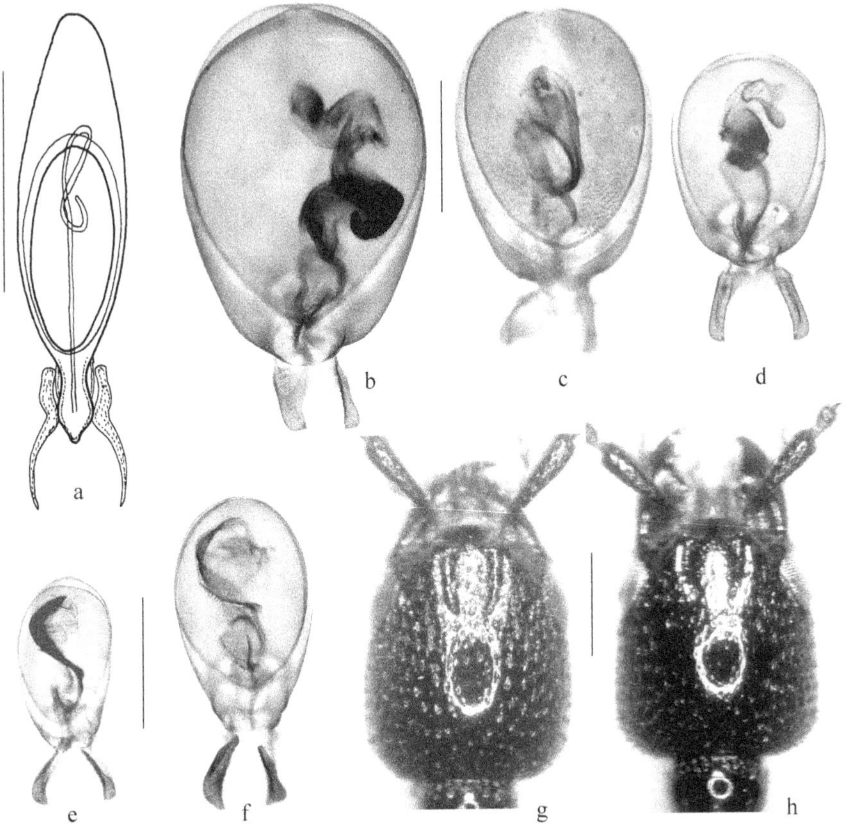

Abb. 207: Aedoeagus (a–f) und Kopf (g–h) von *Gauropterus fulgidus* (a), *Gyrohypnus punctulatus* (b, g), *G. fracticornis* (c, h), *G. atratus* (d), *G. wagneri* (e) und *G. angustatus* (f). Maßstäbe: a: 0,2 mm; b–h: 0,5 mm. Nach ASSING 2003a (b–c, f–h).

3 Kopf weniger gestreckt, 1,05–1,17-mal so lang wie breit, meist mit leicht konvexen Seiten (Dorsalansicht). ♂: Aedoeagus von breit ovaler Form, Medianlobus ca. 1,4–1,5-mal so lang wie breit, und mit charakteristischen Innenstrukturen (Abb. 207d). In der Westpaläarktis weit verbreitet, nach Osten bis Kasachstan nachgewiesen; Verbreitungstyp aber noch ungeklärt. In Mitteleuropa überall, aber gebietsweise selten. Myrmecophil – und wohl myrmecophag – bei Waldameisen der Untergattung *Formica*; selten bei *Lasius fuliginosus*. .... ***atratus*** (HEER, 1839)

– Kopf gestreckter, durchschnittlich ca. 1,2-mal, sehr selten weniger als 1,15-mal so lang wie breit; Kopfseiten in Dorsalansicht fast immer gerade. ♂: Aedoeagus deutlich schlanker, Medianlobus 1,7–2,0-mal so lang wie breit; Innenstrukturen anders geformt. **4**

4 ♂: Aedoeagus größer (Abb. 207f), Breite des Medianlobus > 0,41 mm. Kopfoberseite mit oder ohne deutliche Mikroskulptur. Transpaläarktisch verbreitet. In Mitteleuropa überall häufig. Eurytop in der Bodenstreu, an Faulstoffen, an Gewässerufern usw. .... ***angustatus*** STEPHENS, 1833

– ♂: Aedoeagus kleiner (Abb. 207e), Breite des Medianlobus < 0,38 mm. Kopfoberseite immer ohne deutliche Mikroskulptur. Verbreitungstyp atlantomediterran, von Nordwestafrika und der Iberischen Halbinsel nordöstlich bis nach Norddeutschland. In Mitteleuropa sehr selten, bisher nur aus Mecklenburg-Vorpommern (Hiddensee) und aus Brandenburg (2 alte Nachweise) bekannt geworden; bei systematischer Suche bzw. Revision von Sammlungsmaterial sicher aber auch in anderen Gebieten im nördlichen Mitteleuropa nachzuweisen. Epigäische Art; auf Wiesen, an Gewässerufern, in Küstenbiotopen und in der Bodenstreu von Wäldern und Strauchvegetation. .... ***wagneri*** (SCHEERPELTZ, 1926)

Gattung *Hypnogyra* CASEY, 1906

Mittelgroße Art. Habitus: Abb. 28d. Letztes Glied der Maxillarpalpen etwas länger und nur etwas schmaler als das vorletzte. Kopf fein und auffällig spärlich punktiert. Seitenränder in den hinteren ⅔–¾ des Pronotums in Dorsalansicht erkennbar, im vorderen ¼–⅓ nach unten gebogen. ♂: Tergit VIII auffällig modifiziert, Hinterrand tief konkav ausgerandet und mit einem schwarzen Palisadensaum versehen (Abb. 209j); Aedoeagus mit kleinen Parameren.

Die mit derzeit 12 Arten recht artenarme Gattung ist auf die Holarktis beschränkt. In der Paläarktis sind 10 Arten vertreten. Sie werden in der Regel an Totholz gefunden. In Mitteleuropa kommt nur eine Art vor.

7,0–9,0 mm (RL: 3,4–4,3 mm). Körper zweifarbig, schwarz mit roten Elytren. Dorsalreihen des Pronotums aus ca. 8 feinen Punkten bestehend. ♂: Tergit VIII: Abb. 209j; Aedoeagus wie in Abb. 208a. Habitus: Abb. 28d. Die Art wird gelegentlich mit dem ähnlich großen, ähnlich gefärbten und im selben Habitat vorkommenden *Nudobius lentus* verwechselt, ist von diesem aber anhand der auffällig spärlichen und feinen Kopfpunktur, des anders gebauten Pronotums sowie der männlichen Geschlechtsmerkmale (Tergit VIII und X, Aedoeagus) leicht zu unterscheiden. In der Westpaläarktis weit verbreitet, auch aus Japan gemeldet. In Mitteleuropa überall, wenn auch im

Nordwesten gebietsweise noch nicht nachgewiesen. Nicht häufig. Totholzbewohner; in Baumhöhlen, Mulm und unter Borke. .... ***angularis*** (GANGLBAUER, 1895)

Gattung *Leptacinus* ERICHSON, 1839

Kleine Arten (3,2–6,8 mm; RL: 1,8–3,2 mm) von *Xantholinus*-ähnlicher Körperform (Abb. 28e). Letztes Glied der Maxillarpalpen schmal und kurz, pfriemförmig. Pronotum mit deutlichen, aus zahlreichen (je 8–16) Punkten bestehenden Dorsalreihen. ♂: Aedoeagus mit dünnen Parameren.

Gesamtartenzahl und -verbreitung der Gattung sind derzeit schwer abzuschätzen, da viele Arten bislang nicht revidiert wurden. In der Paläarktis ist sie mit knapp 20 Arten vertreten. Aus Mitteleuropa sind 5 Arten nachgewiesen, die durchweg voll geflügelt sind und vor allem an Faulstoffen leben; eine Art ist myrmecophil. Das Vorkommen einer weiteren Art ist bisher unbestätigt.

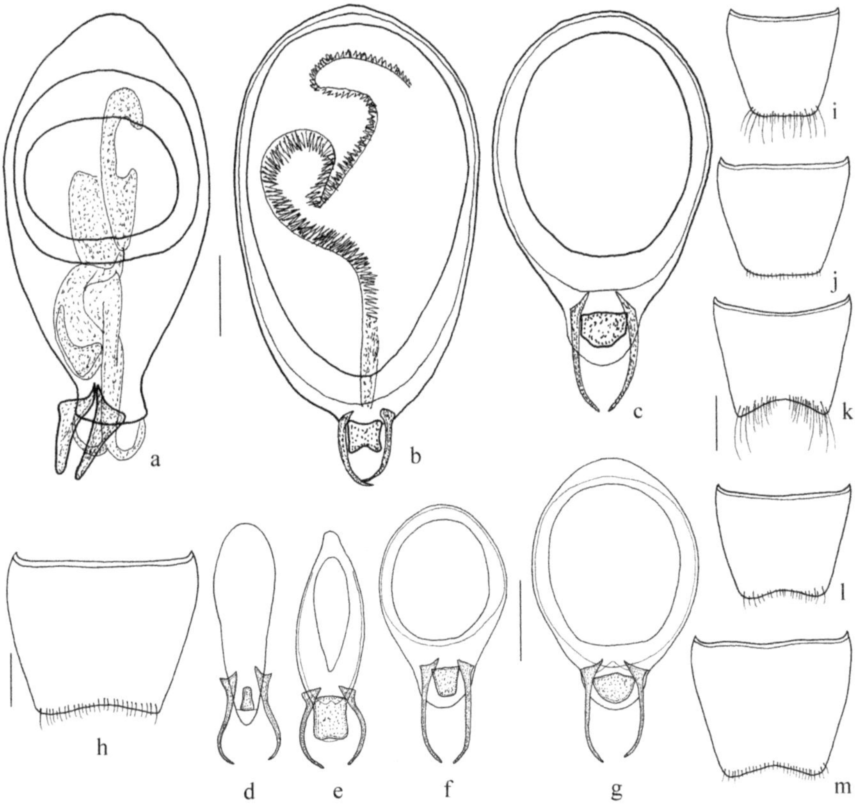

Abb. 208: Aedoeagus (a–g) und ♂-Sternit VIII (h–m) von *Hypnogyra angularis* (a), *Leptacinus batychrus* (b, h), *L. sulcifrons* (c, m), *L. othioides* (d, i), *L. pusillus* (e, j), *L. intermedius* (f, k), *L. formicetorum* (g, l). Maßstäbe: 0,2 mm.

Die *Leptacinus*-Arten Italiens, darunter auch alle in Mitteleuropa vorkommenden Arten, wurden von CICERONI (1994) revidiert. Eine sichere Unterscheidung ist oft nur anhand des Aedoeagus sowie der Form und Beborstung des männlichen Sternits VIII möglich. Die in früheren Schlüsseln oft als verlässliches Differentialmerkmal betrachtete Mikroskulptur ist recht variabel und eignet sich nicht zur sicheren Trennung der Arten.

1 Größte Art, 5,0–7,0 mm (RL: 2,6–3,2 mm); Kopfbreite 0,63–0,80 mm. ♂: Hinterrand des Sternits VIII schwach konkav und mit kurzer Randbeborstung (Abb. 208h). Aedoeagus sehr groß, einschließlich der Parameren ca. 1,2–1,3 mm lang und ca. 0,7 mm breit, innen mit langem und mit zahlreichen Dornen besetztem Schlauch (Abb. 208b). Körper schwarz; Elytren in den Hinterecken mehr oder weniger ausgedehnt gelblich aufgehellt, selten fast die gesamten Elytren bis auf die Umgebung des Scutellums und die Naht gelblich. Kosmopolit. In Mitteleuropa überall, aber zumindest im Norden nicht häufig. Vor allem an Faulstoffen. .... ***batychrus*** (GYLLENHAL, 1827)

– Kleinere Arten; Kopfbreite maximal ca. 0,6 mm. ♂: Aedoeagus viel kleiner und innen ohne dornenbesetzten Schlauch. 2

2 Kleinste Art, 3,2–3,9 mm (RL: 1,8–2,2 mm); Kopfbreite meist 0,4–0,5 mm. Pronotum in der Regel nur in der Vorderhälfte mit sehr flacher querwelliger Mikroskulptur. ♂: Hinterrand des Sternits VIII schwach konkav und mit kurzer Randbeborstung (Abb. 208l). Aedoeagus rundlich (Abb. 208f) und in Relation zur Körpergröße sehr groß, einschließlich der Parameren ca. 0,75 mm lang und etwa 0,40–0,45 mm breit. Normale Färbung: Kopf schwarz, Pronotum und Abdomen dunkelbraun bis schwarzbraun; Elytren vor allem hinten mehr oder weniger ausgedehnt aufgehellt. Transpaläarktisch verbreitet. In Mitteleuropa überall und vor allem im Norden recht häufig, im Süden seltener und eher in höheren Lagen. Myrmecophil vor allem bei Waldameisen der Untergattungen *Formica* und *Coptoformica*, selten auch bei *Lasius fuliginosus* gefunden. .... ***formicetorum*** MÄRKEL, 1841

– Größere Arten; Kopfbreite selten unter 0,5 mm. Pronotum meist mit deutlicherer Mikroskultpur. ♂: Aedoeagus anders geformt. 3

3 ♂: Hinterrand des Sternits VIII konkav. Aedoeagus rundlich, Medianlobus wenig länger als breit. 4,3–5,7 mm (RL: 2,1–2,8 mm). Körper dunkelbraun bis schwarz; Elytren hinten mehr oder weniger ausgedehnt gelblich aufgehellt. Nur anhand der männlichen Sexualmerkmale sicher zu trennende Arten. 4

– ♂: Hinterrand des Sternits VIII gerade abgestutzt oder schwach konvex. Aedoeagus länglich, Medianlobus mehr als doppelt so lang wie breit. 5

4 ♂: Hinterrand des Sternits VIII schwächer konkav und mit kurzer Randbeborstung (Abb. 208m). Aedoeagus mit relativ kürzeren Parameren und größer (Abb. 208c), einschließlich der Parameren ca. 1,0 mm lang und 0,5–0,6 mm breit. Westpaläarktis und Mittelasien; angeblich adventiv auch in der Äthiopis. In Mitteleuropa weit verbreitet, aber gebietsweise noch nicht nachgewiesen und offenbar selten. Vor allem an faulenden Stoffen. .... ***sulcifrons*** (STEPHENS, 1833)

– ♂: Hinterrand des Sternits VIII stärker konkav und beiderseits der Mitte mit langer Randbeborstung (Abb. 208k). Aedoeagus mit relativ längeren Parameren und kleiner (Abb. 208f), einschließlich der Parameren ca. 0,6–0,7 mm lang und 0,3–0,4 mm breit. Europa, Nordafrika und Kleinasien; auch aus Nordamerika gemeldet. In Mitteleuropa überall häufig. An Faulstoffen. .... ***intermedius*** DONISTHORPE, 1936

5 Durchschnittlich größer, 4,4–5,6 mm (RL: 2,3–2,7 mm); Kopfbreite 5,0–6,0 mm. Körper schwarz oder schwarzbraun; Elytren kaum heller, Elytren hinten meist nicht oder nur sehr schwach aufgehellt. ♂: Hinterrand des Sternits VIII mit sehr kurzer Randbeborstung (Abb. 208j). Aedoeagus etwas weniger schmal, mit etwas kürzeren und apikal schwächer gebogenen Parameren, mit größerem und breiterem distalem Mediansklerit und proximal schmaler (Abb. 208e). Habitus: Abb. 28e. Weit verbreitet, von den Kanaren bis nach Westsibirien; adventiv auch in der Nearktis, der Äthiopis und der australischen Region. In Mitteleuropa überall recht häufig. An Faulstoffen. .... ***pusillus*** (STEPHENS, 1833)

– Durchschnittlich kleiner, 4,1–5,2 mm (RL: 2,0–2,4 mm); Kopfbreite 0,40–0,55 mm. Körper schwarz, Elytren hinten außen gewöhnlich deutlich, mehr oder weniger ausgedehnt gelblich aufgehellt. ♂: Hinterrand des Sternits VIII mit langen Randborsten (Abb. 208i). Aedoeagus schmaler, mit längeren und apikal stärker gebogenen Parameren, mit schlankem distalem Mediansklerit und proximal breiter abgerundet (Abb. 208d). Verbreitung ungeklärt, da mindestens bis 1994 fehlgedeutet; sichere Nachweise sind aus Italien, Bulgarien, Ungarn, Griechenland, Zypern, der Türkei und Libanon bekannt. Aus Mitteleuropa liegen bislang keine bestätigten Funde vor; die Art könnte aber im Süden nachzuweisen sein, da sie in Norditalien weit verbreitet ist. An Faulstoffen, auch in Strandanwurf. .... [***othioides*** BAUDI DI SELVE, 1870]

Gattung *Megalinus* MULSANT & REY, 1877

Große Arten; 11–16 mm; Habitus *Xantholinus*-ähnlich (Abb. 28f). Körper zweifarbig, schwarzbraun bis schwarz mit gelben oder roten Elytren. Die beiden großen Stirnpunkte voneinander etwa doppelt so weit entfernt wie vom Innenrand der Augen. Endglied der Maxillarpalpen etwa so lang wie und etwas schmaler als das vorletzte. Kopf mit sehr feiner Grundpunktur und mit eingestreuten spärlichen groben Punkten. Dorsalreihen des Pronotums gewöhnlich mit maximal 8 Punkten. ♂: Segmente IX und X modifiziert. Aedoeagus von sehr variabler Größe, mit mehr oder weniger langer schlauchartiger Innenstruktur. Von *Xantholinus* außerdem durch breiteren Kopf mit deutlicher ausgeprägten Hinterecken und durch weniger schlankes, nach vorn deutlich verbreitertes Pronotum verschieden.

Die artenarme Gattung (9 Arten) ist auf die Paläarktis beschränkt. In Mitteleuropa sind 2 Arten vertreten.

1 Elytren bei ausgefärbten Exemplaren gewöhnlich rötlich, selten rötlichgelb; Beine mit Ausnahme der rötlichen Tarsen dunkelbraun bis fast schwarz; Fühlerglied I fast immer geschwärzt. ♂: laterale Sklerite des Tergits IX zugespitzt; Tergit X stark modifiziert: fast durchsichtig, stark verkürzt und nach unten gerichtet (von oben kaum erkennbar), mehr als doppelt so breit wie lang, am Hinterrand schwach konkav ausgebuchtet und mit breitem schwarzem Palisadensaum (Abb. 209i); Sternit IX in der Mitte U-förmig ausgebuchtet; Aedoeagus groß, ca. 2,2 mm lang und 1,1 mm breit, mit langer, dunkler, dornenbesetzter, schlauchförmiger Innenstruktur (Abb. 209a). Habitus: Abb. 28f. In der Westpaläarktis weit verbreitet. In Mitteleuropa überall, im Süden recht häufig, nach Norden seltener. Vor allem synanthrop an Faulstoffen (Kompost usw.). .... ***glabratus*** (GRAVENHORST, 1802)

– Elytren gelblich; Beine und Fühler rötlich; Fühlerglied I nicht geschwärzt. ♂: Tergit IX beiderseits abgestutzt; Tergit X kaum modifiziert, nicht verkürzt, am Hinterrand konvex verrundet und ohne Palisadensaum (Abb. 209h); Sternit IX hinten nicht eingebuchtet; Aedoeagus klein, schmal (0,2–0,3 mm breit), sehr hell und mit kurzer, schmaler, membranöser Innenstruktur (Abb. 209b). Verbreitung pontomediterran, vom Nahen Osten nordwestlich bis nach Südfrankreich. In Mitteleuropa nur im Süden und Osten (Schweiz, Süddeutschland, Österreich, Tschechische Republik, Slowakei, Polen); selten. An Faulstoffen. .... ***flavocinctus*** (HOCHHUTH, 1849)

Gattung *Milichilinus* REITTER, 1908

Habitus *Xantholinus*-ähnlich (Abb. 29a). Durch die auffällige Färbung sehr ausgezeichnet: Pronotum und Abdominalsegmente III–VI rötlich; Kopf, Elytren und Abdominalsegmente VII–X schwärzlich; Elytren oft mit blaumetallischem Schimmer und mit undeutlich aufgehellten Rändern. Abdominaltergite III–VI mit basalem Quereindruck. ♂: Beborstung des Tergits X auffällig dicht, dick, lang und anliegend (Abb. 209k); Aedoeagus mit Parameren und mit schlauchartiger membranöser Innenstruktur.

Die artenarme Gattung, früher Subgenus von *Xantholinus*, ist auf die Westpaläarktis beschränkt und umfasst derzeit nur 2 Arten, von denen eine auch in Mitteleuropa vertreten ist. *Milichilinus*-Arten leben unter Borke.

7,5–10,5 mm (RL: 3,8–4,7 mm); Habitus: Abb. 29a. ♂: Aedoeagus wie in Abb. 209c. Verbreitung pontomediterran, von der Kaukasusregion und dem südlichen Balkan nordwestlich bis ins südöstliche Mitteleuropa (östliches Österreich, Tschechische Republik, Slowakei) verbreitet. Totholzbewohner; in Mulm und unter Borke von Laubbäumen. Sehr selten. .... ***decorus*** (ERICHSON, 1839)

Gattung *Nudobius* THOMSON, 1860

Mittelgroße Arten von *Gyrohypnus*-ähnlichem Habitus (Abb. 29b). Seitenränder des Pronotums in Dorsalansicht nur in der Hinterhälfte erkennbar, in der Vorderhälfte auf die Unterseite des Pronotums gebogen. ♂: Laterale Sklerite des Tergits IX durch das lange Tergit X breit getrennt (Abb. 209l); Aedoeagus mit membranöser, mehr oder weniger deutlich sklerotisierter, schlauchartiger Innenstruktur; Parameren kräftig.

Die Gattung ist mit etwa 45 Arten in der Paläarktis, der Nearktis, der Neotropis und der Äthiopis verbreitet. Aus der Paläarktis sind 16 Arten bekannt, von denen eine sicher und eine weitere möglicherweise in Mitteleuropa vorkommen. *Nudobius*-Arten leben räuberisch unter Borke, meist von Nadelbäumen.

1 Kopf, Pronotum und Abdomen dunkelbraun bis schwarz; Elytren einfarbig rötlich. Kopf gröber punktiert. ♂: Sternit VIII mit konvexem Hinterrand; Aedoeagus kleiner, ca. 0,4 mm breit, mit längeren und schlankeren Parameren und innen mit kurzem, hellem Membranschlauch (Abb. 209g). 7,0–9,5 mm (RL: 3,6–4,7 mm). Habitus: Abb. 29b. Bisweilen verwechselt mit der ebenfalls corticolen, ähnlich großen und ähnlich gefärbten *Hypnogyra angularis*, von dieser Art aber durch den anderen Bau des Pronotums, die viel gröbere und dichtere Kopfpunktur, das unmodifizierte männliche Tergit VIII und den Bau des Aedoeagus leicht zu unterscheiden. Transpaläarktisch verbreitet. In Mitteleuropa überall nicht selten. Unter Borke von Nadelbäumen, seltener auch von Laubbäumen (Imagines und Larven); Fressfeind von Borkenkäfern und anderen corticolen Insekten. .... **lentus** (GRAVENHORST, 1806)

– Pronotum rot; Elytren zweifarbig, schwarzbraun bis schwarz mit gelb aufgehelltem Hinterrand; Abdomen schwarz mit rotem Apex (Segmente VIII–X und Hinterrand des Segments VII). Kopf feiner punktiert. ♂: Hinterrand des Sternits VIII in der Mitte tief und fast V-förmig eingebuchtet; Aedoeagus größer, ca. 0,5 mm breit, mit kürzeren Parameren und innen mit langem dunklem Schlauch (Abb. 209f). 8,0–10,0 mm (RL: 4,1–4,9 mm). Gesamtverbreitung ungeklärt, da vermutlich oft mit ähnlichen Arten verwechselt; aus Südeuropa von der Iberischen Halbinsel bis Griechenland und aus Nordafrika gemeldet. Nachweise aus dem südlichen Österreich (HORION 1965) müssen als zweifelhaft gelten, da entsprechende Belege trotz Nachsuche nicht gefunden wurden. .... [***collaris*** (ERICHSON, 1839)]

Gattung *Phacophallus* COIFFAIT, 1956

Habitus (Abb. 29c) ähnlich wie bei *Leptacinus* und *Gyrohypnus*. Letztes Glied der Maxillarpalpen schmal pfriemförmig. Dorsalreihen des Pronotums aus nur je 5–7 Punkten bestehend. Kopf und Pronotum ohne Mikroskulptur, glänzend, wenig dicht und grob punktiert; Kopf in der Mitte mit ausgedehnter punktfreier Fläche. Aedoeagus ohne Parameren.

Die artenarme, derzeit etwa 10 Arten umfassende Gattung ist weltweit verbreitet. Aus der Paläarktis wurden 8 Arten gemeldet, von denen zwei auch in Mitteleuropa vorkommen.

1 Pronotum dunkelbraun bis schwarz, höchstens unwesentlich heller als der schwarzbraune bis schwarze Kopf gefärbt; Elytren braun, hinten und an den Seiten mehr oder weniger ausgedehnt gelblich (Abb. 29c). ♂: Hinterrand des Sternits VIII schwach konvex, ohne auffällige Randbeborstung, aber mit membranösem Anhang; Aedoeagus groß, ca. 1,0–1,1 mm lang und 0,6–0,7 mm breit, innen mit dunklem membranösem Schlauch (Abb. 209d). Größe recht variabel, 6,0–8,0 mm (RL: 2,9–3,8 mm). Kosmopolit. In Mitteleuropa überall, im Süden nicht selten, im Norden nicht häufig. Meist synanthrop in Kompost, Mist und an anderen Faulstoffen. .... **parumpunctatus** (GYLLENHAL, 1827)

– Pronotum rot bis rotbraun, deutlich heller als der schwarzbraune bis schwarze Kopf; Elytren hellgelb, vorn, in der Umgebung des Scutellums und an der Naht mehr oder weniger umfangreich geschwärzt oder gebräunt. ♂: Hinterrand des Sternits VIII schwach konkav; Aedoeagus von ähnlicher Größe und Gestalt wie bei *parumpunctatus*, aber innen mit kürzerem und breiterem membranösem Schlauch (Abb. 209e). 6,5-8,0 mm (RL: 3,1-3,8 mm). In der Orientalis und der südlichen Ostpaläarktis weit verbreitet; außerdem aus der Afrotropis und der Nearktis gemeldet. Adventiv auch in der Westpaläarktis: Atlantische Inseln, Marokko, Frankreich, Großbritannien. Aus Mitteleuropa liegt ein aktueller Fund (2011) aus Brandenburg vor; bei gezielter Suche sicher auch andernorts nachzuweisen. In Kompost. .... ***pallidipennis*** (MOTSCHULSKY, 1858)

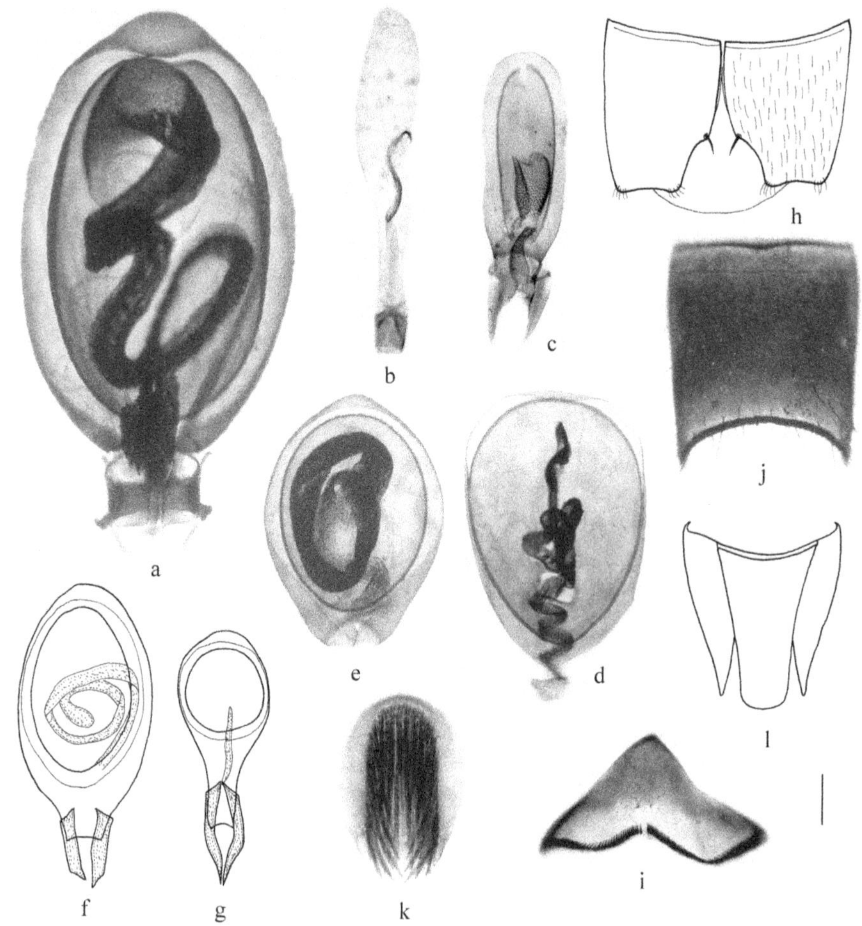

Abb. 209: Aedoeagus (a–g) ♂-Tergite IX–X (h, l), ♂-Tergit X (i, k) und ♂-Tergit VIII (j) von *Megalinus glabratus* (a, i), *M. flavocinctus* (b, h), *Milichilinus decorus* (c, k), *Phacophallus parumpunctatus* (d), *P. pallidipennis* (e), *Nudobius collaris* (f), *N. lentus* (g, l) und *Hypnogyra angularis* (j). Maßstab: 0,2 mm.

Gattung *Stenistoderus* JACQUELIN DU VAL, 1856

Durch den schlanken Körper, den auffällig schmalen Hals (Abb. 29d), den lang gestreckten, matten, netzmaschig chagrinierten und auffällig dicht punktierten Kopf sowie die Punktur des Pronotums (siehe Gattungstabelle) sehr ausgezeichnet und mit keiner anderen Gattung zu verwechseln. ♂: Aedoeagus von gestreckter Form.

Die mit insgesamt 19 Arten vergleichsweise artenarme Gattung ist in der Holarktis und der Äthiopis verbreitet. Aus der Paläarktis sind 13 Arten bekannt; nur eine davon strahlt ins südliche Mitteleuropa (Schweiz) ein.

> 6,5–8,0 mm (RL: 3,7–4,5 mm). Körper schwarz, Beine braun, Fühler rotbraun, Glied I meist geschwärzt. Habitus: Abb. 29d. Von den Kanarischen Inseln und Nordafrika bis in die Kaukasusregion und in den Irak verbreitet; auch aus Japan gemeldet. In Mitteleuropa nur aus der Südschweiz nachgewiesen. .... ***nothus*** (ERICHSON, 1839)

Gattung *Xantholinus* DEJEAN, 1821

Mittelgroße bis große Arten, 6,0–14,0 mm. Kopf lang, mehr oder weniger parallel oder nach hinten erweitert, Hinterecken verrundet (Abb. 29e). Augen klein, in Dorsalansicht weniger als ⅓ so lang wie die Schläfen. Endglied der Maxillarpalpen etwas kürzer und etwas schmaler als das vorletzte Glied. Pronotum gestreckt, mindestens ca. 1,4-mal so lang wie breit, vorn am breitesten und nach hinten verschmälert. Dorsalreihen des Pronotums aus zahlreichen (in der Regel mindestens jeweils 10) Punkten bestehend. Aedoeagus lang- oder breit oval, ohne Parameren und bei den meisten Arten mit mehr oder weniger zahlreichen sklerotisierten dornartigen Innenstrukturen.

Ziemlich artenreiche Gattung mit wahrscheinlich ursprünglich paläarktischer Verbreitung. Aus der Paläarktis sind fast 120 Arten in 15 Untergattungen bekannt. In Mitteleuropa wurden bisher 12 Arten nachgewiesen.[1]

Imagines und Larven ernähren sich räuberisch. Zumindest die aus Mitteleuropa bekannten Arten sind univoltin; die Imagines sind recht laufaktiv, bei einigen Arten auch im Winter. Die Arten sind oft flugunfähig oder hinsichtlich der Ausbildung der Flugorgane di- oder polymorph. Für weitere Angaben zur Biologie siehe ASSING (1993).

Eine sichere Unterscheidung der Arten ist in der Regel nur durch Untersuchung des Aedoeagus möglich; Weibchen sind, wenn überhaupt, nur mit viel Erfahrung verlässlich zu determinieren. Zur besseren Sichtbarkeit der Innenstrukturen des Aedoeagus ist eine vorherige Aufhellung (etwa durch KOH-Lösung) zu empfehlen bzw. unumgänglich. Am genauesten sind die Innenstrukturen zu beurteilen, wenn sie aus dem Aedoeagus herauspräpariert, mit einem Deckgläschen o. ä. vorsichtig gequetscht und dann unter dem Durchlichtmikroskop betrachtet werden. In den

---

[1] Die Typuslokalität von *X. procerus* ERICHSON, 1839 ("Germania boreali"), einer Art, die früher verschiedentlich für Mitteleuropa angegeben wurde, beruht sicher auf einer Verwechslung; aufgrund der Gesamtverbreitung der Art ist ein Vorkommen in Mitteleuropa nicht wahrscheinlich (ASSING 2007b).

Abbildungen weisen die proximalen (vorderen) Teile der Aedoeagi nach oben und ihre distalen (hinteren) Teile nach unten.

1 Größte Art, 11,0–14,0 mm (RL: 5,4–6,2 mm), Kopfbreite 1,3–1,6 mm. Kopf schwarz, Pronotum rot bis rotbraun, Elytren hell rötlich, Abdomen dunkelbraun bis schwarzbraun. ♂: Aedoeagus ca. 1,8–1,9 mm lang, innen mit langer mehrfach gewundener, membranöser Innenstruktur, aber ohne große Dornen (Abb. 210a). Untergattung *Heterolius* COIFFAIT, 1983. Von Mittelasien über die Kaukasusregion und Kleinasien nordwestlich bis in die Ukraine und möglicherweise in das östliche Mitteleuropa verbreitet. In Mitteleuropa angeblich im südlichen Polen. .... ***fortepunctatus*** MOTSCHULSKY, 1860

– Kleinere Arten vom maximal 12,0 mm Länge (RL: < 5,7 mm). ♂: Aedoeagus < 1,7 mm lang und mit völlig anderen Innenstrukturen. **2**

2 Große Arten, 9,0–12,0 mm (RL: 4,4–5,5 mm), mit rotgelben bis hell rötlichen Elytren und zumindest vorn rötlichem Pronotum; Kopf meist schwarz, seltener heller braun oder von ähnlich rötlicher Färbung wie das Pronotum. Hinterflügel bei der – viel häufigeren – flugunfähigen Morphe kurz, etwa doppelt so lang wie die Elytren. ♂: Aedoeagus 1,2–1,5 mm lang. ... **3**

– Überwiegend kleinere Arten. Ähnlich große Arten sind anders gefärbt und/oder haben längere Hinterflügel. ♂: Aedoeagus meist kleiner. **4**

3 Pronotum ganz rot gefärbt. ♂: Aedoeagus mit ca. 10 großen dornartigen Innenstrukturen (Abb. 210b, 211a). Flugfähige Morphe unbekannt. Untergattung *Polydontophallus* BORDONI, 1972. Verbreitung atlantomediterran, von der Iberischen Halbinsel nordöstlich und östlich bis nach Großbritannien, Polen und zum nördlichen Balkan verbreitet. Im mittleren und südlichen Mitteleuropa überall, aber meist nicht häufig. In Dänemark und Teilen Norddeutschlands (Schleswig-Holstein, Mecklenburg-Vorpommern) offenbar fehlend. In unbewaldeten, oft wärmebegünstigten Biotopen (Wiesen, Magerrasen usw.); in der Regel nicht auf sauren Böden. .... ***elegans*** (OLIVIER, 1795)

– Pronotum hinten mehr oder weniger ausgedehnt verdunkelt, manchmal nur der Vorderrand und die Vorderwinkel rötlich. ♂: Aedoeagus innen mit langem membranösem Schlauch und mit 3 kurzen Reihen kleinerer Dornen (Abb. 210c, 211b). Untergattung *Purrolinus* COIFFAIT, 1956. Fast immer flugunfähig; nach HORION (1965) wurden aber auch fliegende Exemplare beobachtet. Transpaläarktisch verbreitet. In Mitteleuropa überall nicht selten bis häufig. In Wäldern und unbewaldeten Biotopen (insbesondere Heidegebiete), vor allem auf sandigen und sauren Böden. .... ***tricolor*** (FABRICIUS, 1787)

4 ♂: Aedoeagus innen mit langem, in Seitenansicht 2–2,5-mal spiralig gewundenem Schlauch, mit einer proximalen Reihe aus ca. 25 Dornen, mit 2 distalen Reihen aus jeweils ca. 15 Dornen und mit einem distalen Dornenbündel (Abb. 210d, 211c). Pronotum und Elytren meist hell bräunlich bis rotbraun und heller als Kopf und Abdomen. Pronotum ohne Mikroskulptur. 6,5–9,0 mm (RL: 3,3–4,3 mm). Untergattung *Helicophallus* COIFFAIT, 1956. Verbreitung revisionsbedürftig; offenbar atlantomediterranes Element, da von Spanien nordöstlich bis ins Baltikum gemeldet. In Mitteleuropa vor allem im Westen, Süden und Südosten. Aus Nord- und

Ostdeutschland bisher unbekannt. In der Waldstreu, an Gewässerufern, in Grasbiotopen; im Norden des Verbreitungsgebiets vor allem an wärmebegünstigten Orten. .... ***distans*** MULSANT & REY, 1853

– ♂: Aedoeagus mit völlig anders gebildeten Innenstrukturen. **5**

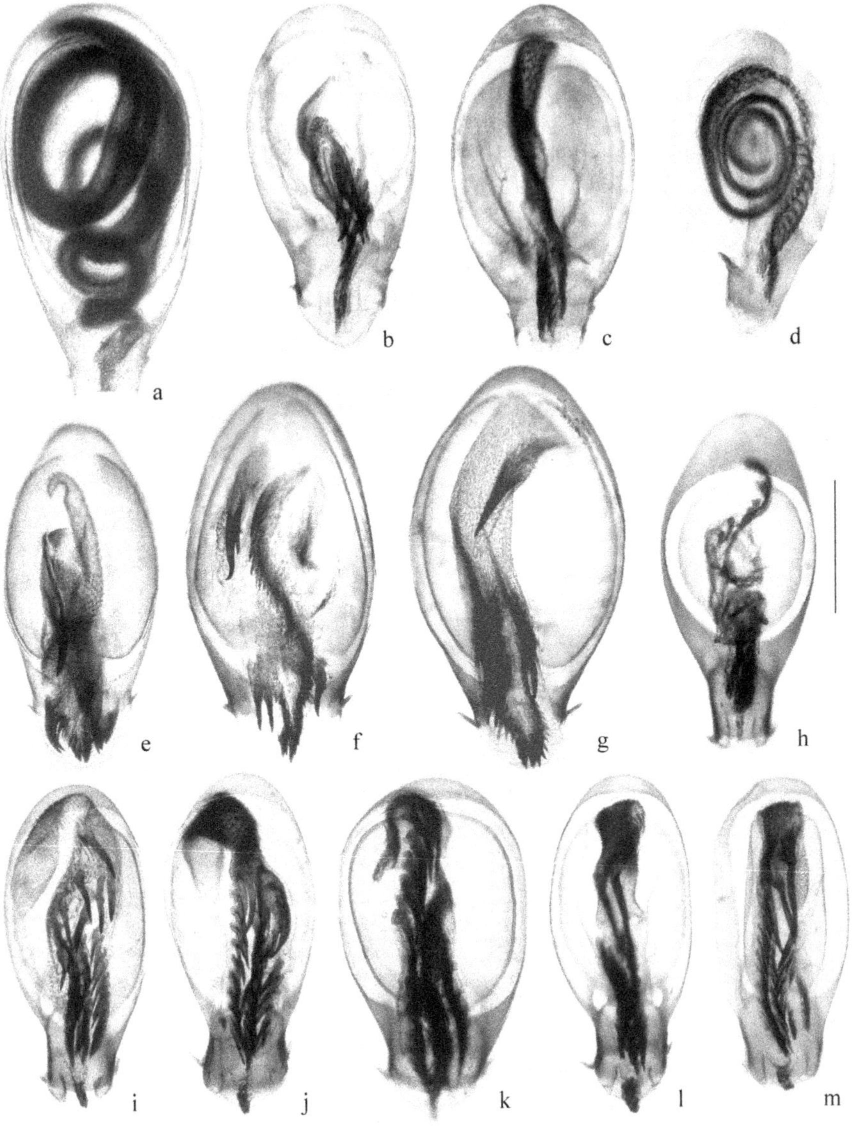

Abb. 210: Aedoeagus von *Xantholinus fortepunctatus* (a), *X. elegans* (b), *X. tricolor* (c), *X. distans* (d), *X. laevigatus* (e), *X. azuganus trellai* (f), *X. appenninicola* (g), *X. dvoraki* (h), *X. audrasi* (i), *X. gallicus* (j), *X. longiventris* (k), *X. linearis* (l) und *X. coiffaiti* (m). Maßstab: 0,5 mm.

5 ♂: Hinterrand des Tergits VIII modifiziert, in der Mitte schmal oder breit konkav ausgebuchtet (Abb. 211e, g); Hinterrand des Sternits VIII abgestutzt bis deutlich konkav und meist mit semitransparentem Saum (Abb. 211f, h). Aedoeagus proximal mit großem sklerotisiertem, bei einer Art verdoppeltem Dorn und distal mit weiteren Reihen kleinerer Dornen. Elytren in der Regel gelbrot bis rotbraun (selten dunkelbraun) und meist heller als der übrige Körper gefärbt. Pronotum in der Mitte ohne deutliche Mikroskulptur. 8,5–11,5 mm (RL: 4,0–5,3 mm). Untergattung *Typhlolinus* REITTER, 1908. .... **6**

– Tergit VIII und Sternit VIII ohne Sexualdimorphismus, in beiden Geschlechtern mit geradem Hinterrand. ♂: Aedoeagus mit anders gebildeten Innenstrukturen. Elytren meist nicht oder nur wenig heller als der übrige Körper. Untergattung *Xantholinus* DEJEAN, 1821. .... **8**

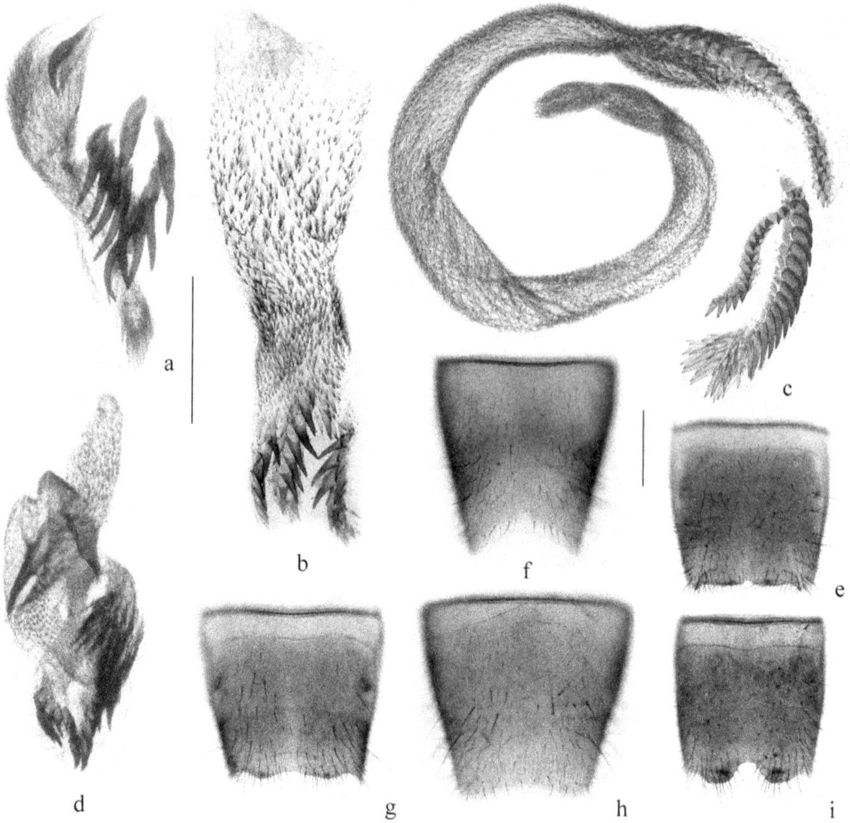

Abb. 211: Innenstrukturen des Aedoeagus (Quetschpräparat) (a–d), ♂-Tergit VIII (e, g, i) und ♂-Sternit VIII (f, h) von *Xantholinus elegans* (a), *X. tricolor* (b), *X. distans* (c), *X. laevigatus* (d–f), *X. appenninicola* (g–h) und *X. azuganus trellai* (i). Maßstäbe: 0,5 mm.

6 Elytren sehr kurz, 0,50–0,55-mal so lang wie das Pronotum. ♂: Hinterrand des Tergits VIII in der Mitte tief und deutlich U-förmig ausgebuchtet (Abb. 211i); Hinterrand des Sternits VIII abgestutzt oder schwach konkav. Aedoeagus proximal mit verdoppeltem großem Dorn (Abb. 210f). Nördliche Karpathen. In Mitteleuropa nur in der östlichen Slowakei und im südöstlichen Polen. Montan. .... ***azuganus trellai*** SZUJECKI, 1969

– Elytren länger, mindestens etwa 0,6-mal so lang wie das Pronotum. ♂: Hinterrand des Tergits VIII in der Mitte mit weniger tiefem Ausschnitt. Aedoeagus mit einem proximalen Dorn. 7

7 ♂: Hinterrand des Tergits VIII in der Mitte schmal konkav ausgebuchtet (Abb. 211e); Hinterrand des Sternits VIII deutlich konkav (Abb. 211f). Aedoeagus kleiner, 1,2–1,4 mm lang, und schmaler, etwa 1,8-mal so lang wie breit (Abb. 210e); innen mit kräftigeren distalen Dornen und charakteristisch geformten membranösen Strukturen (Abb. 211d). Verbreitung pontomediterran, von Kleinasien bis nach Frankreich, den Britischen Inseln, Skandinavien und ins westliche Russland. In Mitteleuropa überall nicht selten bis häufig. Vor allem in der Bodenstreu von Wäldern. .... ***laevigatus*** JACOBSEN, 1849

– ♂: Hinterrand des Tergits VIII in der Mitte breit konkav ausgerandet (Abb. 211g); Hinterrand des Sternits VIII schwach konkav bis fast gerade (Abb. 211h). Aedoeagus größer, 1,4–1,6 mm lang, und breiter, ca. 1,6–1,7-mal so lang wie breit (Abb. 210g); innen mit kleineren distalen Dornen und anders geformten membranösen Strukturen. Aus Italien (südlich bis Sizilien) in die Südschweiz (Tessin) einstrahlend. Meist montan, vor allem in der Bodenstreu von Wäldern. .... ***appenninicola*** STEEL, 1946

8 ♂: Aedoeagus charakteristisch geformt (Abb. 210h), innen mit sehr langem membranösem Schlauch, dieser mit einer sehr variablen Zahl von charakteristisch geformten Dornen besetzt[1], distal mit 2 Reihen aus zahlreichen dunklen Dornen (Abb. 212f). Kopf und Abdomen gewöhnlich schwärzlich, Pronotum und Elytren meist etwas heller, braun bis schwarzbraun gefärbt. Pronotum in der Mitte ohne Mikroskulptur. 7,0–9,5 mm (RL: 3,6–4,3 mm). Flügeldimorphe Art; die – viel häufigere – flugunfähige Morphe mit sehr kurzen Hinterflügeln, die die Elytren nur wenig überragen, durch dieses Merkmal vom äußerlich ähnlichen *longiventris* unterschieden. Von Westsibirien, Mittelasien und Kleinasien westlich bis Deutschland verbreitet. In Mitteleuropa aus allen östlichen Ländern nachgewiesen, aus dem Westen gebietsweise bisher nicht gemeldet. Meist in unbewaldeten Biotopen: Feuchtwiesen, xerotherme Trockenrasen, Gewässerufer, Küstenbiotope. Ziemlich selten. .... ***dvoraki*** COIFFAIT, 1956

– ♂: Aedoeagus mit anders gebildeten Innenstrukturen. Bei brachypteren Individuen mit ähnlich kurzen Hinterflügeln ist das Pronotum meist mehr oder weniger deutlich mikroskulptiert. 9

9 ♂: Aedoeagus proximal mit 2–3 auffällig großen, mehr oder weniger hakenförmigen Dornen und distal mit weiteren Reihen kleinerer Dornen (Abb. 210l–m, 212c–d). 6,0–9,0 mm (RL: 3,0–4,2 mm). Färbung des

---

[1] Für Abbildungen der Variationsbreite siehe GUSAROV (2002).

Körpers meist schwarzbraun bis schwarz mit etwas helleren Elytren, abweichend gefärbte Exemplare aber nicht selten. **10**

– ♂: Aedoeagus proximal mit zahlreichen großen Dornen, die aber nicht auffällig größer sind als die Dornen der distalen Reihen. **11**

10 ♂: Aedoeagus proximal mit 2 auffällig großen Dornen; distale Reihen mit längeren und etwas zahlreicheren Dornen (Abb. 210l, 212c). Pronotum in der Regel mit deutlicher, querwelliger Mikroskulptur, die selten nur schwach ausgeprägt ist. Hinterflügel polymorph, sehr kurz (die Elytren kaum überragend) bis voll ausgebildet; sehr kurze Rudimente kommen vor allem bei ♀♀ vor. Transpaläarktisch verbreitet; adventiv in Nordamerika. In Mitteleuropa überall sehr häufig. Eurytop, vor allem in unbewaldeten, auch in anthropogenen Biotopen. ♂♂ sind vor allem im Winter, ♀♀ insbesondere im Frühjahr und Frühsommer aktiv. .... ***linearis*** (OLIVIER, 1795)[1]

– ♂: Aedoeagus proximal mit in der Regel 3 (selten 2) etwas kürzen Dornen; distale Reihen mit kürzeren und etwas weniger zahlreichen Dornen (Abb. 210m, 212d). Pronotum mit durchschnittlich schwächerer, in der Mitte oft ohne Mikroskulptur. Verbreitung pontomediterran, von Kleinasien bis ins südöstliche Mitteleuropa; dort bisher aus Ostdeutschland, Österreich, der Tschechischen Republik und der Slowakei nachgewiesen. Ziemlich selten. Vor allem in unbewaldeten Biotopen (Magerrasen usw.). .... ***coiffaiti*** FRANZ, 1966

11 ♂: Aedoeagus von breit ovaler Form (Abb. 210k), innen proximal mit 2 Reihen aus insgesamt ca. 7 sehr kräftigen Dornen (Abb. 212e). Durchschnittlich größere Art, 7,0–9,5 mm (RL: 3,4–4,4 mm). Körperfärbung in der Regel schwärzlich, Elytren nicht oder nur wenig heller. Pronotum in der Mitte ohne Mikroskulptur. Hinterflügel fast immer voll ausgebildet; meist flugfähig. Habitus: Abb. 29e. Transpaläarktisch verbreitet; adventiv in Nordamerika. In Mitteleuropa überall häufig. Eurytop; Reproduktion im Frühjahr und Sommer vor allem in unbewaldeten Biotopen, häufig auf Kulturland; Überwinterung meist in der Bodenstreu von Wäldern und Strauchbiotopen. .... ***longiventris*** HEER, 1839

– ♂: Aedoeagus etwas schmaler, innen proximal mit schlankeren Dornen. Durchschnittlich etwas kleinere Arten, 6,0–8,5 mm (RL: 3,0–4,2 mm). Pronotum nicht selten mit verloschener Mikroskulptur (vor allem in der Vorderhälfte). **12**

12 ♂: Innenstrukturen des Aedoeagus wie in Abb. 210j, 212b. Meist flugunfähig (Flugmuskulatur reduziert), aber Hinterflügel deutlich länger als die Elytren (submacropter bis macropter). Transpaläarktisch verbreitet; adventiv in Nordamerika. Verbreitung atlantomediterran; von Nordwestafrika bis nach Großbritannien, Mitteleuropa und Ungarn. In einigen Gebieten des östlichen Mitteleuropa (Polen, Slowakei) bislang noch nicht nachgewiesen, im übrigen Mitteleuropa verbreitet, aber meist nicht häufig. Vor allem auf sauren Böden, in Wäldern und unbewaldeten

---

[1] Der aus Ostsibirien beschriebene *X. linearis rossicus* BORDONI, 1975 ist von taxonomisch zweifelhaftem Status, zoogeographisch nicht plausibel und vermutlich ein Synonym von *X. linearis*.

Biotopen (Heiden, Moore). In Heidegebieten der nordwestdeutschen Tiefebene häufig. Phänologie ähnlich wie bei *linearis*: ♂♂ sind vor allem in der kalten Jahreszeit aktiv und haben eine deutlich geringere Lebenserwartung als die ♀♀; im späten Frühjahr und Frühsommer sind fast ausschließlich ♀♀ anzutreffen. .... ***gallicus*** COIFFAIT, 1956

– ♂: Innenstrukturen des Aedoeagus wie in Abb. 210i, 212a. Verbreitung wahrscheinlich pontomediterran; vom Iran, der Kaukasusregion und Kleinasien nordwestlich bis Frankreich und Skandinavien gemeldet, aber wahrscheinlich oft fehldeterminiert. In Mitteleuropa liegen Nachweise aus dem Südosten (Österreich, Tschechische Republik, Slowakei) vor. Frühere Meldungen aus anderen Gebieten beruhen offenbar auf Fehldeterminationen. In bewaldeten und unbewaldeten Biotopen; in der Laubstreu, Graswurzeln, unter Steinen, oft in Ufernähe. .... ***audrasi*** COIFFAIT, 1956

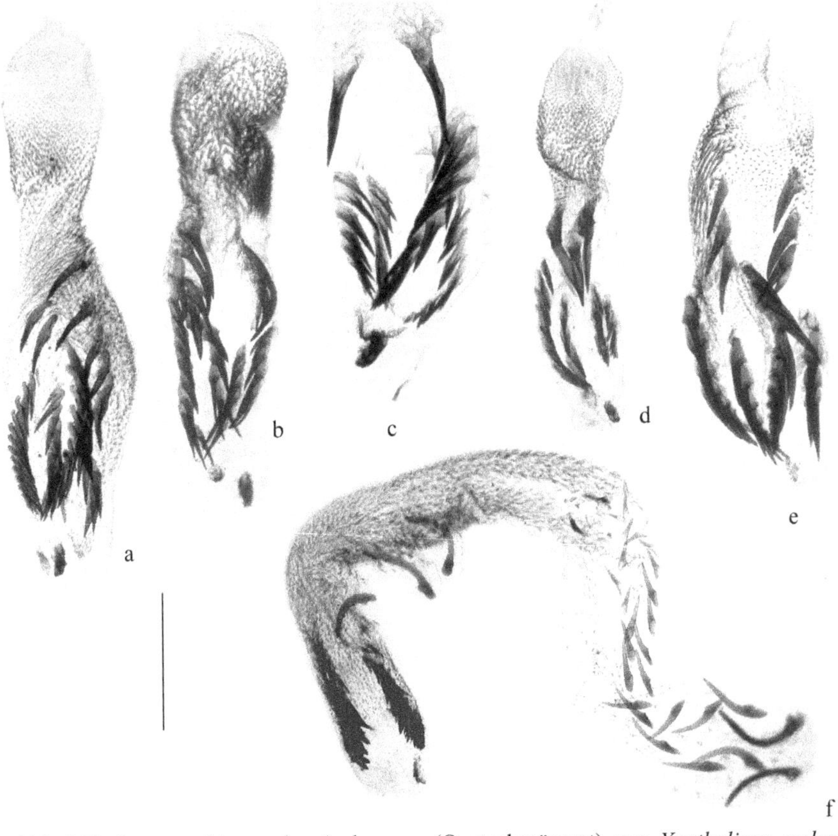

Abb. 212: Innenstrukturen des Aedoeagus (Quetschpräparat) von *Xantholinus audrasi* (a), *X. gallicus* (b), *X. linearis* (c), *X. coiffaiti* (d), *X. longiventris* (e) und *X. dvoraki* (f). Maßstab: 0,5 mm.

Gattung *Zeteotomus* JACQUELIN DU VAL, 1856

Durch den auffälligen Kopf und Fühlerbau (Abb. 29f) leicht von anderen Gattungen der Tribus zu unterscheiden. Letztes Glied der Maxillarpalpen klein und nadelförmig. ♂: Aedoeagus ähnlich wie bei *Leptacinus* gebildet, mit dünnen Parameren und ohne deutlich sklerotisierte Innenstrukturen.

Die Gattung umfasst derzeit 29 Arten und ist, abgesehen von der nearktischen und der neotropischen Region, weltweit verbreitet. In der Paläarktis ist sie mit 4 Arten vertreten, von denen eine auch in Mitteleuropa vorkommt.

5,5–8,0 mm (RL: 3,5–4,2 mm). Körper schwarzbraun bis schwarz, Elytren oft etwas heller braun; Beine und Fühler rötlich. Kopf fein punktiert. Pronotum mit feiner Grundpunkturierung; Dorsalreihen aus nur 2–5 Punkten bestehend. Habitus: Abb. 29f. Verbreitungstyp pontomediterran, von Kleinasien über den Balkan nordwestlich bis nach Belgien und Frankreich. In Mitteleuropa im Norden fehlend, im Süden weit verbreitet, aber sehr selten. In mittleren und höheren Lagen unter Borke insbesondere von Tannen, seltener von anderen Bäumen, wo sich Larven und Imagines von Borkenkäfern ernähren. .... ***brevicornis*** (ERICHSON, 1839)

Verzeichnis der Synonyme

Das nachfolgende Verzeichnis der Synonyme umfasst alle nach Erscheinen der ersten Auflage von Band 4 (LOHSE 1964) festgestellten Synonyme und Fehldeutungen. Es umfasst daher neben neu festgestellten Synonymen auch solche, die bereits in den Bänden 12 und 15, sowie in drei weiteren Nachträgen (ASSING & SCHÜLKE 1999, 2001, 2007) publiziert wurden.

Acidota quadrata (ZETTERSTEDT, 1838)
= *pechlaneri* SCHEERPELTZ, 1947
Acrolocha THOMSON, 1858
= *Elonium* LEACH, 1819
Acrolocha minuta (OLIVIER, 1795)
= *striata* (GRAVENHORST, 1802)
Anotylus THOMSON, 1859
= *Styloxis* GOZIS, 1886
= *Oxytelops* FAGEL, 1956
Anotylus hamatus (FAIRMAIRE & LABOULBÈNE, 1856)
= *affinis* (CZWALINA, 1871)
Anotylus maritimus THOMSON, 1861
= *perrisi* (FAUVEL, 1862)
Anotylus mendus HERMAN, 1970
= *opacus* (KRAATZ, 1857)
Anotylus nitidulus (GRAVENHORST, 1802)
= *humilis* (GISTEL, 1857)
= *pallipennis* (GRIMMER, 1841)
Anthobium LEACH, 1819
= *Lathrimaeum* ERICHSON, 1839
Aploderus caelatus (GRAVENHORST, 1802)
= *westerhauseri* (GISTEL, 1857)
Arpedium ERICHSON, 1839
= *Eucnecosum* ERICHSON, 1839
Arpedium tenue (LECONTE, 1863)
= *norvegicum* MUNSTER, 1933
Astenus STEPHENS, 1833
= *Astenognathus* REITTER, 1909
Astenus gracilis (PAYKULL, 1789)
= *rutilipennis* REITTER, 1909
Astenus laticeps (MERKL, 1991)
= *uniformis* auct., sensu LOHSE 1964
Astenus lyonessius (JOY, 1908)
= *brevelytratus* LOHSE, 1987
= *longelytratus* PALM, 1936
Astenus procerus (GRAVENHORST, 1806)
= *filiformis* (LATREILLE, 1806)
= *noheli* COIFFAIT, 1968
Astenus serpentinus (MOTSCHULSKY, 1858)
= *subditus* (MULSANT & REY, 1878)
Atrecus JAQUELIN DU VAL, 1856
= *Baptolinus* KRAATZ, 1857
Bisnius STEPHENS, 1829
= *Gefyrobius* THOMSON, 1859
Bisnius longicollis (BERNHAUER, 1908)
= *intrudens* (TOTTENHAM, 1949)
Bisnius palmi (SMETANA, 1955)
= *hanae* (VAVRA & SCHILLHAMMER, 1993)
Bisnius subuliformis (GRAVENHORST, 1802)
= *fuscus* (GRAVENHORST, 1802)
Bledius atricapillus (GERMAR, 1825)
= *atricapillus* (NICOLAI, 1822)
= *praetermissus* WILLIAMS, 1929
Bledius bicornis (GERMAR, 1823)
= *atlanticus* LOHSE, 1978
= *dama* MOTSCHULSKY, 1858
= *jutlandensis* HERMAN, 1986
Bledius fergussoni JOY, 1912
= *arenarius* (PAYKULL, 1800)
Bledius frisius LOHSE, 1978
= *spectabilis* auct., sensu LOHSE 1964
Bledius gallicus (GRAVENHORST, 1806)
= *elongatus* MANNERHEIM, 1831
= *fracticornis* (PAYKULL, 1790)
Bledius heterocerus EPPELSHEIM, 1889
= *orientalis* ROUBAL, 1934
= *roubali* HORION, 1963
Bledius lohsei SCHÜLKE, 2011
= *atricapillus* auct., sensu LOHSE 1989
Bledius longulus ERICHSON, 1939
= *alpestris* HEER, 1839
Bledius nanus ERICHSON, 1840
= *dehnerti* KORGE, 1959
Bledius opacus (BLOCK, 1799)
= *subsinuatus* MULSANT & REY, 1878
Bledius pallipes (GRAVENHORST, 1806)
= *larseni* HANSEN, 1940
= *sinuatocollis* GERHARDT, 1899
= *subsinuatus* auct., sensu LOHSE 1964
Bledius pygmaeus ERICHSON, 1839
= *pusillus* ERICHSON, 1839
Bledius spectabilis KRAATZ, 1857
= *germanicus* WAGNER, 1935
= *limicola* TOTTENHAM, 1940
Bolitobius LEACH, 1819
= *Bryocharis* LACORDAIRE, 1835
Bryophacis maklini (J. SAHLBERG, 1871)
= *konecznii* (SCHEERPELTZ, 1959)
= *tirolensis* (JATZENTKOVSKY, 1910)
Carpelimus LEACH, 1819
= *Trogophloeus* auct., sensu LOHSE 1964
Carpelimus bilineatus STEPHENS, 1834
= *augustae* (BERNHAUER, 1901)
= *fossulatus* MOTSCHULSKY, 1858
Carpelimus despectus (BAUDI DI SELVE, 1870)
= *leederi* (BERNHAUER, 1940)

Carpelimus elongatulus (ERICHSON, 1839)
= *subterraneus* (SMETANA, 1960)
Carpelimus gracilis (MANNERHEIM, 1830)
= *graciliformis* KONZELMANN & LOHSE, 1981
Carpelimus pusillus (GRAVENHORST, 1802)
= *lindbergi* (SCHEERPELTZ, 1937)
Carpelimus similis (SMETANA, 1967)
= *metuens* (MULSANT & REY, 1878)
Cilea JACQUELIN DU VAL, 1856
= *Leucoparyphus* KRAATZ, 1857
Coryphium angusticolle STEPHENS, 1834
= *letzneri* SCHWARZ, 1873
Craetopycrus TOTTENHAM, 1939
= *Platystethus* auct., sensu LOHSE 1964
Deliphrosoma macrocephalum (EPPELSHEIM, 1873)
= *pechlaneri* LOHSE, 1963
Dinothenarus THOMSON, 1858
= *Trichoderma* auct., sensu LOHSE, 1964
Dropephylla linearis (ZETTERSTEDT, 1828)
= *scabriuscula* (KRAATZ, 1857)
Edaphus lederi EPPELSHEIM, 1878
= *beszedesi* REITTER, 1914
= *bluehweissi* SCHEERPELTZ, 1936
Eudectus giraudi REDTENBACHER, 1857
= *gerhardti* PIETSCH, 1894
Eusphalerum luteum (MARSHAM, 1802)
= *ophthalmicum* (PAYKULL, 1800)
Eusphalerum minutum (FABRICIUS, 1792)
= *jurassicum* (JARRIGE, 1946)
= *petzianum* (BERNHAUER, 1929)
= *ranunculi* (GRAVENHORST, 1802)
Eusphalerum palligerum (KIESENWETTER, 1847)
= *sparsum* (FAUVEL, 1876)
Eusphalerum semicoleoptratum (PANZER, 1795)
= *abdominale* (GRAVENHORST, 1806)
Eusphalerum tenenbaumi (BERNHAUER, 1932)
= *florale* auct., sensu LOHSE, 1964
Gabrius appendiculatus SHARP, 1910
= *subnigritulus* SMETANA, 1956
Gabrius austriacus SCHEERPELTZ, 1947
= *velox* auct., sensu LOHSE, 1964
Gabrius breviventer (SPERK, 1835)
= *coxalus* HOCHHUTH, 1872
= *pennatus* SHARP, 1910
Gabrius osseticus (KOLENATI, 1846)
= *vernalis* (GRAVENHORST, 1806)
Gabrius ravasinii GRIDELLI, 1920
= *spurius* SMETANA, 1954
Gabrius subnigritulus JOY, 1913
= *hublei* COIFFAIT & SEEGERS, 1985
= *subnigrituloides* (SCHEERPELTZ, 1933)
Gabrius velox SHARP, 1910
= *primigenius* JOY, 1913
Gabronthus limbatus FAUVEL, 1900
= *balthasari* SMETANA, 1956
Geodromicus kunzei (HEER, 1839)
= *lituratus* (KRAATZ, 1857)
Gynotyphlus COIFFAIT, 1955
= *Austriacotyphlus* SCHEERPELTZ, 1959
Gyrohypnus angustatus STEPHENS, 1833
= *scoticus* (JOY, 1913)
Gyrohypnus fracticornis (O. MÜLLER, 1776)
= *liebei* SCHEERPELTZ, 1926
Gyrohypnus punctulatus (PAYKULL, 1789)
= *liebei* auct., sensu LOHSE 1964
Heterothops praevius ERICHSON, 1839
= *niger* KRAATZ, 1868
Hypomedon MULSANT & REY, 1878
= *Chloecharis* LYNCH ARRIBÁLZAGA, 1884
Hypnogyra angularis (GANGLBAUER, 1895)
= *glabra* (NORDMANN, 1837)
Lathrobium carinthiacum SCHEERPELTZ, 1926
= *styriacum* SCHEERPELTZ, 1957
Lathrobium dilutum ERICHSON, 1839
= *microps* L. BENICK, 1942
Lathrobium fulvipenne (GRAVENHORST, 1806)
= *castaneipenne* KOLENATI, 1846
= *muelleri* BERNHAUER, 1899
Lathrobium geminum KRAATZ, 1857
= *boreale* HOCHHUTH, 1851
= *volgense* HOCHHUTH, 1851
Lathrobium impressum HEER, 1841
= *filiforme* GRAVENHORST, 1806
Lathrobium lineatocolle SCRIBA, 1859
= *castaneipenne* auct., sensu LOHSE 1964
Lathrobium longulum GRAVENHORST, 1802
= *patris* G. BENICK, 1950
Lathrobium pallidipenne HOCHHUTH, 1851
= *ripicola* CZWALINA, 1888
Leptacinus pusillus (STEPHENS, 1833)
= *linearis* (GRAVENHORST, 1802)
Leptacinus sulcifrons (STEPHENS, 1833)
= *ops* COIFFAIT, 1956
= *othioides* auct., sensu LOHSE 1964
Leptobium CASEY, 1905
= *Dolicaon* auct., sensu LOHSE 1964
Leptobium gracile (GRAVENHORST, 1802)
= *biguttulum* (LACORDAIRE, 1835)
Lesteva monticola KIESENWETTER, 1847
= *nivicola* FAUVEL, 1871
Lesteva villardi MULSANT & REY, 1880
= *ihsseni* LOHSE, 1956
Lordithon THOMSON, 1859
= *Bolitobius* auct., sensu LOHSE 1964
Manda BLACKWELDER, 1952
= *Acrognathus* ERICHSON, 1839
Mannerheimia brevipennis (MOTSCHULSKY, 1860)
= *doderoi* GRIDELLI, 1924
Megalinus MULSANT & REY, 1877
= *Lepidophallus* COIFFAIT, 1956
= *Leptophallus* COIFFAIT, 1956
= *Leptophius* COIFFAIT, 1983
Megalinus flavocinctus (HOCHHUTH, 1849)
= *relucens* auct., sensu LOHSE 1964

Megalinus glabratus (GRAVENHORST, 1802)
= *relucens* (GRAVENHORST, 1806)
Megarthrus bellevoyei SAULCY, 1862
= *affinis* MILLER, 1853
Megarthrus depressus (PAYKULL, 1789)
= *sinuatocollis* auct., sensu LOHSE 1964
Megarthrus prosseni SCHATZMAYR, 1904
= *depressus* auct., sensu LOHSE 1964
Megarthrus stercorarius MULSANT & REY, 1878
= *franzi* SCHEERPELTZ, 1947
Metopsia clypeata (P. MÜLLER, 1821)
= *gallica* KOCH, 1938
= *retusa* STEPHENS, 1834
Metopsia similis ZERCHE, 1998
= *clypeata* auct., sensu LOHSE 1964
Micropeplus LATREILLE, 1809
= *Arrhenopeplus* KOCH, 1937
Mycetoporus altaicus LUZE, 1901
= *santicensis* SCHATZMAYR, 1908
Mycetoporus baudueri MULSANT &REY, 1875
= *hellieseni* A. STRAND, 1950
Mycetoporus bimaculatus LACORDAIRE, 1835
= *ruficornis* KRAATZ, 1857
Mycetoporus brucki (PANDELLÉ, 1869)
= *laevicollis* EPPELSHEIM, 1878
Mycetoporus clavicornis (STEPHENS, 1832)
= *linderi* SCHEERPELTZ, 1970
Mycetoporus despectus A. STRAND, 1969
= *bimaculatus* auct., sensu LOHSE 1964
Mycetoporus eppelsheimianus FAGEL, 1968
= *brucki* auct., sensu LOHSE 1964
Mycetoporus forticornis FAUVEL, 1875
= *aequalis* THOMSON, 1868
Mycetoporus lepidus (GRAVENHORST, 1806)
= *brunneus* auct., sensu LOHSE 1964
Mycetoporus mulsanti GANGLBAUER, 1895
= *gracilis* LUZE, 1901
= *tenuis* MULSANT & REY, 1853
Mycetoporus nigricollis STEPHENS, 1835
= *splendens* (MARSHAM, 1802)
Mycetoporus pachyraphis (PANDELLÉ, 1869)
= *aequalis* auct., sensu LOHSE 1964
= *Bryoporus bernhaueri* WANKA, 1929
= *Bryoporus styriacus* SCHEERPELTZ, 1959
Mycetoporus piceolus REY, 1883
= *baudueri* auct., sensu LOHSE 1964
= *erichsonanus* FAGEL, 1965
= *nanus* (GRAVENHORST, 1806)
Mycetoporus reichei (PANDELLÉ, 1869)
= *subpronus* REITTER, 1909
= *solidicornis* auct., sensu LOHSE 1964
Neobisnius lathrobioides (BAUDI DI SELVE, 1848)
= *cerruttii* GRIDELLI, 1943
Ochthephilum STEPHENS, 1829
= *Cryptobium* MANNERHEIM, 1830
Ochthephilus MULSANT & REY, 1856
= *Ancyrophorus* KRAATZ, 1857
= *Stictancyrus* SCHEERPELTZ, 1950
Ochthephilus andalusiacus (FAGEL, 1957)
= *rivularis* (SMETANA, 1967)
Ochthephilus aureus (FAUVEL, 1871)
= *lucifugus* (FAGEL, 1951)
Ochthephilus praepositus MULSANT & REY, 1878
= *grigolettoi* (FAGEL, 1951)
Ochthephilus rosenhaueri (KIESENWETTER, 1850)
= *longipennis* (FAIRMAIRE & LABOULBÈNE, 1856)
Ocypus brevipennis (HEER, 1839)
= *brevipennis pseudoalpestris* (G. MÜLLER, 1926)
Ocypus megalocephalus (NORDMANN, 1837)
= *megacephalus* auct., sensu LOHSE, 1964
Ocypus nitens (SCHRANK, 1781)
= *similis* auct., sensu LOHSE, 1964
= *nero* (FALDERMAN, 1835)
Ocypus sericeicollis (MENETRIES, 1832)
= *cupreus* (ROSSI, 1790)
Olophrum boreale (PAYKULL, 1792)
= *florae* SCHEERPELTZ, 1935
Olophrum consimile (GYLLENHAL, 1810)
= *alpinum* (HEER, 1839)
= *bernhauerianum* SCHEERPELTZ, 1929
= *recticolle* SCHEERPELTZ, 1929
Olophrum fuscum (GRAVENHORST, 1806)
= *transversicolle* LUZE, 1905
Olophrum piceum (GYLLENHAL, 1810)
= *austriacum* SCHEERPELTZ, 1929
= *leleupi* FAGEL, 1948
Olophrum puncticolle EPPELSHEIM, 1880
= *viennense* SCHEERPELTZ, 1929
Omalium strigicolle WANKOWICZ, 1869
= *brevicolle* THOMSON, 1884
Othius angustus angustus STEPHENS, 1833
= *melanocephalus* (GRAVENHORST, 1806)
Othius subuliformis STEPHENS, 1833
= *myrmecophilus* KIESENWETTER, 1843
Paederidus rubrothoracicus (GOEZE, 1777)
= *carpathicola* SCHEERPELTZ, 1957
= *occidentalis* SCHEERPELTZ, 1957
Paederus balcanicus KOCH, 1938
= *trapeziceps* SCHEERPELTZ, 1957
Paederus limnophilus ERICHSON, 1840
= *limophilus* HEER, 1839
Philonthus STEPHENS, 1829
= *Kenonthus* COIFFAIT, 1960
= *Metagabrius* COIFFAIT, 1974
= *Paragabrius* COIFFAIT, 1963
= *Trionthus* COIFFAIT, 1963
Philonthus alberti SCHILLHAMMER, 2000
= *picipes* FAUVEL, 1875

Philonthus carbonarius (GRAVENHORST, 1802)
= *varius* GYLLENHAL, 1810
Philonthus caucasicus NORDMANN, 1837
= *dimidiatus* C. R. SAHLBERG, 1830
Philonthus cognatus STEPHENS, 1832
= *fuscipennis* (MANNERHEIM, 1830)
Philonthus jurgans TOTTENHAM, 1937
= *derennei* DRUGMAND, 1987
Philonthus nimbicola FAUVEL, 1874
= *montivagoides* COIFFAIT, 1963
= *obirensis* LOHSE, 1988
Philonthus nitidicollis (LACORDAIRE, 1835)
= *bimaculatus* (GRAVENHORST, 1802)
Philonthus parvicornis (GRAVENHORST, 1802)
= *agilis* GRAVENHORST, 1806
Philonthus pyrenaeus KIESENWETTER, 1850
= *parafrigidus* COIFFAIT, 1963
Philonthus rubripennis STEPHENS, 1832
= *fulvipes* FABRICIUS, 1793
Philonthus rufipes (STEPHENS, 1832)
= *immundus* auct., sensu LOHSE, 1964
Philonthus succicola THOMSON, 1860
= *chalceus* auct., sensu LOHSE, 1964
Philonthus tenuicornis MULSANT & REY, 1853
= *carbonarius* auct., sensu LOHSE, 1964
Philonthus varians (PAYKULL, 1789)
= *couloni* DRUGMAND, 1987
Philonthus viridipennis FAUVEL, 1875
= *diversiceps* BERNHAUER, 1901
= *oebalus* TOTTENHAM, 1953
Phyllodrepa melis HANSEN, 1940
= *linderi* SCHEERPELTZ, 1966
Phyllodrepa nigra (GRAVENHORST, 1806)
= *translucida* (KRAATZ, 1857)
Platyderothinophilus SCHEERPELTZ, 1959
= *Myopothinophilus* SCHEERPELTZ, 1959
Platystethus MANNERHEIM, 1830
= *Pyctocraerus* THOMSON, 1859
Platystethus burlei BRISOUT DE BARNEVILLE, 1861
= *luzei* BERNHAUER, 1899
Platystethus capito (HEER, 1839)
= *rattus* GISTEL, 1857
= *kodermanni* (GISTEL, 1857)
Proteinus altaicus REITTER, 1905
= *apicidens* JANNSON & SJÖBERG, 1929
Proteinus laevigatus HOCHHUTH, 1872
= *macropterus* auct., sensu LOHSE 1964
Pseudobium gridellii JARRIGE, 1947
= *labile* auct., sensu LOHSE 1964
Pseudomedon MULSANT & REY, 1878
= *Euphonus* FAUVEL, 1902
Pseudomedon huetheri (HUBENTHAL, 1927)
= *helveticus* (KOCH, 1938)
Pseudomedon obscurellus (ERICHSON, 1840)
= *obsoletus* auct., sensu LOHSE 1964
Pseudomedon obsoletus (NORDMANN, 1837)
= *obscurellus* auct., sensu LOHSE 1964
Pseudopsis sulcata NEWMAN, 1834
= *sulcata* var. *gravei* auct., sensu LOHSE 1964
Quedius STEPHENS, 1829
= *Velleius* LEACH, 1819
Quedius levicollis BRULLE, 1832
= *tristis* (GRAVENHORST, 1802)
Quedius limbatus (HEER, 1839)
= *limbatoides* COIFFAIT, 1963
Quedius maurorufus (GRAVENHORST, 1806)
= *richteri* KORGE, 1966
Quedius pseudonigriceps REITTER, 1909
= *noricus* BERNHAUER, 1927
Quedius suturalis KIESENWETTER, 1845
= *merlini* DRUGMAND & BRUGE, 1991
Quedius umbrinus ERICHSON, 1839
= *pseudoumbrinus* LOHSE, 1958
Rugilus LEACH, 1819
= *Stilicus* BERTHOLD, 1827
Rugilus angustatus (GEOFFROY, 1785)
= *fragilis* (GRAVENHORST, 1806)
= *scutellatus* (MOTSCHULSKY, 1858)
Scaphisoma LEACH, 1815
= *Caryoscapha* GANGLBAUER, 1899
= *Scaphosoma* AGASSIZ, 1846
Scopaeus debilis HOCHHUTH, 1851
= *scitulus* BAUDI DI SELVE, 1857
Scopaeus minimus (ERICHSON, 1839)
= *furcatus* BINAGHI, 1935
Scopaeus minutus ERICHSON, 1840
= *pumilus* (HEER, 1839)
Scopaeus ryei WOLLASTON, 1872
= *minimus* auct., sensu LOHSE, 1964
Scopaeus sulcicollis (STEPHENS, 1832)
= *cognatus* MULSANT & REY, 1855
Sepedophilus GISTEL, 1856
= *Conosoma* auct., sensu LOHSE 1964
Sepedophilus constans (FOWLER, 1888)
= *stoeckli* (LOKAY, 1913)
Sepedophilus doderoi (GRIDELLI, 1931)
= *monticola* auct., sensu LOHSE 1964
Sepedophilus nigripennis (STEPHENS, 1832)
= *lividus* (ERICHSON, 1839)
Sepedophilus transcaspicus (BERNHAUER, 1917)
= *lokayi* (SMETANA, 1969)
Staphylinus rubricornis ÁDÁM, 1987
= *ruficornis* BERNHAUER, 1913
Stenus ageus CASEY, 1884
= *gerhardti* L. Benick, 1915
Stenus ampliventris J. SAHLBERG, 1890
= *wagneri* L. BENICK, 1917
Stenus assequens REY, 1884
= *simillimus* L. BENICK, 1949
Stenus aterrimus ERICHSON, 1839
= *polyctenicola* ZERCHE, 2009
= *ruficola* ZERCHE, 2009
= *pratensicola* ZERCHE, 2009
= *spielfeldensis* ZERCHE, 2009
= *sarajevensis* ZERCHE, 2009

Stenus cautus ERICHSON, 1839
= *vafellus* ERICHSON, 1839
Stenus cephallenicus BERNHAUER, 1913
= *humiloides* SMETANA, 1964
= *vastus* L. BENICK, 1925
Stenus comma LECONTE, 1864
= *bipunctatus* ERICHSON, 1839
Stenus europaeus PUTHZ, 1966
= *cautus* auct., sensu LOHSE, 1964
Stenus excubitor ERICHSON, 1839
= *rossicus* BERNHAUER, 1903
Stenus gallicus FAUVEL, 1873
= *excubitor* auct., sensu LOHSE, 1964
Stenus glacialis HEER, 1839
= *cyaneus* auct., sensu LOHSE, 1964
Stenus horioni PUTHZ, 1971
= *umbricus* auct., sensu LOHSE, 1964
Stenus hypoproditor PUTHZ, 1965
= *affaber* auct., sensu LOHSE, 1964
Stenus hypsidromus GANGLBAUER, 1902
= *carnorum* SCHEERPELTZ, 1958
= *strupiianus* SCHEERPELTZ, 1958
Stenus intermedius REY, 1884
= *problematicus* KEVAN & ALLEN, 1962
Stenus ludyi FAUVEL, 1886
= *coarcticollis* auct., sensu LOHSE, 1964
Stenus macrocephalus AUBE, 1863
= *altifrons* REY, 1884
Stenus nitidiusculus quadratipennis BERNHAUER, 1915
= *languidus* auct., sensu LOHSE, 1964
Stenus ochropus KIESENWETTER, 1858
= *erichsoni* RYE, 1864
Stenus parcior BERNHAUER, 1929
= *muscorum* auct., sensu LOHSE, 1964
= *parcior limonensis* FAGEL, 1958
Stenus planifrons planifrons REY, 1884
= *misaelfiorii* BONDROIT, 1912
Stenus providus ERICHSON, 1839
= *rogeri* KRAATZ, 1857
Stenus pusillus STEPHENS, 1833
= *exiguus* ERICHSON, 1840
Sunius STEPHENS, 1829
= *Hypomedon* auct., sensu LOHSE 1964
Tachyporus pallidus SHARP, 1871
= *scutellaris* RYE, 1871
Tachyporus pusillus GRAVENHORST, 1806
= *macropterus* STEPHENS, 1832
Tachyporus quadriscopulatus PANDELLÉ, 1869
= *signifer* auct., sensu LOHSE 1964
Tachyporus scitulus ERICHSON, 1839
= *macropterus* auct., sensu LOHSE 1964
Tachinus GRAVENHORST, 1802
= *Drymoporus* THOMSON, 1859
= *Conosoma* KRAATZ, 1857
= *Porodrymus* REY, 1882
Tachinus elongatus GYLLENHAL, 1810
= *ochsi* COIFFAIT, 1955
Tachinus latiusculus MÄRKEL & KIESENWETTER, 1848
= *kardaschi* BERNHAUER, 1940
Tachinus pallipes (GRAVENHORST, 1806)
= *benicki* ULLRICH, 1975
Tasgius morsitans (ROSSI, 1790)
= *compressus* (MARSHAM, 1802)
Tetartopeus sphagnetorum (MUONA, 1977)
= *gracilis* (HAMPE, 1867)
Tetartopeus zetterstedti (RYE, 1872)
= *punctatus* (ZETTERSTEDT, 1828)
Thinobius angusticeps FAUVEL, 1889
= *silvaticus* BERNHAUER, 1899
= *peezi* SCHEERPELTZ, 1957
Thinobius bicolor JOY, 1911
= *linderianus* SCHEERPELTZ, 1966
Thinobius ciliatus KIESENWETTER, 1844
= *praetor* SMETANA, 1959
Thinobius crinifer SMETANA, 1959
= *wenckeri* FAUVEL, 1863
= *strandi* SMETANA, 1960
Thinobius delicatulus KRAATZ, 1857
= *helveticus* SCHEERPELTZ, 1966
Thinobius linearis KRAATZ, 1957
= *falcis* SCHEERPELTZ, 1966
= *linderi* SCHEERPELTZ, 1966
Thinobius major KRAATZ, 1857
= *franzi* SCHEERPELTZ, 1947
= *konecznii* SCHEERPELTZ, 1958
= *tatricus* SMETANA, 1973
Thinobius micros FAUVEL, 1971
= *ernesti* BERNHAUER, 1908
Thinodromus plagiatus (KIESENWETTER, 1850)
= *mannerheimi* auct., sensu LOHSE 1964
Typhlolinus REITTER, 1908
= *Acanthophallus* COIFFAIT, 1956
Xantholinus DEJEAN, 1821
= *Meneidophallus* BORDONI, 1999
Xantholinus audrasi COIFFAIT, 1956
= *strandi* COIFFAIT, 1958
Xantholinus coiffaiti FRANZ, 1966
= *sublinearis* COIFFAIT, 1970
Xantholinus distans MULSANT & REY, 1853
= *schuleri* COIFFAIT, 1958
Xantholinus dvoraki COIFFAIT, 1956
= *dissimilis* COIFFAIT, 1956
= *roubali* COIFFAIT, 1956
= *schweigeri* COIFFAIT, 1966
Xantholinus elegans (OLIVIER, 1795)
= *jarrigei* COIFFAIT, 1956
= *meridionalis* auct., sensu LOHSE 1964
= *semirufus* auct., sensu LOHSE 1964
Xantholinus gallicus COIFFAIT, 1956
= *rhenanus* COIFFAIT, 1962
Xantholinus laevigatus JACOBSEN, 1849
= *clairei* COIFFAIT, 1956
Xantholinus longiventris HEER, 1839
= *sejugatus* G. BENICK, 1953

Xantholinus tricolor (FABRICIUS, 1787)
= *meyeri* DRUGMAND, 1994
= *toumayeffi* BORDONI, 1986

Xylodromus concinnus (MARSHAM, 1802)
= *brunnipennis* (STEPHENS, 1834)
Zeteotomus JAQUELIN DU VAL, 1856
= *Metoponcus* KRAATZ, 1857

Literaturverzeichnis

ABRAHAM, R. (1991): Fang und Präparation wirbelloser Tiere. – Stuttgart, New York: Gustav Fischer, 132 S.

ÁDÁM, L. (2004): A Bakony és a Vértes holyvafaunája (Coleoptera: Staphylinidae) (The rove beetle fauna of the Bakony and the Vértes Mountains) (Coleoptera: Staphylinidae). – Zirc: Bakonyi Természettudományi Múzeum, 262 S.

ADORNO, A. & A. ZANETTI (1999): Descrizione di un nuovo *Paederus* F., 1775 di Sicilia, con note sistematiche, biogeografiche ed ecologiche sulle specie italiane dei sottogeneri *Paederus* s. str. e *Eopaederus* SCHEERPELTZ, 1957 (Coleoptera: Staphylinidae). – Annales de la Société Entomologique de France (N. S.) 35: 189–201.

ASHE, J. S. (2005): Phylogeny of the tachyporine group subfamilies and „basal" lineages of the Aleocharinae (Coleoptera: Staphylinidae) based on larval and adult characteristics. – Systematic Entomology 30: 3–37.

ASSING, V. (1992a): Die Kurzflügelkäfer (Coleoptera: Staphylinidae) eines urbanen Inselbiotopkomplexes in Hannover. 3. Beitrag zur Faunistik und Ökologie der Staphyliniden von Hannover. – Berichte der Naturhistorischen Gesellschaft Hannover 134: 173–187.

ASSING, V. (1992b): Zur Eignung der Bodenfallenmethode für Untersuchungen an Staphylinidenzönosen (Coleoptera: Staphylinidae). – I. Erfassung des Arteninventars und phänologische Untersuchungen. – Verhandlungen Westdeutscher Entomologentag, Düsseldorf 1991: 55–66.

ASSING, V. (1993): Zur Bionomie von *Xantholinus rhenanus* COIFF. und anderen bodenbewohnenden Xantholininen (Col., Staphylinidae) in Nordwestdeutschland. – Zoologische Jahrbücher (Jena). Abteilung Systematik, Geographie und Biologie der Tiere 120: 13–38.

ASSING, V. (1994): Zur Kurzflügelkäferfauna xerothermer Flächen im südlichen Niedersachsen (Coleoptera: Staphylinidae). – Göttinger naturkundliche Schriften 3: 7–31.

Assing, V. (1995): Über *Sunius fallax* (Lokay, 1919) (Col., Staphylinidae). – Entomologische Nachrichten und Berichte 38 (1994): 267–269.

ASSING, V. (1996): Revision der in den Süd- und Ostalpen endemischen Arten aus der Verwandtschaft des *Lathrobium testaceum* KRAATZ (Coleoptera: Staphylinidae: Paederinae). – Annalen des Naturhistorischen Museums in Wien, Serie B 98: 425–434.

ASSING, V. (1997): A revision of *Othius* STEPHENS, 1829. III. The species of the Western Palaearctic region exclusive of the Atlantic Islands (Coleoptera, Staphylinidae: Xantholininae). – Nova Supplementa Entomologica 10: 3–130.

ASSING, V. (1998): Two new Palaearctic species and two new synonyms of *Atrecus* JACQUELIN DU VAL (Coleoptera: Staphylinidae, Xantholininae). – Beiträge zur Entomologie 48: 343–351.

ASSING, V. (1999): Über *Astenus longelytratus* PALM, *A. brevelytratus* LOHSE und *A. lyonessius* (JOY) (Col., Staphylinidae). – Entomologische Blätter 95: 32–34.

ASSING, V. (2000): A new species of *Atrecus* JACQUELIN DU VAL from China (Coleoptera: Staphylinidae, Staphylininae). – Linzer biologische Beiträge 32: 75–78.

ASSING, V. (2001): A revision of the microphthalmous *Lathrobium* GRAVENHORST of Turkey, with descriptions of two new *Lathrobium* species from Italy and Albania (Insecta: Coleoptera: Staphylinidae: Paederinae). – Annalen des Naturhistorischen Museums Wien 103 B: 375–389.

ASSING, V. (2003a): On the taxonomy of *Gyrohypnus* LEACH: new synonymies, new species, and a key to the Western Palaearctic and Middle Asian representatives of the genus (Insecta: Coleoptera: Staphylinidae). – Entomologische Blätter 99: 55–81.

ASSING, V. (2003b): On the identity of *Trichophya huttoni* WOLLASTON (Coleoptera: Staphylinidae, Trichophyinae). – Linzer biologische Beiträge 35: 515–518.

ASSING, V. (2003c): A revision of Othiini. XIII. Horizontal and vertical distribution of *Othius*, new species, and additional records (Coleoptera: Staphylinidae: Staphylininae). – Entomological Problems 33: 69–88.

ASSING, V. (2004): A revision of the *Medon* species of the Eastern Mediterranean and adjacent regions (Insecta: Coleoptera: Staphylinidae: Paederinae). – Bonner zoologische Beiträge 52: 33–82.

ASSING, V. (2005): A revision of the genus *Leptobium* CASEY (Coleoptera: Staphylinidae: Paederinae). – Stuttgarter Beiträge zur Naturkunde, Serie A (Biologie) Nr. 673: 1–182.

ASSING, V. (2006): A revision of Western Palaearctic *Medon*: the species of the Atlantic Islands, the Western Mediterranean, and Europe, except for the southeast (Insecta: Coleoptera: Staphylinidae: Paederinae). – Bonner zoologische Beiträge 54 (2005): 25–95.

ASSING, V. (2007a): A revision of Palaearctic *Lobrathium* MULSANT & REY. III. New species, new synonyms, and additional records (Coleoptera: Staphylinidae, Paederinae). – Linzer biologische Beiträge 39: 731–755.

ASSING, V. (2007b): On the Xantholinini of Turkey and adjacent regions (Coleoptera: Staphylinidae: Staphylininae). – Zootaxa 1474: 1–54.

ASSING, V. (2007c): *Proteinus crenulatus* – a complex of five species (Coleoptera: Staphylinidae: Proteininae). – Beiträge zur Entomologie 57: 355–366.

ASSING, V. (2008a): A revision of the *Sunius* species of the Western Palaearctic region and Middle Asia (Coleoptera: Staphylinidae: Paederinae). – Linzer biologische Beiträge 40: 5–135.

ASSING, V. (2008b): A revision of Othiini. XVI. Four new species of *Othius* from the Himalaya and China, and additional records (Coleoptera: Staphylinidae, Staphylininae). – Koleopterologische Rundschau 78: 245–263.

ASSING, V. (2008c): A revision of the Habrocerinae of the world. IV. A new species of *Habrocerus* from China and additional records (Coleoptera: Staphylinidae). – Beiträge zur Entomologie 58: 135–144.

ASSING, V. (2008d): On the taxonomy and zoogeography of some Palaearctic Paederinae and Xantholinini (Coleoptera: Staphylinidae). – Linzer biologische Beiträge 40: 1237–1294.

ASSING, V. (2008e): Four new species and additional records of Palaearctic *Sunius*, with two new synonymies (Coleoptera: Staphylinidae: Paederinae). – Beiträge zur Entomologie 58: 455–470.

ASSING, V. (2009a): On the Western Palaearctic and Middle Asian species of *Ochthephilum*, with notes on the fauna of Turkey (Coleoptera: Staphylinidae: Paederinae). – Linzer biologische Beiträge 41: 397–426.

ASSING, V. (2009b): On the *Pseudomedon* species of the Palaearctic region (Coleoptera: Staphylinidae: Paederinae). – Linzer biologische Beiträge 41: 1175-1189.

ASSING, V. (2010a): A revision of the genus *Luzea* (Coleoptera: Staphylinidae: Paederinae). – Deutsche Entomologische Zeitschrift 57: 117-135.

ASSING, V. (2010b): A revision of *Achenium* (Coleoptera: Staphylinidae: Paederinae). – Nova Supplementa Entomologica 21: 1–190.

ASSING, V. (2010c): A revision of Othiini. XVII. A new species from China and additional records (Coleoptera: Staphylinidae: Staphylininae). – Linzer biologische Beiträge 42: 1077-1091.

ASSING, V. (2011a): *Luzea* and *Pseudomedon* in the Eastern Palaearctic region, with additional records from the West Palaearctic (Coleoptera: Staphylinidae: Paederinae). – Linzer biologische Beiträge 43: 245-252.

ASSING, V. (2011b): The *Sunius* species of the Palaearctic region (Coleoptera: Staphylinidae: Paederinae). – Linzer biologische Beiträge 43:151-193.

ASSING, V. (im Druck): The *Rugilus* species of the Palaearctic and Oriental regions (Coleoptera: Staphylinidae: Paederinae). – Stuttgarter Beiträge zur Naturkunde A, Neue Serie 5 (2012).

ASSING, V. & M. SCHÜLKE (1999): Supplemente zur mitteleuropäischen Staphylinidenfauna (Coleoptera, Staphylinidae). – Entomologische Blätter 95: 1–31.

ASSING, V. & M. SCHÜLKE (2001): Supplemente zur mitteleuropäischen Staphylinidenfauna (Coleoptera, Staphylinidae). II. – Entomologische Blätter 97: 121–176.

ASSING, V. & M. SCHÜLKE (2007): Supplemente zur mitteleuropäischen Staphylinidenfauna (Coleoptera, Staphylinidae). III. – Entomologische Blätter 102: 1–78.

ASSING, V. & P. WUNDERLE (1995): A revision of the species of the subfamily Habrocerinae (Coleoptera: Staphylinidae) of the world. – Revue Suisse de Zoologie 102: 307–359.

ASSING, V. & P. WUNDERLE (1996): A revision of the species of the subfamily Habrocerinae of the world. Supplement I. (Coleoptera: Staphylinidae). – Beiträge zur Entomologie 46: 373–378.

BENICK, L. (1952): Pilzkäfer und Käferpilze. Ökologische und statistische Untersuchungen. – Acta Zoologica Fennica 70: 3–250.

BEUTEL, R. G. & R. A. B. LESCHEN (Hrsg.) (2005a): Handbuch der Zoologie. Band IV. Arthropoda: Insecta. Teilband 38. Coleoptera, Beetles. Volume 1: Morphology and Systematics. – Berlin & New York: de Gruyter, I–XI, 1–567.

BEUTEL, R. G. & R. A. B. LESCHEN (2005b): Phylogenetic analysis of Staphyliniformia (Coleoptera) based on characters of larvae and adults. – Systematic Entomology 30: 510–548.

BEUTEL, R. G. & R. MOLENDA (1997): Comparative morphology of selected larvae of Staphylinoidea (Coleoptera, Polyphaga) with phylogenetic implications. – Zoologischer Anzeiger 236: 37–67.

BOHÁČ, J. (1985): Reviev of the subfamily Paederinae (Coleoptera, Staphylinidae) of Czechoslovakia. Part. II. – Acta Entomologica Bohemoslovaca 82: 431– 467.

BÖHME, J. (2005): Die Käfer Mitteleuropas. Katalog (Faunistische Übersicht). 2. Auflage. – Heidelberg: Spektrum Akademischer Verlag, I–XII, 1–515.

BOOTH, R. G. (1988): The identity of *Tachyporus chrysomelinus* (LINNAEUS) and the separation of *T. dispar* (PAYKULL) (Coleoptera; Staphylinidae). – The Entomologist 107: 127–133.

BOOTH, R. G. (2003): *Lathrobium fennicum* RENKONEN (Staphylinidae) new to Norfolk, with characters to separate females of the larger *Lathrobium* species. – The Coleopterist 12: 25–29.

BURAKOWSKI, B. & A. F. NEWTON, JR. (1992): The immature stages and bionomics of the myrmecophile *Thoracophorus corticinus* MOTSCHULSKY, and placement of the genus (Coleoptera, Staphylinidae, Osoriinae). – Annali del Museo Civico di Storia Naturale „G. Doria" 89: 17–42.

CAMPBELL, J. M. (1979): A revision of the genus *Tachyporus* GRAVENHORST (Coleoptera: Staphylinidae) of North and Central America. – Memoirs of the Entomological Society of Canada 109: 1–95.

CAMPBELL, J. M. (1991): A revision of the genera *Mycetoporus* MANNERHEIM and *Ischnosoma* STEPHENS (Coleoptera: Staphylinidae: Tachyporinae) of North and Central America. – Memoirs of the Entomological Society of Canada 156: 1–169.

CAMPBELL, J. M. (1993): A revision of the genera *Bryoporus* KRAATZ and *Bryophacis* REITTER and two new related genera from America North of Mexico (Coleoptera: Staphylinidae: Tachyporinae). – Memoirs of the Entomological Society of Canada 166: 1–85.

CATERINO, M. S., HUNT, T. & A. P. VOGLER (2005): On the constitution and phylogeny of Staphyliniformia (Insecta: Coleoptera). – Molecular Phylogenetics and Evolution 34: 655–672.

CHATZIMANOLIS, S., COHEN, I.M, SCHOMANN, A. & A. Y. SOLODOVNIKOV (2010): Molecular phylogeny of the mega-diverse rove beetle tribe Staphylinini (Coleoptera: Staphylinidae: Staphylininae). – Zoologica Scripta 39: 436–449.

CICERONI, A. (1994): Revisione delle specie italiane del genere *Leptacinus* ERICHSON con note sinonimiche su alcuni Xantholinini europei e nordafricani (Coleoptera, Staphylinidae: Xantholininae). – Bollettino del Museo Civico di Storia Naturale di Verona 18 (1991): 97–119.

CLARKE, D. J. & V. V. GREBENNIKOV (2009): Monophyly of Euaesthetinae (Coleoptera: Staphylinidae): phylogenetic evidence from adults and larvae, review of austral genera, and new larval desciptions. – Systematic Entomology 34: 346–397.

COIFFAIT, H. (1972): Coléoptères Staphylinidae de la région paléarctique occidentale. I. Généralités; Sous-familles: Xantholininae et Leptotyphlinae. – Nouvelle Revue d'Entomologie, Supplement 2 (2): I–IX, 1–651, 6 Tafeln.

COIFFAIT, H. (1974): Coléoptères Staphylinidae de la région paléarctique occidentale II. Sous famille Staphylininae, Tribus Philonthini et Staphylinini. – Supplement à la Nouvelle Revue d'Entomologie, Supplement 4 (4): 1–593.

CROWSON, R. A. (1955): The natural classification of the families of Coleoptera. 2nd Edition. – Hampton: E. W. Clasey, 6, 1–187.

CUCCODORO, G. & I. LÖBL (1997): Revision of the Palaearctic rove beetles of the genus *Megarthrus* CURTIS (Coleoptera: Staphylinidae: Proteininae). – Journal of Natural History 31: 1337–1415.

DAUPHIN, P. (1995): Sur les *Proteinus* d'Europe Occidentale (Coleoptera, Staphylinidae). – Bulletin de la Societé Linnéenne de Bordeaux 23: 101–118.

DE MARZO, L. (2009): Verifica del numero di età larvali in alcuni stafilinidi (Coleoptera, Staphylinidae). – Annali del Museo Civico di Storia Naturale „G. Doria" 100: 649–670.

DE LATTIN, G. (1967): Grundriss der Zoogeographie. – Jena: G. Fischer Verlag, 1–591.

DETTNER, K. (1993): Defensive secretions and exocrine glands in free-living staphylinid beetles – their bearing on phylogeny (Coleoptera: Staphylinidae). – Biochemical Systematics and Ecology 21: 143–162.

FRANK, J. H. (1988): *Paederus*, sensu lato (Coleoptera: Staphylinidae): an index and review of the taxa. – Insecta Mundi 2: 97–159.

FRANK, J. H. & K. KANAMITSU (1987): *Paederus*, sensu lato (Coleoptera: Staphylinidae): natural history and medical importance. – Journal of Medical Entomology 24: 155–191.

FRISCH, J. (1996): Revision westmediterraner *Scopaeus*- Arten und Beschreibung einer neuen Art aus Südspanien und Marokko. 2. Beitrag zur Kenntnis der Gattung *Scopaeus* ERICHSON. – Revue Suisse de Zoologie 103 : 301– 318.

FRISCH, J. (1997): A revision of some West Palaearctic species of *Scopaeus* ERICHSON (Coleoptera, Staphylinidae, Paederinae). – Revue Suisse de Zoologie 104: 523– 557.

FRISCH, J. (1998): A revision of some West Palaearctic species of *Scopaeus* ERICHSON (Coleoptera, Staphylinidae, Paederinae). – Revue Suisse de Zoologie 105: 89– 124.

FRISCH, J. (1999a): A revision of the *Scopaeus debilis* species group, with description of a new species from Madagascar (Coleoptera, Staphylinidae, Paederinae). – Revue Suisse de Zoologie 106: 361–383.

FRISCH, J. (1999b): A revision of the *Scopaeus sulcicollis* species group, with description of a new species from North-East Anatolia (Coleoptera, Staphylinidae, Paederinae). – Revue Suisse de Zoologie 106: 539– 553.

FRISCH, J. (2003): A revision of the *Scopaeus laevigatus* species group, with description of ten new species from the East Palaearctic, the Oriental and the Australian region (Coleoptera, Staphylinidae, Paederinae). In: CUCCODORO, G. & R. A. B. LESCHEN (Hrsg.), Systematics of Coleoptera: Papers Celebrating the Retirement of Ivan Löbl. – Memoirs on Entomology, International 17: 649– 725.

FRISCH, J., BURCKHARDT, D. & V. WOLTERS (2002): Rove beetles of the subtribe Scopaeina COIFFAIT (Coleoptera: Staphylinidae) in the West Palaearctic: Phylogeny, biogeography and species catalogue. – Organisms, Diversity & Evolution 2: 27– 53.

GILDENKOV, M. (2000a): A review of Palaearctic species of the genus *Thinodromus* (Coleoptera, Staphylinidae): Communication 1. – Entomological Review 80: 822–830.

GILDENKOV, M. (2000b): A review of Palaearctic species of the genus *Thinodromus* (Coleoptera, Staphylinidae): Communication 2. – Entomological Review 80: 831–841.

GILDENKOV, M. (2001a): The Palaearctic *Carpelimus* fauna (Coleoptera: Staphylinidae). The problems of species and the formation of species. I. The history of studying. Morpho-ecological features. The system of genus. The description of species. – Smolensk: Publishing House SSPU, 1–303 [in russisch].

GILDENKOV, M. (2001b): The Palaearctic *Carpelimus* fauna (Coleoptera: Staphylinidae). The problems of species and the formation of species. II. Attributive keys for Palaearctic species. *Carpelimus*'s illustrations are represented in descriptions (Part 1) and attributive keys. The phylogenetic relations in genus. The problems of species and the formation of species. – Smolensk: Publishing House SSPU, 1–175 [in russisch].

GILDENKOV, M. (2001c): Phylogenetic relations in the Oxytelinae subfamily. The Palaearctic *Thinodromus* fauna (Coleoptera: Staphylinidae: Oxytelinae). – Smolensk: Publishing House SSPU, 1–202 [in russisch].

GILDENKOV, M. (2002): Classification of the genus *Carpelimus* (Coleoptera, Staphylinidae) within the Palaearctic Region: 2. Introduction and description of new taxa. – Entomological Review 82: 1274–1288.

GILDENKOV, M. (2003a): Classification of the genus *Carpelimus* (Coleoptera, Staphylinidae) in the Palaearctic Region: 2. Keys to species of the subgenera *Carpelimus*, *Paratrogophloeus*, *Myopinus*, and *Bucephalinus*. – Entomological Review 83: 69–81.

GILDENKOV, M. (2003b): Classification of the genus *Carpelimus* (Coleoptera, Staphylinidae) in the Palaearctic Region: 3. Keys to species of the subgenera *Trogophloeus* and *Troginus*. – Entomological Review 83: 82–97.

GOOD, J. A. & P. S. GILLER (1991): The diet of predatory staphylinid beetles – a review of records. – The Entomologist´s Monthly Magazine 127: 77–89.

GREBENNIKOV, V. V. & A. F. NEWTON (2009): Good-bye Scydmaenidae, or why the ant-like stone beetles should become megadiverse Staphylinidae sensu latissimo (Coleoptera). – European Journal of Entomology 106: 275–301.

GUSAROV, V. I. (2002): *Xantholinus dvoraki* COIFFAIT, 1956, the only valid species of the subgenus *Meneidophallus* BORDONI, 1999, with remarkably variable internal sac of aedeagus (Coleoptera, Staphylinidae). – Zootaxa 21: 1–21.

HAMMOND, P. M. (1973): Notes on British Staphylinidae 3. The British species of *Sepedophilus* GISTEL (*Conosomus* auctt.). – Entomologist's Monthly Magazine 108 (1972): 130-165.

HAMMOND, P. M. (1976): A review of the genus *Anotylus* C. G. THOMSON (Coleoptera: Staphylinidae). – Bulletin of the British Museum (Natural History). Entomology 33: 139–187, 3 Tafeln.

HANSEN, M. (1997): Phylogeny and classification of the staphyliniform beetle families (Coleoptera). – Biologiske Skrifter, Det Kongelige Danske Videnskabernes Selskab 48: 1–339.

HERMAN, L. H. (1970): Phylogeny and reclassification of the genera of the rove-beetle subfamily Oxytelinae of the world (Coleoptera, Staphylinidae). – Bulletin of the American Museum of Natural History 142: 345–454.

HERMAN, L. H. (1972): A revision of the rove-beetle genus *Charhyphus* (Coleoptera, Staphylinidae, Phloeocharinae). – American Museum Novitates 2496: 1–16.

HERMAN, L. H. (1986): Revision of *Bledius*. Part IV. Classification of species groups, phylogeny, natural history, and catalogue (Coleoptera, Staphylinidae, Oxytelinae). – Bulletin of the American Museum of Natural History 184: 1–368.

HERMAN, L. H. (2001): Catalog of the Staphylinidae (Insecta: Coleoptera). 1758 to the end of the second millennium. Volumes I–VII. – Bulletin of the American Museum of Natural History 265: 1–4218.

HORION, A. (1963): Faunistik der mitteleuropäischen Käfer. Staphylinidae. 1. Micropeplinae bis Euaesthetinae. – Überlingen-Bodensee, A. Feyel: I–XI, 1, 1–412.

HORION, A. (1965): Faunistik der Mitteleuropäischen Käfer, Bd. X: Staphylinidae, 2. Teil, Paederinae bis Staphylininae. – Überlingen, Bodensee: I–XV, 1–335.

HORION, A. (1967): Faunistik der mitteleuropäischen Käfer. Bd. XI: Staphylinidae, 3. Teil: Habrocerinae bis Aleocharinae (ohne Subtribus Athetae). – Überlingen-Bodensee: I–XXIV, 1–419.

ISRAELSON, G. (1979a): *Heterothops stiglundbergi* n. sp. (Coleoptera: Staphylinidae). – Entomologica Scandinavica 10: 259–260.

ISRAELSON, G. (1979b): On the taxonomy of some West European and Macaronesian *Heterothops* STEPHENS (Coleoptera: Staphylinidae). – Entomologica Scandinavica 10: 261–268.

JÁSZAY T. & P. HLAVÁC (2006): A revision of the Palaearctic species of the genus *Dropephylla* (Coleoptera: Staphylinidae: Omaliinae). – Entomological Problems 36: 31–62.

KASULE, F. K. (1966): The subfamilies of the larvae of Staphylinidae (Coleoptera) with keys to the larvae of the British genera of Steninae and Proteininae. – Transactions of the Royal Entomological Society of London 118: 261–283.

KOCH, K. (1989a): Die Käfer Mitteleuropas. Ökologie. Band 1. – Krefeld: Goecke & Evers Verlag: 1–440.

KOCH, K. (1989b): Die Käfer Mitteleuropas. Ökologie. Band 2. – Krefeld: Goecke & Evers Verlag: 1–382.

KOCIAN, M. (1994): *Mycetoporus boukali* n. sp. aus Ostrußland (Coleoptera, Staphylinidae). – Acta Universitatis Carolinae Biologica 37 (1993): 87–92.

KOCIAN, M. (1996): The male genitalia of Central European species of the genus *Lordithon* (Coleoptera: Staphylinidae: Tachyporinae). – Klapalekiana 32: 33–47.

KOCIAN, M. (1997): A revision of the Western Palearctic species of the genus *Ischnosoma* STEPHENS (Coleoptera, Staphylinidae, Tachyporinae). – Acta Universitatis Carolinae Biologica 40 (1996): 241–299.

KÖHLER, F. (1996): Eine neue Schwemmtechnik für faunistisch-ökologische Untersuchungen der Käferfauna an Gewässerufern. Aus der Praxis des Koleopterologen 1. – Entomologische Blätter 92: 137–161.

LAWRENCE, J. F. & A. F. NEWTON, Jr. (1982): Evolution and classification of beetles. – Annual Review of Ecology and Systematics 13: 261–290.

LAWRENCE, J. F. & A. F. NEWTON, Jr. (1995): Families and subfamilies of Coleoptera (with selected genera, notes, references and data on family group names), S. 779–1006 in: PAKALUK, J. & S. A. ŚLIPIŃSKI (Hrsg.): Biology, Phylogeny, and Classification of Coleoptera; Papers celebrating the 80th Birthday of Roy A. Crowson, Volume 2. – Warschau: Muzeum i Instytut Zoologii PAN, I–VI, 559–1092.

LESCHEN, R. A. B. & I. LÖBL (1995): Phylogeny of Scaphidiinae with redefinition of tribal and generic limits (Coleoptera: Staphylinidae). – Revue Suisse de Zoologie 102: 425–474.

LESCHEN, R. A. B. & I. LÖBL (2005): Phylogeny and classification of Scaphisomatini (Staphylinidae: Scaphidiinae) with notes on mycophagy, termitophily and functional morphology. – Coleopterists Society Monographs, Patricia Vauries Series 3: 1–61.

LIPKOW, E. (1997): Zur Biologie der Ernährung, Fortpflanzung, Wirtswahl und Konkurrenzvermeidung von *Oxyporus*-Arten (Coleoptera: Staphylinidae). – Faunistisch–ökologische Mitteilungen 7: 297–305.

LÖBL, I. (1970): Revision der paläarktischen Arten der Gattungen *Scaphisoma* LEACH und *Caryoscapha* GANGLBAUER der Tribus Scaphisomini (Col. Scaphidiidae). – Revue Suisse de Zoologie 77: 727–799.

LÖBL, I. (1997): Catalogue of Scaphidiinae (Coleoptera: Staphylinidae). – Instrumenta Biodiversitatis 1: I–XII, 1–190.

LÖBL, I. & F. CALAME (1996): Taxonomy and phylogeny of the Dasycerinae (Coleoptera: Staphylinidae). – Journal of Natural History 30: 247–291.

LOHSE, G. A. (1964): Band 4 Staphylinidae I (Micropeplinae bis Tachyporinae). – In: FREUDE, H., HARDE, K. W. & G. A. LOHSE: Die Käfer Mitteleuropas. – Krefeld: Goecke & Evers, 1–264.

LOMPE, A. (1986): Ein neues Einbettungsmittel für Insektenpräparate. – Entomologische Blätter 82: 119.

LUCHT, W. H. (1987): Die Käfer Mitteleuropas. Katalog. – Krefeld: Goecke & Evers Verlag, 1–342.

LUKA, H., NAGEL, P., FELDMANN, B., LUKA, A. & Y. GONSETH (2009): Checkliste der Kurzflügelkäfer der Schweiz (Coleoptera: Staphylinidae ohne Pselaphinae). – Mitteilungen der schweizerischen entomologischen Gesellschaft 82: 61–100.

MAKRANCZY, G. (1999): Oxytelinae (Coleoptera: Staphylinidae) from the Aggtelek National Park; S. 205-210. – In: MAHUNKA, S. & L. ZOMBORI (Hrsg.): The fauna of the Aggtelek National Park. – Budapest: Hungarian Natural History Museum, 775 S.

MAKRANCZY, G. (2001): Zur Kenntnis der mitteleuropäischen Arten der Gattung *Ochthephilus* MULSANT & REY, 1856 (Coleoptera, Staphylinidae, Oxytelinae). – Entomologische Blätter 97: 177–184.

MAKRANCZY, G. (2002): Oxytelinae (Coleoptera: Staphylinidae) from the Fertö-Hanság National park (with a note on the *Carpelimus rivularis* group). – The fauna of the Fertö-Hanság National Park: 417–421.

MAKRANCZY, G. (2004): *Thinobius* (Coleoptera: Staphylinidae: Oxytelinae) collected at or near the river Vişeu (Maramureş, Romania), with the male and female characters of five closely allied species. – Traveaux du Muséum National d'Histoire naturelle «Grigore Antipa» 47: 139–150.

MAKRANCZY, G. (2006): Systematics and Phylogenetic relationships of the genera in the *Carpelimus* group (Coleoptera: Staphylinidae: Oxytelinae). – Annales Historico-Naturales Musei Nationalis Hungarici 98: 29–120.

MAKRANCZY, G. (2009): Two interesting *Thinobius* species collected at the river Vişeu in Maramureş (Romania) (Coleoptera: Staphylinidae: Oxytelinae). – Traveux du Muséum National d'Histoire Naturelle «Grigore Antipa» 52: 249–261.

MAKRANCZY, G. & M. SCHÜLKE (2001): Typenstudien an den mitteleuropäischen Vertretern der Artengruppe des *Thinobius linearis* KRAATZ, 1857 (Coleoptera, Staphylinidae, Oxytelinae). – Entomologische Blätter 97: 185–193.

MAKRANCZY, G. & M. SCHÜLKE (2003): On the synonymy of *Thinobius crinifer* SMETANA, 1959 (Coleoptera, Staphylinidae, Oxytelinae). – Entomologische Blätter 98: 211–223.

MAUS, C., MITTMANN, B. & K. PESCHKE (1998): Host records of parasitoid *Aleochara* GRAVENHORST species (Coleoptera, Staphylinidae) attacking puparia of cyclorrhapheous Diptera. – Mitteilungen aus dem Museum für Naturkunde zu Berlin, Deutsche entomologische Zeitschrift 45: 231–254.

MELBER, A. (1987): Eine verbesserte Bodenfalle (Kurzartikel). – Abhandlungen Naturwissenschaftlicher Verein zu Bremen 49: 331–332.

MOORE, I. (1964): A new key to the subfamilies of the Nearctic Staphylinidae and notes on their classification. – Coleopterists' Bulletin 18: 83–91.

NAOMI, S.-I. (1985): The phylogeny and higher classification of the Staphylinidae and their allied groups (Coleoptera, Staphylinoidea). – Esakia 23: 1–27.

NAOMI, S.-I. (2006): Taxonomic Revision of the Genus *Stenus* LATREILLE, 1797 (Coleoptera, Staphylinidae, Steninae) of Japan: Species Group of *S. indubius* SHARP. – Japanese Journal of systematic Entomology 12: 39–120.

NEWTON, A. F., Jr. (1982): Redefinition, Revised Phylogeny, and Relationships of Pseudopsinae (Coleoptera, Staphylinidae). – American Museum Novitates 2743: 1–13.

NEWTON, A. F. Jr. (1990): Insecta: Coleoptera Staphylinidae. Adults and larvae; S. 1137-1174. – In: Dindal, D. L. (Hrsg.): Soil biology guide. – New York: John Wiley & Sons, I-XVIII, 1-1349.

NEWTON, A. F., Jr. & M. K. THAYER (1992): Current classification and family-group names in Staphyliniformia (Coleoptera). – Fieldiana Zoology (New Series) 67: I–III, 1–92.

NEWTON, A. F., Jr. & M. K. THAYER (1995): Protopselaphinae new subfamily for *Protopselaphus* new genus from Malaysia, with a phylogenetic analysis and review of the Omaliine group of Staphylinidae including Pselaphidae (Coleoptera), S. 219–320 in: PAKALUK, J. & S. A. ŚLIPIŃSKI (Hrsg.): Biology, Phylogeny, and Classification of Coleoptera; Papers celebrating the 80th Birthday of Roy A. Crowson, Volume 1. – Warschau: Muzeum i Instytut Zoologii PAN, I–XII, 1–558.

NEWTON, A. F. Jr., THAYER, M. K., ASHE, J. S. & D. S. CHANDLER (2001): 22. Staphylinidae LATREILLE, 1802, S. 272–418 in: ARNETT, R. H. & M. C. THOMAS: American Beetles, Volume 1: Archostemmata, Myxophaga, Adephaga, Polyphaga: Staphyliniformia. – Boca Raton, London, New York, Washington: CRC Press, I–XVI, 1–443.

OBERPRIELER, R., MARVALDI, A. E. & R. S. ANDERSON (2007): Weevils, weevils, weevils everywhere. – Zootaxa 1668: 491–520.

PACE, R. (1996): Fauna d'Italia, Coleoptera. Staphylinidae. Leptotyphlinae. 34. – Bologna: Calderini: I–VIII, 1–328.

PALM, T. (1961): Svensk Insektfauna. 9. Skalbaggar. Coleoptera. Kortvingar: Fam. Staphylinidae 2. Underfam. Oxytelinae, Oxyporinae, Steninae, Euaesthetinae. – Stockholm: Entomologiska Föreningen i Stockholm, 1-126.

PIECHOCKI, R & J. HÄNDEL (2007): Makroskopische Präparationstechnik. Wirbellose. 5. überarbeitete und aktualisierte Auflage. – Stuttgart: Schweizerbart'sche Verlagsbuchhandlung, 346 S.

PUTHZ, V. (2003): *Stenus alpicola* FAUVEL und seine Nahverwandten (Coleoptera, Staphylinidae) 274. Beitrag zur Kenntnis der Steninen. – Entomologische Blätter 98 (2002): 89–110.

PUTHZ, V. (2005): Neue und alte neotropische *Stenus* (*Hemistenus-*) Arten (Coleoptera: Staphylinidae) . – Mitteilungen des Internationalen Entomologischen Vereins e. V. Frankfurt a. Main, Supplement XI: 1-60.

PUTHZ, V. (2008): *Stenus* LATREILLE und die segenreiche Himmelstochter (Coleoptera, Staphylinidae). – Linzer biologische Beiträge 40: 137–230.

REITTER, E. (1886): Das Insectensieb, dessen Bedeutung beim Fange von Insecten, insbesondere Coleopteren und dessen Anwendung. – Wiener Entomologische Zeitung 5: 7–10, 45–56.

SCHEERPELTZ, O. (1940): Bestimmungstabellen europäischer Käfer 5. Stück. XVII. Fam. Staphylinidae. Bestimmungstabelle der in der paläarktischen Region durch Arten vertretenen Gattungen. – Wien: A. Winkler, 1–93.

SCHEERPELTZ, O. & K. HÖFLER (1948): Käfer und Pilze. – Wien: Verlag für Jugend und Volk, 1–351, Tafeln I–IX.

SCHILLHAMMER, H. (1998): Revision of the East Palaearctic and Oriental species of *Philonthus* Stephens - Part 1. The *cyanipennis* group (Coleoptera: Staphylinidae: Staphylininae). - Koleopterologische Rundschau 68: 101-118.

SCHILLHAMMER, H. (1999): Revision of the East Palaearctic and Oriental species of *Philonthus* Stephens Part 2. The *spinipes* and *cinctulus* groups (Coleoptera: Staphylinidae: Staphylininae). - Koleopterologische Rundschau 69: 55-65.

SCHILLHAMMER, H. (2000): Revision of the East Palaearctic and Oriental species of Philonthus Stephens Part 3. The *politus* complex (Coleoptera: Staphylinidae: Staphylininae). - Koleopterologische Rundschau 70: 113-176.

SCHILLHAMMER, H. (2003): Revision of the East Palaearctic and Oriental species of Philonthus Stephens Part 5. The *rotundicollis* and *sanguinolentus* species groups (Coleoptera: Staphylinidae: Staphylininae). – Koleopterologische Rundschau 73: 85-136.

SCHILLHAMMER, H. (2009): Notes on some West Palearctic Staphylinini, with description of a new species from Spain (Coleoptera: Staphylinidae: Staphylininae). – Koleopterologische Rundschau 79: 97–116.

SCHMINKE, G. (1982): Larven und Fortpflanzungsverhalten von *Drusilla canaliculata*, *Zyras humeralis*, *Geostiba circellaris* und *Othius myrmecophilus* (Coleoptera: Staphylinidae). – Drosera 82: 91–100.

SCHÜLKE, M. (1991): Studien zur Systematik und Faunistik der Gattung *Tachyporus* GRAV. (Coleoptera, Staphylinidae). – Entomologische Nachrichten und Berichte 35: 5–16.

SCHÜLKE, M. (1993): *Tachyporus obscurellus* ZETTERSTEDT auch in Mitteleuropa (Coleoptera: Staphylinidae). – Entomologische Blätter 89: 71–74.

SCHÜLKE, M. (1996a): Studien zur Systematik und Faunistik der Gattung *Tachyporus* GRAVENHORST (Coleoptera, Staphylinidae), Teil 4 – *Tachyporus vafer* spec. nov., eine neue Art aus Mitteleuropa. – Linzer biologische Beiträge 28: 483–495.

SCHÜLKE, M. (1996b): Ein neuer *Mycetoporus* aus Norditalien (Coleoptera, Staphylinidae). – Koleopterologische Rundschau 66: 73–76.

SCHÜLKE, M. (1997): Studien zur Systematik und Faunistik der Gattung *Tachyporus* GRAVENHORST (Coleoptera, Staphylinidae), Teil 5. Revision der westpaläarktischen Arten der *Tachyporus atriceps* STEPHENS, 1832-Gruppe. – Koleopterologische Rundschau 67: 131–158.

SCHÜLKE, M. (1998a): Zur Identität einiger westpaläarktischer Arten der Gattung *Thinobius* KIESENWETTER, 1844 (Col., Staphylinidae, Oxytelinae). – Entomologische Nachrichten und Berichte 42: 127–138.

SCHÜLKE, M. (1998b): 20. Unterfamilie Tachyporinae (S. 139-147). In: LUCHT, W. & B. KLAUSNITZER (Hrsg.): Die Käfer Mitteleuropas. 4. Supplementband. – Krefeld: Goecke & Evers, 1–398.

SCHÜLKE, M. (1999): Über *Sepedophilus nigripennis* (STEPHENS, 1832) (Coleoptera, Staphylinidae). – Entomologische Blätter 95: 55-60.

SCHÜLKE, M. (2000): Untersuchungen zur Systematik und Taxonomie der Gattung *Lordithon* THOMSON, 1859 (Coleoptera, Staphylinidae, Tachyporinae). – Koleopterologische Rundschau 70: 87–111.

SCHÜLKE, M. (2003a): Zur Taxonomie und Verbreitung von *Mycetoporus montanus* LUZE, 1901, einer holarktisch verbreiteten Art mit arktoalpin disjunktem Verbreitungsgebiet in Europa (Coleoptera, Staphylinidae, Tachyporinae). – Entomologische Blätter 98: 199–209.

SCHÜLKE, M. (2003b): Zur Taxonomie und Verbreitung westpaläarktischer Arten der Gattungen *Bryoporus* KRAATZ und *Mycetoporus* MANNERHEIM (Coleoptera, Staphylinidae, Tachyporinae). – Entomologische Blätter 99: 27–54.

SCHÜLKE, M. (2004a): Revision der paläarktischen Arten der Gattung *Bryophacis* REITTER, mit Bemerkungen zu *Bolitobius biseriatus* MANNERHEIM und *Bolitobius filicornis* WOLLASTON (Coleoptera, Staphylinidae, Tachyporinae). – Linzer biologische Beiträge 36: 1001–1054.

SCHÜLKE, M. (2004b): Zur Taxonomie und Verbreitung von *Mycetoporus altaicus* LUZE, 1901, einer boreomontan disjunkt verbreiteten Art in Europa (Coleoptera, Staphylinidae, Tachyporinae). – Entomologische Blätter 100: 135–143.

SCHÜLKE, M. (2007): Drei neue Adventivarten der europäischen Staphylinidenfauna mit Bemerkungen zu *Coproporus colchicus* KRAATZ (Coleoptera, Staphylinidae, Tachyporinae). – Entomologische Blätter 102: 173–201.

SCHÜLKE, M. (2008a): *Bledius dehnerti* KORGE 1959, ein neues Synonym von *B. nanus* ERICHSON 1840 (Coleoptera, Staphylinidae, Oxytelinae). – Linzer biologische Beiträge 40: 921–926.

SCHÜLKE, M. (2008b): *Thinobius opacus* MULSANT & REY 1878, eine valide Art (Staphylinidae, Oxytelinae, Thinobiini). – Linzer biologische Beiträge 40: 999–1006.

SCHÜLKE, M. (2008c): Revision der *pusillimus*-Gruppe der Gattung *Thinobius* KIESENWETTER mit Beschreibung von fünf neuen Arten (Staphylinidae, Oxytelinae, Thinobiini). – Entomologische Blätter 103/104: 11–42.

SCHÜLKE, M. (2009a): Zur Taxonomie und Faunistik westpaläarktischer Staphylinidae (Coleoptera: Staphylinidae: Omaliinae, Oxytelinae et Tachyporinae). – Linzer biologische Beiträge 41: 803–844.

SCHÜLKE, M. (2009b): Zwei neue Arten der Gattung *Anotylus* Thomson aus der Verwandtschaft von *A. complanatus* (ERICHSON) (Coleoptera, Staphylinidae, Oxytelinae). – Linzer biologische Beiträge 41: 2009–2024.

SCHÜLKE, M. (2010): Zur Taxonomie und Systematik einiger Arten der Untergattung *Bledius* LEACH 1819 (Coleoptera, Staphylinidae, Oxytelinae). – Linzer biologische Beiträge 42: 1495–1509.

SCHÜLKE, M. (im Druck): Zur Kenntnis der Verwandtschaft von *Bledius* (*Hesperophilus*) *atricapillus* (GERMAR) (Coleoptera: Staphylinidae: Oxytelinae). – Linzer biologische Beiträge 43.

SCHÜLKE, M. & M. KOCIAN (2000): Revision der Artgruppe des *Mycetoporus nigricollis* STEPHENS, 1835 (Coleoptera, Staphylinidae, Tachyporinae). – Entomologische Blätter 96: 81–126

SCHÜLKE, M. & M. UHLIG (1988): Faunistisch neue und bemerkenswerte Kurzflüglerarten aus der DDR (Coleoptera, Staphylinidae, Micropeplinae-Tachyporinae). – Entomologische Nachrichten und Berichte 32: 1–15.

SCHÜLKE, M. & M. UHLIG (1989): *Sepedophilus* – Studien 1: *S. pedicularius* (GRAVENHORST, 1802) (= *Tachyporus truncatellus* GRAVENHORST, 1806) und *S. obtusus* (LUZE, 1902). – Entomologische Blätter 85: 147–164.

SMETANA, A. (1967): Eine neue Art der Gattung *Heterothops* STEPH. aus der Tschechoslowakei (Col., Staphylinidae). – Acta entomologica bohemoslovaca 64: 466–471.

SMETANA, A. (1983): The status of the staphylinid genera *Derops* SHARP and *Rimulincola* SANDERSON (Coleoptera). – Entomologica Scandinavica 14: 269–279.

SMETANA, A. (1995): Rove beetles of the subtribe Philonthina of America north of Mexico (Coleoptera: Staphylinidae) Classification, phylogeny and taxonomic revision. – Memoirs on Entomology, International 3: I–X + 1–946.

SMETANA, A. (2004): Staphylinidae exklusive Pselaphinae und Scaphidiinae, S. 237–698 in: LÖBL, I. & A. SMETANA (Hrsg.): Catalogue of Palaearctic Coleoptera. Volume 2. Hydrophiloidea-Histeroidea-Staphylinoidea. – Stenstrup: Apollo Books, 1–942.

SMETANA, A. & A. DAVIES (2000): Reclassification of the north temperate taxa associated with *Staphylinus* sensu lato, including comments on relevant subtribes of Staphylinini (Coleoptera: Staphylinidae). – American Museum Novitates 3287: 1–88.

SOLODOVNIKOV, A. Y. (2005): *Natalignathus*, gen. nov. and larvae of *Atanygnathus*: a missing phylogenetic link between subtribes Quediina and Tanygnathinina (Coleoptera: Staphylinidae: Staphylininae: Staphylinini). – Invertebrate Systematics 19: 75–98.

SOLODOVNIKOV, A. Y. (2006): Revision and phylogenetic assessment of *Afroquedius* gen. nov. from South Africa: toward new concepts of the genus *Quedius*, subtribe Quediina and reclassification of the tribe Staphylinini (Coleoptera: Staphylinidae: Staphylininae). – Annals of the Entomological Society of America 99: 1064–1084.

SOLODOVNIKOV, A. Y. (im Druck): Quediina of Central Europe: systematic and nomenclatural changes (Coleoptera: Staphylinidae: Staphylinini). – ZooKeys.

SOLODOVNIKOV, A. Y. & A. F. NEWTON (2005): Phylogenetic placement of Arrowinini trib. n. within the subfamily Staphylininae (Coleoptera: Staphylinidae), with revision of the relict South African genus *Arrowinus* and description of its larva. – Systematic Entomology 30: 398–441.

SOLODOVNIKOV, A. Y. & A. SCHOMANN (2009): Revised systematics and biogeography of „Quediina“ of Subsaharan Africa: new phylogenetic insights into the rove beetle tribe Staphylinini (Coleoptera: Staphylinidae). – Systematic Entomology 34: 443–466.

SOUTHWOOD, T. R. E. (1978): Ecological Methods, with particular reference to the study of insect populations. Second Edition. – London, New York: Chapman and Hall, 524 S.

STANIEC, B. (2001): Comparative morphology of the development stages of the Polish *Bledius* species (Coleoptera, Staphylinidae) with comments on their biology and distribution. – Lublin: Wydawnicto UMCS, 1–90, 80 Abbildungstafeln, 8 Tabellen.

STANIEC, B., PIETRYKOWSKA-TUDRUJ, E. & D. SALAPA (2011): Description of the egg and larva of *Paederidus* MULSANT & REY, 1878 (Coleoptera, Staphylinidae, Paederinae) based on the two European species. – Zootaxa 2888: 39-56.

STEEL, W. O. (1960): Three new omaliine genera from Asia and Australasia previously confused with *Phloeonomus* THOMSON (Coleoptera: Staphylinidae). – The Transactions of the Royal Entomological Society of London 112: 141–172.

STEEL, W. O. (1969): A British *Carpelimus* (Col., Staphylinidae) new to science. – Entomologist's Monthly Magazine 105: 70-72.

TEICHMANN, B. (1994): Eine wenig bekannte Konservierungsflüssigkeit für Bodenfallen. – Entomologische Nachrichten und Berichte 38: 25–30.

THAYER, M. K. (2005): Staphylinidae LATREILLE, 1802, pp. 296–344. In: BEUTEL, R. G. & R. A. B. LESCHEN (Hrsg.). Coleoptera, Beetles. Vol. 1: Morphology and systematics (Archostemata, Adephaga, Myxophaga, Polyphaga partim). Handbuch der Zoologie/Handbook of Zoology. Band/Vol. IV: Arthropoda: Insecta (N. P. Kristensen & R. G. Beutel, Hrsg.). Teilband/Part 38. – Walter de Gruyter, Berlin & New York, I–XI, 1–567.

TRONQUET, M. (2008): Staphylinidae Micropeplinae de la faune de France et contrées voisines des genres *Arrhenopeplus* (KOCH, 1937) et *Micropeplus* LATREILLE, 1809. – Revue de l'Association Roussillonaise d'Entomologie 16: 104–116.

TRONQUET M. & A. ZANETTI (2008): Un nouvel *Eusphalerum* des Pyrénées (Coleoptera, Staphylinidae: Omaliinae). – Revue de l'Association Roussillonaise d'Entomologie 17: 72–80.

UHLIG, M. & F. C. F. STERRENBURG (1990): Die Gattung *Erichsonius* FAUVEL (Coleoptera, Staphylinidae) in den Niederlanden. – Entomologische Blätter 86: 166–174.

ULLRICH, W. G. (1975): Monographie der Gattung *Tachinus* GRAVENHORST (Coleoptera: Staphylinidae), mit Bemerkungen zur Phylogenie und Verbreitung der Arten. – Kiel: Christian-Albrechts-Universität, 1–365, Tafeln I–LXI.

WELCH, R. C. (1993): Ovariole development in Staphylinidae (Coleoptera). – Invertebrate Reproduction and Development 23: 225–234.

WÜSTHOFF, W. (1942): Die Forcipes der mir bisher bekannt gewordenen Arten der Gattung *Lathrobium* [Col. Staph.]. – Mitteilungen der Münchner Entomologischen Gesellschaft 32: 582–596.

ZANETTI, A. (1987): Fauna d'Italia XXV. Coleoptera Staphylinidae Omaliinae. – Bologna: Calderini, I–XII, 1–472.

ZANETTI, A. (2002): Studies on *Omalium* GRAVENHORST, 1802 from Turkey, Cyprus, and the Caucasus region, with notes on some European and Asian species (Coleoptera, Staphylinidae, Omaliinae). – Bollettino del Museo Civico di Storia Naturale di Verona 26: 45-63.

ZANETTI, A. (2008): Synonymies in the European Omaliinae, with notes on distribution (Coleoptera: Staphylinidae). – Linzer biologische Beiträge 40: 979–992.

ZERCHE, L. (1990): Monographie der paläarktischen Coryphiini (Coleoptera, Staphylinidae, Omaliinae). – Berlin: Akademie der Landwirtschaftswissenschaften der Deutschen Demokratischen Republik, 1–413.

ZERCHE, L. (1998a): Phylogenetisch-systematische Revision der westpaläarktischen Gattung *Metopsia* WOLLASTON, 1854 (Coleoptera: Staphylinidae, Proteininae). – Beiträge zur Entomologie 48: 3–101.

ZERCHE, L. (1998b): Sieben neue *Pseudopsis*-Arten aus China mit einer Bestimmungstabelle der paläarktischen Arten (Coleoptera: Staphylinidae, Pseudopsinae). – Beiträge zur Entomologie 48: 353–365.

Verzeichnis der im Text aufgeführten Namen

Im nachfolgenden Verzeichnis der im Text verzeichneten Staphyliniden (Unterfamilien, Triben, Gattungen, Arten, Unterarten) werden alle Kategorien oberhalb der Gattung in Fettdruck, Gattungs- und Artnamen im Normaldruck und Synonyme in Kursivdruck angegeben. Zu den Namen von Arten und Unterarten, die im Verzeichnis gleich behandelt werden, ist der jeweilige Gattungsname in Klammern angegeben. Zum leichteren Auffinden der Haupteinträge (Gattungsdiagnosen und Nennung der Arten in den Schlüsseln) sind die entsprechenden Seitenzahlen fett dargestellt.